河南省"十四五"普通高等教育规划教材

科学出版社"十四五"普通高等教育本科规划教材

首届河南省教材建设奖高等教育类优秀教材

微积分（经管类）

（第二版）

主编　成立社

主审　李梦如

U0171672

科学出版社

北　京

内 容 简 介

本书第二版根据教育部高等学校数学与统计学教学指导委员会制定的经济管理类本科数学基础课程教学基本要求,结合作者多年在微积分课程的教学实践与教学改革所积累的教学经验,并借鉴国内外同类教材的精华编写而成.全书共11章,内容包括:函数、极限与连续、导数与微分、微分中值定理与导数应用、不定积分、定积分及其应用、无穷级数、向量代数与空间解析几何、多元函数微分学、二重积分、常微分方程与差分方程,书末还有 4 个附录.书中以经济、管理类学生易于接受与理解的方式,科学系统地编写了微积分的基本内容,各章重点介绍了微积分在经济、金融及管理方面的应用.

本书可作为高等学校经济、管理专业以及相关专业本科生教材,也可作为报考上述专业硕士研究生入学数学考试备考用书,也可作为其他非数学专业学生微积分教材或参考书.

图书在版编目(CIP)数据

微积分:经管类/成立社主编. 2 版. —北京:科学出版社,2022.8

河南省"十四五"普通高等教育规划教材 科学出版社"十四五"普通高等教育本科规划教材

ISBN 978-7-03-072350-5

Ⅰ.①微… Ⅱ.①成… Ⅲ.①微积分—高等学校—教材 Ⅳ.①O172

中国版本图书馆 CIP 数据核字(2022)第 087279 号

责任编辑:吉正霞/责任校对:杨 然
责任印制:彭 超/封面设计:苏 波

科 学 出 版 社 出版
北京东黄城根北街 16 号
邮政编码:100717
http://www.sciencep.com

武汉中科兴业印务有限公司印刷
科学出版社发行 各地新华书店经销

*

2017 年 6 月第 一 版 开本:787×1092 1/16
2022 年 8 月第 二 版 印张:29 3/4
2024 年 8 月第二次印刷 字数:760 000

定价:79.00 元
(如有印装质量问题,我社负责调换)

《微积分(经管类)》(第二版)

编委会名单

主 任　薛　波

主 审　李梦如

主 编　成立社

副主编　吴剑峰　薛　艳　吴志德

编 委　(按姓氏拼音排序)

　　　　成立社　李　奎　李梦如　吴剑峰

　　　　吴志德　薛　波　薛　艳　周世国

第二版前言

本书第一版于 2017 年 6 月正式出版. 2019 年本书第一版荣获郑州大学优秀教材一等奖及郑州大学教学成果特等奖;2019 年本书又被郑州大学列入教材立项建设项目(修订);2020 年本书被列入河南省"十四五"普通高等教育规划教材(修订);2021 年本书第一版荣获首届河南省教材建设奖(高等教育)优秀教材二等奖. 自 2017 年第一版以来,我们在郑州大学 2017 级、2018 级、2019 级、2020 级、2021 级经管类本科生中使用了该教材,在教学中取得了良好的效果,受到读者的青睐与好评. 在欣喜之余也感到了压力,惟恐教材中哪点考虑不周而影响广大读者. 客观地说,编写一本经管类微积分基础课的教材并不容易,本书之所以受到读者的欢迎,一方面是本书有一个比较恰当的定位和作者数十年教学的积累,另一方面也是由于不断吸收同行编写的教材的精华以及师生的意见和建议.

在使用过程中也发现了第一版中存在的一些不足之处. 在多次倾听使用师生的建议和意见后,根据这些很好的建议和十分中肯的意见及国内外相关教材的长处,并根据教学实践中积累的经验,为我们这次修订提供了充足的依据.

在本次修订中,我们保持了该教材原有的编写宗旨、结构框架和主要内容,因为第一版的特色正是通过它们体现出来的. 首先对第一版教材中的文字进行了仔细推敲,修改了原书中叙述不太确切的文字,使得本书更加严密、精炼;纠正了第一版教材中的一些排版不足,对个别图形进行了重新描绘,更正或修改了部分例题的解法和习题参考答案中的错误,并对个别不合适的习题进行了更换. 其次对不太适应课堂教学的部分知识点进行了重写和修改(如连续函数的介值定理、广义二重积分、常系数非齐次线性差分方程以及附录中极坐标系等);结合最新的考研大纲,拓展了部分内容;增加个别必要或较精彩的例题,从而使得教材更适合经管类微积分的教学及学生自学和考研的需求. 利用数字化技术(如二维码)在每章末增加了阅读材料(本章知识要点),学生可通过扫描书中的二维码自主学习这些内容,其目的是通过宏观的描述,对该章内容、知识技能进行全面总结回顾,希望学生更清晰地理解每章知识的脉络. 附录中增加了微积分创立及发展简史,希望通过数学家艰苦探索科学真理、不懈追求尽善尽美的故事,激发读者的学习热情和兴趣.

第二版没有对原教材进行大规模的改动,这既考虑使用的连续性,同时主观上也希望本书作为经管类微积分的基础课教材逐步走向成熟. 另外,近几年来本书编写组组织编写了与教材配套的便于学生研习的教学辅导书(《微积分(经管类)习题全解与学习指导》,成立社主编,科学出版社 2019 年出版).

　　本次修订工作由郑州大学成立社负责完成. 首届国家级教学名师郑州大学李梦如教授担任主审. 郑州大学薛艳、吴剑峰、吴志德老师提出了具体的修订意见并进行了审阅, 陈甫永老师承担了本书的部分编辑、校对工作.

　　郑州大学数学与统计学院薛波院长、常祖领副院长对本书的再版给予了大力的支持和帮助, 本校任课教师杜殿楼、李猛、齐祥来、张淑钦、李奎、许晓雪等热心同事也对本书的编写与修订提出了许多宝贵的意见和建议, 编者在此谨向他们致以真挚的谢意. 编者特别感谢科学出版社编辑为本书出版所付出的辛勤劳动.

　　由于编者水平所限, 书中不足和缺陷在所难免, 我们深知一本成熟的基础课教材需要久经锤炼, 因而诚挚地恳请各位同行及广大读者不吝批评指正.

编　者

2021 年 9 月于郑州大学

第一版前言

目前,随着我国高等教育的蓬勃发展,高等院校经济管理类专业本科生对数学基础课《微积分》提出了一系列的要求.同时,在经济管理类专业的本科生中,有相当多的学生希望在完成本科阶段的学习后能攻读硕士学位继续深造.为了适应这一要求,我们总结多年在经济、管理类专业《微积分》课程的教学实践、教学改革及教学研究所积累的成功教学经验,根据教育部高等学校数学与统计学教学指导委员会最新制定的经济管理类本科专业《微积分》课程的教学基本要求,编写成这本适合经济管理类专业学生使用的《微积分(经管类)》教材.编写时始终把握内容的深度与广度不低于经济管理类微积分课程的基本要求,并力图使本教材有以下一些特点:

(1)在教材内容及体系编排上,汲取了国内外最新同类教材的精华,充分考虑到经济管理类专业数学教学实际和特点,以及数学的系统性、严谨性,力求使教材内容的叙述深入浅出,层次分明,清晰易懂,便于自学.

(2)按照认知规律,从典型的几何直观,自然科学与经济分析的例子出发,引出微积分的基本概念、基本理论.引进概念力求自然、简洁,从简处理了一些定理的证明.

(3)紧密结合章节的内容,配备了相当数量的典型例题,例题讲解强调基本技能训练、基本概念和结论内涵的理解,培养学生分析和综合解决问题的能力,提高学生的数学素质.

(4)加强了微积分各章节内容在经济、金融及管理方面的应用,增强学生应用数学去解决经济管理方面问题的意识、兴趣和能力,为后继课程的学习打下良好的基础.

(5)各章节习题选配的数量及类型丰富、难易适度,层次感强,覆盖面大.旨在培养学生的理解能力和应用能力.同时也使学生在学习时,无需再额外去寻找其他微积分习题去做.

各章节习题中,既有大量基础性题目,又有很多综合性题目,便于读者选做.其中(A)组题为体现本章基本要求的习题,起到自测达标的作用;(B)组题为与本章内容同步的基本内容提高的题目,其绝大部分是选自近年来全国硕士研究生入学统一考试数学试卷(三)的题目,题型新颖.该部分习题可满足学有余力且准备考研的学生进一步学习提高之用,扩展解题视野,为有志于深造的学生提供一本较为理想的基础教材.

书末附有习题答案,并对某些习题有较详细的提示,便于读者学习参考.

(6)由于中学数学教材内容的可选性,考虑到来自不同地域学生的实际情况,我们把中学某些内容和微积分中常用到的初等数学公式,以及微积分中某些需要展开深入讲解的内容作为附录,编于书后,方便教学或查阅.

(7)为了便于学生掌握教材内容,提高分析和解决问题的能力,我们专门编写了与本教材配套的《微积分习题全解与学习指导》辅导教材,可供教师与学生参考.

为了控制课时数,书中打星号"*"的内容为选学内容.

本书由郑州大学成立社主编.郑州大学吴剑峰、薛艳、吴志德任副主编.本书由成立社负责统编、修改、润色及定稿.全书插图由成立社绘制.

　　本书由全国首届国家级教学名师郑州大学数学与统计学院李梦如教授主审,并提出了具有建设性的意见,为本书增色不少.

　　本书的编写得到了郑州大学"教育教改研究项目"和"教材建设"的立项支持,还得到了郑州大学数学与统计学院领导的支持与鼓励,也得到了众多同行的热心帮助与建议.郑州大学数学与统计学院施仁杰教授精心通读了本书初稿,并提出了很多实质性的建议.郑州大学数学与统计学院杜殿楼教授在使用本书初稿教学中对教材内容的改进提出了很多具体的建议与指导,郑州大学数学与统计学院罗来兴、薛波副院长对于本书从组织编写到成稿给予了很大的帮助.在编写过程中还参阅了有关作者的书籍,同时也得到科学出版社编辑的关心与支持,在此向他们一并表示衷心的感谢.

　　编者在主观上力求编写出一本高质量的教材,尽管数年数易其稿,但由于编者水平所限,书中难免存在某些缺陷和不足,恳请同行与读者批评指正.

编　者

2017 年 5 月 9 日

目 录

第1章 函 数

函数是现实世界中变量之间的相互依存关系在数学中的反映,也是微积分学研究的主要对象.中学时我们对函数的概念和性质已经有了初步的了解,本章将在复习中学有关函数内容的基础上,进一步介绍函数的简单性态以及基本初等函数和初等函数,并介绍一些经济学中常用的函数.

1.1　预 备 知 识

1.1.1　集合的概念

1. 集合及其表示法

在数学上,通常将具有某种确定性质的对象的全体称为**集合**,组成集合的每一个对象称为该集合的**元素**.

习惯上,用大写字母 $A,B,C,\cdots$ 表示集合,用小写字母 $a,b,c,\cdots$ 表示集合的元素.若 a 是集合 A 中的元素,则用 $a\in A$ 来表示;若 a 不是集合 A 中的元素,则用 $a\notin A$(或 $a\overline{\in}A$)来表示.

含有有限个元素的集合称为**有限集**,含有无限个元素的集合称为**无限集**,不含任何元素的集合称为**空集**,用 $\varnothing$ 表示.

表示集合的方法有两种:一是列举法,二是描述法.列举法,就是把它的所有元素一一列举出来,写在一个大括号内.例如,方程 $x^2-1=0$ 的解构成的集合可以表示为 $A=\{-1,1\}$.而描述法,就是指出集合中的元素所具有的性质.一般地将具有某种性质 P 的对象 x 所构成的集合表示为

$$A=\{x\mid x \text{ 具有某种性质 } P\}.$$

例如,直线 $x+y=1$ 上的所有点构成的集合,可以表示为 $A=\{(x,y)\mid x+y=1\}$.

只有一个元素 x 的集合称为**单元素集**,记作 $A=\{x\}$.

设有 A,B 两个集合.若 A 的每个元素都是 B 的元素,则称 A 是 B 的**子集**,记作 $A\subset B$(或者 $B\supset A$);空集 $\varnothing$ 是任何集合的子集.若 $A\subset B$ 且 $A\supset B$,则称 A 与 B 相等,记作 $A=B$.

2. 数集

元素是数的集合称为**数集**,本书中所涉及的集合都是数集.通常用 **N** 表示自然数集,即 $\mathbf{N}=\{0,1,2,\cdots\}$.用 **Z** 表示整数集,用 **R** 表示实数集,用 **Q** 表示有理数集,用 **C** 表示复数集.本书是在实数范围内研究函数.

对于数集,有时在表示数集字母的右上角添加"+"或者"−",用来表示该数集中的所有正数或者所有负数构成的特定数集.例如,$\mathbf{R}^+$ 表示全体正实数构成的集合,$\mathbf{R}^-$ 表示全体负实数构成的集合,$\mathbf{N}^+$ 表示全体正整数构成的集合.

1.1.2　集合的运算

集合的基本运算主要有三种,即并集、交集与差集.

集合的并 由集合 A 与 B 中的所有元素构成的集合,称为 A 与 B 的**并集**,记作 $A \bigcup B$,即

$$A \bigcup B = \{x \mid x \in A \text{ 或 } x \in B\}.$$

集合的交 由集合 A 与 B 中所有公共元素构成的集合,称为 A 与 B 的**交集**,记作 $A \bigcap B$,即

$$A \bigcap B = \{x \mid x \in A \text{ 且 } x \in B\}.$$

集合的差 由含于 A 但不含于 B 的元素所构成的集合,称为 A 与 B 的**差集**,记作 $A - B$(或 $A \backslash B$),即

$$A - B = \{x \mid x \in A \text{ 但 } x \notin B\}.$$

例如,$\mathbf{N} - \{0\} = \mathbf{N}^+$,$\mathbf{Z} - \mathbf{N} = \mathbf{Z}^-$.

1.1.3   实数的绝对值及其性质

1. 实数的绝对值

对于任何一个实数 x,它的绝对值定义为

$$|x| = \sqrt{x^2} = \begin{cases} x, & x \geqslant 0, \\ -x, & x < 0. \end{cases}$$

绝对值有以下基本性质:

对于任意的 $x \in \mathbf{R}$,有

(1) $|x| \geqslant 0$;当且仅当 $x = 0$ 时,才有 $|x| = 0$;

(2) $-|x| \leqslant x \leqslant |x|$;

(3) 设 $k > 0$,则

$$|x| < k \Leftrightarrow -k < x < k; \quad |x| > k \Leftrightarrow x > k \text{ 或 } x < -k,$$
$$|x| \leqslant k \Leftrightarrow -k \leqslant x \leqslant k; \quad |x| \geqslant k \Leftrightarrow x \geqslant k \text{ 或 } x \leqslant -k.$$

此处,记号"$\Leftrightarrow$"表示"等价于"或"当且仅当"或"充分必要(条件)",本书后面各章出现该记号时,也作同样的理解.

2. 绝对值的运算性质

对于任意的 $x, y \in \mathbf{R}$,恒有

(1) $|x + y| \leqslant |x| + |y|$(三角不等式);

(2) $|x| - |y| \leqslant ||x| - |y|| \leqslant |x - y|$;

(3) $\dfrac{|x| + |y|}{2} \geqslant \sqrt{|xy|}$,当且仅当 $|x| = |y|$ 时等号成立.

一般地,当 $x_i \in \mathbf{R}^+$ 时$(i = 1, 2, \cdots, n)$,恒有

$$\frac{x_1 + x_2 + \cdots + x_n}{n} \geqslant \sqrt[n]{x_1 x_2 \cdots x_n} \quad \text{(均值不等式)},$$

其中,仅当 $x_1 = x_2 = \cdots = x_n$ 时等号成立;

(4) $|x \cdot y| = |x| \cdot |y|$;

(5) $\left| \dfrac{x}{y} \right| = \dfrac{|x|}{|y|}$ $(y \neq 0)$.

下面仅就三角不等式进行证明.

证 由绝对值的基本性质(2),有

$$-|x| \leqslant x \leqslant |x|, \quad -|y| \leqslant y \leqslant |y|,$$

从而有
$$-(\mid x \mid + \mid y \mid) \leqslant x + y \leqslant \mid x \mid + \mid y \mid,$$
由绝对值的基本性质(3),由于 $\mid x \mid + \mid y \mid \geqslant 0$,于是得
$$\mid x + y \mid \leqslant \mid x \mid + \mid y \mid.$$

1.1.4　区间与邻域

区间与邻域都是微积分中常见的一类实数集.

1. 区间

区间的记号和定义如下(其中 $a,b \in \mathbf{R}$ 且 $a < b$):

开区间 $(a,b) = \{x \mid a < x < b\}$;

闭区间 $[a,b] = \{x \mid a \leqslant x \leqslant b\}$;

半开半闭区间 $[a,b) = \{x \mid a \leqslant x < b\}$, $\quad (a,b] = \{x \mid a < x \leqslant b\}$.

以上区间统称为**有限区间**,a,b 分别称为区间的左端点和右端点,$b-a$ 称为上述区间的长度. 微积分中可以将区间的左端点延伸为 $-\infty$,右端点延伸为 $+\infty$. 这类左端点为 $-\infty$ 或右端点为 $+\infty$ 的区间称为**无限区间**或**无穷区间**,具体定义和记号如下:

$$[a,+\infty) = \{x \mid x \geqslant a\}; \qquad (a,+\infty) = \{x \mid x > a\};$$
$$(-\infty,b] = \{x \mid x \leqslant b\}; \qquad (-\infty,b) = \{x \mid x < b\};$$
$$(-\infty,+\infty) = \{x \mid x \in \mathbf{R}\},$$

其中 $+\infty$,$-\infty$ 分别读作"正无穷大"与"负无穷大",或"正无穷"与"负无穷",它们仅仅是记号,不表示数. 以后在不需要指明区间是开区间、闭区间或半开半闭区间,以及有限或无限区间的场合下,就简称它为**区间**,并且常用字母 I 表示这样一个泛指的区间.

2. 邻域

以后讨论问题时,常常需要考虑由某点 a 附近的所有点构成的集合,这些点的集合就是邻域. 具体地即为:设 a 为一个实数,$\delta > 0$,称开区间 $(a-\delta,a+\delta)$ 为点 a 的 δ **邻域**,记作 $U(a,\delta)$,即

$$U(a,\delta) = (a-\delta,a+\delta) = \{x \mid a-\delta < x < a+\delta\} = \{x \mid \mid x-a \mid < \delta\},$$

点 a 称为邻域的**中心**,δ 称为邻域的**半径**(图 1.1).

当不要求说明邻域的半径时,就将点 a 的邻域简记为 $U(a)$.

在邻域 $U(a,\delta)$ 中去掉中心 a 后得到的实数集

$$\{x \mid 0 < \mid x-a \mid < \delta\}$$

称为点 a 的 δ **去心**(或**空心**)**邻域**,记作 $\mathring{U}(a,\delta)$. 显然去心邻域是两个开区间的并集(图1.2),即

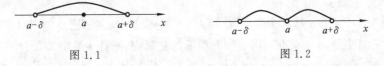

图 1.1　　　　　　　　　　　　　　　　　　　图 1.2

$$\mathring{U}(a,\delta) = U(a,\delta) - \{a\} = (a-\delta,a) \bigcup (a,a+\delta) = \{x \mid 0 < \mid x-a \mid < \delta\}.$$

同样,当不要求说明邻域的半径时,点 a 的去心邻域也简记作 $\mathring{U}(a)$.

开区间 $(a-\delta,a)$ 称为点 a 的 δ **左邻域**,记作 $\overset{\circ}{U}_-(a,\delta)$. 开区间 $(a,a+\delta)$ 称为点 a 的 δ **右邻域**,记作 $\overset{\circ}{U}_+(a,\delta)$. 当不强调邻域的半径时,点 a 的左邻域与右邻域常简记作 $\overset{\circ}{U}_-(a)$ 与 $\overset{\circ}{U}_+(a)$.

习　题　1.1

（A）

1. 设 $A=\{1,2,3\}$, $B=\{1,3,5\}$, 求:

(1) $A\cup B$;　　　　(2) $A\cap B$;　　　　(3) $A-B$;　　　　(4) $B-A$.

2. 用区间表示满足下列不等式的所有 x 的集合:

(1) $|x|\leqslant 8$;　(2) $|x-1|<\mathrm{e}$;　(3) $0<|x-1|\leqslant 2$;　(4) $|x+1|>2$.

3. 点 x_0 的 $\delta(\delta>0)$ 邻域是(　　　).

A. $(x_0-\delta,x_0+\delta]$　B. $[x_0-\delta,x_0+\delta)$　C. $[x_0-\delta,x_0+\delta]$　D. $(x_0-\delta,x_0+\delta)$.

4. 证明:当 $n\in\mathbf{N}^+$, 且 $a\geqslant 1$ 时, 有 $\sqrt[n]{a}\leqslant 1+\dfrac{a-1}{n}$.

（B）

试用均值不等式证明下列不等式:

(1) 当 $n\in\mathbf{N}^+$ 时, 有 $\sqrt[n]{n}<1+\dfrac{2}{\sqrt{n}}$.

(2) 设 $\mu\in\mathbf{Q}^+$, $0<\mu<1$, 则当 $-1<x\neq 0$ 时, 有 $(1+x)^\mu<1+\mu x$[伯努利(Bernoulli) 不等式].

1.2　函数的概念与具有某种特性的函数

1.2.1　常量与变量

在实际问题中,人们经常会遇到各种各样的量,这些量一般可以分为两种:一种是在考察的某一变化过程中保持不变(取同一数值) 的量,这种量叫**常量**;另一种是在考察的某一变化过程中可以发生变化的量(可以取不同数值),这种量叫**变量**.

常量常用字母 a,b,c,d 等来表示;变量常用字母 x,y,z,t,u,v 等来表示.

常量与变量不是绝对的,而是相对的. 一个量是常量还是变量要具体问题具体地分析. 一般在研究问题时,为了简化,常常把变化很小或者对研究问题影响不大的量看作常量.

1.2.2　函数的概念

在同一个过程中,我们发现许多变量的变化不是孤立的,而是遵循一定的规律相互制约又相互依赖,这种变化规律通常可由变量在变化过程中的数值对应关系反映出来. 例如,商品的总收入 R 与销售量 Q、价格 P 之间的关系为 $R=PQ$. 数学上把这种变量之间的确定的对应关系称为函数关系.

定义 1.2.1　设 x 和 y 是两个变量, D 是一个给定的非空实数集合. 如果对于每一个 $x\in D$, 变量 y 按照一定的法则 f, 总有唯一确定的实数值与之对应, 则称 f 为定义在 D 上的一个**函数**, 或称 y 是 x 的函数, 记作

$$y=f(x),\quad x\in D,$$

其中 x 称为函数 f 的**自变量**, y 称为函数 f 的**因变量**. x 的取值范围 D 称为函数 f 的**定义域**, 记

作 D_f 或 $D(f)$,即 $D_f = D$.

对于函数 $y = f(x)$,当 x 取数值 $x_0 \in D_f$ 时,与 x_0 对应的因变量 y 的数值称为函数 $y = f(x)$ 在点 x_0 处的**函数值**,记作 $f(x_0)$ 或 $y|_{x=x_0}$,此时也称函数 $f(x)$ 在点 x_0 处有定义. 当 x 取遍 D_f 的各个值时,对应的函数值全体构成的集合称为函数 f 的**值域**,记作 R_f 或 $R(f)$,即

$$R_f = R(f) = \{y \mid y = f(x), x \in D_f\}.$$

若 $x_0 \notin D_f$,则称该函数在 x_0 处无定义.

关于函数概念做以下几点说明:

(1) "函数"一词是指对应法则 f,而 $f(x)$ 是与自变量 x 对应的函数值,应注意 f 与 $f(x)$ 是有区别的. 由于经常通过 $f(x)$ 来表示与 x 的对应法则,为叙述方便,常将 $f(x)$ 说成函数.

(2) 从函数的定义可以看出,确定一个函数的两个基本要素是定义域 D_f 与对应法则 f. 如果两个函数的定义域相同,对应法则也相同,那么不论使用什么样的函数记号以及不论它们的自变量与因变量选用什么字母表示,它们都是同一个函数.

例如,$f(x) = 1$ 与 $g(x) = \sin^2 x + \cos^2 x$ 表面形式虽不相同,但二者却是同一个函数;而 $f(x) = 1$ 与 $g(x) = \dfrac{x}{x}$,因为 $D_f \neq D_g$,故二者是不同的函数. 再如 $f(x) = \sqrt{1 - \cos^2 x}$ 与 $g(x) = \sin x$,因其对应法则不同,故二者是不同的函数;但 $y = x^2$ 与 $u = t^2$,二者是相同的函数.

(3) 函数的定义域 D_f 就是自变量所能取得的那些数值构成的集合. 它可分为两种:一种是在实际问题中,要根据问题的条件与实际意义来确定;另一种在理论研究中,如果函数是由数学表达式给出的,又无须考虑它的实际意义,那么函数的定义域就是使该表达式有意义的自变量 x 的一切可能取值所构成的数集. 例如,由公式 $f(x) = \sqrt{25 - x^2}$ 给出的函数的定义域是闭区间 $[-5, 5]$. 但是,如果 x 表示的是斜边长为 5 的直角三角形的一条直角边长时,此时 $f(x)$ 表示的是另一条直角边的边长,此时该函数的定义域是开区间 $(0, 5)$.

例 1.2.1 求函数 $f(x) = \sqrt{4 - x} + \dfrac{1}{\ln(x - 2)}$ 的定义域.

解 要使表示函数 $f(x)$ 的表达式有意义,必须有

$$\begin{cases} \ln(x - 2) \neq 0, \\ x - 2 > 0, \\ 4 - x \geqslant 0, \end{cases} \Rightarrow \begin{cases} x - 2 \neq 1, \\ x > 2, \\ x \leqslant 4, \end{cases}$$

故函数的定义域为 $D_f = (2, 3) \bigcup (3, 4]$.

(4) 在函数定义中,对于 D_f 中的任一个 x,对应的函数值 y 只有一个值时,这样的函数称为**单值函数**. 如果对于 D_f 中的某些 x,它们中的每一个数 x 可能对应几个甚至无穷多个函数值 y,这种情况不符合函数的定义,但为了方便也把它们称为**多值函数**. 对于多值函数,可以通过附加条件将其分解成单值函数(称为单值分支)来研究. 例如,单位圆的方程 $x^2 + y^2 = 1$ 确定了变量 x 和 y 之间的对应法则,显然当 $x \in (-1, 1)$ 时,对应的 y 值有两个. 我们可以把它分解为两个单值分支 $y = \sqrt{1 - x^2}$ 和 $y = -\sqrt{1 - x^2}$,$x \in [-1, 1]$ 进行分析讨论. 如无特别说明,本书所讨论的函数都是指单值函数.

(5) 因变量 y 已由自变量 x 直接表达为 $y = f(x)$ 形式的函数称为**显函数**,如 $y = \ln x$ 是显函数. 而有时函数关系并不能直接表达为 $y = f(x)$ 的形式,而是通过某个方程 $F(x, y) = 0$ 表示出来的. 一般地,在一定的条件下,由一个方程 $F(x, y) = 0$ 确定的函数 $y = y(x)$,并且 y

未被解成 x 的显函数的形式,则称为**隐函数**,如 $e^{xy} + x + y = 2$ 是隐函数.

1. 函数的表示法

为了更好地研究函数关系,应该采用适当的方法把它的对应法则 f 表示出来. 表示对应法则 f 的方法有很多,常用的有三种:列表法、图示法和解析法(公式法).

(1) 列表法　以列表形式表示函数关系的方法称为函数的列表法,即将自变量 x 与因变量 y 的对应数据列成表格,它们之间的函数关系从表格上一目了然. 例如,三角函数表、对数函数表等.

(2) 图示法　以图形表示函数关系的方法称为函数的图示法. 例如,气象站用自动温度记录仪记录一昼夜中温度的变化情况,温度记录仪在坐标纸上描出了一条反映温度变化的曲线,就可以表示气温随时间变化的关系.

图示法表示函数是基于函数图形概念,即直角坐标系 xOy 中点的集合

$$C = \{(x, y) \mid y = f(x), x \in D_f\}$$

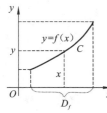

图 1.3

称为函数 $y = f(x)$ 的**图形**. 一般情况下,函数 $y = f(x)$ 的图形 C 通常是 xOy 坐标平面上的一条曲线(图 1.3). 因此又称函数 $y = f(x)$ 的图形为曲线 $y = f(x)$. 函数图形具有直观性,有时我们可以借助图形的几何直观去理解函数的有关特性.

(3) 解析法　用运算符号将自变量与相关常数连成一个数学表达式来表示函数的方法称为函数的解析法,也称为公式法. 此时对于定义域中的每个自变量的值,按照表达式中的数学运算来确定因变量的值. 解析法的优点在于能具体运算,便于理论研究,它是研究函数最基本的方法.

微积分学中主要讨论用解析法表示的函数,而以函数的图形作为辅助讨论的工具.

2. 分段函数

在函数的定义中,值得注意的是,并不要求在整个定义域上只能用一个表达式来表示对应法则,在很多问题中常会遇到这样的情况,就是在定义域的不同部分用不同的表达式来表示对应法则,这种分段表示的函数,一般常称为**分段函数**. 例如,绝对值函数

$$y = |x| = \begin{cases} -x, & x < 0, \\ x, & x \geqslant 0 \end{cases}$$

为一分段函数;$x = 0$ 称为该函数的分段区间的**分段点**或**分界点**.

值得注意的是,分段函数并不是几个函数,而是一个函数,只不过是在它的定义域中的不同部分用不同式子合起来表示此函数的对应法则而已. 分段函数的定义域是各段上自变量取值的并集. 相邻两个子区间的公共端点称为分段函数的分段点或分界点.

分段函数也是自然科学和经济学中常用的函数形式.

例 1.2.2　符号函数(sign function)

$$y = \operatorname{sgn} x = \begin{cases} -1, & x < 0, \\ 0, & x = 0, \\ 1, & x > 0. \end{cases}$$

符号函数的定义域 $D_f = (-\infty, +\infty)$,值域 $R_f = \{-1, 0, 1\}$,如图 1.4 所示.

对于任意的 $x \in (-\infty, +\infty)$,下列关系成立:

$$|x| = x \cdot \operatorname{sgn} x, \quad x = |x| \cdot \operatorname{sgn} x.$$

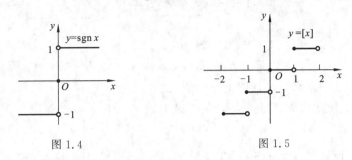

图 1.4　　　　　　　　图 1.5

例 1.2.3　**取整函数**(rounding function)
$$y = [x],\text{其中 } x \in (-\infty, +\infty).$$

其中$[x]$表示不超过x的最大整数,即若$x = k + r$,其中$k \in \mathbf{Z}, 0 \leqslant r < 1$,则$[x] = k$. 取整函数的值域$R_f = \mathbf{Z}$,如图 1.5 所示.

例如,$[8] = 8, [3.14] = 3, [0.98] = 0, [-0.35] = -1, [-2.1] = -3$.

取整函数也可以分段表示,故
$$y = [x] = k, \quad k \leqslant x < k+1 \ (k = 0, \pm 1, \pm 2, \pm 3, \cdots).$$

取整函数$y = [x]$具有下述性质:$x - 1 < [x] \leqslant x$.

1.2.3　具有某种特性的函数

为了今后书写简洁起见,介绍数学中常用的两个逻辑符号:记号"$\forall$",它是英文 Any 中第一个字母的倒写,表示"对于任意(给定)的"或"对于所有的"或"对于每一个";记号"$\exists$",它是英文 Exist 中第一个字母的反写,表示"存在".

1. 有界函数

定义 1.2.2　设函数$y = f(x)$的定义域为D_f,数集$X \subset D_f$,若$\exists M > 0$,使得$\forall x \in X$,都有$|f(x)| \leqslant M$,则称函数$f(x)$在X上**有界**. 否则,称函数$f(x)$在X上**无界**,即

若$\forall M > 0, \exists x_1 \in X$,使得$|f(x_1)| > M$成立,则称函数$f(x)$在$X$上无界.

从几何直观上来看,如果函数$y = f(x)$在区间$[a,b]$上有界,那么函数$y = f(x)$的图形位于两条水平直线$y = -M, y = M$之间,如图 1.6 所示.

例如,函数$y = \sin x$在$(-\infty, +\infty)$内有界. 这是因为$\forall x \in (-\infty, +\infty)$,都有$|\sin x| \leqslant 1$.

关于有界性应该注意两点:其一,$\exists M > 0$,是指"存在",而不要求"唯一". 例如,$|\sin x| \leqslant 1$,其实对于任何$k > 1$,都有

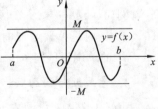

图 1.6

$|\sin x| < k$. 其二,函数的有界性与所给的数集$X \subset D_f$有关. 例如,函数$y = \dfrac{1}{x}$在区间$(1,2)$内有界;但在区间$(0,2)$内无界. 这说明谈论函数有界与无界时,要指明自变量相应的范围.

若函数$f(x)$在它的整个定义域(也叫自然定义域)上有界,则称函数$f(x)$为**有界函数**.

例 1.2.4　判断函数$f(x) = \dfrac{x + \sin x}{x^2 + 1}$在$(-\infty, +\infty)$的有界性.

解　由三角不等式,结合均值不等式有

$$|f(x)| \leqslant \frac{|x|}{x^2+1} + \frac{|\sin x|}{1+x^2} \leqslant \frac{|x| \cdot 1}{x^2+1} + \frac{1}{1+x^2} \leqslant \frac{\frac{1}{2}(x^2+1)}{x^2+1} + 1 = \frac{3}{2},$$

故函数 $f(x)$ 在 $(-\infty, +\infty)$ 内是有界的,即在 $(-\infty, +\infty)$ 内 $f(x)$ 为有界函数.

根据函数有界性的定义容易证明下列性质成立:

若 $f(x), g(x)$ 均在数集 X 上有界,则 $f(x) \pm g(x), f(x) \cdot g(x)$ 也在 X 上有界.

2. 单调函数

定义 1.2.3　设函数 $y = f(x)$ 的定义域为 D_f,区间 $I \subset D_f$,若 $\forall x_1, x_2 \in I$,当 $x_1 < x_2$ 时,总有 $f(x_1) < f(x_2)$(或 $f(x_1) > f(x_2)$),则称函数 $y = f(x)$ 在区间 I 上是**单调增加函数**(或**单调减少函数**).

若 $\forall x_1, x_2 \in I$,当 $x_1 < x_2$ 时,总有 $f(x_1) \leqslant f(x_2)$(或 $f(x_1) \geqslant f(x_2)$),则称函数 $y = f(x)$ 在区间 I 上是**不减函数**(或**不增函数**). 函数的这些性质统称为**单调性**.

例如,取整函数 $y = [x]$ 在 $(-\infty, +\infty)$ 内是不减函数,而不是单调增加函数.

单调增加函数与单调减少函数统称为**单调函数**,区间 I 称为**单调区间**. 不减函数与不增函数统称为**广义单调函数**(有时也简称为单调函数).

单调增加函数其图形是沿 x 轴正向上升的(图 1.7);单调减少函数其图形是沿 x 轴正向下降的(图 1.8).

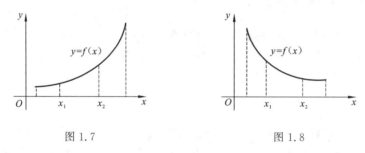

图 1.7　　　　　　　　　　　　　　　图 1.8

对于一些在整个定义域内不单调的函数 $y = f(x)(x \in D_f)$,若能将定义域 D_f 划分为若干个不相交的子区间,且函数在这些子区间上是单调的,则称这些子区间为函数的单调区间.

例如,函数 $y = x^2$ 在区间 $(-\infty, +\infty)$ 内不是单调的,但在 $(-\infty, 0]$ 上是单调减少的,在 $(0, +\infty)$ 内是单调增加的,则称 $(-\infty, 0]$ 是函数 $y = x^2$ 的单调减区间,$(0, +\infty)$ 是函数 $y = x^2$ 的单调增区间.

3. 奇函数与偶函数

定义 1.2.4　设函数 $y = f(x)$ 的定义域 D_f 关于原点对称. 若 $\forall x \in D_f$,有
$$f(-x) = f(x) \quad (\text{或 } f(-x) = -f(x)),$$
则称 $f(x)$ 为 D_f 上的**偶函数**(或**奇函数**).

若 $f(x)$ 既非奇函数,又非偶函数,则称 $f(x)$ 为**非奇非偶函数**.

由函数的奇偶性定义可知,奇函数的图形关于坐标原点对称;偶函数的图形关于 y 轴对称.

例如,$x, x^3, \sin x$ 都是定义在 **R** 上的奇函数. 常数 $C(C \neq 0)$,$|x|, x^2, \cos x$ 都是定义在 **R** 上的偶函数.

并非任何一个函数都具有奇偶性,例如,2^x,$x+x^2$ 均是定义在 **R** 上的非奇非偶函数.另外,如果 $f(x)$ 的定义域关于原点对称时,则 $f(-x)+f(x)$ 是偶函数,$f(-x)-f(x)$ 是奇函数.

例 1.2.5　判断函数 $f(x)=\ln(x+\sqrt{x^2+1})$ 的奇偶性.

解　因 $D_f=(-\infty,+\infty)$,$\forall x\in(-\infty,+\infty)$.因为

$$f(-x)=\ln(-x+\sqrt{(-x)^2+1})=\ln\left(\sqrt{x^2+1}-x\right)$$

$$=\ln\frac{\left(\sqrt{x^2+1}-x\right)\cdot\left(\sqrt{x^2+1}+x\right)}{\sqrt{x^2+1}+x}$$

$$=\ln\frac{1}{\sqrt{x^2+1}+x}=-\ln(x+\sqrt{x^2+1})=-f(x),$$

所以 $f(x)=\ln(x+\sqrt{x^2+1})$ 是奇函数.

根据奇、偶函数的定义容易得到下面非零的奇、偶函数的运算性质.

设 I 是关于坐标原点对称的区间,则在区间 I 上,有

(1) 两个奇函数的代数和仍是奇函数;

(2) 两个奇函数的乘积是偶函数;

(3) 两个偶函数的代数和及乘积仍是偶函数;

(4) 奇函数与偶函数的代数和是非奇非偶函数;

(5) 奇函数与偶函数的乘积是奇函数.

4. 周期函数

定义 1.2.5　设函数 $y=f(x)$ 的定义域为 D_f,若存在常数 $T\neq0$,使得 $\forall x\in D_f$,有 $(x\pm T)\in D_f$,且 $f(x+T)=f(x)$ 成立,则称 $f(x)$ 为**周期函数**,并称 T 是 $f(x)$ 的一个周期.

如果 T 是 $f(x)$ 的一个周期,显然 $\pm nT(n\in \mathbf{N}^+)$ 也是 $f(x)$ 的周期,可见周期函数的周期有无穷多个.通常把这无穷多个周期中的最小正数(如果存在的话)称为函数 $f(x)$ 的**最小正周期**,简称为周期.最小正周期也称为**基本周期**.通常周期函数的周期 T 是指其基本周期.

例如,$y=\sin x$ 与 $y=\cos x$ 的周期都是 2π;$y=\tan x$ 与 $y=\cot x$ 的周期都是 π.

并非每个周期函数都有最小正周期.例如,$f(x)=C(C$ 为常数)是以任何实数 $r\neq0$ 为周期的周期函数,但实数中无最小正数,故它无最小正周期.

若 $y=f(x)$,$x\in D_f$ 是以 T 为周期的函数,则在 D_f 内的每个长度为 T 的区间 $[x+nT,x+(n+1)T]$($n\in \mathbf{N}$)上,函数的图形是相同的.

例 1.2.6　设 $y=f(x)$ 是定义在 $(-\infty,+\infty)$ 内的以 T 为(最小正)周期的周期函数,证明函数 $y=f(ax+b)$ ($a>0$) 也是以 $\dfrac{T}{a}$ 为(最小正)周期的周期函数.

证　设 $F(x)=f(ax+b)$.因为

$$F\left(x+\frac{T}{a}\right)=f\left[a\left(x+\frac{T}{a}\right)+b\right]=f(ax+b+T)=f(ax+b)=F(x),$$

所以 $f(ax+b)$ 是以 $\dfrac{T}{a}$ 为周期的周期函数.

*下面证明 $\dfrac{T}{a}$ 是满足上面关系的最小正数.假设存在 m,$0<m<\dfrac{T}{a}$,使得对于定义域内的一切 x,有 $F(x+m)=F(x)$,则对于任意的实数 t,有

$$f(t+am) = f(t-b+am+b) = f\left[a\left(\frac{t-b}{a}+m\right)+b\right]$$
$$= F\left(\frac{t-b}{a}+m\right) = F\left(\frac{t-b}{a}\right) = f\left[a\left(\frac{t-b}{a}\right)+b\right] = f(t).$$

而 $0 < am < T$，由周期函数的定义，可知 am 也是 $f(x)$ 的一个周期，这与 T 为 $f(x)$ 的最小正周期相互矛盾，所以 $f(ax+b)$ 是以 $\dfrac{T}{a}$ 为最小正周期的周期函数.

利用该结果易知 $\sin(\omega x+\varphi)(\omega>0)$ 的最小正周期是 $\dfrac{2\pi}{\omega}$.

由周期函数定义容易证明有下面结论.

若 $f(x),g(x)$ 分别是以 $T_1,T_2(T_1\neq T_2)$ 为周期的周期函数且 T_1/T_2 为有理数，则有

(1) $\alpha f(x)\pm\beta g(x)$ 是以 T_1,T_2 的最小公倍数为周期的周期函数（α,β 是任意实数）；

(2) $kf(x)\cdot g(x)$ 是以 T_1,T_2 的最小公倍数为周期的周期函数（k 是任意实数）.

习　题　1.2

（A）

1. 求下列函数的定义域：

(1) $y = \sqrt{4-x^2}+\dfrac{1}{\sqrt{x-1}}$;　　(2) $y = \dfrac{\sqrt{1+x}}{\ln(2-x)}$;　　(3) $y = \dfrac{\ln(3-x)}{\sqrt{|x|-1}}$;

(4) $y = \arcsin(x-1)+\dfrac{1}{x-1}$;　　(5) $y = \ln(\sin x)$;　　(6) $y = \begin{cases} x^2, & -2<x<0, \\ 2^x, & 0\leqslant x\leqslant 8. \end{cases}$

2. 下列函数是否相同？为什么？

(1) $f(x) = \ln x^2$, $g(x) = 2\ln x$;　　(2) $f(x) = x$, $g(x) = \sqrt{x^2}$;

(3) $f(x) = |x|$, $g(x) = e^{\ln|x|}$;　　(4) $f(x) = x^2+1$, $g(t) = t^2+1$;

(5) $f(x) = \dfrac{|x|}{x}$, $g(x) = \begin{cases} -1, & x<0, \\ 1, & x>0; \end{cases}$　　(6) $f(x) = \dfrac{1}{2}(3x+\sqrt{x^2})$, $g(x) = \begin{cases} x, & x\leqslant 0, \\ 2x, & x>0. \end{cases}$

3. 判断下列函数的有界性：

(1) $y = \sin 3x+8\cos x^2$;　　(2) $y = \sin x\cos\dfrac{1}{x}+\arctan x$;　　(3) $y = \dfrac{x^2}{1+x^2}$;

(4) $y = \dfrac{x\cos x}{1+x^2}$;　　(5) $y = \dfrac{x+1}{\sqrt{1+x^2}}$;　　(6) $y = \ln x$.

4. 判断下列函数的奇偶性：

(1) $y = 7+\sin x$;　　(2) $y = 2x^2+e^{-x^2}\ (-1\leqslant x\leqslant 2)$;

(3) $y = x\cdot\dfrac{2^x+1}{2^x-1}$;　　(4) $y = \log_a\dfrac{x+\sqrt{4+x^2}}{2}\ (0<a\neq 1)$;

(5) $y = f(x^3)\ (x\in\mathbf{R})$;　　(6) $y = \ln\left(x+\sqrt{a+x^2}\right)\ (a>0)$.

5. 下列函数哪些是周期函数，若是周期函数，指出其周期：

(1) $y = \sin^2 x$;　　(2) $y = \sin x+2\cos(2x+5)+8$;

(3) $y = |\cos x|$;　　(4) $y = e^{\tan(2x+3)}$.

（B）

1. 求下列函数的定义域：

(1) $y = \arcsin\dfrac{2x-1}{7}+\dfrac{\sqrt{5x-x^2}}{\ln(2x-1)}$;　　(2) $y = \sqrt{\ln(\sin\pi x)}$;

(3) $y = \sqrt{16 - x^2} + \ln\sin x$;　　　　　　(4) $y = \dfrac{\ln(3-x)}{\sin x} + \sqrt{5 + 4x - x^2}$.

2. 设函数 $y = f(x)$ 在数集 $X \subset D_f$ 上有定义,若存在实常数 K_1,使得 $\forall x \in X$,都有 $f(x) \geqslant K_1$,则称函数 $f(x)$ 在 X 上有**下界**;若存在实常数 K_2,使得 $\forall x \in X$,都有 $f(x) \leqslant K_2$,则称函数 $f(x)$ 在 X 上**有上界**. 试证明:函数 $f(x)$ 在 X 上有界的充要条件是函数 $f(x)$ 在 X 上既有上界又有下界.

3. 函数 $f(x) = x\cos x$ 在 $(-\infty, +\infty)$ 内是否为有界函数? 为什么?

4. 设函数 $f(x)$ 是定义在区间 $(-l, l)$ 内的函数,证明 $f(x)$ 可以表示为一个奇函数与一个偶函数之和.

5. 试判定 $F(x) = f(x) \cdot \left(\dfrac{1}{2} + \dfrac{1}{2^x - 1} \right)$ 的奇偶性,其中 $f(x)$ 为奇函数.

6. 设 $f(x)$ 为定义在 $(-\infty, +\infty)$ 内周期为 π 的奇函数,当 $x \in \left(0, \dfrac{\pi}{2} \right]$ 时,$f(x) = \sin x - \cos x + 2$;当 $x \in \left(\dfrac{\pi}{2}, \pi \right]$ 时,求 $f(x)$ 的表达式.

1.3　反函数与复合函数

1.3.1　反函数

在两个变量的函数关系中,自变量和因变量的地位是相对的. 若函数 $y = f(x)$ 中 x 与 y 的取值是一一对应的,则可以把因变量 y 当作自变量,而把自变量 x 当作因变量,这样就可以得到一个新的函数.

定义 1.3.1　设函数 $y = f(x)$ 的定义域为 D_f,值域为 R_f. 若对 R_f 中每一个值 y,在 D_f 中都有唯一的 x 值,使得 $f(x) = y$ 成立,这就确定了一个以 R_f 为定义域的函数,这个函数称为函数 $y = f(x)$ 的**反函数**,记作 $x = f^{-1}(y)$(或 $x = \varphi(y)$),$y \in R_f$.

相对于反函数 $x = f^{-1}(y)$,原来的函数 $y = f(x)$ 称为**直接函数**.

由定义 1.3.1 知,函数 f 与其反函数 f^{-1} 的定义域与值域恰好互换,即 $D_{f^{-1}} = R_f$,且 $R_{f^{-1}} = D_f$,显然 $f[f^{-1}(y)] = y$,$y \in D_{f^{-1}}$;$f^{-1}[f(x)] = x$,$x \in D_f$.

由于函数关系与自变量和因变量用什么字母表示无关,习惯上总是用 x 表示自变量,用 y 表示因变量,因此常把函数 $y = f(x)$ 的反函数 $x = f^{-1}(y)$ 写作 $y = f^{-1}(x)$.

为了加以区别,一般称 $x = f^{-1}(y)$ 为 $y = f(x)$ 的**本义反函数**;而称 $y = f^{-1}(x)$ 为 $y = f(x)$ 的**矫形反函数**. 以后如果不做特殊的说明,我们一般所说 $y = f(x)$ 的反函数是指矫形反函数 $y = f^{-1}(x)$.

函数 $y = f(x)$ 与它的本义反函数 $x = f^{-1}(y)$ 的图像在同一个平面坐标系上是同一条曲线[图 1.9(a)];由于改变了自变量与因变量的记号,矫形反函数 $y = f^{-1}(x)$ 的图像与函数 $y = f(x)$ 的图像在同一个平面坐标系中是关于直线 $y = x$ 对称的[图 1.9(b)].

但要注意本义反函数 $x = f^{-1}(y)$ 与矫形反函数 $y = f^{-1}(x)$ 是同一个函数,这由确定函数的两要素容易知道.

由反函数定义知道,若函数 $y = f(x)$ 具有反函数,这就意味着它的定义域 D_f 与值域 R_f 之间按照对应法则 f 建立了一一对应关系. 我们知道,在 D 上有定义的单调函数具有这样的性质,由此有下述结论.

定理 1.3.1(**反函数存在定理**)　单调函数 $y = f(x)$ 必存在反函数 $y = f^{-1}(x)$,且 $y = f^{-1}(x)$ 具有与 $y = f(x)$ 相同的单调性.

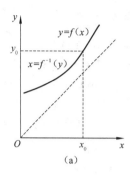 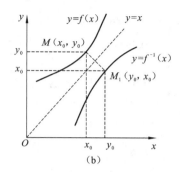

图 1.9

例如,函数 $y = \mathrm{e}^x, x \in (-\infty, +\infty)$ 在其定义域上是单调增加函数,所以它有单调增加的反函数 $y = \ln x, x \in (0, +\infty)$.

而函数 $y = x^2, x \in (-\infty, +\infty)$ 在其定义域与值域 $R_f = [0, +\infty)$ 之间不是一一对应的,所以 $y = x^2$ 在 $(-\infty, +\infty)$ 上就没有反函数. 遇到这种情况,可以限制自变量的取值范围,使得在这个范围内函数是一一对应(或者单调) 的,从而就在这个限制的范围内存在反函数. 例如,对函数 $y = x^2$,限制 $x \in [0, +\infty)$,则它的反函数为 $y = \sqrt{x}$;若限制 $x \in (-\infty, 0]$,就可以得到反函数 $y = -\sqrt{x}$.

例 1.3.1　求函数 $y = \dfrac{\mathrm{e}^x}{\mathrm{e}^x + 1}$ 的反函数.

解　该函数的定义域为 $D_f = (-\infty, +\infty)$,值域为 $R_f = (0, 1)$. 由 $y = \dfrac{\mathrm{e}^x}{\mathrm{e}^x + 1}$,可解得 $x = \ln \dfrac{y}{1 - y}$,再将 x 与 y 的位置交换,即得所求函数的反函数

$$y = \ln \frac{x}{1 - x} \quad (0 < x < 1).$$

1.3.2　复合函数

由两个或两个以上的函数用"对应关系传递" 的方法能生成更多的新函数. 例如,函数 $y = \ln u$ 与 $u = x - 1$ 构成新的函数

$$y = \ln(x - 1) \quad (x > 1),$$

这里,y 是 u 的函数,u 是 x 的函数,于是通过变量 u 的"媒介" 得到 y 是 x 的函数. 我们将 $y = \ln(x - 1) \, (x > 1)$ 称为由 $y = \ln u$ 与 $u = x - 1$ 构成的复合函数,并称 u 为中间变量.

定义 1.3.2　设函数 $y = f(u)$ 的定义域为 D_f,函数 $u = \varphi(x)$ 的定义域为 D_φ,值域为 R_φ. 当 $R_\varphi \bigcap D_f \neq \varnothing$ 时,记 $D = \{x \mid x \in D_\varphi,$ 且 $\varphi(x) \in D_f\}$,显然 $D \subset D_\varphi$,则 $\forall x \in D$ 有 $u = \varphi(x) \in R_\varphi \bigcap D_f$ 与之对应,从而有 $y = f(u)$ 与之对应,这样通过 u 的联系 y 就是 x 的函数,记作

$$y = f[\varphi(x)], \quad x \in D,$$

称该函数为 $y = f(u)$ 与 $u = \varphi(x)$ 构成的**复合函数**,其中 u 称为**中间变量**. 函数 $y = f[\varphi(x)]$ 的复合关系为

$$y \xrightarrow{\ y = f(u)\ } u \xrightarrow{\ u = \varphi(x)\ } x,$$

通常称 $f(u)$ 为**外层函数**,称 $\varphi(x)$ 为**里层函数**.

根据定义 1.3.2 可知,并非任何两个函数都能复合成一个新的函数. 两个函数可构成复合函数的关键是外层函数 $f(u)$ 的定义域与里层函数 $\varphi(x)$ 的值域有公共部分,即

$$R_\varphi \bigcap D_f \neq \varnothing.$$

例如,对于函数 $f(u) = \ln(u-2)$, $u = \varphi(x) = \sin x$ 就不能构成复合函数,原因是 $\varphi(x)$ 的值域 $R_\varphi = [-1,1]$,而 $f(u)$ 的定义域 $D_f = (2, +\infty)$,二者交集 $R_\varphi \bigcap D_f = \varnothing$. 对于 $u = \sin x$ 的定义域中的任何 x 值,形式上的复合函数 $y = \ln(\sin x - 2)$ 是无意义的. 而函数 $f(u) = \sqrt{u}$, $u = \varphi(x) = \ln \dfrac{1}{x^2 + 1}$ 是可以构成复合函数的,原因是 $R_\varphi = (-\infty, 0]$ 与 $D_f = [0, +\infty)$ 的交集为非空集.

复合函数的概念还可推广到有限多个函数复合的情形.

为了便于对函数进行研究,经常要对一个较为复杂的函数进行分解,使得分解后的函数是一些简单函数的运算. 将复合函数分解,一般总是从外层到内层,逐层进行分解.

例 1.3.2 下列函数可以看成由哪些简单函数复合而成的?并画出其复合关系图.

(1) $y = \ln^2 \sin(3 + x)$;   (2) $y = e^{\arctan \sqrt{x}}$.

解 (1) $y = \ln^2 \sin(3 + x)$ 可以看成是由

$$y = u^2, \quad u = \ln v, \quad v = \sin w, \quad w = 3 + x$$

四个函数复合而成的,这里 u, v, w 都是中间变量. 复合关系图为

$$y \xrightarrow{\ y = u^2\ } u \xrightarrow{\ u = \ln v\ } v \xrightarrow{\ v = \sin w\ } w \xrightarrow{\ w = 3 + x\ } x.$$

(2) $y = e^{\arctan \sqrt{x}}$ 可以看成是由

$$y = e^u, \quad u = \arctan v, \quad v = \sqrt{x}$$

三个函数复合而成的,这里 u, v 都是中间变量. 复合关系图为

$$y \xrightarrow{\ y = e^u\ } u \xrightarrow{\ u = \arctan v\ } v \xrightarrow{\ v = \sqrt{x}\ } x.$$

例 1.3.3 设函数 $f(x)$ 的定义域为 $[0,1]$,求 $f(\ln x)$ 的定义域.

解 由复合函数定义知道,复合函数 $f(\varphi(x))$ 的定义域为使得里层函数取值落入外层函数定义域中的所有 x 的集合,也就是 $\varphi(x) \in D_f$ 的全体 x. $0 \leqslant \ln x \leqslant 1$,即 $1 \leqslant x \leqslant e$,所以 $f(\ln x)$ 的定义域为 $[1, e]$.

习 题 1.3

(A)

1. 求下列函数的反函数:

(1) $y = \sqrt{1 - x^2} \ (-1 \leqslant x \leqslant 0)$;   (2) $y = 1 + \lg(x + 2)$;

(3) $y = 10^{x+3} + 1$;   (4) $y = \begin{cases} x^2, & -1 \leqslant x < 0, \\ \ln x, & 0 < x \leqslant 1, \\ 2e^{x-1}, & 1 < x \leqslant 2. \end{cases}$

2. 设函数 $f(x)$ 的定义域为 $(0,1]$,求函数 $f(\sin x)$ 及 $f(e^x)$ 的定义域.

3. 设 $f(x) = x^2$, $g(x) = 2^x$,求复合函数 $f[g(x)]$ 及 $g[f(x)]$.

4. 指出下列函数是由哪些简单函数复合而成的?

(1) $y = \arcsin[\lg(2x+1)]$;　　(2) $y = \ln^2 \sin x^3$;

(3) $y = 3^{\sin^2 \frac{1}{1+x}}$;　　(4) $y = \arctan[\tan^2(1+x^2)]$.

5. 由已知条件分别求出函数 $f(x)$:

(1) $f(\sin x) = \cos 2x + 1$;　　(2) $f\left(\dfrac{1}{x} - 1\right) = \dfrac{1}{2x-1}$;

(3) $f\left(x + \dfrac{1}{x}\right) = \dfrac{x + x^3}{1 + x^4}$;　　(4) $f(x) + 2f(1-x) = x^2 - 2x$.

6. 设 $f(x) = \begin{cases} x - 3, & x \geqslant 8 \\ f[f(x+5)], & x < 8 \end{cases}$, 求 $f(5)$.

7. 若 $f(x)$ 是偶函数, $g(x)$ 是奇函数, $f(x)$ 与 $g(x)$ 满足复合条件. 试分别讨论 $f[f(x)], f[g(x)], g[f(x)], g[g(x)]$ 的奇偶性.

(B)

1. 求函数 $y = \ln(x + \sqrt{x^2 + 1})$ 的反函数.

2. 设 $f(x)$ 的定义域为 $[0,1]$, 求 $f(x+a) + f(x-a)$ $(a > 0)$ 的定义域.

3. 设 $f(x) = \begin{cases} x^2, & x < 0, \\ -x, & x \geqslant 0, \end{cases}$ $g(x) = \begin{cases} 2-x, & x \leqslant 0, \\ x+2, & x > 0. \end{cases}$ 求复合函数 $f[g(x)]$ 与 $g[f(x)]$.

4. 已知 $f(x) = e^{x^2}, f[\varphi(x)] = 1 - x$ 且 $\varphi(x) \geqslant 0$, 求 $\varphi(x)$ 及其定义域.

5. 设 $f(x)$ 为奇函数, 当 $x \geqslant 0$ 时, 有表达式 $2^x - 1$, 试求 $f(x)$ 的表达式; 这个函数有反函数吗? 如果有, 试求出其表达式.

6. 设 $f(0) = 0$, 且 $x \neq 0$ 时, $af(x) + bf\left(\dfrac{1}{x}\right) = \dfrac{c}{x}$, 其中 a, b, c 均为常数, 且 $|a| \neq |b|$, 证明 $f(x)$ 为奇函数.

1.4　基本初等函数与初等函数

1.4.1　基本初等函数

基本初等函数是最常见、最基本的函数. 在微积分这门课程中, 常见的函数都是由常值函数、幂函数、指数函数、对数函数、三角函数、反三角函数这些函数构成的, 将这六类函数统称为**基本初等函数**. 对这些函数归纳简述如下.

图 1.10

1. 常值函数 $y = C$ (C 为常数)

常值函数的定义域为 $(-\infty, +\infty)$, 这是最简单的一类函数, 无论 x 取何值, y 的取值都是常数 C (图 1.10).

2. 幂函数 $y = x^\mu$ (μ 为实常数)

幂函数的定义域、图形及性质随着 μ 的不同而不同. 但无论 μ 取何值, 它在 $(0, +\infty)$ 内都有定义, 并且其图像都经过 $(1,1)$ 点.

幂函数的图形可以分为两类.

(1) 当 $\mu > 0$ 时, 一般称 $y = x^\mu$ 为 μ 次抛物线 (特别当 $\mu = 1$ 时为直线). 例如, $y = x^2$, $y = x^3$, $y = x^4$, $y = \sqrt[3]{x^2}$, $y = \sqrt[3]{x}$ 分别叫 2 次, 3 次, 4 次, $\dfrac{2}{3}$ 次, $\dfrac{1}{3}$ 次抛物线. 其图形如图 1.11(a) ~ (c) 所示, 这些图形也是以后常用的一些图形.

(2) 当 $\mu < 0$ 时, 一般称 $y = x^\mu$ 为 $-\mu$ 次双曲线. $\mu = -1$ 如图 1.11(d) 所示.

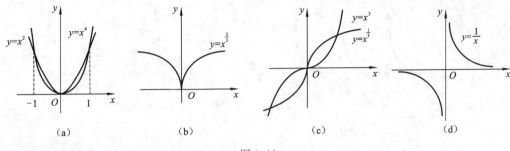

图 1.11

特别地,对于 μ 为无理数时,规定它的定义域为 $(0,+\infty)$.

3. 指数函数 $y=a^x$ ($a>0,a\neq1,a$ 为常数)

指数函数的定义域为 $(-\infty,+\infty)$. 当 $0<a<1$ 时,它是单调递减函数;当 $a>1$ 时,它是单调增加函数,但对于任意给定的 a ($a>0,a\neq1$),a^x 的值域都是 $(0,+\infty)$,函数的图形都过点 $(0,1)$ (图 1.12).

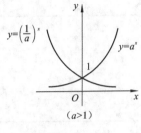

图 1.12

在微积分中,常用到以 e 为底数的指数函数 $y=\mathrm{e}^x$. 其中常数 $\mathrm{e}=2.718\,281\,8\cdots$ 是一个无理数.

4. 对数函数 $y=\log_a x$ ($a>0,a\neq1,a$ 为常数)

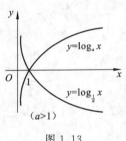

图 1.13

对数函数 $y=\log_a x$ 是指数函数 $y=a^x$ 的反函数,它的定义域为 $(0,+\infty)$. 当 $0<a<1$ 时,它是单调递减函数;当 $a>1$ 时,它是单调递增函数. 对于任意给定的 a ($a>0,a\neq1$),$y=\log_a x$ 的值域都是 $(-\infty,+\infty)$,该函数的图形总在 y 轴的右方,且都过点 $(1,0)$ (图 1.13).

通常以 10 为底的对数,简记为 $y=\lg x$,称为**常用对数**;而以 $\mathrm{e}=2.718\,281\,8\cdots$ 为底的对数,简记为 $y=\ln x$,称为**自然对数**.

恒等式 $x=\mathrm{e}^{\ln x}$ ($x>0$) 是微积分学习中常用的一个关系等式.

5. 三角函数

三角函数是正弦函数 $y=\sin x$,余弦函数 $y=\cos x$,正切函数 $y=\tan x$,余切函数 $y=\cot x$,正割函数 $y=\sec x$,余割函数 $y=\csc x$ 的统称. 其中正弦、余弦、正切、余切函数为常用的三角函数,如图 1.14 ~ 图 1.16 所示,它们的基本性质见表 1.1.

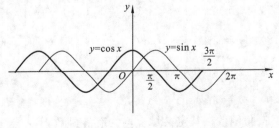

图 1.14

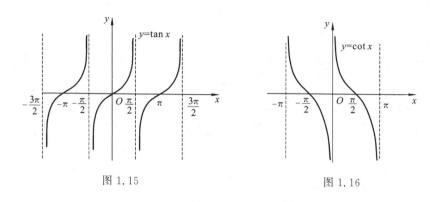

图 1.15   图 1.16

表 1.1　三角函数的基本性质

表达式	定义域	值域	主要性质
$y = \sin x$	$(-\infty, +\infty)$	$[-1, 1]$	$\lvert \sin x \rvert \leqslant 1, T = 2\pi$，为奇函数
$y = \cos x$	$(-\infty, +\infty)$	$[-1, 1]$	$\lvert \cos x \rvert \leqslant 1, T = 2\pi$，为偶函数
$y = \tan x$	$x \neq k\pi + \dfrac{\pi}{2} \ (k \in \mathbf{Z})$	$(-\infty, +\infty)$	无界，$T = \pi$，为奇函数
$y = \cot x$	$x \neq k\pi \ (k \in \mathbf{Z})$	$(-\infty, +\infty)$	无界，$T = \pi$，为奇函数

另外，正割函数 $y = \sec x = \dfrac{1}{\cos x}$，余割函数 $y = \csc x = \dfrac{1}{\sin x}$，它们的性质可以从正弦、余弦的性质推得，如它们都是以 $T = 2\pi$ 为周期的周期函数，并且在开区间 $\left(0, \dfrac{\pi}{2}\right)$ 内都是无界函数，且有平方和公式：$\tan^2 x + 1 = \sec^2 x$；$\cot^2 x + 1 = \csc^2 x$.

必须指出，在微积分中，三角函数的自变量 x 作为角度必须采用**弧度制**.

6. 反三角函数

三角函数在其各自的定义域内与其值域不是一一对应的，所以不存在反函数，但限制三角函数自变量 x 在某些区间上取值，它们就是一一对应的，就存在反函数.

例如，$y = \sin x$，若限制 x 在区间 $\left[-\dfrac{\pi}{2}, \dfrac{\pi}{2}\right]$ 上取值，它是单调增加的，因而就存在反函数，由此得到的正弦函数的反函数，称为**反正弦函数**，记作 $y = \arcsin x, x \in [-1, 1]$，其值域是区间 $\left[-\dfrac{\pi}{2}, \dfrac{\pi}{2}\right]$. 即 $\arcsin x$ 表示的是 $\left[-\dfrac{\pi}{2}, \dfrac{\pi}{2}\right]$ 间的一个角度，这个角度的正弦值为 x.

一般的反三角函数定义为

反正弦函数（图 1.17）　　$y = \arcsin x, \quad x \in [-1, 1], \quad y \in \left[-\dfrac{\pi}{2}, \dfrac{\pi}{2}\right]$.

反余弦函数（图 1.18）　　$y = \arccos x, \quad x \in [-1, 1], \quad y \in [0, \pi]$.

反正切函数（图 1.19）　　$y = \arctan x, \quad x \in (-\infty, +\infty), \quad y \in \left(-\dfrac{\pi}{2}, \dfrac{\pi}{2}\right)$.

反余切函数（图 1.20）　　$y = \text{arccot}\, x, \quad x \in (-\infty, +\infty), \quad y \in (0, \pi)$.

由上述规定可知，反三角函数在其定义域上均为有界函数，且 $y = \arcsin x$ 和 $y = \arctan x$ 均为奇函数；且另有 $\arccos(-x) = \pi - \arccos x$ 和 $\text{arccot}(-x) = \pi - \text{arccot}\, x$.

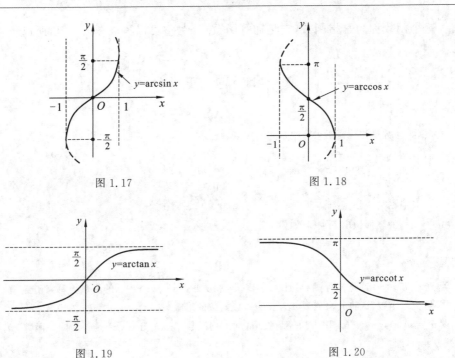

图 1.17

图 1.18

图 1.19

图 1.20

*例 1.4.1 求函数 $y = \sin x \left(\dfrac{\pi}{2} \leqslant x \leqslant \dfrac{3\pi}{2} \right)$ 的反函数.

解 该函数的定义域为 $D_f = [\pi/2, 3\pi/2]$，值域为 $R_f = [-1,1]$. 为了使所给函数的自变量在 $[-\pi/2, \pi/2]$ 上取值，作变换，令 $x = \pi - t$，则

$$y = \sin x = \sin(\pi - t) = \sin t \quad (-\pi/2 \leqslant t \leqslant \pi/2).$$

由 $y = \sin t$，可解得 $t = \arcsin y$，由于 $x = \pi - t$，所以 $x = \pi - \arcsin y$，再将 x 与 y 的位置交换，即得所求函数的反函数为

$$y = \pi - \arcsin x \quad (-1 \leqslant x \leqslant 1).$$

1.4.2 初等函数

定义 1.4.1 由基本初等函数经过有限次四则运算以及有限次复合运算所构成，并可用一个式子表示的函数，称为**初等函数**.

初等函数是本书研究的主要函数，不是初等函数的函数一般叫作非初等函数.

例如，$y = \mathrm{e}^{\sqrt{1-x^2}} + \arcsin x$，$y = \dfrac{x^2 \cdot \sin 3x}{\mathrm{e}^x + \cot x} + \ln \sqrt{x^2+1}$ 等，都是初等函数. 而符号函数 $y = \operatorname{sgn} x$，取整函数 $y = [x]$，$y = \begin{cases} x, & x < 0, \\ \mathrm{e}^x, & x \geqslant 0 \end{cases}$ 等，都是非初等函数.

分段函数一般都是非初等函数，但有些分段函数也是初等函数. 例如，分段函数 $y = \begin{cases} -x, & x < 0, \\ x, & x \geqslant 0 \end{cases}$ 可以表示为 $y = \sqrt{x^2}$；分段函数 $f(x) = \begin{cases} 1, & x < 0, \\ 0, & x > 0 \end{cases}$ 也可表示为 $f(x) = \dfrac{1}{2}\left(1 - \dfrac{\sqrt{x^2}}{x}\right)$，所以它们仍然是初等函数.

例 1.4.2 函数 $y = x^x (x > 0)$ 是初等函数吗？

解 这个函数称为幂指函数,它是初等函数.因为它可以写成 $y=\mathrm{e}^{x\ln x}$,所以 $y=x^x$ 是初等函数.

习 题 1.4

（A）

1. 下列哪些函数是初等函数?哪些是非初等函数?

(1) $y=3^{-\sin\frac{1}{x}}+\dfrac{x^2+x+1}{x\arctan x}$;

(2) $y=n!,\ n\in\mathbf{N}$;

(3) $y=\begin{cases}\mathrm{e}^x, & x\leqslant 0,\\ x+x^2, & x>0;\end{cases}$

(4) $y=\begin{cases}1, & x>0,\\ -1, & x<0.\end{cases}$

2. 由 $y=x^2$ 的图形做出下列函数的图形:

(1) $y=x^2+1$; (2) $y=1-x^2$; (3) $y=(x+1)^2$; (4) $y=1-(x+1)^2$.

（B）

1. 若 $f(x)$ 和 $g(x)$ 都是初等函数,且 $f(x)>0$,称形如 $y=[f(x)]^{g(x)}$ 的函数为**幂指函数**.幂指函数 $y=[f(x)]^{g(x)}$ 是初等函数,试将其写成以 e 为底的指数函数的形式(提示:$x=\mathrm{e}^{\ln x}\ (x>0)$).

2. 设 $u=u(x),v=v(x)$ 均为初等函数.试问下列函数 $f_i(x)$ 与 $g_i(x)$ 是否为同一函数? $f_i(x)$ 是否为初等函数($i=1,2$)?

(1) $f_1(x)=\max\{u(x),v(x)\}=\begin{cases}u(x), & u(x)\geqslant v(x),\\ v(x), & u(x)<v(x)\end{cases}$ 与

$$g_1(x)=\frac{1}{2}[u(x)+v(x)+|u(x)-v(x)|].$$

(2) $f_2(x)=\min\{u(x),v(x)\}=\begin{cases}u(x), & u(x)\leqslant v(x),\\ v(x), & u(x)>v(x)\end{cases}$ 与

$$g_2(x)=\frac{1}{2}[u(x)+v(x)-|u(x)-v(x)|].$$

1.5 函数关系的建立及经济学中常用的函数

1.5.1 函数关系的建立

用数学的方法解决实际应用问题时,首先要给问题建立数学模型,即建立变量之间的函数关系,确定函数的定义域.然后应用有关的数学知识去对数学模型进行综合的分析、研究,以达到解决问题的目的.

下面举例说明如何根据实际问题中所给的条件建立需要的函数关系.

例 1.5.1 要设计一个容积为 $V=20\pi\ \mathrm{m}^3$ 的有盖圆柱形贮水池,已知上盖单位面积造价是侧面单位面积造价的一半,而侧面单位面积造价是底面单位面积造价的一半.试将贮水池总造价 M 表示为贮水池半径 r 的函数.

解 设贮水池底半径为 r m,高为 h m,上盖单位面积造价为 k 元 $/\mathrm{m}^2$,根据题意,上盖造价为 $\pi r^2\cdot k$ 元,侧面造价为 $2\pi rh\cdot 2k$ 元,底面造价为 $\pi r^2\cdot 4k$ 元.则贮水池的总造价为

$$M=\pi r^2\cdot k+2\pi rh\cdot 2k+\pi r^2\cdot 4k.$$

又因为容积 $V=20\pi$ 是固定的,所以 $\pi r^2\cdot h=20\pi$,故高 $h=\dfrac{20}{r^2}$,代入上式就有总造价为

$$M = M(r) = k\left(5\pi r^2 + \frac{80\pi}{r}\right) \quad (r > 0).$$

1.5.2 经济学中常用的函数

在经济活动中,经常需要对诸如供求、成本、价格、收入、利润等数量间的关系进行研究,下面介绍经济活动中常用的几个函数.

1. 需求函数与供给函数

1) 需求函数(demand function)

需求量是指在一定的价格条件下,消费者愿意购买并有支付能力购买的商品量. 消费者对某种商品的需求量 Q_d 受很多因素的影响,如人口、个人收入、商品的价格、可替代的商品的价格和数量等. 为了简便,只考虑一个因素 —— 除了商品的价格 P,影响商品需求的其他一切因素都保持不变,这样商品的需求量 Q_d 与商品的价格 P 之间的函数关系称为**需求函数**,记作

$$Q_d = f(P), \quad P \geqslant 0.$$

在正常情况下,需求量随价格的上涨而减少. 因此,通常需求函数是价格的单调减少函数. 需求函数的反函数 $P = f^{-1}(Q_d)$ 在经济学中也称为**需求函数**,有时也称为**价格函数**. 常说的"量大从优"或者"薄利多销"就是根据需求量多少来确定价格的.

经济学家给出的常见需求函数类型有

线性函数(一次函数) $Q_d = -aP + b$ $(a, b > 0)$;

幂函数 $Q_d = kP^{-a}$ $(k, a > 0)$;

指数函数 $Q_d = a\mathrm{e}^{-bP}$ $(a, b > 0)$.

2) 供给函数(supply function)

供给量是指在某一时期内,生产者在一定的价格条件下,愿意并可能出售的产品的数量. 影响供给量的因素也很多,假定其他因素对供给量 Q_s 影响很小,则影响供给量的主要因素就是商品的价格,商品的供给量 Q_s 与商品的价格 P 之间的函数关系,称为商品的**供给函数**,记作

$$Q_s = \varphi(P), \quad P \geqslant 0.$$

一般地,商品供给量随商品的价格的上涨而增加,因此商品供给函数 Q_s 是价格 P 的单调增加函数. 同样有时也把供给函数的反函数 $P = \varphi^{-1}(Q_s)$ 称为**供给函数**.

经济学家给出的常见供给函数类型有

线性函数(一次函数) $Q_s = aP + b$ $(a, b > 0)$;

幂函数 $Q_s = kP^a$ $(k, a > 0)$;

指数函数 $Q_s = a\mathrm{e}^{bP}$ $(a, b > 0)$.

需求函数与供给函数有密切的关系. 如果不考虑其他经济因素对市场的影响,市场上商品的价格 P 主要是由需求量 Q_d 与供给量 Q_s 共同决定的. 当市场上的需求量 Q_d 与供给量 Q_s 一致时,即 $Q_d = Q_s$ 时,则市场上的商品量达到供需平衡,经济学上把此时商品的数量 Q_0 称为均衡商品量,也称为**均衡数量**,此时商品的价格 P_0 称为**均衡价格**. 借助于图示法,均衡价格、均衡数量就是供给函数曲线与需求函数曲线的交点处的价格与商品的数量(图 1.21).

例 1.5.2 已知市场某商品的需求函数与供给函数分别为 $Q_d = 25 - P$, $Q_s = \dfrac{20}{3}(P - 2)$,试求市场均衡价格和市场均衡数量.

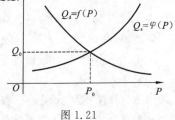

图 1.21

解　由均衡条件 $Q_d = Q_s$,有

$$25 - P = \frac{20}{3}(P - 2),$$

得 $P = 5$,当 $P = 5$ 时,$Q_d = Q_s = 20$,所以所求的均衡价格与均衡数量分别为

$$P_0 = 5, \quad Q_0 = 20.$$

2. 成本函数、收益函数与利润函数

1) 成本函数(cost function)

生产一定数量的某种产品所需要的全部经济投入或者生产的费用总额,称为**总成本**. 它包含两部分:固定成本 C_0 和可变成本 C_1. **固定成本**是指在一定时期内不随产量 Q 变动的那部分费用,如厂房、设备等;**可变成本**是指随产量 Q 变动而变动的那部分费用,如原料、燃料等,所以可变成本 C_1 是产量 Q 的函数,即 $C_1 = C_1(Q)$. 总成本 C 与 Q 之间的函数关系称为**总成本函数**,记作

$$C = C(Q) = C_0 + C_1(Q), \quad Q \geqslant 0.$$

一般情况下,总成本是单调增加函数,并且固定成本是非负的,即 $C_0 = C(0) \geqslant 0$.

只给出总成本不足以说明企业生产情况的好坏,实际工作中往往是用单位产品的成本,即**平均成本**(average cost) 去评价企业生产情况的好坏. 平均成本记作 $\overline{C}$,即

$$\overline{C} = \frac{C(Q)}{Q}.$$

例 1.5.3　某工厂生产某产品,每日最多生产 100 单位. 它的日固定成本为 130 元,生产一个单位产品的可变成本为 6 元,求该厂日总成本函数与平均单位成本函数.

解　设 Q 为日产量,日总成本为 $C(Q)$,平均单位成本为 $\overline{C}(Q)$. 根据题意,日总成本函数为

$$C(Q) = 130 + 6Q, \quad Q \in [0, 100].$$

平均单位成本函数为

$$\overline{C}(Q) = \frac{C(Q)}{Q} = \frac{130}{Q} + 6, \quad Q \in (0, 100].$$

2) 收益函数(revenue function)

收益是指生产者将一定数量产品出售后所得到的全部收入,常用 R 表示. 设 P 为商品的价格,Q 为销量(Q 对于销售者来说叫销量,对于消费者来说叫需求量),收益函数为价格与销量的乘积,于是有 $R = P \cdot Q$.

根据不同的研究目的,收益函数 R 既可以表示成价格 P 的函数,也可以表示成销量 Q 的函数. 若需求量函数分别为 $Q = Q(P)$ 或 $P = P(Q)$ 时,则收益函数可表示为

$$R = R(P) = P \cdot Q(P), \quad 或 \quad R = R(Q) = Q \cdot P(Q).$$

平均收益(average revenue) 是售出一定数量的商品时,平均每售出一个单位商品的收益,常用 $\overline{R}$ 表示. 于是

$$\overline{R} = \frac{R(Q)}{Q} = \frac{Q \cdot P(Q)}{Q} = P(Q),$$

其中 $P(Q)$ 为销售价格函数. 即平均收益等于价格.

3) 利润函数(profit function)

生产者销售一定数量产品所得的总收益扣除总成本后的部分就是它的**总利润**,记作 L,即

$$L = L(Q) = R(Q) - C(Q),$$

其中 $R(Q), C(Q)$ 分别为总收益与总成本.

在实际生产中利润函数 $L(Q)$ 可能出现三种情况:

(1) 当 $L(Q) > 0$,此时生产处于盈利状态,一般称为盈余生产;

(2) 当 $L(Q) < 0$,此时生产处于亏损状态,一般称为亏损生产;

(3) 当 $L(Q) = 0$,即 $R(Q) = C(Q)$,此时生产处于盈亏平衡状态,一般称为无盈亏生产或者保本生产,称此时出售产品的数量 Q_0 为厂家的**盈亏平衡点**或**保本点**.

例 1.5.4 设每天生产 Q 个产品的总成本为 $C(Q) = 2.5Q + 300$(元). 假若每天至少能卖出 150 个产品,为了保本,则价格至少应定为多少?

解 为了保本,需满足 $R(Q) = C(Q)$(其中 $Q = 150$),而 $R(Q) = 150 \cdot P$,所以应有
$$150P = 2.5 \times 150 + 300 = 675,$$
从而 $P = 4.5$,即价格至少应定为 4.5 元.

例 1.5.5 某工厂生产一件产品的成本为 15 元,而每天生产的固定成本为 2000 元. 如果每件产品的批发价为 20 元,为了保本,每天的最低产量应为多少件?

解 为了保本,需满足 $L(Q) = 0$,即 $R(Q) = C(Q)$,所以应有
$$20Q = 2000 + 15Q,$$
从而 $Q = 400$,即每天的最低产量应该为 400 件.

上面给出了经济活动中最常见的几个函数,当然经济问题中还有其他函数,如库存函数、折旧函数等. 有了这些函数后,我们就可以解决一些简单的经济问题,如厂商追求的最大利润、产量最高、成本最低等问题,这些问题的解决方法将在后面微积分学习中介绍.

习 题 1.5

(A)

1. 要开一条地下通道,其截面拟建成矩形加半圆,截面面积为 5 m²,试把截面的周长表示为截面底宽 x 的函数.

2. 已知某商品的需求函数为 $Q_d = \dfrac{16}{P}$,供给函数为 $Q_s = 2P - 4$,求市场均衡价格和市场均衡数量.

3. 设生产某种商品 x 件时的成本为 $C(x) = 20 + 2x + 0.5x^2$(万元).

(1) 若每售出一件该商品的收入是 20 万元,写出售出商品的利润函数,求出该经济活动的保本点;

(2) 若每年至少销售 40 件产品,为了不亏本,销售单价应定为不低于多少万元?

(B)

1. 某人从美国到加拿大去度假,他把美元兑换成了加拿大元时,币面数值增加 12%. 回国后他发现把加拿大元兑换成美元时,币面数值减少 12%. 如果他用一定数量的美元先在加拿大兑换成加拿大元,再回美国兑换成美元,那么他是赚了钱,还是亏了钱?

2. 在直线 $y = x$,$y = 2 - x$ 及 x 轴所围成的等腰三角形 OBC(图 1.22)的底边上任取一点 $x \in [0, 2]$. 过 x 作垂直 x 轴的直线,将图 1.22 上阴影部分的面积表示成 x 的函数.

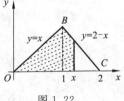

图 1.22

阅读材料
第1章知识要点

第 2 章 极限与连续

极限是研究变量变化趋势的最基本的概念,极限概念是微积分学的理论基础,微积分的其他许多概念(如导数、积分、级数收敛与发散等)都是基于这一概念得来的. 极限方法是微积分中最重要的一种思想方法,极限理论几乎贯穿了微积分的整个内容. 而连续是函数的一种重要的性态,也是微积分研究的一个主要对象.

本章将讨论数列的极限、函数的极限、极限的性质,以及极限的基本计算方法,并在此基础上讨论函数的连续性及其闭区间上连续函数的性质.

2.1 数列的极限

2.1.1 数列的基本概念

1. 数列的定义

定义 2.1.1 按照某一法则依次(自变量依正整数顺序取值时)排列的无穷多个数

$$x_1, x_2, \cdots, x_n, \cdots$$

称为**数列**,记作 $\{x_n\}$. 数列中的每一个数称为数列的项, x_n 称为**数列的第 n 项、一般项**或**通项**. 例如,

(1) $\{2^n\}$,即 $2, 4, 8, \cdots, 2^n, \cdots$;

(2) $\{(-1)^n\}$,即 $-1, 1, -1, 1, \cdots, (-1)^n, \cdots$;

(3) $\left\{\dfrac{n + (-1)^n}{n}\right\}$,即 $0, \dfrac{3}{2}, \dfrac{2}{3}, \cdots, 1 + \dfrac{(-1)^n}{n}, \cdots$

都是数列.

一般说来,数列的各项 x_n 可以看成是其项数(或下标) n 的函数,即

$$x_n = f(n) \quad (n = 1, 2, 3, \cdots),$$

所以数列也可以说是定义在正整数集 $\mathbf{N}^+$ 上的函数,因而数列也称为**整标函数**.

由于实数与数轴上的点是一一对应的,所以,在几何上数列 $\{x_n\}$ 可用数轴上的点列 x_1, $x_2, \cdots, x_n, \cdots$ 来表示.

由于数列可以看作特殊的函数,即整标函数 $x_n = f(n)$,与函数类似,数列也具有函数的某些特性.

2. 具有某种特性的数列

(1) 有界数列 对于数列 $\{x_n\}$,若 $\exists M > 0$,使得 $\forall n \in \mathbf{N}^+$,都有 $|x_n| \leqslant M$,则称数列 $\{x_n\}$ 为**有界数列**,并称 M 为数列 $\{x_n\}$ 的一个界. 否则,称数列 $\{x_n\}$ 为**无界数列**.

例如,数列 $\{(-1)^n\}$, $\left\{1 + \dfrac{(-1)^n}{n}\right\}$ 都是有界数列,而 $\{2^n\}$ 是无界数列.

有界数列 $\{x_n\}(|x_n| \leqslant M, M > 0)$ 在几何上表示数轴上对应的点列全部落在闭区间 $[-M, M]$ 上.

对于数列 $\{x_n\}$, 若 $\exists K_2 \in \mathbf{R}$(或 $K_1 \in \mathbf{R}$), 使得 $\forall n \in \mathbf{N}^+$, 都有

$$x_n \leqslant K_2 \quad (或 \ x_n \geqslant K_1),$$

则称数列 $\{x_n\}$ 有**上界**(或有**下界**), 并称 K_2(或 K_1)为数列 $\{x_n\}$ 的一个上界(或下界).

显然, 数列 $\{x_n\}$ 有界的充要条件是它既有上界又有下界.

(2) 单调数列 对于数列 $\{x_n\}$, 若 $\forall n \in \mathbf{N}^+$, 都有

$$x_n < x_{n+1} \quad (或 \ x_n \leqslant x_{n+1}),$$

则称数列 $\{x_n\}$ 为**单调增加**(或**单调不减**)数列.

对于数列 $\{x_n\}$, 若 $\forall n \in \mathbf{N}^+$, 都有

$$x_n > x_{n+1} \quad (或 \ x_n \geqslant x_{n+1}),$$

则称数列 $\{x_n\}$ 为**单调减少**(或**单调不增**)数列.

单调增加(或不减)与单调减少(或不增)的数列统称为**单调数列**.

例如, $\{2^n\}$ 是单调增加数列; $\left\{\dfrac{1}{2^n}\right\}$ 是单调减少数列; $\left\{\sin\dfrac{n\pi}{2}\right\}$ 是非单调数列.

单调数列在几何上表示数轴上对应的点列(随着 n 的增大)仅向一个方向移动.

2.1.2 数列极限的定义

对于数列 $\{x_n\}$, 我们主要是考虑一般项 $x_n = f(n)$ 随着 n 的无限增大时的变化趋势. 特别地, 如果当 n 无限增大时, x_n 无限地接近某一个定常数 A, 具有这种变化趋势的数列叫作有极限的数列, 常数 A 叫作该数列的极限.

定义 2.1.2(描述性定义) 设有数列 $\{x_n\}$, 如果当 n 无限增大时, x_n 无限地接近于某个确定的常数 A, 那么称 A 为数列 $\{x_n\}$ 的**极限**, 或称数列 $\{x_n\}$ **收敛**于 A, 记作

$$\lim_{n \to \infty} x_n = A \quad 或 \quad x_n \to A \quad (n \to \infty).$$

如果当 n 无限增大时, x_n 不与任何常数无限接近, 那么称数列 $\{x_n\}$ **无极限**或称数列 $\{x_n\}$ **发散**.

例如, 数列 $\{x_n\} = \left\{1 + \dfrac{(-1)^n}{n}\right\}$ 随着 n 的无限增大, x_n 与常数 1 无限地接近, 我们称常数 1 为该数列的极限, 而数列 $\{y_n\} = \{(-1)^n\}$, $\{z_n\} = \{2^n\}$ 均发散.

定义 2.1.2 中我们是用"无限增大"和"无限地接近"来直观地描述极限, 这仅仅是定性的描述. 借助于"无限"这样一个明显带有直观模糊性的词, 在数学中是不可靠的, 必须将凭直观产生的定性描述转化为定量描述. 极限是微积分中最重要的基本概念, 必须有一个严格的数学定义.

下面以数列 $\{x_n\} = \left\{1 + \dfrac{(-1)^n}{n}\right\}$ 为例进一步阐明"当 n 无限增大时, $x_n = 1 + \dfrac{(-1)^n}{n}$ 无限地接近于 1"的数学含义.

所谓"当 n 无限增大时, x_n 与 1 无限地接近"就是"当 n 无限增大时, x_n 与 1 的距离 $|x_n - 1|$ 无限地小".

由于

$$|x_n - 1| = \left|1 + \frac{(-1)^n}{n} - 1\right| = \frac{1}{n},$$

由此可见,随着 n 越来越大,$|x_n-1|=\dfrac{1}{n}$ 将越来越小,或者说可以任意地小,即要多小就可以有多小,从而 x_n 就越来越接近于 1. 因此只要 n 足够大,$|x_n-1|=\dfrac{1}{n}$ 就可以小于任意给定的正数.

例如,若给定正数 0.1,要使 $|x_n-1|=\dfrac{1}{n}<0.1$ 成立,只要 $n>10$ 即可. 取 $N=10$,则当 $n>N=10$ 时,总有 $|x_n-1|<0.1$ 成立,即数列 $\{x_n\}$ 从第 11 项起,以后的所有项都能满足该不等式.

若给定正数 0.01,要使 $|x_n-1|=\dfrac{1}{n}<0.01$ 成立,只要 $n>100$ 即可. 取 $N=100$,则当 $n>N=100$ 时,总有 $|x_n-1|<0.01$ 成立,即数列 $\{x_n\}$ 从第 101 项起,以后的所有项都能满足该不等式.

若给定正数 0.003,要使 $|x_n-1|=\dfrac{1}{n}<0.003$ 成立,只要 $n>333\dfrac{1}{3}$ 即可. 取 $N=\left[333\dfrac{1}{3}\right]=333$,则当 $n>N=333$ 时,总有 $|x_n-1|<0.003$ 成立,即数列 $\{x_n\}$ 从第 334 项起,以后的所有项都能满足该不等式.

若给定任意正数 ε,要使 $|x_n-1|=\dfrac{1}{n}<\varepsilon$,只要 $n>\dfrac{1}{\varepsilon}$ 即可. 取 $N=\left[\dfrac{1}{\varepsilon}\right]$,则当 $n>N$ 时,就有 $|x_n-1|<\varepsilon$ 成立,即数列 $\{x_n\}$ 从第 $N+1$ 项起,以后的所有项,即 $x_{N+1},x_{N+2},x_{N+3},\cdots$,都能满足该不等式.

由于 ε 的任意性,所以不等式 $|x_n-1|<\varepsilon$,就足以刻画当 n 无限增大时,x_n 与 1 无限地接近的变化趋势. 这就是数列 $\{x_n\}=\left\{1+\dfrac{(-1)^n}{n}\right\}$ 以 1 为极限的实质. 由此,有如下数列极限的数学定义.

定义 2.1.3（数列极限的精确性定义）　设有数列 $\{x_n\}$,若存在常数 A,对于任意给定的正数 ε（无论它多么小）,总存在正整数 N,使得当 $n>N$ 时,恒有
$$|x_n-A|<\varepsilon$$
成立,则称 A 为数列 $\{x_n\}$ 的**极限**,或称数列 $\{x_n\}$ **收敛**于 A,记作
$$\lim_{n\to\infty}x_n=A \quad \text{或} \quad x_n\to A \quad (n\to\infty).$$
如果数列 $\{x_n\}$ 的极限不存在,那么称数列 $\{x_n\}$ 是**发散**的.

用逻辑符号,数列极限定义 2.1.3 可简洁叙述为:

$\forall \varepsilon>0,\exists N\in \mathbf{N}^+$,使得当 $n>N$ 时,恒有 $|x_n-A|<\varepsilon$,则称数列 $\{x_n\}$ 以 A 为极限,记作 $\lim\limits_{n\to\infty}x_n=A$.

定义 2.1.3 简称为数列极限的"ε-N"定义,从该定义可以看出:

（1）正数 ε 的任意性　ε 是用来刻画 x_n 与 A 的接近程度.ε 越小,表示 x_n 与 A 越接近. 而 ε 的任意性正说明了 x_n 与 A 能够接近到任何程度. 然而,尽管 ε 具有任意性,但它一旦给定,就应暂时看成是固定不变的,以便根据它求出正整数 N.

（2）正整数 N 的存在性　N 是用来描述 n 的增大时刻,N 是随着 ε 变化而变化的,但对于

给定的 $\varepsilon>0$，N 并不是由 ε 所唯一确定的. 若找到了相应的 N(比如 $N=100$)，则比 N 更大的整数(如 $N=102$ 或 $N=108$)都可以充当定义中的 N，关键是反映变化过程时刻的 N 的存在性，而不是它的唯一性. 或者说没有必要去寻找符合 ε 要求的最小的正整数 N.

数列 $\{x_n\}$ 以 A 为极限的几何意义是：

若 $\lim\limits_{n\to\infty}x_n=A$，则对于任意给定的 $\varepsilon>0$，无论它多么小，总存在一个正整数 N，使得下标大于 N 的所有点 x_n，即 $x_{N+1},x_{N+2},\cdots$ 全部都落在点 A 的 ε 邻域 $(A-\varepsilon,A+\varepsilon)$ 内，落在该邻域外的点至多有 N 个点：$x_1,x_2,\cdots,x_N$(图 2.1). 换句话说点 A 就是点列 $\{x_n\}$ 的凝聚中心.

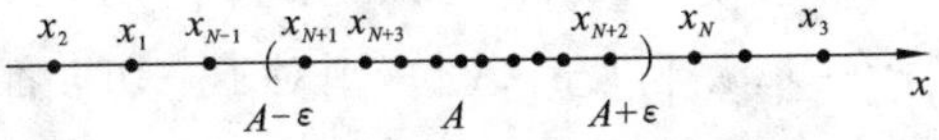

图 2.1

由此可知，数列的收敛性与它前面的有限项无关，即若改变(或去掉)数列 $\{x_n\}$ 的有限项并不改变其收敛性和极限值.

用"ε-N"定义证明极限 $\lim\limits_{n\to\infty}x_n=A$ 的关键是：对于任意给定的正数 ε，由不等式 $|x_n-A|<\varepsilon$ 设法去寻找定义所要求的正整数 N. 通常是：$\forall\varepsilon>0$，由 $|x_n-A|<\varepsilon$(有时在运算中可将 $|x_n-A|$ 适当放大，且放大后的式子必须以 0 为极限(或随 n 的增大而减小)，再使放大后关于 n 较简单的式子小于 ε)，通过反推得到 $n>g(\varepsilon)$，从而取 $N=[g(\varepsilon)]$ 即可.

例 2.1.1 用极限的 ε-N 定义证明 $\lim\limits_{n\to\infty}\dfrac{1}{\sqrt[k]{n}}=0,k\in\mathbf{N}^+$.

证 $\forall\varepsilon>0$(不妨设 $\varepsilon<1$)，由于 $|x_n-0|=\left|\dfrac{1}{\sqrt[k]{n}}\right|=\dfrac{1}{\sqrt[k]{n}}$，要使 $|x_n-0|<\varepsilon$，只需 $\dfrac{1}{\sqrt[k]{n}}<\varepsilon$，即

$n>\dfrac{1}{\varepsilon^k}$. 取 $N=\left[\dfrac{1}{\varepsilon^k}\right]$，则当 $n>N$ 时，就有 $|x_n-0|<\varepsilon$. 由极限定义 2.1.3 有

$$\lim_{n\to\infty}\frac{1}{\sqrt[k]{n}}=0.$$

特别地，当分别取 $k=1,k=2$ 时，有常见结论：$\lim\limits_{n\to\infty}\dfrac{1}{n}=0,\lim\limits_{n\to\infty}\dfrac{1}{\sqrt{n}}=0$.

例 2.1.2 设 $|q|<1$，用极限的 ε-N 定义证明 $\lim\limits_{n\to\infty}q^n=0$.

证 当 $q=0$ 时，结论显然成立.

当 $0<|q|<1$ 时，$\forall\varepsilon>0$(不妨设 $\varepsilon<1$)，由于 $|x_n-0|=|q^n|=|q|^n$，要使 $|x_n-0|<\varepsilon$，只需 $|q|^n<\varepsilon$，即 $\ln|q|^n<\ln\varepsilon$，亦即 $n>\dfrac{\ln\varepsilon}{\ln|q|}$. 取 $N=\left[\dfrac{\ln\varepsilon}{\ln|q|}\right]+1$，则当 $n>N$ 时，就有 $|x_n-0|<\varepsilon$. 由极限定义 2.1.3 有

$$\lim_{n\to\infty}q^n=0.$$

例 2.1.3 用极限的 ε-N 定义证明 $\lim\limits_{n\to\infty}\dfrac{\sin n}{n}=0$.

证 $\forall\varepsilon>0(\varepsilon<1)$，由于 $|x_n-0|=\left|\dfrac{\sin n}{n}\right|=\dfrac{|\sin n|}{n}<\dfrac{1}{n}$，要使 $|x_n-0|<\varepsilon$，只需

$\dfrac{1}{n}<\varepsilon$，即 $n>\dfrac{1}{\varepsilon}$. 取 $N=\left[\dfrac{1}{\varepsilon}\right]$，则当 $n>N$ 时，就有 $|x_n-0|<\varepsilon$. 由极限定义 2.1.3 有

$$\lim_{n\to\infty}\frac{\sin n}{n}=0.$$

2.1.3　收敛数列的几个性质

定理 2.1.1（收敛数列的有界性）　若数列 $\{x_n\}$ 收敛,则数列 $\{x_n\}$ 必是有界数列.

证　设 $\lim\limits_{n\to\infty}x_n=A$.根据极限定义 2.1.3,对于 $\varepsilon=1$,存在正整数 N,使得当 $n>N$ 时,恒有 $|x_n-A|<1$ 成立.于是当 $n>N$ 时,有

$$|x_n|=|(x_n-A)+A|\leqslant|x_n-A|+|A|<1+|A|.$$

取 $M=\max\{|x_1|,|x_2|,\cdots,|x_N|,1+|A|\}$,则对于一切 n 都有

$$|x_n|\leqslant M,$$

即数列 $\{x_n\}$ 为有界数列.

定理 2.1.1 的逆命题不成立,即有界数列不一定收敛.例如,数列 $\{(-1)^n\}$ 有界,但却是发散的.所以数列有界是数列收敛的必要条件.换句话说,**若数列 $\{x_n\}$ 无界,则数列 $\{x_n\}$ 必是发散的**.例如,数列 $\{2^n\}$ 无界,所以数列 $\{2^n\}$ 发散.

在数列 $\{x_n\}$ 中按照某种方式任意选出无穷多项,并保持各项在原数列 $\{x_n\}$ 中的先后次序,这样得到一个新的数列,称其为原数列 $\{x_n\}$ 的一个**子数列**,简称为**子列**.记作 $\{x_{n_k}\}$（$k=1,2,\cdots$,且当 $i<j$ 时 $n_i<n_j$）.这里 n_k 为 x_{n_k} 在原数列 $\{x_n\}$ 中的项数,k 为 x_{n_k} 在子列 $\{x_{n_k}\}$ 中的项数.显然 $n_k\geqslant k$.

例如,分别由 $\{x_n\}$ 的所有奇数项与所有偶数项构成的数列 $\{x_{2n-1}\}$ 与 $\{x_{2n}\}$ 都是 $\{x_n\}$ 的子列.

由极限的"ε-N"定义容易证明收敛数列 $\{x_n\}$ 与其任一子列 $\{x_{n_k}\}$ 间有如下关系.

定理 2.1.2　$\lim\limits_{n\to\infty}x_n=A\Leftrightarrow\lim\limits_{k\to\infty}x_{n_k}=A$,其中 $\{x_{n_k}\}$ 为数列 $\{x_n\}$ 的任一子列.

定理 2.1.2 表明,如果数列 $\{x_n\}$ 中有一个子列发散,则数列 $\{x_n\}$ 必发散;或数列 $\{x_n\}$ 中有两个收敛的子列,但其极限不同,那么数列 $\{x_n\}$ 也必发散.

特别地,有如下常用的一个结论.

推论 2.1.1　$\lim\limits_{n\to\infty}x_n=A\Leftrightarrow\lim\limits_{n\to\infty}x_{2n-1}=\lim\limits_{n\to\infty}x_{2n}=A.$

例 2.1.4　在 $n\to\infty$ 时,判断下列数列是否存在极限:

$$(1)\ x_n=\begin{cases}\dfrac{\sin n}{n},& n\text{ 为奇数},\\[2mm]\dfrac{1}{2^n},& n\text{ 为偶数};\end{cases}\qquad(2)\ y_n=(-1)^n;\qquad(3)\ z_n=n^{(-1)^{n-1}}.$$

解　(1) 由于 $x_{2n-1}=\dfrac{\sin(2n-1)}{2n-1}$,$x_{2n}=\left(\dfrac{1}{2}\right)^{2n}=\left(\dfrac{1}{4}\right)^n$.而

$$\lim_{n\to\infty}x_{2n-1}=0,\quad\lim_{n\to\infty}x_{2n}=0.$$

由推论 2.1.1 知数列 $\{x_n\}$ 收敛且 $\lim\limits_{n\to\infty}x_n=0$.

(2) 由于 $y_{2n-1}=(-1)^{2n-1}=-1$,$y_{2n}=(-1)^{2n}=1$,而

$$\lim_{n\to\infty}y_{2n-1}=-1,\quad\lim_{n\to\infty}y_{2n}=1.$$

由推论 2.1.1 知数列 $\{y_n\}$ 发散.

(3) 由于 $z_{2n-1} = 2n-1, z_{2n} = \dfrac{1}{2n}$,而 $z_{2n-1} = 2n-1$ 无界,所以子列 $\{z_{2n-1}\}$ 发散,由推论2.1.1知数列 $\{z_n\}$ 发散.

习　题　2.1

(A)

1. 用极限的 $\varepsilon\text{-}N$ 定义证明下列极限:

(1) $\lim\limits_{n\to\infty}\dfrac{1}{n^2} = 0$;　　　(2) $\lim\limits_{n\to\infty}\sqrt[n]{3} = 1$;　　　(3) $\lim\limits_{n\to\infty}(\sqrt{n+1}-\sqrt{n}) = 0$;

(4) $\lim\limits_{n\to\infty}\dfrac{n+1}{2n} = \dfrac{1}{2}$,并由此求极限 $L = \lim\limits_{n\to\infty}\left(1-\dfrac{1}{2^2}\right)\left(1-\dfrac{1}{3^2}\right)\cdots\left(1-\dfrac{1}{n^2}\right)$.

2. 在 $n\to\infty$ 时,判断下列数列是否存在极限(要求说明理由):

(1) $x_n = e^n$;　　　(2) $x_n = 1+\cos n\pi$;　　　(3) $x_n = \sin\dfrac{n\pi}{2}$;　　　(4) $x_n = \begin{cases} \dfrac{1}{n}, & n\text{ 为奇数}, \\[2mm] \dfrac{1}{2^n}, & n\text{ 为偶数}. \end{cases}$

3. 设 A 为常数,判断下列说法是否正确?

(1) 如果对于任意给定的 $\varepsilon > 0$,存在正整数 N,使得第 N 项后面的无穷多项满足 $|x_n - A| < \varepsilon$,则 $\lim\limits_{n\to\infty}x_n = A$;

(2) 若 $\lim\limits_{n\to\infty}x_n = A$,则数列 x_{1000+n} 也收敛于 A;

(3) 发散数列一定无界;

(4) 无界数列一定发散;

(5) 若 $\lim\limits_{n\to\infty}x_n = A$ 且 $\lim\limits_{n\to\infty}y_n = A$,则数列 $x_1, y_1, x_2, y_2, \cdots, x_n, y_n, \cdots$ 也收敛于 A.

4. 证明 $\lim\limits_{n\to\infty}x_n = 0 \Leftrightarrow \lim\limits_{n\to\infty}|x_n| = 0$.

(B)

1. 设数列 $\{x_n\}$ 有界,且 $\lim\limits_{n\to\infty}y_n = 0$,证明 $\lim\limits_{n\to\infty}(x_n y_n) = 0$.

2. 证明:若 $\lim\limits_{n\to\infty}x_n = a (a\neq 0)$,则 $\lim\limits_{n\to\infty}|x_n| = |a|$. 其逆命题成立吗?

2.2　函数的极限与极限的性质

数列 $x_n = f(n)$ 可以看作定义在正整数集上的函数. 极限 $\lim\limits_{n\to\infty}x_n = A$,表示当自变量 n 取正整数且无限增大时,函数 $f(n)$ 无限接近于定常数 A. 对于一般的函数 $y = f(x)$ 也可提出类似的问题:即当自变量 x 按一定条件变化时,函数 $f(x)$ 的变化趋势问题.

这里所谈的"x 按一定的条件变化"主要有以下两种情况:

(1) 自变量 x 的绝对值 $|x|$ 无限增大,称这种情况为 x 趋于无穷大,记作 $x\to\infty$. 特别地,当 x 取正值且 $|x|$ 无限增大时,记作 $x\to+\infty$(读作 x 趋于正无穷大);当 x 取负值且 $|x|$ 无限增大时,记作 $x\to-\infty$(读作 x 趋于负无穷大).

(2) 自变量 x 无限地接近于定数 x_0,但 $x\neq x_0$,记作 $x\to x_0$(读作 x 趋于 x_0).

2.2.1　$x\to\infty$ 时,函数 $f(x)$ 的极限

设 $f(x)$ 在 $|x|\geqslant b\geqslant 0$($b$ 为某常数)上有定义,下面研究当 $x\to\infty$ 时,$f(x)$ 以 A 为极限.

直观地说,就是当 $|x|$ 无限增大时,函数 $f(x)$ 无限地接近定常数 A. 与数列 $x_n = f(n)$ 以 A 为极限的 $\varepsilon\text{-}N$ 定义稍作对比,即有下列函数 $f(x)$ 当 $x \to \infty$ 时以 A 为极限的精确性定义.

定义 2.2.1　设函数 $f(x)$ 在 $|x| \geqslant b \geqslant 0$ 上有定义,若存在常数 A,对于任意给定的正数 ε(无论它多么小),总存在正数 X,使得当 $|x| > X$ 时,恒有

$$|f(x) - A| < \varepsilon,$$

则称 A 为函数 $f(x)$ 当 $x \to \infty$ 时的**极限**,记作

$$\lim_{x \to \infty} f(x) = A \quad \text{或} \quad f(x) \to A \quad (x \to \infty).$$

该定义常称为函数极限的"$\varepsilon\text{-}X$"定义. 用逻辑符号,该定义可简述为:

$\forall \varepsilon > 0, \exists X > 0$,使得当 $|x| > X$ 时,恒有 $|f(x) - A| < \varepsilon$,则称 A 为函数 $f(x)$ 当 $x \to \infty$ 时的极限,记作 $\lim\limits_{x \to \infty} f(x) = A$.

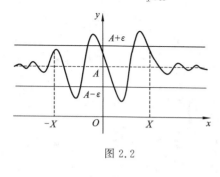

图 2.2

定义 2.2.1 的几何意义是:对于无论怎样小的正数 ε,总能找到正数 X,当 x 满足 $x > X$ 或 $x < -X$ 时,曲线 $y = f(x)$ 总是介于两条水平直线 $y = A - \varepsilon$ 和 $y = A + \varepsilon$ 之间(图 2.2).

如果 $x > 0$ 且无限增大,只要将定义 2.2.1 中的 $|x| > X$ 改为 $x > X$,就可得 $\lim\limits_{x \to +\infty} f(x) = A$ 的定义;同样,如果 $x < 0$ 且 $|x|$ 无限增大,那么只要将定义 2.2.1 中 $|x| > X$ 改为 $x < -X$ 就可得 $\lim\limits_{x \to -\infty} f(x) = A$ 的定义.

由于 $|x| > X \Leftrightarrow x < -X$ 或 $x > X$,由极限定义容易得出下面的结论.

定理 2.2.1　$\lim\limits_{x \to \infty} f(x) = A \Leftrightarrow \lim\limits_{x \to +\infty} f(x) = \lim\limits_{x \to -\infty} f(x) = A.$

例 2.2.1　用极限定义证明 $\lim\limits_{x \to \infty} \dfrac{1}{x} = 0.$

证　$\forall \varepsilon > 0$,由于 $\left| \dfrac{1}{x} - 0 \right| = \dfrac{1}{|x|}$,要使 $\left| \dfrac{1}{x} - 0 \right| < \varepsilon$,只需 $\dfrac{1}{|x|} < \varepsilon$,即 $|x| > \dfrac{1}{\varepsilon}$. 取 $X = \dfrac{1}{\varepsilon}$,则当 $|x| > X$ 时,就有 $\left| \dfrac{1}{x} - 0 \right| < \varepsilon$. 由极限定义 2.2.1 有

$$\lim_{x \to \infty} \frac{1}{x} = 0.$$

借助于基本初等函数的图形,可以直观的得到下列函数的极限:

(1) $\lim\limits_{x \to \infty} C = C$;

(2) $\lim\limits_{x \to \infty} \sin x$ 不存在($\lim\limits_{x \to \infty} \cos x$ 不存在);

(3) $\lim\limits_{x \to -\infty} e^x = 0$;

(4) $\lim\limits_{x \to +\infty} e^x$ 不存在(一种特殊的不存在,记作 $+\infty$);

(5) $\lim\limits_{x \to -\infty} \arctan x = -\dfrac{\pi}{2}$;

(6) $\lim\limits_{x \to +\infty} \arctan x = \dfrac{\pi}{2}$;

(7) $\lim\limits_{x \to -\infty} \operatorname{arccot} x = \pi$;

(8) $\lim\limits_{x \to +\infty} \operatorname{arccot} x = 0$.

由定理 2.2.1 可知极限 $\lim\limits_{x \to \infty} e^x, \lim\limits_{x \to \infty} \arctan x, \lim\limits_{x \to \infty} \operatorname{arccot} x$ 均不存在.

2.2.2　$x \to x_0$ 时,函数 $f(x)$ 的极限

这种情况是研究当 x 无限接近 x_0 时,函数 $f(x)$ 的变化趋势. 直观上看,如果当 $x \to x_0$ 时,函

数 $f(x)$ 无限接近于常数 A,我们称 A 是 $f(x)$ 当 $x \to x_0$ 时的极限.仿前面极限 $\lim\limits_{x \to \infty} f(x) = A$ 的定义,函数 $f(x)$ 与 A 的接近程度同样可用 $|f(x) - A| < \varepsilon$ 来表示(ε 是任意给定的正数),x 与 x_0 的接近程度可用 $0 < |x - x_0| < \delta$ 来表示(δ 是依赖于 ε 的正数),可以给出如下的定义.

1. 函数极限的 ε-δ 定义

定义 2.2.2　设 $y = f(x)$ 在 x_0 的某去心邻域 $\mathring{U}(x_0)$ 内有定义,若存在常数 A,对于任意给定的正数 ε(无论它多么小),总存在正数 δ,使得当 $0 < |x - x_0| < \delta$ 时,恒有
$$|f(x) - A| < \varepsilon,$$
则称 A 为函数 $f(x)$ 当 $x \to x_0$ 时的**极限**,记作
$$\lim_{x \to x_0} f(x) = A \quad \text{或} \quad f(x) \to A \quad (x \to x_0).$$

此时也称为当 $x \to x_0$ 时,$f(x)$ 的极限存在,或 $f(x)$ 有极限.

该定义常称为函数极限的"ε-δ"定义.用逻辑符号,该定义可简述为:

$\forall \varepsilon > 0, \exists \delta > 0$,使得当 $0 < |x - x_0| < \delta$ 时,恒有 $|f(x) - A| < \varepsilon$,则称 A 为函数 $f(x)$ 当 $x \to x_0$ 时的极限,记作 $\lim\limits_{x \to x_0} f(x) = A$.

值得注意的是,定义 2.2.2 中,只要求函数 $f(x)$ 在 x_0 的去心邻域 $\mathring{U}(x_0)$ 内有定义,这就意味着 $f(x)$ 在 x_0 处是否有极限与 $f(x)$ 在 x_0 处是否有定义二者之间毫无关系.因此我们约定:符号 $x \to x_0$ 意指 x 无限地接近 x_0,但 $x \neq x_0$.

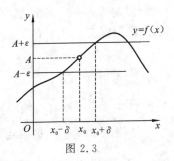

图 2.3

定义 2.2.2 的几何意义是:对于任意给定的正数 ε,总存在点 x_0 的一个去心邻域 $0 < |x - x_0| < \delta$,使得函数 $y = f(x)$ 在这个去心邻域内的图形全部介于两条直线 $y = A - \varepsilon$ 和 $y = A + \varepsilon$ 之间(图 2.3).

例 2.2.2　用极限定义证明 $\lim\limits_{x \to 1} \dfrac{3(x^2 - 1)}{x - 1} = 6$.

证　这里 $f(x) = \dfrac{3(x^2 - 1)}{x - 1}$.$\forall \varepsilon > 0$,由于 $x \to 1$ 时 $x \neq 1$,所以
$$|f(x) - 6| = \left| \frac{3(x^2 - 1)}{x - 1} - 6 \right| = 3|x - 1|,$$

要使 $|f(x) - 6| < \varepsilon$,只需 $3|x - 1| < \varepsilon$,即 $|x - 1| < \dfrac{\varepsilon}{3}$,取 $\delta = \dfrac{\varepsilon}{3}$,则当 $0 < |x - 1| < \delta$ 时,就有
$$|f(x) - 6| < \varepsilon$$
成立.由极限定义 2.2.2 有
$$\lim_{x \to 1} \frac{3(x^2 - 1)}{x - 1} = 6.$$

例 2.2.3　用极限定义证明 $\lim\limits_{x \to x_0} x = x_0$.

证　这里 $f(x) = x$.$\forall \varepsilon > 0$,由于 $|f(x) - x_0| = |x - x_0|$,要使 $|f(x) - x_0| < \varepsilon$,只需 $|x - x_0| < \varepsilon$,取 $\delta = \varepsilon$,则当 $0 < |x - x_0| < \delta$ 时,就有 $|f(x) - x_0| < \varepsilon$ 成立.由极限定义 2.2.2 有

$$\lim_{x \to x_0} x = x_0.$$

同理可证

$$\lim_{x \to x_0} C = C \quad (C \text{ 为常数}).$$

例 2.2.4　用极限定义证明 $\lim\limits_{x \to 0} \sin x = 0$.

证　这里 $f(x) = \sin x$. $\forall \varepsilon > 0$,由于 $|f(x) - 0| = |\sin x - 0| = |\sin x| \leqslant |x|$(弦长不超过弧长),要使 $|f(x) - 0| < \varepsilon$,只需 $|x| < \varepsilon$. 取 $\delta = \varepsilon$,则当 $0 < |x| < \delta$ 时,就有 $|\sin x - 0| < \varepsilon$. 由极限定义 2.2.2 有

$$\lim_{x \to 0} \sin x = 0.$$

例 2.2.5　用极限定义证明 $\lim\limits_{x \to 2} \sqrt{x} = \sqrt{2}$.

证　这里 $f(x) = \sqrt{x}$. $\forall \varepsilon > 0$,由于 $|f(x) - \sqrt{2}| = |\sqrt{x} - \sqrt{2}| = \left| \dfrac{x-2}{\sqrt{x} + \sqrt{2}} \right| \leqslant \dfrac{1}{\sqrt{2}} |x - 2|$,

要使 $|f(x) - \sqrt{2}| < \varepsilon$,只需 $\dfrac{1}{\sqrt{2}} |x - 2| < \varepsilon$,即 $|x - 2| < \sqrt{2}\varepsilon$,考虑到还要使 x 不取负值,因此可限制 $|x - 2| \leqslant 2$,故取 $\delta = \min\{2, \sqrt{2}\varepsilon\}$,则当 $0 < |x - 2| < \delta$ 时,就有 $|f(x) - \sqrt{2}| < \varepsilon$,由极限定义 2.2.2 有

$$\lim_{x \to 2} \sqrt{x} = \sqrt{2}.$$

同理可证

$$\lim_{x \to x_0} \sqrt{x} = \sqrt{x_0} \quad (x_0 > 0), \qquad \lim_{x \to x_0} \sqrt[n]{x} = \sqrt[n]{x_0} \quad (n \in \mathbf{N}^+, n \text{ 为偶数时,需 } x_0 > 0).$$

*例 2.2.6　用极限定义证明 $\lim\limits_{x \to 0} \arcsin x = 0$.

证　这里 $f(x) = \arcsin x$. $\forall \varepsilon > 0 \left(\varepsilon < \dfrac{\pi}{2} \right)$,由于 $|f(x) - 0| = |\arcsin x - 0| = |\arcsin x|$,要使 $|f(x) - 0| < \varepsilon$,只需 $|\arcsin x| < \varepsilon$,即

$$-\varepsilon < \arcsin x < \varepsilon \Leftrightarrow -\sin\varepsilon < x < \sin\varepsilon \Leftrightarrow |x| < \sin\varepsilon,$$

取 $\delta = \sin\varepsilon$,则当 $0 < |x - 0| < \delta$ 时,就有 $|f(x) - 0| < \varepsilon$,由极限定义 2.2.2 有

$$\lim_{x \to 0} \arcsin x = 0.$$

同理可证

$$\lim_{x \to 0} \arctan x = 0.$$

2. 左、右极限

定义 2.2.2 中的 $x \to x_0$ 表示 x 无限地接近 x_0,包括 x 既可以从 x_0 的左侧,又可以从 x_0 的右侧无限地接近 x_0.

有时仅需或只能考虑 x 从 x_0 的左侧或右侧无限地接近于 x_0(分别记作 $x \to x_0^-$ 或 $x \to x_0^+$)时,函数 $f(x)$ 的极限情形,这时的极限分别称为函数 $f(x)$ 在 x_0 处的左极限或右极限. 左极限与右极限也称为**单侧极限**.

若当 x 从 x_0 的左侧(或右侧)无限地接近于 x_0 时,函数 $f(x)$ 无限地趋近于常数 A,则称 A 为函数 $f(x)$ 在 x_0 处的**左极限**(或**右极限**),记作

$$\lim_{x \to x_0^-} f(x) = A \quad \text{或} \quad f(x_0 - 0) = A \quad (\text{或} \lim_{x \to x_0^+} f(x) = A \quad \text{或} \quad f(x_0 + 0) = A).$$

若将定义 2.2.2 中,条件 $0<|x-x_0|<\delta$,改换成左邻域 $-\delta<x-x_0<0$(或右邻域 $0<x-x_0<\delta$),即有下列左极限(或右极限)的精确性定义.

*定义 2.2.3 设 $f(x)$ 在点 x_0 的左(或右)邻域内有定义,若存在常数 A,对于任意给定的正数 ε(无论它多么小),总存在正数 δ,使得当 $-\delta<x-x_0<0$,即 $x_0-\delta<x<x_0$(或 $0<x-x_0<\delta$,即 $x_0<x<x_0+\delta$)时,恒有

$$|f(x)-A|<\varepsilon,$$

则称 A 为 $f(x)$ 在 x_0 处的左(或右)极限.记作

$$\lim_{x\to x_0^-}f(x)=A \quad 或 \quad f(x_0-0)=A \quad (\lim_{x\to x_0^+}f(x)=A \quad 或 \quad f(x_0+0)=A).$$

由于 $0<|x-x_0|<\delta \Leftrightarrow -\delta<x-x_0<0$ 与 $0<x-x_0<\delta$,由定义不难看出,极限与左、右极限有如下关系.

定理 2.2.2 $\lim_{x\to x_0}f(x)=A \Leftrightarrow \lim_{x\to x_0^-}f(x)=\lim_{x\to x_0^+}f(x)=A.$

由此,当左极限 $\lim_{x\to x_0^-}f(x)$ 与右极限 $\lim_{x\to x_0^+}f(x)$ 中有一个不存在,或者虽然两个都存在但不相等时,就可断定极限 $\lim_{x\to x_0}f(x)$ 不存在.因此定理 2.2.2 常可用于讨论分段函数在分段点处的左、右两侧所用的函数的解析式不同时的极限状况.

例 2.2.7 设 $f(x)=\dfrac{|x|}{x}$,求 $\lim_{x\to 0}f(x)$.

解 由于

$$\lim_{x\to 0^-}f(x)=\lim_{x\to 0^-}\frac{|x|}{x}=\lim_{x\to 0^-}\frac{-x}{x}=-1, \quad \lim_{x\to 0^+}f(x)=\lim_{x\to 0^+}\frac{|x|}{x}=\lim_{x\to 0^+}\frac{x}{x}=1.$$

因 $f(0-0)\neq f(0+0)$,故 $\lim_{x\to 0}f(x)$ 不存在.

例 2.2.8 设 $f(x)=\begin{cases}\sin x, & x<0, \\ x, & x>0.\end{cases}$ 求 $\lim_{x\to 0}f(x)$.

解 由于

$$\lim_{x\to 0^-}f(x)=\lim_{x\to 0^-}\sin x=0, \quad \lim_{x\to 0^+}f(x)=\lim_{x\to 0^+}x=0.$$

因 $f(0-0)=f(0+0)$,故 $\lim_{x\to 0}f(x)=0.$

2.2.3 极限的性质

由于函数极限的定义按自变量的变化过程不同有各种不同的形式,为叙述方便起见,下面仅以自变量 $x\to x_0$ 的情形叙述和证明函数极限的性质,这些性质对于自变量 x 的其他变化过程都成立,且性质的叙述与证明只要稍作一些相应的修改便可得到.作为函数的特例,这些性质对于数列的极限也成立.

定理 2.2.3(极限唯一性) 若 $\lim_{x\to x_0}f(x)$ 存在,则 $\lim_{x\to x_0}f(x)$ 必唯一.

证 设 $\lim_{x\to x_0}f(x)=A,\lim_{x\to x_0}f(x)=B$,则 $\forall\varepsilon>0$,因 $\lim_{x\to x_0}f(x)=A$,对于 $\dfrac{1}{2}\varepsilon,\exists\delta_1>0$,使得当 $0<|x-x_0|<\delta_1$ 时,有 $|f(x)-A|<\dfrac{1}{2}\varepsilon$.同理,因 $\lim_{x\to x_0}f(x)=B$,对于 $\dfrac{1}{2}\varepsilon,\exists\delta_2>0$,使得当 $0<|x-x_0|<\delta_2$ 时,有 $|f(x)-B|<\dfrac{1}{2}\varepsilon$.取 $\delta=\min\{\delta_1,\delta_2\}$,则当 $0<|x-x_0|<\delta$ 时,有

$$| A - B | = | [A - f(x)] + [f(x) - B] | < \frac{1}{2}\varepsilon + \frac{1}{2}\varepsilon = \varepsilon.$$

因 $\varepsilon > 0$ 可以任意地小,故必有 $| A - B | = 0$,即 $A = B$.

定理 2.2.4(局部有界性)　若 $\lim\limits_{x \to x_0} f(x) = A$,则 $f(x)$ 在 x_0 的某去心邻域内有界,即 $\exists M > 0$ 与 $\delta > 0$,使得当 $0 < | x - x_0 | < \delta$ 时,有 $| f(x) | \leqslant M$.

该定理由极限的定义容易证明,详细证明留给读者完成.

定理 2.2.5(局部保号性)　(1) 若 $\lim\limits_{x \to x_0} f(x) = A$,且 $A > 0$(或 $A < 0$),则 $\exists \delta > 0$,使得当 $0 < | x - x_0 | < \delta$ 时,总有 $f(x) > 0$(或 $f(x) < 0$).

(2) 若在 x_0 的某去心邻域 $\mathring{U}(x_0)$ 内有 $f(x) \geqslant 0$(或 $f(x) \leqslant 0$),且 $\lim\limits_{x \to x_0} f(x) = A$,则 $A \geqslant 0$(或 $A \leqslant 0$).

证　(1) 设 $A > 0$,由 $\lim\limits_{x \to x_0} f(x) = A$,取 $\varepsilon = \frac{A}{2} > 0$,则 $\exists \delta > 0$,当 $0 < | x - x_0 | < \delta$ 时,有 $| f(x) - A | < \varepsilon = \frac{A}{2}$,即有 $A - \frac{A}{2} < f(x) < A + \frac{A}{2}$,从而有 $f(x) > \frac{A}{2} > 0$.

对于 $A < 0$,类似可证.

(2) 用反证法. 结合该定理(1),容易证明该结论. 证明留给读者.

从定理 2.2.5 的证明过程中,可得到推论 2.2.1.

推论 2.2.1　若 $\lim\limits_{x \to x_0} f(x) = A > 0$,则 $\exists \delta > 0$,使得当 $0 < | x - x_0 | < \delta$ 时,总有 $f(x) > \frac{A}{2}$.

在定理 2.2.5(2) 中注意,若在 $\mathring{U}(x_0)$ 内有 $f(x) > 0$,且 $\lim\limits_{x \to x_0} f(x) = A$,不一定有 $A > 0$. 例如,在 $\mathring{U}(0)$ 内,$f(x) = x^2 > 0$,但 $\lim\limits_{x \to 0} f(x) = \lim\limits_{x \to 0} x^2 = 0$.

推论 2.2.2(局部保序性)　若在 x_0 的某去心邻域 $\mathring{U}(x_0)$ 内 $f(x) \geqslant g(x)$,且 $\lim\limits_{x \to x_0} f(x) = A$,$\lim\limits_{x \to x_0} g(x) = B$,则必有 $A \geqslant B$.

*证　由题设及极限的定义知,$\forall \varepsilon > 0$,$\exists \delta > 0$,使得当 $0 < | x - x_0 | < \delta$ 时,有 $B - \varepsilon < g(x) < B + \varepsilon$,且 $A - \varepsilon < f(x) < A + \varepsilon$ $\Rightarrow$ $B - \varepsilon < g(x) \leqslant f(x) < A + \varepsilon$,即 $B - A < 2\varepsilon$. 由 ε 的任意性可知,必有 $B \leqslant A$.

下面的定理揭示了函数极限与数列极限的关系.

*定理 2.2.6　若 $\lim\limits_{x \to x_0} f(x) = A$(或 $\lim\limits_{x \to \infty} f(x) = A$),则对于任意数列 $\{x_n\}: x_n \to x_0$,且 $x_n \neq x_0$(或 $| x_n |$ 为无限增大),必有 $\lim\limits_{n \to \infty} f(x_n) = A$(假设 $f(x_n)$ 有定义).

*例 2.2.9　证明 $\lim\limits_{x \to \infty} \sin x$ 不存在.

证　令 $f(x) = \sin x$,取 $x_n = n\pi$,$y_n = 2n\pi + \frac{\pi}{2}$,显然 $| x_n |$,$| y_n |$ 无限增大,但

$$\lim\limits_{n \to \infty} f(x_n) = \lim\limits_{n \to \infty} \sin(n\pi) = 0, \quad \lim\limits_{n \to \infty} f(y_n) = \lim\limits_{n \to \infty} \sin\left(2n\pi + \frac{\pi}{2}\right) = 1,$$

二者不等,因此由定理 2.2.6 知,$\lim\limits_{x \to \infty} \sin x$ 不存在.

习 题 2.2

（A）

1. 用极限的 $\varepsilon\text{-}X$ 定义证明：

(1) $\lim\limits_{x \to \infty} \dfrac{8x+2}{x} = 8$;   (2) $\lim\limits_{x \to \infty} \dfrac{\sin x}{x} = 0$.

2. 设函数 $f(x) = \dfrac{4x-3\mid x \mid}{2x+\mid x \mid}$, 求 $\lim\limits_{x \to +\infty} f(x)$, $\lim\limits_{x \to -\infty} f(x)$ 及 $\lim\limits_{x \to \infty} f(x)$.

3. 用极限的 $\varepsilon\text{-}\delta$ 定义证明：

(1) $\lim\limits_{x \to 1}(2x-1) = 1$;   (2) $\lim\limits_{x \to 3} \dfrac{x^2-9}{6(x-3)} = 1$.

4. 设函数 $f(x) = \begin{cases} \sin x, & x < 0, \\ 6, & 0 \leqslant x < 6, \\ x, & x > 6. \end{cases}$ 问极限 $\lim\limits_{x \to 0} f(x)$, $\lim\limits_{x \to 6} f(x)$ 是否存在？为什么？

5. 设函数 $f(x) = \dfrac{\sqrt{x^2-2x+1}}{x-1}$, 求 $f(1+0)$, $f(1-0)$ 及 $\lim\limits_{x \to 1} f(x)$.

6. 设函数 $f(x) = \dfrac{x+\mid x \mid}{x}$, 求 $\lim\limits_{x \to 0} f(x)$.

（B）

1. 证明：$\lim\limits_{\substack{x \to x_0 \\ (x \to \infty)}} f(x) = 0 \Leftrightarrow \lim\limits_{\substack{x \to x_0 \\ (x \to \infty)}} \mid f(x) \mid = 0$.

2. 若 $\lim\limits_{x \to x_0} f(x) = A$, 则 $\exists M > 0$ 和 $\delta > 0$, 使得当 $0 < \mid x - x_0 \mid < \delta$ 时, 有 $\mid f(x) \mid \leqslant M$.

2.3 无穷小量与无穷大量

本节我们讨论两种特殊的变量, 无穷小量与无穷大量. 这两种特殊的变量无论在极限的理论上还是在极限的应用上都起着十分重要的作用.

到目前为止, 我们已经讨论了自变量在六种变化过程 $x \to \infty$, $x \to +\infty$, $x \to -\infty$, $x \to x_0$, $x \to x_0^-$, $x \to x_0^+$ 下函数 $f(x)$ 的极限. 数列 $f(n)$ 作为一种特殊的函数, 自变量只有 $n \to \infty$ 的变化过程. 为了统一地论述极限的性质与运算, 本书若不特别指出是哪一种极限, 将上述自变量变化的七种过程笼统地称为 "在自变量的某个变化过程中", 并用 $\lim f(x)$ 泛指其中的任何一种过程下的极限.

2.3.1 无穷小量的概念

定义 2.3.1 在自变量 x 的某一变化过程中, 若函数 $f(x)$ 的极限为零, 即 $\lim f(x) = 0$, 则称函数 $f(x)$ 为 x 在该变化过程中的**无穷小量**, 简称为**无穷小**.

例如, 当 $n \to \infty$ 时, 变量 $\dfrac{1}{n}$ 是无穷小; 当 $x \to 0$ 时, $\sin x$ 是无穷小; 当 $x \to -\infty$ 时, e^x 是无穷小.

显然, 在函数极限的 $\varepsilon\text{-}X$, $\varepsilon\text{-}\delta$ 定义中, 只需令 $A = 0$ 就可得到无穷小的精确定义. 读者可以自己完成.

关于无穷小的定义要注意以下两点.

(1) 谈论函数是否为无穷小时, 必须指明其自变量的变化过程.

例如,函数 $f(x) = \dfrac{1}{x}$,当 $x \to \infty$ 时为无穷小,而当 $x \to 2$ 时就不是无穷小.

（2）一般说来,无穷小是以 0 为极限的变量（函数）. 任何非零常数都不是无穷小.

例如,10^{-999} 不是无穷小,因为它的极限不会等于零. 但由于 $\lim 0 = 0$,故 0 是唯一的可以作为无穷小的常数.

2.3.2 无穷小的运算性质

为方便起见,仅以 $x \to x_0$ 的情形加以证明,对于自变量 x 的其他变化过程可类似证明.

对于自变量相同的变化过程下的无穷小量,有下述运算性质.

定理 2.3.1 有限个无穷小的代数和仍为无穷小.

证 只证两个无穷小的情形即可.

设 $\lim\limits_{x \to x_0} \alpha(x) = 0, \lim\limits_{x \to x_0} \beta(x) = 0$. 由定义 2.2.2 知,$\forall \varepsilon > 0$,

$$\exists \delta_1 > 0,\text{使得当 } 0 < |x - x_0| < \delta_1 \text{ 时,有 } |\alpha(x) - 0| < \varepsilon/2,$$

以及

$$\exists \delta_2 > 0,\text{使得当 } 0 < |x - x_0| < \delta_2 \text{ 时,有 } |\beta(x) - 0| < \varepsilon/2.$$

取 $\delta = \min\{\delta_1, \delta_2\}$,当 $0 < |x - x_0| < \delta$ 时,有

$$|\alpha(x) \pm \beta(x) - 0| \leqslant |\alpha(x)| + |\beta(x)| < \varepsilon/2 + \varepsilon/2 = \varepsilon.$$

由极限定义有

$$\lim\limits_{x \to x_0} [\alpha(x) \pm \beta(x)] = 0,$$

即两个无穷小的代数和仍为无穷小.

由有限归纳法可以证明,有限个无穷小的代数和仍为无穷小.

需要指出的是无限个无穷小的代数和未必是无穷小. 例如

$$\lim\limits_{n \to \infty} \underbrace{\left(\frac{1}{n} + \frac{1}{n} + \cdots + \frac{1}{n} \right)}_{n\text{个}} = \lim\limits_{n \to \infty} \left(n \cdot \frac{1}{n} \right) = 1.$$

定理 2.3.2 有界变量与无穷小的乘积仍为无穷小.

这里所说的**有界变量**是指在某个极限过程中,该变量（函数）有界,或者说变量（函数）是局部有界的. 例如,函数 $f(x)$ 在某去心邻域 $\mathring{U}(x_0)$（或 $|x| > X$）内有界,则称 $f(x)$ 在 $x \to x_0$（或 $x \to \infty$）时是有界变量. 有界变量也常简称为**有界量**.

*证 设 $f(x)$ 在 x_0 的某去心邻域 $\mathring{U}(x_0)$ 内有界,即 $\exists M > 0$ 及 $\delta_1 > 0$,使得当 $0 < |x - x_0| < \delta_1$ 时,$|f(x)| \leqslant M$,且 $\lim\limits_{x \to x_0} \alpha(x) = 0$,下面证明 $\lim\limits_{x \to x_0} f(x)\alpha(x) = 0$.

由 $\lim\limits_{x \to x_0} \alpha(x) = 0$ 知,$\forall \varepsilon > 0$,$\exists \delta_2 > 0$,使得当 $0 < |x - x_0| < \delta_2$ 时,$|\alpha(x)| < \dfrac{\varepsilon}{M}$. 取 $\delta = \min\{\delta_1, \delta_2\}$,则当 $0 < |x - x_0| < \delta$ 时,有

$$|f(x)\alpha(x)| = |f(x)| \cdot |\alpha(x)| < M \cdot \frac{\varepsilon}{M} = \varepsilon.$$

由极限定义有

$$\lim\limits_{x \to x_0} f(x)\alpha(x) = 0.$$

由定理 2.3.2 容易得到下面推论.

推论 2.3.1 常量与无穷小的乘积仍为无穷小.

推论 2.3.2 有限个无穷小的乘积仍为无穷小.

例 2.3.1 求下列极限:

(1) $\lim\limits_{n\to\infty}\dfrac{(-1)^n}{n^2}$; (2) $\lim\limits_{x\to\infty}\dfrac{1}{x}\arctan x$; (3) $\lim\limits_{x\to 0}x^3\left(8+\sin\dfrac{1}{x}\right)$.

解 (1) 因 $\lim\limits_{n\to\infty}\dfrac{1}{n^2}=0$; 而 $|(-1)^n|<2$, 由定理 2.3.2 知, $\lim\limits_{n\to\infty}\dfrac{(-1)^n}{n^2}=0$.

(2) 因为 $\lim\limits_{x\to\infty}\dfrac{1}{x}=0$, 而 $|\arctan x|<\dfrac{\pi}{2}$, 由定理 2.3.2 知, $\lim\limits_{x\to\infty}\dfrac{1}{x}\arctan x=0$.

(3) 因为 $\lim\limits_{x\to 0}x^3=0$, 而 $\left|8+\sin\dfrac{1}{x}\right|\leqslant 9$, 由定理 2.3.2 知, $\lim\limits_{x\to 0}x^3\left(8+\sin\dfrac{1}{x}\right)=0$.

2.3.3 无穷小与函数极限之间的关系

无穷小之所以重要, 是因为无穷小与函数极限之间有着密切的关系, 正是这一关系使无穷小在函数极限的研究中发挥着极其重要的作用.

定理 2.3.3 $\lim f(x)=A\Leftrightarrow f(x)=A+\alpha(x)$, 其中 $\lim\alpha(x)=0$.

该定理也常简称为极限与无穷小的关系.

证 下面仅就 $x\to x_0$ 的情形给出证明.

必要性 因 $\lim\limits_{x\to x_0}f(x)=A$, 即 $\forall\varepsilon>0,\exists\delta>0$, 使得当 $0<|x-x_0|<\delta$ 时, 有

$$|f(x)-A|<\varepsilon.$$

令 $\alpha(x)=f(x)-A$, 则 $|\alpha(x)|<\varepsilon$. 即 $\alpha(x)$ 是 $x\to x_0$ 时的无穷小, 于是

$$f(x)=A+\alpha(x), \quad \text{且} \quad \lim\limits_{x\to x_0}\alpha(x)=0.$$

充分性 因 $f(x)=A+\alpha(x)$ 且 $\lim\limits_{x\to x_0}\alpha(x)=0$, 故 $f(x)-A=\alpha(x)$ 是 $x\to x_0$ 时的无穷小. 于是 $\forall\varepsilon>0,\exists\delta>0$, 使得当 $0<|x-x_0|<\delta$ 时, 有 $|f(x)-A|=|\alpha(x)|<\varepsilon$.

由极限的定义可知, 有 $\lim\limits_{x\to x_0}f(x)=A$.

定理 2.3.3 表明, 函数的极限等于某个常数的充要条件是函数可表示成该常数与某个无穷小之和.

例如, 求 $\lim\limits_{x\to 0}\dfrac{1-x^2}{1-x}$. 因 $\dfrac{1-x^2}{1-x}=1+x$, 而 $\lim\limits_{x\to 0}x=0$, 故 $\lim\limits_{x\to 0}\dfrac{1-x^2}{1-x}=1$.

例 2.3.2 求 $\lim\limits_{n\to\infty}\left(\dfrac{1}{n^2}+\dfrac{2}{n^2}+\cdots+\dfrac{n}{n^2}\right)$.

解 由于 $\dfrac{1}{n^2}+\dfrac{2}{n^2}+\cdots+\dfrac{n}{n^2}=\dfrac{n(n+1)}{2n^2}=\dfrac{1}{2}+\dfrac{1}{2n}$, 而 $\lim\limits_{n\to\infty}\dfrac{1}{2n}=0$, 所以

$$\lim\limits_{n\to\infty}\left(\dfrac{1}{n^2}+\dfrac{2}{n^2}+\cdots+\dfrac{n}{n^2}\right)=\dfrac{1}{2}.$$

例 2.3.2 再次给出提醒, 无穷个无穷小量之和未必为无穷小量.

2.3.4 无穷大量

1. 无穷大量的概念

定义 2.3.2 在自变量 x 的某一变化过程中, 若 $|f(x)|$ 无限地增大, 则称函数 $f(x)$ 为 x

在该变化过程中的**无穷大量**,简称为**无穷大**.

函数 $f(x)$ 是无穷大,按照极限定义它是属于没有极限,但它有确定的变化趋势.为了便于叙述这种变化趋势,我们也称函数 $f(x)$ 的极限是无穷大,并借用极限的记法,记作

$$\lim f(x) = \infty.$$

仿照极限的精确性定义,无穷大的精确性定义可叙述如下.

定义 2.3.3 设 $f(x)$ 在 x_0 的某一去心邻域内(或 $|x|$ 充分大时)有定义.若对于任意给定的正数 M(无论怎么大),总存在正数 δ(或正数 X),当 $0 < |x - x_0| < \delta$(或 $|x| > X$)时,恒有 $|f(x)| > M$ 成立,则称 $f(x)$ 为 $x \to x_0$(或 $x \to \infty$)时的无穷大,记作

$$\lim_{\substack{x \to x_0 \\ (x \to \infty)}} f(x) = \infty.$$

若函数 $f(x)$ 取正值且无限增大,则称函数 $f(x)$ 是**正无穷大**,记作

$$\lim f(x) = +\infty.$$

若函数 $f(x)$ 取负值,且其绝对值 $|f(x)|$ 无限增大,则称函数 $f(x)$ 是**负无穷大**,记作

$$\lim f(x) = -\infty.$$

与无穷小类似,关于无穷大也要注意以下两点.

(1) 无穷大是变量(函数),任何常数都不是无穷大;谈论某个函数为无穷大时必须指明其自变量的变化过程.

例如,当 $x \to 0$ 时,$\frac{1}{x}$ 是无穷大;当 $x \to 0^+$ 时,从 $y = \ln x$ 图像上可看出 $\ln x$ 是负无穷大;当 $x \to +\infty$ 时,从 $y = e^x$ 的图像可看出 e^x 是正无穷大.

(2) 无穷大($\infty, -\infty, +\infty$)属于无极限.$\infty, -\infty, +\infty$ 仅仅是一种符号,不能当作数去参与运算.

由无穷小与无穷大的定义容易得到它们之间的关系.

2. 无穷小与无穷大的关系

定理 2.3.4 若 $\lim f(x) = \infty$,则 $\lim \frac{1}{f(x)} = 0$;若 $\lim f(x) = 0$,且在自变量 x 变化过程中 $f(x)$ 不取 0 值,则 $\lim \frac{1}{f(x)} = \infty$.

即在自变量的同一个变化过程中,自变量不取零值的无穷小与无穷大互为倒数关系.

该定理表明,对无穷大的研究可以转化为对无穷小的研究.

例如,因为 $\lim\limits_{x \to \infty} \frac{1}{x^2} = 0$,由定理 2.3.4 可得,$\lim\limits_{x \to \infty} x^2 = \infty$.同理可得 $\lim\limits_{x \to 0} \csc x = \infty$.再如,当 $|q| > 1$ 时,有 $\left|\frac{1}{q}\right| < 1$,而 $\lim\limits_{n \to \infty} \left(\frac{1}{q}\right)^n = 0$,由定理 2.3.4 可得,$\lim\limits_{n \to \infty} q^n = \infty$.

结合例 2.1.2,可得到数列极限的一个**常用结论**:

$$\lim_{n \to \infty} q^n = \begin{cases} 0, & |q| < 1, \\ \infty, & |q| > 1, \\ 1, & q = 1, \\ \text{不存在}, & q = -1. \end{cases}$$

习 题 2.3

（A）

1. 回答下列问题（若一定是,请证明;若不一定是,请举例说明）:

(1) 两个无穷小的商是否一定是无穷小? 　　(2) 无穷小与无穷大的乘积是否一定是无穷小?

(3) 两个无穷大的和是否一定是无穷大? 　　(4) 无穷大与有界函数的乘积是否一定是无穷大?

2. 从函数图像上观察,当 x 趋于什么时,下列函数是无穷小、无穷大?

(1) $f(x) = \ln x$; 　　　　(2) $f(x) = e^x$; 　　　　(3) $f(x) = \dfrac{1}{x}$.

3. 求下列函数的极限（要求说明理由）:

(1) $\lim\limits_{x \to 0} x^2 \cos \dfrac{1}{x^2 + x}$; 　　(2) $\lim\limits_{x \to \infty} \dfrac{\sin x + 5\cos x}{x}$; 　　(3) $\lim\limits_{x \to 0}(x^2 + x)\arctan \dfrac{1}{x}$;

(4) $\lim\limits_{x \to \infty} \dfrac{1 + \sqrt{e^x}\sin x}{x(1 + e^x)}$; 　　(5) $\lim\limits_{x \to \infty} \dfrac{3x + 2}{5x}$; 　　(6) $\lim\limits_{x \to 0}\left(\dfrac{1}{x} - \dfrac{1}{\sqrt{x^2}}\right)$;

(7) $\lim\limits_{n \to \infty}\left(\dfrac{\cos n}{3^n} + \dfrac{1}{n^2}\right)$; 　　(8) $\lim\limits_{x \to \infty} \dfrac{x^5}{x^3 + 7}$.

4. 设 $|q| < 1$,且 $S_n = 1 + q + q^2 + \cdots + q^{n-1}$,试用极限与无穷小的关系,求极限 $\lim\limits_{n \to \infty} S_n$.

（B）

1. 设函数 $f(x)$ 在 $(0, +\infty)$ 内有定义. 由无穷大的定义可知,若 $\lim\limits_{x \to +\infty} f(x) = \infty$,则 $f(x)$ 在 $(0, +\infty)$ 内必是无界函数;但若 $f(x)$ 在 $(0, +\infty)$ 内是无界函数,当 $x \to +\infty$ 时,$f(x)$ 必是无穷大吗?试研究数列 $x_n = [1 + (-1)^n]n$.

2. 已知 $\lim\limits_{x \to \infty}[f(x) - ax - b] = 0$,求极限 $\lim\limits_{x \to \infty} \dfrac{f(x)}{x}$.

2.4 极限的运算法则与两个重要极限

前几节研究了极限的概念和性质,用极限的定义和性质去求函数的极限只适用于一些比较简单的函数的极限,对于比较复杂的函数的极限,需要讨论其他的求解方法.

本节主要讨论极限的基本计算方法 —— 四则运算法则和复合函数求极限法则,以及极限存在的两个准则,最后利用极限存在准则,研究两个具有代表性的重要极限.

本节所讨论的极限的运算法则与两个重要极限对于数列极限和各种函数极限（包含单侧极限）均成立.

2.4.1 极限的四则运算法则

定理 2.4.1 在自变量 x 的同一变化过程中,若 $\lim f(x) = A$,$\lim g(x) = B$,那么在该变化过程中,有

(1) $\lim[f(x) \pm g(x)] = \lim f(x) \pm \lim g(x) = A \pm B$;

(2) $\lim[f(x) \cdot g(x)] = \lim f(x) \cdot \lim g(x) = A \cdot B$,
特别地,$\lim[C \cdot f(x)] = C \cdot \lim f(x) = C \cdot A$（$C$ 为常量）;

(3) 当 $B \neq 0$ 时,$\lim \dfrac{f(x)}{g(x)} = \dfrac{\lim f(x)}{\lim g(x)} = \dfrac{A}{B}$.

下面仅就 $x \to x_0$ 的情形给出结论(1)的证明,其余类似可以证明.

证 由于 $\lim\limits_{x \to x_0} f(x) = A, \lim\limits_{x \to x_0} g(x) = B.$ 由极限与无穷小的关系定理 2.3.3 有

$$f(x) = A + \alpha(x), \quad g(x) = B + \beta(x),$$

其中 $\alpha(x) \to 0(x \to x_0), \beta(x) \to 0(x \to x_0).$ 因此

$$f(x) \pm g(x) = (A \pm B) + [\alpha(x) \pm \beta(x)],$$

由定理 2.3.1 知

$$\alpha(x) \pm \beta(x) \to 0(x \to x_0).$$

再由定理 2.3.3 知

$$\lim_{x \to x_0} [f(x) \pm g(x)] = A \pm B.$$

定理 2.4.1 的结论(1)和(2)可以推广到有限多个极限都存在的函数情形.

由定理 2.4.1 结论(2)有下面的推论.

推论 2.4.1 若 $\lim f(x) = A$,则 $\lim [f(x)]^n = A^n \ (n \in \mathbf{N}^+).$

结合定理 2.4.1 由反证法还可以得到如下推论.

推论 2.4.2 (1) 若 $\lim f(x) = A, \lim g(x)$ 不存在,则 $\lim[f(x) \pm g(x)]$ 必不存在;

(2) 若 $\lim f(x) = A \neq 0, \lim g(x)$ 不存在,则 $\lim[f(x) \cdot g(x)]$ 必不存在;

(3) 若 $\lim f(x) = A \neq 0$,则 $\lim[f(x) \cdot g(x)]$ 与 $\lim g(x)$ 存在性相同,且在极限存在时有

$$\lim[f(x) \cdot g(x)] = A \cdot \lim g(x).$$

推论 2.4.2(3) 表明,求极限时若遇到某个因子有极限,且该因子的极限不为零时,可以把该因子的极限先求出来并提到极限号外面,不影响整个乘积函数的极限.

例 2.4.1 求 $\lim\limits_{x \to 1}(2x^2 + 4x - 3).$

解 由例 2.2.3 知,$\lim\limits_{x \to 1} x = 1.$ 根据定理 2.4.1 及其推论 2.4.1,有

$$\lim_{x \to 1}(2x^2 + 4x - 3) = 2\lim_{x \to 1} x^2 + 4\lim_{x \to 1} x - \lim_{x \to 1} 3 = 2 \cdot 1^2 + 4 \cdot 1 - 3 = 3.$$

由该例所使用的方法可以得到一般性的结论.

设 $P_n(x) = a_0 x^n + a_1 x^{n-1} + \cdots + a_{n-1} x + a_n \ (a_0 \neq 0)$,则有 $\lim\limits_{x \to x_0} P_n(x) = P_n(x_0).$

例 2.4.2 求 $\lim\limits_{x \to 1} \dfrac{x^2 + 4x - 3}{2x + 1}.$

解 由于 $\lim\limits_{x \to 1}(2x + 1) = 3 \neq 0, \lim\limits_{x \to 1}(x^2 + 4x - 3) = 1^2 + 4 \cdot 1 - 3 = 2$,所以根据商的极限法则有

$$\lim_{x \to 1} \frac{x^2 + 4x - 3}{2x + 1} = \frac{\lim\limits_{x \to 1}(x^2 + 4x - 3)}{\lim\limits_{x \to 1}(2x + 1)} = \frac{2}{3}.$$

例 2.4.3 求 $\lim\limits_{x \to 1} \dfrac{2x + 1}{x^2 + x - 2}.$

解 由于分母的极限 $\lim\limits_{x \to 1}(x^2 + x - 2) = 0$,不能直接用商的极限运算法则,但此时分子的极限 $\lim\limits_{x \to 1}(2x + 1) = 3 \neq 0$,可将分式的分子与分母颠倒,再求极限. 由于

$$\lim_{x \to 1} \frac{x^2 + x - 2}{2x + 1} = \frac{0}{3} = 0,$$

根据无穷小与无穷大的关系,可知

$$\lim_{x \to 1} \frac{2x+1}{x^2+x-2} = \infty.$$

例 2.4.4 求 $\lim\limits_{x \to 1} \dfrac{x^3-1}{x^2-1}$.

解 当 $x \to 1$ 时,因分母的极限为零,不能用商的极限法则,又因分子的极限也为零(这种类型极限一般称为 $\dfrac{0}{0}$ 型未定式). 由于 $x \to 1$ 时,$x \neq 1$,即 $x-1 \neq 0$. 将分式的分子与分母分解因式后,约去不为零的公因子 $x-1$ 后,再利用定理 2.4.1 求极限:

$$\lim_{x \to 1} \frac{x^3-1}{x^2-1} = \lim_{x \to 1} \frac{(x-1)(x^2+x+1)}{(x-1)(x+1)} = \lim_{x \to 1} \frac{x^2+x+1}{x+1} = \frac{3}{2}.$$

例 2.4.5 求 $\lim\limits_{x \to 1}\left(\dfrac{1}{x-1} - \dfrac{2}{x^2-1}\right)$.

解 由于 $x \to 1$ 时,括号中的两项都趋于无穷大,是两个无穷大之差(这类极限称为 $\infty - \infty$ 型未定式),不能直接使用差的极限法则. 将其通分,并将分子分母同除以 $x-1$,有

$$\lim_{x \to 1}\left(\frac{1}{x-1} - \frac{2}{x^2-1}\right) = \lim_{x \to 1} \frac{x-1}{x^2-1} = \lim_{x \to 1} \frac{1}{x+1} = \frac{1}{2}.$$

例 2.4.6 求下列极限:

(1) $\lim\limits_{x \to \infty} \dfrac{3x^2-2x+1}{5x^2+4x+3}$;   (2) $\lim\limits_{x \to \infty} \dfrac{3x^2+2x+1}{2x^3+x^2-3}$;   (3) $\lim\limits_{x \to \infty} \dfrac{2x^3+x^2-3}{3x^2+2x+1}$.

解 (1) 由于当 $x \to \infty$ 时,分子与分母的极限均为无穷大(这类极限称为 $\dfrac{\infty}{\infty}$ 型未定式),不能用商的极限法则. 将分子、分母同除以 x 的最高次幂 x^2,再利用定理 2.4.1,有

$$\lim_{x \to \infty} \frac{3x^2-2x+1}{5x^2+4x+3} = \lim_{x \to \infty} \frac{3 - \frac{2}{x} + \frac{1}{x^2}}{5 + \frac{4}{x} + \frac{3}{x^2}} = \frac{3}{5}.$$

(2) 将分子、分母同除以 x 的最高次幂 x^3,有

$$\lim_{x \to \infty} \frac{3x^2+2x+1}{2x^3+x^2-3} = \lim_{x \to \infty} \frac{\frac{3}{x} + \frac{2}{x^2} + \frac{1}{x^3}}{2 + \frac{1}{x} - \frac{3}{x^3}} = \frac{0}{2} = 0.$$

(3) 由(2)题结果并根据无穷小与无穷大的关系可知

$$\lim_{x \to \infty} \frac{2x^3+x^2-3}{3x^2+2x+1} = \infty.$$

由例 2.4.6 所使用的方法可以得到,当 $x \to \infty$ 时,有理函数极限的一般性结论:

$$\lim_{x \to \infty} \frac{a_0 x^m + a_1 x^{m-1} + \cdots + a_m}{b_0 x^n + b_1 x^{n-1} + \cdots + b_n} = \begin{cases} \dfrac{a_0}{b_0}, & m = n, \\ 0, & m < n, \\ \infty, & m > n, \end{cases} \tag{2.4.1}$$

其中 $a_0 \neq 0, b_0 \neq 0, m, n \in \mathbf{N}^+$.

显然,由式(2.4.1)可知,$\lim\limits_{x \to \infty}(a_0 x^n + a_1 x^{n-1} + \cdots + a_n) = \infty \ (n \in \mathbf{N}^+)$.

例 2.4.7 求下列极限:

(1) $\lim\limits_{x \to \infty} \dfrac{3x + \sin 2x}{7x + \arctan x}$;   (2) $\lim\limits_{n \to \infty} \dfrac{5^n + 3^n \cos n}{5^{n+1} + (-2)^n + 1}$;   (3) $\lim\limits_{x \to \infty} \dfrac{e^x - 2\arctan x}{e^x + \operatorname{arccot} x}$.

解　本例(1)、(2)属于$\dfrac{\infty}{\infty}$型的极限,仍用例2.4.6的思想;例(3)中,因 $x \to \infty$ 的极限中含有 e^x,$\arctan x$ 与 $\mathrm{arccot}x$,一般要分别求出 $x \to -\infty$ 与 $x \to +\infty$ 的极限去讨论函数的极限.

(1) 分子、分母同除以 x,结合有界量与无穷小的乘积仍为无穷小的结论,有

$$\lim_{x \to \infty} \frac{3x + \sin 2x}{7x + \arctan x} = \lim_{x \to \infty} \frac{3 + \dfrac{1}{x}\sin 2x}{7 + \dfrac{1}{x}\arctan x} = \frac{3 + 0}{7 + 0} = \frac{3}{7}.$$

(2) 分子、分母同除以 5^n,结合有界量与无穷小的乘积仍为无穷小的结论,有

$$\lim_{n \to \infty} \frac{5^n + 3^n \cos n}{5^{n+1} + (-2)^n + 1} = \lim_{n \to \infty} \frac{1 + \left(\dfrac{3}{5}\right)^n \cdot \cos n}{5 + \left(\dfrac{-2}{5}\right)^n + \left(\dfrac{1}{5}\right)^n} = \frac{1 + 0}{5 + 0 + 0} = \frac{1}{5}.$$

(3) 因为

$$\lim_{x \to -\infty} \frac{\mathrm{e}^x - 2\arctan x}{\mathrm{e}^x + \mathrm{arccot}x} = \frac{0 - 2 \cdot (-\pi/2)}{0 + \pi} = \frac{\pi}{\pi} = 1,$$

$$\lim_{x \to +\infty} \frac{\mathrm{e}^x - 2\arctan x}{\mathrm{e}^x + \mathrm{arccot}x} = \lim_{x \to +\infty} \frac{1 - 2\mathrm{e}^{-x} \cdot \arctan x}{1 + \mathrm{e}^{-x} \cdot \mathrm{arccot}x} = \frac{1 - 0}{1 + 0} = 1,$$

所以 $\lim\limits_{x \to \infty} \dfrac{\mathrm{e}^x - 2\arctan x}{\mathrm{e}^x + \mathrm{arccot}x} = 1.$

2.4.2　复合函数的极限运算法则

定理 2.4.2　设函数 $y = f[\varphi(x)]$ 是由函数 $y = f(u)$ 与函数 $u = \varphi(x)$ 复合而成的,$f[\varphi(x)]$ 在点 x_0 的某去心邻域内有定义. 若 $\lim\limits_{x \to x_0}\varphi(x) = a$,且在点 x_0 的去心邻域内 $\varphi(x) \neq a$,则

(1) 当 $\lim\limits_{u \to a}f(u) = A$ 时,复合函数 $y = f[\varphi(x)]$ 当 $x \to x_0$ 时的极限存在,且

$$\lim_{x \to x_0} f[\varphi(x)] = \lim_{u \to a} f(u) = A. \tag{2.4.2}$$

(2) 特别地,当 $\lim\limits_{u \to a}f(u) = f(a)$ 时,有

$$\lim_{x \to x_0} f[\varphi(x)] = \lim_{u \to a} f(u) = f(a) = f\left[\lim_{x \to x_0}\varphi(x)\right]. \tag{2.4.3}$$

证明从略.

在定理2.4.2中,式(2.4.2)表明,在求复合函数的极限 $\lim\limits_{x \to x_0} f[\varphi(x)]$ 时,可作变量替换,令 $\varphi(x) = u$,当 $\lim\limits_{x \to x_0}\varphi(x) = a$ 时,$\lim\limits_{x \to x_0} f[\varphi(x)]$ 就转化为求极限 $\lim\limits_{u \to a} f(u)$. 即

$$\lim_{x \to x_0} f[\varphi(x)] \xlongequal{\text{令}\ \varphi(x) = u} \lim_{u \to a} f(u) = A.$$

正因为如此,复合函数的极限运算法则也常称为求**极限的变量替换法则**.

式(2.4.3)表明,若 $\lim\limits_{x \to x_0}\varphi(x) = a$,且当外层函数 $f(u)$ 满足 $\lim\limits_{u \to a}f(u) = f(a)$ 时,函数运算符号"f"与极限运算符号"$\lim\limits_{x \to x_0}$"可交换次序.

另外,若将定理2.4.2中的极限过程"$x \to x_0$"改成"$x \to \infty$",或者将 $\lim\limits_{x \to x_0}\varphi(x) = a$ 换成 $\lim\limits_{x \to x_0}\varphi(x) = \infty$ 或 $\lim\limits_{x \to \infty}\varphi(x) = \infty$,而把 $\lim\limits_{u \to a}f(u) = A$ 换成 $\lim\limits_{u \to \infty}f(u) = A$,定理2.4.2的结论仍然成立. 或更进一步说,对于 a 或 x_0 改换为无穷大的情形,也可得到类似的定理.

例 2.4.8 求 $\lim\limits_{x\to 1}\sin(x^2+2x-3)$.

解 令 $u=x^2+2x-3$,当 $x\to 1$ 时,$u\to 0$.由例 2.2.4 知 $\lim\limits_{u\to 0}\sin u=0$.故由式(2.4.2)有

$$\lim\limits_{x\to 1}\sin(x^2+2x-3)=\lim\limits_{u\to 0}\sin u=0.$$

由例 2.2.5 结合定理 2.4.2,可得下述结论:

若 $\lim\limits_{\substack{x\to x_0\\(x\to\infty)}}\varphi(x)=A>0$,则 $\lim\limits_{\substack{x\to x_0\\(x\to\infty)}}\sqrt[n]{\varphi(x)}=\sqrt[n]{A}$ $(n\in \mathbf{N}^+)$.

例 2.4.9 求下列极限:

(1) $\lim\limits_{x\to 2}\dfrac{\sqrt{x+2}-2}{\sqrt{x+7}-3}$; (2) $\lim\limits_{x\to+\infty}(\sqrt{x^2+x}-\sqrt{x^2+1})$.

解 (1) 该题属于 $\dfrac{0}{0}$ 型未定式,不能直接用商的极限法则,对分子与分母有理化消去零因子,再利用复合函数及商的极限法则求极限:

$$\lim\limits_{x\to 2}\dfrac{\sqrt{x+2}-2}{\sqrt{x+7}-3}=\lim\limits_{x\to 2}\dfrac{(x-2)\cdot(\sqrt{x+7}+3)}{(\sqrt{x+2}+2)\cdot(x-2)}=\lim\limits_{x\to 2}\dfrac{\sqrt{x+7}+3}{\sqrt{x+2}+2}=\dfrac{3}{2}.$$

(2) 该题属于 $\infty-\infty$ 型未定式,不能直接使用差的极限法则,将其有理化,得

$$\lim\limits_{x\to+\infty}(\sqrt{x^2+x}-\sqrt{x^2+1})=\lim\limits_{x\to+\infty}\dfrac{x-1}{\sqrt{x^2+x}+\sqrt{x^2+1}}$$

$$=\lim\limits_{x\to+\infty}\dfrac{1-\dfrac{1}{x}}{\sqrt{1+\dfrac{1}{x}}+\sqrt{1+\dfrac{1}{x^2}}}=\dfrac{1}{2}.$$

例 2.4.10 求 $\lim\limits_{x\to 0}e^{\frac{1}{x}}$.

解 令 $\dfrac{1}{x}=u$,当 $x\to 0$ 时,$u\to\infty$,由复合函数的极限运算法则,得

$$\lim\limits_{x\to 0^-}e^{\frac{1}{x}}=\lim\limits_{u\to-\infty}e^u=0;\quad \lim\limits_{x\to 0^+}e^{\frac{1}{x}}=\lim\limits_{u\to+\infty}e^u=+\infty.$$

所以,极限 $\lim\limits_{x\to 0}e^{\frac{1}{x}}$ 不存在.

类似可得

$$\lim\limits_{x\to 0^-}\arctan\dfrac{1}{x}=-\dfrac{\pi}{2},\quad \lim\limits_{x\to 0^+}\arctan\dfrac{1}{x}=\dfrac{\pi}{2},故极限\lim\limits_{x\to 0}\arctan\dfrac{1}{x}不存在.$$

$$\lim\limits_{x\to 0^-}\text{arccot}\dfrac{1}{x}=\pi,\quad \lim\limits_{x\to 0^+}\text{arccot}\dfrac{1}{x}=0,故极限\lim\limits_{x\to 0}\text{arccot}\dfrac{1}{x}不存在.$$

由于上述三个函数在 $x=0$ 的左、右两侧有着不同的变化趋势,所以所求极限的函数中当涉及 $e^{\frac{1}{x}}$,$\arctan\dfrac{1}{x}$ 及 $\text{arccot}\dfrac{1}{x}$ 在 $x=0$ 的极限时,应考察左右极限.

由此例并结合前面极限与左右极限的关系,可知左、右极限主要用在:当分段函数在分段点的左、右两侧所用的函数解析式不同时,或者所求极限的函数中含有某些初等函数在一些特殊点处(如 $|x|=\sqrt{x^2}$、$a^{\frac{1}{x}}$、$\arctan\dfrac{1}{x}$、$\text{arccot}\dfrac{1}{x}$ 在点 $x=0$ 处)的极限时,一般需要用左、右极限去讨论函数的极限.

*例 2.4.11　证明 $\lim\limits_{x \to x_0} e^x = e^{x_0}$.

证　先证明 $\lim\limits_{x \to 0^+} e^x = 1$.

$\forall \varepsilon > 0$，由于 $|e^x - 1| = e^x - 1$，要使 $|e^x - 1| < \varepsilon$，只需 $e^x - 1 < \varepsilon$，即 $x < \ln(1 + \varepsilon)$. 取 $\delta = \ln(1 + \varepsilon)$，则当 $0 < x < \delta$ 时，有 $|e^x - 1| < \varepsilon$，由极限定义有 $\lim\limits_{x \to 0^+} e^x = 1$.

令 $x = -u$，则 $\lim\limits_{x \to 0^-} e^x = \lim\limits_{u \to 0^+} e^{-u} = \lim\limits_{u \to 0^+} \dfrac{1}{e^u} = 1$. 于是 $\lim\limits_{x \to 0} e^x = 1$.

因 $e^x = e^{x_0} e^{x - x_0}$，令 $x - x_0 = u$，则有

$$\lim\limits_{x \to x_0} e^x = \lim\limits_{x \to x_0} e^{x_0} e^{(x - x_0)} = e^{x_0} \cdot \lim\limits_{u \to 0} e^u = e^{x_0} \cdot 1 = e^{x_0}.$$

由定理 2.4.1 易知 $\lim\limits_{x \to x_0} a^x = a^{x_0}$ $(0 < a \ne 1)$.

*例 2.4.12　证明 $\lim\limits_{x \to x_0} \ln x = \ln x_0 (x_0 > 0)$.

证　$\forall \varepsilon > 0$(设 $\varepsilon < 1$)，由于 $|\ln x - \ln x_0| = \left| \ln\left(1 + \dfrac{x - x_0}{x_0}\right) \right|$，要使 $|\ln x - \ln x_0| < \varepsilon$，只需 $\left| \ln\left(1 + \dfrac{x - x_0}{x_0}\right) \right| < \varepsilon$，即 $-\dfrac{x_0}{e^\varepsilon}(e^\varepsilon - 1) < x - x_0 < x_0(e^\varepsilon - 1)$，取 $\delta = \dfrac{x_0}{e^\varepsilon}(e^\varepsilon - 1)$，则当 $0 < |x - x_0| < \delta$ 时，有 $|\ln x - \ln x_0| < \varepsilon$，由极限定义有 $\lim\limits_{x \to x_0} \ln x = \ln x_0$ $(x_0 > 0)$.

由定理 2.4.1 易知 $\lim\limits_{x \to x_0} \log_a x = \log_a x_0$ $(x_0 > 0, 0 < a \ne 1)$.

由定理 2.4.2 及定理 2.4.1，结合例 2.4.11 和例 2.4.12 的结论，可证明下述结论.

推论 2.4.3　若 $\lim f(x) = A(A > 0)$，$\lim g(x) = B$，则幂指函数 $[f(x)]^{g(x)}$ 的极限 $\lim [f(x)]^{g(x)}$ 也存在，且有

$$\lim [f(x)]^{g(x)} = [\lim f(x)]^{\lim g(x)} = A^B.$$

该推论给出了幂指函数求极限的简便方法，只要幂指函数的底数部分与指数部分各自的极限均为有限数，且当底数部分的极限大于零时，幂指函数的极限等于它的底数部分与指数部分各自取极限.

例 2.4.13　求 $\lim\limits_{x \to 0} (2 + \sin x)^{3 + x \sin \frac{1}{x}}$.

解　因为 $\lim\limits_{x \to 0} (2 + \sin x) = 2$，$\lim\limits_{x \to 0} \left(3 + x \sin \dfrac{1}{x}\right) = 3$，由推论 2.4.3，有

$$\lim\limits_{x \to 0} (2 + \sin x)^{3 + x \sin \frac{1}{x}} = [\lim\limits_{x \to 0} (2 + \sin x)]^{\lim\limits_{x \to 0} (3 + x \sin \frac{1}{x})} = 2^3 = 8.$$

2.4.3　极限存在准则与两个重要极限

1. 夹逼准则

定理 2.4.3（夹逼准则）　若数列 $\{x_n\}$，$\{y_n\}$，$\{z_n\}$ 满足下列条件：

(1) 从某项开始，恒有 $y_n \leqslant x_n \leqslant z_n$；

(2) $\lim\limits_{n \to \infty} y_n = \lim\limits_{n \to \infty} z_n = A$.

则数列 $\{x_n\}$ 的极限存在，且 $\lim\limits_{n \to \infty} x_n = A$.

*证　设从 N_0 项开始，即 $n > N_0$ 时，有 $y_n \leqslant x_n \leqslant z_n$.

$\forall \varepsilon > 0$,由 $\lim\limits_{n \to \infty} y_n = A$ 知,$\exists N_1 \in \mathbf{N}^+$,使得当 $n > N_1$ 时,恒有 $|y_n - A| < \varepsilon$;又由 $\lim\limits_{n \to \infty} z_n = A$ 知,$\exists N_2$,使得当 $n > N_2 \in \mathbf{N}^+$ 时,恒有 $|z_n - A| < \varepsilon$.

取 $N = \max\{N_0, N_1, N_2\}$,则当 $n > N$ 时,有 $A - \varepsilon < y_n \leqslant x_n \leqslant z_n < A + \varepsilon$,即 $|x_n - A| < \varepsilon$,由极限定义知

$$\lim_{n \to \infty} x_n = A.$$

函数极限也有类似的夹逼准则.

定理 2.4.4 设在自变量的同一个变化过程中,函数 $f(x), g(x), h(x)$ 满足条件:

(1) $g(x) \leqslant f(x) \leqslant h(x)$;

(2) $\lim g(x) = \lim h(x) = A$,

则极限 $\lim f(x)$ 存在,且 $\lim f(x) = A$.

利用函数极限的定义,仿定理 2.4.3 的证明过程,可得到该定理的证明.

夹逼准则不但可以证明极限存在,而且还能求出极限. 在应用中通常要将待求函数,利用适度的放大与缩小技巧去寻找两个极限都存在且极限相等的函数.

例 2.4.14 求下列极限:

(1) $\lim\limits_{n \to \infty} \left(\dfrac{1}{\sqrt{n^2 + 1}} + \dfrac{1}{\sqrt{n^2 + 2}} + \cdots + \dfrac{1}{\sqrt{n^2 + n}} \right)$; (2) $\lim\limits_{n \to \infty} \sqrt[n]{n}$.

解 (1) 因为 $\dfrac{1}{\sqrt{n^2 + n}} \leqslant \dfrac{1}{\sqrt{n^2 + k}} \leqslant \dfrac{1}{\sqrt{n^2 + 1}}$ $(1 \leqslant k \leqslant n)$,所以

$$\frac{n}{\sqrt{n^2 + n}} \leqslant \frac{1}{\sqrt{n^2 + 1}} + \frac{1}{\sqrt{n^2 + 2}} + \cdots + \frac{1}{\sqrt{n^2 + n}} \leqslant \frac{n}{\sqrt{n^2 + 1}}.$$

而

$$\lim_{n \to \infty} \frac{n}{\sqrt{n^2 + n}} = \lim_{n \to \infty} \frac{1}{\sqrt{1 + \dfrac{1}{n}}} = 1, \quad \lim_{n \to \infty} \frac{n}{\sqrt{n^2 + 1}} = \lim_{n \to \infty} \frac{1}{\sqrt{1 + \dfrac{1}{n^2}}} = 1.$$

故

$$\lim_{n \to \infty} \left(\frac{1}{\sqrt{n^2 + 1}} + \frac{1}{\sqrt{n^2 + 2}} + \cdots + \frac{1}{\sqrt{n^2 + n}} \right) = 1.$$

(2) 因为

$$1 \leqslant \sqrt[n]{n} = \sqrt[n]{\sqrt{n} \cdot \sqrt{n} \cdot \underbrace{1 \cdot 1 \cdot \cdots \cdot 1}_{n-2 \uparrow}} \leqslant \frac{2\sqrt{n} + n - 2}{n} < 1 + \frac{2}{\sqrt{n}},$$

而 $\lim\limits_{n \to \infty} \left(1 + \dfrac{2}{\sqrt{n}} \right) = 1$,故

$$\lim_{n \to \infty} \sqrt[n]{n} = 1.$$

用类似的方法可以证明:$\lim\limits_{n \to \infty} \sqrt[n]{a} = 1$ $(a > 0)$,证明留给读者作为练习.

例 2.4.15 证明 $\lim\limits_{x \to 0} \cos x = 1$.

证 由于 $\cos x = 1 - (1 - \cos x)$,由极限的四则运算法则可知,只需证明

$$\lim_{x \to 0} (1 - \cos x) = 0.$$

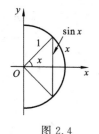

图 2.4

由图 2.4 可以看出,当 $0<|x|<\dfrac{\pi}{2}$ 时,有 $|\sin x|<|x|$. 于是就有

$$0<1-\cos x=2\sin^2\frac{x}{2}<2\left(\frac{x}{2}\right)^2=\frac{x^2}{2},$$

因为 $\lim\limits_{x\to 0}\dfrac{x^2}{2}=0$,由夹逼准则可得 $\lim\limits_{x\to 0}(1-\cos x)=0$. 从而

$$\lim_{x\to 0}\cos x=\lim_{x\to 0}[1-(1-\cos x)]=1-0=1.$$

注　从该例证明中,可知当 $0<|x|<\pi/2$ 时,有 $|\sin x|<|x|$;当 $|x|\geqslant\pi/2$ 时,因 $|\sin x|\leqslant 1<\pi/2\leqslant|x|$,于是 $\forall x\in\mathbf{R}$,总有 $|\sin x|\leqslant|x|$.

作为夹逼准则的应用,以其为工具来讨论第一个重要极限.

2. 第一个重要极限

$$\lim_{x\to 0}\frac{\sin x}{x}=1. \tag{2.4.4}$$

证　先考虑 $x\to 0^+$ 的情形. 不妨设 $0<x<\dfrac{\pi}{2}$. 以 O 为圆心作单位圆如图 2.5 所示,设圆心角 $\angle AOB=x$(弧度),过 A 作圆的切线,交 OB 的延长线于 C,由图 2.5 易知

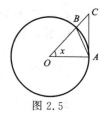

图 2.5

$\triangle OAB$ 的面积 < 扇形 OAB 的面积 < $\triangle OAC$ 的面积,

所以有

$$0<\frac{1}{2}\cdot 1\cdot\sin x<\frac{1}{2}\cdot x\cdot 1<\frac{1}{2}\cdot 1\cdot\tan x,$$

即

$$0<\sin x<x<\tan x,$$

不等式中三个函数都除以 $\sin x$,有

$$1<\frac{x}{\sin x}<\frac{1}{\cos x},$$

也就是

$$\cos x<\frac{\sin x}{x}<1. \tag{2.4.5}$$

由例 2.4.15 及夹逼准则,可得 $\lim\limits_{x\to 0^+}\dfrac{\sin x}{x}=1$.

对于 $x\to 0^-$ 的情形. 由于 $\cos x$ 和 $\dfrac{\sin x}{x}$ 同为偶函数,式(2.4.5)同样成立,所以

$$\lim_{x\to 0^-}\frac{\sin x}{x}=1.$$

总之,有

$$\lim_{x\to 0}\frac{\sin x}{x}=1.$$

重要极限(2.4.4)属于 $\dfrac{0}{0}$ 型未定式的极限. 由复合函数的极限运算法则,式(2.4.4)还可推广为如下更一般的形式:

若在 x 的某一变化过程中 $\alpha(x)$ 不取 0 值,且 $\lim\alpha(x)=0$,则在 x 的同一变化过程中有

$$\lim \frac{\sin \alpha(x)}{\alpha(x)} = 1.$$

例 2.4.16 求下列极限:

(1) $\lim\limits_{x \to 0} \dfrac{\tan x}{x}$;　　(2) $\lim\limits_{x \to 0} \dfrac{1 - \cos x}{\dfrac{1}{2}x^2}$;　　(3) $\lim\limits_{x \to 0} \dfrac{\arcsin x}{x}$.

解 (1) $\lim\limits_{x \to 0} \dfrac{\tan x}{x} = \lim\limits_{x \to 0} \left(\dfrac{\sin x}{x} \cdot \dfrac{1}{\cos x} \right) = \lim\limits_{x \to 0} \dfrac{\sin x}{x} \cdot \lim\limits_{x \to 0} \dfrac{1}{\cos x} = 1.$

(2) **法 1**　$\lim\limits_{x \to 0} \dfrac{1 - \cos x}{\dfrac{1}{2}x^2} = \lim\limits_{x \to 0} \dfrac{2 \sin^2 \dfrac{x}{2}}{\dfrac{1}{2}x^2} = \lim\limits_{x \to 0} \left(\dfrac{\sin \dfrac{x}{2}}{\dfrac{x}{2}} \right)^2 = 1.$

法 2　$\lim\limits_{x \to 0} \dfrac{1 - \cos x}{\dfrac{1}{2}x^2} = \lim\limits_{x \to 0} \dfrac{(1 - \cos x)(1 + \cos x)}{\dfrac{1}{2}x^2(1 + \cos x)} = \lim\limits_{x \to 0} \left(\dfrac{\sin x}{x} \right)^2 \cdot \lim\limits_{x \to 0} \dfrac{2}{1 + \cos x}$

$$= 1 \cdot \dfrac{2}{1 + 1} = 1.$$

(3) 令 $\arcsin x = u$,则 $x = \sin u$,由例 2.2.6 知,当 $x \to 0$ 时,$u \to 0$.故由复合函数的极限运算法则及式(2.4.4),得

$$\lim\limits_{x \to 0} \dfrac{\arcsin x}{x} = \lim\limits_{u \to 0} \dfrac{u}{\sin u} = \lim\limits_{u \to 0} \dfrac{1}{\dfrac{\sin u}{u}} = 1.$$

与(3)同理,可求得　　　　　　$\lim\limits_{x \to 0} \dfrac{\arctan x}{x} = 1.$

例 2.4.17 求下列极限:

(1) $\lim\limits_{x \to 0} \dfrac{x - \sin 3x}{x + \sin 2x}$;　　(2) $\lim\limits_{x \to \infty} \left(\dfrac{\sin x}{x} + x \sin \dfrac{3}{x} \right)$;　　(3) $\lim\limits_{x \to \pi} \dfrac{\cos \dfrac{x}{2}}{\pi - x}$.

解 (1) $\lim\limits_{x \to 0} \dfrac{x - \sin 3x}{x + \sin 2x} = \lim\limits_{x \to 0} \dfrac{1 - \dfrac{\sin 3x}{x}}{1 + \dfrac{\sin 2x}{x}} = \lim\limits_{x \to 0} \dfrac{1 - 3 \cdot \dfrac{\sin 3x}{3x}}{1 + 2 \cdot \dfrac{\sin 2x}{2x}} = \dfrac{1 - 3 \cdot 1}{1 + 2 \cdot 1} = -\dfrac{2}{3}.$

(2) 因为 $\lim\limits_{x \to \infty} \dfrac{\sin x}{x} = \lim\limits_{x \to \infty} \left(\dfrac{1}{x} \cdot \sin x \right) = 0$,且 $\lim\limits_{x \to \infty} x \sin \dfrac{3}{x} = 3 \lim\limits_{x \to \infty} \dfrac{\sin \dfrac{3}{x}}{\dfrac{3}{x}} = 3$,所以由极限的

四则运算法则,有

$$\lim\limits_{x \to \infty} \left(\dfrac{\sin x}{x} + x \sin \dfrac{3}{x} \right) = 0 + 3 = 3.$$

(3) 令 $\pi - x = u$,则 $x = \pi - u$,当 $x \to \pi$ 时,$u \to 0$,故

$$\lim\limits_{x \to \pi} \dfrac{\cos \dfrac{x}{2}}{\pi - x} = \lim\limits_{u \to 0} \dfrac{\cos \dfrac{\pi - u}{2}}{u} = \lim\limits_{u \to 0} \dfrac{\sin \dfrac{u}{2}}{u} = \lim\limits_{u \to 0} \left(\dfrac{1}{2} \cdot \dfrac{\sin \dfrac{u}{2}}{\dfrac{u}{2}} \right) = \dfrac{1}{2} \cdot 1 = \dfrac{1}{2}.$$

3. 单调有界准则

我们已经知道,收敛数列一定有界,但有界数列不一定收敛. 若对有界数列再加上单调的条件,就有下面的重要结论.

定理 2.4.5（单调有界准则）   单调有界数列必有极限.

此定理还可叙述为:

单调增加(不减)有上界的数列必有极限;单调减少(不增)有下界的数列必有极限.

此定理的严格证明超出本书范围,在此从略. 从几何图形上看,这个准则是明显成立的. 由于单调数列在数轴上的对应点列只能向一个方向移动,又因为数列有界,所以点列不能超越某个界限点,那么它必然要无限地接近某个有限的定点.

单调有界准则是判别数列收敛性的一个常用方法.

例 2.4.18   设 $x_1 = \sqrt{2}$, $x_{n+1} = \sqrt{2+x_n}$ $(n=1,2,\cdots)$,证明 $\lim\limits_{n\to\infty} x_n$ 存在,并求其值.

证   显然 $x_2 = \sqrt{2+x_1} = \sqrt{2+\sqrt{2}} > \sqrt{2} = x_1$.

假设 $x_n > x_{n-1}$ $(n=3,4,\cdots)$,则有 $x_{n+1} - x_n = \sqrt{2+x_n} - \sqrt{2+x_{n-1}} > 0$,即 $x_{n+1} > x_n$,故数列 $\{x_n\}$ 是单调增加的.

又因 $x_1 = \sqrt{2} < 2$, $x_2 = \sqrt{2+x_1} < \sqrt{2+2} = 2, \cdots, x_n = \sqrt{2+x_{n-1}} < \sqrt{2+2} = 2, \cdots$. 由归纳法可知数列 $\{x_n\}$ 有上界.

由定理 2.4.5 知,极限 $\lim\limits_{n\to\infty} x_n$ 存在. 不妨设 $\lim\limits_{n\to\infty} x_n = a$,则也有 $\lim\limits_{n\to\infty} x_{n+1} = a$,于是对 $x_{n+1} = \sqrt{2+x_n}$ 两端取极限,并利用极限的运算法则,得

$$a = \sqrt{2+a}.$$

解得 $a = 2$, $a = -1$,由于 $x_n > 0$,由极限的唯一性与保号性,将 $a = -1$ 舍去. 故

$$\lim_{n\to\infty} x_n = 2.$$

该例说明,在确认了数列有极限时,有时还可以利用递推关系求出其极限值.

作为单调有界准则的应用,下面讨论另一个重要极限.

4. 第二个重要极限

$$\lim_{x\to\infty}\left(1+\frac{1}{x}\right)^x = \mathrm{e}. \tag{2.4.6}$$

证   下面分两步证明.

(1) 先证当 x 取正整数的情形,即证 $\lim\limits_{n\to\infty}\left(1+\frac{1}{n}\right)^n = \mathrm{e}$.

先证 $x_n = \left(1+\frac{1}{n}\right)^n$ 单调增加,即需证 $x_n = \left(1+\frac{1}{n}\right)^n < \left(1+\frac{1}{n+1}\right)^{n+1} = x_{n+1}$,也就是只需要证明不等式

$$\sqrt[n+1]{\left(1+\frac{1}{n}\right)^n} < 1+\frac{1}{n+1}.$$

由均值不等式

$$\sqrt[n]{a_1 a_2 \cdots a_n} \leqslant \frac{a_1 + a_2 + \cdots + a_n}{n} \quad (a_i \geqslant 0, 1 \leqslant i \leqslant n),$$

$\forall n \in \mathbf{N}^+$,有

$$\sqrt[n+1]{\left(1+\frac{1}{n}\right)^n} = \sqrt[n+1]{1 \cdot \left(1+\frac{1}{n}\right)^n} < \frac{1+n\left(1+\frac{1}{n}\right)}{n+1} = 1+\frac{1}{n+1},$$

即

$$\left(1+\frac{1}{n}\right)^n < \left(1+\frac{1}{n+1}\right)^{n+1},$$

表明数列 $\{x_n\}$ 是单调增加的.

再证明 $\{x_n\}$ 有上界. 当 $n=1$ 时,$x_n=2$;当 $n=2$ 时,$x_n=2.25$,因 $\{x_n\}$ 是单调增加,可以尝试估计 $x_n = \left(1+\frac{1}{n}\right)^n < 4$,即只需要证明 $\frac{1}{4} < \left(\frac{n}{n+1}\right)^n$,即

$$\sqrt[n]{\frac{1}{4}} = \sqrt[n]{\left(\frac{1}{2}\right)^2} < \frac{n}{1+n} = \frac{1}{1+\frac{1}{n}}.$$

不妨设 $n>2$,由均值不等式,此时有

$$\sqrt[n]{\left(\frac{1}{2}\right)^2} = \sqrt[n]{\frac{1}{2} \cdot \frac{1}{2} \cdot \underbrace{1 \cdot \cdots \cdot 1}_{n-2\uparrow}} < \frac{(n-2)+2\cdot\frac{1}{2}}{n}$$

$$= \frac{n-1}{n} = \frac{n^2-1}{n(n+1)} < \frac{n^2}{n(n+1)} = \frac{1}{1+\frac{1}{n}},$$

于是

$$\left(1+\frac{1}{n}\right)^n < 4,$$

故 $\{x_n\}$ 有上界.

由单调有界准则可知极限 $\lim\limits_{n\to\infty}\left(1+\frac{1}{n}\right)^n$ 存在,此极限记为 e,从而有

$$\lim_{n\to\infty}\left(1+\frac{1}{n}\right)^n = e.$$

可以证明该极限值 e 是一个无理数,且其近似值为 $e \approx 2.7182818\cdots$,至于如何计算 e 的近似值,待学完第 7 章级数后自会明白.

*(2) 再证 $\lim\limits_{x\to\infty}\left(1+\frac{1}{x}\right)^x = e$.

先证当 $x \to +\infty$ 时,结论成立. 即证 $\lim\limits_{x\to+\infty}\left(1+\frac{1}{x}\right)^x = e$.

$\forall x > 1$,有 $[x] \leqslant x < [x]+1$,记 $[x]=n$,即 $n \leqslant x < n+1$,且当 $x\to+\infty$ 时,有 $n\to\infty$. 又由

$$1+\frac{1}{n+1} < 1+\frac{1}{x} \leqslant 1+\frac{1}{n}$$

可知

$$\left(1+\frac{1}{n+1}\right)^n < \left(1+\frac{1}{x}\right)^x < \left(1+\frac{1}{n}\right)^{n+1}.$$

因

$$\lim_{n\to\infty}\left(1+\frac{1}{n}\right)^{n+1}=\lim_{n\to\infty}\left[\left(1+\frac{1}{n}\right)^{n}\cdot\left(1+\frac{1}{n}\right)\right]=\mathrm{e}\cdot1=\mathrm{e},$$

$$\lim_{n\to\infty}\left(1+\frac{1}{n+1}\right)^{n}=\lim_{n\to\infty}\left(1+\frac{1}{n+1}\right)^{n+1}\cdot\left(1+\frac{1}{n+1}\right)^{-1}=\mathrm{e}\cdot1=\mathrm{e}.$$

故由夹逼准则知

$$\lim_{x\to+\infty}\left(1+\frac{1}{x}\right)^{x}=\mathrm{e}.$$

对于 $x\to-\infty$ 时,只需令 $t=-x$,则当 $x\to-\infty$ 时,有 $t\to+\infty$. 证明就转化为上面的结论. 总之,有

$$\lim_{x\to\infty}\left(1+\frac{1}{x}\right)^{x}=\mathrm{e}.$$

在自变量的某个变化过程下,若 $\lim f(x)=1,\lim g(x)=\infty$,则将 $\lim\left[f(x)\right]^{g(x)}$ 称为 1^{∞} 型未定式.

重要极限(2.4.6)属于 1^{∞} 型未定式. 这一极限结果还可变形为如下形式:

$$\lim_{x\to0}(1+x)^{\frac{1}{x}}=\mathrm{e}. \tag{2.4.7}$$

由复合函数的极限运算法则,式(2.4.7)还可以推广为:

若在 x 的某一变化过程中 $\alpha(x)$ 不取 0 值,且 $\lim\alpha(x)=0$,则在 x 的同一变化过程中有

$$\lim\left[1+\alpha(x)\right]^{\frac{1}{\alpha(x)}}=\mathrm{e}.$$

例 2.4.19　求下列极限:

(1) $\displaystyle\lim_{x\to0}(1-2x)^{\frac{1}{x}}$;　　　　　　　　　　(2) $\displaystyle\lim_{x\to\infty}\left(\frac{x+1}{x-2}\right)^{x+2}$;

(3) $\displaystyle\lim_{x\to0}(2x^{2}+\cos^{2}x)^{\frac{1}{-x^{2}}}$;　　　　　　(4) $\displaystyle\lim_{x\to\infty}\left(\sin\frac{2}{x}+\cos\frac{1}{x}\right)^{x}$.

解　(1) $\displaystyle\lim_{x\to0}(1-2x)^{\frac{1}{x}}=\lim_{x\to0}\left[(1-2x)^{-\frac{1}{2x}}\right]^{-2}=\mathrm{e}^{-2}$.

(2) $\displaystyle\lim_{x\to\infty}\left(\frac{x+1}{x-2}\right)^{x+2}=\lim_{x\to\infty}\left(\frac{x-2+3}{x-2}\right)^{x+2}=\lim_{x\to\infty}\left\{\left(1+\frac{3}{x-2}\right)^{\frac{x-2}{3}}\right\}^{\frac{3(x+2)}{x-2}}$.

因为 $\displaystyle\lim_{x\to\infty}\left(1+\frac{3}{x-2}\right)^{\frac{x-2}{3}}=\mathrm{e},\lim_{x\to\infty}\frac{3x+6}{x-2}=3$,所以由推论 2.4.3,得

$$\lim_{x\to\infty}\left(\frac{x+1}{x-2}\right)^{x+2}=\mathrm{e}^{3}.$$

(3) $\displaystyle\lim_{x\to0}(2x^{2}+\cos^{2}x)^{\frac{1}{-x^{2}}}=\lim_{x\to0}\left[1+(2x^{2}+\cos^{2}x-1)\right]^{\frac{1}{-x^{2}}}$

$$=\lim_{x\to0}\left\{\left[1+(2x^{2}-\sin^{2}x)\right]^{\frac{1}{2x^{2}-\sin^{2}x}}\right\}^{\frac{2x^{2}-\sin^{2}x}{-x^{2}}}$$

$$=\mathrm{e}^{\lim_{x\to0}\left(-2+\frac{\sin^{2}x}{x^{2}}\right)}=\mathrm{e}^{-2+1^{2}}=\mathrm{e}^{-1}.$$

(4) 令 $t=\dfrac{1}{x}$,则 $x=\dfrac{1}{t}$,于是

$$\lim_{x \to \infty} \left(\sin \frac{2}{x} + \cos \frac{1}{x} \right)^x = \lim_{t \to 0} \left(\sin 2t + \cos t \right)^{\frac{1}{t}}$$

$$= \lim_{t \to 0} \left\{ \left[1 + (\sin 2t + \cos t - 1) \right]^{\frac{1}{\sin 2t + \cos t - 1}} \right\}^{\frac{\sin 2t + \cos t - 1}{t}}$$

$$= e^{\lim\limits_{t \to 0} \frac{\sin 2t + \cos t - 1}{t}} = e^{\lim\limits_{t \to 0} \frac{\sin 2t}{t} - \lim\limits_{t \to 0} \frac{1 - \cos t}{t}} = e^{\lim\limits_{t \to 0} 2 \cdot \frac{\sin 2t}{2t} - \lim\limits_{t \to 0} \frac{\sin^2 \frac{t}{2}}{t^2} \cdot \frac{t}{1 + \cos t}}$$

$$= e^{2 \cdot 1 - 1 \cdot 0} = e^2.$$

例 2.4.20 求下列极限:

(1) $\lim\limits_{x \to 0} \dfrac{\ln(1+x)}{x}$;　　　　　　　　(2) $\lim\limits_{x \to 0} \dfrac{e^x - 1}{x}$.

解 (1) 由复合函数的极限运算法则及式(2.4.7)知

$$\lim_{x \to 0} \frac{\ln(1+x)}{x} = \lim_{x \to 0} \ln (1+x)^{\frac{1}{x}} = \ln \left[\lim_{x \to 0} (1+x)^{\frac{1}{x}} \right] = \ln e = 1.$$

(2) 令 $e^x - 1 = t$, 则 $x = \ln(1+t)$, 且当 $x \to 0$ 时, 有 $t \to 0$, 利用上题结果有

$$\lim_{x \to 0} \frac{e^x - 1}{x} = \lim_{t \to 0} \frac{t}{\ln(1+t)} = 1.$$

*2.4.4　极限 $\lim\limits_{x \to \infty} \left(1 + \dfrac{1}{x} \right)^x = e$ 在经济学中的应用

下面简要介绍连续复利与贴现问题.

1. 已知现值 P_0, 计算未来值 P_t.

设一笔初始本金 P_0(称为现值)以年利率为 r 存入银行, 若以**复利**(每期产生的利息计入本金再产生利息)计息, t 年年末 P_0 将增值到 P_t(称为未来值或将来值), 试根据下列不同结算方式计算出 P_t.

(1) 每年计息一次; 　(2) 每年计息 n 次; 　(3) 每年分无穷多期计息(当 $n \to \infty$), 这是**复利问题**.

(1) 若每年计息一次, 则第一年年末的本利和为

$$P_1 = P_0 + r P_0 = P_0 (1+r),$$

第二年年末的本利和为

$$P_2 = P_1 (1+r) = P_0 (1+r)^2,$$

以此类推, t 年年末的本利和为

$$P_t = P_0 (1+r)^t. \tag{2.4.8}$$

(2) 若仍以年利率为 r, 一年不是计息一次, 而是一年分 n 次(期)计息, 则每期的利率为 $\dfrac{r}{n}$, 且前一期的本利和作为后一期的本金, 则一年年末的本利和为

$$P_1 = P_0 \left(1 + \frac{r}{n} \right)^n,$$

于是到 t 年年末共计息 nt 次(每期利率为 r/n), 这时 t 年年末的本利和为

$$P_t = P_0 \left(1 + \frac{r}{n} \right)^{nt}. \tag{2.4.9}$$

(3) 如果一年分无穷多期计息, 即这笔存款每时每刻都在生息且利息随时计入本金产生新的利息(相当于 $n \to \infty$), 这种计算方式称为**连续复利**. 在连续复利下, t 年年末的本利和(连

续复利公式)为

$$P_t = \lim_{n \to \infty} P_n(t) = \lim_{n \to \infty} P_0 \left[\left(1 + \frac{r}{n} \right)^{\frac{n}{r}} \right]^{rt} = P_0 e^{rt}. \tag{2.4.10}$$

例 2.4.21　1000 元投资 5 年,年利率 $r = 6\%$,分别按下列方式计息,问 5 年后本利和分别为多少元?若按

(1)每年计息 1 次;　(2)每年计息 4 次;　(3)每年计息 12 次;　(4)连续复利计算.

解　由式(2.4.8) $\sim$ (2.4.10)分别计算有

(1) $P_5 = 1000 (1 + 0.06)^5 = 1000 \times 1.06^5 \approx 1338.23$(元);

(2) $P_5 = 1000 \left(1 + \dfrac{0.06}{4} \right)^{4 \times 5} = 1000 \times 1.015^{20} \approx 1346.86$(元);

(3) $P_5 = 1000 \left(1 + \dfrac{0.06}{12} \right)^{12 \times 5} = 1000 \times 1.005^{60} \approx 1348.85$(元);

(4) $P_5 = 1000 e^{0.06 \times 5} = 1000 \cdot e^{0.3} \approx 1349.86$(元).

从例 2.4.21 可以看出,计算复利的次数越多,即周期越短,利息就越高. 同时从本例也可看到按连续复利计算的结果与离散复利计算的结果差不多. 连续复利的表述和计算均很简洁,且能有更多的工具(如微积分)进行分析和研究.

2. 已知未来值 P_t 计算现值 P_0.

这种问题称为**贴现问题**,即票据的持有人为在票据到期以前获得资金,从票面金额中扣除未到期期间的利息后,得到的剩余金额的现金称为**贴现**. 此时利率 r 也称为贴现率.

例如,若银行年利率为 7%,则一年后的 107 元未来值的现值就是 100 元或贴现金额为 100 元.

贴现与复利正好相反. 考虑更一般的问题,即已知从现在起算的 t 年后的价值 P_t,求现在的价值 P_0.

由上述复利公式可推得,若以一年为一期贴现,则贴现公式为

$$P_0 = P_t (1 + r)^{-t},$$

即要想使 t 年后的本息总和为 P_t,现在应付出 $P_0 = P_t (1 + r)^{-t}$ 的现值.

若一年分 n 期贴现,则贴现公式为

$$P_0 = P_t \left(1 + \frac{r}{n} \right)^{-nt}.$$

若以连续计息贴现,由连续复利公式 $P_t = P_0 e^{rt}$,则可得到连续贴现公式为

$$P_0 = P_t e^{-rt}.$$

* **例 2.4.22**　某人手中有两张票据,其中一年后到期的票据金额为 500 元,两年后到期的是 1000 元,已知银行的贴现率为 6%,现在将两张票据向银行做一次性转让,银行的贴现金额是多少?

解　由贴现公式 $P_0 = P_t (1 + r)^{-t}$ 可知,银行的贴现金额为

$$P = 500 (1 + 0.06)^{-1} + 1000 (1 + 0.06)^{-2} \approx 1361.69(\text{元}).$$

习　题　2.4

(A)

1. 若 $\lim f(x)$ 与 $\lim g(x)$ 都不存在,试问: $\lim [f(x) \pm g(x)]$, $\lim [f(x) \cdot g(x)]$ 是否一定不存在?举例说明.

2. 下列运算是否正确? 为什么? 若错误,请给出正确做法:

(1) $\lim\limits_{x\to 0} x\cos\dfrac{1}{x} = \lim\limits_{x\to 0} x \cdot \lim\limits_{x\to 0}\cos\dfrac{1}{x} = 0$;

(2) $\lim\limits_{x\to 4}\left(\dfrac{1}{\sqrt{x}-2} - \dfrac{4}{x-4}\right) = \lim\limits_{x\to 4}\dfrac{1}{\sqrt{x}-2} - \lim\limits_{x\to 4}\dfrac{4}{x-4} = \infty - \infty = 0$;

(3) $\lim\limits_{n\to\infty}\left(\dfrac{1}{n^2} + \dfrac{2}{n^2} + \cdots + \dfrac{n}{n^2}\right) = \lim\limits_{n\to\infty}\dfrac{1}{n^2} + \lim\limits_{n\to\infty}\dfrac{2}{n^2} + \cdots + \lim\limits_{n\to\infty}\dfrac{n}{n^2} = 0 + 0 + \cdots + 0 = 0$.

3. 计算下列极限(本题及后面各题中出现的 n,约定 $n\in \mathbf{N}^+$):

(1) $\lim\limits_{x\to 1}\dfrac{x^2+2x-3}{x^2-1}$; (2) $\lim\limits_{x\to 3}\dfrac{x^2-5x+6}{x^2-8x+15}$; (3) $\lim\limits_{x\to 1}\dfrac{x^n-1}{x-1}$;

(4) $\lim\limits_{x\to 2}\dfrac{x^2+4}{x-2}$; (5) $\lim\limits_{x\to 0}\dfrac{\sqrt{1+x}-\sqrt{1-x}}{x}$; (6) $\lim\limits_{x\to 4}\dfrac{\sqrt{2x+1}-3}{\sqrt{x-2}-\sqrt{2}}$;

(7) $\lim\limits_{x\to 1^+}\dfrac{\sqrt{x-1}+\sqrt{x}-1}{\sqrt{x^2-1}}$; (8) $\lim\limits_{x\to 1}\left(\dfrac{x}{x-1} - \dfrac{2}{x^2-1}\right)$; (9) $\lim\limits_{n\to\infty}(\sqrt{n^2+n}-n)$;

(10) $\lim\limits_{n\to\infty}\sqrt{n}(\sqrt{n+1}-\sqrt{n-1})$; (11) $\lim\limits_{x\to\infty}\dfrac{\sqrt[3]{x^2}\sin x}{1+x}$; (12) $\lim\limits_{x\to+\infty}\dfrac{\sqrt{x^2+2x+2}-1}{x+2}$;

(13) $\lim\limits_{x\to\infty}\dfrac{(2x-1)^{20}\cdot(3x-3)^{30}}{(2x-5)^{50}}$; (14) $\lim\limits_{n\to\infty}\dfrac{(-2)^n+3^n}{(-2)^{n+1}+3^{n+1}}$; (15) $\lim\limits_{n\to\infty}\dfrac{n\arctan n}{\sqrt{n^2+1}}$;

(16) $\lim\limits_{n\to\infty}\dfrac{\sqrt{n+1}-\sqrt{n}}{\sqrt{n+5}-\sqrt{n}}$; (17) $\lim\limits_{x\to\infty}\dfrac{2x+\arctan x}{x+\sin x}$; (18) $\lim\limits_{x\to\infty}\dfrac{x-\cos x}{x+\sin x}$;

(19) $\lim\limits_{n\to\infty}\sin\left[(\sqrt{n^2+1}-n)\pi\right]$; (20) $\lim\limits_{x\to 1}\ln\left(\dfrac{x^2-1}{x-1}\right)$; (21) $\lim\limits_{x\to\infty}\left(\dfrac{3x^2+x}{x^2+2}\right)^{\frac{-2x^3+\sin x^3}{x^3-3x+1}}$;

(22) $\lim\limits_{x\to\infty}\dfrac{x^2+3x+1}{x^3+x^2+1}\cos x$; (23) $\lim\limits_{x\to+\infty}\dfrac{\sin\sqrt{x}}{\mathrm{e}^x+\mathrm{e}^{-x}}$; (24) $\lim\limits_{x\to 0}\dfrac{3\mathrm{e}^{\frac{1}{x}}+2}{2\mathrm{e}^{\frac{1}{x}}+3}$;

(25) $\lim\limits_{x\to+\infty}(\sin\sqrt{x+1}-\sin\sqrt{x})$; (26) $\lim\limits_{x\to 1}\dfrac{\sqrt[3]{x}-1}{\sqrt{x}-1}$; (27) $\lim\limits_{x\to 1}\dfrac{\sqrt[3]{x^2}-2\sqrt[3]{x}+1}{(x-1)^2}$.

4. 设 $\lim\limits_{x\to 1}f(x)$ 存在,且 $f(x) = x^2 + 2x\lim\limits_{x\to 1}f(x)$,求 $\lim\limits_{x\to 1}f(x)$ 和 $f(x)$.

5. 求下列极限:

(1) $\lim\limits_{n\to\infty}\left(\dfrac{1^2}{n^3} + \dfrac{2^2}{n^3} + \cdots + \dfrac{n^2}{n^3}\right)$; (2) $\lim\limits_{n\to\infty}\left(\dfrac{1}{1\cdot 2} + \dfrac{1}{2\cdot 3} + \cdots + \dfrac{1}{n\cdot(n+1)}\right)$;

(3) $\lim\limits_{n\to\infty}\left(\dfrac{1}{1+2} + \dfrac{1}{1+2+3} + \cdots + \dfrac{1}{1+2+\cdots+n}\right)$; (4) $\lim\limits_{n\to\infty}\sqrt{3\sqrt{3\cdots\sqrt{3}}}$($n$ 重根号).

6. 证明下列命题:

(1) 若 $\lim\dfrac{f(x)}{g(x)} = A$(常数),且 $\lim g(x) = 0$,则 $\lim f(x) = 0$;

(2) 若 $\lim\dfrac{f(x)}{g(x)} = A \neq 0$(常数),且 $\lim f(x) = 0$,则 $\lim g(x) = 0$.

7. 由下列各极限式确定常数 a,b 的值:

(1) $\lim\limits_{x\to 0}\dfrac{\sqrt{a+bx}-\sqrt{3}}{x} = \sqrt{3}$; (2) $\lim\limits_{x\to 2}\dfrac{x^2+ax+b}{x^2-x-2} = 2$;

(3) $\lim\limits_{x\to 1}\dfrac{x^2+ax+b}{x^2-1} = 0$; (4) $\lim\limits_{x\to 3}\dfrac{(x+a)(x-3)}{x^2+bx+6} = 4$;

(5) $\lim\limits_{x \to \infty}\left(\dfrac{x^2+1}{x+1}-ax-b\right)=0$;

(6) $\lim\limits_{x \to \infty}\dfrac{ax-2\mid x\mid}{bx+3\mid x\mid}\arctan x=\dfrac{\pi}{2}$.

8. 求下列极限：

(1) $\lim\limits_{x \to 1}\dfrac{\sin(x^3-1)}{x-1}$;

(2) $\lim\limits_{n \to \infty}2^n\sin\dfrac{x}{2^n}$ $(x \neq 0)$;

(3) $\lim\limits_{x \to 0}\dfrac{\tan x-\sin 2x}{x}$;

(4) $\lim\limits_{x \to 0}\dfrac{x^2\sin\dfrac{3}{x}}{\sin x}$;

(5) $\lim\limits_{x \to 0}\dfrac{3x-\sin x}{x^2+\sin 3x}$;

(6) $\lim\limits_{x \to 0}\dfrac{\sqrt{2+x^2}-\sqrt{2}}{\tan^2 x}$;

(7) $\lim\limits_{x \to \infty}x\sin\dfrac{2x}{x^2+1}$;

(8) $\lim\limits_{x \to 0}\dfrac{\sqrt{1+x}-\sqrt{1-x}}{\sin x}$;

(9) $\lim\limits_{x \to 0}\dfrac{\sqrt{1+x\sin 3x}-\cos x}{x^2}$;

(10) $\lim\limits_{x \to 0}\dfrac{\cos x-\cos 2x}{x^2}$;

(11) $\lim\limits_{x \to \infty}\dfrac{3x^2+2\sin^2 x}{5x^2-2\sin^2 x}$;

(12) $\lim\limits_{x \to 0}\dfrac{4x+\sin^2 x-2x^3}{\tan x+3x^2}$;

(13) $\lim\limits_{x \to \frac{\pi}{2}}(1+\cos x)^{3\sec x}$;

(14) $\lim\limits_{x \to 0}(1+xe^x)^{\frac{1}{x}}$;

(15) $\lim\limits_{x \to e}(\ln x)^{\frac{1}{1-\ln x}}$;

(16) $\lim\limits_{x \to \infty}\left(\dfrac{x-1}{x+1}\right)^x$;

(17) $\lim\limits_{x \to \frac{\pi}{4}}(\tan x)^{\frac{1}{\cos x-\sin x}}$;

(18) $\lim\limits_{n \to \infty}n(\ln\sqrt{n+2}-\ln\sqrt{n})$;

(19) $\lim\limits_{x \to 0}(\cos x)^{\frac{-1}{x^2}}$;

(20) $\lim\limits_{x \to 0}(1+\sin 3x)^{\frac{1}{x}}$;

(21) $\lim\limits_{x \to 0^+}\sqrt[x]{1-2x}$;

(22) $\lim\limits_{x \to 0}\left(\dfrac{1+x}{1-x}\right)^{\cot x}$;

(23) $\lim\limits_{x \to 0}(\cos x-\sin x)^{\frac{2}{x}}$;

(24) $\lim\limits_{x \to 0}\left(\dfrac{\cos^2 x}{\cos 2x}\right)^{\frac{1}{x^2}}$.

9. 若函数 $f(x)=\begin{cases}(1+ax)^{\frac{1}{x}}, & x>0, \\ \dfrac{\sin 3x}{x}, & x<0\end{cases}$ $(a \neq 0)$，在 $x=0$ 处有极限，求常数 a.

10. 计算下列各题：

(1) 设 $\lim\limits_{x \to \infty}\left(\dfrac{x+a}{x-a}\right)^x=4$，求非零常数 a 的值；

(2) 设 $f(x)=\lim\limits_{t \to \infty}\left(1+\dfrac{x}{t}\right)^t$ $(x \neq 0)$，求 $f(\ln 2)$.

11. 用夹逼准则证明下列极限：

(1) $\lim\limits_{n \to \infty}\dfrac{n!}{n^n}=0$;

(2) $\lim\limits_{n \to \infty}\sqrt[n]{3^n+5^n+7^n}=7$;

(3) $\lim\limits_{n \to \infty}\sqrt[n]{2+\sin^2 n}=1$;

(4) $\lim\limits_{n \to \infty}n\left(\dfrac{1}{n^2+\pi}+\dfrac{1}{n^2+2\pi}+\cdots+\dfrac{1}{n^2+n\pi}\right)=1$;

(5) $\lim\limits_{n \to \infty}\left(\dfrac{1}{n^2+1}+\dfrac{2}{n^2+2}+\cdots+\dfrac{n}{n^2+n}\right)=\dfrac{1}{2}$;

(6) $\lim\limits_{n \to \infty}\left(\sin\dfrac{\pi}{\sqrt{n^2+1}}+\sin\dfrac{\pi}{\sqrt{n^2+2}}+\cdots+\sin\dfrac{\pi}{\sqrt{n^2+n}}\right)=\pi$.

12. 利用单调有界准则证明下列数列极限存在，并求出其极限值：

(1) $x_1=\sqrt{6}$, $x_{n+1}=\sqrt{6+x_n}$ $(n=1,2,\cdots)$;

(2) $x_1=6$, $x_{n+1}=\sqrt{3x_n+10}$ $(n=1,2,\cdots)$;

(3) $x_1=1$, $x_{n+1}=1+\dfrac{x_n}{1+x_n}$ $(n=1,2,\cdots)$.

13. 设 $x_n=\dfrac{1}{5+10}+\dfrac{1}{5^2+10}+\cdots+\dfrac{1}{5^n+10}$ $(n=1,2,\cdots)$，证明极限 $\lim\limits_{n \to \infty}x_n$ 存在.

*14. 现有 1 元资金,按年利率 10% 作连续复利计息,10 年后价值为多少?

(B)

1. 求下列极限:

(1) $\lim\limits_{n\to\infty}\dfrac{a^{2n}}{1+a^{2n}}$;

(2) $\lim\limits_{n\to\infty}a^n\sin\dfrac{x}{a^n}(a\neq0)$;

(3) $\lim\limits_{x\to\infty}\dfrac{\ln(2+\mathrm{e}^{3x})}{\ln(3+\mathrm{e}^{2x})}$;

(4) $\lim\limits_{n\to\infty}\sin(\pi\sqrt{n^2+1})$;

(5) $\lim\limits_{n\to\infty}\cos\dfrac{x}{2}\cos\dfrac{x}{2^2}\cdots\cos\dfrac{x}{2^n}(x\neq0)$;

(6) $\lim\limits_{n\to\infty}\left(\dfrac{1}{2!}+\dfrac{2}{3!}+\cdots+\dfrac{n}{(n+1)!}\right)$;

(7) $\lim\limits_{n\to\infty}\left[\sqrt{1+2+3+\cdots+n}-\sqrt{1+2+3+\cdots+(n-1)}\right]$;

(8) $\lim\limits_{n\to\infty}(1+x)(1+x^2)(1+x^4)\cdots(1+x^{2^n})\ (\,|\,x\,|<1)$.

2. 设 $x_n\leqslant a\leqslant y_n$,且 $\lim\limits_{n\to\infty}(y_n-x_n)=0$,证明: $\lim\limits_{n\to\infty}x_n=\lim\limits_{n\to\infty}y_n=a$.

3. 证明下列数列收敛,并求其极限值:

(1) $x_1>0,x_{n+1}=\dfrac{1}{2}\left(x_n+\dfrac{a}{x_n}\right)(n=1,2,\cdots)$,其中 $a>0$;

(2) $x_1=\dfrac{c}{2},x_{n+1}=\dfrac{c}{2}+\dfrac{x_n^2}{2}(n=1,2,\cdots)$,其中 $0<c\leqslant1$.

4. 确定下列极限中常数的值:

(1) 设 $f(x)=\dfrac{ax^3+bx^2+cx+d}{x^2+x-2}$,若 $\lim\limits_{x\to\infty}f(x)=1$,且 $\lim\limits_{x\to1}f(x)=0$,求 a,b,c,d 的值;

(2) 若 $\lim\limits_{x\to+\infty}(3x-\sqrt{ax^2-bx+1})=2$,求 a,b 的值.

5. 计算下列极限:

(1) $\lim\limits_{x\to-\infty}x(\sqrt{x^2+100}+x)$;

(2) $\lim\limits_{x\to\infty}(\sqrt{x^2+x+1}-\sqrt{x^2-x+1})$;

(3) $\lim\limits_{x\to0}\left(\dfrac{\pi+\mathrm{e}^{\frac{1}{x}}}{1+\mathrm{e}^{\frac{4}{x}}}+\arctan\dfrac{1}{x}\right)$;

(4) $\lim\limits_{x\to0}\left(\dfrac{2+\mathrm{e}^{\frac{1}{x}}}{1+\mathrm{e}^{\frac{2}{x}}}+\dfrac{\sin x}{|\,x\,|}\right)$.

6. 设 $f(x)$ 是三次多项式,且 $\lim\limits_{x\to2a}\dfrac{f(x)}{x-2a}=\lim\limits_{x\to4a}\dfrac{f(x)}{x-4a}=1\ (a\neq0)$,求 $\lim\limits_{x\to3a}\dfrac{f(x)}{x-3a}$.

2.5　无穷小的比较

已经知道,以零为极限的变量称为无穷小,但是在同一极限过程中不同的无穷小趋于 0 的"快慢"程度有差异.例如, $x\to0$ 时, $x^2,x^3,\sin x^2$ 和 $\sin x$ 都是无穷小,若以 x^2 收敛于 0 的速度作为标准,衡量它们趋于 0 的快慢方法是,将上述无穷小与 x^2 相比较,有

$$\lim\limits_{x\to0}\dfrac{x^3}{x^2}=0,\quad\lim\limits_{x\to0}\dfrac{\sin x^2}{x^2}=1,\quad\lim\limits_{x\to0}\dfrac{\sin x}{x^2}=\lim\limits_{x\to0}\left(\dfrac{\sin x}{x}\cdot\dfrac{1}{x}\right)=\infty.$$

这说明 x^3 比 x^2 趋于 0 要快, $\sin x^2$ 与 x^2 趋于 0 快慢几乎一致, $\sin x$ 比 x^2 趋于 0 要慢.为了进一步表明不同无穷小趋于 0 的"快慢"程度,需要以比较的观点来研究对于无穷小的比较,给出如下定义.

2.5.1　无穷小比较的概念

定义 2.5.1　设 $\alpha=\alpha(x)$ 和 $\beta=\beta(x)$ 是自变量 x 在同一个变化过程中的两个无穷小,且

$\beta(x) \neq 0.$

(1) 若 $\lim \dfrac{\alpha}{\beta} = 0$,则称 α 是比 β **高阶的无穷小**,记作 $\alpha = o(\beta)$.

(2) 若 $\lim \dfrac{\alpha}{\beta} = \infty$,则称 α 是比 β **低阶的无穷小**.

(3) 若 $\lim \dfrac{\alpha}{\beta} = C \neq 0$（$C$ 为常数）,则称 α 与 β 是**同阶的无穷小**.

(4) 若 $\lim \dfrac{\alpha}{\beta} = 1$,称 α 与 β 是**等价无穷小**,记作 $\alpha \sim \beta$.

(5) 若 $\lim \dfrac{\alpha}{\beta^k} = C$（$C \neq 0, k > 0$）,称 α 是 β 的 **k 阶无穷小**.

例如,因为 $\lim\limits_{x \to 1} \dfrac{\sin(x-1)^2}{x-1} = \lim\limits_{x \to 1}\left[\dfrac{\sin(x-1)^2}{(x-1)^2} \cdot (x-1)\right] = 0$,故当 $x \to 1$ 时,$\sin(x-1)^2 = o(x-1)$;又因 $\lim\limits_{x \to 0} \dfrac{\sin x}{x} = 1$,故当 $x \to 0$ 时,$\sin x \sim x$.

例 2.5.1　证明:当 $x \to 0$ 时,$\sqrt[n]{1+x} - 1 \sim \dfrac{1}{n}x$ $(n \in \mathbf{N}^+)$.

证　令 $\sqrt[n]{1+x} = t$,则 $x = t^n - 1$,且当 $x \to 0$ 时,$t \to 1$. 于是

$$\lim_{x \to 0} \frac{\sqrt[n]{1+x} - 1}{x/n} = n\lim_{t \to 1}\frac{t-1}{t^n - 1} = n\lim_{t \to 1}\frac{t-1}{(t-1)(t^{n-1} + t^{n-2} + \cdots + t + 1)} = 1.$$

所以

$$\sqrt[n]{1+x} - 1 \sim \frac{1}{n}x \quad (x \to 0).$$

2.5.2　等价无穷小替换定理

定理 2.5.1　设 α, α_1, β 及 β_1 均是自变量在同一变化过程中不取零值的无穷小,且 $\alpha \sim \alpha_1$, $\beta \sim \beta_1$. 若 $\lim \dfrac{\alpha_1}{\beta_1}$ 存在,则有

$$\lim \frac{\alpha}{\beta} = \lim \frac{\alpha_1}{\beta_1}.$$

证　由已知条件,根据极限运算法则有

$$\lim \frac{\alpha}{\beta} = \lim\left(\frac{\alpha}{\alpha_1} \cdot \frac{\alpha_1}{\beta_1} \cdot \frac{\beta_1}{\beta}\right) = \lim \frac{\alpha}{\alpha_1} \cdot \lim \frac{\alpha_1}{\beta_1} \cdot \lim \frac{\beta_1}{\beta} = \lim \frac{\alpha_1}{\beta_1}.$$

推论 2.5.1　设 α, α_1 是自变量在同一变化过程中两个不取零值的无穷小,且 $\alpha \sim \alpha_1$,而 $f(x)$ 为该过程中的一个函数. 若 $\lim[\alpha_1 \cdot f(x)]$ 存在,则有

$$\lim[\alpha \cdot f(x)] = \lim[\alpha_1 \cdot f(x)].$$

常把定理 2.5.1 及其推论统称为**等价无穷小替换定理**. 由这些结果可知:在求乘、除运算的极限时,可将分子或分母的某些乘积因子中的无穷小换成与其等价的无穷小,而不影响其极限结果. 这往往能有效地简化极限的求解过程. 但必须注意的是:等价无穷小替换只适用于乘积因子的情形,对于加、减运算的式子里切记不能随意使用等价无穷小替换定理.

由 2.4 节例题和本节例题的结果可以得到下面一些常用的等价无穷小:

当 $x \to 0$ 时,有

$$\sin x \sim x, \qquad \tan x \sim x, \qquad \arcsin x \sim x, \qquad \arctan x \sim x,$$

$$\ln(1+x) \sim x, \quad \mathrm{e}^x - 1 \sim x, \quad 1 - \cos x \sim \frac{1}{2} x^2, \quad \sqrt[n]{1+x} - 1 \sim \frac{x}{n}.$$

这些常见的等价无穷小结论,读者必须熟记,这对于求函数的极限是很有用的,并且上述这些等价无穷小通过变量替换可推广为:

若 $\alpha(x)$ 为 x 在某一变化过程中不取零值的无穷小,则有

$$\sin \alpha(x) \sim \alpha(x), \quad \tan \alpha(x) \sim \alpha(x), \quad \arcsin \alpha(x) \sim \alpha(x), \quad \arctan \alpha(x) \sim \alpha(x),$$

$$\ln[1+\alpha(x)] \sim \alpha(x), \quad \mathrm{e}^{\alpha(x)} - 1 \sim \alpha(x), \quad 1 - \cos \alpha(x) \sim \frac{\alpha^2(x)}{2}, \quad \sqrt[n]{1+\alpha(x)} - 1 \sim \frac{\alpha(x)}{n}.$$

例 2.5.2 求下列极限:

(1) $\lim\limits_{x \to 0} \dfrac{\sin 3x}{\tan 5x}$;

(2) $\lim\limits_{x \to 1} \dfrac{\arcsin(x^2 - 1)}{\arctan(x^3 - 1)}$;

(3) $\lim\limits_{x \to 0} \dfrac{(1 - \cos x)\ln(1 + x\mathrm{e}^x)}{(\mathrm{e}^{5x} - 1)(\sqrt[3]{1 + x^2} - 1)}$;

(4) $\lim\limits_{x \to 0} \dfrac{\sqrt{1 + x\sin^2 x} - 1}{(3^x - 1)\tan x^2 \cos x}$.

解 (1) 由于当 $x \to 0$ 时, $\sin 3x \sim 3x, \tan 5x \sim 5x$, 所以

$$\lim_{x \to 0} \frac{\sin 3x}{\tan 5x} = \lim_{x \to 0} \frac{3x}{5x} = \frac{3}{5}.$$

(2) 由于当 $x \to 1$ 时, $\arcsin(x^2 - 1) \sim x^2 - 1, \arctan(x^3 - 1) \sim x^3 - 1$, 所以

$$\lim_{x \to 1} \frac{\arcsin(x^2 - 1)}{\arctan(x^3 - 1)} = \lim_{x \to 1} \frac{x^2 - 1}{x^3 - 1} = \lim_{x \to 1} \frac{x + 1}{x^2 + x + 1} = \frac{2}{3}.$$

(3) 由于当 $x \to 0$ 时,有

$$1 - \cos x \sim \frac{1}{2} x^2, \ln(1 + x\mathrm{e}^x) \sim x\mathrm{e}^x, \mathrm{e}^{5x} - 1 \sim 5x, \sqrt[3]{1 + x^2} - 1 \sim \frac{1}{3} x^2,$$

所以

$$\lim_{x \to 0} \frac{(1 - \cos x)\ln(1 + x\mathrm{e}^x)}{(\mathrm{e}^{5x} - 1)(\sqrt[3]{1 + x^2} - 1)} = \lim_{x \to 0} \frac{\frac{1}{2} x^2 \cdot x\mathrm{e}^x}{5x \cdot \frac{1}{3} x^2} = \frac{3}{10}.$$

(4) 由于当 $x \to 0$ 时, $\sqrt{1 + x\sin^2 x} - 1 \sim \dfrac{1}{2} x\sin^2 x \sim \dfrac{1}{2} x^3, 3^x - 1 = \mathrm{e}^{x\ln 3} - 1 \sim x\ln 3$, $\tan x^2 \sim x^2$, 所以

$$\lim_{x \to 0} \frac{\sqrt{1 + x\sin^2 x} - 1}{(3^x - 1)\tan x^2 \cos x} = \lim_{x \to 0} \frac{\frac{1}{2} x^3}{x\ln 3 \cdot x^2 \cos x} = \frac{1}{2\ln 3}.$$

例 2.5.3 求下列极限:

(1) $\lim\limits_{x \to 0} \dfrac{\sin x - \tan x}{\arcsin^3 x}$;

(2) $\lim\limits_{x \to 0} \dfrac{(1 + x)^x - 1}{\ln \cos x}$;

(3) $\lim\limits_{x \to 0} \dfrac{\sqrt[3]{1 + x} - \sqrt[5]{1 - x}}{\arctan x}$;

(4) $\lim\limits_{x \to 0} \dfrac{\sqrt{1 + x\sin x} - \sqrt{\cos x}}{\ln \sqrt{1 + x^2}}$.

解 (1) 因为 $\dfrac{\sin x - \tan x}{\arcsin^3 x} = \dfrac{\sin x(\cos x - 1)}{\cos x \cdot \arcsin^3 x}$, 且当 $x \to 0$ 时,有

$$\sin x \sim x, \cos x - 1 \sim -\frac{x^2}{2}, \arcsin^3 x \sim x^3.$$

所以

$$\lim_{x\to 0}\frac{\sin x-\tan x}{\arcsin^3 x}=\lim_{x\to 0}\frac{\sin x(\cos x-1)}{\cos x\cdot\arcsin^3 x}=\lim_{x\to 0}\frac{x\cdot\left(-\frac12 x^2\right)}{\cos x\cdot x^3}=-\frac12.$$

注意本题下述的解法是十分错误的：

由于当 $x\to 0$ 时，$\sin x\sim x,\tan x\sim x,\arcsin^3 x\sim x^3$，所以

$$\lim_{x\to 0}\frac{\sin x-\tan x}{\arcsin^3 x}=\lim_{x\to 0}\frac{x-x}{x^3}=0.$$

(2) 由于当 $x\to 0$ 时，$(1+x)^x-1=e^{x\ln(1+x)}-1\sim x\ln(1+x)\sim x^2$，

$$\ln\cos x=\ln[1+(\cos x-1)]\sim\cos x-1\sim-\frac12 x^2$$

$$\left(\text{或 }\ln\cos x=\frac12\ln\cos^2 x=\frac12\ln(1-\sin^2 x)\sim\frac12(-\sin^2 x)\sim-\frac12 x^2\right),$$

所以

$$\lim_{x\to 0}\frac{(1+x)^x-1}{\ln\cos x}=\lim_{x\to 0}\frac{x^2}{-\frac12 x^2}=-2.$$

(3) 由于当 $x\to 0$ 时，$\arctan x\sim x$. 利用极限的等价无穷小替换法则及四则运算法则，得

$$\lim_{x\to 0}\frac{\sqrt[3]{1+x}-\sqrt[5]{1-x}}{\arctan x}=\lim_{x\to 0}\frac{\sqrt[3]{1+x}-\sqrt[5]{1-x}}{x}=\lim_{x\to 0}\frac{\sqrt[3]{1+x}-1-\sqrt[5]{1-x}+1}{x}$$

$$=\lim_{x\to 0}\frac{\sqrt[3]{1+x}-1}{x}-\lim_{x\to 0}\frac{\sqrt[5]{1-x}-1}{x}.$$

又因 $x\to 0$ 时，$\sqrt[3]{1+x}-1\sim\frac13 x,\sqrt[5]{1-x}-1\sim\frac15(-x)$，于是

$$\lim_{x\to 0}\frac{\sqrt[3]{1+x}-\sqrt[5]{1-x}}{\arctan x}=\lim_{x\to 0}\frac{\frac13 x}{x}-\lim_{x\to 0}\frac{\frac15(-x)}{x}=\frac13-\left(-\frac15\right)=\frac{8}{15}.$$

(4) 求极限时若遇到某个因子有极限，且该因子的极限不为零时，可以把该因子的极限先求出来并提到极限号外面，这样能避繁就简，且不影响整个函数的极限.

$$\lim_{x\to 0}\frac{\sqrt{1+x\sin x}-\sqrt{\cos x}}{\ln\sqrt{1+x^2}}=\lim_{x\to 0}\frac{1+x\sin x-\cos x}{\frac12 x^2\cdot(\sqrt{1+x\sin x}+\sqrt{\cos x})}$$

$$=\lim_{x\to 0}\frac{2}{\sqrt{1+x\sin x}+\sqrt{\cos x}}\cdot\lim_{x\to 0}\frac{1+x\sin x-\cos x}{x^2}$$

$$=\lim_{x\to 0}\left(\frac{\sin x}{x}+\frac{1-\cos x}{x^2}\right)=\lim_{x\to 0}\frac{\sin x}{x}+\lim_{x\to 0}\frac{1-\cos x}{x^2}=\frac32.$$

例 2.5.4 求下列极限：

(1) $\lim\limits_{x\to\pi}\dfrac{\sin 2x}{\tan 5x}$;　(2) $\lim\limits_{n\to\infty}n^3\left(\sin\dfrac1n-\dfrac12\sin\dfrac2n\right)$;　(3) $\lim\limits_{n\to\infty}n^4\left[1-\cos\left(1-\cos\dfrac1n\right)\right]$.

解　(1) 令 $t=\pi-x$，则 $x=\pi-t$，且当 $x\to\pi$ 时，$t\to 0$. 于是

$$\lim_{x\to\pi}\frac{\sin 2x}{\tan 5x}=\lim_{t\to 0}\frac{\sin(2\pi-2t)}{\tan(5\pi-5t)}=\lim_{t\to 0}\frac{\sin 2t}{\tan 5t}=\lim_{t\to 0}\frac{2t}{5t}=\frac25.$$

(2) 等价无穷小替换法则对于数列极限也成立.

由于当 $n \to \infty$ 时,$\sin \dfrac{1}{n} \sim \dfrac{1}{n}$,$1 - \cos \dfrac{1}{n} \sim \dfrac{1}{2n^2}$,所以

$$\lim_{n \to \infty} n^3 \left(\sin \frac{1}{n} - \frac{1}{2} \sin \frac{2}{n} \right) = \lim_{n \to \infty} \left[n^3 \sin \frac{1}{n} \cdot \left(1 - \cos \frac{1}{n} \right) \right] = \lim_{n \to \infty} \left(n^3 \frac{1}{n} \cdot \frac{1}{2n^2} \right) = \frac{1}{2}.$$

(3) 由于当 $n \to \infty$ 时,$1 - \cos \left(1 - \cos \dfrac{1}{n} \right) \sim \dfrac{1}{2} \left(1 - \cos \dfrac{1}{n} \right)^2 \sim \dfrac{1}{2} \cdot \left(\dfrac{1}{2n^2} \right)^2 = \dfrac{1}{8n^4}$,所以

$$\lim_{n \to \infty} n^4 \left[1 - \cos \left(1 - \cos \frac{1}{n} \right) \right] = \lim_{n \to \infty} \left(n^4 \cdot \frac{1}{8n^4} \right) = \frac{1}{8}.$$

习 题 2.5

（A）

1. 下列解法是否正确? 若错误,试给出其正确解法:

(1) $\lim\limits_{x \to 0} \dfrac{x}{\sqrt{1 - \cos x}} = \lim\limits_{x \to 0} \dfrac{x}{\sqrt{2} \sin \frac{x}{2}} = \lim\limits_{x \to 0} \dfrac{x}{\sqrt{2} \cdot \frac{x}{2}} = \sqrt{2}$;

(2) $\lim\limits_{x \to 0} \dfrac{\ln(1 + x + x^2) + \ln(1 - x + x^2)}{\sin^2 x} = \lim\limits_{x \to 0} \dfrac{x + x^2 + (-x + x^2)}{x^2} = 2$;

(3) $\lim\limits_{x \to 1} \dfrac{\sin \pi x}{\tan 2\pi x} = \lim\limits_{x \to 1} \dfrac{\pi x}{2\pi x} = \dfrac{1}{2}$;

(4) $\lim\limits_{x \to 0} \dfrac{\sin x - \tan x}{x^3} = \lim\limits_{x \to 0} \dfrac{\sin x}{x^3} - \lim\limits_{x \to 0} \dfrac{\tan x}{x^3} = \lim\limits_{x \to 0} \dfrac{x}{x^3} - \lim\limits_{x \to 0} \dfrac{x}{x^3} = 0.$

2. 当 $x \to 0$ 时,证明下列各题:

(1) $\tan x - \sin x \sim x^2 (\sqrt{1 + x} - 1)$;　　　　(2) $\tan x - x = o(x).$

3. 求下列极限:

(1) $\lim\limits_{x \to 0} \dfrac{\sin 3x}{\arctan 2x}$;

(2) $\lim\limits_{x \to \infty} x^2 \left(1 - \cos \dfrac{2}{x} \right)$;

(3) $\lim\limits_{x \to 0} \dfrac{\ln(1 + 6x^2)}{x \arcsin 2x}$;

(4) $\lim\limits_{x \to 0} \ln(1 + x) \arctan \dfrac{1}{x}$;

(5) $\lim\limits_{x \to 0} \dfrac{\sqrt[5]{1 + x \tan 2x} - 1}{(e^{\frac{1}{2} x} - 1) \arctan x}$;

(6) $\lim\limits_{x \to 1^+} \dfrac{\ln(1 + \sqrt{x - 1})}{\arcsin \sqrt{x^2 - 1}}$;

(7) $\lim\limits_{x \to 0} \dfrac{(e^x - 1)^2 (1 - \cos x)}{\ln(1 + x^2) \tan^2 x}$;

(8) $\lim\limits_{x \to 0} \dfrac{(e^{\tan x^2} - 1) \cos x}{\sqrt{1 + x \arcsin x} - 1}$;

(9) $\lim\limits_{x \to 0} \dfrac{e^{5x} - e^{2x}}{\sin x}$;

(10) $\lim\limits_{x \to 0} \dfrac{\ln(1 - x^2) + \ln(1 + x^2)}{\sqrt[5]{1 - x^4} - 1}$;

(11) $\lim\limits_{x \to 1} (1 - x) \cot(x^2 + 2x - 3)$;

(12) $\lim\limits_{x \to \infty} \dfrac{3x^2 + 5}{5x + 3} \sin \dfrac{2}{x}$;

(13) $\lim\limits_{x \to 0} \dfrac{\tan 5x - \cos x + 1}{\sin 3x}$;

(14) $\lim\limits_{x \to 0} \dfrac{\sqrt{2} - \sqrt{1 + \cos x}}{\sqrt{1 + x^2} - 1}$;

(15) $\lim\limits_{x \to \infty} \dfrac{2x \sin x}{\sqrt{1 + x^2}} \arctan \dfrac{1}{x}$;

(16) $\lim\limits_{x \to 0} \dfrac{3 \sin x + x^2 \cos \frac{1}{x}}{(1 + \cos x) \arcsin x}$;

(17) $\lim\limits_{x \to 0} \left[1 + \ln(1 + x) \right]^{\frac{3}{\sin x}}$;

(18) $\lim\limits_{x \to 0} (\cos x)^{\frac{1}{\ln(1 + x^2)}}$;

(19) $\lim\limits_{x \to 0} (1 + \sin x^2)^{\frac{1}{1 - \cos x}}$;

(20) $\lim\limits_{x \to 0} \left(\dfrac{1 + \tan x}{1 + \sin x} \right)^{\frac{1}{x^3}}$;

(21) $\lim\limits_{x \to \infty} (\sqrt[3]{x + 1} - \sqrt[3]{x})$;

(22) $\lim\limits_{x \to 0} \dfrac{\arcsin x^2 \cdot \sin \frac{1}{x}}{2^x - 1}$;

(23) $\lim\limits_{x \to 0} \dfrac{\sin(e^{x^2} - 1)}{\ln \cos x}$;

(24) $\lim\limits_{x \to \infty} x \left[\sin \ln \left(1 + \dfrac{3}{x} \right) - \sin \ln \left(1 + \dfrac{1}{x} \right) \right]$;

(25) $\lim\limits_{x \to 0} \dfrac{e^x + e^{-x} - 2}{\sqrt{4 + x^2} - 2}$;

(26) $\lim\limits_{x \to 0} \dfrac{\sqrt{1 + x^4} - \sqrt[3]{1 - x^2}}{4x^2 - 3x^3}$;

(27) $\lim\limits_{n \to \infty} (\sqrt[3]{n^3 + 3n^2} - \sqrt[4]{n^4 - 2n^3})$;

(28) $\lim\limits_{n\to\infty} n^2(\sqrt[n]{2}-\sqrt[n+1]{2})$;

(29) $\lim\limits_{x\to 2\pi}(\cos x)^{\sec^2\frac{x}{4}}$;

(30) $\lim\limits_{x\to+\infty}[\sin\ln(x+1)-\sin\ln x]$;

(31) $\lim\limits_{x\to 0^+}\dfrac{1-\sqrt{\cos x}}{x(1-\cos\sqrt{x})}$;

(32) $\lim\limits_{x\to 0}(e^x+2x)^{\frac{1}{x}}$;

(33) $\lim\limits_{x\to 0}\dfrac{\sqrt{1+\tan x}-\sqrt{1+\sin x}}{(\sqrt[3]{1+x^2}-1)(\sqrt{1+\sin x}-1)}$.

4. 已知 $\lim\limits_{n\to\infty}\left(\dfrac{n+2}{n+3}\right)^{-2n}=k$, 求 $\lim\limits_{x\to 0}\dfrac{1-\cos kx+x^3\sin\frac{1}{x}}{(1+\cos x)\ln(1+x^2)}$.

5. 若 $\lim\limits_{x\to 0}\dfrac{\sin x}{e^x-a}(\cos x-b)=5$, 求常数 a,b.

6. 若 $\lim\limits_{x\to 0}\dfrac{\ln[1+f(x)]}{\sin^2 x}=3$, 求 $\lim\limits_{x\to 0}\dfrac{f(x)}{x^2}$.

（B）

1. 求下列极限：

(1) $\lim\limits_{x\to 0}\dfrac{\ln(\sqrt{1-x^2}\cos x)}{\arcsin x^2}$;

(2) $\lim\limits_{n\to\infty}(n+\sqrt[3]{n^2-n^3})$;

(3) $\lim\limits_{x\to 0}\dfrac{1-\sqrt{\cos 2x}\cdot\cos x}{\sin x^2}$;

(4) $\lim\limits_{x\to 0}\dfrac{\ln(\sin^2 x+e^x)-x}{\ln(x^2+e^{2x})-2x}$;

(5) $\lim\limits_{x\to 0}\dfrac{\ln(1+xe^x)}{\ln(x+\sqrt{1+x^2})}$;

(6) $\lim\limits_{x\to\infty}\left(\cos\dfrac{2}{x}+\sin\dfrac{3}{x}\right)^{\cot\frac{5}{x}}$;

(7) $\lim\limits_{x\to 0^+}(\cos\sqrt{x})^{\frac{\pi}{x}}$;

(8) $\lim\limits_{x\to 0}\left(\dfrac{e^x+e^{2x}+e^{3x}}{3}\right)^{\frac{1}{x}}$.

2. 已知当 $x\to 0$ 时, $(1+ax^2)^{\frac{1}{3}}-1\sim\ln\sqrt{1+x^2}$, 求非零常数 a 的值.

3. 设 $\lim\limits_{x\to 0}\dfrac{\sqrt{1+f(x)\sin 2x}-1}{3^x-1}=5$, 求 $\lim\limits_{x\to 0}f(x)$.

4. 已知 $\lim\limits_{x\to 0}\dfrac{\sqrt{1+\frac{f(x)}{\sin x}}-1}{x(e^x-1)}=8$, 求 c 及 k 使得当 $x\to 0$ 时, $f(x)\sim cx^k$.

5. 求下列极限：

(1) $\lim\limits_{x\to 1}\dfrac{(x^{3x-2}-x)\cdot\sin(2x-2)}{(x-1)^3}$;

(2) $\lim\limits_{x\to 0}\dfrac{1-\sqrt[3]{\cos 3x}\cdot\cos x}{x^2}$;

(3) $\lim\limits_{x\to 0}\dfrac{1}{x^3}\left[\left(\dfrac{2+\cos x}{3}\right)^x-1\right]$;

(4) $\lim\limits_{x\to 0}\dfrac{\sin\left(x^2\sin\frac{1}{x}\right)}{x}$.

6. 已知 $\lim\limits_{x\to 0}\dfrac{f(x)}{1-\cos x}=4$, 求极限 $\lim\limits_{x\to 0}\left[1+\dfrac{f(x)}{x}\right]^{\frac{1}{x}}$.

7. 设 k,l 为正数,且 $k\leqslant l$,当 $x\to 0$ 时,证明：

(1) $o(x^k)+o(x^l)=o(x^k)$;

(2) $o(x^k)\cdot o(x^l)=o(x^{k+l})$;

(3) $C\cdot o(x^k)=o(x^k)$, 其中 $C\neq 0$;

(4) $x^k\cdot o(x^l)=o(x^{k+l})$.

2.6　函数的连续性

　　现实世界中许多变量的变化都是连续不断的,如动植物随时间的生长、气温随时间的变化等,这种连续不断变化的现象和事物在数量上的描述就是函数的连续性. 又如火箭发射过程中,随着燃料的消耗,火箭的质量逐渐减小,但在火箭燃料耗尽的一瞬间,火箭的外壳自行脱落,这时火箭质量突然减少,这种突变的现象和事物在数量上的描述就是函数的间断. 函数的连续性是微积分学中的一个重要概念.

2.6.1 连续函数的概念

1. 函数在一点连续的概念

以气温变化为例,分析连续变化的特点. 一般气温
T 是时间 t 的函数:$T = f(t)$. 气温随着时间是连续变
化的意思是指:当时间差(称为时间的改变量 Δt)非常
微小时,温差(称为温度的改变量 ΔT)也一定很微小
(图 2.6). 这就是连续变化的特征,由此引出函数在一
点连续的定义.

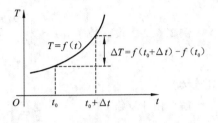

图 2.6

定义 2.6.1 设函数 $y = f(x)$ 在点 x_0 的某邻域 $U(x_0)$ 内有定义,如果当自变量 x 在 x_0
处的改变量或增量 Δx 趋于零时,相应的函数的改变量或增量 $\Delta y = f(x_0 + \Delta x) - f(x_0)$ 也趋
向于零,即

$$\lim_{\Delta x \to 0} \Delta y = \lim_{\Delta x \to 0} [f(x_0 + \Delta x) - f(x_0)] = 0. \tag{2.6.1}$$

那么称函数 $y = f(x)$ 在点 x_0 处**连续**,并称 x_0 为 $f(x)$ 的**连续点**.

函数 $y = f(x)$ 在点 x_0 处连续的定义也可用不同的方式来表述. 在上述定义中,设 $x =
x_0 + \Delta x$,则 $\Delta x \to 0 \Leftrightarrow x \to x_0$,此时 $\Delta y = f(x_0 + \Delta x) - f(x_0) \to 0 \Leftrightarrow f(x) \to f(x_0)$,因此,函
数 $y = f(x)$ 在 x_0 处连续的定义又可叙述如下.

定义 2.6.2 设函数 $y = f(x)$ 在点 x_0 的某邻域 $U(x_0)$ 内有定义,如果

$$\lim_{x \to x_0} f(x) = f(x_0), \tag{2.6.2}$$

那么称函数 $f(x)$ 在点 x_0 处连续.

依式(2.6.2),函数 $f(x)$ 在点 x_0 处连续必须同时满足下述三个条件:

(1) $f(x)$ 在 x_0 处有定义;

(2) 极限 $\lim_{x \to x_0} f(x)$ 存在;

(3) 极限值 $\lim_{x \to x_0} f(x)$ 与函数值 $f(x_0)$ 相等.

例 2.6.1 讨论函数 $f(x) = \begin{cases} x\sin\dfrac{1}{x}, & x \neq 0, \\ k, & x = 0 \end{cases}$ 在 $x = 0$ 处的连续性.

解 由于 $f(x)$ 在 $x = 0$ 处有定义,且 $f(0) = k$,又因

$$\lim_{x \to 0} f(x) = \lim_{x \to 0} x\sin\frac{1}{x} = 0.$$

所以,当 $k = 0$ 时,$f(x)$ 在 $x = 0$ 处连续;当 $k \neq 0$ 时,$f(x)$ 在 $x = 0$ 处不连续.

类似于左极限和右极限,还可以定义函数在点 x_0 处左连续和右连续.

定义 2.6.3 设函数 $f(x)$ 在点 x_0 的左(或右)邻域内有定义,若

$$f(x_0 - 0) = \lim_{x \to x_0^-} f(x) = f(x_0) \quad (\text{或 } f(x_0 + 0) = \lim_{x \to x_0^+} f(x) = f(x_0)),$$

则称 $f(x)$ 在点 x_0 处是**左连续**(或**右连续**). 左、右连续又称单侧连续.

由左、右极限与极限的关系,可得如下定理.

定理 2.6.1 函数 $f(x)$ 在点 x_0 处连续的充分必要条件是 $f(x)$ 在点 x_0 处既左连续又右

连续，即

$$\lim_{x \to x_0} f(x) = f(x_0) \Leftrightarrow f(x_0 - 0) = f(x_0) = f(x_0 + 0).$$

例 2.6.2　设函数 $f(x) = \begin{cases} \dfrac{e^{\sin ax} - 1}{x}, & x < 0, \\ e, & x = 0, \\ (1 + bx)^{\frac{1}{x}}, & x > 0. \end{cases}$ $(ab \neq 0)$. 问 a, b 为何值时，$f(x)$ 在 $x = 0$

处连续？

解　由于 $f(x)$ 在 $x = 0$ 处有定义，且 $f(0) = e$，又

$$\lim_{x \to 0^-} f(x) = \lim_{x \to 0^-} \frac{e^{\sin ax} - 1}{x} = \lim_{x \to 0^-} \frac{\sin ax}{x} = a,$$

$$\lim_{x \to 0^+} f(x) = \lim_{x \to 0^+} (1 + bx)^{\frac{1}{x}} = \lim_{x \to 0^+} \left[(1 + bx)^{\frac{1}{bx}} \right]^b = e^b.$$

因为函数 $f(x)$ 要在 $x = 0$ 连续，需有 $\lim\limits_{x \to 0^-} f(x) = f(0) = \lim\limits_{x \to 0^+} f(x)$，即

$$\begin{cases} a = e, \\ e^b = e, \end{cases}$$

由此可解得 $a = e, b = 1$.

函数在一点处连续的概念，很自然的可以推广到一个区间上.

2. 函数在区间上连续的概念

定义 2.6.4　若函数 $f(x)$ 在开区间 (a, b) 内的每一点处都连续，则称 $f(x)$ **在开区间 (a, b) 内连续**；若 $f(x)$ 在开区间 (a, b) 内连续，并在左端点 a 处右连续，右端点 b 处左连续，则称 $f(x)$ 在**闭区间 $[a, b]$ 上连续**.

类似地可定义函数 $f(x)$ 在半开半闭区间上的连续性. 一般地若 $f(x)$ 在区间 I 上连续，则称 $f(x)$ 是区间 I 上的**连续函数**. 区间 I 叫作 $f(x)$ 的**连续区间**.

从几何上看，若 $f(x)$ 为区间 I 上的连续函数，其图像 $y = f(x)$ 为区间 I 上的一条连续曲线.

例 2.6.3　证明函数 $f(x) = \sin x$ 在 $(-\infty, +\infty)$ 内连续.

证　任取 $x_0 \in (-\infty, +\infty)$，并设自变量 x 在 x_0 处获得改变量 Δx，则

$$\Delta y = \sin(x_0 + \Delta x) - \sin x_0 = 2\sin \frac{\Delta x}{2} \cos\left(x_0 + \frac{\Delta x}{2}\right),$$

由于 $2\sin \dfrac{\Delta x}{2} \sim \Delta x (\Delta x \to 0)$，所以

$$\lim_{\Delta x \to 0} \Delta y = \lim_{\Delta x \to 0} \left[\Delta x \cdot \cos\left(x_0 + \frac{\Delta x}{2}\right) \right] = 0,$$

即 $f(x)$ 在点 x_0 处连续. 又由 x_0 为 $(-\infty, +\infty)$ 内任意一点，故 $f(x) = \sin x$ 在 $(-\infty, +\infty)$ 内连续.

类似地，可以证明 $y = \cos x$ 在 $(-\infty, +\infty)$ 内也连续.

2.6.2　连续函数的运算性质及初等函数的连续性

1. 连续函数的运算性质

利用极限的四则运算性质及复合函数的极限运算法则，结合连续的定义，容易证明连续函数的下列性质.

定理 2.6.2（四则运算性质） 设 $f(x)$ 与 $g(x)$ 均在同一区间 I 上有定义,且二者均在点 $x_0 \in I$ 处连续,则函数 $f(x) \pm g(x), f(x)g(x), \dfrac{f(x)}{g(x)}$（当 $g(x_0) \neq 0$ 时）在点 x_0 处也连续.

例如,$\tan x = \dfrac{\sin x}{\cos x}$,因为 $\sin x, \cos x$ 均在 $(-\infty, +\infty)$ 内连续,由定理 2.6.2 知,$\tan x$ 在 $\cos x \neq 0$,即 $x \neq k\pi + \dfrac{\pi}{2}$ 处连续,换句话说 $\tan x$ 在其定义域内连续.

类似地,可得 $\cot x$ 在其定义域内也连续.

定理 2.6.3（复合函数的连续性） 设 x_0 为复合函数 $y = f[\varphi(x)]$ 定义区间内的一点.若函数 $u = \varphi(x)$ 在点 x_0 处连续,且 $\varphi(x_0) = u_0$,而函数 $y = f(u)$ 在对应点 u_0 处也连续,则复合函数 $y = f[\varphi(x)]$ 在点 x_0 处连续.

即连续函数经过复合运算后所得到的函数仍为连续函数.

例 2.6.4 讨论幂函数 $y = x^\mu$ 在 $(0, +\infty)$ 内的连续性.

解 由于 $y = x^\mu = e^{\mu \ln x}$,所以 $y = x^\mu$ 可视为 $y = e^u, u = \mu \ln x$ 构成的复合函数. 因 $u = \mu \ln x$ 在 $(0, +\infty)$ 内连续,$y = e^u$ 在对应区间 $(-\infty, +\infty)$ 内连续,由定理 2.6.3 知,幂函数 $y = x^\mu$ 在 $(0, +\infty)$ 内连续.

因幂函数 $y = x^\mu$ 的定义域随 μ 的值而异,对于 μ 取各种不同值的情形,可以证明幂函数在它的定义域内是连续的.

定理 2.6.4（反函数的连续性） 设 $y = f(x)$ 在区间 I_x 上单调增加（或减少）且连续,其值域为 I_y. 则它的反函数 $x = f^{-1}(y)$ 在区间 I_y 上也单调增加（或减少）且连续.

证明从略.

定理 2.6.4 从几何上很容易理解:因 $y = f(x)$ 与 $x = f^{-1}(y)$ 在 xOy 平面内是同一条曲线,所以具有相同的连续性.

例 2.6.5 讨论 $y = \arcsin x$ 在 $[-1, 1]$ 上的连续性.

解 由于 $x = \sin y$ 在闭区间 $\left[-\dfrac{\pi}{2}, \dfrac{\pi}{2}\right]$ 上单调增加且连续,其值域为 $[-1, 1]$,由定理 2.6.4 知,其反函数 $y = \arcsin x$ 在闭区间 $[-1, 1]$ 上也是单调增加且连续.

同样可以证明其他反三角函数（主值分支）在其定义域内也连续.

2. 初等函数的连续性

结合例 2.4.11,例 2.4.12,例 2.6.3 ~ 例 2.6.5 可得:**基本初等函数在其定义域内均连续.**

由于基本初等函数在其定义域内都连续,根据初等函数的定义,并结合连续函数的性质,立即可得下面定理.

定理 2.6.5 一切初等函数在其定义区间（即包含在定义域内的区间）内都是连续的.

注 若初等函数的定义域不是一个区间,如 $f(x) = \sqrt{\cos x - 1}$ 的定义域为离散点集 $D_f = \{x = 2k\pi, k \in \mathbf{Z}\}$,对于离散点是不能谈论函数连续性的.

再如 $g(x) = \sqrt{x^2(x-3)}$,函数的定义域为 $D_f = \{0\} \bigcup [3, +\infty)$,只能谈论 $g(x)$ 在定义区间 $[3, +\infty)$ 上的连续性.

一般地,如果函数 $f(x)$ 在 x_0 处连续,由于 $\lim\limits_{x \to x_0} x = x_0$,式(2.6.2)还可以写为

$$\lim_{x \to x_0} f(x) = f(x_0) = f(\lim_{x \to x_0} x) \tag{2.6.3}$$

式(2.6.3)表明对于连续函数而言,求极限运算与函数运算的次序可以互换;由定理 2.4.2可知,对于复合函数 $f[\varphi(x)]$ 求极限,当外层函数 $f(u)$ 在里层函数 $\varphi(x)$ 极限值处连续时,其极限运算也有同样的结果,这一点在许多求函数极限的问题中有很重要的应用.

例 2.6.6　求下列极限:

(1) $\lim\limits_{x\to 0}\ln\left(\dfrac{\sin 3x}{x}\right)$;　　　　　　(2) $\lim\limits_{x\to +\infty}\arccos(\sqrt{x^2+x}-x)$.

解　(1) 因为 $\lim\limits_{x\to 0}\dfrac{\sin 3x}{x}=3$. 而 $\ln u$ 在 $u=3$ 处连续,于是

$$\lim_{x\to 0}\ln\left(\frac{\sin 3x}{x}\right)=\ln\left(\lim_{x\to 0}\frac{\sin 3x}{x}\right)=\ln 3.$$

(2) 因为 $\lim\limits_{x\to +\infty}(\sqrt{x^2+x}-x)=\lim\limits_{x\to +\infty}\dfrac{x}{\sqrt{x^2+x}+x}=\lim\limits_{x\to +\infty}\dfrac{1}{\sqrt{1+\frac{1}{x}}+1}=\dfrac{1}{2}$. 而 $\arccos u$

在 $u=\dfrac{1}{2}$ 处连续,于是

$$\lim_{x\to +\infty}\arccos(\sqrt{x^2+x}-x)=\arccos\lim_{x\to +\infty}(\sqrt{x^2+x}-x)=\arccos\frac{1}{2}=\frac{\pi}{3}.$$

2.6.3　函数的间断点及其分类

定义 2.6.5　若函数 $f(x)$ 在点 x_0 的某去心邻域 $\overset{\circ}{U}(x_0)$ 内有定义,且 $f(x)$ 在点 x_0 处不满足连续的三个条件之一,则称 $f(x)$ 在点 x_0 处间断,并称 x_0 为 $f(x)$ 的不连续点或**间断点**.

设 $f(x)$ 在点 x_0 的某去心邻域 $\overset{\circ}{U}(x_0)$ 内有定义. 在此前提下,由定义2.6.5可知,若 x_0 是函数 $f(x)$ 的间断点,则必有下列三种情形之一:

(1) $f(x)$ 在点 x_0 处无定义;

(2) $f(x)$ 在点 x_0 处无极限;

(3) 虽然 $f(x)$ 在点 x_0 处有定义,且 $\lim\limits_{x\to x_0}f(x)$ 也存在,但 $\lim\limits_{x\to x_0}f(x)\neq f(x_0)$.

为了方便对函数间断点的讨论,函数的间断点按下述定义通常分为两类.

定义 2.6.6　设 x_0 为 $f(x)$ 的间断点,

(1) 若 $f(x)$ 在 x_0 处的左、右极限都存在,则称 x_0 为 $f(x)$ 的**第一类间断点**.

特别地,当左、右极限相等时,即 $\lim\limits_{x\to x_0}f(x)$ 存在时,称间断点 x_0 为 $f(x)$ 的**可去间断点**;当左、右极限不相等时,称间断点 x_0 为 $f(x)$ 的**跳跃间断点**.

(2) 若 $f(x)$ 在 x_0 处的左、右极限中至少有一个不存在,则称 x_0 为 $f(x)$ 的**第二类间断点**. 特别地,当左、右极限中有一个为无穷大时,称 x_0 为 $f(x)$ 的**无穷间断点**.

例 2.6.7　求下列函数的间断点,并说明间断点的类型:

(1) $f(x)=\dfrac{x^2-4}{x-2}$;　　　　　　(2) $f(x)=\begin{cases}\dfrac{\sin x}{x}, & x\neq 0,\\ 3, & x=0;\end{cases}$

(3) $f(x)=\begin{cases}x\sin\dfrac{1}{x}, & x<0,\\ (1-x)^{\frac{1}{x}}, & 0<x<1;\end{cases}$　　(4) $f(x)=\begin{cases}e^x, & x\leqslant 0,\\ \dfrac{1}{x}, & x>0.\end{cases}$

解 根据函数间断点定义,可知初等函数的间断点只可能出现在函数无定义的点 x_0 处 (但函数必须在某去心邻域 $\overset{\circ}{U}(x_0)$ 内有定义);分段函数的间断点只可能出现在分段点处.

(1) 由于 $f(x)$ 在 $x=2$ 处无定义,而在 $x=2$ 的去心邻域内有定义,所以 $x=2$ 是 $f(x)$ 的间断点. 又因为

$$\lim_{x\to 2} f(x) = \lim_{x\to 2} \frac{x^2-4}{x-2} = 4,$$

所以 $x=2$ 为 $f(x)$ 的第一类中的可去间断点. 若补充 $f(x)$ 在 $x=2$ 处的函数值为 $f(2) = \lim\limits_{x\to 2} f(x) = 4$,则 $f(x)$ 在 $x=2$ 处就变为连续.

(2) 因为

$$\lim_{x\to 0} f(x) = \lim_{x\to 0} \frac{\sin x}{x} = 1 \neq f(0),$$

所以 $x=0$ 为 $f(x)$ 的第一类间断点中的可去间断点. 若修改(或重新定义)函数 $f(x)$ 在 $x=0$ 处的函数值为 $f(0) = \lim\limits_{x\to 0} f(x) = 1$,则函数 $f(x)$ 在 $x=0$ 处就变为连续.

(3) 由于 $f(x)$ 在 $x=0$ 处无定义,而在 $x=0$ 的去心邻域内有定义,所以 $x=0$ 是 $f(x)$ 的间断点. 因为

$$\lim_{x\to 0^-} f(x) = \lim_{x\to 0^-} x\sin\frac{1}{x} = 0, \quad \lim_{x\to 0^+} f(x) = \lim_{x\to 0^+} (1-x)^{\frac{1}{x}} = \mathrm{e}^{-1},$$

所以 $x=0$ 为 $f(x)$ 的第一类中的跳跃间断点.

(4) 因为

$$\lim_{x\to 0^-} f(x) = \lim_{x\to 0^-} \mathrm{e}^x = 1, \quad \lim_{x\to 0^+} f(x) = \lim_{x\to 0^+} \frac{1}{x} = +\infty,$$

所以 $x=0$ 为 $f(x)$ 的第二类中的无穷间断点.

例 2.6.8 求函数 $f(x) = \begin{cases} \sin\dfrac{1}{x}, & x\neq 0, \\ 1, & x=0 \end{cases}$ 的间断点,并判别间断点的类型.

解 因为 $\lim\limits_{x\to 0} f(x) = \lim\limits_{x\to 0} \sin\dfrac{1}{x}$ 不存在,所以 $x=0$ 为 $f(x)$ 的第二类间断点.

又因 $x\to 0$ 时,$f(x)$ 的值永远在 -1 与 1 之间振荡,又称 $x=0$ 为 $f(x)$ 的振荡型间断点.

例 2.6.9 讨论函数 $f(x) = \lim\limits_{n\to\infty} \dfrac{x^2 + \mathrm{e}^{nx}}{1 + \mathrm{e}^{nx}}$ $(n\in \mathbf{N}^+)$ 在其定义域内的连续性.

解 (1) 当 $x<0$ 时,则 $\mathrm{e}^x<1$,因 $\lim\limits_{n\to\infty}(\mathrm{e}^x)^n = 0$,故

$$f(x) = \lim_{n\to\infty} \frac{x^2 + \mathrm{e}^{nx}}{1 + \mathrm{e}^{nx}} = \frac{x^2 + 0}{1 + 0} = x^2;$$

(2) 当 $x>0$ 时,则 $\mathrm{e}^x>1$,因 $\lim\limits_{n\to\infty}(\mathrm{e}^x)^n = +\infty$,故 $\lim\limits_{n\to\infty}(\mathrm{e}^{-x})^n = 0$,于是

$$f(x) = \lim_{n\to\infty} \frac{x^2 \mathrm{e}^{-xn} + 1}{\mathrm{e}^{-xn} + 1} = \frac{0+1}{0+1} = 1;$$

(3) 当 $x=0$ 时,则 $\mathrm{e}^x=1$,此时 $f(x) = \dfrac{0+1}{1+1} = \dfrac{1}{2}$. 因此,$f(x)$ 的表达式可写为

$$f(x) = \begin{cases} x^2, & x<0, \\ \dfrac{1}{2}, & x=0, \\ 1, & x>0, \end{cases}$$

$f(x)$ 的定义域为 $D_f = (-\infty, +\infty)$.

当 $x < 0$ 时，$f(x) = x^2$ 为初等函数，故 $f(x)$ 在 $(-\infty, 0)$ 内连续；

当 $x > 0$ 时，$f(x) = 1$ 为初等函数，故 $f(x)$ 在 $(0, +\infty)$ 内连续；

在 $x = 0$ 处，由于

$$\lim_{x \to 0^-} f(x) = \lim_{x \to 0^-} x^2 = 0, \quad \lim_{x \to 0^+} f(x) = \lim_{x \to 0^+} 1 = 1.$$

所以 $x = 0$ 是 $f(x)$ 的第一类中的跳跃间断点.

综上所述，$f(x)$ 在 $(-\infty, 0)$ 及 $(0, +\infty)$ 内连续，$x = 0$ 是 $f(x)$ 的第一类跳跃间断点.

2.6.4　闭区间上连续函数的性质

闭区间上的连续函数有很多重要性质，其证明已超出本书的讨论范围，下面将不加证明地对这些性质给予叙述，并给出其几何解释.

1. 最值定理

先介绍最大值与最小值的概念.

定义 2.6.7　设函数 $f(x)$ 在区间 I 上有定义，若 $\exists x_0 \in I$，使得 $\forall x \in I$，都有

$$f(x) \leqslant f(x_0) \quad (\text{或 } f(x) \geqslant f(x_0)),$$

则称 $f(x_0)$ 为函数 $f(x)$ 在区间 I 上的**最大值**（或**最小值**）；并称 x_0 为函数 $f(x)$ 在区间 I 上的**最大值点**（或**最小值点**）.

函数的最大值和最小值统称为函数的**最值**；函数的最大值点和最小值点统称为函数的**最值点**.

定理 2.6.6（最值定理）　若函数 $f(x)$ 在闭区间 $[a, b]$ 上连续，则 $f(x)$ 在闭区间 $[a, b]$ 上必有最大值和最小值，即一定 $\exists x_1, x_2 \in [a, b]$，使得 $\forall x \in [a, b]$ 都有

$$f(x_1) \leqslant f(x) \leqslant f(x_2).$$

这里 x_1 和 x_2 分别为 $f(x)$ 在 $[a, b]$ 上的最小值点和最大值点，最小值常记作

$$m = f(x_1) = \min_{a \leqslant x \leqslant b} \{f(x)\}, \quad \text{最大值常记作} \quad M = f(x_2) = \max_{a \leqslant x \leqslant b} \{f(x)\}.$$

最值定理的几何意义是：包含端点的一条连续曲线上，必有最高点和最低点.

定理 2.6.6 中的两个条件（闭区间、连续）是 $f(x)$ 在 $[a, b]$ 上存在最值的充分条件. 如果两个条件缺少一个，定理的结论未必成立.

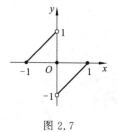

图 2.7

例如，函数 $y = x$ 在开区间 $(0, 1)$ 内连续，但在区间 $(0, 1)$ 内没有最大值和最小值. 再如函数 $f(x) = \begin{cases} x + 1, & -1 \leqslant x < 0, \\ 0, & x = 0, \\ x - 1, & 0 < x \leqslant 1 \end{cases}$ 在闭区间 $[-1, 1]$ 上有定义，由于它在 $x = 0$ 处间断，它在 $[-1, 1]$ 上没有最大值也没有最小值（图 2.7）.

由最值定理很容易推得如下有界性定理.

推论 2.6.1　若函数 $f(x)$ 在闭区间 $[a, b]$ 上连续，则 $f(x)$ 在 $[a, b]$ 上有界.

显然，函数 $f(x)$ 最大（小）值就是它的一个上（下）界.

2. 介值定理

定理 2.6.7　若函数 $f(x)$ 在闭区间 $[a, b]$ 上连续，m 和 M 分别为函数 $f(x)$ 在 $[a, b]$ 上的

最小值与最大值,则对于介于 m 和 M 之间的任一个数 C $(m < C < M)$,至少存在一点 $\xi \in (a,b)$,使得 $f(\xi) = C$.

介值定理可如此解释:假若某昼夜间的气温是 $0 \sim 10\ ℃$,由于气温是随时间连续变化的,所以对于 $0 \sim 10\ ℃$ 中间的每个温度值,都会在某个时刻达到.

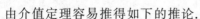

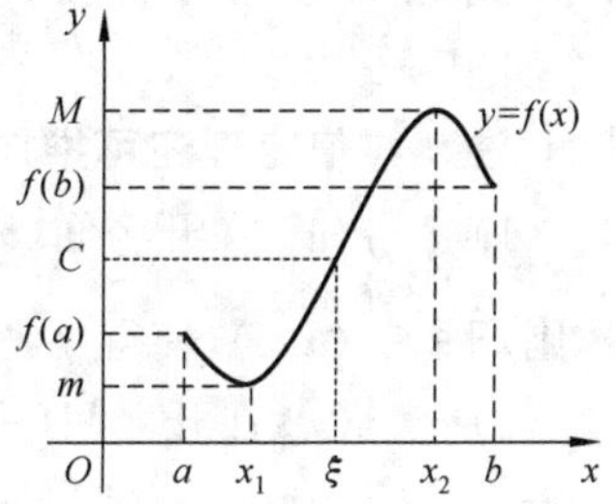

介值定理的几何意义是:闭区间 $[a,b]$ 上的连续曲线 $y = f(x)$ 与水平直线 $y = C$ $(m < C < M)$ 至少有一个交点(图 2.8).

图 2.8

由介值定理容易推得如下的推论.

推论 2.6.2 若函数 $f(x)$ 在闭区间 $[a,b]$ 上连续,且 $f(a) \neq f(b)$. 则对于介于 $f(a)$ 与 $f(b)$ 之间的任一数 C,至少存在一点 $\xi \in (a,b)$,使得 $f(\xi) = C$.

注 若将介值定理中的条件"$m < C < M$"改成"$m \leqslant C \leqslant M$",则介值定理的结论相应地变为至少存在一点 $\xi \in [a,b]$,使得 $f(\xi) = C$.

例 2.6.10 设 $f(x)$ 在区间 $[a,b]$ 上连续,对任何正数 α, β,证明至少存在一点 $\xi \in [a,b]$,使得

$$f(\xi) = \frac{\alpha f(a) + \beta f(b)}{\alpha + \beta}.$$

证 因 $f(x)$ 在闭区间 $[a,b]$ 上连续,故 $f(x)$ 在闭区间 $[a,b]$ 上有最大值 M 与最小值 m. 于是有

$$m \leqslant f(a) \leqslant M, \qquad m \leqslant f(b) \leqslant M.$$

将上述的两个不等式分别乘以正数 α 和 β,然后再相加,得

$$(\alpha + \beta)m \leqslant \alpha f(a) + \beta f(b) \leqslant (\alpha + \beta)M \Leftrightarrow m \leqslant \frac{\alpha f(a) + \beta f(b)}{\alpha + \beta} \leqslant M.$$

根据介值定理可知,至少存在一点 $\xi \in [a,b]$,使得

$$f(\xi) = \frac{\alpha f(a) + \beta f(b)}{\alpha + \beta}.$$

由介值定理,又可以推出下面的零值定理.

3. 零值定理

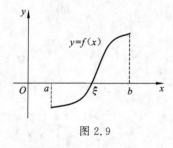

图 2.9

定理 2.6.8 若函数 $f(x)$ 在 $[a,b]$ 上连续,且 $f(a)$ 与 $f(b)$ 异号,即 $f(a) \cdot f(b) < 0$,则至少存在一点 $\xi \in (a,b)$,使得 $f(\xi) = 0$.

从几何上看,若连续曲线 $y = f(x)$ $(a \leqslant x \leqslant b)$ 的两个端点 $(a, f(a))$ 和 $(b, f(b))$ 分别位于 x 轴的上下两侧,则这条曲线必在 (a,b) 内的某点穿过 x 轴(图 2.9).

若存在点 ξ,使 $f(\xi) = 0$,这时把 ξ 称为函数 $f(x)$ 的**零值点**(或**零点**). 又 $f(\xi) = 0$,故 ξ 是方程 $f(x) = 0$ 的一个根,所以**零值定理**(或称为**零点定理**)又称为**方程根的存在性定理**. 经常用它来证明方程根的存在性及根的范围.

例 2.6.11 证明方程 $x^5 + 3 \cdot 2^x = 1$ 在区间 $(-1, 0)$ 内至少存在一个实根.

证 令 $f(x) = x^5 + 3 \cdot 2^x - 1$,显然 $f(x)$ 在 $[-1, 0]$ 上连续,且

$$f(-1) = (-1)^5 + 3 \cdot 2^{-1} - 1 = -\frac{1}{2} < 0, \quad f(0) = 0 + 3 \cdot 1 - 1 = 2 > 0.$$

由零值定理可知,至少存在一点 $\xi \in (-1,0)$,使得 $f(\xi) = 0$,即所给方程在 $(-1,0)$ 内至少有一个实根 $x = \xi$.

　　*注　零值定理还可推广到如下情形.

　　(1) 若 $f(x)$ 在开区间 (a,b) 内连续,且 $\lim\limits_{x \to a^+} f(x)$ 和 $\lim\limits_{x \to b^-} f(x)$ 存在(或为无穷大)且二者反号,则 $\exists \xi \in (a,b)$,使得 $f(\xi) = 0$.

　　(2) 若 $f(x)$ 在开区间 $(-\infty, +\infty)$ 内连续,且 $\lim\limits_{x \to -\infty} f(x)$ 和 $\lim\limits_{x \to +\infty} f(x)$ 存在(或为无穷大)且二者反号,则 $\exists \xi \in (-\infty, +\infty)$,使得 $f(\xi) = 0$.

　　对于 $f(x)$ 在开区间 $(-\infty, b)$ 与 $(a, +\infty)$ 满足相应的条件,零点定理也成立.

　　*例 2.6.12　证明一元三次方程 $5x^3 + bx^2 + cx + d = 0$ 必有一个实根.

　　证　令 $f(x) = 5x^3 + bx^2 + cx + d$,显然 $f(x)$ 在 $(-\infty, +\infty)$ 内连续. 又

$$f(x) = x^3 \left(5 + \frac{b}{x} + \frac{c}{x^2} + \frac{d}{x^3} \right),$$

由于

$$\lim_{x \to \infty} \left(5 + \frac{b}{x} + \frac{c}{x^2} + \frac{d}{x^3} \right) = 5 > 0,$$

于是 $\lim\limits_{x \to -\infty} f(x) = -\infty$, $\lim\limits_{x \to +\infty} f(x) = +\infty$,即 $\lim\limits_{x \to -\infty} f(x)$ 与 $\lim\limits_{x \to +\infty} f(x)$ 反号,由推广的零值定理知,至少存在一点 $\xi \in (-\infty, +\infty)$,使 $f(\xi) = 0$,即所给方程在 $(-\infty, +\infty)$ 内至少有一个实根 $x = \xi$.

习　题　2.6

（A）

1. 填空:

　　(1) 若函数 $f(x) = \begin{cases} \dfrac{\sqrt{1+x} - \sqrt{1-x}}{x}, & x \neq 0, \\ a, & x = 0 \end{cases}$ 在 $x = 0$ 处连续,则 $a = ($　　$)$.

　　(2) 若函数 $f(x) = \begin{cases} \mathrm{e}^x, & x < 0, \\ ax + b, & x \geqslant 0 \end{cases}$ 在 $x = 0$ 处连续,则 a, b 应为 $($　　$)$.

　　(3) 若函数 $f(x) = \begin{cases} (\cos x)^{\frac{4}{x^2}}, & x \neq 0, \\ a, & x = 0 \end{cases}$ 在 $x = 0$ 处连续,则 $a = ($　　$)$.

　　(4) 设函数 $f(x)$ 连续,且 $\lim\limits_{x \to 0} \dfrac{1 - \cos(\sin x)}{(\mathrm{e}^x - 1) f(x)} = 1$,则 $f(0) = ($　　$)$.

　　(5) 函数 $f(x) = \dfrac{2}{\ln|x-1|}$ 的间断点有 $($　　$)$ 个.

　　(6) 函数 $f(x) = \dfrac{\sqrt{x-3}}{(x-6)(x+2)}$ 的间断点有 $($　　$)$ 个.

2. 讨论函数 $f(x) = \begin{cases} \dfrac{2}{1 + \mathrm{e}^{\frac{1}{x}}} + \dfrac{\sin|x|}{x}, & x \neq 0, \\ 1, & x = 0 \end{cases}$ 在 $x = 0$ 处的连续性.

3. 若函数 $f(x) = \begin{cases} (1-x)^{\frac{b}{x}}, & x < 0, \\ 2, & x = 0, \\ \dfrac{\sin ax}{x}, & x > 0 \end{cases}$ (a,b 都不为 0) 在 $x = 0$ 处连续,求 a,b 的值.

4. 设函数 $f(x) = \begin{cases} \dfrac{1 - \ln x}{x - e}, & x \neq e, \\ k, & x = e \end{cases}$ 在 $(0, +\infty)$ 内连续,求常数 k.

5. 设函数 $f(x) = \begin{cases} \dfrac{(a+b)x + b}{\sqrt{3x+1} - \sqrt{x+3}}, & x \neq 1, \\ 4, & x = 1 \end{cases}$ 在 $x = 1$ 处连续,试求 a,b 的值.

6. 设 $f(x)$ 是 (a,b) 内的单调增加函数,$x_0 \in (a,b)$,若 $\lim\limits_{x \to x_0} f(x)$ 存在,试证明函数 $f(x)$ 在点 x_0 处连续.

7. 设函数 $f(x)$ 对于任意实数 x, y 满足等式 $f(x+y) = f(x)f(y)$,且 $f(x)$ 在 $x = 0$ 处连续,$f(0) \neq 0$,证明 $f(x)$ 在 $(-\infty, +\infty)$ 内连续.

8. 求函数 $f(x) = \dfrac{x^2 - x}{x^2 - 1}\sqrt{1 + \dfrac{1}{x^2}}$ 的连续区间、间断点,并判别间断点的类型.

9. 求下列函数的间断点,并指出间断点的类型;若是可去间断点,补充或修改函数定义使它成为函数的连续点.

(1) $f(x) = \dfrac{x^2 - 1}{x^2 - 3x + 2}$; (2) $f(x) = \arctan \dfrac{1}{x}$; (3) $f(x) = \begin{cases} \dfrac{\sin x}{|x|}, & x \neq 0, \\ 1, & x = 0; \end{cases}$

(4) $f(x) = \dfrac{x}{\sin x}$; (5) $f(x) = \begin{cases} x^3, & x \leq 0, \\ 2 - x^2, & 0 < x < 1, \\ 2x - 1, & x \geq 1; \end{cases}$ (6) $f(x) = \dfrac{1}{e - e^{\frac{1}{x}}}$.

10. 讨论下列函数的连续性,如有间断点指出间断点的类型:

(1) $f(x) = \begin{cases} \sin x, & x \leq 0, \\ x^2, & x > 0; \end{cases}$ (2) $f(x) = \begin{cases} x^3, & x \leq 0, \\ 3^x - 1, & 0 < x \leq 1, \\ x^2 + 2, & x > 1. \end{cases}$

11. 设函数 $f(x) = \dfrac{e^x - b}{(x-a)(x-1)}$ 有无穷间断点 $x = 0$ 及可去间断点 $x = 1$,求常数 a,b.

12. 证明方程 $e^x + 1 = x^2$ 在区间 $(-2, -1)$ 内至少有一个实根.

13. 设 $f(x)$ 在 $[a,b]$ 上连续,且对于任意的 $x \in [a,b]$,有 $f(x) \in (a,b)$,证明:一定存在一点 $\xi \in (a,b)$,使 $f(\xi) = \xi$.

14. 设函数 $f(x)$ 在 $[0, 2a]$ 上连续,且 $f(0) = f(2a)$.试证:方程 $f(x) = f(x+a)$ 在 $[0,a]$ 上至少有一个根.

(B)

1. 设函数 $f(x) = \lim\limits_{n \to \infty} \dfrac{x^{2n-1} + ax^2 + bx}{x^{2n} + 1}$ 为连续函数,试确定 a 和 b 的值.

2. 讨论函数 $f(x) = \begin{cases} \dfrac{e^{\frac{1}{x}} - 1}{e^{\frac{1}{x}} + 1}, & x \neq 0, \\ 0, & x = 0 \end{cases}$ 的连续性,如有间断点,指出间断点的类型.

3. 设函数 $f(x)$ 在 $(0,1]$ 上连续,且极限 $\lim\limits_{x \to 0^+} f(x)$ 存在,证明函数 $f(x)$ 在 $(0,1]$ 上有界.

4. 设函数 $f(x) = \dfrac{(1+x)\sin x}{|x|(x^2 - 1)}$,求函数 $f(x)$ 的间断点并进行分类.

5. 求函数 $f(x) = \lim\limits_{n \to \infty} \dfrac{x \cdot (1 - x^{2n})}{1 + x^{2n}}$ 的连续区间,并指出间断点的类型.

6. 讨论函数 $f(x) = \dfrac{x \arctan \dfrac{1}{x - 1}}{\sin \dfrac{\pi x}{2}}$ 的连续性,并指出间断点的类型.

7. 若函数 $f(x)$ 连续,且 $\lim\limits_{x \to 0}\left[\dfrac{f(x)}{x} - \dfrac{1}{x} - \dfrac{\sin x}{x^2}\right] = 2$,求 $f(0)$.

8. 设函数 $f(x)$ 在 (a, b) 内连续,$a < x_1 < x_2 < \cdots < x_n < b$. 证明:至少存在一点 $\xi \in (a, b)$,使得

$$f(\xi) = \frac{f(x_1) + f(x_2) + \cdots + f(x_n)}{n}.$$

9. 设函数 $f(x)$ 在区间 $[0, 1]$ 上非负连续,且 $f(0) = f(1) = 0$,证明对于实数 a $(0 < a < 1)$,则必有一点 $\xi \in [0, 1)$,使得 $f(\xi + a) = f(\xi)$.

10. 证明方程 $\dfrac{5}{x - 1} + \dfrac{7}{x - 2} + \dfrac{16}{x - 3} = 0$ 在 $(1, 2)$ 与 $(2, 3)$ 内至少有一个实根.

阅读材料
第2章知识要点

第3章 导数与微分

微积分学包含微分学与积分学两个主要部分. 导数与微分是微分学中两个重要的基本概念. 在经济、管理及其他学科中, 经常要研究各种函数的变化率, 变化率在数学上常称为导数. 微分是与导数密切相关的另一个重要概念, 它是刻画当自变量有微小变化时, 函数变化的近似值. 导数与微分及它们的应用构成了微分学. 本章主要研究导数、微分的概念及计算方法, 并介绍它们在经济分析中的一些初步应用.

3.1 导数的概念

3.1.1 概念的引入

导数概念最初是从确定变速直线运动的瞬时速度和寻找连续曲线的切线斜率问题中产生的, 英国数学家牛顿从第一个问题出发, 德国数学家莱布尼茨从第二个问题出发, 分别给出了导数的概念. 下面就这两个问题开始讨论.

1. 变速直线运动的瞬时速度

设某物体沿直线做变速运动, 运动方程为 $s = s(t)$, 求该物体在时刻 $t_0 \in [0, t]$ 的瞬时速度 $v(t_0)$.

首先考虑物体在时刻 t_0 附近很近一段时间内的运动. 设物体从时刻 t_0 到 $t_0 + \Delta t$ 的这段时间间隔内所走过的路程为 $\Delta s = s(t_0 + \Delta t) - s(t_0)$, 于是, 物体在这段时间间隔内的平均速度为

$$\overline{v} = \frac{\Delta s}{\Delta t} = \frac{s(t_0 + \Delta t) - s(t_0)}{\Delta t}.$$

若物体做匀速直线运动, 由于物体在任何时刻的速度都是相同的, 所以 $\overline{v}$ 就可表示物体在时刻 t_0 的瞬时速度, 而对于变速直线运动, 由于物体在不同时刻速度可能是不同的, 所以 $\overline{v}$ 不能精确地表示物体在时刻 t_0 的瞬时速度. 然而, 很明显, 时间间隔 Δt 越小, $\overline{v}$ 就越接近于时刻 t_0 的瞬时速度. 于是, 当 $\Delta t \to 0$ 时, $\overline{v}$ 的极限值(如果存在的话) 就定义为物体在时刻 t_0 的瞬时速度 $v(t_0)$, 即

$$v(t_0) = \lim_{\Delta t \to 0} \overline{v} = \lim_{\Delta t \to 0} \frac{\Delta s}{\Delta t} = \lim_{\Delta t \to 0} \frac{s(t_0 + \Delta t) - s(t_0)}{\Delta t}.$$

2. 平面曲线的切线斜率

设平面上连续曲线 C 的方程为 $y = f(x)$, 求曲线 C 在点 $M_0(x_0, f(x_0))$ 处的切线斜率.

什么样的直线称为曲线 C 在点 $M_0(x_0, f(x_0))$ 处的切线呢? 下面给出曲线切线的定义.

如图 3.1 所示, 设点 $M_0(x_0, y_0)$ 为曲线 C 上一定点, 点 $M(x_0 + \Delta x, f(x_0 + \Delta x))$ 为曲线 C 上与点 M_0 邻近的一点. 连接点 M_0 和 M 的直线 $M_0 M$ 称为曲线 $y = f(x)$ 的一条**割线**, 当点 M 沿着曲线 C 移动并无限趋近于点 M_0 时, 割线 $M_0 M$ 绕点 M_0 旋转, 若割线 $M_0 M$ 存在极限位置 $M_0 T$, 则称直线 $M_0 T$ 为曲线 C 在点 M_0 处的**切线**.

根据切线的定义, 如果曲线 C 在点 M_0 处的切线存在, 则切线斜率 k 就应该是割线斜率的

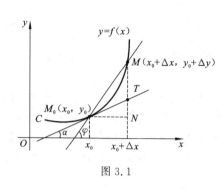

图 3.1

极限.

由图 3.1 可知, 割线 M_0M 的斜率为

$$k_{M_0M} = \tan\varphi = \frac{\Delta y}{\Delta x} = \frac{f(x_0 + \Delta x) - f(x_0)}{\Delta x}.$$

由于当点 M 沿着曲线 C 无限趋近点 M_0 时, 必有 $\Delta x \to 0$, 于是切线 M_0T 的斜率

$$k = \lim_{M \to M_0} k_{M_0M} = \lim_{\Delta x \to 0} \frac{\Delta y}{\Delta x} = \lim_{\Delta x \to 0} \frac{f(x_0 + \Delta x) - f(x_0)}{\Delta x}.$$

这里 $k = \tan\alpha$, 其中 α 为切线 M_0T 的倾角 (切线与 x 轴正半轴的夹角).

由上面分析可看出, 虽然两个问题的实际意义不同, 但从数学方面看, 都是把问题的解决归结为求同一种数学形式的极限, 即当自变量的改变量趋于零时, 函数的改变量与自变量的改变量之比的极限. 其实, 在自然科学、工程技术和经济学等领域还有很多类似的问题, 最后都可归结为这种特定形式的极限. 为此, 我们舍弃这些具体问题的实际意义, 从中抽象出一种数学模式, 这便是导数.

3.1.2　导数的定义

1. 函数在一点处的导数

定义 3.1.1　设函数 $y = f(x)$ 在点 x_0 的某一邻域 $U(x_0)$ 内有定义, 当自变量在 x_0 处取得一个改变量或增量 $\Delta x(\Delta x \neq 0)$, 且 $x_0 + \Delta x \in U(x_0)$ 时, 相应地函数 $y = f(x)$ 取得改变量或增量为 $\Delta y = f(x_0 + \Delta x) - f(x_0)$, 若极限

$$\lim_{\Delta x \to 0} \frac{\Delta y}{\Delta x} = \lim_{\Delta x \to 0} \frac{f(x_0 + \Delta x) - f(x_0)}{\Delta x}$$

存在, 则称函数 $y = f(x)$ 在 $x = x_0$ 处**可导**或称**导数存在**, 并把此极限值称为函数 $f(x)$ 在 x_0 处的**导数**, 记作

$$f'(x_0), \quad y'|_{x=x_0}, \quad \frac{\mathrm{d}y}{\mathrm{d}x}\bigg|_{x=x_0} \quad \text{或} \quad \frac{\mathrm{d}f(x)}{\mathrm{d}x}\bigg|_{x=x_0},$$

即

$$f'(x_0) = \lim_{\Delta x \to 0} \frac{\Delta y}{\Delta x} = \lim_{\Delta x \to 0} \frac{f(x_0 + \Delta x) - f(x_0)}{\Delta x}. \tag{3.1.1}$$

如果式 (3.1.1) 的极限不存在, 那么称函数 $y = f(x)$ 在 x_0 处**不可导**或**导数不存在**.

特别地, 当式 (3.1.1) 的极限为无穷大时, 此时导数不存在, 但为了叙述方便, 也说函数 $f(x)$ 在点 x_0 处的导数为无穷大, 并记为 $f'(x_0) = \infty$.

导数的定义式可以有形式不同的等价形式, 例如, 若令 $x = x_0 + \Delta x$, 则当 $\Delta x \to 0$ 时, 有 $x \to x_0$, 从而式 (3.1.1) 又可等价地表示为

$$f'(x_0) = \lim_{x \to x_0} \frac{f(x) - f(x_0)}{x - x_0}.$$

导数定义是一种特殊形式的差商的极限, 利用它可以计算某些特殊表达式的极限.

例 3.1.1　设 $f'(0) = A$, 求极限 $\lim\limits_{x \to 0} \dfrac{f(\mathrm{e}^{2x} - 1) - f(0)}{\sin x}$.

解 $\lim\limits_{x \to 0} \dfrac{f(\mathrm{e}^{2x}-1)-f(0)}{\sin x} = \lim\limits_{x \to 0}\left[\dfrac{f(\mathrm{e}^{2x}-1)-f(0)}{\mathrm{e}^{2x}-1-0} \cdot \dfrac{\mathrm{e}^{2x}-1}{\sin x}\right]$

$$= \lim\limits_{x \to 0} \dfrac{f(\mathrm{e}^{2x}-1)-f(0)}{\mathrm{e}^{2x}-1} \cdot \lim\limits_{x \to 0} \dfrac{\mathrm{e}^{2x}-1}{\sin x}$$

$$= f'(0) \cdot \lim\limits_{x \to 0} \dfrac{2x}{x} = 2A.$$

导数是用一个极限式子定义的,因为极限有左、右极限的概念,自然导数也就有左、右导数的概念.

2. 左、右导数

定义 3.1.2 设函数 $y = f(x)$ 在点 x_0 处及左邻域内有定义,若极限

$$\lim\limits_{\Delta x \to 0^-} \dfrac{f(x_0+\Delta x)-f(x_0)}{\Delta x}$$

存在,则称此极限值为函数 $f(x)$ 在 x_0 处的**左导数**,记为 $f'_-(x_0)$,即

$$f'_-(x_0) = \lim\limits_{\Delta x \to 0^-} \dfrac{f(x_0+\Delta x)-f(x_0)}{\Delta x} \quad \text{或} \quad f'_-(x_0) = \lim\limits_{x \to x_0^-} \dfrac{f(x)-f(x_0)}{x-x_0}.$$

类似地,若极限 $\lim\limits_{\Delta x \to 0^+} \dfrac{f(x_0+\Delta x)-f(x_0)}{\Delta x}$ 存在,则称此极限值为函数 $f(x)$ 在 x_0 处的**右导数**,记为 $f'_+(x_0)$,即

$$f'_+(x_0) = \lim\limits_{\Delta x \to 0^+} \dfrac{f(x_0+\Delta x)-f(x_0)}{\Delta x} \quad \text{或} \quad f'_+(x_0) = \lim\limits_{x \to x_0^+} \dfrac{f(x)-f(x_0)}{x-x_0}.$$

左导数与右导数统称为**单侧导数**.

根据左、右极限和极限之间的关系可得左、右导数和导数之间有如下的关系.

定理 3.1.1 $f(x)$ 在点 x_0 处可导的充要条件是 $f(x)$ 在点 x_0 处的左导数 $f'_-(x_0)$ 与右导数 $f'_+(x_0)$ 都存在且相等,即

$$f'(x_0) = A \Leftrightarrow f'_-(x_0) = f'_+(x_0) = A \quad (A \text{ 为定值}).$$

当讨论一些分段函数在分段点处(分段点处左、右两侧所用表示对应法则的解析式不同)或者所讨论函数中含有某些特殊初等函数在一些特殊点处的导数时,一般需要考虑左、右导数.

例 3.1.2 求 $f(x) = \begin{cases} \sin x, & x < 0, \\ \ln(1+x), & x \geqslant 0 \end{cases}$ 在 $x = 0$ 处的导数.

解 $f'_-(0) = \lim\limits_{x \to 0^-} \dfrac{f(x)-f(0)}{x-0} = \lim\limits_{x \to 0^-} \dfrac{\sin x}{x} = 1,$

$f'_+(0) = \lim\limits_{x \to 0^+} \dfrac{f(x)-f(0)}{x-0} = \lim\limits_{x \to 0^+} \dfrac{\ln(1+x)}{x} = 1.$

由于 $f'_-(0) = f'_+(0) = 1$,所以 $f(x)$ 在 $x = 0$ 可导,且 $f'(0) = 1$.

例 3.1.3 设 $f(x) = \begin{cases} \dfrac{x}{1+\mathrm{e}^{\frac{1}{x}}}, & x \neq 0, \\ 0, & x = 0, \end{cases}$ 问 $f'(0)$ 是否存在?

解 $f'_-(0) = \lim\limits_{x \to 0^-} \dfrac{f(x)-f(0)}{x-0} = \lim\limits_{x \to 0^-} \dfrac{\dfrac{x}{1+\mathrm{e}^{\frac{1}{x}}}}{x} = \lim\limits_{x \to 0^-} \dfrac{1}{1+\mathrm{e}^{\frac{1}{x}}} = 1,$

$$f'_+(0) = \lim_{x \to 0^+} \frac{f(x) - f(0)}{x - 0} = \lim_{x \to 0^+} \frac{\dfrac{x}{1 + \mathrm{e}^{\frac{1}{x}}}}{x} = \lim_{x \to 0^+} \frac{1}{1 + \mathrm{e}^{\frac{1}{x}}} = 0.$$

由于 $f'_-(0) \neq f'_+(0)$，所以 $f'(0)$ 不存在.

例 3.1.4　求 $f(x) = \begin{cases} x^2 \sin \dfrac{1}{x}, & x \neq 0, \\ 0, & x = 0 \end{cases}$ 在 $x = 0$ 处的导数.

解　$f'(0) = \lim_{x \to 0} \dfrac{f(x) - f(0)}{x - 0} = \lim_{x \to 0} \dfrac{x^2 \sin \dfrac{1}{x} - 0}{x} = \lim_{x \to 0} \left(x \cdot \sin \dfrac{1}{x} \right) = 0.$

3. 导函数

若函数 $y = f(x)$ 在开区间 (a,b) 内每一点处都可导,则称函数 $f(x)$ 在开区间 (a,b) 内可导. 若 $f(x)$ 在开区间 (a,b) 内可导,且 $f'_+(a)$ 和 $f'_-(b)$ 都存在,则称函数 $f(x)$ 在闭区间 $[a,b]$ 上可导.

显然,若函数 $f(x)$ 在区间 I 上可导,则对于每一个 $x \in I$,都有 $f(x)$ 的一个确定的导数值 $f'(x)$ 与之对应. 这样,$f'(x)$ 就是一个定义在区间 I 上的函数,这个函数称为函数 $y = f(x)$ 的**导函数**,简称为函数的导数,记作 $f'(x), y', \dfrac{\mathrm{d}y}{\mathrm{d}x}$ 或 $\dfrac{\mathrm{d}f}{\mathrm{d}x}$,即

$$f'(x) = \lim_{\Delta x \to 0} \frac{\Delta y}{\Delta x} = \lim_{\Delta x \to 0} \frac{f(x + \Delta x) - f(x)}{\Delta x}. \tag{3.1.2}$$

比较式 (3.1.1) 和 (3.1.2) 可以看出,函数 $f(x)$ 在点 x_0 处的导数 $f'(x_0)$ 其实就是导函数 $f'(x)$ 在点 x_0 处的函数值,即 $f'(x_0) = f'(x)|_{x=x_0}$.

3.1.3　导数的意义

显然,比值 $\dfrac{\Delta y}{\Delta x} = \dfrac{f(x_0 + \Delta x) - f(x_0)}{\Delta x}$ 表示的是自变量 x 从 x_0 改变到 $x_0 + \Delta x$ 时,函数 $f(x)$ 在区间 $[x_0, x_0 + \Delta x]$ 上对自变量 x 的**平均变化率**. 那么导数 $f'(x_0) = \lim_{\Delta x \to 0} \dfrac{\Delta y}{\Delta x}$ 在数学上表示的就是函数 $f(x)$ 对自变量 x 在点 x_0 处的**变化率**. 一般情况下,凡涉及函数变化率的问题,都要用到导数的概念,从而当函数 $f(x)$ 代表不同实际含义的变量时,函数的导数 $f'(x)$ 也相应地具有不同的实际含义.

1. 导数的物理意义

若函数 $f(x)$ 表示不同的物理量,则 $f'(x)$ 就表示不同的物理量的变化率. 我们仅就物体做变速直线运动问题来说,由前面的讨论可知,路程函数 $s = s(t)$ 的导数 $s'(t)$ 表示的就是物体在 t 时刻的瞬时速度,即 $s'(t) = v$.

同理,速度 v 的变化率就是物体在 t 时刻的加速度,即 $a = \dfrac{\mathrm{d}v}{\mathrm{d}t} = v'(t)$.

2. 导数的几何意义

由前面的讨论可知,函数 $f(x)$ 在点 x_0 处的导数 $f'(x_0)$ 在几何上表示连续曲线 $y = f(x)$ 在点 $M_0(x_0, f(x_0))$ 处的**切线斜率**(图 3.1),即

$$k = \tan \alpha = f'(x_0),$$

其中 α 为切线的倾角.

若 $f'(x_0)$ 存在,便可以利用直线的点斜式方程,求出连续曲线 $y = f(x)$ 在点 $(x_0, f(x_0))$ 处的切线方程为

$$y - f(x_0) = f'(x_0)(x - x_0).$$

称过曲线上的点 $(x_0, f(x_0))$ 且与曲线在该点处的切线相垂直的直线为连续曲线 $y = f(x)$ 在点 $(x_0, f(x_0))$ 处的**法线**. 如果 $f'(x_0) \neq 0$,法线方程为

$$y - f(x_0) = \frac{-1}{f'(x_0)}(x - x_0).$$

特别地,若 $f'(x_0) = 0$,则曲线 $y = f(x)$ 在点 $(x_0, f(x_0))$ 处的切线平行于 x 轴,其方程为 $y = y_0$;法线垂直于 x 轴,其方程为 $x = x_0$.

若 $f'(x_0)$ 不存在,且 $f'(x_0) = \infty$,此时意味着,当 $\Delta x \to 0$ 时,割线的倾角 $\alpha \to \frac{\pi}{2}$,因此这时连续曲线 $y = f(x)$ 在点 $(x_0, f(x_0))$ 处具有垂直于 x 轴的切线,其方程为 $x = x_0$;法线平行于 x 轴,其方程为 $y = y_0$.

函数的可导性与连续性都是函数非常重要的性质,那么它们之间存在着什么关系呢?下面研究它们之间的关系.

3.1.4 函数的可导性与连续性之间的关系

若函数 $y = f(x)$ 在点 x_0 处可导,在几何上表示曲线 $y = f(x)$ 在点 $(x_0, f(x_0))$ 处有切线. 由此几何直观意义可得到函数在该点必连续. 下面来证明这个结论.

定理 3.1.2 若函数 $y = f(x)$ 在点 x_0 处可导,则它在点 x_0 处必连续.

证 因为函数 $y = f(x)$ 在点 x_0 处可导,即

$$\lim_{\Delta x \to 0} \frac{\Delta y}{\Delta x} = f'(x_0).$$

于是

$$\lim_{\Delta x \to 0} \Delta y = \lim_{\Delta x \to 0}\left(\frac{\Delta y}{\Delta x} \cdot \Delta x\right) = \lim_{\Delta x \to 0} \frac{\Delta y}{\Delta x} \cdot \lim_{\Delta x \to 0} \Delta x = f'(x_0) \cdot 0 = 0.$$

根据函数连续的定义知,函数 $y = f(x)$ 在点 x_0 处连续.

该定理的逆命题不成立,即若函数 $y = f(x)$ 在点 x_0 处连续,则它在点 x_0 处不一定可导,即函数 $f(x)$ 在点 x_0 处连续仅是它在点 x_0 处可导的必要条件,而非充分条件. 然而,由该定理可得知,如果函数 $f(x)$ 在点 x_0 处间断,那么函数 $f(x)$ 在点 x_0 处必不可导.

例 3.1.5 研究函数 $f(x) = |x|$(图 3.2)在 $x = 0$ 处的连续性与可导性.

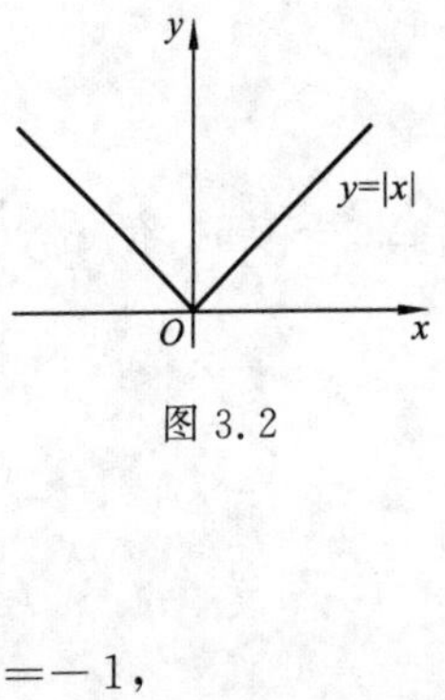

解 因为 $f(x) = |x| = \sqrt{x^2}$ 为初等函数,且 $D_f = (-\infty, +\infty)$,故函数 $f(x)$ 在其定义域 D_f 内连续,于是 $f(x)$ 必在点 $x = 0$ 处连续.

由于

图 3.2

$$f'_-(0) = \lim_{x \to 0^-} \frac{f(x) - f(0)}{x - 0} = \lim_{x \to 0^-} \frac{|x| - 0}{x} = \lim_{x \to 0^-} \frac{-x}{x} = -1,$$

$$f'_+(0) = \lim_{x \to 0^+} \frac{f(x) - f(0)}{x - 0} = \lim_{x \to 0^+} \frac{|x| - 0}{x} = \lim_{x \to 0^+} \frac{x}{x} = 1,$$

而 $f'_-(0) \neq f'_+(0)$,所以函数 $f(x)$ 在点 $x = 0$ 处不可导.

综上可知,函数 $f(x) = |x|$ 在 $x = 0$ 处连续但不可导.

例 3.1.6　设 $f(x) = \begin{cases} ax + b, & x < 0, \\ \cos x, & x \geqslant 0, \end{cases}$ 试确定 a, b 的值,使函数 $f(x)$ 在 $x = 0$ 处可导.

解　(1) 由于 $f(x)$ 在 $x = 0$ 处可导,因此 $f(x)$ 在 $x = 0$ 处连续,即

$$\lim_{x \to 0^-} f(x) = \lim_{x \to 0^+} f(x) = f(0).$$

而 $\lim_{x \to 0^-} f(x) = \lim_{x \to 0^-} (ax + b) = b, \lim_{x \to 0^+} f(x) = \lim_{x \to 0^+} \cos x = 1, f(0) = 1$,所以 $b = 1$.

(2) 因 $f(x)$ 在 $x = 0$ 处可导,应有 $f'_-(0) = f'_+(0)$. 而

$$f'_-(0) = \lim_{x \to 0^-} \frac{f(x) - f(0)}{x - 0} = \lim_{x \to 0^-} \frac{ax + b - 1}{x} = \lim_{x \to 0^-} \frac{ax}{x} = a,$$

$$f'_+(0) = \lim_{x \to 0^+} \frac{f(x) - f(0)}{x - 0} = \lim_{x \to 0^+} \frac{\cos x - 1}{x} = \lim_{x \to 0^+} \frac{-x^2/2}{x} = 0.$$

所以 $a = 0$.

综上所述,当 $a = 0, b = 1$ 时,函数 $f(x)$ 在 $x = 0$ 处可导.

3.1.5　一些基本初等函数的导数及求导举例

根据导数的定义,求函数的导数只需按式(3.1.2)去求极限即可.

例 3.1.7　求函数 $f(x) = C$(C 为常数)的导数.

解　因为

$$f'(x) = \lim_{\Delta x \to 0} \frac{f(x + \Delta x) - f(x)}{\Delta x} = \lim_{\Delta x \to 0} \frac{C - C}{\Delta x} = 0,$$

即

$$C' = 0.$$

例 3.1.8　求函数 $f(x) = x^\mu$($x > 0, \mu \in \mathbf{R}$)的导数.

解　因为

$$f'(x) = \lim_{\Delta x \to 0} \frac{f(x + \Delta x) - f(x)}{\Delta x} = \lim_{\Delta x \to 0} \frac{(x + \Delta x)^\mu - x^\mu}{\Delta x}$$

$$= \lim_{\Delta x \to 0} \frac{x^\mu \left[\left(1 + \frac{\Delta x}{x}\right)^\mu - 1 \right]}{\Delta x} = x^\mu \lim_{\Delta x \to 0} \frac{e^{\mu \ln \left(1 + \frac{\Delta x}{x}\right)} - 1}{\Delta x},$$

当 $\Delta x \to 0$ 时,有 $e^{\mu \ln \left(1 + \frac{\Delta x}{x}\right)} - 1 \sim \mu \ln \left(1 + \frac{\Delta x}{x}\right) \sim \mu \cdot \frac{\Delta x}{x}$,所以

$$f'(x) = x^\mu \lim_{\Delta x \to 0} \frac{\mu \cdot \frac{\Delta x}{x}}{\Delta x} = \mu x^{\mu - 1},$$

即

$$(x^\mu)' = \mu x^{\mu - 1}.$$

特别地,当分别取 $\mu = \frac{1}{2}, \mu = -1$ 时,有

$$\left(\sqrt{x}\right)' = \frac{1}{2\sqrt{x}}, \quad \left(\frac{1}{x}\right)' = -\frac{1}{x^2}.$$

例 3.1.9 求函数 $f(x) = \sin x$ 的导数.

解 因为

$$f'(x) = \lim_{\Delta x \to 0} \frac{f(x + \Delta x) - f(x)}{\Delta x} = \lim_{\Delta x \to 0} \frac{\sin(x + \Delta x) - \sin x}{\Delta x}$$

$$= \lim_{\Delta x \to 0} \frac{2\cos\left(x + \frac{\Delta x}{2}\right)\sin\frac{\Delta x}{2}}{\Delta x}.$$

当 $\Delta x \to 0$ 时,有 $\sin\frac{\Delta x}{2} \sim \frac{\Delta x}{2}$,所以

$$f'(x) = \lim_{\Delta x \to 0} \frac{2\cos\left(x + \frac{\Delta x}{2}\right) \cdot \frac{\Delta x}{2}}{\Delta x} = \lim_{\Delta x \to 0} \cos\left(x + \frac{\Delta x}{2}\right) = \cos x.$$

即

$$(\sin x)' = \cos x.$$

类似地,可得

$$(\cos x)' = -\sin x.$$

例 3.1.10 求函数 $f(x) = a^x \ (a > 0, a \neq 1)$ 的导数.

解 因为

$$f'(x) = \lim_{\Delta x \to 0} \frac{f(x + \Delta x) - f(x)}{\Delta x} = \lim_{\Delta x \to 0} \frac{a^{x+\Delta x} - a^x}{\Delta x}$$

$$= a^x \lim_{\Delta x \to 0} \frac{a^{\Delta x} - 1}{\Delta x} = a^x \lim_{\Delta x \to 0} \frac{\mathrm{e}^{\Delta x \ln a} - 1}{\Delta x}.$$

当 $\Delta x \to 0$ 时,$\mathrm{e}^{\Delta x \ln a} - 1 \sim \Delta x \ln a$,所以

$$f'(x) = a^x \lim_{\Delta x \to 0} \frac{\Delta x \ln a}{\Delta x} = a^x \ln a,$$

即

$$(a^x)' = a^x \ln a.$$

特别地,当 $a = \mathrm{e}$ 时,有 $(\mathrm{e}^x)' = \mathrm{e}^x$.

例 3.1.11 求函数 $f(x) = \log_a x \ (a > 0, a \neq 1)$ 的导数.

解 因为

$$f'(x) = \lim_{\Delta x \to 0} \frac{f(x + \Delta x) - f(x)}{\Delta x} = \lim_{\Delta x \to 0} \frac{\log_a(x + \Delta x) - \log_a x}{\Delta x}$$

$$= \lim_{\Delta x \to 0} \frac{\log_a\left(1 + \frac{\Delta x}{x}\right)}{\Delta x} = \lim_{\Delta x \to 0} \frac{\ln\left(1 + \frac{\Delta x}{x}\right)}{\Delta x \ln a}.$$

当 $\Delta x \to 0$ 时,$\ln\left(1 + \frac{\Delta x}{x}\right) \sim \frac{\Delta x}{x}$,所以

$$f'(x) = \lim_{\Delta x \to 0} \left(\frac{\Delta x}{x} \cdot \frac{1}{\Delta x \ln a}\right) = \frac{1}{x \ln a},$$

即

$$(\log_a x)' = \frac{1}{x \ln a}.$$

特别地,当 $a = \mathrm{e}$ 时,有 $(\ln x)' = \dfrac{1}{x}$.

例 3.1.7 至例 3.1.11 的结果均可作为导数基本公式,在今后求导时可以直接引用.

例 3.1.12　求曲线 $y = \mathrm{e}^{-2x}$ 在点 $(0,1)$ 处的切线方程.

解　由于 $y' = \left[(\mathrm{e}^{-2})^x\right]' = (\mathrm{e}^{-2})^x \ln \mathrm{e}^{-2} = -2\mathrm{e}^{-2x}$,从而所求的切线斜率为 $y'|_{x=0} = -2$,所求的切线方程为

$$y - 1 = -2(x - 0), \quad 即 \quad y = -2x + 1.$$

例 3.1.13　设 $f(x) = \begin{cases} 2^x, & x < 0, \\ \cos x, & x \geqslant 0, \end{cases}$ 求 $f'(x)$.

解　由连续定义易知该函数在 $x = 0$ 处连续.

对于分段函数求导数,在各分段子区间内分别用公式或导数法则求导,对于分段点应按照导数(或左、右导数)的定义求出分段点处的导数,最后将所得的结果用分段函数表示出来.

当 $x < 0$ 时,$f'(x) = (2^x)' = 2^x \ln 2$,

当 $x > 0$ 时,$f'(x) = (\cos x)' = -\sin x$.

在分段点 $x = 0$ 处,由于

$$f'_-(0) = \lim_{x \to 0^-} \frac{f(x) - f(0)}{x - 0} = \lim_{x \to 0^-} \frac{2^x - 1}{x} = \lim_{x \to 0^-} \frac{\mathrm{e}^{x \ln 2} - 1}{x} = \ln 2,$$

$$f'_+(0) = \lim_{x \to 0^+} \frac{f(x) - f(0)}{x - 0} = \lim_{x \to 0^+} \frac{\cos x - 1}{x - 0} = \lim_{x \to 0^+} \frac{-\dfrac{1}{2}x^2}{x} = 0,$$

从而 $f'(0)$ 不存在,所以

$$f'(x) = \begin{cases} 2^x \ln 2, & x < 0, \\ 不存在, & x = 0, \\ -\sin x, & x > 0. \end{cases}$$

习　题　3.1

(A)

1. 利用导数的定义求函数 $f(x) = \sqrt{x}$ 的导数.

2. 设 $f'(x_0)$ 存在,根据导数定义求下列极限:

(1) $\lim\limits_{\Delta x \to 0} \dfrac{f(x_0 - 2\Delta x) - f(x_0)}{\Delta x}$;

(2) $\lim\limits_{n \to \infty} n\left[f\left(x_0 + \dfrac{3}{n}\right) - f(x_0)\right]$;

(3) $\lim\limits_{\Delta x \to 0} \dfrac{f(x_0 + \Delta x) - f(x_0 - \Delta x)}{\Delta x}$;

(4) $\lim\limits_{h \to 0} \dfrac{f(x_0 + h^2) - f(x_0)}{h}$;

(5) $\lim\limits_{x \to x_0} \dfrac{f^2(x) - f^2(x_0)}{x - x_0}$;

(6) $\lim\limits_{x \to 0} \dfrac{f(x_0 - \sin x^2) - f(x_0)}{\sqrt[3]{1 + x^2} - 1}$.

3. 若 $\lim\limits_{x \to 0} \dfrac{x[f(x) - f(0)]}{1 - \cos x} = 1$,求 $f'(0)$.

4. 设 $f(0) = 1$,且 $\lim\limits_{x \to 0} \dfrac{f(2x) - 1}{3x} = 4$,求 $f'(0)$.

5. 设 $f(0) = 0$,且 $f'(0)$ 存在,求极限 $\lim\limits_{x \to 0} \dfrac{x^2 f(x) - 2f(x^3)}{x^3}$.

6. 讨论下列函数在 $x = 0$ 处的连续性与可导性:

(1) $f(x) = \sqrt{1 - \cos^2 x}$;

(2) $f(x) = \begin{cases} x\sin\dfrac{1}{x}, & x \neq 0, \\ 1, & x = 0; \end{cases}$

(3) $f(x) = \begin{cases} x^2 + 1, & x \leqslant 0, \\ 3x + 1, & x > 0; \end{cases}$

(4) $f(x) = \begin{cases} \ln(1 + x), & -1 < x < 0, \\ \sqrt{1 + x} - \sqrt{1 - x}, & 0 \leqslant x < 1; \end{cases}$

(5) $f(x) = \begin{cases} \dfrac{x\arctan x}{e^{2x} - 1}, & x \neq 0, \\ 0, & x = 0; \end{cases}$

(6) $f(x) = \begin{cases} \dfrac{xe^{\frac{1}{x}}}{1 + e^{\frac{1}{x}}}, & x \neq 0, \\ 0, & x = 0. \end{cases}$

7. 求下列函数的导数:

(1) $f(x) = \dfrac{x^2\sqrt[3]{x^2}}{\sqrt{x\sqrt{x}}}$;

(2) $f(x) = \begin{cases} \sin x, & x < 0, \\ x^2, & x \geqslant 0. \end{cases}$

8. 求曲线 $y = \ln x$ 上与直线 $y = -ex + 3$ 垂直的切线方程.

9. 函数 $f(x) = \sqrt[3]{x^2}$ 在 $x = 0$ 处是否可导? 曲线 $y = \sqrt[3]{x^2}$ 在 $x = 0$ 处是否有切线?

10. 设函数 $f(x) = \begin{cases} x^2, & x \leqslant 1, \\ ax + b, & x > 1, \end{cases}$ 为了使函数 $f(x)$ 在 $x = 1$ 处可导,a, b 应取什么值?

11. 设 $f(x)$ 在 $x = 0$ 处可导,且 $f'(0) = 2$,又对任意的 x 有 $f(3 + x) = 3f(x)$,求 $f'(3)$.

12. 设曲线 $f(x) = x^n (n \in \mathbf{N}^+)$ 在点 $(1, 1)$ 处的切线与 x 轴的交点为 $(\xi_n, 0)$,求 $\lim\limits_{n \to \infty} f(\xi_n)$.

13. 设 $f(0) = 1, f'(0) = -1$,求 (1) $\lim\limits_{x \to 0} \dfrac{\cos x - f(x)}{x}$; (2) $\lim\limits_{x \to 0} \dfrac{2^x f(x) - 1}{x}$.

14. 设 $f(x)$ 在点 $x = 0$ 的某邻域内可导,且 $f(x) > 0, f(0) = 1$,求 $\lim\limits_{x \to 0} [f(x)]^{\frac{1}{x}}$.

15. 设 f 是对任何实数 x, y 满足方程 $f(x + y) = f(x) + f(y) + x^2 y + xy^2$ 的函数,又假设 $\lim\limits_{x \to 0} \dfrac{f(x)}{x} = 1$. 求

(1)$f(0)$; (2)$f'(0)$; (3)$f'(x)$.

(B)

1. 设 $f(0) = 0$,且 $f(x)$ 在 $x = 0$ 处可导,求下列极限:

(1) $\lim\limits_{x \to 0} \dfrac{f(1 - \cos x)}{\tan x^2}$;

(2) $\lim\limits_{x \to 0} \dfrac{f(1 - e^x)}{\ln(1 + x)}$;

(3) $\lim\limits_{x \to 0} \dfrac{f(3x - \sin x)}{x}$;

(4) $\lim\limits_{x \to 0} \dfrac{f(\tan 2x) - f(x)}{x}$.

2. 设函数 $f(x)$ 在 $x = 5$ 处可导,且 $f'(5) = 2$,计算下列极限:

(1) $\lim\limits_{x \to 5} \dfrac{f^2(x) - f^2(5)}{x^2 - 5^2}$;

(2) $\lim\limits_{x \to 5} \dfrac{xf(5) - 5f(x)}{x - 5}$.

3. 已知 $f(x)$ 在 $x = 1$ 处连续,且 $\lim\limits_{x \to 1} \dfrac{f(x)}{x - 1} = 2$,求 $f'(1)$.

4. 设 $f(x) = \begin{cases} \dfrac{1 - \cos x}{\sqrt{x}}, & x > 0, \\ x^2 g(x), & x \leqslant 0, \end{cases}$ 其中 $g(x)$ 为有界函数,求 $f'(0)$.

5. 已知 $f(1) = 0, f'(1) = 3$,求极限 $\lim\limits_{x \to 0} \dfrac{f(\sin^2 x + \cos x)}{x\tan x}$.

6. 设曲线 $y = f(x)$ 在原点与 $y = \sin x$ 相切,试求极限 $\lim\limits_{n \to \infty} n^{\frac{1}{2}} \sqrt{f\left(\dfrac{2}{n}\right)}$ $(n \in \mathbf{N}^+)$.

7. 若 $f(x)$ 为偶函数,且 $f'(0)$ 存在,证明 $f'(0) = 0$.

8. 设 $f(x) = \begin{cases} g(x)\cos\dfrac{1}{x}, & x \neq 0, \\ 0, & x = 0, \end{cases}$ 且 $g(0) = g'(0) = 0$,求 $f'(0)$.

9. 设 $f(x)$ 在区间 $(-\delta,\delta)$ 内有定义,若当 $x \in (-\delta,\delta)$ 时,恒有 $|f(x)| \leqslant x^2$. 求 (1) $f(0)$; (2) $f'(0)$.

10. 设 $f(x)$ 在 $x=1$ 处连续,且 $\lim\limits_{x \to 1} \dfrac{\ln[2+f(x)]}{e^x - e} = 3$,求 (1) $f(1)$; (2) $f'(1)$.

11. 设函数 $f(x)$ 在 $(-\infty,+\infty)$ 内可导,满足 $f(1+x) - 2f(1-x) = 3x + o(x)$,其中 $o(x)$ 是 $x(x \to 0)$ 的高阶无穷小,求曲线 $y=f(x)$ 在 $x=1$ 对应点处的切线方程.

12. 设函数 $f(x) = \lim\limits_{n \to \infty} \dfrac{x^4 e^{n(x-1)} + ax^3 + b}{e^{n(x-1)} + 1}$ 在其定义域内可导,试求 a,b 的值.

13. 设 $f(x)$ 在 $x=0$ 处连续,且 $\lim\limits_{x \to 0} \left(1+x+\dfrac{f(x)}{x}\right)^{\frac{1}{x}} = e^3$,求 $f(0), f'(0)$ 及 $\lim\limits_{x \to 0} \left(1+\dfrac{f(x)}{x}\right)^{\frac{1}{x}}$.

3.2　求导法则及隐函数与参数式函数的求导法

　　根据导数的定义,在 3.1 节我们求出了一些简单基本初等函数的导数,但对于比较复杂的函数用导数定义去求导,计算往往很繁琐,有时甚至是不可能的. 因此有必要建立一些求导的运算法则,以便利用这些运算法则及基本初等函数的导数公式,能更简捷地、系统化地求出一般初等函数的导数.

3.2.1　函数的四则运算的求导法则

　　定理 3.2.1　设 $u=u(x), v=v(x)$ 都在点 x 处可导,则它们的和、差、积、商(分母为零的点除外) 也在点 x 处可导,且有

(1) $(u \pm v)' = u' \pm v'$;

(2) $(u \cdot v)' = u' \cdot v + u \cdot v'$;　　特别地,有 $(k \cdot u)' = k \cdot u'$ (k 为常数).

(3) $\left(\dfrac{u}{v}\right)' = \dfrac{u' \cdot v - u \cdot v'}{v^2}$ ($v \neq 0$).

　　证　设 x 有改变量 $\Delta x (\Delta x \neq 0)$ 时,$u=u(x), v=v(x)$ 分别有改变量 $\Delta u, \Delta v$. 由于 $u(x+\Delta x) - u(x) = \Delta u$,于是

$$u(x+\Delta x) = u(x) + \Delta u \stackrel{\triangle}{=\!=} u + \Delta u,$$

同理有

$$v(x+\Delta x) = v(x) + \Delta v \stackrel{\triangle}{=\!=} v + \Delta v.$$

(1) 令 $f(x) = u(x) \pm v(x)$,则

$$\begin{aligned}
f'(x) &= \lim_{\Delta x \to 0} \frac{f(x+\Delta x) - f(x)}{\Delta x} \\
&= \lim_{\Delta x \to 0} \frac{[u(x+\Delta x) \pm v(x+\Delta x)] - [u(x) \pm v(x)]}{\Delta x} \\
&= \lim_{\Delta x \to 0} \frac{[(u+\Delta u) \pm (v+\Delta v)] - (u \pm v)}{\Delta x} = \lim_{\Delta x \to 0} \frac{\Delta u \pm \Delta v}{\Delta x} = \lim_{\Delta x \to 0} \left(\frac{\Delta u}{\Delta x} \pm \frac{\Delta v}{\Delta x}\right).
\end{aligned}$$

因为 $u(x), v(x)$ 均在点 x 处可导,所以

$$f'(x) = \lim_{\Delta x \to 0} \frac{\Delta u}{\Delta x} \pm \lim_{\Delta x \to 0} \frac{\Delta v}{\Delta x} = u' \pm v',$$

即

$$(u \pm v)' = u' \pm v'.$$

(2) 令 $f(x)=u(x)v(x)$，则

$$f'(x)=\lim_{\Delta x\to 0}\frac{u(x+\Delta x)v(x+\Delta x)-u(x)v(x)}{\Delta x}$$

$$=\lim_{\Delta x\to 0}\frac{(u+\Delta u)(v+\Delta v)-uv}{\Delta x}=\lim_{\Delta x\to 0}\left(\frac{\Delta u}{\Delta x}\cdot v+u\cdot\frac{\Delta v}{\Delta x}+\Delta u\cdot\frac{\Delta v}{\Delta x}\right).$$

因为 $u(x),v(x)$ 都在点 x 处可导，而 $u(x)$ 在 x 处连续，于是 $\lim\limits_{\Delta x\to 0}\Delta u=0$，所以

$$f'(x)=u'\cdot v+u\cdot v'+0\cdot v'=u'\cdot v+u\cdot v',$$

即

$$(u\cdot v)'=u'\cdot v+u\cdot v'.$$

(3) 令 $f(x)=\dfrac{u(x)}{v(x)}$，则

$$f'(x)=\lim_{\Delta x\to 0}\frac{\frac{u(x+\Delta x)}{v(x+\Delta x)}-\frac{u(x)}{v(x)}}{\Delta x}=\lim_{\Delta x\to 0}\frac{\frac{u+\Delta u}{v+\Delta v}-\frac{u}{v}}{\Delta x}=\lim_{\Delta x\to 0}\frac{\frac{\Delta u}{\Delta x}\cdot v-u\cdot\frac{\Delta v}{\Delta x}}{v\cdot(v+\Delta v)}.$$

因 $u(x),v(x)$ 都在点 x 处可导，而 $v(x)$ 在 x 处连续，于是 $\lim\limits_{\Delta x\to 0}\Delta v=0$，所以

$$f'(x)=\frac{u'\cdot v-u\cdot v'}{v^2},$$

即

$$\left(\frac{u}{v}\right)'=\frac{u'\cdot v-u\cdot v'}{v^2}.$$

定理 3.2.1 中的法则(1) 和法则(2) 可以推广到有限个可导函数运算的情形. 例如，设函数 $u=u(x),v=v(x),w=w(x)$ 均在点 x 处可导，则有

$$(u\pm v\pm w)'=u'\pm v'\pm w',$$

$$(uvw)'=u'vw+uv'w+uvw'.$$

在定理 3.2.1 中的法则(3) 中，若令 $u=1$，则有 $\left(\dfrac{1}{v}\right)'=-\dfrac{v'}{v^2}.$

例 3.2.1　求 $y=\dfrac{3}{x\sqrt[3]{x}}+2^x+\log_3\sqrt{x}+\mathrm{e}^5+\cos x+\dfrac{x^2-x}{x+\sqrt{x}}$ 的导数.

解　$y'=3(x^{-\frac{4}{3}})'+(2^x)'+\left(\dfrac{1}{2}\log_3 x\right)'+(\mathrm{e}^5)'+(\cos x)'+(x-\sqrt{x})'$

$$=3\cdot\left(-\frac{4}{3}\right)x^{-\frac{7}{3}}+2^x\ln 2+\frac{1}{2x\ln 3}+0-\sin x+1-\frac{1}{2\sqrt{x}}$$

$$=-4x^{-\frac{7}{3}}+2^x\ln 2+\frac{1}{2x\ln 3}-\sin x-\frac{1}{2\sqrt{x}}+1.$$

例 3.2.2　求 $y=\mathrm{e}^x\sin x+x^3\log_x 2\ (x>0,x\neq 1)$ 的导数.

解　$y'=(\mathrm{e}^x\cdot\sin x)'+\left(x^3\cdot\dfrac{\ln 2}{\ln x}\right)'$

$$=(\mathrm{e}^x)'\sin x+\mathrm{e}^x(\sin x)'+\ln 2\cdot\frac{(x^3)'\ln x-x^3(\ln x)'}{\ln^2 x}$$

$$=\mathrm{e}^x\sin x+\mathrm{e}^x\cos x+\ln 2\frac{3x^2\ln x-x^2}{\ln^2 x}.$$

例 3.2.3　求 $y=\tan x$ 的导数.

解　$y' = (\tan x)' = \left(\dfrac{\sin x}{\cos x}\right)' = \dfrac{(\sin x)'\cos x - \sin x(\cos x)'}{\cos^2 x}$

$\qquad = \dfrac{\cos x\cos x - \sin x(-\sin x)}{\cos^2 x} = \dfrac{\cos^2 x + \sin^2 x}{\cos^2 x} = \dfrac{1}{\cos^2 x} = \sec^2 x,$

即

$$(\tan x)' = \sec^2 x.$$

类似地，可以求得

$$(\cot x)' = -\csc^2 x.$$

例 3.2.4　求 $y = \sec x$ 的导数.

解　$y' = (\sec x)' = \left(\dfrac{1}{\cos x}\right)' = -\dfrac{(\cos x)'}{\cos^2 x} = -\dfrac{-\sin x}{\cos^2 x} = \sec x \cdot \tan x,$

即

$$(\sec x)' = \sec x \cdot \tan x.$$

类似地，可以求得

$$(\csc x)' = -\csc x \cdot \cot x.$$

例 3.2.3、例 3.2.4 所得的结果也常作为导数基本公式使用.

例 3.2.5　设 $y = \tan x + \dfrac{2x\sec x}{\sqrt{x} + \ln 3}$，求 y'.

解　$y' = (\tan x)' + \left(\dfrac{2x\sec x}{\sqrt{x} + \ln 3}\right)'$

$\qquad = \sec^2 x + \dfrac{(2x\sec x)' \cdot (\sqrt{x} + \ln 3) - 2x\sec x \cdot (\sqrt{x} + \ln 3)'}{(\sqrt{x} + \ln 3)^2}$

$\qquad = \sec^2 x + \dfrac{(2 \cdot \sec x + 2x \cdot \sec x\tan x) \cdot (\sqrt{x} + \ln 3) - 2x\sec x \cdot \left(\dfrac{1}{2\sqrt{x}} + 0\right)}{(\sqrt{x} + \ln 3)^2}$

$\qquad = \sec^2 x + \dfrac{2\sec x(1 + x\tan x) \cdot (\sqrt{x} + \ln 3) - \sqrt{x}\sec x}{(\sqrt{x} + \ln 3)^2}.$

至此，我们已经求出了除反三角函数外的所有基本初等函数的导数公式，为了推导反三角函数的导数公式，下面先讨论反函数的求导法则.

3.2.2　反函数的求导法则

定理 3.2.2　如果函数 $x = f(y)$ 在区间 I_y 内单调、可导且 $f'(y) \neq 0$，则它的反函数 $y = f^{-1}(x)$ 在相应区间 $I_x = \{x \mid x = f(y), y \in I_y\}$ 内也可导，且

$$\left[f^{-1}(x)\right]' = \dfrac{1}{f'(y)} \quad \text{或} \quad \dfrac{\mathrm{d}y}{\mathrm{d}x} = \dfrac{1}{\dfrac{\mathrm{d}x}{\mathrm{d}y}}.$$

证　因为 $x = f(y)$ 在区间 I_y 内单调、可导，所以 $x = f(y)$ 的反函数 $y = f^{-1}(x)$ 存在，且 $f^{-1}(x)$ 在 I_x 内也单调、连续.

任取点 $x \in I_x$，给 x 以增量 $\Delta x \neq 0$，且 $x + \Delta x \in I_x$ 由 $y = f^{-1}(x)$ 的单调性可知 $\Delta y = f^{-1}(x + \Delta x) - f^{-1}(x) \neq 0$，于是有

$$\dfrac{\Delta y}{\Delta x} = \dfrac{1}{\dfrac{\Delta x}{\Delta y}},$$

由于 $y = f^{-1}(x)$ 连续,于是当 $\Delta x \to 0$,必有 $\Delta y \to 0$,且 $\lim\limits_{\Delta y \to 0} \dfrac{\Delta x}{\Delta y} = f'(y) \neq 0$.因此

$$\left[f^{-1}(x)\right]' = \lim_{\Delta x \to 0} \frac{\Delta y}{\Delta x} = \lim_{\Delta y \to 0} \frac{1}{\dfrac{\Delta x}{\Delta y}} = \frac{1}{\lim\limits_{\Delta y \to 0} \dfrac{\Delta x}{\Delta y}} = \frac{1}{f'(y)}.$$

上述结论可简单地叙述为:**反函数的导数等于直接函数导数的倒数**.

定理 3.2.2 的几何意义十分明显. $x = f(y)$ 与 $y = f^{-1}(x)$ 的图像是同一条曲线,它过点 (x, y) 处的切线对于 y 轴的切线斜率是 $\tan \beta = f'(y)$,而该切线对于 x 轴的斜率则是 $\tan \alpha = \left[f^{-1}(x)\right]'$. 由于 $\alpha = \dfrac{\pi}{2} - \beta \left(\text{或} \alpha = \dfrac{3\pi}{2} - \beta\right)$,所以就应该有

$$\left[f^{-1}(x)\right]' = \frac{1}{f'(y)}.$$

注　反函数的导数 $\left[f^{-1}(x)\right]'$ 也可记作 $(f^{-1})'(x)$.

例 3.2.6　已知 $y = f(x) = x^3 + x - 2$,求反函数 $x = f^{-1}(y)$ 在 $y = 8$ 处的导数.

解　由 $x^3 + x - 2 = 8$,可得 $x = 2$,即 $f(2) = 8$. 又因 $f'(x) = 3x^2 + 1$,故

$$\left[f^{-1}(y)\right]' \big|_{y=8} = \frac{1}{f'(x)} \bigg|_{x=2} = \frac{1}{3 \cdot 2^2 + 1} = \frac{1}{13}.$$

例 3.2.7　求 $y = \arcsin x$ 的导数.

解　由于 $x = \sin y$ 在 $\left(-\dfrac{\pi}{2}, \dfrac{\pi}{2}\right)$ 内单调、可导且 $\dfrac{\mathrm{d}x}{\mathrm{d}y} = \cos y \neq 0$,由定理 3.2.2,其反函数 $y = \arcsin x$ 在相应区间 $(-1, 1)$ 内可导,且

$$\frac{\mathrm{d}y}{\mathrm{d}x} = (\arcsin x)' = \frac{1}{\dfrac{\mathrm{d}x}{\mathrm{d}y}} = \frac{1}{(\sin y)'_y} = \frac{1}{\cos y} = \frac{1}{\sqrt{1 - \sin^2 y}} = \frac{1}{\sqrt{1 - x^2}},$$

即

$$(\arcsin x)' = \frac{1}{\sqrt{1 - x^2}}.$$

用类似的方法,可求得如下结果:

$$(\arccos x)' = -\frac{1}{\sqrt{1 - x^2}}, \quad (\arctan x)' = \frac{1}{1 + x^2}, \quad (\operatorname{arccot} x)' = -\frac{1}{1 + x^2}.$$

例 3.2.7 得到的结果同样可作为求导基本公式.

至此,全部基本初等函数的求导公式均已给出,读者应把这些基本初等函数的导数公式牢记并能熟练地运用.

3.2.3　复合函数的求导法则

利用函数四则运算的求导法则及已有的基本初等函数导数公式,可以求出一些由基本初等函数经过四则运算构成的函数的导数. 但是,大量的初等函数都含有复合运算,如 $\ln^2 \tan \sqrt{x}$ 等,对于这样的复合函数,如果可导,如何去计算它们的导数呢?下面研究复合函数的求导法则.

定理 3.2.3(链式法则)　设函数 $u = \varphi(x)$ 在点 x 处可导,函数 $y = f(u)$ 在 x 对应的点 u 处可导,则复合函数 $y = f[\varphi(x)]$ 在点 x 处也可导,且有

$$\frac{\mathrm{d}y}{\mathrm{d}x} = f'(u) \cdot \varphi'(x) = f'[\varphi(x)]\varphi'(x)$$

或

$$\frac{\mathrm{d}y}{\mathrm{d}x} = \frac{\mathrm{d}y}{\mathrm{d}u} \cdot \frac{\mathrm{d}u}{\mathrm{d}x}, \quad 亦可简记作: y'_x = y'_u \cdot u'_x.$$

＊证　设当自变量 x 有一个改变量 $\Delta x(\Delta x \neq 0)$ 时,中间变量 u 相应地有改变量 Δu,函数 y 相应地有改变量 Δy,因 $y = f(u)$ 在点 u 处可导,即极限 $\lim\limits_{\Delta u \to 0} \dfrac{\Delta y}{\Delta u} = f'(u)$ 存在,故当 $\Delta u \neq 0$ 时,由极限与无穷小的关系有

$$\frac{\Delta y}{\Delta u} = f'(u) + \alpha(\Delta u),$$

其中 $\lim\limits_{\Delta u \to 0} \alpha(\Delta u) = 0$. 从而有

$$\Delta y = f'(u)\Delta u + \alpha(\Delta u) \cdot \Delta u. \tag{3.2.1}$$

应当指出:在 $\Delta x \to 0$ 时,尽管 $\Delta x \neq 0$,但仍有可能出现 $\Delta u = 0$ 的情况. 若 $\Delta u = 0$,则 $\alpha(\Delta u)$ 无定义,由于此时 $\Delta y = f(u + \Delta u) - f(u) = 0$,所以可定义:当 $\Delta u = 0$ 时,$\alpha(\Delta u) = 0$,则式(3.2.1)对于 $\Delta u = 0$ 亦成立.

现用 $\Delta x \neq 0$ 同除式(3.2.1)两端,得

$$\frac{\Delta y}{\Delta x} = f'(u) \cdot \frac{\Delta u}{\Delta x} + \alpha(\Delta u) \cdot \frac{\Delta u}{\Delta x}.$$

由于 $u = \varphi(x)$ 在点 x 处可导,所以 $\lim\limits_{\Delta x \to 0} \dfrac{\Delta u}{\Delta x} = u'_x$,又因为 $u = \varphi(x)$ 在点 x 处连续,所以当 $\Delta x \to 0$ 时,有 $\Delta u \to 0$,从而也有 $\alpha(\Delta u) \to 0$,于是

$$\begin{aligned}
\frac{\mathrm{d}y}{\mathrm{d}x} &= \lim_{\Delta x \to 0} \frac{\Delta y}{\Delta x} = \lim_{\Delta x \to 0}\left[f'(u) \cdot \frac{\Delta u}{\Delta x} + \alpha(\Delta u) \cdot \frac{\Delta u}{\Delta x}\right] \\
&= f'(u) \cdot \lim_{\Delta x \to 0} \frac{\Delta u}{\Delta x} + \lim_{\Delta x \to 0}\alpha(\Delta u) \cdot \lim_{\Delta x \to 0} \frac{\Delta u}{\Delta x} \\
&= f'(u) \cdot \varphi'(x) + 0 \cdot \varphi'(x) \\
&= f'(u) \cdot \varphi'(x) = f'[\varphi(x)] \cdot \varphi'(x).
\end{aligned}$$

定理 3.2.3 表明,复合函数的导数等于复合函数对中间变量的导数乘以中间变量对自变量的导数.

$y = f[\varphi(x)]$ 的复合关系图为:$y \xrightarrow{\ y = f(u)\ } u \xrightarrow{\ u = \varphi(x)\ } x$;

$y = f[\varphi(x)]$ 求导关系图为:$y \xrightarrow{\ y'_u\ } u \xrightarrow{\ u'_x\ } x$.

复合求导法则也可以写成:$\{f[\varphi(x)]\}' = f'[\varphi(x)] \cdot \varphi'(x)$.

特别注意:符号 $\{f[\varphi(x)]\}'$ 与 $f'[\varphi(x)]$ 不同. 符号 $\{f[\varphi(x)]\}'$ 表示复合函数 $y = f[\varphi(x)]$ 对自变量 x 的导数;而符号 $f'[\varphi(x)]$ 表示外层函数 $y = f(u)$ 先对中间变量 u 求导数,然后再将 $u = \varphi(x)$ 代入,即 $f'[\varphi(x)] = f'(u)\,|_{u = \varphi(x)}$.

例 3.2.8　设 $y = \sin(x^3 + 3^x + \ln 3)$,求 $\dfrac{\mathrm{d}y}{\mathrm{d}x}$.

解　所给函数可以看作是由 $y = \sin u$ 与 $u = x^3 + 3^x + \ln 3$ 复合而成的,即

$$y \xrightarrow{\ y = \sin u\ } u \xrightarrow{\ u = x^3 + 3^x + \ln 3\ } x.$$

由复合求导法则有

$$\begin{aligned}
\frac{\mathrm{d}y}{\mathrm{d}x} &= y'_u \cdot u'_x = (\sin u)'_u \cdot (x^3 + 3^x + \ln 3)'_x \\
&= \cos u \cdot (3x^2 + 3^x \ln 3 + 0) = (3x^2 + 3^x \ln 3)\cos(x^3 + 3^x + \ln 3).
\end{aligned}$$

对于由有限多个函数复合而成的多层复合函数,在满足相应的求导条件时,复合求导法则同样成立. 例如,设

$$y = f(u), \quad u = \varphi(v), \quad v = g(x),$$

$$y \xrightarrow{y=f(u)} u \xrightarrow{u=\varphi(v)} v \xrightarrow{v=g(x)} x,$$

则复合函数 $y = f\{\varphi[g(x)]\}$ 对 x 的导数有

$$y'_x = y'_u \cdot u'_v \cdot v'_x.$$

例 3.2.9 设 $y = \ln\cos(x^3 + \sqrt{x})$,求 $\dfrac{\mathrm{d}y}{\mathrm{d}x}$.

解 所给函数可以看作是由 $y = \ln u, u = \cos v$ 和 $v = x^3 + \sqrt{x}$ 复合而成的,即

$$y \xrightarrow{y=\ln u} u \xrightarrow{u=\cos v} v \xrightarrow{v=x^3+\sqrt{x}} x,$$

$$\frac{\mathrm{d}y}{\mathrm{d}x} = y'_u \cdot u'_v \cdot v'_x = (\ln u)'_u \cdot (\cos v)'_v \cdot (x^3 + \sqrt{x})'_x$$

$$= \frac{1}{u} \cdot (-\sin v) \cdot \left(3x^2 + \frac{1}{2\sqrt{x}}\right) = -\left(3x^2 + \frac{1}{2\sqrt{x}}\right)\tan(x^3 + \sqrt{x}).$$

从上面例子可以看出,计算复合函数的导数时,关键是要分清复合函数的复合结构. 刚开始做题时,可以写出中间变量,把复合函数分解,并画出复合关系图;当做题熟练后,可不必写出中间变量,只需按照复合函数的复合层次,由外向里逐层求导,不能脱节,不能漏项,直到对自变量求导为止,如此就得到一个求导"链",因此将这个求导法则形象地称为**链式法则**.

例 3.2.10 设 $y = \arctan(x^2 \ln x)$,求 $\dfrac{\mathrm{d}y}{\mathrm{d}x}$.

解 $\dfrac{\mathrm{d}y}{\mathrm{d}x} = \dfrac{1}{1+(x^2\ln x)^2} \cdot (x^2 \cdot \ln x)'$

$$= \frac{1}{1+(x^2\ln x)^2} \cdot \left(2x \cdot \ln x + x^2 \cdot \frac{1}{x}\right) = \frac{2x\ln x + x}{1 + x^4 \ln^2 x}.$$

例 3.2.11 设 $y = \mathrm{e}^{\sin^2 \frac{1}{x}}$,求 $\dfrac{\mathrm{d}y}{\mathrm{d}x}$.

解 $y' = \mathrm{e}^{\sin^2 \frac{1}{x}} \cdot \left(\sin^2 \frac{1}{x}\right)' = \mathrm{e}^{\sin^2 \frac{1}{x}} \cdot 2\sin \frac{1}{x} \cdot \left(\sin \frac{1}{x}\right)'$

$$= \mathrm{e}^{\sin^2 \frac{1}{x}} \cdot 2\sin \frac{1}{x} \cdot \cos \frac{1}{x} \cdot \left(\frac{1}{x}\right)' = \mathrm{e}^{\sin^2 \frac{1}{x}} \cdot \sin \frac{2}{x} \cdot \left(-\frac{1}{x^2}\right) = -\frac{1}{x^2}\mathrm{e}^{\sin^2 \frac{1}{x}}\sin \frac{2}{x}.$$

例 3.2.12 设 $y = x\ln(x + \sqrt{x^2+1})$,求 $\dfrac{\mathrm{d}y}{\mathrm{d}x}$.

解 $y' = 1 \cdot \ln(x + \sqrt{x^2+1}) + x \cdot \dfrac{1}{x + \sqrt{x^2+1}} \cdot (x + \sqrt{x^2+1})'$

$$= \ln(x + \sqrt{x^2+1}) + \frac{x}{x + \sqrt{x^2+1}} \cdot \left[1 + \frac{1}{2\sqrt{x^2+1}} \cdot (x^2+1)'\right]$$

$$= \ln(x + \sqrt{x^2+1}) + \frac{x}{x + \sqrt{x^2+1}} \cdot \left(1 + \frac{2x}{2\sqrt{x^2+1}}\right)$$

$$= \ln(x + \sqrt{x^2+1}) + \frac{x}{\sqrt{x^2+1}}.$$

例 3.2.13 求下列函数的导数:

(1) $y = \ln|x|$;   (2) $y = \ln|f(x)|$ ($f(x)$ 是不取零值的可导函数).

解 （1）因为 $y = \ln|x| = \begin{cases} \ln x, & x > 0, \\ \ln(-x), & x < 0, \end{cases}$ 所以

当 $x > 0$ 时，$y' = (\ln x)' = \dfrac{1}{x}$;

当 $x < 0$ 时，$y' = [\ln(-x)]' = \dfrac{1}{-x} \cdot (-x)' = \dfrac{1}{x}$,

故
$$(\ln|x|)' = \dfrac{1}{x}.$$

（2）$y = \ln|f(x)|$ 是由 $y = \ln|u|$, $u = f(x)$ 复合而成的，根据（1）的结果，得
$$y' = (\ln|u|)' f'(x) = \dfrac{1}{u} f'(x) = \dfrac{f'(x)}{f(x)}.$$

3.2.4 导数基本公式汇总及求导举例

前面把所有基本初等函数的导数都已经求出了，这些结论在求导时可用作公式，我们将其称为**导数基本公式**，这些公式是求函数导数的基础，必须熟记，为便于记忆汇总于下：

（1）$(C)' = 0$（C 为常数）；　　　　（2）$(x^\mu)' = \mu x^{\mu-1}$（$\mu \in \mathbf{R}$）；

（3）$(\sqrt{x})' = \dfrac{1}{2\sqrt{x}}$;　　　　　　（4）$\left(\dfrac{1}{x}\right)' = -\dfrac{1}{x^2}$;

（5）$(a^x)' = a^x \ln a$（$a > 0, a \neq 1$）；　（6）$(e^x)' = e^x$;

（7）$(\log_a x)' = \dfrac{1}{x \ln a}$（$a > 0, a \neq 1$）；（8）$(\ln|x|)' = \dfrac{1}{x}$;

（9）$(\sin x)' = \cos x$;　　　　　　（10）$(\cos x)' = -\sin x$;

（11）$(\tan x)' = \sec^2 x$;　　　　（12）$(\cot x)' = -\csc^2 x$;

（13）$(\sec x)' = \sec x \cdot \tan x$;　　（14）$(\csc x)' = -\csc x \cdot \cot x$;

（15）$(\arcsin x)' = \dfrac{1}{\sqrt{1-x^2}}$;　（16）$(\arccos x)' = \dfrac{-1}{\sqrt{1-x^2}}$;

（17）$(\arctan x)' = \dfrac{1}{1+x^2}$;　　（18）$(\text{arccot } x)' = \dfrac{-1}{1+x^2}$.

有了导数基本公式及函数的四则运算求导法则、复合求导法则，就解决了初等函数的求导问题．下面再举几个初等函数求导的例子．

例 3.2.14 设 $f(u)$ 可导，$y = f(\sin^2 x) + f^2(x)$，求 $\dfrac{dy}{dx}$.

解 由函数的四则运算求导法则及复合函数的链式求导法则，有
$$\dfrac{dy}{dx} = [f(\sin^2 x)]' + [f^2(x)]' = f'(\sin^2 x) \cdot (\sin^2 x)' + 2f(x) \cdot f'(x)$$
$$= f'(\sin^2 x)\sin 2x + 2f(x)f'(x).$$

例 3.2.15 设 $y = \ln \dfrac{e^x x^2}{\sqrt{1+x^2}}$，求 $\dfrac{dy}{dx}$.

解 此题可直接使用复合函数的链式求导法则，但相对麻烦．将函数先整理化简后，再求导比较简单．
$$y' = \left[x + 2\ln|x| - \dfrac{1}{2}\ln(1+x^2)\right]' = 1 + \dfrac{2}{x} - \dfrac{1}{2} \cdot \dfrac{2x}{1+x^2} = 1 + \dfrac{2}{x} - \dfrac{x}{1+x^2}.$$

例 3.2.16　设 $f(x) = x(x-1)\cdots(x-100)$，求 $f'(0)$.

解　此题可用函数的四则运算求导法则，但用导数定义显得更简单些.

$$f'(0) = \lim_{x\to 0}\frac{f(x)-f(0)}{x-0} = \lim_{x\to 0}\frac{x(x-1)\cdots(x-100)}{x}$$
$$= \lim_{x\to 0}(x-1)\cdots(x-100) = 100!.$$

例 3.2.17　设 $y = x^{\sin x}(x>0)$，求 $\dfrac{dy}{dx}$.

解　对于幂指函数 $x^{\sin x}$，可以通过恒等式 $x = e^{\ln x}$ 将其化为复合函数 $e^{\sin x \ln x}$，再利用复合函数求导法求导.

$$y' = (x^{\sin x})' = (e^{\sin x\ln x})' = e^{\sin x\ln x}(\sin x\ln x)'$$
$$= x^{\sin x}\left(\cos x\cdot\ln x + \frac{\sin x}{x}\right).$$

有些初等函数在某些点处的导数不能由导数公式或法则求得，此时只能按导数定义去直接计算.

例 3.2.18　设 $f(x) = \cos\sqrt[3]{x^2}$，求 $f'(0)$.

解　$$f'(x) = -\sin\sqrt[3]{x^2}\cdot(\sqrt[3]{x^2})' = \frac{-2\sin\sqrt[3]{x^2}}{3\sqrt[3]{x}},$$

当 $x = 0$ 时，上式不成立. 对 $x=0$ 处，应依照导数定义直接计算.

$$f'(0) = \lim_{x\to 0}\frac{f(x)-f(0)}{x} = \lim_{x\to 0}\frac{\cos\sqrt[3]{x^2}-1}{x} = \lim_{x\to 0}\frac{-\frac{1}{2}x^{\frac{4}{3}}}{x} = -\frac{1}{2}\lim_{x\to 0}x^{\frac{1}{3}} = 0.$$

注　此例说明在某点不可导的里层函数与可导的外层函数的复合函数可以是可导函数.

3.2.5　隐函数与参数式函数的求导法

1. 隐函数的求导法

前面讨论的求导法都是针对显函数 $y = y(x)$ 的情形. 但在求导时，有时遇到的函数，其因变量 y 与自变量 x 之间的关系是由二元方程 $F(x,y) = 0$ 确定的，这样的函数称为**隐函数**. 例如，由方程 $e^{xy} - xy = 1$，$x^2 + y^3 = 1$ 均可以确定 y 是 x 的隐函数.

把一个隐函数化成显函数，称为**隐函数的显化**. 如从方程 $x^2 + y^3 = 1$ 中可以解出 $y = \sqrt[3]{1-x^2}$，就是隐函数的显化. 许多隐函数很难甚至不可能化为显函数 $y = y(x)$ 的形式，例如，由方程 $e^{xy} - xy = 1$ 就很难解出 y 来. 因此有必要寻求不管隐函数能否显化，都能直接由方程 $F(x,y) = 0$ 求出它所确定的隐函数的导数的方法. 隐函数求导法的依据是复合函数的求导法则.

设 $y = y(x)$ 是由 $F(x,y) = 0$ 所确定的可导的隐函数，将其代入方程有

$$F[x,y(x)] \equiv 0$$

将这个恒等式两端同对 x 求导，所得结果也必然相等. 但需注意的是，左端 $F[x,y(x)]$ 是将 $y = y(x)$ 代入 $F(x,y)$ 后所得的结果，因此，将方程两端对 x 求导时，y 应该看作是 x 的函数，需用复合函数求导法求导. 这样，就可得到一个含有 y' 的方程，从该方程中解出 y'，便可得到要求的导数.

下面通过例题来讲述这种求导法.

例 3.2.19　设方程 $e^y + xy - e^x = 0$ 确定了隐函数 $y = y(x)$，求 $\dfrac{dy}{dx}$.

解　方程两边同对 x 求导，注意 y 是 x 的函数，则有

$$(e^y)'_x + (xy)'_x - (e^x)'_x = 0,$$

即

$$e^y \cdot \frac{dy}{dx} + 1 \cdot y + x \cdot \frac{dy}{dx} - e^x = 0,$$

解得

$$\frac{dy}{dx} = \frac{e^x - y}{e^y + x}.$$

与显函数的导数不同，一般地，隐函数的导数表达式中既含有 x 也含有 y. 因为变量 x, y 是由原来方程给出的，所以导数表达式中的 x 与 y 必须满足原方程. 利用这一点，有时也可将导数的结果简化成另一种形式.

例 3.2.20　求由方程 $\ln(x^2 + y) = xy^3 + \sin x$ 所确定的曲线在 $x = 0$ 所对应点处的切线方程.

解　方程两边同对 x 求导，得

$$\frac{1}{x^2 + y} \cdot (2x + y') = 1 \cdot y^3 + x \cdot 3y^2 y' + \cos x,$$

当 $x = 0$ 时，由原方程可得 $y = 1$，将 $x = 0, y = 1$ 代入上式，得 $y'|_{x=0} = 2$. 于是曲线在 $x = 0$ 对应点处的切线方程为

$$y - 1 = 2 \cdot (x - 0), \quad 即 \quad y = 2x + 1.$$

2. 对数求导法

某些函数(不论是显函数还是隐函数)的求导问题，可通过先对函数式两边取自然对数，再利用对数性质对函数运算进行化简整理，从而使求导问题得到简化，最后利用隐函数求导法求导，这种方法称为**对数求导法**.

对数求导法主要用于所给函数的表达式是由若干个式子经过乘、除、乘方、开方混合运算构成的函数，或所给函数为幂指函数 $[f(x)]^{g(x)}$ $(f(x) > 0)$ 的这两种情况.

下面通过例子来说明对数求导法.

例 3.2.21　求 $y = \dfrac{(2x-1)^{\frac{5}{3}}}{2-x} \sqrt{\dfrac{x-1}{x+1}}$ 的导数.

解　该题直接利用四则求导法则及复合求导法则，运算比较复杂. 为此，先在函数式两边取绝对值后再取自然对数，有

$$\ln|y| = \frac{5}{3}\ln|2x-1| - \ln|x-2| + \frac{1}{2}\ln|x-1| - \frac{1}{2}\ln|x+1|,$$

再在两边同对 x 求导，得

$$\frac{1}{y}y' = \frac{5}{3} \cdot \frac{2}{2x-1} - \frac{1}{x-2} + \frac{1}{2} \cdot \frac{1}{x-1} - \frac{1}{2} \cdot \frac{1}{x+1},$$

于是

$$y' = y \cdot \left[\frac{10}{3(2x-1)} - \frac{1}{x-2} + \frac{1}{2(x-1)} - \frac{1}{2(x+1)} \right]$$

$$= \frac{(2x-1)^{\frac{5}{3}}}{2-x} \sqrt{\frac{x-1}{x+1}} \cdot \left[\frac{10}{3(2x-1)} - \frac{1}{x-2} + \frac{1}{2(x-1)} - \frac{1}{2(x+1)} \right].$$

注 习惯上使用对数求导法求导时,对等式两边取绝对值这个步骤一般总是省略,这样省略不会影响求导结果,这是因为 $(\ln|f(x)|)' = \dfrac{1}{f(x)}f'(x)$ 与 $(\ln f(x))' = \dfrac{1}{f(x)}f'(x)$ 相同.

例 3.2.22 求 $y = \sqrt{x\sin x \sqrt{e^{2x}+1}}$ 的导数.

解 等式两边取自然对数,有

$$\ln y = \frac{1}{2}\ln x + \frac{1}{2}\ln \sin x + \frac{1}{4}\ln(e^{2x}+1),$$

两边同对 x 求导,得

$$\frac{1}{y}y' = \frac{1}{2x} + \frac{1}{2}\cot x + \frac{1}{4}\cdot\frac{2e^{2x}}{e^{2x}+1},$$

于是有

$$y' = \sqrt{x\sin x \sqrt{e^{2x}+1}}\left[\frac{1}{2x} + \frac{1}{2}\cot x + \frac{e^{2x}}{2(e^{2x}+1)}\right].$$

例 3.2.23 求函数 $y = (x^2+1)^{\tan x}$ 的导数.

解 等式两边取自然对数,得

$$\ln y = \tan x \cdot \ln(x^2+1),$$

两边同对 x 求导,得

$$\frac{1}{y}\cdot y' = \sec^2 x \cdot \ln(x^2+1) + \tan x \cdot \frac{2x}{x^2+1}.$$

于是有

$$y' = (x^2+1)^{\tan x}\left[\sec^2 x \cdot \ln(x^2+1) + \frac{2x\tan x}{x^2+1}\right].$$

例 3.2.24 设方程 $x^y = y^x$ 确定函数 $y = y(x)$,求曲线 $y = y(x)$ 在点 $(1,1)$ 处的切线方程.

解 函数 $y = y(x)$ 实际上是隐函数,由于方程两边可以看作幂指函数 $x^{y(x)}$ 与 $[y(x)]^x$,所以可以采用对数求导法求出 y'.

等式两边取对数,得

$$y\ln x = x\ln y,$$

两边同对 x 求导,得

$$y'\ln x + \frac{y}{x} = \ln y + x\cdot\frac{1}{y}y',$$

将 $x=1, y=1$ 代入上式,得 $y'|_{x=1} = 1$,于是曲线 $y = y(x)$ 在点 $(1,1)$ 处的切线方程为

$$y-1 = 1\cdot(x-1), \quad 即 \quad y = x.$$

对于幂指函数,前面也介绍过可以利用对数恒等式 $x = e^{\ln x}$ 将其化成指数函数的形式,再结合复合函数求导法则去处理.

*3. 参数式函数的求导法

有时用直接方式表达变量之间的函数关系不大方便,这时可通过变量分别与一个辅助变量(称为参变量或参数)之间的关系间接地去表达. 例如,上半圆 $x^2+y^2 = R^2$ $(y \geqslant 0)$ 的参数方程为

$$\begin{cases} x = R\cos t, \\ y = R\sin t, \end{cases} (0 \leqslant t \leqslant \pi),$$

它是通过参数 t 来确定 y 与 x 之间的函数关系的. 像这样用参数方程表示的函数,把它称为由参数方程所确定的函数或称为**参数式函数**或**参变量函数**.

求参数式函数的导数,一种很自然的想法就是由参数方程消去参数 t,得到 x 与 y 之间的关系,不论这种关系体现为显函数还是隐函数,都可以解决其求导问题,然而消去参数有时可能很困难甚至无法做到. 因此希望有一种直接由参数方程本身求 $\dfrac{\mathrm{d}y}{\mathrm{d}x}$ 的方法. 下面就来讨论这种方法.

假设由参数方程 $\begin{cases} x = \varphi(t) \\ y = \psi(t) \end{cases}$ 可以确定参数式函数 $y = y(x)$,并且 $x = \varphi(t)$,$y = \psi(t)$ 都可导,且 $\varphi'(t) \neq 0$,而 $x = \varphi(t)$ 存在反函数 $t = \varphi^{-1}(x)$,则 $y = y(x)$ 可看成是由函数 $y = \psi(t)$ 和 $t = \varphi^{-1}(x)$ 复合而成的复合函数 $y = \psi[\varphi^{-1}(x)]$,于是根据复合函数求导法则和反函数求导法则,有

$$\frac{\mathrm{d}y}{\mathrm{d}x} = \frac{\mathrm{d}y}{\mathrm{d}t} \cdot \frac{\mathrm{d}t}{\mathrm{d}x} = \frac{\mathrm{d}y}{\mathrm{d}t} \cdot \frac{1}{\dfrac{\mathrm{d}x}{\mathrm{d}t}} = \frac{y'_t}{x'_t} = \frac{\psi'(t)}{\varphi'(t)},$$

即

$$\frac{\mathrm{d}y}{\mathrm{d}x} = \frac{y'_t}{x'_t} = \frac{\psi'(t)}{\varphi'(t)}.$$

这就是参数式函数的求导公式.

例 3.2.25 求曲线 $\begin{cases} x = t - \sin t \\ y = 1 - \cos t \end{cases}$ 在 $t = \dfrac{\pi}{2}$ 对应点处的切线方程.

解 因 $\dfrac{\mathrm{d}y}{\mathrm{d}x} = \dfrac{y'_t}{x'_t} = \dfrac{(1 - \cos t)'_t}{(t - \sin t)'_t} = \dfrac{\sin t}{1 - \cos t}$,故 $\dfrac{\mathrm{d}y}{\mathrm{d}x}\Big|_{t = \frac{\pi}{2}} = 1$.

当 $t = \dfrac{\pi}{2}$ 时,$x_0 = \dfrac{\pi}{2} - 1$,$y_0 = 1$,故切线方程为

$$y - 1 = 1 \cdot \left[x - \left(\frac{\pi}{2} - 1 \right) \right], \quad \text{即} \quad y - x = 2 - \frac{\pi}{2}.$$

习 题 3.2

(A)

1. 求下列函数的导数:

(1) $y = 4x^3 - \dfrac{2}{x^2} + \sin 5$;

(2) $y = 3^x + 5\mathrm{e}^{3x+2} + \lg \sqrt{2x}$;

(3) $y = \sin x \cos x$;

(4) $y = x^2 \sec x + \arcsin x + \arccos x$;

(5) $y = x \tan x - \dfrac{\cot x}{x}$;

(6) $y = \left(x + \dfrac{1}{x} \right) \ln x$;

(7) $y = \dfrac{x-1}{x+1} + \log_x 2$;

(8) $y = x^2 \cos x \ln x$.

2. 计算下列各题:

(1) 设 $f(x) = \dfrac{\cos 2x}{\sin x + \cos x} + (\sqrt{x} + 1)\left(\dfrac{1}{\sqrt{x}} - 1 \right)$,求 $f'(1)$;

(2) 设 $f(x) = \dfrac{x \sin x + \sqrt{2}}{\cos x}$,求 $f'(0)$;

(3) 设 $f(x) = x \ln x$,求 $\lim\limits_{\Delta x \to 0} \dfrac{f(\mathrm{e} + \Delta x) - f(\mathrm{e})}{\Delta x}$;

(4) 设 $f(x) = \dfrac{(x-1)(x-2)\cdots(x-n)}{(x+1)(x+2)\cdots(x+n)}$，求 $f'(1)$.

3. 求下列函数在指定点处的导数：

(1) 设 $f(x) = \sqrt[3]{x}\sin x$，求 $f'(0)$；

(2) 设 $f(x) = (x-a)\varphi(x)$，其中 $\varphi(x)$ 在 $x = a$ 处连续，求 $f'(a)$.

4. 求下列函数的导数：

(1) $y = (x^3 + 3^x + \ln 3)^3$；

(2) $y = \sin\sqrt{1-x} + \arcsin\sqrt{e-2}$；

(3) $y = (\arcsin x)^2$；

(4) $y = \ln[\ln(\ln x)]$；

(5) $y = e^{\arctan\sqrt{x}}$；

(6) $y = \left(\dfrac{x}{2x+1}\right)^n$；

(7) $y = \ln\sqrt{x+\tan x}$；

(8) $y = 2^{\frac{x}{\ln x}}$；

(9) $y = \log_x(\ln x)$；

(10) $y = e^{-x}\cos e^x$；

(11) $y = \sin^2\sqrt{1-2x}$；

(12) $y = 2^{\sqrt{x+1}} - \ln|\sin x|$；

(13) $y = e^{\cos\frac{1}{x}}$；

(14) $y = \arctan\sqrt{\dfrac{1+x}{1-x}}$；

(15) $y = \ln\dfrac{\sqrt{1+x} - \sqrt{1-x}}{\sqrt{1+x} + \sqrt{1-x}}$；

(16) $y = x\sqrt{x^2+1} + \ln(x+\sqrt{x^2+1})$；

(17) $y = \sin^n x \cdot \cos nx$；

(18) $y = \cos^2 x \cdot \cos x^2$；

(19) $y = \sqrt[3]{x+\sqrt{x}}$；

(20) $y = \dfrac{\sin^2 x}{\sin x^2}$；

(21) $y = \sec^2\dfrac{x}{2} + \csc^2\dfrac{x}{2}$；

(22) $y = x^{\sqrt{x}}$.

5. 求下列方程所确定的隐函数 $y = y(x)$ 的导数 $\dfrac{dy}{dx}$：

(1) $x^2 + \ln y = xe^y$；

(2) $xy = e^{x+y}$；

(3) $x^2 y - e^{2x} = \sin y$；

(4) $e^{xy} + \cos(xy) = y^2$；

(5) $y^3 = x^2 + \sin(xy)$；

(6) $x^y + y = 2x$.

6. 计算下列各题：

(1) 求曲线 $y^5 + 2y = x + 3x^7$ 在 $x = 0$ 对应点处的切线方程；

(2) 求曲线 $y - x = e^{x(1-y)}$ 在 $x = 0$ 对应点处的切线方程；

(3) 求曲线 $x^2 + y^2 + xy = 4$ 在 $x = 2$ 对应点处的切线方程；

(4) 求曲线 $xy^2 + e^{x+y} = e$ 在 $y = 0$ 对应点处的切线方程；

(5) 求曲线 $\sin(xy) + \ln(y-x) = x$ 在 $x = 0$ 对应点处的切线方程；

(6) 求曲线 $xe^y + \sin(xy) = 1$ 在 $y = 0$ 对应点处的法线方程.

7. 求下列函数的导数 $\dfrac{dy}{dx}$：

(1) $y = \dfrac{x(1-x^2)^2}{(1+x^2)^3 e^{5x-1}}$；

(2) $y = \dfrac{(2x+1)^2 \sqrt[3]{\sin x}}{\sqrt[3]{(2-3x)(x-3)^2}}$；

(3) $y = \sqrt{e^{\frac{1}{x}}\sqrt{x\sqrt{\sin x}}}$；

(4) $y = (1+\cos x)^{\frac{1}{x}}$；

(5) $y = x^{\cos x} + (\sin x)^x$；

(6) $(\sin x)^y = (\cos y)^x$.

8. 已知函数 $f(x)$ 可导，求下列函数的导数 $\dfrac{dy}{dx}$：

(1) $y = f(\sin 2x)$；

(2) $y = f^2(1+x^2)$.

9. 证明：

(1) 可导的偶函数的导函数是奇函数；

(2) 可导的奇函数的导函数是偶函数；

(3) 可导的周期函数的导函数是具有相同周期的周期函数.

10. 设 $y = f[\ln(x+\sqrt{x^2+a^2})]$，且 $f'(\ln a) = 1$，其中 $f(u)$ 可导，求 $y'(0)$.

11. 求解下列问题:

(1) 若 $y = f(x)$ 是可导函数,且 $f'(x) = \sin^2[\sin(x+1)]$,$f(0) = 4$,$x = \varphi(y)$ 是 $y = f(x)$ 的反函数,求 $\varphi'(4)$;

(2) 设函数 $f(x)$ 满足 $f(x) + 2f\left(\dfrac{1}{x}\right) = \dfrac{3}{x}$,求 $f'(x)$.

12. 求 $f'(x)$,并讨论 $f'(x)$ 在 $x = 0$ 处的连续性:

(1) $f(x) = \begin{cases} \dfrac{\ln(1+x^2)}{x}, & x \neq 0, \\ 0, & x = 0; \end{cases}$ 　　　　　(2) $f(x) = \begin{cases} x\arctan\dfrac{1}{x^2}, & x \neq 0, \\ 0, & x = 0. \end{cases}$

*13. 求下列参数方程所确定的函数 $y = f(x)$ 的导数 $\dfrac{\mathrm{d}y}{\mathrm{d}x}$:

(1) $\begin{cases} x = t^2 + \mathrm{e}^t, \\ y = t^3 - t; \end{cases}$ 　　(2) $\begin{cases} x = \ln(1+t^2), \\ y = t - \arctan t; \end{cases}$ 　　(3) $\begin{cases} x = \ln \sin t, \\ y = \cos t; \end{cases}$ 　　(4) $\begin{cases} x = \mathrm{e}^t \sin 2t, \\ y = \mathrm{e}^t \cos t. \end{cases}$

(B)

1. 求下列函数在指定点处的导数:

(1) $f(x) = \ln(1+x) \cdot \arctan\sqrt{\dfrac{1+x^2+x^4}{1+x^2+x^3}}$,求 $f'(0)$;

(2) $f(x) = (\mathrm{e}^x - 1)(\mathrm{e}^{2x} - 2)\cdots(\mathrm{e}^{nx} - n)$ $(n \in \mathbf{N}^+)$,求 $f'(0)$;

(3) $f(x) = \dfrac{1}{2}\arctan\sqrt{1+x^2} + \dfrac{1}{4}\ln\dfrac{\sqrt{1+x^2}+1}{\sqrt{1+x^2}-1}$,求 $f'(1)$.

2. 若曲线 $y = f(x)$ 与曲线 $y = x^2 - x$ 在点 $(1,0)$ 处有公切线,求 $\lim\limits_{n\to\infty} nf\left(\dfrac{n}{n+1}\right)$.

3. 设 $f(x)$ 为可导的周期函数,周期为 4,又 $\lim\limits_{x\to 0}\dfrac{f(1) - f(1-x)}{\ln(1+2x)} = -1$,求 $f'(9)$.

4. 若 $f(t) = \lim\limits_{x\to\infty} t\left(1 + \dfrac{1}{x}\right)^{2tx}$,求 $f'(t)$.

5. 设 $y = (1+x)(1+x^2)(1+x^4)\cdots(1+x^{2^n})$ 　$(|x| < 1)$,求 $\dfrac{\mathrm{d}y}{\mathrm{d}x}$.

6. 求由下列方程所确定的函数 $y = y(x)$ 的导数 $\dfrac{\mathrm{d}y}{\mathrm{d}x}$:

(1) $x^{y^2} + y^2\ln x = 4$; 　　　　　*(2) $\begin{cases} x = \arctan t, \\ 2y - ty^2 + \mathrm{e}^t = 5. \end{cases}$

7. 设两曲线 $y = x^2 + ax + b$ 和 $2y = xy^3 - 1$ 在 $y = -1$ 对应点处相切,求常数 a,b 的值.

8. 设函数 $y = f(x)$ 由方程 $\cos(xy) + \ln y = x + 1$ 确定,求 $\lim\limits_{n\to\infty} n\left[f\left(\dfrac{2}{n}\right) - 1\right]$.

9. 设 $y = [f(x^2)]^{\frac{1}{x}}$,其中 f 为可导的正值函数,求 $\dfrac{\mathrm{d}y}{\mathrm{d}x}$.

10. 设 $g(x) = \begin{cases} x^2\arctan\dfrac{1}{x}, & x < 0, \\ 0, & x = 0, \\ \ln(1+x^2), & x > 0, \end{cases}$ $f(x)$ 可导,求 $\dfrac{\mathrm{d}}{\mathrm{d}x}f[g(x)]$.

3.3　高 阶 导 数

3.3.1　高阶导数的概念

我们知道,如果做变速直线运动物体的运动方程为 $s = s(t)$,那么物体在时刻 t 的速度为 $v = s'(t)$. 而加速度 $a(t)$ 又是速度对时间 t 的变化率,也就是说,加速度 $a(t)$ 是速度 $v(t)$ 对时

间 t 的导数,即

$$a(t) = v'(t) = [s'(t)]'.$$

这种导数的导数 $[s'(t)]'$ 称为路程函数 $s = s(t)$ 对 t 的二阶导数,记作 $a(t) = s''(t)$.

定义 3.3.1 若函数 $y = f(x)$ 的导数 $f'(x)$ 在点 x 处可导,则称 $f'(x)$ 在点 x 处的导数 $[f'(x)]'$ 为函数 $y = f(x)$ 在点 x 处的**二阶导数**,记作

$$f''(x), \quad y'', \quad \frac{\mathrm{d}^2 f(x)}{\mathrm{d}x^2} \quad 或 \quad \frac{\mathrm{d}^2 y}{\mathrm{d}x^2}.$$

即

$$f''(x) = [f'(x)]' = \lim_{\Delta x \to 0} \frac{f'(x + \Delta x) - f'(x)}{\Delta x} = \lim_{h \to x} \frac{f'(h) - f'(x)}{h - x}.$$

类似地,二阶导数 $y'' = f''(x)$ 的导数称为函数 $y = f(x)$ 的**三阶导数**,记作

$$f'''(x), \quad y''', \quad \frac{\mathrm{d}^3 f(x)}{\mathrm{d}x^3} \quad 或 \quad \frac{\mathrm{d}^3 y}{\mathrm{d}x^3}.$$

一般地,$n-1$ 阶导数 $f^{(n-1)}(x)$ 的导数称为函数 $y = f(x)$ 的 **n 阶导数**,记作

$$f^{(n)}(x), \quad y^{(n)}, \quad \frac{\mathrm{d}^n f(x)}{\mathrm{d}x^n} \quad 或 \quad \frac{\mathrm{d}^n y}{\mathrm{d}x^n}.$$

二阶及二阶以上的导数统称为**高阶导数**. 相对高阶导数而言,称 $f'(x)$ 为函数 $f(x)$ 的**一阶导数**. 为叙述方便起见,把 $f(x)$ 自身称为函数 $f(x)$ 的**零阶导数**,记作 $f^{(0)}(x)$,即 $f^{(0)}(x) = f(x)$.

由高阶导数的定义可知,高阶导数的计算不需要新的方法,只要对函数 $y = f(x)$ 反复地逐次求导,连续运用求一阶导数的公式与运算法则即可.

例 3.3.1 设 $y = \ln \sqrt{\dfrac{1 + \sin x}{1 - \sin x}}$,求 y''.

解 $y' = \dfrac{1}{2}[\ln(1 + \sin x) - \ln(1 - \sin x)]'$

$$= \frac{1}{2}\left(\frac{\cos x}{1 + \sin x} - \frac{-\cos x}{1 - \sin x}\right) = \frac{\cos x}{1 - \sin^2 x} = \sec x,$$

$y'' = (\sec x)' = \sec x \tan x.$

例 3.3.2 设 $y = f(x^2)$,其中 $f(u)$ 二阶可导,求 y''.

解 $y' = 2x f'(x^2)$,

$y'' = [2x f'(x^2)]' = 2f'(x^2) + 2x[f'(x^2)]'$

$$= 2f'(x^2) + 2x f''(x^2)(x^2)' = 2f'(x^2) + 4x^2 f''(x^2).$$

3.3.2 高阶导数运算法则与几个初等函数的 n 阶导数公式

1. 高阶导数运算法则

利用数学归纳法不难证明高阶导数有以下运算法则.

定理 3.3.1 设 $u = u(x)$,$v = v(x)$ 均有 n 阶导数,则 $u \pm v$,Cu,uv 也有 n 阶导数,且有

(1) $(u \pm v)^{(n)} = u^{(n)} \pm v^{(n)}$;

(2) $(C \cdot u)^{(n)} = C \cdot u^{(n)}$(其中 C 为常数);

(3) $(u \cdot v)^{(n)} = \displaystyle\sum_{k=0}^{n} C_n^k u^{(n-k)} v^{(k)} \left(或 (u \cdot v)^{(n)} = \sum_{k=0}^{n} C_n^k u^{(k)} v^{(n-k)}\right)$,

其中 $C_n^k = \dfrac{n(n-1)\cdots(n-k+1)}{k!}$，$C_n^0 = 1$，且 $u^{(0)} = u$，$v^{(0)} = v$. 上式称为**莱布尼茨公式**.

2. 几个初等函数的 n 阶导数公式

求函数的 n 阶导数，一般是在求出一阶、二阶、三阶或四阶导数后，经适当的变形归纳出 n 阶导数 $f^{(n)}(x)$ 的表达式，这种方法称为求高阶导数的**直接法**. 直接法一般仅对比较简单的函数才是有效的.

例 3.3.3　求 $y = \mathrm{e}^{\lambda x}$（$\lambda$ 为常数）的 n 阶导数.

解　$y' = \lambda\mathrm{e}^{\lambda x}$，　$y'' = \lambda^2\mathrm{e}^{\lambda x}$，　$y''' = \lambda^3\mathrm{e}^{\lambda x}$，　$y^{(4)} = \lambda^4\mathrm{e}^{\lambda x}$，　$\cdots$，

一般地，可得

$$y^{(n)} = \lambda^n\mathrm{e}^{\lambda x},$$

即
$$(\mathrm{e}^{\lambda x})^{(n)} = \lambda^n\mathrm{e}^{\lambda x}. \tag{3.3.1}$$

例 3.3.4　$y = x^\mu$（μ 为常数）的 n 阶导数.

解　$y' = \mu x^{\mu-1}$，　$y'' = \mu(\mu-1)x^{\mu-2}$，　$y''' = \mu(\mu-1)(\mu-2)x^{\mu-3}$，　$\cdots$，

一般地，可得

$$y^{(n)} = \mu(\mu-1)\cdots(\mu-n+1)x^{\mu-n},$$

即
$$(x^\mu)^{(n)} = \mu(\mu-1)\cdots(\mu-n+1)x^{\mu-n}, \tag{3.3.2}$$

特别地，当 $\mu = n$ 时，有

$$(x^n)^{(n)} = n!，\quad (x^n)^{(n+m)} = 0 \quad (m \in \mathbf{N}^+).$$

当 $\mu = -1$ 时，则有

$$\left(\frac{1}{x}\right)^{(n)} = (-1)(-2)\cdots(-n)x^{-1-n} = \frac{(-1)^n \cdot n!}{x^{n+1}}.$$

由上式及复合函数求导法则，易得

$$\left(\frac{1}{x \pm a}\right)^{(n)} = \frac{(-1)^n \cdot n!}{(x \pm a)^{n+1}} \quad (a \text{ 为常数}). \tag{3.3.3}$$

例 3.3.5　求 $y = \sin\lambda x$（λ 为常数）的 n 阶导数.

解　$y' = \lambda\cos\lambda x = \lambda\sin\left(\lambda x + \dfrac{\pi}{2}\right)$，

$y'' = \lambda^2\cos\left(\lambda x + \dfrac{\pi}{2}\right) = \lambda^2\sin\left(\lambda x + 2 \cdot \dfrac{\pi}{2}\right)$，

$y''' = \lambda^3\cos\left(\lambda x + 2 \cdot \dfrac{\pi}{2}\right) = \lambda^3\sin\left(\lambda x + 3 \cdot \dfrac{\pi}{2}\right)$，

$\cdots\cdots$，

一般地，可得

$$y^{(n)} = \lambda^n\sin\left(\lambda x + n \cdot \frac{\pi}{2}\right),$$

即

$$(\sin\lambda x)^{(n)} = \lambda^n\sin\left(\lambda x + n \cdot \frac{\pi}{2}\right). \tag{3.3.4}$$

用类似的方法，可以求得

$$(\cos\lambda x)^{(n)} = \lambda^n\cos\left(\lambda x + n \cdot \frac{\pi}{2}\right). \tag{3.3.5}$$

注　式(3.3.1)至式(3.3.5)可以作为公式使用.

求函数的 n 阶导数时,比较常用的方法就是对所给函数先作适当的变形,使其变成适合应用上述公式的函数的代数和或乘积,再利用定理 3.3.1 及式(3.3.1)至式(3.3.5)求出所给函数的 n 阶导数表达式,这种方法称为**间接法**.

例 3.3.6 求下列函数的 n 阶导数:

(1) $y = \dfrac{1}{x^2 - 2x - 8}$;　　　　　　(2) $y = \ln(3x + 2)$;

(3) $y = 5^x + \sin^2 x$;　　　　　　(4) $y = 8\sin^3 x \cos x$.

解 (1) 因 $y = \dfrac{1}{6}\left(\dfrac{1}{x-4} - \dfrac{1}{x+2}\right)$,由定理 3.3.1 及式(3.3.3)有

$$y^{(n)} = \frac{1}{6}\left[\left(\frac{1}{x-4}\right)^{(n)} - \left(\frac{1}{x+2}\right)^{(n)}\right] = \frac{1}{6}\left[\frac{(-1)^n n!}{(x-4)^{n+1}} - \frac{(-1)^n n!}{(x+2)^{n+1}}\right].$$

(2) 因 $y' = \dfrac{3}{3x+2} = \dfrac{1}{x + \dfrac{2}{3}}$,结合式(3.3.3)有

$$y^{(n)} = (y')^{(n-1)} = \left(\frac{1}{x + \dfrac{2}{3}}\right)^{(n-1)} = \frac{(-1)^{n-1}(n-1)!}{\left(x + \dfrac{2}{3}\right)^n} = \frac{(-1)^{n-1} 3^n (n-1)!}{(3x+2)^n}.$$

(3) 因 $y = \mathrm{e}^{x\ln 5} + \dfrac{1}{2}(1 - \cos 2x)$,由定理 3.3.1 及式(3.3.1)、(3.3.5)有

$$y^{(n)} = (\mathrm{e}^{x\ln 5})^{(n)} + \frac{1}{2}\left[1^{(n)} - (\cos 2x)^{(n)}\right]$$

$$= (\ln 5)^n \mathrm{e}^{x\ln 5} + \frac{1}{2}\left[0 - 2^n \cos\left(2x + \frac{n\pi}{2}\right)\right] = 5^x \ln^n 5 - 2^{n-1}\cos\left(2x + \frac{n\pi}{2}\right).$$

(4) 因 $y = 8\sin^3 x \cos x = 2(1 - \cos 2x)\sin 2x = 2\sin 2x - \sin 4x$,由定理 3.3.1 及式(3.3.4)、(3.3.5)有

$$y^{(n)} = 2(\sin 2x)^{(n)} - (\sin 4x)^{(n)} = 2^{n+1}\sin\left(2x + \frac{n\pi}{2}\right) - 4^n \sin\left(4x + \frac{n\pi}{2}\right).$$

如果考虑的是两个函数的乘积的高阶导数,那么宜利用乘积的高阶导数的莱布尼茨公式求导. 特别是当它们的 n 阶导数都容易写出时,或其中一个因子是低次幂多项式时,较为方便.

例 3.3.7 设 $y = x^2 \sin 3x$,求 $y^{(10)}$.

解 令 $u = \sin 3x, v = x^2$,由于当 $n \geqslant 3$ 时,$v^{(n)} = (x^2)^{(n)} = 0$,由莱布尼茨公式及式(3.3.2)和式(3.3.4),得

$$y^{(10)} = C_{10}^0 (\sin 3x)^{(10)} \cdot x^2 + C_{10}^1 (\sin 3x)^{(9)} \cdot (x^2)' + C_{10}^2 (\sin 3x)^{(8)} \cdot (x^2)''$$

$$= 1 \cdot 3^{10}\sin\left(3x + \frac{10\pi}{2}\right) \cdot x^2 + 10 \cdot 3^9 \sin\left(3x + \frac{9\pi}{2}\right) \cdot 2x + \frac{10 \cdot 9}{2} \cdot 3^8 \sin\left(3x + \frac{8\pi}{2}\right) \cdot 2$$

$$= -x^2 \cdot 3^{10}\sin 3x + 20x \cdot 3^9 \cos 3x + 90 \cdot 3^8 \sin 3x.$$

3.3.3 隐函数及参数式函数的二阶导数

下面通过例子来说明隐函数、参数式函数的二阶导数的求法. 用同样的方法可求得三阶及三阶以上的导数.

例 3.3.8 设由方程 $xy + \mathrm{e}^y = 1$ 确定了函数 $y = y(x)$,求 $y''(x)$.

解 方程两边同对 x 求导,得

$$y + xy' + \mathrm{e}^y y' = 0, \qquad\qquad (3.3.6)$$

从而

$$y' = -\frac{y}{\mathrm{e}^y + x}. \qquad\qquad (3.3.7)$$

式(3.3.7)两边再对 x 求导(注意到 y 及 y' 仍是 x 的函数),得

$$y'' = -\frac{y'(\mathrm{e}^y + x) - y(\mathrm{e}^y y' + 1)}{(\mathrm{e}^y + x)^2},$$

将 y' 代入,得

$$y'' = \frac{2xy + y\mathrm{e}^y(2 - y)}{(\mathrm{e}^y + x)^3}.$$

注 也可以将方程(3.3.6)式两边再对 x 求导,得

$$y' + y' + xy'' + \mathrm{e}^y (y')^2 + \mathrm{e}^y y'' = 0,$$

将式(3.3.7)中的 y' 代入该式,再解出 y''. 这种解法,特别对于求隐函数在某个点的二阶导数值,由于不必要整理出 y' 和 y'' 的表达式,有时显得简便. 例如,设由方程 $\mathrm{e}^y + xy = \mathrm{e}^x + 3x^2$ 确定 $y = y(x)$,求 $y''(0)$. 该题作为练习,请读者自做.

*例3.3.9 设 $y = y(x)$ 由参数方程 $\begin{cases} x = \arctan t, \\ y = \ln(1 + t^2) \end{cases}$ 确定,求 $\dfrac{\mathrm{d}^2 y}{\mathrm{d}x^2}$.

解
$$\frac{\mathrm{d}y}{\mathrm{d}x} = \frac{\dfrac{\mathrm{d}y}{\mathrm{d}t}}{\dfrac{\mathrm{d}x}{\mathrm{d}t}} = \frac{y_t'}{x_t'} = \frac{\dfrac{2t}{1+t^2}}{\dfrac{1}{1+t^2}} = 2t,$$

$$\frac{\mathrm{d}^2 y}{\mathrm{d}x^2} = \frac{\mathrm{d}}{\mathrm{d}x}\left(\frac{\mathrm{d}y}{\mathrm{d}x}\right) = \frac{\mathrm{d}}{\mathrm{d}x}(2t) = \frac{\mathrm{d}(2t)}{\mathrm{d}t} \cdot \frac{\mathrm{d}t}{\mathrm{d}x} = 2 \cdot \frac{\mathrm{d}t}{\mathrm{d}x} = 2\frac{1}{\dfrac{\mathrm{d}x}{\mathrm{d}t}} = \frac{2}{\dfrac{1}{1+t^2}} = 2(1 + t^2).$$

注 由参数方程所确定的函数求二阶导数时,应特别注意下述"$\overset{*}{=}$"中后面的运算步骤.

$$\frac{\mathrm{d}^2 y}{\mathrm{d}x^2} = \frac{\mathrm{d}}{\mathrm{d}x}\left(\frac{\mathrm{d}y}{\mathrm{d}x}\right) \overset{*}{=} \frac{\mathrm{d}}{\mathrm{d}t}\left(\frac{\mathrm{d}y}{\mathrm{d}x}\right) \cdot \frac{\mathrm{d}t}{\mathrm{d}x} = \frac{\mathrm{d}}{\mathrm{d}t}\left(\frac{\mathrm{d}y}{\mathrm{d}x}\right) \cdot \frac{1}{\dfrac{\mathrm{d}x}{\mathrm{d}t}} = \frac{\dfrac{\mathrm{d}y'}{\mathrm{d}t}}{\dfrac{\mathrm{d}x}{\mathrm{d}t}},$$

即

$$\frac{\mathrm{d}^2 y}{\mathrm{d}x^2} = \frac{\dfrac{\mathrm{d}y'}{\mathrm{d}t}}{\dfrac{\mathrm{d}x}{\mathrm{d}t}}.$$

习 题 3.3

(A)

1. 求下列函数的二阶导数:

(1) $y = (1 + x^2)\arctan x$; 　　(2) $y = \ln\sqrt{1 - x^2}$; 　　(3) $y = \ln(x + \sqrt{1 + x^2})$;

(4) $y = \ln\sqrt[4]{\dfrac{1+x}{1-x}} - \dfrac{1}{2}\arctan x$; 　　(5) $y = \cos^2 x \cdot \ln x$; 　　(6) $y = x^x$.

2. 求下列函数在指定点处的二阶导数:

(1) $f(x) = x\arctan x - \ln\sqrt{1 + x^2}$,求 $f''(0)$; 　　(2) $f(x) = x\arctan\dfrac{1}{x}$,求 $f''(1)$;

(3) $f(x) = x \arcsin \dfrac{x}{2} + \sqrt{4-x^2}$, 求 $f''(0)$;　　　(4) $f(x) = \begin{cases} x^4 \sin \dfrac{1}{x}, & x \neq 0 \\ 0, & x = 0, \end{cases}$ 求 $f''(0)$.

3. 求下列函数的 n 阶导数:

(1) $y = 5x^n + 3^x$;　　　　　(2) $y = \sin^4 x - \cos^4 x$;　　　　(3) $y = \dfrac{x^2}{1-x^2}$;

(4) $y = x \ln x$;　　　　　(5) $y = \dfrac{x+1}{2x^2+x}$;　　　　　(6) $y = \ln(x^2 + 2x - 3)$.

4. 求下列函数指定阶的导数:

(1) $y = x^2 e^{2x}$, 求 $y^{(20)}$;　　　　　(2) $y = e^x \cos x$, 求 $y^{(5)}$.

5. 设 $f(u)$ 二阶可导, 求下列函数的二阶导数 $\dfrac{d^2 y}{dx^2}$:

(1) $y = f(x + e^x)$;　　　　　(2) $y = \ln|f(x)|$;　　　　　(3) $y = xf\left(\dfrac{1}{x}\right)$.

6. 设 $f(x)$ 有任意阶导数, 且 $f'(x) = [f(x)]^2$, 求 $f^{(n)}(x)$ ($n \in \mathbf{N}^+$).

7. 求下列方程所确定的隐函数 $y = y(x)$ 的二阶导数:

(1) $y = \sin(x+y)$, 求 $\dfrac{d^2 y}{dx^2}$;　　　　　(2) $\arctan \dfrac{x}{y} = \ln \sqrt{x^2 + y^2}$, 求 $\dfrac{d^2 y}{dx^2}$;

(3) $y = 1 + xe^y$, 求 $\dfrac{d^2 y}{dx^2}\Big|_{x=0}$;　　　　　(4) $x + \dfrac{1}{2}\sin y = y$, 求 $\dfrac{d^2 y}{dx^2}\Big|_{y=\frac{\pi}{2}}$.

*8. 求下列参数方程所确定的函数 $y = y(x)$ 的指定阶导数:

(1) $\begin{cases} x = t + \arctan t, \\ y = t^3 + 6t, \end{cases}$ 求 $\dfrac{d^2 y}{dx^2}$;　　　(2) $\begin{cases} x = \dfrac{1}{2}t^2 + \ln t, \\ y = t - t^{-1}, \end{cases}$ 求 $\dfrac{d^2 y}{dx^2}$;

(3) $\begin{cases} x = te^{-t}, \\ y = e^t, \end{cases}$ 求 $\dfrac{d^2 y}{dx^2}\Big|_{x=0}$;　　　(4) $\begin{cases} x = \ln(1+t^2), \\ y = t - \arctan t, \end{cases}$ 求 $\dfrac{d^3 y}{dx^3}\Big|_{t=2}$;

(5) $\begin{cases} x = f'(t), \\ y = tf'(t) - f(t), \end{cases}$ 其中 $f''(t)$ 存在, 且 $f''(t) \neq 0$, 求 $\dfrac{d^2 y}{dx^2}$.

(B)

1. 已知 $\dfrac{dx}{dy} = \dfrac{1}{y'}$, 证明: $\dfrac{d^2 x}{dy^2} = \dfrac{-y''}{(y')^3}$.

2. 求下列函数的二阶导数 $\dfrac{d^2 y}{dx^2}$:

(1) $y = f(x+y)$, 其中 $f(u)$ 二阶可导;　　　(2) $y = x^3 + 2x|x|$.

3. 已知 $xy - \sin(\pi y^2) = 0$, 求 $y'\big|_{y=1}$, $y''\big|_{y=1}$.

4. 求下列函数的 n 阶导数:

(1) $y = \ln\dfrac{2-x}{3+x}$;　　(2) $y = \sin^4 x + \cos^4 x$;　　(3) $y = \dfrac{x}{(1-x)^2}$;　　(4) $y = \dfrac{1}{x^4 - x^2}$.

5. 设 $f(x) = \lim_{t \to \infty} x^2 \left(1 + \dfrac{1}{t}\right)^{2tx}$, 求 $f^{(n)}(x)$.

6. 设 $f(x)$ 具有任意阶导数, 且 $f'(x) = e^{-f(x)}$, $f(0) = 1$, 求 $f^{(n)}(0)$.

7. 设 $f(x) = (x+1)(x+2)^2(x+3)^3 \cdots (x+100)^{100}$, 求 $f^{(5050)}(e)$.

3.4　函数的微分

前面从研究函数对于自变量的变化率引入了导数, 它是微分学的一个基本概念. 本节将从讨论函数增量的线性近似问题引入微分学的另一个基本概念 —— 微分. 微分与导数密切相关,但又有本质的区别. 它们都是微分学的重要概念.

3.4.1　微分的概念

1. 概念的引入

在解决实际问题时,有时需要计算函数的增量. 特别是要计算当自变量有一个微小改变量时,函数相应的改变量. 而当函数的表达式比较复杂时,要计算函数改变量的精确值有时并不容易. 这就促使我们考虑:能否将函数改变量的近似值求出来,并且要求近似值计算简便、近似精度较高?微分就是作为研究函数改变量的简便近似计算而提出来的概念.

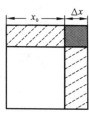

图 3.3

下面先来分析一个实例. 设有一块边长为 x_0 的正方形金属薄片,将其均匀加热,其边长由 x_0 增加到 $x_0 + \Delta x$,考察此金属薄片面积 S 的改变量.

其面积 S 的改变量为

$$\Delta S = (x_0 + \Delta x)^2 - x_0^2 = 2x_0 \Delta x + (\Delta x)^2.$$

由上式可以看出,ΔS 包括两部分:第一部分 $2x_0 \Delta x$ 是 Δx 的线性函数(即一次函数),即图 3.3 中画斜线的两个矩形面积之和,第二部分 $(\Delta x)^2$ 是图 3.3 中阴影部分所示的小正方形的面积. 因为当 $\Delta x \to 0$ 时,$(\Delta x)^2$ 是比 Δx 高阶的无穷小量,即 $(\Delta x)^2 = o(\Delta x)$. 显然,当 $|\Delta x|$ 很小时,$2x_0 \Delta x$ 是 ΔS 的主要部分,面积的改变量 ΔS 可以用第一部分 Δx 的线性函数 $2x_0 \Delta x$ 去近似地表示,即

$$\Delta S \approx 2x_0 \Delta x,$$

此时近似精度较高,且 $2x_0 \Delta x$ 易于计算.

经过研究发现有相当多的函数 $f(x)$,能用自变量改变量 Δx 的线性函数 $A \Delta x$ 去近似函数的增量 Δy,且这种近似的误差还是 Δx 的高阶无穷小($\Delta x \to 0$). 此时,把 $A \Delta x$ 称为函数 $f(x)$ 在 x_0 处的微分. 由此引出函数微分的定义.

2. 微分的定义

定义 3.4.1　设函数 $y = f(x)$ 在点 x_0 的某邻域 $U(x_0)$ 内有定义,x_0 及 $x_0 + \Delta x \in U(x_0)$. 若函数在点 x_0 的改变量 $\Delta y = f(x_0 + \Delta x) - f(x_0)$ 可以表示为

$$\Delta y = A \Delta x + o(\Delta x), \tag{3.4.1}$$

其中 A 是与 Δx 无关的常数,$o(\Delta x)$ 是 $\Delta x(\Delta x \to 0)$ 的高阶无穷小,则称函数 $y = f(x)$ 在点 x_0 处**可微**或**微分存在**,并称 $A \Delta x$ 为函数 $y = f(x)$ 在点 x_0 处的**微分**,记为 $\mathrm{d}y \mid_{x=x_0}$ 或 $\mathrm{d}f(x) \mid_{x=x_0}$,即

$$\mathrm{d}y \mid_{x=x_0} = A \Delta x \quad \text{或} \quad \mathrm{d}f(x) \mid_{x=x_0} = A \Delta x.$$

由微分的定义可知,微分 $\mathrm{d}y$ 是自变量的改变量 Δx 的线性函数. 当 $\Delta x \to 0$ 时,且 $A \neq 0$ 时,$\mathrm{d}y$ 是 Δy 的主要部分;故当 $A \neq 0$ 时,称函数的微分 $\mathrm{d}y$ 是函数改变量 Δy 的**线性主部**.

微分和导数是微分学中两个重要的概念,它们是从处理不同的实际问题抽象出来的,它们有本质的区别. 导数 $f'(x_0)$ 是函数在点 x_0 处的变化率,其值仅与点 x_0 有关. 而微分 $\mathrm{d}y \mid_{x=x_0}$ 是函数 $f(x)$ 在点 x_0 处的改变量 Δy 的线性主部,其值既与点 x_0 有关,还与 Δx 有关. 那么微分与导数它们之间还存在关系吗?下面讨论它们之间的关系.

3.4.2　可微与可导之间的关系

由微分定义,自然要问函数可微的条件是什么?若函数在点 x_0 处可微,其微分中的常数 A 等于什么?下面的定理回答了这两个问题.

定理 3.4.1 函数 $y = f(x)$ 在点 x_0 处可微的充分必要条件是 $y = f(x)$ 在点 x_0 处可导，且 $A = f'(x_0)$，即 $\mathrm{d}y\,|_{x=x_0} = f'(x_0)\Delta x$.

证 (1) **必要性** 若函数 $y = f(x)$ 在点 x_0 处可微，即

$$\Delta y = A\Delta x + o(\Delta x),$$

等式两边同除 $\Delta x(\neq 0)$，并令 $\Delta x \to 0$ 求极限，得

$$\lim_{\Delta x \to 0} \frac{\Delta y}{\Delta x} = \lim_{\Delta x \to 0}\left[A + \frac{o(\Delta x)}{\Delta x}\right] = A,$$

因此，$f(x)$ 在点 x_0 处可导，且 $A = f'(x_0)$，即 $\mathrm{d}y\,|_{x=x_0} = f'(x_0)\Delta x$.

(2) **充分性** 因为 $y = f(x)$ 在点 x_0 处可导，由导数的定义可知

$$f'(x_0) = \lim_{\Delta x \to 0} \frac{\Delta y}{\Delta x},$$

由极限存在与无穷小量的关系，有

$$\frac{\Delta y}{\Delta x} = f'(x_0) + \alpha,$$

其中 $\alpha = \alpha(\Delta x)$ 是当 $\Delta x \to 0$ 时的无穷小量，从而

$$\Delta y = f'(x_0)\Delta x + \alpha \cdot \Delta x,$$

由于 $f'(x_0)$ 是与 Δx 无关的常数，且 $\lim\limits_{\Delta x \to 0} \frac{\alpha \cdot \Delta x}{\Delta x} = \lim\limits_{\Delta x \to 0}\alpha = 0$，即当 $\Delta x \to 0$ 时，$\alpha\Delta x = o(\Delta x)$. 根据微分定义 3.4.1 可知，函数 $f(x)$ 在点 x_0 处可微.

定理 3.4.1 明确指出了，一元函数 $y = f(x)$ 在一点可导与可微是等价的关系. 同时还给出了函数 $f(x)$ 在点 x_0 处的微分与导数的关系式：

$$\mathrm{d}y\,|_{x=x_0} = f'(x_0)\Delta x. \tag{3.4.2}$$

由式 (3.4.2) 可知：求函数在一点处的微分的问题可归结为求函数在这一点的导数，然后再乘以自变量的改变量的问题.

若函数 $y = f(x)$ 在区间 I 内每一点都可微，则称函数 $y = f(x)$ 在区间 I 内可微或称函数 $y = f(x)$ 为区间 I 内的**可微函数**，$\forall\, x \in I$，函数 $y = f(x)$ 在点 x 处的微分记作 $\mathrm{d}y$ 或 $\mathrm{d}f(x)$，即

$$\mathrm{d}y = f'(x)\Delta x.$$

为了对称起见，通常规定，自变量 x 的改变量 Δx 为自变量的微分 $\mathrm{d}x$，即 $\Delta x = \mathrm{d}x$. 这样规定是合理的，事实上，当取 $y = f(x) = x$ 时，一方面 $\mathrm{d}y = \mathrm{d}x$，另一方面 $\mathrm{d}y = f'(x)\Delta x = (x)'\Delta x = \Delta x$，所以 $\mathrm{d}x = \Delta x$. 于是函数的微分又可以表示为

$$\mathrm{d}y = f'(x)\mathrm{d}x. \tag{3.4.3}$$

式 (3.4.3) 两边同除以 $\mathrm{d}x$，得

$$\frac{\mathrm{d}y}{\mathrm{d}x} = \frac{f'(x)\mathrm{d}x}{\mathrm{d}x} = f'(x).$$

即函数的导数等于函数的微分 $\mathrm{d}y$ 与自变量微分 $\mathrm{d}x$ 之商，所以导数又称为**微商**. 在此之前，必须把 $\frac{\mathrm{d}y}{\mathrm{d}x}$ 看作是一个整体记号，引入微分后，可以看作是分式了，这将给运算带来方便. 正因为如此，常把求导数与求微分的运算方法统称为**微分法**.

例 3.4.1 求函数 $y = x^2 + \arctan x$ 当 $x = 1, \Delta x = 0.02$ 时的微分.

解 函数的微分为

$$dy = (x^2 + \arctan x)' dx = \left(2x + \frac{1}{1+x^2}\right)dx,$$

将 $x = 1, dx = \Delta x = 0.02$ 代入,得

$$dy\Big|_{\substack{x=1\\\Delta x=0.02}} = \left(2 + \frac{1}{2}\right) \cdot 0.02 = 0.05.$$

例 3.4.2　求函数 $y = 3^x \cos x + \tan^2 x$ 的微分.

解　由于 $y' = 3^x \ln 3 \cdot \cos x - 3^x \sin x + 2\tan x \cdot \sec^2 x$,于是

$$dy = (3^x \ln 3 \cdot \cos x - 3^x \sin x + 2\tan x \cdot \sec^2 x)dx.$$

3.4.3　微分的几何意义

为了对微分概念有比较直观的了解,下面说明微分的几何意义.

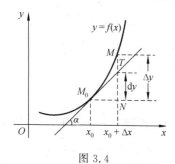

图 3.4

设 $M_0(x_0, y_0)$ 是曲线 $y = f(x)$(图 3.4)上一点,若 $f(x)$ 在点 x_0 处可导.则曲线在点 M_0 处有切线 $M_0 T$,且此切线的斜率为

$$k = f'(x_0) = \tan\alpha.$$

当自变量由 x_0 变到 $x_0 + \Delta x$ 时,曲线上的点 $M_0(x_0, y_0)$ 相应地变到点 $M(x_0 + \Delta x, f(x_0 + \Delta x))$. 此时,函数相应的改变量为

$$\Delta y = f(x_0 + \Delta x) - f(x_0) = NM,$$

函数 $y = f(x)$ 在点 x_0 处的微分为

$$dy = f'(x_0)dx = \tan\alpha \cdot \Delta x = NT.$$

由此可见,函数 $y = f(x)$ 在点 x_0 处的微分 dy 表示曲线 $y = f(x)$ 在点 $M_0(x_0, y_0)$ 处的切线上纵坐标的改变量. 而 $\Delta y - dy = NM - NT = TM$,当 $\Delta x \to 0$ 时,TM 是比 Δx 高阶的无穷小,即 TM 更快地趋于零. 因此,在点 x_0 附近,可用微分 dy 近似代替 Δy,即 $\Delta y \approx dy$. 这实际上就是在 M_0 附近可以用切线段 $M_0 T$ 近似代替曲线段 $y = f(x)$. 这也就是在数学中有时可以对曲线段进行局部线性化处理的思想.

3.4.4　微分基本公式与微分运算法则

利用 $dy = f'(x)dx$,并根据导数基本公式和导数运算法则,可以得到微分的基本公式和运算法则.

1. 微分基本公式(下列出现的常数 $\mu \in \mathbf{R}; a > 0, a \neq 1$)

(1) $d(C) = 0$ (C 为常数);　　　　(2) $d(x^\mu) = \mu x^{\mu-1} dx$;

(3) $d(\sqrt{x}) = \dfrac{1}{2\sqrt{x}}dx$;　　　　(4) $d\left(\dfrac{1}{x}\right) = -\dfrac{1}{x^2}dx$;

(5) $d(a^x) = a^x \ln a \, dx$;　　　　(6) $d(e^x) = e^x dx$;

(7) $d(\log_a x) = \dfrac{1}{x\ln a}dx$;　　　　(8) $d(\ln|x|) = \dfrac{1}{x}dx$;

(9) $d(\sin x) = \cos x \, dx$;　　　　(10) $d(\cos x) = -\sin x \, dx$;

(11) $d(\tan x) = \sec^2 x \, dx$;　　　　(12) $d(\cot x) = -\csc^2 x \, dx$;

(13) $d(\sec x) = \sec x \cdot \tan x \, dx$;　　　　(14) $d(\csc x) = -\csc x \cdot \cot x \, dx$;

(15) $d(\arcsin x) = \dfrac{1}{\sqrt{1-x^2}} dx$;   (16) $d(\arccos x) = \dfrac{-1}{\sqrt{1-x^2}} dx$;

(17) $d(\arctan x) = \dfrac{1}{1+x^2} dx$;   (18) $d(\text{arccot}\, x) = \dfrac{-1}{1+x^2} dx$.

2. 微分的四则运算法则

设 $u = u(x), v = v(x)$ 都可微,则有

(1) $d(u \pm v) = du \pm dv$;   (2) $d(uv) = v\,du + u\,dv$;

(3) $d(ku) = k \cdot du$ (k 为常数);   (4) $d\left(\dfrac{u}{v}\right) = \dfrac{v\,du - u\,dv}{v^2}$ ($v \neq 0$).

3.4.5 一阶微分的形式不变性

函数的微分在形式上和导数有所不同. 我们知道,若 $y = f(u)$ 对 u 可导,当 u 是自变量和 u 是中间变量时,导数的形式是不一样的,而对于微分却有形式不变性.

(1) 当 u 是自变量时,则函数 $y = f(u)$ 的微分为
$$dy = f'(u)du.$$

(2) 当 u 是中间变量,且 $u = \varphi(x)$ 为 x 的可导函数时,则复合函数 $y = f[\varphi(x)]$ 的微分为
$$dy = y'_x dx = f'(u)\varphi'(x)dx.$$

由于 $\varphi'(x)dx = d\varphi(x) = du$,所以 $y = f[\varphi(x)]$ 的微分也可以写成
$$dy = f'(u)du.$$

由此可见,不论 u 是自变量还是复合函数的中间变量,函数 $y = f(u)$ 的微分总可以写成
$$dy = f'(u)du.$$

的形式,通常把这个性质称为**微分的形式不变性**. 它是复合函数求导法则在微分运算中的体现. 该性质表明,将微分公式中的 x 换成任何可微函数 $u = \varphi(x)$,这些公式仍成立.

与一阶导数 $f'(x)$ 类似,微分 $dy = f'(x)dx$ 也称为一阶微分. 故微分的形式不变性,也称为**一阶微分的形式不变性**. 利用一阶微分的形式不变性可使求复合函数的微分变得更加方便,故在求复合函数的微分时,经常会用到这一结论.

例 3.4.3   求 $y = e^{\sin(x^3+1)}$ 的微分.

解 法 1   先求导,再求微分. 由于
$$y' = e^{\sin(x^3+1)}\left[\sin(x^3+1)\right]' = e^{\sin(x^3+1)}\cos(x^3+1) \cdot 3x^2,$$

所以
$$dy = 3x^2 e^{\sin(x^3+1)}\cos(x^3+1)dx.$$

法 2   用微分形式不变性,得
$$dy = e^{\sin(x^3+1)} \cdot d\left[\sin(x^3+1)\right] = e^{\sin(x^3+1)}\cos(x^3+1) \cdot d(x^3+1)$$
$$= e^{\sin(x^3+1)}\cos(x^3+1) \cdot 3x^2 dx = 3x^2 e^{\sin(x^3+1)}\cos(x^3+1)dx.$$

例 3.4.4   求 $y = \ln\sin x + \arctan x^2$ 的微分.

解 法 1   先求导,再求微分. 由于
$$y' = \frac{1}{\sin x}\cos x + \frac{2x}{1+x^4},$$

所以

$$dy = \left(\cot x + \frac{2x}{1+x^4}\right)dx.$$

法 2　用微分法则及微分的形式不变性.

$$dy = d(\ln \sin x) + d(\arctan x^2) = \frac{1}{\sin x}d(\sin x) + \frac{1}{1+x^4}d(x^2)$$

$$= \frac{1}{\sin x}\cos x dx + \frac{2x}{1+x^4}dx = \left(\cot x + \frac{2x}{1+x^4}\right)dx.$$

例 3.4.5　设 $y = y(x)$ 由方程 $e^{xy} = y^3 + 2x$ 所确定, 求 dy.

解　法 1　可以用隐函数求导法先求出 $\frac{dy}{dx}$, 再求微分, 读者自做.

我们知道, 求导数总要指明对哪一个变量的导数, 而求微分时, 由于微分的形式不变性, 无须指明对哪一个变量的微分. 正因为如此, 微分运算往往比求导运算更灵活.

法 2　用微分法则及微分形式的不变性.

对方程两端同时求微分, 得

$$d(e^{xy}) = d(y^3) + d(2x),$$

即

$$e^{xy}d(xy) = 3y^2 dy + 2dx,$$
$$e^{xy}(ydx + xdy) = 3y^2 dy + 2dx,$$

解得

$$dy = \frac{2 - ye^{xy}}{xe^{xy} - 3y^2}dx.$$

3.4.6　微分在近似计算中的应用

根据微分的定义可知, 当 $|\Delta x|$ 很小, 且 $f'(x_0) \neq 0$ 时, 可用 dy 近似地去代替 Δy, 从而可得到如下两个近似公式:

(1) $\Delta y \approx dy = f'(x_0)\Delta x$; 　　　　　　　　　　　　(3.4.4)

(2) $f(x_0 + \Delta x) \approx f(x_0) + f'(x_0)\Delta x$. 　　　　　　　(3.4.5)

在点 x_0 处, 当 $|\Delta x|$ 很小时, 利用公式(3.4.4)可近似计算函数的改变量; 利用公式(3.4.5)可近似计算函数值.

公式(3.4.5)使用的原则是: 首先 $f(x_0), f'(x_0)$ 要容易计算; 其次 $x_0 + \Delta x$ 与 x_0 要充分接近.

在式(3.4.5)中, 若令 $x = x_0 + \Delta x$, 则 $\Delta x = x - x_0$, 式(3.4.5)可改写为

$$f(x) \approx f(x_0) + f'(x_0)(x - x_0).$$ 　　　　　　　　(3.4.6)

该式实质就是用 x 的线性函数 $L(x) = f(x_0) + f'(x_0)(x - x_0)$ 来近似表达函数 $f(x)$, 从导数的几何意义可知, 这也就是在切点 $(x_0, f(x_0))$ 附近用曲线 $y = f(x)$ 在点 $(x_0, f(x_0))$ 处的切线来近似代替该曲线.

线性函数 $L(x)$ 称为 $f(x)$ 在点 x_0 处的**线性近似**, 近似式 $f(x) \approx L(x)$ 有时也称为 $f(x)$ 在点 x_0 处的**标准线性近似**.

特别地, 在式(3.4.6)中, 若令 $x_0 = 0$, 则当 $|x|$ 很小时, 有

$$f(x) \approx f(0) + f'(0)x.$$ 　　　　　　　　　　　　(3.4.7)

例 3.4.6　为了提高球面的光洁度, 要在半径为 $1\,cm$ 的球上镀上一层铜, 镀层厚度定为

0.01 cm,估计一下需要多少克铜(铜的密度是 8.9 g/cm³)?

解　因为密度乘上镀层的体积即得所需铜的质量,故先求镀层的体积.

设球体的半径为 r,则球体的体积 $V = 4\pi r^3/3$;若镀层厚度为 Δr,则镀层的体积等于球体体积的改变量 ΔV. 由于

$$\Delta V \approx \mathrm{d}V = V'(r)\Delta r = 4\pi r^2 \Delta r.$$

取 $r = 1, \Delta r = 0.01$,代入上式有

$$\Delta V \Big|_{\substack{r=1 \\ \Delta r=0.01}} \approx 4\pi r^2 \Delta r \Big|_{\substack{r=1 \\ \Delta r=0.01}} \approx 4 \times 3.14 \times 1^2 \times 0.01 \approx 0.13(\mathrm{cm}^3),$$

从而所需铜的量约为

$$0.13 \times 8.9 = 1.157(\mathrm{g}).$$

例 3.4.7　计算 $\sin 29°$ 的近似值.

解　设 $f(x) = \sin x$,取 $x_0 = 30° = \dfrac{\pi}{6}$,则 $\Delta x = (-1)° = -\dfrac{\pi}{180}$,由式(3.4.5)得

$$\sin 29° = \sin\left(\frac{\pi}{6} - \frac{\pi}{180}\right) \approx \sin\frac{\pi}{6} - \cos\frac{\pi}{6} \cdot \frac{\pi}{180}$$

$$= \frac{1}{2} - \frac{\sqrt{3}}{2} \cdot \frac{\pi}{180} \approx 0.484\,9.$$

例 3.4.8　证明:当 $|x|$ 很小时,$\sqrt[n]{1+x} \approx 1 + \dfrac{1}{n}x$($n$ 为正整数).

证　设 $f(x) = \sqrt[n]{1+x}$,由于 $f(0) = 1, f'(x) = \dfrac{1}{n}(1+x)^{\frac{1}{n}-1}, f'(0) = \dfrac{1}{n}$,所以由近似公式(3.4.7)有

$$\sqrt[n]{1+x} \approx 1 + \frac{1}{n}x.$$

类似地,当 $|x|$ 很小时,应用式(3.4.7)还可证明如下常用的几个近似公式:

$\sin x \approx x$;　$\tan x \approx x$(x 是角的弧度值);　$\mathrm{e}^x \approx 1+x$;　$\ln(1+x) \approx x$.

利用这些近似公式可以方便地计算一些函数值,如

$$\sqrt{2} = \sqrt{1.96 + 0.04} = 1.4\sqrt{1 + \frac{1}{49}} \approx 1.4\left(1 + \frac{1}{2} \cdot \frac{1}{49}\right) \approx 1.414;$$

$$\sqrt[3]{996} = \sqrt[3]{1000 - 4} = 10\sqrt[3]{1 - \frac{1}{250}} \approx 10\left[1 + \frac{1}{3} \cdot \left(-\frac{1}{250}\right)\right] \approx 9.9867;$$

$$\sin 5° = \sin\frac{5\pi}{180} \approx \frac{5\pi}{180} = 0.08727;$$

$$\sqrt[100]{\mathrm{e}} = \mathrm{e}^{0.01} \approx 1 + 0.01 = 1.01.$$

习　题　3.4

(A)

1. 设函数 $y = x^2 - 3x + 5$,计算在 $x = 1$ 处,Δx 分别等于 $0.1, 0.01$ 时的增量 Δy 及微分 $\mathrm{d}y$,并计算 $|\Delta y - \mathrm{d}y|$.

2. 求下列函数的微分:

(1) $y = \ln^2(1-x)$;　　　　　　(2) $y = \sin\dfrac{1+\mathrm{e}^x}{\mathrm{e}^x}$;　　　　　　(3) $y = \ln\left(\sin\dfrac{x}{2}\right)$;

(4) $y = \arctan(x^3 \mathrm{e}^{2x})$；   (5) $y = f(\sin\sqrt{x}) + \cos f(x)$，其中 f 是可微函数.

3. 求由下列方程所确定的隐函数 $y = y(x)$ 的微分：

(1) $x^2 y + x\mathrm{e}^{y^2} = 1$；   (2) $x + y = 1 + \ln(x^2 + y^2)$；

(3) $\mathrm{e}^{xy} = \sin 2x - y\ln x$；   (4) $xy^2 + \mathrm{e}^y = \cos(x + y^2)$.

4. 将适当的函数填入下列括号内，使等式成立：

(1) $\mathrm{d}(\quad) = -\dfrac{1}{x^2}\mathrm{d}x$；   (2) $\mathrm{d}(\quad) = \dfrac{1}{2\sqrt{x}}\mathrm{d}x$；   (3) $\mathrm{d}(\quad) = \sec x \cdot \tan x \mathrm{d}x$；

(4) $\dfrac{\mathrm{d}(\tan x)}{\mathrm{d}(\cot x)} = (\quad)$；   (5) $\dfrac{\mathrm{d}(x\ln x)}{\mathrm{d}(x^3)} = (\quad)$；   (6) $\mathrm{d}(\mathrm{e}^{x^2}) = (\quad)\mathrm{d}(\ln x)$.

5. 利用微分计算下列各式的近似值：

(1) $\tan 46°$；   (2) $\arctan 1.002$；   (3) $\sqrt[6]{65}$.

6. 当 $|x|$ 很小时，证明有下列近似公式：

(1) $\dfrac{1}{1+x} \approx 1 - x$；   (2) $(1+x)^a \approx 1 + \alpha x \ (\alpha \neq 0, 1, \alpha \in \mathbf{R})$.

7. 一个内直径为 $10\,\mathrm{cm}$ 的球，球壳厚度为 $\dfrac{1}{16}\,\mathrm{cm}$，求球壳体积的近似值.

8. 半径为 $10\,\mathrm{cm}$ 的金属圆片加热后，其半径增加了 $0.05\,\mathrm{cm}$，求该金属圆片面积增大的近似值.

$$\textbf{（B）}$$

1. 已知函数 $y = f(x)$ 在任意一点 x 处，当自变量有增量 Δx 时，函数相应的增量 $\Delta y = \dfrac{\Delta x}{1+x^2} + \alpha \cdot \Delta x$，且 $\Delta x \to 0$ 时，$\alpha \to 0$，求 $f''(1)$.

2. 设 $y = f(\ln x)\mathrm{e}^{f(x)}$，其中 f 可微，求 $\mathrm{d}y$.

3. 求由下列方程所确定的隐函数 $y = y(x)$ 的微分：

(1) $x + y = \arctan(x - y)$；   (2) $y^2 f(x) + xf(y) = x^2$，其中 $f(x)$ 为可微函数.

4. 已知 $y = f\left(\dfrac{3x-2}{3x+2}\right)$，$f'(x) = \arctan x^2$，求 $\mathrm{d}y\big|_{x=0}$.

5. 设由方程 $\ln(x^2 + y^2) = \arctan\dfrac{y}{x} + \ln 2 - \dfrac{\pi}{4}$ 确定隐函数 $y = y(x)$，求 $\mathrm{d}y\Big|_{\substack{x=1 \\ y=1}}$.

3.5 导数在经济分析中的初步应用 —— 边际分析

3.5.1 边际的概念

在经济学中，经常会见到"边际"一词. 在经济学中，它是对经济现象进行"增量"分析的一个专门术语，它用来表示"增加的"或者"新增加的"的意思. 比如，多生产一个单位产品所增加的成本，称为边际成本；增加一个单位时间所增加的产量，称为边际产量，等等. 因为新增加的数量对于原来的总数量来说总是一个边缘上的增加量.

"边际"概念从数学方面看，可看作是当自变量有一个单位的增量时，函数相应的增量.

对于可导的经济函数 $y = f(x)$，当自变量 x 在 x 处有一个单位的增量，即 $\Delta x = 1$ 时，由于在经济科学中，产品的数量 x 一般都很大，$\Delta x = 1$ 相对于 x 则是很小的. 由微分近似计算可知，函数相应的增量 Δy 可近似表示为

$$\Delta y\big|_{\substack{x=x \\ \Delta x=1}} = f(x+1) - f(x) \approx \mathrm{d}y\big|_{\substack{x=x \\ \Delta x=1}} = f'(x)\Delta x\big|_{\substack{x=x \\ \Delta x=1}} = f'(x).$$

因此,一般地,在经济学中通常是把可导函数 $f(x)$ 的导函数 $f'(x)$ 称为函数 $f(x)$ 的**边际函数**(marginal function),或简称为 $f(x)$ 在 x 处的**边际**. 而把 $f'(x_0)$ 称为函数 $f(x)$ 在 x_0 处的**边际函数值**,它表示在 $x = x_0$ 处,当 x 改变一个单位时,函数 $f(x)$ 近似改变 $f'(x_0)$ 个单位. 一般在解释经济问题时"近似"二字都被省略.

例如,设某经济函数 $y = 5x^2 - 4x$,则 $y'|_{x=2} = 10x - 4|_{x=2} = 16$. 函数 y 在 $x = 2$ 处的边际函数值为 16. 该值表明:当 $x = 2$ 时,若 x 改变一个单位,y 将(近似)改变 16 个单位.

3.5.2 经济学中常见的边际函数

1. 边际成本(marginal cost)

设某产品产量为 Q 单位时的总成本函数为 $C = C(Q) = C_0 + C_1(Q)$(其中 C_0 表示固定成本,$C_1(Q)$ 表示可变成本). 总成本函数的导数 $C' = C'(Q)$,称为当产品的产量为 Q 时的**边际成本**,记作 MC. 边际成本(近似)表示当产量为 Q 时再生产一个单位产品所需增加的成本.

例 3.5.1 某企业生产某种产品,产量为 Q(单位:件) 时的总成本为

$$C = C(Q) = 50\,000 + 3Q + 0.02Q^2 (单位:元).$$

求边际成本函数及产量为 $Q = 300$ 件时的边际成本,并说明其经济意义.

解 边际成本函数为

$$MC = C'(Q) = 3 + 0.04Q,$$

$Q = 300$ 时的边际成本为

$$MC|_{Q=300} = C'(300) = 3 + 0.04 \times 300 = 15.$$

其经济意义为:当产量为 300 件时,若多生产一件产品,总成本将增加 15 元.

2. 边际需求(marginal demand)

设某产品的需求函数为 $Q = Q(P)$(P 表示价格,Q 表示需求量),则需求函数的导数 $Q' = Q'(P)$ 称为当价格为 P 时的**边际需求**,记作 MQ. 边际需求(近似)表示当价格为 P 时再上涨(或下降)一个单位将减少(或增加)的需求量.

例 3.5.2 某商品的需求函数为 $Q = 75 - P^2$,求 $P = 4$ 时的边际需求,并说明其经济意义.

解 边际需求为

$$MQ = Q' = -2P,$$

当 $P = 4$ 时的边际需求为

$$MQ|_{P=4} = Q'|_{P=4} = -8.$$

它的经济意义是价格为 4 时,价格上涨(或下降)一个单位,需求量将减少(或增加)8 个单位.

3. 边际收益(marginal receipts)

设总收益函数为:$R = R(Q)$,Q 为销售量,若价格 P 与需求量之间的关系为 $P = P(Q)$,则需求与总收益之间的关系为:$R = Q \cdot P(Q)$. 总收益函数的导数 $R' = R'(Q)$ 称为当产品的销售量为 Q 时的**边际收益**,记作 MR. 边际收益(近似)表示当销售量为 Q 时再增加一个单位的销售量所增加(或减少)的收益.

例 3.5.3 设某产品的价格函数为 $P = 30 - \dfrac{1}{4}Q$,其中 P 为价格(单位:元),Q 为销售量,求销售量为 10 个单位时的边际收益,并说明边际收益的经济意义.

解 总收益函数为

$$R(Q) = Q \cdot P = Q\left(30 - \frac{Q}{4}\right) = 30Q - \frac{Q^2}{4};$$

边际收益函数为

$$\mathrm{MR} = R'(Q) = 30 - \frac{Q}{2};$$

销售量为 10 个单位时的边际收益

$$\mathrm{MR}\,|_{Q=10} = R'(10) = 30 - \frac{10}{2} = 25.$$

它的经济意义是：当销售量为 10 个单位时再增加一个单位的销售，收益将增加 25 元.

4. 边际利润（marginal profit）

设 Q 为销售量，$R(Q)$ 为总收益，$C(Q)$ 为总成本（假定产销平衡），则总利润

$$L(Q) = R(Q) - C(Q).$$

总利润函数的导数 $L'(Q)$，称为当销售量为 Q 时的**边际利润**，记作 ML. 边际利润（近似）表示当销售量为 Q 时再增加一个单位的销售量所增加（或减少）的利润.

因 $L(Q) = R(Q) - C(Q)$，则边际利润为

$$L'(Q) = R'(Q) - C'(Q),$$

即边际利润是边际收益与边际成本之差.

当 $R'(Q) > C'(Q)$ 时，$L'(Q) > 0$. 它的经济意义是：当产量达到 Q 时，再多生产一个单位产品，所增加的收益将大于所增加的成本，即总利润将有所增加；而当 $R'(Q) < C'(Q)$ 时，$L'(Q) < 0$. 它的经济意义是：当产量达到 Q 时，再多生产一个单位产品，所增加的收益将小于所增加的成本，即总利润将有所减少. 一般情况下，当 $R'(Q) = C'(Q)$ 即 $L'(Q) = 0$ 时，再多生产一个单位产品，所增加的总收益等于所增加的成本，也就是说，此时产量增加总利润并不增加.

例 3.5.4　设某产品的价格函数为 $P = 80 - 0.1Q$（P 为产品价格，单位：元；Q 为产品产量，单位：吨），成本函数为 $C(Q) = 5000 + 20Q$，试求产量 Q 分别为 150 吨、300 吨、400 吨时的边际利润，并说明其经济意义.

解　收益函数为

$$R(Q) = P \cdot Q = 80Q - 0.1Q^2,$$

总利润函数为

$$L(Q) = R(Q) - C(Q) = (80Q - 0.1Q^2) - (5000 + 20Q)$$
$$= -0.1Q^2 + 60Q - 5000.$$

于是边际利润函数为

$$\mathrm{ML} = L'(Q) = (-0.1Q^2 + 60Q - 5000)' = -0.2Q + 60,$$

则

$$\mathrm{ML}\,|_{Q=150} = L'(150) = -0.2 \times 150 + 60 = 30;$$
$$\mathrm{ML}\,|_{Q=300} = L'(300) = -0.2 \times 300 + 60 = 0;$$
$$\mathrm{ML}\,|_{Q=400} = L'(400) = -0.2 \times 400 + 60 = -20.$$

$\mathrm{ML}\,|_{Q=150} = 30$ 表示当产量为 150 吨时，若再多生产 1 吨，利润将增加 30 元；

$\mathrm{ML}\,|_{Q=300} = 0$ 表示当产量为 300 吨时，若再多生产 1 吨，也不会增加利润；

$\mathrm{ML}\,|_{Q=400} = -20$ 表示当产量为 400 吨时，若再多生产 1 吨，利润将减少 20 元.

习 题 3.5

(A)

1. 设生产某种产品 Q 个单位的总成本为 $C(Q) = 100 + 0.25Q^2$，求当 $Q = 10$ 时的边际成本，并解释边际成本的经济意义.

2. 设某商品的需求量 Q（单位：kg）是价格 P（单位：元）的函数 $Q = \dfrac{1000}{(2P+1)^2}$，求边际需求函数及当 $P = 10$ 元时的边际需求，并说明其经济意义.

3. 某企业生产某种产品的总成本函数和总收益函数分别为 $C(Q) = 100 + 2Q + 0.02Q^2$（元）与 $R(Q) = 7Q + 0.01Q^2$（元），求边际利润函数及当日产量 Q 分别为 $200\,\text{kg}$、$250\,\text{kg}$ 和 $300\,\text{kg}$ 时的边际利润，并说明其经济意义.

4. 设某产品的成本函数与收益函数分别为 $C(Q) = 100 + 6Q + 2Q^2$ 与 $R(Q) = 200Q + Q^2$，其中 Q 表示产品的产量，求：

(1) 边际成本函数、边际收益函数、边际利润函数；

(2) 产量 $Q = 97$ 时的边际利润，并说明其经济意义.

(B)

设某产品的平均成本函数为 $\overline{C}(Q) = a + bQ$（a,b 为常数），试证该产品的边际成本函数为 $MC = a + 2bQ$.

阅读材料
第3章知识要点

第4章 微分中值定理与导数应用

第3章介绍了导数与微分的概念及其计算方法.本章将应用导数与微分来研究函数及曲线的某些性质,并利用这些知识解决一些实际问题.为此,先来介绍导数应用的理论基础——微分中值定理,在此基础上,再来研究导数在求极限、判定函数的单调性、求函数的极值与最值、判定曲线的凹凸、作图等方面的应用及导数在经济分析中的进一步应用.

4.1 微分中值定理

本节首先介绍罗尔定理,然后以它为基础推出拉格朗日中值定理与柯西中值定理.

4.1.1 罗尔定理

首先考虑一个几何问题.如图4.1所示,闭区间$[a,b]$上的一条连续曲线$y=f(x)$,除端点A,B外,曲线上处处具有不垂直于x轴的切线,且两端点的纵

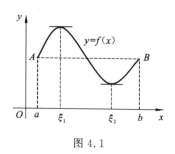

图 4.1

坐标相等,则这样的曲线上至少有一点处的切线是水平的,即平行于弦AB.把这个简单的几何事实抽象出来,就是下面要给出的罗尔(Rolle)定理.

定理 4.1.1(罗尔定理) 若函数$f(x)$满足下列条件:

(1) 在闭区间$[a,b]$上连续;

(2) 在开区间(a,b)内可导;

(3) $f(a)=f(b)$,

则至少存在一点$\xi\in(a,b)$,使得$f'(\xi)=0$.

证 由于函数$f(x)$在闭区间$[a,b]$上连续,根据闭区间上连续函数的性质,可知$f(x)$在闭区间$[a,b]$上一定存在最大值M和最小值m.

(1) 若$M=m$,则$f(x)$在$[a,b]$上恒为一个常数,于是对开区间(a,b)内任意一点ξ,恒有$f'(\xi)=0$.

(2) 若$M\neq m$,因为$f(a)=f(b)$,所以M和m中至少有一个不等于端点的函数值.不妨设$M\neq f(a)$,则M只能在(a,b)内取得,即在(a,b)内至少有一点ξ,使得$f(\xi)=M$.于是对于(a,b)内的任意x,都有$f(x)\leqslant f(\xi)$,所以当$x>\xi$时,$\dfrac{f(x)-f(\xi)}{x-\xi}\leqslant 0$;而当$x<\xi$时,$\dfrac{f(x)-f(\xi)}{x-\xi}\geqslant 0$.由于$f'(\xi)$存在,根据极限的局部保号性定理,有

$$f'(\xi)=f'_+(\xi)=\lim_{x\to\xi^+}\frac{f(x)-f(\xi)}{x-\xi}\leqslant 0,$$

$$f'(\xi)=f'_-(\xi)=\lim_{x\to\xi^-}\frac{f(x)-f(\xi)}{x-\xi}\geqslant 0,$$

所以$f'(\xi)=0$.

注 该定理的条件是充分的,即当定理中的三个条件至少有一个不满足时,定理的结论就可能不成立.

由于 $f'(\xi)=0$,即 $f'(x)|_{x=\xi}=0$,也就是导函数方程 $f'(x)=0$ 有根 $\xi\in(a,b)$(或导函数 $f'(x)$ 有零点).因此,也称罗尔定理为导函数方程 $f'(x)=0$ 根(或导函数 $f'(x)$ 零点)的存在定理,所以利用罗尔定理可以证明某些方程根的存在性.

例 4.1.1 验证 $f(x)=x^3-3x$ 在 $[0,\sqrt{3}]$ 上满足罗尔定理的条件,并求出结论中的 ξ.

解 $f(x)$ 在 $[0,\sqrt{3}]$ 上显然连续;又 $f'(x)=3x^2-3$ 在 $(0,\sqrt{3})$ 内处处存在;且 $f(0)=f(\sqrt{3})=0$,故 $f(x)$ 在 $[0,\sqrt{3}]$ 上满足罗尔定理的条件.

令 $f'(x)=0$,即 $3x^2-3=0$,得 $x_1=1,x_2=-1$,而 $x_2\notin(0,\sqrt{3})$,故取 $\xi=x_1=1$.

例 4.1.2 不用求出函数 $f(x)=(x-1)(x-2)(x-3)$ 的导数,试判别方程 $f'(x)=0$ 有几个实根,并指出各个根所在的范围.

解 由于多项式函数处处连续且可导,于是 $f(x)$ 在区间 $[1,2]$,$[2,3]$ 上连续;在区间 $(1,2)$,$(2,3)$ 内可导;又 $f(1)=f(2),f(2)=f(3)$,所以 $f(x)$ 分别在 $[1,2]$ 及 $[2,3]$ 上满足罗尔定理的条件,因此至少存在两个点 $\xi_1\in(1,2),\xi_2\in(2,3)$,使得 $f'(\xi_i)=0\,(i=1,2)$,即 $f'(x)=0$ 至少有二个根.

又因为 $f(x)$ 为 x 的三次多项式,所以 $f'(x)=0$ 为 x 的一元二次方程,因而 $f'(x)=0$ 至多有两个实根.综上方程 $f'(x)=0$ 恰有两个实根,分别位于区间 $(1,2)$,$(2,3)$ 内.

例 4.1.3 已知函数 $f(x)$ 在闭区间 $[0,1]$ 上连续,在开区间 $(0,1)$ 内可导,且 $f(1)=0$,试证:在开区间 $(0,1)$ 内至少存在一点 ξ,使得 $f'(\xi)=-\dfrac{1}{\xi}f(\xi)$.

分析 由于 $\xi\neq0$,为了证明结论成立,只需证明 $\xi f'(\xi)+f(\xi)=0$,也就是证明
$$\xi f'(\xi)+f(\xi)=[xf(x)]'|_{x=\xi}=0$$
即可,所以只要证明 $F(x)=xf(x)$ 在 $[0,1]$ 上满足罗尔定理的条件即可.

证 令 $F(x)=xf(x)$,显然 $F(x)$ 在 $[0,1]$ 上连续,在 $(0,1)$ 内可导,且
$$F(1)=1\cdot f(1)=0,\quad F(0)=0.$$
因此,$F(x)$ 在 $[0,1]$ 上满足罗尔定理的条件.由罗尔定理知,至少存在一点 $\xi\in(0,1)$,使得
$$F'(\xi)=\xi f'(\xi)+f(\xi)=0,\quad 即\quad f'(\xi)=-\frac{1}{\xi}f(\xi).$$

4.1.2 拉格朗日中值定理

罗尔定理中两个端点的函数值相等的条件太严格,使得罗尔定理的应用受到了限制,如果去掉它,保留其余两个条件,那么曲线 $y=f(x)$ 上就可能找不到一点处的切线平行于 x 轴,会出现什么情况呢?从图 4.2 不难看到,曲线上至少有一点处的切线平行于该曲线两端点 A 和 B 所连接的弦,即

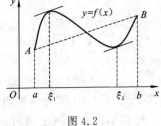

$$f'(\xi)=\frac{f(b)-f(a)}{b-a},\quad \xi\in(a,b).$$

图 4.2

于是有下面的定理.

定理 4.1.2［拉格朗日(Lagrange)中值定理］ 若函数 $f(x)$ 满足下列条件:

(1) 在闭区间 $[a,b]$ 上连续;

(2) 在开区间 (a,b) 内可导,

则至少存在一点 $\xi \in (a,b)$，使得

$$f'(\xi) = \frac{f(b) - f(a)}{b - a},$$

或

$$f(b) - f(a) = f'(\xi)(b - a). \tag{4.1.1}$$

　　分析　为了证明结论成立，显然只要证明至少存在一点 $\xi \in (a,b)$，使

$$f'(\xi) - \frac{f(b) - f(a)}{b - a} = \left[f(x) - \frac{f(b) - f(a)}{b - a} x \right]' \Big|_{x = \xi} = 0$$

即可. 这就启发我们，只要能证明 $F(x) = f(x) - \dfrac{f(b) - f(a)}{b - a} x$ 在 $[a,b]$ 上满足罗尔定理的条件即可.

　　证　令 $F(x) = f(x) - \dfrac{f(b) - f(a)}{b - a} x$，由 $f(x)$ 的连续性与可导性，易知 $F(x)$ 在 $[a,b]$ 上连续，在 (a,b) 内可导，且

$$F(a) = \frac{bf(a) - af(b)}{b - a} = F(b).$$

于是，由罗尔定理知，至少存在一点 $\xi \in (a,b)$，使得

$$F'(\xi) = f'(\xi) - \frac{f(b) - f(a)}{b - a} = 0,$$

即

$$f'(\xi) = \frac{f(b) - f(a)}{b - a}.$$

　　拉格朗日中值定理建立了函数 $f(x)$ 在区间 $[a,b]$ 上的改变量与导数之间的关系，这种关系为我们利用导数去研究函数在某个区间上的变化性态提供了理论根据.

　　式(4.1.1)称为**拉格朗日中值公式**. 鉴于该定理在微分学中十分重要，下面作几点说明：

　　(1) 在式(4.1.1)两边同乘以 -1，有

$$f(a) - f(b) = f'(\xi)(a - b) \quad (\xi \text{介于} a \text{与} b \text{之间}).$$

这说明不论 $a < b$ 还是 $b < a$，拉格朗日中值公式均成立.

　　(2) 当 $a < \xi < b$ 或 $b < \xi < a$ 时，均有 $0 < \dfrac{\xi - a}{b - a} < 1$. 若令 $\theta = \dfrac{\xi - a}{b - a}$，则 $0 < \theta < 1$，且有 $\xi = a + \theta(b - a)$. 于是不论 $a < b$ 还是 $b < a$，拉格朗日中值公式均可以写成

$$f(b) - f(a) = f'[a + \theta(b - a)](b - a) \quad (0 < \theta < 1). \tag{4.1.2}$$

　　(3) 若取 $a = x, b = x + \Delta x$，则式(4.1.1)还可写成

$$f(x + \Delta x) - f(x) = f'(\xi)\Delta x, \quad \xi \text{介于} x \text{与} x + \Delta x \text{之间},$$

或

$$f(x + \Delta x) - f(x) = f'(x + \theta \Delta x)\Delta x \quad (0 < \theta < 1), \tag{4.1.3}$$

通常把式(4.1.3)称为**有限增量公式**.

　　由拉格朗日中值定理，容易得到如下两个重要的推论.

　　推论 4.1.1　若函数 $f(x)$ 在区间 I 上连续，在 I 内可导，且 $f'(x) \equiv 0$，则函数 $f(x)$ 在区间 I 上是一个常数，即

$$f(x) \equiv C \quad (C \text{为常数}).$$

　　证　设 x_1, x_2 是区间 I 上任意两点，且 $x_1 < x_2$，则 $f(x)$ 在 $[x_1, x_2]$ 上满足拉格朗日中值

定理的条件,由拉格朗日中值定理,有
$$f(x_2) - f(x_1) = f'(\xi)(x_2 - x_1), \quad \xi \in (x_1, x_2) \subset I.$$

由题设知 $f'(\xi) = 0$,所以 $f(x_2) - f(x_1) = 0$,即 $f(x_2) = f(x_1)$,这说明,在 I 上任意两点的函数值都相等,所以 $f(x)$ 在 I 上是一个常数.

推论 4.1.2 若函数 $f(x)$ 与 $g(x)$ 在区间 I 上连续,在 I 内可导,且 $f'(x) \equiv g'(x)$,则函数 $f(x)$ 与 $g(x)$ 在区间 I 上仅相差一个常数,即
$$f(x) - g(x) = C \quad (C \text{ 为常数}).$$

证 令 $F(x) = f(x) - g(x)$,因 $F(x)$ 在 I 上连续,在 I 内可导,且有
$$F'(x) = f'(x) - g'(x) \equiv 0,$$
由推论 4.1.1 知 $F(x)$ 在 I 上是一个常数,即 $f(x) - g(x) = C$ (C 为常数).

拉格朗日中值定理不仅肯定了 ξ 的存在性,同时也给出了 ξ 的取值范围,这就为利用拉格朗日中值定理证明不等式提供了一个途径.

例 4.1.4 证明:当 $x, y \in \left(0, \frac{\pi}{2}\right)$ 时,$|\tan x - \tan y| \geqslant |x - y|$.

证 当 $x = y$ 时,结论中的等号成立.

当 $x \neq y$ 时,设 $f(t) = \tan t$,依题设可知,$f(t)$ 在闭区间 $[x, y]$ 或 $[y, x]$ 上满足拉格朗日中值定理的条件,于是有
$$f(x) - f(y) = f'(\xi)(x - y), \quad \xi \text{ 介于 } x \text{ 与 } y \text{ 之间},$$
即
$$\tan x - \tan y = \sec^2 \xi \cdot (x - y),$$
由于 $\sec^2 \xi > 1$,从而有 $|\tan x - \tan y| = \sec^2 \xi \cdot |x - y| > |x - y|$.

综上,当 $x, y \in \left(0, \frac{\pi}{2}\right)$ 时,有 $|\tan x - \tan y| \geqslant |x - y|$.

例 4.1.5 证明:当 $x > 0$ 时,$\frac{x}{x+1} < \ln(1+x) < x$.

分析 待证不等式可改为 $\frac{1}{1+x} < \frac{\ln(1+x)}{x} < 1$,即
$$\frac{1}{1+x} < \frac{\ln(1+x) - \ln 1}{(1+x) - 1} < 1,$$
故可以考虑对 $\ln t$ 在 $[1, 1+x]$ 上应用拉格朗日中值定理.

证 令 $f(t) = \ln t$,依题设,当 $x > 0$ 时,$f(t)$ 在闭区间 $[1, 1+x]$ 上满足拉格朗日中值定理的条件,所以至少存在一点 $\xi \in (1, 1+x)$,使得
$$\frac{f(1+x) - f(1)}{(1+x) - 1} = f'(\xi),$$
即
$$\frac{\ln(1+x)}{x} = \frac{1}{\xi}.$$

由于 $1 < \xi < 1+x$,因此 $\frac{1}{1+x} < \frac{1}{\xi} < 1$,从而有
$$\frac{1}{1+x} < \frac{\ln(1+x)}{x} < 1.$$

即

$$\frac{x}{1+x} < \ln(1+x) < x \quad (x > 0).$$

例 4.1.6 证明:当 $|x| \leqslant 1$ 时, $\arcsin x + \arccos x = \dfrac{\pi}{2}$.

证 令 $f(x) = \arcsin x + \arccos x$,因为 $f(x)$ 在 $[-1,1]$ 上连续,在 $(-1,1)$ 内可导,且对于任意的 $x \in (-1,1)$,有

$$f'(x) = \frac{1}{\sqrt{1-x^2}} + \frac{-1}{\sqrt{1-x^2}} = 0,$$

于是由推论 4.1.1 可知,在 $[-1,1]$ 上, $f(x) = C$(常数). 即

$$\arcsin x + \arccos x = C.$$

在 $[-1,1]$ 上任取一点,不妨取 $x = 0$,有 $C = \arcsin 0 + \arccos 0 = \dfrac{\pi}{2}$,即有

$$\arcsin x + \arccos x = \frac{\pi}{2} \quad (|x| \leqslant 1).$$

4.1.3　柯西中值定理

在拉格朗日中值定理中,若 $f(a) = f(b)$,则其结论变成 $f'(\xi) = 0$,这正是罗尔定理的结论,因此罗尔定理是拉格朗日中值定理的特殊情况,或者可以说拉格朗日中值定理是罗尔定理的推广.那么能否将拉格朗日中值定理推广到两个函数上去呢?下面的定理回答了这个问题.

定理 4.1.3 [柯西(Cauchy)中值定理] 若函数 $f(x)$ 与 $g(x)$ 满足下列条件:

(1) 在闭区间 $[a,b]$ 上连续;

(2) 在开区间 (a,b) 内可导,且对于任意 $x \in (a,b)$, $g'(x) \neq 0$,

则至少存在一点 $\xi \in (a,b)$,使得

$$\frac{f(b)-f(a)}{g(b)-g(a)} = \frac{f'(\xi)}{g'(\xi)}. \tag{4.1.4}$$

分析 将待证结论式 (4.1.4) 改写成

$$f'(\xi) - \frac{f(b)-f(a)}{g(b)-g(a)}g'(\xi) = 0,$$

也就是要证明

$$f'(\xi) - \frac{f(b)-f(a)}{g(b)-g(a)}g'(\xi) = \left[f(x) - \frac{f(b)-f(a)}{g(b)-g(a)}g(x)\right]'\bigg|_{x=\xi} = 0.$$

故只要能证明 $F(x) = f(x) - \dfrac{f(b)-f(a)}{g(b)-g(a)}g(x)$ 在 $[a,b]$ 上满足罗尔定理的条件即可.

证 因 $g'(x) \neq 0$,由拉格朗日中值定理可知

$$g(b) - g(a) = g'(\xi)(b-a) \neq 0,$$

其中 $\xi \in (a,b)$. 作辅助函数

$$F(x) = f(x) - \frac{f(b)-f(a)}{g(b)-g(a)} \cdot g(x),$$

显然, $F(x)$ 在 $[a,b]$ 上连续,在 (a,b) 内可导,且

$$F(a) = \frac{f(a)g(b)-f(b)g(a)}{g(b)-g(a)} = F(b),$$

于是由罗尔定理知,至少存在一点 $\xi \in (a,b)$,使得

$$F'(\xi) = f'(\xi) - \frac{f(b) - f(a)}{g(b) - g(a)} \cdot g'(\xi) = 0,$$

即

$$\frac{f(b) - f(a)}{g(b) - g(a)} = \frac{f'(\xi)}{g'(\xi)}.$$

式(4.1.4)通常称为**柯西中值公式**.显然不论 $a < b$ 还是 $a > b$,柯西中值公式均成立.

在柯西中值定理中,若取 $g(x) = x$,则其结论就变成为拉格朗日中值定理的结论,因此拉格朗日中值定理是柯西中值定理的特殊形式.

本节中的三个定理都是因为结论与区间(a,b) 内的一个中间值点 ξ 的导数有关,因此把这三个定理统称为**微分中值定理**.

例 4.1.7 设函数 $f(x)$ 在 $[a,b]$ $(a > 0)$ 上连续,在 (a,b) 内可导,证明:在 (a,b) 内存在一点 $\xi \in (a,b)$,使得 $f(b) - f(a) = \xi f'(\xi) \ln \dfrac{b}{a}$.

分析 待证等式可改写为

$$\frac{f(b) - f(a)}{\ln b - \ln a} = \frac{f'(\xi)}{1/\xi} = \frac{f'(\xi)}{(\ln x)'\big|_{x=\xi}} = \frac{f'(x)}{(\ln x)'}\bigg|_{x=\xi}.$$

故只要能证明 $f(x), g(x) = \ln x$ 在 $[a,b]$ 上满足柯西中值定理的条件即可.

证 令 $g(x) = \ln x$,则由题设可知,函数 $f(x)$ 和 $g(x)$ 在 $[a,b]$ 上连续,在 (a,b) 内可导,且对任意 $x \in (a,b)$ $(a > 0)$,$g'(x) = (\ln x)' = 1/x \neq 0$,由柯西中值定理可知,至少存在一点 $\xi \in (a,b)$,使得

$$\frac{f(b) - f(a)}{\ln b - \ln a} = \frac{f'(\xi)}{1/\xi}.$$

即

$$f(b) - f(a) = \xi f'(\xi) \ln \frac{b}{a}.$$

习 题 4.1

(A)

1. 验证函数 $f(x) = x \sqrt{3-x}$ 在区间$[0,3]$上是否满足罗尔定理条件,若满足,求出结论中的 ξ.

2. 验证函数 $f(x) = 4x^3 - 6x^2 - 2$ 在区间$[0,1]$上是否满足拉格朗日中值定理的条件,若满足,求出结论中的 ξ.

3. 验证函数 $f(x) = x^2 + 1$ 及 $g(x) = x^3$ 在区间$[1,2]$上是否满足柯西中值定理的条件,若满足,求出结论中的 ξ.

4. 设 $f(x) = 2 + x^n (1-x)^m$,$n, m \in \mathbf{N}^+$,证明:方程 $f'(x) = 0$ 在$(0,1)$内至少有一个实根.

5. 证明下列不等式:

(1) $| \sin x - \sin y | \leqslant | x - y |$,$x, y \in \mathbf{R}$;   (2) $| \arcsin x - \arcsin y | \geqslant | x - y |$,$x, y \in (-1,1)$;

(3) 当 $0 < a \leqslant b$ 时,$\dfrac{b-a}{b} \leqslant \ln \dfrac{b}{a} \leqslant \dfrac{b-a}{a}$; (4) 当 $0 < a < b$ 时,$\dfrac{b-a}{1+b^2} < \arctan b - \arctan a < \dfrac{b-a}{1+a^2}$.

6. 证明下列恒等式:

(1) $\arctan x + \text{arccot } x = \dfrac{\pi}{2}$,$x \in (-\infty, +\infty)$;   (2) $2\arctan x + \arcsin \dfrac{2x}{1+x^2} = \pi (x \geqslant 1)$.

7. 证明下列命题：

(1) 如果方程 $a_0 x^n + a_1 x^{n-1} + \cdots + a_{n-1} x = 0$ 有正根 x_1，证明：方程 $n a_0 x^{n-1} + (n-1) a_1 x^{n-2} + \cdots + a_{n-1} = 0$ 一定有小于 x_1 的正根.

(2) 如果 $f(x)$ 在 $[0,\pi]$ 上连续，在 $(0,\pi)$ 内可导，证明：至少存在一点 $\xi \in (0,\pi)$，使得 $f'(\xi) = -f(\xi)\cot\xi$.

(3) 若函数 $f(x)$ 在 $[a,b]$ 上连续，在 (a,b) 内可导，且 $f(a) = f(b) = 0$. 证明：至少存在一点 $\xi \in (a,b)$，使得 $f(\xi) + f'(\xi) = 0$.

(4) 设函数 $f(x)$ 在 $[a,b](a > 0)$ 上连续，在 (a,b) 内可导，证明：在 (a,b) 内存在一点 ξ，使得
$$2\xi[f(b) - f(a)] = (b^2 - a^2) f'(\xi).$$

8. 若函数 $f(x)$ 在 (a,b) 内具有二阶导数，且 $f(x_1) = f(x_2) = f(x_3)$，其中 $a < x_1 < x_2 < x_3 < b$，证明：在 (x_1, x_3) 内至少存在一点 ξ，使得 $f''(\xi) = 0$.

9. 设函数 $f(x)$ 在 $[a,b]$ 上连续，在 (a,b) 内可导且 $f'(x) \neq 0$，证明：方程 $f(x) = 0$ 在 (a,b) 内至多有一个根.

10. 设函数 $f(x)$ 在 $[0,1]$ 上连续，且 $0 < f(x) < 1$，在 $(0,1)$ 内 $f'(x) \neq -1$. 证明：方程 $f(x) + x = 1$ 在 $(0,1)$ 内有且仅有一个实根.

11. 设函数 $f(x)$ 在邻域 $U(x_0, \delta)$ 内连续，在空心邻域 $\mathring{U}(x_0, \delta)$ 内可导.

(1) 当 $\lim\limits_{x \to x_0^+} f'(x) = A(A$ 为有限数或 $\infty)$，则有 $f'_+(x_0) = A$；

(2) 当 $\lim\limits_{x \to x_0^-} f'(x) = B(B$ 为有限数或 $\infty)$，则有 $f'_-(x_0) = B$.

（B）

1. 设函数 $f(x)$ 在 $[0,1]$ 上连续，在 $(0,1)$ 内可导，且 $f(0) = f(1) = 0$，$f\left(\frac{1}{2}\right) = 1$. 证明：

(1) 存在 $\eta \in \left(\frac{1}{2}, 1\right)$，使得 $f(\eta) = \eta$；　　　(2) 存在 $\xi \in (0,\eta)$，使得 $f'(\xi) = 1$.

2. 设函数 $f(x) = \cos x + 2\cos 2x + 3\cos 3x + 4\cos 4x$，证明必存在一点 $\xi \in (0,\pi)$，使得 $f(\xi) = 0$.

3. 设函数 $f(x)$ 在 $[0,a]$ 上连续，在 $(0,a)$ 内可导，且 $f(a) = 0$，证明：存在一点 $\xi \in (0,a)$，使得
$$3f(\xi) + \xi f'(\xi) = 0.$$

4. 设 $0 < a < b$，函数 $f(x)$ 在区间 $[a,b]$ 上连续，在 (a,b) 内可导，证明：至少存在一点 $\xi \in (a,b)$，使得
$$f(\xi) - \xi f'(\xi) = \frac{bf(a) - af(b)}{b - a}.$$

5. 设函数 $f(x)$ 在 $[0,3]$ 上连续，在 $(0,3)$ 内可导，且 $f(0) + f(1) + f(2) = 3$，$f(3) = 1$，试证，存在一点 $\xi \in (0,3)$，使 $f'(\xi) = 0$.

6. 设函数 $f(x)$ 在 $[0, +\infty)$ 上可导，且 $f(0) = 0$，$\lim\limits_{x \to +\infty} f(x) = 2$，证明：

(1) 存在 $a > 0$，使得 $f(a) = 1$；　(2) 对于 (1) 中的 a，存在 $\xi \in (0,a)$ 使得 $f'(\xi) = \frac{1}{a}$.

7. 设函数 $f(x), g(x)$ 在 $[a,b]$ 上连续，在 (a,b) 内二阶可导且存在相等的最大值，又 $f(a) = g(a)$，$f(b) = g(b)$. 证明：(1) 存在 $\eta \in (a,b)$ 使得 $f(\eta) = g(\eta)$；(2) 存在 $\xi \in (a,b)$ 使得 $f''(\xi) = g''(\xi)$.

4.2　洛必达法则

我们已经知道，在自变量 x 的同一变化过程中，若函数 $f(x)$ 与 $g(x)$ 都趋近于 0 或 ∞，则商的极限 $\lim \frac{f(x)}{g(x)}$ 可能存在，也可能不存在. 在存在的情况下，其极限值也不尽相同. 通常我们把这类极限分别称为 $\frac{0}{0}$ 型或 $\frac{\infty}{\infty}$ 型未定式（或不定式）.

在第 2 章中,曾计算过这类未定式的极限. 在那里计算这类极限往往需要经过适当的变形,转化为可利用极限运算法则进行计算的情形,这种变形没有一般的方法,需视具体问题而定. 但按照之前学过求极限的法则,有些未定式的极限还是难以解决,例如

$$\lim_{x \to 0} \frac{e^x - e^{-x}}{e^x - \cos x}; \quad \lim_{x \to 0} \frac{e^{2x} - e^{-x} - 3x}{x - \ln(1+x)}; \quad \lim_{x \to +\infty} \frac{\ln x}{x} \text{ 等.}$$

本节我们利用柯西中值定理推导出求这类函数极限的一种简便而又有效的一般方法 —— 洛必达(L'Hospital)法则,利用该法则可以解决许多迄今无法计算的 $\frac{0}{0}$ 型和 $\frac{\infty}{\infty}$ 型未定式的极限,还可以间接用来求 $0 \cdot \infty, \infty - \infty, 0^0, 1^\infty, \infty^0$ 型未定式的极限.

我们常把 $\frac{0}{0}$ 型和 $\frac{\infty}{\infty}$ 型未定式称为第一类未定式,$\infty - \infty$ 和 $0 \cdot \infty$ 型未定式称为第二类未定式,其余称为第三类未定式.

4.2.1 第一类未定式的极限

对于 $\frac{0}{0}$ 型和 $\frac{\infty}{\infty}$ 型未定式的极限,法国数学家洛必达给出了下面一个简便且有效的法则.

定理 4.2.1(洛必达法则) 设函数 $f(x)$ 与 $g(x)$ 满足条件:

(1) $\lim\limits_{x \to x_0} f(x) = \lim\limits_{x \to x_0} g(x) = 0$(或 ∞);

(2) 在点 x_0 的某个去心邻域 $\mathring{U}(x_0)$ 内均可导,且 $g'(x) \neq 0$;

(3) $\lim\limits_{x \to x_0} \frac{f'(x)}{g'(x)} = A$($A$ 为有限数或 ∞),

则有

$$\lim_{x \to x_0} \frac{f(x)}{g(x)} = \lim_{x \to x_0} \frac{f'(x)}{g'(x)} = A.$$

下面仅就 $\lim\limits_{x \to x_0} f(x) = \lim\limits_{x \to x_0} g(x) = 0$ 的情况给出证明.

证 由于极限 $\lim\limits_{x \to x_0} \frac{f(x)}{g(x)}$ 与 $f(x), g(x)$ 在 $x = x_0$ 处是否有定义无关,又因 $\lim\limits_{x \to x_0} f(x) = \lim\limits_{x \to x_0} g(x) = 0$,则可修改或补充 $f(x_0) = g(x_0) = 0$,使得 $f(x)$ 和 $g(x)$ 在点 x_0 的某个邻域内连续. 在该邻域内任取一点 $x(x \neq x_0)$,则在区间 $[x_0, x]$ 或 $[x, x_0]$ 上,易知 $f(x)$ 和 $g(x)$ 满足柯西中值定理的条件,因此有

$$\frac{f(x)}{g(x)} = \frac{f(x) - f(x_0)}{g(x) - g(x_0)} = \frac{f'(\xi)}{g'(\xi)} \quad (\xi \text{ 介于 } x_0 \text{ 与 } x \text{ 之间}).$$

因为当 $x \to x_0$ 时,必有 $\xi \to x_0$,所以

$$\lim_{x \to x_0} \frac{f(x)}{g(x)} = \lim_{\xi \to x_0} \frac{f'(\xi)}{g'(\xi)} = \lim_{x \to x_0} \frac{f'(x)}{g'(x)} = A.$$

对于 $\lim\limits_{x \to x_0} f(x) = \lim\limits_{x \to x_0} g(x) = \infty$ 的证明从略.

注 若把定理 4.2.1 中的极限过程 $x \to x_0$ 改为 $x \to x_0^-, x \to x_0^+, x \to -\infty, x \to +\infty$ 和 $x \to \infty$ 的情况,在满足相应的条件下,定理 4.2.1 的结论仍成立.

使用定理 4.2.1 求极限时,特别应注意:在每次使用洛必达法则求极限之前,都应检查待

求的极限是否为 $\dfrac{0}{0}$ 型或 $\dfrac{\infty}{\infty}$ 型未定式,否则不能使用该法则. 在计算过程中,若 $\lim\dfrac{f'(x)}{g'(x)}$ 仍是 $\dfrac{0}{0}$ 或 $\dfrac{\infty}{\infty}$ 型未定式,只要还满足法则条件,就可再次使用洛必达法则.

例 4.2.1　求下列极限:

(1) $\lim\limits_{x\to 2}\dfrac{x^2-2^x}{x^2-4}$;　　　　(2) $\lim\limits_{x\to+\infty}\dfrac{\dfrac{1}{x}}{\pi-2\arctan x}$;　　　　(3) $\lim\limits_{x\to 0}\dfrac{\mathrm{e}^x-(1+2x)^{\frac{1}{2}}}{x^2}$.

解　所求极限均属于 $\dfrac{0}{0}$ 型未定式的极限,可考虑用洛必达法则. 为了步骤明确起见,下面的符号"$\overset{\mathrm{L}}{=}$"均表示该步使用洛必达法则.

(1) 原式 $\overset{\mathrm{L}}{=}\lim\limits_{x\to 2}\dfrac{2x-2^x\ln 2}{2x}=1-\ln 2$.

(2) 原式 $\overset{\mathrm{L}}{=}\lim\limits_{x\to+\infty}\dfrac{-\dfrac{1}{x^2}}{-\dfrac{2}{1+x^2}}=\lim\limits_{x\to+\infty}\dfrac{1}{2}\left(1+\dfrac{1}{x^2}\right)=\dfrac{1}{2}$.

(3) 原式 $\overset{\mathrm{L}}{=}\lim\limits_{x\to 0}\dfrac{\mathrm{e}^x-(1+2x)^{-\frac{1}{2}}}{2x}\overset{\mathrm{L}}{=}\lim\limits_{x\to 0}\dfrac{\mathrm{e}^x+(1+2x)^{-\frac{3}{2}}}{2}=\dfrac{1+1}{2}=1$.

例 4.2.2　求 $\lim\limits_{x\to 0}\dfrac{x-\sin x}{x\tan^2 x}$.

解　所求极限属于 $\dfrac{0}{0}$ 型未定式的极限,若直接用洛必达法则,分母求导较烦琐,这提醒我们在用洛必达法则求极限时,应注意与其他求极限的方法配合使用,特别是等价无穷小替换,会使运算更加简洁.

由于当 $x\to 0$ 时,$x\tan^2 x\sim x^3$,于是
$$原式=\lim\limits_{x\to 0}\dfrac{x-\sin x}{x^3}\overset{\mathrm{L}}{=}\lim\limits_{x\to 0}\dfrac{1-\cos x}{3x^2}=\lim\limits_{x\to 0}\dfrac{x^2/2}{3x^2}=\dfrac{1}{6}.$$

例 4.2.3　求下列极限:

(1) $\lim\limits_{x\to 0}\dfrac{2\mathrm{e}^{2x}-\mathrm{e}^x-3x-1}{\mathrm{e}^x(1+\cos x)\sin x^2}$;　　　　(2) $\lim\limits_{x\to 0}\dfrac{\arcsin x-\arctan x}{\tan x-x}$.

解　所求极限属于 $\dfrac{0}{0}$ 型未定式的极限,但直接用洛必达法则运算量较大,在求极限前或求极限过程中,若注意到把乘积因子中极限存在且极限不为零的部分(简称为**非零极限因子**)及时分离,并求出其极限,再将它提到极限号外边,这样做能避繁就简,会使余下的未定式用洛必达法求极限比较简便.

(1) 由于当 $x\to 0$ 时,$\sin x^2\sim x^2$,于是
$$原式=\lim\limits_{x\to 0}\dfrac{2\mathrm{e}^{2x}-\mathrm{e}^x-3x-1}{\mathrm{e}^x(1+\cos x)\cdot x^2}=\lim\limits_{x\to 0}\dfrac{1}{\mathrm{e}^x(1+\cos x)}\cdot\lim\limits_{x\to 0}\dfrac{2\mathrm{e}^{2x}-\mathrm{e}^x-3x-1}{x^2}$$
$$=\dfrac{1}{2}\cdot\lim\limits_{x\to 0}\dfrac{2\mathrm{e}^{2x}-\mathrm{e}^x-3x-1}{x^2}\overset{\mathrm{L}}{=}\dfrac{1}{2}\lim\limits_{x\to 0}\dfrac{4\mathrm{e}^{2x}-\mathrm{e}^x-3}{2x}\overset{\mathrm{L}}{=}\dfrac{1}{2}\lim\limits_{x\to 0}\dfrac{8\mathrm{e}^{2x}-\mathrm{e}^x}{2}=\dfrac{7}{4}.$$

(2) 原式 $\overset{\mathrm{L}}{=}\lim\limits_{x\to 0}\dfrac{\dfrac{1}{\sqrt{1-x^2}}-\dfrac{1}{1+x^2}}{\sec^2 x-1}=\lim\limits_{x\to 0}\dfrac{1+x^2-\sqrt{1-x^2}}{(1+x^2)\sqrt{1-x^2}\cdot\tan^2 x}$

$$= \lim_{x \to 0} \frac{1}{(1 + x^2) \sqrt{1 - x^2}} \cdot \lim_{x \to 0} \frac{1 + x^2 - \sqrt{1 - x^2}}{x^2}$$

$$= 1 \cdot \lim_{x \to 0} \left(1 - \frac{\sqrt{1 - x^2} - 1}{x^2}\right) = 1 - \lim_{x \to 0} \frac{\frac{1}{2} \cdot (- x^2)}{x^2} = \frac{3}{2}.$$

例 4.2.4 求下列极限:

(1) $\lim\limits_{x \to +\infty} \dfrac{\ln x}{x^2}$;   (2) $\lim\limits_{x \to 0^+} \dfrac{\ln x}{\ln(e^x - 1)}$;   (3) $\lim\limits_{x \to +\infty} \dfrac{x^n}{e^x}$ $(n \in \mathbf{N}^+)$.

解 所求极限均属于 $\dfrac{\infty}{\infty}$ 型未定式的极限,可考虑用洛必达法则.

(1) $\lim\limits_{x \to +\infty} \dfrac{\ln x}{x^2} \overset{L}{=\!=} \lim\limits_{x \to +\infty} \dfrac{1/x}{2x} = \lim\limits_{x \to +\infty} \dfrac{1}{2x^2} = 0.$

(2) $\lim\limits_{x \to 0^+} \dfrac{\ln x}{\ln(e^x - 1)} \overset{L}{=\!=} \lim\limits_{x \to 0^+} \dfrac{1/x}{\dfrac{1}{e^x - 1} \cdot e^x} = \lim\limits_{x \to 0^+} \dfrac{e^x - 1}{x \cdot e^x} = \lim\limits_{x \to 0^+} \dfrac{x}{x \cdot e^x} = 1.$

(3) $\lim\limits_{x \to +\infty} \dfrac{x^n}{e^x} \overset{L}{=\!=} \lim\limits_{x \to +\infty} \dfrac{n x^{n-1}}{e^x} \overset{L}{=\!=} \lim\limits_{x \to +\infty} \dfrac{n(n-1) x^{n-2}}{e^x} \underbrace{\overset{L}{=\!=} \cdots \overset{L}{=\!=}}_{n-2 \text{次}} \lim\limits_{x \to +\infty} \dfrac{n!}{e^x} = 0.$

例 4.2.5 求 $\lim\limits_{x \to 0^+} \dfrac{e^{\frac{-1}{x}}}{x^2}$.

解 所求极限属于 $\dfrac{0}{0}$ 型,直接用洛必达法则有

$$\lim_{x \to 0^+} \frac{e^{\frac{-1}{x}}}{x^2} \overset{L}{=\!=} \lim_{x \to 0^+} \frac{e^{\frac{-1}{x}} \cdot \frac{1}{x^2}}{2x} = \lim_{x \to 0^+} \frac{e^{\frac{-1}{x}}}{2x^3} \overset{L}{=\!=} \lim_{x \to 0^+} \frac{e^{\frac{-1}{x}}}{6x^4}.$$

显然,用洛必达法则后的极限比原来的复杂许多,考虑把 $\dfrac{0}{0}$ 型转化成 $\dfrac{\infty}{\infty}$ 型,转化后求极限显得更简便,若令 $\dfrac{1}{x} = t$,则 $x \to 0^+$ 时,$t \to +\infty$,故有

$$\lim_{x \to 0^+} \frac{e^{\frac{-1}{x}}}{x^2} = \lim_{x \to 0^+} \frac{1/x^2}{e^{1/x}} = \lim_{t \to +\infty} \frac{t^2}{e^t} \overset{L}{=\!=} \lim_{t \to +\infty} \frac{2t}{e^t} \overset{L}{=\!=} \lim_{t \to +\infty} \frac{2}{e^t} = 0.$$

通过以上例题可以看到,洛必达法则是求 $\dfrac{0}{0}$ 型与 $\dfrac{\infty}{\infty}$ 型极限的一个有效的方法,但不宜把它当作一个万能的方法. 在运用洛必达法则时,应注意与以前学过的求极限的其他方法综合使用,如等价无穷小代换、把乘积因子中极限存在且极限不为零的因子分离并求出极限、变量代换等,就能避繁就简,简化极限运算.

例 4.2.6 求下列极限:

(1) $\lim\limits_{x \to 0} \dfrac{3x + x^2 \sin \dfrac{1}{x}}{\sin x}$;   (2) $\lim\limits_{x \to +\infty} \dfrac{e^x - e^{-x}}{e^x + e^{-x}}$.

解 (1) 所求极限为 $\dfrac{0}{0}$ 型未定式的极限,用洛必达法则有

$$\lim_{x \to 0} \frac{3x + x^2 \sin \dfrac{1}{x}}{\sin x} \overset{L}{=\!=} \lim_{x \to 0} \frac{3 + 2x \sin \dfrac{1}{x} - \cos \dfrac{1}{x}}{\cos x} = \lim_{x \to 0} \left(3 + 2x \sin \dfrac{1}{x} - \cos \dfrac{1}{x}\right).$$

显然,极限 $\lim\limits_{x \to 0} \left(3 + 2x \sin \dfrac{1}{x} - \cos \dfrac{1}{x}\right)$ 不存在且不是无穷大,即洛必达法则的条件(3)不满足,

故此题不能用洛必达法则求,应另寻解法. 其解法如下:

$$\lim_{x\to 0}\frac{3x+x^2\sin\dfrac{1}{x}}{\sin x}=\lim_{x\to 0}\left[\frac{x}{\sin x}\cdot\left(3+x\sin\frac{1}{x}\right)\right]=1\cdot(3+0)=3.$$

（2）所求极限为 $\dfrac{\infty}{\infty}$ 型未定式的极限,用洛必达法则有

$$\lim_{x\to +\infty}\frac{e^x-e^{-x}}{e^x+e^{-x}}\overset{L}{=\!=}\lim_{x\to +\infty}\frac{e^x+e^{-x}}{e^x-e^{-x}}\overset{L}{=\!=}\lim_{x\to +\infty}\frac{e^x-e^{-x}}{e^x+e^{-x}}.$$

运用洛必达法则出现分子分母循环交替,并回到原极限的现象,洛必达法则对该题失效,应另寻解法.

$$\lim_{x\to +\infty}\frac{e^x-e^{-x}}{e^x+e^{-x}}=\lim_{x\to +\infty}\frac{(e^x-e^{-x})\cdot e^{-x}}{(e^x+e^{-x})\cdot e^{-x}}=\lim_{x\to +\infty}\frac{1-e^{-2x}}{1+e^{-2x}}=1.$$

由例 4.2.6 可知:洛必达法则的条件是充分而非必要的,即对于 $\dfrac{0}{0}$ 型或 $\dfrac{\infty}{\infty}$ 型的极限,使用洛必达法则后,若 $\lim\dfrac{f'(x)}{g'(x)}$ 不存在且不为 ∞,或出现回归到原极限的循环情形时,则洛必达法则对于求该类函数的极限失效,但这时原极限仍可能存在,需另寻其他解法.

4.2.2　第二类未定式的极限

在自变量的某个变化过程中,若 $\lim f(x)=0,\lim g(x)=\infty$,则将 $\lim f(x)g(x)$ 称为 $0\cdot\infty$ 型未定式.

第二类未定式为 $0\cdot\infty$ 型与 $\infty-\infty$ 型,对于这类未定式的极限,可以通过代数变形,将它们先化为 $\dfrac{0}{0}$ 型或 $\dfrac{\infty}{\infty}$ 型未定式的极限,再利用洛必达法则.

例 4.2.7　求下列极限:

（1）$\displaystyle\lim_{x\to 0^+}x^2\ln x$;　　　（2）$\displaystyle\lim_{x\to\infty}x^2\left(1-x\arcsin\frac{1}{x}\right).$

解　（1）这是 $0\cdot\infty$ 型的极限,可化为 $\dfrac{\infty}{\infty}$ 型未定式.

$$\lim_{x\to 0^+}x^2\ln x=\lim_{x\to 0^+}\frac{\ln x}{x^{-2}}\overset{L}{=\!=}\lim_{x\to 0^+}\frac{1/x}{-2x^{-3}}=\lim_{x\to 0^+}\frac{-x^2}{2}=0.$$

（2）这是 $0\cdot\infty$ 型的极限,可化成 $\dfrac{0}{0}$ 型未定式.

$$\lim_{x\to\infty}x^2\left(1-x\arcsin\frac{1}{x}\right)=\lim_{x\to\infty}\frac{1-x\arcsin\dfrac{1}{x}}{x^{-2}}\xrightarrow{\text{令}\ x=\frac{1}{t}}\lim_{t\to 0}\frac{t-\arcsin t}{t^3}$$

$$\overset{L}{=\!=}\lim_{t\to 0}\frac{1-\dfrac{1}{\sqrt{1-t^2}}}{3t^2}=\lim_{t\to 0}\frac{\sqrt{1-t^2}-1}{3\sqrt{1-t^2}\cdot t^2}$$

$$=\frac{1}{3}\lim_{t\to 0}\frac{\dfrac{1}{2}(-t^2)}{\sqrt{1-t^2}\cdot t^2}=-\frac{1}{6}.$$

例 4.2.8 求下列极限:

(1) $\lim\limits_{x\to1}\left(\dfrac{x}{x-1}-\dfrac{1}{\ln x}\right)$;   (2) $\lim\limits_{x\to0}\left(\dfrac{1}{x^2}-\cot^2 x\right)$;   (3) $\lim\limits_{x\to\infty}\left[x^2\left(e^{\frac{1}{x}}-1\right)-x\right]$.

解 (1) 这是 $\infty-\infty$ 型的极限,通分可化成 $\dfrac{0}{0}$ 型未定式.

$$\text{原式}=\lim\limits_{x\to1}\frac{x\ln x-x+1}{(x-1)\ln x}\overset{L}{=\!=}\lim\limits_{x\to1}\frac{\ln x}{\ln x+\dfrac{x-1}{x}}\overset{L}{=\!=}\lim\limits_{x\to1}\frac{1/x}{\dfrac{1}{x}+\dfrac{1}{x^2}}=\frac{1}{2}.$$

(2) 这是 $\infty-\infty$ 型的极限,通分可化成 $\dfrac{0}{0}$ 型未定式.

$$\text{原式}=\lim\limits_{x\to0}\frac{\tan^2 x-x^2}{x^2\tan^2 x}=\lim\limits_{x\to0}\frac{\tan^2 x-x^2}{x^2\cdot x^2}=\lim\limits_{x\to0}\left(\frac{\tan x+x}{x}\cdot\frac{\tan x-x}{x^3}\right)$$

$$=\lim\limits_{x\to0}\left(\frac{\tan x}{x}+1\right)\cdot\lim\limits_{x\to0}\frac{\tan x-x}{x^3}=2\lim\limits_{x\to0}\frac{\tan x-x}{x^3}$$

$$\overset{L}{=\!=}2\lim\limits_{x\to0}\frac{\sec^2 x-1}{3x^2}=2\lim\limits_{x\to0}\frac{\tan^2 x}{3x^2}=\frac{2}{3}.$$

(3) 因 $\lim\limits_{x\to\infty}x^2\left(e^{\frac{1}{x}}-1\right)=\infty$,故该题是 $\infty-\infty$ 型的极限,可通过提出无穷大因子化成 $\dfrac{0}{0}$ 型未定式或直接作倒代换令 $x=t^{-1}$ 即可.

$$\text{原式}=\lim\limits_{x\to\infty}x^2\left[\left(e^{\frac{1}{x}}-1\right)-\frac{1}{x}\right]\overset{\diamondsuit\frac{1}{x}=t}{=\!=\!=\!=\!=}\lim\limits_{t\to0}\frac{e^t-1-t}{t^2}\overset{L}{=\!=}\lim\limits_{t\to0}\frac{e^t-1}{2t}=\frac{1}{2}.$$

4.2.3 第三类未定式的极限

在自变量的某个变化过程中,若 $\lim f(x)=0,\lim g(x)=0$,则将 $\lim[f(x)]^{g(x)}$ 称为 0^0 型未定式. 类似可定义 ∞^0 型未定式.

对于第三类 $0^0,1^\infty,\infty^0$ 型未定式的极限, 首先是通过恒等式 $x=e^{\ln x}$ 把幂指函数 $[f(x)]^{g(x)}$ 化为 $e^{g(x)\ln f(x)}$,然后利用指数函数的连续性,此时指数为 $0\cdot\infty$ 型未定式,再把 $0\cdot\infty$ 型化为 $\dfrac{0}{0}$ 型或 $\dfrac{\infty}{\infty}$ 型的未定式,最后利用洛必达法则.

例 4.2.9 求下列极限:

(1) $\lim\limits_{x\to0^+}(1-\cos x)^{\frac{1}{1+\ln x}}$;   (2) $\lim\limits_{x\to+\infty}\left(\dfrac{2}{\pi}\arctan x\right)^x$;

(3) $\lim\limits_{x\to+\infty}(1+e^x)^{\frac{1}{x}}$;   (4) $\lim\limits_{n\to\infty}\sqrt[n]{n}$.

解 (1) 这是 0^0 型未定式的极限. 由于 $(1-\cos x)^{\frac{1}{1+\ln x}}=e^{\frac{\ln(1-\cos x)}{1+\ln x}}$,且

$$\lim\limits_{x\to0^+}\frac{\ln(1-\cos x)}{1+\ln x}\overset{L}{=\!=}\lim\limits_{x\to0^+}\frac{\dfrac{\sin x}{1-\cos x}}{\dfrac{1}{x}}=\lim\limits_{x\to0^+}\frac{x\sin x}{1-\cos x}=\lim\limits_{x\to0^+}\frac{x\cdot x}{\dfrac{1}{2}x^2}=2.$$

所以

$$\lim\limits_{x\to0^+}(1-\cos x)^{\frac{1}{1+\ln x}}=e^2.$$

（2）这是 1^∞ 型未定式的极限. 由于 $\left(\dfrac{2}{\pi}\arctan x\right)^x = \mathrm{e}^{x\ln\left(\frac{2}{\pi}\arctan x\right)} = \mathrm{e}^{\frac{\ln\frac{2}{\pi}+\ln\arctan x}{1/x}}$，且

$$\lim_{x\to+\infty}\frac{\ln\dfrac{2}{\pi}+\ln\arctan x}{1/x}\overset{\mathrm{L}}{=}\lim_{x\to+\infty}\frac{\dfrac{1}{\arctan x}\cdot\dfrac{1}{1+x^2}}{-1/x^2}=\lim_{x\to+\infty}\frac{1}{\arctan x}\cdot\frac{-x^2}{1+x^2}=-\frac{2}{\pi}.$$

所以

$$\lim_{x\to+\infty}\left(\frac{2}{\pi}\arctan x\right)^x=\mathrm{e}^{-\frac{2}{\pi}}.$$

（3）这是 ∞^0 型未定式的极限.

$$\lim_{x\to+\infty}\left(1+\mathrm{e}^x\right)^{\frac{1}{x}}=\lim_{x\to+\infty}\mathrm{e}^{\frac{\ln(1+\mathrm{e}^x)}{x}}=\mathrm{e}^{\lim\limits_{x\to+\infty}\frac{\ln(1+\mathrm{e}^x)}{x}}\overset{\mathrm{L}}{=}\mathrm{e}^{\lim\limits_{x\to+\infty}\frac{\mathrm{e}^x}{1+\mathrm{e}^x}}=\mathrm{e}.$$

（4）这是数列极限，属于 ∞^0 型未定式的极限. 由于数列是不连续函数，当然不可导，不能用洛必达法则. 遇到数列未定式，一般是将数列未定式，转化为相应函数的未定式，再用洛必达法则. 由定理 2.2.6 可知，若 $\lim\limits_{x\to+\infty}f(x)=A$，则有 $\lim\limits_{n\to\infty}f(n)=\lim\limits_{x\to+\infty}f(x)=A$. 因为

$$\lim_{x\to+\infty}\sqrt[x]{x}=\lim_{x\to+\infty}\mathrm{e}^{\frac{\ln x}{x}}=\mathrm{e}^{\lim\limits_{x\to+\infty}\frac{\ln x}{x}}\overset{\mathrm{L}}{=}\mathrm{e}^{\lim\limits_{x\to+\infty}\frac{\frac{1}{x}}{1}}=\mathrm{e}^0=1,$$

所以

$$\lim_{n\to\infty}\sqrt[n]{n}=\lim_{x\to+\infty}\sqrt[x]{x}=1.$$

洛必达法则是由微分中值定理推导出来的. 有的未定式难于使用洛必达法则，但可以直接使用微分中值定理求出极限.

*例 4.2.10　求下列极限：

（1）$\lim\limits_{x\to0}\dfrac{\tan x-\tan\sin x}{x^3}$；　　　　（2）$\lim\limits_{x\to0}\dfrac{\sec\tan x-\sec\sin x}{\cos\tan x-\cos\sin x}$.

解　（1）由拉格朗日中值定理可知有

$$\frac{\tan x-\tan\sin x}{x^3}=\frac{\sec^2\xi\cdot(x-\sin x)}{x^3},$$

其中 ξ 介于 x 与 $\sin x$ 之间，故当 $x\to0$ 时，$\xi\to0$，于是

$$\lim_{x\to0}\frac{\tan x-\tan\sin x}{x^3}=\lim_{x\to0}\frac{\sec^2\xi\cdot(x-\sin x)}{x^3}=\lim_{x\to0}\frac{x-\sin x}{x^3}\overset{\mathrm{L}}{=}\lim_{x\to0}\frac{1-\cos x}{3x^2}=\frac{1}{6}.$$

（2）由柯西中值定理可知有

$$\frac{\sec\tan x-\sec\sin x}{\cos\tan x-\cos\sin x}=\frac{\sec\xi\cdot\tan\xi}{-\sin\xi},$$

其中 ξ 介于 $\tan x$ 与 $\sin x$ 之间，故当 $x\to0$ 时，$\xi\to0$，于是

$$\lim_{x\to0}\frac{\sec\tan x-\sec\sin x}{\cos\tan x-\cos\sin x}=\lim_{x\to0}\frac{\sec\xi\cdot\tan\xi}{-\sin\xi}=-1.$$

再次提醒洛必达法则虽然是处理未定式极限的利器，但使用时务必要注意定理的条件.

思考　设 $\lim\limits_{x\to0}f(x)=+\infty$，$\lim\limits_{x\to0}g(x)=+\infty$，且 $\lim\limits_{x\to0}\dfrac{f(x)}{g(x)}=3$，求 $\lim\limits_{x\to0}\dfrac{\ln f(x)}{\ln g(x)}$.

下述所给本题的解法是否正确？为什么？若不正确，请读者给出本题的正确解法.

解　原式 $\overset{\mathrm{L}}{=}\lim\limits_{x\to0}\left(\dfrac{g(x)}{f(x)}\cdot\dfrac{f'(x)}{g'(x)}\right)=\lim\limits_{x\to0}\dfrac{g(x)}{f(x)}\cdot\lim\limits_{x\to0}\dfrac{f'(x)}{g'(x)}=\lim\limits_{x\to0}\dfrac{g(x)}{f(x)}\cdot\lim\limits_{x\to0}\dfrac{f(x)}{g(x)}=1.$

习 题 4.2

（A）

1. 求下列极限：

(1) $\lim\limits_{x\to 0}\dfrac{e^x-e^{-x}}{e^x-\cos x}$；

(2) $\lim\limits_{x\to\frac{\pi}{4}}\dfrac{\tan x-1}{\sin 4x}$；

(3) $\lim\limits_{x\to 0}\dfrac{e^x-\cos x-x}{x^2}$；

(4) $\lim\limits_{x\to 1}\dfrac{\sin(\pi\sqrt{x})}{\ln(3x-2)}$；

(5) $\lim\limits_{x\to 2}\dfrac{x^2-2^x}{x^x-4}$；

(6) $\lim\limits_{x\to 0}\dfrac{e^{2x}-e^{-x}-3x}{2\sin x^2}$；

(7) $\lim\limits_{x\to 0}\dfrac{\tan x-x}{x-\sin x}$；

(8) $\lim\limits_{x\to\frac{\pi}{2}}\dfrac{\ln\sin x}{(\pi-2x)^2}$；

(9) $\lim\limits_{x\to+\infty}\dfrac{x\ln x}{x^2+\ln x}$；

(10) $\lim\limits_{x\to+\infty}\dfrac{\ln(1+e^x)}{\sqrt{1+x^2}}$；

(11) $\lim\limits_{x\to\frac{\pi}{2}}\dfrac{\tan x}{\tan 3x}$；

(12) $\lim\limits_{x\to 0^+}\dfrac{\ln\sin 3x}{\ln\sin x}$；

(13) $\lim\limits_{x\to\frac{\pi}{2}^+}\dfrac{\ln\left(x-\dfrac{\pi}{2}\right)}{\tan x}$；

(14) $\lim\limits_{x\to 0}\dfrac{x-\arctan x}{\tan^3 x}$；

(15) $\lim\limits_{x\to 0}\dfrac{(\tan x-x)(1-\sqrt{1-x})}{x^2\tan x\cdot\ln(1+x)}$；

(16) $\lim\limits_{x\to 0}\dfrac{e^x-e^{-x}-2x}{x-\sin x}$；

(17) $\lim\limits_{x\to 0}\dfrac{(e^x-x-1)^2}{x\sin^3 x}$；

(18) $\lim\limits_{x\to 2^+}\dfrac{\cos x\cdot\ln(x-2)}{\ln(e^x-e^2)}$；

(19) $\lim\limits_{x\to 0}\dfrac{\sin x-x\cos x}{(1+\cos x)\ln(1+x^3)}$；

(20) $\lim\limits_{x\to 0}\dfrac{\tan^2 x-x^2}{x^2\tan x^2}$；

(21) $\lim\limits_{x\to+\infty}\dfrac{(x^2+x)\sin x}{e^x+x^2+1}$.

2. 求下列极限：

(1) $\lim\limits_{x\to 1}(1-x^2)\tan\dfrac{\pi x}{2}$；

(2) $\lim\limits_{x\to\infty}x^2\left(\dfrac{\pi}{2}-\arctan 3x^2\right)$；

(3) $\lim\limits_{x\to 0}x^2 e^{\frac{1}{x^2}}$；

(4) $\lim\limits_{x\to 0^+}\tan x\cdot\ln x$；

(5) $\lim\limits_{x\to 1^-}\ln(1-x)\cdot\ln x$；

(6) $\lim\limits_{x\to+\infty}\left(\arctan x-\dfrac{\pi}{2}\right)\cdot\ln x$；

(7) $\lim\limits_{x\to 0}\left(\dfrac{1}{x}-\dfrac{1}{\arcsin x}\right)$；

(8) $\lim\limits_{x\to 0}\left(\dfrac{1}{x}-\dfrac{1}{e^x-1}\right)$；

(9) $\lim\limits_{x\to 0}\left[\dfrac{1}{\ln(1+x)}-\dfrac{1}{x}\right]$；

(10) $\lim\limits_{x\to 0}\left(\dfrac{1+x}{1-e^{-x}}-\dfrac{1}{x}\right)$；

(11) $\lim\limits_{x\to 0}\left(\dfrac{1}{x^2}-\dfrac{1}{\sin^2 x}\right)$；

(12) $\lim\limits_{x\to\infty}\left(2x^2-x^3\sin\dfrac{2}{x}\right)$.

3. 求下列极限（其中题中出现的 n，约定 $n\in \mathbf{N}^+$）：

(1) $\lim\limits_{x\to 0^+}x^{\sin x}$；

(2) $\lim\limits_{x\to\left(\frac{\pi}{2}\right)^-}(\cos x)^{\frac{\pi}{2}-x}$；

(3) $\lim\limits_{x\to 0^+}(\cot x)^{\frac{1}{\ln x}}$；

(4) $\lim\limits_{x\to 0^+}(\tan x)^{\frac{2}{1+\ln x}}$；

(5) $\lim\limits_{x\to 0^+}x^{\frac{1}{\ln(e^x-1)}}$；

(6) $\lim\limits_{x\to 0^+}\left(\dfrac{1}{x}\right)^{\tan x}$；

(7) $\lim\limits_{x\to 0^+}(1+x)^{\ln x}$；

(8) $\lim\limits_{x\to 0}\left(\dfrac{2}{\pi}\arccos x\right)^{\frac{1}{x}}$；

(9) $\lim\limits_{x\to 0}\left(\dfrac{\sin x}{x}\right)^{\frac{1}{x^2}}$；

(10) $\lim\limits_{x\to+\infty}(x+\sqrt{1+x^2})^{\frac{1}{\ln x}}$；

(11) $\lim\limits_{x\to 0}\left(\dfrac{a^x+b^x}{2}\right)^{\frac{1}{x}}\ (a>b>0)$；

(12) $\lim\limits_{n\to\infty}(1+n)^{\frac{1}{\sqrt{n}}}$.

4. 验证下列极限不能用洛必达法则，并用其他方法求出其极限：

(1) $\lim\limits_{x\to\infty}\dfrac{2x+\sin x}{x+5}$；

(2) $\lim\limits_{x\to+\infty}\dfrac{\sqrt{1+x^2}}{x}$；

(3) $\lim\limits_{x\to 0}\dfrac{x^2\cos\dfrac{1}{x}}{\sin x}$.

5. 用比较简便的方法求下列极限：

(1) $\lim\limits_{x\to 0}\dfrac{e^x-1-x^2}{3\cos 2x-4\cos^3 x+1}$；

(2) $\lim\limits_{x\to 0}\dfrac{\sqrt{1+x^3}-1}{1-\cos\sqrt{x-\sin x}}$；

(3) $\lim\limits_{x\to 0}\dfrac{[\sin x-\sin(\sin x)]\cos x}{(e^x-1)\ln(1+x^2)}$；

(4) $\lim\limits_{x\to 0}\dfrac{e^x-e^{\sin x}}{(\sqrt[3]{1+x^2}-1)\tan x}$；

(5) $\lim\limits_{x\to 0}\dfrac{e^{2x}(x-2)+e^x(x+2)}{(\sqrt[6]{1+x^2}-1)\arcsin x}$；

(6) $\lim\limits_{x\to 0}\dfrac{e^{x^2}-e^{2-2\cos x}}{x^4}$.

6. 若 $\lim\limits_{x\to 0}\left(\dfrac{\sin 3x}{x^3}+\dfrac{a}{x^2}+b\right)=0$，求 a,b.

7. 若 $u(x),v(x)$ 均在点 $x=1$ 的某邻域内可导,且 $u(1)=1,v(1)=2;u'(1)=1,v'(1)=3$,求:
$$\lim_{x\to 1}\frac{u(x)v(x)-2}{x-1}.$$

8. 设 $f''(x)$ 在 $x=0$ 的某邻域内存在,且 $f(0)=0,f'(0)=1,f''(0)=2$,求 $\lim_{x\to 0}\dfrac{f(x)-x}{x^2}$.

(B)

1. 求下列极限:

(1) $\lim\limits_{x\to +\infty}\left[x-x^2\ln\left(1+\dfrac{1}{x}\right)\right]$;

(2) $\lim\limits_{x\to 0}\dfrac{(1+x)^{\frac{1}{x}}-\mathrm{e}}{x}$;

(3) $\lim\limits_{x\to 1}\dfrac{x-x^x}{1-x+\ln x}$;

(4) $\lim\limits_{x\to 0}\dfrac{\sqrt{1+\tan x}-\sqrt{1+\sin x}}{x\ln(1+x)-x^2}$;

(5) $\lim\limits_{x\to 0}\left(\dfrac{1}{\sin^2 x}-\dfrac{\cos^2 x}{x^2}\right)$;

(6) $\lim\limits_{x\to 0}\left[\dfrac{2}{x}-\left(\dfrac{1}{x^2}-4\right)\ln(1+2x)\right]$;

(7) $\lim\limits_{x\to 0}\dfrac{\cos x-\mathrm{e}^{-\frac{x^2}{2}}}{(\mathrm{e}^{x^2}-1)^2}$;

(8) $\lim\limits_{x\to 0}\dfrac{\mathrm{e}^x\tan x-x(1+x)}{\arcsin^3 x}$;

(9) $\lim\limits_{x\to +\infty}(x^{\frac{1}{x}}-1)^{\frac{1}{\ln x}}$;

(10) $\lim\limits_{x\to 0}\dfrac{\ln(1+x)-\sin x}{\sqrt{1+x^2}-\cos x^2}$;

(11) $\lim\limits_{n\to\infty}\left(n\tan\dfrac{1}{n}\right)^{n^2}\ (n\in\mathbf{N}^+)$;

(12) $\lim\limits_{x\to 0}(\cos 2x+2x\sin x)^{\frac{1}{x^4}}$.

2. 讨论函数 $f(x)=\begin{cases}\left[\dfrac{(1+x)^{\frac{1}{x}}}{\mathrm{e}}\right]^{\frac{1}{x}}, & x>0,\\ \mathrm{e}^{-\frac{1}{2}}, & x\leqslant 0\end{cases}$ 在点 $x=0$ 处的连续性.

3. 试确定常数 a,b 的值,使极限 $\lim\limits_{x\to 0}\dfrac{1+a\cos 2x+b\cos 4x}{x^4}$ 存在,并求出它的极限值.

4. 试确定常数 a,b,使极限 $\lim\limits_{x\to 0}\dfrac{\ln(1+x)-(ax+bx^2)}{x^2}=2$ 成立.

5. 若 $\lim\limits_{x\to 0}\dfrac{\sin 6x+xf(x)}{x^3}=0$,求极限 $\lim\limits_{x\to 0}\dfrac{6+f(x)}{x^2}$.

6. 设 $f(x,y)=\dfrac{y}{1+xy}-\dfrac{1-y\sin\dfrac{\pi x}{y}}{\arctan x},x>0,y>0$,求:

(1) $g(x)=\lim\limits_{y\to +\infty}f(x,y)$;　　(2) $\lim\limits_{x\to 0^+}g(x)$.

7. 当 $x\to 0$ 时,$1-\cos x\cos 2x\cos 3x$ 与 ax^n $(n\in\mathbf{N}^+)$ 为等价无穷小,求 n 与 a 的值.

8. 设 $f(x)$ 在 $x=0$ 处存在二阶导数,且 $f(0)=f'(0)=0,f''(0)\neq 0$,求 $\lim\limits_{x\to 0}\dfrac{f(x)}{xf'(x)}$.

4.3　函数单调性的判定

在第 1 章中我们介绍了函数单调性的概念,单调性是函数的一个重要特性. 对于稍复杂的函数,直接用单调性的定义判别其单调性往往比较困难. 本节将利用微分中值定理建立一种利用函数的导数的符号来判别函数单调性的方法.

4.3.1　函数单调性的判定法

设曲线 $y=f(x)$ 上每一点都存在切线,由图 4.3(a) 可看出,若曲线 $y=f(x)$ 上任意一点的切线与 x 轴正向的夹角 $\alpha\in\left[0,\dfrac{\pi}{2}\right)$,即切线的斜率 $f'(x)=\tan\alpha\geqslant 0$,则曲线 $y=f(x)$ 是上升的;由图 4.3(b) 可看出,若曲线 $y=f(x)$ 上任意一点的切线与 x 轴正向的夹角 $\alpha\in$

$\left(\dfrac{\pi}{2},\pi\right]$,即切线的斜率 $f'(x)=\tan\alpha\leqslant 0$,则曲线 $y=f(x)$ 是下降的,由此想到,可以利用函数导数 $f'(x)$ 的符号去判别函数 $f(x)$ 的单调性.

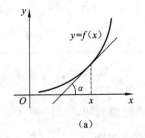 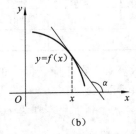

(a)　　　　　　　(b)

图 4.3

定理 4.3.1　设函数 $f(x)$ 在区间 I 上连续,在区间 I 内可导.

(1) 若在 I 内,恒有 $f'(x)>0$,则函数 $f(x)$ 在 I 上单调增加;

(2) 若在 I 内,恒有 $f'(x)<0$,则函数 $f(x)$ 在 I 上单调减少.

证　在区间 I 上任意取两点 x_1 和 x_2,且 $x_1<x_2$,由定理的条件可知,函数 $f(x)$ 在 $[x_1,x_2]$ 上满足拉格朗日中值定理的条件,于是至少存在一点 $\xi\in(x_1,x_2)\subset I$,使得

$$f(x_2)-f(x_1)=f'(\xi)(x_2-x_1).$$

(1) 若在 I 内 $f'(x)>0$,则 $f'(\xi)>0$,于是

$$f(x_2)-f(x_1)=f'(\xi)(x_2-x_1)>0,$$

从而 $f(x_2)>f(x_1)$,故 $f(x)$ 在区间 I 上单调增加.

(2) 同理可证.

需要指出的是:定理 4.3.1 的条件适当放宽,其结论也成立. 作为推论叙述如下,其证明从略.

推论 4.3.1　设函数 $f(x)$ 在区间 I 上连续,在区间 I 内可导,若在 I 内 $f'(x)\geqslant 0$(或 $f'(x)\leqslant 0$)且等号仅在一些孤立点(或称离散点)处成立,则 $f(x)$ 在 I 上单调增加(或单调减少).

例 4.3.1　讨论函数 $f(x)=x-\sin x$ 的单调性.

解　函数 $f(x)$ 的定义域为 $(-\infty,+\infty)$. 由于

$$f'(x)=1-\cos x\geqslant 0,$$

仅当 $x=2k\pi\,(k\in\mathbf{Z})$ 时,$f'(x)=0$,所以,$f(x)=x-\sin x$ 在 $(-\infty,+\infty)$ 内单调增加.

有些函数虽然在整个定义区间上不是单调的,但是在其部分子区间上却是单调的. 函数导数为零的点和导数不存在的点可能是单调区间的分界点.

由定理 4.3.1 及推论 4.3.1,讨论函数单调性及求函数的单调区间步骤如下:

(1) 确定函数 $f(x)$ 的定义域 D_f;

(2) 计算 $f'(x)$,在定义域 D_f 内,求出使 $f'(x)=0$ 和 $f'(x)$ 不存在的点 x,并用求出的这些点划分函数 $f(x)$ 的定义域 D_f 为若干个子区间;

(3) 列表确定 $f'(x)$ 在各个区间内的符号,从而确定 $f(x)$ 的单调区间及在各个子区间的单调性.

例 4.3.2　求函数 $f(x)=x-\dfrac{3}{2}\sqrt[3]{x^2}$ 的单调区间.

解　函数的定义域为 $(-\infty,+\infty)$,且 $f'(x)=1-\dfrac{1}{\sqrt[3]{x}}=\dfrac{\sqrt[3]{x}-1}{\sqrt[3]{x}}$.

令 $f'(x) = 0$,得 $x = 1$;当 $x = 0$ 时,$f'(x)$ 不存在.

用 $x = 0$ 和 $x = 1$ 划分函数定义域为三个子区间,列表讨论如下:

x	$(-\infty,0)$	0	$(0,1)$	1	$(1,+\infty)$
$f'(x)$	$+$	不存在	$-$	0	$+$
$f(x)$	↗		↘		↗

其中"$+$""$-$"号表示 $f'(x)$ 在相应区间上的符号,记号"↗"和"↘"分别表示函数 $f(x)$ 在相应区间上单调增加和单调减少.

由上表可知 $(-\infty,0]$ 和 $[1,+\infty)$ 为 $f(x)$ 的单调增加区间,$[0,1]$ 为 $f(x)$ 的单调减少区间.

例 4.3.3　讨论函数 $f(x) = 3\sqrt[3]{x}\left(1 - \frac{1}{4}x\right)$ 的单调性.

解　函数的定义域为 $(-\infty,+\infty)$,且 $f'(x) = \frac{1}{\sqrt[3]{x^2}} - \sqrt[3]{x} = \frac{1-x}{\sqrt[3]{x^2}}$.

令 $f'(x) = 0$,得 $x = 1$;当 $x = 0$ 时,$f'(x)$ 不存在.

用 $x = 0$ 和 $x = 1$ 划分函数定义域为三个子区间,列表讨论如下:

x	$(-\infty,0)$	0	$(0,1)$	1	$(1,+\infty)$
$f'(x)$	$+$	不存在	$+$	0	$-$
$f(x)$	↗		↗		↘

由上表可知,函数 $f(x)$ 在区间 $(-\infty,1]$ 上单调增加,在区间 $[1,+\infty)$ 为单调减少.

4.3.2　函数单调性判定法的其他应用

1. 判别法可用于证明不等式

一般利用函数单调性证明不等式方法为:若要证明当 $x > a$(或 $a < x < b$)时,$f(x) > g(x)$ 成立,先作辅助函数 $F(x) = f(x) - g(x)$,再求 $F'(x)$,然后由 $F(x)$ 的增减性,推出 $F(x) > 0$,即可得到不等式 $f(x) > g(x)$. 一般具体推证方法如下:

(1) 若 $F'(x) > 0$,且 $F(a+0) \geqslant 0$,则当 $x > a$ 时,有 $F(x) > F(a+0) \geqslant 0$;

*(2) 若 $F'(x) < 0$,只要推出 $\lim\limits_{x \to +\infty} F(x) = A \geqslant 0$(或 $F(b-0) \geqslant 0$),有 $F(x) > 0$.

例 4.3.4　证明:当 $x > 1$ 时,$e^x > ex$.

证　为了证明所给的函数不等式,只需证明 $e^x - ex > 0$ $(x > 1)$.

令 $f(x) = e^x - ex,(x > 1)$,由于
$$f'(x) = e^x - e > 0 \quad (x > 1),$$
所以 $f(x)$ 在 $(1,+\infty)$ 内单调增加,因 $f(x)$ 在 $x = 1$ 处连续且 $f(1) = 0$,故当 $x > 1$ 时,有
$$f(x) > f(1) = 0, \quad 即 \quad e^x > ex.$$

例 4.3.5　证明:当 $0 < x < 1$ 时,$e^{2x} < \frac{1+x}{1-x}$.

证　为了证明所给的函数不等式,只需证明
$$(1-x)e^{2x} < 1+x \quad (0 < x < 1).$$

令 $f(x) = (1-x)e^{2x} - 1 - x, x \in (0,1)$,则
$$f'(x) = (1-2x)e^{2x} - 1, \quad f''(x) = -4xe^{2x}.$$
由于在 $(0,1)$ 内,$f''(x) < 0$,故 $f'(x)$ 在 $(0,1)$ 内单调递减,因 $f'(x)$ 在 $x = 0$ 处连续且 $f'(0) =$

0,所以在 $(0,1)$ 内有 $f'(x) < f'(0) = 0$. 由此可知,$f(x)$ 在 $(0,1)$ 上单调递减,从而有

$$f(x) < f(0) = 0, \quad 或 \quad (1-x)e^{2x} < 1+x, \quad 即 \quad e^{2x} < \frac{1+x}{1-x}.$$

例 4.3.6 证明:当 $0 < x_1 < x_2 < \frac{\pi}{2}$ 时,$\frac{\tan x_2}{\tan x_1} > \frac{x_2}{x_1}$.

证 所给的数值不等式可改写成 $\frac{\tan x_2}{x_2} > \frac{\tan x_1}{x_1}$,故只需证明 $\frac{\tan x}{x}$ 在 $\left(0, \frac{\pi}{2}\right)$ 内单调增加.

令 $f(x) = \frac{\tan x}{x} \left(0 < x < \frac{\pi}{2}\right)$,则

$$f'(x) = \frac{x \sec^2 x - \tan x}{x^2} = \frac{x - \sin x \cos x}{x^2 \cos^2 x} = \frac{x - \frac{1}{2}\sin 2x}{x^2 \cos^2 x}.$$

因为 $x^2 \cos^2 x > 0$,只需证明 $f'(x)$ 的分子大于零,为此再令 $g(x) = x - \frac{1}{2}\sin 2x$,因 $g'(x) = 1 - \cos 2x \geqslant 0$,故 $g(x)$ 在 $\left(0, \frac{\pi}{2}\right)$ 内单增,因 $g(x)$ 在 $x = 0$ 处连续且 $g(0) = 0$,故当 $x > 0$ 时,有 $g(x) > g(0) = 0$,从而有 $f'(x) > 0$. 由此可知 $f(x)$ 在 $\left(0, \frac{\pi}{2}\right)$ 内单增,于是,

当 $0 < x_1 < x_2 < \frac{\pi}{2}$ 时,有 $f(x_1) < f(x_2)$,$\frac{\tan x_1}{x_1} < \frac{\tan x_2}{x_2}$,亦即 $\frac{\tan x_2}{\tan x_1} > \frac{x_2}{x_1}$.

*例 4.3.7 证明:当 $x > 0$ 时,$\arctan x + \frac{1}{x} > \frac{\pi}{2}$.

证 令 $f(x) = \arctan x + \frac{1}{x} - \frac{\pi}{2}$,$x \in (0, +\infty)$,则 $f'(x) = \frac{1}{1+x^2} - \frac{1}{x^2} < 0$,所以 $f(x)$ 在 $(0, +\infty)$ 内单调递减,又

$$\lim_{x \to +\infty} f(x) = \frac{\pi}{2} + 0 - \frac{\pi}{2} = 0.$$

从而有 $f(x) > 0$,即 $\arctan x + \frac{1}{x} > \frac{\pi}{2}$.

2. 判别法可用于证明方程至多有一个根

如果能证明函数 $f(x)$ 在区间 I 内单调或在 I 内 $f'(x)$ 处处存在且 $f'(x) \neq 0$,那么可知,方程 $f(x) = 0$ 在 I 内至多有一个根.

例 4.3.8 证明:方程 $e^x + x = 2$ 有且仅有一个正实根.

证 令 $f(x) = e^x + x - 2$. 显然 $f(x)$ 在 $[0,1]$ 上连续,且 $f(0) = -1 < 0$,$f(1) = e - 1 > 0$,根据零值定理可知,在 $(0,1)$ 内至少有一点 ξ,使得 $f(\xi) = 0$,即方程 $e^x + x = 2$ 至少在 $(0,1)$ 内有一个正实根 ξ($0 < \xi < 1$).

又因为 $f'(x) = e^x + 1 > 0$,所以 $f(x)$ 在 $(-\infty, +\infty)$ 内单调增加,故方程 $e^x + x = 2$ 在 $(-\infty, +\infty)$ 内至多有一个根.

综上所述,方程 $e^x + x = 2$ 有且仅有一个正实根.

习 题 4.3

（A）

1. 讨论下列函数的单调性:

(1) $f(x) = x^3 - 3x + 2$;　　　(2) $f(x) = \frac{3}{5}x^{\frac{5}{3}} - \frac{3}{2}x^{\frac{2}{3}}$;　　　(3) $f(x) = \frac{3}{8}x^{\frac{8}{3}} - \frac{3}{2}x^{\frac{2}{3}}$;

(4) $f(x) = 2x^2 - \ln x$;　　　　(5) $f(x) = x^2 e^x$;　　　　　　(6) $f(x) = \ln(x + \sqrt{4 + x^2})$.

2. 利用函数的单调性证明下列不等式:

(1) $\sin x < x \; (x > 0)$;

(2) $\ln(1 + x) \geqslant \dfrac{\arctan x}{1 + x} \; (x \geqslant 0)$;

(3) 当 $x > 0$ 时, $e^x > 1 + x + \dfrac{x^2}{2}$;

(4) 当 $0 < x < \dfrac{\pi}{2}$ 时, $\sin x + \tan x > 2x$;

(5) $2x \arctan x \geqslant \ln(1 + x^2)$;

(6) 当 $0 < x_1 < x_2 < \dfrac{\pi}{2}$ 时, $\dfrac{x_1}{x_2} < \dfrac{\sin x_1}{\sin x_2}$.

3. 证明:方程 $x^3 + x^2 + 2x = 1$ 在 $(0, 1)$ 内有且仅有一个实根.

4. 设在 $[0, 1]$ 上 $f''(x) > 0$,试给出 $f'(0), f'(1), f(1) - f(0)$ 的大小顺序.

5. 设函数 $f(x)$ 在 $[0, +\infty)$ 上有 $f''(x) > 0$,且 $f(0) = 0$,证明: $g(x) = \dfrac{f(x)}{x}$ 在 $(0, +\infty)$ 内单调增加.

6. 设函数 $f(x)$ 在 $[a, b]$ 上连续,在 (a, b) 内可导,且 $f'(x) > 0$,若 $\lim\limits_{x \to a^+} \dfrac{f(2x - a)}{x - a} = 8$,证明:在 $[a, b]$ 上有 $f(x) \geqslant 0$.

(B)

1. 设函数 $f(x) = \begin{cases} (x + 3)^2 - 4, & x \leqslant -1, \\ 3x + 3, & x > -1, \end{cases}$ 试确定 $f(x)$ 的单调区间.

2. 证明:当 $x > 0$ 时, $(x^2 - 1)\ln x \geqslant (x - 1)^2$.

3. 证明:当 $0 < x < \dfrac{\pi}{2}$ 时, $\dfrac{2}{\pi} x < \sin x < x$.

4. 设函数 $f(x)$ 在 $[0, 3]$ 上连续,在 $(0, 3)$ 内可导,且 $f'(x)$ 单调减少, $f(0) = 0$,证明不等式
$$f(3) < f(1) + f(2).$$

5. 设函数 $f(x)$ 在 $[0, +\infty)$ 上连续, $f'(x)$ 在 $(0, +\infty)$ 内单调递减,且 $f(0) = 0$,证明 $g(x) = \dfrac{f(x)}{x}$ 在 $(0, +\infty)$ 内单调递减.

6. 设函数 $f(x)$ 在 $[a, +\infty)$ 上连续,在 $(a, +\infty)$ 内可导,且 $f(a) < 0, f'(x) > k > 0$,其中 k 为常数,证明方程 $f(x) = 0$ 在 $\left(a, a - \dfrac{1}{k} f(a)\right)$ 内有且只有一个实根.

7. 设 $e < a < b < e^2$,证明 $\ln^2 b - \ln^2 a > \dfrac{4}{e^2}(b - a)$.

4.4　函数的极值与最值

4.4.1　函数的极值及其求法

设函数 $f(x)$ 在区间 $[a, b]$ 上连续,如图 4.4 所示. 由该图形可以看到,在点 x_1, x_3, x_5 处的函数值 $f(x_1), f(x_3), f(x_5)$ 分别与其邻近的其他函数值进行比较都是最大的,像这样的函数值称它们为函数 $f(x)$ 的极大值;而在点 x_2, x_4 处的函数值 $f(x_2), f(x_4)$ 与其邻近的其他函数值进行比较又是最小的,像这样的函数值称它为函数 $f(x)$ 的极小值. 为了描述这种点的性质,下面引入极值的概念.

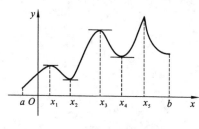

图 4.4

1. 极值的概念

定义 4.4.1　设函数 $f(x)$ 在点 x_0 的某个邻域

$U(x_0)$ 内有定义,若对 $\forall x \in U(x_0)$,恒有 $f(x) \leqslant f(x_0)$(或 $f(x) \geqslant f(x_0)$)),则称 $f(x_0)$ 为函数 $f(x)$ 的**极大值**(或**极小值**),点 x_0 称为函数 $f(x)$ 的**极大值点**(或**极小值点**).

函数的极大值与极小值统称为函数的**极值**,函数的极大值点与极小值点统称为函数的**极值点**.

根据极值定义可知,极值是函数 $f(x)$ 相对于某点邻域而言的,故极值是一个局部性、相对的概念,而最值是就函数整个定义区间(或整个定义域)而言的,它是全局性、绝对的概念. 极大值未必大于极小值,如图 4.4 中,$f(x_1) < f(x_4)$. 极值点不可能出现在函数定义区间的端点处,只可能在函数定义区间的内部点处取得,而最值点却既可以在函数定义区间内取得,也可以在该区间的端点处取得.

2. 函数极值的求法

函数在哪些点有可能取得极值呢?由图 4.4 可见,在极值点处曲线有水平切线或切线不存在,这说明极值点只可能在使 $f'(x)$ 为零的点或者 $f'(x)$ 不存在的点中寻找,这就是极值存在的必要条件.

定理 4.4.1（极值存在的必要条件）　若点 x_0 是函数 $f(x)$ 的极值点,则 $f'(x_0) = 0$ 或 $f'(x_0)$ 不存在 .

证　若 $f(x)$ 在点 x_0 处不可导,则定理的结论显然成立.

若 $f(x)$ 在点 x_0 处可导,且不妨设 x_0 为 $f(x)$ 的极大值点,根据极大值的定义可知,在点 x_0 的某个邻域内,总有 $f(x) - f(x_0) \leqslant 0$,于是有

$$f'_-(x_0) = \lim_{x \to x_0^-} \frac{f(x) - f(x_0)}{x - x_0} \geqslant 0, \quad f'_+(x_0) = \lim_{x \to x_0^+} \frac{f(x) - f(x_0)}{x - x_0} \leqslant 0.$$

又 $f(x)$ 在点 x_0 处可导,故有

$$f'(x_0) = f'_-(x_0) = f'_+(x_0) = 0.$$

类似地可证,当 x_0 为 $f(x)$ 的极小值点时,必定也有 $f'(x_0) = 0$.

通常将使 $f'(x) = 0$ 的点 x,称为函数 $f(x)$ 的**驻点**.

于是定理 4.4.1 可以叙述为:函数 $f(x)$ 的极值点必包含在它的驻点与导数不存在的点之中,但驻点与导数不存在的点未必就是函数的极值点. 例如,对于函数 $f(x) = x^2, g(x) = x^3$,$x = 0$ 均为它们的驻点,$x = 0$ 是 $f(x) = x^2$ 的极小值点,但 $x = 0$ 却不是 $g(x) = x^3$ 的极值点. 再如 $h(x) = \sqrt[3]{x^2}, w(x) = \sqrt[3]{x}$ 在 $x = 0$ 处导数均不存在,$x = 0$ 是 $h(x) = \sqrt[3]{x^2}$ 的极小值点,但 $x = 0$ 却不是 $w(x) = \sqrt[3]{x}$ 的极值点. 因此,对于连续函数而言,常把函数的驻点和导数不存在的点统称为函数的**可能极值点**(或**可疑点**或**临界点**).

那么如何判定哪些可能极值点是极值点呢?为此我们需要讨论极值(点)的充分条件.

定理 4.4.2（极值存在的第一充分条件）　设函数 $f(x)$ 在点 x_0 处连续,在点 x_0 的某去心邻域 $\mathring{U}(x_0)$ 内可导.

(1) 若在 x_0 的左邻域内有 $f'(x) > 0$,而在 x_0 的右邻域内有 $f'(x) < 0$,则 x_0 是函数 $f(x)$ 的极大值点.

(2) 若在 x_0 的左邻域内有 $f'(x) < 0$,而在 x_0 的右邻域内有 $f'(x) > 0$,则 x_0 是函数 $f(x)$ 的极小值点.

(3) 若在 x_0 的去心邻域 $\mathring{U}(x_0)$ 内 $f'(x)$ 同号,则 x_0 不是函数 $f(x)$ 的极值点.

证　(1) 因为在 x_0 的左邻域内有 $f'(x) > 0$,所以 $f(x)$ 在 x_0 的左邻域内单调增加,又因 $f(x)$ 在 x_0 处连续,故在 x_0 的左邻域有 $f(x) < f(x_0)$;而在 x_0 的右邻域有 $f'(x) < 0$,所以 $f(x)$ 在 x_0 右邻域内单调减少,因而在 x_0 的右邻域有 $f(x) < f(x_0)$,于是当 $x \in U(x_0)$ 时,总有 $f(x) \leqslant f(x_0)$,根据极值的定义知 $f(x_0)$ 是 $f(x)$ 的极大值.

同理可证(2),(3).

由定理 4.4.1 和定理 4.4.2 不难知道,连续函数 $f(x)$ 的极值点其实就是函数 $f(x)$ 单调区间的分界点,即单调区间与极值点是伴随出现的,正因为如此,利用定理 4.4.1 与定理 4.4.2 讨论函数极值的方法步骤应该与 4.3 节讨论函数单调性及单调区间的步骤是类似的.

例 4.4.1　求函数 $f(x) = x^2 - 8\ln x$ 的极值.

解　函数 $f(x)$ 的定义域为 $D_f = (0, +\infty)$,由于

$$f'(x) = 2x - \frac{8}{x} = \frac{2(x^2 - 4)}{x},$$

令 $f'(x) = 0$,得 $x_1 = 2, x_2 = -2$.在定义域 D_f 内仅有驻点 $x_1 = 2$,用驻点 x_1 将定义域分成两个子区间,列表讨论如下:

x	$(0,2)$	2	$(2, +\infty)$
$f'(x)$	$-$	0	$+$
$f(x)$	↘	极小值 $4 - 8\ln 2$	↗

由上表可知,函数 $f(x)$ 在 $x = 2$ 处取得极小值 $f(2) = 4 - 8\ln 2$.

注　求极值时,务必要先求出函数的定义域.否则,该例题极易误把 $x_2 = -2, x = 0$ 也当作是函数的可能极值点,然后错误地对 $(-\infty, +\infty)$ 进行划分.

例 4.4.2　求 $f(x) = x^{\frac{2}{3}}(3 - x)^{\frac{1}{3}}$ 的极值.

解　函数 $f(x)$ 的定义域为 $(-\infty, +\infty)$,由于

$$f'(x) = \frac{2}{3}x^{-\frac{1}{3}} \cdot (3 - x)^{\frac{1}{3}} + x^{\frac{2}{3}} \cdot \frac{1}{3}(3 - x)^{-\frac{2}{3}}(-1) = \frac{2 - x}{\sqrt[3]{x(3 - x)^2}},$$

令 $f'(x) = 0$,得驻点 $x_1 = 2$;当 $x_2 = 0, x_3 = 3$ 时 $f'(x)$ 不存在.以这些点将定义域分成四个子区间,列表讨论如下:

x	$(-\infty, 0)$	0	$(0, 2)$	2	$(2, 3)$	3	$(3, +\infty)$
$f'(x)$	$-$	不存在	$+$	0	$-$	不存在	$-$
$f(x)$	↘	极小值 0	↗	极大值 $\sqrt[3]{4}$	↘	非极值	↘

由表可知,函数 $f(x)$ 在 $x = 0$ 处取得极小值 $f(0) = 0$,在 $x = 2$ 处取得极大值 $f(2) = \sqrt[3]{4}$.

当函数 $f(x)$ 在其驻点处的二阶导数存在且不为零时,有下述更简便的极值判定定理.

定理 4.4.3（极值存在的第二充分条件）　设函数 $f(x)$ 在点 x_0 处具有二阶导数,且 $f'(x_0) = 0, f''(x_0) \neq 0$,那么

(1) 若 $f''(x_0) > 0$,则 x_0 为函数 $f(x)$ 的极小值点;

(2) 若 $f''(x_0) < 0$,则 x_0 为函数 $f(x)$ 的极大值点.

证　(1) 根据导数的定义及 $f'(x_0) = 0$ 和 $f''(x_0) > 0$,可知

$$f''(x_0) = \lim_{x \to x_0} \frac{f'(x) - f'(x_0)}{x - x_0} = \lim_{x \to x_0} \frac{f'(x)}{x - x_0} > 0.$$

由极限的局部保号性可知,存在点 x_0 的某去心邻域 $\mathring{U}(x_0,\delta)$,当 $x \in \mathring{U}(x_0,\delta)$ 时,有

$$\frac{f'(x)}{x - x_0} > 0.$$

于是,当 $x_0 - \delta < x < x_0$ 时,$f'(x) < 0$;当 $x_0 < x < x_0 + \delta$ 时,$f'(x) > 0$,故由定理4.4.2知,x_0 为 $f(x)$ 的极小值点.

同理可证定理中的结论(2).

例 4.4.3 求函数 $f(x) = x^2 \mathrm{e}^x$ 的极值.

解 函数 $f(x)$ 的定义域为 $(-\infty, +\infty)$,由于

$$f'(x) = 2x\mathrm{e}^x + x^2\mathrm{e}^x = \mathrm{e}^x(2x + x^2),$$
$$f''(x) = \mathrm{e}^x \cdot (2x + x^2) + \mathrm{e}^x \cdot (2 + 2x) = \mathrm{e}^x(x^2 + 4x + 2).$$

令 $f'(x) = 0$,得驻点 $x_1 = -2, x_2 = 0$. 由于

$$f''(-2) = -2\mathrm{e}^{-2} < 0, \quad f''(0) = 2 > 0.$$

根据定理 4.4.3 可知,$f(-2) = 4\mathrm{e}^{-2}$ 为函数 $f(x)$ 的极大值;$f(0) = 0$ 为函数 $f(x)$ 的极小值.

注 虽然利用二阶导数判别函数极值的方法比较直接和简单,但这种方法有它的局限性,特别是在驻点 x_0 处,当 $f''(x_0) = 0$ 时,该判别法失效,此时需要利用定理 4.4.2 进行判定. 例如,$f(x) = x^4, g(x) = x^3$ 在 $x = 0$ 处. 虽然 $f'(0) = f''(0) = 0, g'(0) = g''(0) = 0$,但 $x = 0$ 是 $f(x)$ 的极小值点,$x = 0$ 不是 $g(x)$ 的极值点.

例 4.4.4 求函数 $f(x) = 3x^5 - 5x^3$ 的极值.

解 函数 $f(x)$ 的定义域为 $(-\infty, +\infty)$,由于

$$f'(x) = 15x^4 - 15x^2 = 15x^2(x - 1)(x + 1),$$
$$f''(x) = 60x^3 - 30x = 30x(2x^2 - 1),$$

令 $f'(x) = 0$,得驻点 $x_1 = -1, x_2 = 1, x_3 = 0$.

因 $f''(-1) = -30 < 0$,故 $f(-1) = 2$ 为函数 $f(x)$ 的极大值;又因 $f''(1) = 30 > 0$,故 $f(1) = -2$ 为函数 $f(x)$ 的极小值;又 $f''(0) = 0$,于是函数取极值的第二充分条件对于判别 $x_3 = 0$ 是否为极值点失效. 但当 $-1 < x < 0$ 或 $0 < x < 1$ 时,均有 $f'(x) < 0$,由极值存在的第一充分条件可知 $x_3 = 0$ 不是函数 $f(x)$ 的极值点.

4.4.2 函数的最大值与最小值

在实际问题中,常常会遇到这样一类问题:在一定的条件下,如何使产量最大、用料最省、利润最大和成本最低等,从数学角度,这类问题都可归结为求某一函数(通常称为目标函数)在某区间上的最大值与最小值问题(简称为最值问题).

1. 连续函数 $f(x)$ 在闭区间 $[a, b]$ 上的最值

由第 2 章知道,若函数 $f(x)$ 在闭区间 $[a, b]$ 上连续,则 $f(x)$ 在 $[a, b]$ 上必有最大值与最小值. 若使函数 $f(x)$ 取最大(小)值的点在区间 (a, b) 内部,则最大(小)值点一定也是极大(小)值点,由极值存在的必要条件可知,这些点必为函数 $f(x)$ 的驻点或导数不存在的点,然而,函数的最值也有可能在区间端点处取得. 于是,就有求连续函数 $f(x)$ 在 $[a, b]$ 上最值的方法:

(1) 求出 $f(x)$ 在 (a, b) 内的一切可能极值点($f'(x) = 0$ 的点及 $f'(x)$ 不存在的点);

(2) 求出 $f(x)$ 在一切可能极值点处的函数值及区间端点处的函数值 $f(a)$ 与 $f(b)$,并将这些函数值加以比较,其中最大(小)者,即为函数 $f(x)$ 在 $[a, b]$ 上的最大(小)值.

例 4.4.5 求函数 $f(x) = x^{\frac{2}{3}} - (x^2-1)^{\frac{1}{3}}$ 在 $[0,2]$ 上的最大值与最小值.

解 由于 $f'(x) = \frac{2}{3}x^{-\frac{1}{3}} - \frac{2}{3}x(x^2-1)^{-\frac{2}{3}} = \frac{2}{3} \cdot \frac{(x^2-1)^{\frac{2}{3}} - x^{\frac{4}{3}}}{\sqrt[3]{x} \cdot \sqrt[3]{(x^2-1)^2}}$.

令 $f'(x) = 0$，在 $(0,2)$ 内得驻点 $x_1 = \frac{1}{\sqrt{2}}$，导数不存在的点 $x_2 = 1$，且

$$f\left(\frac{1}{\sqrt{2}}\right) = \sqrt[3]{4}, \quad f(1) = 1, \quad \text{又 } f(0) = 1, \quad f(2) = \sqrt[3]{4} - \sqrt[3]{3},$$

比较以上各值知，$f(x)$ 在 $[0,2]$ 上的最大值为 $f\left(\frac{1}{\sqrt{2}}\right) = \sqrt[3]{4}$，最小值为 $f(2) = \sqrt[3]{4} - \sqrt[3]{3}$.

2. 连续函数 $f(x)$ 在区间 I 上的最值

连续函数 $f(x)$ 在非闭区间上的最值问题比较复杂，下面给出两种特殊情况下求函数 $f(x)$ 最值的方法.

(1) 若函数 $f(x)$ 在区间 I 上连续，且在 I 内仅有一个可能极值点 x_0，经判定当 x_0 为函数 $f(x)$ 的极大（小）值点时，则 x_0 必是函数 $f(x)$ 在区间 I 上的最大（小）值点.

结论从几何直观上看很明显（图 4.5）. 事实上满足条件的函数 $f(x)$ 在区间 I 内的图形只有一个"峰"或"谷"，这类函数也常叫单峰（或单谷）函数. 该结论证明从略.

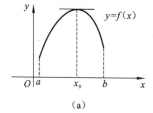 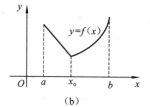

(a)　　　　　　　　　　　(b)

图 4.5

例 4.4.6 证明当 $x > 0$ 时，$x - \ln x \geqslant 1$.

证 令 $f(x) = x - \ln x - 1$，因 $f'(x) = 1 - \frac{1}{x}$，令 $f'(x) = 0$ 得唯一驻点 $x = 1$. 又因 $f''(x) = x^{-2}$，$f''(1) > 0$，所以 $f(1) = 0$ 为 $f(x)$ 在 $(0, +\infty)$ 内的极小值，故 $f(1) = 0$ 为 $f(x)$ 在 $(0, +\infty)$ 内的最小值，即 $f_{\min} = f(1) = 0$. 因此当 $x > 0$ 时，有

$$f(x) \geqslant f_{\min}(x) = f(1) = 0, \quad \text{即} \quad x - \ln x \geqslant 1.$$

由例 4.4.6 可知，利用函数最值可以证明一些函数不等式.

(2) 在实际问题中，若由问题的实际意义可以确定所建立的可导函数 $f(x)$ 在其定义区间 I 内一定有最大（小）值，这时，若 $f(x)$ 在 I 内只有唯一的驻点 x_0，则不必判定 $f(x_0)$ 是否为极值，即可断定 $f(x_0)$ 一定是所要求函数 $f(x)$ 在区间 I 上的最大（小）值.

例 4.4.7 要做一个容积为定值 V_0 的圆柱形无盖的容器，试问容器的底半径 r 和高 h 应为何值时，所用材料最省？

解 所用材料最省，就是容器的表面积最小. 设容器的表面积为 S，则

$$S = 2\pi rh + \pi r^2.$$

由于 $\pi r^2 h = V_0$，所以 $h = \frac{V_0}{\pi r^2}$，将 $h = \frac{V_0}{\pi r^2}$ 代入到 S 的表达式中，于是有

$$S = \frac{2V_0}{r} + \pi r^2 \quad (0 < r < +\infty),$$

$$S' = -\frac{2V_0}{r^2} + 2\pi r.$$

令 $S' = 0$，在 $(0, +\infty)$ 内 S 有唯一驻点 $r = \sqrt[3]{\frac{V_0}{\pi}}$. 由实际问题可知，$S$ 最小一定存在，故当 $r =$

$\sqrt[3]{\frac{V_0}{\pi}}$ 时，S 最小. 将 $r = \sqrt[3]{\frac{V_0}{\pi}}$ 代入到 $h = \frac{V_0}{\pi r^2}$，得 $h = \sqrt[3]{\frac{V_0}{\pi}}$. 因此，当容器的高 h 与其底面半径

r 相等时，用料最省.

例 4.4.8 铁路线上 AB 段的距离为 100 km，工厂 C 距 A 处为 20 km，$AC \perp AB$（图 4.6）. 为了运输需要，要在 AB 线上选定一点 D 向工厂 C 修筑一条公路，已知铁路与公路每公里货运的运费之比为 $3 : 5$，为了使产品从工厂 C 运到消费点 B 的运费最省，问 D 点应选在何处？

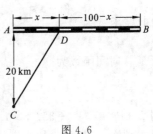

图 4.6

解 设 D 点选在距 A 的 x km 处，则

$$BD = 100 - x, \quad CD = \sqrt{20^2 + x^2}.$$

又设每公里铁路运费为 $3k$ 元 /(t・km)（k 为常数，$k > 0$），公路运费为 $5k$ 元 /(t・km). 则总运费 W 为

$$W = 3k(100 - x) + 5k\sqrt{x^2 + 20^2} \quad (0 \leqslant x \leqslant 100).$$

因 $W' = -3k + \frac{5kx}{\sqrt{x^2 + 20^2}} = 0$，令 $W' = 0$，在定义域 $[0, 100]$ 内得 $x = 15$.

由于函数 W 在区间 $(0, 100)$ 内只有唯一的一个驻点，由实际问题可知，运费 W 最小一定存在，所以当 $x = 15$ km，即当 D 点选在距离 A 点 15 km 处，运费最省.

4.4.3 函数最值在经济分析中的应用举例

1. 平均成本最低问题

例 4.4.9 某企业的总成本 C(元) 与产量 Q(件) 的函数为

$$C = C(Q) = 6Q^2 + 26Q + 54(元),$$

求该企业平均成本为最低时的产出水平及其最低平均成本.

解 平均成本函数为

$$\overline{C}(Q) = \frac{C(Q)}{Q} = 6Q + 26 + \frac{54}{Q} \quad (0 < Q < +\infty),$$

因 $\overline{C}'(Q) = 6 - \frac{54}{Q^2}$，令 $\overline{C}'(Q) = 0$，在定义域 $(0, +\infty)$ 内得 $Q = 3$.

由于 $\overline{C}(Q)$ 在 $(0, +\infty)$ 内仅有一个驻点 $Q = 3$，由实际问题本身可知 $\overline{C}(Q)$ 最小值一定存在，所以当 $Q = 3$ 件时，平均成本最低. 最低平均成本为 $\overline{C}(3) = 62$ 元 / 件.

2. 最大利润问题

关于利润，我们约定总是假设在产量、销量、需求量一致的情况下，讨论利润问题.

例 4.4.10 某产品的可变成本函数为 $\frac{1}{2}Q^2 + 3Q$(元)，需求函数为 $Q = 50 - 5P$，其中 Q(件) 为需求量，P(元) 为产品的价格. 已知生产 10 件产品时的平均成本为 48(元 / 件)，若在需求量

与销量平衡下,试求使利润最大的销售价格.

解　总成本函数为 $C(Q) = \frac{1}{2}Q^2 + 3Q + C_0$,其中 C_0 为固定成本.

又因 10 件产品时的平均成本为 48(元/件),即

$$\frac{C(10)}{10} = 48,$$

由此可解得 $C_0 = 400$,从而 $C(Q) = \frac{1}{2}Q^2 + 3Q + 400$. 将 $Q = 50 - 5P$ 代入 $C(Q)$ 中,得

$$C = C(P) = \frac{1}{2}(50 - 5P)^2 + 3(50 - 5P) + 400 = \frac{25}{2}P^2 - 265P + 1800,$$

总收益函数为

$$R(P) = P \cdot Q = 50P - 5P^2,$$

于是总利润函数为

$$L(P) = R - C = -\frac{35}{2}P^2 + 315P - 1800,$$

因 $L'(P) = 315 - 35P$,令 $L'(P) = 0$,得 $P = 9$ 是利润函数唯一的驻点,由实际问题本身可知最大利润一定存在,故当销售价格 $P = 9$ 元时,利润最大.

例 4.4.11　某企业生产某种产品,年产量为 Q(百台),总成本为 C(万元),其中固定成本为 2 万元,每生产 1 百台产品成本增加 1 万元. 若产销平衡. 市场上每年可销售此种商品 4 百台,其销售总收入函数为

$$R(Q) = \begin{cases} 4Q - \dfrac{Q^2}{2}, & 0 \leqslant Q \leqslant 4, \\ 8, & Q > 4. \end{cases}$$

试问每年生产多少台时,总利润最大?最大利润是多少?

解　总成本函数为 $C(Q) = 2 + Q$,于是总利润函数为

$$L(Q) = R(Q) - C(Q) = \begin{cases} 3Q - \dfrac{Q^2}{2} - 2, & 0 \leqslant Q \leqslant 4, \\ 6 - Q, & Q > 4. \end{cases}$$

由于

$$L'(Q) = \begin{cases} 3 - Q, & 0 < Q \leqslant 4, \\ -1, & Q > 4 \end{cases} \quad (\text{用导数定义可求得 } L'(4) = -1),$$

令 $L'(Q) = 0$,得 $Q = 3$ 是利润函数唯一的驻点,由实际问题本身可知最大利润一定存在,则当年产量 $Q = 3$ 百台时,利润最大. 最大利润为 $L(3) = 2.5$ 万元.

*3. 最佳批量问题

例 4.4.12　某企业生产的产品销售量为 100 万件,假设

(1) 产品均匀销售(即产品的平均库存量为批量的一半),且每件产品库存一年需库存费为 0.05 元;

(2) 这些产品分成若干批生产,每批需生产准备费为 1000 元.

问:当批量为多少时,每年的生产准备费与库存费之和最小?

解　设批量为 Q 万件,则平均库存量为 $\frac{Q}{2}$ 万件,于是每年的库存费为

$$E_1(Q) = 0.05 \times \frac{Q}{2} \times 10000 = 250Q(\text{元}),$$

每年的生产准备费为

$$E_2(Q) = \frac{100}{Q} \times 1000 = \frac{100000}{Q}(元),$$

每年的库存费与生产准备费之和为

$$E(Q) = E_1(Q) + E_2(Q) = 250Q + \frac{100000}{Q},$$

而

$$E'(Q) = 250 - \frac{100000}{Q^2},$$

令 $E'(Q) = 0$，得 $Q_1 = 20$，$Q_2 = -20$(舍去). 又因 $E''(Q) = \frac{200000}{Q^3}$，$E''(20) = 25 > 0$，故 $Q_1 = 20$ 是函数唯一的极小值点，也是最小值点.

故当批量为 20 万件时，每年的生产准备费与库存费之和最小.

*4. 最大税收问题

例 4.4.13 某厂商销售某种商品，其价格函数为 $P = 30 - 3Q$(万元／吨)，商品的成本函数为 $C = C(Q) = Q^2 + 2Q + 2$(万元)，其中 Q(吨)为销售量. 厂商以最大利润为目标，政府对产品征税.

(1) 若每销售一吨，政府要征税 t(万元)，求厂商纳税后利润最大时的销售量；

(2) 问税率 t 为何值时，政府税收额(征税收益)最大？

(3) 求厂商纳税后的最大利润及其此时的销量和产品的价格.

解 (1) 假设厂商纳税后销售量为 Q，税收总额为 $T = tQ$，销售总收入函数为

$$R = PQ = 30Q - 3Q^2,$$

纳税后的总成本函数为

$$C_t = C + T = Q^2 + 2Q + 2 + tQ,$$

纳税后的利润函数为

$$L = R - C_t = -4Q^2 + (28 - t)Q - 2.$$

令 $L'(Q) = -8Q + 28 - t = 0$，得唯一驻点 $Q = \frac{1}{8}(28 - t)$，又 $L''(Q) = -8 < 0$，故当销售量为 $Q = \frac{1}{8}(28 - t)$ 时，厂商纳税后利润最大.

(2) 厂商纳税后利润最大时的销售量为 $Q = \frac{1}{8}(28 - t)$，显然销售量与税率 t 有关，此时税收总额函数

$$T = tQ = \frac{1}{8}(28t - t^2).$$

由上式确定税率 t，使得税收最大. 因

$$\frac{\mathrm{d}T}{\mathrm{d}t} = \frac{1}{8}(28 - 2t),$$

令 $\frac{\mathrm{d}T}{\mathrm{d}t} = 0$，得 $t = 14$，又 $\frac{\mathrm{d}^2 T}{\mathrm{d}t^2} = -\frac{1}{4} < 0$，故当 $t = 14$ 万元时，政府税收总额最大.

(3) 纳税后的利润为

$$L = R - C_t = -4Q^2 + (28 - t)Q - 2.$$

当 $t = 14$ 时，最大销量 $Q(14) = \frac{1}{8}(28 - t)\Big|_{t=14} = 1.75$ 吨. 最大利润 $L\Big|_{\substack{t=14\\Q=1.75}} = 10.25$ 万元.

此时产品的销售价格 $P = (30 - 3Q)\Big|_{Q=1.75} = 24.75$ 万元／吨.

习　题　4.4

（A）

1. 求下列函数的极值：

(1) $y = (x+2)\mathrm{e}^{\frac{1}{x}}$;　　　　(2) $y = \dfrac{1}{x}\ln^2 x$;　　　　(3) $y = x^2\,(x-1)^{\frac{2}{3}}$;

(4) $y = x - \ln(1+x)$;　　(5) $y = x^{\frac{1}{x}}$;　　　　(6) $y = x^2\mathrm{e}^{-x}$.

2. a,b 为何值时，$f(x) = a\ln x + bx^2 + 3x$ 在 $x=1$ 和 $x=2$ 处均取得极值？是极大值还是极小值？

3. 设函数 $f(x)$ 对任意的 x 都满足方程式
$$xf''(x) + 3x\left[f'(x)\right]^2 = 1 - \mathrm{e}^{-x}.$$
若 x_0 为 $f(x)$ 的一个驻点且 $x_0 \neq 0$，问 x_0 是否为 $f(x)$ 的极值点？是极大值点还是极小值点？

4. 设函数 $f'(x)$ 连续，且 $\lim\limits_{x \to a}\dfrac{f'(x)}{x-a} = 8$，试证明 $x=a$ 是 $f(x)$ 的极小值点.

5. 求下列函数的最大值与最小值：

(1) $f(x) = x^3 - x^2 - x + 1, x \in [-1,2]$;　　　(2) $f(x) = (2x-5)x^{\frac{2}{3}}, x \in [-1,2]$;

(3) $f(x) = \sqrt[3]{2x - x^2}, x \in [-1,4]$;　　　　(4) $f(x) = x^2 - \dfrac{54}{x}, x \in (-\infty, 0)$.

6. 若函数 $f(x) = ax^3 - 6ax^2 + b\ (a>0)$ 在 $[-1,2]$ 上的最大值为 3，最小值为 -29，求 a,b 的值.

7. 证明下列不等式：

(1) $\mathrm{e}^x \geqslant 1 + x$;　　　　(2) $1 + x\ln(x + \sqrt{1+x^2}) \geqslant \sqrt{1+x^2}$.

8. 设函数 $f(x) = 4x^2 + \dfrac{A}{x}\ (x>0)$，求使 $f(x) \geqslant 12$ 成立的最小正数 A.

9. 将边长为 a 的一块正方形铁皮，四角各截去一个大小相同的小正方形，然后将四边折起做一个无盖的方盒，问截掉的小正方形边长为多大时，所得方盒的容积最大？最大的容积为多少？

10. 做一容积为 V 的圆柱形储油罐，已知其两底面材料的造价为每单位面积 a 元，侧面材料的造价为每单位面积 b 元，问底半径和高各为多少时，造价最小？

11. 某工厂产量为 Q(件) 时，生产成本函数(元)为 $C = Q^3 - 6Q^2 + 15Q$，求该厂生产多少件产品时，平均成本达到最小？并求出其相应的边际成本.

12. 某商户以每件 10 元的进价购进一批衣服，设这批衣服的需求函数为 $Q = 40 - 2P$，问该商户应将销售价定为多少时，才能获得最大利润？

*13. 设某商店每年销售某商品 4 万件，每件进价 100 元，每批进货的手续费为 1000 元，而每年库存费为库存商品价值的 5%，在该商品均匀销售的情况下（即平均库存量为批量的一半），问商店应分几批进货，才能使总费用（手续费与库存费之和）最小？

*14. 设某企业在生产一种商品 x 件时的总收益为 $R(x) = 100x - x^2$，总成本函数为 $C(x) = 200 + 50x + x^2$，问政府对每件商品征收货物税为多少时，在企业获得最大利润的情况下，总税额最大？

（B）

1. 设有函数 $f(x) = \begin{cases} 2x^2 + x^2\sin\dfrac{1}{x}, & x \neq 0, \\ 0, & x = 0, \end{cases}$ 证明：

(1) $f(0) = 0$ 为函数 $f(x)$ 的极小值;　　(2) $f'(0) = 0$;　　(3) $f''(0)$ 不存在.

2. 若函数 $f(x)$ 在 $x=0$ 的邻域内连续，且 $\lim\limits_{x \to 0}\dfrac{f(x)}{1 - \cos x} = 2$，证明 $f(x)$ 在 $x=0$ 处取得极小值.

3. 设函数 $f(x)$ 具有二阶连续的导数，且 $f'(x_0) = 0$，$\lim\limits_{x \to x_0}\dfrac{f''(x)}{(x-x_0)^2} = -1$，证明：$f(x_0)$ 是 $f(x)$ 的极大值.

4. 在区间 $[0,1]$ 上函数 $f(x) = nx(1-x)^n$ $(n \in \mathbf{N}^+)$ 的最大值记为 $M(n)$，求极限 $\lim_{n \to \infty} M(n)$.

5. 设生产某产品的固定成本为 6000 元，可变成本为 20 元/件，价格函数为 $P = 60 - \dfrac{Q}{1000}$（P 为价格，单位：元；Q 为销量，单位：件），已知产销平衡. 求

(1) 该商品的边际利润；

(2) 当 $P = 50$ 时的边际利润，并解释其经济意义；

(3) 使得利润最大的定价 P.

6. 设函数 $f(x)$ 满足 $\lim_{x \to 0} \dfrac{f(x)}{x} = 1$，且 $f''(x) > 0$，证明 $f(x) \geqslant x$.

7. 讨论方程 $3\ln x = x$ 根的情况.

8. 设 $a > 1$，$f(t) = a^t - at$ 在 $(-\infty, +\infty)$ 内的驻点为 $t(a)$，问 a 为何值时，$t(a)$ 最小？并求出 $t(a)$ 的最小值.

9. 由方程 $x^3 + 2y^3 - 6axy = 0$ $(a \neq 0)$ 确定的隐函数 $y = y(x)$，满足条件 $y(2a) = 2a$，试验证 $x = 2a$ 为函数 $y = y(x)$ 的驻点，并判定 $x = 2a$ 是否为极值点. 若是极值点，是极大值点还是极小值点？

10. 设函数 $y = y(x)$ 由方程 $x^3 + y^3 - 3x + 3y = 2$ 所确定，试求 $y = y(x)$ 的极值.

4.5　曲线的凹凸性与拐点

曲线的凹凸性是函数的另一个重要特性，与函数单调性、极值的讨论类似，本节主要利用二阶导数来判别曲线的凹凸性与拐点.

4.5.1　曲线的凹凸性及其判定法

研究了函数的单调性及极值，还不能准确地把握函数的特性，不能准确地描绘函数图形特征. 例如，函数 $f(x) = x^3$ 在 $(-\infty, +\infty)$ 内单调增加，但其图形在 $(-\infty, 0)$ 内与在 $[0, +\infty)$ 内"弯曲方向"不同. 由此可见描绘函数图形时，还需研究函数所表示的曲线的"弯曲方向"，即曲线的凹凸性.

1. 曲线凹凸性的概念

为了给曲线凹凸性下一个严格定义，先从几何图形直观来分析. 图 4.7(a) 中描绘了一个定义在区间 I 上的凹曲线的图像，不难发现凹曲线具有这样的特征：连接曲线上任意两点 $(x_1, f(x_1))$ 及 $(x_2, f(x_2))$ 的弦，一定位于对应曲线弧段的上方，因此该弦的中点也一定位于对应曲线弧段上相应点的上方；若函数 $y = f(x)$ 的图像在某个区间 I 上是凸的，则情况正好相反 (图 4.7(b)). 由此，曲线的凹凸性可用连接曲线弧上任意两点弦的中点与曲线上相应点（即具有相同横坐标的点）的位置关系来描述.

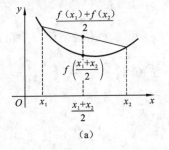
(a)

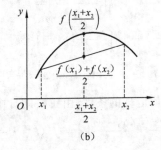
(b)

图 4.7

定义 4.5.1　设函数 $f(x)$ 在区间 I 上连续,若对于任意两点 $x_1,x_2 \in I$ $(x_1 \neq x_2)$,总有

$$f\left(\frac{x_1 + x_2}{2}\right) < \frac{f(x_1) + f(x_2)}{2},$$

则称曲线 $y = f(x)$ 在 I 上是**凹的**(或凹弧),并称函数 $y = f(x)$ 在 I 上为**凹函数**;
　　若总有

$$f\left(\frac{x_1 + x_2}{2}\right) > \frac{f(x_1) + f(x_2)}{2},$$

则称曲线 $y = f(x)$ 在 I 上是**凸的**(或凸弧),并称函数 $y = f(x)$ 在 I 上为**凸函数**.

　　显然,$y = f(x)$ 为凹函数 $\Leftrightarrow y = -f(x)$ 为凸函数.

　　因此只要研究凹图形就不难得出凸图形相应的性质.直接用定义 4.5.1 判定曲线的凹凸性比较困难,那么如何判定曲线 $y = f(x)$ 的凹凸性呢?

　　2. 曲线凹凸性的判定法

　　由图 4.8(a)不难看出,若函数 $y = f(x)$ 具有二阶导数,且曲线 $y = f(x)$ 为凹的,那么当 x 由 x_1 增大到 x_2 时,对应的切线斜率 $k = \tan\alpha$ 由小变到大,即 $f'(x)$ 是单调增加的;反之也可以看出,当曲线切线斜率单调增加时,其曲线为凹的,这样一来,判定曲线 $y = f(x)$ 凹的问题就转化成为判定 $f'(x)$ 的单调增加问题,如何判定函数单调增加呢?则由定理 3.3.1 知,当 $f''(x) > 0$ 时(若 $f(x)$ 二阶可导),$f'(x)$ 单调增加.对于曲线为凸的也有类似的情况(图 4.8(b)).由此得到曲线凹凸的判定法.

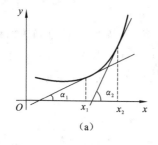

图 4.8

　　定理 4.5.1　设函数 $f(x)$ 在区间 I 上连续,在 I 内有二阶导数 $f''(x)$,
　　(1) 若当 $x \in I$ 内时,总有 $f''(x) > 0$,则曲线 $y = f(x)$ 在 I 上是凹的;
　　(2) 若当 $x \in I$ 内时,总有 $f''(x) < 0$,则曲线 $y = f(x)$ 在 I 上是凸的.
　　分析　仅证(1).欲证曲线 $y = f(x)$ 在 I 上是凹的只需证明:

$$\frac{f(x_1) + f(x_2)}{2} > f\left(\frac{x_1 + x_2}{2}\right) \Leftrightarrow f(x_1) - f\left(\frac{x_1 + x_2}{2}\right) + f(x_2) - f\left(\frac{x_1 + x_2}{2}\right) > 0,$$

故在区间 $\left[x_1, \dfrac{x_1 + x_2}{2}\right], \left[\dfrac{x_1 + x_2}{2}, x_2\right]$ 上对 $y = f(x)$ 可考虑用拉格朗日中值定理.

　　***证**　$\forall x_1, x_2 \in I$ 上,且 $x_1 < x_2$,易知 $f(x)$ 在区间 $\left[\dfrac{x_1 + x_2}{2}, x_2\right], \left[x_1, \dfrac{x_1 + x_2}{2}\right]$ 上分别满足拉格朗日中值定理的条件,由拉格朗日中值定理有

$$f(x_2) - f\left(\frac{x_1 + x_2}{2}\right) = f'(\xi_2) \cdot \frac{x_2 - x_1}{2}, \quad \text{其中} \quad \frac{x_1 + x_2}{2} < \xi_2 < x_2,$$

$$f\left(\frac{x_1 + x_2}{2}\right) - f(x_1) = f'(\xi_1) \cdot \frac{x_2 - x_1}{2}, \quad \text{其中} \quad x_1 < \xi_1 < \frac{x_1 + x_2}{2},$$

两式相减,有

$$f(x_2) + f(x_1) - 2f\left(\frac{x_1 + x_2}{2}\right) = [f'(\xi_2) - f'(\xi_1)] \cdot \frac{x_2 - x_1}{2},$$

因为 $\xi_2 > \xi_1$,而 $f''(x) > 0$,所以 $f'(x)$ 单调递增,故 $f'(\xi_2) > f'(\xi_1)$,于是

$$f(x_2) + f(x_1) - 2f\left(\frac{x_1 + x_2}{2}\right) > 0,$$

即

$$\frac{f(x_1) + f(x_2)}{2} > f\left(\frac{x_1 + x_2}{2}\right).$$

所以曲线 $y = f(x)$ 在 I 上是凹的.

类似地可证明(2).

注 若 $f(x)$ 在 I 上连续,在 I 内 $f''(x) \geqslant 0$ (或 $f'(x) \leqslant 0$) 且等号仅在一些孤立点(或称离散点) 处成立,则曲线 $y = f(x)$ 在 I 上仍是凹的(或凸的).

例 4.5.1 讨论曲线 $y = x^3$ 的凹凸性.

解 函数 $y = x^3$ 的定义域为 $(-\infty, +\infty)$.

由于 $y' = 3x^2, y'' = 6x$,所以,在 $(-\infty, 0)$ 内 $y'' < 0$,曲线 $y = x^3$ 在 $(-\infty, 0]$ 上是凸的;在 $(0, +\infty)$ 内 $y'' > 0$,曲线 $y = x^3$ 在 $[0, +\infty)$ 上是凹的.

这里点 $(0,0)$ 为曲线 $y = x^3$ 在 $(-\infty, +\infty)$ 内凹弧与凸弧的分界点,这样的点称为曲线 $y = x^3$ 的拐点.

4.5.2 曲线的拐点及其求法

定义 4.5.2 连续曲线 $y = f(x)$ 上的凹弧与凸弧的分界点 $(x_0, f(x_0))$,称其为该曲线的拐点.

由拐点的定义可知,在拐点 $(x_0, f(x_0))$ 两侧曲线凹凸性要发生改变. 若 $f''(x)$ 在 x_0 的某去心邻域 $\mathring{U}(x_0)$ 内存在,那么在拐点横坐标 x_0 的左、右邻近,$f''(x)$ 必然异号,因此曲线 $y = f(x)$ 的拐点的横坐标 x_0 只可能是使 $f''(x_0) = 0$ 或 $f''(x_0)$ 不存在的点. 由此有下面定理.

定理 4.5.2(拐点存在的必要条件) 若点 $(x_0, f(x_0))$ 为连续曲线 $y = f(x)$ 的拐点,则 $f''(x_0) = 0$ 或 $f''(x_0)$ 不存在.

但即使 $f''(x_0) = 0$ 或 $f''(x_0)$ 不存在时,连续曲线上的点 $(x_0, f(x_0))$ 未必就是拐点. 例如,$y = x^4, y'' = 12x^2, y''(0) = 0$,但点 $(0,0)$ 不是曲线 $y = x^4$ 的拐点. 再如 $y = x^{\frac{2}{3}}$,因 $y' = \frac{2}{3}x^{-\frac{1}{3}}$,在 $x = 0$ 处 y' 不存在,故 $y''(0)$ 必不存在,且点 $(0,0)$ 不是曲线 $y = x^{\frac{2}{3}}$ 的拐点. 而 $y = x^{\frac{1}{3}}$,因 $y' = \frac{1}{3}x^{-\frac{2}{3}}$,在 $x = 0$ 处 y' 不存在,故 $y''(0)$ 必不存在,但点 $(0,0)$ 是曲线 $y = x^{\frac{1}{3}}$ 的拐点.

根据曲线凹凸性的判别法可知,有下述判别点 $(x_0, f(x_0))$ 为曲线 $y = f(x)$ 拐点的结论.

定理 4.5.3(拐点存在的充分条件) 设 $y = f(x)$ 在点 x_0 处连续,且 $f''(x)$ 在 x_0 的某去心邻域 $\mathring{U}(x_0)$ 内存在,若在 x_0 的左右两侧附近 $f''(x)$ 变号,则点 $(x_0, f(x_0))$ 为曲线 $y = f(x)$ 的拐点;否则点 $(x_0, f(x_0))$ 不是曲线 $y = f(x)$ 的拐点.

由以上讨论可知,拐点处的横坐标 x_0 与凹凸区间是伴随出现的,所以确定连续曲线 $y = f(x)$ 的凹凸性与拐点的方法如下:

（1）求函数 $f(x)$ 的定义域 D_f；

（2）在 D_f 内求出使 $f''(x) = 0$ 及 $f''(x)$ 不存在的全部点 x（可能拐点的横坐标）；

（3）用所求出的点 x 划分 $f(x)$ 的定义域 D_f 为若干个子区间，列表并考察 $f''(x)$ 在各子区间内的符号，即可得出曲线的凹凸性及拐点.

例 4.5.2　求曲线 $y = \dfrac{1}{2}x^2 - \dfrac{9}{10}x^{\frac{5}{3}}$ 的凹凸区间及拐点.

解　函数的定义域为 $(-\infty, +\infty)$，且

$$y' = x - \frac{3}{2}x^{\frac{2}{3}}, \quad y'' = \frac{\sqrt[3]{x} - 1}{\sqrt[3]{x}},$$

令 $y'' = 0$，得 $x = 1$，而在 $x = 0$ 处，y'' 不存在. 以 $x = 0, x = 1$ 划分函数定义域 $(-\infty, +\infty)$ 为三个子区间，列表讨论如下：

x	$(-\infty, 0)$	0	$(0, 1)$	1	$(1, +\infty)$
y''	$+$	不存在	$-$	0	$+$
y	$\cup$	拐点$(0,0)$	$\cap$	拐点$\left(1, -\dfrac{2}{5}\right)$	$\cup$

其中"$+$"、"$-$"号表示 $f''(x)$ 在相应区间上的符号，记号"$\cup$"表示曲线为凹的，记号"$\cap$"表示曲线为凸的.

由上表可知，$(-\infty, 0)$ 及 $(1, +\infty)$ 为给定曲线的凹区间，$[0, 1]$ 为给定曲线的凸区间；点 $(0, 0)$ 和点 $\left(1, -\dfrac{2}{5}\right)$ 是给定曲线的拐点.

利用曲线的凹凸性可以证明一些不等式.

例 4.5.3　证明不等式 $x\mathrm{e}^x + y\mathrm{e}^y > (x+y)\mathrm{e}^{\frac{x+y}{2}}$ $(x, y > 0, x \neq y)$.

证　设 $f(t) = t\mathrm{e}^t$，则当 $t > 0$ 时，有

$$f'(t) = \mathrm{e}^t + t\mathrm{e}^t, \quad f''(t) = (2+t)\mathrm{e}^t > 0,$$

所以，曲线 $f(t) = t\mathrm{e}^t$ 在 $(0, +\infty)$ 内是凹的. 因此，当 $x, y > 0, x \neq y$ 时，有

$$\frac{f(x) + f(y)}{2} > f\left(\frac{x+y}{2}\right),$$

即

$$\frac{x\mathrm{e}^x + y\mathrm{e}^y}{2} > \frac{x+y}{2}\mathrm{e}^{\frac{x+y}{2}},$$

故

$$x\mathrm{e}^x + y\mathrm{e}^y > (x+y)\mathrm{e}^{\frac{x+y}{2}}.$$

习　题　4.5

（A）

1. 求下列曲线的凹凸区间和拐点：

（1）$y = x^4 - 2x^3 + 1$；　　　　（2）$y = \dfrac{9}{5}\sqrt[3]{x^5} - x^2$；　　　　（3）$y = \dfrac{x}{x^2 - 1}$；

（4）$y = x^4(12\ln x - 7)$；　　　（5）$y = (x-4)\sqrt[3]{x^5}$；　　　（6）$y = (2x-5)x^{\frac{2}{3}}$.

2. 利用曲线的凹凸性证明下列不等式(其中 $x \neq y$):

(1) $\dfrac{e^x + e^y}{2} > e^{\frac{x+y}{2}}$;   (2) $\arctan \dfrac{x+y}{2} > \dfrac{\arctan x + \arctan y}{2}$ $(x, y \in \mathbf{R}^+)$;

(3) $\sqrt{xy} < \dfrac{x+y}{2}$ $(x > 0, y > 0)$;   (4) $x\ln x + y\ln y > (x+y)\ln \dfrac{x+y}{2}$ $(x, y \in \mathbf{R}^+)$.

3. 已知函数 $f(x) = ax^3 + bx^2 + cx + d$ 在 $x = -2$ 处有极值44,点 $(1, -10)$ 为曲线 $y = f(x)$ 上的拐点,求常数 a, b, c, d.

4. 求曲线 $y = xe^{2-x}$ 在拐点处的切线方程.

5. 设 $y = f(x) = |\ln x|$,试求:(1) 函数 $y = f(x)$ 的极值点;(2) 曲线 $y = f(x)$ 的拐点.

6. 若 $y = f(x)$ 在 $x = x_0$ 处有三阶导数,且 $f''(x_0) = 0, f'''(x_0) \neq 0$,证明:$(x_0, f(x_0))$ 为曲线 $y = f(x)$ 的拐点.

(B)

1. 试确定 $y = k(x^2 - 3)^2$ 中 k 的值,使曲线在拐点处的法线通过原点 $(0, 0)$.

2. 证明:曲线 $y = \dfrac{x-1}{x^2+1}$ 有三个拐点且位于同一直线上.

3. 若函数 $f(x)$ 具有二阶连续导数,且 $f(x)$ 满足等式 $f''(x) + [f'(x)]^2 = x$,又 $f'(0) = 0$,证明:点 $(0, f(0))$ 是曲线 $y = f(x)$ 的拐点.

4. 若 $y = f(x)$ 在 $x = 0$ 处有二阶连续导数,且 $\lim\limits_{x \to 0} \dfrac{f''(x)}{\sin x} = -1$,则点 $(0, f(0))$ 是否为曲线 $y = f(x)$ 的拐点,为什么?

5. 设函数 $y = y(x)$ 是由方程 $y\ln y + y = x$ 确定的,试判断曲线 $y = y(x)$ 在点 $(1, 1)$ 附近的凹凸性.

4.6　函数图形的描绘

4.6.1　曲线的渐近线

为了完整地描绘函数的图形,除了需要知道其增减、凹凸、极值和拐点外,当函数的定义域或值域是无限区间时,还应了解当曲线无限远离坐标原点时的变化状况,这就是下面要讨论的曲线的渐近线问题.

定义 4.6.1　若曲线 $y = f(x)$ 上的动点 $M(x, y)$ 沿着曲线无限远离原点时,它与某定直线 l 的距离趋近于零,则称此直线 l 为曲线 $y = f(x)$ 的渐近线(图 4.9).

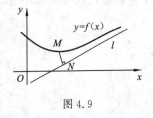

图 4.9

渐近线分为水平渐近线、垂直渐近线和斜渐近线三种,下面分别给出这些渐近线的求法. 由渐近线的定义不难验证这些方法的正确性.

1. 水平渐近线

若函数 $y = f(x)$ 的定义域是一个无限区间,且有 $\lim\limits_{x \to \infty} f(x) = b$(或 $\lim\limits_{x \to -\infty} f(x) = b$,或 $\lim\limits_{x \to +\infty} f(x) = b$),则称直线 $y = b$ 为曲线 $y = f(x)$ 的**水平渐近线**.

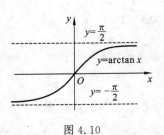

图 4.10

例如,$y = \arctan x$,因为 $\lim\limits_{x \to -\infty} \arctan x = -\dfrac{\pi}{2}$,$\lim\limits_{x \to +\infty} \arctan x = \dfrac{\pi}{2}$,故直线 $y = -\dfrac{\pi}{2}$ 及 $y = \dfrac{\pi}{2}$ 均为曲线 $y = \arctan x$ 的水平渐近线

（图 4.10）. 再如, 对于 $y = \dfrac{1}{x}$, 因为 $\lim\limits_{x \to \infty} \dfrac{1}{x} = 0$, 故直线 $y = 0$ 为曲线 $y = \dfrac{1}{x}$ 的水平渐近线.

　　2. 垂直渐近线

　　对于函数 $y = f(x)$, 若存在实数 x_0, 使得 $\lim\limits_{x \to x_0} f(x) = \infty$（或 $\lim\limits_{x \to x_0^-} f(x) = \infty$, 或 $\lim\limits_{x \to x_0^+} f(x) = \infty$）, 则称直线 $x = x_0$ 为曲线 $y = f(x)$ 的**垂直渐近线**.

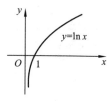

图 4.11

　　例如, 对于曲线 $y = \dfrac{1}{x}$, 因为 $\lim\limits_{x \to 0} \dfrac{1}{x} = \infty$, 故直线 $x = 0$ 为曲线 $y = \dfrac{1}{x}$ 的垂直渐近线. 又如: 对于曲线 $y = \ln x$, 因为 $\lim\limits_{x \to 0^+} \ln x = -\infty$, 故直线 $x = 0$ 为曲线 $y = \ln x$ 的垂直渐近线（图 4.11）.

　　3. 斜渐近线

　　设函数 $y = f(x)$ 的定义域是一个无限区间, 若存在常数 $k \neq 0$ 与 b, 使得

$$\lim_{x \to \infty} [f(x) - (kx + b)] = 0 \tag{4.6.1}$$

　　（或 $\lim\limits_{x \to -\infty} [f(x) - (kx + b)] = 0$, 或 $\lim\limits_{x \to +\infty} [f(x) - (kx + b)] = 0$）, 则称直线 $y = kx + b$ 为曲线 $y = f(x)$ 的一条**斜渐近线**.

　　这是因为, 设 $M(x, f(x))$ 为曲线 $y = f(x)$ 上任一点, 点 $M(x, f(x))$ 到直线 $y = kx + b$ 的距离为 $d = \dfrac{|f(x) - kx - b|}{\sqrt{1 + k^2}}$. 当 $x \to \infty$ 时, 有

$$d = \frac{|f(x) - kx - b|}{\sqrt{1 + k^2}} \to 0 \Leftrightarrow f(x) - kx - b \to 0.$$

故根据渐近线的定义, 可知 $y = kx + b$ 为曲线 $y = f(x)$ 的渐近线.

　　下面推导计算 k, b 的公式:

　　由斜渐近线的定义, 直线 $y = kx + b$ 为曲线 $y = f(x)$ 当 $x \to \infty$ 时的斜渐近线的充要条件为满足式 (4.6.1). 即 $\lim\limits_{x \to \infty} [f(x) - (kx + b)] = 0$, 由函数极限与无穷小的关系, 得

$$f(x) = kx + b + \alpha(x), \quad 其中 \quad \lim_{x \to \infty} \alpha(x) = 0.$$

因此

$$k = \lim_{x \to \infty} \frac{f(x) - b - \alpha(x)}{x} = \lim_{x \to \infty} \frac{f(x)}{x},$$
$$b = \lim_{x \to \infty} [f(x) - kx - \alpha(x)] = \lim_{x \to \infty} [f(x) - kx],$$

即

$$k = \lim_{x \to \infty} \frac{f(x)}{x}, \quad 且 \quad b = \lim_{x \to \infty} [f(x) - kx].$$

　　因此, 若 $\lim\limits_{x \to \infty} \dfrac{f(x)}{x} = k \neq 0$, 且 $\lim\limits_{x \to \infty} [f(x) - kx] = b$, 其中 k, b 为常数, 则曲线 $y = f(x)$ 具有斜渐近线 $y = kx + b$.

　　对于 $\lim\limits_{x \to -\infty} [f(x) - (kx + b)] = 0$ 或 $\lim\limits_{x \to +\infty} [f(x) - (kx + b)] = 0$ 也有类同的结果.

　　注　当函数的定义域是一个无限区间时, 曲线才可能存在水平渐近线、斜渐近线. 一条曲

线的水平渐近线、斜渐近线最多可有两条. 当然,一条曲线可能既有水平渐近线又有斜渐近线,但在同一侧($x > 0$ 或 $x < 0$),曲线的水平渐近线与斜渐近线不会同时出现.

例 4.6.1　求曲线 $y = \dfrac{2x+1}{x-1} \mathrm{e}^{\frac{1}{x}}$ 的渐近线.

解　因为 $\lim\limits_{x \to \infty} f(x) = \lim\limits_{x \to \infty} \dfrac{2x+1}{x-1} \mathrm{e}^{\frac{1}{x}} = 2$,故 $y = 2$ 为曲线的一条水平渐近线;又因为

$$\lim_{x \to 1} f(x) = \lim_{x \to 1} \frac{2x+1}{x-1} \mathrm{e}^{\frac{1}{x}} = \infty, \quad \lim_{x \to 0^+} f(x) = \lim_{x \to 0^+} \frac{2x+1}{x-1} \mathrm{e}^{\frac{1}{x}} = -\infty,$$

所以 $x = 1$ 和 $x = 0$ 均为曲线的垂直渐近线.

由于 $x \to \infty$ 时,曲线有水平渐近线,所以无斜渐近线.

例 4.6.2　求曲线 $y = \dfrac{x^2}{x-2}$ 的渐近线.

解　因为 $\lim\limits_{x \to \infty} f(x) = \lim\limits_{x \to \infty} \dfrac{x^2}{x-2} = \infty$,故所给曲线无水平渐近线.

而 $\lim\limits_{x \to 2} f(x) = \lim\limits_{x \to 2} \dfrac{x^2}{x-2} = \infty$,故 $x = 2$ 为曲线的垂直渐近线. 又因为

$$k = \lim_{x \to \infty} \frac{f(x)}{x} = \lim_{x \to \infty} \frac{x^2}{x(x-2)} = 1,$$

$$b = \lim_{x \to \infty} [f(x) - 1 \cdot x] = \lim_{x \to \infty} \left[\frac{x^2}{x-2} - x \right] = \lim_{x \to \infty} \frac{2x}{x-2} = 2,$$

故直线 $y = x + 2$ 为曲线的斜渐近线.

例 4.6.3　求曲线 $y = x + 2\arctan x$ 的渐近线.

解　因为 $\lim\limits_{x \to \infty} f(x) = \lim\limits_{x \to \infty} (x + 2\arctan x) = \infty$. 故曲线无水平渐近线.

因函数在 $(-\infty, +\infty)$ 内连续,故曲线无垂直渐近线. 又因

$$k = \lim_{x \to \infty} \frac{f(x)}{x} = \lim_{x \to \infty} \frac{x + 2\arctan x}{x} = \lim_{x \to \infty} \left(1 + \frac{2\arctan x}{x} \right) = 1,$$

而 $\lim\limits_{x \to -\infty} [f(x) - 1 \cdot x] = \lim\limits_{x \to -\infty} [x + 2\arctan x - x] = \lim\limits_{x \to -\infty} 2\arctan x = -\pi$,故 $b = -\pi$,于是当 $x \to -\infty$ 时,曲线有斜渐近线 $y = x - \pi$.

又 $\lim\limits_{x \to +\infty} [f(x) - 1 \cdot x] = \lim\limits_{x \to +\infty} [x + 2\arctan x - x] = \lim\limits_{x \to +\infty} 2\arctan x = \pi$,所以 $b = \pi$. 于是当 $x \to +\infty$ 时,曲线有斜渐近线 $y = x + \pi$.

例 4.6.4　求曲线 $y = \ln(1 + \mathrm{e}^x)$ 的渐近线.

解　因为 $\lim\limits_{x \to -\infty} f(x) = \lim\limits_{x \to -\infty} \ln(1 + \mathrm{e}^x) = 0$,故当 $x \to -\infty$ 时,直线 $y = 0$ 为曲线的水平渐近线.

因函数 $f(x) = \ln(1 + \mathrm{e}^x)$ 在 $(-\infty, +\infty)$ 内连续,故曲线无垂直渐近线. 又因

$$k = \lim_{x \to +\infty} \frac{f(x)}{x} = \lim_{x \to +\infty} \frac{\ln(1 + \mathrm{e}^x)}{x} \xlongequal{\text{L}} \lim_{x \to +\infty} \frac{\mathrm{e}^x}{1 + \mathrm{e}^x} = 1,$$

$$b = \lim_{x \to +\infty} [f(x) - 1 \cdot x] = \lim_{x \to +\infty} [\ln(1 + \mathrm{e}^x) - x] = \lim_{x \to +\infty} \ln \left(1 + \frac{1}{\mathrm{e}^x} \right) = 0,$$

故当 $x \to +\infty$ 时,直线 $y = x$ 为曲线的斜渐近线.

4.6.2　函数作图

中学阶段描绘函数的图形主要用描点法,描点法很难准确地作出函数的图形,因为点描的太少,图形不准确;点描的太多,工作量又太大,并且描点时也难免会漏掉一些关键点,如极值点、拐点,更难把握图形在无穷远处的状态. 在掌握导数这个工具后,我们就可以先利用导数讨论函数的性态,然后再去描点作图,从而就可较为准确地描绘出函数图形.

描绘函数 $y = f(x)$ 图形的一般步骤如下:

(1) 确定函数 $f(x)$ 的定义域 D_f;讨论其奇偶性和周期性;

(2) 在定义域 D_f 内求出使 $f'(x) = 0, f''(x) = 0$ 的全部点及使 $f'(x), f''(x)$ 不存在的点,并将所求的这些点按从小到大将定义域 D_f 划分为若干个子区间,列表确定函数的单调区间、极值和曲线的凹凸区间及拐点;

(3) 求出曲线 $y = f(x)$ 的渐近线;

(4) 为了描点的需要,必要时再计算曲线上若干个点,特别是曲线与坐标轴的交点,最后用光滑的曲线把图形描绘出来.

例 4.6.5　作函数 $f(x) = \dfrac{1}{\sqrt{2\pi}}\mathrm{e}^{-\frac{x^2}{2}}$ 的图形.

解　函数的定义域为 $D_f = (-\infty, +\infty)$,且该函数为偶函数,其图形关于 y 轴对称. 而

$$f'(x) = -\frac{x}{\sqrt{2\pi}}\mathrm{e}^{-\frac{x^2}{2}}, \quad f''(x) = \frac{(x+1)(x-1)}{\sqrt{2\pi}}\mathrm{e}^{-\frac{x^2}{2}}.$$

令 $f'(x) = 0$,得 $x = 0$;令 $f''(x) = 0$,得 $x = -1$ 和 $x = 1$.用点 $x = -1, x = 0, x = 1$ 将定义域分为四个子区间,列表讨论如下:

x	$(-\infty, -1)$	-1	$(-1, 0)$	0	$(0, 1)$	1	$(1, +\infty)$
y'	+		+	0	−		−
y''	+	0	−		−	0	+
y	↗	拐点 $\left(-1, \dfrac{1}{\sqrt{2\mathrm{e}}}\right)$	↗	极大值 $\dfrac{1}{\sqrt{2\pi}}$	↘	拐点 $\left(1, \dfrac{1}{\sqrt{2\mathrm{e}}}\right)$	↘

其中,记号"↗"表示曲线单调增加且为凹的,"↗"表示曲线单调增加且为凸的,"↘"表示曲线单调递减且为凸的,"↘"表示曲线单调递减且为凹的.

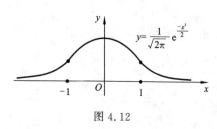
图 4.12

又因为 $\lim\limits_{x\to\infty} f(x) = \lim\limits_{x\to\infty} \dfrac{1}{\sqrt{2\pi}}\mathrm{e}^{-\frac{x^2}{2}} = 0$,所以 $y = 0$ 为曲线的一条水平渐近线. 于是可画出函数的图形,如图 4.12 所示.

注　该函数是概率统计中的常见的函数 —— 标准正态分布的密度函数.

例 4.6.6　作函数 $f(x) = \dfrac{(x-1)^3}{(x+1)^2}$ 的图形.

解　函数的定义域为 $D_f = (-\infty, -1) \bigcup (-1, +\infty)$. 而

$$f'(x) = \frac{(x+5)(x-1)^2}{(x+1)^3}, \quad f''(x) = \frac{24(x-1)}{(x+1)^4}.$$

令 $f'(x) = 0$, 得 $x_1 = -5, x_2 = 1$; 令 $f''(x) = 0$, 得 $x = 1$. 以 $x_1 = -5, x_2 = 1$ 为分点, 划分定义域为四个子区间, 列表讨论如下:

x	$(-\infty, -5)$	-5	$(-5, -1)$	$(-1, 1)$	1	$(1, +\infty)$
$f'(x)$	$+$	0	$-$	$+$	0	$+$
$f''(x)$	$-$		$-$	$-$	0	$+$
$f(x)$	↗	极大值 -13.5	↘	↗	拐点 $(1, 0)$	↗

又因为 $\lim\limits_{x \to -1} f(x) = \lim\limits_{x \to -1} \dfrac{(x-1)^3}{(x+1)^2} = -\infty$, 所以 $x = -1$ 是

曲线的一条垂直渐近线. 又因为

$$k = \lim_{x \to \infty} \frac{f(x)}{x} = \lim_{x \to \infty} \frac{(x-1)^3}{x(x+1)^2} = 1,$$

$$b = \lim_{x \to \infty} [f(x) - x] = \lim_{x \to \infty} \left[\frac{(x-1)^3}{(x+1)^2} - x\right] = -5,$$

所以 $y = x - 5$ 为曲线的一条斜渐近线.

补充辅助点 $(-5, -13.5)$ 及与 y 轴的交点 $(0, -1)$, 于是可画出函数的图形, 如图4.13 所示.

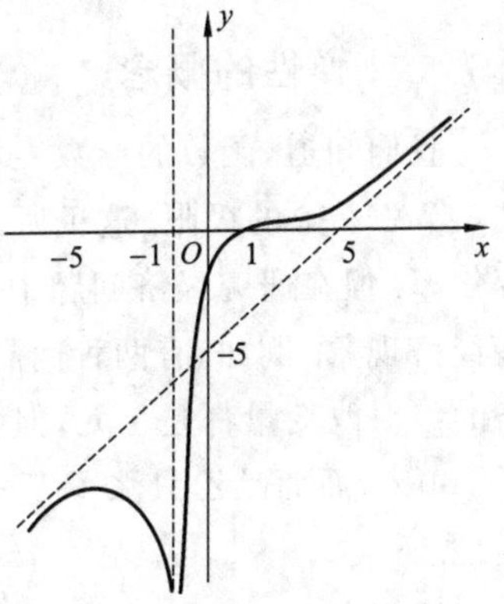

图 4.13

习　题　4.6

（A）

1. 求下列曲线的渐近线:

(1) $y = \dfrac{1 - 2x}{x^2 - 4x - 5}$;　　　　(2) $y = \dfrac{x^3}{(x-1)^2}$;　　　　(3) $y = x + \sin\dfrac{1}{x}$;

(4) $y = x\mathrm{e}^{\frac{1}{x^2}}$;　　　　(5) $y = \ln\left(3 - \dfrac{\mathrm{e}}{x}\right)$;　　　　(6) $y = x\arctan x$.

2. 作出下列函数的图形:

(1) $y = \dfrac{2x}{\ln x}$;　　(2) $y = \dfrac{(x+1)^3}{(x-1)^2}$;　　(3) $y = (x+2)\mathrm{e}^{\frac{1}{x}}$;　　(4) $y = x^{\frac{2}{3}}(6-x)^{\frac{1}{3}}$.

3. 根据下列函数 $y = f(x)$ 具有的特征, 描绘出函数 $y = f(x)$ 的草图:

(1) $f(0) = 2$; 当 $x < 0$ 时, $f'(x) < 0$, 当 $x > 0$ 时, $f'(x) > 0$; $f''(x) > 0$.

(2) $f(0) = 1$; $f'(0) = 0$, 当 $x \neq 0$ 时, $f'(x) > 0$; 当 $x < 0$ 时, $f''(x) < 0$, 当 $x > 0$ 时, $f''(x) > 0$.

（B）

1. 求下列曲线的渐近线:

(1) $y = (2x - 1)\mathrm{e}^{\frac{1}{x}}$;　　(2) $y = \dfrac{1}{x+1} - \ln(1 + \mathrm{e}^x)$;　　(3) $y = x\mathrm{e}^{\frac{\pi}{2} + \arctan x}$.

2. 设 $f(x)$ 是连续函数, $f(0) = f(2) = 0$, 已知 $f'(x)$ 的图形如图 4.14 所示, 根据这些条件描绘出函数 $y = f(x)$ 的草图.

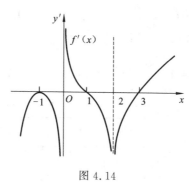

图 4.14

4.7　导数在经济分析中的进一步应用 —— 弹性分析

4.7.1　弹性的概念

我们知道, 函数的导数表示函数的变化率, 它是函数的改变量 Δy 与自变量的改变量 Δx 之比, 当 $\Delta x \to 0$ 的极限. 这里所说的改变量 Δy 与 Δx 一般称为**绝对改变量**, 因而导数也称为**绝对变化率**. 但在研究经济问题中, 仅凭函数的绝对改变量与绝对变化率还不足以精确地描述某些经济现象. 例如, 有两种商品甲和乙, 它们的价格分别为 1 元和 100 元, 它们都涨价 1 元, 其价格的绝对改变量都是 1 元, 但各与其原价格相比, 两者涨价幅度的百分比却不相同, 商品甲涨了 100%, 而商品乙只涨了 1%. 因此有必要研究函数的相对改变量与相对变化率问题, 即弹性问题.

定义 4.7.1　设函数 $y = f(x)$ 在点 $x_0(x_0 \neq 0)$ 处可导, 且 $f(x_0) \neq 0$. 函数的相对改变量 $\dfrac{\Delta y}{y_0} = \dfrac{f(x_0 + \Delta x) - f(x_0)}{f(x_0)}$ 与自变量的相对改变量 $\dfrac{\Delta x}{x_0}$ 之比 $\dfrac{\Delta y / y_0}{\Delta x / x_0}$, 称为函数 $y = f(x)$ 在点 x_0 处从点 x_0 到点 $x_0 + \Delta x$ **两点间的相对变化率**, 或**两点间的弹性**, 经济学中也称为**弧弹性**.

称极限

$$\lim_{\Delta x \to 0} \frac{\Delta y / y_0}{\Delta x / x_0} = \lim_{\Delta x \to 0} \left(\frac{\Delta y}{\Delta x} \cdot \frac{x_0}{y_0} \right) = x_0 \frac{f'(x_0)}{f(x_0)}$$

为函数 $f(x)$ 在点 x_0 处的**相对变化率**, 或称为函数 $f(x)$ 在点 x_0 处的**弹性**(elasticity). 记作

$$\left. \frac{Ey}{Ex} \right|_{x = x_0} \quad \text{或} \quad \left. \frac{Ef(x)}{Ex} \right|_{x = x_0}, \quad \text{即} \quad \left. \frac{Ey}{Ex} \right|_{x = x_0} = x_0 \frac{f'(x_0)}{f(x_0)}.$$

对一般的 x, 若 $f(x)$ 可导, 且 $f(x) \neq 0$, 则有

$$\frac{Ey}{Ex} = \lim_{\Delta x \to 0} \frac{\Delta y / y}{\Delta x / x} = \lim_{\Delta x \to 0} \left(\frac{\Delta y}{\Delta x} \cdot \frac{x}{y} \right) = x \frac{f'(x)}{f(x)}.$$

它是 x 的函数, 称为 $f(x)$ 的**弹性函数**(elasticity function), 简称为**弹性**.

函数 $y = f(x)$ 在点 x 处的弹性 $\dfrac{Ey}{Ex}$ 反映的是随 x 的变化, $f(x)$ 变化幅度的大小, 即 $f(x)$ 对 x 变化反应的灵敏程度.

设函数 $y = f(x)$ 在点 x_0 处的弹性为 $\dfrac{Ey}{Ex}\Big|_{x=x_0}$,由极限与无穷小的关系有

$$\frac{\Delta y/y_0}{\Delta x/x_0} = \frac{Ey}{Ex}\Big|_{x=x_0} + \alpha, \quad 且 \quad \lim_{\Delta x \to 0}\alpha = 0,$$

即 $\dfrac{\Delta y}{y_0} = \dfrac{Ey}{Ex}\Big|_{x=x_0} \cdot \dfrac{\Delta x}{x_0} + \alpha \cdot \dfrac{\Delta x}{x_0}$,于是当 $|\Delta x|$ 很小时,有

$$\frac{\Delta y}{y_0} \approx \frac{Ey}{Ex}\Big|_{x=x_0} \cdot \frac{\Delta x}{x_0}. \tag{4.7.1}$$

若取 $\dfrac{\Delta x}{x_0} = 1\%$,则有 $\dfrac{\Delta y}{y_0} \approx \dfrac{Ey}{Ex}\Big|_{x=x_0}\%$. 所以 $\dfrac{Ey}{Ex}\Big|_{x=x_0}$ 表示的是当自变量 x 在点 x_0 处改变 1% 时,函数 $y = f(x)$ 将相应地改变大约 $\dfrac{Ey}{Ex}\Big|_{x=x_0}\%$. 在考虑实际问题时,一般都略去"大约"二字.

例 4.7.1 求函数 $y = x^2 + 2x$ 在 $x = 1$ 处的弹性.

解 因 $\dfrac{Ey}{Ex} = x\dfrac{y'}{y} = x\dfrac{2x+2}{x^2+2x} = \dfrac{2(x+1)}{x+2}$, 于是 $\dfrac{Ey}{Ex}\Big|_{x=1} = \dfrac{2 \cdot (1+1)}{1+2} = \dfrac{4}{3}$.

例 4.7.2 求 $y = x^{\mu}$ (μ 为常数) 的弹性函数.

解 $\dfrac{Ey}{Ex} = \dfrac{y'}{y}x = \dfrac{\mu x^{\mu-1}}{x^{\mu}}x = \mu$.

由此可知,幂函数在任意一点的弹性都不变,所以也称幂函数为**不变弹性函数**.

我们知道,边际(即导数)表示函数 $f(x)$ 在点 x 处变化率,它与度量单位有关.而弹性表示函数 $f(x)$ 在点 x 处的相对变化率,它与任何度量单位无关.弹性便于比较不同商品的需求对价格变动的反映.例如,我们希望比较在鸡蛋和电视机两种商品上,需求对价格变动的反映,如用边际 $Q' = f'(P)$ 来表达这种反应的话,那么就有两种数量单位:"千克"和"台",鸡蛋的敏感性是 n 千克 / 元,而电视机是 m 台 / 元,难以比较.用弹性来比较上述的敏感性是很方便的.因此,弹性在经济学中,是一个被广泛应用的概念,经常以其为工具对经济规律和经济问题进行分析.

4.7.2 经济学中常见的弹性函数及需求弹性与收益的关系

1. 供给弹性

在价格之外其他因素比较稳定的情况下,商品生产者的供给量 Q 可只看成是价格 P 的函数:$Q = \varphi(P)$. 此函数一般是单调增加函数.

供给弹性(supply elasticity),通常是指供给量对**价格的弹性**(price elasticity of supply). 若商品的供给函数 $Q = \varphi(P)$ 在 $P = P_0$ 处可导,则称 $P_0 \dfrac{\varphi'(P_0)}{\varphi(P_0)}$ 为该商品在价格为 $P = P_0$ 时的**供给价格弹性**,简称为**供给弹性**,记作 $E_s\big|_{P=P_0}$ 或 $E_s(P_0)$,即

$$E_s\big|_{P=P_0} = E_s(P_0) = P_0 \frac{\varphi'(P_0)}{\varphi(P_0)}.$$

它的经济意义表示当商品价格为 $P = P_0$ 时,若价格上涨(或下跌)1%,则供给量将增加(或减少)$E_s(P_0)\%$.

若供给函数 $Q = \varphi(P)$ 可导,则称 $E_s = P\dfrac{\varphi'(P)}{\varphi(P)}$ 为供给价格弹性函数,简称供给弹性.

例 4.7.3　设某产品的供给函数为 $Q = \mathrm{e}^{\frac{P}{8}}$,求 $P = 2$ 时的供给弹性,并说明其经济意义.

解　因为供给弹性函数为

$$E_s = \frac{\mathrm{d}Q}{\mathrm{d}P} \cdot \frac{P}{Q} = \frac{1}{8}\mathrm{e}^{\frac{P}{8}} \cdot \frac{P}{\mathrm{e}^{\frac{P}{8}}} = \frac{P}{8},$$

所以 $P = 2$ 时的供给弹性为

$$E_s \mid_{P=2} = \frac{2}{8} = \frac{1}{4} = 0.25.$$

它的经济意义是:当产品价格 $P = 2$ 时,若价格上涨(或下跌)1%,则供给量将增加(或减少)0.25%.

2. 需求弹性

在价格之外其他因素比较稳定的情况下,消费者对商品的需求量 Q 也可只看成是价格 P 的函数:$Q = f(P)$. 此函数一般是单调递减函数.

需求弹性(demand elasticity),通常是指需求对价格的弹性(price elasticity of demand).

若商品的需求函数 $Q = f(P)$ 在 $P = P_0$ 处可导,则称 $-P_0\dfrac{f'(P_0)}{f(P_0)}$ 为该商品在价格为 $P = P_0$ 时的**需求价格弹性**,简称为**需求弹性**,记作 $E_d(P_0)$ 或 $E_d \mid_{P=P_0}$,即

$$E_d \mid_{P=P_0} = E_d(P_0) = -P_0 \frac{f'(P_0)}{f(P_0)},$$

它的经济意义表示当商品价格为 $P = P_0$ 时,若价格上涨(或下跌)1%,则需求量将减少(或增加)$E_d(P_0)$%.

若需求函数 $Q = f(P)$ 可导,则称 $E_d = -P\dfrac{f'(P)}{f(P)}$ 为需求价格弹性函数,简称需求弹性.

例 4.7.4　设某商品的需求函数为 $Q = a\mathrm{e}^{-\frac{P}{2}}$ (Q 表示需求量,P 表示价格,a 表示常数),求当价格 $P = 10$ 时的需求价格弹性,并说明其经济意义.

解　因为 $Q' = -\dfrac{1}{2}a\mathrm{e}^{-\frac{P}{2}}$,故需求价格弹性函数为

$$E_d(P) = -P\frac{Q'}{Q} = -P\frac{-\dfrac{1}{2}a\mathrm{e}^{-\frac{P}{2}}}{a\mathrm{e}^{-\frac{P}{2}}} = \frac{1}{2}P,$$

所以当价格 $P = 10$ 时的需求价格弹性为

$$E_d(10) = \frac{1}{2} \cdot 10 = 5.$$

它的经济意义是:当价格 $P = 10$ 时,若价格上涨(或下跌)1%,则需求量将减少(或增加)5%.

3. 需求价格弹性与总收益之间的关系

在经济分析中,常利用需求价格弹性 $E_d(P)$ 来分析当商品价格变动时,对其销售总收益的变化情况,从而制定出合理的价格策略.

由于总收益 R 是商品价格 P 与销售量 $Q = f(P)$ 的乘积,即

$$R = P \cdot Q = P \cdot f(P),$$

所以关于价格的边际收益为

$$R' = f(P) + Pf'(P) = f(P)\left[1 + f'(P)\frac{P}{f(P)}\right] = f(P)[1 - E_d(P)].$$

此处假设销量与需求量平衡. 下面分三种情况来讨论.

（1）若 $E_d(P) < 1$,则需求量变动的幅度小于价格变动的幅度. 此时 $R' > 0$,总收益函数是单调增加函数,即价格上涨,总收益将增加,价格下跌,总收益将减少.

（2）若 $E_d(P) > 1$,则需求量变动的幅度大于价格变动的幅度. 此时 $R' < 0$,总收益函数是单调减少函数,即价格上涨,总收益将减少,价格下跌,总收益将增加.

（3）若 $E_d(P) = 1$,则需求量变动的幅度等于价格变动的幅度. 此时 $R' = 0$,总收益取得最大值.

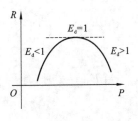

图 4.15

通过上面的讨论可知,根据需求价格弹性,采取合理的价格决策,可使总收益增加(图 4.15).

例 4.7.5　设某商品的需求函数为 $Q = 36 - \dfrac{P}{3}$,且假设需求量与销量平衡.

（1）求需求价格弹性函数;

（2）求 $P = 18$ 时的需求价格弹性;

（3）在 $P = 18$ 时,若价格上涨 1%,总收益是增加还是减少?将变化百分之几?

（4）P 为何值时,总收益最大?最大的总收益是多少?

解　（1）需求价格弹性函数为

$$E_d(P) = -Q'\frac{P}{Q} = -\left(-\frac{1}{3}\right)\cdot\frac{P}{36 - \frac{P}{3}} = \frac{P}{108 - P}.$$

（2）$P = 18$ 时的需求价格弹性为

$$E_d(18) = \frac{P}{108 - P}\bigg|_{P=18} = \frac{18}{108 - 18} = \frac{18}{90} = 0.2.$$

（3）因为 $E_d(18) = 0.2 < 1$,所以价格上涨 1%,总收益将增加,又因为

$$R = P\cdot Q = P\cdot\left(36 - \frac{P}{3}\right) = 36P - \frac{P^2}{3}, \quad R' = 36 - \frac{2}{3}P.$$

于是收益对价格在 $P = 18$ 时的弹性

$$\frac{ER}{EP}\bigg|_{P=18} = R'\cdot\frac{P}{R}\bigg|_{P=18} = \frac{108 - 2P}{108 - P}\bigg|_{P=18} = \frac{72}{90} = 0.8,$$

即在价格 $P = 18$ 时,若价格上涨 1%,总收益约增加 0.8%.

（4）**方法 1**　因 $R' = 36 - \dfrac{2}{3}P$,令 $R' = 0$,得 $P = 54$. 为收益函数 R 唯一的驻点,又

$$R\big|_{P=54} = \left(36P - \frac{P^2}{3}\right)\bigg|_{P=54} = 972.$$

由实际问题可知,最大收益一定存在,故当 $P = 54$ 时总收益最大,最大的总收益为 972.

方法 2　由需求价格弹性 E_d 也可以求出最大收益. 由上面讨论可知,当 $E_d(P) = 1$ 时,收益最大. 即

$$E_d(P) = \frac{P}{108 - P} = 1,$$

由此可得 $P = 54$ 时,这时的总收益为 $R\mid_{P=54} = \left(36P - \dfrac{P^2}{3}\right)\bigg|_{P=54} = 972.$

* 例 4.7.6　某产品滞销,准备降价扩大销路,若该产品的需求弹性为 $1.5 \sim 2$,问拟降价 10%,销量(假设销量与需求量平衡)预期能增加多少?收入预期会增加多少?

解　由于需求函数未知,所以由需求弹性的定义及近似公式(4.7.1),有

$$E_{\mathrm{d}} \approx -\frac{\Delta Q/Q}{\Delta P/P}, \quad 即 \quad \frac{\Delta Q}{Q} \approx -E_{\mathrm{d}}\frac{\Delta P}{P}.$$

当 $E_{\mathrm{d}} = 1.5$ 时,有

$$\frac{\Delta Q}{Q} \approx -1.5 \times (-10\%) = 15\%;$$

当 $E_{\mathrm{d}} = 2$ 时,有

$$\frac{\Delta Q}{Q} \approx -2 \times (-10\%) = 20\%.$$

所以降价 10% 后销量预期能增加 $15\% \sim 20\%$.

又因 $\dfrac{\mathrm{d}R}{\mathrm{d}P} = Q(P)[1 - E_{\mathrm{d}}(P)]$,故当价格变化量 $|\Delta P|$ 很小时,销售收入改变量为

$$\Delta R \approx \mathrm{d}R = Q(P)[1 - E_{\mathrm{d}}(P)]\Delta P,$$

从而有

$$\frac{\Delta R}{R} \approx \frac{Q(P)[1 - E_{\mathrm{d}}(P)]\Delta P}{R} = \frac{Q(P)[1 - E_{\mathrm{d}}(P)]\Delta P}{PQ(P)} = [1 - E_{\mathrm{d}}(P)]\frac{\Delta P}{P}.$$

当 $E_{\mathrm{d}} = 1.5$ 时,有

$$\frac{\Delta R}{R} \approx (1 - 1.5) \times (-10\%) = 5\%,$$

当 $E_{\mathrm{d}} = 2$ 时,有

$$\frac{\Delta R}{R} \approx (1 - 2) \times (-10\%) = 10\%.$$

所以降价 10% 后,总收入预期约增加 $5\% \sim 10\%$.

对于经济领域内的任何经济函数都可类似地定义相应的弹性.

例如,在商品价格比较稳定的情况下,消费者对商品的需求量 Q 也可只看成是消费者人均收入 M 的函数: $Q = f(M)$ $(M > 0)$. 则可以定义需求的收入弹性为

$$E_M = M\frac{Q'}{Q} = M\frac{f'(M)}{f(M)}.$$

若销售量 $Q = f(P)$,收益函数 $R = PQ = Pf(P)$,则可以定义收益的价格弹性为

$$E_{\mathrm{R}} = P\frac{R'(P)}{R(P)}.$$

有上述分析做基础,读者不难对上述经济函数的弹性做出分析讨论.

习　题　4.7

(A)

1. 求下列函数的弹性函数:

(1) $f(x) = \dfrac{x}{x+2}$;　　　　　　(2) $f(x) = 3\mathrm{e}^{2x} + 5.$

2. 试证明函数 $f(x)$ 的弹性可表示为函数 $\ln f(x)$ 微分与 $\ln x$ 微分之比,即 $\dfrac{Ey}{Ex} = \dfrac{\mathrm{d}(\ln f(x))}{\mathrm{d}(\ln x)}$.

3. 设产品的供给函数为 $Q = P^2 + 4P - 12$,试求:

(1) 供给价格弹性函数 E_s; (2) 当 $P = 3$ 时供给价格弹性,并说明其经济意义.

4. 设某商品的需求函数为 $Q = \mathrm{e}^{-\frac{P}{5}}$,求

(1) 需求价格弹性函数 E_d;

(2) 当 $P = 3$ 时的需求价格弹性,并说明其经济意义;

(3) 若需求量与销量平衡,求 $P = 3$ 时的收益价格弹性 E_R,并说明其经济意义.

5. 设某商品的需求函数为 $Q = 50 - \dfrac{P}{5}$,假设需求量与销量平衡. 试求:

(1) 需求价格弹性函数;

(2) 当 $P = 100$ 时需求价格弹性,并说明其意义;

(3) 当 $P = 100$ 时,若价格上涨 1%,其总收益是增加还是减少?将变化百分之几?

* 6. 某商品因原材料紧缺,拟用提价的方式降低 20% 的销售量,如果该商品的需求弹性为 $2 \sim 2.5$,那么如何制定价格策略.

(B)

1. 设 $f(x), g(x)$ 是可导函数,证明:

(1) $\dfrac{E[f(x) \cdot g(x)]}{Ex} = \dfrac{Ef(x)}{Ex} + \dfrac{Eg(x)}{Ex}$; (2) 当 $g(x) \neq 0$ 时,$\dfrac{E\left[\dfrac{f(x)}{g(x)}\right]}{Ex} = \dfrac{Ef(x)}{Ex} - \dfrac{Eg(x)}{Ex}$.

2. 设需求量 Q 是价格 P 的函数:$Q = Q(P)$(假设需求量与销量平衡).

(1) 试写出收益价格弹性 $E_R = \dfrac{ER}{EP}$ 的表达式;

(2) 推导出收益价格弹性 E_R 与需求价格弹性 $E_d (E_d > 0)$ 之间的关系;

(3) 若 $E_d = \dfrac{2P^2}{192 - P^2}$,求 $P = 6$ 时,收益价格弹性 E_R,并说明其经济意义;

(4) 推导当 $E_d \neq 0$ 时,边际收益 $\dfrac{\mathrm{d}R}{\mathrm{d}Q}$ 与需求价格弹性 E_d 之间的关系.

3. 为实现利润的最大化,厂商需要对某商品确定其定价模型,设 Q 为该商品的需求量,P 为价格,MC 为边际成本,η 为需求弹性($\eta > 0$).

(1) 证明定价模型为 $P = \dfrac{MC}{1 - \eta^{-1}}$;

(2) 若该商品的成本函数为 $C(Q) = 1600 + Q^2$,需求函数为 $Q = 40 - P$,试由(1)中的定价模型确定此商品的价格.

 阅读材料
第4章知识要点

第5章 不 定 积 分

第3章和第4章所讨论的内容,总称为一元函数微分学.在微分学中,我们讨论的是已知一个函数求它的导数或微分的问题.本章将要讨论它的逆问题,即已知一个函数的导数或微分,求原来的函数,这种由导数或微分求原来函数的运算称为不定积分,它是积分学的基础.本章介绍不定积分的概念、性质及不定积分的基本计算方法,并为学习第6章定积分做好准备.

5.1 不定积分的概念与性质

已知变速直线运动的质点的运动方程为 $s = s(t)$,由微分学可知,质点在时刻 t 的速度为 $v = s'(t)$.而在实际中有时需要研究相反的问题,即已知变速直线运动的质点在时刻 t 的速度为 $v = v(t)$,如何寻求质点的运动方程 $s = s(t)$,使得 $s'(t) = v(t)$.

再如,已知某产品的边际成本函数为 $MC = 2Q$,固定成本为 C_0,如何求生产该产品的总成本函数 $C = C(Q)$,使得 $C'(Q) = 2Q$.

上述问题在科学技术及经济分析中是普遍存在的,把它抽象成数学问题就是已知函数 $f(x)$,要求另一个函数 $F(x)$,使得 $F'(x) = f(x)$.为了便于研究这类问题,下面引入原函数与不定积分的概念.

5.1.1 原函数与不定积分的概念

定义 5.1.1 设函数 $f(x)$ 在某区间 I 上有定义,若存在可导函数 $F(x)$,使得对任一 $x \in I$,都有

$$F'(x) = f(x) \quad \text{或} \quad dF(x) = f(x)dx,$$

则称 $F(x)$ 为 $f(x)$ 在区间 I 上的一个**原函数**.

例如,$(\sin x)' = \cos x$,在 $(-\infty, +\infty)$ 内处处成立,因此 $\sin x$ 是 $\cos x$ 在 $(-\infty, +\infty)$ 内的一个原函数.显然 $\sin x + 1, \sin x + C$(C 为任意常数)都是 $\cos x$ 在 $(-\infty, +\infty)$ 内的原函数.

由此可见,如果一个函数存在原函数,那么它的原函数有无穷多个.

那么一个函数在什么条件下存在原函数呢?这里给出一个结论,其证明将在第6章中详细给出.

定理 5.1.1(原函数存在定理) 若函数 $f(x)$ 在区间 I 上连续,则在区间 I 上存在原函数 $F(x)$,使得对任一 $x \in I$,都有

$$F'(x) = f(x).$$

简单地说,即连续函数的原函数一定存在.

由于初等函数在其定义区间内是连续的,所以**任何初等函数在其定义区间内都有原函数**.

我们已经知道,若 $f(x)$ 在区间 I 上有原函数,那么 $f(x)$ 就有无穷多个原函数.试问这无穷多个原函数之间有什么关系呢?如何表示这些原函数呢?

定理 5.1.2 若 $F(x)$ 是 $f(x)$ 在区间 I 上的一个原函数,则 $F(x) + C$(C 为任意常数)是

$f(x)$ 在区间 I 上的任一原函数.

证 显然 $F(x)+C$ 是 $f(x)$ 的原函数.

设 $\Phi(x)$ 是 $f(x)$ 在区间 I 上任何一个异于 $F(x)$ 的原函数,则
$$\Phi'(x) = f(x), \quad 又 F'(x) = f(x),$$
于是
$$[\Phi(x) - F(x)]' = \Phi'(x) - F'(x) = f(x) - f(x) = 0.$$
故由拉格朗日中值定理的推论知,
$$\Phi(x) - F(x) = C \quad (C \text{ 为某个常数}),$$
即
$$\Phi(x) = F(x) + C.$$

这说明 $f(x)$ 的任一原函数都可以表示成 $F(x)+C$,也就是说 $F(x)+C$ 包含了 $f(x)$ 的所有原函数,即 $F(x)+C$ 就是 $f(x)$ 所有原函数的一般表达式.

定理 5.1.2 的重要意义在于指出了函数 $f(x)$ 在区间 I 上所有原函数的结构. 只要求出 $f(x)$ 的一个原函数 $F(x)$,那么 $F(x)+C$ 就是 $f(x)$ 所有原函数的一般表达式.

在此基础上,引入下述定义.

定义 5.1.2 设 $F(x)$ 是 $f(x)$ 在区间 I 上一个原函数,则称 $f(x)$ 在区间 I 上所有原函数的一般表达式 $F(x)+C$(C 为任意常数)为 $f(x)$ 在区间 I 上的**不定积分**,记作 $\int f(x)\mathrm{d}x$,即

$$\int f(x)\mathrm{d}x = F(x) + C,$$

其中符号"$\int$"称为**积分号**,$f(x)$ 称为**被积函数**,$f(x)\mathrm{d}x$ 称为**被积表达式**,($\mathrm{d}x$ 中的)x 称为**积分变量**,C 称为**积分常数**.

值得注意的是,不定积分 $\int f(x)\mathrm{d}x$ 表示的是 $f(x)$ 的所有原函数的一般表达式,这体现在任意常数 C 上,因此在求不定积分时,不能把积分常数 C 丢掉.

为简单起见,以后不再注明不定积分的适用区间,但一般应理解为是对被积函数的连续区间而言. 求不定积分的运算叫作**积分法**.

例 5.1.1 求 $\int \dfrac{1}{1+x^2}\mathrm{d}x$.

解 因为 $(\arctan x)' = \dfrac{1}{1+x^2}$,所以 $\arctan x$ 是 $\dfrac{1}{1+x^2}$ 的一个原函数,从而

$$\int \frac{1}{1+x^2}\mathrm{d}x = \arctan x + C.$$

例 5.1.2 设曲线 $y = f(x)$ 过点 $(1,2)$,且其上任一点处的切线斜率等于该点横坐标的两倍,求此曲线方程.

解 由题设,曲线上任一点 (x,y) 处的切线斜率为
$$y' = f'(x) = 2x,$$
即 $y = f(x)$ 是 $2x$ 的一个原函数,从而
$$y = \int 2x\mathrm{d}x = x^2 + C.$$

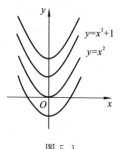

图 5.1

又因所求曲线通过点 $(1,2)$，将 $x=1,y=2$ 代入上式，得 $C=1$. 于是所求曲线方程为 $y=x^2+1$（图 5.1）.

5.1.2　不定积分的几何意义

设 $F(x)$ 是 $f(x)$ 在区间 I 上的一个原函数，从几何上看 $y=F(x)$ 在平面上表示一条曲线，该曲线称为 $f(x)$ 的一条**积分曲线**. 因此 $f(x)$ 的不定积分 $\int f(x)\mathrm{d}x=F(x)+C$ 在几何上表示一族积分曲线，也称为**积分曲线族**，其方程为 $y=F(x)+C$. 积分曲线族可由积分曲线 $y=F(x)$ 沿着 y 轴上下平移而得到. 积分曲线族中每一条曲线在横坐标相同点 x 处的切线的斜率都等于 $f(x)$. 因此它们在横坐标相同点 x 处的切线相互平行（图 5.2）.

5.1.3　不定积分的性质

由不定积分的定义，可以直接推得不定积分与微分有下述关系：

性质 1（积分与微分的关系）

(1) $\dfrac{\mathrm{d}}{\mathrm{d}x}\left[\int f(x)\mathrm{d}x\right]=f(x)$，或 $\mathrm{d}\left[\int f(x)\mathrm{d}x\right]=f(x)\mathrm{d}x$.

(2) $\int f'(x)\mathrm{d}x=f(x)+C$，或 $\int \mathrm{d}f(x)=f(x)+C$.

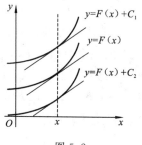

图 5.2

性质 1 说明：先积分后求导二者作用相互抵消；先求导后积分二者作用相互抵消，但相差一个任意常数 C. 所以，在不考虑积分常数 C 的情况下，求导（或微分）运算与积分运算是互逆运算.

例 5.1.3　若 $\int f(x)\mathrm{d}x=xf(x)-\ln x+C$，求可微函数 $f(x)$.

解　等式两边同对 x 求导，得

$$f(x)=f(x)+xf'(x)-\frac{1}{x},$$

于是

$$f'(x)=\frac{1}{x^2},$$

故

$$f(x)=\int \frac{1}{x^2}\mathrm{d}x=-\frac{1}{x}+C.$$

例 5.1.4　若 $f'(\mathrm{e}^x)=3\mathrm{e}^{2x}+1$，求函数 $f(x)$.

解　令 $\mathrm{e}^x=t$，则有 $f'(t)=3t^2+1$，即 $f'(x)=3x^2+1$.

等式两边同对 x 积分，即

$$\int f'(x)\mathrm{d}x=\int(3x^2+1)\mathrm{d}x,$$

于是

$$f(x)=\int(3x^2+1)\mathrm{d}x=x^3+x+C.$$

性质 2（积分的线性运算性质）

（1）被积函数中的非零常数因子可以提到积分号的前面，即

$$\int kf(x)\mathrm{d}x = k\int f(x)\mathrm{d}x \quad (k\text{ 是常数}, k \neq 0).$$

（2）两个函数的代数和的不定积分等于各个函数的不定积分的代数和，即

$$\int [f(x) \pm g(x)]\mathrm{d}x = \int f(x)\mathrm{d}x \pm \int g(x)\mathrm{d}x.$$

该性质对于有限多个函数的代数和也成立.

性质 2 的证明非常简单，只需将等式右端求导，看它的导数是否等于左端的被积函数即可.

5.1.4 基本积分公式

由于积分运算和微分运算互为逆运算，所以，可以从导数公式得到相应的基本积分公式.

（1）$\int k\mathrm{d}x = kx + C$（$k$ 是常数）；

（2）$\int x^{\mu}\mathrm{d}x = \dfrac{1}{\mu+1}x^{\mu+1} + C$（$\mu \neq -1$）；

（3）$\int \dfrac{1}{\sqrt{x}}\mathrm{d}x = 2\sqrt{x} + C$；

（4）$\int \dfrac{1}{x^2}\mathrm{d}x = -\dfrac{1}{x} + C$；

（5）$\int \dfrac{1}{x}\mathrm{d}x = \ln|x| + C$；

（6）$\int a^x\mathrm{d}x = \dfrac{a^x}{\ln a} + C$（$0 < a \neq 1$）；

（7）$\int \mathrm{e}^x\mathrm{d}x = \mathrm{e}^x + C$；

（8）$\int \sin x\mathrm{d}x = -\cos x + C$；

（9）$\int \cos x\mathrm{d}x = \sin x + C$；

（10）$\int \sec^2 x\mathrm{d}x = \tan x + C$；

（11）$\int \csc^2 x\mathrm{d}x = -\cot x + C$；

（12）$\int \sec x\tan x\mathrm{d}x = \sec x + C$；

（13）$\int \csc x\cot x\mathrm{d}x = -\csc x + C$；

（14）$\int \dfrac{1}{\sqrt{1-x^2}}\mathrm{d}x = \arcsin x + C$；

（15）$\int \dfrac{1}{1+x^2}\mathrm{d}x = \arctan x + C$.

以上这些基本积分公式，是计算不定积分的基础，读者必须熟记.

利用不定积分的基本积分公式和性质，可以求一些简单函数的不定积分. 把直接或对被积函数进行适当的恒等变形后，再利用不定积分的基本积分公式和性质计算积分的方法称为**直接积分法**.

例 5.1.5 求不定积分 $\int\left(x\sqrt[3]{x} + \dfrac{1}{2\sqrt{x}} + \dfrac{2}{x} + \dfrac{3}{\sqrt{1-x^2}} + \sin x + \mathrm{e}^5\right)\mathrm{d}x$.

解 原式 $= \int x^{\frac{4}{3}}\mathrm{d}x + \dfrac{1}{2}\int \dfrac{1}{\sqrt{x}}\mathrm{d}x + 2\int \dfrac{1}{x}\mathrm{d}x + 3\int \dfrac{1}{\sqrt{1-x^2}}\mathrm{d}x + \int \sin x\mathrm{d}x + \mathrm{e}^5\int \mathrm{d}x$

$= \dfrac{3}{7}x^{\frac{7}{3}} + \sqrt{x} + 2\ln|x| + 3\arcsin x - \cos x + x\mathrm{e}^5 + C.$

注（1）虽然分项积分后，每一个不定积分都含有一个任意常数，但由于任意常数相加后仍为任意常数，所以，最终积分结果只需加一个任意常数.

（2）由于原函数之间相差一个常数，所以计算同一个函数的不定积分时，若用不同的解

法,其积分的结果在形式上可能不相同. 积分结果是否正确,可以通过对积分结果求导数,看它是否等于被积函数来检验,如积分

$$\int \frac{-1}{\sqrt{1-x^2}}\mathrm{d}x = -\arcsin x + C, \quad 和 \quad \int \frac{-1}{\sqrt{1-x^2}}\mathrm{d}x = \arccos x + C,$$

可检验都是正确的.

例 5.1.6　求不定积分 $\int \left(2^{x-1}\mathrm{e}^{-3x} + \sin\frac{x}{2}\cos\frac{x}{2} \right)\mathrm{d}x.$

解　原式 $= \dfrac{1}{2}\displaystyle\int (2\mathrm{e}^{-3})^x\mathrm{d}x + \dfrac{1}{2}\int \sin x\mathrm{d}x = \dfrac{1}{2}\dfrac{(2\mathrm{e}^{-3})^x}{\ln(2\mathrm{e}^{-3})} - \dfrac{1}{2}\cos x + C.$

例 5.1.6 是将被积函数进行代数、三角恒等变形,即合项;有时也需要对被积函数进行拆项变形,化为能够直接运用基本积分公式的不定积分,再求积分.

例 5.1.7　求不定积分 $\displaystyle\int \frac{1+x+x^2}{x(1+x^2)}\mathrm{d}x.$

解　原式 $= \displaystyle\int \frac{x+(1+x^2)}{x(1+x^2)}\mathrm{d}x = \int \left(\frac{1}{1+x^2} + \frac{1}{x} \right)\mathrm{d}x$

$\qquad\quad = \displaystyle\int \frac{1}{1+x^2}\mathrm{d}x + \int \frac{1}{x}\mathrm{d}x = \arctan x + \ln|x| + C.$

注　对被积函数变形可采取合项或拆项的方法.

例 5.1.8　求不定积分 $\displaystyle\int \frac{x^4}{1+x^2}\mathrm{d}x.$

解　原式 $= \displaystyle\int \frac{x^4-1+1}{1+x^2}\mathrm{d}x = \int \left(x^2 - 1 + \frac{1}{1+x^2} \right)\mathrm{d}x$

$\qquad\quad = \displaystyle\int x^2\mathrm{d}x - \int \mathrm{d}x + \int \frac{1}{1+x^2}\mathrm{d}x = \frac{1}{3}x^3 - x + \arctan x + C.$

例 5.1.9　求不定积分 $\displaystyle\int \frac{1}{1+\cos x}\mathrm{d}x.$

解　原式 $= \displaystyle\int \frac{1\cdot(1-\cos x)}{(1+\cos x)\cdot(1-\cos x)}\mathrm{d}x = \int \frac{1-\cos x}{\sin^2 x}\mathrm{d}x$

$\qquad\quad = \displaystyle\int (\csc^2 x - \csc x \cot x)\mathrm{d}x = -\cot x + \csc x + C.$

注　对被积函数变形可采取加一项减一项或分子与分母同乘一项的方法.

例 5.1.10　求不定积分 $\displaystyle\int (\sec x + \tan x)^2\mathrm{d}x.$

解　当被积函数中含有三角函数时,可以利用三角函数公式对被积函数进行变形,把被积函数化为能够直接运用基本积分公式的不定积分.

展开被积函数,得

$$(\sec x + \tan x)^2 = \sec^2 x + 2\sec x\tan x + \tan^2 x.$$

利用恒等式 $\tan^2 x + 1 = \sec^2 x$,得

$$原式 = \int (2\sec^2 x + 2\sec x\tan x - 1)\mathrm{d}x$$

$$= 2\int \sec^2 x\mathrm{d}x + 2\int \sec x\tan x\mathrm{d}x - \int \mathrm{d}x = 2\tan x + 2\sec x - x + C.$$

例 5.1.11 求不定积分 $\int \dfrac{1+\cos^2 x}{1+\cos 2x}\mathrm{d}x$.

解 利用三角函数公式 $1+\cos 2x = 2\cos^2 x$,有

$$原式 = \int \frac{1+\cos^2 x}{2\cos^2 x}\mathrm{d}x = \frac{1}{2}\int(\sec^2 x+1)\mathrm{d}x = \frac{1}{2}(\tan x + x)+C.$$

注 对被积函数利用三角函数的恒等式变形,化成易求积分的形式也是常见的方法之一.

*例 5.1.12 设 $f(x) = \begin{cases} 1, & x \leqslant 0, \\ \mathrm{e}^x, & x > 0, \end{cases}$ 求 $\int f(x)\mathrm{d}x$.

解 求连续的分段函数的不定积分,先分别求出各区间段的不定积分的表达式. 于是

$$\int f(x)\mathrm{d}x = \begin{cases} \int 1\mathrm{d}x = x + C_1, & x \leqslant 0, \\ \int \mathrm{e}^x\mathrm{d}x = \mathrm{e}^x + C_2, & x > 0. \end{cases}$$

又函数 $f(x)$ 在 $(-\infty,+\infty)$ 内连续,故其原函数 $F(x) = \int f(x)\mathrm{d}x$ 应在 $(-\infty,+\infty)$ 内可导,从而 $F(x)$ 在 $x=0$ 处连续,因此在 $x=0$ 处有

$$\lim_{x\to 0^-} F(x) = \lim_{x\to 0^+} F(x) = F(0).$$

于是得 $C_1 = 1 + C_2$,现取 $C_2 = C$,故

$$\int f(x)\mathrm{d}x = \begin{cases} x+1+C, & x \leqslant 0, \\ \mathrm{e}^x + C, & x > 0. \end{cases}$$

5.1.5 不定积分在经济方面的简单应用举例

在经济管理中,由经济量函数的边际函数或变化率,求该经济总量函数(即原函数),一般采用不定积分来解决,下面举例说明.

例 5.1.13 某工厂生产一种产品,已知其边际成本函数为 $\mathrm{MC} = 4Q+5$,且固定成本(即 $C(0)$)为 3 元. 其中 Q(件)为该产品产量. 求成本函数 $C(Q)$.

解 根据边际成本的含义,有 $C'(Q) = 4Q+5$. 所以

$$C(Q) = \int(4Q+5)\mathrm{d}Q = 2Q^2 + 5Q + C.$$

由固定成本 $C(0) = 3$,可得 $C = 3$. 于是成本函数为

$$C(Q) = 2Q^2 + 5Q + 3.$$

例 5.1.14 设某商品的需求量 Q 是价格 P 的函数,已知其边际需求函数为 $\mathrm{MQ} = -1000\ln 3 \cdot 3^{-P}$,且当 $P=0$ 时,$Q=1000$. 求需求价格弹性 $E_d(P)$.

解 根据边际需求的含义,有 $Q'(P) = -1000\ln 3 \cdot 3^{-P}$,所以

$$Q(P) = \int -1000\ln 3 \cdot 3^{-P}\mathrm{d}P = -1000\ln 3 \int 3^{-P}\mathrm{d}P = 1000 \cdot 3^{-P} + C.$$

由 $Q(0) = 1000$,可得 $C=0$,于是需求函数为 $Q(P) = 1000 \cdot 3^{-P}$,故需求量关于价格的弹性 $E_d(P)$ 为

$$E_d(P) = -P\frac{Q'(P)}{Q(P)} = P\ln 3.$$

习　题　5.1

（A）

1. 填空题：

(1) 设 $f(x)$ 的导数是 a^x，则

$$\int \mathrm{d}f(x) = \underline{\qquad}; \quad \int f(x)\mathrm{d}x = \underline{\qquad}; \quad \int a^{-x} f(x)\mathrm{d}x = \underline{\qquad}.$$

(2) 设 $f(x) = \ln x$，则 $\displaystyle\int \left(\mathrm{e}^{2x} + \frac{\mathrm{e}^x}{\sin^2 x} \right) f'(\mathrm{e}^x)\,\mathrm{d}x = \underline{\qquad}.$

(3) 设 $f(x)$ 的某个原函数为 $x\ln x$，则 $f'(x) = \underline{\qquad}$；$\displaystyle\int x f''(x)\mathrm{d}x = \underline{\qquad}.$

(4) $\sin x + \dfrac{1}{\sqrt{1-x^2}}$ 的原函数是 $\underline{\qquad}.$

(5) 若 $\displaystyle\int f\left(\frac{1}{\sqrt{x}} \right)\mathrm{d}x = x^2 + C$，则 $\displaystyle\int f(x)\,\mathrm{d}x = \underline{\qquad}.$

(6) 已知 $f(x) = k\tan 2x$ 的一个原函数为 $\ln\cos 2x$，则常数 $k = \underline{\qquad}.$

2. 下列正确的是 $\underline{\qquad}.$

(A) $\displaystyle\int \arctan x\,\mathrm{d}x = \frac{1}{1+x^2} + C$；　　　　(B) $\displaystyle\int a^x\,\mathrm{d}x = \frac{1}{x+1} a^{x+1} + C$；

(C) $\displaystyle\int \left(\frac{1}{\sin^2 x} + 1 \right)\mathrm{d}x = \frac{-1}{\sin x} + x + C$；　　(D) $\displaystyle\int \frac{x^2+3}{1+x^2}\mathrm{d}x = x + 2\arctan x + C.$

3. 求下列不定积分：

(1) $\displaystyle\int \frac{(\sqrt{x}+1)^2}{x\sqrt{x}}\mathrm{d}x$；　　　(2) $\displaystyle\int \mathrm{e}^x \left(1 - \frac{\mathrm{e}^{-x}}{\sqrt{1-x^2}} \right)\mathrm{d}x$；　　(3) $\displaystyle\int \left(\sqrt{\frac{1+x}{1-x}} + \sqrt{\frac{1-x}{1+x}} \right)\mathrm{d}x$；

(4) $\displaystyle\int \frac{1}{\sin^2 \frac{x}{2} \cos^2 \frac{x}{2}}\mathrm{d}x$；　　(5) $\displaystyle\int \frac{1+2x^2}{x^2(1+x^2)}\mathrm{d}x$；　　(6) $\displaystyle\int \left(3^x \mathrm{e}^{2x} + \sqrt{x\,\sqrt{x\sqrt{x}}} \right)\mathrm{d}x$；

(7) $\displaystyle\int \frac{1}{x^4(1+x^2)}\mathrm{d}x$；　　(8) $\displaystyle\int \frac{3x^4 + 3x^2 + 2}{1+x^2}\mathrm{d}x$；　　(9) $\displaystyle\int \frac{\mathrm{e}^x - \mathrm{e}^{-x}}{\mathrm{e}^x - 1}\mathrm{d}x$；

(10) $\displaystyle\int \frac{3^x(\mathrm{e}^{3x}-1)}{\mathrm{e}^x - 1}\mathrm{d}x$；　　(11) $\displaystyle\int (\tan x + \cot x)^2\,\mathrm{d}x$；　　(12) $\displaystyle\int \sin^2 \frac{x}{2}\,\mathrm{d}x$；

(13) $\displaystyle\int \frac{\cos 2x}{\cos^2 x \sin^2 x}\mathrm{d}x$；　　(14) $\displaystyle\int \frac{1}{\sin^2 x \cos^2 x}\mathrm{d}x$；　　(15) $\displaystyle\int \frac{3x^4+1}{1+x^2}\mathrm{d}x$；

(16) $\displaystyle\int \frac{1+\sin^2 x}{1+\cos 2x}\mathrm{d}x$；　　(17) $\displaystyle\int \frac{1+x^2+x^3}{x(1+x^2)}\mathrm{d}x$；　　(18) $\displaystyle\int \frac{1}{1-\sin x}\mathrm{d}x$；

(19) $\displaystyle\int \frac{1+\sin 2x}{\sin x + \cos x}\mathrm{d}x$；　　(20) $\displaystyle\int \frac{1-\cos x}{1-\cos 2x}\mathrm{d}x$；　　(21) $\displaystyle\int \frac{\sin x}{1+\sin x}\mathrm{d}x$；

(22) $\displaystyle\int \frac{x^2+\sin^2 x}{(1+x^2)\cos^2 x}\mathrm{d}x$；　　(23) $\displaystyle\int \frac{1-x}{1-\sqrt[3]{x}}\mathrm{d}x$；　　(24) $\displaystyle\int \frac{\cos 2x}{\cos x + \sin x}\mathrm{d}x$；

*(25) $\displaystyle\int f(x)\mathrm{d}x$，其中 $f(x) = \begin{cases} x, & x < 0, \\ -\sin x, & x \geqslant 0. \end{cases}$

4. 求过点 $(0,5)$，且在点 x 处的切线斜率为 $\sec^2 x + \sin x$ 的曲线 $y = f(x)$.

5. 计算下列各题：

(1) 设 $F(x)$ 为 e^{x^2} 的一个原函数，求 $\mathrm{d}F(x)$；

(2) 已知 $\displaystyle\int \frac{f(x)}{\sqrt{1-x^2}}\mathrm{d}x = x\arcsin x + C$，求 $f(x)$；

(3) 已知 $f'(\ln x) = x + 1$，求 $f(x)$；

(4) 已知 $\int f(x)\mathrm{d}x = xf(x) - \int \dfrac{x}{\sqrt{1-x^2}}\mathrm{d}x\ (x \neq 0)$，其中 f 可导，求 $f(x)$.

6. 设生产某产品 x 个单位的边际成本为 $MC = 2x + 10$，固定成本为 400，求总成本函数.

7. 证明函数 $2\arcsin\sqrt{x}$，$2\arctan\sqrt{\dfrac{x}{1-x}}$ 在 $(0,1)$ 内均是 $\dfrac{1}{\sqrt{x(1-x)}}$ 的原函数.

(B)

1. 初等函数 $f(x)$ 在其定义区间 I 内，下列说法错误的有 _____.

(A) 为连续函数；   (B) 为可导函数；   (C) 原函数存在；   (D) 不定积分存在.

2. 计算下列各题：

(1) 设 $f'(\sin^2 x) = 5 + \cos^2 x$，且 $f(0) = 0$，求 $f(x)$；

(2) 若 $F(x)$ 是 $\dfrac{\ln x}{x}$ 的一个原函数，求 $\mathrm{d}F(\sin x)$.

3. 设 $\int \dfrac{\sin x}{f(x)}\mathrm{d}x = -\arcsin(\cos x) + C\ \left(0 < x < \dfrac{\pi}{2}\right)$，求 $\int f(x)\mathrm{d}x$.

4. 设 $\int f'(\tan x)\mathrm{d}x = \tan x + x + C$，求 $f(x)$.

5. 试求函数 $y = 2x + 1$ 的一条积分曲线，使此曲线在 $x = 1$ 处的切线刚好通过点 $(2,1)$.

6. 若 $\int \dfrac{x^2}{\sqrt{1-x^2}}\mathrm{d}x = ax\sqrt{1-x^2} + b\int \dfrac{\mathrm{d}x}{\sqrt{1-x^2}}$，求 a,b.

7. 设 $f(x)$ 满足方程 $xf'(x) - f(x) = x^2\sqrt{x} + x^3$，求 $f(x)$.

8. 设某产品的边际平均成本为 $M\overline{C} = \overline{C}'(Q) = 0.1Q - \dfrac{4}{Q^2} - 0.3$，已知产量 $Q = 4$(百件) 时的平均成本为 2.6(万元)，求边际成本最小时的产量.

5.2 换元积分法

用直接积分法所能求得的不定积分是非常有限的，而对于许多常见函数的积分，如 $\int \sqrt{2x+5}\mathrm{d}x$，$\int xe^{x^2}\mathrm{d}x$ 等，用直接积分法就不能计算. 因此，有必要进一步研究不定积分的计算方法. 本节将要介绍一种重要的积分法——**换元积分法**，简称为**换元法**. 换元法是与复合函数的求导法则相对应的一个法则，其基本思想是通过适当的变量替换，把所求的不定积分转化成一个利用新变量表示的且容易计算的积分形式，直至最终能够利用基本积分公式与运算法则直接得出结果. 换元法分两类，即第一换元积分法和第二换元积分法.

5.2.1 第一换元法（凑微分法）

为了说明这个法则，先看一个具体例子.

计算积分

$$\int \cos(3x + 5)\mathrm{d}x \tag{5.2.1}$$

由基本积分公式知道

$$\int \cos x\,\mathrm{d}x = \sin x + C. \tag{5.2.2}$$

但

$$\int \cos(3x+5)\mathrm{d}x \neq \sin(3x+5)+C.$$

这是因为在(5.2.2)中,被积函数为 $\cos x$,积分变量也是 x;而在(5.2.1)中被积函数为 $\cos(3x+5)$,而积分变量仍然是 x. 所以不能直接用公式(5.2.2)求得(5.2.1). 在 $\int \cos(3x+5)\mathrm{d}x$ 中假若积分变量也是 $3x+5$,那么就可以用公式(5.2.2). 由于

$$\int \cos(3x+5)\mathrm{d}x = \int \cos(3x+5)\cdot 1 \mathrm{d}x = \int \cos(3x+5)\cdot \frac{1}{3}(3x+5)'\mathrm{d}x$$

$$= \frac{1}{3}\int \cos(3x+5)\mathrm{d}(3x+5) \xrightarrow[\text{换元}]{\text{令}3x+5=u} \frac{1}{3}\int \cos u\,\mathrm{d}u = \frac{1}{3}\sin u + C$$

$$\xrightarrow[\text{还原}]{u=3x+5} \frac{1}{3}\sin(3x+5)+C.$$

容易验证 $\frac{1}{3}\sin(3x+5)$ 是 $\cos(3x+5)$ 的一个原函数. 这说明上述做法对于不定积分 $\int \cos(3x+5)\mathrm{d}x$ 是适用的,事实上上述做法具有普遍性,即有下述定理.

定理 5.2.1　设 $f(u)$ 具有原函数 $F(u)$,且 $u=\varphi(x)$ 有连续的导数,则

$$\int f[\varphi(x)]\varphi'(x)\mathrm{d}x = \int f[\varphi(x)]\mathrm{d}\varphi(x) = F[\varphi(x)]+C. \qquad (5.2.3)$$

证　由条件知 $F'(u)=f(u)$,由复合函数求导法,得

$$\frac{\mathrm{d}}{\mathrm{d}x}F[\varphi(x)] = F'[\varphi(x)]\varphi'(x) = f[\varphi(x)]\varphi'(x),$$

于是根据不定积分的定义有

$$\int f[\varphi(x)]\varphi'(x)\mathrm{d}x = F[\varphi(x)]+C.$$

使用定理 5.2.1 计算不定积分的关键在于,将被积函数表示成两个因子的乘积,其中一个因子为函数 $\varphi(x)$ 的复合函数 $f[\varphi(x)]$,而另一个因子恰好是 $\varphi(x)$ 的导数 $\varphi'(x)$,再将被积函数中的因子 $\varphi'(x)$ 与 $\mathrm{d}x$"凑"成 $\varphi(x)$ 的微分,即 $\varphi'(x)\mathrm{d}x = \mathrm{d}\varphi(x)$,从而将所给积分转化为计算积分 $\int f[\varphi(x)]\mathrm{d}\varphi(x)$. 这就是第一换元积分法,常简称为**第一换元法**.

如要求不定积分 $\int g(x)\mathrm{d}x$,若使用第一换元法,其程序如下

$$\int g(x)\mathrm{d}x \xrightarrow[g(x)=f[\varphi(x)]\varphi'(x)]{\text{分解}} \int f[\varphi(x)]\varphi'(x)\mathrm{d}x \xrightarrow[\varphi'(x)\mathrm{d}x=\mathrm{d}\varphi(x)]{\text{凑微分}} \int f[\varphi(x)]\mathrm{d}\varphi(x)$$

$$\xrightarrow[\text{令}\varphi(x)=u]{\text{换元}} \int f(u)\mathrm{d}u \xrightarrow[\text{可套公式}]{\text{对}u\text{积分}} F(u)+C \xrightarrow[u=\varphi(x)]{\text{还原}} F[\varphi(x)]+C.$$

第一换元法求不定积分的程序可简叙述为:**凑微分 → 换元 → 套公式 → 还原**.

在上述计算程序中,凑微分是最关键的一步,然后才能作变量替换,最后把积分化成能套积分公式的形式. 所以第一换元法也叫"**凑微分法**".

例 5.2.1　求下列不定积分:

(1) $\int \sqrt[5]{2-3x}\,\mathrm{d}x$;　　　　　　　　(2) $\int x\mathrm{e}^{x^2}\mathrm{d}x$;

$$(3) \int \frac{1}{e^x + e^{-x}} dx; \qquad\qquad (4) \int \frac{x + (\arcsin x)^2}{\sqrt{1 - x^2}} dx.$$

解 (1) $\displaystyle \int \sqrt[5]{2 - 3x}\, dx = -\frac{1}{3} \int (2 - 3x)^{\frac{1}{5}} (2 - 3x)'\, dx = -\frac{1}{3} \int (2 - 3x)^{\frac{1}{5}}\, d(2 - 3x)$

$$\xlongequal{\diamondsuit\, 2 - 3x = u} -\frac{1}{3} \int u^{\frac{1}{5}}\, du = -\frac{1}{3} \cdot \frac{5}{6} u^{\frac{6}{5}} + C$$

$$\xlongequal{u = 2 - 3x} -\frac{5}{18} (2 - 3x)^{\frac{6}{5}} + C.$$

(2) $\displaystyle \int x e^{x^2}\, dx = \frac{1}{2} \int e^{x^2} (x^2)'\, dx = \frac{1}{2} \int e^{x^2}\, d(x^2) \xlongequal{\diamondsuit\, x^2 = u} \frac{1}{2} \int e^u\, du$

$$= \frac{1}{2} e^u + C \xlongequal{u = x^2} \frac{1}{2} e^{x^2} + C.$$

(3) $\displaystyle \int \frac{1}{e^{-x} + e^x} dx = \int \frac{e^x}{1 + e^{2x}} dx = \int \frac{(e^x)'}{1 + e^{2x}} dx = \int \frac{1}{1 + e^{2x}} d e^x$

$$\xlongequal{\diamondsuit\, e^x = u} \int \frac{1}{1 + u^2} du = \arctan u + C$$

$$\xlongequal{u = e^x} \arctan e^x + C.$$

对第一换元法熟练后,所设的中间变量 u 可不必写出,直接使用第一换元公式(5.2.3),但需明白将积分公式中的积分变量换为可微函数时,积分公式依然成立,这样可以简化计算过程.

(4) $\displaystyle \int \frac{x + (\arcsin x)^2}{\sqrt{1 - x^2}} dx = \int \frac{x}{\sqrt{1 - x^2}} dx + \int \frac{(\arcsin x)^2}{\sqrt{1 - x^2}} dx$

$$= -\frac{1}{2} \int \frac{(1 - x^2)'}{\sqrt{1 - x^2}} dx + \int (\arcsin x)^2 (\arcsin x)'\, dx$$

$$= -\frac{1}{2} \int \frac{1}{\sqrt{1 - x^2}} d(1 - x^2) + \int (\arcsin x)^2\, d(\arcsin x)$$

$$= -\sqrt{1 - x^2} + \frac{1}{3} (\arcsin x)^3 + C.$$

例 5.2.2 计算下列不定积分:

(1) $\displaystyle \int \frac{1}{x^2 + a^2} dx\ (a \neq 0);$ \qquad (2) $\displaystyle \int \frac{1}{\sqrt{a^2 - x^2}} dx\ (a > 0);$

(3) $\displaystyle \int \frac{1}{x^2 - a^2} dx\ (a \neq 0);$ \qquad (4) $\displaystyle \int \tan x\, dx.$

解 (1) $\displaystyle \int \frac{1}{x^2 + a^2} dx = \frac{1}{a^2} \int \frac{a \cdot \left(\frac{x}{a}\right)'}{1 + \left(\frac{x}{a}\right)^2} dx = \frac{1}{a} \int \frac{1}{1 + \left(\frac{x}{a}\right)^2} d\left(\frac{x}{a}\right)$

$$= \frac{1}{a} \arctan \frac{x}{a} + C.$$

(2) $\displaystyle \int \frac{1}{\sqrt{a^2 - x^2}} dx = \frac{1}{a} \int \frac{a \cdot \left(\frac{x}{a}\right)'}{\sqrt{1 - \left(\frac{x}{a}\right)^2}} dx = \int \frac{1}{\sqrt{1 - \left(\frac{x}{a}\right)^2}} d\left(\frac{x}{a}\right)$

$$= \arcsin \frac{x}{a} + C.$$

(3) $\displaystyle\int \frac{1}{x^2 - a^2} \mathrm{d}x = \frac{1}{2a} \int \left(\frac{1}{x-a} - \frac{1}{x+a} \right) \mathrm{d}x = \frac{1}{2a} \left[\int \frac{(x-a)'}{x-a} \mathrm{d}x - \int \frac{(x+a)'}{x+a} \mathrm{d}x \right]$

$$= \frac{1}{2a} \left[\int \frac{1}{x-a} \mathrm{d}(x-a) - \int \frac{1}{x+a} \mathrm{d}(x+a) \right]$$

$$= \frac{1}{2a} [\ln \mid x-a \mid - \ln \mid x+a \mid] + C = \frac{1}{2a} \ln \left| \frac{x-a}{x+a} \right| + C.$$

(4) $\displaystyle\int \tan x \mathrm{d}x = \int \frac{\sin x}{\cos x} \mathrm{d}x = \int \frac{-(\cos x)'}{\cos x} \mathrm{d}x = -\int \frac{1}{\cos x} \mathrm{d}(\cos x)$

$$= -\ln \mid \cos x \mid + C = \ln \mid \sec x \mid + C.$$

类似地可得

$$\int \cot x \mathrm{d}x = \ln \mid \sin x \mid + C = -\ln \mid \csc x \mid + C.$$

例 5.2.3　求不定积分 $\displaystyle\int \sec x \mathrm{d}x$.

解　法 1　$\displaystyle\int \sec x \mathrm{d}x = \int \frac{\cos x}{\cos^2 x} \mathrm{d}x = \int \frac{(\sin x)'}{1 - \sin^2 x} \mathrm{d}x = \int \frac{1}{1 - \sin^2 x} \mathrm{d}(\sin x).$

由上例 5.2.2(3) 的结果,得

$$\int \frac{1}{1 - \sin^2 x} \mathrm{d}(\sin x) = \frac{1}{2} \ln \left| \frac{\sin x + 1}{\sin x - 1} \right| + C = \frac{1}{2} \ln \left| \frac{(\sin x + 1)^2}{\sin^2 x - 1} \right| + C$$

$$= \frac{1}{2} \ln \left| \frac{1 + \sin x}{\cos x} \right|^2 + C = \ln \mid \sec x + \tan x \mid + C.$$

于是

$$\int \sec x \mathrm{d}x = \ln \mid \sec x + \tan x \mid + C.$$

法 2　$\displaystyle\int \sec x \mathrm{d}x = \int \frac{\sec x (\tan x + \sec x)}{\sec x + \tan x} \mathrm{d}x = \int \frac{(\sec x + \tan x)'}{\sec x + \tan x} \mathrm{d}x$

$$= \int \frac{\mathrm{d}(\sec x + \tan x)}{\sec x + \tan x} = \ln \mid \sec x + \tan x \mid + C.$$

利用同样的方法可得出

$$\int \csc x \mathrm{d}x = \ln \mid \csc x - \cot x \mid + C.$$

例 5.2.2 及例 5.2.3 的结果以后都可以当作基本积分公式直接使用.

例 5.2.4　求下列不定积分:

(1) $\displaystyle\int \frac{1}{x \sqrt{9 - \ln^2 x}} \mathrm{d}x;$ 　　　　　　　(2) $\displaystyle\int \frac{1}{\sqrt{x}(x - 9)} \mathrm{d}x;$

(3) $\displaystyle\int \frac{3x + 4}{x^2 + 2x + 5} \mathrm{d}x;$ 　　　　　　　(4) $\displaystyle\int \frac{\arctan \frac{1}{x}}{x^2 + 1} \mathrm{d}x.$

解　(1) $\displaystyle\int \frac{1}{x \sqrt{9 - \ln^2 x}} \mathrm{d}x = \int \frac{1}{\sqrt{3^2 - \ln^2 x}} \mathrm{d}(\ln x) = \arcsin \frac{\ln x}{3} + C.$

(2) $\displaystyle\int \frac{1}{\sqrt{x}(x - 9)} \mathrm{d}x = \int \frac{2}{(\sqrt{x})^2 - 3^2} \mathrm{d}(\sqrt{x}) = \frac{1}{3} \ln \left| \frac{\sqrt{x} - 3}{\sqrt{x} + 3} \right| + C.$

$$(3) \int \frac{3x+4}{x^2+2x+5} dx = \int \frac{\frac{3}{2}(x^2+2x+5)'+1}{x^2+2x+5} dx$$

$$= \frac{3}{2} \int \frac{d(x^2+2x+5)}{x^2+2x+5} + \int \frac{1}{(x+1)^2+2^2} d(x+1)$$

$$= \frac{3}{2}\ln|x^2+2x+5| + \frac{1}{2}\arctan\frac{x+1}{2} + C.$$

$$(4) \int \frac{\arctan\frac{1}{x}}{x^2+1} dx = \int \frac{\arctan\frac{1}{x}}{1+\frac{1}{x^2}} \cdot \frac{1}{x^2} dx = -\int \frac{\arctan\frac{1}{x}}{1+\frac{1}{x^2}} d\left(\frac{1}{x}\right)$$

$$= -\int \arctan\frac{1}{x} d\left(\arctan\frac{1}{x}\right) = -\frac{1}{2}\left(\arctan\frac{1}{x}\right)^2 + C.$$

注 例 5.2.4(4) 的积分,进行了两次凑微分. 某些积分经常会遇到需要多次凑微分,才能转化成基本积分公式中的形式的不定积分.

例 5.2.5 求下列不定积分:

$$(1) \int \cos^2 x dx; \qquad\qquad (2) \int \sin^2 x \cos^3 x dx;$$

$$(3) \int \sec^4 x dx; \qquad\qquad (4) \int \sin 3x \cos 2x dx.$$

解 $(1) \int \cos^2 x dx = \int \frac{1+\cos 2x}{2} dx = \frac{1}{2}\int dx + \frac{1}{2}\int \cos 2x dx$

$$= \frac{1}{2}x + \frac{1}{4}\int \cos 2x d(2x) = \frac{x}{2} + \frac{\sin 2x}{4} + C.$$

$$(2) \int \sin^2 x \cos^3 x dx = \int \sin^2 x \cos^2 x (\sin x)' dx$$

$$= \int \sin^2 x \cdot (1-\sin^2 x) d(\sin x) = \frac{1}{3}\sin^3 x - \frac{1}{5}\sin^5 x + C.$$

注 当被积函数是 $f(x) = \sin^m x \cdot \cos^n x$ 型,其中 $m,n \in \mathbf{N}$,一般都可以用第一换元法. 其中,当 m,n 都是偶数或者其中一个为零时,常用三角函数公式

$$\sin^2 x = \frac{1-\cos 2x}{2}, \quad \cos^2 x = \frac{1+\cos 2x}{2}, \quad \sin x \cos x = \frac{1}{2}\sin 2x,$$

将 $\sin^m x \cos^n x$ 通过降低幂次来计算.

当 m,n 中至少有一个为奇数时,将奇次幂项拆开后,通过凑微分来计算.

$$(3) \int \sec^4 x dx = \int \sec^2 x \sec^2 x dx = \int \sec^2 x (\tan x)' dx$$

$$= \int (1+\tan^2 x) d(\tan x) = \tan x + \frac{1}{3}\tan^3 x + C.$$

(4) 根据积化和差公式

$$\sin\alpha\cos\beta = \frac{1}{2}[\sin(\alpha+\beta) + \sin(\alpha-\beta)],$$

所以

$$\int \sin 3x \cos 2x \mathrm{d}x = \frac{1}{2}\int (\sin 5x + \sin x)\mathrm{d}x = \frac{1}{10}\int \sin 5x \mathrm{d}(5x) + \frac{1}{2}\int \sin x \mathrm{d}x$$

$$= -\frac{1}{10}\cos 5x - \frac{1}{2}\cos x + C.$$

例 5.2.6　求不定积分 $\int \tan^3 x \sec^5 x \mathrm{d}x$.

解　$\int \tan^3 x \sec^5 x \mathrm{d}x = \int \tan^2 x \sec^4 x \cdot \sec x \tan x \mathrm{d}x$

$$= \int (\sec^2 x - 1)\sec^4 x \cdot (\sec x)' \mathrm{d}x$$

$$= \int (\sec^6 x - \sec^4 x)\mathrm{d}(\sec x)$$

$$= \frac{1}{7}\sec^7 x - \frac{1}{5}\sec^5 x + C.$$

有时遇到的积分相对复杂,需要利用微分运算法则凑成函数的和、积、商的微分.

例 5.2.7　求下列不定积分:

(1) $\int \dfrac{1+\cos x}{x+\sin x}\mathrm{d}x$;　　　(2) $\int \dfrac{1+\ln x}{2+(x\ln x)^2}\mathrm{d}x$;　　　(3) $\int \dfrac{x^2+1}{x^4+x^2+1}\mathrm{d}x$ $(x\neq 0)$.

解　(1) 注意到 $1+\cos x = (x+\sin x)'$,那么有

$$\int \frac{1+\cos x}{x+\sin x}\mathrm{d}x = \int \frac{(x+\sin x)'}{x+\sin x}\mathrm{d}x = \ln|x+\sin x| + C.$$

(2) $\int \dfrac{1+\ln x}{2+(x\ln x)^2}\mathrm{d}x = \int \dfrac{(x\ln x)'}{2+(x\ln x)^2}\mathrm{d}x = \int \dfrac{1}{(\sqrt{2})^2+(x\ln x)^2}\mathrm{d}(x\ln x)$

$$= \frac{1}{\sqrt{2}}\arctan\left(\frac{x\ln x}{\sqrt{2}}\right) + C.$$

(3) $\int \dfrac{x^2+1}{x^4+x^2+1}\mathrm{d}x = \int \dfrac{1+\frac{1}{x^2}}{x^2+1+\frac{1}{x^2}}\mathrm{d}x = \int \dfrac{\left(x-\frac{1}{x}\right)'}{\left(x-\frac{1}{x}\right)^2+3}\mathrm{d}x$

$$= \int \frac{1}{\left(x-\frac{1}{x}\right)^2+(\sqrt{3})^2}\mathrm{d}\left(x-\frac{1}{x}\right) = \frac{1}{\sqrt{3}}\arctan\frac{1}{\sqrt{3}}\left(x-\frac{1}{x}\right) + C.$$

从上面例题可以看出,凑微分法是相当灵活且非常重要的一种常用方法,如何去凑微分,并无一般固定的规律可循,读者必须在熟记基本积分公式的基础上,通过练习积累经验,才能做到运用自如.

5.2.2　第二换元法

第一类换元法公式

$$\int f[\varphi(x)]\varphi'(x)\mathrm{d}x = \int f[\varphi(x)]\mathrm{d}\varphi(x) \xrightarrow{\varphi(x)=u} \int f(u)\mathrm{d}u$$

的实质是从被积函数中分出一个因子与 $\mathrm{d}x$ 凑成微分 $\mathrm{d}\varphi(x)$,剩余的部分必须是 $\varphi(x)$ 的复合函数,然后通过变量代换 $\varphi(x)=u$,将积分化为积分 $\int f(u)\mathrm{d}u$ 来计算.

但对于有些积分,可采用相反形式的变量代换,对积分$\int f(x)\mathrm{d}x$可以通过适当的变量代换$x = \varphi(t)$,将积分化为下列形式计算,即

$$\int f(x)\mathrm{d}x = \int f[\varphi(t)]\varphi'(t)\mathrm{d}t.$$

如果上式右端的积分容易求出,再用$x = \varphi(t)$的反函数$t = \varphi^{-1}(x)$,还回到原来的自变量x,便可以求出原不定积分$\int f(x)\mathrm{d}x$. 这就是第二换元积分法,常简称为**第二换元法**,叙述如下.

定理 5.2.2 设$x = \varphi(t)$是单调、可导的函数,且$\varphi'(t) \neq 0$. 又设$f[\varphi(t)]\varphi'(t)$具有原函数$F(t)$,则有换元积分公式

$$\int f(x)\mathrm{d}x = \int f[\varphi(t)]\varphi'(t)\mathrm{d}t = F(t)\,|_{t=\varphi^{-1}(x)} + C = F[\varphi^{-1}(x)] + C. \qquad (5.2.4)$$

其中$t = \varphi^{-1}(x)$是$x = \varphi(t)$的反函数.

证 由复合函数及反函数的求导法则,得

$$\{F[\varphi^{-1}(x)]\}' = F'(t) \cdot \frac{\mathrm{d}t}{\mathrm{d}x} = f[\varphi(t)]\varphi'(t) \cdot \frac{1}{\dfrac{\mathrm{d}x}{\mathrm{d}t}} = f[\varphi(t)] = f(x),$$

故

$$\int f(x)\mathrm{d}x = F[\varphi^{-1}(x)] + C.$$

若使用第二换元积分法求不定积分$\int f(x)\mathrm{d}x$,其程序如下:

$$\int f(x)\mathrm{d}x \xrightarrow[\mathrm{d}x = \varphi'(t)\mathrm{d}t]{\text{换元,令 } x = \varphi(t)} \int f[\varphi(t)]\varphi'(t)\mathrm{d}t \xrightarrow[\text{可套公式}]{\text{对 } t \text{ 积分}} F(t) + C \xrightarrow[t = \varphi^{-1}(x)]{\text{还原}} F[\varphi^{-1}(x)] + C.$$

用第二换元法求不定积分的程序可简叙述为:**换元 → 套公式 → 还原**.

使用第二换元法的关键在于选择满足定理 5.2.2 中条件的代换$x = \varphi(t)$,并且关于t的积分$\int f[\varphi(t)]\varphi'(t)\mathrm{d}t$要容易求积分的形式,如何选择这个代换与被积函数的形式有关系. 例如,当被积函数中含有根式函数,且该积分不能用直接积分法也不能用第一换元法求得结果时,一般设法选择适当的代换$x = \varphi(t)$,消去被积函数中的根式,使得积分得到简化,变得容易计算. 常用的代换有简单无理函数的**根式代换**、**三角代换**.

1. 简单无理函数的根式代换

(1) 当被积函数中含有形如$\sqrt[n]{ax + b}$的根式时,可作如下代换:

令$\sqrt[n]{ax + b} = t$,解出x,即$x = \dfrac{t^n - b}{a}$,即可去掉被积函数中的根式.

(2) 当被积函数同时含有形如$\sqrt[n]{ax + b}$,$\sqrt[m]{ax + b}$的根式时,可作如下代换:

令$\sqrt[k]{ax + b} = t$,其中k是n, m的最小公倍数,即可去掉被积函数中的根式.

(3) 对于被积函数中含有$\sqrt[n]{\dfrac{ax + b}{cx + d}}$,或同时含有形如$\sqrt[n]{\dfrac{ax + b}{cx + d}}$,$\sqrt[m]{\dfrac{ax + b}{cx + d}}$($ad \neq bc$)的根式时,也可作类似的代换,如令$\sqrt[n]{\dfrac{ax + b}{cx + d}} = t$,或$\sqrt[k]{\dfrac{ax + b}{cx + d}} = t$,其中$k$是$n, m$的最小公倍数.

例 5.2.8　求不定积分 $\displaystyle\int \frac{\sqrt{x-1}}{x}\mathrm{d}x$.

解　令 $\sqrt{x-1}=t$,于是 $x=t^2+1$,则 $\mathrm{d}x=2t\mathrm{d}t$,从而

$$\int \frac{\sqrt{x-1}}{x}\mathrm{d}x=\int \frac{t}{t^2+1}\cdot 2t\mathrm{d}t=2\int \frac{t^2+1-1}{t^2+1}\mathrm{d}t$$

$$=2\int \left(1-\frac{1}{1+t^2}\right)\mathrm{d}t=2(t-\arctan t)+C$$

$$=2(\sqrt{x-1}-\arctan \sqrt{x-1})+C .$$

例 5.2.9　求不定积分 $\displaystyle\int \frac{\mathrm{d}x}{\sqrt{x}+\sqrt[3]{x}}$.

解　令 $\sqrt[6]{x}=t$,于是 $x=t^6$,则 $\mathrm{d}x=6t^5\mathrm{d}t$,从而

$$\int \frac{\mathrm{d}x}{\sqrt{x}+\sqrt[3]{x}}=\int \frac{6t^5}{t^3+t^2}\mathrm{d}t=6\int \frac{t^3+1-1}{t+1}\mathrm{d}t=6\int \left(t^2-t+1-\frac{1}{t+1}\right)\mathrm{d}t$$

$$=2t^3-3t^2+6t-6\ln|t+1|+C$$

$$=2\sqrt{x}-3\sqrt[3]{x}+6\sqrt[6]{x}-6\ln|\sqrt[6]{x}+1|+C .$$

2. 三角代换

一般来说当被积函数含有如下形式的二次根式:

(1) $\sqrt{a^2-x^2}$,作代换 $x=a\sin t\left(|t|<\dfrac{\pi}{2}\right)$,可以消去根式.

(2) $\sqrt{x^2+a^2}$,作代换 $x=a\tan t\left(|t|<\dfrac{\pi}{2}\right)$,可以消去根式.

(3) $\sqrt{x^2-a^2}$,作代换 $x=a\sec t\left(0<t<\dfrac{\pi}{2}\right)$,可以消去根式.

例 5.2.10　求不定积分 $\displaystyle\int \sqrt{a^2-x^2}\mathrm{d}x\ (a>0)$.

解　令 $x=a\sin t\left(-\dfrac{\pi}{2}<t<\dfrac{\pi}{2}\right)$,则 $\mathrm{d}x=a\cos t\mathrm{d}t$,

$$\sqrt{a^2-x^2}=\sqrt{a^2-a^2\sin^2 t}=a\cos t ,$$

于是

$$\int \sqrt{a^2-x^2}\mathrm{d}x=a^2\int \cos^2 t\mathrm{d}t=\frac{a^2}{2}\int (1+\cos 2t)\mathrm{d}t=\frac{a^2}{2}\left(t+\frac{1}{2}\sin 2t\right)+C .$$

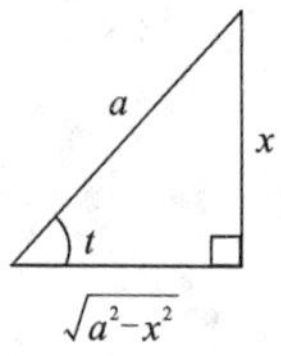

　　　　　为方便还原,根据 $x=a\sin t$,作一个以 t 为锐角的辅助直角三角形,由

图 5.3 可知 $\sin 2t=2\sin t\cos t=2\dfrac{x}{a}\cdot\dfrac{\sqrt{a^2-x^2}}{a}$,又 $t=\arcsin\dfrac{x}{a}$,代入上式,得

$$\int \sqrt{a^2-x^2}\mathrm{d}x=\frac{a^2}{2}\arcsin \frac{x}{a}+\frac{1}{2}x\sqrt{a^2-x^2}+C .$$

图 5.3　　　**例 5.2.11**　求不定积分 $\displaystyle\int \frac{\mathrm{d}x}{\sqrt{x^2+a^2}}\ (a>0)$.

解　令 $x=a\tan t\left(-\dfrac{\pi}{2}<t<\dfrac{\pi}{2}\right)$,则 $\mathrm{d}x=a\sec^2 t\mathrm{d}t$,于是

$$\int \frac{\mathrm{d}x}{\sqrt{x^2+a^2}} = \int \frac{a\sec^2 t}{a\sec t}\mathrm{d}t = \int \sec t\mathrm{d}t = \ln|\sec t + \tan t| + C_1.$$

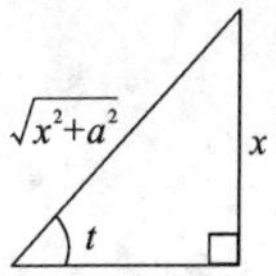

为方便还原,根据 $x = a\tan t$,作辅助直角三角形,由图 5.4 可知

$$\tan t = \frac{x}{a}, \quad \sec t = \frac{\sqrt{x^2+a^2}}{a},$$

图 5.4

$$\int \frac{\mathrm{d}x}{\sqrt{x^2+a^2}} = \ln\left|\frac{x}{a} + \frac{\sqrt{x^2+a^2}}{a}\right| + C_1$$

$$= \ln|x + \sqrt{x^2+a^2}| + C \quad (C = C_1 - \ln a).$$

在做题时,为简单起见,约定:① 在今后求不定积分时,不再指明代换 $x = \varphi(t)$ 中 t 的适用范围,总认为所采用的代换是在满足定理 5.2.2 中的条件的区间内进行的;② 对于 $\sqrt{B^2}$ 总认为是在 $B \geqslant 0$ 的范围内讨论,即直接可得到 $\sqrt{B^2} = B$;③ 对于被积函数中出现的常数 a^2,也总认为 $a > 0$.

例 5.2.12 求不定积分 $\displaystyle\int \frac{\mathrm{d}x}{\sqrt{x^2-a^2}}$.

解 设 $x = a\sec t$,则 $\mathrm{d}x = a\sec t\tan t\mathrm{d}t$,于是

$$\int \frac{\mathrm{d}x}{\sqrt{x^2-a^2}} = \int \sec t\mathrm{d}t = \ln|\sec t + \tan t| + C_1.$$

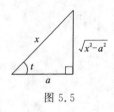

图 5.5

为方便还原,根据 $x = a\sec t$,作辅助直角三角形,由图 5.5 知,

$$\sec t = \frac{x}{a}, \quad \tan t = \frac{\sqrt{x^2-a^2}}{a},$$

于是

$$\int \frac{\mathrm{d}x}{\sqrt{x^2-a^2}} = \ln\left|\frac{x}{a} + \frac{\sqrt{x^2-a^2}}{a}\right| + C_1$$

$$= \ln|x + \sqrt{x^2-a^2}| + C \quad (C = C_1 - \ln a).$$

注 例 5.2.11、例 5.2.12 的结果可以作为积分公式.

例 5.2.13 求不定积分 $\displaystyle\int \sqrt{\frac{2x-3}{2x+3}}\mathrm{d}x$.

解
$$\int \sqrt{\frac{2x-3}{2x+3}}\mathrm{d}x = \int \frac{2x-3}{\sqrt{4x^2-9}}\mathrm{d}x = \int \frac{2x}{\sqrt{4x^2-9}}\mathrm{d}x - 3\int \frac{1}{\sqrt{4x^2-9}}\mathrm{d}x$$

$$= \frac{1}{4}\int \frac{1}{\sqrt{4x^2-9}}\mathrm{d}(4x^2-9) - \frac{3}{2}\int \frac{1}{\sqrt{x^2-\left(\frac{3}{2}\right)^2}}\mathrm{d}x$$

$$= \frac{1}{2}\sqrt{4x^2-9} - \frac{3}{2}\ln\left|x + \sqrt{x^2-\frac{9}{4}}\right| + C.$$

例 5.2.14 求不定积分 $\displaystyle\int \frac{x-2}{\sqrt{x^2-2x+10}}\mathrm{d}x$.

解
$$\int \frac{x-2}{\sqrt{x^2-2x+10}}\mathrm{d}x = \int \frac{\frac{1}{2}(x^2-2x+10)' - 1}{\sqrt{x^2-2x+10}}\mathrm{d}x$$

$$= \frac{1}{2}\int \frac{\mathrm{d}(x^2-2x+10)}{\sqrt{x^2-2x+10}} - \int \frac{\mathrm{d}(x-1)}{\sqrt{(x-1)^2+9}}$$

$$= \sqrt{x^2-2x+10} - \ln|x-1+\sqrt{x^2-2x+10}| + C.$$

例 5.2.15　求不定积分 $\displaystyle\int \frac{1}{\sqrt{e^x+1}}\mathrm{d}x$.

解　该积分的被积函数不属于上述介绍的两类常用的代换类型. 为了能去掉根式, 不妨令 $\sqrt{e^x+1}=t$, 则 $x=\ln(t^2-1)$, $\mathrm{d}x=\dfrac{2t}{t^2-1}\mathrm{d}t$, 于是

$$\int \frac{1}{\sqrt{e^x+1}}\mathrm{d}x = \int \frac{1}{t}\cdot\frac{2t}{t^2-1}\mathrm{d}t = \ln\left|\frac{t-1}{t+1}\right| + C = \ln\left|\frac{\sqrt{e^x+1}-1}{\sqrt{e^x+1}+1}\right| + C.$$

例 5.2.16　求不定积分 $\displaystyle\int \frac{1}{(x^2+1)^2}\mathrm{d}x$.

解　第二换元法使用的范围绝不局限于被积函数中含有根式的情形, 只要换元能把所求的不定积分化为容易计算的积分, 就可以使用.

令 $x=\tan t$, 则 $\mathrm{d}x=\sec^2 t\mathrm{d}t$, 于是

$$\int \frac{1}{(x^2+1)^2}\mathrm{d}x = \int \cos^2 t\mathrm{d}t = \int \frac{1+\cos 2t}{2}\mathrm{d}t = \frac{1}{2}t + \frac{1}{4}\sin 2t + C$$

$$= \frac{1}{2}t + \frac{1}{2}\sin t\cos t + C,$$

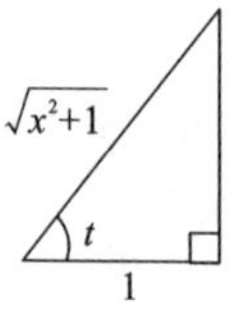

图 5.6

由图 5.6 可知

$$\int \frac{1}{(x^2+1)^2}\mathrm{d}x = \frac{1}{2}\arctan x + \frac{x}{2(1+x^2)} + C.$$

利用第二换元法进行积分运算的变量代换很多, 并不局限于上面所述的常见代换. 代换没有固定的法则, 其基本思想就是只要能将被积函数朝易于积分的形式转化都可以采用, 至于如何选择代换, 这需要具体情况具体分析, 根据被积函数的特点尽量采用简洁的方法.

例 5.2.17　求不定积分 $\displaystyle\int \frac{1}{x^2\sqrt{x^2-4}}\mathrm{d}x \ (x>2)$.

解　法 1　按照上面讲的方法, 令 $x=2\sec t$ 可以求解, 求解过程略.

法 2　下面采用**倒代换**. 一般当被积函数为分式函数, 且分母中 x 的幂次比分子中 x 的幂次至少高二次时, 就可以考虑使用倒代换.

令 $x=\dfrac{1}{t}$, 则 $\mathrm{d}x=-\dfrac{1}{t^2}\mathrm{d}t$, 于是

$$\int \frac{1}{x^2\sqrt{x^2-4}}\mathrm{d}x = \int t^2 \frac{1}{\sqrt{\frac{1}{t^2}-4}}\cdot\frac{-1}{t^2}\mathrm{d}t = -\int \frac{t}{\sqrt{1-4t^2}}\mathrm{d}t$$

$$= \frac{1}{8}\int \frac{\mathrm{d}(1-4t^2)}{\sqrt{1-4t^2}} = \frac{1}{4}\sqrt{1-4t^2} + C = \frac{\sqrt{x^2-4}}{4x} + C.$$

例 5.2.18　求不定积分 $\displaystyle\int \frac{1}{x\sqrt{x^6-1}}\mathrm{d}x \ (x>1)$.

解　令 $x=\dfrac{1}{t}$, 则 $\mathrm{d}x=-\dfrac{1}{t^2}\mathrm{d}t$, 于是

$$\int \frac{1}{x\sqrt{x^6-1}}\mathrm{d}x = \int \frac{1}{\frac{1}{t}\sqrt{\frac{1}{t^6}-1}} \cdot \frac{-1}{t^2}\mathrm{d}t = \int \frac{-t^2}{\sqrt{1-t^6}}\mathrm{d}t = -\frac{1}{3}\int \frac{1}{\sqrt{1-t^6}}\mathrm{d}(t^3)$$

$$= -\frac{1}{3}\arcsin t^3 + C = -\frac{1}{3}\arcsin \frac{1}{x^3} + C.$$

在本节的例题中,有几个积分结果它们以后通常也被当作基本积分公式使用,下面接着
5.1节基本积分公式的编号,将其增补在基本积分公式之后(下列公式中的常数 $a > 0$):

(16) $\int \tan x \mathrm{d}x = -\ln|\cos x| + C = \ln|\sec x| + C;$

(17) $\int \cot x \mathrm{d}x = \ln|\sin x| + C = -\ln|\csc x| + C;$

(18) $\int \sec x \mathrm{d}x = \ln|\sec x + \tan x| + C;$

(19) $\int \csc x \mathrm{d}x = \ln|\csc x - \cot x| + C;$

(20) $\int \frac{1}{a^2+x^2}\mathrm{d}x = \frac{1}{a}\arctan \frac{x}{a} + C;$

(21) $\int \frac{1}{x^2-a^2}\mathrm{d}x = \frac{1}{2a}\ln\left|\frac{x-a}{x+a}\right| + C;$

(22) $\int \frac{1}{\sqrt{a^2-x^2}}\mathrm{d}x = \arcsin \frac{x}{a} + C;$

(23) $\int \frac{\mathrm{d}x}{\sqrt{x^2 \pm a^2}} = \ln|x + \sqrt{x^2 \pm a^2}| + C.$

习 题 5.2

(A)

1. 填空题:

(1) $\int (\sec x + \cot x)^2 \mathrm{d}x = $ _____;

(2) $\int \frac{1}{x^4-1}\mathrm{d}x = $ _____;

(3) $\int \frac{x+2-x^2}{x(2-x^2)}\mathrm{d}x = $ _____;

(4) $\int \frac{1}{x-\sqrt{x}}\mathrm{d}x = $ _____;

(5) $\int \frac{\sin x \cos x}{\sqrt{5\cos^2 x + 6\sin^2 x}}\mathrm{d}x = $ _____;

(6) $\int \frac{\ln(\ln x)}{x\ln x}\mathrm{d}x = $ _____;

(7) $\int f'(2x+1)\mathrm{d}x = $ _____;

(8) $\int x^x(1+\ln x)\mathrm{d}x = $ _____;

(9) 若 $f(x)$ 的一个原函数为 $\frac{x}{1+x^2}$,则 $\int f(x)f'(x)\mathrm{d}x = $ _____;

(10) 若 $f(x)$ 的一个原函数为 $\frac{\ln x}{x}$,则 $\int xf(x)\mathrm{d}x = $ _____.

2. 求下列不定积分:

(1) $\int \sqrt[3]{2x+3}\mathrm{d}x;$

(2) $\int \frac{x}{(x-3)^2}\mathrm{d}x;$

(3) $\int x\sqrt{x+1}\mathrm{d}x;$

(4) $\int x\sqrt{1-3x^2}\mathrm{d}x;$

(5) $\int x^2\cos(x^3+1)\mathrm{d}x;$

(6) $\int \mathrm{e}^{\frac{1}{2}x^2+\ln x}\mathrm{d}x;$

(7) $\int \frac{\tan x}{\sqrt{\cos x}}\mathrm{d}x;$

(8) $\int \frac{(2+\arcsin x)^2}{\sqrt{1-x^2}}\mathrm{d}x;$

(9) $\int \frac{\mathrm{e}^{2x}}{1+\mathrm{e}^x}\mathrm{d}x;$

$(10)\displaystyle\int \frac{x^2}{4+x^6}\mathrm{d}x$;

$(11)\displaystyle\int \frac{\mathrm{d}x}{\sqrt{x}(1+4x)}$;

$(12)\displaystyle\int \frac{\mathrm{d}x}{x(\ln^2 x+4)}$;

$(13)\displaystyle\int \frac{4x+6}{x^2+3x-4}\mathrm{d}x$;

$(14)\displaystyle\int \frac{1}{x^2}\sin\left(3+\frac{1}{x}\right)\mathrm{d}x$;

$(15)\displaystyle\int \frac{x+x^3}{1+x^4}\mathrm{d}x$;

$(16)\displaystyle\int \frac{1}{\sqrt{5-2x-x^2}}\mathrm{d}x$;

$(17)\displaystyle\int \frac{1}{4x^2+4x+5}\mathrm{d}x$;

$(18)\displaystyle\int \frac{\mathrm{e}^x}{\mathrm{e}^{2x}-2\mathrm{e}^x-3}\mathrm{d}x$;

$(19)\displaystyle\int \frac{\cos x-\sin x}{\sqrt{\sin x+\cos x}}\mathrm{d}x$;

$(20)\displaystyle\int \frac{\sin 2x}{1+\sin^4 x}\mathrm{d}x$;

$(21)\displaystyle\int \frac{1}{\sin^4 x}\mathrm{d}x$;

$(22)\displaystyle\int \left(\frac{\sec x}{1+\tan x}\right)^2\mathrm{d}x$;

$(23)\displaystyle\int \frac{x+\mathrm{e}^{\arctan x}}{1+x^2}\mathrm{d}x$;

$(24)\displaystyle\int \frac{(1-\mathrm{e}^x)^2}{1+\mathrm{e}^{2x}}\mathrm{d}x$;

$(25)\displaystyle\int \sqrt{\frac{1-x}{1+x}}\mathrm{d}x$;

$(26)\displaystyle\int \frac{1+\ln x}{(x\ln x)^2}\mathrm{d}x$;

$(27)\displaystyle\int \frac{\mathrm{e}^{2x}}{\sqrt{1+\mathrm{e}^x}}\mathrm{d}x$;

$(28)\displaystyle\int \frac{1}{x(1+\sqrt{x})}\mathrm{d}x$;

$(29)\displaystyle\int \frac{x\ln(1+x^2)}{1+x^2}\mathrm{d}x$;

$(30)\displaystyle\int \frac{\ln x}{x\sqrt{1+\ln x}}\mathrm{d}x$;

$(31)\displaystyle\int \frac{\sin x-\sin 2x}{1+\cos^2 x}\mathrm{d}x$;

$(32)\displaystyle\int \frac{x^3}{x+2}\mathrm{d}x$;

$(33)\displaystyle\int \frac{\mathrm{d}x}{x^3(1+x^2)}$;

$(34)\displaystyle\int \frac{\mathrm{d}x}{x(4+x^3)}$;

$(35)\displaystyle\int \frac{1}{\mathrm{e}^x+\mathrm{e}^{3x}}\mathrm{d}x$;

$(36)\displaystyle\int \frac{1}{(2+\sin^2 x)\cos x}\mathrm{d}x$;

$(37)\displaystyle\int \frac{1}{1+\mathrm{e}^x}\mathrm{d}x$;

$(38)\displaystyle\int \frac{1+\sin x}{1+\cos x}\mathrm{d}x$;

$(39)\displaystyle\int \frac{x}{x-\sqrt{x^2-1}}\mathrm{d}x$;

$(40)\displaystyle\int \frac{1}{\sin^2 x+4\cos^2 x}\mathrm{d}x$;

$(41)\displaystyle\int \frac{2x+3}{x^2+2x-3}\mathrm{d}x$;

$(42)\displaystyle\int \frac{\mathrm{e}^x(1+\mathrm{e}^x)}{\sqrt{1-\mathrm{e}^{2x}}}\mathrm{d}x$;

$(43)\displaystyle\int \frac{\ln x}{3x+x\ln^2 x}\mathrm{d}x$;

$(44)\displaystyle\int \frac{\sqrt{1+\cos x}}{\sin x}\mathrm{d}x$;

$(45)\displaystyle\int \frac{\arctan\sqrt{x}}{\sqrt{x}(1+x)}\mathrm{d}x$;

$(46)\displaystyle\int \frac{\mathrm{e}^{\arcsin\sqrt{x}}}{\sqrt{x(1-x)}}\mathrm{d}x$;

$(47)\displaystyle\int \frac{\mathrm{e}^x}{\sqrt{1-\mathrm{e}^{2x}}\arcsin \mathrm{e}^x}\mathrm{d}x$;

$(48)\displaystyle\int \frac{\sqrt{x(x+1)}}{\sqrt{x+1}+\sqrt{x}}\mathrm{d}x$;

$(49)\displaystyle\int \frac{x^3}{(x^2+1)^2}\mathrm{d}x$;

$(50)\displaystyle\int \frac{\ln(x+1)-\ln x}{x(x+1)}\mathrm{d}x$;

$(51)\displaystyle\int x^3\sqrt{4-x^2}\mathrm{d}x$;

$(52)\displaystyle\int \frac{1}{(1+\mathrm{e}^x)^2}\mathrm{d}x$;

$(53)\displaystyle\int \frac{3^x\cdot 2^x}{9^x-4^x}\mathrm{d}x$;

$(54)\displaystyle\int \frac{\sin^3 x}{\cos^4 x}\mathrm{d}x$;

$(55)\displaystyle\int \frac{\cot x}{\ln\sin x}\mathrm{d}x$;

$(56)\displaystyle\int \frac{x^3}{\sqrt{1+x^2}}\mathrm{d}x$;

$(57)\displaystyle\int \frac{x\tan\sqrt{1-x^2}}{\sqrt{1-x^2}}\mathrm{d}x$;

$(58)\displaystyle\int \frac{1}{x\sqrt{x^2-1}}\mathrm{d}x\,(x>0)$;

$(59)\displaystyle\int \frac{x^2}{(x^2+2x+2)^2}\mathrm{d}x$;

$(60)\displaystyle\int \frac{f'(\sqrt{x})}{\sqrt{x}[1+f^2(\sqrt{x})]}\mathrm{d}x$.

3. 求下列不定积分：

$(1)\displaystyle\int \frac{\sqrt{x}}{1+\sqrt{x}}\mathrm{d}x$;

$(2)\displaystyle\int \frac{1}{x+\sqrt{x+2}}$;

$(3)\displaystyle\int \frac{1}{\sqrt{1-2x}(1+\sqrt[3]{1-2x})}\mathrm{d}x$;

$(4)\displaystyle\int \frac{1}{2+\sqrt[3]{x+2}}\mathrm{d}x$;

$(5)\displaystyle\int \frac{\sqrt{x}}{1+\sqrt[4]{x^3}}\mathrm{d}x$;

$(6)\displaystyle\int \frac{1}{x^2\sqrt{1-x^2}}\mathrm{d}x$;

$(7)\displaystyle\int \frac{x^2}{\sqrt{4-x^2}}\mathrm{d}x$;

$(8)\displaystyle\int \frac{1}{1+\sqrt{1-x^2}}\mathrm{d}x$;

$(9)\displaystyle\int \frac{\mathrm{d}x}{(1+x^2)^{3/2}}$;

$(10)\displaystyle\int \frac{1}{x^2\sqrt{x^2+1}}\mathrm{d}x$;

$(11)\displaystyle\int \frac{1}{(1+2x^2)\sqrt{1+x^2}}\mathrm{d}x$;

$(12)\displaystyle\int \frac{x^2-1}{x\sqrt{x^2+1}}\mathrm{d}x$;

$(13)\displaystyle\int \frac{\sqrt{x^2-9}}{x^2}\mathrm{d}x$;

$(14)\displaystyle\int \frac{x+1}{x^2\sqrt{x^2-1}}\mathrm{d}x$;

$(15)\displaystyle\int \frac{\sqrt{x^2-1}}{x}\mathrm{d}x$.

(16) $\displaystyle\int \frac{x+1}{\sqrt{4x^2+9}}\mathrm{d}x$;　　　(17) $\displaystyle\int \frac{x-4x^3+\sqrt{1-x^2}}{\sqrt{1-x^4}}\mathrm{d}x$;　　(18) $\displaystyle\int \sqrt{3-2x-x^2}\mathrm{d}x$;

(19) $\displaystyle\int x\sqrt{2x-x^2}\mathrm{d}x$;　　　(20) $\displaystyle\int \frac{\sqrt{\mathrm{e}^x}}{\sqrt{\mathrm{e}^x+9\mathrm{e}^{-x}}}\mathrm{d}x$;　　(21) $\displaystyle\int \sqrt{\mathrm{e}^x+1}\mathrm{d}x$;

(22) $\displaystyle\int \frac{1}{x\ln x\sqrt{1+3\ln^2 x}}\mathrm{d}x$;　(23) $\displaystyle\int \frac{\sqrt{1+\ln x}}{x\ln x}\mathrm{d}x$;　　(24) $\displaystyle\int \frac{\sin x\cos x\sqrt{1+\sin^2 x}}{2+\sin^2 x}\mathrm{d}x$.

4. 用倒代换 $x=t^{-1}$ 求下列积分$(x>0)$:

(1) $\displaystyle\int \frac{\sqrt{1-x^2}}{x^4}\mathrm{d}x$;　　　(2) $\displaystyle\int \frac{\mathrm{d}x}{x\sqrt{3x^2-2x-1}}$;　　(3) $\displaystyle\int \frac{1}{x^5(1+x^2)}\mathrm{d}x$.

5. 设函数 $y=y(x)$ 在点 x 处的增量为 $\Delta y=\dfrac{1-x}{\sqrt{2x-x^2}}\Delta x+o(\Delta x)$ $(\Delta x\rightarrow 0)$ 且 $y(0)=0$,求 $y(x)$.

6. 设 $\displaystyle\int xf(x)\mathrm{d}x=\arcsin x+C$ $(0\neq|x|<1)$,求 $\displaystyle\int \frac{1}{f(x)}\mathrm{d}x$.

7. 设 $\displaystyle\int x^5 f(x)\mathrm{d}x=\sqrt{x^2-1}+C$ $(|x|>1)$,求 $\displaystyle\int f(x)\mathrm{d}x$.

8. 设 $f'(2+\cos x)=\sin^2 x+\tan^2 x$,求函数 $f(x)$.

9. 设 $F(x)=f(x)-\dfrac{1}{f(x)}$,$g(x)=f(x)+\dfrac{1}{f(x)}$,$F'(x)=g^2(x)$,且 $f\left(\dfrac{\pi}{4}\right)=1$,求可导函数 $f(x)$.

(B)

1. 计算下列各题:

(1) $\displaystyle\int \frac{\ln\tan x}{\cos x\sin x}\mathrm{d}x$;　　(2) $\displaystyle\int \frac{1-\ln x}{(x-\ln x)^2}\mathrm{d}x$;　　(3) $\displaystyle\int \frac{1}{\cos x\cdot\sqrt{\sin x}}\mathrm{d}x$;

(4) $\displaystyle\int \frac{x^2+1}{x\sqrt{1+x^4}}\mathrm{d}x$;　　(5) $\displaystyle\int \sqrt{\frac{\mathrm{e}^x-1}{\mathrm{e}^x+1}}\mathrm{d}x$;　　(6) $\displaystyle\int \frac{x^2}{(1+x^2)^2}\mathrm{d}x$;

(7) $\displaystyle\int \frac{x}{(x^2+1)\sqrt{1-x^2}}\mathrm{d}x$;　(8) $\displaystyle\int \frac{1}{x+\sqrt{1-x^2}}\mathrm{d}x$;　(9) $\displaystyle\int \frac{x+1}{x(1+x\mathrm{e}^x)}\mathrm{d}x$;

(10) $\displaystyle\int \frac{1}{3-x}\sqrt{\frac{5-x}{x-1}}\mathrm{d}x$;　(11) $\displaystyle\int \frac{x^5}{\sqrt{1+x^2}}\mathrm{d}x$;　　(12) $\displaystyle\int \frac{1}{(x^2+1)\sqrt{1-x^2}}\mathrm{d}x$.

2. 设 $f(x^2-1)=\ln\dfrac{x^2}{x^2-2}$,且 $f[\varphi(x)]=\ln x$,求 $\displaystyle\int \varphi(x)\mathrm{d}x$.

3. 解下列各题:

(1) 设 $f(x)$ 的原函数为 $F(x)>0$,且 $F(0)=1$,当 $x\geqslant 0$ 时,有 $f(x)\cdot F(x)=\sin^2 2x$,求 $f(x)$;

(2) 设 $F(x)$ 为 $f(x)$ 的原函数,且 $f(x)=\dfrac{F(x)}{\sqrt{x}(1+x)}$,若 $F(1)=\mathrm{e}^{\frac{\pi}{2}}$,$F(x)>0$,求 $f(x)$;

(3) 设 $f(x)$ 具有一阶连续的导数,且 $f'(x)+xf'(-x)=x$,求 $f(x)$.

4. 设 $f(x)$ 在定义域 I 上的导数大于零,若对任意的 $x_0\in I$,曲线 $y=f(x)$ 在点$(x_0,f(x_0))$ 处的切线与直线 $x=x_0$ 及 x 轴所围成的区域的面积为 4,且 $f(0)=2$,求 $f(x)$ 的表达式.

5.3　分部积分法

5.2 节我们学习的不定积分的换元积分法,它是十分重要的方法,很多积分应用换元法可以得到解决. 但对于有些积分,如 $\displaystyle\int x\sin x\mathrm{d}x$,$\displaystyle\int x^2\ln x\mathrm{d}x$ 等,利用换元积分法却是无能为力的. 本节介绍另一种与两个函数乘积的求导法则相对应的一种基本积分法 —— **分部积分法**.

定理 5.3.1　设函数 $u = u(x), v = v(x)$ 均有连续的导数,则

$$\int u v' \mathrm{d}x = uv - \int u' v \, \mathrm{d}x, \tag{5.3.1}$$

或

$$\int u \, \mathrm{d}v = uv - \int v \, \mathrm{d}u. \tag{5.3.2}$$

证　由函数乘积的求导法则,有

$$(uv)' = u'v + uv',$$

移项得

$$uv' = (uv)' - u'v .$$

对上式两边求不定积分,得

$$\int u v' \mathrm{d}x = uv - \int u' v \, \mathrm{d}x,$$

或

$$\int u \, \mathrm{d}v = uv - \int v \, \mathrm{d}u.$$

式(5.3.1) 或(5.3.2) 称为**分部积分公式**.利用分部积分公式计算积分的方法叫**分部积分法**.

分部积分公式(5.3.1) 或(5.3.2) 的意义在于:如果积分 $\int u v' \mathrm{d}x$ 不容易计算,而积分 $\int u' v \, \mathrm{d}x$ 比较容易计算时,分部积分公式(5.3.1) 或(5.3.2) 就起到化难为易的作用. 这种转化能否实现,关键在于恰当的选择函数 u 和 v'. 那么如何选择函数 u 和 v' 呢?因为分部积分公式(5.3.1) 或(5.3.2) 右边出现了 v,所以选作 v' 的函数,要能容易由 v' 求出其原函数 v,其次公式(5.3.1) 或(5.3.2) 右边的积分 $\int u' v \, \mathrm{d}x$ 要比左边积分 $\int u v' \mathrm{d}x$ 简单.

因此,选择 u 和 v' 的原则,一般考虑以下两点:

(1) 选容易积分的为 v'(这是**分部积分法的前提**),且 v 一般取其最简形式;

(2) 新积分 $\int u' v \, \mathrm{d}x$ 要比原积分 $\int u v' \mathrm{d}x$ 容易积分(这是**分部积分法的目的**).

为了更好地应用分部积分法,再对该法作几点说明.

1. 分部积分法适应的范围

当被积函数为两个函数的乘积,而又不具备换元积分法的特征时,就可以试用分部积分法.

特别是当被积函数为两种不同类型函数的乘积,或者被积函数中含有抽象函数 $f(x)$ 或者 $f(x)$ 的导数(一阶、二阶 ……) 时,通常可考虑采用分部积分法.

2. 常见类型积分选择 u、v' 的方法

选择 u 的顺序是:反三角函数 → 对数函数 → 幂函数 → 三角函数 → 指数函数. 简称为"**反、对、幂、三、指**".

即当被积函数中出现反三角函数、对数函数、幂函数、三角函数(一般为 $\sin x, \cos x$)、指数函数中两种不同形式的乘积时,次序在前面的那类函数取作 u,剩余的因子则为 v'.

实际做题时,把公式(5.3.1) 和(5.3.2) 混合使用. 即

$$\int uv' \mathrm{d}x = \int u \mathrm{d}v = uv - \int v \mathrm{d}u = uv - \int vu' \mathrm{d}x. \tag{5.3.3}$$

下面给出应用公式(5.3.3)的几点说明：

(1) 先把被积函数中的 v' 与 $\mathrm{d}x$ 凑成微分 $\mathrm{d}v$,待求积分转为 $\int u \mathrm{d}v$;

(2) 积分 $\int u \mathrm{d}v$ 等于被积表达式 $u \mathrm{d}v$ 中"d"中前后两个函数的乘积,再减去被积表达式 $u \mathrm{d}v$ 中 u,v 位置交换后的积分 $\int v \mathrm{d}u$;

(3) 再把积分 $\int v \mathrm{d}u$ 进行如下转换: $\int v \mathrm{d}u = \int vu' \mathrm{d}x$.

例 5.3.1 求不定积分 $\int x\mathrm{e}^{2x} \mathrm{d}x$.

解 令 $u = x, v' = \mathrm{e}^{2x}$,则 $v = \dfrac{1}{2}\mathrm{e}^{2x}$,于是

$$\int x\mathrm{e}^{2x} \mathrm{d}x = \int x\mathrm{d}\left(\frac{1}{2}\mathrm{e}^{2x}\right) = x \cdot \frac{1}{2}\mathrm{e}^{2x} - \int \frac{1}{2}\mathrm{e}^{2x} \mathrm{d}x = \frac{1}{2}x\mathrm{e}^{2x} - \frac{1}{4}\mathrm{e}^{2x} + C.$$

例 5.3.2 求不定积分 $\int x^2 \sin x \mathrm{d}x$.

解 令 $u = x^2, v' = \sin x$,则 $v = -\cos x$,于是

$$\int x^2 \sin x \mathrm{d}x = \int x^2 \mathrm{d}(-\cos x) = -x^2 \cos x + \int \cos x \mathrm{d}(x^2)$$
$$= -x^2 \cos x + 2\int x\cos x \mathrm{d}x.$$

对于上式右端的积分再用一次分部积分法.

令 $u = x, v' = \cos x$,则 $v = \sin x$,于是有

$$\int x\cos x \mathrm{d}x = \int x\mathrm{d}(\sin x) = x\sin x - \int \sin x \mathrm{d}x = x\sin x + \cos x + C,$$

代入上式,则有

$$\int x^2 \sin x \mathrm{d}x = -x^2 \cos x + 2x\sin x + 2\cos x + C.$$

这说明在有些积分的计算中分部积分法需要连续使用.

例 5.3.3 求不定积分 $\int x\arctan x \mathrm{d}x$.

解 令 $u = \arctan x, v' = x$,则 $v = \dfrac{1}{2}x^2$,于是

$$\int x\arctan x \mathrm{d}x = \int \arctan x \mathrm{d}\left(\frac{1}{2}x^2\right) = \frac{1}{2}x^2 \arctan x - \frac{1}{2}\int x^2 \mathrm{d}(\arctan x)$$
$$= \frac{1}{2}x^2 \arctan x - \frac{1}{2}\int \frac{x^2}{1+x^2} \mathrm{d}x = \frac{1}{2}x^2 \arctan x - \frac{1}{2}\int \left(1 - \frac{1}{1+x^2}\right)\mathrm{d}x$$
$$= \frac{1}{2}x^2 \arctan x - \frac{1}{2}(x - \arctan x) + C.$$

例 5.3.4 求不定积分 $\int \arccos x \mathrm{d}x$.

解 当被积函数为一个函数时,有时也可用分部积分公式.

令 $u = \arccos x, v' = 1$,则 $v = x$. 于是

$$\int \arccos x \mathrm{d}x = x\arccos x - \int x \mathrm{d}(\arccos x)$$

$$= x\arccos x + \int \frac{x}{\sqrt{1-x^2}}\mathrm{d}x = x\arccos x - \sqrt{1-x^2} + C.$$

例 5.3.5　求不定积分$\int \ln(1+x^2)\mathrm{d}x$.

解　令 $u = \ln(1+x^2), v' = 1$,则 $v = x$,于是

$$\int \ln(1+x^2)\mathrm{d}x = x\ln(1+x^2) - \int x\mathrm{d}\ln(1+x^2) = x\ln(1+x^2) - 2\int \frac{x^2}{1+x^2}\mathrm{d}x$$

$$= x\ln(1+x^2) - 2\int \left(1 - \frac{1}{1+x^2}\right)\mathrm{d}x$$

$$= x\ln(1+x^2) - 2(x - \arctan x) + C.$$

当比较熟练掌握分部积分法后,在解题时 u, v' 可以不直接写出,并且过程可以简化为:

$$\int uv'\mathrm{d}x = \int u\mathrm{d}v = uv - \int vu'\mathrm{d}x.$$

例 5.3.6　求不定积分$\int \frac{x - \ln^3 x}{(x\ln x)^2}\mathrm{d}x$.

解　$\int \frac{x - \ln^3 x}{(x\ln x)^2}\mathrm{d}x = \int \frac{1}{x}\frac{1}{(\ln x)^2}\mathrm{d}x - \int \frac{\ln x}{x^2}\mathrm{d}x$

$$= \int \frac{1}{(\ln x)^2}\mathrm{d}(\ln x) + \int \ln x \mathrm{d}\left(\frac{1}{x}\right)$$

$$= -\frac{1}{\ln x} + \left[\frac{\ln x}{x} - \int \frac{1}{x}\cdot\mathrm{d}(\ln x)\right]$$

$$= -\frac{1}{\ln x} + \frac{\ln x}{x} - \int \frac{1}{x^2}\mathrm{d}x = -\frac{1}{\ln x} + \frac{\ln x}{x} + \frac{1}{x} + C.$$

例 5.3.7　求不定积分$\int \mathrm{e}^x \sin x \mathrm{d}x$.

解　$\int \mathrm{e}^x \sin x \mathrm{d}x = \int \sin x \mathrm{d}\mathrm{e}^x = \mathrm{e}^x \sin x - \int \mathrm{e}^x \cos x \mathrm{d}x$,

对上式右端的积分再次应用分部积分法,得

$$\int \mathrm{e}^x \cos x \mathrm{d}x = \int \cos x \mathrm{d}\mathrm{e}^x = \mathrm{e}^x \cos x + \int \mathrm{e}^x \sin x \mathrm{d}x,$$

从而有

$$\int \mathrm{e}^x \sin x \mathrm{d}x = \mathrm{e}^x \sin x - \mathrm{e}^x \cos x - \int \mathrm{e}^x \sin x \mathrm{d}x,$$

移项并将等式两端的不定积分中的任意常数合并移至等式右端可得

$$\int \mathrm{e}^x \sin x \mathrm{d}x = \frac{1}{2}\mathrm{e}^x(\sin x - \cos x) + C.$$

注　当所求的不定积分经过两次(或一次)分部积分后,在等式的右边出现一个与原不定积分完全一致且系数不同的不定积分,再通过移项整理从而得到原不定积分的结果,这种积分方法称为**循环法**.

上述例题都是分部积分最常见类型的积分,对于其他形式的积分,要根据分部积分法的原则,具体分析,合理地选择 u 和 v'.

例 5.3.8　求不定积分$\int \sec^3 x \mathrm{d}x$.

解 $\displaystyle\int\sec^3 x\mathrm{d}x=\int\sec x\cdot\sec^2 x\mathrm{d}x=\int\sec x\mathrm{d}(\tan x)$

$$=\sec x\tan x-\int\sec x\tan^2 x\mathrm{d}x$$

$$=\sec x\tan x-\int\sec x(\sec^2 x-1)\mathrm{d}x$$

$$=\sec x\tan x-\int\sec^3 x\mathrm{d}x+\ln\mid\sec x+\tan x\mid,$$

即

$$\int\sec^3 x\mathrm{d}x=\frac{1}{2}(\sec x\tan x+\ln\mid\sec x+\tan x\mid)+C.$$

有些积分的计算,往往单一方法达不到要求,有时需要换元积分法与分部积分法结合使用才能解决,这时一般是先用换元积分法,后用分部积分法.

例 5.3.9 求下列不定积分:

$(1)\displaystyle\int 2x^3\cos x^2\mathrm{d}x;$ $\qquad(2)\displaystyle\int\mathrm{e}^{\sqrt{2x-1}}\mathrm{d}x;$ $\qquad(3)\displaystyle\int\frac{\arcsin x}{(1-x^2)\sqrt{1-x^2}}\mathrm{d}x.$

解 (1) $\displaystyle\int 2x^3\cos x^2\mathrm{d}x=\int x^2\cos x^2\mathrm{d}x^2$,令 $x^2=t$,于是

$$\int 2x^3\cos x^2\mathrm{d}x\xrightarrow{\text{换元}}\int t\cos t\mathrm{d}t=\int t\mathrm{d}(\sin t)\xrightarrow{\text{分部}}t\sin t-\int\sin t\mathrm{d}t$$

$$=t\sin t+\cos t+C\xrightarrow{\text{还原}}x^2\sin x^2+\cos x^2+C.$$

(2) 令 $\sqrt{2x-1}=t$,于是 $x=\dfrac{1}{2}(t^2+1)$,$\mathrm{d}x=t\mathrm{d}t$,从而

$$\int\mathrm{e}^{\sqrt{2x-1}}\mathrm{d}x\xrightarrow{\text{换元}}\int t\mathrm{e}^t\mathrm{d}t=\int t\mathrm{d}\mathrm{e}^t\xrightarrow{\text{分部}}t\mathrm{e}^t-\int\mathrm{e}^t\mathrm{d}t$$

$$=\mathrm{e}^t(t-1)+C\xrightarrow{\text{还原}}\mathrm{e}^{\sqrt{2x-1}}(\sqrt{2x-1}-1)+C.$$

(3) 令 $x=\sin t$,则 $\mathrm{d}x=\cos t\mathrm{d}t$,从而

$$\int\frac{\arcsin x}{(1-x^2)\sqrt{1-x^2}}\mathrm{d}x\xrightarrow{\text{换元}}\int\frac{t}{\cos^2 t\cdot\cos t}\cos t\mathrm{d}t=\int t\sec^2 t\mathrm{d}t=\int t\mathrm{d}(\tan t)$$

$$\xrightarrow{\text{分部}}t\tan t-\int\tan t\mathrm{d}t=t\tan t-\ln\mid\sec t\mid+C$$

$$\xrightarrow{\text{还原}}\frac{x\arcsin x}{\sqrt{1-x^2}}+\ln\sqrt{1-x^2}+C.$$

例 5.3.10 已知 $f(x)$ 的一个原函数是 e^{x^2},求不定积分 $\displaystyle\int xf'(x)\mathrm{d}x.$

分析 初见这种题,以为应由题设先求得 $f'(x)$,再代入 $\displaystyle\int xf'(x)\mathrm{d}x$ 直接计算. 这种方法一般是比较难以行得通,即使可行,计算也是相当的烦琐. 简洁的解法是借助于分部积分法.

解 由分部积分法公式,得

$$\int xf'(x)\mathrm{d}x=\int x\mathrm{d}f(x)=xf(x)-\int f(x)\mathrm{d}x,$$

由于 e^{x^2} 为 $f(x)$ 的一个原函数,所以

$$f(x)=(\mathrm{e}^{x^2})'=2x\mathrm{e}^{x^2}.$$

再由不定积分的概念可知

$$\int f(x)\mathrm{d}x = \mathrm{e}^{x^2} + C,$$

于是

$$\int xf'(x)\mathrm{d}x = xf(x) - \int f(x)\mathrm{d}x = 2x^2 \mathrm{e}^{x^2} - \mathrm{e}^{x^2} + C.$$

例 5.3.11　求不定积分 $\displaystyle\int\left(\ln x + \frac{1}{x}\right)\mathrm{e}^x\mathrm{d}x$.

解　$\displaystyle\int\left(\ln x + \frac{1}{x}\right)\mathrm{e}^x\mathrm{d}x = \int \mathrm{e}^x \ln x\,\mathrm{d}x + \int \frac{\mathrm{e}^x}{x}\mathrm{d}x = \int \ln x\,\mathrm{d}\mathrm{e}^x + \int \frac{\mathrm{e}^x}{x}\mathrm{d}x$

$$= \mathrm{e}^x \ln x - \int \frac{\mathrm{e}^x}{x}\mathrm{d}x + \int \frac{\mathrm{e}^x}{x}\mathrm{d}x = \mathrm{e}^x \ln x + C.$$

　　将被积函数拆项,对其中一项用分部积分法后,再与另一项不易求出或不能求出的积分抵消,也是求不定积分的一种常见的运算. 这种积分方法,也称为**等待消去法**.

*例 5.3.12　建立不定积分递推公式 $I_n = \displaystyle\int \frac{\mathrm{d}x}{(x^2 + a^2)^n}(n \in \mathbf{N}^+, a > 0)$,并由此计算 I_2.

解　使用分部积分法.

$$I_n = \frac{x}{(x^2 + a^2)^n} - \int x \cdot \mathrm{d}\left[\frac{1}{(x^2 + a^2)^n}\right] = \frac{x}{(x^2 + a^2)^n} + 2n\int \frac{x^2}{(x^2 + a^2)^{n+1}}\mathrm{d}x$$

$$= \frac{x}{(x^2 + a^2)^n} + 2n\int \frac{(x^2 + a^2) - a^2}{(x^2 + a^2)^{n+1}}\mathrm{d}x = \frac{x}{(x^2 + a^2)^n} + 2nI_n - 2na^2 I_{n+1}$$

整理得到递推公式

$$I_{n+1} = \frac{1}{2na^2} \cdot \frac{x}{(x^2 + a^2)^n} + \frac{2n-1}{2na^2}I_n,$$

又因 $I_1 = \displaystyle\int \frac{\mathrm{d}x}{x^2 + a^2} = \frac{1}{a}\arctan \frac{x}{a} + C$,利用上述递推公式可得

$$I_2 = \int \frac{\mathrm{d}x}{(x^2 + a^2)^2} = \frac{x}{2a^2(x^2 + a^2)} + \frac{1}{2a^3}\arctan \frac{x}{a} + C.$$

习　题　5.3

（A）

1. 计算下列不定积分:

(1) $\displaystyle\int x\ln x\,\mathrm{d}x$;

(2) $\displaystyle\int x^2 \mathrm{e}^x \mathrm{d}x$;

(3) $\displaystyle\int \frac{\arcsin x}{\sqrt{1+x}}\mathrm{d}x$;

(4) $\displaystyle\int 4x^3 \arctan x\,\mathrm{d}x$;

(5) $\displaystyle\int \frac{\ln^2 x}{x^2}\mathrm{d}x$;

(6) $\displaystyle\int x\cos^2 x\,\mathrm{d}x$;

(7) $\displaystyle\int x\tan^2 x\,\mathrm{d}x$;

(8) $\displaystyle\int \frac{x\arctan x}{\sqrt{1+x^2}}\mathrm{d}x$;

(9) $\displaystyle\int (\ln x)^2 \mathrm{d}x$;

(10) $\displaystyle\int \sin(\ln x)\mathrm{d}x$;

(11) $\displaystyle\int \frac{\arctan \mathrm{e}^x}{\mathrm{e}^x}\mathrm{d}x$;

(12) $\displaystyle\int \frac{x^2 \arctan x}{1+x^2}\mathrm{d}x$;

(13) $\displaystyle\int (\arcsin x)^2 \mathrm{d}x$;

(14) $\displaystyle\int \frac{\ln \sin x}{\cos^2 x}\mathrm{d}x$;

(15) $\displaystyle\int xf''(x)\mathrm{d}x$;

(16) $\displaystyle\int \frac{\arcsin \sqrt{x}}{\sqrt{1-x}}\mathrm{d}x$;

(17) $\displaystyle\int \ln(x + \sqrt{x^2+1})\mathrm{d}x$;

(18) $\displaystyle\int \frac{\ln x}{(1-x)^2}\mathrm{d}x$;

(19) $\int x\arccos\dfrac{1}{x}\mathrm{d}x\ (x>0)$;　　(20) $\int\dfrac{(x+1)\arcsin x}{\sqrt{1-x^2}}\mathrm{d}x$;　　(21) $\int\dfrac{x\mathrm{e}^x}{(1+x)^2}\mathrm{d}x$;

(22) $\int\arctan\sqrt{x}\,\mathrm{d}x$;　　(23) $\int\dfrac{\ln(1+x)}{\sqrt{x}}\mathrm{d}x$;　　(24) $\int\dfrac{x\mathrm{e}^x}{\sqrt{\mathrm{e}^x-1}}\mathrm{d}x$;

(25) $\int x^3\mathrm{e}^{x^2}\mathrm{d}x$;　　(26) $\int(x^2+1)\mathrm{e}^{\frac{1}{2}x^2}\mathrm{d}x$;　　(27) $\int\dfrac{\arcsin x}{\sqrt{1-x^2}}\cdot\left(1+\dfrac{1}{x^2}\right)\mathrm{d}x$;

(28) $\int\mathrm{e}^{\sin x}\dfrac{x\cdot\cos^3 x-\sin x}{\cos^2 x}\mathrm{d}x$;　　(29) $\int\dfrac{\cos\sqrt{x}+\ln x}{2\sqrt{x}}\mathrm{d}x$;　　(30) $\int\mathrm{e}^x\arcsin\sqrt{1-\mathrm{e}^{2x}}\,\mathrm{d}x$.

2. 已知 $f(x)$ 的一个原函数为 $\dfrac{\sin x}{x}$,求不定积分 $\int xf'(x)\mathrm{d}x$.

3. 设 $f(\ln x)=\dfrac{\ln(1+x)}{x}$,求不定积分 $\int f(x)\mathrm{d}x$.

4. 由已知条件分别求函数 $f(x)$:(1) $f'(\mathrm{e}^x)=2+x$;　(2) $f'(\mathrm{e}^x)=\cos x$.

5. 设 $\int f'(\sqrt{x})\mathrm{d}x=2x\mathrm{e}^{\sqrt{x}}+C$,求函数 $f(x)$.

6. 用分部积分法、换元积分法两种方法分别求不定积分 $\int\sqrt{1+x^2}\mathrm{d}x$.

7. 求 $I_n=\int\ln^n x\,\mathrm{d}x$ 的递推公式,其中 $n\in\mathbf{N}$.

（B）

1. 计算下列不定积分:

(1) $\int\dfrac{\ln(1+x^2)}{x^3}\mathrm{d}x$;　　(2) $\int\dfrac{\arctan x}{x^2(1+x^2)}\mathrm{d}x$;　　(3) $\int\dfrac{\ln\sin x}{\sin^2 x}\mathrm{d}x$;

(4) $\int\arcsin\sqrt{\dfrac{x}{x+1}}\mathrm{d}x$;　　(5) $\int\dfrac{2x\ln x}{(1+x^2)^2}\mathrm{d}x$;　　(6) $\int\dfrac{\arcsin\mathrm{e}^x}{\mathrm{e}^x}\mathrm{d}x$;

(7) $\int\dfrac{x\mathrm{e}^x}{\sqrt{1+\mathrm{e}^x}}\mathrm{d}x$;　　(8) $\int\dfrac{x^2\mathrm{e}^x}{(2+x)^2}\mathrm{d}x$;　　(9) $\int\mathrm{e}^x\left(\dfrac{1-x}{1+x^2}\right)^2\mathrm{d}x$;

(10) $\int\dfrac{x\mathrm{e}^{\arctan x}}{(1+x^2)^{\frac{3}{2}}}\mathrm{d}x$;　　(11) $\int\dfrac{x\mathrm{e}^x}{(1+\mathrm{e}^x)^2}\mathrm{d}x$;　　(12) $\int\mathrm{e}^{2x}(\tan x+1)^2\mathrm{d}x$.

2. 设 $f(\sin^2 x)=\dfrac{x}{\sin x}\left(0<x<\dfrac{\pi}{2}\right)$,求不定积分 $\int\dfrac{\sqrt{x}}{\sqrt{1-x}}f(x)\mathrm{d}x$.

3. 已知 $\dfrac{\sin x}{x}$ 是 $f(x)$ 的一个原函数,求不定积分 $\int x^3 f'(x)\mathrm{d}x$.

4. 已知 $f(x)$ 的一个原函数为 e^{x^2},求不定积分 $\int xf'(2x)\mathrm{d}x$.

*5.4　两种特殊类型函数的积分方法

前面两节介绍了两种重要的积分法,即换元积分法与分部积分法. 应用这两种方法,可以求出很多不定积分. 然而应用这些方法求具体函数的积分时,并无一定的规律可循,即使求一个简单的函数的积分有时也要附加一些技巧,才能得到结果,甚至有些很简单的积分,也不能用初等函数把它的结果表达出来,也就是常说的"积不出来".

不过在初等函数中,有两类函数的积分是有规律性的,并且一定都能"积出来",这就是有理函数与三角函数有理式的积分.

5.4.1　有理函数的积分

所谓有理函数,是指由两个多项式相除所表示的函数,即具有如下形式的函数

$$R(x) = \frac{P_n(x)}{Q_m(x)} = \frac{a_0 x^n + a_1 x^{n-1} + \cdots + a_{n-1} x + a_n}{b_0 x^m + b_1 x^{m-1} + \cdots + b_{m-1} x + b_m} \quad (a_0 \neq 0, b_0 \neq 0),$$

其中 $m, n \in \mathbf{N}^+, a_0, a_1, a_2, \cdots, a_n$ 及 $b_0, b_1, b_2, \cdots, b_m$ 都是实数.

当 $n < m$ 时,称 $R(x)$ 为(有理) 真分式;当 $n \geqslant m$ 时,称 $R(x)$ 为(有理) 假分式.为了讨论方便,总假定 $R(x) = \frac{P_n(x)}{Q_m(x)}$ 中分子 $P_n(x)$ 与 $Q_m(x)$ 没有公因式.

由多项式的除法可知,任意一个假分式总可以化成一个多项式与一个真分式之和的形式. 例如

$$\frac{x^3 + x + 1}{x^2 + 1} = \frac{x(x^2 + 1) + 1}{x^2 + 1} = x + \frac{1}{x^2 + 1}.$$

因为多项式的积分很容易,所以只需讨论 $R(x)$ 为真分式的不定积分.

讨论真分式的积分时,要用到代数学中的有关结论,这里我们只介绍结论的用法,不详细讨论该结论.

求真分式 $\frac{P_n(x)}{Q_m(x)}$ 的不定积分时,如果分母可因式分解,首先要把分母在实数范围内分解因式. 根据代数学理论可知,任何一个多项式 $Q_m(x)$ 在实数范围内可唯一地分解为一次因式与二次质因式的乘积,即

$$Q_m(x) = b_0 (x - a)^k \cdots (x - b)^l \cdot (x^2 + px + q)^\lambda \cdots (x^2 + rx + s)^\mu,$$

其中 $k, \cdots, l, \lambda, \cdots, \mu \in \mathbf{N}^+, p^2 - 4q < 0, \cdots, r^2 - 4s < 0$.

再根据这些因式的结构,化成部分分式之和,利用**待定系数法**或**赋值法**确定所有系数.

把真分式 $\frac{P_n(x)}{Q_m(x)}$ 化为部分分式之和的方法:

(1) 若分母 $Q_m(x)$ 中含有一次 k 重因式 $(x - a)^k$,则分解后含有下列 k 个部分分式之和:

$$\frac{A_1}{x - a} + \frac{A_2}{(x - a)^2} + \cdots + \frac{A_k}{(x - a)^k},$$

其中 $A_1, A_2, \cdots, A_k$ 都是常数.

特别地,若 $k = 1$,分解后含有 $\frac{A}{x - a}$. 其中积分 $\displaystyle\int \frac{1}{(x - a)^n} \mathrm{d}x$ 可用凑微分法求得.

(2) 若分母 $Q_m(x)$ 中含有二次 k 重因式 $(x^2 + px + q)^k$,其中 $p^2 - 4q < 0$,则分解后含有下列 k 个部分分式之和:

$$\frac{M_1 x + N_1}{x^2 + px + q} + \frac{M_2 x + N_2}{(x^2 + px + q)^2} + \cdots + \frac{M_k x + N_k}{(x^2 + px + q)^k},$$

其中 $M_i, N_i \ (i = 1, 2, \cdots, k)$ 都是常数.

特别地,若 $k = 1$,分解后含有 $\frac{Mx + N}{x^2 + px + q}$. 其中积分 $\displaystyle\int \frac{Mx + N}{(x^2 + px + q)^n} \mathrm{d}x$ 可用凑微分法及例 5.3.12 的递推公式求得.

注　在不考虑因式的指数次幂时,分解后的部分分式分子的次数要比分母中的因式的次

数小一次.

例 5.4.1 求不定积分 $\int \dfrac{2x^2+1}{x^3-2x^2+x}\mathrm{d}x$.

解 由于 $x^3-2x^2+x=x(x-1)^2$, 所以可设真分式分解为

$$\frac{2x^2+1}{x^3-2x^2+x}=\frac{A}{x}+\frac{B}{x-1}+\frac{C}{(x-1)^2},$$

通分并去分母, 得

$$2x^2+1=A(x-1)^2+Bx(x-1)+Cx.$$

令 $x=0$, 解得 $A=1$; 再令 $x=1$, 可得 $C=3$. 这种方法称为赋值法. 在上式中, 再分别比较两端 x 的二次幂的系数, 可得 $B=1$. 于是

$$\frac{2x^2+1}{x^3-2x^2+x}=\frac{1}{x}+\frac{1}{x-1}+\frac{3}{(x-1)^2},$$

从而

$$\int \frac{2x^2+1}{x^3-2x^2+x}\mathrm{d}x=\int \frac{1}{x}\mathrm{d}x+\int \frac{1}{x-1}\mathrm{d}x+\int \frac{3}{(x-1)^2}\mathrm{d}x$$
$$=\ln|x|+\ln|x-1|-\frac{3}{x-1}+C.$$

例 5.4.2 求不定积分 $\int \dfrac{x^2-2x-2}{x^3-1}\mathrm{d}x$.

解 由于 $x^3-1=(x-1)(x^2+x+1)$, 因此可设真分式分解为

$$\frac{x^2-2x-2}{x^3-1}=\frac{A}{x-1}+\frac{Bx+C}{x^2+x+1},$$

通分并去分母, 得

$$x^2-2x-2=A(x^2+x+1)+(Bx+C)(x-1).$$

令 $x=1$, 解得 $A=-1$. 再分别比较两端 x 的同次幂的系数, 可得 $B=2, C=1$, 所以

$$\frac{x^2-2x-2}{x^3-1}=\frac{-1}{x-1}+\frac{2x+1}{x^2+x+1},$$

从而

$$\int \frac{x^2-2x-2}{x^3-1}\mathrm{d}x=\int \frac{-1}{x-1}\mathrm{d}x+\int \frac{2x+1}{x^2+x+1}\mathrm{d}x$$
$$=-\ln|x-1|+\ln|x^2+x+1|+C.$$

例 5.4.3 求不定积分 $I=\int \dfrac{2x^2+2x+13}{(x^2+1)^2(x-2)}\mathrm{d}x$.

解 设

$$\frac{2x^2+2x+13}{(x-2)(x^2+1)^2}=\frac{A}{x-2}+\frac{Bx+C}{x^2+1}+\frac{Dx+E}{(x^2+1)^2},$$

通分并去分母, 得

$$2x^2+2x+13=A(x^2+1)^2+(Bx+C)(x-2)(x^2+1)+(Dx+E)(x-2).$$

令 $x=2$, 得 $A=1$. 再比较两端 x 同次幂的系数, 可得 $B=-1, C=-2, D=-3, E=-4$.
于是

$$I = \int \frac{1}{x-2}\mathrm{d}x - \int \frac{x+2}{x^2+1}\mathrm{d}x - \int \frac{3x+4}{(x^2+1)^2}\mathrm{d}x$$

$$= \int \frac{1}{x-2}\mathrm{d}(x-2) - \int \frac{\frac{1}{2}(x^2+1)'+2}{x^2+1}\mathrm{d}x - \int \frac{\frac{3}{2}(x^2+1)'+4}{(x^2+1)^2}\mathrm{d}x$$

$$= \ln|x-2| - \frac{1}{2}\ln|x^2+1| - 2\arctan x + \frac{3}{2(x^2+1)} - 4\int \frac{1}{(x^2+1)^2}\mathrm{d}x,$$

其中由例 5.2.16 或由例 5.3.12 可知

$$\int \frac{1}{(x^2+1)^2}\mathrm{d}x = \frac{1}{2}\arctan x + \frac{x}{2(1+x^2)} + C.$$

故

$$I = \ln \frac{|x-2|}{\sqrt{x^2+1}} - 4\arctan x + \frac{3-4x}{2(x^2+1)} + C.$$

根据代数学理论,每个有理函数都可以表示为多项式与真分式之和,真分式又能表示成部分分式之和,而多项式及部分分式的不定积分都能表示成初等函数,因此我们得出:**有理函数的积分都能用初等函数表示出来.**

从理论上说,上面介绍的处理有理函数的积分的方法是普遍可行的,但必须指出,当真分式分母的次数较高时,计算往往是非常的冗长. 因此,对于有理函数的积分,首先要考虑是否有某些简便方法,只有在不得已时,才用上面介绍的方法.

例 5.4.4　求下列不定积分:

(1) $\int \frac{x^2}{(x-1)^{100}}\mathrm{d}x$;　　　　　(2) $\int \frac{x^4+1}{x^6+1}\mathrm{d}x$.

解　(1) 本题用上面介绍的方法,就要求出 100 个待定常数,显然很麻烦.

令 $x-1=t, x=t+1, \mathrm{d}x=\mathrm{d}t$,于是

$$\int \frac{x^2}{(x-1)^{100}}\mathrm{d}x = \int \frac{t^2+2t+1}{t^{100}}\mathrm{d}t = \int t^{-98}\mathrm{d}t + 2\int t^{-99}\mathrm{d}t + \int t^{-100}\mathrm{d}t$$

$$= -\frac{1}{97}t^{-97} - \frac{1}{49}t^{-98} - \frac{1}{99}t^{-99} + C$$

$$= -\frac{1}{97}(x-1)^{-97} - \frac{1}{49}(x-1)^{-98} - \frac{1}{99}(x-1)^{-99} + C.$$

(2) $\int \frac{x^4+1}{x^6+1}\mathrm{d}x = \int \frac{x^4-x^2+1+x^2}{(x^2+1)(x^4-x^2+1)}\mathrm{d}x = \int \frac{1}{x^2+1}\mathrm{d}x + \int \frac{x^2}{x^6+1}\mathrm{d}x$

$$= \arctan x + \frac{1}{3}\int \frac{1}{(x^3)^2+1}\mathrm{d}x^3 = \arctan x + \frac{1}{3}\arctan x^3 + C.$$

思考　请读者试用多种方法,求不定积分: $\int \frac{x^3+x^2+2}{(x^2+2)^2}\mathrm{d}x$.

对于其他类型函数的积分,如果能通过换元法,将其转化为有理函数的积分,那么问题就可以得到解决,下面介绍的三角函数有理式的积分就是属于这一类型的积分.

5.4.2　三角函数有理式的积分

由常数和三角函数经过有限次四则运算所构成的函数称为**三角函数有理式**. 由于任何三角函数都可以用 $\sin x$ 与 $\cos x$ 表示,所以三角函数有理式可用 $R(\sin x, \cos x)$ 表示. 三角函数有

理式的积分,记作 $\int R(\sin x,\cos x)\mathrm{d}x$.

一些三角函数有理式的积分可以利用基本积分公式和凑微分法得出,对于一般的三角函数有理式的积分,可通过适当的变换,将其化为有理函数的积分.

由于

$$\sin x = 2\sin\frac{x}{2}\cos\frac{x}{2} = \frac{2\sin\frac{x}{2}\cos\frac{x}{2}}{\sin^2\frac{x}{2}+\cos^2\frac{x}{2}} = \frac{2\tan\frac{x}{2}}{1+\tan^2\frac{x}{2}},$$

$$\cos x = \cos^2\frac{x}{2}-\sin^2\frac{x}{2} = \frac{\cos^2\frac{x}{2}-\sin^2\frac{x}{2}}{\sin^2\frac{x}{2}+\cos^2\frac{x}{2}} = \frac{1-\tan^2\frac{x}{2}}{1+\tan^2\frac{x}{2}},$$

所以,如果令 $\tan\frac{x}{2}=t$,那么 $\sin x=\frac{2t}{1+t^2}$,$\cos x=\frac{1-t^2}{1+t^2}$,由 $\tan\frac{x}{2}=t$,可知 $x=2\arctan t$,于是 $\mathrm{d}x=\frac{2}{1+t^2}\mathrm{d}t$. 从而

$$\int R(\sin x,\cos x)\mathrm{d}x = \int R\left(\frac{2t}{1+t^2},\frac{1-t^2}{1+t^2}\right)\frac{2}{1+t^2}\mathrm{d}t.$$

上式右端是有理函数的积分,由此可见,通过变换 $\tan\frac{x}{2}=t$,三角函数有理式的积分总可以转化为有理函数的积分,通常把代换 $\tan\frac{x}{2}=t$ 称为**万能代换**或**半角代换**.

例 5.4.5 求不定积分 $\int\frac{\mathrm{d}x}{5+3\cos x}$.

解 令 $\tan\frac{x}{2}=t$,则 $\cos x=\frac{1-t^2}{1+t^2}$,$\mathrm{d}x=\frac{2}{1+t^2}\mathrm{d}t$,于是

$$\int\frac{\mathrm{d}x}{5+3\cos x} = \int\frac{1}{5+3\frac{1-t^2}{1+t^2}}\cdot\frac{2}{1+t^2}\mathrm{d}t = \int\frac{1}{4+t^2}\mathrm{d}t$$

$$= \frac{1}{2}\arctan\frac{t}{2}+C = \frac{1}{2}\arctan\left(\frac{1}{2}\tan\frac{x}{2}\right)+C.$$

万能代换总能把三角函数有理式的积分化成有理函数的积分,但它不一定是最简便的方法. 所以遇到三角函数有理式的积分时,首先应当考虑有无简便的积分方法,不得已情况下才用万能代换.

例 5.4.6 求下列不定积分:

(1) $\int\frac{\sin x\cos x}{1+\sin x}\mathrm{d}x$; (2) $\int\frac{\cos x}{\sin x+\cos x}\mathrm{d}x$.

解 该积分为三角函数有理式的积分,可以采用万能代换. 但下列的做法更快捷.

(1) $\int\frac{\sin x\cos x}{1+\sin x}\mathrm{d}x = \int\frac{\sin x+1-1}{1+\sin x}\mathrm{d}(\sin x) = \int\left(1-\frac{1}{1+\sin x}\right)\mathrm{d}(\sin x)$

$$= \sin x - \int\frac{\mathrm{d}(1+\sin x)}{1+\sin x} = \sin x - \ln|1+\sin x|+C.$$

$$(2)\int\frac{\cos x}{\cos x+\sin x}\mathrm{d}x=\frac{1}{2}\int\frac{(\cos x+\sin x)+(-\sin x+\cos x)}{\cos x+\sin x}\mathrm{d}x$$

$$=\frac{1}{2}x+\frac{1}{2}\int\frac{1}{\cos x+\sin x}\mathrm{d}(\cos x+\sin x)$$

$$=\frac{1}{2}x+\frac{1}{2}\ln\mid\cos x+\sin x\mid+C.$$

在 5.1 节曾经指出：初等函数在其定义区间内原函数一定存在. 但需要特别说明：**初等函数的原函数并不都是初等函数**. 即初等函数的原函数并不都能用初等函数表示出来，如 $\int\mathrm{e}^{x^2}\mathrm{d}x,\int\frac{\sin x}{x}\mathrm{d}x,\int\sin x^2\mathrm{d}x,\int\sin\frac{1}{x}\mathrm{d}x,\int\frac{\mathrm{e}^x}{x}\mathrm{d}x,\int\frac{1}{\ln x}\mathrm{d}x,\int\frac{1}{\sqrt{1+x^4}}\mathrm{d}x,\int\sqrt{1+x^3}\mathrm{d}x$ 等，这些不定积分，无论用什么方法，都不可能求得用初等函数的有限形式表示的原函数. 在初等函数范围内习惯上也说这些积分求不出来或积不出来.

习　题　5.4

（A）

1. 计算下列不定积分：

(1) $\int\dfrac{x-1}{x\,(x+1)^2}\mathrm{d}x$;

(2) $\int\dfrac{x^3+2x+4}{x\,(x^2+2)^2}\mathrm{d}x$;

(3) $\int\dfrac{x+4}{(x-1)(x^2+x+3)}\mathrm{d}x$;

(4) $\int\dfrac{1-x}{(x+1)(x^2+1)}\mathrm{d}x$;

(5) $\int\dfrac{x^4}{x^4+5x^2+4}\mathrm{d}x$;

(6) $\int\dfrac{\sqrt[6]{x}}{1+\sqrt[3]{x}}\mathrm{d}x$.

2. 计算下列不定积分：

(1) $\int\dfrac{1}{1+\sin x+\cos x}\mathrm{d}x$;

(2) $\int\dfrac{1}{2+\sin x}\mathrm{d}x$;

(3) $\int\dfrac{1+\sin x}{\sin x(1+\cos x)}\mathrm{d}x$;

(4) $\int\dfrac{\sin x}{1+\sin x+\cos x}\mathrm{d}x$.

（B）

1. 计算下列不定积分：

(1) $\int\dfrac{x}{(x^2-1)(x^2+1)}\mathrm{d}x$;

(2) $\int\dfrac{x-x^3}{1+x^4}\mathrm{d}x$;

(3) $\int\dfrac{3+x^2}{(1+x^2)(2+x^2)}\mathrm{d}x$;

(4) $\int\dfrac{1}{\sin x\cos^4 x}\mathrm{d}x$;

(5) $\int\dfrac{1+\sin x+\cos x}{1+\sin^2 x}\mathrm{d}x$;

(6) $\int\dfrac{x+\sin x}{1+\cos x}\mathrm{d}x$;

(7) $\int\dfrac{1}{\sin(2x)+2\sin x}\mathrm{d}x$;

(8) $\int\dfrac{1}{x^4+x^2+1}\mathrm{d}x$.

2. 计算下列不定积分（其中 $x\neq 0$）：

(1) $\int\dfrac{x^2+1}{x^4+1}\mathrm{d}x$;

(2) $\int\dfrac{1}{x^4+1}\mathrm{d}x$;

(3) $\int\dfrac{\mathrm{e}^{3x}+\mathrm{e}^x}{\mathrm{e}^{4x}-\mathrm{e}^{2x}+1}\mathrm{d}x$;

(4) $\int\ln\left(1+\sqrt{\dfrac{1+x}{x}}\right)\mathrm{d}x\ (x>0)$.

阅读材料
第5章知识要点

第6章　定积分及其应用

本章将讨论积分学中另一个基本问题 —— 定积分,它在自然科学、工程技术,以及经济领域中有着广泛的应用. 我们将从几何学、物理学问题出发引出定积分的定义,然后讨论定积分的性质,揭示定积分与不定积分的关系,研究定积分的基本计算方法,以及介绍定积分在几何学与经济学中的应用,最后将定积分推广到广义积分.

6.1　定积分的概念与性质

6.1.1　定积分概念的引入举例

下面先从几何学中的面积及物理学中的路程问题出发,来看定积分的概念是怎样从现实原型中抽象出来的.

1. 曲边梯形的面积

所谓**曲边梯形**,是指在直角坐标系下,由直线 $x=a, x=b\ (a<b)$, x 轴及连续曲线 $y=f(x)\ (f(x)\geqslant 0)$ 所围成的平面图形. 如图 6.1 $abCD$ 所示. 其中曲线弧 $\overset{\frown}{DC}$ 称为曲边梯形的**曲边**, x 轴上的区间 $[a,b]$ 称为**底**.

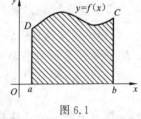

图 6.1

下面研究如何计算曲边梯形的面积问题. 已知,
$$矩形面积 = 底 \times 高,$$
而现在要计算的曲边梯形的面积,由于曲边梯形在底边上各点处的高 $f(x)$ 在区间 $[a,b]$ 上是变动的,所以它的面积不能直接按上述公式计算. 但是,由于曲边梯形的高 $f(x)$ 在区间 $[a,b]$ 上是连续变化的,在很小一段区间上它的变化很小,近似于不变. 因此,如果把区间 $[a,b]$ 划分为许多小区间,在每个小区间上用其中某一点处的高来近似代替同一个小区间上的小曲边梯形的变高,那么每个小曲边梯形就可近似地看成小矩形. 把所有这些小矩形面积之和作为曲边梯形面积的近似值,并把区间 $[a,b]$ 无限细分下去,即让每个小区间的长度都趋于零,这时所有小矩形面积之和的极限如果存在,那么此极限就规定为**曲边梯形面积**的精确值. 根据上面的分析,可按照下面四步来计算曲边梯形的面积 S.

（1）**分割** —— 分曲边梯形为 n 个小曲边梯形.

在区间 $[a,b]$ 内任意插入 $n-1$ 个分点
$$a = x_0 < x_1 < x_2 < \cdots < x_{n-1} < x_n = b,$$
把区间 $[a,b]$ 分成 n 个小区间 $[x_{i-1}, x_i]\ (i=1,2,\cdots,n)$,第 i 个小区间的长,记作
$$\Delta x_i = x_i - x_{i-1} \quad (i=1,2,\cdots,n).$$
过各分点作平行于 y 轴的直线段,相应地把曲边梯形分成 n 个小曲边梯形（图 6.2）,第 i 个小曲边形的面积记作 $\Delta S_i\ (i=1,2,\cdots,n)$. 则有

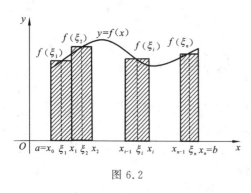

图 6.2

$$S = \sum_{i=1}^{n} \Delta S_i.$$

（2）**近似代替**—— 在小范围内用矩形的面积代替曲边梯形的面积.

在每个小区间 $[x_{i-1}, x_i]$ 上任取一点 $\xi_i (x_{i-1} \leqslant \xi_i \leqslant x_i)$，用以 $[x_{i-1}, x_i]$ 为底，$f(\xi_i)$ 为高的小矩形的面积近似代替相应的第 i 个小曲边梯形的面积 ΔS_i，即

$$\Delta S_i \approx f(\xi_i)\Delta x_i \quad (i = 1, 2, \cdots, n).$$

（3）**求和**—— 求原来曲边梯形面积的近似值.

把这 n 个小矩形面积相加，就得到所求曲边梯形面积 S 的近似值，即

$$S = \sum_{i=1}^{n} \Delta S_i \approx \sum_{i=1}^{n} f(\xi_i)\Delta x_i.$$

（4）**取极限**—— 由近似值过渡到曲边梯形的面积的精确值.

当分点个数无限增加且每个小区间的长度越来越小时，上面所得的曲边梯形面积 S 的近似值就越接近曲边梯形面积 S 的精确值. 令 $\lambda = \max\limits_{1 \leqslant i \leqslant n}\{\Delta x_i\}$，因此，当 $\lambda \to 0$ 时，上述和式的极限如果存在，则称该极限就是曲边梯形面积 S 的精确值，即

$$S = \lim_{\lambda \to 0} \sum_{i=1}^{n} f(\xi_i)\Delta x_i.$$

2. 变速直线运动的路程

设物体做变速直线运动，已知速度 $v = v(t)$ 是时间 t 的连续函数，如何计算在时间间隔 $[a, b]$ 内物体所经过的路程 s 呢？

我们知道，如果物体做匀速直线运动，即速度是常量，那么

路程 = 速度 × 时间.

但是，现在速度不是常量而是时间 t 的函数，因此，所求路程 s 不能直接用上述公式计算. 然而，由于速度 $v = v(t)$ 是连续变化的，所以在很短的时间间隔内，速度 $v(t)$ 的变化很小，可以近似地看作匀速运动. 因此，完全可以用类似于求曲边梯形面积的方法来计算路程 s. 具体计算过程如下.

（1）**分割**—— 把整个路程分为 n 个小段路程.

在时间间隔 $[a, b]$ 内任意插入 $n-1$ 个分点

$$a = t_0 < t_1 < t_2 < \cdots < t_{n-1} < t_n = b,$$

把时间间隔 $[a, b]$ 分成 n 个小区间 $[t_{i-1}, t_i] (i = 1, 2, \cdots, n)$，第 i 个小区间的长，记作 $\Delta t_i = t_i - t_{i-1} (i = 1, 2, \cdots, n)$. 物体在第 i 个小时间间隔内所走的路程记作 $\Delta s_i (i = 1, 2, \cdots, n)$，则有

$$s = \sum_{i=1}^{n} \Delta s_i.$$

（2）**近似代替**—— 在小时段内用匀速运动的路程代替变速运动的路程.

在每一个小时间间隔 $[t_{i-1}, t_i] (i = 1, 2, \cdots, n)$ 上任取一点 $\xi_i (x_{i-1} \leqslant \xi_i \leqslant x_i)$，以 ξ_i 时刻的速度 $v(\xi_i)$ 近似代替 $[t_{i-1}, t_i]$ 上各个时刻的速度，即以 $v(\xi_i)\Delta t_i$ 近似代替物体在第 i 个小时段间隔内经过的路程，即

$$\Delta s_i \approx v(\xi_i)\Delta t_i \quad (i = 1,2,\cdots,n),$$

（3）**求和** —— 求整个时间间隔内经过路程的近似值.

n 个时间间隔内的匀速运动所经过的路程之和 $\sum\limits_{i=1}^{n} v(\xi_i)\Delta t_i$，可以作为变速运动在时间间隔 $[a,b]$ 内所经过路程 s 的近似值，即

$$s \approx \sum_{i=1}^{n} v(\xi_i)\Delta t_i.$$

（4）**取极限** —— 由近似值过渡到整个时间间隔内经过路程的精确值.

当分点的个数无限增加且最大的小时间间隔 $\lambda = \max\limits_{1\leqslant i\leqslant n}\{\Delta t_i\} \to 0$ 时，上述和式的极限如果存在，那么该极限应为物体在时间间隔 $[a,b]$ 内所经过的路程的精确值，即

$$s = \lim_{\lambda \to 0} \sum_{i=1}^{n} v(\xi_i)\Delta t_i.$$

上面两个实际问题尽管它们的实际意义完全不同，但是它们解决问题的方法和步骤却是完全的一样，而且最终都归结为求一个具有完全相同数学结构的和式的极限. 不仅如此，在众多领域中还有许多实际问题的解决，最后也是要归结到具有这类数学结构的和式极限的计算. 因此，抛开各个问题的具体意义，仅保留其数学本质就抽象出定积分的定义.

6.1.2 定积分的定义

定义 6.1.1 设函数 $f(x)$ 在区间 $[a,b]$ 上有界，在 $[a,b]$ 内任意插入 $n-1$ 个分点

$$a = x_0 < x_1 < x_2 < \cdots < x_{n-1} < x_n = b,$$

把 $[a,b]$ 分成 n 个小区间 $[x_{i-1},x_i]$ $(i = 1,2,\cdots,n)$，每个小区间的长度记为 $\Delta x_i = x_i - x_{i-1}$ $(i = 1,2,\cdots,n)$；在每个小区间 $[x_{i-1},x_i]$ 上任取一点 ξ_i $(x_{i-1} \leqslant \xi_i \leqslant x_i)$，作乘积 $f(\xi_i)\Delta x_i$ $(i = 1,2,\cdots,n)$，并作和式

$$\sum_{i=1}^{n} f(\xi_i)\Delta x_i.$$

令 $\lambda = \max\limits_{1\leqslant i\leqslant n}\{\Delta x_i\}$，如果无论对 $[a,b]$ 怎样划分及点 ξ_i 在 $[x_{i-1},x_i]$ 上怎样选取，只要当 $\lambda \to 0$ 时，该和式的极限值都为同一个常数 I，则称函数 $f(x)$ 在区间 $[a,b]$ 上**可积**，并称此极限值 I 为 $f(x)$ 在区间 $[a,b]$ 上的**定积分**. 记作 $\int_a^b f(x)\mathrm{d}x$，即

$$\int_a^b f(x)\mathrm{d}x = I = \lim_{\lambda \to 0} \sum_{i=1}^{n} f(\xi_i)\Delta x_i.$$

在记号 $\int_a^b f(x)\mathrm{d}x$ 中，$f(x)$ 称为**被积函数**，$f(x)\mathrm{d}x$ 称为**被积表达式**，（$\mathrm{d}x$ 中的）x 称为**积分变量**，"$\int$" 称为**积分号**，a 称为**积分下限**，b 称为**积分上限**，$[a,b]$ 称为**积分区间**.

上述定积分的定义是由德国数学家黎曼（Riemann）给出的，因而常称它为黎曼积分.

按照定积分的定义，我们前面所讨论的两个实例可分别表示为：

由连续曲线 $y = f(x)$ $(f(x) \geqslant 0)$，直线 $x = a$，$x = b$ $(a < b)$ 及 x 轴所围成的曲边梯形的面积为

$$S = \int_a^b f(x)\mathrm{d}x.$$

物体以速度 $v = v(t)$ 做直线变速运动,从时刻 $t = a$ 到时刻 $t = b$ 走过的路程为

$$s = \int_a^b v(t)\mathrm{d}t.$$

关于定积分的定义我们作三点说明.

(1) 定积分 $\int_a^b f(x)\mathrm{d}x$ 是积分和式的极限,它是一个确定的常数. 定积分的值仅与被积函数 $f(x)$ 及积分区间 $[a,b]$ 有关,而与积分变量用什么字母表示无关,即

$$\int_a^b f(x)\mathrm{d}x = \int_a^b f(t)\mathrm{d}t = \int_a^b f(u)\mathrm{d}u.$$

(2) 在定积分定义中,总是假设 $a < b$. 但为了计算和应用的方便起见,若 $a > b$ 时,对定积分作如下补充规定:

$$\int_a^b f(x)\mathrm{d}x = -\int_b^a f(x)\mathrm{d}x \quad \text{(有向性)}.$$

这说明定积分上、下限互换时,定积分的值变号.

特别地,当 $a = b$ 时,规定 $\int_a^a f(x)\mathrm{d}x = 0$.

这样,对定积分 $\int_a^b f(x)\mathrm{d}x$ 的上、下限的大小以后均不加以限制.

(3) 由定积分的定义可知,在已知函数 $f(x)$ 在 $[a,b]$ 上可积的前提下,则 $\int_a^b f(x)\mathrm{d}x$ 的值与区间 $[a,b]$ 的分法及点 ξ_i 的取法无关,因此可以用方便的分割方式及特殊的取值点来求定积分 $\int_a^b f(x)\mathrm{d}x$ 的值.

那么定义在区间 $[a,b]$ 上的函数 $f(x)$ 满足什么条件时,就能保证 $f(x)$ 在区间 $[a,b]$ 上可积呢?可积性涉及的知识较多,下面不加证明地给出两个可积的充分条件.

定理 6.1.1   若函数 $f(x)$ 在区间 $[a,b]$ 上连续,则 $f(x)$ 在区间 $[a,b]$ 上可积.

定理 6.1.2   若函数 $f(x)$ 在区间 $[a,b]$ 上有界,且只有有限个第一类间断点,则 $f(x)$ 在区间 $[a,b]$ 上可积.

*例 6.1.1**   利用定义计算定积分 $\int_0^1 \mathrm{e}^x \mathrm{d}x$ 的值.

解   因为 $f(x) = \mathrm{e}^x$ 在区间 $[0,1]$ 上连续,所以它在区间 $[0,1]$ 上可积. 由定积分的定义,则对于区间任意的分法及 ξ_i 任意的取法都有

$$\int_0^1 f(x)\mathrm{d}x = \lim_{\lambda \to 0} \sum_{i=1}^n f(\xi_i)\Delta x_i.$$

为计算方便起见,不妨将区间 $[0,1]$ 作 n 等分,此时分点为 $x_i = \dfrac{i}{n}$ $(i = 1,2,\cdots,n-1)$,每个小区间的长度为 $\Delta x_i = \dfrac{1}{n}$,在每个小区间 $\left[\dfrac{i-1}{n},\dfrac{i}{n}\right]$ $(i = 1,2,\cdots,n)$ 上都取右端点为 ξ_i,即 $\xi_i = x_i = \dfrac{i}{n}$ $(i = 1,2,\cdots,n)$,在等分条件下 $\lambda = \max\limits_{1 \leqslant i \leqslant n}\{\Delta x_i\} \to 0$ 等价于 $n \to \infty$,所以,利用等比数列求和公式得

$$\int_0^1 e^x dx = \lim_{\lambda \to 0} \sum_{i=1}^n f(\xi_i) \Delta x_i = \lim_{n \to \infty} \sum_{i=1}^n e^{\xi_i} \Delta x_i = \lim_{n \to \infty} \sum_{i=1}^n e^{\frac{i}{n}} \cdot \frac{1}{n}$$

$$= \lim_{n \to \infty} \frac{e^{\frac{1}{n}} - e^{1+\frac{1}{n}}}{1 - e^{\frac{1}{n}}} \cdot \frac{1}{n} = \lim_{n \to \infty} \frac{e^{\frac{1}{n}}(1-e)}{-\frac{1}{n}} \cdot \frac{1}{n} = e - 1.$$

由例 6.1.1 可知,虽然被积函数 $f(x) = e^x$ 相当简单,但直接用定义计算定积分的值,其过程却是比较复杂的. 因此,研究定积分的性质及寻求简单可行的计算方法,是本章的主要问题之一.

6.1.3　定积分的性质

在下面的讨论中,均假定被积函数在相应给定区间上可积.

性质 6.1.1　函数代数和的定积分等于它们定积分的代数和,即

$$\int_a^b [f(x) \pm g(x)] dx = \int_a^b f(x) dx \pm \int_a^b g(x) dx.$$

证　由定积分的定义及极限的性质有

$$\int_a^b [f(x) \pm g(x)] dx = \lim_{\lambda \to 0} \sum_{i=1}^n [f(\xi_i) \pm g(\xi_i)] \Delta x_i$$

$$= \lim_{\lambda \to 0} \sum_{i=1}^n f(\xi_i) \Delta x_i \pm \lim_{\lambda \to 0} \sum_{i=1}^n g(\xi_i) \Delta x_i$$

$$= \int_a^b f(x) dx \pm \int_a^b g(x) dx.$$

该性质对于有限多个函数的代数和也成立.

性质 6.1.2　被积函数中的常数因子 k 可以提到积分号的外面,即

$$\int_a^b k f(x) dx = k \int_a^b f(x) dx.$$

证　由定积分的定义及极限性质有

$$\int_a^b k f(x) dx = \lim_{\lambda \to 0} \sum_{i=1}^n k f(\xi_i) \Delta x_i = k \lim_{\lambda \to 0} \sum_{i=1}^n f(\xi_i) \Delta x_i = k \int_a^b f(x) dx.$$

性质 6.1.3　若在区间 $[a,b]$ 上 $f(x) = 1$,则 $\int_a^b 1 dx = \int_a^b dx = b - a$.

证　根据定积分的定义,有

$$\int_a^b 1 dx = \lim_{\lambda \to 0} \sum_{i=1}^n 1 \cdot \Delta x_i = \lim_{\lambda \to 0}(b - a) = b - a.$$

性质 6.1.4（积分区间的可加性）　设 $f(x)$ 在区间 I 上可积,则对于任意三个数 $a, b, c \in I$,恒有

$$\int_a^b f(x) dx = \int_a^c f(x) dx + \int_c^b f(x) dx.$$

证　(1) 若 $a < c < b$,由于 $f(x)$ 在区间 $[a,b]$ 上可积,根据定积分的定义,积分和的极限与区间 $[a,b]$ 的分法无关. 因此,在把 $[a,b]$ 分成小区间时,可取 c 永远为一个分点. 那么 $[a,b]$ 上的积分和分成 $[a,c]$ 与 $[c,b]$ 上的积分和,即

$$\sum_{[a,b]} f(\xi_i)\Delta x_i = \sum_{[a,c]} f(\xi_i)\Delta x_i + \sum_{[c,b]} f(\xi_i)\Delta x_i.$$

令 $\lambda \to 0$，上式两端同时取极限，即得

$$\int_a^b f(x)\mathrm{d}x = \int_a^c f(x)\mathrm{d}x + \int_c^b f(x)\mathrm{d}x.$$

(2) 其他情形，例如，当 $a < b < c$ 时，由(1) 证明的结论有

$$\int_a^c f(x)\mathrm{d}x = \int_a^b f(x)\mathrm{d}x + \int_b^c f(x)\mathrm{d}x,$$

于是有

$$\int_a^b f(x)\mathrm{d}x = \int_a^c f(x)\mathrm{d}x - \int_b^c f(x)\mathrm{d}x = \int_a^c f(x)\mathrm{d}x + \int_c^b f(x)\mathrm{d}x.$$

对于 a,b,c 三数大小关系的其他情况可仿(2) 证明，这里不再赘述.

性质 6.1.5（保序性）　若在区间 $[a,b]$ 上，恒有 $f(x) \leqslant g(x)$，则

$$\int_a^b f(x)\mathrm{d}x \leqslant \int_a^b g(x)\mathrm{d}x.$$

证　由性质 6.1.1 和定积分的定义，有

$$\int_a^b f(x)\mathrm{d}x - \int_a^b g(x)\mathrm{d}x = \int_a^b [f(x) - g(x)]\mathrm{d}x = \lim_{\lambda\to 0}\sum_{i=1}^n [f(\xi_i) - g(\xi_i)]\Delta x_i.$$

由题设知，$f(x) \leqslant g(x)$，所以 $f(\xi_i) \leqslant g(\xi_i)$，即 $f(\xi_i) - g(\xi_i) \leqslant 0$，而 $\Delta x_i > 0$ $(i=1,2,\cdots,n)$.
根据极限的保号性可知，上式右边极限值是非正的，即

$$\int_a^b f(x)\mathrm{d}x \leqslant \int_a^b g(x)\mathrm{d}x.$$

定积分的**保序性**也称为定积分的**单调性**. 由该性质立即可推出如下推论.

推论 6.1.1（保号性）　若在区间 $[a,b]$ 上 $f(x) \geqslant 0$，则 $\int_a^b f(x)\mathrm{d}x \geqslant 0$.

推论 6.1.2　$\left| \int_a^b f(x)\mathrm{d}x \right| \leqslant \int_a^b |f(x)|\,\mathrm{d}x \ (a < b)$.

证　由于 $-|f(x)| \leqslant f(x) \leqslant |f(x)|$，由性质 6.1.2 与性质 6.1.5 可得

$$-\int_a^b |f(x)|\,\mathrm{d}x \leqslant \int_a^b f(x)\mathrm{d}x \leqslant \int_a^b |f(x)|\,\mathrm{d}x,$$

即

$$\left| \int_a^b f(x)\mathrm{d}x \right| \leqslant \int_a^b |f(x)|\,\mathrm{d}x.$$

推论 6.1.3（严格保序性）　若 $f(x),g(x)$ 在区间 $[a,b]$ 上连续，$f(x) \leqslant g(x)$，且 $f(x) \not\equiv g(x)$，即 $f(x)$ 不恒等于 $g(x)$，则

$$\int_a^b f(x)\mathrm{d}x < \int_a^b g(x)\mathrm{d}x.$$

*证　令 $F(x) = g(x) - f(x)$. 由条件知，$F(x)$ 在 $[a,b]$ 上连续，$F(x) \geqslant 0$，且 $F(x) \not\equiv 0$，则至少存在一点 $x_0 \in (a,b)$，使 $F(x_0) > 0$. 否则，在 (a,b) 内有 $F(x) \equiv 0$. 因 $F(x)$ 在 $[a,b]$ 上连续，有 $F(a) = \lim_{x\to a^+} F(x) = 0, F(b) = \lim_{x\to b^-} F(x) = 0$，故在 $[a,b]$ 上 $F(x) \equiv 0$，这与 $F(x) \not\equiv 0$ 矛盾.

因 $F(x)$ 在点 $x_0 \in (a,b)$ 连续，从而 $\lim_{x\to x_0} F(x) = F(x_0) > 0$，由第 2 章极限保号性推论2.2.1 知，$\exists \delta > 0$，使得当 $|x - x_0| < \delta$ 时，有 $F(x) > \dfrac{F(x_0)}{2} > 0$. 由积分区间的可加性有

$$\int_a^b F(x)\mathrm{d}x = \int_a^{x_0-\delta} F(x)\mathrm{d}x + \int_{x_0-\delta}^{x_0+\delta} F(x)\mathrm{d}x + \int_{x_0+\delta}^b F(x)\mathrm{d}x,$$

由推论 6.1.1,知 $\int_a^{x_0-\delta} F(x)\mathrm{d}x \geqslant 0, \int_{x_0+\delta}^b F(x)\mathrm{d}x \geqslant 0$,于是

$$\int_a^b F(x)\mathrm{d}x \geqslant \int_{x_0-\delta}^{x_0+\delta} F(x)\mathrm{d}x,$$

由性质 6.1.5,有

$$\int_a^b F(x)\mathrm{d}x \geqslant \int_{x_0-\delta}^{x_0+\delta} F(x)\mathrm{d}x \geqslant \int_{x_0-\delta}^{x_0+\delta} \frac{F(x_0)}{2}\mathrm{d}x = \delta F(x_0) > 0,$$

即

$$\int_a^b F(x)\mathrm{d}x > 0.$$

由性质 6.1.1,有

$$\int_a^b F(x)\mathrm{d}x = \int_a^b [g(x) - f(x)]\mathrm{d}x = \int_a^b g(x)\mathrm{d}x - \int_a^b f(x)\mathrm{d}x > 0,$$

故

$$\int_a^b f(x)\mathrm{d}x < \int_a^b g(x)\mathrm{d}x.$$

推论 6.1.4 若 $f(x)$ 在区间 $[a,b]$ 上非负连续,且 $f(x) \not\equiv 0$,则 $\int_a^b f(x)\mathrm{d}x > 0$.

例 6.1.2 比较下列定积分的大小:

(1) $\int_0^{\frac{\pi}{2}} \sin^3 x\mathrm{d}x$ 与 $\int_0^{\frac{\pi}{2}} \sin^2 x\mathrm{d}x$; (2) $\int_0^1 x\mathrm{d}x$ 与 $\int_0^1 \ln(1+x)\mathrm{d}x$.

解 (1) $\sin^3 x, \sin^2 x$ 在区间 $\left[0, \dfrac{\pi}{2}\right]$ 上连续,且 $\sin^3 x \leqslant \sin^2 x$,又因 $\sin^3 x \not\equiv \sin^2 x$,所以由推论 6.1.3,得

$$\int_0^{\frac{\pi}{2}} \sin^3 x\mathrm{d}x < \int_0^{\frac{\pi}{2}} \sin^2 x\mathrm{d}x.$$

(2) 由定积分的保序性可知,要比较定积分的大小,只需在区间 $[0,1]$ 上比较被积函数 x 与 $\ln(1+x)$ 的大小. 为此,令 $f(x) = x - \ln(1+x)$,则当 $x \in [0,1]$ 时,有

$$f'(x) = 1 - \frac{1}{1+x} = \frac{x}{1+x} \geqslant 0.$$

所以 $f(x)$ 在区间 $[0,1]$ 上单调增加. 又因为 $f(0) = 0$,所以 $f(x) \geqslant f(0) = 0$,即 $x \geqslant \ln(1+x)$,又因 $x \not\equiv \ln(1+x)$,由推论 6.1.3,得

$$\int_0^1 x\mathrm{d}x > \int_0^1 \ln(1+x)\mathrm{d}x.$$

性质 6.1.6(估值定理) (1) 若函数 $f(x)$ 在区间 $[a,b]$ 上的最大值与最小值分别为 M 与 m,则

$$m(b-a) \leqslant \int_a^b f(x)\mathrm{d}x \leqslant M(b-a).$$

(2) 若连续函数 $f(x)$ 在区间 $[a,b]$ 上最大值与最小值分别为 M 与 m,且 $M > m$,则

$$m(b-a) < \int_a^b f(x)\mathrm{d}x < M(b-a).$$

证　(1) 因在区间 $[a,b]$ 上 $m \leqslant f(x) \leqslant M$,由定积分的保序性有

$$\int_a^b m \, dx \leqslant \int_a^b f(x) \, dx \leqslant \int_a^b M \, dx,$$

从而

$$m(b-a) \leqslant \int_a^b f(x) \, dx \leqslant M(b-a).$$

(2) 由于 $f(x)$ 在区间 $[a,b]$ 上连续函数,且 $M > m$,则

$$m \leqslant f(x) \leqslant M, \quad 且 \ f(x) \not\equiv m, \quad f(x) \not\equiv M,$$

由推论 6.1.3,有

$$\int_a^b m \, dx < \int_a^b f(x) \, dx < \int_a^b M \, dx,$$

即

$$m(b-a) < \int_a^b f(x) \, dx < M(b-a).$$

例 6.1.3　估计定积分 $\int_{-1}^2 e^{x^2} \, dx$ 的值.

解　设 $f(x) = e^{x^2}$,因 $f(x)$ 在区间 $[-1,2]$ 上连续,故在区间 $[-1,2]$ 上可积. 又因

$$f'(x) = 2x e^{x^2},$$

令 $f'(x) = 0$,得 $x = 0 \in (-1,2)$,且 $f(0) = 1, f(-1) = e, f(2) = e^4$,所以函数 $f(x)$ 在区间 $[-1,2]$ 上的最大值与最小值分别为 $M = e^4, m = 1$. 于是由估值定理,有

$$3 < \int_{-1}^2 e^{x^2} \, dx < 3e^4.$$

性质 6.1.7（积分中值定理）　若函数 $f(x)$ 在闭区间 $[a,b]$ 上连续,则在区间 (a,b) 内至少存在一个点 ξ,使得

$$\int_a^b f(x) \, dx = f(\xi)(b-a).$$

该公式也称为**积分中值公式**.

证　因 $f(x)$ 在闭区间 $[a,b]$ 上连续,故 $f(x)$ 在 $[a,b]$ 上必存在最大值 M 与最小值 m.

(1) 若 $M = m$,则在区间 $[a,b]$ 上,$f(x) = C \ (C = M = m), \forall \xi \in (a,b)$,有

$$\int_a^b f(x) \, dx = \int_a^b C \, dx = C(b-a) = f(\xi)(b-a).$$

(2) 若 $M > m$,由估值定理的结论(2),得

$$m(b-a) < \int_a^b f(x) \, dx < M(b-a),$$

或写成

$$m < \frac{1}{b-a} \int_a^b f(x) \, dx < M.$$

由闭区间上连续函数的介值定理可知,至少存在一点 $\xi \in (a,b)$,使

$$f(\xi) = \frac{1}{b-a} \int_a^b f(x) \, dx,$$

即

$$\int_a^b f(x) \, dx = f(\xi)(b-a).$$

综合以上讨论,至少存在一点 $\xi \in (a,b)$,使 $\int_a^b f(x)\mathrm{d}x = f(\xi)(b-a)$.

很容易看出,不论 $a<b$ 还是 $a>b$,积分中值公式其实都成立.

当 $f(x) \geqslant 0$ 时,积分中值定理的几何意义是:以 $[a,b]$ 为底边,以连续曲线 $y=f(x)$ 为曲边的曲边梯形 $aABb$ 的面积,等于同底的,以 $f(\xi)$ 为高的矩形 $aCDb$ 的面积,其中 $\xi \in (a,b)$(图 6.3).

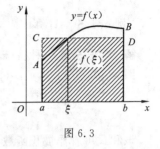

图 6.3

因此从几何角度看,$f(\xi)$ 可以看作是曲边梯形曲边的平均高度. 从函数角度上看,$f(\xi)$ 就是连续函数 $y=f(x)$ 在区间 $[a,b]$ 上的平均高度,通常称为连续函数 $y=f(x)$ 在区间 $[a,b]$ 上的**积分平均值**,常简称为**平均值**,记作 $\overline{f(x)}$ 或 $\overline{y}$,即

$$\overline{f(x)} = \frac{1}{b-a}\int_a^b f(x)\mathrm{d}x.$$

6.1.4 定积分的几何意义

由本节定积分概念的引入举例,可知连续函数 $f(x)$ 在区间 $[a,b]$ 上,当 $f(x) \geqslant 0$ 时,定积分 $\int_a^b f(x)\mathrm{d}x$ 在几何上表示由曲线 $y=f(x)$,直线 $x=a,x=b$ 及 x 轴所围成的曲边梯形的面积,即

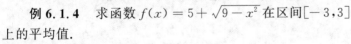

$$\int_a^b f(x)\mathrm{d}x = S.$$

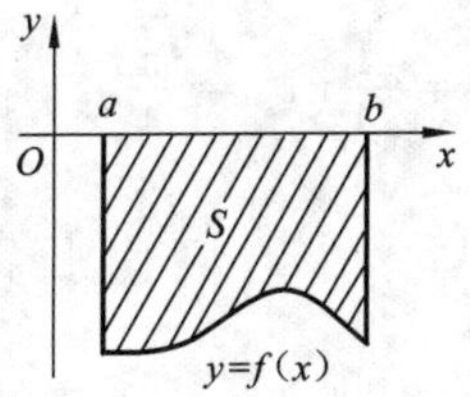

在区间 $[a,b]$ 上,当连续函数 $f(x) \leqslant 0$ 时,定积分 $\int_a^b f(x)\mathrm{d}x$ 在几何上表示位于 x 轴的下方的,由曲线 $y=f(x)$,直线 $x=a,x=b$ 与 x 轴所围成的曲边梯形面积的负值,如图 6.4 所示,即

图 6.4

$$\int_a^b f(x)\mathrm{d}x = -S.$$

当连续函数 $f(x)$ 在区间 $[a,b]$ 上有正又有负时,如图 6.5 所示. 由定积分的性质有

$$\int_a^b f(x)\mathrm{d}x = \int_a^c f(x)\mathrm{d}x + \int_c^d f(x)\mathrm{d}x + \int_d^b f(x)\mathrm{d}x = S_1 - S_2 + S_3.$$

此时定积分 $\int_a^b f(x)\mathrm{d}x$ 的值表示位于 x 轴上方曲边梯形的图形面积与 x 轴下方曲边梯形的图形面积之差,即定积分 $\int_a^b f(x)\mathrm{d}x$ 在几何上表示由曲线 $y=f(x)$,直线 $x=a,x=b\,(a<b)$ 与 x 轴所围成的几个曲边梯形面积的代数和.

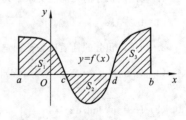

图 6.5

例 6.1.4 求函数 $f(x) = 5+\sqrt{9-x^2}$ 在区间 $[-3,3]$ 上的平均值.

解 由函数的积分平均值公式有

$$\overline{f(x)} = \frac{1}{3-(-3)}\int_{-3}^3 [5+\sqrt{9-x^2}]\mathrm{d}x = \frac{1}{6}\left[\int_{-3}^3 5\mathrm{d}x + \int_{-3}^3 \sqrt{9-x^2}\mathrm{d}x\right]$$

$$= \frac{1}{6}\cdot 5 \cdot 6 + \frac{1}{6}\cdot\int_{-3}^3 \sqrt{9-x^2}\mathrm{d}x.$$

由定积分的几何意义知,定积分 $\int_{-3}^3 \sqrt{9-x^2}\mathrm{d}x$ 的值等于由上半圆 $y=\sqrt{9-x^2}$,直线 $x=-3$,

$x = 3$ 及 x 轴围成的图形的面积,即上半圆面 $x^2 + y^2 \leqslant 9$ 的面积. 于是

$$\overline{f(x)} = 5 + \frac{1}{6} \cdot \frac{1}{2}\pi3^2 = 5 + \frac{3\pi}{4}.$$

* 例 6.1.5　计算极限 $I = \lim\limits_{n \to \infty}\left[\dfrac{\sqrt{n^2 - 1^2}}{n^2} + \dfrac{\sqrt{n^2 - 2^2}}{n^2} + \cdots + \dfrac{\sqrt{n^2 - n^2}}{n^2}\right]$.

解　定积分是一种特殊和式的极限,反之某些和式极限也可以用定积分表示并计算. 因为

$$\frac{\sqrt{n^2 - 1^2}}{n^2} + \frac{\sqrt{n^2 - 2^2}}{n^2} + \cdots + \frac{\sqrt{n^2 - n^2}}{n^2} = \sum_{i=1}^{n}\sqrt{1 - \left(\frac{i}{n}\right)^2} \cdot \frac{1}{n}.$$

该和式可看作被积函数为 $f(x) = \sqrt{1 - x^2}$,将区间 $[0, 1]$ 作 n 等分,此时每个小区间的长度 $\Delta x_i = \dfrac{1}{n}$,且取每个小区间的右端点为 $\xi_i = \dfrac{i}{n}$ $(i = 1, 2, \cdots, n)$ 的积分和. 又

$$\lambda = \max_{1 \leqslant i \leqslant n}\{\Delta x_i\} = \frac{1}{n} \to 0 \Leftrightarrow n \to \infty.$$

由于 $f(x) = \sqrt{1 - x^2}$ 在区间 $[0, 1]$ 上连续,所以 $f(x)$ 在区间 $[0, 1]$ 上可积,由定积分的定义可知,定积分 $\int_0^1 f(x)\mathrm{d}x$ 的值此时与区间 $[0, 1]$ 的分法及 ξ_i 的取法无关,从而有

$$I = \lim_{n \to \infty}\sum_{i=1}^{n}\sqrt{1 - \left(\frac{i}{n}\right)^2} \cdot \frac{1}{n} = \lim_{\lambda \to 0}\sum_{i=1}^{n}f(\xi_i)\Delta x_i = \int_0^1\sqrt{1 - x^2}\mathrm{d}x = \frac{1}{4}\pi1^2 = \frac{\pi}{4}.$$

一般有如下结论:若 $f(x)$ 在区间 $[0, 1]$ 上是可积的,则有

$$\lim_{n \to \infty}\left[\sum_{i=1}^{n}f\left(\frac{i}{n}\right) \cdot \frac{1}{n}\right] = \int_0^1 f(x)\mathrm{d}x.$$

上述结论,可以把某些求数列和式的极限问题,转化为求定积分的问题.

习　题　6.1

（A）

1. 利用定积分的几何意义求下列定积分的值:

(1) $\displaystyle\int_0^1 2x\mathrm{d}x$;　　　(2) $\displaystyle\int_0^2\sqrt{4 - x^2}\mathrm{d}x$;　　　(3) $\displaystyle\int_0^{2\pi}\cos x\mathrm{d}x$;　　　(4) $\displaystyle\int_0^2\sqrt{2x - x^2}\mathrm{d}x$.

2. 利用定积分的性质比较下列定积分的大小:

(1) $I_1 = \displaystyle\int_0^1 x^2\mathrm{d}x$ 与 $I_2 = \displaystyle\int_0^1 x^3\mathrm{d}x$;　　　(2) $I_1 = \displaystyle\int_3^4\ln x\mathrm{d}x$ 与 $I_2 = \displaystyle\int_3^4\ln^2 x\mathrm{d}x$;

(3) $I_1 = \displaystyle\int_0^{\frac{\pi}{2}}\sin x\mathrm{d}x$ 与 $I_2 = \displaystyle\int_0^{\frac{\pi}{2}}x\mathrm{d}x$;　　　(4) $I_1 = \displaystyle\int_0^1\mathrm{e}^x\mathrm{d}x$ 与 $I_2 = \displaystyle\int_0^1(1 + x)\mathrm{d}x$.

3. 估计下列各积分的值:

(1) $I = \displaystyle\int_{\frac{1}{\sqrt{3}}}^{\sqrt{3}}x\arctan x\mathrm{d}x$;　　　(2) $I = \displaystyle\int_0^2\mathrm{e}^{x^2 - x}\mathrm{d}x$.

4. 证明不等式:$\dfrac{1}{2} < \displaystyle\int_{\frac{\pi}{4}}^{\frac{\pi}{2}}\dfrac{\sin x}{x}\mathrm{d}x < \dfrac{\sqrt{2}}{2}$.

5. 利用定积分的性质证明:$\lim\limits_{n \to \infty}\displaystyle\int_0^{\frac{1}{2}}\dfrac{x^n}{1 + x}\mathrm{d}x = 0$.

6. 设 $f(x) = \sqrt{1 - x^2}$,找 $\xi \in (-1, 1)$,使得 $\displaystyle\int_{-1}^1 f(x)\mathrm{d}x = 2f(\xi)$.

7. 设函数 $f(x)$ 在区间 $[a,b]$ 上连续，在 (a,b) 内可导，且 $\int_a^b f(x)\mathrm{d}x = f(b)(b-a)$. 证明：在 (a,b) 内至少存在一点 ξ，使得 $f'(\xi)=0$.

8. 若函数 $f(x)$ 在区间 $[a,c]$ 上可导，且满足 $\int_a^b f(x)\mathrm{d}x = \int_b^c f(x)\mathrm{d}x = 0$ $(a<b<c)$. 证明：至少存在一点 $\xi\in(a,c)$，使得 $f'(\xi)=0$.

*9. 将下列和式的极限表示成定积分：

(1) $I = \lim\limits_{n\to\infty}\left(\dfrac{1}{\sqrt{n^2+1^2}}+\dfrac{1}{\sqrt{n^2+2^2}}+\cdots+\dfrac{1}{\sqrt{n^2+n^2}}\right)$;

(2) $I = \lim\limits_{n\to\infty}\dfrac{1}{n^2}\left(\sin\dfrac{1}{n}+2\sin\dfrac{2}{n}+\cdots+n\sin\dfrac{n}{n}\right)$;

(3) $I = \lim\limits_{n\to\infty}\dfrac{1}{n^2}\left(\sqrt{n}+\sqrt{2n}+\cdots+\sqrt{n^2}\right)$;

(4) $I = \lim\limits_{n\to\infty}\left[\left(1+\dfrac{1}{n}\right)\left(1+\dfrac{2}{n}\right)\cdots\left(1+\dfrac{n}{n}\right)\right]^{\frac{1}{n}}$.

(B)

1. 用定积分的几何意义说明下列性质的正确性：
若 $f(x)$ 在对称区间 $[-a,a]$ 上连续，则有
$$\int_{-a}^a f(x)\mathrm{d}x = \begin{cases} 0, & \text{当 } f(-x)=-f(x)\text{ 时}, \\ 2\int_0^a f(x)\mathrm{d}x, & \text{当 } f(-x)=f(x)\text{ 时}. \end{cases}$$

试结合该性质计算下列积分：

(1) $I = \int_{-1}^1 x^3 f(x^2)\mathrm{d}x$;　　　　　(2) $I = \int_{-1}^1 (x+\sqrt{4-x^2})^2\mathrm{d}x$;

(3) $I = \int_{-1}^1 [x^2\ln(x+\sqrt{1+x^2})+\sqrt{1-x^2}]\mathrm{d}x$;　　(4) $I = \int_{-2}^2 \sqrt{4|x|-x^2}\mathrm{d}x$.

2. 设 $f(x)$ 连续，且 $\lim\limits_{x\to\infty}f(x)=1$，求 $\lim\limits_{x\to\infty}\int_x^{x+2} tf(t)\sin\dfrac{3}{t}\mathrm{d}t$.

3. 设 $f(x)$ 在 $[0,1]$ 上可微，且 $f(1)=2\int_0^{\frac{1}{2}} xf(x)\mathrm{d}x$. 证明：存在 $\xi\in(0,1)$，使得 $f(\xi)+\xi f'(\xi)=0$.

4. 设 $f(x)$ 在闭区间 $[0,3]$ 上可导，且 $f(2)+f(3)=2\int_0^1 f(x)\mathrm{d}x$. 证明：存在 $\xi\in(0,3)$，使得 $f'(\xi)=0$.

6.2　微积分基本定理与基本公式

　　定积分是一个和式的极限，在 6.1 节中，已经指出利用定积分的定义计算定积分是相当的困难. 为此自然期望找到一种简便而又有效的计算方法. 本节通过讨论定积分与原函数的关系，得到了将定积分计算问题转化为求被积函数的原函数或不定积分的问题.

6.2.1　微积分基本定理

　　由 6.1 节知道，已知变速直线运动的速度为 $v=v(t)$，那么在时间间隔 $[a,b]$ 内物体经过的路程为 $s=\int_a^b v(t)\mathrm{d}t$. 另一方面，如果已知物体运动的位置函数为 $s=s(t)$，那么在时间间隔 $[a,b]$ 内物体经过的路程为
$$s=s(b)-s(a).$$

由此可见,位置函数 $s(t)$ 与速度函数 $v(t)$ 有如下的关系

$$\int_a^b v(t)\mathrm{d}t = s(b) - s(a).$$

又因为 $s'(t) = v(t)$,即 $s(t)$ 为 $v(t)$ 的一个原函数. 这就是说定积分 $\int_a^b v(t)\mathrm{d}t$ 的值等于被积函数 $v(t)$ 的原函数 $s(t)$ 在 $t = b$ 与 $t = a$ 的函数值之差.

这个结论是否有普遍性呢?即若 $F(x)$ 为 $f(x)$ 在区间 $[a,b]$ 上的一个原函数,那么是否还有

$$\int_a^b f(x)\mathrm{d}x = F(b) - F(a)$$

成立呢?为了回答这一问题,先来介绍一种新的函数表示法,即用变上限的定积分定义函数.

1. 积分上限的函数(变上限的定积分)

设 $f(x)$ 在区间 $[a,b]$ 上连续,因而对于任意的 $x \in [a,b]$,$f(x)$ 在区间 $[a,x]$ 上也连续,故定积分 $\int_a^x f(x)\mathrm{d}x$ 存在. 该式中 x 既表示积分变量,又表示积分上限,但两者含义不同. 因定积分与积分变量用什么字母表示无关,为了不至于引起混淆,将积分变量 x 改用字母 t 表示,于是上面定积分可以写成 $\int_a^x f(t)\mathrm{d}t$. 该积分的值仅依赖于积分上限 x,且对于每一个 $x \in [a,b]$,定积分 $\int_a^x f(t)\mathrm{d}t$ 都有唯一确定的值与之对应,所以该积分在区间 $[a,b]$ 上确定了一个函数,常称为**积分上限的函数**或**变上限的定积分**或**变上限的积分函数**,记作 $\varPhi(x)$,即

$$\varPhi(x) = \int_a^x f(t)\mathrm{d}t \quad (a \leqslant x \leqslant b).$$

用变上限的定积分定义函数是一种新的函数表示法.

2. 微积分基本定理

定理 6.2.1　若函数 $f(x)$ 在区间 $[a,b]$ 上连续,则积分上限的函数

$$\varPhi(x) = \int_a^x f(t)\mathrm{d}t$$

在 $[a,b]$ 上可导,且有

$$\varPhi'(x) = \frac{\mathrm{d}}{\mathrm{d}x}\int_a^x f(t)\mathrm{d}t = f(x) \quad (a \leqslant x \leqslant b), \tag{6.2.1}$$

其中,若 x 为区间端点,则 $\varPhi'(x)$ 是单侧导数.

证　若 $x \in (a,b)$,取 $\Delta x \neq 0$,且使 $x + \Delta x \in (a,b)$. 由于

$$\Delta\varPhi = \varPhi(x + \Delta x) - \varPhi(x) = \int_a^{x+\Delta x} f(t)\mathrm{d}t - \int_a^x f(t)\mathrm{d}t$$

$$= \int_a^x f(t)\mathrm{d}t + \int_x^{x+\Delta x} f(t)\mathrm{d}t - \int_a^x f(t)\mathrm{d}t = \int_x^{x+\Delta x} f(t)\mathrm{d}t,$$

由积分中值定理,有

$$\Delta\varPhi = f(\xi)\Delta x,$$

其中 ξ 在 x 与 $x + \Delta x$ 之间,当 $\Delta x \to 0$ 时,$\xi \to x$. 于是

$$\varPhi'(x) = \lim_{\Delta x \to 0}\frac{\Delta\varPhi}{\Delta x} = \lim_{\Delta x \to 0}f(\xi) = \lim_{\xi \to x}f(\xi) = f(x).$$

若 $x = a$, 取 $\Delta x > 0$, 同理可证 $\Phi'_+(a) = f(a)$; 若 $x = b$, 取 $\Delta x < 0$, 同理可证 $\Phi'_-(b) = f(b)$.

综上所述, $\Phi(x)$ 在区间 $[a,b]$ 上可导, 且 $\Phi'(x) = f(x)$.

定理 6.2.1 揭示了导数(或微分)与定积分之间的内在联系, 因而称为**微积分基本定理**. 定理指出了积分上限的函数对上限的导数等于被积函数在上限处的函数值, 因而该定理也叫**积分上限的函数求导定理**. 由这个定理容易得到原函数存在的一个充分条件.

推论 6.2.1(原函数存在定理) 若函数 $f(x)$ 在区间 $[a,b]$ 上连续, 则 $f(x)$ 在 $[a,b]$ 上必有原函数, 且积分上限的函数

$$\Phi(x) = \int_a^x f(t)\mathrm{d}t, \quad x \in [a,b]$$

就是 $f(x)$ 在区间 $[a,b]$ 上的一个原函数.

推论 6.2.1 回答了第 5 章中关于连续函数一定存在原函数的结论.

如 e^{-x^2} 连续, 则 $\Phi(x) = \int_0^x \mathrm{e}^{-x^2}\mathrm{d}x$ 就是 e^{-x^2} 的一个原函数, 但 $\Phi(x)$ 不是初等函数. 故初等函数的原函数未必是初等函数.

例 6.2.1 求下列函数的导数:

(1) $f(x) = \int_0^x \cos(3 + t^2)\mathrm{d}t$;   (2) $\varphi(x) = \int_x^1 \sqrt{1 + t^3}\mathrm{d}t$;

(3) $g(x) = \int_1^{x^3} \mathrm{e}^{t^2}\mathrm{d}t$;   (4) $h(x) = \int_{\sqrt{x}}^{x^2} \sin t^2 \mathrm{d}t$.

解 (1) 由公式(6.2.1)得

$$f'(x) = \frac{\mathrm{d}}{\mathrm{d}x}\left[\int_0^x \cos(3 + t^2)\mathrm{d}t\right] = \cos(3 + x^2).$$

(2) $\varphi'(x) = \frac{\mathrm{d}}{\mathrm{d}x}\left[\int_x^1 \sqrt{1 + t^3}\mathrm{d}t\right] = \frac{\mathrm{d}}{\mathrm{d}x}\left[-\int_1^x \sqrt{1 + t^3}\mathrm{d}t\right] = -\sqrt{1 + x^3}.$

(3) 因 $\int_1^{x^3} \mathrm{e}^{t^2}\mathrm{d}t$ 是上限 x^3 的函数, 故是 x 的复合函数. 设 $u = x^3$, 则 $g(x)$ 可以看作是由函数

$$\Phi(u) = \int_1^u \mathrm{e}^{t^2}\mathrm{d}t \ \text{与} \ u = x^3$$

构成的复合函数, 由复合函数求导法则及定理 6.2.1, 有

$$g'(x) = \frac{\mathrm{d}\Phi(u)}{\mathrm{d}u} \cdot \frac{\mathrm{d}u}{\mathrm{d}x} = \frac{\mathrm{d}}{\mathrm{d}u}\left[\int_1^u \mathrm{e}^{t^2}\mathrm{d}t\right] \cdot \frac{\mathrm{d}u}{\mathrm{d}x} = \mathrm{e}^{u^2} \cdot 3x^2 = 3x^2 \mathrm{e}^{x^6}.$$

注 一般地有如下的结论: 设函数 $f(x)$ 在 I 上连续, 若 $\varphi(x)$, $\psi(x)$ 均可导, 且 $\varphi(x) \in I$, $\psi(x) \in I$, 则有

$$\frac{\mathrm{d}}{\mathrm{d}x}\int_{\psi(x)}^{\varphi(x)} f(t)\mathrm{d}t = \varphi'(x) \cdot f[\varphi(x)] - \psi'(x) \cdot f[\psi(x)]. \tag{6.2.2}$$

(4) 由公式(6.2.2)得

$$h'(x) = 2x\sin x^4 - \frac{1}{2\sqrt{x}}\sin x.$$

例 6.2.2 求极限 $\lim\limits_{x \to 0^+} \dfrac{\int_0^{x^2} \sin\sqrt{t}\,\mathrm{d}t}{x^3}$.

解 因为当 $x \to 0^+$ 时, $x^3 \to 0$, $\int_0^{x^2} \sin\sqrt{t}\,\mathrm{d}t \to 0$, 故所求极限为 $\dfrac{0}{0}$ 型未定式.

$$\lim_{x\to 0^+}\frac{\displaystyle\int_0^{x^2}\sin\sqrt{t}\,\mathrm{d}t}{x^3}\overset{\text{L}}{=\!=}\lim_{x\to 0^+}\frac{2x\cdot\sin x}{3x^2}=\frac{2}{3}\lim_{x\to 0^+}\frac{\sin x}{x}=\frac{2}{3}.$$

例 6.2.3　设 $F(x)=\displaystyle\int_0^x x^2 f(t)\mathrm{d}t$,其中 $f(x)$ 为连续函数,求 $F'(x)$.

解　因 $F(x)$ 的自变量 x 既包含在积分限中又包含在被积函数中,所以不能直接用公式(6.2.1)求导,此时要先将积分变形,使被积函数不含 x. 又因 $F(x)$ 右端的积分变量为 t,当对 t 积分时,x 为常数,可以提到积分号的外边,即 $F(x)=x^2\cdot\displaystyle\int_0^x f(t)\mathrm{d}t$,故

$$F'(x)=\frac{\mathrm{d}}{\mathrm{d}x}\Big[x^2\cdot\int_0^x f(t)\mathrm{d}t\Big]=2x\int_0^x f(t)\mathrm{d}t+x^2 f(x).$$

例 6.2.4　设函数 $f(x)$ 在 $[0,1]$ 上连续,证明:必存在 $\xi\in(0,1)$,使得 $\xi f(\xi)=\displaystyle\int_\xi^1 f(t)\mathrm{d}t$.

分析　待证等式可改写为 $\xi f(\xi)+\displaystyle\int_1^\xi f(t)\mathrm{d}t=0\Leftrightarrow\Big[x\cdot\int_1^x f(t)\mathrm{d}t\Big]'\Big|_{x=\xi}=0.$

证　令 $F(x)=x\displaystyle\int_1^x f(t)\mathrm{d}t$,由于 $f(x)$ 在区间 $[0,1]$ 上连续,故 $F(x)$ 在区间 $[0,1]$ 上可导,又 $F(0)=0,F(1)=0$,根据罗尔定理可知,必存在一点 $\xi\in(0,1)$,使得 $F'(\xi)=0$,即

$$\Big[x\int_1^x f(t)\mathrm{d}t\Big]'\Big|_{x=\xi}=\xi f(\xi)+\int_1^\xi f(t)\mathrm{d}t=0,$$

从而有

$$\xi f(\xi)=\int_\xi^1 f(t)\mathrm{d}t.$$

6.2.2　微积分基本公式

下面由原函数存在定理来解决本节开始提出的能否利用原函数计算定积分的问题,下面的定理给出了明确的回答.

定理 6.2.2 [牛顿-莱布尼茨(Newton-Leibniz)公式]　若函数 $f(x)$ 在区间 $[a,b]$ 上连续,$F(x)$ 是 $f(x)$ 在区间 $[a,b]$ 上的一个原函数,则

$$\int_a^b f(x)\mathrm{d}x=F(b)-F(a). \tag{6.2.3}$$

证　已知 $F(x)$ 是 $f(x)$ 在 $[a,b]$ 上的一个原函数,又由推论 6.2.1 可知,积分上限的函数 $\Phi(x)=\displaystyle\int_a^x f(t)\mathrm{d}t$ 也是 $f(x)$ 在区间 $[a,b]$ 上的一个原函数,于是它们之间只相差一个常数,即

$$\Phi(x)=F(x)+C\quad(a\leqslant x\leqslant b),$$

即

$$\int_a^x f(t)\mathrm{d}t=F(x)+C.$$

将 $x=a$ 代入上式,得 $0=F(a)+C$,故 $C=-F(a)$. 因此

$$\int_a^x f(t)\mathrm{d}t=F(x)-F(a).$$

将 $x=b$ 代入上式,得

$$\int_a^b f(t)\mathrm{d}t=F(b)-F(a),$$

再把积分变量 t 换成 x, 即有 $\int_a^b f(x)\mathrm{d}x = F(b) - F(a)$.

由 6.1 节对定积分的补充规定可知, 公式 (6.2.3) 对于 $b < a$ 的情况同样也成立.

因公式 (6.2.3) 先后由牛顿与莱布尼茨所建立, 故称为**牛顿-莱布尼茨公式**, 也称为**微积分基本公式**. 该公式揭示了定积分与原函数或不定积分之间的联系, 它把定积分的计算问题转化为求被积函数的原函数问题, 从而为定积分的计算提供了一个有效而又简便的方法.

为了使用方便, 通常将式 (6.2.3) 右端的 $F(b) - F(a)$ 简记为 $F(x)\big|_a^b$, 这样式 (6.2.3) 可写成

$$\int_a^b f(x)\mathrm{d}x = F(x)\Big|_a^b = F(b) - F(a).$$

例 6.2.5 计算下列定积分:

(1) $\int_0^1 \dfrac{\mathrm{d}x}{1+x^2}$; (2) $\int_0^{\frac{\sqrt{3}}{2}} \dfrac{x+1}{\sqrt{1-x^2}}\mathrm{d}x$.

解 (1) 由于 $\arctan x$ 是 $\dfrac{1}{1+x^2}$ 的一个原函数, 所以

$$\int_0^1 \frac{\mathrm{d}x}{1+x^2} = \arctan x\Big|_0^1 = \arctan 1 - \arctan 0 = \frac{\pi}{4}.$$

(2) $\displaystyle\int_0^{\frac{\sqrt{3}}{2}} \frac{x+1}{\sqrt{1-x^2}}\mathrm{d}x = \int_0^{\frac{\sqrt{3}}{2}} \frac{x}{\sqrt{1-x^2}}\mathrm{d}x + \int_0^{\frac{\sqrt{3}}{2}} \frac{1}{\sqrt{1-x^2}}\mathrm{d}x$

$$= -\frac{1}{2}\int_0^{\frac{\sqrt{3}}{2}} \frac{1}{\sqrt{1-x^2}}\mathrm{d}(1-x^2) + \arcsin x\Big|_0^{\frac{\sqrt{3}}{2}}$$

$$= -\sqrt{1-x^2}\Big|_0^{\frac{\sqrt{3}}{2}} + \frac{\pi}{3} = \frac{1}{2} + \frac{\pi}{3}.$$

例 6.2.6 求定积分 $\int_0^2 f(x)\mathrm{d}x$, 其中 $f(x) = \begin{cases} xe^{x^2}, & x \leqslant 1, \\ 3x^2, & x > 1. \end{cases}$

解 被积函数是分段定义的, 故积分也要分段进行, 利用定积分对积分区间的可加性, 得

$$\int_0^2 f(x)\mathrm{d}x = \int_0^1 xe^{x^2}\mathrm{d}x + \int_1^2 3x^2\mathrm{d}x = \frac{1}{2}e^{x^2}\Big|_0^1 + x^3\Big|_1^2 = \frac{1}{2}(e+13).$$

例 6.2.7 求定积分 $\int_{-1}^3 |x-1|\mathrm{d}x$.

解 因被积函数中含有绝对值, 应将绝对值符号去掉, 又 $|x-1| = 0$, 即 $x = 1$ 为积分区间的分界点, 于是

$$\int_{-1}^3 |x-1|\mathrm{d}x = \int_{-1}^1 |x-1|\mathrm{d}x + \int_1^3 |x-1|\mathrm{d}x = \int_{-1}^1 (1-x)\mathrm{d}x + \int_1^3 (x-1)\mathrm{d}x$$

$$= 2 - \frac{1}{2}x^2\Big|_{-1}^1 + \frac{1}{2}x^2\Big|_1^3 - 2 = 4.$$

例 6.2.8 求定积分 $\int_0^\pi \sqrt{1-\sin^2 x}\,\mathrm{d}x$.

解 $\displaystyle\int_0^\pi \sqrt{1-\sin^2 x}\,\mathrm{d}x = \int_0^\pi \sqrt{\cos^2 x}\,\mathrm{d}x = \int_0^\pi |\cos x|\,\mathrm{d}x$

$$= \int_0^{\frac{\pi}{2}} \cos x \mathrm{d}x + \int_{\frac{\pi}{2}}^{\pi} - \cos x \mathrm{d}x = \sin x \Big|_0^{\frac{\pi}{2}} - \sin x \Big|_{\frac{\pi}{2}}^{\pi} = 2.$$

例 6.2.9　设 $f(x)$ 在区间 $[0,2]$ 上连续,且 $f(x) = \sqrt{4-x^2} + \int_0^2 f(x)\mathrm{d}x$,求 $f(x)$.

解　因定积分 $\int_0^2 f(x)\mathrm{d}x$ 是一个确定的常数,则可设 $\int_0^2 f(x)\mathrm{d}x = k$,从而有

$$f(x) = \sqrt{4-x^2} + k,$$

上式两边在区间 $[0,2]$ 上取定积分,得

$$\int_0^2 f(x)\mathrm{d}x = \int_0^2 (\sqrt{4-x^2} + k)\mathrm{d}x = \int_0^2 \sqrt{4-x^2}\mathrm{d}x + 2k,$$

由定积分的几何意义可知

$$\int_0^2 \sqrt{4-x^2}\mathrm{d}x = \frac{1}{4} \cdot \pi 2^2 = \pi,$$

从而上式即为 $k = \pi + 2k$,解得 $k = -\pi$,故

$$f(x) = \sqrt{4-x^2} - \pi.$$

习　题　6.2

（A）

1. 计算下列函数 $y = y(x)$ 的导数 $\dfrac{\mathrm{d}y}{\mathrm{d}x}$:

(1) $y = \int_1^x \cos^3\sqrt{t}\,\mathrm{d}t$;　(2) $y = \int_{x^2}^0 \sqrt{1+t^3}\,\mathrm{d}t$;　(3) $y = \int_{x^2}^{x^3} \dfrac{\mathrm{d}t}{\sqrt{1+t^4}}$;　(4) $y = \int_{\cos x}^{\sin x} \mathrm{e}^{t^2}\,\mathrm{d}t$.

2. 求曲线 $\varphi(x) = \int_x^1 \sqrt{1+t^3}\,\mathrm{d}t$ 在横坐标 $x = 1$ 对应点处的切线方程.

3. 求下列方程所确定的隐函数的导数:

(1) 由方程 $\int_0^y \mathrm{e}^{t^2}\,\mathrm{d}t + \int_x^1 \cos\sqrt{t}\,\mathrm{d}t = 0$ 确定 y 是 x 的可导函数,求 $\dfrac{\mathrm{d}y}{\mathrm{d}x}$;

(2) 由方程 $\int_0^{x+y} \mathrm{e}^{-t^2}\,\mathrm{d}t = \int_{x^2}^0 \sin t^2\,\mathrm{d}t$ 确定 y 是 x 的可导函数,求 $\dfrac{\mathrm{d}y}{\mathrm{d}x}\Big|_{x=0}$.

4. 求下列极限:

(1) $\lim\limits_{x\to 0} \dfrac{\int_0^x \arctan t\,\mathrm{d}t}{x^2}$;　　(2) $\lim\limits_{x\to 0} \dfrac{\int_0^{x^2} \cos t^2\,\mathrm{d}t}{x\tan x}$;　　(3) $\lim\limits_{x\to 0} \dfrac{x^2 - \int_0^{x^2}\cos t^2\,\mathrm{d}t}{\sin^{10} x}$;

(4) $\lim\limits_{x\to 0} \dfrac{\mathrm{e}^{x^2} \cdot \int_0^x \sin t^2\,\mathrm{d}t}{\ln(1+x^3)}$;　(5) $\lim\limits_{x\to 0} \dfrac{\left(\int_0^x \mathrm{e}^{t^2}\,\mathrm{d}t\right)^2}{\int_0^x t\mathrm{e}^{t^2}\,\mathrm{d}t}$;　(6) $\lim\limits_{x\to 0} \dfrac{\int_0^{\sin x}\ln(1+t)\,\mathrm{d}t}{\sqrt{1+x^4}-1}$.

5. 设函数 $f(x)$ 在 $x = 0$ 处连续,求 a 的值:

(1) $f(x) = \begin{cases} \dfrac{1}{x^3}\displaystyle\int_0^x \sin t^2\,\mathrm{d}t, & x \neq 0, \\ a, & x = 0; \end{cases}$　　(2) $f(x) = \begin{cases} \dfrac{1}{\mathrm{e}^x - 1}\displaystyle\int_0^x (1+2t^2)^{\frac{1}{t^2}}\,\mathrm{d}t, & x \neq 0, \\ a, & x = 0. \end{cases}$

6. 求函数 $f(x) = \int_0^x (1+t)\arctan t\,\mathrm{d}t$ 的极值点.

7. 计算下列各题:

(1) 设 $\varphi(x) = \int_0^{x^2} xf(t)\,\mathrm{d}t$,其中 $f(x)$ 为可导函数,求 $\varphi''(x)$;

(2) 求极限 $I = \lim\limits_{x \to 0} \dfrac{\int_0^x (x-t) \sin t^2 \,\mathrm{d}t}{(\sqrt{1+x^2}-1) \cdot \sin x^2}$;

(3) 设 $f(x) = \int_1^x \left(\int_2^{y^2} \dfrac{\sin t}{t} \,\mathrm{d}t \right) \mathrm{d}y$, 求 $f''(2)$.

8. 计算下列定积分：

(1) $\int_1^2 \left(x^2 + \dfrac{1}{x^4} \right) \mathrm{d}x$;

(2) $\int_0^{\sqrt{6}} \dfrac{\mathrm{d}x}{2+x^2}$;

(3) $\int_0^{\frac{\pi}{4}} \tan^2 \theta \,\mathrm{d}\theta$;

(4) $\int_0^{2\pi} |\sin x| \,\mathrm{d}x$;

(5) $\int_0^{\pi} \sqrt{\sin x - \sin^3 x} \,\mathrm{d}x$;

(6) $\int_{-2}^{-3} \dfrac{1}{x} \,\mathrm{d}x$;

(7) $\int_1^3 \dfrac{\mathrm{d}x}{\sqrt{x}(1+x)}$;

(8) $\int_{-4}^4 \dfrac{1}{\sqrt{x^2+9}} \,\mathrm{d}x$;

(9) $\int_0^{\frac{\pi}{2}} \sqrt{1-\sin 2x} \,\mathrm{d}x$;

(10) $\int_0^5 \dfrac{2x^3}{x^2+1} \,\mathrm{d}x$;

(11) $\int_0^1 \dfrac{\sqrt{\mathrm{e}^x}}{\sqrt{\mathrm{e}^x + \mathrm{e}^{-x}}} \,\mathrm{d}x$;

(12) $\int_{-2}^3 \min\{1, x^2\} \,\mathrm{d}x$;

(13) $\int_{-1}^1 f(x) \,\mathrm{d}x$, 其中 $f(x) = \begin{cases} x^2, & x \leqslant 0, \\ \cos x - 1, & x > 0. \end{cases}$

9. 计算下列各题：

(1) 若 $f(x)$ 在 $[0, +\infty)$ 上连续且满足 $\int_0^{x^2+x} f(t) \,\mathrm{d}t = x$, 求 $f(2)$;

(2) 若 $f(x)$ 连续, 且 $\int_0^x [3f(t)-1] \,\mathrm{d}t = f(x) - 1$, 求 $f'(0)$;

(3) 若 $f(x)$ 连续, 且 $x^5 + 1 = \int_a^{x^3} f(t) \,\mathrm{d}t \ (x \neq 0)$, 求 $f(x)$ 及常数 a;

(4) 若 $f(x)$ 在 $(0, +\infty)$ 内可导, 且 $f(x) = 1 + \int_1^x \dfrac{1}{x} f(t) \,\mathrm{d}t$, 求 $f(x)$;

(5) 设 $f(x)$ 为正值的连续函数, 若 $f^2(x) = 1 + \int_0^x \dfrac{2f(t)\sin t}{2+\cos t} \,\mathrm{d}t$, 试求 $f(x)$.

10. 设 $f(x)$ 连续, 且 $f(x) = \ln x - 2x^2 \int_1^{\mathrm{e}} \dfrac{f(t)}{t} \,\mathrm{d}t$, 求 $f(x)$.

11. 设 $f'(x) \cdot \int_0^2 f(x) \,\mathrm{d}x = 50$, 且 $f(0) = 0, f(2) = 10$, 求 $f(x)$.

12. 已知 $f(x) = \begin{cases} x+1, & -1 \leqslant x < 0, \\ x, & 0 \leqslant x \leqslant 1. \end{cases}$ 试求 $F(x) = \int_{-1}^x f(t) \,\mathrm{d}t$ 在 $[-1,1]$ 上的表达式; 再讨论 $F(x)$ 在 $x=0$ 处的连续性.

13. 计算下列积分值：

(1) 设 $f(x) = \tan^2 x$, 求 $I = \int_0^{\frac{\pi}{4}} f'(x) f''(x) \,\mathrm{d}x$;

(2) 设 $f(x) = \int_0^x \dfrac{\cos t}{1+\sin^2 t} \,\mathrm{d}t$, 求 $I = \int_0^{\frac{\pi}{2}} \dfrac{f'(x)}{1+f^2(x)} \,\mathrm{d}x$.

14. 已知 $f(x)$ 为连续函数, 且 $\int_0^x f(t) \,\mathrm{d}t = x^4 + x^2 - x \int_0^1 f(x) \,\mathrm{d}x$, 试求 $f(x)$ 的表达式.

15. 设 $f(x)$ 在 $[a,b]$ 上连续, 在 (a,b) 内可导, 且 $f'(x) < 0$, 证明：$F(x) = \dfrac{1}{x-a} \int_a^x f(t) \,\mathrm{d}t$, 在区间 (a,b) 内为单调递减函数.

16. 设 $f(x)$ 在 $[a,b]$ 上为正值的连续函数, 且 $F(x) = \int_a^x f(t) \,\mathrm{d}t + \int_b^x \dfrac{1}{f(t)} \,\mathrm{d}t$. 证明：

(1) $F'(x) \geqslant 2$； (2) 方程 $F(x) = 0$ 在 (a,b) 内有且仅有一个根.

17. $0 < x < \dfrac{\pi}{2}$,证明:$\displaystyle\int_0^{\sin^2 x} \arcsin\sqrt{t}\,\mathrm{d}t + \int_0^{\cos^2 x} \arccos\sqrt{t}\,\mathrm{d}t = \dfrac{\pi}{4}$.

18. 设 $f(x)$ 在 $[a,b]$ 上连续,证明:$\left[\displaystyle\int_a^b f(x)\,\mathrm{d}x\right]^2 \leqslant (b-a)\int_a^b f^2(x)\,\mathrm{d}x$.

（B）

1. 下列正确的有 _____.

(1) $\displaystyle\int_{-1}^1 \dfrac{\mathrm{d}x}{x} = \ln|x|\ \Big|_{-1}^1 = 0$;　　　(2) $\displaystyle\int \sin x^2\,\mathrm{d}x = \int_0^x \sin t^2\,\mathrm{d}t + C$（$C$ 为任意常数）;

(3) $\dfrac{\mathrm{d}}{\mathrm{d}x}\displaystyle\int_0^x (x-t)f(t)\,\mathrm{d}t = (x-x)f(x) = 0$,其中 $f(x)$ 为连续函数;

(4) 当 $x \to 0$ 时,$\alpha(x) = \displaystyle\int_0^{\sin x} (1+t)^{\frac{1}{t}}\,\mathrm{d}t$ 与 $\beta(x) = \int_0^{5x} \dfrac{\sin t}{t}\,\mathrm{d}t$ 是同阶但不等价的无穷小.

2. 证明:$\displaystyle\int_0^{\frac{\pi}{2}} \sin^n x\,\mathrm{d}x < \dfrac{\pi^2}{8}$（$n \geqslant 2$,且 $n \in \mathbf{N}^+$）.

3. 已知 $f(x)$ 为连续函数,且 $\displaystyle\int_0^{2x} xf(t)\,\mathrm{d}t + 2\int_x^0 tf(2t)\,\mathrm{d}t = 2x^3(x-1)$,求函数 $f(x)$ 在区间 $[0,2]$ 上的最大值与最小值.

4. 求正常数 a,b 使 $\displaystyle\lim_{x\to 0} \dfrac{1}{bx-\sin x}\int_0^x \dfrac{t^2}{\sqrt{a+t^2}}\,\mathrm{d}t = 1$ 成立.

5. 计算下列极限:

(1) $\displaystyle\lim_{x\to 0} \dfrac{\int_0^x t\ln(1+t\sin t)\,\mathrm{d}t}{1-\cos x^2}$;　　(2) $\displaystyle\lim_{x\to 1} \dfrac{\int_1^x \left[t\int_t^1 f(u)\,\mathrm{d}u\right]\mathrm{d}t}{(1-x)^3}$,其中 $f'(1)=1, f(1)=0$.

6. 计算下列各题:

(1) 设 $f(x) = \begin{cases} \dfrac{1}{x}\displaystyle\int_0^x \cos t^2\,\mathrm{d}t, & x \neq 0 \\ 1, & x = 0, \end{cases}$ 求 $f'(0)$;

(2) 设两曲线 $y = f(x)$ 与 $y = \displaystyle\int_0^{\arctan x} \mathrm{e}^{-t^2}\,\mathrm{d}t$ 在点 $(0,0)$ 处相切,求 $\displaystyle\lim_{n\to\infty} nf\left(\dfrac{2}{n}\right)$;

(3) 求函数 $f(x) = \displaystyle\int_1^{x^2} (x^2-t)\mathrm{e}^{-t^2}\,\mathrm{d}t$ 的单调区间与极值.

7. 设 $f(x) = x^2 - x\displaystyle\int_0^2 f(x)\,\mathrm{d}x + 2\int_0^1 f(x)\,\mathrm{d}x$,求函数 $f(x)$.

8. 设函数 $f(x)$ 及其反函数 $g(x)$ 都可微,且有关系式 $\displaystyle\int_1^{f(x)} g(t)\,\mathrm{d}t = \dfrac{1}{3}\left(x^{\frac{3}{2}} - 8\right)$,求 $f(x)$.

9. 设函数 $f(x)$ 在 $(0,+\infty)$ 内连续,且 $f(1) = 3$,又对于任意的正数 x 和 t,满足
$$\int_1^{xt} f(u)\,\mathrm{d}u = t\int_1^x f(u)\,\mathrm{d}u + x\int_1^t f(u)\,\mathrm{d}u,$$
求 $f(x)$.

10. 设 $f(x) = \displaystyle\int_0^1 |t^2 - x^2|\,\mathrm{d}t$（$x > 0$）,求 $f'(x)$,并求 $f(x)$ 的最小值.

11. 设 $f(x), g(x)$ 在 $[a,b]$ 上连续,且 $f(x)$ 单调递增,$0 \leqslant g(x) \leqslant 1$. 证明:

(1) $0 \leqslant \displaystyle\int_a^x g(t)\,\mathrm{d}t \leqslant (x-a), x \in [a,b]$;　　(2) $\displaystyle\int_a^{a+\int_a^b g(t)\mathrm{d}t} f(x)\,\mathrm{d}x \leqslant \int_a^b f(x)g(x)\,\mathrm{d}x$.

12. 求极限 $I = \displaystyle\lim_{n\to\infty} \sum_{k=1}^n \dfrac{1}{n+1}\sqrt{1+\cos\dfrac{k\pi}{n}}$.

6.3 定积分的换元积分法与分部积分法

由牛顿-莱布尼茨公式可知,计算定积分 $\int_a^b f(x)\,\mathrm{d}x$ 的基本方法是把它转化为求被积函数 $f(x)$ 的原函数在上、下限处函数值的差. 由第 5 章又知道,求原函数的基本方法是换元积分法与分部积分法. 但用这些基本方法计算某些函数的原函数的求解过程有时还是比较冗长,如不定积分换元积分法中的变量还原过程有时就很繁杂. 定积分的换元积分法与分部积分法的引入就是为了简化它们的求解过程,从而可以用比较简单的方法把定积分的积分值算出来.

6.3.1 定积分的换元积分法

定理 6.3.1 设函数 $f(x)$ 在区间 $[a,b]$ 上连续,函数 $x = \varphi(t)$ 满足下列条件:

(1) $\varphi(t)$ 在 $[\alpha,\beta]$ (或 $[\beta,\alpha]$) 上有连续的导数 $\varphi'(t)$;

(2) 当 $t \in [\alpha,\beta]$ (或 $[\beta,\alpha]$) 时,$a \leqslant \varphi(t) \leqslant b$,且 $\varphi(\alpha) = a$,$\varphi(\beta) = b$,

则有

$$\int_a^b f(x)\,\mathrm{d}x = \int_\alpha^\beta f[\varphi(t)]\varphi'(t)\,\mathrm{d}t. \tag{6.3.1}$$

证 因 $f(x)$,$\varphi(t)$,$\varphi'(t)$ 在各自的积分区间上连续,故式(6.3.1)两端中被积函数的原函数都存在.

设 $F(x)$ 为 $f(x)$ 在 $[a,b]$ 上的一个原函数,由牛顿-莱布尼茨公式有

$$\int_a^b f(x)\,\mathrm{d}x = F(b) - F(a).$$

另一方面,由复合函数求导法则容易知

$$\frac{\mathrm{d}}{\mathrm{d}t}F[\varphi(t)] = \frac{\mathrm{d}F(x)}{\mathrm{d}x} \cdot \frac{\mathrm{d}x}{\mathrm{d}t} = f(x)\varphi'(t) = f[\varphi(t)]\varphi'(t),$$

即 $F[\varphi(t)]$ 是 $f[\varphi(t)]\varphi'(t)$ 在 $[\alpha,\beta]$ 或 $[\beta,\alpha]$ 上的一个原函数,于是有

$$\int_\alpha^\beta f[\varphi(t)]\varphi'(t)\,\mathrm{d}t = F[\varphi(t)]\,\Big|_\alpha^\beta = F[\varphi(\beta)] - F[\varphi(\alpha)] = F(b) - F(a).$$

从而有

$$\int_a^b f(x)\,\mathrm{d}x = \int_\alpha^\beta f[\varphi(t)]\varphi'(t)\,\mathrm{d}t.$$

式(6.3.1)称为定积分的**换元积分公式**.

利用定积分换元积分公式计算定积分时,应注意以下几点:

(1) 当积分变量 x 通过代换 $x = \varphi(t)$ 换成积分变量 t 后,积分上、下限必须同时换成对应的 t 的上、下限,且换元后,上限 β 未必大于下限 α. 即**换元要换限,换限要对限**.

(2) 求出 $f[\varphi(t)]\varphi'(t)$ 的一个原函数 $\Phi(t)$ 后,不必像计算不定积分那样再把 $\Phi(t)$ 还原成原来的积分变量 x 的函数,而只需直接把新积分变量 t 的上、下限分别代入到 $\Phi(t)$ 相减即可,因而计算更简单了.

(3) 用换元积分法计算定积分时,所使用的代换与计算相应的不定积分使用的代换相同,即定积分换元积分的思想与不定积分换元类似.

例 6.3.1 计算下列定积分:

(1) $\displaystyle\int_0^8 \frac{1}{1+\sqrt{9-x}}\,\mathrm{d}x$;　　(2) $\displaystyle\int_0^{\frac{\sqrt{2}}{2}} \frac{x^2}{\sqrt{1-x^2}}\,\mathrm{d}x$;　　(3) $\displaystyle\int_0^{\ln 2} \sqrt{\mathrm{e}^x - 1}\,\mathrm{d}x$.

解　(1) 令 $\sqrt{9-x}=t$，则 $x=9-t^2$，$\mathrm{d}x=-2t\mathrm{d}t$. 当 $x=0$ 时，$t=3$；当 $x=8$ 时，$t=1$. 于是

$$\int_0^8 \frac{1}{1+\sqrt{9-x}}\mathrm{d}x = \int_3^1 \frac{1}{1+t}\cdot(-2t)\mathrm{d}t = -2\int_3^1\left(1-\frac{1}{1+t}\right)\mathrm{d}t$$

$$= 4 + 2\ln(1+t)\Big|_3^1 = 4 - 2\ln 2.$$

(2) 令 $x=\sin t$，则 $\mathrm{d}x=\cos t\mathrm{d}t$. 当 $x=0$ 时，$t=0$；$x=\dfrac{\sqrt{2}}{2}$ 时，$t=\dfrac{\pi}{4}$. 于是

$$\int_0^{\frac{\sqrt{2}}{2}} \frac{x^2}{\sqrt{1-x^2}}\mathrm{d}x = \int_0^{\frac{\pi}{4}} \frac{\sin^2 t}{\sqrt{1-\sin^2 t}}\cdot\cos t\mathrm{d}t = \int_0^{\frac{\pi}{4}}\sin^2 t\mathrm{d}t$$

$$= \int_0^{\frac{\pi}{4}} \frac{1-\cos 2t}{2}\mathrm{d}t = \frac{\pi}{8} - \frac{1}{4}\sin 2t\Big|_0^{\frac{\pi}{4}} = \frac{\pi}{8} - \frac{1}{4}.$$

(3) 令 $\sqrt{\mathrm{e}^x-1}=t$，则 $x=\ln(1+t^2)$，$\mathrm{d}x=\dfrac{2t}{1+t^2}\mathrm{d}t$. 当 $x=0$ 时，$t=0$；当 $x=\ln 2$ 时，$t=1$. 于是

$$\int_0^{\ln 2} \sqrt{\mathrm{e}^x-1}\,\mathrm{d}x = \int_0^1 t\cdot\frac{2t}{1+t^2}\mathrm{d}t = 2\int_0^1\left(1-\frac{1}{1+t^2}\right)\mathrm{d}t$$

$$= 2 - 2\arctan t\Big|_0^1 = 2 - \frac{\pi}{2}.$$

例 6.3.2　计算定积分 $\displaystyle\int_1^9 \frac{1}{\sqrt{x}}\mathrm{e}^{\sqrt{x}}\mathrm{d}x$.

解　令 $\sqrt{x}=t$，则 $x=t^2$，$\mathrm{d}x=2t\mathrm{d}t$. 当 $x=1$ 时，$t=1$；当 $x=9$ 时，$t=3$. 于是

$$\int_1^9 \frac{1}{\sqrt{x}}\mathrm{e}^{\sqrt{x}}\mathrm{d}x = \int_1^3 \frac{1}{t}\mathrm{e}^t\cdot 2t\mathrm{d}t = 2\mathrm{e}^t\Big|_1^3 = 2(\mathrm{e}^3-\mathrm{e}).$$

此题若不直接（或明显）引入新的积分变量，也就无须改变积分限. 可按下面书写：

$$\int_1^9 \frac{1}{\sqrt{x}}\mathrm{e}^{\sqrt{x}}\mathrm{d}x = 2\int_1^9 \mathrm{e}^{\sqrt{x}}\mathrm{d}\sqrt{x} = 2\mathrm{e}^{\sqrt{x}}\Big|_1^9 = 2(\mathrm{e}^3-\mathrm{e}).$$

在这里用了 $\dfrac{1}{\sqrt{x}}\mathrm{d}x=2\mathrm{d}\sqrt{x}$，仍然认定 x 为积分变量. 这说明，对于定积分的计算，若能用凑微分法方便地求出原函数，那么就不必换元，直接使用牛顿-莱布尼茨公式.

例 6.3.3　设函数 $f(x)$ 连续，且 $\displaystyle\int_0^x tf(x-t)\mathrm{d}t = 1-\cos x$，求 $f(x)$.

解　令 $x-t=u$，则 $t=x-u$，$\mathrm{d}t=-\mathrm{d}u$. 故所给等式左边积分可化为

$$\int_0^x tf(x-t)\mathrm{d}t = -\int_x^0 (x-u)f(u)\mathrm{d}u = x\cdot\int_0^x f(u)\mathrm{d}u - \int_0^x uf(u)\mathrm{d}u.$$

于是所给等式化为

$$x\cdot\int_0^x f(u)\mathrm{d}u - \int_0^x uf(u)\mathrm{d}u = 1-\cos x,$$

等式两边对 x 求导，得

$$\int_0^x f(u)\mathrm{d}u + xf(x) - xf(x) = \sin x,$$

即

$$\int_0^x f(u)\,\mathrm{d}u = \sin x.$$

该等式两边对 x 求导,得 $f(x) = \cos x$.

利用定积分的换元法及定积分与积分变量用什么字母表示无关的性质,可以证明一些带有定积分的关系式.

例 6.3.4 若 $f(x)$ 在 $[-a,a]$ 上连续,试证

$$\int_{-a}^a f(x)\,\mathrm{d}x = \int_0^a [f(-x) + f(x)]\,\mathrm{d}x. \tag{6.3.2}$$

证 由定积分积分区间的可加性,让左端定积分的积分区间出现 $[0,a]$.

因

$$\int_{-a}^a f(x)\,\mathrm{d}x = \int_{-a}^0 f(x)\,\mathrm{d}x + \int_0^a f(x)\,\mathrm{d}x,$$

为了把上式右端中第一个积分的下限 $-a$ 换成 a,用换元法,为此令 $x = -t$,则 $\mathrm{d}x = -\mathrm{d}t$. 于是

$$\int_{-a}^0 f(x)\,\mathrm{d}x = \int_a^0 f(-t)(-\mathrm{d}t) = \int_0^a f(-t)\,\mathrm{d}t = \int_0^a f(-x)\,\mathrm{d}x,$$

从而

$$\int_{-a}^a f(x)\,\mathrm{d}x = \int_0^a f(-x)\,\mathrm{d}x + \int_0^a f(x)\,\mathrm{d}x = \int_0^a [f(-x) + f(x)]\,\mathrm{d}x.$$

由例 6.3.4 证明的结果可推出如下重要结论.

若函数 $f(x)$ 在 $[-a,a]$ 上连续,且被积函数 $f(x)$ 具有奇偶性,则

$$\int_{-a}^a f(x)\,\mathrm{d}x = \begin{cases} 0, & \text{当 } f(-x) = -f(x) \text{ 时,} \\ 2\displaystyle\int_0^a f(x)\,\mathrm{d}x, & \text{当 } f(-x) = f(x) \text{ 时.} \end{cases}$$

利用此结论,可以简化被积函数为奇函数或偶函数在关于坐标原点对称的区间上的定积分的积分运算. 关于坐标原点对称区间上定积分的这一性质,常称为定积分的**偶倍奇零性**.

例 6.3.5 求定积分 $\displaystyle\int_{-1}^1 \frac{|x| + \sin x}{1 + x^2}\,\mathrm{d}x$.

解 因为在 $[-1,1]$ 上,$\dfrac{|x|}{1 + x^2}$ 为偶函数,$\dfrac{\sin x}{1 + x^2}$ 为奇函数,所以

$$\int_{-1}^1 \frac{|x| + \sin x}{1 + x^2}\,\mathrm{d}x = \int_{-1}^1 \frac{|x|}{1 + x^2}\,\mathrm{d}x + \int_{-1}^1 \frac{\sin x}{1 + x^2}\,\mathrm{d}x$$

$$= 2\int_0^1 \frac{x}{1 + x^2}\,\mathrm{d}x + 0 = \ln(1 + x^2)\Big|_0^1 = \ln 2.$$

注 对于被积函数为非奇非偶函数在关于原点对称的区间上的积分运算,当 $f(x) + f(-x)$ 比较简单时也可以直接考虑使用式 (6.3.2). 请读者用式 (6.3.2) 试计算定积分 $\displaystyle\int_{-1}^1 \frac{\sqrt{1 - x^2}}{1 + \mathrm{e}^x}\,\mathrm{d}x$.

例 6.3.6 设函数 $f(x)$ 在区间 $[a,b]$ 上连续,试证

$$\int_a^b f(x)\,\mathrm{d}x = \int_a^b f(a + b - x)\,\mathrm{d}x. \tag{6.3.3}$$

证 比较积分等式两端的被积函数 $f(x)$ 与 $f(a+b-x)$,若从左端向右证明,可作如下变量代换.

令 $x = a + b - t$,则 $\mathrm{d}x = -\mathrm{d}t$. 当 $x = a$ 时,$t = b$;当 $x = b$ 时,$t = a$. 于是

$$\int_a^b f(x)\mathrm{d}x = \int_b^a f(a+b-t)(-\mathrm{d}t) = \int_a^b f(a+b-t)\mathrm{d}t = \int_a^b f(a+b-x)\mathrm{d}x.$$

由证明的式(6.3.3)可知,有下述的积分等式

$$\int_a^b f(x)\mathrm{d}x = \frac{1}{2}\int_a^b [f(x)+f(a+b-x)]\mathrm{d}x.$$

利用该例题所证明的式(6.3.3),可以计算某些定积分,还可以证明某些定积分的恒等式.

例 6.3.7　证明 $\int_0^{\frac{\pi}{2}} \sin^n x\,\mathrm{d}x = \int_0^{\frac{\pi}{2}} \cos^n x\,\mathrm{d}x.$

证　该等式可利用换元法证明,只需令 $x=\dfrac{\pi}{2}-t$,证明过程留作读者练习.

下面利用式(6.3.3)证明. 由式(6.3.3)有

$$\int_0^{\frac{\pi}{2}} \sin^n x\,\mathrm{d}x = \int_0^{\frac{\pi}{2}} \sin^n\left(\frac{\pi}{2}+0-x\right)\mathrm{d}x = \int_0^{\frac{\pi}{2}} \cos^n x\,\mathrm{d}x.$$

6.3.2　定积分的分部积分法

计算不定积分有分部积分法,相应地,计算定积分也有分部积分法.

定理 6.3.2　设函数 $u=u(x),v=v(x)$ 均在闭区间 $[a,b]$ 上有连续的导数,则有

$$\int_a^b uv'\mathrm{d}x = uv\Big|_a^b - \int_a^b u'v\,\mathrm{d}x, \tag{6.3.4}$$

或写成

$$\int_a^b u\,\mathrm{d}v = uv\Big|_a^b - \int_a^b v\,\mathrm{d}u. \tag{6.3.5}$$

证　因 $u=u(x),v=v(x)$ 在区间 $[a,b]$ 可导,故有

$$(uv)' = u'v + uv',$$

即

$$uv' = (uv)' - u'v,$$

对上式两端分别在区间 $[a,b]$ 上求定积分,并根据定积分的性质可得

$$\int_a^b uv'\mathrm{d}x = \int_a^b (uv)'\mathrm{d}x - \int_a^b u'v\,\mathrm{d}x = uv\Big|_a^b - \int_a^b u'v\,\mathrm{d}x.$$

或表示为

$$\int_a^b u\,\mathrm{d}v = uv\Big|_a^b - \int_a^b v\,\mathrm{d}u.$$

公式(6.3.4)或(6.3.5)称为**定积分的分部积分公式**.

实际做题时,常把公式(6.3.4)和(6.3.5)混合使用,即

$$\int_a^b uv'\mathrm{d}x = \int_a^b u\,\mathrm{d}v = uv\Big|_a^b - \int_a^b u'v\,\mathrm{d}x.$$

定积分的分部积分法适用的范围及分部积分公式中函数 u 和 v' 的选择与相应的不定积分的分部积分法公式适用范围及函数 u 和 v' 的选择完全相同.

例 6.3.8　计算下列定积分:

(1) $\int_1^9 \dfrac{\ln x}{\sqrt{x}}\mathrm{d}x$;　　　　　　　　　(2) $\int_0^1 \arctan x\,\mathrm{d}x$;

$(3) \int_{-1}^{1} (x^3 + |x|) e^{|x|} dx;$ $\qquad$ $(4) \int_{0}^{\frac{\pi^2}{4}} \sin\sqrt{x} dx.$

解 $(1) \int_{1}^{9} \frac{\ln x}{\sqrt{x}} dx = \int_{1}^{9} \ln x d(2\sqrt{x}) = 2\sqrt{x} \ln x \Big|_{1}^{9} - 2\int_{1}^{9} \sqrt{x} \cdot \frac{1}{x} dx$

$$= 12\ln 3 - 4\sqrt{x} \Big|_{1}^{9} = 4(3\ln 3 - 2).$$

$(2) \int_{0}^{1} \arctan x dx = x\arctan x \Big|_{0}^{1} - \int_{0}^{1} \frac{x}{1+x^2} dx$

$$= \frac{\pi}{4} - \frac{1}{2}\ln(1+x^2) \Big|_{0}^{1} = \frac{\pi}{4} - \frac{1}{2}\ln 2.$$

$(3) \int_{-1}^{1} (x^3 + |x|) e^{|x|} dx = \int_{-1}^{1} x^3 e^{|x|} dx + \int_{-1}^{1} |x| e^{|x|} dx = 0 + 2\int_{0}^{1} x e^x dx$

$$= 2\int_{0}^{1} x de^x = 2\left[x e^x \Big|_{0}^{1} - \int_{0}^{1} e^x dx \right] = 2(e - e^x \Big|_{0}^{1}) = 2.$$

(4) 令 $\sqrt{x} = t$,则 $x = t^2$, $dx = 2t dt$,当 $x = 0$ 时,$t = 0$;当 $x = \frac{\pi^2}{4}$ 时,$t = \frac{\pi}{2}$. 于是

$$\int_{0}^{\frac{\pi^2}{4}} \sin\sqrt{x} dx = \int_{0}^{\frac{\pi}{2}} \sin t \cdot 2t dt = 2\int_{0}^{\frac{\pi}{2}} t d(-\cos t)$$

$$= -2t\cos t \Big|_{0}^{\frac{\pi}{2}} + 2\int_{0}^{\frac{\pi}{2}} \cos t dt = 0 + 2\sin t \Big|_{0}^{\frac{\pi}{2}} = 2.$$

例 6.3.9 设 $f'(x)$ 在区间 $[0,2]$ 上连续,且 $f(2) = 3$, $\int_{0}^{2} f(x) dx = 2$,求 $\int_{0}^{1} xf'(2x) dx.$

解 令 $t = 2x$,则 $x = \frac{t}{2}$, $dx = \frac{1}{2} dt$. 当 $x = 0$ 时,$t = 0$;当 $x = 1$ 时,$t = 2$. 于是

$$\int_{0}^{1} xf'(2x) dx = \frac{1}{4}\int_{0}^{2} tf'(t) dt = \frac{1}{4}\int_{0}^{2} t df(t) = \frac{1}{4}\left[tf(t) \Big|_{0}^{2} - \int_{0}^{2} f(t) dt \right]$$

$$= \frac{1}{4}[2f(2) - 2] = \frac{1}{4}(2 \cdot 3 - 2) = 1.$$

例 6.3.10 设 $f(x) = \int_{1}^{x} e^{-t^2} dt$,求 $\int_{0}^{1} f(x) dx.$

解 显然,$f'(x) = e^{-x^2}$, $f(1) = 0$,则由分部积分法得

$$\int_{0}^{1} f(x) dx = xf(x) \Big|_{0}^{1} - \int_{0}^{1} xf'(x) dx = 0 - \int_{0}^{1} x e^{-x^2} dx$$

$$= \frac{1}{2}\int_{0}^{1} e^{-x^2} d(-x^2) = \frac{1}{2} e^{-x^2} \Big|_{0}^{1} = \frac{1}{2}(e^{-1} - 1).$$

例 6.3.11 计算 $I_n = \int_{0}^{\frac{\pi}{2}} \sin^n x dx = \int_{0}^{\frac{\pi}{2}} \cos^n x dx \ (n \in \mathbf{N}).$

解 当 $n \geqslant 2$ 时,由分部积分法,有

$$I_n = \int_{0}^{\frac{\pi}{2}} \sin^{n-1} x \cdot \sin x dx = \int_{0}^{\frac{\pi}{2}} \sin^{n-1} x d(-\cos x)$$

$$= -\sin^{n-1} x\cos x \Big|_{0}^{\frac{\pi}{2}} + \int_{0}^{\frac{\pi}{2}} \cos x d(\sin^{n-1} x) = (n-1)\int_{0}^{\frac{\pi}{2}} \sin^{n-2} x \cos^2 x dx$$

$$= (n-1)\int_{0}^{\frac{\pi}{2}} \sin^{n-2} x dx - (n-1)\int_{0}^{\frac{\pi}{2}} \sin^n x dx = (n-1)I_{n-2} - (n-1)I_n.$$

移项整理,得积分 I_n 的递推公式

$$I_n = \frac{n-1}{n}I_{n-2} \quad (n \geqslant 2).$$

逐次使用上面递推公式,可得

(1) 当 n 为正偶数时,有

$$I_n = \frac{n-1}{n} \cdot \frac{n-3}{n-2} \cdot \cdots \cdot \frac{3}{4} \cdot \frac{1}{2}I_0;$$

(2) 当 n 为大于 1 的奇数时,有

$$I_n = \frac{n-1}{n} \cdot \frac{n-3}{n-2} \cdot \cdots \cdot \frac{2}{3} \cdot I_1.$$

又因为

$$I_0 = \int_0^{\frac{\pi}{2}} \sin^0 x \, \mathrm{d}x = \frac{\pi}{2}, \quad I_1 = \int_0^{\frac{\pi}{2}} \sin x \, \mathrm{d}x = 1,$$

所以,当 $n \geqslant 2$ 时,有

$$I_n = \begin{cases} \dfrac{n-1}{n} \cdot \dfrac{n-3}{n-2} \cdot \cdots \cdot \dfrac{3}{4} \cdot \dfrac{1}{2} \cdot \dfrac{\pi}{2}, & n \text{ 为正偶数}, \\ \dfrac{n-1}{n} \cdot \dfrac{n-3}{n-2} \cdot \cdots \cdot \dfrac{4}{5} \cdot \dfrac{2}{3}, & n \text{ 为大于 1 的奇数}. \end{cases}$$

该公式称为**瓦里斯**(Wallis,英国数学家)**公式**. 瓦里斯公式对于计算某些定积分非常便利.

例 6.3.12　计算下列积分:

(1) $I = \displaystyle\int_0^1 x^4 \sqrt{1-x^2} \, \mathrm{d}x$; 　　　(2) $I = \displaystyle\int_{-1}^1 (1-x^2)^2 \sqrt{1-x^2} \, \mathrm{d}x$.

解　(1) 令 $x = \sin t$,则 $\mathrm{d}x = \cos t \, \mathrm{d}t$. 当 $x = 0$ 时,$t = 0$;$x = 1$ 时,$t = \dfrac{\pi}{2}$. 于是

$$I = \int_0^{\frac{\pi}{2}} \sin^4 t \cdot \cos^2 t \, \mathrm{d}t = \int_0^{\frac{\pi}{2}} \sin^4 t \, \mathrm{d}t - \int_0^{\frac{\pi}{2}} \sin^6 t \, \mathrm{d}t = \frac{\pi}{32}.$$

(2) 令 $x = \sin t$,则 $\mathrm{d}x = \cos t \, \mathrm{d}t$. 当 $x = -1$ 时,$t = -\dfrac{\pi}{2}$;$x = 1$ 时,$t = \dfrac{\pi}{2}$. 于是

$$I = \int_{-\frac{\pi}{2}}^{\frac{\pi}{2}} \cos^4 t \cos t \cdot \cos t \, \mathrm{d}t = 2\int_0^{\frac{\pi}{2}} \cos^6 t \, \mathrm{d}t = 2\frac{\pi}{2} \cdot \frac{1}{2} \cdot \frac{3}{4} \cdot \frac{5}{6} = \frac{5\pi}{16}.$$

习　题　6.3

(A)

1. 计算下列定积分:

(1) $\displaystyle\int_1^2 \frac{\sqrt{x-1}}{x} \, \mathrm{d}x$; 　　　(2) $\displaystyle\int_0^4 \frac{x+2}{\sqrt{2x+1}} \, \mathrm{d}x$; 　　　(3) $\displaystyle\int_{-1}^3 \frac{1}{1+\sqrt{7-2x}} \, \mathrm{d}x$;

(4) $\displaystyle\int_0^{\sqrt{2}} x^2 \sqrt{2-x^2} \, \mathrm{d}x$; 　　(5) $\displaystyle\int_{\frac{1}{\sqrt{2}}}^1 \frac{\sqrt{1-x^2}}{x^2} \, \mathrm{d}x$; 　　(6) $\displaystyle\int_1^2 \frac{\sqrt{x^2-1}}{x} \, \mathrm{d}x$;

(7) $\displaystyle\int_1^{\sqrt{3}} \frac{\mathrm{d}x}{x^2 \sqrt{1+x^2}}$; 　　(8) $\displaystyle\int_{-1}^1 \frac{1+x^2 \tan x}{\sqrt{4-x^2}} \, \mathrm{d}x$; 　　(9) $\displaystyle\int_{-1}^1 \frac{x^2 + \arcsin x}{1+x^2} \, \mathrm{d}x$;

(10) $\int_{-\frac{\pi}{3}}^{\frac{\pi}{3}} \sqrt{\cos x - \cos^3 x}\,\mathrm{d}x$;　(11) $\int_{-\pi}^{\pi} (x+1)\sqrt{1-\cos 2x}\,\mathrm{d}x$;　(12) $\int_{-3}^{3} (x\sin^4 x + \sqrt{9-x^2})\,\mathrm{d}x$;

(13) $\int_{-\frac{\pi}{2}}^{\frac{\pi}{2}} (x+\cos x)^2\,\mathrm{d}x$;　(14) $\int_{-\frac{1}{2}}^{\frac{1}{2}} \dfrac{\sin x + (\arcsin x)^2}{\sqrt{1-x^2}}\,\mathrm{d}x$;　(15) $\int_{-2}^{2} (x^2-x^3)\sqrt{4-x^2}\,\mathrm{d}x$;

(16) $\int_{-4}^{4} \dfrac{1+\sqrt[3]{x}}{1+\sqrt{|x|}}\,\mathrm{d}x$;　(17) $\int_{3}^{6} \dfrac{\sqrt{x^2-9}}{x^4}\,\mathrm{d}x$;　(18) $\int_{0}^{2} \dfrac{x^3}{\sqrt{4+x^2}}\,\mathrm{d}x$;

(19) $\int_{\ln 3}^{\ln 8} \sqrt{1+\mathrm{e}^x}\,\mathrm{d}x$;　(20) $\int_{0}^{1} \dfrac{x^2}{(1+x^2)^2}\,\mathrm{d}x$;　(21) $\int_{0}^{\ln 5} \dfrac{\mathrm{e}^x\sqrt{\mathrm{e}^x-1}}{3+\mathrm{e}^x}\,\mathrm{d}x$;

(22) 设 $f(x)=\begin{cases} \dfrac{1}{1+\mathrm{e}^x}, & x<0, \\ \dfrac{1}{1+x}, & x\geqslant 0, \end{cases}$ 求 $\int_{0}^{2} f(x-1)\,\mathrm{d}x$.

2. 用公式 $\int_{-a}^{a} f(x)\mathrm{d}x = \int_{0}^{a}[f(-x)+f(x)]\mathrm{d}x$, 其中 $a>0$, 计算:

(1) $\int_{-\frac{\pi}{2}}^{\frac{\pi}{2}} \dfrac{\sin^2 x}{1+\mathrm{e}^x}\,\mathrm{d}x$;　(2) $\int_{-\pi}^{\pi} \dfrac{\cos^3 x}{1+\mathrm{e}^{-x}}\,\mathrm{d}x$;

(3) $\int_{-1}^{1} x^2\ln(x+\sqrt{4+x^2})\,\mathrm{d}x$;　(4) $\int_{-2}^{2} x\ln(1+\mathrm{e}^x)\,\mathrm{d}x$.

3. 证明: $\int_{0}^{1} x^m(1-x)^n\,\mathrm{d}x = \int_{0}^{1} x^n(1-x)^m\,\mathrm{d}x$, 其中 $m,n\in\mathbf{N}^+$, 并计算 $I=\int_{0}^{1} x^2(1-x)^{20}\,\mathrm{d}x$.

4. 若 $f(x)$ 在区间 $[0,1]$ 上连续, 证明下列等式:

(1) $\int_{0}^{\pi} f(\sin x)\mathrm{d}x = 2\int_{0}^{\frac{\pi}{2}} f(\sin x)\mathrm{d}x$;

(2) $\int_{0}^{\pi} xf(\sin x)\mathrm{d}x = \dfrac{\pi}{2}\int_{0}^{\frac{\pi}{2}} f(\sin x)\mathrm{d}x$, 并由此计算 $I=\int_{0}^{\pi} \dfrac{x\sin x}{1+\cos^2 x}\,\mathrm{d}x$.

5. 若 $f(x)$ 是以 $T(T>0)$ 为周期的连续函数, $a\in\mathbf{R}, n\in\mathbf{N}^+$, 试证:

(1) $\int_{a}^{a+T} f(x)\mathrm{d}x = \int_{0}^{T} f(x)\mathrm{d}x$;

(2) $\int_{a}^{a+nT} f(x)\mathrm{d}x = n\int_{0}^{T} f(x)\mathrm{d}x$. 并由此计算 $\int_{0}^{100\pi} \sqrt{1-\cos 2x}\,\mathrm{d}x$.

6. 设 $F(x)=\int_{-x}^{x^2} f(t+x+1)\mathrm{d}t$, 其中 $f(x)$ 为连续函数, 求 $F'(x)$.

7. 设函数 $f(x)$ 连续, 且满足 $\int_{x}^{0} f(x-t)\mathrm{d}t = \cos(x^2+1)-\cos 1$, 求 $f(x)$.

8. 设函数 $f(x)$ 连续, 且满足 $\int_{0}^{1} f(tx)\mathrm{d}t = f(x)+x\sin x$, 求 $f(x)$.

9. 计算下列各题:

(1) $\int_{1}^{\mathrm{e}} \sqrt{x}\ln x\,\mathrm{d}x$;　(2) $\int_{0}^{\frac{1}{2}} \arcsin x\,\mathrm{d}x$;　(3) $\int_{0}^{\frac{\pi}{4}} x\cos 2x\,\mathrm{d}x$;

(4) $\int_{-2}^{2} (x+|x|)\mathrm{e}^{-|x|}\,\mathrm{d}x$;　(5) $\int_{\frac{\pi}{4}}^{\frac{\pi}{2}} \dfrac{x}{1-\cos 2x}\,\mathrm{d}x$;　(6) $\int_{0}^{1} x\arctan x\,\mathrm{d}x$;

(7) $\int_{0}^{\frac{1}{2}} \dfrac{x\arcsin x}{\sqrt{1-x^2}}\,\mathrm{d}x$;　(8) $\int_{0}^{1} x^2\ln(1+x)\,\mathrm{d}x$;　(9) $\int_{\mathrm{e}}^{\mathrm{e}^2} \dfrac{\ln(\ln x)}{x}\,\mathrm{d}x$;

(10) $\int_{1}^{2} \dfrac{1}{x^3}\mathrm{e}^{\frac{1}{x}}\,\mathrm{d}x$;　(11) $\int_{0}^{4} \mathrm{e}^{\sqrt{2x+1}}\,\mathrm{d}x$;　(12) $\int_{0}^{\sqrt{\ln 2}} x^3\mathrm{e}^{x^2}\,\mathrm{d}x$;

(13) $\int_{1}^{16} \arctan\sqrt{\sqrt{x}-1}\,\mathrm{d}x$;　(14) $\int_{\mathrm{e}^{-1}}^{\mathrm{e}} |\ln x|\,\mathrm{d}x$;　(15) $\int_{0}^{\frac{\pi}{4}} \cos^7 2x\,\mathrm{d}x$;

(16) $\int_{0}^{1} \sqrt{(1-x^2)^3}\,\mathrm{d}x$.

10. 若 $f''(x)$ 在区间 $[0,\pi]$ 上连续,且 $f(\pi)=1,\int_0^\pi[f(x)+f''(x)]\sin x\,dx=3$,求 $f(0)$.

11. 若 $f(0)=1,f(2)=3,f'(2)=5$,计算 $\int_0^1 xf''(2x)\,dx$.

12. 设 $f(x)$ 连续,且 $f(x)=x-\int_0^\pi f(x)\cos x\,dx$,求 $f(x)$.

13. 设 $f(x)=\int_\pi^x \dfrac{\sin t}{t}\,dt$,计算 $\int_0^\pi f(x)\,dx$.

14. 设 $f(x)=\int_1^{x^2}\dfrac{\sin t}{t}\,dt$,计算 $\int_0^1 xf(x)\,dx$.

15. 设 $f'(x)=\arctan(x-1)^2,f(0)=0$,计算 $\int_0^1 f(x)\,dx$.

（B）

1. 计算下列各题:

(1) $\int_0^4 x\sqrt{4x-x^2}\,dx$;　　(2) $\int_{e^{-2}}^{e^2}\dfrac{|\ln x|}{\sqrt{x}}\,dx$;　　(3) $\int_0^{\frac{\sqrt 2}{2}}\dfrac{x^2\arcsin x}{\sqrt{1-x^2}}\,dx$;　　(4) $\int_{-1}^2 |x-1|\,e^{|x|}\,dx$.

2. 设 $f(x)$ 为连续函数,$y=\int_{\sin^2 x}^1 f(\cos^2 x-t)\,dt$,求 $\dfrac{dy}{dx}$.

3. 求极限 $\lim\limits_{x\to 0^+}\dfrac{\int_0^x e^t\sqrt{x-t}\,dt}{\sin\sqrt{x^3}}$.

4. 设 $f(x)$ 连续,$F(x)=\int_0^x t^2 f(x^3-t^3)\,dt$,若 $f(0)=0,f'(0)$ 存在,求 $\lim\limits_{x\to 0}\dfrac{F(x)}{\tan^6 x}$.

5. 设 $f(x)$ 为连续函数,$F(x)=\int_0^x f(t)\,dt$,试证:

(1) 若 $f(x)$ 为奇函数,则 $F(x)$ 为偶函数;　　(2) 若 $f(x)$ 为偶函数,则 $F(x)$ 为奇函数.

6. 设 $f(x)=\int_0^x\dfrac{\sin t}{\pi-t}\,dt$,计算 $\int_0^\pi f(x)\,dx$.

7. 设 $f(x)=\int_x^1 e^{-t^2}\,dt$,计算 $\int_0^1 x^2 f(x)\,dx$.

8. 用公式 $\int_a^b f(x)\,dx=\dfrac{1}{2}\int_a^b[f(x)+f(a+b-x)]\,dx$,计算下列各积分:

(1) $\int_0^{\frac{\pi}{2}}\dfrac{e^{\sin x}}{e^{\sin x}+e^{\cos x}}\,dx$;　　(2) $\int_0^\pi\dfrac{\sin^2 x\cos x}{\sqrt{1+\sin^5 x}}\,dx$;

(3) $\int_0^1\dfrac{x}{e^x+e^{1-x}}\,dx$;　　(4) $\int_0^{\frac{\pi}{4}}\ln(1+\tan x)\,dx$.

9. 设函数 $f(x)$ 连续,且满足 $\int_0^x tf(2x-t)\,dt=\dfrac{1}{2}\arctan x^2,f(1)=1$,计算 $\int_1^2 f(x)\,dx$ 的值.

6.4　定积分的应用

　　前面已经讨论了定积分的概念与计算. 由于定积分的产生有其深厚的实际背景,所以定积分的应用也是非常广泛的. 本节将应用前面学过的定积分理论来分析和解决一些常见的几何、经济问题,首先介绍如何运用微元法将一个实际问题中所求的量表达为定积分的分析方法.

6.4.1 定积分的微元法

利用定积分解决实际问题的关键是,如何把实际问题抽象为定积分的问题,建立定积分的表达式. 在定积分的应用中,经常采用所谓的**微元法**或**元素法**. 为了说明这种方法,下面先简单回顾一下 6.1 节中讨论过的计算曲边梯形的面积所采用的方法.

设 $f(x)$ 在区间 $[a,b]$ 上连续,求以曲线 $y = f(x)$ $(f(x) \geqslant 0)$ 为曲边、底为 $[a,b]$ 的曲边梯形的面积 S. 在 6.1 节中我们采取了四个步骤(分割、近似代替、求和、取极限),最后求得这个曲边梯形的面积 S 为

$$S = \lim_{\lambda \to 0} \sum_{i=1}^{n} f(\xi_i) \Delta x_i = \int_a^b f(x) \mathrm{d}x.$$

在上述问题中我们注意到:

(1) 所求量(即面积 S)与区间 $[a,b]$ 有关;

(2) 如果把区间 $[a,b]$ 分成许多部分区间,那么所求量相应地分成许多部分量(即 ΔS_i),而所求量等于所有部分量之和$\left(即 S = \sum_{i=1}^{n} \Delta S_i\right)$,这一性质称为所求量对于积分区间 $[a,b]$ 具有可加性;

(3) 相应于小区间 $[x_{i-1}, x_i]$ 上的部分量 ΔS_i,可近似地表示为

$$\Delta S_i \approx f(\xi_i) \Delta x_i \quad (i = 1, 2, \cdots, n),$$

其中 $\Delta x_i = x_i - x_{i-1}$,$\xi_i$ 是小区间 $[x_{i-1}, x_i]$ 上的任意一点,并且以 $f(\xi_i) \Delta x_i$ 近似代替部分量 ΔS_i 时,要求它们相差仅是 Δx_i 的高阶无穷小,此时和式 $\sum_{i=1}^{n} f(\xi_i) \Delta x_i$ 的极限就是 S 的精确值,即 S 可以表示为定积分

$$S = \int_a^b f(x) \mathrm{d}x.$$

在引出曲边梯形的面积 S 的积分表达式的四步中,关键的是第二步,这一步是要确定 ΔS_i 的近似值 $f(\xi_i) \Delta x_i$,使得

$$S = \lim_{\lambda \to 0} \sum_{i=1}^{n} f(\xi_i) \Delta x_i = \int_a^b f(x) \mathrm{d}x.$$

在实际应用上,为简便起见,通常省略下标 i,用区间 $[x, x + \mathrm{d}x]$ 来代替任一小区间 $[x_{i-1}, x_i] = [x_{i-1}, x_{i-1} + \Delta x_i]$,并取 ξ_i 为小区间 $[x, x + \mathrm{d}x]$ 的左端点 x,用 ΔS 表示任一小区间 $[x, x + \mathrm{d}x]$ 上的小曲边梯形的面积,这样,

$$\Delta S \approx f(x) \mathrm{d}x.$$

上式右端 $f(x) \mathrm{d}x$ 称为**面积微元**或**面积元素**,记为 $\mathrm{d}S$,即 $\mathrm{d}S = f(x) \mathrm{d}x$. 于是

$$S = \sum \Delta S \approx \sum f(x) \mathrm{d}x,$$

则

$$S = \lim_{\lambda \to 0} \sum f(x) \mathrm{d}x = \int_a^b f(x) \mathrm{d}x.$$

综上所述,如果某一实际问题中的所求量 U 符合下列条件:

(1) 所求量 U 是与一个变量 x 的变化区间 $[a,b]$ 有关的量;

(2) 所求量 U 对于区间 $[a,b]$ 具有可加性,即若把区间 $[a,b]$ 分成许多部分区间,则 U 相

应地分成许多部分量,且 U 等于所有部分量之和;

(3) 部分量 ΔU_i 的近似值可表示为 $f(\xi_i)\Delta x_i$,

那么就可以考虑用定积分来表达这个量 U. 这时计算量 U 可简化为两步:

(1) **由分割写出微元(或化整为零)**. 根据具体问题,选取一个合适的积分变量,如选 x 为积分变量,并确定它的变化区间 $[a,b]$;分割区间 $[a,b]$,任取其中一个小区间 $[x,x+\mathrm{d}x]$,以“不变代变”,设法求出量 U 在小区间 $[x,x+\mathrm{d}x]$ 对应部分量 ΔU 的近似值 $\Delta U \approx f(x)\mathrm{d}x$.(这里要求 $\Delta U - f(x)\mathrm{d}x$ 是 $\mathrm{d}x$ 的高阶无穷小,这一问题在实际问题中常能满足). 把 $f(x)\mathrm{d}x$ 称为所求量 U 的**微元(或微分元素)**,记作 $\mathrm{d}U$,即

$$\mathrm{d}U = f(x)\mathrm{d}x.$$

(2) **由微元写出积分(或积零为整)**. 以所求量 U 的微元 $\mathrm{d}U = f(x)\mathrm{d}x$ 为被积表达式,在区间 $[a,b]$ 上作定积分,得

$$U = \int_a^b \mathrm{d}U = \int_a^b f(x)\mathrm{d}x.$$

上述这种通过求部分量的微元来解决问题的方法就是所谓的**微元法(或元素法)**. 微元法的思想,可总结为**“化整为零,积零为整”**. 微元法本质上,它是把定积分的**“分割、局部近似、求和、求极限”**这个复杂程式变成了**“局部求微元、整体求定积分”**的简单程式.

下面应用微元法来讨论定积分在几何、经济学中的一些应用问题.

6.4.2　定积分的几何应用

1. 平面图形的面积

设函数 $f(x),g(x)$ 在区间 $[a,b]$ 上连续,且 $f(x) \geqslant g(x)$,$x \in [a,b]$,求由两条连续曲线 $y = f(x)$,$y = g(x)$,以及两条直线 $x = a$,$x = b$ $(a < b)$ 所围成的平面图形(图 6.6)的面积.

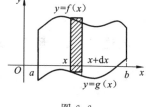

图 6.6

下面应用微元法求解.

选 x 为积分变量,分割区间 $[a,b]$,在区间 $[a,b]$ 上任取一个小区间 $[x,x+\mathrm{d}x]$,对应于这个小区间上图形的面积 ΔS 可用高为 $f(x) - g(x)$,底为 $\mathrm{d}x$ 的小矩形面积近似代替,于是

$$\Delta S \approx [f(x) - g(x)]\mathrm{d}x = \mathrm{d}S,$$

故

$$S = \int_a^b \mathrm{d}S = \int_a^b [f(x) - g(x)]\mathrm{d}x. \tag{6.4.1}$$

注　若 $y = f(x),y = g(x)$ 不满足关系式 $f(x) \geqslant g(x)$ $(x \in [a,b])$ 时,则由两条连续曲线 $y = f(x)$,$y = g(x)$ 及两条直线 $x = a$,$x = b$ $(a < b)$ 所围成的平面图形(图 6.7)的面积为

$$S = \int_a^b |f(x) - g(x)|\mathrm{d}x. \tag{6.4.2}$$

类似地,若函数 $\varphi(y),\psi(y)$ 在区间 $[c,d]$ 上连续,且 $\varphi(y) \leqslant \psi(y)$,$y \in [c,d]$,则由两条连续曲线 $x = \varphi(y)$,$x = \psi(y)$ 以及两条直线 $y = c$,$y = d$ $(c < d)$ 所围成的平面图形(图 6.8)的面积为

$$S = \int_c^d [\psi(y) - \varphi(y)] \mathrm{d}y. \tag{6.4.3}$$

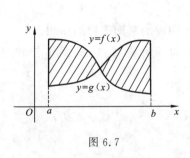

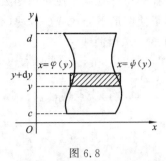

图 6.7   图 6.8

求平面图形面积的一般步骤如下:

(1) 画出所求平面图形 D 的草图,并求出各条边界曲线的交点. 选择适当的积分变量并确定积分区间;

(2) 根据 D 的草图选择适当的面积公式,应尽量避免分块运算.

例 6.4.1 求由曲线 $y = x^2$ 与 $y = 2x - x^2$ 围成的平面图形的面积.

解 画出草图,如图 6.9 所示. 由 $\begin{cases} y = x^2, \\ y = 2x - x^2, \end{cases}$ 联立解得两条曲线的交点为 $(0,0)$ 与 $(1,1)$;又因在区间 $[0,1]$ 上,$2x - x^2 \geqslant x^2$,所以由公式 (6.4.1) 有

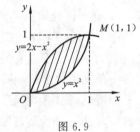

图 6.9

$$S = \int_0^1 (2x - x^2 - x^2) \mathrm{d}x = \left(x^2 - \frac{2}{3} x^3 \right) \Big|_0^1 = \frac{1}{3}.$$

例 6.4.2 计算抛物线 $y^2 = x$ 与直线 $y = x - 2$ 所围成的平面图形的面积.

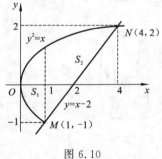

图 6.10

解 画出草图,如图 6.10 所示. 由 $\begin{cases} y^2 = x, \\ y = x - 2, \end{cases}$ 联立得交点 $(1, -1)$ 及 $(4, 2)$.

如果选取 y 为积分变量,$y \in [-1, 2]$,那么平面图形是由曲线 $x = y^2$ 及直线 $x = y + 2$ 所围成的. 由公式 (6.4.3) 有

$$S = \int_{-1}^2 (y + 2 - y^2) \mathrm{d}y = \left(\frac{1}{2} y^2 + 2y - \frac{1}{3} y^3 \right) \Big|_{-1}^2 = \frac{9}{2}.$$

如果选取 x 为积分变量,$x \in [0, 4]$,那么图形应看成是由曲线 $y = \sqrt{x}, y = -\sqrt{x}$ 及直线 $y = x - 2$ 所围成的,这时必须用直线 $x = 1$ 将图形分成两块面积 S_1, S_2 来计算. 由面积公式 (6.4.1) 有

$$S = S_1 + S_2 = \int_0^1 [\sqrt{x} - (-\sqrt{x})] \mathrm{d}x + \int_1^4 [\sqrt{x} - (x - 2)] \mathrm{d}x$$

$$= \int_0^1 2\sqrt{x} \mathrm{d}x + \int_1^4 (\sqrt{x} - x + 2) \mathrm{d}x$$

$$= \frac{4}{3} x^{\frac{3}{2}} \Big|_0^1 + \left(\frac{2}{3} x^{\frac{3}{2}} - \frac{1}{2} x^2 + 2x \right) \Big|_1^4 = \frac{9}{2}.$$

注 从本例可以看出,积分变量选择的是否适当,会影响计算过程的简化程度,因此,在实

际计算中,应根据具体情况合理选择积分变量,一般应考虑以下两点:

(1) 选择的积分变量要使被积函数的原函数容易求出;

(2) 尽量使图形不分块或少分块(必须分块时).

例 6.4.3　求由曲线 $y = x^3 - 6x$ 与 $y = x^2$ 所围成的平面图形的面积.

解　因 $y = x^3 - 6x$ 的图形不容易画出,结合曲线方程特点,故采用公式(6.4.2). 由 $\begin{cases} y = x^3 - 6x, \\ y = x^2, \end{cases}$ 联立得交点 $(-2,4),(0,0)$ 及 $(3,9)$. 所以

$$\left| (x^3 - 6x) - x^2 \right| = \begin{cases} x^3 - 6x - x^2, & -2 \leqslant x \leqslant 0, \\ x^2 - (x^3 - 6x), & 0 < x \leqslant 3. \end{cases}$$

由公式(6.4.2) 有

$$S = \int_{-2}^{3} \left| (x^3 - 6x) - x^2 \right| \mathrm{d}x = \int_{-2}^{0} (x^3 - 6x - x^2)\mathrm{d}x + \int_{0}^{3} [x^2 - (x^3 - 6x)]\mathrm{d}x$$

$$= \left(\frac{1}{4}x^4 - 3x^2 - \frac{1}{3}x^3 \right) \Big|_{-2}^{0} + \left(\frac{1}{3}x^3 - \frac{1}{4}x^4 + 3x^2 \right) \Big|_{0}^{3} = 21\frac{1}{12}.$$

2. 空间立体的体积

1) 旋转体的体积

一个平面图形绕该平面内一条直线旋转一周而成的立体称为**旋转体**. 这条直线叫作**旋转轴**. 例如,一个矩形绕它的一条边旋转一周得到的是圆柱体;圆锥可以看成是由直角三角形绕它的一条直角边旋转一周而成的立体.

一般地,旋转体都可以看作是平面图形绕某个坐标轴旋转一周而得到的立体. 那么如何求以 x 轴或 y 轴为旋转轴的旋转体的体积呢?

下面应用定积分的微元法,计算由连续曲线 $y = f(x)$,直线 $x = a$,$x = b$ $(a < b)$ 及 x 轴所围成的曲边梯形绕 x 轴旋转一周而成的立体的体积 V_x,如图 6.11 和图 6.12 所示.

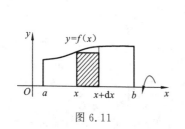
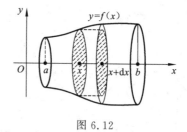

图 6.11　　　　　　　　　图 6.12

取横坐标 x 为积分变量,其变化区间为 $[a,b]$,在 $[a,b]$ 上任取一个小区间 $[x,x+\mathrm{d}x]$,则相应于区间 $[x,x+\mathrm{d}x]$ 的小曲边梯形绕 x 轴旋转而成的薄片的体积 ΔV_x 近似于以 $f(x)$ 为底半径,$\mathrm{d}x$ 为高的小圆柱体的体积,即 $\Delta V_x \approx \pi [f(x)]^2 \mathrm{d}x$. 于是旋转体的体积元素为

$$\mathrm{d}V_x = \pi [f(x)]^2 \mathrm{d}x,$$

故所求旋转体的体积为

$$V_x = \int_a^b \pi [f(x)]^2 \mathrm{d}x. \tag{6.4.4}$$

用上述类似的方法可以推出:由连续曲线 $x = \varphi(y)$ 和直线 $y = c$,$y = d$ $(c < d)$ 及 y 轴所围成的曲边梯形绕 y 旋转一周而成的旋转体(图 6.13)的体积 V_y 为

$$V_y = \int_c^d \pi \left[\varphi(y) \right]^2 \mathrm{d}y. \tag{6.4.5}$$

例 6.4.4　设椭圆 $\dfrac{x^2}{a^2} + \dfrac{y^2}{b^2} = 1 (a > 0, b > 0)$ 围成的平面图形为 D(图 6.14).

(1) 求平面图形 D 的面积;

(2) 求平面图形 D 分别绕 x 轴及 y 轴旋转而成的旋转体的体积.

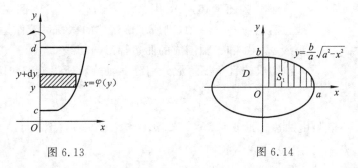

图 6.13　　　　　　　　　　　　　　　图 6.14

解　(1) 由椭圆的对称性可知,所求面积为第一象限部分面积 S_1 的 4 倍,在第一象限中椭圆方程为 $y = \dfrac{b}{a}\sqrt{a^2 - x^2}$ $(0 \leqslant x \leqslant a)$,所以椭圆的面积为

$$S = 4S_1 = 4\frac{b}{a}\int_0^a \sqrt{a^2 - x^2}\,\mathrm{d}x,$$

由定积分的几何意义易知 $\displaystyle\int_0^a \sqrt{a^2 - x^2}\,\mathrm{d}x = \frac{\pi}{4}a^2$,于是

$$S = 4\frac{b}{a} \cdot \frac{\pi}{4}a^2 = \pi ab.$$

(2) 由椭圆关于坐标轴的对称性,所求椭圆绕 x 轴旋转而成旋转体的体积应为第一象限部分图形绕 x 轴旋转而成的旋转体体积的 2 倍. 因此有

$$V_x = 2\int_0^a \pi y^2 \,\mathrm{d}x = 2\pi \int_0^a \frac{b^2}{a^2}(a^2 - x^2)\,\mathrm{d}x = \frac{4}{3}\pi ab^2.$$

同理可得

$$V_y = 2\int_0^b \pi x^2 \,\mathrm{d}y = 2\pi \int_0^b \frac{a^2}{b^2}(b^2 - y^2)\,\mathrm{d}y = \frac{4}{3}\pi a^2 b.$$

例 6.4.5　求由曲线 $y = x^2$ 和 $y = 2x$ 所围成的平面图形分别绕 x 轴、y 轴旋转而成的旋转体的体积.

解　如图 6.15 所示. 由 $\begin{cases} y = x^2, \\ y = 2x, \end{cases}$ 联立求出两曲线的交点为 $O(0,0)$, $A(2,4)$.

此图不是曲边梯形,不能直接用上面的结果,但可将此图形看作是由两个曲边梯形所围成的,从而所求体积可看作两个旋转体体积之差,因此,图形绕 x 轴旋转的体积为

$$V_x = \frac{1}{3}\pi 4^2 \cdot 2 - \int_0^2 \pi (x^2)^2 \,\mathrm{d}x = \frac{64}{15}\pi.$$

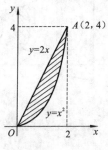

图 6.15

绕 y 轴旋转时,右边曲线方程为 $x = \sqrt{y}$,左边直线方程为 $x = \dfrac{1}{2}y$,由式(6.4.5)有

$$V_y = \int_0^4 \pi (\sqrt{y})^2 \mathrm{d}y - \frac{1}{3}\pi 2^2 \cdot 4 = \frac{8\pi}{3}.$$

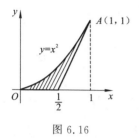

图 6.16

例 6.4.6　求由曲线 $y = x^2$ 上点 $A(1,1)$ 处的切线与该曲线及直线 $y = 0$ 所围成的平面图形绕 x 轴旋转一周而成的旋转体的体积.

解　如图 6.16 所示,因为 $y' = 2x\big|_{x=1} = 2$,所以在点 $A(1,1)$ 处切线方程为 $y = 2x - 1$,则所求旋转体的体积可看作是由曲线 $y = x^2$,直线 $x = 1$ 和 x 轴围成的曲边梯形与切线 $y = 2x - 1$,直线 $x = 1$ 和 x 轴围成的直角三角形分别绕 x 轴旋转所得旋转的体积差. 故

$$V_x = \int_0^1 \pi (x^2)^2 \mathrm{d}x - \frac{1}{3}\pi 1^2 \cdot \left(1 - \frac{1}{2}\right) = \frac{\pi}{30}.$$

***例 6.4.7**　证明:由曲边梯形 $0 \leqslant a \leqslant x \leqslant b, 0 \leqslant y \leqslant f(x)$(图 6.17)绕 y 轴旋转而成的旋转体的体积为

$$V_y = \int_a^b 2\pi x f(x) \mathrm{d}x.$$

证　在 $[a,b]$ 上任取一小区间 $[x, x + \mathrm{d}x]$,该子区间上相应的小曲边梯形绕 y 轴旋转所成的旋转体体积 ΔV,可视为该子区间上高为 $f(x)$ 的小矩形绕 y 轴旋转所成的薄圆柱壳(筒)的体积,该薄圆柱壳的体积又近似于将它展平为一个长、宽、高分别为 $2\pi x, \mathrm{d}x, f(x)$ 的长方体的体积,即 $\Delta V \approx 2\pi x \cdot f(x)\mathrm{d}x$. 从而得到旋转体的体积微元为

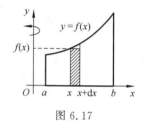

图 6.17

$$\mathrm{d}V = 2\pi x f(x)\mathrm{d}x,$$

所以,绕 y 轴旋转而成的旋转体的体积为

$$V_y = \int_a^b 2\pi x f(x) \mathrm{d}x. \tag{6.4.6}$$

特别地,当曲边梯形的曲边方程为 $y = f(x)$,而从该方程中不易解出 $x = \varphi(y)$ 时,可以使用公式(6.4.6)求 V_y. 例如求由曲线 $y = x(x-1)^2, y = 0$ 或 $y = \sin x (0 \leqslant x \leqslant \pi), y = 0$ 所围成的平面图形绕 y 轴旋转而成的旋转体的体积.

2) 平行截面面积为已知函数的立体的体积

设一空间立体介于垂直于 x 轴的两平面 $x = a$ 与 $x = b$ $(a < b)$ 之间(图 6.18),该立体被垂直于 x 轴的平面所截,其截面面积是 x 的函数,记作 $S(x)$. 假设 $S(x)$ 为 x 的已知连续函数,试求该空间立体的体积.

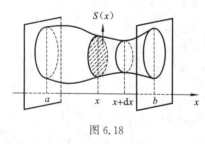

图 6.18

用微元法,取 x 为积分变量,它的变化区间为 $[a,b]$,在区间 $[a,b]$ 上任取一个小区间 $[x, x + \mathrm{d}x]$,相应于这个小区间上的一薄片的体积,近似于底面积为 $S(x)$、高为 $\mathrm{d}x$ 的薄正柱体的体积,即体积微元为

$$\mathrm{d}V = S(x)\mathrm{d}x,$$

于是所求立体的体积为

$$V = \int_a^b S(x) \mathrm{d}x. \tag{6.4.7}$$

例 6.4.8 一平面经过半径为 R 的圆柱体的底圆中心,并与底面交成角 $\alpha\,(0<\alpha<\pi/2)$,计算这平面截圆柱体所得立体的体积.

解 如图 6.19 所示建立的坐标系,则底圆方程为 $x^2+y^2=R^2$,x 的变化区间为 $[-R,R]$. 在 $[-R,R]$ 上任取一点 x,过点 x 作与 x 轴垂直的平面,截得一直角三角形,它的两条直角边长分别为 y 和 $y\tan\alpha$,因此,该截面面积为

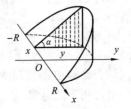

$$S(x)=\frac{1}{2}y \cdot y\tan\alpha=\frac{1}{2}(R^2-x^2)\tan\alpha,$$

图 6.19

代入公式(6.4.7)得体积

$$V=\int_{-R}^{R}S(x)\mathrm{d}x=\frac{1}{2}\int_{-R}^{R}(R^2-x^2)\tan\alpha\mathrm{d}x$$

$$=\frac{1}{2}\tan\alpha \cdot \left(R^2x-\frac{1}{3}x^3\right)\Big|_{-R}^{R}=\frac{2}{3}R^3\tan\alpha.$$

读者不难看出也可以作与 y 轴垂直的平面,截得一矩形(图 6.20),它的两条边长分别为 $2\sqrt{R^2-y^2}$ 和 $y\tan\alpha$,因此,该截面面积为

$$S(y)=2y\sqrt{R^2-y^2}\tan\alpha,$$

此时该立体的体积为

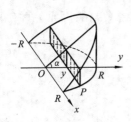

$$V=\int_{0}^{R}S(y)\mathrm{d}y=\int_{0}^{R}2y\sqrt{R^2-y^2}\tan\alpha\mathrm{d}y$$

$$=-\tan\alpha\int_{0}^{R}\sqrt{R^2-y^2}\,\mathrm{d}(R^2-y^2)$$

图 6.20

$$=-\frac{2}{3}\tan\alpha \cdot (R^2-y^2)^{\frac{3}{2}}\Big|_{0}^{R}=\frac{2}{3}R^3\tan\alpha.$$

6.4.3 定积分在经济方面的应用举例

1. 由边际函数(即变化率)求经济总量

由微分学知道,已知一个经济总量函数(如总成本函数、总收益函数等),可以利用求导运算,求出其边际函数;相反的,如果已知某经济函数的边际函数,那么要求经济总量函数,一般可采用不定积分或定积分来解决;而要求经济总量在某个范围内的改变量,则可采用定积分来解决.

由牛顿-莱布尼茨公式,若 $F'(x)$ 连续,那么有

$$\int_{0}^{x}F'(x)\mathrm{d}x=F(x)-F(0).$$

从而

$$F(x)=\int_{0}^{x}F'(x)\mathrm{d}x+F(0).$$

由上式,若已知边际成本函数 $\mathrm{MC}=C'(Q)$ 及固定成本 $C(0)$,则总成本函数为

$$C(Q)=\int_{0}^{Q}(\mathrm{MC})\mathrm{d}Q+C(0).$$

若已知某产品的边际收益函数为 $\mathrm{MR}=R'(Q)$ 及 $R(0)=0$,则总收益函数为

$$R(Q) = \int_0^Q (\mathrm{MR}) \mathrm{d}Q.$$

若已知边际利润函数 $\mathrm{ML} = \mathrm{MR} - \mathrm{MC}$ 及 $L(0) = R(0) - C(0) = -C(0)$,则总利润函数为

$$L(Q) = \int_0^Q (\mathrm{ML}) \mathrm{d}Q - C(0) = \int_0^Q (\mathrm{MR} - \mathrm{MC}) \mathrm{d}Q - C(0).$$

若已知边际利润 $\mathrm{ML} = L'(Q)$,求产品的产量从 a 个单位上升到 b 个单位时,总利润的改变量可用下式计算

$$L(b) - L(a) = \int_a^b (\mathrm{ML}) \mathrm{d}Q.$$

产品的总成本 $C(Q)$ 的边际成本函数为 $\mathrm{MC} = C'(Q)$,则该产品的产量从 Q_1 个单位上升到 Q_2 个单位时,增加的成本为

$$C = \int_{Q_1}^{Q_2} (\mathrm{MC}) \mathrm{d}Q = C(Q_2) - C(Q_1).$$

对于已知其他经济函数的边际函数,要求该经济函数或经济量在某个范围内的改变量,也有类似的公式.

例 6.4.9 已知生产某产品固定成本为 6 万元,边际成本和边际收益(单位:万元/百台)分别 $\mathrm{MC} = 3Q^2 - 18Q + 36, \mathrm{MR} = 33 - 8Q.$ 求:

(1)总成本函数; (2)总收益函数; (3)总利润函数.

解 (1)总成本函数为

$$C(Q) = \int_0^Q (\mathrm{MC}) \mathrm{d}Q + C(0)$$

$$= \int_0^Q (3Q^2 - 18Q + 36) \mathrm{d}Q + 6 = Q^3 - 9Q^2 + 36Q + 6.$$

(2)总收益函数为 $R(Q) = \int_0^Q (\mathrm{MR}) \mathrm{d}Q = \int_0^Q (33 - 8Q) \mathrm{d}Q = 33Q - 4Q^2.$

(3)总利润函数为 $L(Q) = R(Q) - C(Q) = 5Q^2 - 3Q - Q^3 - 6.$

例 6.4.10 设生产某产品的固定成本为 1 万元,边际收益和边际成本(单位:万元/百台)分别为

$$\mathrm{MR} = 8 - Q, \quad \mathrm{MC} = 2Q + 2.$$

(1)产量从 100 台增加到 500 台时,总收益和总成本各增加多少?

(2)产量为多少时,总利润最大?

(3)从利润最大的生产量之后又生产了 100 台,总利润减少了多少?

(4)求利润最大时的总成本、总利润.

解 (1)因为 $\mathrm{MR} = 8 - Q$,即 $R'(Q) = 8 - Q$,则总收益的增加量为

$$\Delta R = \int_1^5 (\mathrm{MR}) \mathrm{d}Q = \int_1^5 (8 - Q) \mathrm{d}Q = 20 (万元),$$

类似地,总成本的增加量为

$$\Delta C = \int_1^5 (\mathrm{MC}) \mathrm{d}Q = \int_1^5 (2Q + 2) \mathrm{d}Q = 32 (万元).$$

(2)因 $L(Q) = R(Q) - C(Q)$,由极值的必要条件 $L'(Q) = \mathrm{MR} - \mathrm{MC} = 0$,即

$$8 - Q = 2Q + 2,$$

解得唯一驻点 $Q=2$,由实际问题本身可知,最大利润必存在,故当产量 $Q=2$ 百台时,利润最大.

(3) 从利润最大的生产量 2 百台又生产了 1 百台,总利润的增量为

$$\Delta L = \int_2^3 (MR - MC)dQ = \int_2^3 (6 - 3Q)dQ = -1.5(万元),$$

即总利润将减少 1.5 万元.

(4) 利润最大时的总成本、总利润分别为

$$C(2) = \int_0^2 (MC)dQ + C(0) = \int_0^2 (2Q + 2)dQ + 1 = 9(万元);$$

$$L(2) = \int_0^2 (MR - MC)dQ - C(0) = \int_0^2 (6 - 3Q)dQ - 1 = 5(万元).$$

*2. 求现金流的现值(当前值)

若收益(或支出)不是单一数额,而是每单位时间内,比如,每一年年末都有收益(或支出),这称为**现金流**. 现假设现金流是时间 t 的连续函数,而将现金流对时间的变化率称为**现金流量**. 若 t 以年为单位,在时间点 t,每年的流量为 $R(t)$. 若 $R(t) = C$ 为常数,则称该现金具有常数现金流量(或均匀流).

收益流的将来值定义为将其存入银行并加上利息之后的款值;而收益流的现值是这样一笔款项,若把它存入可获利息的银行,将来从收益流中获得的总收益.

若以连续利率 r 计息,一笔 P 元人民币从现在起存入银行,t 年后的**将来值** R 为

$$R = Pe^{rt}.$$

若 t 年后想得到 R 元人民币,则**现值** P(即现在需要存入银行的金额)应为

$$P = Re^{-rt}.$$

或者换句话讲,t 年后的 R 元人民币,在 $t = 0$ 时的价值为 Re^{-rt} 元人民币.

由将来值 R,求现值 P 的问题一般称为贴现问题,此时的 r 叫贴现率.

若有一笔现金的流量为 $R(t)$(元 / 年),由微元法,在一个很短的时间间隔 $[t, t + dt]$ 内将 $R(t)$ 近似看作常数现金流量,则在 $[t, t + dt]$ 时现金流的总量近似等于 $R(t)dt$,假设贴现率为 r,按连续贴现计算,从现在($t = 0$)算起,$R(t)dt$ 这笔现金是在 t 年后的将来获得,在 $[t, t + dt]$ 内收益的现值(当前值)为

$$\Delta P \approx R(t)dt \cdot e^{-rt} = R(t)e^{-rt}dt = dP,$$

那么,从现在($t = 0$)起到 n 年末,收益流在 $t = 0$ 时的总现值(当前值)为

$$总现值 P = \int_0^n dP = \int_0^n R(t)e^{-rt}dt.$$

特别地,当 $R(t) = C$ 是常量(均匀现金流),则收益流的总现值(当前值)为

$$P = C\int_0^n e^{-rt}dt = \frac{C}{r}(1 - e^{-rn}).$$

例 6.4.11 一栋楼房现售价 5000 万元,分期付款购买,10 年付清,每年付款数相同. 若年贴现率为 4%,按连续贴现计算,每年应付款多少万元?

解 每年付款数相同,这是均匀现金流量. 设每年应付款为 C 万元,由题意可知,$P = 5000$,$n = 10, r = 0.04$,于是有

$$5000 = C\int_0^{10} e^{-0.04t}dt = \frac{C}{0.04}(1 - e^{-0.4}),$$

即
$$200 \approx C(1 - 0.6703), \quad C = 606.612(\text{万元}).$$
故每年应付款 606.612 万元.

例 6.4.12　一架波音 747 客机,正常使用寿命 15 年,如果购买此客机需要一次支付 5000 万美元现金,如租用一架此客机每年需要支付 600 万美元的租金,租金以均匀货币流的方式支付. 若银行的年利率为 6%,按连续复利计算,问购买与租用客机哪一种方式合算?若银行的年利率为 12% 呢?

解(由于利率对货币价值的影响)　两种支付的价值无法直接比较,为了将 15 年租金与购买一次支出费用比较,必须将它们都化为同一时刻的价值才能比较. 不妨把它们都化为现值(当前值)为准.

购买一架客机的当前价值为 5000 万美元,每年租金为 600 万美元,因此 15 年的租金在当前的价值为
$$P = \int_0^{15} 600\mathrm{e}^{-rt}\,\mathrm{d}t = \frac{600}{r}(1 - \mathrm{e}^{-15r})\ (\text{万美元}).$$

(1) 当 $r = 6\%$ 时,$P = \dfrac{600}{0.06}(1 - \mathrm{e}^{-15 \times 0.06}) \approx 5934.3(\text{万美元})$,从数据比较可见,购买客机比租用客机合算.

(2) 当 $r = 12\%$ 时,$P = \dfrac{600}{0.12}(1 - \mathrm{e}^{-15 \times 0.12}) \approx 4173.5(\text{万美元})$,此时租用客机比购买客机合算.

习　题　**6.4**

(A)

1. 求下列各曲线所围成的平面图形的面积:

(1) $y = \mathrm{e}^x, y = \mathrm{e}^{-x}$ 及 $x = 1$;

(2) $y = 1 - x^2\ (x \geqslant 0), y = 3x^2$ 及 $y = 0$;

(3) $y = \ln x, x = \mathrm{e}^{-1}, x = \mathrm{e}$ 及 $y = 0$;

(4) $y = \sin x, y = \cos x, x = 0,$ 及 $x = \pi$;

(5) $x + 2 = 3y^2, x = y^2$;

(6) $y = x, y = 4x$ 及 $xy = 4\ (x > 0)$;

(7) $y = \mathrm{e}^x, y = \mathrm{e}^{2x}, y = 2$;

(8) $y = \sqrt{8 - x^2}, y = \dfrac{1}{2}x^2$.

2. 根据下列所给的条件分别求出 k 的值:

(1) 曲线 $y = x^2$ 与曲线 $y^2 = kx\ (k > 0)$ 所围成的平面图形的面积为 $\dfrac{2}{3}$;

(2) 曲线 $y = 1 - x^2, x \in [0, 1]$ 与 x 轴、y 轴围成图形被 $y = kx^2\ (k > 0)$ 分为面积相等的两部分.

3. 求抛物线 $y = -x^2 + 4x - 3$ 与其在点 $(0, -3)$ 和 $(3, 0)$ 处的切线所围成的图形的面积.

4. 如图 6.21 所示,在区间 $[0, 1]$ 上求一点 t,使阴影部分的面积 $S_1(t) + S_2(t)$ 为最小,并求出最小值.

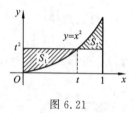

图 6.21

5. 求下列曲线所围成的平面图形绕指定轴旋转所成旋转体的体积.

(1) $y = x^2, x = 2$ 及 $y = 0$ 围成的图形分别绕 x 轴及绕 y 轴;

(2) $y = x^2, y = 2 - x^2$ 围成的图形分别绕 x 轴及绕 y 轴;

(3) $y = \sqrt{2 - x^2}, y = \sqrt{x}, y = 0$ 围成的图形分别绕 x 轴及绕 y 轴;

(4) $y = \sqrt{x}, x = 1, x = 4, y = 0$ 围成的图形绕 y 轴;

(5) $y = \sqrt{x}, y = x - 2, y = 0$ 围成的图形绕 x 轴.

6. 设 D 是由曲线 $y = \sqrt[3]{x}$，直线 $x = a\,(a > 0)$ 及 x 轴围成的平面图形，V_x 与 V_y 分别为 D 绕 x 轴、y 轴旋转一周所得旋转体的体积. 若 $V_y = 10V_x$，求 a 的值.

7. 设平面图形 D 是由曲线 $y = \ln x$ 上点 $A(\mathrm{e}, 1)$ 处的切线与该曲线及 x 轴所围成的图形. 求：

(1) 平面图形 D 的面积；　(2) 平面图形 D 分别绕 y 轴及绕 x 轴旋转所成旋转体的体积.

8. 设平面图形 D 是由曲线 $x = \sqrt{y-1}$ 和该曲线过原点的切线以及 y 轴所围成的图形. 求：

(1) 平面图形 D 的面积；　　(2) 平面图形 D 绕 y 轴旋转所成旋转体的体积.

9. 直线 $x = a\,(0 < a < 2)$ 将图 6.22 中由曲线 $y = 2x^2$ 和直线 $x = 2, y = 0$ 围成的曲边三角形分成 A、B 两部分.

(1) 分别求 A 绕 x 轴旋转一周与 B 绕 y 轴旋转一周所得两旋转体的体积 V_x 与 V_y；

(2) 问 a 为何值时，$V_x + V_y$ 取得最大值?并求此最大值.

10. 计算底面是半径为 R 的圆，而垂直于底面上一条固定直径的所有截面都是等边三角形的立体的体积（图 6.23）.

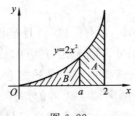

图 6.22

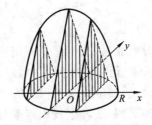

图 6.23

11. 设某产品在时刻 t 总产量的变化率为 $f(t) = 100 + 12t - 0.6t^2$（单位：小时），求从 $t = 2$ 到 $t = 4$ 这 2 个小时的总产量.

12. 已知某产品生产 x 件时，总收益 R 的边际收益为 $\mathrm{MR} = 200 - \dfrac{x}{100}$，求：

(1) 生产了 50 件时的总收益；

(2) 如果已经生产了 100 件，求再生产 100 件时总收益将增加多少?

13. 已知生产某产品 x 单位的边际成本为 $\mathrm{MC} = 1$（万元／百台），边际收益为 $\mathrm{MR} = 5 - x$（万元／百台）.

(1) 求生产量等于多少时，总利润 $L(x)$ 为最大?

(2) 从利润最大的生产量之后又生产了 100 台，总利润减少了多少?

*14. 某栋楼房现售价 500 万元，首付 20%，剩下部分可分期付款，10 年付清，每年付款数相同. 若年贴现率为 6%，按连续贴现计算，每年应付款多少万元?

*15. 一辆豪华型客车，正常使用寿命 10 年，如果购买此客车需要 210 万元，而租用此客车每月租金 2.5 万元. 设资金的年利率为 6%，按连续复利计算，问购买与租用客车哪一种方式合算?

（B）

1. 在曲线 $y = 1 - x^2\,(0 < x < 1)$ 上求一点 P，使得过该点的切线与这条曲线及 x 轴、y 轴所围成图形的面积最小，并求最小面积.

2. 已知抛物线 $y = px^2 + qx$（其中 $p < 0, q > 0$）在第一象限内与直线 $x + y = 5$ 相切，且抛物线与 x 轴所围成的平面图形的面积为 S.

(1) 问 p 和 q 为何值时，S 达到最大值；　　(2) 求出面积 S 的最大值.

3. 在曲线 $y = x^2\,(x \geqslant 0)$ 上某点 M 处作切线，该切线与曲线及 x 轴所围成平面图形 D 的面积为 $\dfrac{1}{12}$，求该平面图形 D 绕 x 轴旋转一周所成旋转体的体积.

4. 已知曲线 $y = a\sqrt{x}\ (a > 0)$ 与曲线 $y = \ln\sqrt{x}$ 在点 (x_0, y_0) 处有公切线,求:

(1) 常数 a 及切点 (x_0, y_0);

(2) 两曲线与 x 轴围成的平面图形 D 的面积及平面图形 D 绕 x 轴旋转所得旋转体的体积.

5. 设直线 $y = ax$ 与抛物线 $y = x^2$ 所围成图形的面积为 S_1,它们与直线 $x = 1$ 所围成的图形的面积为 S_2,并且 $0 < a < 1$.

(1) 试确定 a 的值,使得 $S_1 + S_2$ 达到最小,并求出最小值;

(2) 求该最小值所对应的平面图形绕 x 轴旋转一周所得旋转体的体积.

6. 设非负函数 $y = f(x)$ 在 $[0,1]$ 上满足 $xf'(x) = f(x) + \dfrac{3a}{2}x^2\ (a < 0)$,曲线 $y = f(x)$ 与直线 $x = 1$ 及坐标轴所围成的图形面积为 2,求:

(1) $f(x)$;　　(2) a 为何值时,所围图形绕 x 轴所得旋转体的体积最小?

6.5　广义积分初步

在引入定积分概念时,我们总是假定积分区间 $[a,b]$ 是有限区间,且被积函数在积分区间 $[a,b]$ 上是有界函数. 但在实际问题中,经常会遇到积分区间为无穷区间,或者被积函数在积分区间上无界的情况,要解决这类积分的计算问题,就需要把定积分的概念加以推广,即把积分区间推广到无穷区间,或者把被积函数推广到在有限区间上无界的情形. 这两种类型的积分通称为**广义积分**或**反常积分**,相应地,前面介绍的定积分也称为**常义积分**或**正常积分**. 下面介绍这两种广义积分的概念.

6.5.1　无穷区间上的广义积分

定义 6.5.1　设函数 $f(x)$ 在区间 $[a, +\infty)$ 上连续,任取 $b > a$,则称极限

$$\lim_{b \to +\infty} \int_a^b f(x)\,\mathrm{d}x$$

为函数 $f(x)$ 在无穷区间 $[a, +\infty)$ 上的**广义积分**,记作 $\displaystyle\int_a^{+\infty} f(x)\,\mathrm{d}x$,即

$$\int_a^{+\infty} f(x)\,\mathrm{d}x = \lim_{b \to +\infty} \int_a^b f(x)\,\mathrm{d}x.$$

若上式右端极限存在,则称广义积分 $\displaystyle\int_a^{+\infty} f(x)\,\mathrm{d}x$ **存在**或**收敛**,并称该极限值为该广义积分的值;若上式右端极限不存在,则称广义积分 $\displaystyle\int_a^{+\infty} f(x)\,\mathrm{d}x$ **不存在**或**发散**.

类似地,设函数 $f(x)$ 在区间 $(-\infty, b]$ 上连续,任取 $a < b$,则称极限

$$\lim_{a \to -\infty} \int_a^b f(x)\,\mathrm{d}x$$

为函数 $f(x)$ 在无穷区间 $(-\infty, b]$ 上的广义积分,记作 $\displaystyle\int_{-\infty}^b f(x)\,\mathrm{d}x$,即

$$\int_{-\infty}^b f(x)\,\mathrm{d}x = \lim_{a \to -\infty} \int_a^b f(x)\,\mathrm{d}x.$$

若上式右端极限存在,则称广义积分 $\displaystyle\int_{-\infty}^b f(x)\,\mathrm{d}x$ 存在或收敛,并称该极限值为该广义积分的

值;若上式右端极限不存在,则称广义积分 $\displaystyle\int_{-\infty}^{b} f(x)\mathrm{d}x$ 不存在或发散.

定义 6.5.2 设函数 $f(x)$ 在区间 $(-\infty,+\infty)$ 上连续,则定义函数 $f(x)$ 在无穷区间 $(-\infty,+\infty)$ 上的广义积分为

$$\int_{-\infty}^{+\infty} f(x)\mathrm{d}x = \int_{-\infty}^{0} f(x)\mathrm{d}x + \int_{0}^{+\infty} f(x)\mathrm{d}x.$$

若上式右端两个广义积分 $\displaystyle\int_{-\infty}^{0} f(x)\mathrm{d}x$ 和 $\displaystyle\int_{0}^{+\infty} f(x)\mathrm{d}x$ 都收敛,则称广义积分 $\displaystyle\int_{-\infty}^{+\infty} f(x)\mathrm{d}x$ 存在或收敛;若上式右端两个广义积分中至少有一个发散,则称广义积分 $\displaystyle\int_{-\infty}^{+\infty} f(x)\mathrm{d}x$ 不存在或发散.

上述广义积分统称为**无穷区间上的广义积分**,简称为**无穷积分**.

例 6.5.1 计算下列广义积分:

(1) $\displaystyle\int_{0}^{+\infty} \mathrm{e}^{-x}\mathrm{d}x$;   (2) $\displaystyle\int_{-\infty}^{0} x\mathrm{e}^{x}\mathrm{d}x$;   (3) $\displaystyle\int_{-\infty}^{+\infty} \dfrac{x}{\sqrt{1+x^2}}\mathrm{d}x$.

解 (1) $\displaystyle\int_{0}^{+\infty} \mathrm{e}^{-x}\mathrm{d}x = \lim_{b\to+\infty}\int_{0}^{b} \mathrm{e}^{-x}\mathrm{d}x = \lim_{b\to+\infty}(-\mathrm{e}^{-x})\Big|_{0}^{b} = \lim_{b\to+\infty}(1-\mathrm{e}^{-b}) = 1.$

(2) $\displaystyle\int_{-\infty}^{0} x\mathrm{e}^{x}\mathrm{d}x = \lim_{a\to-\infty}\int_{a}^{0} x\mathrm{e}^{x}\mathrm{d}x = \lim_{a\to-\infty}\int_{a}^{0} x\,\mathrm{d}\mathrm{e}^{x}$

$$= \lim_{a\to-\infty}(x\mathrm{e}^{x}-\mathrm{e}^{x})\Big|_{a}^{0} = \lim_{a\to-\infty}(-1-a\mathrm{e}^{a}+\mathrm{e}^{a}) = -1,$$

其中上式中 $\displaystyle\lim_{a\to-\infty}a\mathrm{e}^{a}$ 是 $0\cdot\infty$ 型不定式,可用洛必达法则求其极限,即

$$\lim_{a\to-\infty}a\mathrm{e}^{a} = \lim_{a\to-\infty}\frac{a}{\mathrm{e}^{-a}} \overset{\text{L}}{=\!=} \lim_{a\to-\infty}\frac{1}{-\mathrm{e}^{-a}} = 0.$$

(3) $\displaystyle\int_{-\infty}^{+\infty} \frac{x}{\sqrt{1+x^2}}\mathrm{d}x = \int_{-\infty}^{0} \frac{x}{\sqrt{1+x^2}}\mathrm{d}x + \int_{0}^{+\infty} \frac{x}{\sqrt{1+x^2}}\mathrm{d}x,$

而

$$\int_{-\infty}^{0} \frac{x}{\sqrt{1+x^2}}\mathrm{d}x = \frac{1}{2}\lim_{a\to-\infty}\int_{a}^{0} \frac{\mathrm{d}(1+x^2)}{\sqrt{1+x^2}} = \lim_{a\to-\infty}\sqrt{1+x^2}\,\Big|_{a}^{0}$$

$$= 1-\lim_{a\to-\infty}\sqrt{1+a^2} = -\infty,$$

故 $\displaystyle\int_{-\infty}^{0} \frac{x}{\sqrt{1+x^2}}\mathrm{d}x$ 发散,从而 $\displaystyle\int_{-\infty}^{+\infty} \frac{x}{\sqrt{1+x^2}}\mathrm{d}x$ 发散.

例 6.5.2 讨论广义 p- 积分 $I = \displaystyle\int_{1}^{+\infty} \frac{1}{x^p}\mathrm{d}x$ 的敛散性.

解 当 $p\neq1$ 时,有

$$I = \lim_{b\to+\infty}\int_{1}^{b} x^{-p}\mathrm{d}x = \lim_{b\to+\infty}\frac{x^{1-p}}{1-p}\Big|_{1}^{b} = \frac{1}{1-p}\lim_{b\to+\infty}(b^{1-p}-1) = \begin{cases} +\infty, & p<1, \\[2mm] \dfrac{1}{p-1}, & p>1. \end{cases}$$

当 $p=1$ 时,有

$$I = \lim_{b\to+\infty}\int_{1}^{b} \frac{1}{x}\mathrm{d}x = \lim_{b\to+\infty}(\ln x)\Big|_{1}^{b} = \lim_{b\to+\infty}\ln b = +\infty.$$

综上所述,当 $p>1$ 时,该广义积分收敛于 $\dfrac{1}{p-1}$;当 $p\leqslant1$ 时,该广义积分发散.

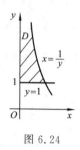

图 6.24

例 6.5.3　求曲线 $xy = 1, y \geqslant 1, x \geqslant 0$ 所围成的平面图形 D 绕 y 轴旋转一周而成的旋转体的体积.

解　如图 6.24 所示,由旋转体的体积公式易得

$$V_y = \int_1^{+\infty} \pi x^2 \mathrm{d}y = \pi \int_1^{+\infty} \frac{1}{y^2} \mathrm{d}y$$

$$= \pi \lim_{b \to +\infty} \int_1^b \frac{1}{y^2} \mathrm{d}y = \pi \lim_{b \to +\infty} \left(1 - \frac{1}{b} \right) = \pi.$$

6.5.2　无界函数的广义积分

若函数 $f(x)$ 在点 x_0 的任一邻域(左邻域或右邻域)内无界,则称 x_0 为函数 $f(x)$ 的**瑕点**.

例如,函数 $f(x) = \dfrac{1}{x} \sin \dfrac{1}{x}$ 在 $x = 0$ 的邻域内无界,故 $x = 0$ 为该函数的瑕点.

特别地,若 $\lim\limits_{x \to x_0^-} f(x) = \infty$ 或 $\lim\limits_{x \to x_0^+} f(x) = \infty$,则 x_0 必为函数 $f(x)$ 的瑕点. 下面仅讨论有这类瑕点的**广义积分**.

定义 6.5.3　设函数 $f(x)$ 在区间 $(a,b]$ 上连续,且 $x = a$ 为 $f(x)$ 的瑕点,任取 $\varepsilon > 0$,则称极限

$$\lim_{\varepsilon \to 0^+} \int_{a+\varepsilon}^b f(x) \mathrm{d}x$$

为无界函数 $f(x)$ 在 $(a,b]$ 上的**广义积分**,记作 $\int_a^b f(x) \mathrm{d}x$,即

$$\int_a^b f(x) \mathrm{d}x = \lim_{\varepsilon \to 0^+} \int_{a+\varepsilon}^b f(x) \mathrm{d}x.$$

若上式右端极限存在,则称广义积分 $\int_a^b f(x) \mathrm{d}x$ **存在**或**收敛**,并称该极限值为该广义积分的值;

若上式右端极限不存在,则称广义积分 $\int_a^b f(x) \mathrm{d}x$ **不存在**或**发散**.

类似地,设函数 $f(x)$ 在区间 $[a,b)$ 上连续,且 $x = b$ 为 $f(x)$ 的瑕点,则定义无界函数 $f(x)$ 在区间 $[a,b)$ 上的广义积分为

$$\int_a^b f(x) \mathrm{d}x = \lim_{\varepsilon \to 0^+} \int_a^{b-\varepsilon} f(x) \mathrm{d}x.$$

若上式右端极限存在,则称广义积分 $\int_a^b f(x) \mathrm{d}x$ 存在或收敛,并称该极限值为该广义积分的值;

若上式右端极限不存在,则称广义积分 $\int_a^b f(x) \mathrm{d}x$ 不存在或发散.

设函数 $f(x)$ 在区间 $[a,b]$ 上除点 $c\ (a < c < b)$ 外都连续,且 $x = c$ 为 $f(x)$ 的瑕点,则定义无界函数 $f(x)$ 在区间 $[a,b]$ 上的广义积分为

$$\int_a^b f(x) \mathrm{d}x = \int_a^c f(x) \mathrm{d}x + \int_c^b f(x) \mathrm{d}x$$

$$= \lim_{\varepsilon_1 \to 0^+} \int_a^{c-\varepsilon_1} f(x) \mathrm{d}x + \lim_{\varepsilon_2 \to 0^+} \int_{c+\varepsilon_2}^b f(x) \mathrm{d}x.$$

若上式右端两个广义积分 $\int_a^c f(x) \mathrm{d}x$ 与 $\int_c^b f(x) \mathrm{d}x$ 都收敛,则称 $\int_a^b f(x) \mathrm{d}x$ 收敛;若上式右端两个

广义积分 $\int_a^c f(x)\mathrm{d}x$ 与 $\int_c^b f(x)\mathrm{d}x$ 中至少有一个发散,则称广义积分 $\int_a^b f(x)\mathrm{d}x$ 发散.

上述广义积分统称为**无界函数的广义积分**,通常又称为**瑕积分**. 当有多个瑕点时,必须把瑕积分分成只在积分区间的一个端点为瑕点的瑕积分之和,仅当每个瑕积分都收敛时,才说原来的瑕积分收敛.

例 6.5.4 计算下列广义积分:

(1) $\displaystyle\int_0^1 \frac{1}{\sqrt{1-x}}\mathrm{d}x$; 　　　(2) $\displaystyle\int_0^1 \ln x\,\mathrm{d}x$; 　　　(3) $\displaystyle\int_{-1}^1 x^{-3}\,\mathrm{d}x$.

解 (1) 因为 $\lim\limits_{x\to 1^-} \dfrac{1}{\sqrt{1-x}} = +\infty$,所以 $x=1$ 为被积函数的瑕点,于是

$$\int_0^1 \frac{1}{\sqrt{1-x}}\mathrm{d}x = \lim_{\varepsilon\to 0^+}\int_0^{1-\varepsilon} \frac{\mathrm{d}x}{\sqrt{1-x}} = \lim_{\varepsilon\to 0^+}(-2\sqrt{1-x})\Big|_0^{1-\varepsilon}$$

$$= -2\lim_{\varepsilon\to 0^+}(\sqrt{\varepsilon}-1) = 2.$$

(2) 因为 $\lim\limits_{x\to 0^+}\ln x = -\infty$,所以 $x=0$ 为被积函数的瑕点. 于是

$$\int_0^1 \ln x\,\mathrm{d}x = \lim_{\varepsilon\to 0^+}\int_\varepsilon^1 \ln x\,\mathrm{d}x = \lim_{\varepsilon\to 0^+}(x\ln x - x)\Big|_\varepsilon^1 = \lim_{\varepsilon\to 0^+}(-1-\varepsilon\ln\varepsilon+\varepsilon) = -1,$$

其中 $\lim\limits_{\varepsilon\to 0^+}\varepsilon\ln\varepsilon$ 是 $0\cdot\infty$ 型不定式,可用洛必达法则求其极限,即

$$\lim_{\varepsilon\to 0^+}\varepsilon\ln\varepsilon = \lim_{\varepsilon\to 0^+}\frac{\ln\varepsilon}{1/\varepsilon} \stackrel{\text{L}}{=} \lim_{\varepsilon\to 0^+}\frac{1/\varepsilon}{-1/\varepsilon^2} = -\lim_{\varepsilon\to 0^+}\varepsilon = 0.$$

(3) 因为 $\lim\limits_{x\to 0}x^{-3} = \infty$,所以 $x=0$ 为被积函数的瑕点,由于

$$\int_{-1}^1 x^{-3}\,\mathrm{d}x = \int_{-1}^0 x^{-3}\,\mathrm{d}x + \int_0^1 x^{-3}\,\mathrm{d}x.$$

而

$$\int_{-1}^0 x^{-3}\,\mathrm{d}x = \lim_{\varepsilon\to 0^+}\int_{-1}^{0-\varepsilon} x^{-3}\,\mathrm{d}x = \lim_{\varepsilon\to 0^+}\frac{-1}{2}x^{-2}\Big|_{-1}^{-\varepsilon} = -\frac{1}{2}\lim_{\varepsilon\to 0^+}\left(\frac{1}{\varepsilon^2}-1\right) = -\infty.$$

所以 $\int_{-1}^0 x^{-3}\,\mathrm{d}x$ 发散,从而 $\int_{-1}^1 x^{-3}\,\mathrm{d}x$ 发散.

注 该题若疏忽了 $x=0$ 是瑕点,不按广义积分计算,而按一般的定积分去计算或者应用奇函数在对称区间上积分为零的性质,就会得到错误的结果. 因此计算积分 $\int_a^b f(x)\mathrm{d}x$ 时,应特别注意被积函数在积分区间上是否存在瑕点,以确定其是定积分还是广义积分,否则容易出现错误.

例 6.5.5 讨论广义 q- 积分 $\int_0^1 \dfrac{1}{x^q}\mathrm{d}x$ 的敛散性 $(q>0)$.

解 因为 $\lim\limits_{x\to 0^+}\dfrac{1}{x^q} = +\infty$,所以 $x=0$ 为被积函数的瑕点. 于是当 $q=1$ 时,有

$$\int_0^1 \frac{1}{x^q}\mathrm{d}x = \lim_{\varepsilon\to 0^+}\int_\varepsilon^1 \frac{1}{x}\mathrm{d}x = \lim_{\varepsilon\to 0^+}(0-\ln\varepsilon) = +\infty;$$

当 $q\neq 1$ 时,有

$$\int_0^1 \frac{1}{x^q}\mathrm{d}x = \lim_{\varepsilon\to 0^+}\int_\varepsilon^1 \frac{1}{x^q}\mathrm{d}x = \frac{1}{1-q}\lim_{\varepsilon\to 0^+}(1-\varepsilon^{1-q}) = \begin{cases} \dfrac{1}{1-q}, & q<1, \\ +\infty, & q>1. \end{cases}$$

综上所述,当 $0 < q < 1$ 时,该广义积分收敛于 $\dfrac{1}{1-q}$;当 $q \geqslant 1$ 时,该广义积分发散.

注　由于广义积分是通过定积分的极限来定义的,所以定积分的换元积分法同样适用于上述提及的二类广义积分(无穷积分与瑕积分)的计算.

*例 6.5.6　计算 $\displaystyle\int_0^1 \dfrac{x^4}{\sqrt{1-x^2}}\mathrm{d}x$.

解　因为 $\displaystyle\lim_{x\to 1}\dfrac{x^4}{\sqrt{1-x^2}} = \infty$,所以 $x=1$ 为被积函数的瑕点. 令 $x = \sin t$,则 $\mathrm{d}x = \cos t\,\mathrm{d}t$,当 $x=0$ 时,$t=0$;当 $x\to 1^-$ 时,$t\to\pi/2$,于是

$$\int_0^1 \dfrac{x^4}{\sqrt{1-x^2}}\mathrm{d}x = \int_0^{\frac{\pi}{2}} \dfrac{\sin^4 t}{\cos t}\cos t\,\mathrm{d}t = \int_0^{\frac{\pi}{2}}\sin^4 t\,\mathrm{d}t = \dfrac{3\pi}{16}.$$

注　在换元前该积分为瑕积分,但换元后该积分转化成定积分. 这说明广义积分与定积分通过换元有时可以相互转化.

最后需要说明的是,有时我们会遇到两种情形混合的广义积分,比如,$\displaystyle\int_0^{+\infty}\dfrac{1}{\sqrt{x}(1+x)}\mathrm{d}x$,该广义积分既是无穷区间上的广义积分,又是无界函数的广义积分,这时我们应当利用积分区间的可加性将它分为两个广义积分之和,且使得每个积分的积分区间仅有一个端点为广义积分.

$$\int_0^{+\infty}\dfrac{1}{\sqrt{x}(1+x)}\mathrm{d}x = \int_0^1 \dfrac{1}{\sqrt{x}(1+x)}\mathrm{d}x + \int_1^{+\infty}\dfrac{1}{\sqrt{x}(1+x)}\mathrm{d}x,$$

只有当右端两个广义积分都收敛时,才认为 $\displaystyle\int_0^{+\infty}\dfrac{1}{\sqrt{x}(1+x)}\mathrm{d}x$ 收敛.

由于

$$\int_0^1 \dfrac{1}{\sqrt{x}(1+x)}\mathrm{d}x = \lim_{\varepsilon\to 0^+}\int_\varepsilon^1 \dfrac{1}{\sqrt{x}(1+x)}\mathrm{d}x = \lim_{\varepsilon\to 0^+}2\arctan\sqrt{x}\,\Big|_\varepsilon^1 = \dfrac{\pi}{2},$$

$$\int_1^{+\infty}\dfrac{1}{\sqrt{x}(1+x)}\mathrm{d}x = \lim_{b\to +\infty}\int_1^b \dfrac{1}{\sqrt{x}(1+x)}\mathrm{d}x = \lim_{b\to +\infty}2\arctan\sqrt{x}\,\Big|_1^b = \dfrac{\pi}{2},$$

所以 $\displaystyle\int_0^{+\infty}\dfrac{1}{\sqrt{x}(1+x)}\mathrm{d}x$ 收敛,且 $\displaystyle\int_0^{+\infty}\dfrac{1}{\sqrt{x}(1+x)}\mathrm{d}x = \dfrac{\pi}{2}+\dfrac{\pi}{2} = \pi$.

6.5.3　Γ 函数

下面介绍一个在概率论和其他学科中都有广泛应用的积分区间为无限且含有参变量的积分.

1. Γ 函数的定义

定义 6.5.4　将含参变量 s $(s > 0)$ 的广义积分

$$\Gamma(s) = \int_0^{+\infty} x^{s-1}\mathrm{e}^{-x}\mathrm{d}x,$$

称为 **Γ 函数**(读作 Gamma 函数).

Γ 函数是一个重要的广义积分. 当 $s \geqslant 1$ 时,它是一个无穷区间上的广义积分;且当 $s < 1$ 时,$x=0$ 是瑕点,它既是无穷区间上的广义积分,又是一个无界函数的广义积分. 在理论上可以证明(在此略去证明过程):当 $s > 0$ 时,这个广义积分是收敛的.

2. Γ 函数的性质

Γ 函数具有以下重要性质：

(1) $\Gamma(1) = 1$.

证 $\Gamma(1) = \int_0^{+\infty} x^{1-1} \mathrm{e}^{-x} \mathrm{d}x = \lim_{b \to +\infty} \int_0^b \mathrm{e}^{-x} \mathrm{d}x = \lim_{b \to +\infty}(1 - \mathrm{e}^{-b}) = 1$.

注 定积分中的分部积分法同样也适用于广义积分的计算. 对于无穷区间上的广义积分, 为书写简单起见, 也常简记为

$$\int_a^{+\infty} f(x) \mathrm{d}x = \lim_{b \to +\infty} F(x) \Big|_a^b \stackrel{\text{记}}{=} F(x) \Big|_a^{+\infty} = F(+\infty) - F(a),$$

$$\int_{-\infty}^b f(x) \mathrm{d}x = \lim_{a \to -\infty} F(x) \Big|_a^b \stackrel{\text{记}}{=} F(x) \Big|_{-\infty}^b = F(b) - F(-\infty),$$

其中 $F(+\infty) = \lim_{x \to +\infty} F(x)$, $F(-\infty) = \lim_{x \to -\infty} F(x)$.

(2) (**递推公式**) $\Gamma(s+1) = s\Gamma(s) \ (s > 0)$. 特别地, 有 $\Gamma(n+1) = n! \ (n \in \mathbf{N}^+)$.

证 由分部积分法, 有

$$\Gamma(s+1) = \int_0^{+\infty} x^s \mathrm{e}^{-x} \mathrm{d}x = \int_0^{+\infty} x^s \mathrm{d}(-\mathrm{e}^{-x})$$

$$= -x^s \mathrm{e}^{-x} \Big|_0^{+\infty} + \int_0^{+\infty} \mathrm{e}^{-x} \mathrm{d}x^s = s \int_0^{+\infty} x^{s-1} \mathrm{e}^{-x} \mathrm{d}x = s\Gamma(s).$$

若 $n \in \mathbf{N}^+$ 时, 反复利用上述递推公式有

$$\Gamma(n+1) = n\Gamma(n) = n(n-1)\Gamma(n-1) = n \cdot (n-1) \cdots 2 \cdot 1 \cdot \Gamma(1) = n!.$$

由于 $\Gamma(s+1) = s\Gamma(s)$, 所以只要能算出 $\Gamma(s)$ 在 $0 < s \leqslant 1$ 上的值, 那么就可算出 s 在其他范围内的 $\Gamma(s)$ 的值. 对于 $\Gamma(s) \ (0 < s \leqslant 1)$, 数学工作者已编制出了 Γ 函数表, 通过查表可以得到 $\Gamma(s) \ (0 < s \leqslant 1)$ 的值.

(3) (**余元公式**) $\Gamma(s) \cdot \Gamma(1-s) = \dfrac{\pi}{\sin \pi s} \ (0 < s < 1)$.

余元公式的证明过程涉及到广义积分的审敛法, 故在此不予证明.

特别地, 当 $s = \dfrac{1}{2}$ 时, 由余元公式可得: $\Gamma\left(\dfrac{1}{2}\right) = \sqrt{\pi}$.

例 6.5.7 计算 $\Gamma\left(\dfrac{5}{2}\right) \cdot \Gamma(6)$ 的值.

解 利用递推公式, 得

$$\Gamma\left(\frac{5}{2}\right) = \Gamma\left(\frac{3}{2} + 1\right) = \frac{3}{2}\Gamma\left(\frac{3}{2}\right) = \frac{3}{2} \cdot \Gamma\left(\frac{1}{2} + 1\right) = \frac{3}{2} \cdot \frac{1}{2}\Gamma\left(\frac{1}{2}\right) = \frac{3}{4}\sqrt{\pi},$$

$$\Gamma(6) = \Gamma(5+1) = 5! = 120.$$

于是 $\Gamma\left(\dfrac{5}{2}\right) \cdot \Gamma(6) = 90\sqrt{\pi}$.

例 6.5.8 利用 Γ 函数计算下列积分：

(1) $\displaystyle\int_0^{+\infty} x^4 \mathrm{e}^{-x} \mathrm{d}x$;   (2) $\displaystyle\int_0^{+\infty} x^7 \mathrm{e}^{-x^2} \mathrm{d}x$.

解 (1) $\displaystyle\int_0^{+\infty} x^4 \mathrm{e}^{-x} \mathrm{d}x = \int_0^{+\infty} x^{5-1} \mathrm{e}^{-x} \mathrm{d}x = \Gamma(5) = 4!$.

(2) $\displaystyle\int_0^{+\infty} x^7 e^{-x^2}\,\mathrm{d}x = \frac{1}{2}\int_0^{+\infty} x^6 e^{-x^2}\,\mathrm{d}x^2.$

令 $x^2 = t$，则 $x = 0$ 时，$t = 0$，$x = +\infty$ 时，$t = +\infty$，因此

$$\int_0^{+\infty} x^7 e^{-x^2}\,\mathrm{d}x = \frac{1}{2}\int_0^{+\infty} t^3 e^{-t}\,\mathrm{d}t = \frac{1}{2}\int_0^{+\infty} t^{4-1} e^{-t}\,\mathrm{d}t = \frac{1}{2}\Gamma(4) = \frac{1}{2}\cdot 3! = 3.$$

例 6.5.9　证明：$\displaystyle\int_0^{+\infty} e^{-x^2}\,\mathrm{d}x = \frac{\sqrt{\pi}}{2}.$

证　令 $x = \sqrt{t}$，则 $\mathrm{d}x = \dfrac{1}{2\sqrt{t}}\mathrm{d}t$，且 $x = 0$ 时，$t = 0$，$x = +\infty$ 时，$t = +\infty$，因此

$$\int_0^{+\infty} e^{-x^2}\,\mathrm{d}x = \int_0^{+\infty} e^{-t}\frac{1}{2\sqrt{t}}\mathrm{d}t = \frac{1}{2}\int_0^{+\infty} t^{-\frac{1}{2}} e^{-t}\,\mathrm{d}t = \frac{1}{2}\int_0^{+\infty} t^{\frac{1}{2}-1} e^{-t}\,\mathrm{d}t = \frac{1}{2}\Gamma\left(\frac{1}{2}\right) = \frac{\sqrt{\pi}}{2}.$$

积分 $\displaystyle\int_0^{+\infty} e^{-x^2}\,\mathrm{d}x = \frac{\sqrt{\pi}}{2}$ 是概率论中常用且重要的**泊松**（Poisson）**积分**.

习　题　6.5

（A）

1. 通过计算判别下列广义积分的敛散性，并求出收敛的广义积分值：

(1) $\displaystyle\int_0^{+\infty} x e^{-x^2}\,\mathrm{d}x$;

(2) $\displaystyle\int_0^{+\infty} \frac{\arctan^2 x}{1+x^2}\,\mathrm{d}x$;

(3) $\displaystyle\int_1^{+\infty} \frac{\ln x}{x^2}\,\mathrm{d}x$;

(4) $\displaystyle\int_{-\infty}^0 \frac{e^x}{1+e^x}\,\mathrm{d}x$;

(5) $\displaystyle\int_{-\infty}^{-1} \frac{1}{x(x^2+1)}\,\mathrm{d}x$;

(6) $\displaystyle\int_0^{+\infty} \cos x\,\mathrm{d}x$;

(7) $\displaystyle\int_1^{+\infty} \frac{\arctan x}{x^2}\,\mathrm{d}x$;

(8) $\displaystyle\int_{-\infty}^{+\infty} \frac{1}{x^2+4x+5}\,\mathrm{d}x$;

(9) $\displaystyle\int_0^4 \frac{x}{\sqrt{4-x}}\,\mathrm{d}x$;

(10) $\displaystyle\int_0^{\pi} \frac{1}{\sqrt{x}}e^{-\sqrt{x}}\,\mathrm{d}x$;

(11) $\displaystyle\int_1^e \frac{\mathrm{d}x}{x\,\sqrt{1-\ln^2 x}}$;

(12) $\displaystyle\int_0^3 \frac{1}{(x-1)^{\frac{2}{3}}}\,\mathrm{d}x$;

(13) $\displaystyle\int_1^3 \frac{x\,\mathrm{d}x}{2-x^2}$;

(14) $\displaystyle\int_0^1 \frac{\ln x}{\sqrt{x}}\,\mathrm{d}x$;

(15) $\displaystyle\int_0^1 \frac{\arcsin\sqrt{x}}{\sqrt{x(1-x)}}\,\mathrm{d}x.$

2. 下列计算是否正确？为什么？

(1) 因 $\dfrac{x}{1+x^2}$ 为 $(-\infty, +\infty)$ 内的奇函数，故 $\displaystyle\int_{-\infty}^{+\infty} \frac{x}{x^2+1}\,\mathrm{d}x = 0$;

(2) $\displaystyle\int_{-\infty}^{+\infty} \frac{x}{x^2+1}\,\mathrm{d}x = \lim_{a\to+\infty}\int_{-a}^a \frac{x}{x^2+1}\,\mathrm{d}x = \lim_{a\to+\infty} 0 = 0$;

(3) $\displaystyle\int_{-1}^1 \frac{1}{x^2}\,\mathrm{d}x = -\frac{1}{x}\Big|_{-1}^1 = -2$;

(4) $\displaystyle\int_{-1}^1 x^{-3}\,\mathrm{d}x = \lim_{\varepsilon\to 0^+}\int_{-1}^{0-\varepsilon} x^{-3}\,\mathrm{d}x + \lim_{\varepsilon\to 0^+}\int_{0+\varepsilon}^1 x^{-3}\,\mathrm{d}x = \lim_{\varepsilon\to 0^+}\left(-\frac{1}{2}x^{-2}\right)\Big|_{-1}^{-\varepsilon} + \lim_{\varepsilon\to 0^+}\left(-\frac{1}{2}x^{-2}\right)\Big|_{\varepsilon}^1$

$\qquad = -\frac{1}{2}\lim_{\varepsilon\to 0^+}\left[(\varepsilon^{-2}-1)+(1-\varepsilon^2)\right] = 0.$

3. 判定广义积分 $\displaystyle\int_1^{+\infty} \frac{\mathrm{d}x}{x(1+x)}$ 的敛散性，下列做法哪一种是正确的？为什么？

解

法 1　$\displaystyle\int_1^{+\infty} \frac{\mathrm{d}x}{x(1+x)} = \int_1^{+\infty}\left(\frac{1}{x}-\frac{1}{x+1}\right)\mathrm{d}x = \lim_{b\to+\infty}\ln\frac{x}{x+1}\Big|_1^b = \ln 2$，故收敛.

法 2　$\displaystyle\int_1^{+\infty} \frac{\mathrm{d}x}{x(1+x)} = \int_1^{+\infty}\frac{1}{x}\mathrm{d}x - \int_1^{+\infty}\frac{1}{x+1}\mathrm{d}x$，因 $\displaystyle\int_1^{+\infty}\frac{1}{x}\mathrm{d}x = \lim_{b\to+\infty}\int_1^b \frac{1}{x}\mathrm{d}x = \lim_{b\to+\infty}\ln b = +\infty$，故发散.

4. 设位于曲线 $y = \dfrac{1}{\sqrt{x(1+\ln^2 x)}}$ （$e \leqslant x < +\infty$）下方，x 轴上方的平面图形为 D，求 D 绕 x 轴旋转一周所形成旋转体的体积.

5. 计算：(1) $\Gamma\left(\dfrac{7}{2}\right)$;   (2) $\Gamma\left(\dfrac{1}{2}+n\right)$ （$n \in \mathbf{N}^+$）.

6. 利用 Γ 函数计算下列广义积分：

(1) $\displaystyle\int_0^{+\infty} x^3 \mathrm{e}^{-x}\,\mathrm{d}x$;   (2) $\displaystyle\int_0^{+\infty} \sqrt{x}\,\mathrm{e}^{-2x}\,\mathrm{d}x$;   (3) $\displaystyle\int_0^{+\infty} x^2 \mathrm{e}^{-2x^2}\,\mathrm{d}x$;   (4) $\displaystyle\int_0^1 \left(\ln\dfrac{1}{x}\right)^n \mathrm{d}x$ （$n \in \mathbf{N}^+$）.

7. 利用 $\displaystyle\int_0^{+\infty} \mathrm{e}^{-x^2}\,\mathrm{d}x = \dfrac{\sqrt{\pi}}{2}$，计算 $\displaystyle\int_{-\infty}^{+\infty} \dfrac{1}{\sqrt{2\pi}}\mathrm{e}^{\frac{-x^2}{2}}\,\mathrm{d}x$.

（B）

1. 已知 $\displaystyle\int_{-\infty}^0 \mathrm{e}^{ax}\,\mathrm{d}x = \dfrac{1}{3}$，求 a 的值.

2. 计算下列广义积分：

(1) $\displaystyle\int_1^{+\infty} \dfrac{\ln x}{(x+1)^2}\,\mathrm{d}x$;   (2) $\displaystyle\int_3^{+\infty} \dfrac{\mathrm{d}x}{(x-1)^4\,\sqrt{x^2-2x}}$;   (3) $\displaystyle\int_0^{\frac{\pi}{6}} \dfrac{\mathrm{d}x}{\cos x\,\sqrt{\sin x}}$.

3. 当 k 为何值时，广义积分 $\displaystyle\int_2^{+\infty} \dfrac{1}{x\,(\ln x)^k}\,\mathrm{d}x$ 收敛？当 k 为何值时，该广义积分发散？当 k 为何值时，该广义积分取得最小值？

4. 求 k 的值，使得 $\displaystyle\lim_{x\to+\infty}\left(\dfrac{x+k}{x-k}\right)^x = \displaystyle\int_{-\infty}^k t\mathrm{e}^{2t}\,\mathrm{d}t$ 成立.

5. 确定常数 c 的值，使 $\displaystyle\int_0^{+\infty}\left(\dfrac{1}{\sqrt{x^2+4}} - \dfrac{c}{x+2}\right)\mathrm{d}x$ 收敛，并求出其值.

6. 求曲线 $y^2 = \dfrac{x^3}{4-x}$ 和它的渐近线所围成的平面图形的面积.

 阅读材料
第6章知识要点

第7章 无穷级数

无穷级数是研究"无限项相加"的理论. 它包括数项级数与函数项级数两大部分,其中数项级数是函数项级数的基础. 无穷级数是表示函数、研究函数性质,以及进行数值计算的重要数学工具. 它在解决自然科学、工程技术和经济管理等各种实际问题中有着广泛的应用,这又进一步拓展了利用微积分解决实际问题的范围. 本章首先讨论常数项级数的一些基本内容,然后再讨论函数项级数中最为重要的一类级数 —— 幂级数及其一些相关的问题.

7.1 常数项级数的概念与性质

人们在解决很多实际问题时,往往有一个由近似到精确的过程. 在这个过程中,会遇到由有限个数量相加到无穷多个数量相加的问题.

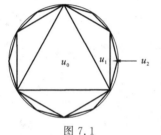

图 7.1

例如,求单位圆的面积问题. 人们一开始就以它的内接正三角形的面积 u_0 作为单位圆的面积 S 一个近似值,为改造这一粗糙的近似值,再以正三角形的每一条边为底分别作三个顶点在圆周上的等腰三角形(图 7.1),设这三个小等腰三角形的面积之和为 u_1,则 $u_0 + u_1$ 是圆内接正六边形的面积,与 u_0 相比,它是单位圆面积 S 的一个较好的近似值;同样再以这正六边形的每一条为底作顶点在圆周上的等腰三角形,设这六个等腰三角

形的面积之和为 u_2,于是 $u_0 + u_1 + u_2$ 是圆内接正十二边形的面积,是单位圆面积 S 一个更好的近似值.

如此做下去,得到和式

$$u_0 + u_1 + u_2 + \cdots + u_n = \sum_{k=0}^{n} u_k,$$

它是圆内接正 3×2^n 边形的面积,显然 n 越大,它越接近于单位圆的面积,当 $n \to \infty$ 时,它的极限就是单位圆的面积的精确值,即

$$S = u_0 + u_1 + u_2 + u_3 + \cdots + u_n + \cdots.$$

由无穷多个数相加构成的表达式,就称为**无穷级数**.

7.1.1 常数项级数的概念

定义 7.1.1 将已知数列 $\{u_n\}$ 的各项依次用加号连接起来的式子

$$u_1 + u_2 + \cdots + u_n + \cdots \qquad (7.1.1)$$

称为**常数项无穷级数**,简称为**数项级数**或**级数**. 记作 $\sum_{n=1}^{\infty} u_n$,即

$$\sum_{n=1}^{\infty} u_n = u_1 + u_2 + \cdots + u_n + \cdots,$$

式中,u_1 称为级数的第一项,u_2 称为级数的第二项,$\cdots$,u_n 称为级数的第 n 项或**通项**、**一般项**.

级数(7.1.1)是"无限多个数相加"的形式. 我们知道,有限个数相加一定有"和",那么,无限个数相加的含义是什么?为了回答这个问题我们可以从有限项的和出发,观察它们的变化趋势,借助于极限这个工具.

假设以 $S_1, S_2, \cdots, S_n, \cdots$ 分别表示无穷级数(7.1.1)的前1项和,前2项和,……,前n项的和,……,即
$$S_1 = u_1, \quad S_2 = u_1 + u_2, \quad \cdots, \quad S_n = u_1 + u_2 + u_3 + \cdots + u_n, \quad \cdots,$$
这样,就构成一个数列$\{S_n\}$.

很明显,随着 n 的增大,S_n 中含有数列$\{u_n\}$的项也就跟着增加. 不难想象,当 n 无限增大,可以通过 S_n 的极限来理解和定义无穷多个数相加及其相加"和"的含义.

定义 7.1.2 级数 $\sum_{n=1}^{\infty} u_n$ 的前 n 项和
$$S_n = u_1 + u_2 + \cdots + u_n = \sum_{k=1}^{n} u_k \quad (n = 1, 2, \cdots)$$

称为该级数的**部分和**. 数列$\{S_n\}$称为级数 $\sum_{n=1}^{\infty} u_n$ 的**部分和数列**.

级数的部分和与级数一般项之间有关系:$u_1 = S_1, u_n = S_n - S_{n-1}, n = 2, 3, \cdots$.

7.1.2 常数项级数的收敛与发散

很显然,若级数的部分和数列$\{S_n\}$有极限,则级数有"和";若级数的部分和数列$\{S_n\}$无极限,则级数就无"和". 于是,自然地给出下面的定义.

定义 7.1.3 若级数 $\sum_{n=1}^{\infty} u_n$ 的部分和数列$\{S_n\}$有极限 S,即
$$\lim_{n \to \infty} S_n = S,$$
则称级数 $\sum_{n=1}^{\infty} u_n$ **收敛**,并称极限值 S 为该级数的**和**,记作 $\sum_{n=1}^{\infty} u_n = S$.

若部分和数列$\{S_n\}$没有极限,则称级数 $\sum_{n=1}^{\infty} u_n$ **发散**. 级数的收敛性与发散性统称为级数的**敛散性**.

当级数 $\sum_{n=1}^{\infty} u_n$ 收敛时,其部分和 S_n 是级数和 S 的近似值,它们之间的差
$$R_n = S - S_n = \sum_{k=n+1}^{\infty} u_k$$

称为该级数的**余项**. 余项的绝对值 $|R_n|$ 称为用级数的部分和 S_n 近似代替级数的和 S 时所产生的**误差**.

由定义 7.1.3 可知,判别级数的敛散性实质上就是判别它的部分和数列 S_n 的敛散性. 因此,可将级数问题转化为它的部分和数列的相应问题进行研究.

例 7.1.1 判别级数 $\sum_{n=1}^{\infty} \dfrac{1}{n(n+1)}$ 的敛散性.

解 由于级数的一般项

$$u_n = \frac{1}{n(n+1)} = \frac{1}{n} - \frac{1}{n+1} \quad (n=1,2,\cdots),$$

所以级数的部分和

$$S_n = \sum_{k=1}^{n} u_k = \sum_{k=1}^{n}\left(\frac{1}{k} - \frac{1}{k+1}\right) = 1 - \frac{1}{n+1}.$$

而 $\lim_{n\to\infty}S_n = \lim_{n\to\infty}\left(1 - \frac{1}{n+1}\right) = 1$. 故级数 $\sum_{n=1}^{\infty}\frac{1}{n(n+1)}$ 收敛, 其和为 1.

例 7.1.2　讨论**等比级数**(或几何级数)

$$\sum_{n=0}^{\infty} aq^n = a + aq + aq^2 + \cdots + aq^{n-1} + \cdots$$

的敛散性, 其中 $a \neq 0$.

解　该级数的部分和

$$S_n = a + aq + aq^2 + aq^3 + \cdots + aq^{n-1} = \frac{a - aq^n}{1-q} \quad (q \neq 1).$$

(1) 当 $|q| < 1$ 时, 由于 $\lim_{n\to\infty}S_n = \lim_{n\to\infty}\frac{a-aq^n}{1-q} = \frac{a}{1-q}$, 该级数收敛, 且其和为 $\frac{a}{1-q}$;

(2) 当 $|q| > 1$ 时, 由于 $\lim_{n\to\infty}S_n = \lim_{n\to\infty}\frac{a-aq^n}{1-q} = \infty$, 该级数发散;

(3) 当 $q = 1$ 时, 由于 $\lim_{n\to\infty}S_n = \lim_{n\to\infty}na = \infty$, 该级数发散;

当 $q = -1$ 时, $S_n = \frac{a}{2}[1-(-1)^n]$, 由于

$$\lim_{n\to\infty}S_{2n} = \lim_{n\to\infty}0 = 0, \quad \lim_{n\to\infty}S_{2n+1} = \lim_{n\to\infty}a = a \neq 0.$$

所以 $\lim_{n\to\infty}S_n$ 不存在, 该级数发散.

综上所述, 当 $|q| < 1$ 时, 等比级数 $\sum_{n=0}^{\infty}aq^n$ 收敛, 其和为 $\frac{a}{1-q}$; 当 $|q| \geqslant 1$ 时, 等比级数 $\sum_{n=0}^{\infty}aq^n$ 发散.

例 7.1.3　证明**调和级数**

$$\sum_{n=1}^{\infty}\frac{1}{n} = 1 + \frac{1}{2} + \frac{1}{3} + \cdots + \frac{1}{n} + \cdots$$

是发散的.

证　由微分学可证得不等式: $x > \ln(1+x)$ $(x > 0)$. 由于

$$S_n = \sum_{k=1}^{n}\frac{1}{k} > \sum_{k=1}^{n}\ln\left(1+\frac{1}{k}\right) = \sum_{k=1}^{n}[\ln(k+1) - \ln k] = \ln(n+1),$$

而 $\lim_{n\to\infty}(n+1) = +\infty$, 于是 $\lim_{n\to\infty}S_n = +\infty$, 即调和级数 $\sum_{n=1}^{\infty}\frac{1}{n}$ 发散.

7.1.3　级数的基本性质

根据级数收敛性的概念, 利用数列极限有关性质, 可得到级数以下几个基本性质.

性质 7.1.1(级数收敛的必要条件)　若级数 $\sum_{n=1}^{\infty}u_n$ 收敛, 则 $\lim_{n\to\infty}u_n = 0$.

证　设级数 $\sum\limits_{n=1}^{\infty} u_n$ 的部分和为 S_n，因级数 $\sum\limits_{n=1}^{\infty} u_n$ 收敛，由收敛定义有 $\lim S_n = S$，于是有

$$\lim_{n\to\infty} u_n = \lim_{n\to\infty}(S_n - S_{n-1}) = \lim_{n\to\infty} S_n - \lim_{n\to\infty} S_{n-1} = S - S = 0.$$

应注意该性质的逆命题不成立，即若 $\lim\limits_{n\to\infty} u_n = 0$，则级数 $\sum\limits_{n=1}^{\infty} u_n$ 却未必收敛.

例如，调和级数 $\sum\limits_{n=1}^{\infty} \dfrac{1}{n}$，尽管 $\lim\limits_{n\to\infty} \dfrac{1}{n} = 0$，但 $\sum\limits_{n=1}^{\infty} \dfrac{1}{n}$ 却是发散的，即 $\lim\limits_{n\to\infty} u_n = 0$ 仅是级数 $\sum\limits_{n=1}^{\infty} u_n$ 收敛的必要条件，而非充分条件.

性质 7.1.1 的逆否命题成立，如下.

推论 7.1.1　若 $\lim\limits_{n\to\infty} u_n \neq 0$（或不存在），则级数 $\sum\limits_{n=1}^{\infty} u_n$ 必发散.

该推论常可用来判别级数的发散性. 故推论 7.1.1 也称为发散级数的通项判别法.

例 7.1.4　判别下列级数的敛散性：

(1) $\sum\limits_{n=1}^{\infty} \left(1 - \dfrac{1}{n}\right)^n$；　　(2) $\sum\limits_{n=1}^{\infty} (-1)^n n$；　　(3) $\sum\limits_{n=1}^{\infty} \cos \dfrac{n\pi}{2}$.

解　(1) 由于 $\lim\limits_{n\to\infty} u_n = \lim\limits_{n\to\infty} \left(1 - \dfrac{1}{n}\right)^n = e^{-1} \neq 0$，所以，由推论 7.1.1 可知，级数 $\sum\limits_{n=1}^{\infty} \left(1 - \dfrac{1}{n}\right)^n$ 发散.

(2) 由于 $\lim\limits_{n\to\infty} u_n = \lim\limits_{n\to\infty} (-1)^n n = \infty$，所以，由推论 7.1.1 可知，级数 $\sum\limits_{n=1}^{\infty} (-1)^n n$ 发散.

(3) 由于 $\lim\limits_{n\to\infty} u_n = \lim\limits_{n\to\infty} \cos \dfrac{n\pi}{2}$，该极限不存在，所以，由推论 7.1.1 可知，级数 $\sum\limits_{n=1}^{\infty} \cos \dfrac{n\pi}{2}$ 发散.

性质 7.1.2　设 k 为非零常数，则级数 $\sum\limits_{n=1}^{\infty} k u_n$ 与 $\sum\limits_{n=1}^{\infty} u_n$ 的敛散性相同；且在级数收敛时，若 $\sum\limits_{n=1}^{\infty} u_n = S$，有

$$\sum_{n=1}^{\infty} k u_n = k \sum_{n=1}^{\infty} u_n = kS.$$

证　设级数 $\sum\limits_{n=1}^{\infty} k u_n$ 与 $\sum\limits_{n=1}^{\infty} u_n$ 的部分和分别为 T_n 与 S_n，则

$$T_n = \sum_{m=1}^{n} k u_m = k \sum_{m=1}^{n} u_m = kS_n.$$

由于极限 $\lim\limits_{n\to\infty} kS_n$ 与 $\lim\limits_{n\to\infty} S_n$ 同时存在或同时不存在，所以级数 $\sum\limits_{n=1}^{\infty} k u_n$ 与 $\sum\limits_{n=1}^{\infty} u_n$ 敛散性相同. 且当 $\lim\limits_{n\to\infty} T_n$ 与 $\lim\limits_{n\to\infty} S_n$ 同存在时，有 $\lim\limits_{n\to\infty} T_n = \lim\limits_{n\to\infty} kS_n = kS$，即

$$\sum_{n=1}^{\infty} k u_n = k \sum_{n=1}^{\infty} u_n = kS.$$

例如，由例 7.1.1 已知级数 $\sum\limits_{n=1}^{\infty} \dfrac{1}{n(n+1)}$ 是收敛的，由性质 7.1.2 可知，级数 $\sum\limits_{n=1}^{\infty} \dfrac{100}{n(n+1)}$ 也收敛. 同理可知，级数 $\sum\limits_{n=1}^{\infty} \dfrac{7}{5n}$ 是发散的.

性质 7.1.3　若级数 $\sum_{n=1}^{\infty} u_n$ 与 $\sum_{n=1}^{\infty} v_n$ 都收敛,且其和分别为 S 和 T,则逐项相加(减)的级数 $\sum_{n=1}^{\infty}(u_n \pm v_n)$ 也收敛,其和为 $S \pm T$,且有

$$\sum_{n=1}^{\infty}(u_n \pm v_n) = S \pm T = \sum_{n=1}^{\infty} u_n \pm \sum_{n=1}^{\infty} v_n.$$

证　设级数 $\sum_{n=1}^{\infty} u_n$ 与 $\sum_{n=1}^{\infty} v_n$ 的部分和分别为 S_n 和 T_n,级数 $\sum_{n=1}^{\infty}(u_n \pm v_n)$ 的部分和为 W_n,则

$$W_n = \sum_{k=1}^{n}(u_k \pm v_k) = \sum_{k=1}^{n} u_k \pm \sum_{k=1}^{n} v_k = S_n \pm T_n.$$

由于 $\sum_{n=1}^{\infty} u_n$ 与 $\sum_{n=1}^{\infty} v_n$ 都收敛,其和分别为 S 和 T,所以

$$\lim_{n \to \infty} W_n = \lim_{n \to \infty}(S_n \pm T_n) = S \pm T,$$

即

$$\sum_{n=1}^{\infty}(u_n \pm v_n) = S \pm T.$$

由性质 7.1.3 并结合反证法可知,有下述推论.

推论 7.1.2　若级数 $\sum_{n=1}^{\infty} u_n, \sum_{n=1}^{\infty} v_n$ 中一个收敛,另一个发散,则级数 $\sum_{n=1}^{\infty}(u_n \pm v_n)$ 必发散.

利用上述性质及推论可以判定级数通项为两项 u_n 与 v_n 的和的某些级数的敛散性.

值得注意的是,若级数 $\sum_{n=1}^{\infty} u_n$ 与 $\sum_{n=1}^{\infty} v_n$ 均发散,则级数 $\sum_{n=1}^{\infty}(u_n \pm v_n)$ 却未必发散.

例如,级数 $\sum_{n=1}^{\infty}(-1)^{2n}$ 与 $\sum_{n=1}^{\infty}(-1)^{2n+1}$ 均发散,但级数 $\sum_{n=1}^{\infty}[(-1)^{2n}+(-1)^{2n+1}]$ 却是收敛于 0 的;级数 $\sum_{n=1}^{\infty}(-1)^{2n}$ 与 $\sum_{n=1}^{\infty}(-1)^{2n+2}$ 均发散,而级数 $\sum_{n=1}^{\infty}[(-1)^{2n}+(-1)^{2n+2}]$ 也是发散的.

例 7.1.5　判别下列级数的敛散性:

(1) $\sum_{n=1}^{\infty}\left[\frac{8}{n(n+1)}+\left(\frac{3}{5}\right)^n\right]$;　　　(2) $\sum_{n=1}^{\infty}\left(\frac{1}{2^n}+n\sin\frac{\pi}{n}\right)$.

解　(1) 由例 7.1.1 及例 7.1.2 知,级数 $\sum_{n=1}^{\infty}\frac{1}{n(n+1)}$ 和级数 $\sum_{n=1}^{\infty}\left(\frac{3}{5}\right)^n$ 都收敛,由性质 7.1.2 知级数 $\sum_{n=1}^{\infty}\frac{8}{n(n+1)}$ 收敛,则由性质 7.1.3 知,所给级数 $\sum_{n=1}^{\infty}\left[\frac{8}{n(n+1)}+\left(\frac{3}{5}\right)^n\right]$ 是收敛的.

(2) 由等比级数收敛与发散的结论可知,级数 $\sum_{n=1}^{\infty}\frac{1}{2^n}$ 收敛,而又因 $\lim_{n \to \infty} n\sin\frac{\pi}{n} = \pi \neq 0$,由推论 7.1.1 知,级数 $\sum_{n=1}^{\infty} n\sin\frac{\pi}{n}$ 发散.再由推论 7.1.2 知,级数 $\sum_{n=1}^{\infty}\left(\frac{1}{2^n}+n\sin\frac{\pi}{n}\right)$ 是发散的.

性质 7.1.4　一个级数去掉或增加或改变前面有限项后,不改变级数的敛散性,即设 k 为某一正整数,则级数 $\sum_{n=1}^{\infty} u_n$ 与 $\sum_{n=k+1}^{\infty} u_n$ 有相同的敛散性.

证　仅考虑级数去掉前面有限项的情况,增加或改变有限项的情况证明类似. 设级数

$$\sum_{n=1}^{\infty} u_n = u_1 + u_2 + \cdots + u_k + u_{k+1} + \cdots + u_{k+n} + \cdots$$

的前 $k+n$ 项部分和为 S_{k+n}，去掉前 k 项后所得的级数

$$\sum_{n=k+1}^{\infty} u_n = u_{k+1} + u_{k+2} + \cdots + u_{k+n} + \cdots$$

的前 n 项部分和为 T_n，则

$$T_n = S_{k+n} - S_k,$$

其中 $S_k = u_1 + u_2 + \cdots + u_k$ 为常数，所以当 $n \to \infty$ 时，T_n 与 S_{k+n}（或 S_n）同收敛或同发散，从而级数 $\sum_{n=1}^{\infty} u_{k+n}$ 与 $\sum_{n=1}^{\infty} u_n$ 具有相同的敛散性.

性质 7.1.4 换句话说，就是级数的敛散性与前面的有限项无关. 但当级数收敛时，会因有限项的变动，它们的和一般不相同.

例如，级数 $\sum_{n=1}^{\infty} \dfrac{1}{n+9} = \sum_{n=10}^{\infty} \dfrac{1}{n}$ 可以看作是在调和级数 $\sum_{n=1}^{\infty} \dfrac{1}{n}$ 中去掉前面 9 项后所得的级数，由于级数 $\sum_{n=1}^{\infty} \dfrac{1}{n}$ 发散，所以级数 $\sum_{n=1}^{\infty} \dfrac{1}{n+9}$ 或 $\sum_{n=10}^{\infty} \dfrac{1}{n}$ 也发散.

性质 7.1.5 若级数 $\sum_{n=1}^{\infty} u_n$ 收敛，则在不改变它的各项次序时，对该级数的项任意加括号后所构成的新级数

$$(u_1 + u_2 + \cdots + u_{n_1}) + (u_{n_1+1} + u_{n_1+2} + \cdots + u_{n_2}) + \cdots + (u_{n_{k-1}+1} + u_{n_{k-1}+2} + \cdots + u_{n_k}) + \cdots$$

仍收敛，且其和不变.

证 设收敛级数 $\sum_{n=1}^{\infty} u_n$ 的部分和为 S_n，且其和为 S，由该级数加括号后所构成的新级数的部分和为 T_k，则

$$T_1 = u_1 + u_2 + \cdots + u_{n_1} = S_{n_1},$$
$$T_2 = (u_1 + u_2 + \cdots + u_{n_1}) + (u_{n_1+1} + u_{n_1+2} + \cdots + u_{n_2}) = S_{n_2},$$
$$\cdots\cdots$$
$$T_k = (u_1 + u_2 + \cdots + u_{n_1}) + (u_{n_1+1} + u_{n_1+2} + \cdots + u_{n_2}) + \cdots$$
$$+ (u_{n_{k-1}+1} + u_{n_{k-1}+2} + \cdots + u_{n_k}) = S_{n_k},$$
$$\cdots\cdots$$

显然，当 $k \to \infty$ 时，必有 $n_k \to \infty$，又 $\{T_k\}$ 是数列 $\{S_n\}$ 的一个子数列. 由于 $\lim\limits_{n\to\infty} S_n = S$，由收敛数列与其子数列的关系可知，数列 $\{T_k\}$ 必定收敛，且有

$$\lim_{k\to\infty} T_k = \lim_{k\to\infty} S_{n_k} = \lim_{n\to\infty} S_n = S,$$

即加括号后所成的新级数收敛，且其和不变.

性质 7.1.5 表明，收敛级数满足加法结合律. 值得注意的是，当级数加括号后所得的新级数收敛时，原级数未必收敛，也就是说性质 7.1.5 的逆命题不成立. 例如，级数

$$1 - 1 + 1 - 1 + \cdots + 1 - 1 + \cdots$$

加括号后所成新级数

$$(1-1) + (1-1) + \cdots + (1-1) + \cdots$$

收敛于 0,但原级数 $1-1+1-1+\cdots+1-1+\cdots$ 却是发散的.

然而使用起来更方便的是性质 7.1.5 的直接推论(逆否命题).

推论 7.1.3　若按照某种方式加括号后所得的新级数发散,则原级数必发散.

例 7.1.6　判别级数

$$\frac{1}{2}+\frac{1}{10}+\frac{1}{2^2}+\frac{1}{20}+\frac{1}{2^3}+\frac{1}{30}+\cdots+\frac{1}{2^n}+\frac{1}{10 \cdot n}+\cdots$$

的敛散性.

解　依照下列方式加括号后所得新级数为

$$\left(\frac{1}{2}+\frac{1}{10}\right)+\left(\frac{1}{4}+\frac{1}{20}\right)+\left(\frac{1}{8}+\frac{1}{30}\right)+\cdots=\sum_{n=1}^{\infty}\left(\frac{1}{2^n}+\frac{1}{10n}\right),$$

因为级数 $\sum_{n=1}^{\infty}\frac{1}{2^n}$ 收敛,级数 $\sum_{n=1}^{\infty}\frac{1}{10n}$ 发散,所以级数 $\sum_{n=1}^{\infty}\left(\frac{1}{2^n}+\frac{1}{10n}\right)$ 发散,于是由推论 7.1.3 可知,原级数

$$\frac{1}{2}+\frac{1}{10}+\frac{1}{2^2}+\frac{1}{20}+\frac{1}{2^3}+\frac{1}{30}+\cdots+\frac{1}{2^n}+\frac{1}{10 \cdot n}+\cdots$$

发散.

习　题　7.1

(A)

1. 已知级数 $\sum_{n=1}^{\infty}u_n$ 的部分和为 $S_n=\dfrac{n}{2n+1}$,试写出 u_1,u_n,并求该级数的和.

2. 用级数收敛的定义判别下列级数的敛散性;若收敛,并求其和:

(1) $\displaystyle\sum_{n=1}^{\infty}\frac{1}{\sqrt{n+1}+\sqrt{n}}$;　　(2) $\displaystyle\sum_{n=1}^{\infty}\frac{n}{(n+1)!}$;　　(3) $\displaystyle\sum_{n=1}^{\infty}\frac{2n+1}{n^2(n+1)^2}$;

(4) $\displaystyle\sum_{n=1}^{\infty}\frac{1}{n(n+2)}$;　　(5) $\displaystyle\sum_{n=2}^{\infty}\ln\left(1-\frac{1}{n^2}\right)$;　　(6) $\displaystyle\sum_{n=1}^{\infty}\left(\sqrt{n+2}-2\sqrt{n+1}+\sqrt{n}\right)$.

3. 利用级数的性质及等比级数和调和级数的敛散性,判别下列级数的敛散性:

(1) $\displaystyle\sum_{n=1}^{\infty}\frac{5}{a^n}\ (a>0)$;　　(2) $\displaystyle\sum_{n=1}^{\infty}\frac{1}{n+3}$;　　(3) $\displaystyle\sum_{n=1}^{\infty}\frac{\ln^n 2+(-1)^n}{3^n}$;　　(4) $\displaystyle\sum_{n=1}^{\infty}\left(\frac{n+1}{n}\right)^n$;

(5) $\displaystyle\sum_{n=1}^{\infty}\frac{(-1)^n n}{2n+1}$;　　(6) $\displaystyle\sum_{n=1}^{\infty}\frac{2}{\sqrt[n]{5}}$;　　(7) $\displaystyle\sum_{n=1}^{\infty}\left(\frac{\pi}{2^n}+\frac{1}{n}\right)$;　　(8) $10+\displaystyle\sum_{n=100}^{\infty}\frac{7}{n}$;

(9) $\displaystyle\sum_{n=1}^{\infty}\left(\frac{1}{n^3+4}\right)^{\frac{1}{2}}$;　　(10) $\dfrac{1}{\sqrt{2}-1}-\dfrac{1}{\sqrt{2}+1}+\dfrac{1}{\sqrt{3}-1}-\dfrac{1}{\sqrt{3}+1}+\cdots+\dfrac{1}{\sqrt{n}-1}-\dfrac{1}{\sqrt{n}+1}+\cdots$.

4. 判别级数 $\dfrac{1}{2}+\dfrac{1}{3}+\dfrac{1}{2^2}+\dfrac{1}{3^2}+\dfrac{1}{2^3}+\dfrac{1}{3^3}+\cdots+\dfrac{1}{2^n}+\dfrac{1}{3^n}+\cdots$ 的敛散性,若收敛,并求其和.

5. 设 $\displaystyle\sum_{n=1}^{\infty}u_n$ 前 $2n$ 项的和为 S_{2n},且当 $n\to\infty$ 时,$S_{2n}\to S,u_n\to 0$,证明:级数 $\displaystyle\sum_{n=1}^{\infty}u_n$ 收敛.

6. 设级数 $\displaystyle\sum_{n=1}^{\infty}(u_{2n-1}+u_{2n})$ 收敛,其和为 S,又 $\displaystyle\lim_{n\to\infty}u_n=0$,证明:级数 $\displaystyle\sum_{n=1}^{\infty}u_n$ 收敛,且其和为 S.

7. 设 $\displaystyle\sum_{n=1}^{\infty}a_n$ 收敛,且 $\displaystyle\lim_{n\to\infty}na_n=0$,证明:级数 $\displaystyle\sum_{n=1}^{\infty}n(a_n-a_{n+1})$ 收敛且 $\displaystyle\sum_{n=1}^{\infty}n(a_n-a_{n+1})=\sum_{n=1}^{\infty}a_n$.

(B)

1. 判别级数 $\displaystyle\sum_{n=1}^{\infty}\left(\frac{1}{n^2+n+1}+\frac{2}{n^2+n+2}+\cdots+\frac{n}{n^2+n+n}\right)$ 的敛散性.

2. 若级数 $\sum\limits_{n=1}^{\infty} u_n$ 收敛,则下面结论中正确的是(　　).

A. $\sum\limits_{n=1}^{\infty} (u_{2n-1} + u_{2n})$ 必收敛;　　　　　B. $\sum\limits_{n=1}^{\infty} ku_{n+100}$ $(k \neq 0)$ 必收敛;

C. $\sum\limits_{n=1}^{\infty} (100 + u_n)$ 收敛;　　　　　　　D. $\lim\limits_{n \to \infty} u_n = 0$.

3. 若级数 $\sum\limits_{n=1}^{\infty} u_n$ 收敛于 $S \neq 0$,其部分和为 S_n,下列正确的有(　　).

A. $\sum\limits_{n=1}^{\infty} \dfrac{1}{S_n}$ 收敛;　　　B. $\sum\limits_{n=1}^{\infty} S_n$ 收敛;　　　C. $\sum\limits_{n=1}^{\infty} \dfrac{1}{u_n}$ 收敛;　　　D. $\sum\limits_{n=N}^{\infty} u_n$ 收敛.

4. 若级数 $\sum\limits_{n=1}^{\infty} (-1)^{n-1} u_n$, $\sum\limits_{n=1}^{\infty} u_{2n-1}$ 均收敛,且 $\sum\limits_{n=1}^{\infty} (-1)^{n-1} u_n = 2$, $\sum\limits_{n=1}^{\infty} u_{2n-1} = 5$,判定级数 $\sum\limits_{n=1}^{\infty} u_n$ 的敛散性,若收敛,并求其和.

5. 证明:级数 $\sum\limits_{n=1}^{\infty} (a_n - a_{n+1})$ 收敛 $\Leftrightarrow \lim\limits_{n \to \infty} a_n$ 存在.

6. 若级数 $\sum\limits_{n=1}^{\infty} \dfrac{1}{n^2}$ 收敛,且 $\sum\limits_{n=1}^{\infty} \dfrac{1}{n^2} = \dfrac{\pi^2}{6}$,证明:级数 $\sum\limits_{n=1}^{\infty} \dfrac{1}{(2n-1)^2}$ 也收敛,且和为 $\dfrac{\pi^2}{8}$.

7. 设两条抛物线 $y = nx^2 + \dfrac{1}{n}$ 和 $y = (n+1)x^2 + \dfrac{1}{n+1}$ 的交点的横坐标的绝对值为 a_n,这两条抛物线所围成的平面图形的面积为 S_n,证明:级数 $\sum\limits_{n=1}^{\infty} \dfrac{S_n}{a_n}$ 收敛,并求其和.

7.2　正项级数及其敛散性的判别法

　　研究一个级数的首要任务是确定该级数是否收敛. 如果级数发散,那么它无和可言;如果级数收敛,那么才有意义进行下一步的求和工作. 即使无法求得其和的精确值,也可利用部分和求出它的近似值. 在实际问题中,依据级数收敛的定义及级数的性质去判别级数的敛散性,有时是非常困难的. 因此,有必要寻求新的判别级数敛散性的方法.

　　我们把常数项级数分为正项级数和任意项级数两大类来讨论它们的敛散性判别问题. 由于一般任意项级数的敛散性经常要转化为正项级数的敛散性问题,所以下面先来讨论正项级数敛散性的判别法.

7.2.1　正项级数收敛的基本定理

定义 7.2.1　若 $u_n \geqslant 0$ $(n = 1, 2, \cdots)$,则称级数 $\sum\limits_{n=1}^{\infty} u_n$ 为**正项级数**.

　　设正项级数 $\sum\limits_{n=1}^{\infty} u_n$ 的部分和为 S_n,由于

$$S_n = S_{n-1} + u_n,$$

而 $u_n \geqslant 0$,所以部分和数列 $\{S_n\}$ 是单调递增的,即

$$S_1 \leqslant S_2 \leqslant S_3 \leqslant \cdots \leqslant S_n \leqslant \cdots.$$

　　若数列 $\{S_n\}$ 有上界,根据单调有界数列必收敛的性质可知,则数列 $\{S_n\}$ 必收敛,所以级数 $\sum\limits_{n=1}^{\infty} u_n$ 一定收敛;反过来,若级数 $\sum\limits_{n=1}^{\infty} u_n$ 收敛,则部分和数列 $\{S_n\}$ 有极限,由收敛数列的有界性

可知,$\{S_n\}$ 必有上界. 从而可得如下判别正项级数收敛性的**基本定理**或**有界判别法**.

定理 7.2.1 正项级数 $\sum\limits_{n=1}^{\infty} u_n$ 收敛的充分必要条件是它的部分和数列 $\{S_n\}$ 有上界.

例 7.2.1 讨论 p- 级数

$$\sum_{n=1}^{\infty} \frac{1}{n^p} = 1 + \frac{1}{2^p} + \frac{1}{3^p} + \cdots + \frac{1}{n^p} + \cdots \quad (p > 0)$$

的敛散性.

解 (1) 当 $p \leqslant 1$ 时,因 $\frac{1}{n^p} \geqslant \frac{1}{n}$ $(n = 1, 2, \cdots)$,所以 p- 级数 $\sum\limits_{n=1}^{\infty} \frac{1}{n^p}$ 的部分和 S_n 不小于调

和级数 $\sum\limits_{n=1}^{\infty} \frac{1}{n}$ 的部分和 T_n,即

$$S_n \geqslant T_n, \quad n = 1, 2, \cdots.$$

由于调和级数是正项级数且发散,所以其部分和数列 $\{T_n\}$ 无上界,从而数列 $\{S_n\}$ 无上界,

由定理7.2.1知,级数 $\sum\limits_{n=1}^{\infty} \frac{1}{n^p}$ 发散.

(2) 当 $p > 1$ 时,$\forall x \in [n-1, n]$,其中 $n \geqslant 2$ $(n \in \mathbf{N})$. 则 $\frac{1}{n^p} \leqslant \frac{1}{x^p}$,于是有

$$u_n = \frac{1}{n^p} = \int_{n-1}^{n} \frac{1}{n^p} \mathrm{d}x \leqslant \int_{n-1}^{n} \frac{1}{x^p} \mathrm{d}x \quad (n = 2, 3, \cdots).$$

故

$$S_n = 1 + \frac{1}{2^p} + \frac{1}{3^p} + \cdots + \frac{1}{n^p} \leqslant 1 + \int_{1}^{2} \frac{1}{x^p} \mathrm{d}x + \int_{2}^{3} \frac{1}{x^p} \mathrm{d}x + \cdots + \int_{n-1}^{n} \frac{1}{x^p} \mathrm{d}x$$

$$= 1 + \int_{1}^{n} \frac{1}{x^p} \mathrm{d}x = 1 + \frac{1}{p-1}\left(1 - \frac{1}{n^{p-1}}\right) < 1 + \frac{1}{p-1} = \frac{p}{p-1},$$

即正项级数的部分和数列 $\{S_n\}$ 有上界,故当 $p > 1$ 时,p- 级数 $\sum\limits_{n=1}^{\infty} \frac{1}{n^p}$ 收敛.

综上所述:当 $p \leqslant 1$ 时,p- 级数发散;当 $p > 1$ 时,p- 级数收敛.

从例 7.2.1 可以看出,运用定理 7.2.1 来判别正项级数的敛散性,实质上是要判断 S_n 是否有上界,但对于判断 S_n 是否有上界而言,这一过程常常不易做到,因此定理 7.2.1 所提供的判别正项级数的敛散性的方法并不实用.

定理 7.2.1 的重要意义不在于用它去判别某具体正项级数的敛散性,而在于它是证明下面几种易于操作且常用的判别法的理论基础.

7.2.2 比较判别法

1. 比较判别法的一般形式

定理 7.2.2 设 $\sum\limits_{n=1}^{\infty} u_n$ 与 $\sum\limits_{n=1}^{\infty} v_n$ 均为正项级数,且 $u_n \leqslant v_n$ $(n = 1, 2, \cdots)$.

(1) 若级数 $\sum\limits_{n=1}^{\infty} v_n$ 收敛,则级数 $\sum\limits_{n=1}^{\infty} u_n$ 也收敛;

(2) 若级数 $\sum\limits_{n=1}^{\infty} u_n$ 发散,则级数 $\sum\limits_{n=1}^{\infty} v_n$ 也发散.

证 设级数 $\sum\limits_{n=1}^{\infty} u_n$ 与 $\sum\limits_{n=1}^{\infty} v_n$ 的部分和分别为 S_n 与 T_n,由于 $u_n \leqslant v_n$ $(n=1,2,3,\cdots)$,所以有

$$S_n \leqslant T_n \quad (n=1,2,\cdots).$$

(1) 由于正项级数 $\sum\limits_{n=1}^{\infty} v_n$ 收敛,由定理 7.2.1 知,其部分和数列 $\{T_n\}$ 有上界,从而数列 $\{S_n\}$ 也有上界,所以正项级数 $\sum\limits_{n=1}^{\infty} u_n$ 收敛.

(2) 由于正项级数 $\sum\limits_{n=1}^{\infty} u_n$ 发散,由定理 7.2.1 知,其部分和数列 $\{S_n\}$ 无上界,因 $S_n \leqslant T_n$,所以数列 $\{T_n\}$ 也无上界,故正项级数 $\sum\limits_{n=1}^{\infty} v_n$ 发散.

由定理 7.2.2 及级数的性质,不难推得下述结论.

推论 7.2.1 设 $\sum\limits_{n=1}^{\infty} u_n$ 与 $\sum\limits_{n=1}^{\infty} v_n$ 均为正项级数,若存在自然数 N 及常数 $k>0$,使得当 $n \geqslant N$ 时,有 $u_n \leqslant k v_n$.

(1) 若级数 $\sum\limits_{n=1}^{\infty} v_n$ 收敛,则级数 $\sum\limits_{n=1}^{\infty} u_n$ 也收敛;

(2) 若级数 $\sum\limits_{n=1}^{\infty} u_n$ 发散,则级数 $\sum\limits_{n=1}^{\infty} v_n$ 也发散.

在用比较判别法判别正项级数 $\sum\limits_{n=1}^{\infty} u_n$ 的敛散性时,一般要对所给级数 $\sum\limits_{n=1}^{\infty} u_n$ 的敛散性作出初步估计,然后寻求一个已知收敛或发散的正项级数与之比较. 常用来作比较的级数有**几何级数**、**调和级数**和 p- **级数**.

例 7.2.2 判别下列级数的敛散性:

(1) $\sum\limits_{n=1}^{\infty}\left(\dfrac{2n}{5n+1}\right)^n$; (2) $\sum\limits_{n=1}^{\infty}\dfrac{1}{\sqrt{n+1}}$; (3) $\sum\limits_{n=1}^{\infty}\dfrac{2n+1}{\sqrt{n^5+n+1}}$;

(4) $\sum\limits_{n=1}^{\infty} 2^n \sin\dfrac{\pi}{3^n}$; (5) $\sum\limits_{n=1}^{\infty}\dfrac{1+\cos^2 n}{\ln(n+1)}$; (6) $\sum\limits_{n=1}^{\infty}\displaystyle\int_0^{\frac{\pi}{n}}\dfrac{\sin x}{1+x^3}\mathrm{d}x$.

解 (1) 由于 $u_n=\left(\dfrac{2n}{5n+1}\right)^n<\left(\dfrac{2n}{5n}\right)^n=\left(\dfrac{2}{5}\right)^n$,而等比级数 $\sum\limits_{n=1}^{\infty}\left(\dfrac{2}{5}\right)^n$ 收敛,所以由比较判别法可知,级数 $\sum\limits_{n=1}^{\infty}\left(\dfrac{2n}{5n+1}\right)^n$ 收敛.

(2) 由于 $u_n=\dfrac{1}{\sqrt{n+1}}\geqslant\dfrac{1}{\sqrt{n+\sqrt{n}}}=\dfrac{1}{2\sqrt{n}}$,而 p- 级数 $\sum\limits_{n=1}^{\infty}\dfrac{1}{\sqrt{n}}$ 发散,所以由比较判别法可知,级数 $\sum\limits_{n=1}^{\infty}\dfrac{1}{\sqrt{n+1}}$ 发散.

(3) 由于 $u_n=\dfrac{2n+1}{\sqrt{n^5+n+1}}<\dfrac{2n+n}{\sqrt{n^5}}=\dfrac{3}{n^{3/2}}$,而 p- 级数 $\sum\limits_{n=1}^{\infty}\dfrac{1}{n^{3/2}}$ 收敛,所以由比较判别法

可知,级数 $\sum\limits_{n=1}^{\infty} \dfrac{2n+1}{\sqrt{n^5+n+2}}$ 收敛.

(4) 因为 $\sin x < x \ (x>0)$,所以 $u_n = 2^n \sin \dfrac{\pi}{3^n} < \pi\left(\dfrac{2}{3}\right)^n$,而等比级数 $\sum\limits_{n=1}^{\infty} \pi\left(\dfrac{2}{3}\right)^n$ 收敛,所以由比较判别法可知,级数 $\sum\limits_{n=1}^{\infty} 2^n \sin \dfrac{\pi}{3^n}$ 收敛.

(5) 因为 $\ln(1+x) < x \ (x>0)$,所以 $u_n = \dfrac{1+\cos^2 n}{\ln(n+1)} > \dfrac{1}{n}$,而级数 $\sum\limits_{n=1}^{\infty} \dfrac{1}{n}$ 发散,所以由比较判别法可知,级数 $\sum\limits_{n=1}^{\infty} \dfrac{1+\cos^2 n}{\ln(n+1)}$ 发散.

(6) 因为 $u_n = \displaystyle\int_0^{\frac{\pi}{n}} \dfrac{\sin x}{1+x^3} \mathrm{d}x \leqslant \int_0^{\frac{\pi}{n}} \sin x \, \mathrm{d}x < \int_0^{\frac{\pi}{n}} x \, \mathrm{d}x = \dfrac{\pi^2}{2n^2}$,而 p- 级数 $\sum\limits_{n=1}^{\infty} \dfrac{1}{n^2}$ 收敛,所以由比较判别法可知,级数 $\sum\limits_{n=1}^{\infty} \displaystyle\int_0^{\frac{\pi}{n}} \dfrac{\sin x}{1+x^3} \mathrm{d}x$ 收敛.

从上面的例子可以看出,应用比较判别法判别正项级数 $\sum\limits_{n=1}^{\infty} u_n$ 的敛散性,实质就是要对 u_n 进行适当的放大与缩小,以寻找与之比较的级数. 但当实际运用时,困难在于究竟是对 u_n 放大还是缩小,即寻求一个收敛的级数还是发散的级数作为比较的级数,同时,放大或缩小也需要一定的技巧. 在实际应用中,比较判别法的极限形式,在一定的条件下回避了建立不等式所产生的困难,使用起来往往显得更为方便.

2. 比较判别法的极限形式

定理 7.2.3 设 $\sum\limits_{n=1}^{\infty} u_n$ 与 $\sum\limits_{n=1}^{\infty} v_n$ 均为正项级数,且 $\lim\limits_{n\to\infty} \dfrac{u_n}{v_n} = l \ (0 \leqslant l \leqslant +\infty)$.

(1) 若 $0 < l < +\infty$,则级数 $\sum\limits_{n=1}^{\infty} u_n$ 与级数 $\sum\limits_{n=1}^{\infty} v_n$ 的敛散性相同;

(2) 若 $l = 0$,且级数 $\sum\limits_{n=1}^{\infty} v_n$ 收敛,则级数 $\sum\limits_{n=1}^{\infty} u_n$ 也收敛;

(3) 若 $l = +\infty$,且级数 $\sum\limits_{n=1}^{\infty} v_n$ 发散,则级数 $\sum\limits_{n=1}^{\infty} u_n$ 也发散.

证 (1) 当 $0 < l < +\infty$ 时,由于 $\lim\limits_{n\to\infty} \dfrac{u_n}{v_n} = l$,根据极限定义可知,对给定的 $\varepsilon = \dfrac{l}{2} > 0$,存在正整数 N,当 $n > N$ 时,总有 $\left| \dfrac{u_n}{v_n} - l \right| < \varepsilon = \dfrac{l}{2}$,即

$$\dfrac{l}{2} v_n < u_n < \dfrac{3l}{2} v_n.$$

由推论 7.2.1 可知,级数 $\sum\limits_{n=1}^{\infty} u_n$ 与 $\sum\limits_{n=1}^{\infty} v_n$ 的敛散性相同.

(2) 当 $l = 0$ 时,由于 $\lim\limits_{n\to\infty} \dfrac{u_n}{v_n} = 0$,对给定的 $\varepsilon = 1$,存在正整数 N,当 $n > N$ 时,总有 $\left| \dfrac{u_n}{v_n} - 0 \right| < \varepsilon = 1$,即 $u_n < v_n$,由推论 7.2.1 知,若级数 $\sum\limits_{n=1}^{\infty} v_n$ 收敛,则级数 $\sum\limits_{n=1}^{\infty} u_n$ 也收敛.

（3）当 $l = +\infty$ 且 $\sum\limits_{n=1}^{\infty} v_n$ 发散时，若假设级数 $\sum\limits_{n=1}^{\infty} u_n$ 收敛，因 $\lim\limits_{n \to \infty} \dfrac{u_n}{v_n} = \infty$，有 $\lim\limits_{n \to \infty} \dfrac{v_n}{u_n} = 0$，由

定理 7.2.3(2) 知，级数 $\sum\limits_{n=1}^{\infty} v_n$ 收敛，这与已知矛盾. 故级数 $\sum\limits_{n=1}^{\infty} u_n$ 发散.

由定理 7.2.3 可知，在两个正项级数的通项均趋于零的情况下，比较判别法的极限形式实质上是考察两个级数通项 u_n 与 v_n 当 $n \to \infty$ 时的无穷小的阶，正因如此，在判别正项级数 $\sum\limits_{n=1}^{\infty} u_n$ 的敛散性时，可将已给级数通项 u_n 或其部分因子用等价无穷小量替换，替换后所得的新的级数与原级数 $\sum\limits_{n=1}^{\infty} u_n$ 敛散性相同，即有下述结论.

推论 7.2.2 设 $\sum\limits_{n=1}^{\infty} u_n$ 与 $\sum\limits_{n=1}^{\infty} v_n$ 都是正项级数，且 $n \to \infty$ 时，u_n 与 v_n 都趋于零. 若 $u_n \sim v_n$ $(n \to \infty)$，则 $\sum\limits_{n=1}^{\infty} u_n$ 与 $\sum\limits_{n=1}^{\infty} v_n$ 的敛散性相同.

例 7.2.3 判别下列正项级数的敛散性：

（1）$\sum\limits_{n=1}^{\infty} \sin \dfrac{1}{n}$；

（2）$\sum\limits_{n=1}^{\infty} 3^n \arcsin \dfrac{\pi}{5^n}$；

（3）$\sum\limits_{n=1}^{\infty} \dfrac{1}{\sqrt{n}} \ln\left(1 + \dfrac{1}{\sqrt{n}}\right)$；

（4）$\sum\limits_{n=1}^{\infty} \dfrac{\sqrt{n+1} + \sin n}{3n^2 - n - 1}$.

解 （1）由于当 $n \to \infty$ 时，$\sin \dfrac{1}{n} \sim \dfrac{1}{n}$，而级数 $\sum\limits_{n=1}^{\infty} \dfrac{1}{n}$ 发散，由推论 7.2.2 可知，级数 $\sum\limits_{n=1}^{\infty} \sin \dfrac{1}{n}$ 也发散.

（2）由于当 $n \to \infty$ 时，$3^n \arcsin \dfrac{\pi}{5^n} \sim 3^n \dfrac{\pi}{5^n} = \pi \left(\dfrac{3}{5}\right)^n$，而级数 $\sum\limits_{n=1}^{\infty} \pi \left(\dfrac{3}{5}\right)^n$ 收敛，由推论 7.2.2 可知，级数 $\sum\limits_{n=1}^{\infty} 3^n \arcsin \dfrac{\pi}{5^n}$ 收敛.

（3）由于当 $n \to \infty$ 时，$\dfrac{1}{\sqrt{n}} \ln\left(1 + \dfrac{1}{\sqrt{n}}\right) \sim \dfrac{1}{\sqrt{n}} \cdot \dfrac{1}{\sqrt{n}} = \dfrac{1}{n}$，而级数 $\sum\limits_{n=1}^{\infty} \dfrac{1}{n}$ 发散，由推论 7.2.2 可知，级数 $\sum\limits_{n=1}^{\infty} \dfrac{1}{\sqrt{n}} \ln\left(1 + \dfrac{1}{\sqrt{n}}\right)$ 发散.

（4）由于当 $n \to \infty$ 时，有

$$\frac{\sqrt{n+1} + \sin n}{3n^2 - n - 1} = \frac{\sqrt{n} \cdot \left(\sqrt{1 + \dfrac{1}{n}} + \dfrac{\sin n}{\sqrt{n}}\right)}{3n^2 \cdot \left(1 - \dfrac{1}{3n} - \dfrac{1}{3n^2}\right)} \sim \frac{\sqrt{n}}{3n^2} = \frac{1}{3n^{\frac{3}{2}}},$$

而级数 $\sum\limits_{n=1}^{\infty} \dfrac{1}{3n^{\frac{3}{2}}}$ 收敛，由推论 7.2.2 可知，级数 $\sum\limits_{n=1}^{\infty} \dfrac{\sqrt{n+1} + \sin n}{3n^2 - n - 1}$ 收敛.

在使用比较判别法及其极限形式判别正项级数的敛散性时，一般要先估计所给级数是收敛还是发散的，然后借助于一个已知敛散性的级数 $\sum\limits_{n=1}^{\infty} v_n$ 去判别所给级数 $\sum\limits_{n=1}^{\infty} u_n$ 的敛散性. 那

么能否用所给级数 $\sum\limits_{n=1}^{\infty} u_n$ 本身的各项直接判别其敛散性?下面介绍的比值判别法与根值判别法表明这是可行的.

7.2.3　比值判别法

定理 7.2.4（比值判别法）　设 $\sum\limits_{n=1}^{\infty} u_n$ 为正项级数,$u_n > 0$,若 $\lim\limits_{n \to \infty} \dfrac{u_{n+1}}{u_n} = \rho$ $(0 \leqslant \rho \leqslant +\infty)$,则

(1) 当 $\rho < 1$ 时,级数 $\sum\limits_{n=1}^{\infty} u_n$ 收敛;　　(2) 当 $1 < \rho \leqslant +\infty$ 时,级数 $\sum\limits_{n=1}^{\infty} u_n$ 发散.

比值判别法又称检比法,也称达朗贝尔(**D'Alembert**)判别法.

证　当 ρ 为有限数时,因为 $\lim\limits_{n \to \infty} \dfrac{u_{n+1}}{u_n} = \rho$,所以 $\forall \varepsilon > 0$,存在正整数 N,当 $n > N$ 时,有 $\left| \dfrac{u_{n+1}}{u_n} - \rho \right| < \varepsilon$,即

$$\rho - \varepsilon < \frac{u_{n+1}}{u_n} < \rho + \varepsilon.$$

(1) 当 $\rho < 1$ 时,可取适当小的 $\varepsilon > 0$,使得 $\rho + \varepsilon = q < 1$,存在正整数 N,当 $n > N$ 时,有

$$\frac{u_{n+1}}{u_n} < \rho + \varepsilon = q < 1, \quad 即 \quad u_{n+1} < q u_n \quad (n > N),$$

因此,有

$$u_{N+2} < q u_{N+1}, \quad u_{N+3} < q u_{N+2} < q^2 u_{N+1}, \quad u_{N+4} < q u_{N+3} < q^3 u_{N+1}, \cdots.$$

依次类推,可得

$$u_{N+k} < q^{k-1} u_{N+1} \quad (k = 2, 3, \cdots).$$

由于 $q < 1$,且 u_{N+1} 是一个常数,所以等比级数 $\sum\limits_{k=2}^{\infty} q^{k-1} u_{N+1}$ 收敛. 由比较判别法知级数 $\sum\limits_{k=2}^{\infty} u_{N+k}$ 收敛,再由级数的性质 7.1.4 可知,原级数 $\sum\limits_{n=1}^{\infty} u_n$ 收敛.

(2) 当 $1 < \rho < +\infty$ 时,可取适当的 $\varepsilon > 0$,使得 $\rho - \varepsilon > 1$,存在正整数 N,当 $n > N$ 时,有

$$\frac{u_{n+1}}{u_n} > \rho - \varepsilon > 1, \quad 即 \quad u_{n+1} > u_n,$$

这说明从第 $N+1$ 项起,数列 $\{u_n\}$ 单调递增,又 $u_n > 0$,故 $\lim\limits_{n \to \infty} u_n \neq 0$,因此原级数 $\sum\limits_{n=1}^{\infty} u_n$ 发散.

当 $\rho = +\infty$ 时,则对于充分大的 n,必有 $u_{n+1} > u_n$,故原级数发散.

注　特别地,当 $\rho = 1$ 时,比值判别法失效,即当 $\rho = 1$ 时,级数 $\sum\limits_{n=1}^{\infty} u_n$ 可能收敛也可能发散.

例如,对于 p- 级数 $\sum\limits_{n=1}^{\infty} \dfrac{1}{n^p}$,无论 p 为何值,都有

$$\lim_{n \to \infty} \frac{u_{n+1}}{u_n} = \lim_{n \to \infty} \frac{\dfrac{1}{(n+1)^p}}{\dfrac{1}{n^p}} = \lim_{n \to \infty} \left(\frac{n}{n+1} \right)^p = 1,$$

然而当 $p > 1$ 时,级数 $\sum\limits_{n=1}^{\infty} \dfrac{1}{n^p}$ 收敛;当 $p \leqslant 1$ 时,级数 $\sum\limits_{n=1}^{\infty} \dfrac{1}{n^p}$ 发散.

例 7.2.4 判别下列级数的敛散性:

(1) $\sum\limits_{n=1}^{\infty} \dfrac{n!}{3^n}$; (2) $\sum\limits_{n=1}^{\infty} \dfrac{(n+1)!}{n^n}$; (3) $\sum\limits_{n=1}^{\infty} \dfrac{n}{2^n} \cos^2 n$; (4) $\sum\limits_{n=1}^{\infty} \dfrac{n^3 \left[\sqrt{2} + (-1)^n\right]^n}{3^n}$.

解 (1) 由于

$$\lim_{n \to \infty} \frac{u_{n+1}}{u_n} = \lim_{n \to \infty} \frac{(n+1)!}{3^{n+1}} \cdot \frac{3^n}{n!} = \lim_{n \to \infty} \frac{n+1}{3} = +\infty.$$

由比值判别法可知,级数 $\sum\limits_{n=1}^{\infty} \dfrac{n!}{3^n}$ 发散.

(2) 由于

$$\lim_{n \to \infty} \frac{u_{n+1}}{u_n} = \lim_{n \to \infty} \frac{(n+2)!}{(n+1)^{n+1}} \cdot \frac{n^n}{(n+1)!} = \lim_{n \to \infty} \frac{n+2}{n+1} \cdot \left(1 + \frac{1}{n}\right)^{-n} = \mathrm{e}^{-1} < 1,$$

由比值判别法可知,级数 $\sum\limits_{n=1}^{\infty} \dfrac{(n+1)!}{n^n}$ 收敛.

(3) 对于一个级数判别其敛散性,单独使用一个判别法可能不奏效,有时需要把几个判别法结合起来应用,往往问题才能得到解决.

由于 $u_n = \dfrac{n}{2^n} \cos^2 n \leqslant \dfrac{n}{2^n} = v_n$,而

$$\lim_{n \to \infty} \frac{v_{n+1}}{v_n} = \lim_{n \to \infty} \frac{n+1}{2^{n+1}} \cdot \frac{2^n}{n} = \frac{1}{2} < 1,$$

由比值判别法可知,级数 $\sum\limits_{n=1}^{\infty} v_n$ 收敛,再结合比较判别法,所以级数 $\sum\limits_{n=1}^{\infty} \dfrac{n \cos^2 n}{2^n}$ 收敛.

(4) 由于 $u_n = \dfrac{n^3 \left[\sqrt{2} + (-1)^n\right]^n}{3^n} \leqslant \dfrac{n^3 \left(\sqrt{2}+1\right)^n}{3^n} = v_n$,而

$$\lim_{n \to \infty} \frac{v_{n+1}}{v_n} = \lim_{n \to \infty} \frac{(n+1)^3 \left(\sqrt{2}+1\right)^{n+1}}{3^{n+1}} \cdot \frac{3^n}{n^3 \left(\sqrt{2}+1\right)^n} = \frac{\sqrt{2}+1}{3} < 1,$$

由比值判别法可知,级数 $\sum\limits_{n=1}^{\infty} v_n$ 收敛,再根据比较判别法,故级数 $\sum\limits_{n=1}^{\infty} \dfrac{n^3 \left[\sqrt{2} + (-1)^n\right]^n}{3^n}$ 收敛.

从上面例题可以看出,在正项级数一般项 u_n 中,若含有形如 $n^n, n!, n^p, a^n$ $(a \neq 0)$ 的因子时,一般宜采用比值判别法.

例 7.2.5 判别级数 $\sum\limits_{n=1}^{\infty} \dfrac{4^n (n!)^2}{(2n)!}$ 的敛散性.

解 由于

$$\lim_{n \to \infty} \frac{u_{n+1}}{u_n} = \lim_{n \to \infty} \frac{4^{n+1} \left[(n+1)!\right]^2}{(2n+2)!} \cdot \frac{(2n)!}{4^n (n!)^2} = \lim_{n \to \infty} \frac{2(n+1)}{2n+1} = 1.$$

因为 $\rho = 1$,由比值判别法无法确定该级数的敛散性.但注意到 $\forall n \in \mathbf{N}^+$,总有 $\dfrac{u_{n+1}}{u_n} =$

$\dfrac{2(n+1)}{2n+1} > 1$. 因此 $\{u_n\}$ 单调递增,又 $u_n > 0$,于是 $\lim\limits_{n \to \infty} u_n \neq 0$. 故所给级数 $\sum\limits_{n=1}^{\infty} \dfrac{4^n (n!)^2}{(2n)!}$ 发散.

由例 7.2.5 可得如下一般结论.

设 $\sum\limits_{n=1}^{\infty} u_n$ 为正项级数, 若 $\dfrac{u_{n+1}}{u_n} \geqslant 1$ $(n \geqslant k, k \in \mathbf{N}^+)$, 则 $\sum\limits_{n=1}^{\infty} u_n$ 必发散.

值得注意, 对于正项级数 $\sum\limits_{n=1}^{\infty} u_n$, 仅仅由 $\dfrac{u_{n+1}}{u_n} < 1$ $(n \geqslant k, k \in \mathbf{N}^+)$ 是得不出 $\sum\limits_{n=1}^{\infty} u_n$ 必收敛的 $\left(\text{例如}, \sum\limits_{n=1}^{\infty} \dfrac{1}{n} \text{ 也是如此}\right)$.

7.2.4 根值判别法

定理 7.2.5（根值判别法） 设 $\sum\limits_{n=1}^{\infty} u_n$ 为正项级数, 若 $\lim\limits_{n\to\infty} \sqrt[n]{u_n} = \rho$ $(0 \leqslant \rho \leqslant +\infty)$, 则

(1) 当 $\rho < 1$ 时, 级数 $\sum\limits_{n=1}^{\infty} u_n$ 收敛; (2) 当 $1 < \rho \leqslant +\infty$ 时, 级数 $\sum\limits_{n=1}^{\infty} u_n$ 发散.

根植判别法又称**检根法**, 也称柯西（**Cauchy**）判别法.

注 特别地, 当 $\rho = 1$ 时, 根值判别法失效. 仍以 p 级数 $\sum\limits_{n=1}^{\infty} \dfrac{1}{n^p}$ 为例, 不论 p 为何值, 有

$$\lim_{n\to\infty} \sqrt[n]{u_n} = \lim_{n\to\infty} \sqrt[n]{\dfrac{1}{n^p}} = \lim_{n\to\infty} \dfrac{1}{\sqrt[n]{n^p}} = \lim_{n\to\infty} \dfrac{1}{(\sqrt[n]{n})^p} = 1,$$

其中 $\lim\limits_{n\to\infty} \sqrt[n]{n} = 1$. 但当 $p > 1$ 时, 级数 $\sum\limits_{n=1}^{\infty} \dfrac{1}{n^p}$ 收敛; $p \leqslant 1$ 时, 级数 $\sum\limits_{n=1}^{\infty} \dfrac{1}{n^p}$ 发散.

定理 7.2.5 的证明与定理 7.2.4 类似, 在此从略.

例 7.2.6 判别下列级数的敛散性:

(1) $\sum\limits_{n=1}^{\infty} 3^n \left(1 - \dfrac{1}{n}\right)^{n^2}$; (2) $\sum\limits_{n=1}^{\infty} \left(\dfrac{\ln n}{n}\right)^n$; (3) $\sum\limits_{n=1}^{\infty} \dfrac{n^2}{2^n (\arctan n)^n}$; (4) $\sum\limits_{n=1}^{\infty} 2^{-n+(-1)^n}$.

解 (1) 由于

$$\lim_{n\to\infty} \sqrt[n]{u_n} = \lim_{n\to\infty} 3\left(1 - \dfrac{1}{n}\right)^n = 3 \lim_{n\to\infty} \left[\left(1 - \dfrac{1}{n}\right)^{-n}\right]^{-1} = \dfrac{3}{e} > 1,$$

由根值判别法可知, 级数 $\sum\limits_{n=1}^{\infty} 3^n \left(1 - \dfrac{1}{n}\right)^{n^2}$ 发散.

(2) 由于

$$\lim_{n\to\infty} \sqrt[n]{u_n} = \lim_{n\to\infty} \dfrac{\ln n}{n} = 0 < 1,$$

由根值判别法可知, 级数 $\sum\limits_{n=1}^{\infty} \left(\dfrac{\ln n}{n}\right)^n$ 收敛.

(3) 因 $\lim\limits_{n\to\infty} \sqrt[n]{n} = 1$, $\lim\limits_{n\to\infty} \arctan n = \dfrac{\pi}{2}$, 故

$$\lim_{n\to\infty} \sqrt[n]{u_n} = \lim_{n\to\infty} \dfrac{(\sqrt[n]{n})^2}{2\arctan n} = \dfrac{1}{2 \cdot \dfrac{\pi}{2}} = \dfrac{1}{\pi} < 1,$$

由根值判别法可知, 级数 $\sum\limits_{n=1}^{\infty} \dfrac{n^2}{2^n (\arctan n)^n}$ 收敛.

（4）由于

$$\lim_{n\to\infty}\sqrt[n]{u_n}=\lim_{n\to\infty}2^{\frac{-n+(-1)^n}{n}}=\lim_{n\to\infty}2^{-1+\frac{(-1)^n}{n}}=\frac{1}{2}<1,$$

由根值判别法可知,级数 $\sum\limits_{n=1}^{\infty}2^{-n+(-1)^n}$ 收敛.

但

$$\frac{u_{n+1}}{u_n}=\frac{2^{-(n+1)+(-1)^{n+1}}}{2^{-n+(-1)^n}}=2^{-1+(-1)^{n+1}-(-1)^n}=\frac{1}{2}\cdot 4^{(-1)^{n+1}},$$

极限 $\lim\limits_{n\to\infty}\dfrac{u_{n+1}}{u_n}$ 不存在,比值判别法对该题失效.

一般地,能用比值法判别正项级数的敛散性时,理论上必可用根值法判别其敛散性,且 ρ 相同;反之则不成立.

例 7.2.7 判别级数 $\sum\limits_{n=1}^{\infty}\left(\dfrac{nx}{n+1}\right)^n$ $(x>0)$ 的敛散性.

解 因 $x>0$,这是正项级数. 由于

$$\lim_{n\to\infty}\sqrt[n]{u_n}=\lim_{n\to\infty}\frac{nx}{n+1}=x,$$

由根值判别法知,当 $0<x<1$ 时,级数收敛;当 $x>1$ 时,级数发散;当 $x=1$ 时,$\lim\limits_{n\to\infty}u_n=$ $\lim\limits_{n\to\infty}\left(\dfrac{n}{n+1}\right)^n=\mathrm{e}^{-1}\neq 0$,级数发散.

*7.2.5 积分判别法

定理 7.2.6 若 $f(x)$ 在区间 $[1,+\infty)$ 上是单调不增的非负连续函数,则正项级数 $\sum\limits_{n=1}^{\infty}u_n=$ $\sum\limits_{n=1}^{\infty}f(n)$ 与广义积分 $\int_1^{+\infty}f(x)\mathrm{d}x$ 具有相同的敛散性.

该定理的证明方法类似于前面讨论 p- 级数的敛散性所采用的方法,详细证明在此从略.

例 7.2.8 判别级数 $\sum\limits_{n=3}^{\infty}\dfrac{1}{n(\ln n)^p}$ $(p\geqslant 1)$ 的敛散性.

解 取函数 $f(x)=\dfrac{1}{x(\ln x)^p}$,显然 $f(x)$ 在区间 $[3,+\infty)$ 上是非负不增的连续函数. 并且广义积分

$$\int_3^{+\infty}f(x)\mathrm{d}x=\int_3^{+\infty}\frac{1}{x(\ln x)^p}\mathrm{d}x=\begin{cases}\ln\ln x\ \big|_3^{+\infty}=+\infty, & p=1,\\[2mm]\dfrac{1}{1-p}(\ln x)^{1-p}\ \big|_3^{+\infty}=\dfrac{(\ln 3)^{1-p}}{p-1}, & p>1.\end{cases}$$

由积分判别法可知,当 $p=1$ 时,级数 $\sum\limits_{n=3}^{\infty}\dfrac{1}{n(\ln n)^p}$ 发散,当 $p>1$ 时,级数 $\sum\limits_{n=3}^{\infty}\dfrac{1}{n(\ln n)^p}$ 发散.

以上介绍了几种有关正项级数敛散性判别的常见方法,实际使用时,可按下列顺序选择使用:先检查一般项是否收敛于零;再根据一般项的特点,考虑应用比值判别法、根值判别法、比较判别法的极限形式、比较判别法的一般形式;或检查部分和数列是否有上界或是否有极限.

习　题　7.2

（A）

1. 填空：

(1) 级数 $\sum\limits_{n=1}^{\infty} \dfrac{1}{x^{\ln n}}$ $(x>0)$，当 x ＿＿＿＿ 时收敛，当 x ＿＿＿＿ 时发散；

(2) 若级数 $\sum\limits_{n=1}^{\infty} u_n^2$ 收敛，则级数 $\sum\limits_{n=1}^{\infty} u_n$ ＿＿＿＿ 收敛；

(3) 若级数 $\sum\limits_{n=1}^{\infty} u_n$ $(u_n>0)$ 收敛，则＿＿＿＿有 $\lim\limits_{n\to\infty} \dfrac{u_{n+1}}{u_n} = \rho < 1$.

2. 用比较判别法的一般形式判别下列级数的敛散性：

(1) $\sum\limits_{n=1}^{\infty} \dfrac{3\sin^2 n}{2^n+5}$;　　　　(2) $\sum\limits_{n=1}^{\infty} \dfrac{\sqrt{n}}{n^2+n-1}$;　　　　(3) $\sum\limits_{n=1}^{\infty} \dfrac{1}{3^n}[\sqrt{2}+(-1)^n]$;

(4) $\sum\limits_{n=1}^{\infty} \dfrac{1}{\sqrt{n(n+1)}}$;　　(5) $\sum\limits_{n=1}^{\infty} \dfrac{\ln n}{\sqrt{n}}$;　　(6) $\sum\limits_{n=1}^{\infty} \dfrac{1}{n^{\sqrt{n}}}$;

(7) $\sum\limits_{n=1}^{\infty} \left(\dfrac{2n-1}{3n+1}\right)^n$;　　(8) $\sum\limits_{n=1}^{\infty} \dfrac{\ln n}{n^3}$;　　(9) $\sum\limits_{n=1}^{\infty} \dfrac{\arctan n}{1+n^2}$;

(10) $\sum\limits_{n=1}^{\infty} \dfrac{2^n+1}{3^n+n}$;　　(11) $\sum\limits_{n=1}^{\infty} \dfrac{1}{2n+1}$;　　(12) $\sum\limits_{n=1}^{\infty} \left(\sqrt{n^3+1}-\sqrt{n^3-1}\right)$.

3. 用比较判别法的极限形式判别下列级数的敛散性：

(1) $\sum\limits_{n=1}^{\infty} 3^n \sin\dfrac{\pi}{2^n}$;　　(2) $\sum\limits_{n=1}^{\infty} \left(1-\cos\dfrac{1}{\sqrt{n}}\right)$;　　(3) $\sum\limits_{n=1}^{\infty} 3^n \tan\dfrac{\pi}{5^n}$;

(4) $\sum\limits_{n=1}^{\infty} \dfrac{1}{n}(\sqrt[n]{3}-1)$;　　(5) $\sum\limits_{n=1}^{\infty} (n+1)\tan\dfrac{1}{n^3}$;　　(6) $\sum\limits_{n=1}^{\infty} \dfrac{2n-1}{\sqrt{n^3+5n+1}}$;

(7) $\sum\limits_{n=1}^{\infty} \dfrac{4^n}{5^n-2^n}$;　　(8) $\sum\limits_{n=1}^{\infty} \dfrac{1}{\sqrt[n]{n}}\arcsin\dfrac{1}{n}$;　　(9) $\sum\limits_{n=1}^{\infty} (\sqrt{n+1}-\sqrt{n})\ln\dfrac{1+n}{n}$.

4. 用比值判别法（或结合比较判别法）判别下列级数的敛散性：

(1) $\sum\limits_{n=1}^{\infty} \dfrac{(n+1)^3}{n!}$;　　(2) $\sum\limits_{n=1}^{\infty} \dfrac{3^n \cdot n!}{n^n}$;　　(3) $\sum\limits_{n=1}^{\infty} \dfrac{n\ln n}{3^n}$;

(4) $\sum\limits_{n=1}^{\infty} (n+1)^2 \tan\dfrac{\pi}{3^n}$;　　(5) $\sum\limits_{n=1}^{\infty} \dfrac{n\cdot\arctan n}{2^n}$;　　(6) $\sum\limits_{n=1}^{\infty} \dfrac{n!}{2^n}\sin\dfrac{\pi}{n}$;

(7) $\sum\limits_{n=1}^{\infty} \dfrac{3^n \sin^2 n}{n!}$;　　(8) $\sum\limits_{n=1}^{\infty} \dfrac{1!+2!+\cdots+n!}{(2n)!}$;　　(9) $\sum\limits_{n=1}^{\infty} \dfrac{n^2[\sqrt{3}+(-1)^n]}{3^n}$.

5. 用根值判别法（或结合比较判别法）判别下列级数的敛散性：

(1) $\sum\limits_{n=1}^{\infty} \left(\dfrac{n+1}{2n+1}\right)^n$;　　(2) $\sum\limits_{n=1}^{\infty} \left(\dfrac{n}{n+4}\right)^{n^2}$;　　(3) $\sum\limits_{n=1}^{\infty} \left(2n\sin\dfrac{1}{n}\right)^{\frac{n}{2}}$;

(4) $\sum\limits_{n=1}^{\infty} \left(\dfrac{2\arctan n}{3^n}\right)^n$;　　(5) $\sum\limits_{n=1}^{\infty} \left(\cos\dfrac{1}{n}\right)^{n^3}$;　　(6) $\sum\limits_{n=1}^{\infty} \dfrac{n^3 n^n}{(n^2+1)^n}$;

(7) $\sum\limits_{n=1}^{\infty} n^2 (\sqrt[n]{3}-1)^n$;　　(8) $\sum\limits_{n=1}^{\infty} \dfrac{\sin^2 n}{[\ln(1+n)]^n}$;　　(9) $\sum\limits_{n=1}^{\infty} \dfrac{n}{\left(a+\dfrac{1}{n}\right)^n}$ $(a>0)$.

6. 利用级数收敛的必要条件，证明：$\lim\limits_{n\to\infty} \dfrac{n^n}{(n!)^2} = 0$.

7. 设级数 $\sum\limits_{n=1}^{\infty} a_n$ 收敛，证明：级数 $\sum\limits_{n=1}^{\infty} \left(\dfrac{1+\sin a_n}{2}\right)^n$ 收敛.

8. 设 $a_n = \displaystyle\int_0^n \sqrt[4]{1+x^4}\,\mathrm{d}x$，讨论级数 $\sum\limits_{n=1}^{\infty} \dfrac{1}{a_n}$ 的敛散性.

9. 设正项级数 $\sum\limits_{n=1}^{\infty} u_n$ 收敛,证明:级数 $\sum\limits_{n=1}^{\infty} \dfrac{\sqrt{u_n}}{n}$ 收敛.

10. 设 $\lim\limits_{n\to\infty} n u_n = a > 0$,证明:级数 $\sum\limits_{n=1}^{\infty} u_n$ 发散.

11. 设 $\sum\limits_{n=1}^{\infty} u_n$,$\sum\limits_{n=1}^{\infty} v_n$ 均为正项级数,且满足 $\dfrac{u_{n+1}}{u_n} \leqslant \dfrac{v_{n+1}}{v_n}$ $(n=1,2,\cdots)$,证明:

(1) 若级数 $\sum\limits_{n=1}^{\infty} v_n$ 收敛,则级数 $\sum\limits_{n=1}^{\infty} u_n$ 必收敛;   (2) 若级数 $\sum\limits_{n=1}^{\infty} u_n$ 发散,则级数 $\sum\limits_{n=1}^{\infty} v_n$ 必发散.

由此结论试判定级数 $\sum\limits_{n=1}^{\infty} \left[\dfrac{1 \cdot 3 \cdot 5 \cdot \cdots \cdot (2n-1)}{2 \cdot 4 \cdot 6 \cdot \cdots \cdot (2n)} \right]^2$ 的敛散性.

(B)

1. 判别下列级数的敛散性:

(1) $\sum\limits_{n=1}^{\infty} \left(a^{\frac{1}{n}} + a^{\frac{-1}{n}} - 2 \right)$ $(a > 0)$;   (2) $\sum\limits_{n=1}^{\infty} \left(\sin\dfrac{1}{2n} - \sin\dfrac{1}{2n+1} \right)$;

(3) $\sum\limits_{n=2}^{\infty} \dfrac{1}{(\ln n)^{\ln n}}$;   (4) $\sum\limits_{n=1}^{\infty} \dfrac{n^{(-1)^{n-1}}}{2^n}$;

(5) $\sum\limits_{n=1}^{\infty} u_n$,其中 $u_n = \begin{cases} \dfrac{n}{2^n}, & n \text{ 为奇数}, \\ \dfrac{1}{2^n}, & n \text{ 为偶数}; \end{cases}$ (6) $\sum\limits_{n=1}^{\infty} \left(\dfrac{1}{n} - \ln\dfrac{n+1}{n} \right)$.

2. 若级数 $\sum\limits_{n=1}^{\infty} u_n$ 与 $\sum\limits_{n=1}^{\infty} v_n$ 均收敛,且满足 $v_n \leqslant w_n \leqslant u_n$ $(n=1,2,\cdots)$,证明:级数 $\sum\limits_{n=1}^{\infty} w_n$ 必收敛.

3. 设级数 $\sum\limits_{n=1}^{\infty} u_n$ $(u_n > 0)$ 收敛,证明下列级数均收敛:

(1) $\sum\limits_{n=1}^{\infty} u_n^2$;   (2) $\sum\limits_{n=1}^{\infty} \dfrac{u_n}{n}$;   (3) $\sum\limits_{n=1}^{\infty} (u_n \cdot u_{n+1})$;   (4) $\sum\limits_{n=1}^{\infty} u_{2n-1}$.

4. 设 $a_n = \int_0^{\frac{\pi}{4}} \tan^n x \, \mathrm{d}x$,(1) 求 $\sum\limits_{n=1}^{\infty} \dfrac{1}{n}(a_n + a_{n+2})$ 的值;   (2) 试证:$\forall \lambda > 0$,级数 $\sum\limits_{n=1}^{\infty} \dfrac{a_n}{n^\lambda}$ 收敛.

5. 设 $a_1 = 2, a_{n+1} = \dfrac{1}{2}\left(a_n + \dfrac{1}{a_n} \right)$ $(n=1,2,\cdots)$,证明:

(1) $\lim\limits_{n\to\infty} a_n$ 存在;   (2) 级数 $\sum\limits_{n=1}^{\infty} \left(\dfrac{a_n}{a_{n+1}} - 1 \right)$ 收敛.

6. 设有方程 $x^n + nx - 1 = 0$,其中 n 为正整数. 证明:

(1) 该方程在开区间 $\left(0, \dfrac{1}{n} \right)$ 内存在唯一的实根 x_n;   (2) 当 $\alpha > 1$ 时,级数 $\sum\limits_{n=1}^{\infty} x_n^\alpha$ 收敛.

7. 证明:(1) 若 $\lim\limits_{n\to\infty} n^{-n\sin\frac{1}{n}} \cdot u_n = 1$,则级数 $\sum\limits_{n=1}^{\infty} u_n$ 发散;   (2) 若 $\lim\limits_{n\to\infty} n^{2n\sin\frac{1}{n}} \cdot u_n = 1$,则级数 $\sum\limits_{n=1}^{\infty} u_n$ 收敛.

7.3 任意项级数及其敛散性的判别法

7.2 节针对正项级数,给出了几个常用的敛散性的判别法. 负项级数 $\sum\limits_{n=1}^{\infty} u_n$ $(u_n \leqslant 0, n=1,2,$ $3,\cdots)$ 中的每一项都乘以 (-1) 就变成了正项级数,因此正项级数的判别法也适应于负项级数. 正项与负项级数统称为**同号级数**. 既有无限个正项,又有无限个负项的级数,称为**任意项级数**或**变号级数**. 例如,级数 $\sum\limits_{n=1}^{\infty} (-1)^{\frac{n(n-1)}{2}} \dfrac{1}{5^n}$ 是任意项级数. 对于任意项级数,正项级数的各种判别法不再适用,因此需要建立任意项级数敛散性的判别法. 下面先讨论任意项级数中一类特殊的级数,即正、负项交替出现的级数 —— 交错级数及其收敛性的判别法.

7.3.1　交错级数及其收敛性判别法

定义 7.3.1　设 $u_n > 0 \ (n=1,2,\cdots)$，则称级数

$$\sum_{n=1}^{\infty}(-1)^{n-1}u_n = u_1 - u_2 + u_3 - u_4 + \cdots + (-1)^{n-1}u_n + \cdots$$

或

$$\sum_{n=1}^{\infty}(-1)^{n}u_n = -u_1 + u_2 - u_3 + u_4 - \cdots + (-1)^{n}u_n + \cdots$$

为**交错级数**.

因交错级数 $\sum\limits_{n=1}^{\infty}(-1)^{n-1}u_n$ 与 $\sum\limits_{n=1}^{\infty}(-1)^{n}u_n$ 的敛散性相同，今后我们仅讨论交错级数 $\sum\limits_{n=1}^{\infty}(-1)^{n-1}u_n$ 的敛散性即可. 对于交错级数的收敛性，有如下简单的判别法.

定理 7.3.1（莱布尼茨判别法）　若交错级数 $\sum\limits_{n=1}^{\infty}(-1)^{n-1}u_n$ 满足如下条件：

(1) $u_n \geqslant u_{n+1} \ (n=1,2,\cdots)$;　　(2) $\lim\limits_{n\to\infty}u_n = 0$,

则交错级数 $\sum\limits_{n=1}^{\infty}(-1)^{n-1}u_n$ 收敛，且其和 $S \leqslant u_1$，其余项 R_n 的绝对值

$$|R_n| = |S - S_n| \leqslant u_{n+1} \quad (n \in \mathbf{N}^+). \tag{7.3.1}$$

证　设 S_n 为级数 $\sum\limits_{n=1}^{\infty}(-1)^{n-1}u_n$ 的部分和，为了证明 $\lim\limits_{n\to\infty}S_n$ 存在，先来证明 $\lim\limits_{n\to\infty}S_{2n}$ 存在. 由于 S_{2n} 可以写成

$$S_{2n} = (u_1 - u_2) + (u_3 - u_4) + \cdots + (u_{2n-1} - u_{2n}),$$

由条件(1)知，$u_n - u_{n+1} \geqslant 0$，则 $S_{2n} \leqslant S_{2n+2}$，所以 $\{S_{2n}\}$ 是单调增加数列. 又因

$$S_{2n} = u_1 - (u_2 - u_3) - (u_4 - u_5) - \cdots - (u_{2n-2} - u_{2n-1}) - u_{2n},$$

于是 $S_{2n} \leqslant u_1$，即数列 $\{S_{2n}\}$ 有上界. 根据单调有界数列必有极限的准则可知，数列 $\{S_{2n}\}$ 极限存在，设其极限值为 S. 则有

$$\lim_{n\to\infty}S_{2n} = S.$$

又由于 $S_{2n+1} = S_{2n} + u_{2n+1}$，由条件(2)可推得

$$\lim_{n\to\infty}S_{2n+1} = \lim_{n\to\infty}(S_{2n} + u_{2n+1}) = \lim_{n\to\infty}S_{2n} = S,$$

综合可知，$\lim\limits_{n\to\infty}S_n = S$.

由上面已证得 $0 < S_{2n} \leqslant u_1$，两边取极限，由极限的保序性，得 $0 \leqslant S \leqslant u_1$.

又因，交错级数的余项可写作

$$R_n = S - S_n = (-1)^{n}(u_{n+1} - u_{n+2} + u_{n+3} - u_{n+4} + \cdots).$$

从而

$$|R_n| = u_{n+1} - u_{n+2} + u_{n+3} - u_{n+4} + \cdots.$$

显然，$|R_n|$ 也是一个满足定理 7.3.1 中两个条件的交错级数，所以 $|R_n| \leqslant u_{n+1}$.

把满足条件(1)及条件(2)的交错级数叫**莱布尼茨（Leibniz）型级数**.

由于改变级数的前面有限项不改变级数的敛散性，所以莱布尼茨判别法中的条件(1)可

放宽为:"存在一个正整数 N,当 $n > N$ 时,有 $u_n \geqslant u_{n+1}$ 成立".

例 7.3.1 判别下列级数的敛散性:

(1) $\sum_{n=1}^{\infty} (-1)^{n-1} \dfrac{1}{n}$;   (2) $\sum_{n=2}^{\infty} (-1)^n \dfrac{\sqrt{n}}{n-1}$;   (3) $\sum_{n=1}^{\infty} (-1)^{n-1} \left(\dfrac{n+1}{n+2}\right)^n$.

解 (1) 该级数为交错级数,$u_n = \dfrac{1}{n}$,显然 $u_n > u_{n+1}$,且 $\lim\limits_{n \to \infty} u_n = \lim\limits_{n \to \infty} \dfrac{1}{n} = 0$,由莱布尼茨

判别法知,交错级数 $\sum_{n=1}^{\infty} (-1)^{n-1} \dfrac{1}{n}$ 收敛.

(2) 该级数为交错级数,$u_n = \dfrac{\sqrt{n}}{n-1}$,为了证明 $\{u_n\}$ 单调递减,考虑函数 $f(x) = \dfrac{\sqrt{x}}{x-1}$

$(x \geqslant 2)$. 因为

$$f'(x) = \frac{\dfrac{1}{2\sqrt{x}}(x-1) - \sqrt{x}}{(x-1)^2} = \frac{-(x+1)}{2\sqrt{x}(x-1)^2} < 0 \quad (x \geqslant 2),$$

故 $f(x)$ 单调递减,从而 $f(n)$ 也单调递减,即当 $n \geqslant 2$ 时,$u_n > u_{n+1}$,且

$$\lim_{n \to \infty} u_n = \lim_{n \to \infty} \frac{\sqrt{n}}{n-1} = 0,$$

由莱布尼茨判别法可知,交错级数 $\sum_{n=2}^{\infty} (-1)^n \dfrac{\sqrt{n}}{n-1}$ 收敛.

(3) 该级数为交错级数,令 $v_n = (-1)^{n-1} \left(\dfrac{n+1}{n+2}\right)^n$,$u_n = \left(\dfrac{n+1}{n+2}\right)^n$,因为

$$\lim_{n \to \infty} u_n = \lim_{n \to \infty} \left(\frac{n+1}{n+2}\right)^n = \lim_{n \to \infty} \left[\left(1 - \frac{1}{n+2}\right)^{-(n+2)}\right]^{\frac{-n}{n+2}} = e^{-1} \neq 0.$$

于是,对于级数的一般项有 $\lim\limits_{n \to \infty} v_n \neq 0$,故所给级数 $\sum_{n=1}^{\infty} (-1)^{n-1} \left(\dfrac{n+1}{n+2}\right)^n$ 发散.

值得注意的是,莱布尼茨判别法只是判别交错级数收敛的一个充分条件. 于是当交错级数不满足定理 7.3.1 的条件 $u_n \geqslant u_{n+1}$ 时,不能断言该交错级数发散. 例如,交错级数

$\sum_{n=1}^{\infty} (-1)^{n-1} \dfrac{2+(-1)^n}{n^2}$,显然不满足条件 $u_n \geqslant u_{n+1}$ $(n > 1)$,但由莱布尼茨判别法易知级数

$\sum_{n=1}^{\infty} (-1)^{n-1} \dfrac{2}{n^2}$ 收敛,而级数 $\sum_{n=1}^{\infty} \dfrac{(-1)^{2n-1}}{n^2} = -\sum_{n=1}^{\infty} \dfrac{1}{n^2}$ 显然是收敛的,从而交错级数

$\sum_{n=1}^{\infty} (-1)^{n-1} \dfrac{2+(-1)^n}{n^2} = \sum_{n=1}^{\infty} \left[2 \dfrac{(-1)^{n-1}}{n^2} - \dfrac{1}{n^2}\right]$ 收敛. 可见莱布尼茨判别法不能解决所有交错级数的收敛问题,更不可用来判别一般的任意项级数的敛散性.

7.3.2 绝对收敛与条件收敛

判别任意项级数 $\sum_{n=1}^{\infty} u_n$ 的敛散性,通常是先考察其各项取绝对值后组成的级数 $\sum_{n=1}^{\infty} |u_n|$ 的

敛散性,有时可通过判别 $\sum_{n=1}^{\infty} |u_n|$ 的敛散性,从而推断原级数 $\sum_{n=1}^{\infty} u_n$ 的敛散性.

定义 7.3.2　设 u_n 是任意实数,则级数 $\sum\limits_{n=1}^{\infty} u_n$ 是任意项级数,并称其各项取绝对值后构成的级数 $\sum\limits_{n=1}^{\infty} |u_n|$ 为原任意项级数 $\sum\limits_{n=1}^{\infty} u_n$ 的**绝对值级数**.

绝对值级数 $\sum\limits_{n=1}^{\infty} |u_n|$ 与原级数 $\sum\limits_{n=1}^{\infty} u_n$ 的收敛性之间有下述关系.

定理 7.3.2　若级数 $\sum\limits_{n=1}^{\infty} |u_n|$ 收敛,则级数 $\sum\limits_{n=1}^{\infty} u_n$ 必收敛.

证　由于
$$0 \leqslant u_n + |u_n| \leqslant 2|u_n| \quad (n=1,2,\cdots),$$

因级数 $\sum\limits_{n=1}^{\infty} |u_n|$ 收敛,由正项级数的比较判别法知,级数 $\sum\limits_{n=1}^{\infty} (u_n + |u_n|)$ 收敛.

又因
$$u_n = (u_n + |u_n|) - |u_n| \quad (n=1,2,\cdots),$$

由级数的基本性质 7.1.3,可知级数 $\sum\limits_{n=1}^{\infty} u_n$ 收敛.

由定理 7.3.2 可知,对于任意项级数 $\sum\limits_{n=1}^{\infty} u_n$,若绝对值级数 $\sum\limits_{n=1}^{\infty} |u_n|$ 收敛,则原级数 $\sum\limits_{n=1}^{\infty} u_n$ 也收敛. 这样可将一大类任意项级数的敛散性的问题转化为正项级数敛散性的判定.

值得注意的是,若绝对值级数 $\sum\limits_{n=1}^{\infty} |u_n|$ 发散时,却不能断定原级数 $\sum\limits_{n=1}^{\infty} u_n$ 也发散. 例如,级数 $\sum\limits_{n=1}^{\infty} \left| (-1)^{n-1} \dfrac{1}{n} \right| = \sum\limits_{n=1}^{\infty} \dfrac{1}{n}$ 是发散的,但级数 $\sum\limits_{n=1}^{\infty} (-1)^{n-1} \dfrac{1}{n}$ 却是收敛的.

然而下述结论却是成立的.

对于任意项级数 $\sum\limits_{n=1}^{\infty} u_n$,若由比值(或根值)判别法可判别绝对值级数 $\sum\limits_{n=1}^{\infty} |u_n|$ 发散时,即 $\lim\limits_{n\to\infty} \dfrac{|u_{n+1}|}{|u_n|} = \rho > 1$(或 $\lim\limits_{n\to\infty} \sqrt[n]{|u_n|} = \rho > 1$),其中包含 $\rho = +\infty$ 情形,则原级数 $\sum\limits_{n=1}^{\infty} u_n$ 必发散.

这是因为这两种判别法判别级数 $\sum\limits_{n=1}^{\infty} |u_n|$ 发散的依据是 $\lim\limits_{n\to\infty} |u_n| \neq 0$,即 $\lim\limits_{n\to\infty} u_n \neq 0$,所以,由级数收敛的必要条件知原级数 $\sum\limits_{n=1}^{\infty} u_n$ 必发散.

要强调的是对于任意项级数 $\sum\limits_{n=1}^{\infty} u_n$,若由比较判别法,判别出级数 $\sum\limits_{n=1}^{\infty} |u_n|$ 发散时,则不能断定原级数 $\sum\limits_{n=1}^{\infty} u_n$ 也发散. 此时需另选其他方法或途径去判别 $\sum\limits_{n=1}^{\infty} u_n$ 的敛散性.

定义 7.3.3　对任意项级数 $\sum\limits_{n=1}^{\infty} u_n$,若其绝对值级数 $\sum\limits_{n=1}^{\infty} |u_n|$ 收敛,则称原级数 $\sum\limits_{n=1}^{\infty} u_n$ **绝对收敛**;若级数 $\sum\limits_{n=1}^{\infty} |u_n|$ 发散,而级数 $\sum\limits_{n=1}^{\infty} u_n$ 本身收敛,则称原级数 $\sum\limits_{n=1}^{\infty} u_n$ **条件收敛**.

绝对收敛与条件收敛都属于收敛,但它们之间也有区别. 大体可描述为:几乎一切有限和的运算性质都适用于绝对收敛级数,但条件收敛级数则不一定具备.

例 7.3.2 判别下列级数是否收敛?若收敛,是绝对收敛还是条件收敛?

(1) $\sum\limits_{n=1}^{\infty} \dfrac{\sin n!}{n^2}$;

(2) $\sum\limits_{n=1}^{\infty} (-1)^{\frac{n(n-1)}{2}} \dfrac{(n+1)^3}{n!}$;

(3) $\sum\limits_{n=1}^{\infty} (-1)^{n-1} \dfrac{2^{n^2}}{n!}$;

(4) $\sum\limits_{n=1}^{\infty} (-1)^n \left(\dfrac{3n-1}{2n+3}\right)^{2n+1}$;

(5) $\sum\limits_{n=1}^{\infty} (-1)^{n-1} \ln\left(1 + \dfrac{1}{\sqrt{n}}\right)$;

(6) $\sum\limits_{n=1}^{\infty} \left[\dfrac{(-1)^n}{3^n}\left(1 + \dfrac{1}{n}\right)^{n^2} - \dfrac{1}{n}\right]$.

解 (1) 这是任意项级数,由于 $\left|\dfrac{\sin n!}{n^2}\right| \leqslant \dfrac{1}{n^2}$,而级数 $\sum\limits_{n=1}^{\infty} \dfrac{1}{n^2}$ 是收敛,由正项级数的比较判别法知,绝对值级数 $\sum\limits_{n=1}^{\infty} \left|\dfrac{\sin n!}{n^2}\right|$ 收敛,从而原级数 $\sum\limits_{n=1}^{\infty} \dfrac{\sin n!}{n^2}$ 绝对收敛.

(2) 这是任意项级数,因为

$$\lim_{n\to\infty} \left|\dfrac{u_{n+1}}{u_n}\right| = \lim_{n\to\infty} \dfrac{(n+2)^3}{(n+1)!} \cdot \dfrac{n!}{(n+1)^3} = \lim_{n\to\infty} \left(\dfrac{n+2}{n+1}\right)^3 \cdot \lim_{n\to\infty} \dfrac{1}{n+1} = 0 < 1,$$

由正项级数的比值判别法知,绝对值级数 $\sum\limits_{n=1}^{\infty} \left|(-1)^{\frac{n(n-1)}{2}} \dfrac{(n+1)^3}{n!}\right|$ 收敛,从而原级数 $\sum\limits_{n=1}^{\infty} (-1)^{\frac{n(n-1)}{2}} \dfrac{(n+1)^3}{n!}$ 绝对收敛.

(3) 这是任意项级数,因为

$$\lim_{n\to\infty} \left|\dfrac{u_{n+1}}{u_n}\right| = \lim_{n\to\infty} \dfrac{2^{(n+1)^2}}{(n+1)!} \cdot \dfrac{n!}{2^{n^2}} = \lim_{n\to\infty} \dfrac{2^{2n+1}}{n+1} = 2\lim_{n\to\infty} \dfrac{4^n}{n+1} = +\infty$$

即绝对值级数 $\sum\limits_{n=1}^{\infty} \left|(-1)^{n-1} \dfrac{2^{n^2}}{n!}\right|$ 发散,因这是由比值判别法得到的结论,所以原级数 $\sum\limits_{n=1}^{\infty} (-1)^{n-1} \dfrac{2^{n^2}}{n!}$ 发散.

(4) 这是任意项级数,因为

$$\lim_{n\to\infty} \sqrt[n]{|u_n|} = \lim_{n\to\infty} \left(\dfrac{3n-1}{2n+3}\right)^{2+\frac{1}{n}} = \dfrac{9}{4} > 1,$$

即绝对值级数 $\sum\limits_{n=1}^{\infty} \left|(-1)^n \left(\dfrac{3n-1}{2n+3}\right)^{2n+1}\right|$ 发散,又因这是由根值判别法得到的结论,所以原级数 $\sum\limits_{n=1}^{\infty} (-1)^n \left(\dfrac{3n-1}{2n+3}\right)^{2n+1}$ 发散.

(5) 这是任意项级数,因为当 $n \to \infty$ 时,该级数的一般项的绝对值

$$\left|(-1)^{n-1} \ln\left(1 + \dfrac{1}{\sqrt{n}}\right)\right| = \ln\left(1 + \dfrac{1}{\sqrt{n}}\right) \sim \dfrac{1}{\sqrt{n}},$$

而级数 $\sum\limits_{n=1}^{\infty} \dfrac{1}{\sqrt{n}}$ 发散,于是原级数非绝对收敛.

又因 $u_n = \ln\left(1 + \dfrac{1}{\sqrt{n}}\right) > 0$,所以原级数为交错级数.

显然,$u_n = \ln\left(1 + \dfrac{1}{\sqrt{n}}\right) > \ln\left(1 + \dfrac{1}{\sqrt{n+1}}\right) = u_{n+1}$,且 $\lim\limits_{n\to\infty} u_n = \lim\limits_{n\to\infty} \ln\left(1 + \dfrac{1}{\sqrt{n}}\right) = 0$,由莱布

尼茨判别法知,交错级数 $\sum\limits_{n=1}^{\infty}(-1)^{n-1}\ln\left(1+\dfrac{1}{\sqrt{n}}\right)$ 收敛,故原级数 $\sum\limits_{n=1}^{\infty}(-1)^{n-1}\ln\left(1+\dfrac{1}{\sqrt{n}}\right)$ 为条件收敛.

(6) 令 $u_n=\dfrac{(-1)^n}{3^n}\left(1+\dfrac{1}{n}\right)^{n^2}$,因为

$$\lim_{n\to\infty}\sqrt[n]{|u_n|}=\lim_{n\to\infty}\frac{1}{3}\left(1+\frac{1}{n}\right)^n=\frac{e}{3}<1,$$

由正项级数的根值判别法知,级数 $\sum\limits_{n=1}^{\infty}|u_n|$ 收敛,于是级数 $\sum\limits_{n=1}^{\infty}\dfrac{(-1)^n}{3^n}\left(1+\dfrac{1}{n}\right)^{n^2}$ 绝对收敛,但级数 $\sum\limits_{n=1}^{\infty}\dfrac{1}{n}$ 发散,由级数的基本性质可知,所给级数 $\sum\limits_{n=1}^{\infty}\left[\dfrac{(-1)^n}{3^n}\left(1+\dfrac{1}{n}\right)^{n^2}-\dfrac{1}{n}\right]$ 发散.

例 7.3.3　判别下列级数的敛散性,若收敛,是绝对收敛还是条件收敛?

(1) $\sum\limits_{n=2}^{\infty}(-1)^n\dfrac{\ln n}{n}$;　　　　(2) $\sum\limits_{n=1}^{\infty}\sin(\pi\sqrt{n^2+1})$.

解　(1) 因为当 $n\geqslant 3$ 时,有 $\left|(-1)^n\dfrac{\ln n}{n}\right|>\dfrac{1}{n}$,而 $\sum\limits_{n=1}^{\infty}\dfrac{1}{n}$ 发散,所以原级数非绝对收敛.

又因为 $u_n=\dfrac{\ln n}{n}>0\ (n\geqslant 2)$,所以原级数为交错级数.

令 $f(x)=\dfrac{\ln x}{x}\ (x\geqslant 3)$,由洛必达法则得

$$\lim_{x\to+\infty}f(x)=\lim_{x\to+\infty}\frac{\ln x}{x}=\lim_{x\to+\infty}\frac{1}{x}=0,$$

所以 $\lim\limits_{n\to\infty}u_n=\lim\limits_{n\to\infty}f(n)=\lim\limits_{n\to\infty}\dfrac{\ln n}{n}=0$.

当 $x\geqslant 3$ 时,因

$$f'(x)=\left(\frac{\ln x}{x}\right)'=\frac{1-\ln x}{x^2}<0,$$

故 $f(x)$ 单调递减,于是 $f(n)$ 单调递减,即 $u_n\geqslant u_{n+1}\ (n\geqslant 3)$.

由莱布尼茨判别法知,级数 $\sum\limits_{n=2}^{\infty}(-1)^n\dfrac{\ln n}{n}$ 收敛,所以所给级数为条件收敛.

(2) 由于所给级数的一般项

$$v_n=\sin(\pi\sqrt{n^2+1})=\sin[n\pi+\pi(\sqrt{n^2+1}-n)]=(-1)^n\sin\frac{\pi}{\sqrt{n^2+1}+n},$$

显然,$\sin\dfrac{\pi}{\sqrt{n^2+1}+n}>0$,所以该级数 $\sum\limits_{n=1}^{\infty}\sin(\pi\sqrt{n^2+1})$ 是交错级数.

因为,当 $n\to\infty$ 时,该级数的一般项的绝对值

$$|v_n|=\sin\frac{\pi}{\sqrt{n^2+1}+n}\sim\frac{\pi}{\sqrt{n^2+1}+n}\sim\frac{\pi}{2n}.$$

而 $\sum\limits_{n=1}^{\infty}\dfrac{\pi}{2n}$ 是发散的,所以原级数非绝对收敛.

又因 $\sum\limits_{n=1}^{\infty}\sin(\pi\sqrt{n^2+1})=\sum\limits_{n=1}^{\infty}(-1)^n\sin\dfrac{\pi}{\sqrt{n^2+1}+n}$ 是交错级数.

显然，$\lim\limits_{n\to\infty}u_n=\lim\limits_{n\to\infty}\sin\dfrac{\pi}{\sqrt{n^2+1}+n}=0$，又因为

$$u_n=\sin\dfrac{\pi}{\sqrt{n^2+1}+n}>\sin\dfrac{\pi}{\sqrt{(n+1)^2+1}+n+1}=u_{n+1},$$

由莱布尼茨判别法知，级数 $\sum\limits_{n=1}^{\infty}\sin(\pi\sqrt{n^2+1})$ 收敛，所以所给级数为条件收敛.

综上所述，判别任意项级数 $\sum\limits_{n=1}^{\infty}u_n$ 敛散性的思路一般为：先考虑是否有 $\lim\limits_{n\to\infty}u_n=0$，若 $\lim\limits_{n\to\infty}u_n\neq0$，则 $\sum\limits_{n=1}^{\infty}u_n$ 发散；若有 $\lim\limits_{n\to\infty}u_n=0$，再用正项级数判别法判别绝对值级数 $\sum\limits_{n=1}^{\infty}|u_n|$ 是否收敛；若收敛，则 $\sum\limits_{n=1}^{\infty}u_n$ 绝对收敛；若级数 $\sum\limits_{n=1}^{\infty}|u_n|$ 发散，且当使用的是比值判别法或根值判别法时，则 $\sum\limits_{n=1}^{\infty}u_n$ 发散；否则，再利用其他方法（如部分和极限、级数性质，或是交错级数时，可考虑莱布尼茨判别法）判定级数 $\sum\limits_{n=1}^{\infty}u_n$ 是否收敛，若收敛，则级数 $\sum\limits_{n=1}^{\infty}u_n$ 是条件收敛；否则级数 $\sum\limits_{n=1}^{\infty}u_n$ 发散.

习　题　7.3

（A）

1. 单项选择题：

(1) 若级数 $\sum\limits_{n=1}^{\infty}u_n$ 收敛，则必收敛的级数为（　　）.

A. $\sum\limits_{n=1}^{\infty}|u_n|$；　　B. $\sum\limits_{n=1}^{\infty}(-1)^nu_n$；　　C. $\sum\limits_{n=1}^{\infty}u_nu_{n+1}$；　　D. $\sum\limits_{n=1}^{\infty}\dfrac{u_n+u_{n+1}}{2}$.

(2) 级数 $\sum\limits_{n=1}^{\infty}(-1)^n\dfrac{k+n}{n^2}(k>0)$（　　）.

A. 发散；　　B. 绝对收敛；　　C. 条件收敛；　　D. 敛散性与 k 有关.

(3) 若级数 $\sum\limits_{n=1}^{\infty}u_n$ 收敛：

(a) $v_n=8u_{n+5}$，$n\in\mathbf{N}^+$；　　(b) $u_n<v_n<0$，$n\in\mathbf{N}^+$；　　(c) $|v_n|<u_n$，$n\in\mathbf{N}^+$，

则级数 $\sum\limits_{n=1}^{\infty}v_n$ 必收敛的条件为（　　）.

A. 仅(a)；　　B. 仅(a),(b)；　　C. 仅(b),(c)；　　D. (a),(b),(c).

2. 判别下列级数的敛散性，若收敛，是条件收敛还是绝对收敛？

(1) $\sum\limits_{n=1}^{\infty}\dfrac{(-1)^{n-1}}{\sqrt{2n-1}}$；　　(2) $\sum\limits_{n=1}^{\infty}\dfrac{(-1)^{n-1}}{n+\sqrt{n}}$；　　(3) $\sum\limits_{n=1}^{\infty}(-1)^n\dfrac{1}{n}\ln\left(1+\dfrac{1}{\sqrt{n}}\right)$；

(4) $\sum\limits_{n=1}^{\infty}\dfrac{(-1)^{n-1}}{\ln(1+n)}$；　　(5) $\sum\limits_{n=1}^{\infty}\dfrac{(-n)^n}{n!}$；　　(6) $\sum\limits_{n=2}^{\infty}\dfrac{(-1)^nn}{(\ln n)^n}$；

(7) $\sum\limits_{n=1}^{\infty}\dfrac{(-1)^n}{2^n}\left(1+\dfrac{1}{n}\right)^{n^2}$；　　(8) $\sum\limits_{n=1}^{\infty}(-1)^n\left(1+\sin\dfrac{1}{n}\right)^{-n^2}$；　　(9) $\sum\limits_{n=1}^{\infty}\dfrac{n^2\sin n}{5^n}$；

(10) $\sum\limits_{n=1}^{\infty}(-1)^nn!\sin\dfrac{1}{n^n}$；　　(11) $\sum\limits_{n=1}^{\infty}(-1)^n(\sqrt{n+1}-\sqrt{n})$；　　(12) $\sum\limits_{n=1}^{\infty}(-1)^{n+1}\dfrac{(n+1)^n}{2n^{n+1}}$；

(13) $\sum\limits_{n=2}^{\infty}(-1)^n\dfrac{n+2}{(n+1)\sqrt{n}}$；　　(14) $\sum\limits_{n=1}^{\infty}\left[\dfrac{(-1)^n}{\sqrt{n}}+\dfrac{1}{n}\right]$；　　(15) $\sum\limits_{n=1}^{\infty}\dfrac{(-1)^{n+1}\ln\left(2+\dfrac{1}{n}\right)}{\sqrt{(3n-2)(3n+2)}}$；

(16) $\sum_{n=1}^{\infty} (-1)^n \dfrac{\sqrt{n}+1}{n+1}$;　　　　(17) $\sum_{n=2}^{\infty} (-1)^n \dfrac{\ln^2 n}{n}$;　　　　(18) $\sum_{n=1}^{\infty} \dfrac{(-1)^{n-1}}{n-\ln n}$;

(19) $\sum_{n=1}^{\infty} \left[\dfrac{(-1)^n}{n} + \dfrac{\sin n}{n^2} \right]$;　　(20) $\sum_{n=2}^{\infty} \dfrac{(-1)^n}{\sqrt{n}+(-1)^n}$;　　(21) $\sum_{n=1}^{\infty} (-1)^n \int_0^{\frac{1}{n}} \dfrac{\sqrt{x}}{1+x^2} \mathrm{d}x$.

3. 讨论级数 $\sum_{n=1}^{\infty} \dfrac{a^n}{\sqrt{n+1}}$ $(a \neq 0)$ 的敛散性,若收敛,是条件收敛还是绝对收敛?

4. 判别级数 $\sum_{n=2}^{\infty} \sin\left(n\pi + \dfrac{1}{\ln n} \right)$ 是绝对收敛,条件收敛,还是发散的?

5. 若级数 $\sum_{n=1}^{\infty} u_n$ 与 $\sum_{n=1}^{\infty} v_n$ 都绝对收敛,证明:级数 $\sum_{n=1}^{\infty} (u_n \pm v_n)$ 也绝对收敛.

6. 若级数 $\sum_{n=1}^{\infty} u_n^2$ 与 $\sum_{n=1}^{\infty} v_n^2$ 都收敛,证明:级数 $\sum_{n=1}^{\infty} u_n v_n$ 与 $\sum_{n=1}^{\infty} (u_n + v_n)^2$ 均收敛.

7. 设 $\lim_{n\to\infty} a_n = a$,证明:级数 $\sum_{n=1}^{\infty} a_n \left(1 - \cos\dfrac{1}{n} \right)$ 收敛.

8. 设正项数列 $\{a_n\}$ 单调递减,且级数 $\sum_{n=0}^{\infty} (-1)^n a_n$ 发散,问级数 $\sum_{n=0}^{\infty} \left(\dfrac{1}{a_n+1} \right)^n$ 是否收敛?并说明理由.

(B)

1. 单项选择题:

设 $p_n = \dfrac{u_n + |u_n|}{2}, q_n = \dfrac{u_n - |u_n|}{2}, n = 1, 2, \cdots,$ 则下列命题正确的是(　　　).

A. 若 $\sum_{n=1}^{\infty} u_n$ 条件收敛,则 $\sum_{n=1}^{\infty} p_n$ 与 $\sum_{n=1}^{\infty} q_n$ 都收敛;

B. 若 $\sum_{n=1}^{\infty} u_n$ 绝对收敛,则 $\sum_{n=1}^{\infty} p_n$ 与 $\sum_{n=1}^{\infty} q_n$ 都收敛;

C. 若 $\sum_{n=1}^{\infty} u_n$ 条件收敛,则 $\sum_{n=1}^{\infty} p_n$ 与 $\sum_{n=1}^{\infty} q_n$ 的敛散性都不确定;

D. 若 $\sum_{n=1}^{\infty} u_n$ 绝对收敛,则 $\sum_{n=1}^{\infty} p_n$ 与 $\sum_{n=1}^{\infty} q_n$ 的敛散性都不确定.

2. 设常数 $\lambda > 0$,且级数 $\sum_{n=1}^{\infty} u_n^2$ 收敛,证明:级数 $\sum_{n=1}^{\infty} (-1)^n \dfrac{|u_n|}{\sqrt{n^2+\lambda}}$ 绝对收敛.

3. 若级数 $\sum_{n=1}^{\infty} n^2 u_n$ 收敛,证明:级数 $\sum_{n=1}^{\infty} u_n$ 绝对收敛.

4. 判别下列级数的敛散性,若收敛,是条件收敛还是绝对收敛?

(1) $\sum_{n=1}^{\infty} (-1)^n \dfrac{1}{n^p}$;　　(2) $\sum_{n=2}^{\infty} \dfrac{(-1)^n}{[n+(-1)^n]^p}$ $(p \geqslant 1)$;　　(3) $\sum_{n=1}^{\infty} (-1)^n \int_n^{n+1} \dfrac{\mathrm{e}^{-x}}{x} \mathrm{d}x$;

(4) $\sum_{n=2}^{\infty} \tan(\pi \sqrt{n^2+1})$;　(5) $\sum_{n=1}^{\infty} \dfrac{(-3)^n}{n[3^n + (-2)^n]}$;　　(6) $\sum_{n=1}^{\infty} \cos\left[\left(n + \dfrac{2}{n^\lambda} + \dfrac{1}{2} \right)\pi \right]$ $(\lambda > 0)$.

5. 已知级数 $\sum_{n=1}^{\infty} (-1)^n \sqrt{n} \sin\dfrac{1}{n^\alpha}$ 绝对收敛,$\sum_{n=1}^{\infty} \dfrac{(-1)^n}{n^{2-\alpha}}$ 条件收敛,求 α 的范围.

6. 设 $f(x)$ 在区间 $(0,1]$ 上可导,且 $|f'(x)| \leqslant M$,其中 M 为正常数. 试证明:

(1) 级数 $\sum_{n=1}^{\infty} \left[f\left(\dfrac{1}{n} \right) - f\left(\dfrac{1}{n+1} \right) \right]$ 绝对收敛;　　(2) 极限 $\lim_{n\to\infty} f\left(\dfrac{1}{n} \right)$ 存在.

7. 证明:级数 $\sum_{n=0}^{\infty} u_n$ 收敛,其中 $u_n = \int_{n\pi}^{(n+1)\pi} \dfrac{\sin x}{\sqrt{x}} \mathrm{d}x$.

7.4 幂 级 数

幂级数是一类特殊的函数项级数,在讨论幂级数前,先介绍一般函数项级数的基本概念.

7.4.1 函数项级数的概念

定义 7.4.1 设 $\{u_n(x)\}$ 是定义在区间 I 上的函数列,将它的各项依次用加号连接起来的式子

$$u_1(x) + u_2(x) + \cdots + u_n(x) + \cdots$$

称为定义在区间 I 上的**函数项级数**,记作 $\sum\limits_{n=1}^{\infty} u_n(x)$,即

$$\sum_{n=1}^{\infty} u_n(x) = u_1(x) + u_2(x) + u_3(x) + \cdots + u_n(x) + \cdots, \qquad (7.4.1)$$

$u_n(x)$ 称为该级数的一般项或通项.

例如,

$$\sum_{n=0}^{\infty} x^n = 1 + x + x^2 + \cdots + x^n + \cdots,$$

$$\sum_{n=1}^{\infty} \frac{\sin nx}{n^2} = \sin x + \frac{\sin 2x}{2^2} + \frac{\sin 3x}{3^2} + \cdots + \frac{\sin nx}{n^2} + \cdots$$

都是函数项级数.

对于某 $x_0 \in I$,将其代入表达式(7.4.1),则式(7.4.1)就成为一个数项级数

$$\sum_{n=1}^{\infty} u_n(x_0) = u_1(x_0) + u_2(x_0) + u_3(x_0) + \cdots + u_n(x_0) + \cdots. \qquad (7.4.2)$$

若数项级数(7.4.2)收敛,则称 x_0 是函数项级数(7.4.1)的**收敛点**;若数项级数(7.4.2)发散,则称 x_0 是函数项级数(7.4.1)的**发散点**.

函数项级数(7.4.1)的所有收敛点组成的集合 $D \subset I$,称为函数项级数的**收敛域**;函数项级数(7.4.1)的所有发散点组成的集合,称为函数项级数的**发散域**.

对于收敛域 D 内的任一点 x,函数项级数(7.4.1)是一个收敛的常数项级数,因而都有唯一确定的和与之对应,记为 $S(x)$. 显然它是定义在收敛域 D 上的一个函数,称 $S(x)$ 为函数项级数(7.4.1)的**和函数**,并记作

$$S(x) = \sum_{n=1}^{\infty} u_n(x) = u_1(x) + u_2(x) + u_3(x) + \cdots + u_n(x) + \cdots, \quad x \in D.$$

与数项级数类似,仍将函数项级数(7.4.1)前 n 项的和

$$S_n(x) = u_1(x) + u_2(x) + u_3(x) + \cdots + u_n(x) = \sum_{k=1}^{n} u_k(x)$$

称为函数项级数(7.4.1)的**部分和函数**,函数列 $\{S_n(x)\}$ 称为**部分和函数列**. 显然对于收敛域 D 内的任一点 x,都有

$$\lim_{n \to \infty} S_n(x) = S(x).$$

把 $R_n(x) = S(x) - S_n(x)$ 称为函数项级数(7.4.1)的余项,于是对于收敛域 D 内的任一点 x,有

$$\lim_{n\to\infty} S_n(x) = S(x) \Leftrightarrow \lim_{n\to\infty} R_n(x) = 0.$$

例 7.4.1　求函数项级数 $\sum\limits_{n=1}^{\infty} n\mathrm{e}^{-nx}$ 的收敛域.

解　对于给定的实数 x，级数 $\sum\limits_{n=1}^{\infty} n\mathrm{e}^{-nx}$ 为正项级数，由比值判别法有

$$\rho = \lim_{n\to\infty} \frac{u_{n+1}}{u_n} = \lim_{n\to\infty} \frac{(n+1)\mathrm{e}^{-(n+1)x}}{n\mathrm{e}^{-nx}} = \mathrm{e}^{-x},$$

(1) 当 $\rho = \mathrm{e}^{-x} < 1$ 时，即 $x > 0$ 时，级数收敛；

(2) 当 $\rho = \mathrm{e}^{-x} > 1$ 时，即 $x < 0$ 时，级数发散；

(3) 当 $\rho = \mathrm{e}^{-x} = 1$ 时，即 $x = 0$ 时，原级数成为 $\sum\limits_{n=1}^{\infty} n$，该级数显然发散.

综上所述，函数项级数 $\sum\limits_{n=1}^{\infty} n\mathrm{e}^{-nx}$ 的收敛域为 $(0, +\infty)$.

7.4.2　幂级数及其收敛域

函数项级数中最简单且又十分重要的是各项都是幂函数的函数项级数 —— 幂级数，幂级数的收敛域一般是一个区间，在该收敛域内幂级数有许多类似于多项式运算的性质，如逐项求导、逐项积分等.

定义 7.4.2　形如

$$\sum_{n=0}^{\infty} a_n (x-x_0)^n = a_0 + a_1(x-x_0) + a_2(x-x_0)^2 + \cdots + a_n(x-x_0)^n + \cdots \qquad (7.4.3)$$

的函数项级数，称为关于 $(\boldsymbol{x-x_0})$ **的幂级数**，其中常数 $a_n(n = 0,1,2,\cdots)$ 称为幂级数的**系数**. 这里规定：不论 $x-x_0$ 为何值，$(x-x_0)^0 = 1$，因而 a_0 可记作 $a_0(x-x_0)^0$. 当 $x_0 = 0$ 时，幂级数 (7.4.3) 变成为

$$\sum_{n=0}^{\infty} a_n x^n = a_0 + a_1 x + a_2 x^2 + \cdots + a_n x^n + \cdots \qquad (7.4.4)$$

称式 (7.4.4) 为关于 $\boldsymbol{x}$ **的幂级数**.

我们主要讨论形式简单的幂级数 (7.4.4)，因为只要在幂级数 (7.4.3) 中令 $x-x_0 = t$，则幂级数 (7.4.3) 就化成了幂级数 (7.4.4).

下面讨论幂级数 (7.4.4) 的收敛域. 显然幂级数 (7.4.4) 在点 $x = 0$ 处收敛，除此外，还在哪些点处收敛？其收敛点有无规律呢？先看下面例子.

例 7.4.2　求幂级数 $\sum\limits_{n=0}^{\infty} x^n$ 的收敛域，并求其和函数.

解　对于给定的实数 x，$\sum\limits_{n=0}^{\infty} x^n$ 是公比为 x 的等比级数，由前面等比级数结论可知，当 $|x| < 1$ 时，级数收敛；当 $|x| \geqslant 1$ 时，级数发散. 故级数的收敛域为 $D = (-1,1)$.

当 $|x| < 1$ 时，它收敛于和 $\dfrac{1}{1-x}$，即该幂级数 $\sum\limits_{n=0}^{\infty} x^n$ 的和函数为 $\dfrac{1}{1-x}$. 即

$$\sum_{n=0}^{\infty} x^n = \frac{1}{1-x} \quad (-1 < x < 1).$$

从该例子可知,幂级数 $\sum\limits_{n=0}^{\infty} x^n$ 的收敛域是一个关于原点对称的区间,那么对于一般的幂级数(7.4.4)其收敛域是否也是一个关于原点对称的区间?下面的阿贝尔(Abel)定理作了回答.

定理 7.4.1(**阿贝尔定理**)　对于幂级数 $\sum\limits_{n=0}^{\infty} a_n x^n$,下列命题成立:

(1) 若它在 $x = x_1$ $(x_1 \neq 0)$ 处收敛,则对于满足不等式 $|x| < |x_1|$ 的一切 x,该幂级数绝对收敛.

(2) 若它在 $x = x_2$ 处发散,则对于满足不等式 $|x| > |x_2|$ 的一切 x,该幂级数发散.

证　(1) 因 x_1 是幂级数的收敛点,即级数 $\sum\limits_{n=0}^{\infty} a_n x_1^n$ 收敛,由级数收敛的必要条件知, $\lim\limits_{n\to\infty} a_n x_1^n = 0$. 从而数列 $\{a_n x_1^n\}$ 有界,即总存在正常数 M,使

$$|a_n x_1^n| \leqslant M, \quad n = 0, 1, 2, \cdots.$$

由于 $|x| < |x_1|$,所以

$$|a_n x^n| = \left| a_n x_1^n \cdot \frac{x^n}{x_1^n} \right| = |a_n x_1^n| \cdot \left| \frac{x}{x_1} \right|^n \leqslant M \left| \frac{x}{x_1} \right|^n = M q^n, \quad n = 0, 1, 2, \cdots.$$

其中, $q = \left| \dfrac{x}{x_1} \right| < 1$,故等比级数 $\sum\limits_{n=0}^{\infty} \left| \dfrac{x}{x_1} \right|^n$ 收敛,由比较判别法知,级数 $\sum\limits_{n=0}^{\infty} |a_n x^n|$ 收敛,即当 $|x| < |x_1|$ 时,级数 $\sum\limits_{n=0}^{\infty} a_n x^n$ 绝对收敛.

(2) 用反证法. 设有 x' 满足 $|x_2| < |x'|$,并使级数 $\sum\limits_{n=0}^{\infty} a_n (x')^n$ 收敛,则由(1)的结论可知,级数 $\sum\limits_{n=0}^{\infty} a_n x_2^n$ 收敛,这与题设矛盾,故结论得证.

阿贝尔定理揭示了幂级数 $\sum\limits_{n=0}^{\infty} a_n x^n$ 收敛域与发散域的几何特征,即得如下结论.

若幂级数 $\sum\limits_{n=0}^{\infty} a_n x^n$ 在 x_0 $(x_0 \neq 0)$ 处收敛,则幂级数必在开区间 $(-|x_0|, |x_0|)$ 内的任意 x 处收敛;若在 x_0 处发散,则幂级数必在闭区间 $[-|x_0|, |x_0|]$ 以外的任何 x 处都发散.

由阿贝尔定理上述的几何解释,可以得到如下重要的推论.

推论 7.4.1　若幂级数 $\sum\limits_{n=0}^{\infty} a_n x^n$ 不是仅在 $x = 0$ 一点处收敛,也不是在整个数轴上都收敛,则必存在唯一的正数 R,使得

(1) 当 $|x| < R$ 时,幂级数 $\sum\limits_{n=0}^{\infty} a_n x^n$ 绝对收敛;

(2) 当 $|x| > R$ 时,幂级数 $\sum\limits_{n=0}^{\infty} a_n x^n$ 发散;

(3) 当 $|x| = R$ 时,幂级数 $\sum\limits_{n=0}^{\infty} a_n x^n$ 可能收敛,也可能发散.

将满足推论 7.4.1 的正数 R 称为幂级数 $\sum\limits_{n=0}^{\infty} a_n x^n$ 的**收敛半径**. 而开区间 $(-R, R)$ 称为该幂级数的**收敛区间**;幂级数的收敛区间加上它的收敛端点构成的集合,称为幂级数的**收敛域**. 由

于在 $x = \pm R$ 两点幂级数可能收敛也可能不收敛,所以幂级数的收敛域有四种形式:$(-R,R)$;$[-R,R)$;$(-R,R]$;$[-R,R]$.

为了叙述方便,这里规定:当幂级数 $\sum\limits_{n=0}^{\infty} a_n x^n$ 仅在 $x=0$ 点收敛,规定 $R=0$(此时幂级数收敛区间退化为一点 $x=0$);当幂级数 $\sum\limits_{n=0}^{\infty} a_n x^n$ 在整个实数轴上收敛,规定 $R=+\infty$,这时收敛区间为 $(-\infty,+\infty)$.

综上可知,收敛半径满足不等式 $0 \leqslant R \leqslant +\infty$.

在上述规定下,可知任意一个幂级数都存在一个收敛半径.

下面利用正项级数的比值(或根值)判别法,给出求幂级数收敛半径的一个具体方法.

定理 7.4.2 设幂级数 $\sum\limits_{n=0}^{\infty} a_n x^n$ 的所有系数 $a_n \neq 0$,若 $\lim\limits_{n \to \infty} \left| \dfrac{a_{n+1}}{a_n} \right| = \rho$(或 $\lim\limits_{n \to \infty} \sqrt[n]{|a_n|} = \rho$),则

(1) 当 $0 < \rho < +\infty$ 时,此幂级数的收敛半径 $R = \dfrac{1}{\rho}$;

(2) 当 $\rho = 0$ 时,此幂级数的收敛半径 $R = +\infty$;

(3) 当 $\rho = +\infty$ 时,此幂级数的收敛半径 $R = 0$.

证 考察正项级数 $\sum\limits_{n=0}^{\infty} |a_n x^n|$,由正项级数的比值判别法,得

$$\lim_{n \to \infty} \left| \frac{a_{n+1} x^{n+1}}{a_n x^n} \right| = |x| \cdot \lim_{n \to \infty} \left| \frac{a_{n+1}}{a_n} \right| = \rho |x|.$$

(1) 若 $0 < \rho < +\infty$,由比值判别法可知,当 $\rho |x| < 1$,即 $|x| < \dfrac{1}{\rho}$ 时,幂级数 $\sum\limits_{n=0}^{\infty} a_n x^n$ 绝对收敛. 当 $\rho |x| > 1$,即 $|x| > \dfrac{1}{\rho}$ 时,幂级数 $\sum\limits_{n=0}^{\infty} a_n x^n$ 发散. 故收敛半径 $R = \dfrac{1}{\rho}$.

(2) 若 $\rho = 0$,则对于任意 $x \neq 0$ 均有

$$\lim_{n \to \infty} \left| \frac{a_{n+1} x^{n+1}}{a_n x^n} \right| = |x| \cdot \rho = 0 < 1,$$

即幂级数 $\sum\limits_{n=0}^{\infty} a_n x^n$ 绝对收敛,且幂级数 $\sum\limits_{n=0}^{\infty} a_n x^n$ 在 $x=0$ 处收敛,故收敛半径 $R = +\infty$.

(3) 若 $\rho = +\infty$,则对于任意 $x \neq 0$ 均有

$$\lim_{n \to \infty} \left| \frac{a_{n+1} x^{n+1}}{a_n x^n} \right| = |x| \cdot \lim_{n \to \infty} \left| \frac{a_{n+1}}{a_n} \right| = +\infty,$$

因此 $x \neq 0$ 时,幂级数 $\sum\limits_{n=0}^{\infty} a_n x^n$ 发散,且幂级数仅在 $x=0$ 处收敛,故收敛半径 $R = 0$.

对于 $\lim\limits_{n \to \infty} \sqrt[n]{|a_n|} = \rho$ 的情形,可类似证明上面三个结论.

由上面的讨论可知,求幂级数 $\sum\limits_{n=0}^{\infty} a_n x^n$ 收敛域的步骤为:

先设法求出它的收敛半径 R,得到收敛区间 $(-R,R)$;再判定 $x = \pm R$ 处幂级数对应的级数 $\sum\limits_{n=0}^{\infty} a_n R^n$ 与 $\sum\limits_{n=0}^{\infty} a_n (-R)^n$ 的敛散性,最后写出该幂级数 $\sum\limits_{n=0}^{\infty} a_n x^n$ 的收敛域.

例7.4.3 求下列幂级数的收敛域:

(1) $\sum_{n=1}^{\infty} \frac{(-1)^n}{3^n \sqrt{n}} x^n$; (2) $\sum_{n=1}^{\infty} \frac{n^2}{5^n} x^n$; (3) $\sum_{n=1}^{\infty} \frac{x^n}{(2n)!}$; (4) $\sum_{n=1}^{\infty} \frac{(x-2)^n}{2n+1}$.

解 (1) 因为

$$\lim_{n \to \infty} \left| \frac{a_{n+1}}{a_n} \right| = \lim_{n \to \infty} \frac{3^n \sqrt{n}}{3^{n+1} \sqrt{n+1}} = \frac{1}{3},$$

所以幂级数的收敛半径 $R=3$, 故该幂级数的收敛区间为 $(-3,3)$.

当 $x=-3$ 时, 级数变为 $\sum_{n=1}^{\infty} \frac{1}{\sqrt{n}}$, 该级数发散; 当 $x=3$ 时, 级数变为交错级数 $\sum_{n=1}^{\infty} \frac{(-1)^n}{\sqrt{n}}$ 且

满足莱布尼茨判别法的条件, 该级数收敛. 故所给幂级数的收敛域为 $(-3,3]$.

(2) 因为

$$\lim_{n \to \infty} \left| \frac{a_{n+1}}{a_n} \right| = \lim_{n \to \infty} \frac{(n+1)^2}{5^{n+1}} \cdot \frac{5^n}{n^2} = \frac{1}{5} \quad \left(\text{或} \lim_{n \to \infty} \sqrt[n]{|a_n|} = \frac{1}{5} \lim_{n \to \infty} \sqrt[n]{n^2} = \frac{1}{5} \right),$$

所以幂级数的收敛半径 $R=5$, 故该幂级数的收敛区间为 $(-5,5)$.

当 $x=-5$ 时, 级数变为 $\sum_{n=1}^{\infty} (-1)^n n^2$, 该级数发散; 当 $x=5$ 时, 级数变为 $\sum_{n=1}^{\infty} n^2$, 该级数发

散. 故所给幂级数的收敛域为 $(-5,5)$.

(3) 因为

$$\lim_{n \to \infty} \left| \frac{a_{n+1}}{a_n} \right| = \lim_{n \to \infty} \frac{(2n)!}{(2n+2)!} = \lim_{n \to \infty} \frac{1}{(2n+2)(2n+1)} = 0,$$

所以幂级数的收敛半径 $R=+\infty$, 故该幂级数的收敛区间及收敛域均为 $(-\infty,+\infty)$.

(4) 令 $x-2=t$, 所给幂级数化为 $\sum_{n=1}^{\infty} \frac{t^n}{2n+1}$. 因为

$$\lim_{n \to \infty} \left| \frac{a_{n+1}}{a_n} \right| = \lim_{n \to \infty} \frac{2n+1}{2n+3} = 1,$$

所以关于 t 的幂级数 $\sum_{n=1}^{\infty} \frac{t^n}{2n+1}$ 其收敛半径 $R=1$, 收敛区间为 $(-1,1)$.

当 $t=-1$ 时, 级数为交错级数 $\sum_{n=1}^{\infty} \frac{(-1)^n}{2n+1}$ 且满足莱布尼茨判别法的条件, 该级数收敛; 当

$t=1$ 时, 级数为 $\sum_{n=1}^{\infty} \frac{1}{2n+1}$, 该级数发散. 故幂级数 $\sum_{n=1}^{\infty} \frac{t^n}{2n+1}$ 的收敛域为 $[-1,1)$.

由 $-1 \leqslant t=x-2 < 1$, 解得 $1 \leqslant x < 3$. 故幂级数 $\sum_{n=1}^{\infty} \frac{(x-2)^n}{2n+1}$ 的收敛域为 $[1,3)$.

例7.4.4 求幂级数 $\sum_{n=1}^{\infty} \frac{x^{2n+1}}{4^n \cdot n^2}$ 的收敛半径和收敛域.

解 由于该级数是"缺项"(缺少 x 的偶数次幂项) 的幂级数, 显然不能直接用定理7.4.2

求其收敛半径. 但可对其绝对值级数直接应用比值判别法, 进而求出收敛半径.

记 $u_n(x) = \frac{x^{2n+1}}{4^n \cdot n^2}$, 因为

$$\lim_{n\to\infty}\left|\frac{u_{n+1}(x)}{u_n(x)}\right|=\lim_{n\to\infty}\left|\frac{x^{2n+3}}{4^{n+1}\ (n+1)^2}\cdot\frac{4^n n^2}{x^{2n+1}}\right|=\frac{1}{4}\lim_{n\to\infty}\left(\frac{n}{n+1}\right)^2\cdot\mid x\mid^2=\frac{1}{4}\mid x\mid^2,$$

由比值判别法知,当 $\dfrac{\mid x\mid^2}{4}<1$,即 $\mid x\mid<2$ 时,幂级数收敛;当 $\dfrac{\mid x\mid^2}{4}>1$,即 $\mid x\mid>2$ 时,幂级

数发散. 所以幂级数 $\displaystyle\sum_{n=1}^{\infty}\frac{x^{2n+1}}{4^n\cdot n^2}$ 的收敛半径 $R=2$. 又当 $x=-2$ 时,级数为 $\displaystyle\sum_{n=1}^{\infty}\frac{-2}{n^2}$,该级数收

敛;当 $x=2$ 时,级数为 $\displaystyle\sum_{n=1}^{\infty}\frac{2}{n^2}$,该级数收敛. 故幂级数 $\displaystyle\sum_{n=1}^{\infty}\frac{x^{2n+1}}{4^n\cdot n^2}$ 的收敛域为 $[-2,2]$.

例 7.4.5　求幂级数 $\displaystyle\sum_{n=1}^{\infty}\frac{x^{n^2}}{2^{n-1}n^n}$ 的收敛域.

解　由于该级数是"缺项"的幂级数,对其绝对值级数直接使用比值判别法.

记 $u_n(x)=\dfrac{x^{n^2}}{2^{n-1}n^n}$,因为

$$\lim_{n\to\infty}\left|\frac{u_{n+1}(x)}{u_n(x)}\right|=\lim_{n\to\infty}\left|\frac{x^{(n+1)^2}}{2^n\ (n+1)^{n+1}}\cdot\frac{2^{n-1}n^n}{x^{n^2}}\right|=\frac{1}{2\mathrm{e}}\lim_{n\to\infty}\frac{\mid x\mid^{2n+1}}{n+1},$$

若 $\mid x\mid\leqslant 1$,则 $\displaystyle\lim_{n\to\infty}\frac{\mid x\mid^{2n+1}}{n+1}=0<1$,幂级数收敛;若 $\mid x\mid>1$,则 $\displaystyle\lim_{n\to\infty}\frac{\mid x\mid^{2n+1}}{n+1}=+\infty$,幂级数

发散. 故幂级数 $\displaystyle\sum_{n=1}^{\infty}\frac{x^{n^2}}{2^{n-1}n^n}$ 的收敛域为 $[-1,1]$.

注　例 7.4.4、例 7.4.5 也可以对其绝对值级数直接使用根值判别法求其收敛半径.

7.4.3　幂级数及其和函数的运算性质

下面给出幂级数的性质,其证明所用到的知识已超出了我们的知识范围,在此不予证明.

1. 幂级数的代数运算性质

设幂级数 $\displaystyle\sum_{n=0}^{\infty}a_n x^n=S_1(x)$ 与 $\displaystyle\sum_{n=0}^{\infty}b_n x^n=S_2(x)$ 的收敛半径分别为 R_1 和 R_2 $(R_1>0,R_2>0)$,

令 $R=\min\{R_1,R_2\}$,则在它们公共的收敛区间 $(-R,R)$ 内,有

(1) 两级数可逐项相加减,即

$$\sum_{n=0}^{\infty}a_n x^n\pm\sum_{n=0}^{\infty}b_n x^n=\sum_{n=0}^{\infty}(a_n\pm b_n)x^n=S_1(x)\pm S_2(x);$$

(2) 两级数可相乘,即

$$\left(\sum_{n=0}^{\infty}a_n x^n\right)\cdot\left(\sum_{n=0}^{\infty}b_n x^n\right)=\sum_{n=0}^{\infty}c_n x^n=S_1(x)\cdot S_2(x),$$

其中: $c_n=a_0 b_n+a_1 b_{n-1}+\cdots+a_n b_0$ $(n=0,1,2,\cdots)$.

幂级数的和函数是在其收敛域内定义的一个函数,关于这类函数的连续、可导以及可积性,有如下性质.

2. 幂级数和函数的分析运算性质

设幂级数 $\displaystyle\sum_{n=0}^{\infty}a_n x^n$ 的收敛半径 $R>0$,其和函数为 $S(x)$,则

(1) 和函数 $S(x)$ 在其收敛区间 $(-R, R)$ 内连续,若幂级数 $\sum_{n=0}^{\infty} a_n x^n$ 在收敛区间端点 $x = -R$ (或 $x = R$) 处也收敛,则和函数 $S(x)$ 在 $x = -R$ (或 $x = R$) 处右(或左)连续.

即幂级数 $\sum_{n=0}^{\infty} a_n x^n$ 的和函数 $S(x)$ 在其收敛域 D 上是连续函数.

(2) 和函数 $S(x)$ 在其收敛区间 $(-R, R)$ 内可导,且可以逐项求导,即

$$S'(x) = \left(\sum_{n=0}^{\infty} a_n x^n \right)' = \sum_{n=0}^{\infty} (a_n x^n)' = \sum_{n=1}^{\infty} n \cdot a_n x^{n-1}, \quad x \in (-R, R).$$

(3) 和函数 $S(x)$ 在其收敛区间 $(-R, R)$ 内可积,且可以逐项积分,即

$$\int_0^x S(x) \mathrm{d}x = \int_0^x \left(\sum_{n=0}^{\infty} a_n x^n \right) \mathrm{d}x = \sum_{n=0}^{\infty} \int_0^x a_n x^n \mathrm{d}x = \sum_{n=0}^{\infty} \frac{a_n}{n+1} x^{n+1}, \quad x \in (-R, R).$$

可以证明,逐项求导或逐项积分后得到的新的幂级数与原幂级数的收敛半径相等,从而收敛区间 $(-R, R)$ 不变,但在收敛区间端点 $x = \pm R$ 处的敛散性可能发生变化.

例如,幂级数 $\sum_{n=1}^{\infty} \frac{1}{n} x^n$ 的收敛域为 $[-1, 1)$,将其逐项求导所得的幂级数 $\sum_{n=1}^{\infty} x^{n-1}$ 的收敛域为 $(-1, 1)$,在 $x = -1$ 处的收敛性发生了改变.因此对求导后的幂级数和积分后的幂级数在收敛区间端点处的敛散性需要重新单独加以讨论.

上述性质表明,在收敛区间内,可以像多项式一样对幂级数进行代数运算和分析运算.运用幂级数的这些性质,借助熟知的一些幂级数的和函数公式,我们可以求出某些幂级数在其收敛域上的和函数,由此可以利用幂级数求一些数项级数的和.

例 7.4.6 求下列幂级数的和函数:

(1) $\sum_{n=1}^{\infty} n x^n$;   (2) $\sum_{n=0}^{\infty} \frac{(-1)^n}{2n+1} x^{2n}$.

分析 求幂级数的和函数一般是设法将所给的幂级数化为等比级数,再借助于等比级数的和函数,进而求出所给幂级数的和函数.求幂级数的和函数,应先求幂级数的收敛域,再求其收敛域上的和函数.

解 (1) 因为

$$\lim_{n \to \infty} \left| \frac{a_{n+1}}{a_n} \right| = \lim_{n \to \infty} \frac{n+1}{n} = 1,$$

所以该幂级数的收敛半径 $R = 1$,当 $x = \pm 1$ 时,级数为 $\sum_{n=1}^{\infty} (-1)^n n$ 及 $\sum_{n=1}^{\infty} n$ 均是发散的,故幂级数的收敛域为 $(-1, 1)$. 设所给幂级数的和函数为 $S(x)$,即

$$S(x) = \sum_{n=1}^{\infty} n x^n, \quad x \in (-1, 1).$$

为了能利用等比级数的和函数公式,先将级数变形为

$$S(x) = \sum_{n=1}^{\infty} n x^n = x \cdot \sum_{n=1}^{\infty} n x^{n-1},$$

又记 $S_1(x) = \sum_{n=1}^{\infty} n x^{n-1}$,根据幂级数的逐项积分性质,有

$$\int_0^x S_1(x)\,\mathrm{d}x = \sum_{n=1}^{\infty}\int_0^x nx^{n-1}\,\mathrm{d}x = \sum_{n=1}^{\infty} x^n = \frac{x}{1-x},$$

于是

$$S_1(x) = \left(\int_0^x S_1(x)\,\mathrm{d}x\right)' = \left(\frac{x}{1-x}\right)' = \frac{1}{(1-x)^2}.$$

从而有

$$S(x) = x \cdot S_1(x) = \frac{x}{(1-x)^2} \quad (-1 < x < 1).$$

(2) 设 $u_n(x) = \dfrac{(-1)^n}{2n+1}x^{2n}$，由

$$\lim_{n\to\infty}\left|\frac{u_{n+1}(x)}{u_n(x)}\right| = \lim_{n\to\infty}\frac{x^{2n+2}}{(2n+3)}\cdot\frac{2n+1}{x^{2n}} = x^2,$$

由比值判别法易知，该幂级数的收敛区间为 $(-1,1)$. 当 $x=\pm 1$ 时，级数为 $\displaystyle\sum_{n=0}^{\infty}\frac{(-1)^n}{2n+1}$，该级数收敛，故所给幂级数的收敛域为 $[-1,1]$.

设所给幂级数的和函数为 $S(x)$，即

$$S(x) = \sum_{n=0}^{\infty}\frac{(-1)^n}{2n+1}x^{2n}, \quad x\in[-1,1].$$

为了能利用等比级数的和函数公式，先将级数变形为

$$x\cdot S(x) = \sum_{n=0}^{\infty}\frac{(-1)^n}{2n+1}x^{2n+1},$$

再利用逐项求导的性质，在 $(-1,1)$ 内，有

$$[xS(x)]' = \sum_{n=0}^{\infty}\left[\frac{(-1)^n}{2n+1}x^{2n+1}\right]' = \sum_{n=0}^{\infty}(-1)^n x^{2n} = \sum_{n=0}^{\infty}(-x^2)^n = \frac{1}{1+x^2},$$

对上式两边从 0 到 x 积分，得

$$xS(x) - 0S(0) = \int_0^x \frac{\mathrm{d}x}{1+x^2} = \arctan x.$$

当 $x\in(-1,1)$，且 $x\neq 0$ 时，

$$S(x) = \frac{1}{x}\arctan x,$$

当 $x=0$ 时，由 $S(x) = \displaystyle\sum_{n=0}^{\infty}\frac{(-1)^n}{2n+1}x^{2n}$ 可得 $S(0)=1$. 又 $S(x)$ 在 $x=\pm 1$ 处连续，故和函数

$$S(x) = \begin{cases} \dfrac{1}{x}\arctan x, & |x|\leqslant 1, x\neq 0, \\[2mm] 1, & x=0. \end{cases}$$

注 其中 $S(0)=1$，也可按下述方法求得. 当 $x=0$ 时，由于 $S(x)$ 在 $[-1,1]$ 上连续，于是

$$S(0) = \lim_{x\to 0}S(x) = \lim_{x\to 0}\frac{1}{x}\arctan x = 1.$$

例 7.4.7 求幂级数 $\displaystyle\sum_{n=0}^{\infty}\frac{x^{2n+2}}{(n+1)(2n+1)}$ 的和函数.

解 设 $u_n(x) = \dfrac{x^{2n+2}}{(n+1)(2n+1)}$，由

$$\lim_{n\to\infty}\left|\frac{u_{n+1}(x)}{u_n(x)}\right| = \lim_{n\to\infty}\frac{x^{2n+4}}{(n+2)(2n+3)}\cdot\frac{(n+1)(2n+1)}{x^{2n+2}} = x^2,$$

由比值判别法易知,该幂级数的收敛区间为 $(-1,1)$. 当 $x = \pm 1$ 时,级数为 $\sum\limits_{n=0}^{\infty}\dfrac{1}{(n+1)(2n+1)}$, 该级数收敛,故所给幂级数的收敛域为 $[-1,1]$.

设所给幂级数的和函数为 $S(x)$,即

$$S(x) = \sum_{n=0}^{\infty}\frac{x^{2n+2}}{(n+1)(2n+1)}, \quad x \in [-1,1].$$

再利用逐项求导的性质,在 $(-1,1)$ 内,有

$$S''(x) = \sum_{n=0}^{\infty}\frac{(x^{2n+2})''}{(n+1)(2n+1)} = \sum_{n=0}^{\infty}\frac{(2n+2)(2n+1)\cdot x^{2n}}{(n+1)(2n+1)} = 2\sum_{n=0}^{\infty}x^{2n} = \frac{2}{1-x^2}.$$

因 $S(0) = S'(0) = 0$,两边从 0 到 x 积分,得

$$S'(x) = 2\int_0^x\frac{1}{1-x^2}\mathrm{d}x = \ln\frac{1+x}{1-x}.$$

$$S(x) = \int_0^x\ln\frac{1+x}{1-x}\mathrm{d}x = x\ln\frac{1+x}{1-x}\Big|_0^x - \int_0^x x\mathrm{d}\left(\ln\frac{x+1}{1-x}\right) = x\ln\frac{1+x}{1-x} + \ln(1-x^2).$$

又因幂级数的和函数 $S(x)$ 在收敛区域 $[-1,1]$ 上连续,故在 $x = 1$ 处有

$$S(1) = \lim_{x\to 1^-}S(x) = \lim_{x\to 1^-}\left[x\ln\frac{1+x}{1-x} + \ln(1-x^2)\right]$$

$$= \lim_{x\to 1^-}\left[(x+1)\ln(1+x) + (1-x)\ln(1-x)\right] = 2\ln 2.$$

同理可得 $S(-1) = 2\ln 2$. 于是

$$S(x) = \begin{cases} x\ln\dfrac{1+x}{1-x} + \ln(1-x^2), & -1 < x < 1, \\[2mm] 2\ln 2, & x = \pm 1. \end{cases}$$

例 7.4.8 求幂级数 $\sum\limits_{n=1}^{\infty}n(n+1)x^n$ 的和函数,并求数项级数 $\sum\limits_{n=1}^{\infty}\dfrac{n(n+1)}{2^n}$ 的和.

解 因为 $\lim\limits_{n\to\infty}\left|\dfrac{a_{n+1}}{a_n}\right| = \lim\limits_{n\to\infty}\dfrac{(n+1)(n+2)}{n(n+1)} = 1$,故该幂级数的收敛半径 $R = 1$.

当 $x = \pm 1$ 时,级数为 $\sum\limits_{n=1}^{\infty}(\pm 1)^n n(n+1)$,发散,因此该幂级数的收敛域为 $(-1,1)$.

设 $S(x) = \sum\limits_{n=1}^{\infty}n(n+1)x^n, x \in (-1,1)$,为了能利用等比级数的求和公式,先将级数变形为

$$S(x) = \sum_{n=1}^{\infty}n(n+1)x^n = x\cdot\sum_{n=1}^{\infty}n(n+1)x^{n-1},$$

再利用幂级数逐项积分与逐项求导的性质,得

$$S(x) = x\cdot\sum_{n=1}^{\infty}(x^{n+1})'' = x\left(\sum_{n=1}^{\infty}x^{n+1}\right)'' = x\left(\frac{x^2}{1-x}\right)'' = \frac{2x}{(1-x)^3} \quad (-1 < x < 1).$$

因为 $x = \dfrac{1}{2} \in (-1,1)$,所以

$$\sum_{n=1}^{\infty}\frac{n(n+1)}{2^n} = \left(\sum_{n=1}^{\infty}n(n+1)x^n\right)\Big|_{x=\frac{1}{2}} = S\left(\frac{1}{2}\right) = \frac{2x}{(1-x)^3}\Big|_{x=\frac{1}{2}} = 8.$$

习 题 7.4

(A)

1. 求下列幂级数的收敛域：

(1) $\displaystyle\sum_{n=1}^{\infty} (-1)^{n-1} \frac{x^n}{n^2}$;

(2) $\displaystyle\sum_{n=1}^{\infty} \frac{(-1)^n}{3^n(n+1)} x^n$;

(3) $\displaystyle\sum_{n=1}^{\infty} \left(1+\frac{1}{n}\right)^n x^n$;

(4) $\displaystyle\sum_{n=0}^{\infty} \frac{5^n x^n}{\sqrt{n+1}}$;

(5) $\displaystyle\sum_{n=1}^{\infty} \frac{x^n}{3^n+(-2)^n}$;

(6) $\displaystyle\sum_{n=1}^{\infty} (-1)^n \frac{(2x-3)^n}{2n-1}$;

(7) $\displaystyle\sum_{n=1}^{\infty} (-1)^n \frac{x^{2n-1}}{2n-1}$;

(8) $\displaystyle\sum_{n=0}^{\infty} \frac{2n-1}{4^n} x^{2n}$;

(9) $\displaystyle\sum_{n=2}^{\infty} \frac{(-1)^n}{n \cdot 2^n} x^{2n-3}$;

(10) $\displaystyle\sum_{n=1}^{\infty} \frac{4^n}{n^2+1} (x-1)^{2n}$;

(11) $\displaystyle\sum_{n=3}^{\infty} \frac{\ln n}{n} x^n$;

(12) $\displaystyle\sum_{n=1}^{\infty} \frac{3^n+(-2)^n}{n} x^n$.

2. 求下列幂级数的和函数：

(1) $\displaystyle\sum_{n=1}^{\infty} n x^{n-1}$;

(2) $\displaystyle\sum_{n=0}^{\infty} (n+1) x^{2n}$;

(3) $\displaystyle\sum_{n=1}^{\infty} n^2 x^{n-1}$;

(4) $\displaystyle\sum_{n=0}^{\infty} \frac{x^{4n+1}}{4n+1}$;

(5) $\displaystyle\sum_{n=0}^{\infty} \frac{x^{2n}}{2n+1}$;

(6) $\displaystyle\sum_{n=0}^{\infty} \frac{(-1)^n}{2n+1} x^{2n+2}$.

3. 利用幂级数的和函数，求下列常数项级数的和：

(1) $\displaystyle\sum_{n=1}^{\infty} \frac{2n-1}{2^n}$;

(2) $\displaystyle\sum_{n=1}^{\infty} \frac{1}{(2n-1) \cdot 2^n}$.

4. 设 $u_n = \displaystyle\int_0^{\frac{\pi}{4}} \sin^n x \cos x \, \mathrm{d}x, n \in \mathbf{N}$, 证明：$\displaystyle\sum_{n=0}^{\infty} u_n = \ln(2+\sqrt{2})$.

5. 求下列幂级数的和函数：

(1) $\displaystyle\sum_{n=1}^{\infty} \frac{(-1)^n}{n(n+1)} x^n$;

(2) $\displaystyle\sum_{n=1}^{\infty} n^2 x^n$;

(3) $\displaystyle\sum_{n=1}^{\infty} \frac{(-1)^{n-1}}{(2n)^2-1} x^{2n+1}$.

6. 设 $x_n = \dfrac{1}{a} + \dfrac{2}{a^2} + \cdots + \dfrac{n}{a^n}$, 其中 $a>1$, 证明：极限 $\lim\limits_{n\to\infty} x_n$ 存在，并求出该极限值.

(B)

1. 求幂级数 $\displaystyle\sum_{n=1}^{\infty} \frac{\mathrm{e}^n - (-1)^n}{n^2} x^n$ 的收敛半径 R.

2. 若幂级数 $\displaystyle\sum_{n=1}^{\infty} a_n x^n$ 在 $x=-3$ 处条件收敛，试确定该幂级数的收敛半径.

3. 已知幂级数 $\displaystyle\sum_{n=1}^{\infty} a_n (x-2)^n$ 在点 $x=0$ 处收敛，在点 $x=4$ 处发散，求幂级数 $\displaystyle\sum_{n=1}^{\infty} a_n x^n$ 的收敛域.

4. 求下列函数项级数的收敛域：

(1) $\displaystyle\sum_{n=1}^{\infty} \frac{(\ln x)^n}{n+1}$;

(2) $\displaystyle\sum_{n=1}^{\infty} \frac{\ln(n+1)}{n} x^n$;

(3) $\displaystyle\sum_{n=1}^{\infty} \frac{x^n}{[3^n+(-2)^n] \cdot n}$.

5. 求下列幂级数的和函数，并求所给数项级数的和.

(1) $\displaystyle\sum_{n=1}^{\infty} n(n+2) x^n$, $\displaystyle\sum_{n=1}^{\infty} \frac{n(n+2)}{2^{n+1}}$;

(2) $\displaystyle\sum_{n=1}^{\infty} \frac{(-1)^{n-1}}{n(2n-1)} x^{2n+1}$, $\displaystyle\sum_{n=1}^{\infty} \frac{(-1)^{n-1}}{n(2n-1)} \left(\frac{1}{3}\right)^n$;

(3) $\displaystyle\sum_{n=1}^{\infty} \left(\frac{1}{2n+1}-1\right) x^{2n}$;

(4) $\displaystyle\sum_{n=1}^{\infty} (n+1)^3 x^n$.

6. 求数项级数 $\displaystyle\sum_{n=1}^{\infty} \frac{3n+5}{3^n}$ 的和.

7.5 函数展开成幂级数

我们已经知道,幂级数在其收敛域内表示一个函数.很自然地使我们想到,能否把一个函数在某个区间内表示为(或展开成)一个幂级数来研究?也就是说,能否找到这样的一个幂级数,它在某区间内收敛,且其和函数恰好就是给定的函数 $f(x)$?若能找到这样的幂级数,则它就给出了函数 $f(x)$ 的一种幂级数的表达方式,从而扩大了表示函数的范围.由于幂级数形式简单,且在收敛区间内可以像多项式一样进行代数运算以及分析运算,这样就可以借助幂级数去研究函数 $f(x)$ 的性质及其他运算.首先介绍泰勒(Taylor)中值定理.

7.5.1 泰勒中值定理

对于一些较复杂的函数,为了便于研究,往往希望用一些简单的函数来近似表达,多项式是结构、运算最简单的一种函数,因而用多项式去近似表达函数是一种简便和常用的方法.

在学习函数微分时我们知道,若函数 $f(x)$ 在 x_0 处可微(或可导),且 $f'(x_0) \neq 0$ 时,则有
$$f(x) = f(x_0) + f'(x_0)(x - x_0) + o(x - x_0),$$
于是当 $|x - x_0|$ 很小时,有
$$f(x) \approx f(x_0) + f'(x_0)(x - x_0).$$
这实际上是用一次多项式 $P_1(x) = f(x_0) + f'(x_0)(x - x_0)$ 在 x_0 附近来近似表示 $f(x)$,即
$$f(x) \approx P_1(x),$$
用 $P_1(x)$ 近似表示 $f(x)$ 有两个明显的缺点:其一是,首先它是一个局部的近似公式,适用范围小、精度不高,所产生的误差仅是关于 $x - x_0$ 的高阶无穷小;其二是,无法具体地估计误差.怎样才能克服这些缺点呢?自然就想到能否用高次多项式去近似表示函数 $f(x)$.

设函数 $f(x)$ 在含 x_0 的某一开区间内具有 $(n+1)$ 阶导数,能否找到一个关于 $x - x_0$ 的 n 次多项式
$$P_n(x) = a_0 + a_1(x - x_0) + a_2(x - x_0)^2 + \cdots + a_n(x - x_0)^n \qquad (7.5.1)$$
来近似表达 $f(x)$,使得用 $P_n(x)$ 代替 $f(x)$ 所产生的误差是 $(x - x_0)^n$ 的高阶无穷小.

由于要求 $P_n(x)$ 能在 x_0 附近很好地表示函数 $f(x)$.从几何上看,自然要求曲线 $y = P_n(x)$ 与曲线 $y = f(x)$ 在点 $(x_0, f(x_0))$ 附近很靠近.

于是要求二曲线在点 $(x_0, f(x_0))$ 处,起码满足相交、相切、凹凸性相同,即
$$P_n(x_0) = f(x_0); \quad P_n'(x_0) = f'(x_0); \quad P_n''(x_0) = f''(x_0). \qquad (7.5.2)$$
由此可以推想,为使两条曲线在点 $(x_0, f(x_0))$ 附近靠近程度更高,自然还应要求 $P_n(x)$ 满足条件
$$P_n'''(x_0) = f'''(x_0), \cdots, P_n^{(n)}(x_0) = f^{(n)}(x_0). \qquad (7.5.3)$$
按条件(7.5.2)、(7.5.3)来确定式(7.5.1)中的系数 $a_0, a_1, a_2, \cdots, a_n$.为此对式(7.5.1)求各阶导数,然后代入式(7.5.2)、(7.5.3),得
$$a_0 = f(x_0), \quad 1a_1 = f'(x_0), \quad 2!a_2 = f''(x_0), \quad \cdots, \quad n!a_n = f^{(n)}(x_0)$$
即
$$a_0 = f(x_0), \quad a_1 = f'(x_0), \quad a_2 = \frac{f''(x_0)}{2!}, \quad \cdots, \quad a_n = \frac{f^{(n)}(x_0)}{n!}.$$
将这些系数代入到式(7.5.1),即得

$$P_n(x) = f(x_0) + f'(x_0)(x - x_0) + \frac{f''(x_0)}{2!}(x - x_0)^2 + \cdots + \frac{f^{(n)}(x_0)}{n!}(x - x_0)^n$$

$$= \sum_{k=0}^{n} \frac{f^{(k)}(x_0)}{k!}(x - x_0)^k.$$

$$(7.5.4)$$

下面的泰勒中值定理表明,用多项式(7.5.4)近似表示函数 $f(x)$,的确能满足我们前面提出的要求.

定理 7.5.1（泰勒中值定理）　若函数 $f(x)$ 在含有点 x_0 的开区间 (a,b) 内有具有 $n+1$ 阶的导数,则对于任意 $x \in (a,b)$,有下式成立

$$f(x) = f(x_0) + f'(x_0)(x - x_0) + \frac{f''(x_0)}{2!}(x - x_0)^2$$

$$+ \cdots + \frac{f^{(n)}(x_0)}{n!}(x - x_0)^n + R_n(x).$$

$$(7.5.5)$$

其中

$$R_n(x) = \frac{f^{(n+1)}(\xi)}{(n+1)!}(x - x_0)^{n+1}, \quad \xi 介于 x_0 与 x 之间.$$

$R_n(x)$ 称为**拉格朗日型余项**. 式(7.5.5) 称为 $f(x)$ 在 x_0 处带有拉格朗日型余项的 **n 阶泰勒（Taylor）公式**. 式(7.5.4) 称为 $f(x)$ 在 x_0 处的 **n 阶泰勒多项式**.

由式(7.5.2) 和式(7.5.4), $f(x)$ 在 x_0 处的 n 阶泰勒公式可表示为

$$f(x) = P_n(x) + R_n(x).$$

显然,当 $n = 0$ 时,0 阶泰勒公式就是拉格朗日中值公式:

$$f(x) = f(x_0) + f'(\xi)(x - x_0), \quad \xi 介于 x_0 与 x 之间.$$

因此,泰勒中值定理是拉格朗日中值定理的推广.

由式(7.5.5) 可以看出,若用 n 阶泰勒多项式 $P_n(x)$ 近似表示函数 $f(x)$ 时,其误差就是 $|R_n(x)|$.

在式(7.5.5) 中取 $x_0 = 0$,从而泰勒公式变为较简单的形式:

$$f(x) = f(0) + f'(0)x + \frac{f''(0)}{2!}x^2 + \cdots + \frac{f^{(n)}(0)}{n!}x^n + \frac{f^{(n+1)}(\xi)}{(n+1)!}x^{n+1}, \quad (7.5.6)$$

其中 ξ 介于 0 与 x 之间.

若令 $\xi = \theta x (0 < \theta < 1)$,则式(7.5.6) 的余项又可以写成

$$R_n(x) = \frac{f^{(n+1)}(\theta x)}{(n+1)!}x^{n+1} \quad (0 < \theta < 1),$$

式(7.5.6) 称为函数 $f(x)$ 的**麦克劳林（Maclaurin）公式**.

泰勒中值定理除了应用于下述的将函数展开成泰勒级数外,在微积分中还有其他一些应用,有兴趣的读者可阅读教材后的附录 Ⅲ.

7.5.2　泰勒级数

由上述可知,若函数 $f(x)$ 在含有点 x_0 的开区间 (a,b) 内有 $n+1$ 阶导数,则等式

$$f(x) = P_n(x) + R_n(x)$$

成立. 这表明,当用 $f(x)$ 的泰勒多项式 $P_n(x)$ 代替 $f(x)$ 时,若其误差 $|R_n(x)|$ 随着 n 的增大而减小,则我们可以用增加泰勒多项式 $P_n(x)$ 的项数来提高用 $P_n(x)$ 来逼近 $f(x)$ 的精确度,为此引入泰勒级数.

假设 $f(x)$ 在含有点 x_0 的某个开区间 (a,b) 内有任意阶导数 $f^{(n)}(x)(n = 1, 2, 3, \cdots)$,则称

幂级数

$$\sum_{n=0}^{\infty} \frac{f^{(n)}(x_0)}{n!}(x-x_0)^n \tag{7.5.7}$$

为 $f(x)$ 在 $x=x_0$ 处的**泰勒级数**,其系数称为**泰勒系数**.

特别地,若在式(7.5.7)中令 $x_0=0$,$f(x)$ 的泰勒级数可写成为

$$\sum_{n=0}^{\infty} \frac{f^{(n)}(0)}{n!}x^n.$$

称这样的幂级数为函数 $f(x)$ 的**麦克劳林级数**.

若幂级数(7.5.7)在含点 x_0 的开区间 (a,b) 内恰好收敛于 $f(x)$,则称 $f(x)$ 在区间 (a,b) 内可以**展成**(或**展开成**) **泰勒级数**.

从泰勒级数定义可知,只要 $f(x)$ 在 x_0 处具有任意阶导数,就可形式的写出它的泰勒级数.那么该级数在其收敛域内是否一定收敛到 $f(x)$ 本身呢?在什么条件下才收敛到 $f(x)$ 呢?

将 $f(x)$ 在 x_0 处的泰勒公式与泰勒级数加以比较,可见 $f(x)$ 在 x_0 处的 n 阶泰勒多项式 $P_n(x)$ 就是 $f(x)$ 在 x_0 处的泰勒级数的部分和 $S_{n+1}(x)$,即

$$f(x)=P_n(x)+R_n(x)=S_{n+1}(x)+R_n(x).$$

由此可以得到下面的展开定理.

定理 7.5.2 设函数 $f(x)$ 在含有点 x_0 的开区间 (a,b) 内具有任意阶导数,则 $f(x)$ 在含点 x_0 的开区间 (a,b) 内能展开成泰勒级数的充分必要条件是函数 $f(x)$ 的泰勒公式中的余项 $R_n(x)$ 满足

$$\lim_{n\to\infty}R_n(x)=0, \quad x\in(a,b).$$

证 必要性 设 $f(x)$ 在含点 x_0 的开区间 (a,b) 内能展开成泰勒级数,即

$$f(x)=\sum_{n=0}^{\infty}\frac{f^{(n)}(x_0)}{n!}(x-x_0)^n, \quad x\in(a,b).$$

令

$$S_{n+1}(x)=\sum_{k=0}^{n}\frac{f^{(k)}(x_0)}{k!}(x-x_0)^k,$$

于是有

$$\lim_{n\to\infty}S_{n+1}(x)=f(x).$$

又由 $f(x)$ 的泰勒公式

$$f(x)=\sum_{k=0}^{n}\frac{f^{(k)}(x_0)}{k!}(x-x_0)^k+R_n(x)=S_{n+1}(x)+R_n(x),$$

即

$$R_n(x)=f(x)-S_{n+1}(x).$$

于是有

$$\lim_{n\to\infty}R_n(x)=\lim_{n\to\infty}[f(x)-S_{n+1}(x)]=f(x)-f(x)=0, \quad x\in(a,b).$$

充分性 设 $\lim_{n\to\infty}R_n(x)=0$,则由泰勒公式得

$$f(x)=\sum_{k=0}^{n}\frac{f^{(k)}(x_0)}{k!}(x-x_0)^k+R_n(x)=S_{n+1}(x)+R_n(x).$$

所以

$$\lim_{n\to\infty}S_{n+1}(x)=\lim_{n\to\infty}[f(x)-R_n(x)]=f(x), \quad x\in(a,b),$$

于是 $f(x)$ 的泰勒级数 $\sum\limits_{n=0}^{\infty} \dfrac{f^{(n)}(x_0)}{n!}(x-x_0)^n$ 在 (a,b) 内收敛且和函数为 $f(x)$. 故 $f(x)$ 能展开成泰勒级数.

定理 7.5.3（唯一性） 若函数 $f(x)$ 在含点 x_0 的开区间 (a,b) 内能展开成 $x-x_0$ 的幂级数，即 $f(x)=\sum\limits_{n=0}^{\infty} a_n(x-x_0)^n$，则其展开的幂级数是唯一的. 它一定是 $f(x)$ 的泰勒级数，即 $a_n=\dfrac{f^{(n)}(x_0)}{n!}$.

证 若 $f(x)$ 在含点 x_0 的开区间 (a,b) 内能展开成 $x-x_0$ 的幂级数，即

$$f(x)=a_0+a_1(x-x_0)+a_2(x-x_0)^2+a_3(x-x_0)^3+\cdots+a_n(x-x_0)^n+\cdots,$$

由于幂级数在其收敛区间内可以逐项求导，则有

$$f'(x)=a_1+2a_2(x-x_0)+3a_3(x-x_0)^2+\cdots+na_n(x-x_0)^{n-1}+\cdots,$$
$$f''(x)=2!a_2+2\cdot3a_3(x-x_0)+\cdots+(n-1)na_n(x-x_0)^{n-2}+\cdots,$$
$$f'''(x)=3!a_3+\cdots+(n-2)(n-1)n\cdot a_n(x-x_0)^{n-3}+\cdots,$$
$$\cdots\cdots$$
$$f^{(n)}(x)=n!a_n+(n+1)!a_{n+1}(x-x_0)+\cdots,$$
$$\cdots\cdots$$

将 $x=x_0$ 代入以上各式，得

$$a_0=f(x_0),\ a_1=f'(x_0),\ a_2=\frac{f''(x_0)}{2!},\ a_3=\frac{f'''(x_0)}{3!},\ \cdots,\ a_n=\frac{f^{(n)}(x_0)}{n!},\ \cdots,$$

即

$$f(x)=\sum_{n=0}^{\infty}\frac{f^{(n)}(x_0)}{n!}(x-x_0)^n.$$

由上述讨论可知，若函数 $f(x)$ 在含点 x_0 的开区间 (a,b) 内有任意阶导数，且在该区间上 $f(x)$ 的泰勒公式中的余项满足 $\lim\limits_{n\to\infty}R_n(x)=0$，则函数 $f(x)$ 在该区间内就一定可以展开成 $x-x_0$ 的幂级数.

同理，若函数 $f(x)$ 能展开成 x 的幂级数，则这种展开式也是唯一的，它一定是 $f(x)$ 的麦克劳林级数，即

$$f(x)=\sum_{n=0}^{\infty}\frac{f^{(n)}(0)}{n!}x^n. \tag{7.5.8}$$

下面重点讨论如何把函数 $f(x)$ 展开成 x 的幂级数（麦克劳林级数）的方法.

7.5.3 函数展开成幂级数的方法

1. 直接展开法（也称泰勒级数法）

直接展开法就是将已知函数 $f(x)$ 利用泰勒级数或麦克劳林级数的定义及定理 7.5.2 将函数展开成幂级数的方法.

下面以函数 $f(x)$ 展开成麦克劳林级数为例，给出将 $f(x)$ 直接展开成麦克劳林级数 (7.5.8) 的步骤：

（1）求出函数 $f(x)$ 及它的各阶导数在 $x=0$ 处的值 $f^{(n)}(0)$ $(n=0,1,2,\cdots)$，若函数 $f(x)$ 在 $x=0$ 处的某阶导数值不存在，则 $f(x)$ 不能展开为幂级数；

(2) 写出函数 $f(x)$ 的麦克劳林级数 $\sum_{n=0}^{\infty}\frac{f^{(n)}(0)}{n!}x^n$，并求出其收敛域 D；

(3) 在收敛域 D 内，考察余项的极限

$$\lim_{n\to\infty}R_n(x)=\lim_{n\to\infty}\frac{f^{(n+1)}(\xi)}{(n+1)!}x^{n+1}\quad(\xi\text{介于}0\text{与}x\text{之间})$$

是否为零，若 $\lim_{n\to\infty}R_n(x)=0$，则函数 $f(x)$ 在此收敛域 D 内可展开成麦克劳林级数，即

$$f(x)=\sum_{n=0}^{\infty}\frac{f^{(n)}(0)}{n!}x^n,\quad x\in D.$$

例 7.5.1 将函数 $f(x)=e^x$ 展开成 x 的幂级数.

解 因为 $f(0)=1,f^{(n)}(x)=e^x$，所以 $f^{(n)}(0)=1\,(n=1,2,3,\cdots)$，于是 $f(x)$ 的麦克劳林级数为

$$\sum_{n=0}^{\infty}\frac{f^{(n)}(0)}{n!}x^n=\sum_{n=0}^{\infty}\frac{1}{n!}x^n=1+x+\frac{1}{2!}x^2+\frac{1}{3!}x^3+\cdots.$$

因为 $\lim_{n\to\infty}\left|\frac{a_{n+1}}{a_n}\right|=\lim_{n\to\infty}\frac{1}{n+1}=0$，所以，该幂级数的收敛半径 $R=+\infty$，收敛域为 $(-\infty,+\infty)$.

研究 $f(x)$ 泰勒公式中的余项 $R_n(x)$ 当 $n\to\infty$ 时的极限. 对于任意确定的 $x\in(-\infty,+\infty)$ 及介于 0 和 x 之间的 ξ，有

$$|R_n(x)|=\left|\frac{f^{(n+1)}(\xi)}{(n+1)!}x^{n+1}\right|=e^\xi\cdot\frac{|x|^{n+1}}{(n+1)!}<e^{|x|}\cdot\frac{|x|^{n+1}}{(n+1)!}.$$

而 $\frac{|x|^{n+1}}{(n+1)!}$ 是收敛级数 $\sum_{n=0}^{\infty}\frac{|x|^{n+1}}{(n+1)!}$ 的一般项，从而有 $\lim_{n\to\infty}\frac{|x|^{n+1}}{(n+1)!}=0$，由夹逼定理知，有 $\lim_{n\to\infty}R_n(x)=0$，于是函数 $f(x)=e^x$ 在 $(-\infty,+\infty)$ 内可以展开成 x 的幂级数，即

$$e^x=\sum_{n=0}^{\infty}\frac{x^n}{n!},\quad x\in(-\infty,+\infty).$$

例 7.5.2 将函数 $f(x)=\sin x$ 展开成 x 的幂级数.

解 因为 $f(0)=0,f^{(n)}(x)=\sin\left(x+n\cdot\frac{\pi}{2}\right)(n=1,2,3,\cdots)$，所以

$$f^{(n)}(0)=\sin\frac{n\pi}{2}=\begin{cases}0,&n=2k,\\(-1)^k,&n=2k+1\end{cases}(k=0,1,2,\cdots),$$

故 $f(x)$ 的麦克劳林级数为

$$\sum_{n=0}^{\infty}\frac{f^{(n)}(0)}{n!}x^n=\sum_{k=0}^{\infty}\frac{(-1)^k}{(2k+1)!}x^{2k+1}=x-\frac{x^3}{3!}+\frac{x^5}{5!}-\frac{x^7}{7!}+\cdots,$$

其收敛半径为 $R=+\infty$，收敛域为 $(-\infty,+\infty)$.

对于任意确定的 $x\in(-\infty,+\infty)$ 及介于 0 和 x 之间的 ξ，有

$$|R_n(x)|=\left|\frac{\sin\left[\xi+(n+1)\cdot\frac{\pi}{2}\right]}{(n+1)!}x^{n+1}\right|\leqslant\frac{|x|^{n+1}}{(n+1)!}.$$

而 $\frac{|x|^{n+1}}{(n+1)!}$ 是收敛级数 $\sum_{n=0}^{\infty}\frac{|x|^{n+1}}{(n+1)!}$ 的一般项，从而有 $\lim_{n\to\infty}\frac{|x|^{n+1}}{(n+1)!}=0$. 由夹逼定理知，有 $\lim_{n\to\infty}R_n(x)=0$，于是函数 $f(x)=\sin x$ 在 $(-\infty,+\infty)$ 内可以展开成 x 的幂级数，即

$$\sin x=\sum_{n=0}^{\infty}(-1)^n\frac{x^{2n+1}}{(2n+1)!},\quad x\in(-\infty,+\infty).$$

2. 间接展开法

直接展开法将函数展开成 x 的幂级数的方法,虽然步骤明确,但是运算过于烦琐,有时甚至不大可能. 这是由于求函数的各阶导数一般比较麻烦,并且研究余项 $R_n(x)$ 是否以零为极限往往也并非易事. 因此,将函数展成幂级数尽量不用直接展开法,一般更多的是依据函数展开式的唯一性,利用一些已知函数的幂级数展开式,通过线性运算法则、恒等变形、变量代换、逐项求导或逐项求积等方法间接地求出所给函数的幂级数展开式. 这种方法称为函数展开成幂级数的**间接展开法**.

例 7.5.3　将下列函数展开成 x 的幂级数.

(1) $f(x) = \cos x$;　　(2) $f(x) = \ln(1+x)$;　　(3) $f(x) = \arctan x$.

解　(1) 因为 $\cos x = (\sin x)'$,而

$$\sin x = \sum_{n=0}^{\infty} (-1)^n \frac{x^{2n+1}}{(2n+1)!}, \quad x \in (-\infty, +\infty),$$

$$\cos x = (\sin x)' = \Big[\sum_{n=0}^{\infty} (-1)^n \frac{x^{2n+1}}{(2n+1)!} \Big]', \quad x \in (-\infty, +\infty),$$

即

$$\cos x = \sum_{n=0}^{\infty} \frac{(-1)^n}{(2n)!} x^{2n}, \quad x \in (-\infty, +\infty).$$

(2) 因为 $f'(x) = \dfrac{1}{1+x}$,而

$$\frac{1}{1+x} = \frac{1}{1-(-x)} = \sum_{n=0}^{\infty} (-x)^n = \sum_{n=0}^{\infty} (-1)^n x^n, \quad |x| < 1,$$

于是

$$f'(x) = \frac{1}{1+x} = \sum_{n=0}^{\infty} (-1)^n x^n, \quad |x| < 1.$$

将上式从 0 到 x 积分,得

$$f(x) - f(0) = \int_0^x \Big[\sum_{n=0}^{\infty} (-1)^n x^n \Big] \mathrm{d}x = \sum_{n=0}^{\infty} \int_0^x (-1)^n x^n \mathrm{d}x$$

$$= \sum_{n=0}^{\infty} (-1)^n \frac{x^{n+1}}{n+1}, \quad |x| < 1.$$

又 $f(0) = 0$,故有

$$f(x) = \ln(1+x) = \sum_{n=0}^{\infty} (-1)^n \frac{x^{n+1}}{n+1}, \quad |x| < 1.$$

当 $x = -1$ 时,函数 $f(x) = \ln(1+x)$ 在该点无定义;当 $x = 1$ 时,级数 $\sum_{n=0}^{\infty} \dfrac{(-1)^n}{n+1}$ 是收敛的交错级数,且函数 $f(x) = \ln(1+x)$ 在 $x = 1$ 处连续,于是函数 $f(x) = \ln(1+x)$ 在 $-1 < x \leqslant 1$ 上可展开成 x 的幂级数,即

$$\ln(1+x) = \sum_{n=1}^{\infty} (-1)^{n-1} \frac{x^n}{n}, \quad x \in (-1, 1].$$

(3) 因为 $f'(x) = \dfrac{1}{1+x^2}$,而

$$\frac{1}{1+x^2} = \frac{1}{1-(-x^2)} = \sum_{n=0}^{\infty} (-x^2)^n = \sum_{n=0}^{\infty} (-1)^n x^{2n}, \quad |x| < 1,$$

于是

$$f'(x) = \frac{1}{1+x^2} = \sum_{n=0}^{\infty} (-1)^n x^{2n}, \quad |x| < 1.$$

将上式从 0 到 x 积分,得

$$f(x) - f(0) = \int_0^x \left[\sum_{n=0}^{\infty} (-1)^n x^{2n} \right] \mathrm{d}x = \sum_{n=0}^{\infty} \int_0^x (-1)^n x^{2n} \mathrm{d}x = \sum_{n=0}^{\infty} (-1)^n \frac{x^{2n+1}}{2n+1},$$

又 $f(0) = 0$,故有

$$f(x) = \arctan x = \sum_{n=0}^{\infty} (-1)^n \frac{x^{2n+1}}{2n+1}, \quad |x| < 1,$$

当 $x = \pm 1$ 时,上式右端级数为 $\pm \sum_{n=0}^{\infty} \frac{(-1)^n}{2n+1}$,该级数是收敛的交错级数,且函数 $f(x) = \arctan x$ 在 $x = \pm 1$ 处连续,因此 $f(x)$ 展开成幂级数的区间为 $[-1,1]$,即

$$\arctan x = \sum_{n=0}^{\infty} (-1)^n \frac{x^{2n+1}}{2n+1}, \quad x \in [-1,1].$$

例 7.5.4 将下列函数展开成 x 的幂级数:

(1) $f(x) = \ln(2 - 3x)$;   (2) $f(x) = \sin^2 x$;   (3) $f(x) = \dfrac{2}{(1-x)^3}$.

解 (1) 由于 $f(x) = \ln(2 - 3x) = \ln\left[2\left(1 - \dfrac{3}{2}x\right)\right] = \ln 2 + \ln\left(1 - \dfrac{3}{2}x\right)$,

由例 7.5.3 知

$$\ln(1 + x) = \sum_{n=1}^{\infty} (-1)^{n-1} \frac{x^n}{n}, \quad x \in (-1, 1],$$

在上式中,以 $-\dfrac{3}{2}x$ 代替 x,得

$$f(x) = \ln(2 - 3x) = \ln 2 + \sum_{n=1}^{\infty} (-1)^{n-1} \frac{\left(-\dfrac{3}{2}x\right)^n}{n} \quad \left(-1 < -\frac{3}{2}x \leqslant 1\right)$$

$$= \ln 2 - \sum_{n=1}^{\infty} \frac{3^n}{n \cdot 2^n} x^n \quad \left(-\frac{2}{3} \leqslant x < \frac{2}{3}\right).$$

(2) 由于 $f(x) = \dfrac{1}{2}(1 - \cos 2x)$,由例 7.5.3 知

$$\cos x = \sum_{n=0}^{\infty} \frac{(-1)^n}{(2n)!} x^{2n}, \quad x \in (-\infty, +\infty).$$

在上式中,以 $2x$ 代替 x,得

$$f(x) = \frac{1}{2}\left[1 - \sum_{n=0}^{\infty} \frac{(-1)^n}{(2n)!}(2x)^{2n}\right] = \frac{1}{2}\sum_{n=1}^{\infty} \frac{(-1)^{n+1} 4^n}{(2n)!} x^{2n}, \quad x \in (-\infty, +\infty).$$

(3) 因为 $f(x) = \left[\dfrac{1}{(1-x)^2}\right]' = \left[\left(\dfrac{1}{1-x}\right)'\right]' = \left(\dfrac{1}{1-x}\right)'' = \left(\sum_{n=0}^{\infty} x^n\right)''$

$$= \left(\sum_{n=1}^{\infty} nx^{n-1}\right)' = \sum_{n=2}^{\infty} n(n-1)x^{n-2} \quad (-1 < x < 1).$$

例 7.5.5 将函数 $f(x) = \dfrac{1}{x^2 + 4x + 3}$ 在 $x = 1$ 处展开为泰勒级数.

解 将函数 $f(x)$ 在 $x = 1$ 处展开为泰勒级数, 由幂级数展开式的唯一性知, 也就是把 $f(x)$ 展开成 $(x-1)$ 的幂级数. 由于

$$f(x) = \frac{1}{x^2 + 4x + 3} = \frac{1}{(x+1)(x+3)} = \frac{1}{2}\left(\frac{1}{x+1} - \frac{1}{x+3}\right)$$

$$= \frac{1}{2}\left[\frac{1}{2 + (x-1)} - \frac{1}{4 + (x-1)}\right] = \frac{1}{4} \cdot \frac{1}{1 + \dfrac{x-1}{2}} - \frac{1}{8} \cdot \frac{1}{1 + \dfrac{x-1}{4}},$$

分别利用变量代换 $\dfrac{x-1}{2} = t$ 与 $\dfrac{x-1}{4} = t$ 及 $\dfrac{1}{1+t} = \displaystyle\sum_{n=0}^{\infty} (-1)^n t^n (\,|\,t\,|\, < 1)$ 的展开式, 便得

$$\frac{1}{1 + \dfrac{x-1}{2}} = \sum_{n=0}^{\infty} (-1)^n \left(\frac{x-1}{2}\right)^n = \sum_{n=0}^{\infty} (-1)^n \frac{(x-1)^n}{2^n}, \quad \left|\frac{x-1}{2}\right| < 1,$$

$$\frac{1}{1 + \dfrac{x-1}{4}} = \sum_{n=0}^{\infty} (-1)^n \left(\frac{x-1}{4}\right)^n = \sum_{n=0}^{\infty} (-1)^n \frac{(x-1)^n}{2^{2n}}, \quad \left|\frac{x-1}{4}\right| < 1,$$

由 $\left|\dfrac{x-1}{2}\right| < 1$, 得 $-1 < x < 3$; 由 $\left|\dfrac{x-1}{4}\right| < 1$, 得 $-3 < x < 5$, 故级数的收敛域为 $(-1,3) \bigcap$ $(-3,5) = (-1,3)$. 因此函数 $f(x)$ 在 $-1 < x < 3$ 内可展开成 $x-1$ 的幂级数, 即

$$f(x) = \frac{1}{x^2 + 4x + 3} = \sum_{n=0}^{\infty} (-1)^n \left(\frac{1}{2^{n+2}} - \frac{1}{2^{2n+3}}\right)(x-1)^n, \quad x \in (-1,3).$$

例 7.5.6 将函数 $f(x) = \sin x$ 展开成 $\left(x - \dfrac{\pi}{4}\right)$ 的幂级数.

解 因为

$$f(x) = \sin x = \sin\left[\left(x - \frac{\pi}{4}\right) + \frac{\pi}{4}\right] = \sin\left(x - \frac{\pi}{4}\right)\cos\frac{\pi}{4} + \cos\left(x - \frac{\pi}{4}\right)\sin\frac{\pi}{4}$$

$$= \frac{\sqrt{2}}{2}\left[\sin\left(x - \frac{\pi}{4}\right) + \cos\left(x - \frac{\pi}{4}\right)\right],$$

而

$$\sin\left(x - \frac{\pi}{4}\right) = \sum_{n=0}^{\infty} (-1)^n \frac{\left(x - \dfrac{\pi}{4}\right)^{2n+1}}{(2n+1)!}, \quad |\,x\,| < +\infty,$$

$$\cos\left(x - \frac{\pi}{4}\right) = \sum_{n=0}^{\infty} (-1)^n \frac{\left(x - \dfrac{\pi}{4}\right)^{2n}}{(2n)!}, \quad |\,x\,| < +\infty,$$

所以

$$\sin x = \frac{\sqrt{2}}{2}\left[\sin\left(x - \frac{\pi}{4}\right) + \cos\left(x - \frac{\pi}{4}\right)\right]$$

$$= \frac{\sqrt{2}}{2} \sum_{n=0}^{\infty} (-1)^n \left[\frac{\left(x - \dfrac{\pi}{4}\right)^{2n}}{(2n)!} + \frac{\left(x - \dfrac{\pi}{4}\right)^{2n+1}}{(2n+1)!}\right], \quad x \in (-\infty, +\infty).$$

为了方便查阅,下面列出几个常用的初等函数的麦克劳林展开式:

(1) $\dfrac{1}{1-x} = \sum\limits_{n=0}^{\infty} x^n$ $(\,|\,x\,| < 1)$;

(2) $\mathrm{e}^x = \sum\limits_{n=0}^{\infty} \dfrac{x^n}{n\,!}$ $(\,|\,x\,| < +\infty)$;

(3) $\sin x = \sum\limits_{n=0}^{\infty} (-1)^n \dfrac{x^{2n+1}}{(2n+1)!}$ $(\,|\,x\,| < +\infty)$;

(4) $\cos x = \sum\limits_{n=0}^{\infty} (-1)^n \dfrac{x^{2n}}{(2n)!}$ $(\,|\,x\,| < +\infty)$;

(5) $\ln(1+x) = \sum\limits_{n=1}^{\infty} (-1)^{n-1} \dfrac{x^n}{n}$ $(-1 < x \leqslant 1)$,

特别有

$$-\ln(1-x) = \sum_{n=1}^{\infty} \frac{x^n}{n} \quad (-1 \leqslant x < 1);$$

(6) $\arctan x = \sum\limits_{n=0}^{\infty} (-1)^n \dfrac{x^{2n+1}}{2n+1}$ $(-1 \leqslant x \leqslant 1)$;

(7) $(1+x)^\alpha = 1 + \sum\limits_{n=1}^{\infty} \dfrac{\alpha(\alpha-1)(\alpha-2)\cdots(\alpha-n+1)}{n\,!} x^n$ $(-1 < x < 1)$.

$(1+x)^\alpha (\alpha \in \mathbf{R})$ 的 x 的幂级数展开式可以由直接展开法与间接展开法结合起来得到,推导过程在此省略. 该公式一般称为**二项函数展开式**. 该级数的收敛半径 $R = 1$,在端点 $x = \pm 1$ 的敛散情况由 α 的不同取值而定. 可以证明:当 $\alpha \leqslant -1$ 时,级数收敛域为 $(-1,1)$;当 $-1 < \alpha < 0$ 时,级数收敛域为 $(-1,1]$;当 $\alpha > 0$ 时,级数收敛域为 $[-1,1]$.

例如,当 $\alpha = -1/2$ 时,得到

$$\frac{1}{\sqrt{1+x}} = 1 - \frac{1}{2}x + \frac{1\cdot 3}{2\cdot 4}x^2 - \frac{1\cdot 3\cdot 5}{2\cdot 4\cdot 6}x^3 + \cdots + (-1)^n \frac{1\cdot 3\cdot 5\cdots(2n-1)}{2\cdot 4\cdot 6\cdots(2n)}x^n + \cdots$$

$$= 1 + \sum_{n=1}^{\infty} (-1)^n \frac{1\cdot 3\cdot 5\cdots(2n-1)}{2^n \cdot n\,!}x^n, \quad x \in (-1,1].$$

利用该公式可以把 $f(x) = \arcsin x$ 展开成 x 的幂级数.

例 7.5.7 求数项级数 $\sum\limits_{n=0}^{\infty} \dfrac{(2n+1)2^n}{n\,!}$ 的和.

解 法 1 构造幂级数 $\sum\limits_{n=0}^{\infty} \dfrac{2n+1}{n\,!} x^{2n}$,易知此幂级数的收敛域为 $(-\infty, +\infty)$.

设该幂级数的和函数为 $S(x)$,即

$$S(x) = \sum_{n=0}^{\infty} \frac{2n+1}{n\,!} x^{2n}, \quad x \in (-\infty, +\infty).$$

$$S(x) = \sum_{n=0}^{\infty} \left(\frac{1}{n\,!} x^{2n+1}\right)' = \left(\sum_{n=0}^{\infty} \frac{1}{n\,!} x^{2n+1}\right)' = \left[x \cdot \sum_{n=0}^{\infty} \frac{1}{n\,!} (x^2)^n\right]'$$

$$= (x \cdot \mathrm{e}^{x^2})' = \mathrm{e}^{x^2}(1+2x^2), \quad (-\infty, +\infty).$$

令 $x = \sqrt{2}$,得

$$\sum_{n=0}^{\infty} \frac{(2n+1)2^n}{n!} = S(\sqrt{2}) = 5\mathrm{e}^2.$$

法 2　$\displaystyle\sum_{n=0}^{\infty} \frac{(2n+1)2^n}{n!} = \sum_{n=0}^{\infty} \left(\frac{2^{n+1}n}{n!} + \frac{2^n}{n!} \right)$，因级数 $\displaystyle\sum_{n=0}^{\infty} \frac{2^{n+1}n}{n!}$，$\displaystyle\sum_{n=0}^{\infty} \frac{2^n}{n!}$ 均收敛，于是

$$\sum_{n=0}^{\infty} \frac{(2n+1)2^n}{n!} = \sum_{n=0}^{\infty} \frac{2^{n+1}n}{n!} + \sum_{n=0}^{\infty} \frac{2^n}{n!} = 4\sum_{n=1}^{\infty} \frac{2^{n-1}}{(n-1)!} + \sum_{n=0}^{\infty} \frac{2^n}{n!}$$

$$= 4\sum_{n=0}^{\infty} \frac{2^n}{n!} + \sum_{n=0}^{\infty} \frac{2^n}{n!} = 4\mathrm{e}^2 + \mathrm{e}^2 = 5\mathrm{e}^2.$$

*7.5.4　幂级数的应用举例

借助于函数幂级数展开式，除了可用来求某些常数项级数的和外，其实幂级数的展开式应用非常广泛. 例如，我们已经看到使用幂级数可以表示函数，从而扩大了函数的类型，使得过去一些在初等函数范围内难以解决的问题能够得到满意的解决. 例如，能够表示某些初等函数的原函数. 不仅如此，还可以利用它去近似计算函数值或近似计算一些定积分，幂级数在经济领域也有广泛的应用. 本小节主要通过举例说明它的一些简单应用.

1. 表示函数 —— 用来表示某些函数的原函数

例 7.5.8　用幂级数表示不定积分 $\displaystyle\int \mathrm{e}^{x^2}\,\mathrm{d}x$.

解　因 $\displaystyle\int \mathrm{e}^{x^2}\,\mathrm{d}x = \int_0^x \mathrm{e}^{x^2}\,\mathrm{d}x + C$，又 $\displaystyle\mathrm{e}^{x^2} = \sum_{n=0}^{\infty} \frac{x^{2n}}{n!}$，$x \in (-\infty, +\infty)$. 将该式从 0 到 x 积分，就得到 e^{x^2} 在 $(-\infty, +\infty)$ 内的一个原函数，即

$$\int_0^x \mathrm{e}^{x^2}\,\mathrm{d}x = \int_0^x \left(\sum_{n=0}^{\infty} \frac{x^{2n}}{n!} \right)\mathrm{d}x = \sum_{n=0}^{\infty} \int_0^x \frac{x^{2n}}{n!}\,\mathrm{d}x = \sum_{n=0}^{\infty} \frac{x^{2n+1}}{(2n+1)\cdot n!},$$

于是不定积分 $\displaystyle\int \mathrm{e}^{x^2}\,\mathrm{d}x = \int_0^x \mathrm{e}^{x^2}\,\mathrm{d}x + C = \sum_{n=0}^{\infty} \frac{x^{2n+1}}{(2n+1)\cdot n!} + C$，$x \in (-\infty, +\infty)$.

2. 近似计算 —— 用来计算某些函数值或定积分的近似值

例 7.5.9　计算 e 的近似值，使其误差不超过 10^{-4}.

解　由 e^x 的幂级数展开式

$$\mathrm{e}^x = \sum_{n=0}^{\infty} \frac{x^n}{n!} = \sum_{n=1}^{\infty} \frac{x^{n-1}}{(n-1)!}, \quad x \in (-\infty, +\infty),$$

令 $x = 1$，得

$$\mathrm{e} = \sum_{n=1}^{\infty} \frac{1}{(n-1)!},$$

取前 n 项作为 e 的近似值，有

$$\mathrm{e} \approx 1 + 1 + \frac{1}{2!} + \frac{1}{3!} + \cdots + \frac{1}{(n-1)!},$$

其误差为

$$|R_n| = |S - S_n| = \frac{1}{n!} + \frac{1}{(n+1)!} + \frac{1}{(n+2)!} + \cdots$$

$$= \frac{1}{n!}\left[1 + \frac{1}{n+1} + \frac{1}{(n+2)(n+1)} + \cdots\right]$$

$$< \frac{1}{n!}\left[1 + \frac{1}{n+1} + \frac{1}{(n+1)^2} + \frac{1}{(n+1)^3} + \cdots\right] = \frac{1}{n!}\frac{1}{1-\frac{1}{n+1}} = \frac{n+1}{n \cdot n!}.$$

要求误差不超过 10^{-4}，即 $\frac{n+1}{n \cdot n!} < 10^{-4}$，凭观察和试算，当 $n = 8$ 时，

$$\frac{9}{8 \cdot 8!} = \frac{1}{35840} < 10^{-4} \quad \left(\frac{8}{7 \cdot 7!} = \frac{1}{4410} > 10^{-4}\right),$$

故取 $n = 8$，即取级数的前 8 项之和作为 e 的近似计算值，得

$$e \approx 1 + 1 + \frac{1}{2!} + \frac{1}{3!} + \cdots + \frac{1}{7!} \approx 2.7182.$$

注 在公式 $\arctan x = \sum_{n=0}^{\infty}(-1)^n\frac{x^{2n+1}}{2n+1}, x \in [-1,1]$ 中，令 $x = \frac{1}{\sqrt{3}}$，并取前 8 项之和，可得 π 的近似值为 $\pi \approx 3.1416$（其误差不超过 10^{-4}）。

例 7.5.10 计算 $\int_0^1 \frac{\sin x}{x}\mathrm{d}x$ 的近似值，精确到 10^{-4}。

解 因为被积函数 $\frac{\sin x}{x}$ 的原函数不能用初等函数表示，该积分不便用牛顿-莱布尼茨公式计算。将 $\frac{\sin x}{x}$ 用幂级数表示，然后再逐项积分。利用 $\sin x$ 的幂级数展开式，得

$$\frac{\sin x}{x} = 1 - \frac{1}{3!}x^2 + \frac{1}{5!}x^4 - \frac{1}{7!}x^6 + \cdots + \frac{(-1)^{n-1}}{(2n-1)!}x^{2n} + \cdots, \quad |x| < +\infty,$$

所以

$$\int_0^1 \frac{\sin x}{x}\mathrm{d}x = 1 - \frac{1}{3 \cdot 3!} + \frac{1}{5 \cdot 5!} - \frac{1}{7 \cdot 7!} + \cdots = \sum_{n=1}^{\infty}\frac{(-1)^{n-1}}{(2n-1)(2n-1)!},$$

这是一个收敛的交错级数，所以误差 $|R_n| = |S - S_n| \leqslant u_{n+1} = \frac{1}{(2n+1)(2n+1)!}$。

由于

$$|R_3| \leqslant \frac{1}{7 \cdot 7!} = \frac{1}{35280} < 10^{-4},$$

所以取前三项的和作为积分的近似值，即

$$\int_0^1 \frac{\sin x}{x}\mathrm{d}x \approx 1 - \frac{1}{3 \cdot 3!} + \frac{1}{5 \cdot 5!} \approx 0.9461.$$

3. 经济应用——银行存款问题实例

例 7.5.11 设年利率为 r，依复利方式计算利息。银行打算实行一种新的存款与付款方式。即某人要在银行存入一笔钱，希望在 1 年年末提取 1 元，第二年年末提取 4 元，……，第 n 年年末取出 n^2 元 $(n = 1, 2, 3, \cdots)$，并且永远按此规律提取，问事先要存入多少本金？

解 设本金为 A，第一年年末的本利和（即本金与利息之和）为 $A(1+r)$，第 n 年年末的本利和为 $A(1+r)^n$ $(n = 1, 2, 3, \cdots)$，假定存 n 年的本金 A_n，则第 n 年年末的本利和应为 $A_n(1+r)^n$ $(n = 1, 2, 3, \cdots)$。

为保证某人的要求得以实现,即第 n 年年末提取 n^2 元,那么必须要求第 n 年年末的本利和最少应等于 n^2 元,即 $A_n(1+r)^n = n^2$ $(n=1,2,3,\cdots)$. 也就是说,应当满足如下条件:

$$A_1(1+r)=1,\ A_2(1+r)^2=4,\ A_3(1+r)^3=9,\ \cdots,\ A_n(1+r)^n=n^2.$$

因此,第 n 年年末要提取 n^2 元时,事先应存入本金 $A_n = n^2(1+r)^{-n}$,如果还要求此种提款方式能永远继续下去,那么事先需要存入的本金总数应等于

$$\sum_{n=1}^{\infty} A_n = \sum_{n=1}^{\infty} n^2(1+r)^{-n} = \frac{1}{1+r} + \frac{4}{(1+r)^2} + \frac{9}{(1+r)^3} + \cdots + \frac{n^2}{(1+r)^n} + \cdots.$$

利用正项级数的比值判别法,易知该级数收敛. 为了求得本金总数,需要计算它的和.

为了计算该数项级数的和,考虑幂级数 $\sum_{n=1}^{\infty} n^2 x^n$,其和函数为

$$S(x) = \sum_{n=1}^{\infty} n^2 x^n = x\left(\sum_{n=1}^{\infty} nx^n\right)' = x\left[x\left(\sum_{n=1}^{\infty} x^n\right)'\right]'$$

$$= x\left[x\left(\frac{x}{1-x}\right)'\right]' = \frac{x(1+x)}{(1-x)^3}, \quad |x|<1.$$

于是事先存入的本金总数为

$$\sum_{n=1}^{\infty} n^2(1+r)^{-n} = S\left(\frac{1}{1+r}\right) = \frac{(1+r)(2+r)}{r^3}.$$

若年利率为 10%,则容易算得事先要存入本金 2310 元;

若年利率为 2%,则容易算得事先要存入本金 257 550 元.

注　如果换一种提款方式,例如,第 n 年年末提取 n 元, n^3 元或 $10+9n$ 元等,或每年末均提取 A 元(A 为正常数),也可以求出事先存入的本金数.

但是,并非按照任何提款方式都可实现. 例如,第 n 年年末提取 $(1+r)^n$ 元,永远按照这种方式提取是不能实现的,因为这时需要事先存入的本金数为

$$\sum_{n=1}^{\infty} (1+r)^n(1+r)^{-n} = 1+1+\cdots+1+\cdots,$$

该级数是发散的,事先存入的本金数为无穷大. 事实上此种提款方式为每年都将本金和利息全部提取出来,当然需要事先存入的本金数为无穷大.

习　题　7.5

(A)

1. 填空题:

(1) $\int_0^1 x\left(1 - \frac{x^2}{1!} + \frac{x^4}{2!} - \frac{x^6}{3!} + \frac{x^8}{4!} + \cdots\right)\mathrm{d}x = $ _____;　(2) $\sum_{n=0}^{\infty} \frac{(-1)^n \ln^n 2}{n!}$ 的和 $S=$ _____;

(3) 级数 $\sum_{n=0}^{\infty} \frac{2n+1}{n!}$ 的和 $S=$ _____;　　　(4) 级数 $\sum_{n=1}^{\infty} \frac{2}{n3^{n-1}}$ 的和 $S=$ _____;

(5) 幂级数 $\sum_{n=1}^{\infty} \frac{x^{n+1}}{n(n+1)}$ 在收敛区间 $(-1,1)$ 内的和函数 $S(x)=$ _____.

2. 将下列函数展开成 x 的幂级数:

(1) $f(x) = \mathrm{e}^{-x^2}$;　　　　(2) $f(x) = 3^{\frac{x+1}{2}}$;　　　　(3) $f(x) = \frac{1}{2x+3}$;

(4) $f(x) = \dfrac{x}{9+x^2}$;　　　　(5) $f(x) = \dfrac{x}{x^2-x-2}$;　　　　(6) $f(x) = \ln(4+x)$;

(7) $f(x) = \ln(1+x-2x^2)$;　　(8) $f(x) = \cos^2 x$;　　　　(9) $f(x) = \dfrac{1}{(2-x)^2}$;

(10) $f(x) = (1+x)\ln(1+x)$;　　(11) $f(x) = \arctan\dfrac{1+x}{1-x}$;　　(12) $f(x) = \displaystyle\int_0^x \sin t^2 \, \mathrm{d}t$;

(13) $f(x) = \dfrac{1}{4}\ln\dfrac{1+x}{1-x} + \dfrac{1}{2}\arctan x - x$;　　　　(14) $f(x) = \dfrac{\mathrm{d}}{\mathrm{d}x}\left(\dfrac{\mathrm{e}^x-1}{x}\right)$.

3. 将下列函数展开成 $(x-x_0)$ 的幂级数:

(1) $f(x) = \dfrac{1}{x}$, $x_0 = 3$;　　　　　　　　(2) $f(x) = 3^x$, $x_0 = 2$;

(3) $f(x) = \dfrac{1}{x^2+4x+7}$, $x_0 = -2$;　　　(4) $f(x) = \dfrac{1}{x^2+3x+2}$, $x_0 = -3$;

(5) $f(x) = \dfrac{1}{x^2}$, $x_0 = 3$;　　　　　　　(6) $f(x) = \ln(3x-x^2)$, $x_0 = 1$.

4. 求幂级数 $1 + \displaystyle\sum_{n=1}^{\infty} (-1)^n \dfrac{x^{2n}}{2n}$ $(|x| < 1)$ 的和函数 $f(x)$ 及其极值.

5. 设 $f(x) = \mathrm{e}^{-3x^2}$, 利用幂级数展开式的唯一性, 求 $f^{(200)}(0)$, $f^{(2013)}(0)$.

6. 求数项级数 $\displaystyle\sum_{n=1}^{\infty} \dfrac{n^2}{n!\,2^n}$ 的和.

*7. 利用幂级数的展开式, 求下列各数的近似值:

(1) $\ln 1.2$ (误差不超过 0.0001);　　　　(2) $\cos 2°$ (误差不超过 0.0001).

*8. 利用幂级数的展开式, 求下列定积分的近似值:

(1) $\displaystyle\int_0^1 \mathrm{e}^{-x^2} \, \mathrm{d}x$ (误差不超过 10^{-2});　　(2) $\displaystyle\int_0^{\frac{1}{2}} \dfrac{\arctan x}{x} \, \mathrm{d}x$ (误差不超过 10^{-3}).

*9. 假设银行存款的年利率 $r = 0.05$, 并依年复利计算, 某基金会希望存款 A 万元, 实现第 n 年年末提取 $10+9n$ 万元, 并且永远按照此规律提取, 问事先需要存入的本金 A 至少为多少万元?

<h3 style="text-align:center">(B)</h3>

1. 将下列函数展开成 x 的幂级数:

(1) $f(x) = \ln(1+x+x^2)$;　　　　(2) $f(x) = x\arctan x - \ln\sqrt{1+x^2}$;

(3) $f(x) = \begin{cases} \dfrac{1+x^2}{x}\arctan x, & x \neq 0, \\ 1, & x = 0; \end{cases}$　　(4) $f(x) = \ln(x+\sqrt{1+x^2})$.

2. 将函数 $f(x) = \arctan\dfrac{1-2x}{1+2x}$ 展成 x 的幂级数, 并求数项级数 $\displaystyle\sum_{n=0}^{\infty} \dfrac{(-1)^n}{2n+1}$ 的和及 $f^{(10)}(0)$ 与 $f^{(11)}(0)$.

3. 将幂级数 $\displaystyle\sum_{n=1}^{\infty} \dfrac{(-1)^{n-1} x^{2n-1}}{(2n-1)!\, 2^{2n-2}}$ 的和函数展开成 $(x-1)$ 的幂级数.

4. 求下列幂级数的和函数:

(1) $\displaystyle\sum_{n=0}^{\infty} \dfrac{3n+1}{n!} x^{3n}$;　　(2) $\displaystyle\sum_{n=0}^{\infty} (-1)^n \dfrac{2n+2}{(2n+1)!} x^{2n+1}$, 并求 $\displaystyle\sum_{n=0}^{\infty} (-1)^n \dfrac{2n+2}{(2n+1)!}$ 的和.

阅读材料
第7章知识要点

第8章　向量代数与空间解析几何

本章主要为学习多元函数微积分做准备,它包括两个部分:向量代数与空间解析几何.向量代数是研究空间解析几何的有力工具,它也是解决许多数学、物理及工程技术问题的有力工具.

8.1　空间直角坐标系

8.1.1　空间直角坐标系的概念

在平面上建立了直角坐标系后,平面上的点 M 就与有序数组对应起来,从而把平面上的图形和代数方程对应起来,在空间也有类似的情形. 为了用有序数组来表示空间点的位置,现引进空间直角坐标系.

在空间取定一点 O,以 O 为原点作三条有相同长度单位的并且两两互相垂直的数轴,依次记作 x 轴(横轴)、y 轴(纵轴)和 z 轴(竖轴),统称为**坐标轴**. 通常把 x 轴和 y 轴配置在水平面上,z 轴则在铅直线上. 它们的正方向符合右手规则,即以右手握住 z 轴,当右手的四个手指从 x 轴的正向以 $\frac{\pi}{2}$ 的角度转向 y 轴的正向时,竖起的大拇指的指向即为 z 轴的正向(图 8.1). 这样就建立了一个空间直角坐标系,称为 $Oxyz$ **直角坐标系**,点 O 称为该坐标系的**原点**.

三条坐标轴中任意两条可以确定一个平面,这样确定的三个平面统称为**坐标面**. 由 x 轴和 y 轴确定的坐标面称为 xOy 平面或 xOy 面,由 y 轴和 z 轴确定的坐标面称为 yOz 平面或 yOz 面,由 z 轴和 x 轴确定的坐标面称为 zOx 平面或 zOx 面. 三个坐标面把空间分成八个部分,称为八个**卦限**(图 8.2).

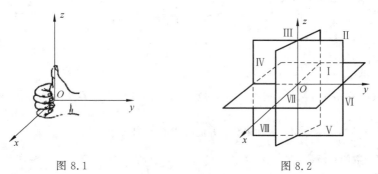

图 8.1　　　　　　　　　　　　　图 8.2

设 M 是空间中一点,过点 M 作三个平面分别垂直于 x 轴、y 轴和 z 轴,它们与各轴的交点依次为 P,Q 和 R(图 8.3). 这三点在 x 轴、y 轴和 z 轴上的坐标依次为 x,y 和 z,于是空间的一点 M 就唯一地确定了一个有序数组 (x,y,z). 反之,已知有序数组 (x,y,z) 可在 x 轴上取坐标为 x 的点 P,在 y 轴上取坐标为 y 的点 Q,在 z 轴上取坐标为 z 的点 R,然后通过点 P,Q,R 分别作垂直于 x 轴、y 轴、z 轴的平面,这三个平面的交点 M 就是由有序数组 (x,y,z) 所唯一确定的点. 由此可见,空间的点 M 与有序数组 (x,y,z) 之间就建立了一一对应的关系,称有序数组(x,y,z)为点 M 的**坐标**,记作 $M(x,y,z)$. 数 x,y 和 z 分别称为点 M 的横坐标、纵坐标和竖坐标.

8.1.2　空间两点间的距离

设 $M_1(x_1,y_1,z_1)$ 和 $M_2(x_2,y_2,z_2)$ 是空间任意两点,其中 M_1',M_2' 分别是点 M_1,M_2 到 xOy 平面垂线的垂足,M_1N 与 M_2M_2' 垂直. 由图 8.4 中可知 $\triangle M_1M_2N$ 为直角三角形,又因

$$|M_1N| = |M_1'M_2'| = \sqrt{(x_2-x_1)^2+(y_2-y_1)^2}, \quad |NM_2| = |z_2-z_1|,$$

故可推得空间两点 M_1,M_2 之间的距离为

$$d(M_1,M_2) = |M_1M_2| = \sqrt{(x_2-x_1)^2+(y_2-y_1)^2+(z_2-z_1)^2}.$$

特别地,点 $M(x,y,z)$ 到原点 $O(0,0,0)$ 的距离为

$$d(O,M) = |OM| = \sqrt{x^2+y^2+z^2}.$$

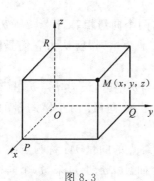

图 8.3

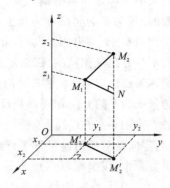

图 8.4

例 8.1.1　在 y 轴上求一点 M,使该点与点 $A(1,-3,7)$ 和点 $B(5,7,-5)$ 的距离相等.

解　因为所求的点在 y 轴上,所以设该点为 $M(0,y,0)$,依题意有

$$|MA| = |MB|,$$

即

$$\sqrt{(1-0)^2+(-3-y)^2+(7-0)^2} = \sqrt{(5-0)^2+(7-y)^2+(-5-0)^2},$$

解得 $y = 2$. 于是所求点为 $M(0,2,0)$.

习　题　8.1

(A)

1. 已知点 (a,b,c),试写出它分别关于下列对称点的坐标:

(1) 与坐标平面 xOy 对称;　　(2) 与 z 轴对称;　　(3) 与坐标原点对称.

2. 说明下列各点位置的特殊性:

(1) $A(0,5,0)$;　　(2) $B(1,2,0)$;　　(3) $C(0,5,7)$.

3. 证明:以点 $A(4,1,9),B(10,-1,6),C(2,4,3)$ 为顶点的三角形是等腰直角三角形.

(B)

在平面直角坐标系中,一切 $x=a$(常数)的点构成的图形是什么?在空间直角坐标系中,一切 $x=a$(常数)的点构成的图形又是什么?

8.2　向量及其线性运算

8.2.1　向量的概念

在日常生活中,常会遇到两种不同类型的量:一类是只有大小的量,如长度、面积等,这种量称为**标量**或**数量**;另一类是既有大小又有方向的量,如力、速度等,这种量称为**向量**或**矢量**.

在几何上,向量常用有向线段来表示. 有向线段的长度表示向量的大小,有向线段的方向表示向量的方向. 以 M_0 为起点,M 为终点的有向线段所表示的向量记为 $\overrightarrow{M_0M}$. 向量也常用一个字母表示,为了避免与数量混淆,印刷上常用粗体字母表示,如 a,b,v 等. 书写时,常在字母上方加箭头来表示,如 $\vec{a},\vec{b},\vec{v}$ 等.

向量 a 的大小又称为向量的**模**,记为 $|a|$. 模为零的向量称为**零向量**,记为 $\mathbf{0}$,规定零向量的方向是任意的. 模为 1 的向量称为**单位向量**.

如果两个向量 a 与 b 的模相等,方向相同,那么称这两个**向量相等**,记为 $a=b$. 这说明如果两个向量的大小与方向是相同的,那么不论它们的起点是否相同,就认为它们是同一向量,这样理解的向量称为**自由向量**. 本书只讨论自由向量.

若两个向量 a 与 b 的方向相同或相反,则称向量 a 与 b 平行,记为 $a \parallel b$. 由于平行的向量经平移后,能放置在同一条直线上,所以平行向量也叫**共线向量**. 由于零向量的方向是任意的,所以可以认为零向量与任何向量都平行.

在直角坐标系中,以坐标原点 O 为起点,以点 M 为终点的向量 $\overrightarrow{OM}$ 称为点 M 的**向径**,常用 r 表示,即 $r=\overrightarrow{OM}$. 于是空间的每一点 M 都对应着一个向径 $\overrightarrow{OM}$,反过来,每个向径 $\overrightarrow{OM}$ 都和它的终点 M 相对应.

8.2.2　向量的线性运算

1. 向量的加法

设有两个不平行的向量 a 与 b,任取一点 O,以 $\overrightarrow{OA}=a,\overrightarrow{OB}=b$ 为边作一平行四边形 $OACB$,则对角线 $\overrightarrow{OC}$ 所表示的向量记作 $c=\overrightarrow{OC}$,称为向量 a 与 b 的和,记为 $c=a+b$(图 8.5).

这就是向量加法的平行四边形法则. 这个法则没有对两个平行向量的加法加以定义,为此我们再给出一个蕴涵了平行四边形法则的加法定义.

设有两个向量 a 与 b,任取一点 O,作 $\overrightarrow{OA}=a$,再以 A 为起点,作 $\overrightarrow{AC}=b$,连接 OC,则向量 $\overrightarrow{OC}$ 称为向量 a 与 b 的和,记为 $c=a+b$(图 8.6). 这个规则称为向量加法的**三角形法则**.

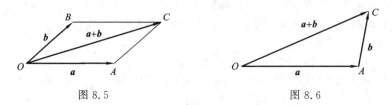

图 8.5　　　　　　　　　　　　　图 8.6

2. 向量与数量的乘法

对任意实数 λ 和向量 a,定义 λ 与 a 的乘积是一个向量,记为 λa,它的模和方向规定如下:

(1) $|\lambda a|=|\lambda||a|$,

(2) 当 $\lambda>0$ 时,λa 与 a 同向;当 $\lambda<0$ 时,λa 与 a 反向;当 $\lambda=0$ 时,$\lambda a=\mathbf{0}$.

向量与数的乘法运算又称为**向量的数乘**或**数乘向量**.

对于向量 b,称 $(-1)b$ 为 b 的**负向量**,记作 $-b$.向量 a 与 b 的差规定为

$$a-b=a+(-b).$$

若将向量 a 与 b 的起点重合,则从向量 b 的终点到向量 a 的终点所引的向量就是 $a-b$(图 8.7).

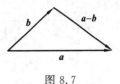

图 8.7

向量的加法和向量的数乘运算统称为向量的**线性运算**.

向量的线性运算有以下运算定律:

(1) **交换律** $a+b=b+a$;

(2) **结合律** $(a+b)+c=a+(b+c)$,

                       $\lambda(\mu a)=\mu(\lambda a)=(\lambda\mu)a$ (λ,μ 是实数);

(3) **分配律** $(\lambda+\mu)a=\lambda a+\mu a$,

                       $\lambda(a+b)=\lambda a+\lambda b$ (λ,μ 是实数).

设 a 为非零向量,与 a 同方向的单位向量记作 a^{0} 或 e_{a},由向量的数乘定义,有

$$a=|a|a^{0},$$

即任何非零向量可以表示为它的模与同方向单位向量的数乘. 反之

$$a^{0}=\frac{a}{|a|}.$$

即任何一个非零向量除以它的模,就得到一个与它同向的单位向量.

定理 8.2.1   设有向量 a 与 b,且 $a\neq\mathbf{0}$,则 $b/\!/a\Leftrightarrow$ 存在唯一的实数 λ,使 $b=\lambda a$.

证   充分性由向量的数乘定义可知是显然的. 下面证明必要性.

设 $b/\!/a$,若 $b=\mathbf{0}$,则取 $\lambda=0$,有 $b=\mathbf{0}=0a=\lambda a$.

若 $b\neq\mathbf{0}$,当 $b/\!/a$ 时,必有 $b^{0}=a^{0}$,或 $b^{0}=-a^{0}$,即

$$\frac{b}{|b|}=\frac{a}{|a|},\quad 或\frac{b}{|b|}=-\frac{a}{|a|},$$

取 $\lambda=\dfrac{|b|}{|a|}$,或 $\lambda=-\dfrac{|b|}{|a|}$,则有 $b=\lambda a$.

再证明数 λ 的唯一性. 设另有实数 μ 使 $b=\mu a$,则

$$\lambda a-\mu a=b-b=\mathbf{0},\quad 即 \quad (\lambda-\mu)a=\mathbf{0}.$$

因 $a\neq\mathbf{0}$,故 $\lambda-\mu=0$,即 $\lambda=\mu$.

8.2.3   向量在轴上的投影

1. 向量在轴上的投影

在中学我们已经学过关于轴上的有向线段的值的概念,这里先作简单的回顾.

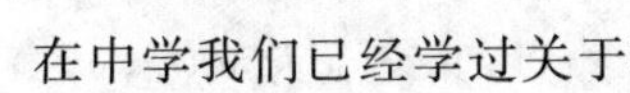

设有数轴 u,$\overrightarrow{AB}$ 是 u 轴上的有向线段(图 8.8). 当 $\overrightarrow{AB}$ 与 u 轴同向时,规定数 $\lambda=|\overrightarrow{AB}|$;当 $\overrightarrow{AB}$ 与 u 轴反向时,规定数 $\lambda=-|\overrightarrow{AB}|$,把数 λ 称为轴 u 上的有向线段 $\overrightarrow{AB}$ 的值,记作 AB,即 $\lambda=AB$.

图 8.8

由此可知 $AB = \lambda = u_2 - u_1$,其中 u_1, u_2 为 A, B 点在数轴 u 上的坐标.

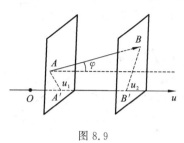

图 8.9

下面讨论向量在轴上的投影的概念.

给定 u 轴及向量 $\overrightarrow{AB}$,过向量 $\overrightarrow{AB}$ 的起点 A 和终点 B,分别作垂直于 u 轴的平面,与 u 轴相交于 A' 和 B',此二点分别称为 A 和 B 在 u 轴上的投影(图 8.9),称有向线段 $\overrightarrow{A'B'}$ 的值 $A'B'$ 为向量 $\overrightarrow{AB}$ 在 u 轴上的**投影**,记作 $\mathrm{Prj}_u \overrightarrow{AB} = A'B'$.

$\overrightarrow{A'B'}$ 也常称为 $\overrightarrow{AB}$ 在 u 轴上的**投影向量**,u 轴称为**投影轴**.

如果 u_1, u_2 为 A', B' 在数轴 u 上的坐标,那么根据投影定义有

$$\mathrm{Prj}_u \overrightarrow{AB} = u_2 - u_1.$$

2. 投影定理

关于向量的投影有下面两个定理(证明从略).

定理 8.2.2　向量 $\overrightarrow{AB}$ 在轴 u 上的投影等于向量的模乘以轴与向量间的夹角 φ 的余弦,即

$$\mathrm{Prj}_u \overrightarrow{AB} = |\overrightarrow{AB}| \cos \varphi \quad (0 \leqslant \varphi \leqslant \pi).$$

定理 8.2.3　和向量在轴上的投影等于各个向量在该轴上投影之和,即

$$\mathrm{Prj}_u (\boldsymbol{a} + \boldsymbol{b}) = \mathrm{Prj}_u \boldsymbol{a} + \mathrm{Prj}_u \boldsymbol{b}.$$

例 8.2.1　设 P 为 u 轴上坐标为 μ 的任意一点,又设 $\boldsymbol{e}$ 是与 u 轴正向一致的单位向量($\boldsymbol{e}$ 也称为 $\boldsymbol{u}$ 轴的基本单位向量)(图 8.10),证明轴上的向径 $\overrightarrow{OP}$ 可以表示为

$$\overrightarrow{OP} = \mu \boldsymbol{e}.$$

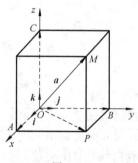

图 8.10

证　因为 $\overrightarrow{OP} = |\overrightarrow{OP}| \overrightarrow{OP}^0 = |\mu| \overrightarrow{OP}^0$.

当 $\mu = 0$ 时,$\overrightarrow{OP} = \boldsymbol{0} = 0\boldsymbol{e}$;

当 $\mu > 0$ 时,$\overrightarrow{OP}$ 与 $\boldsymbol{e}$ 同方向,所以 $\overrightarrow{OP}^0 = \boldsymbol{e}$,故 $\overrightarrow{OP} = \mu \boldsymbol{e}$;

当 $\mu < 0$ 时,$\overrightarrow{OP}$ 与 $\boldsymbol{e}$ 反方向,所以 $\overrightarrow{OP}^0 = -\boldsymbol{e}$,故 $\overrightarrow{OP} = |\mu| \overrightarrow{OP}^0 = -\mu(-\boldsymbol{e}) = \mu \boldsymbol{e}$,

综上可知

$$\overrightarrow{OP} = \mu \boldsymbol{e}.$$

8.2.4　向量的坐标

为了建立向量与数的联系,将向量的运算转化为数量的运算,下面引进向量的坐标表示法,从而把向量与有序数组对应起来.

在给定的空间直角坐标系 $Oxyz$ 中,记 $\boldsymbol{i}, \boldsymbol{j}, \boldsymbol{k}$ 分别是与 x 轴、y 轴、z 轴正向一致的单位向量,称为 $Oxyz$ 坐标系的**基本单位向量**.

将任一个向量 $\boldsymbol{a}$ 的起点置于坐标原点,其终点为 $M(x, y, z)$,即 $\boldsymbol{a} = \overrightarrow{OM}$. 设点 M 在三坐标轴上的投影依次为 A, B, C,M 在坐标面 Oxy 上的投影为 P(图 8.11),于是

$$\boldsymbol{a} = \overrightarrow{OM} = \overrightarrow{OP} + \overrightarrow{PM} = \overrightarrow{OA} + \overrightarrow{OB} + \overrightarrow{OC}.$$

图 8.11

由例 8.2.1 可知

$$\overrightarrow{OA} = x\boldsymbol{i}, \quad \overrightarrow{OB} = y\boldsymbol{j}, \quad \overrightarrow{OC} = z\boldsymbol{k}.$$

代入有

$$\boldsymbol{a} = \overrightarrow{OM} = x\boldsymbol{i} + y\boldsymbol{j} + z\boldsymbol{k}. \tag{8.2.1}$$

其中 $x = OA$，$y = OB$，$z = OC$ 即为 $\boldsymbol{a} = \overrightarrow{OM}$ 在三个轴上的投影.

注　如果向量的起点在原点（向径），则向量终点的点坐标就是向量在三个坐标轴上的投影.

由定理 8.2.2 可知，两个相等的向量在同一坐标轴上的投影相等，由式(8.2.1) 可知，如果两个向量在每一坐标轴上的投影相等，则两个向量必相等. 由此可见，如果将相等的向量看作同一个向量，则向量与其在三个坐标轴上的投影之间是一一对应关系，向量在三个坐标轴上的投影又称为**向量的坐标**. 一般地，设向量 $\boldsymbol{a}$ 在三个坐标轴上的投影为 a_x, a_y, a_z，则

$$\boldsymbol{a} = a_x\boldsymbol{i} + a_y\boldsymbol{j} + a_z\boldsymbol{k}, \tag{8.2.2}$$

简记为

$$\boldsymbol{a} = \{a_x, a_y, a_z\}. \tag{8.2.3}$$

式(8.2.2) 和式(8.2.3) 称为向量 $\boldsymbol{a}$ 的**坐标表示式**，把 $a_x\boldsymbol{i}, a_y\boldsymbol{j}, a_z\boldsymbol{k}$ 分别称为向量 $\boldsymbol{a}$ 在 x 轴、y 轴、z 轴上的**分向量**.

8.2.5　向量线性运算的坐标表示

设有向量

$$\boldsymbol{a} = a_x\boldsymbol{i} + a_y\boldsymbol{j} + a_z\boldsymbol{k} = \{a_x, a_y, a_z\},$$
$$\boldsymbol{b} = b_x\boldsymbol{i} + b_y\boldsymbol{j} + b_z\boldsymbol{k} = \{b_x, b_y, b_z\},$$

由向量加法及数乘的运算律，有

$$\boldsymbol{a} \pm \boldsymbol{b} = (a_x \pm b_x)\boldsymbol{i} + (a_y \pm b_y)\boldsymbol{j} + (a_z \pm b_z)\boldsymbol{k},$$
$$\lambda\boldsymbol{a} = \lambda(a_x\boldsymbol{i} + a_y\boldsymbol{j} + a_z\boldsymbol{k}) = \lambda a_x\boldsymbol{i} + \lambda a_y\boldsymbol{j} + \lambda a_z\boldsymbol{k} \quad (\lambda\ \text{为实数}).$$

或

$$\boldsymbol{a} \pm \boldsymbol{b} = \{a_x \pm b_x, a_y \pm b_y, a_z \pm b_z\},$$
$$\lambda\boldsymbol{a} = \{\lambda a_x, \lambda a_y, \lambda a_z\} \quad (\lambda\ \text{为实数}).$$

由定理 8.2.1 知，当 $\boldsymbol{a} \neq \boldsymbol{0}$ 时，则 $\boldsymbol{b} /\!/ \boldsymbol{a} \Leftrightarrow$ 存在一个实数 λ，使 $\boldsymbol{b} = \lambda\boldsymbol{a}$，即

$$\{b_x, b_y, b_z\} = \lambda\{a_x, a_y, a_z\} = \{\lambda a_x, \lambda a_y, \lambda a_z\}.$$

因此，当 $\boldsymbol{a} \neq \boldsymbol{0}$ 时，$\boldsymbol{b} /\!/ \boldsymbol{a}$ 的充要条件为存在一个实数 λ，使 $b_x = \lambda a_x, b_y = \lambda a_y, b_z = \lambda a_z$. 一般写成

$$\frac{b_x}{a_x} = \frac{b_y}{a_y} = \frac{b_z}{a_z} = \lambda,$$

即 $\boldsymbol{a}$ 与 $\boldsymbol{b}$ 的对应坐标成比例（若 a_x, a_y, a_z 中某个为零时，则上式中理解为相应的分子为零）.

例 8.2.2　已知两点 $M_1(x_1, y_1, z_1), M_2(x_2, y_2, z_2)$，求向量 $\overrightarrow{M_1M_2}$ 的坐标.

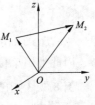

图 8.12

解　如图 8.12 所示，作向量 $\overrightarrow{OM_1}$ 和 $\overrightarrow{OM_2}$ 有

$$\overrightarrow{M_1M_2} = \overrightarrow{OM_2} - \overrightarrow{OM_1},$$

而

$$\overrightarrow{OM_2} = \{x_2, y_2, z_2\}, \quad \overrightarrow{OM_1} = \{x_1, y_1, z_1\},$$

故

$$\overrightarrow{M_1M_2} = \{x_2 - x_1, y_2 - y_1, z_2 - z_1\}.$$

这说明任何向量的坐标,等于其终点的坐标与起点的坐标之差.

8.2.6　向量的模及方向余弦的坐标表示

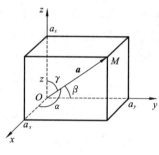

图 8.13

设向量 $a = \{a_x, a_y, a_z\}$,将向量的起点移到原点,终点为 M(图 8.13),则由两点间的距离公式,有

$$|a| = |\overrightarrow{OM}| = \sqrt{a_x^2 + a_y^2 + a_z^2}. \tag{8.2.4}$$

设非零向量 a 与 x 轴、y 轴、z 轴正方向之间的夹角依次为 α、β、$\gamma(0 \leqslant \alpha \leqslant \pi, 0 \leqslant \beta \leqslant \pi, 0 \leqslant \gamma \leqslant \pi)$,$\alpha$、$\beta$、$\gamma$ 称为向量 a 的**方向角**,方向角的余弦 $\cos\alpha$、$\cos\beta$、$\cos\gamma$ 称为向量 a 的**方向余弦**.

显然对于非零向量 a 的方向可由向量 a 的方向角或向量 a 的方向余弦确定.

由于向量 a 的坐标 a_x, a_y, a_z 是 a 在三个坐标轴上的投影,由投影定理 8.2.2 可知

$$a_x = |a|\cos\alpha; \quad a_y = |a|\cos\beta; \quad a_z = |a|\cos\gamma, \tag{8.2.5}$$

即有

$$\begin{cases} \cos\alpha = \dfrac{a_x}{|a|} = \dfrac{a_x}{\sqrt{a_x^2 + a_y^2 + a_z^2}}, \\[2mm] \cos\beta = \dfrac{a_y}{|a|} = \dfrac{a_y}{\sqrt{a_x^2 + a_y^2 + a_z^2}}, \\[2mm] \cos\gamma = \dfrac{a_z}{|a|} = \dfrac{a_z}{\sqrt{a_x^2 + a_y^2 + a_z^2}}. \end{cases} \tag{8.2.6}$$

当向量 a 的坐标给出后,由式(8.2.4)和式(8.2.6)可以确定它的模和方向角(即大小和方向),反过来,当向量 a 的模和方向角已知时,由式(8.2.5)可以求出它的坐标.

不难验证方向余弦满足如下的关系式:

$$\cos^2\alpha + \cos^2\beta + \cos^2\gamma = 1. \tag{8.2.7}$$

这说明一个向量的方向角 α, β, γ 不是独立的,而应当满足关系式(8.2.7).

与 $a \neq 0$ 同向的单位向量的坐标表示式为

$$a^0 = \frac{a}{|a|} = \frac{1}{|a|}\{a_x, a_y, a_z\} = \{\cos\alpha, \cos\beta, \cos\gamma\},$$

即 $\{\cos\alpha, \cos\beta, \cos\gamma\}$ 是与向量 a 同方向的单位向量.

因此常用单位向量 $\{\cos\alpha, \cos\beta, \cos\gamma\}$ 表示向量 a 的方向.

例 8.2.3　已知两点 $M_1(2, 2, \sqrt{2})$ 和 $M_2(1, 3, 0)$,求向量 $\overrightarrow{M_1M_2}$ 的模、方向余弦、方向角和与 $\overrightarrow{M_1M_2}$ 平行的单位向量.

解　$\overrightarrow{M_1M_2} = \{1-2, 3-2, 0-\sqrt{2}\} = \{-1, 1, -\sqrt{2}\},$

$$|\overrightarrow{M_1M_2}| = \sqrt{(-1)^2 + 1^2 + (-\sqrt{2})^2} = 2,$$

$$\cos\alpha = -\frac{1}{2}, \quad \cos\beta = \frac{1}{2}, \quad \cos\gamma = -\frac{\sqrt{2}}{2}, \quad \alpha = \frac{2}{3}\pi, \quad \beta = \frac{\pi}{3}, \quad \gamma = \frac{3\pi}{4}.$$

与 $\overrightarrow{M_1M_2}$ 平行的单位向量为 $\pm \dfrac{\overrightarrow{M_1M_2}}{|\overrightarrow{M_1M_2}|} = \pm \left\{-\dfrac{1}{2}, \dfrac{1}{2}, -\dfrac{\sqrt{2}}{2}\right\}.$

例 8.2.4 已知点 M 的向径 $\overrightarrow{OM}$ 与 x 轴成 $45°$ 角，与 y 轴成 $60°$ 角，其模 $|\overrightarrow{OM}| = 6$，在 z 轴上的坐标为负值，求点 M 的坐标.

解 由题设可知 $\alpha = 45°, \beta = 60°$，再由 $\cos^2\alpha + \cos^2\beta + \cos^2\gamma = 1$，得

$$\cos^2\gamma = \frac{1}{4},$$

由于点 M 在 z 轴上的坐标为负值，$\cos\gamma < 0$，所以 $\cos\gamma = -\dfrac{1}{2}$，于是

$$\overrightarrow{OM} = |\overrightarrow{OM}| \{\cos\alpha, \cos\beta, \cos\gamma\} = 6\left\{\frac{\sqrt{2}}{2}, \frac{1}{2}, -\frac{1}{2}\right\} = \{3\sqrt{2}, 3, -3\},$$

于是点 M 的坐标为 $M(3\sqrt{2}, 3, -3).$

习 题 8.2

（A）

1. 设向量 a 的模为 4，它与投影轴 u 的夹角为 $\dfrac{\pi}{3}$，求 a 在 u 轴上的投影.

2. 下列哪组角可以构成一个向量的方向角：

(A) $\dfrac{\pi}{4}, \dfrac{\pi}{3}, \dfrac{\pi}{3}$; (B) $0, \dfrac{\pi}{6}, \dfrac{5\pi}{6}$; (C) $\dfrac{\pi}{6}, \dfrac{\pi}{2}, \dfrac{\pi}{3}$; (D) $\dfrac{\pi}{4}, \dfrac{2\pi}{3}, \dfrac{5\pi}{3}$.

3. 向量 $a = \{2, -1, 3\}, b = \{1, 2, -2\}, c = \{5, -3, -1\}$，求向量 $d = a + 2b - 2c$ 在 x 轴和 y 轴上的投影及在 z 轴上的分向量.

4. 设向量 a 的起点为 $A(4,0,5)$，终点 $B(7,1,3)$，求出与向量 a 同向的单位向量，并求 a 的方向余弦.

5. 已知向量 $\overrightarrow{AB} = \{4, -4, 7\}$，终点 $B(2,1,7)$ 求向量 $\overrightarrow{AB}$ 的起点 A 的坐标，并求向量 $\overrightarrow{AB}$ 与 x 轴的夹角.

6. 设点 M 位于第 II 卦限，向径 $\overrightarrow{OM}$ 与 y 轴、z 轴的夹角依次为 $\dfrac{\pi}{3}$ 和 $\dfrac{\pi}{4}$，且 $|\overrightarrow{OM}| = 2$ 求点 M 的坐标.

（B）

1. 已知向量 a 的终点坐标是 $(2, -1, 0)$，模 $|a| = 14$，其方向与向量 $b = \{-2, 3, 6\}$ 的方向一致，求向量 a 的起点坐标.

2. 设向量 a 的模为 5，方向指向 xOy 面的上方，并与 x 轴、y 轴正向的夹角分别为 $\pi/3, \pi/4$，试求向量 a 的坐标表示式.

8.3 向量的乘积运算

8.3.1 向量的数量积

1. 数量积的概念

下面先来定义两个向量的夹角. 设给定两个非零向量 a 与 b，将 a 与 b 平移使它们的起点重

合,它们所在的射线之间的夹角 $\theta\ (0 \leqslant \theta \leqslant \pi)$ 称为向量 a 与 b 的**夹角**(图 8.14),记作 $\widehat{(a,b)}$ 或 $\widehat{(b,a)}$,即 $\widehat{(a,b)} = \theta$. 当 a 与 b 中有一个是零向量时,规定它们的夹角为 $[0,\pi]$ 中的任何一个值. 若 $\widehat{(a,b)} = \dfrac{\pi}{2}$,则称向量 a 与 b 垂直. 记为 $a \perp b$.

数量积是实际问题抽象出来的一个数学概念. 先看一个例子,如果某物体在常力 F 的作用下沿直线移动,位移向量为 s,则力 F 所做的功为

$$W = |F||s|\cos\theta,$$

其中 θ 是 F 与 s 的夹角(图 8.15). 上式的右边可以看成是向量 F 与 s 的某种运算,这种运算就是两个向量的数量积.

图 8.14　　　　　　　　　　　　图 8.15

定义 8.3.1　设有向量 a 与 b,它们的夹角 $\widehat{(a,b)} = \theta$,称数值

$$|a||b|\cos\theta \quad (0 \leqslant \theta \leqslant \pi)$$

为 a 与 b 的**数量积**(又称**点积**或**内积**),记作 $a \cdot b$,即

$$a \cdot b = |a||b|\cos\theta.$$

这样上述问题中常力 F 所做的功,就可以简单的表示为 $W = F \cdot s$.

由投影定理 8.2.2 可知道,当 a 与 b 都是非零向量时,有

$$\mathrm{Prj}_a b = |b|\cos\theta, \quad \mathrm{Prj}_b a = |a|\cos\theta,$$

这里记号 $\mathrm{Prj}_a b$ 是表示向量 b 在向量 a 上的投影,它是指向量 b 在与 a 方向相同的轴上的投影. 这样数量积又能写成

$$a \cdot b = |a|\,\mathrm{Prj}_a b = |b|\,\mathrm{Prj}_b a.$$

数量积具有下列性质:

(1) $a \cdot a = |a|^2$,即 $|a| = \sqrt{a \cdot a}$(将 $a \cdot a$ 有时也简记为 a^2);

(2) 向量 $a \perp b$ 的充要条件是 $a \cdot b = 0$.

事实上,根据数量积的定义,当 a 与 b 有一个为 0 时,结论(2) 显然成立;

当 a 与 b 都不为 0 时,$a \perp b$ 的充要条件是 $\widehat{(a,b)} = \theta = \dfrac{\pi}{2}$,即

$$a \cdot b = |a||b|\cos\theta = 0.$$

2. 数量积的运算定律

由数量积的定义与投影定理容易证明下面运算定律成立.

(1) **交换律**　$a \cdot b = b \cdot a$;

(2) **分配律**　$a \cdot (b+c) = a \cdot b + a \cdot c$;

(3) **结合律**　$(\lambda a) \cdot b = a \cdot (\lambda b) = \lambda(a \cdot b)$($\lambda$ 为实数).

例 8.3.1　已知 $|a| = 3$,$|b| = 4$,$\widehat{(a,b)} = \dfrac{\pi}{3}$,求 $|a-b|$.

解　根据数量积的性质和运算律有

$$|\,a-b\,|^2 = (a-b)\cdot(a-b) = a\cdot a - 2a\cdot b + b\cdot b$$
$$= |\,a\,|^2 - 2\,|\,a\,|\,|\,b\,|\cos(\widehat{a,b}) + |\,b\,|^2$$
$$= 9 - 2\times3\times4\cos\frac{\pi}{3} + 16 = 13,$$

故 $|\,a-b\,| = \sqrt{13}$.

3. 数量积的坐标表示式

设 $a = a_x i + a_y j + a_z k$，　$b = b_x i + b_y j + b_z k$.

由数量积的运算定律，有

$$a\cdot b = (a_x i + a_y j + a_z k)\cdot(b_x i + b_y j + b_z k)$$
$$= a_x b_x i\cdot i + a_x b_y i\cdot j + a_x b_z i\cdot k + a_y b_x j\cdot i + a_y b_y j\cdot j$$
$$+ a_y b_z j\cdot k + a_z b_x k\cdot i + a_z b_y k\cdot j + a_z b_z k\cdot k.$$

由于 i,j,k 是两两垂直的单位向量，所以有

$$i\cdot j = i\cdot k = j\cdot k = 0,\quad i\cdot i = j\cdot j = k\cdot k = 1,$$

故

$$a\cdot b = a_x b_x + a_y b_y + a_z b_z, \tag{8.3.1}$$

即两个向量的数量积等于各对应坐标的乘积之和.

由式 (8.3.1) 及性质 (2) 知，两向量 $a\perp b$ 的充要条件是

$$a_x b_x + a_y b_y + a_z b_z = 0.$$

由数量积的定义可知，两个非零向量 a 与 b 的夹角的余弦的坐标表示式为

$$\cos(\widehat{a,b}) = \frac{a\cdot b}{|\,a\,|\,|\,b\,|} = \frac{a_x b_x + a_y b_y + a_z b_z}{\sqrt{a_x^2 + a_y^2 + a_z^2}\,\sqrt{b_x^2 + b_y^2 + b_z^2}}. \tag{8.3.2}$$

例 8.3.2　已知三角形的顶点为 $A(-1,2,3),B(1,1,1),C(0,0,5)$，试求 $\angle ABC$.

解　因为 $\overrightarrow{BA} = \{-2,1,2\},\overrightarrow{BC} = \{-1,-1,4\}$.

由式 (8.3.2) 有

$$\cos\angle ABC = \frac{\overrightarrow{BA}\cdot\overrightarrow{BC}}{|\,\overrightarrow{BA}\,|\,|\,\overrightarrow{BC}\,|} = \frac{9}{3\sqrt{18}} = \frac{\sqrt{2}}{2}.$$

所以 $\angle ABC = \pi/4$.

8.3.2　向量的向量积

1. 向量积的概念

两个向量的乘积，除了数量积之外，还有向量积. 它也是由实际问题抽象出来的.

定义 8.3.2　两个向量 a 与 b 的**向量积**（又称叉积或外积），记作 $a\times b$.
它被定义为如下的一个向量：

(1) 模 $|\,a\times b\,| = |\,a\,|\,|\,b\,|\sin(\widehat{a,b})$；

(2) 方向 $a\times b\perp a$ 且 $a\times b\perp b$，即 $a\times b$ 垂直于 a 与 b 所在的平面，且 $a\times b$ 的指向是按照右手法则从 a 转向 b 来确定 (图 8.16).

两个向量 a 与 b 向量积的模 $|\,a\times b\,|$ 在几何上表示以 a 与 b 为邻边的平行四边形的面积 (图 8.17).

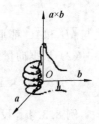

图 8.16

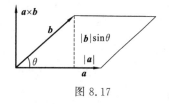

图 8.17

向量积具有下列性质：

（1）向量 $a /\!/ b \Leftrightarrow a \times b = 0$；

（2）$a \times a = 0$.

事实上，当 a 与 b 有一个为 0 时，结论显然成立；当 a 与 b 均不为 0 时，因为 $a \times b = 0$ 等价于 $|a \times b| = 0$，即 $|a||b|\sin(\widehat{a,b}) = 0$，所以当 a 与 b 均不为 0，上式等价于 $\sin(\widehat{a,b}) = 0$，即 $(\widehat{a,b}) = 0$ 或 π，即有 $a /\!/ b$.

特别地，a 与 a 是平行的，显然就有 $a \times a = 0$ 成立.

容易验证，向量积满足下列运算定律：

（1）**反交换律**　$a \times b = -b \times a$；

（2）**分配律**　$c \times (a + b) = c \times a + c \times b$，　$(a + b) \times c = a \times c + b \times c$；

（3）**结合律**　$(\lambda a) \times b = a \times (\lambda b) = \lambda(a \times b)$（$\lambda$ 是实数）.

2. 向量积的坐标表示式

设 $a = a_x i + a_y j + a_z k$，$b = b_x i + b_y j + b_z k$，由向量积的运算定律，则有

$$a \times b = (a_x i + a_y j + a_z k) \times (b_x i + b_y j + b_z k)$$
$$= a_x b_x i \times i + a_x b_y i \times j + a_x b_z i \times k + a_y b_x j \times i + a_y b_y j \times j$$
$$+ a_y b_z j \times k + a_z b_x k \times i + a_z b_y k \times j + a_z b_z k \times k.$$

因为 $i \times i = j \times j = k \times k = 0$，以及 i, j, k 是两两垂直的单位向量，且它们符合右手规则，可以验证

$$i \times j = k, \quad j \times k = i, \quad k \times i = j, \quad j \times i = -k, \quad k \times j = -i, \quad i \times k = -j,$$

所以

$$a \times b = (a_y b_z - a_z b_y)i + (a_z b_x - a_x b_z)j + (a_x b_y - a_y b_x)k.$$

为便于记忆，上式可以写成三阶行列式的形式：

$$a \times b = \begin{vmatrix} i & j & k \\ a_x & a_y & a_z \\ b_x & b_y & b_z \end{vmatrix} \tag{8.3.3}$$

例 8.3.3　已知三点 $A = (1,1,1)$，$B = (2,0,-1)$，$C = (-1,1,2)$，求

（1）与向量 $\overrightarrow{AB}$ 和 $\overrightarrow{AC}$ 都垂直的向量；　（2）$\triangle ABC$ 的面积.

解　因为 $\overrightarrow{AB} = \{1,-1,-2\}$，$\overrightarrow{AC} = \{-2,0,1\}$.

（1）由向量积的定义，$\overrightarrow{AB} \times \overrightarrow{AC}$ 与 $\overrightarrow{AB}$ 和 $\overrightarrow{AC}$ 都垂直，而

$$\overrightarrow{AB} \times \overrightarrow{AC} = \begin{vmatrix} i & j & k \\ 1 & -1 & -2 \\ -2 & 0 & 1 \end{vmatrix} = \{-1,3,-2\},$$

故与 $\overrightarrow{AB}$ 和 $\overrightarrow{AC}$ 都垂直的向量为 $\lambda\{-1,3,-2\}$（$\lambda \in \mathbf{R}$）.

（2）根据向量积的模的几何意义，$\triangle ABC$ 的面积为

$$S = \frac{1}{2}|\overrightarrow{AB} \times \overrightarrow{AC}| = \frac{1}{2}\sqrt{(-1)^2 + 3^2 + (-2)^2} = \frac{1}{2}\sqrt{14}.$$

例 8.3.4　设 l 是空间过点 $A(1,2,3)$ 和 $B(2,-1,5)$ 的直线，求点 $C(3,2,-5)$ 到直线 l 的距离 d.

解 作向量 $\overrightarrow{AB}$ 和 $\overrightarrow{AC}$，C 到 l 的距离 d 为以 AB，AC 为邻边的平行四边形的高（图 8.18），而 $|\overrightarrow{AB} \times \overrightarrow{AC}|$ 为该平行四边形的面积，所以 $d = |\overrightarrow{AC}| \sin\theta = \dfrac{|\overrightarrow{AB} \times \overrightarrow{AC}|}{|\overrightarrow{AB}|}$.

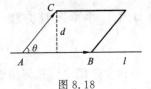

图 8.18

因为 $\overrightarrow{AB} = \{1, -3, 2\}$，$\overrightarrow{AC} = \{2, 0, -8\}$，所以

$$\overrightarrow{AB} \times \overrightarrow{AC} = \begin{vmatrix} \boldsymbol{i} & \boldsymbol{j} & \boldsymbol{k} \\ 1 & -3 & 2 \\ 2 & 0 & -8 \end{vmatrix} = 6\{4, 2, 1\},$$

而

$$|\overrightarrow{AB} \times \overrightarrow{AC}| = 6\sqrt{4^2 + 2^2 + 1^2} = 6\sqrt{21}, \quad |\overrightarrow{AB}| = \sqrt{1^2 + (-3)^2 + 2^2} = \sqrt{14},$$

故所求距离 $d = \dfrac{6\sqrt{21}}{\sqrt{14}} = 3\sqrt{6}$.

习 题 8.3

(A)

1. 设 $\boldsymbol{a} = \{3, -1, -2\}$，$\boldsymbol{b} = \{1, 2, -1\}$，求：

(1) $\boldsymbol{a} \cdot \boldsymbol{b}$;　　(2) $\mathrm{Prj}_{\boldsymbol{a}}\boldsymbol{b}$;　　(3) $\cos(\widehat{\boldsymbol{a}, \boldsymbol{b}})$;

(4) $(2\boldsymbol{a} - \boldsymbol{b}) \cdot (\boldsymbol{a} + 2\boldsymbol{b})$;　　(5) $\boldsymbol{a} \times \boldsymbol{b}$;　　(6) $\boldsymbol{a} \times (-2\boldsymbol{b})$.

2. 已知三角形的三个顶点 $A(1, 1, 1)$，$B(2, 2, 1)$ 和 $C(2, 1, 2)$，求 $\angle BAC$.

3. 设 $|\boldsymbol{a}| = 2$，$|\boldsymbol{b}| = 5$，$(\widehat{\boldsymbol{a}, \boldsymbol{b}}) = \dfrac{2\pi}{3}$，若向量 $\boldsymbol{m} = \lambda\boldsymbol{a} + 17\boldsymbol{b}$ 与向量 $\boldsymbol{n} = 3\boldsymbol{a} - \boldsymbol{b}$ 相互垂直，求 λ.

4. 已知 $|\boldsymbol{a}| = 2$，$|\boldsymbol{b}| = \sqrt{2}$，$|\boldsymbol{a} \times \boldsymbol{b}| = 2$，且向量 $\boldsymbol{a}$ 与 $\boldsymbol{b}$ 的夹角成钝角，求 $\boldsymbol{a} \cdot \boldsymbol{b}$.

5. 求同时垂直于向量 $\boldsymbol{a} = \{3, 4, -2\}$ 和 z 轴的向量.

6. 设向量 $\boldsymbol{a} = 2\boldsymbol{i} + \boldsymbol{j}$，$\boldsymbol{b} = -\boldsymbol{i} + 2\boldsymbol{k}$，求：

(1) 与 $\boldsymbol{a}$，$\boldsymbol{b}$ 都垂直的单位向量;　　(2) 以 $\boldsymbol{a}$、$\boldsymbol{b}$ 为边的平行四边形的面积.

7. 已知向量 $\boldsymbol{a} = 2\boldsymbol{m} + 3\boldsymbol{n}$，$\boldsymbol{b} = 3\boldsymbol{m} - \boldsymbol{n}$，其中 $\boldsymbol{m}, \boldsymbol{n}$ 是两个互相垂直的单位向量，求：

(1) $\boldsymbol{a} \cdot \boldsymbol{b}$;　　(2) $|\boldsymbol{a} \times \boldsymbol{b}|$.

8. 若 $|\boldsymbol{a}| = 3$，$|\boldsymbol{b}| = 4$，且 $\boldsymbol{a} \perp \boldsymbol{b}$，求 $|(\boldsymbol{a} + \boldsymbol{b}) \times (\boldsymbol{a} - \boldsymbol{b})|$.

9. 若向量 $\boldsymbol{c} \neq \boldsymbol{0}$，从 $\boldsymbol{a} \cdot \boldsymbol{c} = \boldsymbol{b} \cdot \boldsymbol{c}$ 能否推出 $\boldsymbol{a} = \boldsymbol{b}$? 若 $\boldsymbol{c} \neq \boldsymbol{0}$，从 $\boldsymbol{a} \times \boldsymbol{c} = \boldsymbol{b} \times \boldsymbol{c}$ 又能否推出 $\boldsymbol{a} = \boldsymbol{b}$?

(B)

1. 设向量 $\boldsymbol{x}$ 垂直于向量 $\boldsymbol{a} = \{2, 3, 1\}$ 和 $\boldsymbol{b} = \{1, -1, 3\}$，并且与 $\boldsymbol{c} = \{2, 0, 2\}$ 的数量积为 -10，求向量 $\boldsymbol{x}$.

2. 设 $\boldsymbol{a} = \{2, -3, 1\}$，$\boldsymbol{b} = \{1, -2, 3\}$，求同时垂直于 $\boldsymbol{a}$ 和 $\boldsymbol{b}$ 且在向量 $\boldsymbol{c} = \{2, 1, 2\}$ 上投影是 14 的向量 $\boldsymbol{r}$.

3. 设 $|\boldsymbol{a}| = \sqrt{3}$，$|\boldsymbol{b}| = 1$，$(\widehat{\boldsymbol{a}, \boldsymbol{b}}) = \dfrac{\pi}{6}$，求向量 $\boldsymbol{a} + \boldsymbol{b}$ 与 $\boldsymbol{a} - \boldsymbol{b}$ 的夹角.

4. 设 $\boldsymbol{a}, \boldsymbol{b}, \boldsymbol{c}$ 均为单位向量，且有 $\boldsymbol{a} + \boldsymbol{b} + \boldsymbol{c} = \boldsymbol{0}$，求 $\boldsymbol{a} \cdot \boldsymbol{b} + \boldsymbol{b} \cdot \boldsymbol{c} + \boldsymbol{c} \cdot \boldsymbol{a}$.

5. 已知点 $A(1, 0, 0)$ 及 $B(0, 2, 1)$，试在 z 轴上求一点 C，使 $\triangle ABC$ 的面积最小.

8.4　平面与空间直线

　　本节我们以向量为工具，在空间直角坐标系中讨论空间中最简单而又十分重要的几何图形 —— 平面与直线.

8.4.1　平面及其方程

1. 平面的点法式方程

由中学的立体几何知道,过空间一个已知点,有且仅有一个平面垂直于已知直线. 因此,如果已知平面上一点及垂直于该平面的一个非零向量,那么这个平面的位置也就完全确定了. 现在,根据这个几何条件来建立平面方程.

垂直于平面 π 的任一非零向量称为该**平面的法向量**,一般记为 **n**. 显然平面 π 上的任何向量与其法向量 **n** 都垂直.

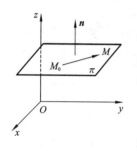

图 8.19

设点 $M_0(x_0,y_0,z_0)$ 是平面 π 上的一个定点,向量 $n=\{A,B,C\}$ 是平面 π 的一个法向量. 在平面 π 上任取一点 $M(x,y,z)$(图 8.19),因 $\overrightarrow{M_0M}$ 在平面 π 上,故 $n \perp \overrightarrow{M_0M}$,即 $n \cdot \overrightarrow{M_0M}=0$,由于 $\overrightarrow{M_0M}=\{x-x_0,y-y_0,z-z_0\}$,$n=\{A,B,C\}$,故有

$$A(x-x_0)+B(y-y_0)+C(z-z_0)=0 \qquad (8.4.1)$$

当点 $M(x,y,z)$ 不在平面 π 上时,$\overrightarrow{M_0M}$ 不垂直于 **n**,因此点 M 的坐标不满足方程(8.4.1),所以式(8.4.1)是平面 π 的方程,称式(8.4.1)**为平面 π 的点法式方程**.

例 8.4.1　求过点 $(1,-2,0)$ 且与向量 $a=\{-1,3,-2\}$ 垂直的平面方程.

解　根据平面法向量的概念,向量 $a=\{-1,3,-2\}$ 是所求平面的一个法向量,由平面的点法式方程(8.4.1),得所求的平面方程为

$$-(x-1)+3(y+2)-2(z-0)=0,$$

即

$$x-3y+2z-7=0.$$

例 8.4.2　求过三点 $M_1(1,1,1),M_2(-2,1,2)$ 和 $M_3(-3,3,1)$ 的平面方程.

解　先求出平面的法向量 **n**. 由于 $n \perp \overrightarrow{M_1M_2}$,且 $n \perp \overrightarrow{M_1M_3}$,所以可取它们的向量积为 **n**. 而 $\overrightarrow{M_1M_2}=\{-3,0,1\}$,$\overrightarrow{M_1M_3}=\{-4,2,0\}$,因此

$$n=\overrightarrow{M_1M_2}\times\overrightarrow{M_1M_3}=\begin{vmatrix} i & j & k \\ -3 & 0 & 1 \\ -4 & 2 & 0 \end{vmatrix}=\{-2,-4,-6\},$$

根据平面的点法式方程(8.4.1),得所求平面方程为

$$-2(x-1)-4(y-1)-6(z-1)=0,$$

即

$$x+2y+3z-6=0.$$

2. 平面的一般式方程

在平面的点法式方程(8.4.1)中,若记 $D=-(Ax_0+By_0+Cz_0)$,则方程(8.4.1)化为三元一次方程

$$Ax+By+Cz+D=0. \qquad (8.4.2)$$

反过来,对给定的三元一次方程(8.4.2),其中 A,B,C 不同时为零,设 x_0,y_0,z_0 满足 $Ax_0+By_0+Cz_0+D=0$,把式(8.4.2)与它相减得

$$A(x - x_0) + B(y - y_0) + C(z - z_0) = 0.$$

可见方程(8.4.2)就是过点 $M_0(x_0, y_0, z_0)$ 并且以 $\boldsymbol{n} = \{A, B, C\}$ 为法向量的平面方程. 因此可见, 任何三元一次方程(8.4.2)的图形都是平面. 把方程(8.4.2)称为**平面的一般式方程**, 其中 x, y, z 的系数就是该平面的一个法向量 $\boldsymbol{n}$ 的坐标, 即 $\boldsymbol{n} = \{A, B, C\}$.

例如, 方程 $2x - 3y + 5z = 1$ 表示一个平面, 该平面的一个法向量为 $\boldsymbol{n} = \{2, -3, 5\}$.

下面研究一些特殊的三元一次方程所表示的平面位置的特殊性.

(1) 当 $D = 0$ 时, 方程为 $Ax + By + Cz = 0$, 显然原点 $O(0, 0, 0)$ 的坐标满足此方程, 故 $Ax + By + Cz = 0$ 表示一个过原点的平面.

(2) 当 $A = 0$ 时, 方程为 $By + Cz + D = 0$, 平面的法向量 $\boldsymbol{n} = \{0, B, C\}$ 垂直于 x 轴, 故方程 $By + Cz + D = 0$ 表示一个平行于 x 轴的平面.

同样, 方程 $Ax + Cz + D = 0$ 和 $Ax + By + D = 0$ 分别表示一个平行于 y 轴、z 轴的平面.

(3) 当 $A = D = 0$ 时, 方程为 $By + Cz = 0$ 表示一个过 x 轴的平面.

同样, 方程 $Ax + Cz = 0$ 和 $Ax + By = 0$ 分别表示一个过 y 轴、z 轴的平面.

(4) 当 $A = B = 0$ 时, 方程为 $Cz + D = 0$, 法向量 $\boldsymbol{n} = \{0, 0, C\}$ 同时垂直于 x 轴和 y 轴, 故方程 $Cz + D = 0$ 表示一个平行于 xOy 坐标面的平面.

同样, 方程 $Ax + D = 0$ 和 $By + D = 0$ 分别表示一个平行于 yOz 坐标面、zOx 坐标面的平面.

例 8.4.3 一个平面过 z 轴及点 $M_0(1, -2, 3)$, 求此平面方程.

解 因所求平面过 z 轴, 故可设其方程为
$$Ax + By = 0.$$
又所求平面过点 $M_0(1, -2, 3)$, 代入方程 $Ax + By = 0$, 有 $A = 2B$, 将 $A = 2B$ 代入所设方程并消去 B, 就得到所求平面方程为
$$2x + y = 0.$$

注 方程 $2x + y = 0$ 在 xOy 平面上表示一条过原点的直线; 而在空间中却表示过 z 轴的平面.

3. 平面的截距式方程

例 8.4.4 求过点 $P(a, 0, 0), Q(0, b, 0), R(0, 0, c)$ $(abc \neq 0)$ 的平面方程(图 8.20).

解 设所求平面方程为
$$Ax + By + Cz + D = 0.$$
由于点 P, Q, R 在平面上, 所以它们的坐标必须满足方程, 即
$$Aa + D = 0, \quad Bb + D = 0, \quad Cc + D = 0.$$

解之, 得 $A = -\dfrac{D}{a}, B = -\dfrac{D}{b}, C = -\dfrac{D}{c}$. 将其代入所设方程并

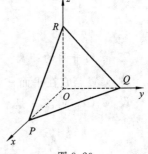

图 8.20

消去 D, 得平面的方程为
$$\frac{x}{a} + \frac{y}{b} + \frac{z}{c} = 1. \tag{8.4.3}$$

此方程称为**平面的截距式方程**, a、b、c 依次称为平面在 x、y、z 轴上的**截距**.

一般地, 平面方程 $Ax + By + Cz + D = 0$ 在 $ABCD \neq 0$ 时, 可化为截距式方程.

4. 两平面的夹角、两平面平行与垂直的条件

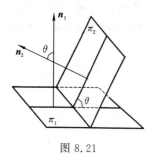

图 8.21

两个相交平面的夹角是指两平面间的相邻两个二面角中的任何一个,通常不取钝角. 由于两平面的法向量之间的夹角必与两二面角中的某一个相等,所以,定义两平面法向量之间的夹角为**两平面的夹角**(通常不取钝角)(图 8.21).

设两平面 π_1 和 π_2 的方程分别为
$$A_1 x + B_1 y + C_1 z + D_1 = 0,$$
$$A_2 x + B_2 y + C_2 z + D_2 = 0,$$

则 $\boldsymbol{n}_1 = \{A_1, B_1, C_1\}, \boldsymbol{n}_2 = \{A_2, B_2, C_2\}$ 分别为平面 π_1 和 π_2 的法向量. π_1 和 π_2 的夹角 θ 应是不取钝角的 $(\widehat{\boldsymbol{n}_1, \boldsymbol{n}_2})$,所以两平面夹角 θ 余弦的计算公式为

$$\cos\theta = |\cos(\widehat{\boldsymbol{n}_1, \boldsymbol{n}_2})| = \frac{|\boldsymbol{n}_1 \cdot \boldsymbol{n}_2|}{|\boldsymbol{n}_1||\boldsymbol{n}_2|} = \frac{|A_1 A_2 + B_1 B_2 + C_1 C_2|}{\sqrt{A_1^2 + B_1^2 + C_1^2}\sqrt{A_2^2 + B_2^2 + C_2^2}}.$$

从两向量平行、垂直的充要条件可推得:

(1) 平面 $\pi_1 /\!/ \pi_2 \Leftrightarrow \boldsymbol{n}_1 /\!/ \boldsymbol{n}_2 \Leftrightarrow \dfrac{A_1}{A_2} = \dfrac{B_1}{B_2} = \dfrac{C_1}{C_2}$,特别地,当 $\dfrac{A_1}{A_2} = \dfrac{B_1}{B_2} = \dfrac{C_1}{C_2} = \dfrac{D_1}{D_2}$ 时两平面重合.
在上两个比例式中,若某个分母为零,那么相应的分子也理解为零;

(2) 平面 $\pi_1 \perp \pi_2 \Leftrightarrow \boldsymbol{n}_1 \perp \boldsymbol{n}_2 \Leftrightarrow A_1 A_2 + B_1 B_2 + C_1 C_2 = 0.$

例 8.4.5　求过点 $M_1(0,1,-1)$ 和点 $M_2(1,1,1)$ 且与平面 $\pi_1 : x + y + z = 0$ 垂直的平面方程.

解　已知平面 π_1 的法向量为 $\boldsymbol{n}_1 = \{1,1,1\}$,设所求平面 π 的法向量为 $\boldsymbol{n}$,因点 M_1, $M_2 \in \pi$,所以向量 $\overrightarrow{M_1 M_2} = \{1,0,2\}$ 在平面 π 上,因而有 $\boldsymbol{n} \perp \overrightarrow{M_1 M_2}$,又知平面 $\pi \perp \pi_1$,所以 $\boldsymbol{n} \perp \boldsymbol{n}_1$,则可取

$$\boldsymbol{n} = \boldsymbol{n}_1 \times \overrightarrow{M_1 M_2} = \begin{vmatrix} \boldsymbol{i} & \boldsymbol{j} & \boldsymbol{k} \\ 1 & 1 & 1 \\ 1 & 0 & 2 \end{vmatrix} = \{2, -1, -1\}.$$

由平面的点法式方程(8.4.1)得平面 π 的方程为
$$2(x-0) - (y-1) - (z+1) = 0,$$
即
$$2x - y - z = 0.$$

5. 点到平面的距离

称点 M 与它在平面 π 上的投影 M' 之间的距离 $|MM'|$ 为该**点到平面 π 的距离**.

设 $M_0(x_0, y_0, z_0)$ 是平面 $\pi : Ax + By + Cz + D = 0$ 外一点,则点 M_0 到平面 π 的距离公式为

$$d = \frac{|Ax_0 + By_0 + Cz_0 + D|}{\sqrt{A^2 + B^2 + C^2}}.$$

*证　如图 8.22 所示,在平面 π 上任取一点 $M_1(x_1, y_1, z_1)$,则向量 $\overrightarrow{M_1 M_0}$ 在平面 π 的法向量 $\boldsymbol{n}$ 上的投影的绝对值就是点 M_0 到平面 π 的距离.

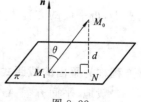

图 8.22

$$d = |\operatorname{Prj}_n \overrightarrow{M_1 M_0}| = ||\overrightarrow{M_1 M_0}|\cos\theta| = \frac{|\overrightarrow{M_1 M_0} \cdot \boldsymbol{n}|}{|\boldsymbol{n}|}$$

$$= \frac{|\{x_0 - x_1, y_0 - y_1, z_0 - z_1\} \cdot \{A, B, C\}|}{\sqrt{A^2 + B^2 + C^2}}$$

$$= \frac{|Ax_0 + By_0 + Cz_0 - (Ax_1 + By_1 + Cz_1)|}{\sqrt{A^2 + B^2 + C^2}}.$$

又因点 $M_1(x_1, y_1, z_1)$ 在平面 π 上,故 $Ax_1 + By_1 + Cz_1 = -D$. 因此

$$d = \frac{|Ax_0 + By_0 + Cz_0 + D|}{\sqrt{A^2 + B^2 + C^2}}.$$

8.4.2 空间直线及其方程

1. 直线的点向式与参数式方程

凡是与直线平行的非零向量都称为该直线的**方向向量**. 一般记作 $\boldsymbol{s}$.

因为过空间一个已知点有且仅有一条直线平行于已知直线,所以当知道直线上一点及与直线平行的某一向量,即方向向量时,那么直线的位置就完全确定. 下面根据这个几何条件来建立直线的方程.

设直线 L 过空间一点 $M_0(x_0, y_0, z_0)$,且有方向向量 $\boldsymbol{s} = \{m, n, p\}$,求此直线方程.

在直线 L 上任取一点 $M(x, y, z)$,则向量 $\overrightarrow{M_0 M} = \{x - x_0, y - y_0, z - z_0\}$ 在直线 L 上,于是 $\overrightarrow{M_0 M} \parallel \boldsymbol{s}$,根据两向量平行的充要条件有

$$\frac{x - x_0}{m} = \frac{y - y_0}{n} = \frac{z - z_0}{p}. \tag{8.4.4}$$

而当点 $M(x, y, z)$ 不在直线 L 上时,$\overrightarrow{M_0 M}$ 不平行于 $\boldsymbol{s}$,因此点 M 的坐标不满足式(8.4.4),所以式(8.4.4)是直线 L 的方程,式(8.4.4)称为直线 L 的**点向式**(又称为**对称式或标准式**) 方程.

在式(8.4.4)中,方向向量的坐标 m, n, p 中可以有一个或两个为零,这时在比例式中相应的分子应理解为零. 如一条直线过 $M_0(1, 2, -3)$,方向向量 $\boldsymbol{s} = \{0, 0, 8\}$,则此直线的点向式方程为

$$\frac{x - 1}{0} = \frac{y - 2}{0} = \frac{z + 3}{8} \Leftrightarrow \begin{cases} x - 1 = 0, \\ y - 2 = 0. \end{cases}$$

由直线的点向式方程,可以导出直线的参数式方程. 若设

$$\frac{x - x_0}{m} = \frac{y - y_0}{n} = \frac{z - z_0}{p} = t,$$

则有

$$\begin{cases} x = x_0 + mt, \\ y = y_0 + nt, \quad (t \text{ 为参数}). \\ z = z_0 + pt \end{cases} \tag{8.4.5}$$

式(8.4.5)称为直线 L 的**参数式方程**,常简称为**参数方程**.

例 8.4.6 求过点 $M_0(1, 2, -3)$ 且与平面 $2x - 3y + z = 4$ 垂直的直线方程.

解 因为所求直线垂直于已知平面,所以已知平面的法向量可以作为所求直线的方向向量,即取 $\boldsymbol{s} = \boldsymbol{n} = \{2, -3, 1\}$,于是所求直线方程为

$$\frac{x-1}{2} = \frac{y-2}{-3} = \frac{z+3}{1}.$$

例 8.4.7　求点 $M(2,1,3)$ 关于平面 $\pi: x+y+z-3=0$ 的对称点.

解　先求过点 $M(2,1,3)$ 且垂直于平面 π 的直线 L 的方程. 已知平面 π 的法向量可以作为 L 的方向向量,故 L 的方程为

$$\frac{x-2}{1} = \frac{y-1}{1} = \frac{z-3}{1}, \quad \text{即} \quad \begin{cases} x = 2+t, \\ y = 1+t, \\ z = 3+t. \end{cases}$$

再求直线 L 与平面 π 的交点 M_0. 将 L 的参数方程代入到平面 π 方程,可得 $t=-1$,因此交点为 $M_0(1,0,2)$.

设点 $M(2,1,3)$ 关于平面 π 的对称点为 $M'(x,y,z)$,则 M_0 为线段 MM' 的中点,故

$$1 = \frac{x+2}{2}, \quad 0 = \frac{y+1}{2}, \quad 2 = \frac{z+3}{2},$$

即 $x=0, y=-1, z=1$,故所求的对称点为 $M'(0,-1,1)$.

2. 直线的一般式方程

空间直线 L 可以看作是过该直线的两个不平行的平面
$$\pi_1: A_1x+B_1y+C_1z+D_1=0 \quad \text{与} \quad \pi_2: A_2x+B_2y+C_2z+D_2=0$$
的交线. 空间上任意一点 $M(x,y,z)$ 在直线 L 上,当且仅当它的坐标 x,y,z 同时满足 π_1 和 π_2 的方程,即满足方程组

$$\begin{cases} A_1x+B_1y+C_1z+D_1=0, \\ A_2x+B_2y+C_2z+D_2=0, \end{cases} \tag{8.4.6}$$

方程组(8.4.6)称为直线的**一般式方程**,其中 A_1,B_1,C_1 与 A_2,B_2,C_2 不成比例.

由于通过一条直线 L 的平面有无穷多个,只要在这些平面中任取两个,它们方程的联立便是直线 L 的方程. 因此,同一条直线 L 的一般式方程不是唯一的.

如果直线由点向式方程(8.4.4)给出,容易写成一般式方程,如

$$\begin{cases} \dfrac{x-x_0}{m} - \dfrac{y-y_0}{n} = 0, \\ \dfrac{x-x_0}{m} - \dfrac{z-z_0}{p} = 0. \end{cases}$$

如果直线 L 由一般方程(8.4.6)给出,即直线 L 是平面 π_1 和 π_2 的交线,那么 L 的方向向量 s 同时垂直于 π_1 和 π_2 的法向量 n_1 与 n_2,可取

$$s = n_1 \times n_2.$$

再任取方程组(8.4.6)的一组解 x_0, y_0, z_0,这样由点 (x_0, y_0, z_0) 与方向向量 s 就可以写出 L 的点向式方程或参数式方程.

例 8.4.8　将直线的一般式方程

$$\begin{cases} 2x-4y+z=0, \\ 3x-y-2z+9=0 \end{cases}$$

化为点向式方程和参数式方程.

解 法1 先在直线上找一点,不妨取 $x=0$,代入直线方程,得

$$\begin{cases} -4y+z=0, \\ y+2z=9. \end{cases}$$

解方程组,得 $y_0=1,z_0=4$,则点$(0,1,4)$在直线上,再取

$$\boldsymbol{s}=\boldsymbol{n}_1\times\boldsymbol{n}_2=\begin{vmatrix} \boldsymbol{i} & \boldsymbol{j} & \boldsymbol{k} \\ 2 & -4 & 1 \\ 3 & -1 & -2 \end{vmatrix}=\{9,7,10\}.$$

于是直线的点向式方程为

$$\frac{x}{9}=\frac{y-1}{7}=\frac{z-4}{10}.$$

参数式方程为

$$\begin{cases} x=9t, \\ y=1+7t, \\ z=4+10t. \end{cases}$$

* **法2** 从所给的方程分别消去 z 和 y,得

$$7x-9y+9=0 \text{ 和 } 10x-9z+36=0,$$

上两式可以变成 $\dfrac{x}{9}=\dfrac{y-1}{7}$ 和 $\dfrac{x}{9}=\dfrac{z-4}{10}$,把这两个式子连成等式,即得点向式方程

$$\frac{x}{9}=\frac{y-1}{7}=\frac{z-4}{10},$$

并由此就可以写出参数式方程.

3. 两直线的夹角、两直线平行与垂直的条件

规定两直线的方向向量的夹角 θ(通常不取钝角)为**两直线的夹角**.

设两直线 L_1 和 L_2 的方向向量分别为 $\boldsymbol{s}_1=\{m_1,n_1,p_1\}$ 和 $\boldsymbol{s}_2=\{m_2,n_2,p_2\}$,则 L_1 和 L_2 的夹角 θ 的余弦为

$$\cos\theta=|\cos(\widehat{\boldsymbol{s}_1,\boldsymbol{s}_2})|=\frac{|\boldsymbol{s}_1\cdot\boldsymbol{s}_2|}{|\boldsymbol{s}_1||\boldsymbol{s}_2|}=\frac{|m_1m_2+n_1n_2+p_1p_2|}{\sqrt{m_1^2+n_1^2+p_1^2}\sqrt{m_2^2+n_2^2+p_2^2}}.$$

根据两向量垂直和平行的充要条件可知:

(1) 直线 $L_1\perp L_2\Leftrightarrow\boldsymbol{s}_1\perp\boldsymbol{s}_2\Leftrightarrow m_1m_2+n_1n_2+p_1p_2=0$;

(2) 直线 $L_1/\!/L_2\Leftrightarrow\boldsymbol{s}_1/\!/\boldsymbol{s}_2\Leftrightarrow\dfrac{m_1}{m_2}=\dfrac{n_1}{n_2}=\dfrac{p_1}{p_2}$.

例 8.4.9 求过两平行直线 $L_1:\dfrac{x-1}{2}=\dfrac{y}{3}=\dfrac{z-3}{1}$ 和 $L_2:\dfrac{x}{2}=\dfrac{y-1}{3}=\dfrac{z+1}{1}$ 的平面方程.

解 由直线 L_1 的方程可知,点 $M_1(1,0,3)\in L_1$,L_1 的方向向量 $\boldsymbol{s}_1=\{2,3,1\}$;同理由 L_2 方程可知 $M_2(0,1,-1)\in L_2$.则由题设可知向量 $\overrightarrow{M_1M_2}=\{-1,1,-4\}$ 在所求平面 π 上,故有所求平面法向量 $\boldsymbol{n}\perp\overrightarrow{M_1M_2}$,又知 π 过 L_1(或 L_2),必有 $\boldsymbol{n}\perp\boldsymbol{s}_1$,可取

$$\boldsymbol{n}=\overrightarrow{M_1M_2}\times\boldsymbol{s}_1=\begin{vmatrix} \boldsymbol{i} & \boldsymbol{j} & \boldsymbol{k} \\ -1 & 1 & -4 \\ 2 & 3 & 1 \end{vmatrix}=\{13,-7,-5\},$$

而点 $M_1(1,0,3) \in L_1 \subset \pi$,由平面的点法式方程有

$$13(x-1) - 7(y-0) - 5(z-3) = 0,$$

即

$$13x - 7y - 5z + 2 = 0.$$

4. 直线与平面的夹角、直线与平面平行或垂直的条件

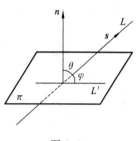

图 8.23

设直线 L 与平面 π 不垂直,过直线 L 且垂直于平面 π 的平面与平面 π 的交线 L' 称为直线 L 在平面 π 上的**投影直线**. 直线 L 与它在平面 π 上的投影直线 L' 所夹的角 φ(常取锐角)称为直线 L 和平面 π 的**夹角**(图 8.23),当直线 L 与平面 π 垂直时,L 和 π 的夹角规定为 $\dfrac{\pi}{2}$.

设直线 L 的方向向量为 $s = \{m,n,p\}$,平面 π 的法向量为 $n = \{A,B,C\}$. 因为 s 与 n 的夹角 $\theta = \dfrac{\pi}{2} - \varphi$ 或 $\theta = \dfrac{\pi}{2} + \varphi$,所以有

$$\sin\varphi = |\cos\theta| = |\cos(\widehat{n,s})|,$$

由向量夹角的余弦公式,从而有直线 L 和平面 π 的夹角 φ 的正弦为

$$\sin\varphi = |\cos(\widehat{n,s})| = \frac{|n \cdot s|}{|n||s|} = \frac{|Am + Bn + Cp|}{\sqrt{A^2 + B^2 + C^2}\sqrt{m^2 + n^2 + p^2}}.$$

根据两向量平行或垂直的充要条件可知:

(1) 直线 L 和平面 π 平行的充要条件是

$$Am + Bn + Cp = 0;$$

(2) 直线 L 和平面 π 垂直的充要条件是

$$\frac{A}{m} = \frac{B}{n} = \frac{C}{p}.$$

例 8.4.10　求直线 $L: \dfrac{x-1}{2} = \dfrac{y+1}{-1} = \dfrac{z}{2}$ 在平面 $\pi: 2x - y = 0$ 上的投影直线的方程.

解　先求出过直线 L 且与已知平面 π 相垂直的平面 π_1,则 π 和 π_1 的交线即为所求投影直线 L'. 直线 L 的方向向量为 $s = \{2,-1,2\}$,π 的法向量为 $n = \{2,-1,0\}$. 因 $\pi_1 \perp \pi$,所以 $n_1 \perp n$,又因平面 π_1 过直线 L,所以 $n_1 \perp s$,故可取 $n_1 = s \times n$ 为平面 π_1 的法向量,而

$$n_1 = s \times n = \begin{vmatrix} i & j & k \\ 2 & -1 & 2 \\ 2 & -1 & 0 \end{vmatrix} = \{2,4,0\}.$$

又直线上的点 $M_0(1,-1,0)$ 在平面 π_1 上,于是平面 π_1 的方程为

$$2(x-1) + 4(y+1) = 0,$$

即

$$x + 2y + 1 = 0.$$

所以,投影直线 L' 的方程为

$$\begin{cases} x + 2y + 1 = 0, \\ 2x - y = 0. \end{cases}$$

习 题 8.4

（A）

1. 指出下面各平面的特殊位置：

(1) $x+2y+3z=0$； (2) $x+2y=3$； (3) $y-2z=0$； (4) $2x=3$.

2. 一个平面过两点 $A(1,1,1)$ 和 $B(2,2,2)$ 且与平面 $x+y-z=0$ 垂直，求该平面方程.

3. 已知平面过两点 $M_1(4,0,2),M_2(5,1,7)$ 且平行于 x 轴，求其方程.

4. 求点 $(1,2,1)$ 到平面 $x+2y+2z-10=0$ 的距离.

5. 求经过点 $A(1,-2,3)$，方向角为 $45°,90°,135°$ 的直线方程.

6. 求通过点 $A(1,3,-4)$ 且平行于直线 $x=t+1,y=2t+1,z=3t+1$ 的直线方程.

7. 把直线方程 $\begin{cases} x-5y+2z-1=0, \\ 5y-z+2=0 \end{cases}$ 化成点向式（标准式）方程.

8. 求点 $(-1,2,0)$ 在平面 $x+2y-z+1=0$ 上的投影点.

9. 当 A 为何值时，平面 $Ax+3y-5z+1=0$ 与直线 $\dfrac{x-1}{4}=\dfrac{y+2}{3}=\dfrac{z}{1}$ 平行？

10. 求通过点 $(1,2,-1)$ 且与直线 $\begin{cases} 2x-3y+z-5=0, \\ 3x+y-2z-4=0 \end{cases}$ 垂直的平面方程.

11. 求过点 $M(1,1,-2)$，且与平面 $\pi:x+2y-z+6=0$ 平行，又与直线 $l_1:\dfrac{x-3}{1}=\dfrac{y+2}{4}=\dfrac{z}{1}$ 垂直的直线方程.

（B）

1. 求通过点 $(1,2,-1)$ 且通过直线 $l:\begin{cases} x=2+3t, \\ y=2+t, \\ z=1+2t \end{cases}$ 的平面方程.

2. 求过直线 $l_1:\dfrac{x-1}{1}=\dfrac{y-2}{0}=\dfrac{z-3}{-1}$ 且平行于直线 $l_2:\dfrac{x+2}{2}=\dfrac{y-1}{1}=\dfrac{z}{1}$ 的平面方程.

3. 求过点 $(0,2,4)$ 且与平面 $\pi_1:x+2z=1$ 及 $\pi_2:y-3z=2$ 都平行的直线方程.

4. 求过点 $(0,2,0)$，垂直于 y 轴并垂直于直线 $l:\begin{cases} x=z, \\ y=2z \end{cases}$ 的直线方程.

5. 求直线 $l:\begin{cases} 2x-3y+4z-12=0, \\ x+4y-2z-10=0 \end{cases}$ 在平面 $x+y+z-1=0$ 上的投影直线方程.

6. 求过点 $M_0(1,0,1)$ 且与直线 $L:\begin{cases} x=3z+2, \\ y=2z \end{cases}$ 垂直相交的直线方程.

7. 求过点 $(1,2,3)$ 且在 x,y 轴上有相等的截距 a $(a>3)$，并使得与三个坐标面所围成四面体的体积最小的平面方程.

8.5　曲面与空间曲线

8.5.1　曲面及其方程

与平面解析几何类似，在空间解析几何中，任何曲面都可以看作是满足某种共同性质的点的几何轨迹. 如球面，可以看作是与一定点等距离的点的轨迹. 在建立空间直角坐标系后，设曲面上

任一点的坐标为 $M(x,y,z)$,则曲面上的一切点的共同性质可用 x,y,z 的一个方程表示出来.

1. 曲面方程的概念

定义 8.5.1　若曲面 S 与一个三元方程

$$F(x,y,z)=0 \tag{8.5.1}$$

有如下关系:

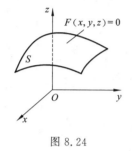

图 8.24

（1）曲面 S 上任意一点的坐标都满足方程(8.5.1);

（2）不在曲面 S 上的点的坐标都不满足方程(8.5.1),则称方程(8.5.1)为**曲面 S 的方程**,而曲面 S 称为方程(8.5.1)的**图形**(图 8.24).

通常将三元方程 $F(x,y,z)=0$ 理解为空间中的一张曲面.

关于曲面的研究,主要讨论以下两个问题:

（1）根据曲面 S 上动点的几何特性建立曲面方程;

（2）已知曲面方程 $F(x,y,z)=0$,讨论该方程所表示曲面的形状.

2. 几种常见的曲面及其方程

1）球面

若空间一动点到一定点的距离为定值,则该动点的轨迹称为**球面**. 定点叫作球心,定值叫作球的半径. 下面建立球面方程.

设球心在点 $M_0(x_0,y_0,z_0)$,半径为 R,在球面上任取一点 $M(x,y,z)$,由两点之间的距离公式有

$$|M_0M|=R,$$

即

$$(x-x_0)^2+(y-y_0)^2+(z-z_0)^2=R^2. \tag{8.5.2}$$

容易验证,在球面上的点的坐标满足式(8.5.2),不在球面上的点的坐标不满足式(8.5.2). 所以式(8.5.2)就是球心在 $M_0(x_0,y_0,z_0)$,半径为 R 的球面方程.

方程(8.5.2)通常称为**球面的标准式方程**.

特别地,当球心在原点 O 时,半径为 R 的球面方程为

$$x^2+y^2+z^2=R^2.$$

方程 $z=\sqrt{R^2-x^2-y^2}$ 表示上半球面（图 8.25）;方程 $z=-\sqrt{R^2-x^2-y^2}$ 表示下半球面.

将式(8.5.2)展开整理后,该方程可以写成下列形式的二次方程

$$x^2+y^2+z^2+Ax+By+Cz+D=0.$$

这是**球面的一般式方程**.

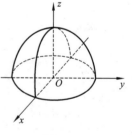

图 8.25

例 8.5.1　方程 $x^2+y^2+z^2-2x-4y-4=0$ 表示什么曲面?

解　通过配方,原方程可以写成

$$(x-1)^2+(y-2)^2+z^2=9.$$

对比式(8.5.2)知道,它表示球心在点 $(1,2,0)$,半径为 3 的球面.

2）柱面

如果一动直线 L 沿定曲线 C 移动,且始终与定直线 l 平行,则动直线 L 所形成的曲面称为**柱面**. 定曲线 C 称为柱面的**准线**,动直线 L 称为柱面的**母线**.

我们侧重讨论最简单的母线平行于坐标轴的柱面. 设柱面 S 的母线平行于 z 轴, 准线 C 是 xOy 平面上的曲线, 其方程为 $F(x,y)=0$ (图 8.26). 在柱面 S 上任取一点 $M(x,y,z)$, 过点 M 作平行于 z 轴的直线与 xOy 平面上的曲线 C 相交于点 $M_1(x,y,0)$, 由于点 M_1 的坐标 x,y 满足方程 $F(x,y)=0$, 而点 M 与点 M_1 的 x,y 坐标相同, 所以点 M 的坐标满足方程 $F(x,y)=0$. 反之, 如果点 $M(x,y,z)$ 的坐标满足方程 $F(x,y)=0$, 则点 M 必在过准线 C 上点 $M_1(x,y,0)$ 且平行

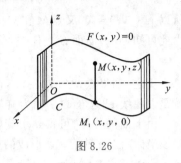

图 8.26

于 z 轴的直线上, 即在柱面 S 上. 因此, 柱面 S 的方程是不含变量 z 的方程, 即

$$F(x,y)=0. \tag{8.5.3}$$

一般地, 只含 x,y 而不含变量 z 的方程 $F(x,y)=0$ 在空间直角坐标系中, 表示母线平行于 z 轴的柱面, 其准线是 xOy 平面上的曲线 $C:F(x,y)=0$.

类似地, 不含变量 y 的方程 $G(x,z)=0$ 表示母线平行于 y 轴的柱面, 其准线是 zOx 平面上的曲线 $C:G(x,z)=0$; 不含变量 x 的方程 $H(y,z)=0$ 表示母线平行于 x 轴的柱面, 其准线是 yOz 平面上的曲线 $C:H(y,z)=0$.

例如, 方程 $x^2+y^2=a^2$ $(a>0)$ 表示母线平行于 z 轴, 准线是 xOy 平面上的圆 $x^2+y^2=a^2$ 的圆柱面 (图 8.27).

方程 $z=-x^2+1$ 表示母线平行于 y 轴, 准线是 zOx 平面上的抛物线 $z=-x^2+1$ 的抛物柱面 (图 8.28).

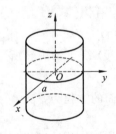

图 8.27

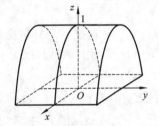

图 8.28

仿上, 方程 $\dfrac{x^2}{a^2}-\dfrac{y^2}{b^2}=1$ 与 $\dfrac{x^2}{a^2}+\dfrac{y^2}{b^2}=1$ $(a>0,b>0)$ 在空间直角坐标系中分别表示母线平行于 z 轴的双曲柱面与椭圆柱面.

3) 旋转曲面

一条平面曲线 C 绕其平面上的一条定直线 L 旋转一周, 这样由 C 旋转所形成的曲面称为**旋转曲面**. 曲线 C 称为旋转曲面的**母线**, 定直线 L 称为旋转曲面的**轴**(或**旋转轴**).

我们主要讨论母线是坐标面上的平面曲线, 旋转轴是该坐标面上的一条坐标轴的旋转曲面, 下面求以 z 轴为旋转轴, 母线为 yOz 平面内方程为 $f(y,z)=0$ 的一条曲线 C 的旋转曲面 S 的方程 (图 8.29).

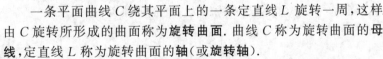

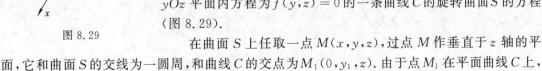

图 8.29

在曲面 S 上任取一点 $M(x,y,z)$, 过点 M 作垂直于 z 轴的平面, 它和曲面 S 的交线为一圆周, 和曲线 C 的交点为 $M_1(0,y_1,z)$. 由于点 M_1 在平面曲线 C 上,

所以 $f(y_1,z)=0$. 又点 M 和 M_1 到 z 轴的距离相等, 故 $\sqrt{x^2+y^2}=|y_1|$, 即 $y_1=\pm\sqrt{x^2+y^2}$, 由此可知, 旋转曲面 S 上任一点 $M(x,y,z)$ 满足方程

$$f(\pm\sqrt{x^2+y^2},z)=0. \tag{8.5.4}$$

反之, 如果点 $M(x,y,z)$ 不在曲面 S 上, 则点 M 的坐标不满足式(8.5.4). 因此, 式(8.5.4) 就是以曲线 C 为母线, z 轴为旋转轴的旋转曲面方程.

由上面的推导, 可得到求旋转曲面方程的法则: 要求由 yOz 平面上平面曲线 $f(y,z)=0$, 绕该坐标面上 z 轴旋转所形成的旋转曲面的方程, 平面曲线方程 $f(y,z)=0$ 中变量 z 保持不变, 只需把该方程中的变量 y 换成 $\pm\sqrt{x^2+y^2}$ 即可.

一般地, 当坐标面上的平面曲线 C 绕着该坐标面上一条坐标轴旋转时, 为了求出这个旋转曲面的方程, 只要将平面曲线 C 的方程中保留和旋转轴同名的坐标, 而用其他两个坐标平方和的平方根来代替方程中的另一个坐标即可.

例如, yOz 平面上的平面曲线 $C: f(y,z)=0$, 绕该坐标面上 y 轴旋转所形成的旋转曲面的方程为

$$f(y,\pm\sqrt{x^2+z^2})=0.$$

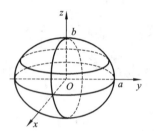

图 8.30

例 8.5.2　求 yOz 平面上的椭圆 $\dfrac{y^2}{a^2}+\dfrac{z^2}{b^2}=1\ (a>0,b>0)$ 绕 y 轴旋转所形成的旋转曲面方程.

解　在方程中把 z 换成 $\pm\sqrt{x^2+z^2}$ 得旋转曲面方程为

$$\frac{y^2}{a^2}+\frac{x^2+z^2}{b^2}=1,$$

这是一个旋转椭球面(图 8.30).

例 8.5.3　求 yOz 平面上的抛物线 $z=ay^2\ (a>0)$ 绕 z 轴旋转所形成的旋转抛物面 (图 8.31) 的方程.

解　在方程中把 y 换成 $\pm\sqrt{x^2+y^2}$ 得到旋转抛物面的方程为

$$z=a(x^2+y^2).$$

例 8.5.4　求 yOz 平面上的直线 $z=ky\ (k>0)$ 绕 z 轴旋转所成的旋转曲面方程.

解　在 $z=ky$ 中, 把 y 换成 $\pm\sqrt{x^2+y^2}$ 得, 旋转曲面方程为

$$z=\pm k\sqrt{x^2+y^2},$$

即

$$z^2=k^2(x^2+y^2).$$

此曲面称为顶点在原点, 对称轴为 z 轴的圆锥面(图 8.32).

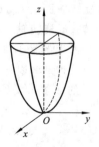

图 8.31

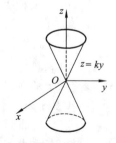

图 8.32

特别地方程 $z = k \sqrt{x^2 + y^2}$ 表示上半圆锥面;方程 $z = -k \sqrt{x^2 + y^2}$ 表示下半圆锥面.

8.5.2 空间曲线及其方程

1. 空间曲线的一般方程

我们知道,空间直线可以看作是两平面的交线,同样空间曲线也可以看作是两个曲面的交线. 设 $F(x,y,z) = 0$ 和 $G(x,y,z) = 0$ 分别为曲面 S_1 和 S_2 的方程,两曲面的交线为 C(图 8.33). 因为曲线 C 上任一点 M 既在曲面 S_1 上,又在曲面 S_2 上,所以点 M 的坐标同时满足这两个曲面的方程,即满足方程组

$$\begin{cases} F(x,y,z) = 0, \\ G(x,y,z) = 0. \end{cases} \tag{8.5.5}$$

反之,不在曲线 C 上的点 M 不可能同时在曲面 S_1 和 S_2 上,于是点 M 的坐标不满足方程组(8.5.5). 所以方程组(8.5.5)表示曲线 C,称方程组(8.5.5)为**空间曲线 C 的一般方程**.

例 8.5.5 方程组 $\begin{cases} z = \sqrt{a^2 - x^2 - y^2}, \\ x^2 + y^2 = ax \end{cases}$ $(a > 0)$ 表示怎样的曲线?

解 第一个方程表示球心在原点,半径为 a 的上半球面;第二个方程表示以 xOy 平面上的圆 $\left(x - \dfrac{a}{2}\right)^2 + y^2 = \left(\dfrac{a}{2}\right)^2$ 为准线,母线平行于 z 轴的圆柱面. 故方程组表示上半球面与圆柱面的交线(图 8.34).

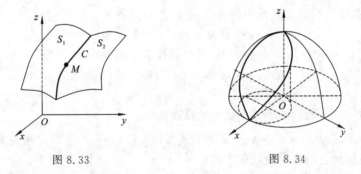

图 8.33   图 8.34

显然同一条空间曲线 C 的一般方程不是唯一的,曲线 C 可用不同的同解方程组来表示. 例如,方程组

$$\begin{cases} x^2 + y^2 + z^2 = 2, \\ z = 1 \end{cases} \quad 与 \quad \begin{cases} x^2 + y^2 = 1, \\ z = 1 \end{cases}$$

均表示圆心在点 $(0,0,1)$,半径为 1 的圆,该圆所在的平面与 z 轴垂直.

*2. 空间曲线的参数方程

在平面解析几何中我们知道,平面曲线可以由参数方程 $\begin{cases} x = \varphi(t), \\ y = \psi(t) \end{cases}$ 表示. 同样空间曲线 C 也可以用参数方程表示. 如果曲线 C 上任意一点 $M(x,y,z)$ 的三个坐标都可以表示为参数 t 的函数,即

$$\begin{cases} x = x(t), \\ y = y(t), \quad (t \text{ 为参数}). \\ z = z(t) \end{cases} \tag{8.5.6}$$

那么对于每一个值 t，得到 C 上一个点 $M(x,y,z)$，随着 t 的变化，就得到 C 上的全部点. 称式(8.5.6)为**空间曲线 C 的参数方程**.

例如，曲线：$\begin{cases} x^2 + y^2 = 1, \\ z = 1, \end{cases}$ 它的参数方程可表示为 $\begin{cases} x = \cos t, \\ y = \sin t, \\ z = 1. \end{cases}$

3. 空间曲线在坐标面上的投影

设空间曲线 C 的一般方程为

$$\begin{cases} F(x,y,z) = 0, \\ G(x,y,z) = 0. \end{cases}$$

从这个方程组中消去 z，得

$$H(x,y) = 0. \tag{8.5.7}$$

方程(8.5.7)表示母线平行于 z 轴的柱面. 由于这个方程是从 C 的方程得到的，所以 C 上每一点的坐标都满足这个方程. 该柱面经过 C，且母线平行于 z 轴，称此柱面为曲线 C 关于 xOy 平面的**投影柱面**，此柱面与 xOy 平面的交线

$$\begin{cases} H(x,y) = 0, \\ z = 0 \end{cases}$$

称为曲线 C 在 xOy 平面上的**投影曲线**（简称为**投影**），记作 C'.

类似地，从曲线的一般式方程中消去 x 或 y，得到方程

$$G(y,z) = 0 \quad \text{或} \quad R(x,z) = 0.$$

它们分别为曲线 C 关于 yOz 平面或 zOx 平面的投影柱面，而

$$\begin{cases} G(y,z) = 0, \\ x = 0 \end{cases} \quad \text{和} \quad \begin{cases} R(x,z) = 0, \\ y = 0 \end{cases}$$

分别为曲线 C 在 yOz 平面和 zOx 平面上的投影曲线.

例 8.5.6　求球面 $x^2 + y^2 + z^2 = 4$ 与上半圆锥 $z = \sqrt{x^2 + y^2}$ 的交线关于 xOy 面的投影柱面的方程与在该面上的投影曲线的方程.

解　从所给方程 $x^2 + y^2 + z^2 = 4$ 与 $z = \sqrt{x^2 + y^2}$ 中，联立消去 z 得

$$x^2 + y^2 = 2,$$

这为该交线关于 xOy 平面的投影柱面的方程，投影曲线的方程为 $\begin{cases} x^2 + y^2 = 2, \\ z = 0. \end{cases}$

有时，需要确定一个空间立体（或曲面）在坐标面上的投影. 这种投影往往是一个平面的区域，称它为空间立体（或曲面）在坐标面上的**投影区域**.

例 8.5.7　求球面 $x^2 + y^2 + z^2 = 2$ 与旋转抛物面 $z = x^2 + y^2$ 所围成的空间立体 Ω（图 8.35）在 xOy 面上的投影区域 D_{xy}.

解　球面与旋转抛物面的交线 C 为 $\begin{cases} x^2 + y^2 + z^2 = 2, \\ z = x^2 + y^2. \end{cases}$

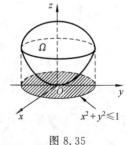

图 8.35

为了消去 z,先联立消去 $x^2 + y^2$,得 $z^2 + z = 2$,于是 $z = 1, z = -2$(舍去),将 $z = 1$ 代入方程组中的第二个方程中得到

$$x^2 + y^2 = 1.$$

于是该空间立体 Ω 在 xOy 面上的投影区域 D_{xy} 为单位圆域:$x^2 + y^2 \leqslant 1$.

8.5.3 常见的二次曲面的标准方程及其图形

三元二次方程所表示的曲面称为**二次曲面**,如前面已经研究过的球面、圆柱面、抛物柱面、旋转曲面等均是二次曲面. 下面将要再介绍另外几个常见的二次曲面的标准方程. 在空间解析几何中,已知曲面的方程要讨论曲面的形状和特征时,一般采用"截痕法". 所谓"**截痕法**",就是用坐标面及平行于坐标面的平面与所讨论的二次曲面相截,考察其交线(称为**截痕**)的形状,然后综合分析,从而描绘出曲面的大致形状.

1. 椭球面

由方程

$$\frac{x^2}{a^2} + \frac{y^2}{b^2} + \frac{z^2}{c^2} = 1 \quad (a > 0, b > 0, c > 0) \tag{8.5.8}$$

所表示的曲面称为**椭球面**.

在方程(8.5.8)中,若 $a = b = c$,则得 $x^2 + y^2 + z^2 = a^2$ 为球面.

若 a, b, c 三个数中有两个相等,如 $a = b \neq c$,则方程(8.5.8)变为

$$\frac{x^2}{a^2} + \frac{y^2}{a^2} + \frac{z^2}{c^2} = 1,$$

由前面知道,它表示旋转椭球面. 旋转椭球面是椭球面的特殊情形.

由方程(8.5.8)容易知道

$$\frac{x^2}{a^2} \leqslant 1, \quad \frac{y^2}{b^2} \leqslant 1, \quad \frac{z^2}{c^2} \leqslant 1,$$

即 $|x| \leqslant a, |y| \leqslant b, |z| \leqslant c$ 这表明椭球面包含在由平面 $x = \pm a, y = \pm b, z = \pm c$ 所围成的长方体内.

下面用截痕法,即分别用平行于坐标面的平面与椭球面的交线来研究椭球面的形状.

用平行于 xOy 平面的平面 $z = h\ (|h| \leqslant c)$ 去截椭球面,截得的交线方程为

$$\begin{cases} \dfrac{x^2}{a^2} + \dfrac{y^2}{b^2} + \dfrac{z^2}{c^2} = 1, \\ z = h \end{cases} \Leftrightarrow \begin{cases} \dfrac{x^2}{a^2} + \dfrac{y^2}{b^2} = 1 - \dfrac{h^2}{c^2}, \\ z = h. \end{cases}$$

将此截痕一般称为**水平截痕**. 这些是在平面 $z = h$ 上的椭圆. 当 $|h|$ 由 0 逐渐增大到 c 时,这些椭圆逐渐由大变小,最后缩成点 $(0, 0, \pm c)$.

类似地,用平行于 yOz 面的平面 $x = h\ (|h| \leqslant a)$ 或平行于 zOx 面的平面 $y = h\ (|h| \leqslant b)$ 分别去截椭球面,所得的截痕(分别称为**前视截痕**和**侧视截痕**)与水平截痕类似.

综上讨论,可大致画出椭球面的形状(图 8.36).

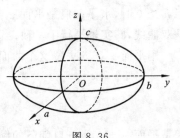

图 8.36

2. 椭圆抛物面

由方程

$$z = \frac{x^2}{2p} + \frac{y^2}{2q} \quad (p,q \text{ 同号}) \tag{8.5.9}$$

所表示的曲面称为**椭圆抛物面**.

当 $p = q$ 时,方程(8.5.9)变成为 $x^2 + y^2 = 2pz$,由前面知道,它表示一个旋转抛物面.

不妨设 $p > 0, q > 0$,下面用截痕法来讨论椭圆抛物面的形状.

由式(8.5.9)容易知道 $z \geqslant 0$,所以椭圆抛物面在 xOy 平面的上方,此外原点 $O(0,0,0)$ 的坐标满足方程,所以椭圆抛物面通过原点.

用平行于 xOy 平面的平面 $z = h \, (h \geqslant 0)$ 去截该曲面,所得水平截痕的方程为

$$\begin{cases} \dfrac{x^2}{2p} + \dfrac{y^2}{2q} = h, \\ z = h. \end{cases}$$

它是平面 $z = h$ 上的椭圆,当 h 逐渐由小变大时,椭圆也逐渐由小变大.

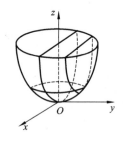

图 8.37

用平行于 zOx 平面的平面 $y = h$ 去截该曲面,所得侧视截痕的方程为 $\begin{cases} z = \dfrac{x^2}{2p} + \dfrac{h^2}{2q}, \\ y = h, \end{cases}$ 它是平面 $y = h$ 上的一条开口朝上的抛物线.

类似地,用 yOz 平面和平行于它的平面 $x = h$ 去截曲面,所得前视截痕也是开口朝上的抛物线. 椭圆抛物面的形状如图 8.37 所示.

对于椭圆抛物面 $z = \dfrac{x^2}{2p} + \dfrac{y^2}{2q}$,当 p, q 均为正时,曲面的开口朝上;当 p, q 均为负时,曲面的开口朝下.

3. 双曲抛物面(马鞍面)

由方程

$$z = \frac{x^2}{a^2} - \frac{y^2}{b^2} \quad (a > 0, b > 0) \tag{8.5.10}$$

表示的曲面称为**双曲抛物面**,又称为**马鞍面**.

用平面 $z = h$ 去截这个曲面,所得水平截痕的方程为

$$\begin{cases} \dfrac{x^2}{a^2} - \dfrac{y^2}{b^2} = h, \\ z = h, \end{cases}$$

当 $h > 0$ 时,水平截痕是平面 $z = h$ 上的双曲线,其实轴平行于 x 轴;当 $h < 0$ 时,水平截痕也是双曲线,其实轴平行于 y 轴;当 $h = 0$ 时,水平截痕是 xOy 平面上的两条相交于原点的直线.

用平面 $x = h$ 去截这个曲面,所得前视截痕的方程为

$$\begin{cases} z = -\dfrac{y^2}{b^2} + \dfrac{h^2}{a^2}, \\ x = h, \end{cases}$$

这是平面 $x = h$ 上开口朝下的抛物线.

用平面 $y = h$ 去截这个曲面,所得的侧视截痕为平面 $y = h$ 上开口朝上的抛物线.

综上,双曲抛物面的形状如图 8.38 所示.

双曲抛物面的一般标准方程为

$$z = \frac{x^2}{2p} - \frac{y^2}{2q} \quad (p,q \text{ 同号}).$$

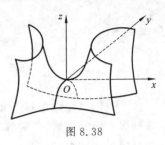

图 8.38

二次曲面除了上面讨论的几个最常见的之外,还有单叶双曲面与双叶双曲面.同样也可以用"截痕法"去描绘它们的图形.

* 单叶双曲面:$\dfrac{x^2}{a^2} + \dfrac{y^2}{b^2} - \dfrac{z^2}{c^2} = 1 \quad (a>0,b>0,c>0)$;

* 双叶双曲面:$-\dfrac{x^2}{a^2} - \dfrac{y^2}{b^2} + \dfrac{z^2}{c^2} = 1 \quad (a>0,b>0,c>0)$.

习 题 8.5

(A)

1. 建立以点 $(1,3,-2)$ 为球心,且过原点的球面方程.

2. 指出下列方程各表示哪种曲面:

(1) $x^2 + y^2 = 2x$;   (2) $z = 2 - y^2$;   (3) $3x^2 + 4y^2 = 25$;

(4) $5y^2 - z^2 = 10$;   (5) $x^2 + y^2 + z^2 - 2x + 4y + 2z = 0$.

3. 求 yOz 平面上的曲线 $y^2 - z^2 = 1$,分别绕 z 轴及 y 轴旋转一周所形成的曲面方程.

4. 求 xOz 平面上直线 $z - x = 1$ 绕 z 轴旋转一周所形成的曲面方程.

5. 指出下列方程所表示的旋转曲面是怎样形成的:

(1) $y^2 + z^2 = 1 - x$;   (2) $2x^2 + y^2 + z^2 = 1$;

(3) $y^2 = x^2 + z^2 - 1$;   (4) $1 + \sqrt{1 - x^2 - y^2} = z$.

6. 求母线平行于 z 轴而通过曲线 $\begin{cases} z = x^2 + 2y^2, \\ z = 2 - x^2 \end{cases}$ 的柱面方程.

7. 求曲面 $x^2 + y^2 = 2x$ 与 $x^2 + y^2 + z^2 = 4$ 的交线分别在 xOy 平面、xOz 平面上的投影曲线方程.

8. 求球面 $x^2 + y^2 + z^2 = 2z$ 与旋转抛物面 $3z = x^2 + y^2 + 2$ 的交线在 xOy 平面上的投影曲线.

9. 指出下列方程所表示的曲面的名称:

(1) $x^2 + 2y^2 + 3z^2 = 9$;   (2) $\dfrac{x^2}{4} + \dfrac{y^2}{9} - z = 0$;   (3) $x^2 - 4y^2 + z^2 = 0$;

(4) $2x^2 - y^2 = z$;   (5) $z - 1 = x^2 + 3y^2$;   (6) $z - 1 = \sqrt{x^2 + y^2}$.

10. 一个立体由锥面 $z = \sqrt{x^2 + y^2}$ 及旋转抛物面 $z = 6 - x^2 - y^2$ 所围成,求它在 xOy 平面上的投影区域.

(B)

1. 写出母线为 $\begin{cases} 4x^2 - 9y^2 = 36, \\ z = 0, \end{cases}$ 旋转轴为 x 轴的旋转曲面方程.

2. 方程 $x^2 + ky^2 = z$ 表示什么曲面?其中 $k \in \mathbf{R}$.

3. 计算椭球面 $\dfrac{x^2}{a^2} + \dfrac{y^2}{b^2} + \dfrac{z^2}{c^2} = 1 \ (a>0,b>0,c>0)$ 所围成的椭球体的体积.

阅读材料
第8章知识要点

第9章 多元函数微分学

前面我们已经讨论过一元函数的微分学,但在工程技术、经济活动等众多领域中,往往会牵涉到多方面的因素,反映到数学上表现为一个变量依赖于多个变量的情形,因此需要研究多个变量的函数即多元函数.

本章在一元函数微分学的基础上,讨论多元函数的微分学及其应用,它是一元函数微分学的自然推广与发展,一元函数微分学与多元函数微分学之间有许多类似的性质,但也有一些本质上的差别,把握它们的差别是学习时应当特别注意的地方. 本章着重讨论二元函数,因为从二元函数向二元以上函数的推广其性质无本质上的差异.

9.1 多元函数的概念

9.1.1 平面点集

讨论一元函数时,经常会用到邻域、区间等概念. 为讨论多元函数的需要,下面先把邻域、区间的概念加以推广,同时再引入几个新的概念.

1. 邻域

设 $P_0(x_0, y_0)$ 为 xOy 平面上一定点,$\delta > 0$,以 P_0 为圆心,以 δ 为半径的圆盘(不包括圆周),称为点 P_0 的 δ **邻域**,记作 $U(P_0, \delta)$,即

$$U(P_0, \delta) = \{(x, y) \mid (x - x_0)^2 + (y - y_0)^2 < \delta^2\}.$$

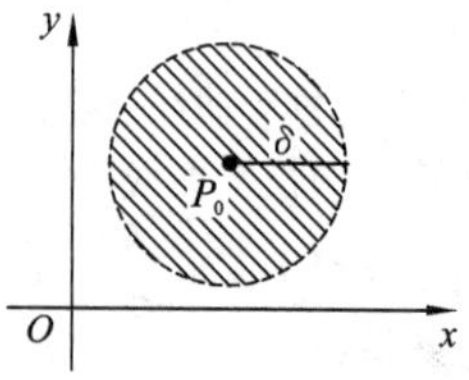

在几何上,$U(P_0, \delta)$ 就是 xOy 平面上以点 $P_0(x_0, y_0)$ 为圆心、以 δ 为半径的圆内部的点的全体(图 9.1).

$U(P_0, \delta)$ 中除去点 P_0 后的剩余部分,称为点 P_0 的 $\boldsymbol{\delta}$ **去心**(或空心)**邻域**,记作 $\mathring{U}(P_0, \delta)$,即

图 9.1

$$\mathring{U}(P_0, \delta) = \{(x, y) \mid 0 < (x - x_0)^2 + (y - y_0)^2 < \delta^2\}.$$

如果不需要强调邻域的半径 δ,则常用 $U(P_0)$ 表示点 P_0 的某个邻域,用 $\mathring{U}(P_0)$ 表示点 P_0 的某个去心邻域.

下面用邻域来描述平面上的点和点集之间的关系.

2. 开集

设 E 是平面点集,相对于 E,平面上的点 P_0 可分为三类:

(1) **内点** 若存在点 P_0 的某一邻域 $U(P_0)$,使得 $U(P_0) \subset E$,则称点 P_0 为 E 的**内点**(图 9.2);

(2) **外点** 若存在点 P_0 的某一邻域 $U(P_0)$,使得 $U(P_0)$ 中无 E 的点,则称点 P_0 为 E 的**外点**(图 9.2);

(3) **边界点** 若点 P_0 的任一邻域 $U(P_0)$ 内既有属于 E 的点,也有不属于 E 的点,则称 P_0 为 E 的**边界点**(图 9.2).

显然 E 的边界点 P_0 可能属于 E,也可能不属于 E.

E 的边界点的全体称为 E 的**边界**,记作 ∂E.

例如,点集 $E = \{(x,y) \mid 1 < x^2 + y^2 < 4\}$ 的边界是圆周 $x^2 + y^2 = 1$ 和 $x^2 + y^2 = 4$.

如果点集 E 中的任意一点都是内点,则称 E 为**开集**.

例如,集合 $E = \{(x,y) \mid 1 < x^2 + y^2 < 4\}$ 是开集(图 9.3).

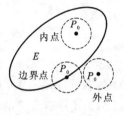

图 9.2

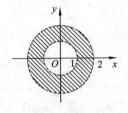

图 9.3

3. 区域

设点集 E 为开集,若对于 E 内任何两点,都可用完全属于 E 内的连续曲线连接起来,则称 E 为**开区域**. 开区域连同它的边界一起所构成的点集称为**闭区域**;开区域连同它的部分边界构成的点集称为**半开半闭区域**.

例如,$E_1 = \{(x,y) \mid 1 < x^2 + y^2 < 4\}$ 是开区域;$E_2 = \{(x,y) \mid 1 \leqslant x^2 + y^2 \leqslant 4\}$ 是闭区域;$E_3 = \{(x,y) \mid 1 < x^2 + y^2 \leqslant 4\}$ 是半开半闭区域.

开区域、闭区域及半开半闭区域统称为**区域**,并用 D 表示.

4. 有界区域与无界区域

设 D 为区域,如果存在 $R > 0$,使得 $D \subset U(O, R)$(即 D 包含在原点 O 的一个邻域内),则称区域 D 为**有界区域**,否则称为**无界区域**.

例如,$D_1 = \{(x,y) \mid 1 \leqslant x^2 + y^2 \leqslant 4\}$ 是有界闭区域;$D_2 = \{(x,y) \mid y < 1 - x^2\}$ 是无界开区域(图 9.4).

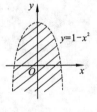

图 9.4

9.1.2 多元函数的定义

我们知道,底半径为 r、高为 h 的圆柱体的体积为 $V = \pi r^2 h$ $(r > 0, h > 0)$,当 r, h 取定一对值 (r, h) 时,就唯一确定 V 的值. 故 V 是两个变量 r、h 的函数,称为二元函数. 又如某商品的社会需求量 Q 与商品的价格 P、消费者的人数 L 及消费者的收入 R 有关,所以 Q 是三个变量 P,L,R 的函数,称为三元函数.

类似的例子还有很多,下面引入二元函数的概念.

1. 二元函数的定义

定义 9.1.1 设 D 是 xOy 平面的一个非空点集,若对于任一点 $P(x,y) \in D$,按照某个确定的法则 f,总有唯一确定的数值 z 与之对应,则称 f 是定义在 D 上的**二元函数**,记作

$$z = f(x,y), \quad (x,y) \in D \quad \text{或} \quad z = f(P), \quad P(x,y) \in D,$$

其中 x, y 称为函数 f 的自变量,z 称为函数 f 的因变量,D 称为函数 f 的**定义域**,记作 D_f 或 $D(f)$. 数集 $\{z \mid z = f(x,y), (x,y) \in D\}$ 称为该函数 f 的**值域**,记作 R_f 或 $R(f)$.

若 $(x_0, y_0) \in D_f$,与 (x_0, y_0) 对应的 z 的数值称为函数 f 在点 (x_0, y_0) 的**函数值**,记作 $f(x_0, y_0)$,$z\left.\right|_{\substack{x=x_0 \\ y=y_0}}$ 或 $z\left.\right|_{(x_0, y_0)}$.

类似地可以定义三元函数 $u = f(x, y, z)$ 及三元以上的函数. 一般地,n 元函数记为

$$u = f(x_1, x_2, \cdots, x_n), \quad (x_1, x_2, \cdots, x_n) \in D_f,$$

或记为

$$z = f(P), \quad P(x_1, x_2, \cdots, x_n) \in D_f.$$

二元及二元以上的函数统称为**多元函数**.

2. 二元函数的定义域

与一元函数的定义域类似,若二元函数 $z = f(x, y)$ 与实际问题有关,其定义域应由实际问题确定. 若纯粹考察数学解析式 $f(x, y)$,其定义域为使 $f(x, y)$ 有意义的点 (x, y) 的全体所组成的点集. 二元函数定义域的表示法一般有点集法与几何图示法.

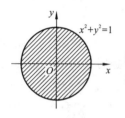

图 9.5

例如,函数 $z = \ln(1 - y - x^2)$ 的定义域为集合 $D_f = \{(x, y) \mid y < 1 - x^2\}$,$D_f$ 的图形如图 9.4 所示,为无界开区域;又如,函数 $z = \sqrt{1 - x^2 - y^2}$ 的定义域为集合 $D_f = \{(x, y) \mid x^2 + y^2 \leqslant 1\}$,$D_f$ 的图形如图 9.5 所示,为有界闭区域.

例 9.1.1 求下列函数的定义域:

(1) $f(x, y) = \ln(x^2 + y^2 - 1) + \sqrt{4 - x^2 - y^2}$;

(2) $g(x, y) = \dfrac{\arcsin(x^2 + y^2)}{\sqrt{y - x}} + \ln x$.

解 (1) 要使函数 $f(x, y)$ 有意义,必须满足不等式 $x^2 + y^2 - 1 > 0$,且 $4 - x^2 - y^2 \geqslant 0$,故函数定义域为

$$D_f = \{(x, y) \mid 1 < x^2 + y^2 \leqslant 4\}.$$

(2) 要使函数 $g(x, y)$ 有意义,必须满足不等式 $\begin{cases} |x^2 + y^2| \leqslant 1, \\ y - x > 0, \\ x > 0, \end{cases}$ 故函数的定义域为

$$D_g = \{(x, y) \mid x^2 + y^2 \leqslant 1, y > x > 0\}.$$

二元函数的定义域一般为平面上的区域. 二元函数也有复合函数,认清二元函数的复合关系也是重要的.

例 9.1.2 已知函数 $f\left(x + y, \dfrac{y}{x}\right) = x^2 - y^2$,求 $f(x, y)$.

解 设 $u = x + y$,$v = \dfrac{y}{x}$,则 $x = \dfrac{u}{1 + v}$,$y = \dfrac{uv}{1 + v}$,所以

$$f(u, v) = \left(\frac{u}{1 + v}\right)^2 - \left(\frac{uv}{1 + v}\right)^2 = \frac{u^2(1 - v)}{1 + v},$$

即

$$f(x, y) = \frac{x^2(1 - y)}{1 + y}.$$

3. 二元函数的几何意义

设函数 $z = f(x, y)$ 是定义在区域 D 上的二元函数. 对于 D 中任意一点 $P(x, y)$,必有唯一

的数值 $z = f(x,y)$ 与之对应,从而就可确定空间一点 $M(x,y,z)$. 当 (x,y) 遍取 D 上的一切点时,得到一个空间点的集合

$$S = \{(x,y,z) \mid z = f(x,y), (x,y) \in D\},$$

点集 S 称其为二元函数 $z = f(x,y)$ 的**图形**. 易见,S 的点 $M(x,y,z)$ 满足三元方程

$$z - f(x,y) = 0,$$

故二元函数 $z = f(x,y)$ 的图形通常是空间直角坐标系中的一张**曲面**. 该曲面在 xOy 平面上的投影就是该函数的定义域 D(图 9.6).

例如,函数 $z = x^2 + y^2$ 的图形是旋转抛物面;而函数 $z = x^2 - y^2$ 的图形为双曲抛物面(又称马鞍面),如图 9.7 所示.

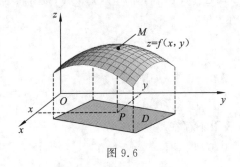

图 9.6

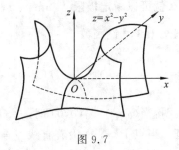

图 9.7

9.1.3 二元函数的极限

与一元函数的极限定义类似,下面给出二元函数极限的定义.

定义 9.1.2 设函数 $z = f(x,y)$ 在点 $P_0(x_0,y_0)$ 的某个去心邻域 $\mathring{U}(P_0)$ 内有定义,如果当点 $P(x,y)$ 趋向于点 $P_0(x_0,y_0)$ 时,函数值 $f(x,y)$ 无限趋近于某一个确定的常数 A,则称 A 为函数 $f(x,y)$ 当 $P(x,y) \to P_0(x_0,y_0)$ 时的**极限**,记作

$$\lim_{(x,y) \to (x_0,y_0)} f(x,y) = A \quad \text{或} \quad \lim_{\substack{x \to x_0 \\ y \to y_0}} f(x,y) = A,$$

也可记作

$$\lim_{P \to P_0} f(P) = A \quad \text{或} \quad f(x,y) \to A \, ((x,y) \to (x_0,y_0)).$$

若记 $\rho = \mid PP_0 \mid = \sqrt{(x-x_0)^2 + (y-y_0)^2}$,则 $(x,y) \to (x_0,y_0) \Leftrightarrow \rho \to 0$,于是二元函数的极限也可记作 $\lim\limits_{\rho \to 0} f(x,y) = A$.

注 二元函数极限概念与一元函数极限概念不同之处在于:一元函数极限中,$x \to x_0$ 是以直线方式以及左、右两种方向. 而二元函数极限中 $P \to P_0$ 是任何方式以及任意方向,其方式与方向难以一一枚举.

为了区别于一元函数的极限,我们称二元函数的极限为**二重极限**.

下面用"ε-δ"语言描述这个定义.

*定义 9.1.2′ 设函数 $z = f(x,y)$ 在点 $P_0(x_0,y_0)$ 的某个去心邻域 $\mathring{U}(P_0)$ 内有定义,A 为常数,若对任意给定的 $\varepsilon > 0$,存在 $\delta > 0$,使得对于满足不等式 $0 < \sqrt{(x-x_0)^2 + (y-y_0)^2} < \delta$ 的一切点 $P(x,y)$,都有 $\mid f(x,y) - A \mid < \varepsilon$ 成立,则称常数 A 为函数 $f(x,y)$ 当 $P(x,y) \to P_0(x_0,y_0)$ 时的极限,记作

$$\lim_{(x,y)\to(x_0,y_0)} f(x,y) = A \quad 或 \quad \lim_{\substack{x\to x_0 \\ y\to y_0}} f(x,y) = A,$$

也可记作

$$\lim_{P\to P_0} f(P) = A \quad 或 \quad f(x,y) \to A \quad ((x,y)\to(x_0,y_0)).$$

必须注意,所谓二重极限存在,是指当动点 $P(x,y)$ 以任何方式趋于 $P_0(x_0,y_0)$ 时,函数 $f(x,y)$ 都无限地趋近于定常数 A. 因此,如果当 $P(x,y)$ 以某一种或多种特殊方式,例如,沿着某条特定的直线或曲线趋于 $P_0(x_0,y_0)$ 时,即使函数 $f(x,y)$ 无限趋近于常数 A,也不能由此断定函数 $f(x,y)$ 以 A 为极限. 但是,如果点 $P(x,y)$ 以某种特殊方式趋于点 $P_0(x_0,y_0)$ 时, $f(x,y)$ 极限不存在,或者当 $P(x,y)$ 以不同的方式趋于 $P_0(x_0,y_0)$ 时, $f(x,y)$ 趋于不同的常数,那么就可以断定极限 $\lim\limits_{(x,y)\to(x_0,y_0)} f(x,y)$ 不存在.

例 9.1.3　设函数

$$f(x,y) = \begin{cases} \dfrac{xy}{x^2+y^2}, & (x,y)\neq(0,0), \\ 0, & (x,y)=(0,0). \end{cases}$$

证明:当 $(x,y)\to(0,0)$ 时, $f(x,y)$ 的二重极限不存在.

证　当点 $P(x,y)$ 沿着直线 $y=kx$ 趋于点 $(0,0)$ 时,有

$$\lim_{\substack{(x,y)\to(0,0) \\ y=kx}} f(x,y) = \lim_{(x,kx)\to(0,0)} f(x,kx) = \lim_{x\to 0} \frac{kx^2}{x^2+k^2x^2} = \frac{k}{1+k^2}.$$

由此可见,当点 $P(x,y)$ 沿不同的直线 $y=kx$ 趋于点 $(0,0)$ 时, $f(x,y)$ 将有不同的极限,因此极限 $\lim\limits_{(x,y)\to(0,0)} f(x,y)$ 不存在.

例 9.1.4　设函数

$$f(x,y) = \begin{cases} \dfrac{x^2y}{x^4+y^2}, & (x,y)\neq(0,0), \\ 0, & (x,y)=(0,0). \end{cases}$$

讨论极限 $\lim\limits_{(x,y)\to(0,0)} f(x,y)$ 是否存在.

解　当点 $P(x,y)$ 沿直线 $y=kx$ 趋于点 $(0,0)$ 时,有

$$\lim_{\substack{(x,y)\to(0,0) \\ y=kx}} f(x,y) = \lim_{(x,kx)\to(0,0)} f(x,kx) = \lim_{x\to 0} \frac{kx^3}{x^4+k^2x^2} = 0;$$

但若当点 $P(x,y)$ 沿抛物线 $y=x^2$ 趋于点 $(0,0)$ 时,有

$$\lim_{\substack{(x,y)\to(0,0) \\ y=x^2}} f(x,y) = \lim_{(x,x^2)\to(0,0)} f(x,x^2) = \lim_{x\to 0} \frac{x^4}{x^4+x^4} = \frac{1}{2},$$

所以,极限 $\lim\limits_{(x,y)\to(0,0)} f(x,y)$ 不存在.

由此例可知,虽然动点 P 以某一特殊方式趋于 P_0 时 $f(P)$ 的极限存在,但不能确定 P 以任意方式趋于 P_0 时 $f(P)$ 的极限存在.

由于二元函数极限定义与一元函数极限定义完全类似,所以关于一元函数极限的某些性质及运算法则也可以相应地推广到二元函数. 但需要指出的是:由于自变量趋于方式的任意性,使得二元函数的极限要比一元函数极限复杂得多. 下面只举几个例子说明如何利用与一元函数类似的极限运算法则,如夹逼准则、无穷小的性质、两个重要极限等求二元函数的极限.

例 9.1.5 求下列极限:

(1) $\lim\limits_{(x,y)\to(0,0)} \dfrac{\sin(x^2 y^2)}{x^2 + y^2}$;

(2) $\lim\limits_{(x,y)\to(0,0)} \dfrac{x^2 y}{\sqrt{x^2 + y^2}}$;

(3) $\lim\limits_{(x,y)\to(0,3)} \dfrac{\sin(xy)}{x}$;

(4) $\lim\limits_{(x,y)\to(\infty,\infty)} (x^2 + y^2)\mathrm{e}^{-3(x^2+y^2)}$.

解 (1) 由于 $0 \leqslant \left|\dfrac{\sin(x^2 y^2)}{x^2 + y^2}\right| \leqslant \left|\dfrac{x^2 y^2}{x^2 + y^2}\right| = \dfrac{x^2}{x^2 + y^2} \cdot y^2 \leqslant y^2$, 而 $\lim\limits_{(x,y)\to(0,0)} y^2 = 0$,

所以由极限的夹逼定理, 得

$$\lim_{(x,y)\to(0,0)} \frac{\sin(x^2 y^2)}{x^2 + y^2} = 0.$$

(2) 由于 $\lim\limits_{(x,y)\to(0,0)} x^2 = 0$, 而 $\left|\dfrac{y}{\sqrt{x^2 + y^2}}\right| \leqslant 1$, 所以由无穷小与有界量的乘积仍是无穷小量, 得

$$\lim_{(x,y)\to(0,0)} \frac{x^2 y}{\sqrt{x^2 + y^2}} = 0.$$

(3) $\lim\limits_{(x,y)\to(0,3)} \dfrac{\sin(xy)}{x} = \lim\limits_{(x,y)\to(0,3)} \left[\dfrac{\sin(xy)}{xy} \cdot y\right]$

$$= \lim_{(x,y)\to(0,3)} \frac{\sin(xy)}{xy} \cdot \lim_{(x,y)\to(0,3)} y = 1 \cdot 3 = 3.$$

(4) 令 $x^2 + y^2 = t$, 则

$$\lim_{(x,y)\to(\infty,\infty)} (x^2 + y^2)\mathrm{e}^{-3(x^2+y^2)} = \lim_{t\to+\infty} \frac{t}{\mathrm{e}^{3t}} \xlongequal{L} \lim_{t\to+\infty} \frac{1}{3\mathrm{e}^{3t}} = 0.$$

9.1.4 二元函数的连续性

借助二元函数极限的概念, 我们给出二元函数连续性的定义.

定义 9.1.3 设函数 $z = f(x,y)$ 在点 $P_0(x_0, y_0)$ 的某个邻域 $U(P_0)$ 内有定义, 若

$$\lim_{(x,y)\to(x_0,y_0)} f(x,y) = f(x_0, y_0),$$

则称函数 $f(x,y)$ 在点 $P_0(x_0, y_0)$ 处**连续**.

若函数 $f(x,y)$ 在点 $P_0(x_0, y_0)$ 处不连续, 则称点 $P_0(x_0, y_0)$ 为函数 $f(x,y)$ 的**间断点**或**不连续点**.

设函数 $z = f(x,y)$ 在点 $P_0(x_0, y_0)$ 的某个邻域 $U(P_0)$ 内有定义, 且点 $(x_0 + \Delta x, y_0 + \Delta y) \in U(P_0)$, 称改变量

$$\Delta z = f(x_0 + \Delta x, y_0 + \Delta y) - f(x_0, y_0)$$

为函数 $z = f(x,y)$ 在点 $P_0(x_0, y_0)$ 的**全增量**. 于是连续定义又可叙述如下.

定义 9.1.3′ 设函数 $z = f(x,y)$ 在点 $P_0(x_0, y_0)$ 的某个邻域 $U(P_0)$ 内有定义, 若

$$\lim_{(\Delta x, \Delta y)\to(0,0)} \Delta z = 0,$$

则称函数 $f(x,y)$ 在点 $P_0(x_0, y_0)$ 处连续.

例 9.1.6 考察 $f(x,y) = \begin{cases} (x^2 + y^2)\cos\dfrac{1}{x^2 + y^2}, & (x,y) \neq (0,0), \\ 0, & (x,y) = (0,0) \end{cases}$ 在 $(0,0)$ 的连续性.

解 当 $(x,y) \neq (0,0)$ 时,因为 $\lim\limits_{(x,y)\to(0,0)}(x^2+y^2)=0$,而 $\left|\cos\dfrac{1}{x^2+y^2}\right| \leqslant 1$,所以由无穷小性质可知,有

$$\lim\limits_{(x,y)\to(0,0)} f(x,y) = \lim\limits_{(x,y)\to(0,0)}\left[(x^2+y^2)\cdot\cos\dfrac{1}{x^2+y^2}\right]=0=f(0,0).$$

故 $f(x,y)$ 在 $(0,0)$ 处是连续的.

若函数 $f(x,y)$ 在开区域 D 内的每一点处都连续,则称函数 $f(x,y)$ 在**开区域 D 内连续**.

若函数 $f(x,y)$ 在闭区域 D 内的每一点处都连续,且对于边界上的任意点 (x_0,y_0) 都有

$$\lim\limits_{\substack{(x,y)\to(x_0,y_0)\\(\text{且}(x,y)\in D)}} f(x,y) = f(x_0,y_0),$$

则称函数 $f(x,y)$ 在**闭区域 D 上连续**,或者称 $f(x,y)$ 是闭区域 D 上的**连续函数**.

由于二元函数的连续性与一元函数的连续性在形式上是完全一样的,所以二元连续函数也有与一元连续函数类似的性质. 例如,二元连续函数经四则运算(在分母不为零处)和复合运算后仍是连续函数.

与一元初等函数相类似,将由常数及具有自变量 x 或 y 的一元基本初等函数经过有限次四则运算和有限次复合运算,并且可用一个式子表示的函数,称为**二元初等函数**.

例如,函数 $\dfrac{\sin(xy)}{x^2+y^3}+\ln(x^2+y^2)$ 和 $\arcsin(1+e^x-y)$ 等都是二元初等函数.

对于二元初等函数也有如下结论:**一切二元初等函数在其定义区域内都是连续的**.

这里所说的定义区域是指包含在二元函数定义域内的区域部分.

例 9.1.7 讨论函数 $f(x,y) = \begin{cases} \dfrac{xy}{x^2+y^2}, & (x,y)\neq(0,0), \\ 0, & (x,y)=(0,0) \end{cases}$ 的连续性.

解 在 $(x,y)\neq(0,0)$ 处,函数 $f(x,y)=\dfrac{xy}{x^2+y^2}$ 是二元初等函数,故函数 $f(x,y)$ 在 $(x,y)\neq(0,0)$ 处连续;在 $(x,y)=(0,0)$ 处,由例 9.1.3 知,函数 $f(x,y)$ 在点 $(0,0)$ 的极限不存在,故原点为其间断点.

综上,函数 $f(x,y)$ 在 xOy 平面上除原点外处处连续.

例 9.1.8 求函数 $f(x,y)=\dfrac{1}{x^2+y^2-1}$ 的间断点.

解 由于函数 $f(x,y)$ 在圆周 $x^2+y^2=1$ 上无定义,但在 xOy 平面上去掉该单位圆周的区域内,该函数为初等函数是连续的,所以圆周 $x^2+y^2=1$ 上的各点都是间断点.

由例 9.1.7 及例 9.1.8 可知,二元函数的间断点一般可能是平面上的"点"或"曲线".

闭区间上一元连续函数的性质,可以推广到有界闭区域上的二元连续函数.

性质 9.1.1（最值定理） 若函数 $f(x,y)$ 在有界闭区域 D 上连续,则它在 D 上必有最大值和最小值. 即至少存在两点 $P_1(x_1,y_1),P_2(x_2,y_2)\in D$,使得对任何 $P(x,y)\in D$,都有

$$f(x_1,y_1)\leqslant f(x,y)\leqslant f(x_2,y_2).$$

推论 9.1.1（有界性定理） 若函数 $f(x,y)$ 在有界闭区域 D 上连续,则它在 D 上必有界. 即存在 $M>0$,使得对任何 $(x,y)\in D$,有 $|f(x,y)|\leqslant M$.

性质 9.1.2（介值定理） 若函数 $f(x,y)$ 在有界闭区域 D 上连续,则它必可取得介于最大值 M 和最小值 m 之间的任何值. 即对任何 $\mu\in(m,M)$,至少存在一点 $(\xi,\eta)\in D$,使得 $f(\xi,\eta)=\mu$.

习 题 9.1

（A）

1. 由已知条件,确定下列各函数 $f(x,y)$ 的表达式:

(1) 设 $f(x+y,x-y) = x^2 - y^2 + g(x+y)$,且 $f(x,0) = x$;

(2) 设 $f(x-y,\ln x) = \left(1 - \dfrac{y}{x}\right) \cdot \dfrac{\mathrm{e}^{x-y}}{\ln x^x}$.

2. 求下列函数的定义域,并画出定义域的示意图:

(1) $z = \sqrt{\ln(x^2 - y^2)}$;

(2) $z = \dfrac{\sqrt{4 - x^2 - y^2}}{\sqrt{x^2 + y^2 - 1}}$;

(3) $z = \dfrac{\arcsin(3 - x^2 - y^2)}{\sqrt{x - y^2}}$;

(4) $z = \ln(y - x^2) + \sqrt{1 - y - x^2}$.

3. 证明下列极限不存在:

(1) $\displaystyle\lim_{(x,y)\to(0,0)} \dfrac{x+y}{x-y}$;

(2) $\displaystyle\lim_{(x,y)\to(0,0)} \dfrac{x^2 y^2}{\sqrt{(x^2 + y^4)^3}}$.

4. 求下列极限:

(1) $\displaystyle\lim_{(x,y)\to(0,0)} \dfrac{3xy}{\sqrt{xy+1} - 1}$;

(2) $\displaystyle\lim_{(x,y)\to(0,0)} \dfrac{x^3 + y^3}{x^2 + y^2}$;

(3) $\displaystyle\lim_{(x,y)\to(0,0)} \left[\dfrac{\sin 3(x^2 + y^2)}{x^2 + y^2} + (x^2 + y^2)\cos\dfrac{1}{xy}\right]$;

(4) $\displaystyle\lim_{(x,y)\to(\infty,\infty)} \dfrac{x+y}{x^2 + y^2}$.

5. 下列函数在何处是间断的?

(1) $z = \dfrac{y^2 + x}{y^2 - x}$;

(2) $z = \ln|1 - x^2 - y^2|$.

6. 讨论函数 $f(x,y) = \begin{cases} \dfrac{\sqrt{|xy|}}{x^2 + y^2}\sin(x^2 + y^2), & (x,y) \neq (0,0), \\ 0, & (x,y) = (0,0) \end{cases}$ 在点 $(0,0)$ 处的连续性.

（B）

1. 设 $f(x+y,x-y) = 2(x^2 + y^2)\mathrm{e}^{x^2 - y^2}$,求 $f(x,y)$.

2. 证明:

(1) $\displaystyle\lim_{(x,y)\to(0,0)} \dfrac{x^2 + y^2}{|x| + |y|} = 0$;　(2) $\displaystyle\lim_{(x,y)\to(0,0)} \dfrac{xy^3}{x^2 + y^6}$ 不存在;　(3) $\displaystyle\lim_{(x,y)\to(0,0)} \dfrac{xy}{x+y}$ 不存在.

3. 讨论 $f(x,y) = \begin{cases} \dfrac{\sin(x^3 + y^3)}{x^2 + y^2}, & (x,y) \neq (0,0), \\ 0, & (x,y) = (0,0) \end{cases}$ 在点 $(0,0)$ 的连续性.

9.2 偏 导 数

9.2.1 偏导数的概念

在讨论一元函数时,我们由函数的变化率引入了导数概念. 对于多元函数同样需要研究它的变化率. 由于多元函数的自变量不止一个,所以函数与自变量的关系要比一元函数复杂得多. 本节仅限于讨论多元函数关于其中一个自变量的变化率问题,即多元函数在其他自变量固定不变时,研究函数仅随一个自变量的变化率问题,这就是偏导数.

以二元函数 $z = f(x,y)$ 为例,即在二元函数 $f(x,y)$ 中,若固定自变量 y(或 x),研究函数 $f(x,y)$ 相对于自变量 x(或 y) 的变化率,则称为二元函数 $f(x,y)$ 对 x(或 y) 的偏导数.

1. 偏导数的定义

定义 9.2.1　设函数 $z = f(x, y)$ 在点 $P_0(x_0, y_0)$ 的某邻域 $U(P_0)$ 内有定义,当 y 固定在 y_0,而让 x 在 x_0 处有增量 Δx 时,相应地函数 $z = f(x, y)$ 有增量

$\Delta_x z = f(x_0 + \Delta x, y_0) - f(x_0, y_0)$（称为函数 $f(x, y)$ 在点 P_0 处关于 x 的**偏增量**）.
如果极限

$$\lim_{\Delta x \to 0} \frac{\Delta_x z}{\Delta x} = \lim_{\Delta x \to 0} \frac{f(x_0 + \Delta x, y_0) - f(x_0, y_0)}{\Delta x} \tag{9.2.1}$$

存在,则称此极限值为函数 $z = f(x, y)$ 在点 (x_0, y_0) 处**对 x 的偏导数**,记作

$$\frac{\partial z}{\partial x}\bigg|_{\substack{x=x_0 \\ y=y_0}}, \quad \frac{\partial f}{\partial x}\bigg|_{\substack{x=x_0 \\ y=y_0}}, \quad z'_x\bigg|_{\substack{x=x_0 \\ y=y_0}} \quad \text{或} \quad f'_x(x_0, y_0).$$

由式 (9.2.1) 容易知道,$f(x, y)$ 在点 (x_0, y_0) 处对 x 的偏导数,实际上就是把 y 固定在 y_0 时,一元函数 $z = f(x, y_0)$ 在 x_0 处的导数. 即

$$f'_x(x_0, y_0) = \frac{\mathrm{d}}{\mathrm{d}x}[f(x, y_0)]\bigg|_{x=x_0}, \quad \text{或} \quad f'_x(x_0, y_0) = [f(x, y_0)]'\big|_{x=x_0}.$$

类似地,如果极限

$$\lim_{\Delta y \to 0} \frac{\Delta_y z}{\Delta y} = \lim_{\Delta y \to 0} \frac{f(x_0, y_0 + \Delta y) - f(x_0, y_0)}{\Delta y} \tag{9.2.2}$$

存在,则称此极限值为函数 $z = f(x, y)$ 在点 (x_0, y_0) 处**对 y 的偏导数**,记作

$$\frac{\partial z}{\partial y}\bigg|_{\substack{x=x_0 \\ y=y_0}}, \quad \frac{\partial f}{\partial y}\bigg|_{\substack{x=x_0 \\ y=y_0}}, \quad z'_y\bigg|_{\substack{x=x_0 \\ y=y_0}} \quad \text{或} \quad f'_y(x_0, y_0).$$

如果函数 $f(x, y)$ 在点 (x_0, y_0) 处对 x 及对 y 的两个偏导数都存在时,则称函数 $f(x, y)$ 在点 (x_0, y_0) 处**可偏导**.

如果函数 $z = f(x, y)$ 在区域 D 内每一点 (x, y) 处对自变量 x 或 y 的偏导数 $f'_x(x, y)$,$f'_y(x, y)$ 都存在,则这两个偏导数仍是 x, y 的函数,称它们为函数 $f(x, y)$ 在 D 内对自变量 x 或 y 的**偏导函数**,简称为**偏导数**,分别记作

$$\frac{\partial z}{\partial x}, \quad \frac{\partial f}{\partial x}, \quad z'_x \quad \text{或} \quad f'_x(x, y); \quad \text{或} \quad \frac{\partial z}{\partial y}, \quad \frac{\partial f}{\partial y}, \quad z'_y \quad \text{或} \quad f'_y(x, y).$$

由偏导数的定义可知,求多元函数对某一自变量的偏导数时,只需将其他自变量看成常数,按照一元函数的求导法则进行求导.

例 9.2.1　求函数 $f(x, y) = x^2 \sin(xy)$ 在点 $\left(2, \frac{\pi}{4}\right)$ 处的偏导数.

解　把 y 看成常数对 x 求导有
$$f'_x(x, y) = 2x \sin(xy) + x^2 y \cos(xy),$$
把 x 看成常数对 y 求导有
$$f'_y(x, y) = x^2 \cdot x \cos(xy) = x^3 \cos(xy),$$

将 $x = 2, y = \frac{\pi}{4}$ 代入上面的结果,得

$$f'_x\left(2, \frac{\pi}{4}\right) = 4, \quad f'_y\left(2, \frac{\pi}{4}\right) = 0.$$

例 9.2.2　设 $f(x, y) = \mathrm{e}^{\arctan\frac{y}{x}} \cdot \ln(x^2 + y^2) + \cos(x^3 y)$,求 $f'_x(1, 0)$.

解　若先求出偏导函数 $f'_x(x, y)$,再求 $f'_x(1, 0)$,可以发现求 $f'_x(x, y)$ 运算比较繁杂. 但若按偏导数定义,即把 y 固定在 $y = 0$,则有
$$f(x, 0) = \ln x^2 + 1 = 2\ln|x| + 1,$$

从而 $[f(x,0)]' = \dfrac{2}{x}$，于是 $f'_x(1,0) = [f(x,0)]'\Big|_{x=1} = \dfrac{2}{x}\Big|_{x=1} = 2.$

二元偏导数的概念和求法可以类似地推广到二元以上的函数.

例 9.2.3 求函数 $u = z^2 \arctan \dfrac{y}{x}$ 的偏导数.

解 $\dfrac{\partial u}{\partial x} = z^2 \cdot \dfrac{1}{1 + \left(\dfrac{y}{x}\right)^2} \cdot \left(-\dfrac{y}{x^2}\right) = \dfrac{-yz^2}{x^2 + y^2}$;

$\dfrac{\partial u}{\partial y} = z^2 \cdot \dfrac{1}{1 + \left(\dfrac{y}{x}\right)^2} \cdot \dfrac{1}{x} = \dfrac{xz^2}{x^2 + y^2}$;

$\dfrac{\partial u}{\partial z} = 2z \arctan \dfrac{y}{x}.$

例 9.2.4 设 $z = xy$，求 $\dfrac{\partial z}{\partial x} \cdot \dfrac{\partial x}{\partial y} \cdot \dfrac{\partial y}{\partial z}.$

解 由 $z = xy$，得 $\dfrac{\partial z}{\partial x} = y$；由 $x = \dfrac{z}{y}$，得 $\dfrac{\partial x}{\partial y} = -\dfrac{z}{y^2}$；由 $y = \dfrac{z}{x}$，得 $\dfrac{\partial y}{\partial z} = \dfrac{1}{x}$，所以

$$\dfrac{\partial z}{\partial x} \cdot \dfrac{\partial x}{\partial y} \cdot \dfrac{\partial y}{\partial z} = y \cdot \left(-\dfrac{z}{y^2}\right) \cdot \dfrac{1}{x} = -\dfrac{z}{xy} = -1.$$

我们知道，一元函数导数符号 $\dfrac{\mathrm{d}y}{\mathrm{d}x}$ 可以看作微分 $\mathrm{d}y$ 与 $\mathrm{d}x$ 之商. 本例表明，偏导数记号 $\dfrac{\partial z}{\partial x}$ 是一个整体记号，不能看成为 ∂z 与 ∂x 的商，单独的记号 ∂z，∂x 没有任何意义.

2. 偏导数的几何意义

由偏导数定义可知，偏导数 $f'_x(x_0, y_0)$ 就是一元函数 $z = f(x, y_0)$ 在 $x = x_0$ 处的导数. 已知二元函数 $z = f(x,y)$ 在几何上表示一张曲面 S，而 $z = f(x, y_0)$ 的图形是曲面 S 与平面 $y = y_0$ 的交线 C_x，由一元函数导数的几何意义知，$f'_x(x_0, y_0)$ 就是曲线 C_x 在点 $M_0(x_0, y_0, f(x_0, y_0))$ 处的切线 $M_0 T_x$ 对 x 轴的斜率，即 $f'_x(x_0, y_0) = \tan\alpha.$

同理，偏导数 $f'_y(x_0, y_0)$ 的几何意义是曲面 S 与平面 $x = x_0$ 的交线 C_y 在点 M_0 处的切线 $M_0 T_y$ 对 y 轴的斜率，即 $f'_y(x_0, y_0) = \tan\beta$（图 9.8）.

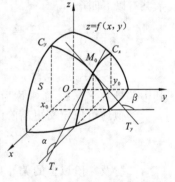

图 9.8

3. 偏导数存在与函数的连续性的关系

例 9.2.5 证明：函数 $f(x,y) = \begin{cases} \dfrac{xy}{x^2 + y^2}, & (x,y) \neq (0,0), \\ 0, & (x,y) = (0,0) \end{cases}$ 在点 $O(0,0)$ 处存在偏导数但却不连续.

证 由偏导数定义，有

$$f'_x(0,0) = \lim_{\Delta x \to 0} \frac{f(0 + \Delta x, 0) - f(0,0)}{\Delta x} = \lim_{\Delta x \to 0} \frac{0}{\Delta x} = 0,$$

$$f'_y(0,0) = \lim_{\Delta y \to 0} \frac{f(0, 0 + \Delta y) - f(0,0)}{\Delta y} = \lim_{\Delta y \to 0} \frac{0}{\Delta y} = 0,$$

故函数在点 $O(0,0)$ 的两个偏导数均存在.

但由例 9.1.3 可知，该函数 $f(x,y)$ 在点 $(0,0)$ 处不连续.

例 9.2.5 说明,尽管函数 $f(x,y)$ 在点$(0,0)$ 处的两个偏导数均存在,但并不能保证它在该点处是连续的,这是二元函数与一元函数的重要区别之一. 之所以如此是因为偏导数仅仅刻画了函数沿平行于 x 轴或 y 轴方向上的变化率,并不能给出函数在其他方向上的变化情况.

此外,与一元函数类似,函数 $f(x,y)$ 在点(x_0,y_0) 连续,也不能保证其偏导数 $f'_x(x_0,y_0)$ 或 $f'_y(x_0,y_0)$ 存在(见下述例 9.2.6).

例 9.2.6　讨论函数 $f(x,y)=\sqrt{x^2+y^2}$ 在点$(0,0)$ 处的连续性与偏导数的存在性.

解　因为

$$\lim_{(x,y)\to(0,0)}f(x,y)=\lim_{(x,y)\to(0,0)}\sqrt{x^2+y^2}=0=f(0,0),$$

故 $f(x,y)$ 在点$(0,0)$ 处连续. 但是,由于

$$\lim_{\Delta x\to 0}\frac{f(0+\Delta x,0)-f(0,0)}{\Delta x}=\lim_{\Delta x\to 0}\frac{|\Delta x|}{\Delta x},$$

不存在,所以 $f'_x(0,0)$ 不存在. 同理可知 $f'_y(0,0)$ 也不存在.

以上两例表明:**二元函数在某点的连续性与偏导数存在之间没有因果关系.**

9.2.2　高阶偏导数

一般说来,二元函数 $z=f(x,y)$ 在区域 D 内的偏导数

$$\frac{\partial z}{\partial x}=f'_x(x,y),\quad \frac{\partial z}{\partial y}=f'_y(x,y)$$

还是 x,y 的函数. 若这两个偏导数仍可以对 x,y 求偏导,则称它们的偏导数为函数 $z=f(x,y)$ 的**二阶偏导数**,即二阶偏导数为一阶偏导数的偏导数. 按照对变量求偏导次序的不同,二阶偏导数共有以下四个:

$$\frac{\partial}{\partial x}\left(\frac{\partial z}{\partial x}\right)=\frac{\partial^2 z}{\partial x^2}=z''_{xx}=f''_{xx}(x,y),\qquad \frac{\partial}{\partial y}\left(\frac{\partial z}{\partial x}\right)=\frac{\partial^2 z}{\partial x\partial y}=z''_{xy}=f''_{xy}(x,y),$$

$$\frac{\partial}{\partial x}\left(\frac{\partial z}{\partial y}\right)=\frac{\partial^2 z}{\partial y\partial x}=z''_{yx}=f''_{yx}(x,y),\qquad \frac{\partial}{\partial y}\left(\frac{\partial z}{\partial y}\right)=\frac{\partial^2 z}{\partial y^2}=z''_{yy}=f''_{yy}(x,y),$$

其中偏导数 z''_{xy},z''_{yx} 通常称为**二阶混合偏导数**.

类似地可以定义更高阶的偏导数,例如混合偏导数 $f''_{xy}(x,y)$,再对 y 求偏导数是

$$\frac{\partial}{\partial y}\left(\frac{\partial^2 z}{\partial x\partial y}\right)=\frac{\partial^3 z}{\partial x\partial y^2}=z'''_{xyy}=f'''_{xyy}(x,y).$$

二阶及二阶以上的偏导数统称为**高阶偏导数**.

例 9.2.7　求函数 $z=x^y\ (x>0,x\neq 1)$ 的二阶偏导数.

解　$\dfrac{\partial z}{\partial x}=yx^{y-1},\dfrac{\partial z}{\partial y}=x^y\ln x$,在$\dfrac{\partial z}{\partial x}=yx^{y-1}$ 中视 y 为常数,对 x 求导,可得

$$\frac{\partial^2 z}{\partial x^2}=(yx^{y-1})'_x=y(y-1)x^{y-2},$$

同理可求得

$$\frac{\partial^2 z}{\partial x\partial y}=(yx^{y-1})'_y=1\cdot x^{y-1}+y\cdot x^{y-1}\ln x=x^{y-1}(1+y\ln x),$$

$$\frac{\partial^2 z}{\partial y\partial x}=(x^y\ln x)'_x=yx^{y-1}\cdot\ln x+x^y\cdot\frac{1}{x}=x^{y-1}(1+y\ln x),$$

$$\frac{\partial^2 z}{\partial y^2}=(x^y\ln x)'_y=x^y\ln x\cdot\ln x=x^y\ln^2 x.$$

从例 9.2.7 可见两个二阶混合偏导数相等,即 $\dfrac{\partial^2 z}{\partial x\partial y}=\dfrac{\partial^2 z}{\partial y\partial x}$. 应当指出这个等式并不是对

所有的二元函数都成立. 下面不加证明地给出混合偏导数相等的充分条件.

定理 9.2.1　若函数 $z = f(x,y)$ 的二阶混合偏导数 $f''_{xy}(x,y)$ 和 $f''_{yx}(x,y)$ 在区域 D 内连续, 则在该区域 D 内必有

$$f''_{xy}(x,y) = f''_{yx}(x,y),$$

即当二阶混合偏导数连续时, 求二阶混合偏导数与求偏导数的次序无关.

一般来说, 只要 $z = f(x,y)$ 的二阶偏导数都连续, 则二阶偏导数与求偏导数的次序无关. 这一定理可推广到更高阶的混合偏导数的情形. 例如, 当 $z = f(x,y)$ 的所有三阶偏导数都连续时, 有 $f'''_{xxy} = f'''_{xyx} = f'''_{yxx}$.

例 9.2.8　求函数 $z = \ln\sqrt{x^2 + y^2}$ 的二阶偏导数.

解　由于 $z = \dfrac{1}{2}\ln(x^2 + y^2)$,　$\dfrac{\partial z}{\partial x} = \dfrac{x}{x^2 + y^2}$, 于是

$$\frac{\partial^2 z}{\partial x^2} = \frac{(x^2 + y^2) - x \cdot 2x}{(x^2 + y^2)^2} = \frac{y^2 - x^2}{(x^2 + y^2)^2}, \quad \frac{\partial^2 z}{\partial x \partial y} = -\frac{x \cdot 2y}{(x^2 + y^2)^2} = \frac{-2xy}{(x^2 + y^2)^2},$$

由于自变量 x, y 在函数关系中具有对称性, 所以采用坐标轮换法得

$$\frac{\partial^2 z}{\partial y^2} = \frac{x^2 - y^2}{(x^2 + y^2)^2}, \quad \frac{\partial^2 z}{\partial y \partial x} = \frac{-2xy}{(x^2 + y^2)^2}.$$

*9.2.3　偏导数在经济分析中的应用

在一元函数微分学中, 引入边际和弹性的概念, 来分别表示经济函数在一点的变化率和相对变化率, 这些概念可以推广到多元函数微分学中, 并被赋予了更丰富的经济含义.

1. 边际分析

定义 9.2.2　设函数 $z = f(x,y)$ 在点 (x_0, y_0) 处偏导数存在, 称 $f'_x(x_0, y_0)$ 为函数 $f(x,y)$ 在点 (x_0, y_0) 处**对 x 的边际**.

与一元函数边际的经济含义类似. $f(x,y)$ 在点 (x_0, y_0) 对 x 的边际 $f'_x(x_0, y_0)$ 其意义是: 在点 (x_0, y_0) 处, 当 y 保持不变而 x 改变一个单位时, $z = f(x,y)$ 近似改变 $f'_x(x_0, y_0)$ 个单位.

类似地, 称 $f'_y(x_0, y_0)$ 为 $f(x,y)$ 在点 (x_0, y_0) 处**对 y 的边际**, $f'_y(x_0, y_0)$ 且有类似的意义. 类似地, 把 $f'_x(x,y)$ 及 $f'_y(x,y)$ 分别称为 $f(x,y)$ 对 x 及对 y 的**边际函数**.

例 9.2.9　某厂生产两种型号的产品, 其中, x, y 分别表示 A 型和 B 型产品的产量(单位: 台). 总成本(单位: 元)为 $C(x,y) = 15 + 2x^2 + xy + 5y^2$, 求当 $x = 3, y = 6$ 时, 两种产品的边际成本, 并解释它们的经济意义.

解　$C'_x(3,6) = (4x + y)\big|_{\substack{x=3 \\ y=6}} = 18$,　$C'_y(3,6) = (x + 10y)\big|_{\substack{x=3 \\ y=6}} = 63$.

当 A, B 的产量在 $x = 3, y = 6$ 台时, 当 B 产品产量在保持 6 台不变的情况下, A 产品产量在 3 台的基础上再增加一台时, 总成本近似增加 18 元; 而当 A 产品产量在保持 3 台不变时, B 产品产量在 6 台的基础上再增加一台时, 总成本近似增加 63 元.

2. 偏弹性分析

1) 偏弹性函数

定义 9.2.3　设函数 $z = f(x,y)$ 在点 (x_0, y_0) 处偏导数存在, 函数对 x 的偏增量的相对改

变量 $\dfrac{\Delta_x z}{z_0} = \dfrac{f(x_0 + \Delta x, y_0) - f(x_0, y_0)}{f(x_0, y_0)}$ 与自变量 x 的相对改变量 $\dfrac{\Delta x}{x_0}$ 之比

$$\frac{\Delta_x z}{z_0} \Big/ \frac{\Delta x}{x_0} = \frac{\Delta_x z}{\Delta x} \cdot \frac{x_0}{z_0}$$

称为函数 $f(x, y)$ 在点 (x_0, y_0) 处对 x 从 x_0 到 $x_0 + \Delta x$ 两点间的弹性.

当 $\Delta x \to 0$ 时,上式的极限称为 $f(x, y)$ 在 (x_0, y_0) 处**对 x 的偏弹性**,记作 $\dfrac{Ez}{Ex}\Big|_{\substack{x=x_0 \\ y=y_0}}$,即

$$\frac{Ez}{Ex}\Big|_{\substack{x=x_0 \\ y=y_0}} = \lim_{\Delta x \to 0} \frac{\Delta_x z}{z_0} \Big/ \frac{\Delta x}{x_0} = x_0 \frac{f'_x(x_0, y_0)}{f(x_0, y_0)}.$$

与一元函数弹性的意义类似,二元函数 $f(x, y)$ 在点 (x_0, y_0) 处对 x 的偏弹性 $\dfrac{Ez}{Ex}\Big|_{\substack{x=x_0 \\ y=y_0}}$ 也

是反映在点 (x_0, y_0) 处函数 $f(x, y)$ 随 x 变化的变化幅度. 具体地,$\dfrac{Ez}{Ex}\Big|_{\substack{x=x_0 \\ y=y_0}}$ 表示在 (x_0, y_0) 处

当 y 不变,而 x 改变 1% 时,$z = f(x, y)$ 近似地改变 $\dfrac{Ez}{Ex}\Big|_{\substack{x=x_0 \\ y=y_0}} \%$.

类似可定义 $f(x, y)$ 在点 (x_0, y_0) 处**对 y 的偏弹性**,记作 $\dfrac{Ez}{Ey}\Big|_{\substack{x=x_0 \\ y=y_0}}$,即

$$\frac{Ez}{Ey}\Big|_{\substack{x=x_0 \\ y=y_0}} = \lim_{\Delta y \to 0} \frac{\Delta_y z}{z_0} \Big/ \frac{\Delta y}{y_0} = y_0 \frac{f'_y(x_0, y_0)}{f(x_0, y_0)}.$$

一般地,称

$$\frac{Ez}{Ex} = x \frac{f'_x(x, y)}{f(x, y)} \quad 及 \quad \frac{Ez}{Ey} = y \frac{f'_y(x, y)}{f(x, y)}$$

为 $f(x, y)$ 在点 (x, y) 处对 x 和对 y 的**偏弹性函数**.

2) 需求偏弹性

设某商品的需求量 Q 由其价格 P_1、消费者的收入 M 以及相关商品的价格 P_2 决定. 这样需求函数为

$$Q = f(P_1, M, P_2).$$

称 $E_{P_1} = \dfrac{EQ}{EP_1} = \dfrac{\partial Q}{\partial P_1} \cdot \dfrac{P_1}{Q}$ 为需求的直接价格偏弹性,也称为**需求的价格偏弹性**,它是用来度量商品对自身价格 P_1 变化所产生的需求的反映.

称 $E_{P_2} = \dfrac{EQ}{EP_2} = \dfrac{\partial Q}{\partial P_2} \cdot \dfrac{P_2}{Q}$ 为**需求的交叉价格偏弹性**,它是用来度量商品对另一种相关商品价格 P_2 变化所产生的需求的反映.

需求量 Q 的交叉价格偏弹性 E_{P_2} 可用来分析两种相关商品的相互关系.

若 $E_{P_2} < 0$,则表示当商品的价格 P_1 不变,而相关商品的价格 P_2 上升时,商品的需求量将相对地减少. 这时称这两种相关商品之间是互相补充关系.

若 $E_{P_2} > 0$,则表示当商品的价格 P_1 不变,而相关商品的价格 P_2 上升时,商品的需求量将相对地增加. 这时称这两种相关商品之间是互相竞争(或相互替代)关系.

若 $E_{P_2} = 0$,则这两种商品为无关商品.

称 $E_M = \dfrac{EQ}{EM} = \dfrac{\partial Q}{\partial M} \cdot \dfrac{M}{Q}$ 为**需求的收入价格偏弹性**,它是用来度量商品对消费者的收入变

化所产生的需求的反映.

例 9.2.10 某种数码相机的销售量 Q,除与它自身的价格 P_1(单位:百元)有关外,还与彩色打印机的价格 P_2(单位:百元)有关,具体的关系为

$$Q = 120 + \frac{250}{P_1} - 10P_2 - P_2^2,$$

当 $P_1 = 50, P_2 = 5$ 时,求

(1)销售量 Q 的直接价格偏弹性;

(2)销售量 Q 的交叉价格偏弹性;

(3)若彩色打印机的价格上涨 10%,求数码相机销售量的变化率.

解 (1)销量的直接价格偏弹性为

$$E_{P_1}\bigg|_{\substack{P_1=50 \\ P_2=5}} = \frac{\partial Q}{\partial P_1} \cdot \frac{P_1}{Q}\bigg|_{\substack{P_1=50 \\ P_2=5}} = -0.1 \times \frac{50}{50} = -0.1.$$

(2)销量的交叉价格偏弹性为

$$E_{P_2}\bigg|_{\substack{P_1=50 \\ P_2=5}} = \frac{\partial Q}{\partial P_2} \cdot \frac{P_2}{Q}\bigg|_{\substack{P_1=50 \\ P_2=5}} = -20 \times \frac{5}{50} = -2.$$

(3)由销量的交叉价格偏弹性 $E_{P_2} = \dfrac{\partial Q}{\partial P_2} \cdot \dfrac{P_2}{Q} = -2$ 得数码相机销售量的变化率

$$E_{P_2} \times 10\% = -2 \times 10\% = -20\%,$$

即当彩色打印机的价格上涨 10%,而数码相机的价格不变时,数码相机的销售量的变化率为 -20%.

习 题 9.2

(A)

1. 求下列函数的偏导数:

(1) $z = x^y + \ln |xy|$;　　　　　(2) $z = e^{xy}\cos(x+2y)$;　　　　　(3) $z = \tan\dfrac{x^2}{y}$;

(4) $z = \arcsin\sqrt{\dfrac{x}{y}} + \dfrac{1}{x}e^{\frac{y}{x}}$;　　(5) $z = \arctan\dfrac{x+y}{1-xy}$;　　(6) $z = (1+xy)^y$;

(7) $u = \ln(x + y^2 + z^3 - xyz)$;　　(8) $u = \arctan(x-y)^z$.

2. 设 $z = \ln(\sqrt[n]{x} + \sqrt[n]{y})\ (n \geqslant 2, n \in \mathbf{N})$,证明 $x\dfrac{\partial z}{\partial x} + y\dfrac{\partial z}{\partial y} = \dfrac{1}{n}$.

3. 求下列函数在指定点处的偏导数:

(1) 设 $f(x,y) = \sin\left(x + \dfrac{y}{2x}\right)$,求 $f_x'(1,1), f_y'(1,1)$;

(2) 设 $f(x,y) = \dfrac{x\cos y - y\cos x}{1 + \sin x + \sin y}$,求 $f_x'(0,0), f_y'(0,0)$;

(3) 设 $f(x,y) = (x+1)^{y\sin x} + x^2\cos(xy^3)$,求 $f_x'(3,0)$;

(4) 设 $f(x,y) = \ln\sqrt{x^2+y^2} + e^{\arctan(x+\sqrt{x^2+y^2})}\sin^3(y-2)$,求 $f_x'(1,2)$;

(5) 设 $f(x,y) = (x+e^y)^x$,求 $f_x'(1,0)$;

(6) 设 $f(x+y, xy) = x^2 + y^2 + \sin(xy)$,求 $f_x'(1,2), f_y'(1,2)$.

4. 设 $f(x,y) = \begin{cases} (x^2+y^2)\sin\dfrac{1}{\sqrt{x^2+y^2}}, & (x,y) \neq (0,0), \\ 0, & (x,y) = (0,0), \end{cases}$ 求 $f_x'(0,0), f_y'(0,0)$.

5. 计算下列各题:

(1) $z = x\ln(x+y)$,求 $z''_{xx} - 2z''_{xy} + z''_{yy}$;

(2) $z = \ln(e^x + e^y)$,求 $z''_{xx} \cdot z''_{yy} - (z''_{xy})^2$;

(3) $z = \arcsin \dfrac{x}{\sqrt{x^2+y^2}}$ $(y > 0)$,求 z''_{xy};

(4) $z = (x^2+y^2)e^{-\arctan\frac{y}{x}}$,求 z''_{xy};

(5) $u = e^{xyz}$,求 u'''_{xyz}.

6. 设 $f(x,y) = \displaystyle\int_0^{xy} \dfrac{\sin t}{1+t^2}\,dt$,求 $\dfrac{\partial^2 f}{\partial x^2}\bigg|_{\substack{x=0\\y=2}}$.

7. 若 $f'_x(x,y) = 2x + y^2$,且 $f(0,y) = \sin y$,求函数 $f(x,y)$.

8. 若 $f''_{yy}(x,y) = 2$,且 $f(x,0) = 1, f'_y(x,0) = x$,求函数 $f(x,y)$.

9. 设二元函数 $f(x,y) = \begin{cases} xy\dfrac{x^2-y^2}{x^2+y^2}, & (x,y) \neq (0,0), \\ 0, & (x,y) = (0,0), \end{cases}$ 证明: $f''_{xy}(0,0) \neq f''_{yx}(0,0)$.

*10. 某油漆厂生产甲乙两种产品,其产量分别记作 x,y(吨),总成本 C(万元) 可表示为
$$C(x,y) = 2x^2 + xy + 3y^2 + 2,$$
求: $x = 3, y = 4$ 时,生产两种产品的边际成本.

*11. 若某商场的空调机需求函数为
$$Q = 5000 - 0.1P_1 + 3P_2 + 0.1M,$$
当消费者收入 $M = 10\,000$,空调机价格 $P_1 = 1300$,相关电风扇价格 $P_2 = 200$ 时,求:
(1) 空调机需求的价格偏弹性;　(2) 空调机需求的交叉价格偏弹性;　(3) 空调机需求的收入偏弹性.

(B)

1. 计算下列各题:

(1) 设 $z = e^{-x} - f(x - 2y)$,且当 $y = 0$ 时,$z = x^2$,求 $\dfrac{\partial z}{\partial x}$;

(2) 设 $f(u^2+v^2, u^2-v^2) = \dfrac{9}{4} - 2\left[\left(u^2+\dfrac{1}{4}\right)^2 + \left(v^2-\dfrac{1}{4}\right)^2\right]$,求 $f'_x(x,y) + f'_y(x,y)$.

2. 计算下列各题:

(1) 设 $z = e^{-x}\sin\dfrac{x}{y}$,求 $z''_{xy}\bigg|_{\substack{x=2\\y=\frac{1}{\pi}}}$;

(2) 已知 $f(x,y) = x^2\arctan\dfrac{y}{x} - y^2\arctan\dfrac{x}{y}$,求 $\dfrac{\partial^2 f}{\partial x\partial y}$;

(3) 设 $f(x,y) = \displaystyle\int_0^{xy} e^{-t^2}\,dt$,求 $\dfrac{x}{y}\dfrac{\partial^2 f}{\partial x^2} - 2\dfrac{\partial^2 f}{\partial x\partial y} + \dfrac{y}{x}\dfrac{\partial^2 f}{\partial y^2}$.

3. 设 $z = f(x,y)$ 满足 $f''_{yy}(x,y) = 2x$, $f(x,1) = 0$, $f'_y(x,0) = \sin x$,求函数 $f(x,y)$.

9.3　全　微　分

9.3.1　全微分的概念

设函数 $z = f(x,y)$ 在点 $P_0(x_0,y_0)$ 的某邻域 $U(P_0)$ 内有定义,若自变量 x,y 分别取得增量 $\Delta x, \Delta y$,且 $(x_0 + \Delta x, y_0 + \Delta y) \in U(P_0)$,则函数 u 在点 P_0 处的全增量 Δz 为
$$\Delta z = f(x_0 + \Delta x, y_0 + \Delta y) - f(x_0, y_0).$$

一般说来,计算全增量 Δz 比较复杂,与一元函数的情形类似,对于二元函数,我们自然希望也能用自变量增量 $\Delta x, \Delta y$ 的线性函数近似代替全增量 Δz,其误差又很小. 为此引入如下定义.

定义 9.3.1 设函数 $z = f(x,y)$ 在点 $P_0(x_0,y_0)$ 的某邻域 $U(P_0)$ 内有定义,若函数 $f(x,y)$ 在点 $P_0(x_0,y_0)$ 处的全增量 $\Delta z = f(x_0 + \Delta x, y_0 + \Delta y) - f(x_0,y_0)$ 可表示为

$$\Delta z = A\Delta x + B\Delta y + o(\rho),$$

其中 A,B 是仅与点 P_0 有关,而与 $\Delta x, \Delta y$ 无关的常数,$\rho = \sqrt{(\Delta x)^2 + (\Delta y)^2}$,$o(\rho)$ 是关于 ρ 的高阶无穷小,则称函数 $z = f(x,y)$ 在点 P_0 处**可微**(分);并称 $A\Delta x + B\Delta y$ 为函数 $z = f(x,y)$ 在点 P_0 处的**全微分**,记作 $\mathrm{d}z\Big|_{\substack{x=x_0 \\ y=y_0}}$,$\mathrm{d}f\Big|_{\substack{x=x_0 \\ y=y_0}}$,$\mathrm{d}z\Big|_{(x_0,y_0)}$ 或 $\mathrm{d}f(x,y)\Big|_{(x_0,y_0)}$,即

$$\mathrm{d}z\Big|_{\substack{x=x_0 \\ y=y_0}} = A\Delta x + B\Delta y. \tag{9.3.1}$$

由以上全微分定义可知,函数 $f(x,y)$ 在点 $P_0(x_0,y_0)$ 的全微分 $\mathrm{d}z$ 是自变量改变量 Δx, Δy 的线性函数,且当 $\rho \to 0$ 时,Δz 与 $\mathrm{d}z$ 之差是一个比 ρ 较高阶的无穷小,因此,当 $A^2 + B^2 \neq 0$ 时,全微分 $\mathrm{d}z$ 是 Δz 的主要部分. 于是,当 $|\Delta x|$,$|\Delta y|$ 较小时,用 $\mathrm{d}z$ 近似代替 Δz 不仅计算简单,而且产生的误差也很小.

9.3.2 可微与连续、偏导数之间存在的关系

定理 9.3.1(可微的必要条件) 若函数 $z = f(x,y)$ 在点 (x_0,y_0) 可微,则有

(1) 函数 $f(x,y)$ 在点 (x_0,y_0) 处一定连续;

(2) 函数 $f(x,y)$ 在点 (x_0,y_0) 处的偏导数 $f_x'(x_0,y_0)$,$f_y'(x_0,y_0)$ 都存在,且有

$$A = f_x'(x_0,y_0), \quad B = f_y'(x_0,y_0).$$

此时有

$$\mathrm{d}z\Big|_{\substack{x=x_0 \\ y=y_0}} = f_x'(x_0,y_0)\Delta x + f_y'(x_0,y_0)\Delta y.$$

证 因函数 $f(x,y)$ 在点 (x_0,y_0) 可微分,所以由定义 9.3.1 有

$$\Delta z = f(x_0 + \Delta x, y_0 + \Delta y) - f(x_0,y_0) = A\Delta x + B\Delta y + o(\rho). \tag{9.3.2}$$

(1) 当 $(\Delta x, \Delta y) \to (0,0)$ 时,由式(9.3.2),有

$$\lim_{(\Delta x, \Delta y) \to (0,0)} \Delta z = \lim_{(\Delta x, \Delta y) \to (0,0)} [A\Delta x + B\Delta y + o(\rho)] = 0,$$

故函数 $f(x,y)$ 在点 (x_0,y_0) 处连续.

(2) 因式(9.3.2)对于任意的 $\Delta x, \Delta y$ 都成立. 若取 $\Delta y = 0$,这时式(9.3.2) 为

$$f(x_0 + \Delta x, y_0) - f(x_0,y_0) = A\Delta x + o(|\Delta x|),$$

两边同除以 Δx,并令 $\Delta x \to 0$ 取极限,得

$$\lim_{\Delta x \to 0} \frac{f(x_0 + \Delta x, y_0) - f(x_0,y_0)}{\Delta x} = \lim_{\Delta x \to 0}\Big[A + \frac{o(|\Delta x|)}{\Delta x}\Big] = A,$$

从而偏导数 $f_x'(x_0,y_0)$ 存在,且 $f_x'(x_0,y_0) = A$.

同理可证偏导数 $f_y'(x_0,y_0)$ 存在,且 $f_y'(x_0,y_0) = B$. 将 A,B 代入(9.3.1) 就有

$$\mathrm{d}z\Big|_{\substack{x=x_0 \\ y=y_0}} = f_x'(x_0,y_0)\Delta x + f_y'(x_0,y_0)\Delta y.$$

我们知道,一元函数在某点导数存在是可微的充要条件. 但对于多元函数来说,偏导数存在是可微分的必要条件,但非充分条件. 例如,函数

$$f(x,y) = \begin{cases} \dfrac{xy}{x^2 + y^2}, & (x,y) \neq (0,0), \\ 0, & (x,y) = (0,0), \end{cases}$$

由例 9.2.5 可知道,在点 (0,0) 处,有 $f'_x(0,0) = 0, f'_y(0,0) = 0$.但函数 $f(x,y)$ 在点 (0,0) 处不连续,由定理 9.3.1 可知该函数在 (0,0) 处不可微.

该例子说明对于二元函数,偏导数存在未必可微.

例 9.3.1　证明函数

$$f(x,y) = \begin{cases} \dfrac{xy}{\sqrt{x^2 + y^2}}, & (x,y) \neq (0,0), \\ 0, & (x,y) = (0,0) \end{cases}$$

在点 (0,0) 处连续、偏导数存在,但在点 (0,0) 处不可微.

证　(1) 当 $(x,y) \neq (0,0)$ 时,因

$$0 < |f(x,y)| = \frac{|x \cdot y|}{\sqrt{x^2 + y^2}} \leqslant \frac{(x^2 + y^2)/2}{\sqrt{x^2 + y^2}} = \frac{1}{2}\sqrt{x^2 + y^2},$$

而 $\lim\limits_{(x,y)\to(0,0)} \dfrac{\sqrt{x^2 + y^2}}{2} = 0$,由夹逼定理知,有

$$\lim_{(x,y)\to(0,0)} f(x,y) = 0 = f(0,0),$$

故函数 $f(x,y)$ 在点 (0,0) 处连续.

(2) 由偏导数定义有

$$f'_x(0,0) = \lim_{\Delta x \to 0} \frac{f(0+\Delta x, 0) - f(0,0)}{\Delta x} = \lim_{\Delta x \to 0} \frac{0-0}{\Delta x} = 0,$$

同理可得

$$f'_y(0,0) = 0,$$

故函数 $f(x,y)$ 在点 (0,0) 处的偏导数存在.

(3) 若函数 $f(x,y)$ 在点 (0,0) 处可微,则根据微分定义和定理 9.3.1 应有

$$\Delta z - [f'_x(0,0)\Delta x + f'_y(0,0)\Delta y] = o(\rho),$$

即

$$\lim_{\rho \to 0} \frac{\Delta z - [f'_x(0,0)\Delta x + f'_y(0,0)\Delta y]}{\rho} = 0.$$

而

$$\lim_{\rho \to 0} \frac{\Delta z - [f'_x(0,0)\Delta x + f'_y(0,0)\Delta y]}{\rho}$$

$$= \lim_{\rho \to 0} \frac{\Delta z}{\rho} = \lim_{(\Delta x,\Delta y)\to(0,0)} \frac{f(0+\Delta x, 0+\Delta y) - f(0,0)}{\sqrt{(\Delta x)^2 + (\Delta y)^2}} = \lim_{(\Delta x,\Delta y)\to(0,0)} \frac{\Delta x \Delta y}{(\Delta x)^2 + (\Delta y)^2},$$

当点 $(\Delta x, \Delta y)$ 沿着直线 $y = x$ 趋向于点 (0,0) 时,有

$$\lim_{(\Delta x,\Delta y)\to(0,0)} \frac{\Delta x \Delta y}{(\Delta x)^2 + (\Delta y)^2} = \lim_{\Delta x \to 0} \frac{(\Delta x)^2}{2(\Delta x)^2} = \frac{1}{2} \neq 0.$$

故函数 $f(x,y)$ 在点 (0,0) 处不可微.

例 9.3.1 表明定理 9.3.1 的逆命题不成立,即函数 $f(x,y)$ 在点 (x_0,y_0) 处连续且存在偏导数也未必能保证 $f(x,y)$ 在点 (x_0,y_0) 处可微.

这是因为,当函数 $f(x,y)$ 在点 (x_0,y_0) 处连续,且偏导数也存在时,虽然形式上可以写出

$$f'_x(x_0,y_0)\Delta x + f'_y(x_0,y_0)\Delta y,$$

当 $\rho \to 0$ 时,也有

$$\Delta z - [f'_x(x_0,y_0)\Delta x + f'_y(x_0,y_0)\Delta y] \to 0,$$

但未必就有

$$\lim_{\rho \to 0} \frac{\Delta z - [f'_x(x_0,y_0)\Delta x + f'_y(x_0,y_0)\Delta y]}{\rho} = 0.$$

即 $\Delta z - [f'_x(x_0,y_0)\Delta x + f'_y(x_0,y_0)\Delta y]$ 并不一定是 ρ 的高阶无穷小,因此函数 $f(x,y)$ 在点 (x_0,y_0) 处未必可微.

由上面的讨论,结合可微的定义可得,研究函数在一点可微的一个重要结论:

若 $f'_x(x_0,y_0),f'_y(x_0,y_0)$ 都存在,则函数 $f(x,y)$ 在点 (x_0,y_0) 处可微的充要条件是

$$\lim_{(\Delta x,\Delta y) \to (0,0)} \frac{f(x_0+\Delta x,y_0+\Delta y) - f(x_0,y_0) - [f'_x(x_0,y_0)\Delta x + f'_y(x_0,y_0)\Delta y]}{\sqrt{(\Delta x)^2 + (\Delta y)^2}} = 0.$$

那么,怎样加强条件才能保证函数可微呢?下面不加证明地给出二元函数 $z = f(x,y)$ 在点 $P_0(x_0,y_0)$ 处可微的一个充分条件.

定理 9.3.2（可微的充分条件）　若函数 $z = f(x,y)$ 在点 $P_0(x_0,y_0)$ 的某邻域 $U(P_0)$ 内偏导数都存在,且 $f'_x(x,y),f'_y(x,y)$ 在点 $P_0(x_0,y_0)$ 处连续,则 $f(x,y)$ 在点 $P_0(x_0,y_0)$ 处可微分.

若函数 $f(x,y)$ 在区域 D 内每一点都可微,则称函数 $f(x,y)$ 在 D 内可微或称 $f(x,y)$ 为 D 内的**可微函数**. D 内任一点的全微分记作 $\mathrm{d}z$,即 $\mathrm{d}z = f'_x(x,y)\Delta x + f'_y(x,y)\Delta y$.

与一元函数一样,规定自变量的增量等于自变量的微分：$\Delta x = \mathrm{d}x,\Delta y = \mathrm{d}y$,则函数 $z = f(x,y)$ 在点 (x,y) 处的全微分可记作

$$\mathrm{d}z = f'_x(x,y)\mathrm{d}x + f'_y(x,y)\mathrm{d}y.$$

综合前面讨论,二元函数的全微分,偏导数及连续之间有如下关系（其中 $\to\!\!\!\!\!/$ 表示不一定）：

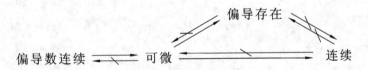

以上关于二元函数全微分的定义以及相关的结论均可推广到二元以上的函数,例如,设三元函数 $u = f(x,y,z)$ 在点 (x,y,z) 处的偏导数连续,则 $f(x,y,z)$ 可微分,且其全微分为

$$\mathrm{d}u = \frac{\partial u}{\partial x}\mathrm{d}x + \frac{\partial u}{\partial y}\mathrm{d}y + \frac{\partial u}{\partial z}\mathrm{d}z.$$

例 9.3.2　计算函数 $z = x\mathrm{e}^{xy}$ 在点 $(1,1)$ 处的全微分.

解　$z'_x = \mathrm{e}^{xy} + xy\mathrm{e}^{xy}$,　$z'_y = x^2\mathrm{e}^{xy}$,因为 z'_x 和 z'_y 均为连续函数,所以函数 z 在点 $(1,1)$ 处可微,于是

$$\mathrm{d}z\Big|_{\substack{x=1\\y=1}} = z'_x\Big|_{\substack{x=1\\y=1}}\mathrm{d}x + z'_y\Big|_{\substack{x=1\\y=1}}\mathrm{d}y = 2\mathrm{e}\mathrm{d}x + \mathrm{e}\mathrm{d}y.$$

例 9.3.3　计算函数 $u = x^2 + \sin 2y + \mathrm{e}^{yz}$ 的全微分.

解　$u'_x = 2x$,　$u'_y = 2\cos 2y + z\mathrm{e}^{yz}$,　$u'_z = y\mathrm{e}^{yz}$,因为 u'_x,u'_y,u'_z 均为连续函数,所以函数 u 在点 (x,y,z) 处可微,于是

$$\mathrm{d}u = 2x\mathrm{d}x + (2\cos 2y + z\mathrm{e}^{yz})\mathrm{d}y + y\mathrm{e}^{yz}\mathrm{d}z.$$

*9.3.3　全微分在近似计算中的应用

由全微分的定义可知，若函数 $z = f(x,y)$ 在点 (x_0,y_0) 处可微分，且 $f'_x(x_0,y_0)$，$f'_y(x_0,y_0)$ 不全为零，当 $|\Delta x|$，$|\Delta y|$ 都很小时，有近似公式

$$\Delta z \approx f'_x(x_0,y_0)\Delta x + f'_y(x_0,y_0)\Delta y, \tag{9.3.3}$$

或写为

$$f(x_0+\Delta x, y_0+\Delta y) \approx f(x_0,y_0) + f'_x(x_0,y_0)\Delta x + f'_y(x_0,y_0)\Delta y. \tag{9.3.4}$$

这两个公式可分别用来计算函数 $f(x,y)$ 的增量 Δz 及函数值 $f(x_0+\Delta x, y_0+\Delta y)$ 的近似值.

例 9.3.4　设有一无盖圆柱形容器，容器的壁与底的厚度均为 0.01 m，其内底半径为 2 m，内壁高为 4 m，求容器外壳体积的近似值.

解　设圆柱形容器的底半径和高分别为 r 和 h，则体积为 $V = \pi r^2 h$，根据式（9.3.3）有

$$\Delta V \approx dV = V'_r \Delta r + V'_h \Delta h = 2\pi rh \cdot \Delta r + \pi r^2 \cdot \Delta h.$$

将 $r=2, h=4, \Delta r = \Delta h = 0.01$ 代入得容器外壳体积的近似值

$$\Delta V \approx 2\pi \times 2 \times 4 \times 0.01 + \pi \times 2^2 \times 0.01 = 0.2\pi (\text{m}^3).$$

例 9.3.5　计算 $(1.04)^{2.02}$ 的近似值.

解　令 $f(x,y) = x^y$，由于 $f'_x(x,y) = yx^{y-1}$，$f'_y(x,y) = x^y \ln x$，取 $x_0=1, y_0=2, \Delta x = 0.04$，$\Delta y = 0.02$，于是

$$f(1,2) = 1, \quad f'_x(1,2) = 2, \quad f'_y(1,2) = 0,$$

由公式（9.3.4），有

$$(1.04)^{2.02} \approx 1 + 2 \times 0.04 + 0 \times 0.02 = 1.08.$$

习　题　9.3

（A）

1. 求下列函数的全微分：

(1) $z = \arctan \dfrac{y}{x}$；　(2) $z = x^y + xy$；　(3) $z = \ln(xy + \sqrt{x^2 y^2 + 1})$；　(4) $u = ze^{x^2+y^3}$.

2. 求下列函数在指定点的全微分：

(1) $z = x\sin(x+y) + e^{x-y}$ 在点 $\left(\dfrac{\pi}{4}, \dfrac{\pi}{4}\right)$ 处；　(2) $z = xe^{x+y} + (x+1)\ln(1+y)$ 在点 $(1,0)$ 处.

3. 求函数 $z = \dfrac{xy}{x^2 - y^2}$，当 $x=2, y=1, \Delta x = 0.01, \Delta y = 0.03$ 时的全微分.

4. 若 $(y^3 + ay^2 \sin x)dx + (bxy^2 - 2y\cos x - 1)dy$ 是某个函数 $z = f(x,y)$ 的全微分，试求 a, b 的值.

5. 证明：函数 $f(x,y) = \sqrt{|xy|}$ 在点 $(0,0)$ 处连续且偏导数存在，但在此点不可微.

*6. 利用全微分计算下列量的近似值：

(1) $\sqrt{1.02^3 + 1.97^3}$；　(2) $1.08^{3.96}$.

*7. 设某矩形长宽分别为 8 m 和 6 m，若长减少 0.1 m，宽增加 0.05 m，求其面积变化的近似值.

*8. 某工厂使用两种燃料，由此工厂所产生的空气污染的吨数为 $z = 0.007x^2 + 0.0003y^2$ 其中 x, y 分别为甲，乙两种燃料所耗吨数. 现在甲燃料每天所耗由 100 吨减至 95 吨，而同时乙燃料每天所耗由 150 吨增至 154 吨. 问工厂所产生的空气污染量每天近似改变多少？

（B）

1. 若 $f(x,y,z) = \sqrt[z]{\dfrac{x}{y}}$，求函数 $f(x,y,z)$ 在点 $(1,1,1)$ 处的全微分.

2. 求下列函数的全微分 $\mathrm{d}z$:   (1) $z = \arctan \dfrac{x+y}{x-y}$;   (2) $z = (x^2+y^2)\mathrm{e}^{-\arctan\frac{y}{x}}$.

3. 已知函数 $f(x,y)$ 的全微分为 $\mathrm{d}f(x,y) = (3x^2 - 6xy)\mathrm{d}x + (3y^2 - 3x^2)\mathrm{d}y$, 求函数 $f(x,y)$.

4. 若连续函数 $z = f(x,y)$ 满足 $\lim\limits_{(x,y)\to(0,1)} \dfrac{f(x,y) - 2x + y - 2}{\sqrt{x^2 + (y-1)^2}} = 0$, 求 $\mathrm{d}z\Big|_{\substack{x=0\\y=1}}$.

5. 设函数 $f(x,y) = \begin{cases} xy\sin\dfrac{1}{\sqrt{x^2+y^2}}, & x^2 + y^2 \neq 0, \\ 0, & x^2 + y^2 = 0. \end{cases}$ 试证:

(1) $f_x'(0,0)$ 与 $f_y'(0,0)$ 存在;

(2) $f_x'(x,y)$ 与 $f_y'(x,y)$ 在点 $(0,0)$ 处不连续;

(3) $f(x,y)$ 在点 $(0,0)$ 处可微.

9.4 多元复合函数与隐函数的求导法则

在一元函数微分学中,一元复合函数及隐函数的求导法则有着重要的作用,现将这些法则推广到多元函数的情形.

9.4.1 多元复合函数的求导法则

1. 复合函数求导法则

定理 9.4.1 设 $z = f(u,v)$, $u = \varphi(x,y)$, $v = \psi(x,y)$ 可以构成复合函数 $z = f[\varphi(x,y), \psi(x,y)]$. 若 $u = \varphi(x,y)$ 及 $v = \psi(x,y)$ 在点 (x,y) 处对 x,y 的偏导数均存在,函数 $z = f(u,v)$ 在对应点 (u,v) 处可微,则复合函数 $z = f[\varphi(x,y), \psi(x,y)]$ 在点 (x,y) 处对 x、y 的偏导数存在,且有

$$\frac{\partial z}{\partial x} = \frac{\partial z}{\partial u} \cdot \frac{\partial u}{\partial x} + \frac{\partial z}{\partial v} \cdot \frac{\partial v}{\partial x}, \tag{9.4.1}$$

$$\frac{\partial z}{\partial y} = \frac{\partial z}{\partial u} \cdot \frac{\partial u}{\partial y} + \frac{\partial z}{\partial v} \cdot \frac{\partial v}{\partial y}. \tag{9.4.2}$$

或

$$\frac{\partial z}{\partial x} = \frac{\partial f}{\partial u} \cdot \frac{\partial u}{\partial x} + \frac{\partial f}{\partial v} \cdot \frac{\partial v}{\partial x}, \tag{9.4.3}$$

$$\frac{\partial z}{\partial y} = \frac{\partial f}{\partial u} \cdot \frac{\partial u}{\partial y} + \frac{\partial f}{\partial v} \cdot \frac{\partial v}{\partial y}. \tag{9.4.4}$$

 *证 给 x 以改变量 $\Delta x(\Delta x \neq 0)$,让 y 保持不变,则 u,v 各取得偏增量 $\Delta_x u$, $\Delta_x v$,从而函数 $z = f(u,v)$ 也得到偏增量 $\Delta_x z$. 由于 $f(u,v)$ 可微,所以

$$\Delta_x z = \frac{\partial z}{\partial u}\Delta_x u + \frac{\partial z}{\partial v}\Delta_x v + o(\rho),$$

其中 $\rho = \sqrt{(\Delta_x u)^2 + (\Delta_x v)^2}$,且 $\lim\limits_{\rho\to0} \dfrac{o(\rho)}{\rho} = 0$. 在上式两边同除以 $\Delta x(\Delta x \neq 0)$,得

$$\frac{\Delta_x z}{\Delta x} = \frac{\partial z}{\partial u}\frac{\Delta_x u}{\Delta x} + \frac{\partial z}{\partial v}\frac{\Delta_x v}{\Delta x} + \frac{o(\rho)}{\Delta x},$$

由于 $u = \varphi(x,y)$ 及 $v = \psi(x,y)$ 在点 (x,y) 处对 x 的偏导数都存在,所以当 $\Delta x \to 0$ 时,有 $\Delta_x u \to 0$, $\Delta_x v \to 0$,从而有 $\rho \to 0$. 并且

$$\lim_{\Delta x \to 0} \frac{\Delta_x u}{\Delta x} = \frac{\partial u}{\partial x}, \quad \lim_{\Delta x \to 0} \frac{\Delta_x v}{\Delta x} = \frac{\partial v}{\partial x},$$

$$\lim_{\Delta x \to 0} \left| \frac{o(\rho)}{\Delta x} \right| = \lim_{\Delta x \to 0} \left| \frac{o(\rho)}{\rho} \right| \cdot \left| \frac{\rho}{\Delta x} \right| = \lim_{\Delta x \to 0} \left| \frac{o(\rho)}{\rho} \right| \cdot \lim_{\Delta x \to 0} \sqrt{\left(\frac{\Delta_x u}{\Delta x} \right)^2 + \left(\frac{\Delta_x v}{\Delta x} \right)^2} = 0,$$

所以

$$\lim_{\Delta x \to 0} \frac{\Delta z_x}{\Delta x} = \frac{\partial z}{\partial u} \cdot \frac{\partial u}{\partial x} + \frac{\partial z}{\partial v} \cdot \frac{\partial v}{\partial x}.$$

即

$$\frac{\partial z}{\partial x} = \frac{\partial z}{\partial u} \cdot \frac{\partial u}{\partial x} + \frac{\partial z}{\partial v} \cdot \frac{\partial v}{\partial x}.$$

同理可证

$$\frac{\partial z}{\partial y} = \frac{\partial z}{\partial u} \cdot \frac{\partial u}{\partial y} + \frac{\partial z}{\partial v} \cdot \frac{\partial v}{\partial y}.$$

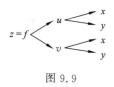

图 9.9

定理 9.4.1 中复合函数的复合关系(或函数结构)如图 9.9 所示,结合此图分析定理 9.4.1 中所给出的求偏导公式,不难发现其规律. 一般来说,函数有几个自变量,就有几个偏导数公式. 由式(9.4.1) 和(9.4.2) 或式(9.4.3) 和(9.4.4) 可见复合函数求导公式中所含项数与中间变量个数相等,其每一项都是函数对中间变量的(偏) 导数乘以中间变量对自变量的(偏) 导数,所以公式(9.4.1) 和(9.4.2) 或式(9.4.3) 和(9.4.4) 也称为**链式求导法则**.

特别地,当 $z = f(u,v), u = \varphi(x), v = \psi(x)$ 时,则复合函数 $z = f[\varphi(x), \psi(x)]$ 为 x 的一元函数,这时 z 对 x 的导数称为**全导数**,即

$$\frac{\mathrm{d}z}{\mathrm{d}x} = \frac{\partial z}{\partial u} \cdot \frac{\mathrm{d}u}{\mathrm{d}x} + \frac{\partial z}{\partial v} \cdot \frac{\mathrm{d}v}{\mathrm{d}x}. \tag{9.4.5}$$

类似地,若 $u = \varphi(x,y), v = \psi(x,y)$ 及 $w = \omega(x,y)$ 在点 (x,y) 处对 x,y 的偏导数均存在,函数 $z = f(u,v,w)$ 在对应点 (u,v,w) 处可微,则复合函数 $z = f[\varphi(x,y), \psi(x,y), \omega(x,y)]$ 在点 (x,y) 处的两个偏导数都存在,且有

$$\frac{\partial z}{\partial x} = \frac{\partial z}{\partial u} \frac{\partial u}{\partial x} + \frac{\partial z}{\partial v} \frac{\partial v}{\partial x} + \frac{\partial z}{\partial w} \frac{\partial w}{\partial x}, \tag{9.4.6}$$

$$\frac{\partial z}{\partial y} = \frac{\partial z}{\partial u} \frac{\partial u}{\partial y} + \frac{\partial z}{\partial v} \frac{\partial v}{\partial y} + \frac{\partial z}{\partial w} \frac{\partial w}{\partial y}. \tag{9.4.7}$$

例 9.4.1 设 $z = u^v, u = 3x^2 + y^2, v = 4x + 2y$,求 $\dfrac{\partial z}{\partial x}$ 和 $\dfrac{\partial z}{\partial y}$.

解 由式(9.4.1) 与(9.4.2) 有

$$\frac{\partial z}{\partial x} = \frac{\partial z}{\partial u} \cdot \frac{\partial u}{\partial x} + \frac{\partial z}{\partial v} \cdot \frac{\partial v}{\partial x} = v \cdot u^{v-1} \cdot 6x + u^v \cdot \ln u \cdot 4$$

$$= 6x(4x + 2y)(3x^2 + y^2)^{4x+2y-1} + 4(3x^2 + y^2)^{4x+2y} \ln(3x^2 + y^2),$$

$$\frac{\partial z}{\partial y} = \frac{\partial z}{\partial u} \cdot \frac{\partial u}{\partial y} + \frac{\partial z}{\partial v} \cdot \frac{\partial v}{\partial y} = v \cdot u^{v-1} \cdot 2y + u^v \cdot \ln u \cdot 2$$

$$= 2y(4x + 2y)(3x^2 + y^2)^{4x+2y-1} + 2(3x^2 + y^2)^{4x+2y} \ln(3x^2 + y^2).$$

例 9.4.2 设 $z = f(x,u,v)$ 可微,$u = \varphi(x,y)$ 具有偏导数,$v = \psi(x)$ 可导,求 $\dfrac{\partial z}{\partial x}$.

解 复合关系如图 9.10(a) 所示,由式(9.4.1) 有

$$\frac{\partial z}{\partial x}=\frac{\partial z}{\partial x}\cdot 1+\frac{\partial z}{\partial u}\frac{\partial u}{\partial x}+\frac{\partial z}{\partial v}\frac{\mathrm{d}v}{\mathrm{d}x},$$

这里等式左端$\frac{\partial z}{\partial x}$和右端的$\frac{\partial z}{\partial x}$是不同的.

等式左端的$\frac{\partial z}{\partial x}$是指把复合后的函数$z=f[x,\varphi(x,y),\psi(x)]$对$x$求偏导,等式右端的$\frac{\partial z}{\partial x}$是指尚未复合时,在函数$z=f(x,u,v)$中把$u,v$看成常数,仅对$x$求偏导数.

为了区别,以后常把含有抽象函数的复合关系常写成如图 9.10(b) 所示. 由公式(9.4.3) 有

$$\frac{\partial z}{\partial x}=\frac{\partial f}{\partial x}\cdot 1+\frac{\partial f}{\partial u}\frac{\partial u}{\partial x}+\frac{\partial f}{\partial v}\frac{\mathrm{d}v}{\mathrm{d}x}=f'_x+f'_u\cdot\varphi'_x+f'_v\cdot\psi'.$$

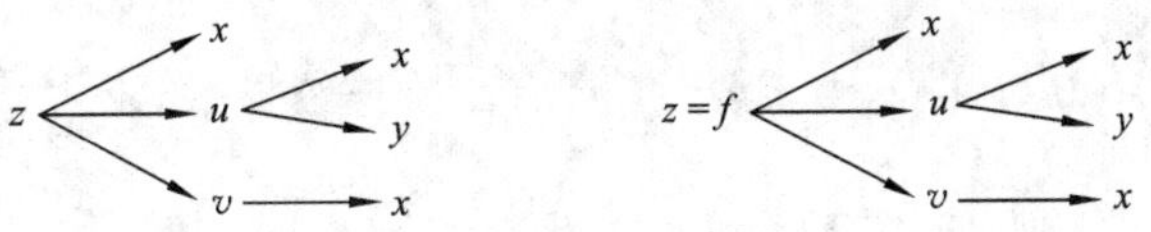

(a) (b)

图 9.10

例 9.4.3 设$z=f(x^2-y^2,\mathrm{e}^{xy})$,其中$f$具有一阶连续偏导数,求$\frac{\partial z}{\partial x}$和$\frac{\partial z}{\partial y}$.

解 令$u=x^2-y^2,v=\mathrm{e}^{xy}$,则$z=f(u,v)$. 由公式(9.4.3) 与(9.4.4),有

$$\frac{\partial z}{\partial x}=\frac{\partial f}{\partial u}\cdot\frac{\partial u}{\partial x}+\frac{\partial f}{\partial v}\cdot\frac{\partial v}{\partial x}=2x\cdot f'_u+y\mathrm{e}^{xy}\cdot f'_v,$$

$$\frac{\partial z}{\partial y}=\frac{\partial f}{\partial u}\cdot\frac{\partial u}{\partial y}+\frac{\partial f}{\partial v}\cdot\frac{\partial v}{\partial y}=-2y\cdot f'_u+x\mathrm{e}^{xy}\cdot f'_v.$$

例 9.4.4 设$z=f(x+2y,xy)$,其中f具有二阶连续偏导数,求$\frac{\partial^2 z}{\partial x\partial y}$.

解 令$u=x+2y,v=xy$,则$z=f(u,v)$,为应用复合求导法则时书写简便,常用记号$f'_i(i=1,2)$表示$f(u,v)$对第i个中间变量的偏导数,如$f'_1=\frac{\partial f}{\partial u}$. 用$f''_{ij}(i,j=1,2)$表示$f(u,v)$先对第$i$个中间变量求偏导数,再对第$j$个中间变量的二阶偏导数. 这种表示法不依赖于中间变量用什么字母表示,简洁明了,它是复合函数求偏导运算中常用的一种表示法,则

$$\frac{\partial z}{\partial x}=\frac{\partial f}{\partial u}\cdot\frac{\partial u}{\partial x}+\frac{\partial f}{\partial v}\cdot\frac{\partial v}{\partial x}=f'_1+yf'_2.$$

在求二阶偏导数时,注意到$f'_1(=f'_u),f'_2(=f'_v)$仍是以u,v为中间变量,x,y为自变量的复合函数,即复合关系不变. 或者说$f'_1(=f'_u),f'_2(=f'_v)$与f的复合关系一致,即

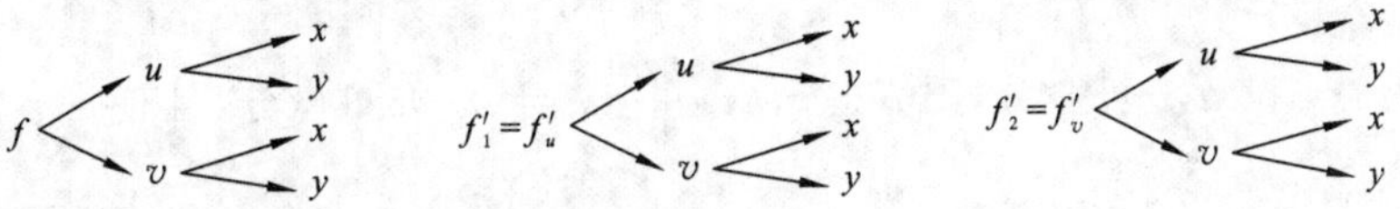

$$\begin{aligned}\frac{\partial^2 z}{\partial x\partial y}&=\frac{\partial}{\partial y}(f'_1+yf'_2)=\frac{\partial f'_1}{\partial y}+f'_2+y\frac{\partial f'_2}{\partial y}\\&=\frac{\partial f'_1}{\partial u}\cdot\frac{\partial u}{\partial y}+\frac{\partial f'_1}{\partial v}\cdot\frac{\partial v}{\partial y}+f'_2+y\left(\frac{\partial f'_2}{\partial u}\cdot\frac{\partial u}{\partial y}+\frac{\partial f'_2}{\partial v}\cdot\frac{\partial v}{\partial y}\right)\\&=f''_{11}\cdot 2+f''_{12}\cdot x+f'_2+y(f''_{21}\cdot 2+f''_{22}\cdot x).\end{aligned}$$

因为 f 具有连续的二阶偏导数,所以 $f''_{12} = f''_{21}$,故

$$\frac{\partial^2 z}{\partial x \partial y} = 2f''_{11} + (x + 2y)f''_{12} + f'_2 + xyf''_{22}.$$

例 9.4.5　设 $z = f(x, e^x)$,其中 f 具有二阶连续偏导数,求 $\dfrac{d^2 z}{dx^2}$.

解　$\dfrac{dz}{dx} = f'_1 + e^x f'_2$,

$$\frac{d^2 z}{dx^2} = \frac{df'_1}{dx} + e^x f'_2 + e^x \frac{df'_2}{dx} = f''_{11} + f''_{12} \cdot e^x + e^x f'_2 + e^x (f''_{21} + f''_{22} \cdot e^x)$$

$$= f''_{11} + 2e^x f''_{12} + e^x f'_2 + e^{2x} f''_{22}.$$

例 9.4.6　设 $z = yf(x^2 - y^2)$,其中 f 具有二阶连续导数,求 $\dfrac{\partial^2 z}{\partial x \partial y}$.

解　令 $u = x^2 - y^2$,则 $z = yf(u)$,于是 $\dfrac{\partial z}{\partial x} = yf'(u) \cdot \dfrac{\partial u}{\partial x} = 2xyf'(u)$;

$$\frac{\partial^2 z}{\partial x \partial y} = 2x[1 \cdot f'(u) + yf''(u) \cdot (-2y)] = 2x[f'(x^2 - y^2) - 2y^2 f''(x^2 - y^2)].$$

2. 全微分的形式不变性

类似于一元函数一阶微分形式不变性,多元函数的(一阶)全微分也具有形式不变性.

定理 9.4.2　若 $z = f(u, v)$ 有连续的偏导数,$u = \varphi(x, y)$,$v = \psi(x, y)$ 也有连续的偏导数,则不论 u, v 作为 $z = f(u, v)$ 的自变量,还是作为复合函数 $z = f[\varphi(x, y), \psi(x, y)]$ 的中间变量,均有

$$dz = \frac{\partial z}{\partial u}du + \frac{\partial z}{\partial v}dv.$$

这一性质称为**全微分的形式不变性**.

证　当 u, v 作为 $z = f(u, v)$ 的自变量时,由全微分的计算公式,有

$$dz = \frac{\partial z}{\partial u}du + \frac{\partial z}{\partial v}dv,$$

若函数 z 作为以 u, v 为中间变量的复合函数,由链式法则,有

$$dz = \frac{\partial z}{\partial x}dx + \frac{\partial z}{\partial y}dy = \left(\frac{\partial z}{\partial u}\frac{\partial u}{\partial x} + \frac{\partial z}{\partial v}\frac{\partial v}{\partial x}\right)dx + \left(\frac{\partial z}{\partial u}\frac{\partial u}{\partial y} + \frac{\partial z}{\partial v}\frac{\partial v}{\partial y}\right)dy$$

$$= \frac{\partial z}{\partial u}\left(\frac{\partial u}{\partial x}dx + \frac{\partial u}{\partial y}dy\right) + \frac{\partial z}{\partial v}\left(\frac{\partial v}{\partial x}dx + \frac{\partial v}{\partial y}dy\right) = \frac{\partial z}{\partial u}du + \frac{\partial z}{\partial v}dv.$$

利用全微分形式的不变性,可以证明不论 u, v 是自变量,还是中间变量下列全微分的运算法则都成立.

定理 9.4.3　设 u, v 可微分,则 $u \pm v, uv, \dfrac{u}{v}$ $(v \neq 0)$ 亦可微分,且有

(1) $d(u \pm v) = du \pm dv$;

(2) $d(uv) = vdu + udv$,　特别地 $d(kv) = kdv$,其中 k 为常数;

(3) $d\left(\dfrac{u}{v}\right) = \dfrac{vdu - udv}{v^2}$.

可以证明全微分的形式不变性对于三元及三元以上的多元函数也成立. 利用全微分形式的不变性,不仅可以求复合函数的全微分,也可以通过求全微分来求其偏导数.

例 9.4.7　设 $z = f\left(x, x^2 y, \dfrac{y}{x}\right)$ 且 f 可微,求全微分 $\mathrm{d}z$,并由此求 $\dfrac{\partial z}{\partial x}, \dfrac{\partial z}{\partial y}$.

解　利用全微分形式不变性有

$$\mathrm{d}z = f_1' \mathrm{d}x + f_2' \mathrm{d}(x^2 y) + f_3' \mathrm{d}\left(\frac{y}{x}\right) = f_1' \mathrm{d}x + f_2' \cdot [2xy\,\mathrm{d}x + x^2 \mathrm{d}y] + f_3' \cdot \frac{x\,\mathrm{d}y - y\,\mathrm{d}x}{x^2}$$

$$= \left(f_1' + 2xy f_2' - \frac{y}{x^2} f_3'\right)\mathrm{d}x + \left(x^2 f_2' + \frac{1}{x} f_3'\right)\mathrm{d}y,$$

由全微分表示式的唯一性,可知

$$\frac{\partial z}{\partial x} = f_1' + 2xy f_2' - \frac{y}{x^2} f_3', \quad \frac{\partial z}{\partial y} = x^2 f_2' + \frac{1}{x} f_3'.$$

9.4.2　隐函数的求导法则

一元函数微分学中,我们已经提出了隐函数的概念,并且给出了在不经过显化的情况下,直接由二元方程 $F(x, y) = 0$ 求它所确定的一元隐函数导数的方法. 当时是假定了二元方程 $F(x, y) = 0$ 都能确定出一元的可导函数 $y = f(x)$. 那么究竟在什么条件下一个二元方程 $F(x, y) = 0$ 才能确定出一元可导的隐函数呢?

下面从理论层面上直接给出隐函数存在性定理,并根据多元复合函数的求导法来推导出隐函数求导的一般公式.

1. 由方程 $F(x, y) = 0$ 所确定的一元隐函数的导数

定理 9.4.4（一元隐函数存在定理）　设方程 $F(x, y) = 0$,若方程的左端函数 $F(x, y)$ 在点 $P_0(x_0, y_0)$ 的某一邻域 $U(P_0)$ 内具有连续的偏导数,且

$$F(x_0, y_0) = 0, \quad F_y'(x_0, y_0) \neq 0,$$

则方程 $F(x, y) = 0$ 在点 $P_0(x_0, y_0)$ 的某一邻域 $U(P_0)$ 内能唯一确定一个有连续导数的隐函数 $y = f(x)$,它满足 $y_0 = f(x_0)$ 及 $F[x, f(x)] \equiv 0$,且有

$$\frac{\mathrm{d}y}{\mathrm{d}x} = -\frac{F_x'}{F_y'}. \tag{9.4.8}$$

式(9.4.8)就是隐函数的求导公式,对定理 9.4.4 仅就求导公式(9.4.8)作如下推导:

方程 $F(x, y) = 0$ 所确定的隐函数 $y = f(x)$ 满足恒等式

$$F[x, f(x)] \equiv 0.$$

由二元复合函数求导法则,在恒等式两端对 x 求导,得

$$\frac{\partial F}{\partial x} + \frac{\partial F}{\partial y} \frac{\mathrm{d}y}{\mathrm{d}x} = 0.$$

由于 F_y' 连续,且 $F_y'(x_0, y_0) \neq 0$,所以存在点 $P_0(x_0, y_0)$ 的某一邻域,在该邻域内 $F_y' \neq 0$,于是有

$$\frac{\mathrm{d}y}{\mathrm{d}x} = -\frac{F_x'}{F_y'}.$$

例 9.4.8　验证方程 $x^2 + y^2 = 1$ 在点 $(0, 1)$ 的某一邻域内能唯一确定一个有连续导数且满足 $y\big|_{x=0} = 1$ 的隐函数 $y = f(x)$,并求隐函数 $y = f(x)$ 的导数 $\dfrac{\mathrm{d}y}{\mathrm{d}x}$.

解　设 $F(x, y) = x^2 + y^2 - 1$,因 $F_x' = 2x, F_y' = 2y$ 在点 $(0, 1)$ 的邻域内连续,故函数 $F(x, y)$ 在点 $(0, 1)$ 的邻域内有连续的偏导数,且 $F(0, 1) = 0, F_y'(0, 1) = 2 \neq 0$.

由定理 9.4.4 可知,方程 $x^2 + y^2 - 1 = 0$ 在点 $(0,1)$ 的某邻域内能唯一确定一个有连续导数且满足当 $x = 0$ 时 $y = 1$ 的隐函数 $y = f(x)$. 将 $F'_x = 2x, F'_y = 2y$ 代入式 (9.4.8) 有

$$\frac{dy}{dx} = -\frac{F'_x}{F'_y} = -\frac{2x}{2y} = -\frac{x}{y}.$$

隐函数存在定理 9.4.4 可以推广到三元及三元以上方程的情形.

2. 由方程 $F(x,y,z) = 0$ 所确定的二元隐函数的偏导数

定理 9.4.5（二元隐函数存在定理）　设方程 $F(x,y,z) = 0$,若方程的左端的三元函数 $F(x,y,z)$ 在点 $P_0(x_0, y_0, z_0)$ 的某一邻域 $U(P_0)$ 内具有连续的偏导数,且

$$F(x_0, y_0, z_0) = 0, \quad F'_z(x_0, y_0, z_0) \neq 0,$$

则方程 $F(x,y,z) = 0$ 在点 $P_0(x_0, y_0, z_0)$ 的某一邻域 $U(P_0)$ 内能唯一确定一个具有连续偏导数的二元隐函数 $z = f(x,y)$,它满足 $z_0 = f(x_0, y_0)$ 及 $F[x, y, f(x,y)] \equiv 0$,且有

$$\frac{\partial z}{\partial x} = -\frac{F'_x}{F'_z}, \quad \frac{\partial z}{\partial y} = -\frac{F'_y}{F'_z}. \tag{9.4.9}$$

类似于定理 9.4.4 我们也仅对公式 (9.4.9) 作如下的推导.

三元方程 $F(x,y,z) = 0$ 所确定的二元隐函数 $z = f(x,y)$ 满足恒等式

$$F[x, y, f(x,y)] \equiv 0,$$

将上式两端分别对 x, y 求偏导,应用复合函数求导法则,得

$$F'_x + F'_z \frac{\partial z}{\partial x} = 0, \quad F'_y + F'_z \frac{\partial z}{\partial y} = 0.$$

因为 F'_z 连续,且 $F'_z(P_0) \neq 0$,所以存在点 P_0 的某个邻域,在该邻域内 $F'_z \neq 0$,于是得

$$\frac{\partial z}{\partial x} = -\frac{F'_x}{F'_z}, \quad \frac{\partial z}{\partial y} = -\frac{F'_y}{F'_z}.$$

例 9.4.9　设 $z = f(x,y)$ 是由方程 $x^2 + y^2 + z^2 - 4z = 5 (z \neq 2)$ 所确定的隐函数,求 $\dfrac{\partial z}{\partial x}$, $\dfrac{\partial z}{\partial y}$, $\dfrac{\partial^2 z}{\partial x^2}$.

解　设 $F(x,y,z) = x^2 + y^2 + z^2 - 4z - 5$,则

$$F'_x = 2x, \quad F'_y = 2y, \quad F'_z = 2z - 4,$$

应用公式 (9.4.9),得

$$\frac{\partial z}{\partial x} = -\frac{F'_x}{F'_z} = \frac{x}{2-z}, \quad \frac{\partial z}{\partial y} = -\frac{F'_y}{F'_z} = \frac{y}{2-z}.$$

将 $\dfrac{\partial z}{\partial x} = \dfrac{x}{2-z}$ 两端分别对 x 求偏导数,并注意到 z 是 x, y 的函数,得

$$\frac{\partial^2 z}{\partial x^2} = \frac{\partial}{\partial x}\left(\frac{x}{2-z}\right) = \frac{1 \cdot (2-z) + x \cdot \dfrac{\partial z}{\partial x}}{(2-z)^2} = \frac{(2-z)^2 + x^2}{(2-z)^3}.$$

例 9.4.10　设 $z = z(x,y)$ 是由方程 $e^{x+2y+3z} + xyz = 1$ 确定的隐函数,求 $dz\big|_{\substack{x=0 \\ y=0}}$.

解　设 $F(x,y,z) = e^{x+2y+3z} + xyz - 1$,则

$$F'_x = e^{x+2y+3z} + yz, \quad F'_y = 2e^{x+2y+3z} + xz, \quad F'_z = 3e^{x+2y+3z} + xy.$$

应用公式 (9.4.9),得

$$\frac{\partial z}{\partial x} = -\frac{F'_x}{F'_z} = -\frac{e^{x+2y+3z} + yz}{3e^{x+2y+3z} + xy}, \quad \frac{\partial z}{\partial y} = -\frac{F'_y}{F'_z} = -\frac{2e^{x+2y+3z} + xz}{3e^{x+2y+3z} + xy}.$$

将 $x=0,y=0$ 代入方程 $\mathrm{e}^{x+2y+3z}+xyz=1$,解得 $z=0$. 再将 $x=0,y=0,z=0$ 代入 $\dfrac{\partial z}{\partial x},\dfrac{\partial z}{\partial y}$ 中可得,$\dfrac{\partial z}{\partial x}\Big|_{\substack{x=0\\y=0}}=-\dfrac{1}{3}$,$\dfrac{\partial z}{\partial y}\Big|_{\substack{x=0\\y=0}}=-\dfrac{2}{3}$.

于是

$$\mathrm{d}z\Big|_{\substack{x=0\\y=0}}=\frac{\partial z}{\partial x}\Big|_{\substack{x=0\\y=0}}\mathrm{d}x+\frac{\partial z}{\partial y}\Big|_{\substack{x=0\\y=0}}\mathrm{d}y=-\frac{1}{3}\mathrm{d}x-\frac{2}{3}\mathrm{d}y.$$

例 9.4.11 设 $z=z(x,y)$ 是由方程 $f(xy,x^3-3z)=0$ 确定的隐函数,其中 f 具有一阶连续的偏导数,且 $f_2'\neq0$,求 $x\dfrac{\partial z}{\partial x}-y\dfrac{\partial z}{\partial y}$.

解 令 $F(x,y,z)=f(xy,x^3-3z)$,则

$$F_x'=f_1'\cdot y+f_2'\cdot 3x^2=yf_1'+3x^2f_2',\quad F_y'=f_1'\cdot x=xf_1',\quad F_z'=f_2'\cdot(-3)=-3f_2'.$$

故

$$\frac{\partial z}{\partial x}=-\frac{F_x'}{F_z'}=\frac{yf_1'+3x^2f_2'}{3f_2'}=\frac{yf_1'}{3f_2'}+x^2,\quad \frac{\partial z}{\partial y}=-\frac{F_y'}{F_z'}=\frac{xf_1'}{3f_2'},$$

于是

$$x\frac{\partial z}{\partial x}-y\frac{\partial z}{\partial y}=x^3.$$

注 求方程所确定的隐函数的偏导数时,也可利用全微分的形式不变性去处理,特别是含有抽象函数时,有时可能显得更为方便.

如该题,对方程 $f(xy,x^3-3z)=0$ 两端取微分,有

$$f_1'\cdot\mathrm{d}(xy)+f_2'\cdot\mathrm{d}(x^3-3z)=0,$$

即

$$f_1'\cdot(y\mathrm{d}x+x\mathrm{d}y)+f_2'\cdot(3x^2\mathrm{d}x-3\mathrm{d}z)=0,$$

解得

$$\mathrm{d}z=\frac{yf_1'+3x^2f_2'}{3f_2'}\mathrm{d}x+\frac{xf_1'}{3f_2'}\mathrm{d}y,$$

于是得

$$\frac{\partial z}{\partial x}=\frac{yf_1'+3x^2f_2'}{3f_2'},\quad \frac{\partial z}{\partial y}=\frac{xf_1'}{3f_2'}.$$

故

$$x\frac{\partial z}{\partial x}-y\frac{\partial z}{\partial y}=x^3.$$

例 9.4.12 设 $u=\mathrm{e}^xyz^2$,且 $z=z(x,y)$ 由方程 $x+y+z=3xyz^3$ 确定,求 $\dfrac{\partial u}{\partial x}\Big|_{\substack{x=0\\y=1}}$.

解 依照题意知,变量之间的关系如图 9.11 所示.

$$\frac{\partial u}{\partial x}=\mathrm{e}^x\cdot yz^2+\mathrm{e}^xy\cdot 2z\frac{\partial z}{\partial x}.$$

因 $z=z(x,y)$ 是由 $x+y+z=3xyz^3$ 确定的,

令 $F(x,y,z)=x+y+z-3xyz^3$,得

$$\frac{\partial z}{\partial x}=-\frac{F_x'}{F_z'}=-\frac{1-3yz^3}{1-9xyz^2},$$

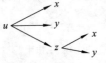

图 9.11

将 $x=0,y=1$ 代入所给方程 $x+y+z=3xyz^3$ 中,可得 $z=-1$,从而解得 $\dfrac{\partial z}{\partial x}\Big|_{\substack{x=0\\y=1}}=-4$,代入上式得

$$\frac{\partial u}{\partial x}\Big|_{\substack{x=0\\y=1}}=\left(\mathrm{e}^x\cdot yz^2+\mathrm{e}^x y\cdot 2z\frac{\partial z}{\partial x}\right)\Big|_{\substack{x=0\\y=1}}=1+(-2)\cdot(-4)=9.$$

习　题　9.4

（A）

1. 求下列复合函数的偏导数 $\dfrac{\partial z}{\partial x},\dfrac{\partial z}{\partial y}$：

(1) $z=u^2+v^2,u=x+2y,v=\dfrac{x}{y}$；　　　　(2) $z=u^2\ln v,u=\dfrac{y}{x},v=x^2+y^2$；

(3) $z=\mathrm{e}^{uv},u=\ln\sqrt{x^2+y^2},v=\arctan\dfrac{y}{x}$.

2. 设 f 具有一阶连续的偏导数或导数,计算下列各题：

(1) 设 $z=f\left(xy,\dfrac{x}{y}\right)$,求 $\dfrac{\partial z}{\partial x},\dfrac{\partial z}{\partial y}$；　　　　(2) 设 $z=f(x^2-y^2,y^2-x^2)$,求 $y\dfrac{\partial z}{\partial x}+x\dfrac{\partial z}{\partial y}$.

(3) 设 $z=y^2f\left(x,\dfrac{x}{y}\right)$,求 $\mathrm{d}z$；　　　　(4) 设 $u=f(x,xy,xyz)$,求 $\dfrac{\partial u}{\partial x},\dfrac{\partial u}{\partial y},\dfrac{\partial u}{\partial z}$；

(5) 设 $z=f(4x^2-y^2)$,求 $y\dfrac{\partial z}{\partial x}+4x\dfrac{\partial z}{\partial y}$；　　　　(6) 设 $z=\dfrac{y}{f(x^2-y^2)}$,且 $f(u)\neq 0$,求 $y\dfrac{\partial z}{\partial x}+x\dfrac{\partial z}{\partial y}$.

3. 设 f 具有二阶连续的导数或偏导数,计算下列函数的二阶偏导数 $\dfrac{\partial^2 z}{\partial x^2},\dfrac{\partial^2 z}{\partial x\partial y}$：

(1) $z=f(x^2+y^2)$；　　　　(2) $z=f\left(x,\dfrac{x}{y}\right)$；

(3) $z=f(xy^2,x^2y)$；　　　　(4) $z=xf(xy,\mathrm{e}^y)$.

4. 设 $z=\displaystyle\int_0^{x^2 y}f(t,\mathrm{e}^t)\mathrm{d}t$,$f$ 具有一阶连续的偏导数,求 $\dfrac{\partial^2 z}{\partial y^2}$.

5. 求下列方程所确定的隐函数 $y=y(x)$ 的导数 $\dfrac{\mathrm{d}y}{\mathrm{d}x}$：

(1) $\sin y+\mathrm{e}^x-xy^2=1$；　　　　(2) $f(xy^2,x+y)=0$,其中 f 有连续偏导数.

6. 求下列方程所确定的隐函数 $z=z(x,y)$ 的偏导数 $\dfrac{\partial z}{\partial x},\dfrac{\partial z}{\partial y}$：

(1) $z^3-3xyz=1$；　　　(2) $\mathrm{e}^z-xy=yz$；　　　(3) $\mathrm{e}^{-xy}+\mathrm{e}^z=2z$；

(4) $\dfrac{x}{z}=\ln\dfrac{z}{y}$；　　　(5) $x+z=yf(x^2-z^2)$,其中 f 有连续导数.

7. 设 $z=z(x,y)$ 由下列方程确定,其中 f 具有连续偏导数,计算下列各题：

(1) $f(cx-az,cy-bz)=0$,其中 $af_1'+bf_2'\neq 0$,求 $a\dfrac{\partial z}{\partial x}+b\dfrac{\partial z}{\partial y}$；

(2) $f(2x+3y,y-z)=0$,其中 $f_2'\neq 0$,求 $\mathrm{d}z$；

(3) $f\left(\dfrac{x}{z},\dfrac{y}{z}\right)=0$,其中 $xf_1'+yf_2'\neq 0$,求 $xz_x'+yz_y'$；

(4) $f(x-y,y-z,z-x)=0$,其中 $f_2'-f_3'\neq 0$,求 $z_x'+z_y'$.

8. 设 $z=z(x,y)$ 由下列方程确定,计算下列各题：

(1) $2xy-2xyz+\ln(xyz)=0$,求 $\mathrm{d}z\Big|_{\substack{x=1\\y=1}}$；　　(2) $z=x^2+\displaystyle\int_{\sqrt{x}}^{y-x}\mathrm{e}^{t^2}\mathrm{d}t$,求 $z_x'+z_y'$.

9. 设 $z = z(x,y)$ 由下列方程确定,计算下列各题:

(1) $x + y - \mathrm{e}^z = z$,求 $z''_{xx}\Big|_{\substack{x=1\\y=0}}$;　　　　(2) $z + \mathrm{e}^z = xy$,求 z''_{xy}.

10. 设 $u = xy^2z^3$,且 $z = z(x,y)$ 是由 $x^2 + y^2 + z^2 = 3xyz$ 确定的隐函数,求 $\dfrac{\partial u}{\partial x}, \dfrac{\partial u}{\partial y}$.

11. 设函数 $f(x,y)$ 可微,且 $f(x,x^2) = 1$.

(1) 若 $f'_x(x,x^2) = x$,求 $f'_y(x,x^2)$;　　　　(2) 若 $f'_y(x,y) = x^2 + 2y$,求 $f(x,y)$.

12. 设 $u(x,y)$ 具有连续的二阶偏导数,且 $u''_{xx} = u''_{yy}$, $u(x,2x) = x$, $u'_x(x,2x) = x^2$,求 $u''_{xx}(x,2x)$ 和 $u''_{xy}(x,2x)$.

(B)

1. 设 f 具有一阶连续的偏导数,计算下列各题:

(1) $z = f\left(\dfrac{y}{x}, \dfrac{x}{y}\right)$,求 $xz'_x + yz'_y$;　　　　(2) $u = x^2 f\left(\dfrac{z}{x}, \dfrac{y}{x}\right)$,求 $xu'_x + yu'_y + zu'_z$.

2. 设 $z = f(2x - y) + g(x, xy)$,其中 $f(t)$ 二阶可导,$g(u,v)$ 具有二阶连续偏导数,求 $\dfrac{\partial^2 z}{\partial x \partial y}$.

3. 设 $z = f(t), t = \varphi(xy, x^2 + y^2)$,其中 f, φ 具有连续的二阶导数及连续偏导数,求 $\dfrac{\partial^2 z}{\partial x^2}$.

4. 设 $z = f(x,y)$ 在点 $(1,1)$ 处可微,且 $f(1,1) = 1, f'_x(1,1) = 2, f'_y(1,1) = 3, \varphi(x) = f[x, f(x,x)]$ 求 $\dfrac{\mathrm{d}}{\mathrm{d}x}\varphi^3(x)\Big|_{x=1}$.

5. 设 $u = yf\left(\dfrac{x}{y}\right) + xg\left(\dfrac{y}{x}\right)$ 其中 f, g 均具有二阶连续的导数,求 $x\dfrac{\partial^2 u}{\partial x^2} + y\dfrac{\partial^2 u}{\partial x \partial y}$.

6. 设 $u = f(x,y,z)$ 具有连续偏导数,且 $z = z(x,y)$ 由方程 $x\mathrm{e}^x - y\mathrm{e}^y = z\mathrm{e}^z$ 所确定,求 $\mathrm{d}u$.

7. 设 $f(u,v)$ 可微,$z = z(x,y)$ 是由方程 $(x+1)z - y^2 = x^2 f(x-z, y)$ 确定的,求 $\mathrm{d}z\Big|_{\substack{x=0\\y=1}}$.

8. 设 $f(u)$ 具有二阶导数且 $f'(0) = 1$,函数 $y = y(x)$ 由方程 $y - x\mathrm{e}^{y-1} = 1$ 所确定. 如果 $z = f(\ln y - \sin x)$,求 $\dfrac{\mathrm{d}z}{\mathrm{d}x}\Big|_{x=0}$ 和 $\dfrac{\mathrm{d}^2 z}{\mathrm{d}x^2}\Big|_{x=0}$.

9. 设 $u = f(x,y,z)$ 有连续的一阶偏导数,又函数 $y = y(x)$ 及 $z = z(x)$ 分别由 $\mathrm{e}^{xy} - xy = 2$ 和 $\mathrm{e}^x = \int_0^{x-z} \dfrac{\sin t}{t}\mathrm{d}t$ 确定,求 $\dfrac{\mathrm{d}u}{\mathrm{d}x}$.

10. 设 $f(u,v)$ 具有二阶连续的偏导数,且满足 $\dfrac{\partial^2 f}{\partial u^2} + \dfrac{\partial^2 f}{\partial v^2} = 1$,又 $g(x,y) = f\left[xy, \dfrac{1}{2}(x^2 - y^2)\right]$,

证明:$\dfrac{\partial^2 g}{\partial x^2} + \dfrac{\partial^2 g}{\partial y^2} = x^2 + y^2$.

9.5　多元函数的极值

在实际问题中,往往会遇到求多元函数的最大(小)值问题,类似于一元函数,多元函数的最大(小)值与极大(小)值有密切联系,现以二元函数为例,先讨论二元函数的极值问题.

9.5.1　二元函数的极值

1. 极值定义

定义 9.5.1　设函数 $z = f(x,y)$ 在点 $P_0(x_0, y_0)$ 的某邻域 $U(P_0)$ 内有定义,如果对于该

邻域内的任何点 (x,y)，恒有

$$f(x,y) \leqslant f(x_0,y_0) \quad (\text{或 } f(x,y) \geqslant f(x_0,y_0)),$$

则称函数 $z = f(x,y)$ 在点 (x_0,y_0) 处取得**极大值**（或**极小值**）$f(x_0,y_0)$. 点 (x_0,y_0) 称为函数 $f(x,y)$ 的**极大值点**（或**极小值点**）.

函数的极大值点与极小值点统称为函数的**极值点**，函数的极大值与极小值统称为函数的**极值**.

例如，函数 $z = \sqrt{1-x^2-y^2}$ 在点 $(0,0)$ 处取得极大值 $z(0,0) = 1$. 因为在点 $(0,0)$ 的邻域内，对于任意一点 (x,y) 有 $z(x,y) \leqslant z(0,0) = 1$. 从几何上看结论是显然的，因为 $(0,0,1)$ 是球心在原点的上半单位球面的顶点.

再如，函数 $z = \sqrt{x^2+y^2}$ 在点 $(0,0)$ 处取得极小值 $z(0,0) = 0$. 点 $(0,0,0)$ 是位于 xOy 平面上方的上半圆锥面的顶点.

值得指出的是二元函数极值是局部性的概念，它是函数 $f(x,y)$ 相对于点 P_0 的邻域而言的；极值点不可能出现在函数定义区域 D 的边界线上，只能在函数定义区域 D 的内部点取得.

2. 函数取极值的条件

在一元函数中，我们已经知道，可导函数的极值点必是其一阶导函数的零点. 对于多元函数也有类似的结论.

定理 9.5.1（函数取极值的必要条件）　设函数 $z = f(x,y)$ 在点 (x_0,y_0) 处有偏导数，且在点 (x_0,y_0) 处取得极值，则有

$$f'_x(x_0,y_0) = 0, \quad f'_y(x_0,y_0) = 0.$$

证　不妨设 $z = f(x,y)$ 在点 (x_0,y_0) 处取得极大值. 依极大值的定义，对于点 (x_0,y_0) 的某邻域内的任何点 (x,y)，恒有

$$f(x,y) \leqslant f(x_0,y_0).$$

特别地，对于该邻域内的点 (x,y_0)，当然也应有

$$f(x,y_0) \leqslant f(x_0,y_0).$$

这表明一元函数 $f(x,y_0)$ 在点 $x = x_0$ 处取得极大值，由一元函数取极值的必要条件，应有

$$f'_x(x_0,y_0) = 0,$$

同理可证也有

$$f'_y(x_0,y_0) = 0.$$

凡是能使 $f'_x(x,y) = 0$ 与 $f'_y(x,y) = 0$ 同时成立的点 (x_0,y_0) 称为函数 $z = f(x,y)$ 的**驻点**.

定理 9.5.1 指出，具有偏导数的函数，其极值点必定是驻点，但函数的驻点未必是函数的极值点. 例如，容易验证点 $(0,0)$ 是函数 $z = x^2 - y^2$ 的驻点，但由第 8 章解析几何知道，函数 $z = x^2 - y^2$ 的图像是马鞍面（图 9.7），点 $(0,0)$ 并非函数的极值点. 另外还要指出，在二元函数偏导数不存在的点，函数亦有可能取得极值. 例如，例 9.2.6 讨论过的函数 $f(x,y) = \sqrt{x^2+y^2}$，在点 $(0,0)$ 处的两个偏导数均不存在，但函数在点 $(0,0)$ 处取得极小值，即点 $(0,0)$ 是该函数的极小值点.

综上所述，二元函数可能的极值点只能是二元函数的驻点和偏导数不存在的点.

到底如何判定一个驻点是否是函数的极值点？下面不加证明地给出取极值的充分条件.

定理 9.5.2（函数取极值的充分条件）　设函数 $z = f(x,y)$ 在点 $P_0(x_0,y_0)$ 的某一邻域

$U(P_0)$ 内具有二阶连续的偏导数,且有 $f'_x(x_0,y_0)=0$, $f'_y(x_0,y_0)=0$. 令
$$A=f''_{xx}(x_0,y_0), \quad B=f''_{xy}(x_0,y_0), \quad C=f''_{yy}(x_0,y_0),$$
则有

(1) 当 $\Delta=B^2-AC<0$ 时,函数 $f(x,y)$ 在点 $P_0(x_0,y_0)$ 处有极值,且当 $A<0$ 时, $f(x_0,y_0)$ 是函数 $f(x,y)$ 的极大值,当 $A>0$ 时, $f(x_0,y_0)$ 是函数 $f(x,y)$ 的极小值;

(2) 当 $\Delta=B^2-AC>0$ 时, $f(x_0,y_0)$ 不是函数 $f(x,y)$ 的极值;

(3) 当 $\Delta=B^2-AC=0$ 时, $f(x_0,y_0)$ 是否为函数 $f(x,y)$ 的极值还需另作讨论.

综合定理 9.5.1 和 9.5.2,求具有二阶连续偏导数的函数 $z=f(x,y)$ 的极值的步骤如下:

(1) 解方程组 $\begin{cases} f'_x(x,y)=0, \\ f'_y(x,y)=0 \end{cases}$ 在函数 $f(x,y)$ 定义区域 D_f 内求函数 $f(x,y)$ 的一切驻点;

(2) 求出 $f(x,y)$ 的二阶偏导数 A,B,C 及判别式 $\Delta=B^2-AC$;

(3) 对于每个驻点 (x_0,y_0),求出相应的 Δ 及 A,并根据它们的符号,再利用函数取极值的充分条件判定 $f(x_0,y_0)$ 是否是函数 $f(x,y)$ 的极值,是极大值还是极小值.

例 9.5.1 求函数 $f(x,y)=y^3-x^2+6x-12y+5$ 的极值.

解 解方程组
$$\begin{cases} f'_x(x,y)=-2x+6=0, \\ f'_y(x,y)=3y^2-12=0, \end{cases}$$
求得驻点 $(3,2),(3,-2)$. 又
$$A=f''_{xx}(x,y)=-2, \quad B=f''_{xy}(x,y)=0, \quad C=f''_{yy}(x,y)=6y, \quad \Delta=B^2-AC=12y.$$

在点 $(3,2)$ 处, $\Delta=24>0$,所以点 $(3,2)$ 不是函数 $f(x,y)$ 的极值点.

在点 $(3,-2)$ 处, $\Delta=-24<0$,且 $A=-2<0$,所以函数 $f(x,y)$ 在点 $(3,-2)$ 处取得极大值,极大值为 $f(3,-2)=30$.

例 9.5.2 讨论函数 $f(x,y)=x^2-y^3-2xy^4+y^8$ 的极值.

解 解方程组
$$\begin{cases} f'_x(x,y)=2x-2y^4=0, \\ f'_y(x,y)=-3y^2-8xy^3+8y^7=0 \end{cases}$$
求得驻点 $(0,0)$. 又
$$A=f''_{xx}(x,y)=2, \quad B=f''_{xy}(x,y)=-8y^3, \quad C=f''_{yy}(x,y)=-6y-24xy^2+56y^6.$$

在点 $(0,0)$ 处,易知 $\Delta=B^2-AC=0$,这时无法用定理 9.5.2 判定. 注意到 $f(0,0)=0$,以及
$$f(x,y)=(x-y^4)^2-y^3,$$
那么,在曲线 $x=y^4(y\geqslant 0)$ 上 $f(x,y)\leqslant 0=f(0,0)$;在曲线 $x=y^4(y<0)$ 上, $f(x,y)>0=f(0,0)$,因此,由极值定义 9.5.1 可知,点 $(0,0)$ 不是函数 $f(x,y)$ 的极值点.

9.5.2 二元函数的最大值与最小值

我们知道,若二元函数 $z=f(x,y)$ 在有界闭区域 D 上连续,则函数 $f(x,y)$ 在区域 D 上必有最大值和最小值,且函数最大值点与最小值点必在区域 D 的内部或在 D 的边界上.

如果函数 $f(x,y)$ 在区域 D 内的某点处取得最大值或最小值,那么该点必是 $f(x,y)$ 的极值点;但函数 $f(x,y)$ 的最大值点或最小值点也可能在 D 的边界上出现. 因此,只需求出函数 $f(x,y)$ 在 D 内一切可能极值点的函数值及其在 D 的边界上的最大值与最小值,然后加以比较即可.

假定函数 $f(x,y)$ 在有界闭区域 D 上连续且可能极值点只有有限个,则求函数 $f(x,y)$ 在有界闭区域 D 上的最大值和最小值的一般步骤如下:

(1) 先求出 $f(x,y)$ 在区域 D 内的一切可能极值点及其该点处的函数值;

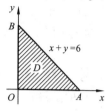

图 9.12

(2) 再求出 $f(x,y)$ 在区域 D 的边界上的最大值、最小值;

(3) 将上述所求的这些函数值进行比较,其中最大者就是函数 $f(x,y)$ 在闭区域 D 上的最大值,最小者就是函数 $f(x,y)$ 在闭区域 D 上的最小值.

例 9.5.3 求函数 $f(x,y) = x^2 y(4-x-y)$ 在由直线 $x=0, y=0$, $x+y=6$ 所围成的三角形区域 D(图 9.12)上的最大值和最小值.

解 首先考虑函数在 D 内的可能极值点. 因为函数在 D 内偏导数存在,由

$$\begin{cases} f'_x(x,y) = 2xy(4-x-y) - x^2 y = 0, \\ f'_y(x,y) = x^2(4-x-y) - x^2 y = 0 \end{cases}$$

得函数 $f(x,y)$ 在区域 D 内的唯一驻点 $(2,1)$,且 $f(2,1) = 4$.

再考虑 $f(x,y)$ 在区域 D 的边界上的取值情况:

在边界 OB 上,其方程为 $x=0\ (0 \leqslant y \leqslant 6), f(x,y) \equiv 0$;

在边界 OA 上,其方程为 $y=0\ (0 \leqslant x \leqslant 6), f(x,y) \equiv 0$;

在边界 AB 上,其方程为 $x+y=6$,函数 $f(x,y)$ 可表示为变量 x 的一元函数:

$$\varphi(x) = f(x, 6-x) = 2x^3 - 12x^2, \quad 0 \leqslant x \leqslant 6.$$

为求函数 $f(x,y) = x^2 y(4-x-y)$ 在边界 $x+y=6$ 上的最大、最小值,先求 $\varphi(x)$ 的驻点,由

$$\varphi'(x) = 6x^2 - 24x = 0$$

得 $\varphi(x)$ 在 $(0,6)$ 内的唯一驻点 $x=4$,此时函数值为 $\varphi(4) = f(4,2) = -64$,而在区间两个端点 $x=0, x=6$ 处,$\varphi(0) = \varphi(6) = 0$. 所以 $f(x,y)$ 在边界 $x+y=6\ (0 \leqslant x \leqslant 6)$ 上的最大值等于 0,最小值是 -64.

从而 $f(x,y)$ 在区域 D 上的整个边界线上的最大值为 0,最小值为 -64.

综上,$f(x,y)$ 在区域 D 上的最大值为 $f(2,1) = 4$,最小值为 $f(4,2) = -64$.

在实际问题中,区域 D 不一定是闭区域,也不一定是有界的. 这时,由 $f(x,y)$ 在区域 D 上连续这一条件并不能保证 $f(x,y)$ 在区域 D 上必有最大值和最小值. 但是,如果根据实际问题的性质可以知道可微函数 $f(x,y)$ 在区域 D 上存在最大值(或最小值),并且可以判定最大值(或最小值)一定在区域 D 的内部取得,那么当函数 $f(x,y)$ 在区域 D 的内部有唯一驻点 (x_0, y_0) 时,则 $f(x_0, y_0)$ 就是函数 $f(x,y)$ 在区域 D 上的最大值(或最小值).

例 9.5.4 设某工厂生产 A, B 两种商品,商品 A 的需求量为 x,价格为 p_1,需求函数 $p_1 = 26 - x$,商品 B 的需求量为 y,价格为 p_2,需求函数 $p_2 = 40 - 4y$,生产两种商品的总成本函数为 $C = x^2 + 2xy + y^2$,问两种商品各生产多少时,才能获得最大利润?

解 收入函数为

$$R = xp_1 + yp_2 = 26x - x^2 + 40y - 4y^2,$$

于是利润函数为

$$L = R - C = 26x - 2x^2 + 40y - 5y^2 - 2xy,$$

解方程组

$$\begin{cases} L'_x(x,y) = 26 - 4x - 2y = 0, \\ L'_y(x,y) = 40 - 10y - 2x = 0, \end{cases}$$

求得唯一驻点 $(5,3)$. 依实际问题可知最大利润必存在,所以,当 A 种商品生产量为 5 件、B 种商品生产量为 3 件时,可获得最大利润.

9.5.3 条件极值、拉格朗日乘数法

1. 条件极值

在讨论函数极值时,若除了要求自变量取值限制在函数的定义域内之外,再无其他限制,这种极值问题一般称为**无条件极值**或**自由极值**问题. 但在实际问题中,常常会遇到对函数自变量除了要求在函数的定义域内取值之外,还要受到其他附加(约束)条件的限制,这种极值问题称为**条件极值**问题.

例如,做一个体积为 $8\ \mathrm{m}^3$ 的有盖长方体水箱,如何设计方可使其表面积最小.

设水箱的长、宽、高分别为 x,y,z,则其表面积为 $S = 2(xy + xz + yz)$,这里的自变量 x,y,z 除了大于零外,还必须满足约束条件 $xyz = 8$.

该问题就是求函数 $S = 2(xy + xz + yz)$(通常称为目标函数)在约束条件 $xyz = 8$ 下的最值问题,即条件极值问题.

下面讨论**目标函数** $z = f(x,y)$ 在**约束条件** $\varphi(x,y) = 0$ 下极值的求法. 条件极值的求法有两种方法.

法 1 代入法(或替换法).

当附加的约束条件比较简单时,条件极值问题可化为无条件极值来求解.

一般地,若能从约束条件 $\varphi(x,y) = 0$ 中解出某个变量为另一个变量的函数,如 $y = y(x)$ 或 $x = x(y)$,然后将它代入到目标函数 $z = f(x,y)$ 中去,就把求条件极值问题转化为求一元函数

$$z = f(x,y(x)) \quad \text{或} \quad z = f(x(y),y)$$

的无条件极值问题.

例 9.5.5 为制作体积为 $8\ \mathrm{m}^3$ 的有盖长方体水箱,如何设计长、宽、高可使用料最省?

解 用料最省,就是其表面积最小. 设水箱的长、宽、高分别为 x,y,z,则其表面积为

$$S = 2(xy + xz + yz).$$

又因水箱的体积应为 $xyz = 8$,从该约束条件中可得 $z = \dfrac{8}{xy}$,代入上式得

$$S = 2\left(xy + \frac{8}{x} + \frac{8}{y}\right).$$

于是问题就变成求目标函数 $S = 2\left(xy + \dfrac{8}{x} + \dfrac{8}{y}\right)$ 在区域 $D = \{(x,y) \mid x > 0, y > 0\}$ 上的最小值问题. 由

$$\begin{cases} S'_x = 2\left(y - \dfrac{8}{x^2}\right) = 0, \\ S'_y = 2\left(x - \dfrac{8}{y^2}\right) = 0 \end{cases}$$

得函数在 D 内的唯一驻点 $(2,2)$,根据实际问题的意义可知,该水箱表面积的最小值一定存在,所以,当 $x = y = z = 2\ \mathrm{m}$ 时,水箱所用材料最省.

例 9.5.6 求函数 $f(x,y)=x^2+2x^2y+y^2$ 在圆 $x^2+y^2=1$ 上的最大值与最小值.

解 从条件 $x^2+y^2=1$,解出 $x^2=1-y^2$ 代入到 f 中,在圆上 f 成为 y 的一元函数:
$$g(y)=1+2(1-y^2)y=1+2y-2y^3, \quad -1\leqslant y\leqslant 1.$$

根据一元函数求最值的方法,由 $g'(y)=2-6y^2=0$ 得 $y=\pm\dfrac{1}{\sqrt{3}}$,且

$$g\left(-\frac{1}{\sqrt{3}}\right)=1-\frac{4\sqrt{3}}{9}, \qquad g\left(\frac{1}{\sqrt{3}}\right)=1+\frac{4\sqrt{3}}{9}, \qquad g(-1)=g(1)=1.$$

比较以上各值可知,函数 $f(x,y)$ 在圆上的最小值为 $1-\dfrac{4\sqrt{3}}{9}$,最大值为 $1+\dfrac{4\sqrt{3}}{9}$.

但在很多情形下,将条件极值化为无条件极值并不容易,特别是当从约束条件中很难解出某个变量时,或者对于自变量较多、附加条件也多的情况,就很难行得通. 这时一般采用拉格朗日乘数法,它是求条件极值有效、简便的一种方法.

法 2 拉格朗日乘数法.

下面分析目标函数在约束条件下取极值的必要条件.

设目标函数 $z=f(x,y)$ 在约束条件 $\varphi(x,y)=0$ 下取极值,且 $P_0(x_0,y_0)$ 为其极值点,那么首先有
$$\varphi(x_0,y_0)=0.$$

假设 $f(x,y),\varphi(x,y)$ 在点 $P_0(x_0,y_0)$ 的某邻域 $U(P_0)$ 内均有一阶连续的偏导数,且 $\varphi'_y(x_0,y_0)\neq 0$,则由隐函数存在定理可知,由方程 $\varphi(x,y)=0$ 可以确定具有连续导数的隐函数 $y=y(x)$,满足 $\varphi(x,y(x))=0$.将它代入目标函数,得到一个关于 x 的一元函数
$$z=f(x,y(x)),$$
从而将条件极值化成无条件极值,由无条件极值的必要条件有
$$\frac{\mathrm{d}z}{\mathrm{d}x}\bigg|_{x=x_0}=f'_x(x_0,y_0)+f'_y(x_0,y_0)\frac{\mathrm{d}y}{\mathrm{d}x}\bigg|_{x=x_0}=0,$$
对 $\varphi(x,y)=0$ 运用隐函数求导法,有
$$\frac{\mathrm{d}y}{\mathrm{d}x}\bigg|_{x=x_0}=-\frac{\varphi'_x(x_0,y_0)}{\varphi'_y(x_0,y_0)},$$
代入上式得
$$f'_x(x_0,y_0)-f'_y(x_0,y_0)\frac{\varphi'_x(x_0,y_0)}{\varphi'_y(x_0,y_0)}=0.$$

从而得目标函数 $z=f(x,y)$ 在约束条件 $\varphi(x,y)=0$ 下,在点 $P_0(x_0,y_0)$ 处取极值的必要条件为
$$\begin{cases} f'_x(x_0,y_0)-f'_y(x_0,y_0)\dfrac{\varphi'_x(x_0,y_0)}{\varphi'_y(x_0,y_0)}=0, \\ \varphi(x_0,y_0)=0. \end{cases}$$

设 $\dfrac{f'_y(x_0,y_0)}{\varphi'_y(x_0,y_0)}=-\lambda$,则上述的必要条件可改写为
$$\begin{cases} f'_x(x_0,y_0)+\lambda\varphi'_x(x_0,y_0)=0, \\ f'_y(x_0,y_0)+\lambda\varphi'_y(x_0,y_0)=0, \\ \varphi(x_0,y_0)=0. \end{cases}$$

若引进辅助三元函数

$$L(x,y,\lambda) = f(x,y) + \lambda\varphi(x,y),$$

不难看出，若点(x_0,y_0)为目标函数$z=f(x,y)$在约束条件$\varphi(x,y)=0$下的极值点，则点(x_0,y_0,λ_0)就是三元函数$L(x,y,\lambda)$的驻点. 这种由$L(x,y,\lambda)$求可能的条件极值点的方法就称为**拉格朗日乘数法**，其中$L(x,y,\lambda)$称为**拉格朗日函数**，参数λ称为**拉格朗日乘数**或**乘子**.

2. 拉格朗日乘数法

设函数$f(x,y)$与$\varphi(x,y)$具有连续的偏导数，则欲求函数$z=f(x,y)$在条件$\varphi(x,y)=0$下的极值点，其步骤如下：

(1) 作拉格朗日函数.

$$L(x,y,\lambda) = f(x,y) + \lambda\varphi(x,y),$$

其中参数λ称为拉格朗日乘数.

如此一来，就将原条件极值问题转化为求三元函数$L(x,y,\lambda)$的无条件极值问题；

(2) 求$L(x,y,\lambda)$可能取得极值的点.

由$L(x,y,\lambda)$在无条件下取极值的必要条件，有

$$\begin{cases} L'_x(x,y,\lambda) = f'_x(x,y) + \lambda\varphi'_x(x,y) = 0, \\ L'_y(x,y,\lambda) = f'_y(x,y) + \lambda\varphi'_y(x,y) = 0, \\ L'_\lambda(x,y,\lambda) = \varphi(x,y) = 0. \end{cases}$$

由该方程组解出x_0,y_0及λ_0，则其中(x_0,y_0)就是所要求的可能的极值点.

注 一般在解$L(x,y,\lambda)$驻点方程组时，不必求出λ的值，故在求解过程中常常先把λ消去；

(3) 判定所求得的点(x_0,y_0)是否为极值点.

需要指出的是，至于如上求得的点(x_0,y_0)是否为极值点，在实际问题中往往可以根据问题本身的性质来判定.

例 9.5.7 求抛物线$y=x^2$到直线$x-y-2=0$的最短距离.

解 依题意，设点$P(x,y)$为抛物线上任一点，则它到直线的距离为

$$d = \frac{|x-y-2|}{\sqrt{2}}.$$

因点$P(x,y)$应在抛物线$y=x^2$上，所以该问题是在约束条件$y=x^2$下，求目标函数$d=\frac{|x-y-2|}{\sqrt{2}}$的最小值. 由于带有绝对值的函数在求偏导数时，会比较困难. 为计算简单起见，不妨设$u=d^2$，那么原问题就可以简化为求目标函数$u=d^2$在条件$y-x^2=0$下的最小值.

作拉格朗日函数

$$L(x,y,\lambda) = d^2 + \lambda(y-x^2) = \frac{1}{2}(x-y-2)^2 + \lambda(y-x^2),$$

解方程组

$$\begin{cases} L'_x(x,y,\lambda) = (x-y-2) - 2\lambda x = 0, \\ L'_y(x,y,\lambda) = -(x-y-2) + \lambda = 0, \\ L'_\lambda(x,y,\lambda) = y - x^2 = 0. \end{cases}$$

解得$x=1/2, y=1/4$.

由问题本身可知，距离最小值一定存在，而函数有唯一的驻点，所以点$\left(\frac{1}{2},\frac{1}{4}\right)$就是抛物

线到已知直线最近的点,其最短距离应为 $d = \dfrac{7\sqrt{2}}{8}$.

注　对拉格朗日乘数法作如下三点说明:

(1) 在条件极值中,约束条件的个数应小于目标函数中自变量的个数;

(2) 构造拉格朗日函数 $L(x,y,\lambda) = f(x,y) + \lambda\varphi(x,y)$ 时,其中的 $f(x,y)$ 未必是目标函数的准确式,为运算简便,可适当地简化 $f(x,y)$,只要简化后的函数与原来的目标函数有相同的极值点与极值即可;

(3) 拉格朗日乘数法可以推广到自变量多于两个而条件多于一个的情形.

如求三元函数 $u = f(x,y,z)$ 在约束条件 $g(x,y,z) = 0, h(x,y,z) = 0$ 下的极值点. 可作拉格朗日函数

$$L(x,y,z,\lambda_1,\lambda_2) = f(x,y,z) + \lambda_1 g(x,y,z) + \lambda_2 h(x,y,z),$$

其中 λ_1, λ_2 均为拉格朗日乘数. 解方程组

$$
\begin{cases}
L'_x(x,y,z,\lambda_1,\lambda_2) = f'_x(x,y,z) + \lambda_1 g'_x(x,y,z) + \lambda_2 h'_x(x,y,z) = 0, \\
L'_y(x,y,z,\lambda_1,\lambda_2) = f'_y(x,y,z) + \lambda_1 g'_y(x,y,z) + \lambda_2 h'_y(x,y,z) = 0, \\
L'_z(x,y,z,\lambda_1,\lambda_2) = f'_z(x,y,z) + \lambda_1 g'_z(x,y,z) + \lambda_2 h'_z(x,y,z) = 0, \\
L'_{\lambda_1}(x,y,z,\lambda_1,\lambda_2) = g(x,y,z) = 0, \\
L'_{\lambda_2}(x,y,z,\lambda_1,\lambda_2) = h(x,y,z) = 0,
\end{cases}
$$

可得函数 $f(x,y,z)$ 在条件 $g(x,y,z) = 0, h(x,y,z) = 0$ 下的可能的极值点 (x_0, y_0, z_0).

例 9.5.8　设旋转抛物面 $z = x^2 + y^2$ 被平面 $x + y + z = 4$ 截成一个椭圆,求此椭圆上的点到原点的最长与最短距离.

分析　设椭圆上的点 P 的坐标为 (x,y,z),则它到原点的距离为 $d = \sqrt{x^2 + y^2 + z^2}$. 因点 P 既在抛物面上又在平面上,所以该问题是在约束条件

$$x^2 + y^2 - z = 0, \quad x + y + z - 4 = 0$$

下,求目标函数 $d = \sqrt{x^2 + y^2 + z^2}$ 的最大值与最小值.

解　为计算简便,令 $u = d^2 = x^2 + y^2 + z^2$,作拉格朗日函数

$$L(x,y,z,\lambda_1,\lambda_2) = x^2 + y^2 + z^2 + \lambda_1(x^2 + y^2 - z) + \lambda_2(x + y + z - 4).$$

解方程组

$$
\begin{cases}
L'_x = 2x + 2\lambda_1 x + \lambda_2 = 0, \\
L'_y = 2y + 2\lambda_1 y + \lambda_2 = 0, \\
L'_z = 2z - \lambda_1 + \lambda_2 = 0, \\
L'_{\lambda_1} = x^2 + y^2 - z = 0, \\
L'_{\lambda_2} = x + y + z - 4 = 0,
\end{cases}
$$

可得 $x = y = 1, z = 2; x = y = -2, z = 8$.

这样得到两个可能极值点 $P_1(1,1,2), P_2(-2,-2,8)$,由问题的几何意义知道,d 存在最小值与最大值,而 $d(P_1) = \sqrt{6}, d(P_2) = \sqrt{72}$. 故原点到椭圆上的点的最长距离为 $\sqrt{72}$,最短距离为 $\sqrt{6}$.

例 9.5.9　求函数 $f(x,y) = x^2 + y^2 - xy + 1$ 在区域 $D = \{(x,y) \mid x^2 + y^2 \leqslant 2\}$ 上的

最大值和最小值.

分析 由于 D 为闭区域,在区域 D 内按无条件极值讨论,而在区域 D 的边界上按照条件极值讨论即可.

解 因 $f'_x(x,y)=2x-y,f'_y(x,y)=2y-x$,解方程

$$\begin{cases} f'_x(x,y)=2x-y=0, \\ f'_y(x,y)=2y-x=0 \end{cases}$$

得区域 D 内的可能极值点为 $(0,0)$,其对应的函数值为 $f(0,0)=1$.

其次,在区域 D 的边界 $x^2+y^2=2$ 上,构造拉格朗日函数

$$L(x,y,\lambda)=x^2+y^2-xy+1+\lambda(x^2+y^2-2),$$

解方程组

$$\begin{cases} L'_x=2x-y+2\lambda x=0, \\ L'_y=2y-x+2\lambda y=0, \\ L'_\lambda=x^2+y^2-2=0, \end{cases}$$

得到可能极值点 $(1,1),(-1,-1),(1,-1),(-1,1)$,其对应的函数值分别为

$$f(1,1)=f(-1,-1)=2, \quad f(1,-1)=f(-1,1)=4.$$

比较函数值 $1,2,4$,可知函数 $f(x,y)$ 在区域 D 上的最大值为 4,最小值为 1.

思考题 若 $f(x,y)$ 的全微分为 $\mathrm{d}f(x,y)=4x\mathrm{d}x+2y\mathrm{d}y$,且 $f(0,0)=0$.试求 $f(x,y)$ 在闭区域 $D=\{(x,y)\mid 2(x-1)^2+(y-1)^2\leqslant 12\}$ 上的最大值与最小值.(参考答案:$f_{\max}=27,f_{\min}=0$)

9.5.4 多元函数最值在经济分析中的应用举例

就像一元函数最值在经济分析中有很多重要应用一样,如成本最小问题、利润最大问题等,多元函数的最值问题在经济分析中也有许多应用,举例如下.

例 9.5.10 某企业生产两种商品的日产量为 x 和 y(件),总成本函数 $C(x,y)=8x^2-xy+12y^2$(元),商品的限额为 $x+y=42$,求最小成本.

解 依题意,作拉格朗日函数

$$L(x,y,\lambda)=C(x,y)+\lambda(x+y-42)=8x^2-xy+12y^2+\lambda(x+y-42).$$

解方程组

$$\begin{cases} L'_x(x,y,\lambda)=16x-y+\lambda=0, \\ L'_y(x,y,\lambda)=-x+24y+\lambda=0, \\ L'_\lambda(x,y,\lambda)=x+y-42=0, \end{cases}$$

求得唯一解 $x=25,y=17$.

由问题的实际意义可知,最小成本一定存在,所以所求的唯一驻点 $(25,17)$ 为最小值点,最小成本为 $C(25,17)=8043$(元).

例 9.5.11 经济学中著名的柯布-道格拉斯(Cobb-Douglas)生产函数模型为

$$Q(x,y)=Cx^ay^{1-a},$$

其中 x 是劳动力的数量,y 是资本数量,C 是技术水平系数,a 是劳动力的产出的弹性系数. C 与 a $(0<a<1)$,由企业的具体情形决定,$Q(x,y)$ 是生产量. 现已知某企业的柯布-道格拉斯生产函数模型中 $C=100,a=3/4$,而劳动力和资本的单位成本分别为 150 元和 250 元,问该如何

分配总预算为 50 000 元的资金用于雇佣劳动力和投入资本,以使生产量最高.

解　这是条件极值问题,求目标函数

$$Q(x,y) = 100x^{\frac{3}{4}}y^{\frac{1}{4}}$$

在约束条件 $150x + 250y = 50000 \Leftrightarrow 3x + 5y = 1000\ (x > 0, y > 0)$ 下的最大值.

作拉格朗日函数

$$L(x,y,\lambda) = 100x^{\frac{3}{4}}y^{\frac{1}{4}} + \lambda(3x + 5y - 1000),$$

解方程组

$$\begin{cases} L'_x = 75x^{-\frac{1}{4}}y^{\frac{1}{4}} + 3\lambda = 0, \\ L'_y = 25x^{\frac{3}{4}}y^{-\frac{3}{4}} + 5\lambda = 0, \\ L'_\lambda = 3x + 5y - 1000 = 0, \end{cases}$$

求得唯一解 $x = 250, y = 50$.

由实际问题本身可知最高生产量一定存在. 故该企业雇佣 250 个劳动力和投入 50 个单位资本时,可获最高生产量.

习　题　9.5

（A）

1. 求下列函数的极值:

(1) $z = 4(x - y) - x^2 - y^2$;　　　　(2) $z = x^3 + y^3 - 3xy + 3$;

(3) $z = x^2(x - 1)^2 + y^2$;　　　　　(4) $z = x^3 - y^3 + 3x^2 + 3y^2 - 9x$.

2. 求函数 $z = x^3 + y^3 - xy + 1$ 在 $x = 0, y = 0, x + y = 1$ 所围闭区域 D 上的最大值与最小值.

3. 求函数 $f(x,y) = 4 - x^2 - 2y^2$ 在闭圆域 $D: x^2 + y^2 \leqslant 1$ 上的最大值和最小值.

4. 求函数 $z = 1 - x^2 - y^2$ 在条件 $x + y = 1$ 下的极值.

5. 欲造一个长方体盒子,其底单位造价为顶、侧面单位造价的两倍. 若此盒容积为 $324\mathrm{cm}^3$,问各边长为多少时,其总造价最小?

6. 求表面积为 $12\ \mathrm{m}^2$ 的无盖长方体水箱的最大容积.

7. 在椭圆 $x^2 + 4y^2 = 4$ 上求一点,使它到直线 $2x + 3y = 6$ 的距离最短.

8. 求球面 $x^2 + y^2 + z^2 = 1$ 上到点 $M(1,2,3)$ 距离最近与最远的点.

9. 设销售收入 R(单位:万元)与花费在两种广告的宣传费用 x 和 y(单位:万元)之间的关系为 $R = \dfrac{200x}{x + 5} + \dfrac{100y}{10 + y}$,利润额是五分之一的销售收入,并要扣除广告费用. 已知两种广告费用总计 25 万元,试问如何分配两种广告费用才能使利润额最大.

10. 某公司通过电视及报纸两种方式做某种产品的推销广告,根据统计资料,销售收入 R(万元)与电视、报纸广告费 x,y(万元)之间的关系有如下经验公式:

$$R = -2x^2 - 10y^2 - 8xy + 14x + 32y + 15.$$

(1) 求在广告费不限情况下相应的最优广告策略;

(2) 求在限定广告费为 1.5 万元时的最优广告策略.

11. 设某厂生产甲、乙两种产品,产量分别为 x,y(千只),其利润函数为

$$L = -x^2 - 4y^2 + 8x + 24y - 15(\text{单位:万元}).$$

生产这两种产品每千只均要消耗原料 2000 kg,如果现有原料 15000 kg(不要求用完).

求：(1) 使利润最大时的产量 x,y 和最大利润；(2) 如果原料限定在 12000 kg，求这时利润最大时的产量和最大利润.

12. 求函数 $f(x,y) = x^2 + 12xy + 2y^2$ 在闭区域 $D: 4x^2 + y^2 \leqslant 25$ 上的最大值与最小值.

(B)

1. 试讨论函数 $f(x,y) = x^3 + y^3$ 及 $g(x,y) = x^4 + y^2$ 在点 $(0,0)$ 是否取得极值.

2. 设函数 $f(x,y)$ 在点 $O(0,0)$ 处连续，且 $\lim\limits_{(x,y)\to(0,0)} \dfrac{f(x,y) - f(0,0)}{x^2 + 1 - 2x\sin y - \cos^2 y} = 8$，试讨论 $f(x,y)$ 在点 $O(0,0)$ 处是否取得极值？

3. 求方程 $x^2 - 6xy + 10y^2 - 2yz - z^2 + 18 = 0$ 所确定的函数 $z = f(x,y)$ 的极值.

4. 某企业为生产甲、乙两种型号的产品投入的固定成本为 10 000(万元). 设该企业生产甲、乙两种产品的产量分别为 x 件和 y 件且两种产品的边际成本分别为 $20 + \dfrac{x}{2}$(万元／件) 与 $6 + y$(万元／件).

(1) 求生产甲、乙两种产品的总成本函数 $C(x,y)$(万元)；

(2) 当总产量为 50 件时,甲乙两种的产量各为多少时,可使总成本最小?求最小总成本；

(3) 求总产量为 50 件时,且总成本最小时,甲产品的边际成本,并解释其经济意义.

5. 已知函数 $f(x,y)$ 的全微分为 $\mathrm{d}f(x,y) = (2x - y)\mathrm{d}x + (2y - x)\mathrm{d}y$,且 $f(0,0) = 1$,

(1) 试求函数 $f(x,y)$；

(2) 求函数 $f(x,y)$ 在区域 $D = \{(x,y) \mid x^2 + y^2 \leqslant 4\}$ 上的最大值与最小值.

6. 已知平面上两定点 $A(1,2)$, $B(0,-2)$,试在曲线 $2x^2 - y^2 = 2$ $(x > 0)$ 上求一点 C,使三角形 ABC 的面积最小.

阅读材料
第9章知识要点

第 10 章　二 重 积 分

二重积分是多元函数积分学的重要基础部分,把闭区间上一元函数的定积分的概念、性质加以推广,就得到 xOy 平面上有界闭区域上二元函数的二重积分的概念及性质. 本章主要讨论二重积分的概念与性质、二重积分的计算及其简单应用.

10.1　二重积分的概念与性质

10.1.1　二重积分的概念

二重积分的定义与定积分类似,下面先从几何直观的曲顶柱体体积的计算问题来引入二重积分的概念.

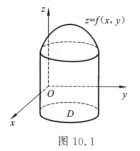

图 10.1

1. 曲顶柱体的体积

设函数 $z = f(x, y)$ 在有界闭区域 D 上连续,且 $f(x, y) \geqslant 0$. 以连续曲面 $z = f(x, y)$ 为顶,以区域 D 为底,以 D 的边界曲线为准线,母线平行于 z 轴的柱面为侧面所围成的立体称为**曲顶柱体**(图 10.1).

我们仿照求曲边梯形的面积的方法来计算曲顶柱体的体积 V.

1) **分割**　用任意的一组曲线网将区域 D 分割成 n 个小闭区域

$$\Delta\sigma_1, \Delta\sigma_2, \cdots, \Delta\sigma_n,$$

第 i 个小区域的面积仍记为 $\Delta\sigma_i$. 分别以这些小闭区域的边界曲线为准线,作母线平行于 z 轴的柱面,这些柱面把原来的曲顶柱体分为 n 个小曲顶柱体. 以 ΔV_i $(i = 1, 2, \cdots, n)$ 表示以 $\Delta\sigma_i$ 为底的第 i 个小曲顶柱体的体积,则有

$$V = \sum_{i=1}^{n} \Delta V_i.$$

2) **近似代替**　在每个小区域 $\Delta\sigma_i$ $(i = 1, 2, \cdots, n)$ 上,任取一点 $P_i(\xi_i, \eta_i)$,以 $f(\xi_i, \eta_i)$ 为高而底为 $\Delta\sigma_i$ 的平顶柱体的体积作为第 i 个小曲顶柱体的体积 ΔV_i 的近似值(图 10.2),即

$$\Delta V_i \approx f(\xi_i, \eta_i) \cdot \Delta\sigma_i \quad (i = 1, 2, \cdots, n).$$

3) **求和**　n 个小平顶柱体的体积之和可以作为曲顶柱体体积 V 的近似值,即

$$V \approx \sum_{i=1}^{n} f(\xi_i, \eta_i) \Delta\sigma_i.$$

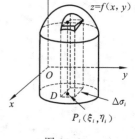

图 10.2

4) **取极限**　用 $d(\Delta\sigma_i)$ 表示第 i 个小区域 $\Delta\sigma_i$ $(i = 1, 2, \cdots, n)$ 上任意两点间距离的最大值,$d(\Delta\sigma_i)$ 常称为区域 $\Delta\sigma_i$ 的直径,并设 $\lambda = \max_{1 \leqslant i \leqslant n} \{d(\Delta\sigma_i)\}$. 当分割越来越细,且每个小区域 $\Delta\sigma_i$ 的直径越来越小时,所有小平顶柱体的体积总和就越来越接近于曲顶柱体的体积.

如果当 $\lambda \to 0$,上述和式的极限存在,我们就将这个极限定义为曲顶柱体的体积 V,即

$$V = \lim_{\lambda \to 0} \sum_{i=1}^{n} f(\xi_i, \eta_i) \Delta \sigma_i.$$

事实上,实际问题中的很多量的计算,最后都要归结为这一种结构的和式的极限. 我们抛开问题的具体含义,抽象出数量关系上的共性,便引出二重积分的定义.

2. 二重积分的定义

定义 10.1.1 设 $f(x, y)$ 是定义在平面有界闭区域 D 上的有界函数,将闭区域 D 任意分成 n 个小闭区域

$$\Delta \sigma_1, \Delta \sigma_2, \cdots, \Delta \sigma_n,$$

其中 $\Delta \sigma_i$ 既表示第 i 个小闭区域,也表示它的面积. 在每个 $\Delta \sigma_i$ 上任取一点 (ξ_i, η_i),作乘积 $f(\xi_i, \eta_i) \cdot \Delta \sigma_i \ (i = 1, 2, \cdots, n)$,并作和式 $\sum_{i=1}^{n} f(\xi_i, \eta_i) \Delta \sigma_i$,如果当各小闭区域 $\Delta \sigma_i$ 的直径 $d(\Delta \sigma_i)$ 中的最大者 $\lambda = \max_{1 \leqslant i \leqslant n} \{d(\Delta \sigma_i)\} \to 0$ 时,和式极限

$$\lim_{\lambda \to 0} \sum_{i=1}^{n} f(\xi_i, \eta_i) \Delta \sigma_i$$

存在,且此极限与区域 D 的分法及点 (ξ_i, η_i) 的取法无关,则称此极限为函数 $f(x, y)$ 在闭区域 D 上的**二重积分**,记作 $\iint\limits_{D} f(x, y) \mathrm{d}\sigma$,即

$$\iint\limits_{D} f(x, y) \mathrm{d}\sigma = \lim_{\lambda \to 0} \sum_{i=1}^{n} f(\xi_i, \eta_i) \Delta \sigma_i.$$

其中 $\iint$ 称为**二重积分号**,D 称为**积分区域**,$f(x, y)$ 称为**被积函数**,$f(x, y)\mathrm{d}\sigma$ 称为**被积表达式**,$\mathrm{d}\sigma$ 称为**面积元素**,x, y 称为**积分变量**.

对二重积分的定义作三点说明.

(1) 若函数 $f(x, y)$ 在有界闭区域 D 上的二重积分存在,也称函数 $f(x, y)$ 在 D 上**可积**.

(2) 二重积分的存在性.

我们不加证明地给出函数 $f(x, y)$ 在有界闭区域 D 上**可积的充分条件**:

(i) 若函数 $f(x, y)$ 在有界闭区域 D 上连续,则 $f(x, y)$ 在区域 D 上可积.

(ii) 若函数 $f(x, y)$ 在有界闭区域 D 上有界,且 $f(x, y)$ 的不连续点都位于区域 D 中有限条曲线上(或有限个点上),则 $f(x, y)$ 在区域 D 上可积.

在以后的讨论中,我们总是假定被积函数 $f(x, y)$ 在有界闭区域 D 上是可积的.

(3) 直角坐标系中的面积元素.

若函数 $f(x, y)$ 在区域 D 上可积,由二重积分的定义知,如果在直角坐标系中用平行于坐标轴的直线网来划分 D,那么除了包含边界点的一些小闭区域外,其余的小闭区域都是矩形闭区域(图 10.3). 设矩形闭区域 $\Delta \sigma_i$ 的边长分别为 Δx_i 和 Δy_i,则 $\Delta \sigma_i = \Delta x_i \Delta y_i$. 因此,在直角坐标系中,面积元素 $\mathrm{d}\sigma = \mathrm{d}x\mathrm{d}y$,于是,在直角坐标系下,二重积分也可表示为

$$\iint\limits_{D} f(x, y) \mathrm{d}x\mathrm{d}y.$$

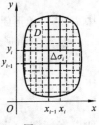

图 10.3

10.1.2　二重积分的性质

比较二重积分与定积分的定义可以推知,二重积分与定积分具有完全类似的性质,现在不加证明地叙述之. 在叙述二重积分的性质时,总是假设下列积分中所出现的被积函数 $f(x,y)$, $g(x,y)$ 均在有界闭区域 D 上可积.

性质 10.1.1　函数代数和的二重积分等于函数二重积分的代数和,即

$$\iint\limits_D [f(x,y)\pm g(x,y)]\mathrm{d}\sigma = \iint\limits_D f(x,y)\mathrm{d}\sigma \pm \iint\limits_D g(x,y)\mathrm{d}\sigma.$$

性质 10.1.2　被积函数中的常数因子可以提到二重积分的外面,即

$$\iint\limits_D kf(x,y)\mathrm{d}\sigma = k\iint\limits_D f(x,y)\mathrm{d}\sigma \quad (k \text{ 为常数}).$$

性质 10.1.3　若积分区域 D 的面积为 S_D,则

$$\iint\limits_D \mathrm{d}\sigma = \iint\limits_D 1\cdot\mathrm{d}\sigma = S_D.$$

例如, $\iint\limits_{x^2+y^2\leqslant 4} \mathrm{d}\sigma = 4\pi$; $\iint\limits_{|x|+|y|\leqslant 1} \mathrm{d}\sigma = 2.$

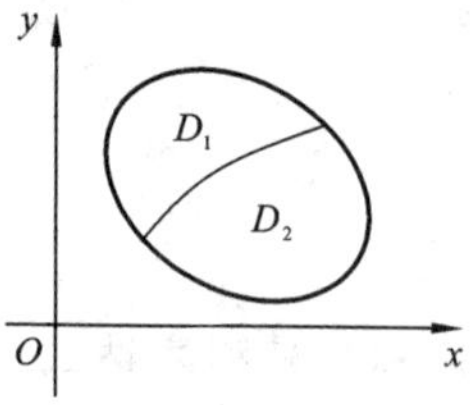

性质 10.1.4（对积分区域的可加性）　若积分区域 D 被一曲线分成两个闭区域 D_1 与 D_2(图 10.4),则

$$\iint\limits_D f(x,y)\mathrm{d}\sigma = \iint\limits_{D_1} f(x,y)\mathrm{d}\sigma + \iint\limits_{D_2} f(x,y)\mathrm{d}\sigma.$$

性质 10.1.5（保序性）　若在区域 D 上,恒有 $f(x,y)\leqslant g(x,y)$,则

$$\iint\limits_D f(x,y)\mathrm{d}\sigma \leqslant \iint\limits_D g(x,y)\mathrm{d}\sigma.$$

图 10.4

二重积分的保序性也称为**二重积分的单调性**. 特别地,有

$$\left|\iint\limits_D f(x,y)\mathrm{d}\sigma\right| \leqslant \iint\limits_D |f(x,y)|\,\mathrm{d}\sigma.$$

推论 10.1.1（严格保序性）　若在有界闭区域 D 上的连续函数 $f(x,y),g(x,y)$,恒有 $f(x,y)\leqslant g(x,y)$,且 $f(x,y)\not\equiv g(x,y)$,则有

$$\iint\limits_D f(x,y)\mathrm{d}\sigma < \iint\limits_D g(x,y)\mathrm{d}\sigma.$$

例 10.1.1　比较积分 $\iint\limits_D \ln(x+y)\mathrm{d}\sigma$ 与 $\iint\limits_D [\ln(x+y)]^2\mathrm{d}\sigma$ 的大小,其中 D 是三角形闭区域,三顶点各为 $(1,0),(1,1),(2,0)$ (图 10.5).

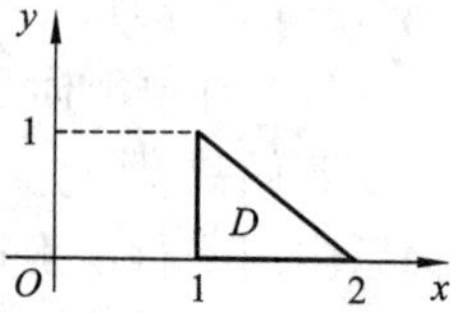

解　三角形斜边方程为 $x+y=2$,在 D 上有

$$1\leqslant x+y\leqslant 2 < \mathrm{e},$$

图 10.5

于是

$$0\leqslant \ln(x+y) < 1,$$

所以在区域 D 上有, $\ln(x+y)\geqslant[\ln(x+y)]^2$,又因 $\ln(x+y)\not\equiv[\ln(x+y)]^2$,故

$$\iint\limits_D \ln(x+y)\mathrm{d}\sigma > \iint\limits_D [\ln(x+y)]^2\mathrm{d}\sigma.$$

性质 10.1.6（估值定理） （1）若 M,m 分别是函数 $f(x,y)$ 在有界闭区域 D 上的最大值和最小值，S_D 为区域 D 的面积，则有

$$mS_D \leqslant \iint\limits_D f(x,y)\mathrm{d}\sigma \leqslant MS_D.$$

（2）若 M,m 分别是连续函数 $f(x,y)$ 在有界闭区域 D 上的最大值和最小值，且 $m<M,S_D$ 为区域 D 的面积，则有

$$mS_D < \iint\limits_D f(x,y)\mathrm{d}\sigma < MS_D.$$

例 10.1.2 估算积分 $\iint\limits_D \mathrm{e}^{x^2+y^2}\mathrm{d}\sigma$，其中 $D=\{(x,y) \mid 4x^2+y^2 \leqslant 4\}$.

解 先求被积函数 $z=\mathrm{e}^{x^2+y^2}$ 在积分区域 D 上的最大值 M 和最小值 m.

在椭圆区域 D 的内部，令 $z'_x=2x\mathrm{e}^{x^2+y^2}=0,z'_y=2y\mathrm{e}^{x^2+y^2}=0$，得驻点 $(0,0)$，在此点的函数值 $z(0,0)=1$.

在椭圆区域 D 的边界上，将边界曲线方程 $y^2=4-4x^2$ 代入到目标函数，得

$$z=\mathrm{e}^{4-3x^2} \quad (-1 \leqslant x \leqslant 1),$$

令 $\dfrac{\mathrm{d}z}{\mathrm{d}x}=-6x\mathrm{e}^{4-3x^2}=0$，得 $x=0$，此时得点 $(0,\pm 2)$，且 $z(0,\pm 2)=\mathrm{e}^4$，在端点 $x=\pm 1$，得点 $(\pm 1,0)$，且 $z(\pm 1,0)=\mathrm{e}$.

比较 $z(0,0)=1,z(0,\pm 2)=\mathrm{e}^4,z(\pm 1,0)=\mathrm{e}$ 可知函数 $z(x,y)$ 最大值与最小值分别为 $M=\mathrm{e}^4,m=1$，又椭圆区域 D 的面积为 $S=2\pi$，于是

$$2\pi < \iint\limits_D \mathrm{e}^{x^2+y^2}\mathrm{d}\sigma < 2\pi\mathrm{e}^4.$$

性质 10.1.7（二重积分的中值定理） 若函数 $f(x,y)$ 在有界闭区域 D 上连续，S_D 为区域 D 的面积，则在 D 内至少存在一点 (ξ,η) 使得

$$\iint\limits_D f(x,y)\mathrm{d}\sigma = f(\xi,\eta) \cdot S_D.$$

一般称 $f(\xi,\eta)$ 为连续函数 $z=f(x,y)$ 在有界闭区域 D 上的平均值，记作 $\overline{f(x,y)}$ 或 $\bar{z}$，即

$$\overline{f(x,y)} = \frac{1}{S_D}\iint\limits_D f(x,y)\mathrm{d}\sigma.$$

10.1.3 二重积分的几何意义

由二重积分定义知道，当 $f(x,y) \geqslant 0$ 时，二重积分 $\iint\limits_D f(x,y)\mathrm{d}\sigma$ 表示以连续曲面 $z=f(x,y)$ 为顶，以有界闭区域 D 为底的曲顶柱体的体积 V，即

$$\iint\limits_D f(x,y)\mathrm{d}\sigma = V.$$

当 $f(x,y) \leqslant 0$，以有界闭区域 D 为底的曲顶柱体就在 xOy 平面下方，则 $\iint\limits_D f(x,y)\mathrm{d}\sigma$ 就表示曲顶柱体的体积 V 的负值，即

$$\iint\limits_{D}f(x,y)\mathrm{d}\sigma=-V.$$

当 $f(x,y)$ 在 D 上变号时,则 $\iint\limits_{D}f(x,y)\mathrm{d}\sigma$ 表示以曲面 $z=f(x,y)$ 为顶,以有界闭区域 D 为底,以 D 的边界曲线为准线,母线平行于 z 轴的柱面为侧面所围成的立体体积的代数和(即位于 xOy 平面上方的立体体积与下方的立体体积之差).

例 10.1.3　利用二重积分的几何意义计算积分 $I=\iint\limits_{x^2+y^2\leqslant 9}\sqrt{9-x^2-y^2}\mathrm{d}\sigma$ 的值.

解　由于曲面 $z=\sqrt{9-x^2-y^2}$ 表示半径为 3 的上半球面,所以由二重积分的几何意义知,积分 I 等于以半径为 3 的上半球面 $z=\sqrt{9-x^2-y^2}$ 为顶,以 xOy 平面上的圆域 $D:x^2+y^2\leqslant 3^2$ 为底面所围成的上半球体的体积,即

$$I=\frac{1}{2}\cdot\frac{4}{3}\pi\cdot 3^3=18\pi.$$

10.1.4　二重积分的对称性

由二重积分的几何意义,可以得出如下重要结果.

(1) 若积分区域 D 关于 x 轴对称(图 10.6(a)),且被积函数 $f(x,y)$ 关于 y 具有奇偶性,则

$$\iint\limits_{D}f(x,y)\mathrm{d}\sigma=\begin{cases}0, & \text{当}\ f(x,-y)=-f(x,y)\ \text{时},\\ 2\iint\limits_{D_1}f(x,y)\mathrm{d}\sigma, & \text{当}\ f(x,-y)=f(x,y)\ \text{时},\end{cases}$$

这里 D_1 为区域 D 在 x 轴上侧部分的区域.

(2) 若积分区域 D 关于 y 轴对称(图 10.6(b)),且被积函数 $f(x,y)$ 关于 x 具有奇偶性,则

$$\iint\limits_{D}f(x,y)\mathrm{d}\sigma=\begin{cases}0, & \text{当}\ f(-x,y)=-f(x,y)\ \text{时},\\ 2\iint\limits_{D_2}f(x,y)\mathrm{d}\sigma, & \text{当}\ f(-x,y)=f(x,y)\ \text{时},\end{cases}$$

这里 D_2 为区域 D 在 y 轴右侧部分的区域.

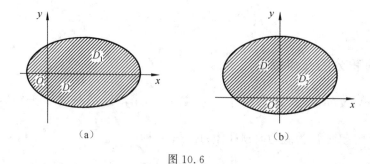

图 10.6

上述结果一般称为**二重积分的对称性**.运用该性质时,必须兼顾积分区域的对称性与被积函数的奇偶性两个方面.

例 10.1.4 计算二重积分 $I = \iint\limits_D (5 + xy^2 + y^3 e^x)d\sigma$，其中 $D: x^2 + y^2 \leqslant 2$.

解 由于积分区域 D 关于 y 轴对称，而 xy^2 关于 x 为奇函数，所以 $\iint\limits_D xy^2 d\sigma = 0$，又由于积分区域 D 关于 x 轴对称，而 $y^3 e^x$ 关于 y 为奇函数，所以 $\iint\limits_D y^3 e^x d\sigma = 0$，于是有

$$I = \iint\limits_D 5d\sigma + \iint\limits_D xy^2 d\sigma + \iint\limits_D y^3 e^x d\sigma = 5 \cdot \pi (\sqrt{2})^2 + 0 + 0 = 10\pi.$$

例 10.1.5 设 $f(x,y)$ 为 D 上的连续函数，其中 $D = \{(x,y) \mid x^2 + y^2 \leqslant 1\}$，且

$$f(x,y) = e^y \sin x + \sqrt{1 - x^2 - y^2} - \frac{1}{\pi}\iint\limits_D f(x,y)d\sigma.$$

求 $f(x,y)$.

解 注意到二重积分 $\iint\limits_D f(x,y)d\sigma$ 是一个常数. 不妨设 $\iint\limits_D f(x,y)d\sigma = k$，则有

$$f(x,y) = e^y \sin x + \sqrt{1 - x^2 - y^2} - \frac{1}{\pi}k,$$

等式两边在区域 D 上求二重积分，有

$$\iint\limits_D f(x,y)d\sigma = \iint\limits_D e^y \sin x d\sigma + \iint\limits_D \sqrt{1 - x^2 - y^2}d\sigma - \frac{k}{\pi}\iint\limits_D d\sigma,$$

由二重积分的对称性、几何意义及性质分别可知

$$\iint\limits_D e^y \sin x d\sigma = 0, \quad \iint\limits_D \sqrt{1 - x^2 - y^2}d\sigma = \frac{1}{2} \cdot \frac{4}{3}\pi 1^3 = \frac{2}{3}\pi, \quad \iint\limits_D d\sigma = \pi \cdot 1^2 = \pi.$$

从而上式变为 $k = 0 + \dfrac{2\pi}{3} - k$，解得 $k = \dfrac{\pi}{3}$，故

$$f(x,y) = e^y \sin x + \sqrt{1 - x^2 - y^2} - \frac{1}{3}.$$

习 题 10.1

（A）

1. 利用二重积分的性质，比较下列积分的大小：

(1) $I_1 = \iint\limits_D (x+y)d\sigma$ 与 $I_2 = \iint\limits_D (x+y)^3 d\sigma$，其中 D 是由 x 轴、y 轴及直线 $x+y=1$ 围成的闭区域；

(2) $I_1 = \iint\limits_D \ln(x+y)d\sigma$ 与 $I_2 = \iint\limits_D [\ln(x+y)]^2 d\sigma$，其中 $D = \{(x,y) \mid 3 \leqslant x \leqslant 5, 0 \leqslant y \leqslant 1\}$.

2. 利用二重积分的性质估计 $I = \iint\limits_D (2x^2 + y^2 + 9)d\sigma$ 的大小，其中 $D = \{(x,y) \mid x^2 + y^2 \leqslant 9\}$.

3. 利用二重积分的性质、对称性或结合几何意义求下列积分：

(1) $I = \iint\limits_D (3 + y\sin x)d\sigma$，其中 D 是以 $(0,-1),(0,1)$ 和 $(1,0)$ 为顶点的三角形闭区域；

(2) $I = \iint\limits_{x^2+y^2 \leqslant 2} (x + \sqrt{2-x^2})^2 d\sigma$;   (3) $I = \iint\limits_{|x|+|y| \leqslant 1} (e^{y^2}\sin x + y\sqrt{2+x^2+y^2})d\sigma$;

(4) $I = \iint\limits_{x^2+y^2 \leqslant 1} (8 + x + y^3 + \sqrt{1-x^2-y^2})d\sigma$;

(5) $I = \iint\limits_{D} x \ln(y + \sqrt{1+y^2}) \mathrm{d}\sigma$，其中 D 是由 $y = x, y = 1, x = -1$ 围成的闭区域.

4. 已知 $F(x,y) = \mathrm{e}^{xy^2} + \iint\limits_{|x|+|y|\leqslant 1} f(x,y)\mathrm{d}\sigma$，其中 $f(x,y)$ 在 D 上连续，求 $F'_x(1,1) + F'_y(1,1)$.

（B）

1. 设 $f(x,y)$ 在 xOy 平面上连续，且 $f(0,0) = \sqrt{2}$，试求 $I = \lim\limits_{t \to 0^+} \dfrac{1}{\pi t^2} \iint\limits_{x^2+y^2 \leqslant t^2} f(x,y)\mathrm{d}\sigma$.

2. 设 $f(x) = g(x) = \begin{cases} \mathrm{e}, & 若\ 0 \leqslant x \leqslant 1, \\ 0, & 其他, \end{cases}$ 而 D 表示全平面，求 $I = \iint\limits_{D} f(x)g(y-x)\mathrm{d}\sigma$.

10.2　二重积分的计算

　　和定积分一样，二重积分作为和式的极限，一般利用定义是很难计算二重积分的，只有像例 10.1.3，例 10.1.4 等被积函数与积分区域有某些特性时，才能用定义或性质直接计算，因此需要寻求一些更为有效的计算二重积分的方法. 本节我们将从二重积分的几何意义出发，介绍计算二重积分两种切实可行的方法. 其基本思想是将二重积分转化为计算两次定积分（或二次积分或累次积分）. 最后再介绍二重积分的一些简单应用及简单的广义二重积分.

10.2.1　直角坐标系下二重积分的计算方法

　　设被积函数 $z = f(x,y)$ 在有界闭区域 D 上连续，且有 $f(x,y) \geqslant 0$.

　　1. 若积分区域 D 可用不等式表示为 $D: \varphi_1(x) \leqslant y \leqslant \varphi_2(x), a \leqslant x \leqslant b$

　　即积分区域 D 是由两条曲线 $y = \varphi_1(x), y = \varphi_2(x)$ $(\varphi_1(x) \leqslant \varphi_2(x))$ 及两条直线 $x = a, x = b$ $(a < b)$ 围成的（图 10.7），其中函数 $y = \varphi_1(x), y = \varphi_2(x)$ 在区间 $[a,b]$ 上单值连续.

　　图 10.7 所示的区域 D 常称为 **x 型区域**，其特点是：任何一条穿过 D 内部且垂直于 x 轴的直线与区域 D 的边界至多交于两点.

　　由二重积分的几何意义，$\iint\limits_{D} f(x,y)\mathrm{d}\sigma$ 的值等于以 D 为底，以曲面 $z = f(x,y)$ 为顶的曲顶柱体（图 10.8）的体积，即 $V = \iint\limits_{D} f(x,y)\mathrm{d}\sigma$.

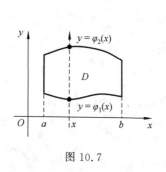

图 10.7

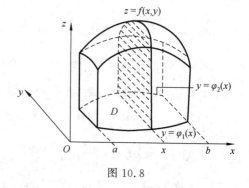

图 10.8

　　现在采用定积分中平行截面面积为已知函数时，立体体积的求法来重新计算该曲顶柱体的体积. 在区间 $[a,b]$ 上任取一点 x, 过点 x 作垂直于 x 轴的平面, 该平面截曲顶柱体所得截面是以区间 $[\varphi_1(x),\varphi_2(x)]$ 为底, 以曲线 $z=f(x,y)$ 为曲边的曲边梯形(图 10.8 中阴影), 其面积为 $S(x)$, 由定积分的几何意义可知, 该截面的面积为

$$S(x) = \int_{\varphi_1(x)}^{\varphi_2(x)} f(x,y)\mathrm{d}y,$$

根据平行截面面积为已知时立体体积的计算方法, 得曲顶柱体体积为

$$V = \int_a^b S(x)\mathrm{d}x = \int_a^b \left[\int_{\varphi_1(x)}^{\varphi_2(x)} f(x,y)\mathrm{d}y\right]\mathrm{d}x,$$

于是, 得到计算二重积分的公式

$$\iint\limits_D f(x,y)\mathrm{d}\sigma = \int_a^b \left[\int_{\varphi_1(x)}^{\varphi_2(x)} f(x,y)\mathrm{d}y\right]\mathrm{d}x,$$

或简记为

$$\iint\limits_D f(x,y)\mathrm{d}\sigma = \int_a^b \mathrm{d}x \int_{\varphi_1(x)}^{\varphi_2(x)} f(x,y)\mathrm{d}y. \tag{10.2.1}$$

式(10.2.1) 右端是**二次积分**: 在被积函数 $f(x,y)$ 中, 把 x 看作常量, 先对 y 积分, 积分的结果是 x 的函数, 然后再对 x 积分. 它说明二重积分可以化成为先对 y, 后对 x 的两次定积分来计算, 这种方法称为**二次积分法或累次积分法**.

在上述讨论中假设 $f(x,y) \geqslant 0$, 若去掉此条件, 公式(10.2.1) 仍然成立.

2. 若积分区域 D 可用不等式表示为 $D: \psi_1(y) \leqslant x \leqslant \psi_2(y), c \leqslant y \leqslant d$

即区域 D 是由两条曲线 $x = \psi_1(y)$, $x = \psi_2(y)$ $(\psi_1(y) \leqslant \psi_2(y))$ 及两条直线 $y=c$, $y=d$ $(c<d)$ 围成的(图 10.9), 其中函数 $x = \psi_1(y)$, $x = \psi_2(y)$ 在区间 $[c,d]$ 上单值连续.

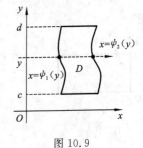

图 10.9 所示的区域 D 常称为 **y 型区域**, 其特点是任何一条穿过 D 内部且垂直于 y 轴的直线与区域 D 的边界至多交于两点.

对于 y 型区域, 类似地有计算二重积分的公式

$$\iint\limits_D f(x,y)\mathrm{d}\sigma = \int_c^d \mathrm{d}y \int_{\psi_1(y)}^{\psi_2(y)} f(x,y)\mathrm{d}x. \tag{10.2.2}$$

图 10.9

式(10.2.2) 右端是先对 x, 后对 y 的二次积分.

3. 二重积分化为二次积分时应注意的问题

(1) 式(10.2.1) 只适用于积分区域 D 为 x 型的积分区域, 而式(10.2.2) 只适应于积分区域 D 为 y 型的积分区域.

(2) 若 D 既是 x 型又是 y 型的积分区域(图 10.10), 此时需视被积函数 $f(x,y)$ 的结构特征, 选用式(10.2.1) 或式(10.2.2). 选择积分次序的基本原则为: 区域 D 少分块; 且第一次积分易求原函数, 同时第一次的积分结果应便于第二次积分计算.

(3) 若积分区域 D 既非 x 型又非 y 型区域(图 10.11). 通常需将区域 D 划分成若干个子区域, 使得每个子区域为 x 型或 y 型区域(图 10.11 中分成三个 x 型区域), 从而在每个子区域上可将二重积分化为二次积分, 再利用二重积分对积分区域的可加性, 将这些子区域上的二重积分的计算结果相加, 就可以得到整个区域 D 上的二重积分.

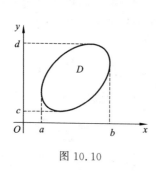

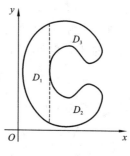

图 10.10

图 10.11

（4）将二重积分化为二次积分其关键是确定积分限,以公式(10.2.1)为例,当区域 D 为 x 型区域时,其积分顺序是先对 y 后对 x,确定积分限的规则是:

先画出积分区域的草图并标出边界曲线;再在区域 D 内任一点处作平行于 y 轴且与 y 轴同向(由下向上或按 y 增加的方向)的直线,它与 D 的边界先相交的边界线 $y = \varphi_1(x)$(又称入口线)作为第一次积分的下限,与 D 的边界后相交的边界线 $y = \varphi_2(x)$(又称出口线)作为上限;最后再对 x 积分时,其积分下限取自区域 D 的点中 x 坐标的最小值 a,积分上限取自区域 D 的点中 x 坐标的最大值 b(或区域 D 在 x 轴上投影区间$[a,b]$就是 x 的积分区间).

（5）把二重积分化为二次积分时,第一次积分的上、下限一般为第二次积分变量的函数,而第二次积分的上、下限一定为常数,且二次积分中的所有上限不小于对应的下限.

例 10.2.1　计算 $I = \iint\limits_{D} \dfrac{x^2}{1+y^2}\mathrm{d}\sigma$,其中 $D = \{(x,y) \mid 0 \leqslant x \leqslant 2, 0 \leqslant y \leqslant 1\}$.

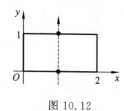

图 10.12

解　D 是矩形区域(图 10.12),它既是 x 型域又是 y 型域,若先对 y 积分,后对 x 积分,则

$$I = \int_0^2 \mathrm{d}x \int_0^1 \frac{x^2}{1+y^2}\mathrm{d}y = \int_0^2 x^2 \arctan y \Big|_0^1 \mathrm{d}x$$
$$= \frac{\pi}{4}\int_0^2 x^2 \mathrm{d}x = \frac{2\pi}{3}.$$

例 10.2.2　计算 $I = \iint\limits_{D} xy\mathrm{d}\sigma$,其中 D 是由直线 $y = 1, x = 2$ 及抛物线 $x = \sqrt{y}$ 所围成的闭区域.

解　区域 D 如图 10.13 所示,D 既是 x 型又是 y 型的积分区域. 若把 D 看成是 x 型区域,D 用不等式表示为 $1 \leqslant y \leqslant x^2, 1 \leqslant x \leqslant 2$,于是

$$I = \int_1^2 \mathrm{d}x \int_1^{x^2} xy\mathrm{d}y = \int_1^2 x \cdot \frac{1}{2}y^2 \Big|_1^{x^2} \mathrm{d}x = \frac{1}{2}\int_1^2 (x^5 - x)\mathrm{d}x = 4\,\frac{1}{2}.$$

若把 D 看成是 y 型区域,用不等式表示为 $\sqrt{y} \leqslant x \leqslant 2, 1 \leqslant y \leqslant 4$,于是

$$I = \int_1^4 \mathrm{d}y \int_{\sqrt{y}}^2 xy\mathrm{d}x = \int_1^4 y \cdot \frac{1}{2}x^2 \Big|_{\sqrt{y}}^2 \mathrm{d}y = \frac{1}{2}\int_1^4 (4y - y^2)\mathrm{d}y = 4\,\frac{1}{2}.$$

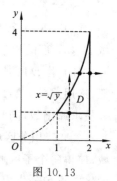

图 10.13

例 10.2.3　计算 $I = \iint\limits_{D} \dfrac{x}{y^2}\mathrm{d}\sigma$,其中 D 是由双曲线 $xy = 1$ 和直线 $y = x$,$x = 2$ 所围成的闭区域.

解 积分区域 D 既是 x 型又是 y 型的积分区域.

若把积分区域 D 看作是 x 型区域(图 10.14(a)),即

$$D: \frac{1}{x} \leqslant y \leqslant x, \quad 1 \leqslant x \leqslant 2,$$

于是

$$I = \int_1^2 \mathrm{d}x \int_{\frac{1}{x}}^x \frac{x}{y^2} \mathrm{d}y = \int_1^2 x \cdot \left(-\frac{1}{y} \right) \Big|_{\frac{1}{x}}^x \mathrm{d}x = \int_1^2 (-1 + x^2) \mathrm{d}x = \frac{4}{3}.$$

若把积分区域 D 看作 y 型区域(图 10.14(b)),需用直线 $y = 1$ 将区域 D 划分为 D_1 与 D_2 两个子区域.

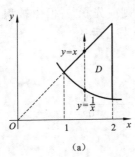 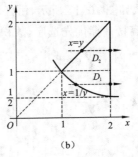

(a)   (b)

图 10.14

$$D_1: \frac{1}{y} \leqslant x \leqslant 2, \quad \frac{1}{2} \leqslant y \leqslant 1; \quad D_2: y \leqslant x \leqslant 2, \quad 1 \leqslant y \leqslant 2,$$

于是

$$I = \iint_{D_1} \frac{x}{y^2} \mathrm{d}\sigma + \iint_{D_2} \frac{x}{y^2} \mathrm{d}\sigma = \int_{\frac{1}{2}}^1 \mathrm{d}y \int_{\frac{1}{y}}^2 \frac{x}{y^2} \mathrm{d}x + \int_1^2 \mathrm{d}y \int_y^2 \frac{x}{y^2} \mathrm{d}x$$

$$= \int_{\frac{1}{2}}^1 \frac{1}{y^2} \cdot \left(\frac{1}{2} x^2 \right) \Big|_{\frac{1}{y}}^2 \mathrm{d}y + \int_1^2 \frac{1}{y^2} \cdot \left(\frac{1}{2} x^2 \right) \Big|_y^2 \mathrm{d}y = \frac{4}{3}.$$

显然积分区域 D 看成 y 型区域要比看作是 x 型区域运算麻烦一些.

例 10.2.4 计算 $I = \iint_D y \sqrt{1 + x^2 - y^2} \mathrm{d}\sigma$,其中 D 是由直线 $y = x$, $y = 1$ 和 $x = -1$ 所围成的闭区域.

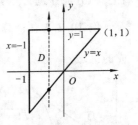

图 10.15

解 积分区域 D 如图 10.15 所示,它既是 x 型又是 y 型的积分区域. 考虑到被积函数的特点,可知先对 y 积分比较简便. 此时区域 D 看作 x 型区域,即

$$D: x \leqslant y \leqslant 1, \quad -1 \leqslant x \leqslant 1,$$

于是

$$I = \int_{-1}^1 \mathrm{d}x \int_x^1 y \sqrt{1 + x^2 - y^2} \mathrm{d}y = -\frac{1}{2} \int_{-1}^1 \mathrm{d}x \int_x^1 \sqrt{1 + x^2 - y^2} \mathrm{d}(1 + x^2 - y^2)$$

$$= -\frac{1}{2} \int_{-1}^1 \frac{2}{3} (1 + x^2 - y^2)^{\frac{3}{2}} \Big|_x^1 \mathrm{d}x = -\frac{1}{3} \int_{-1}^1 (|x|^3 - 1) \mathrm{d}x = \frac{1}{2}.$$

当我们熟练以后,便可以根据积分区域的图形直接写出二次积分,而不必写出区域 D 的不等式表示.

例 10.2.5 计算 $I = \iint_D \cos y^2 \mathrm{d}\sigma$,其中 D 是由直线 $y = x, x = 0, y = 1$ 围成的闭区域.

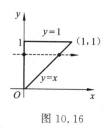

图 10.16

解　积分区域 D 如图 10.16 所示.

由于 $\int \cos y^2 \mathrm{d}y$ 不能用初等函数表示,所以积分 $\int \cos y^2 \mathrm{d}y$ 积不出来,不能先对 y 积分,应把积分区域 D 看成是 y 型区域,先对 x 积分后再对 y 积分.

$$I = \int_0^1 \mathrm{d}y \int_0^y \cos y^2 \mathrm{d}x = \int_0^1 y \cos y^2 \mathrm{d}y = \frac{1}{2}\sin y^2 \Big|_0^1 = \frac{1}{2}\sin 1.$$

例 10.2.6　计算 $I = \iint\limits_D \sqrt{1-y^2}\,\mathrm{d}\sigma$,其中 D 是由 $y = \sqrt{1-x^2}$ 与 $y = x$, $x = 0$ 所围成的区域.

解　积分区域如图 10.17 所示,由区域少分块原则应先积 y;但由被积函数特点,应先积 x. 此时应以积分容易计算优先选序,故积分次序选为先 x 后 y.

$$I = \iint\limits_{D_1} \sqrt{1-y^2}\,\mathrm{d}\sigma + \iint\limits_{D_2} \sqrt{1-y^2}\,\mathrm{d}\sigma$$

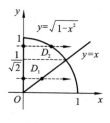

图 10.17

$$= \int_0^{\frac{1}{\sqrt{2}}} \mathrm{d}y \int_0^y \sqrt{1-y^2}\,\mathrm{d}x + \int_{\frac{1}{\sqrt{2}}}^1 \mathrm{d}y \int_0^{\sqrt{1-y^2}} \sqrt{1-y^2}\,\mathrm{d}x$$

$$= \int_0^{\frac{1}{\sqrt{2}}} y\sqrt{1-y^2}\,\mathrm{d}y + \int_{\frac{1}{\sqrt{2}}}^1 (1-y^2)\,\mathrm{d}y$$

$$= -\frac{1}{3}(1-y^2)^{\frac{3}{2}}\Big|_0^{\frac{1}{\sqrt{2}}} + \left(y - \frac{1}{3}y^3\right)\Big|_{\frac{1}{\sqrt{2}}}^1 = 1 - \frac{\sqrt{2}}{2}.$$

由上述例 10.2.3 ～ 10.2.6 可以看出,将二重积分化为二次积分在选择积分次序时,既要根据区域 D 的形状,又要注意被积函数的特点. 一般地,根据区域 D 的形状选择积分次序时,原则是对区域 D 不分块或者少分块,将区域 D 分块时,需用平行于 x 轴或平行于 y 轴的直线进行分块;当积分区域 D 对积分次序无影响时,应从被积函数着眼选择积分次序,原则是第一次积分要容易计算,同时第一次积分结果应便于第二次积分的计算. 换句话讲,应以计算简便或者使积分能够进行运算为选序原则. 因此,二重积分计算可归纳为三步:**画域**、**选序**、**定限**.

例 10.2.7　计算 $I = \iint\limits_D (xy^2 + 3y)\,\mathrm{d}\sigma$,其中 D 是由 $x = \sqrt{1+y^2}$, $x = -\sqrt{2}y$, $x = \sqrt{2}y$ 围成的区域.

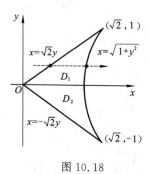

图 10.18

解　积分区域 D 如图 10.18 所示. 由区域 D 特征可知,先对 x 或先对 y 积分,都必须对区域进行分块. 从被积函数 $f(x,y) = xy^2 + 3y$ 观察积分次序可任选. 但注意到区域的对称性,可考虑被积函数的奇偶性. 由于

$$I = \iint\limits_D (xy^2 + 3y)\,\mathrm{d}\sigma = \iint\limits_D xy^2\,\mathrm{d}\sigma + \iint\limits_D 3y\,\mathrm{d}\sigma,$$

且区域 D 关于 x 轴对称,而第二个积分的被积函数关于 y 为奇函数,所以 $\iint\limits_D 3y\,\mathrm{d}\sigma = 0$. 第一个积分的被积函数关于 y 为偶函数,用 x 轴将 D 分成 D_1, D_2. 由对称性知 $\iint\limits_D xy^2\,\mathrm{d}\sigma = 2\iint\limits_{D_1} xy^2\,\mathrm{d}\sigma$,于是

$$I = \iint\limits_{D} xy^2 \, \mathrm{d}\sigma + \iint\limits_{D_1} 3y \, \mathrm{d}\sigma = 2\iint\limits_{D} xy^2 \, \mathrm{d}\sigma + 0 = 2\int_0^1 \mathrm{d}y \int_{\sqrt{2}y}^{\sqrt{1+y^2}} xy^2 \, \mathrm{d}x = \int_0^1 (y^2 - y^4) \, \mathrm{d}y = \frac{2}{15}.$$

例 10.2.8 交换下列二次积分的积分次序:

(1) $I = \int_1^e \mathrm{d}x \int_0^{\ln x} f(x,y) \, \mathrm{d}y$; (2) $I = \int_0^1 \mathrm{d}y \int_{\sqrt{y}}^{2-y} f(x,y) \, \mathrm{d}x$.

解 交换二次积分次序的一般步骤为:先由所给的二次积分的上、下限写出表示区域 D 的不等式组,依据不等式组画出积分区域 D 的草图;再将二次积分化为二重积分,最后将二重积分按另一积分次序化为二次积分.

(1) $I = \int_1^e \mathrm{d}x \int_0^{\ln x} f(x,y) \, \mathrm{d}y = \iint\limits_{D} f(x,y) \, \mathrm{d}\sigma$.

由所给二次积分的上、下限可知,积分区域 D 可表示为

$$D: 0 \leqslant y \leqslant \ln x, \quad 1 \leqslant x \leqslant e \quad (\text{图 10.19}).$$

故积分区域 D 也可表示为 $D: \mathrm{e}^y \leqslant x \leqslant \mathrm{e}, 0 \leqslant y \leqslant 1$,于是

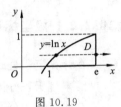

图 10.19

$$\int_1^e \mathrm{d}x \int_0^{\ln x} f(x,y) \, \mathrm{d}y = \int_0^1 \mathrm{d}y \int_{\mathrm{e}^y}^{\mathrm{e}} f(x,y) \, \mathrm{d}x.$$

(2) 由所给二次积分的上、下限可知,积分区域 D 可表示为

$$D: \sqrt{y} \leqslant x \leqslant 2-y, \quad 0 \leqslant y \leqslant 1 \quad (\text{图 10.20}),$$

为了先对 y 积分,用直线 $x=1$ 将积分域 D 分为 D_1 与 D_2,其中

$$D_1: 0 \leqslant y \leqslant x^2, \quad 0 \leqslant x \leqslant 1;$$
$$D_2: 0 \leqslant y \leqslant 2-x, \quad 1 \leqslant x \leqslant 2.$$

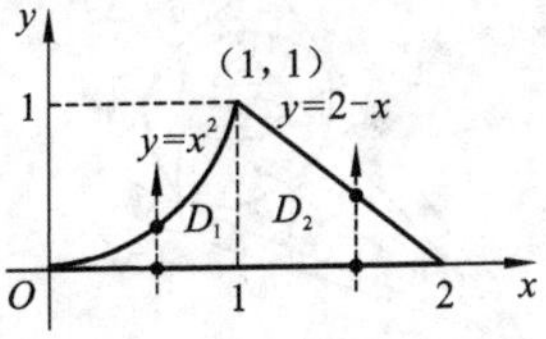

图 10.20 故有

$$\int_0^1 \mathrm{d}y \int_{\sqrt{y}}^{2-y} f(x,y) \, \mathrm{d}x = \int_0^1 \mathrm{d}x \int_0^{x^2} f(x,y) \, \mathrm{d}y + \int_1^2 \mathrm{d}x \int_0^{2-x} f(x,y) \, \mathrm{d}y.$$

例 10.2.9 计算 $I = \int_0^1 \mathrm{d}x \int_{x^2}^1 \frac{xy}{\sqrt{1+y^3}} \, \mathrm{d}y$.

解 对于直接计算二次积分,按照题目给定的次序往往难以求解,一般要考虑交换积分次序. 由二次积分的积分上下限可知,二次积分对应的二重积分的积分区域 D 可表示为 $D: 0 \leqslant x \leqslant 1, x^2 \leqslant y \leqslant 1$(图 10.21). 于是

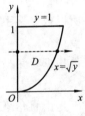

图 10.21

$$I = \int_0^1 \mathrm{d}y \int_0^{\sqrt{y}} \frac{xy}{\sqrt{1+y^3}} \, \mathrm{d}x = \int_0^1 \frac{y}{\sqrt{1+y^3}} \cdot \left(\frac{1}{2} x^2\right)\Big|_0^{\sqrt{y}} \, \mathrm{d}y = \frac{1}{2} \int_0^1 \frac{y^2}{\sqrt{1+y^3}} \, \mathrm{d}y$$

$$= \frac{1}{6} \int_0^1 \frac{1}{\sqrt{1+y^3}} \, \mathrm{d}(1+y^3) = \frac{1}{3} \sqrt{y^3+1} \Big|_0^1 = \frac{\sqrt{2}-1}{3}.$$

例 10.2.10 计算 $I = \iint\limits_{D} |y - x^2| \, \mathrm{d}\sigma$,其中 $D = \{(x,y) \mid 0 \leqslant x \leqslant 1, 0 \leqslant y \leqslant 2\}$.

解 被积函数带有绝对值,应当作分区域函数看待. 为去掉绝对值,用曲线 $y = x^2$ 将积分区域 D 划分成两个小区域 D_1 和 D_2,如图 10.22 所示.

$$D_1 = \{(x,y) \mid 0 \leqslant y \leqslant x^2, 0 \leqslant x \leqslant 1\},$$
$$D_2 = \{(x,y) \mid x^2 \leqslant y \leqslant 2, 0 \leqslant x \leqslant 1\}.$$

于是

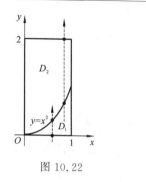

图 10.22

$$I = \iint\limits_{D_1} |\, y - x^2\,|\, \mathrm{d}\sigma + \iint\limits_{D_2} |\, y - x^2\,|\, \mathrm{d}\sigma$$

$$= \iint\limits_{D_1} (x^2 - y)\mathrm{d}\sigma + \iint\limits_{D_2} (y - x^2)\mathrm{d}\sigma$$

$$= \int_0^1 \mathrm{d}x \int_0^{x^2} (x^2 - y)\mathrm{d}y + \int_0^1 \mathrm{d}x \int_{x^2}^2 (y - x^2)\mathrm{d}y$$

$$= \frac{1}{2}\int_0^1 x^4 \mathrm{d}x + \int_0^1 \left(2 - 2x^2 + \frac{1}{2}x^4\right)\mathrm{d}x = \frac{23}{15}.$$

10.2.2　极坐标系下二重积分的计算方法

在计算定积分时,困难往往在于被积函数,而计算二重积分时,困难不仅来自被积函数,而且可能来自于积分区域 D.

有些二重积分,当积分区域 D 的边界曲线用极坐标方程表示比较简单,或被积函数用极坐标变量表达比较简单时,此时可考虑采用极坐标来计算二重积分.

由于二重积分与积分区域 D 的分割方式无关,在极坐标系下,可用以极点 O 为圆心的一族同心圆: $r =$ 常数和从极点 O 出发的一族射线: $\theta =$ 常数,将区域 D 分割成很多小区域(图 10.23).

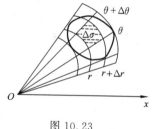

图 10.23

将极角分别为 θ 与 $\theta + \Delta\theta$ 的两条射线和半径分别为 r 与 $r + \Delta r$ 的两条圆弧所围成的小区域的面积记为 $\Delta\sigma$,则由扇形面积公式有

$$\Delta\sigma = \frac{1}{2}(r + \Delta r)^2 \Delta\theta - \frac{1}{2}r^2 \Delta\theta = r\Delta r \cdot \Delta\theta + \frac{1}{2}(\Delta r)^2 \Delta\theta.$$

当分割细度趋于 0 时,亦有 $\Delta r \to 0, \Delta\theta \to 0$ 时,略去高阶无穷小 $\frac{1}{2}(\Delta r)^2 \Delta\theta$,则 $\Delta\sigma \approx r \cdot \Delta r \cdot \Delta\theta$. 所以极坐标系下的面积(微元)元素为

$$\mathrm{d}\sigma = r\mathrm{d}r \cdot \mathrm{d}\theta = r\mathrm{d}r\mathrm{d}\theta.$$

再根据直角坐标与极坐标的关系式

$$x = r\cos\theta, \quad y = r\sin\theta,$$

于是由直角坐标系下的二重积分转化为极坐标系下的二重积分的公式为

$$\iint\limits_D f(x,y)\mathrm{d}\sigma = \iint\limits_D f(r\cos\theta, r\sin\theta)r\mathrm{d}r\mathrm{d}\theta. \tag{10.2.3}$$

极坐标系下的二重积分,同样可以化为二次积分进行计算,通常是选择先对 r 积分后对 θ 积分的次序. 一般有以下三种情形.

1. 极点 O 在 D 的外部

若积分区域 D 在极坐标系下可用不等式表示为

$$\varphi_1(\theta) \leqslant r \leqslant \varphi_2(\theta), \quad \alpha \leqslant \theta \leqslant \beta,$$

即积分区域 D 是由两条曲线 $r = \varphi_1(\theta), r = \varphi_2(\theta)$ 和两条射线 $\theta = \alpha, \theta = \beta$ 围成的(图 10.24),其中函数 $r = \varphi_1(\theta), r = \varphi_2(\theta)$ 在区间 $[\alpha, \beta]$ 上均为单值连续函数,则

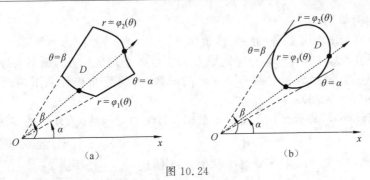

图 10.24

$$\iint\limits_{D} f(r\cos\theta, r\sin\theta)r\mathrm{d}r\mathrm{d}\theta = \int_{\alpha}^{\beta} \mathrm{d}\theta \int_{\varphi_1(\theta)}^{\varphi_2(\theta)} f(r\cos\theta, r\sin\theta)r\mathrm{d}r,$$

其中二次积分定限方法是:从极点 O 出发任作一条穿过区域 D 的射线,该射线与区域 D 的边界先交的曲线(又称入口线)作为第一个积分的下限,后相交的曲线(又称出口线)为上限,而第二个积分的下限和上限是从区域 D 边界的最小极角 α 到最大极角 β.

2. 极点 O 在 D 的边界上

若积分区域 D 在极坐标系下可用不等式表示为

$$0 \leqslant r \leqslant \varphi(\theta), \alpha \leqslant \theta \leqslant \beta.$$

即积分区域 D 由一条曲线 $r = \varphi(\theta)$ 和两条射线 $\theta = \alpha, \theta = \beta$ 围成(图 10.25),其中函数 $r = \varphi(\theta)$ 在区间 $[\alpha, \beta]$ 上为单值连续函数. 则

$$\iint\limits_{D} f(r\cos\theta, r\sin\theta)r\mathrm{d}r\mathrm{d}\theta = \int_{\alpha}^{\beta} \mathrm{d}\theta \int_{0}^{\varphi(\theta)} f(r\cos\theta, r\sin\theta)r\mathrm{d}r.$$

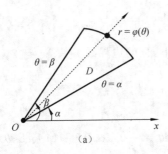

图 10.25

3. 极点 O 在 D 的内部

若积分区域 D 在极坐标系下可用不等式表示为

$$0 \leqslant r \leqslant \varphi(\theta), \quad 0 \leqslant \theta \leqslant 2\pi.$$

即积分区域 D 是由一条单值连续曲线 $r = \varphi(\theta), 0 \leqslant \theta \leqslant 2\pi$ 围成的 (图 10.26). 则

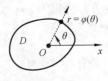

图 10.26

$$\iint\limits_{D} f(r\cos\theta, r\sin\theta)r\mathrm{d}r\mathrm{d}\theta = \int_{0}^{2\pi} \mathrm{d}\theta \int_{0}^{\varphi(\theta)} f(r\cos\theta, r\sin\theta)r\mathrm{d}r.$$

在什么情况下,利用极坐标系计算二重积分简洁呢?一般说来,当积分区域 D 的边界含有圆弧或区域 D 的边界线方程用极坐标表示比较简单;或当被积函数中含有 $x^2 \pm y^2, \dfrac{y}{x}, x^n y^m$ $(m, n \in \mathbf{N})$ 等形式时,可以考虑用极坐标系. 如果两个条件同时兼备时,可以肯定,用极坐标计

算二重积分较为简单.

利用极坐标系计算二重积分的一般步骤如下:

(1) 画出积分区域 D 的草图,并将区域 D 边界线的直角坐标方程改写为极坐标方程;

(2) 将被积函数表示成极坐标系下 r,θ 的函数,并将直角坐标系下的面积元素表示成 $r\mathrm{d}\theta\mathrm{d}r$,即 $\mathrm{d}\sigma = \mathrm{d}x\mathrm{d}y = r\mathrm{d}\theta\mathrm{d}r$;

(3) 根据积分区域,将极坐标系下的二重积分转化为先 r,后 θ 次序下的二次积分并逐次计算积分.

例 10.2.11　计算 $I = \iint\limits_{D} \mathrm{e}^{-x^2-y^2}\mathrm{d}\sigma$, 其中 D 为圆域 $x^2 + y^2 \leqslant a^2 \ (a > 0)$.

解　在极坐标系下,区域 D 的边界曲线 $x^2 + y^2 = a^2$ 的方程为 $r = a$. 区域 D 可表示为

$$D: 0 \leqslant r \leqslant a, \quad 0 \leqslant \theta \leqslant 2\pi.$$

于是有

$$I = \iint\limits_{D} \mathrm{e}^{-r^2} r\mathrm{d}r\mathrm{d}\theta = \int_0^{2\pi}\mathrm{d}\theta\int_0^a \mathrm{e}^{-r^2} r\mathrm{d}r = \int_0^{2\pi}\left[-\frac{1}{2}\mathrm{e}^{-r^2}\right]\Big|_0^a \mathrm{d}\theta = \pi(1 - \mathrm{e}^{-a^2}).$$

例 10.2.12　计算 $I = \iint\limits_{D} \sqrt{x^2 + y^2}\mathrm{d}\sigma$,其中积分区域 D 分别为:

(1) $D = \{(x,y) \mid 1 \leqslant x^2 + y^2 \leqslant 4\}$;　　　　(2) $D = \{(x,y) \mid x^2 + y^2 \leqslant 2y\}$;

(3) $D = \{(x,y) \mid x \leqslant x^2 + y^2 \leqslant 2x\}$;　　　　(4) $D = \{(x,y) \mid y \leqslant x^2 + y^2 \leqslant 1\}$.

解　(1) 积分区域 D 如图 10.27 所示,在极坐标系下 D 内、外边界圆方程分别为 $r = 1$ 和 $r = 2$,区域 D 可表示为

$$D: 1 \leqslant r \leqslant 2, \quad 0 \leqslant \theta \leqslant 2\pi.$$

于是有

$$I = \iint\limits_{D} r \cdot r\mathrm{d}r\mathrm{d}\theta = \int_0^{2\pi}\mathrm{d}\theta\int_1^2 r^2\mathrm{d}r = \frac{14}{3}\pi.$$

(2) 积分区域 D 如图 10.28 所示,在极坐标系下,D 的边界线 $x^2 + y^2 = 2y$ 的方程为 $r = 2\sin\theta$,区域 D 可表示为

$$D: 0 \leqslant r \leqslant 2\sin\theta, \quad 0 \leqslant \theta \leqslant \pi.$$

于是有

$$I = \iint\limits_{D} r \cdot r\mathrm{d}r\mathrm{d}\theta = \int_0^{\pi}\mathrm{d}\theta\int_0^{2\sin\theta} r^2\mathrm{d}r = \frac{8}{3}\int_0^{\pi}\sin^3\theta\mathrm{d}\theta = \frac{8}{3}\int_0^{\pi}(\cos^2\theta - 1)\mathrm{d}(\cos\theta) = \frac{32}{9}.$$

(3) 积分区域 D 如图 10.29 所示,在极坐标系下,D 的边界圆 $x^2 + y^2 = 2x$ 与 $x^2 + y^2 = x$ 的方程分别为 $r = 2\cos\theta$ 与 $r = \cos\theta$,区域 D 可表示为

$$D: \cos\theta \leqslant r \leqslant 2\cos\theta, \quad -\frac{\pi}{2} \leqslant \theta \leqslant \frac{\pi}{2}.$$

于是有

$$I = \iint\limits_{D} r \cdot r\mathrm{d}r\mathrm{d}\theta = \int_{-\frac{\pi}{2}}^{\frac{\pi}{2}}\mathrm{d}\theta\int_{\cos\theta}^{2\cos\theta} r^2\mathrm{d}r = \frac{7}{3}\int_{-\frac{\pi}{2}}^{\frac{\pi}{2}}\cos^3\theta\mathrm{d}\theta = \frac{14}{3}\int_0^{\frac{\pi}{2}}\cos^3\theta\mathrm{d}\theta$$

$$= \frac{14}{3}\int_0^{\frac{\pi}{2}}(1 - \sin^2\theta)\mathrm{d}(\sin\theta) = \frac{14}{3}\left(\sin\theta - \frac{1}{3}\sin^3\theta\right)\Big|_0^{\frac{\pi}{2}} = \frac{28}{9}.$$

(4) 读者作为练习自己完成. 参考答案为 $I = \frac{2}{3}\left(\pi - \frac{2}{3}\right)$.

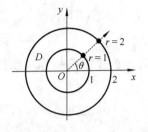

图 10.27

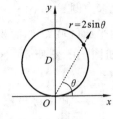

图 10.28

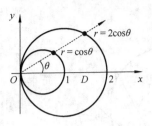

图 10.29

例 10.2.13 计算 $I = \int_0^1 \mathrm{d}x \int_{1-x}^{\sqrt{1-x^2}} \dfrac{1}{(x^2+y^2)^{3/2}} \mathrm{d}y$.

解 在直角坐标系下交换积分次序再计算是十分困难的. 由二次积分的积分限可知, 二次积分对应的二重积分的积分区域可表示为 $D:0 \leqslant x \leqslant 1, 1-x \leqslant y \leqslant \sqrt{1-x^2}$ (图 10.30). 由于被积函数含有 x^2+y^2, 可考虑采用极坐标计算. 在极坐标系下, D 的边界曲线圆 $x^2+y^2=1$ 的方程为 $r=1$, 直线 $x+y=1$ 的方程为 $r=(\cos\theta+\sin\theta)^{-1}$, 区域 D 可表示为

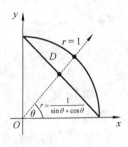

图 10.30

$$D:(\cos\theta+\sin\theta)^{-1} \leqslant r \leqslant 1, \quad 0 \leqslant \theta \leqslant \frac{\pi}{2}.$$

于是

$$I = \int_0^{\frac{\pi}{2}} \mathrm{d}\theta \int_{(\cos\theta+\sin\theta)^{-1}}^{1} \frac{1}{r^3} r \mathrm{d}r = \int_0^{\frac{\pi}{2}} \left[-\frac{1}{r} \Big|_{(\cos\theta+\sin\theta)^{-1}}^{1} \right] \mathrm{d}\theta$$

$$= \int_0^{\frac{\pi}{2}} (\cos\theta+\sin\theta-1) \mathrm{d}\theta = 2 - \frac{\pi}{2}.$$

综上所述, 二重积分的计算应根据被积函数的特点和积分区域的形状, 选取适当的坐标系, 然后依照画域、选择坐标系、选择积分次序和定限的四个步骤进行.

10.2.3 二重积分在几何及经济管理中的简单应用

1. 二重积分在几何上的简单应用

1) 平面图形面积

由二重积分的性质知, 平面区域 D 的面积为

$$S_D = \iint_D \mathrm{d}\sigma.$$

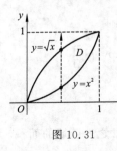

图 10.31

例 10.2.14 求由抛物线 $y=x^2$ 和 $x=y^2$ 所围成的闭区域 D (图 10.31) 的面积 S.

解 $S_D = \iint_D \mathrm{d}\sigma = \int_0^1 \mathrm{d}x \int_{x^2}^{\sqrt{x}} \mathrm{d}y = \int_0^1 (\sqrt{x} - x^2) \mathrm{d}x$

$$= \left(\frac{2}{3} x^{\frac{3}{2}} - \frac{1}{3} x^3 \right) \Big|_0^1 = \frac{1}{3}.$$

特别当平面区域 D 的边界曲线由极坐标方程给出或者由极坐标方程表示比较简单时, 可考虑在极坐标系下求二重积分 $S_D = \iint_D \mathrm{d}\sigma = \iint_D r \mathrm{d}r \mathrm{d}\theta$, 由此可求出平面区域 D 的面积.

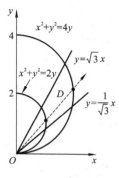

图 10.32

例 10.2.15　求由圆 $x = \sqrt{2y - y^2}$，$x = \sqrt{4y - y^2}$ 及直线 $x = \sqrt{3}y$，$y = \sqrt{3}x$ 所围成的平面区域 D 的面积.

解　区域 D 如图 10.32 所示. 区域 D 的边界线以极坐标表示比较简单.

其中圆 $x = \sqrt{2y - y^2}$ 的极坐标方程为 $r = 2\sin\theta$；圆 $x = \sqrt{4y - y^2}$ 的极坐标方程为 $r = 4\sin\theta$；直线 $x = \sqrt{3}y$ 的极坐标方程为 $\theta = \dfrac{\pi}{6}$；直线 $y = \sqrt{3}x$ 的极坐标方程为 $\theta = \dfrac{\pi}{3}$. 于是平面区域 D 的面积为

$$S_D = \iint\limits_{D} \mathrm{d}\sigma = \int_{\frac{\pi}{6}}^{\frac{\pi}{3}} \mathrm{d}\theta \int_{2\sin\theta}^{4\sin\theta} r\,\mathrm{d}r = \int_{\frac{\pi}{6}}^{\frac{\pi}{3}} 6\sin^2\theta\,\mathrm{d}\theta = 3\int_{\frac{\pi}{6}}^{\frac{\pi}{3}} (1 - \cos 2\theta)\,\mathrm{d}\theta = \frac{\pi}{2}.$$

例 10.2.16　求心形线 $r = a(1 + \cos\theta)$ $(a > 0)$ 所围成的闭区域 D 的面积.

解　用描点法容易勾画出心形线的图形（图 10.33）. 由区域的对称性可知

$$S_D = 2S_1 = 2\iint\limits_{D_1} \mathrm{d}\sigma,$$

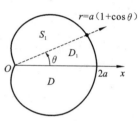

图 10.33

其中 D_1 表示极轴上方图形. 由于区域的边界由极坐标方程给出，于是右端二重积分可考虑利用极坐标系计算.

$$S = 2\iint\limits_{D_1} \mathrm{d}\sigma = 2\int_0^{\pi} \mathrm{d}\theta \int_0^{a(1+\cos\theta)} r\,\mathrm{d}r = 2\int_0^{\pi} \frac{1}{2}\left[a(1+\cos\theta)\right]^2 \mathrm{d}\theta$$

$$= a^2\left(\frac{3}{2}\theta + 2\sin\theta + \frac{1}{4}\sin 2\theta\right)\Big|_0^{\pi} = \frac{3}{2}\pi a^2.$$

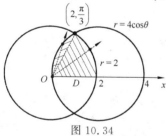

图 10.34

例 10.2.17　求由曲线 $r = 2$ 与 $r = 4\cos\theta$ 所围成的公共部分闭区域 D 的面积.

解　作出它的草图（图 10.34），解方程组 $\begin{cases} r = 2, \\ r = 4\cos\theta, \end{cases}$ 得两条曲线的交点为 $\left(2, \dfrac{\pi}{3}\right)$，$\left(2, -\dfrac{\pi}{3}\right)$.

考虑到图形的对称性（D_1 为阴影部分），则

$$S_D = 2\iint\limits_{D_1} \mathrm{d}\sigma = 2\left[\int_0^{\frac{\pi}{3}} \mathrm{d}\theta \int_0^2 r\,\mathrm{d}r + \int_{\frac{\pi}{3}}^{\frac{\pi}{2}} \mathrm{d}\theta \int_0^{4\cos\theta} r\,\mathrm{d}r\right] = 2\left[\int_0^{\frac{\pi}{3}} 2\,\mathrm{d}\theta + \int_{\frac{\pi}{3}}^{\frac{\pi}{2}} 8\cos^2\theta\,\mathrm{d}\theta\right]$$

$$= 2\left[\frac{2\pi}{3} + 4\left(\theta + \frac{1}{2}\sin 2\theta\right)\Big|_{\frac{\pi}{3}}^{\frac{\pi}{2}}\right] = 2\left(\frac{4\pi}{3} - \sqrt{3}\right).$$

注　本题还可以用圆 $r = 4\cos\theta$ 的面积减去位于圆 $r = 4\cos\theta$ 之内，$r = 2$ 之外区域的面积，请读者自作.

*例 10.2.18　求曲线 $(x^2 + y^2)^3 = a^2(x^4 + y^4)$ $(a > 0)$ 所围成的闭区域 D 的面积.

解　由曲线的直角坐标方程可知，曲线关于 x 轴、y 轴都对称，它是一个闭合的曲线

（图 10.35）. 在极坐标系下曲线的方程为

$$r^2 = a^2(\cos^4\theta + \sin^4\theta).$$

由图形的对称性，只需求出在第一象限部分的面积.

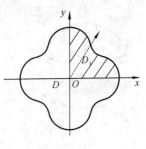

图 10.35

$$S_D = 4\iint\limits_{D_1}\mathrm{d}\sigma = 4\int_0^{\frac{\pi}{2}}\mathrm{d}\theta\int_0^{a\sqrt{\cos^4\theta+\sin^4\theta}}r\mathrm{d}r = 4\int_0^{\frac{\pi}{2}}\frac{1}{2}a^2(\cos^4\theta + \sin^4\theta)\mathrm{d}\theta$$

$$= 2a^2\int_0^{\frac{\pi}{2}}(\cos^4\theta + \sin^4\theta)\mathrm{d}\theta = \frac{3}{4}\pi a^2.$$

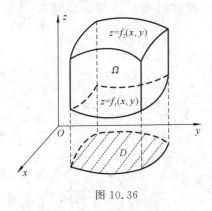

图 10.36

2) 空间立体的体积

由二重积分的几何意义可知，若立体 Ω 是由曲面 $z = f_1(x, y), z = f_2(x, y)$ 以及区域 D 的边界线为准线，母线平行于 z 轴的柱面为侧面围成（图 10.36），且在区域 D 内 $f_1(x, y) \leqslant f_2(x, y)$，则该立体 Ω 的体积为

$$V = \iint\limits_D [f_2(x, y) - f_1(x, y)]\mathrm{d}\sigma.$$

其中积分区域 D 为立体 Ω 在 xOy 平面上的投影区域.

例 10.2.19 求椭圆抛物面 $z = 2 - \frac{1}{4}x^2 - y^2$ 与平面 $z = 1$ 所围成的立体的体积.

解 该立体的图形如图 10.37 所示. 椭圆抛物面与平面的交线为

$$C: \begin{cases} z = 2 - \frac{1}{4}x^2 - y^2, \\ z = 1. \end{cases}$$

方程组联立消去 z，即得交线 C 在 xOy 平面上的投影为 $\frac{1}{4}x^2 + y^2 = 1$. 所围立体在 xOy 平面上的投影区域为 $D: \frac{1}{4}x^2 + y^2 \leqslant 1$（图 10.38）. 故所求立体的体积为

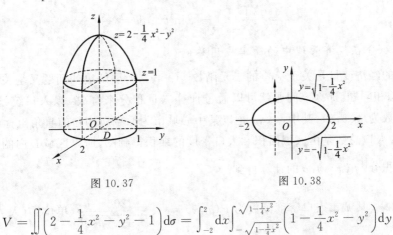

图 10.37　　　　　图 10.38

$$V = \iint\limits_D \left(2 - \frac{1}{4}x^2 - y^2 - 1\right)\mathrm{d}\sigma = \int_{-2}^2 \mathrm{d}x \int_{-\sqrt{1-\frac{1}{4}x^2}}^{\sqrt{1-\frac{1}{4}x^2}} \left(1 - \frac{1}{4}x^2 - y^2\right)\mathrm{d}y$$

$$= \frac{4}{3}\int_{-2}^2 \left(1 - \frac{1}{4}x^2\right)^{\frac{3}{2}}\mathrm{d}x \xrightarrow{\;\text{令}\,x = 2\sin t\;} \frac{8}{3}\int_{-\frac{\pi}{2}}^{\frac{\pi}{2}} \cos^4 t\mathrm{d}t = \frac{16}{3}\int_0^{\frac{\pi}{2}} \cos^4 t\mathrm{d}t = \pi.$$

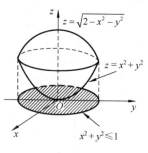

图 10.39

例 10.2.20 求球面 $x^2 + y^2 + z^2 = 2$ 与旋转抛物面 $z = x^2 + y^2$ 所围成的空间立体的体积.

解 两个曲面所围成的立体如图 10.39 所示. 球面与旋转抛物面的交线为

$$C : \begin{cases} x^2 + y^2 + z^2 = 2, \\ z = x^2 + y^2. \end{cases}$$

由方程组联立消去 z, 可得交线 C 在 xOy 平面上的投影为 $x^2 + y^2 = 1$, 于是所围立体在 xOy 平面上的投影区域 D 为单位圆域: $x^2 + y^2 \leqslant 1$. 故所求立体的体积为

$$V = \iint\limits_{D} \left[\sqrt{2 - x^2 - y^2} - (x^2 + y^2) \right] \mathrm{d}\sigma = \int_0^{2\pi} \mathrm{d}\theta \int_0^1 (\sqrt{2 - r^2} - r^2) r \mathrm{d}r$$

$$= 2\pi \cdot \int_0^1 (\sqrt{2 - r^2} - r^2) r \mathrm{d}r = 2\pi \cdot \left[-\frac{1}{3}(2 - r^2)^{\frac{3}{2}} - \frac{1}{4} r^4 \right] \Big|_0^1 = \frac{\pi}{6}(8\sqrt{2} - 7).$$

例 10.2.21 求球体 $0 \leqslant z \leqslant \sqrt{4 - x^2 - y^2}$ 被圆柱面 $x^2 + y^2 = 2x$ 所截得的(含在圆柱面内的部分)立体(图 10.40)的体积.

解 依题意,有

$$V = \iint\limits_{D} \sqrt{4 - x^2 - y^2} \mathrm{d}\sigma,$$

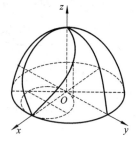

图 10.40

其中 D 为圆周 $x^2 + y^2 = 2x$ 所围成的闭区域(图 10.41),在极坐标系下,积分区域 D 的边界曲线圆的方程为 $r = 2\cos\theta$, 区域 D 可表示为

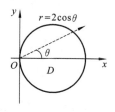

$$D : 0 \leqslant r \leqslant 2\cos\theta, \quad -\frac{\pi}{2} \leqslant \theta \leqslant \frac{\pi}{2}.$$

于是,所求立体的体积为

$$V = \iint\limits_{D} \sqrt{4 - r^2} \cdot r \mathrm{d}r \mathrm{d}\theta = \int_{-\frac{\pi}{2}}^{\frac{\pi}{2}} \mathrm{d}\theta \int_0^{2\cos\theta} \sqrt{4 - r^2} \, r \mathrm{d}r$$

图 10.41

$$= \frac{8}{3} \int_{-\frac{\pi}{2}}^{\frac{\pi}{2}} (1 - |\sin^3\theta|) \mathrm{d}\theta = \frac{16}{3}\left(\frac{\pi}{2} - \frac{2}{3}\right).$$

*2. 二重积分在经济管理中的简单应用举例

若所考察的经济变量是关于 x, y 的二元函数 $f(x, y)$, 所要解决的问题又是关于积分元素 $f(x, y)\Delta\sigma$ 的总和问题,那么该问题就可以通过计算二重积分来解决. 以人口统计模型为例: 若人口密度函数为 $f(x, y)$, 其中 (x, y) 是以某中心城市为原点所构建的直角坐标系下的区域内的一点,因为人口总数是由区域面积和人口密度的乘积得到的,所以区域 D 内的人口总数就可以通过二重积分 $\iint\limits_{D} f(x, y) \mathrm{d}\sigma$ 的计算得到.

例 10.2.22 某城市人口密度函数为 $P(x, y) = \dfrac{20}{\sqrt{x^2 + y^2 + 96}}$ (单位:万人 /km²),其中坐标原点为市中心, (x, y) 表示该城市区域内的一点,试求距市中心 2 km 区域内的人口数.

解 距市区 2 km 区域内的人口数为

$$\iint\limits_{D} P(x,y)\mathrm{d}\sigma = \iint\limits_{x^2+y^2\leqslant 4} \frac{20}{\sqrt{x^2+y^2+96}}\mathrm{d}\sigma = 20\int_0^{2\pi}\mathrm{d}\theta\int_0^2 \frac{1}{\sqrt{r^2+96}}r\mathrm{d}r$$

$$= 40\pi(\sqrt{r^2+96})\mid_0^2 \approx 25.4(万人).$$

*10.2.4 无界区域上的广义二重积分

与一元函数在无限区间上的广义积分类似,对二元函数也有在无界区域上的广义二重积分.

定义 10.2.1 设函数 $f(x,y)$ 在无界区域 D 上连续,任取一系列有界闭区域 $\{D_n\}$,使得 $D_1 \subset D_2 \subset \cdots \subset D_n \subset \cdots \subset D$,且当 $n\to\infty$ 时,D_n 无限扩张而趋于区域 D,称极限

$$\lim_{n\to\infty}\iint\limits_{D_n} f(x,y)\mathrm{d}\sigma$$

为函数 $f(x,y)$ 在无界区域 D 上的**广义二重积分**,记作 $\iint\limits_{D} f(x,y)\mathrm{d}\sigma$,即

$$\iint\limits_{D} f(x,y)\mathrm{d}\sigma = \lim_{n\to\infty}\iint\limits_{D_n} f(x,y)\mathrm{d}\sigma.$$

若上式右端极限都存在且值相同,则称广义二重积分 $\iint\limits_{D} f(x,y)\mathrm{d}\sigma$ 收敛,并以此极限值为该广义二重积分的值;若上述极限不存在,则称广义二重积分 $\iint\limits_{D} f(x,y)\mathrm{d}\sigma$ 发散.

对于非负连续函数的广义二重积分,有下面常用的结论(略去证明).

定理 10.2.1 设函数 $f(x,y)$ 是定义在无界区域 D 上的非负连续函数,若按某一确定的方式作一系列有界闭区域 $\{D_n\}$,使得 $D_1 \subset D_2 \subset \cdots \subset D_n \subset \cdots \subset D$,且当 $n\to\infty$ 时,D_n 无限扩张而趋于区域 D. 若极限

$$\lim_{n\to\infty}\iint\limits_{D_n} f(x,y)\mathrm{d}\sigma = A \quad (A \text{ 为有限数}),$$

则广义二重积分 $\iint\limits_{D} f(x,y)\mathrm{d}\sigma$ 收敛,且有 $\iint\limits_{D} f(x,y)\mathrm{d}\sigma = A.$

注 若将定理 10.2.1 中的 $f(x,y)$ 为非负连续函数,改成 $f(x,y)$ 为非负函数,且在 D 内任意有界闭区域 D_n 上可积,在定理 10.2.1 其他条件不变时,定理 10.2.1 的结论仍成立.

例 10.2.23 (1) 计算广义二重积分 $I = \iint\limits_{D}\mathrm{e}^{-x^2-y^2}\mathrm{d}\sigma$,其中 D 为整个 xOy 平面.

(2) 计算广义积分 $I_1 = \int_{-\infty}^{+\infty}\mathrm{e}^{-x^2}\mathrm{d}x$.

解 (1) 因被积函数 $\mathrm{e}^{-x^2-y^2}$ 在无界区域 D 上非负连续,取一系列圆域 $D_n:x^2+y^2 = n^2(n=1,2,\cdots)$,则当 $n\to\infty$ 时,D_n 扩张为 D. 记 $I_n = \iint\limits_{x^2+y^2\leqslant n^2}\mathrm{e}^{-x^2-y^2}\mathrm{d}\sigma$,则由定理 10.2.1 可知

$$I = \lim_{n\to\infty}I_n = \lim_{n\to\infty}\int_0^{2\pi}\mathrm{d}\theta\int_0^n\mathrm{e}^{-r^2}r\mathrm{d}r = \lim_{n\to\infty}\pi(1-\mathrm{e}^{-n^2}) = \pi.$$

(2) 由于

$$I = \iint\limits_D e^{-x^2-y^2} d\sigma = \int_{-\infty}^{+\infty} dx \int_{-\infty}^{+\infty} e^{-x^2} \cdot e^{-y^2} dy$$

$$= \int_{-\infty}^{+\infty} e^{-x^2} dx \cdot \int_{-\infty}^{+\infty} e^{-y^2} dy = \left(\int_{-\infty}^{+\infty} e^{-x^2} dx \right)^2 = I_1^2;$$

所以 $I_1 = \sqrt{I} = \sqrt{\pi}$.

广义积分 $I_1 = \int_{-\infty}^{+\infty} e^{-x^2} dx$ 又称为**泊松**（Poisson）**积分**，该积分在概率论与数理统计中占有重要的地位.

习　题　10.2

（A）

1. 计算下列二重积分：

(1) $\iint\limits_D e^{x+y} d\sigma$，其中 $D = \{(x,y) \mid |x| \leqslant 1, |y| \leqslant 1\}$；

(2) $\iint\limits_D (x+2y) d\sigma$，其中 D 是由 $y = 2x^2, y = 1+x^2$ 围成的区域；

(3) $\iint\limits_D \frac{y^2}{x^2} d\sigma$，其中 D 是由 $xy = 1, y = 2$ 及 $y = x$ 围成的区域；

(4) $\iint\limits_D \frac{2x}{y^3} d\sigma$，其中 D 是由 $y = \frac{1}{x}, y = \sqrt{x}$ 及 $x = 4$ 围成的区域；

(5) $\iint\limits_D e^{-y^2} d\sigma$，其中 D 是由 $2y = x, y = 1, x = 0$ 围成的区域；

(6) $\iint\limits_D \frac{\sin x}{x} d\sigma$，其中 D 是由 $y = x^2, y = 0, x = 1$ 围成的区域；

(7) $\iint\limits_D y^2 e^{-x^2} d\sigma$，其中 D 是由 $y = 0, x = 1, y = x$ 围成的区域；

(8) $\iint\limits_D y e^{x^2 y^2} d\sigma$，其中 D 是由 $x = 1, x = 2$ 及 $y = 0, xy = 1$ 围成的区域；

(9) $\iint\limits_D \frac{x e^{2y}}{4-y} d\sigma$，其中 D 是由 $x = \sqrt{4-y}, y = 3, y = 0, x = 0$ 围成的区域；

(10) $\iint\limits_D x^2 y d\sigma$，其中 D 是由 $x^2 - y^2 = 1, y = 0, y = 1$ 围成的区域；

(11) $\iint\limits_D x^3 \sin y^3 d\sigma$，其中 D 是由 $x = \sqrt{y}, y = 1, x = 0$ 围成的区域；

(12) $\iint\limits_D \frac{e^{xy}}{y^y - 1} d\sigma$，其中 D 是由 $y = e^x, y = \frac{3}{2}, y = 2$ 及 y 轴围成的区域；

(13) $\iint\limits_D x^2 y d\sigma$，其中 D 是由 $y = |x|$ 和 $y = 2-x^2$ 围成的区域；

(14) $\iint\limits_D f(x,y) d\sigma$，其中 $f(x,y) = \begin{cases} x^2, & |x|+|y| \leqslant 1, \\ 2, & 1 < |x|+|y| \leqslant 2, \end{cases}$ $D = \{(x,y) \mid |x|+|y| \leqslant 2\}$；

(15) $\iint\limits_D xy^2 d\sigma$，其中 D 是由 $y = x-2, y^2 = x$ 围成的区域；

(16) $\iint\limits_D y e^{xy} d\sigma$，其中 $D = \left\{ (x,y) \mid \frac{1}{x} \leqslant y \leqslant 2, 1 \leqslant x \leqslant 2 \right\}$；

(17) $\iint\limits_D |\sin(x+y)| d\sigma$，其中 D 是由直线 $x = 0, x = \pi, y = 0$ 及 $y = \pi$ 围成的区域.

2. 交换下列二次积分的积分次序：

(1) $\displaystyle\int_0^1 \mathrm{d}y \int_{e^y}^e f(x,y)\mathrm{d}x$;　　　　(2) $\displaystyle\int_{-1}^0 \mathrm{d}x \int_{x+1}^{\sqrt{1-x^2}} f(x,y)\mathrm{d}y$;

(3) $\displaystyle\int_0^1 \mathrm{d}y \int_y^{\sqrt{2-y^2}} f(x,y)\mathrm{d}x$;　　(4) $\displaystyle\int_0^1 \mathrm{d}x \int_{-\sqrt{x}}^{\sqrt{x}} f(x,y)\mathrm{d}y + \int_1^4 \mathrm{d}x \int_{x-2}^{\sqrt{x}} f(x,y)\mathrm{d}y$.

3. 计算下列二次积分：

(1) $\displaystyle\int_0^8 \mathrm{d}x \int_{\sqrt[3]{x}}^2 \frac{1}{1+y^4}\mathrm{d}y$;　　　(2) $\displaystyle\int_0^1 \mathrm{d}y \int_1^2 x^y \ln x \,\mathrm{d}x$;　　　(3) $\displaystyle\int_1^4 \mathrm{d}y \int_{\sqrt{y}}^2 \frac{\ln x}{x^2-1}\mathrm{d}x$;

(4) $\displaystyle\int_0^1 \mathrm{d}x \int_x^1 x\,\sqrt{y^2-x^2}\,\mathrm{d}y$;　　(5) $\displaystyle\int_0^{\frac{1}{2}} \mathrm{d}x \int_x^{2x} e^{y^2}\mathrm{d}y + \int_{\frac{1}{2}}^1 \mathrm{d}x \int_x^1 e^{y^2}\mathrm{d}y$;　　(6) $\displaystyle\int_0^2 \mathrm{d}y \int_y^2 2x^2 \sin(xy)\mathrm{d}x$.

4. 利用极坐标计算下列二重积分：

(1) $\displaystyle\iint_D (3x^2+5y^2)\mathrm{d}\sigma$, 其中 $D = \{(x,y) \mid x^2+y^2 \leqslant 1\}$;

(2) $\displaystyle\iint_D \frac{\mathrm{d}\sigma}{\sqrt{2-x^2-y^2}}$, 其中 $D = \{(x,y) \mid x^2+y^2 \leqslant 1\}$;

(3) $\displaystyle\iint_D \arctan\frac{y}{x}\mathrm{d}\sigma$, 其中 D 是由圆周 $x^2+y^2=1, x^2+y^2=4$ 及直线 $y=x, y=0$ 所围成的在第一象限内的闭区域；

(4) $\displaystyle\iint_D \frac{\sin(\pi\sqrt{x^2+y^2})}{\sqrt{x^2+y^2}}\mathrm{d}\sigma$, 其中 $D = \{(x,y) \mid 1 \leqslant x^2+y^2 \leqslant 4\}$;

(5) $\displaystyle\iint_D \ln(1+x^2+y^2)\mathrm{d}\sigma$, 其中 $D = \{(x,y) \mid x^2+y^2 \leqslant 1, x \geqslant 0, y \geqslant 0\}$;

(6) $\displaystyle\iint_D xy\,\mathrm{d}\sigma$, 其中 $D = \{(x,y) \mid x^2+y^2 \leqslant 2y, -y \leqslant x \leqslant 0\}$;

(7) $\displaystyle\iint_D \frac{x+y}{x^2+y^2}\mathrm{d}\sigma$, 其中 $D = \{(x,y) \mid x^2+y^2 \leqslant 1, x+y \geqslant 1\}$;

(8) $\displaystyle\iint_D \frac{1}{\sqrt{x^2+y^2}}\mathrm{d}\sigma$, 其中 $D = \{(x,y) \mid 1 \leqslant x^2+y^2 \leqslant 2x, y \geqslant 0\}$;

(9) $\displaystyle\iint_D \sqrt{x^2+y^2}\,\mathrm{d}\sigma$, 其中 $D = \{(x,y) \mid -x \leqslant x^2+y^2 \leqslant -2x\}$;

(10) $\displaystyle\iint_D |x^2+y^2-4|\,\mathrm{d}\sigma$, 其中 $D = \{(x,y) \mid x^2+y^2 \leqslant 9\}$;

(11) $\displaystyle\iint_D \frac{1+xy}{1+x^2+y^2}\mathrm{d}\sigma$, 其中 $D = \{(x,y) \mid x^2+y^2 \leqslant 1, x \geqslant 0\}$;

(12) $\displaystyle\iint_D (x^2+y^2)\mathrm{d}\sigma$, 其中 $D = \{(x,y) \mid \sqrt{2x-x^2} \leqslant y \leqslant \sqrt{4-x^2}, x \geqslant 0\}$;

(13) $\displaystyle\iint_D (x^2+2\sin y+3)\mathrm{d}\sigma$, 其中 $D = \{(x,y) \mid x^2+y^2 \leqslant 1\}$;

(14) $\displaystyle\iint_D \frac{1}{\sqrt{(1+x^2+y^2)^3}}\mathrm{d}\sigma$, 其中 D 是由 $y=x, y=0, x=1$ 围成的区域；

(15) $\displaystyle\iint_D (x+y)\mathrm{d}\sigma$, 其中 $D = \{(x,y) \mid x^2+y^2 \leqslant x+y\}$.

5. 将下列积分转换为极坐标系中的二次积分，并计算积分的值：

(1) $\displaystyle\int_{-1}^1 \mathrm{d}x \int_{-\sqrt{1-x^2}}^0 \frac{2\mathrm{d}y}{(1+x^2+y^2)^2}$;　(2) $\displaystyle\int_0^2 \mathrm{d}x \int_0^{\sqrt{2x-x^2}} \sqrt{x^2+y^2}\,\mathrm{d}y$;　(3) $\displaystyle\int_{\frac{1}{2}}^1 \mathrm{d}x \int_{1-x}^x \frac{\mathrm{d}y}{\sqrt{(x^2+y^2)^3}}$;

(4) $\int_0^1 dy \int_y^{\sqrt{y}} \sqrt{x^2+y^2}\,dx$; (5) $\int_1^2 dx \int_{\sqrt{2x-x^2}}^x \dfrac{dy}{\sqrt{x^2+y^2}}$; (6) $\int_{-1}^1 dy \int_{-\sqrt{1-y^2}}^0 \dfrac{4\sqrt{x^2+y^2}}{1+x^2+y^2}\,dx$.

6. 用二重积分计算下列曲线所围成的闭区域 D 的面积:

(1) D 是由曲线 $y=x^2$ 与 $y=2+x$ 所围成的闭区域;

(2) D 是位于圆 $r=2$ 之外,心形线 $r=2(1+\cos\theta)$ 之内的闭区域;

(3) D 是由圆 $r=3\cos\theta$ 及心形线 $r=1+\cos\theta$ 所围成的公共部分的闭区域.

7. 计算下列曲面所围立体的体积:

(1) $z=1+x+y, z=0, x+y=1, x=0, y=0$; 　(2) $z=1-x, z=0, x^2+4y^2=1$;

(3) $z=x^2+y^2, z=0, x^2+y^2=1$; 　　　　　(4) $z=\sqrt{2-x^2-y^2}$ 与 $z=\sqrt{x^2+y^2}$;

(5) $z=6-2x^2-y^2$ 与 $z=x^2+2y^2$; 　　　　(6) $z=6-x^2-y^2$ 与 $z=\sqrt{x^2+y^2}$.

8. 设 $f(x,y)$ 连续,且 $f(x,y)=xy+\iint\limits_D f(x,y)\,d\sigma$,其中 D 是由 $y=0, y=x^2, x=1$ 所围成的区域,求函数 $f(x,y)$.

9. 设 $f(x)$ 为连续函数,$F(t)=\int_1^t dy \int_y^t f(x)\,dx$,试证 $F'(2)=f(2)$.

10. 设 D 由 $y=0, y=x^2, x=t\ (t>0)$ 所围成的闭区域,求极限 $\lim\limits_{t\to0^+}\dfrac{\iint\limits_D \arctan(1+y)\,d\sigma}{t\cdot(1-\cos t)}$.

11. 设 $f(t)$ 为可微函数,且 $f(0)=0$,求极限 $I=\lim\limits_{t\to0^+}\dfrac{1}{\pi t^3}\iint\limits_{x^2+y^2\leqslant t^2} f(\sqrt{x^2+y^2})\,d\sigma$.

12. 用性质(轮换对称性):若积分区域 D 关于直线 $y=x$ 对称,则 $\iint\limits_D f(x,y)\,d\sigma=\iint\limits_D f(y,x)\,d\sigma$. 计算积分

$$I=\iint\limits_D \frac{a\sqrt{f(x)}+b\sqrt{f(y)}}{\sqrt{f(x)}+\sqrt{f(y)}}\,d\sigma,$$

其中 $D=\{(x,y)\,|\,x^2+y^2\leqslant4, x\geqslant0, y\geqslant0\}$,$f(x)$ 为 D 上的正值连续函数,a,b 为常数.

(B)

1. 将积分 $I=\iint\limits_D f(x^2+y^2)\,d\sigma$ 化成极坐标下的二次积分,其中积分区域 D 分别为:

(1) $4\leqslant x^2+y^2\leqslant9, x\leqslant0$; 　　　　　(2) $x^2+y^2\leqslant2x, 0\leqslant y\leqslant x$;

(3) 由 $y=x, y=1, x=0$ 围成; 　　　　　　(4) $x^2+y^2\geqslant2x, x^2+y^2\leqslant4, y\geqslant-x$;

(5) $x^2+y^2\leqslant2x, x^2+y^2\leqslant2y$; 　　　　(6) 由 $y=x^2, y=1, x=0$ 围成.

2. 将极坐标系下的二次积分 $\int_0^{\frac{\pi}{2}} d\theta \int_{2\cos\theta}^2 f(r^2)r\,dr$ 化为直角坐标系下先对 y 后对 x 的二次积分.

3. 计算下列二重积分:

(1) $\iint\limits_D y\,d\sigma$,其中 D 是由直线 $x=-2, y=0, y=2$ 以及曲线 $x=-\sqrt{2y-y^2}$ 所围成的平面区域;

(2) $\iint\limits_D x^2\,d\sigma$,其中 D 是由直线 $y=3x, x=3y, x+y=8$ 所围成的平面区域;

(3) $\iint\limits_D \sqrt{y^2-xy}\,d\sigma$,其中 D 是由直线 $y=x, y=1, x=0$ 所围成的平面区域;

(4) $\iint\limits_D \sqrt{|y-x^2|}\,d\sigma$,其中 $D=\{(x,y)\,|\,0\leqslant x\leqslant1, 0\leqslant y\leqslant1\}$;

(5) $\iint\limits_D e^{\max(x^2,y^2)}\,d\sigma$,其中 $D=\{(x,y)\,|\,0\leqslant x\leqslant1, 0\leqslant y\leqslant1\}$;

(6) $\iint\limits_D e^{-(x^2+y^2-\pi)}\sin(x^2+y^2)\,d\sigma$,其中 D 为圆域 $x^2+y^2\leqslant\pi$;

(7) $\iint\limits_{D}(\sqrt{x^2+y^2}+y)\mathrm{d}\sigma$，其中 $D:x^2+y^2\leqslant 4,(x+1)^2+y^2\geqslant 1$；

(8) $\iint\limits_{D}\sqrt{1-r^2\cos 2\theta}\cdot r^2\sin\theta\mathrm{d}\theta\mathrm{d}r$，其中 $D=\left\{(r,\theta)\,\middle|\,0\leqslant r\leqslant\sec\theta,0\leqslant\theta\leqslant\dfrac{\pi}{4}\right\}$；

(9) $\iint\limits_{D}f(x,y)\mathrm{d}\sigma$，其中 $f(x,y)=\begin{cases}x^2y, & 1\leqslant x\leqslant 2,0\leqslant y\leqslant x,\\ 0, & \text{其他,}\end{cases}$ $D=\{(x,y)\mid x^2+y^2\geqslant 2x\}$；

(10) $\iint\limits_{D}xyf(x,y)\mathrm{d}\sigma$，其中 $D=\{(x,y)\mid x^2+y^2\leqslant\sqrt{2},x\geqslant 0,y\geqslant 0\}$，$f(x,y)=[1+x^2+y^2]$ 表示不超过 $1+x^2+y^2$ 的最大整数；

(11) $\iint\limits_{D}|x^2+y^2-1|\mathrm{d}\sigma$，其中 $D=\{(x,y)\mid 0\leqslant x\leqslant 1,0\leqslant y\leqslant 1\}$；

(12) $\iint\limits_{D}\dfrac{\sqrt{x^2+y^2}}{\sqrt{4-x^2-y^2}}\mathrm{d}\sigma$，其中 D 是由曲线 $y=-1+\sqrt{1-x^2}$ 以及直线 $y=-x$ 所围成的区域；

(13) $\iint\limits_{D}y[1+x\mathrm{e}^{\frac{1}{2}(x^2+y^2)}]\mathrm{d}\sigma$，其中 D 是由直线 $y=x,y=-1$ 及 $x=1$ 所围成的区域；

(14) $\iint\limits_{D}\dfrac{x\sin(\pi\sqrt{x^2+y^2})}{x+y}\mathrm{d}\sigma$，其中 $D=\{(x,y)\mid 1\leqslant x^2+y^2\leqslant 4,x\geqslant 0,y\geqslant 0\}$；

(15) $\iint\limits_{D}(x+y)^3\mathrm{d}\sigma$，其中 D 是由 $x=\sqrt{1+y^2},x=-\sqrt{2}y,x=\sqrt{2}y$ 所围成的区域；

(16) $\iint\limits_{D}x(x+y)\mathrm{d}\sigma$，其中 $D=\{(x,y)\mid x^2+y^2\leqslant 2,y\geqslant x^2\}$．

4. 设 $f(x,y)=\begin{cases}x^2, & |x|+|y|\leqslant 1,\\ \dfrac{1}{\sqrt{x^2+y^2}}, & 1<|x|+|y|\leqslant 2.\end{cases}$ 计算 $I=\iint\limits_{D}f(x,y)\mathrm{d}\sigma$，其中 $D=\{(x,y)\mid |x|+|y|\leqslant 2\}$．

5. 计算下列的二次积分：

(1) $I=\displaystyle\int_0^1\mathrm{d}y\int_y^1\sqrt{x^2-y^2}\mathrm{d}x$；

(2) $I=\displaystyle\int_0^1\mathrm{d}y\int_y^1\left(\dfrac{\mathrm{e}^{x^2}}{x}-\mathrm{e}^{y^2}\right)\mathrm{d}x$；

(3) $I=\displaystyle\int_{\frac{1}{4}}^{\frac{1}{2}}\mathrm{d}y\int_{\frac{1}{2}}^{\sqrt{y}}\mathrm{e}^{\frac{y}{x}}\mathrm{d}x+\int_{\frac{1}{2}}^1\mathrm{d}y\int_y^{\sqrt{y}}\mathrm{e}^{\frac{y}{x}}\mathrm{d}x$；

(4) $I=\displaystyle\int_0^1\mathrm{d}y\int_{-y}^{\sqrt{y}}\mathrm{e}^{-\frac{x^2}{4}}\mathrm{d}x$；

(5) $I=\displaystyle\int_1^2\mathrm{d}x\int_{\sqrt{x}}^x\sin\dfrac{\pi x}{2y}\mathrm{d}y+\int_2^4\mathrm{d}x\int_{\sqrt{x}}^2\sin\dfrac{\pi x}{2y}\mathrm{d}y$；

(6) $I=\displaystyle\int_0^1\mathrm{d}x\int_{1-x}^{2-x}\mathrm{e}^{(x+y)^2}\mathrm{d}y+\int_1^2\mathrm{d}x\int_0^{2-x}\mathrm{e}^{(x+y)^2}\mathrm{d}y$．

6. 设函数 $f(x)$ 在区间 $[0,1]$ 上连续，并设 $\displaystyle\int_0^1 f(x)\mathrm{d}x=A$，求 $\displaystyle\int_0^1\mathrm{d}x\int_x^1 f(x)f(y)\mathrm{d}y$．

7. 设区域 $D=\{(x,y)\mid x^2+y^2\leqslant y,x\geqslant 0\}$，$f(x,y)$ 为 D 上的连续函数，且
$$f(x,y)=\sqrt{1-x^2-y^2}-\dfrac{8}{\pi}\iint\limits_{D}f(x,y)\mathrm{d}\sigma,$$
求函数 $f(x,y)$．

*8. 计算广义二重积分 $I=\iint\limits_{D}\dfrac{1}{(1+x^2+y^2)^2}\mathrm{d}\sigma$，其中 D 是 xOy 平面．

*9. 计算广义二重积分 $I=\iint\limits_{D}\dfrac{4y^3}{(1+x^2+y^4)^2}\mathrm{d}\sigma$，其中 $D=\{(x,y)\mid 0\leqslant y\leqslant\sqrt{x}\}$．

阅读材料
第10章知识要点

第 11 章　常微分方程与差分方程

在解决实际问题时,常常需要寻找反映客观事物内部联系的有关变量之间的函数关系,利用函数关系可以对实际问题的变化规律进行研究. 一般来讲,能直接得到函数关系的问题并不多,然而在许多实际问题中,往往可以从问题本身出发,通过建立关于未知函数及其导数或微分的等式 —— 微分方程,再通过解微分方程,来求出未知变量之间的函数关系. 因此,微分方程是微积分联系实际、并应用于实际的重要桥梁.

本章主要介绍微分方程的一些基本概念和几种常见的常微分方程的解法,以及差分方程的一些基本概念和一阶、二阶常系数线性差分方程的解法,并介绍微分方程、差分方程在经济、管理等方面的简单应用.

11.1　微分方程的基本概念

11.1.1　引例

下面通过几何、经济学中的两个例题来说明微分方程的基本概念.

例 11.1.1　设一平面曲线通过 xOy 平面上的点 $(1,2)$,且曲线上任一点 $M(x,y)$ 处切线的斜率等于 $3x^2$,求此曲线方程.

解　设所求曲线的方程为 $y = y(x)$,根据导数的几何意义,该曲线应满足关系式

$$\frac{\mathrm{d}y}{\mathrm{d}x} = 3x^2, \tag{11.1.1}$$

且满足条件 $y\big|_{x=1} = 2$.

对式 (11.1.1) 两边积分,得

$$y = \int 3x^2 \mathrm{d}x = x^3 + C \quad (C \text{ 为任意常数}). \tag{11.1.2}$$

将条件 $y\big|_{x=1} = 2$ 代入式 (11.1.2),得 $C = 1$.故所求的曲线方程为 $y = x^3 + 1$.

例 11.1.2　某商品的需求量 Q 对价格 P 的弹性为 $E_d = 2P^2$,已知该商品的最大需求量为 1000(即 $P = 0$ 时,$Q = 1000$),求需求量 Q 与价格 P 的函数关系.

解　设所求需求量 Q 与价格 P 的函数关系为 $Q = Q(P)$. 由题意知,有

$$-\frac{P}{Q}\frac{\mathrm{d}Q}{\mathrm{d}P} = 2P^2, \tag{11.1.3}$$

且满足条件 $Q\big|_{P=0} = 1000$.

对式 (11.1.3) 两边整理并积分,得

$$Q = C\mathrm{e}^{-P^2} (C \text{ 为任意常数}). \tag{11.1.4}$$

将条件 $Q\big|_{P=0} = 1000$ 代入式 (11.1.4),得 $C = 1000$.故所求需求量与价格的函数关系为

$$Q = 1000\mathrm{e}^{-P^2}.$$

由上面例子可以看出,虽然所研究的问题各不相同,但在解决这些问题的过程中,都遇到了包含有未知函数的导数的方程 (11.1.1) 和 (11.1.3),在实际应用中还会遇到大量类似于上

述两例中的方程,这些方程称为微分方程,下面引入微分方程的一些有关概念.

11.1.2　基本概念

定义 11.1.1　一般地,把含有未知函数的导数(或微分)的方程称为**微分方程**.

如上述方程(11.1.1)和(11.1.3)都是微分方程.

未知函数是一元函数的微分方程,称为**常微分方程**,如方程(11.1.1)和(11.1.3)都是常微分方程. 微分方程中出现未知函数偏导数的方程,称为**偏微分方程**,如方程 $\dfrac{\partial^2 z}{\partial x^2}+\dfrac{\partial^2 z}{\partial y^2}=0$. 本章只讨论常微分方程,并将其简称为"**微分方程**"或"**方程**".

应该指出,在微分方程中,可以不明显出现自变量或者未知函数,但必须含有未知函数的导数或微分.

定义 11.1.2　微分方程中出现的未知函数导数的最高阶数,称为微分方程的**阶**.

如方程(11.1.1)、方程(11.1.3)和 $(y')^3+2y=x$ 都是一阶微分方程,$y''-2y'-3y=3x+1$ 是二阶微分方程,$y'''=\mathrm{e}^{2x}$ 是三阶微分方程.

把二阶以及二阶以上的微分方程称为**高阶微分方程**.

n 阶微分方程的一般形式为

$$F(x,y,y',\cdots,y^{(n)})=0, \tag{11.1.5}$$

其中,x 是自变量,y 为未知函数,$F(x,y,y',\cdots,y^{(n)})$ 是 $x,y,y',\cdots,y^{(n)}$ 的已知函数,且最高阶导数 $y^{(n)}$ 必须出现.

若能从式(11.1.5)解出 $y^{(n)}$,则得 $y^{(n)}=f(x,y,y',\cdots,y^{(n-1)})$,以后讨论的微分方程都是能解出最高阶导数的方程.

定义 11.1.3　若把某个函数及其导数代入微分方程后,能使微分方程成为恒等式,则称此函数为该微分方程的**解**.

例如,函数 $y=x^3+C,y=x^3+1$ 都是方程 $y'=3x^2$ 的解,而 $y_1=\sin x,y_2=\cos x$ 及 $y=C_1\sin x+C_2\cos x$ 都是方程 $y''+y=0$ 的解.

定义 11.1.4　若微分方程的解中含有任意常数,且相互独立的任意常数的个数等于该方程的阶数,则称此解为该微分方程的**通解**.

这里所说的相互独立的任意常数是指它们不能通过运算合并而使任意常数的个数减少. 例如,函数 $y=x^3+C$ 是方程 $y'=3x^2$ 的通解;函数 $y=C_1\mathrm{e}^x+C_2\mathrm{e}^{-x}$ 是方程 $y''-y=0$ 的通解;而函数 $y=C_1\mathrm{e}^x+8C_2\mathrm{e}^x$ 是方程 $y''-y=0$ 的解,但不是通解.

定义 11.1.5　通解中所有任意常数都确定后的解,称为微分方程的**特解**.

如 $y=x^3+1$ 为方程 $y'=3x^2$ 的一个特解.

由于通解中含有任意常数,所以通解还不能完全确定地反映某一客观事物的规律性,要完全确定地反映客观事物的规律性,必须给出确定这一客观事物规律的一些附加条件.

把用来确定通解中任意常数的一种附加条件称为**初始条件**.

一阶微分方程的初始条件为: $y\big|_{x=x_0}=y_0$;

二阶微分方程的初始条件为: $y\big|_{x=x_0}=y_0,y'\big|_{x=x_0}=y_1$;

n 阶微分方程的初始条件为: $y\big|_{x=x_0}=y_0,y'\big|_{x=x_0}=y_1,\cdots,y^{(n-1)}\big|_{x=x_0}=y_{n-1}$.

求微分方程满足初始条件的特解的问题称为**初值问题**.

一阶微分方程的初值问题为

$$\begin{cases} f(x, y, y') = 0, \\ y\big|_{x=x_0} = y_0. \end{cases} \tag{11.1.6}$$

二阶微分方程的初值问题为

$$\begin{cases} f(x, y, y', y'') = 0, \\ y\big|_{x=x_0} = y_0, \ y'\big|_{x=x_0} = y_1. \end{cases} \tag{11.1.7}$$

11.1.3　微分方程解的几何意义

简单地说,微分方程的一个特解对应着 xOy 平面上的一条曲线,称为微分方程的一条**积分曲线**,而微分方程的通解则对应着 xOy 平面上的一族积分曲线,称为微分方程的**积分曲线族**.

一阶微分方程的初值问题(11.1.6)的几何意义就是,求通过点 (x_0, y_0) 的那条积分曲线.

二阶微分方程的初值问题(11.1.7)的几何意义就是,求通过点 (x_0, y_0),并且在该点处切线斜率为 y_1 的那条积分曲线.

例 11.1.3　验证函数 $y = x + Ce^y$ 是微分方程 $(x - y + 1)y' = 1$ 的通解.

解　$y = x + Ce^y$ 两边对 x 求导,得 $y' = 1 + Ce^y y'$,即 $y' = \dfrac{1}{1 - Ce^y}$. 将 y 及 y' 代入所给的微分方程,得

$$(x - y + 1)y' = (x - x - Ce^y + 1) \cdot \frac{1}{1 - Ce^y} = 1,$$

故 $y = x + Ce^y$ 是方程的解. 又因方程为一阶的,而 $y = x + Ce^y$ 中只含有一个任意常数,即任意常数个数等于方程的阶数,所以,$y = x + Ce^y$ 是通解.

例 11.1.4　已知函数 $y = C_1 \cos 3x + C_2 \sin 3x$ 是微分方程 $y'' + 9y = 0$ 的通解,求满足初始条件 $y\big|_{x=0} = 1, y'\big|_{x=0} = 6$ 的特解.

解　求出所给函数的导数

$$y' = -3C_1 \sin 3x + 3C_2 \cos 3x.$$

将条件 $y\big|_{x=0} = 1, y'\big|_{x=0} = 6$ 分别代入 y, y' 的表达式,得

$$\begin{cases} C_1 \cos 0 + C_2 \sin 0 = 1, \\ -3C_1 \sin 0 + 3C_2 \cos 0 = 6, \end{cases}$$

解得 $C_1 = 1, C_2 = 2$.故满足所给初始条件的特解为

$$y = \cos 3x + 2\sin 3x.$$

例 11.1.5　求曲线族 $x^2 + Cy^2 = 1$ 所满足的一阶微分方程,其中 C 为任意常数.

解　在方程 $x^2 + Cy^2 = 1$ 的两端对 x 求导,得

$$2x + 2Cyy' = 0.$$

再由 $x^2 + Cy^2 = 1$ 得 $C = (1 - x^2)y^{-2}$,将该表达式代入上式,并化简整理,得所求一阶微分方程为

$$xy + (1 - x^2)y' = 0.$$

最后需要说明的是,通解未必包含方程的全部解. 例如,$y = \sin(x + C)$ 为一阶微分方程 $(y')^2 = 1 - y^2$ 的通解,$y = 1$ 也是该方程的解,但显然不是特解,即 $y = 1$ 不包含在通解中. 称 $y = 1$ 为该方程的一个**奇解**. 本章中只要求掌握求微分方程的通解和特解的方法.

习 题 11.1

（A）

1. 指出下列微分方程的阶数：

(1) $(7x-6y^2)\mathrm{d}x+(x^2y+1)\mathrm{d}y=0$;　　(2) $(y'')^3+3y'+2y=\sin x$;

(3) $y'''-(y')^5=\mathrm{e}^x$;　　(4) $y'y''+xy=1$.

2. 指出下列各题中的函数是否为所给微分方程的解：

(1) $xy'-2y=0, y=5x^2$;　　(2) $(1+x\mathrm{e}^y)y'+\mathrm{e}^y=0, x\mathrm{e}^y+y=0$;

(3) $y''+2xy'=2x, y=x+\int_0^x \mathrm{e}^{-t^2}\mathrm{d}t$;　　(4) $xy'=y+x\sin x, y=x\int_0^x \frac{\sin t}{t}\mathrm{d}t$.

3. 已知 $y=(C_1+C_2x)\mathrm{e}^x$ 是微分方程 $y''-2y'+y=0$ 的通解，求该方程经过点 $(0,1)$ 且在该点与直线 $y=3x+1$ 相切的积分曲线.

4. 验证函数 $y=\int_0^x \mathrm{e}^{t^2+x}\mathrm{d}t+C\mathrm{e}^x$ 是微分方程 $y'-y=\mathrm{e}^{x+x^2}$ 的通解，并求在条件 $y\big|_{x=0}=0$ 下的特解.

5. 设曲线 $y=f(x)$ 在点 $P(x,y)$ 处的切线与 y 轴的交点为 Q，线段 PQ 的长度为 2，且曲线通过点 $(2,0)$，试建立曲线所满足的微分方程.

6. 某商品的销售量 Q 是价格 P 的函数，如果要使该商品在价格变化的情况下保持销售收入不变，那么销售量 Q 对于价格 P 的函数关系满足什么样的微分方程？在这种情况下，该商品的需求量相对价格 P 的弹性是多少？

（B）

1. 函数 $y=\sqrt{x}\left(C+\int \frac{\mathrm{e}^{-x}}{\sqrt{x}}\mathrm{d}x\right)$ 是否为微分方程 $2xy'-y=2x\mathrm{e}^{-x}$ 的通解？

2. 验证 $y=\left(C+\frac{1}{x}\right)\sin x$ 是微分方程 $y'-y\cot x=-\frac{\sin x}{x^2}$ 的通解，并求当 $x\to\infty$ 时，$y\to 0$ 的特解.

3. 求曲线族 $xy=C_1\mathrm{e}^x+C_2\mathrm{e}^{-x}$ 所满足的二阶微分方程，其中 C_1,C_2 为任意常数.

11.2　一阶微分方程

一阶微分方程的一般形式为

$$F(x,y,y')=0.$$

若由方程可解出 y'，即

$$y'=f(x,y),$$

此方程又可以写成如下形式

$$P(x,y)\mathrm{d}x+Q(x,y)\mathrm{d}y=0,$$

称之为一阶微分方程的**对称形式**. 在此方程中，变量 x 与 y 对称，它既可以看作是以 x 为自变量，y 为未知函数的方程，也可以看作是以 y 为自变量，x 为未知函数的方程. 本节仅讨论上述形式的一阶微分方程的解法.

微分方程的求解是按照微分方程本身特点分为不同类型进行的. 下面将按照类型，分别讨论几种常见的可以求解的一阶微分方程的解法.

11.2.1　可分离变量的微分方程

定义 11.2.1　若一阶微分方程能化成形如

$$\frac{\mathrm{d}y}{\mathrm{d}x}=f(x)g(y) \tag{11.2.1}$$

的形式，则称原微分方程为**可分离变量的微分方程**，其中 $f(x)$，$g(y)$ 均为已知的连续函数.

例如，$\frac{\mathrm{d}y}{\mathrm{d}x}=\mathrm{e}^{x+y}$ 和 $(2+x^2)\mathrm{d}y-xy\mathrm{d}x=0$ 都是可分离变量的微分方程.

对于方程(11.2.1)，当 $g(y)\neq 0$ 时，可化成等号一边仅含有变量 y 的函数和 $\mathrm{d}y$，而另一边仅含有变量 x 的函数和 $\mathrm{d}x$ 的形式，即

$$\frac{\mathrm{d}y}{g(y)}=f(x)\mathrm{d}x. \tag{11.2.2}$$

对方程(11.2.2) 两边积分，由一阶微分的形式不变性可得

$$\int\frac{\mathrm{d}y}{g(y)}=\int f(x)\mathrm{d}x+C, \tag{11.2.3}$$

其中 $\int\frac{1}{g(y)}\mathrm{d}y$，$\int f(x)\mathrm{d}x$ 分别为 $\frac{1}{g(y)}$ 和 $f(x)$ 的一个原函数，C 为任意常数. 不难验证(11.2.3)式即为方程(11.2.1) 的通解.

上述这种求解微分方程的方法称为**分离变量法**. 把通解(11.2.3) 式称为方程的**隐式通解**.

如果存在常数 y_0，使 $g(y_0)=0$，那么 $y=y_0$ 显然也是原方程(11.2.1) 的解. 如果 $y=y_0$ 包含在式(11.2.3) 中(即它可以由(11.2.3) 式中 C 取某特定常数得到)，那么也把包含 $y=y_0$ 的式(11.2.3) 理解为原方程(11.2.1) 的通解.

例 11.2.1　求微分方程 $(1+x^2)\mathrm{d}y+xy\mathrm{d}x=0$ 的通解.

解　所给方程为可分离变量的微分方程. 设 $y\neq 0$，分离变量得

$$\frac{\mathrm{d}y}{y}=-\frac{x}{1+x^2}\mathrm{d}x,$$

两端积分，得

$$\int\frac{\mathrm{d}y}{y}=-\int\frac{x}{1+x^2}\mathrm{d}x,$$

于是，有

$$\ln|y|=-\frac{1}{2}\ln|1+x^2|+C_1,$$

故

$$|y|=\mathrm{e}^{-\frac{1}{2}\ln(1+x^2)+C_1}=\mathrm{e}^{C_1}\frac{1}{\sqrt{1+x^2}}\quad(C_1\text{ 为任意常数}),$$

也可以写成

$$y=\frac{C}{\sqrt{1+x^2}},$$

其中，$C=\pm\mathrm{e}^{C_1}$ 是非零的任意常数. 由于 $y=0$ 也是方程的解，只要允许 C 可以取 0，那么此解就可以包含在 $y=\frac{C}{\sqrt{1+x^2}}$ 中. 因此，所求方程的通解为

$$y=\frac{C}{\sqrt{1+x^2}},\quad\text{其中 } C \text{ 为任意常数.}$$

注　在求微分方程通解时，为运算简便，对于不定积分所加的任意常数，可根据需要选取各种方便的形式. 如该例，任意常数 C_1 可选取 $\ln C$ $(C>0)$ 形式，并在最后把 C 视为任意常数.

如在例 11.2.1 中,计算 $\dfrac{\mathrm{d}y}{y} = -\dfrac{x}{1+x^2}\mathrm{d}x$,直接得

$$\ln|y| = -\frac{1}{2}\ln(1+x^2) + \ln C,$$

从而方程的通解为

$$y = \frac{C}{\sqrt{1+x^2}} \quad (C\text{ 为任意常数}).$$

例 11.2.2　求微分方程 $\dfrac{\mathrm{d}y}{\mathrm{d}x} = (1+y^2)\cos x$ 满足初始条件 $y\big|_{x=0} = 0$ 的特解.

解　所给方程为可分离变量的微分方程,分离变量,得

$$\frac{1}{1+y^2}\mathrm{d}y = \cos x\,\mathrm{d}x,$$

两边同积分,得

$$\arctan y = \sin x + C,$$

其中 C 为任意常数. 由初始条件 $y\big|_{x=0} = 0$ 可定出常数 $C = 0$,从而所求的特解为

$$\arctan y = \sin x \quad (\text{隐式解}).$$

或

$$y = \tan(\sin x) \quad (\text{显式解}).$$

例 11.2.3　若以连续曲线 $y = f(x)$ $(f(x) \geqslant 0, f(0) = 0)$ 为曲边,以 $[0, x]$ 为底的曲边梯形,其面积与 $f(x)$ 的三次幂成正比,已知 $f(1) = 1$,求曲线 $y = f(x)$(图 11.1).

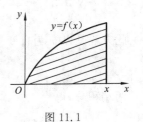

图 11.1

解　由题意可知曲边梯形的面积为

$$\int_0^x f(x)\mathrm{d}x = k \cdot f^3(x) \quad (k\text{ 为比例常数}).$$

未知函数 $f(x)$ 含在积分号下的方程,称为**积分方程**. 对于积分方程一般是两边求导转化为微分方程. 对积分方程两边求导,得

$$f(x) = 3kf'(x)f^2(x).$$

这是一个可分离变量的微分方程,解得

$$\frac{3k}{2}f^2(x) = x + C,$$

又因 $f(0) = 0, f(1) = 1$,代入上式得 $C = 0, k = \dfrac{2}{3}$,于是

$$f^2(x) = x,$$

即所求曲线方程为

$$y = \sqrt{x} \quad (x \geqslant 0).$$

通过上面的几个例题可以看到,对于可分离变量方程,求其通解的步骤为:

(1) 分离变量,把一阶微分方程化为 $\varphi(y)\mathrm{d}y = f(x)\mathrm{d}x$;

(2) 两边同时积分,即 $\displaystyle\int\varphi(y)\mathrm{d}y = \int f(x)\mathrm{d}x + C$.

有时也可以将通解化简整理,得到更简便的形式.

在一阶微分方程中可分离变量的只占少数,而有些方程只要经过适当的变量代换可以化

成可分离变量的方程,下面介绍的齐次方程就是其中一种.

11.2.2　齐次微分方程

若一阶微分方程能化成形如

$$\frac{\mathrm{d}y}{\mathrm{d}x} = f\left(\frac{y}{x}\right) \tag{11.2.4}$$

的形式,则称它为**齐次微分方程**,简称为**齐次方程**.

例如,方程 $xy\mathrm{d}x + (y^2 - x^2)\mathrm{d}y = 0$ 是齐次方程. 因为它可以化为

$$\frac{\mathrm{d}y}{\mathrm{d}x} = \frac{\dfrac{y}{x}}{1 - \left(\dfrac{y}{x}\right)^2}.$$

齐次方程可通过引进适当的变量替换将其化为可分离变量的方程来求解.

对于齐次方程(11.2.4)作变量替换 $u = \dfrac{y}{x}$,即 $y = ux$,于是 $\dfrac{\mathrm{d}y}{\mathrm{d}x} = u + x\dfrac{\mathrm{d}u}{\mathrm{d}x}$,代入方程(11.2.4)中,得

$$u + x\frac{\mathrm{d}u}{\mathrm{d}x} = f(u),$$

即

$$x\frac{\mathrm{d}u}{\mathrm{d}x} = f(u) - u.$$

此方程是以 x 为自变量,$u = u(x)$ 为未知函数的可分离变量的微分方程,分离变量,得

$$\frac{1}{f(u) - u}\mathrm{d}u = \frac{1}{x}\mathrm{d}x,$$

两端积分,得

$$\int \frac{1}{f(u) - u}\mathrm{d}u = \ln|x| + C.$$

求出积分后,用 $u = \dfrac{y}{x}$ 回代,即可得到方程(11.2.4)的通解.

例 11.2.4　求微分方程 $\dfrac{\mathrm{d}y}{\mathrm{d}x} = \dfrac{y^2}{xy - x^2}$ 满足初始条件 $y\big|_{x=1} = 2$ 的特解.

解　原方程可化为

$$\frac{\mathrm{d}y}{\mathrm{d}x} = \frac{\left(\dfrac{y}{x}\right)^2}{\dfrac{y}{x} - 1},$$

这是齐次方程. 令 $u = \dfrac{y}{x}$,则 $y = ux$,$\dfrac{\mathrm{d}y}{\mathrm{d}x} = u + x\dfrac{\mathrm{d}u}{\mathrm{d}x}$,代入原方程并整理得

$$x\frac{\mathrm{d}u}{\mathrm{d}x} = \frac{u}{u - 1},$$

分离变量,得

$$\frac{u - 1}{u}\mathrm{d}u = \frac{1}{x}\mathrm{d}x,$$

两边积分,得

$$u - \ln |u| = \ln |x| - \ln C,$$

将 $u = \dfrac{y}{x}$ 代入上式,整理便得原方程的通解为

$$y = C e^{\frac{y}{x}} \quad (C \text{ 为任意常数}).$$

将 $y\big|_{x=1} = 2$ 代入通解,得 $C = 2e^{-2}$,于是所求的特解为 $y = 2e^{\frac{y-2}{x}}$.

例 11.2.5 设某城市甲种商品和乙种商品的售价分别为 x(元)和 y(元),已知价格 y 与 x 有关,当 $x = 1$(元)时,$y = 2$(元),并且 y 相对于 x 的弹性为 $\dfrac{2y^2 - x^2}{x^2 + 2y^2}$,试求 y 与 x 之间的函数关系.

解 由题意,有微分方程

$$\frac{Ey}{Ex} = \frac{2y^2 - x^2}{x^2 + 2y^2}, \quad 即 \quad \frac{x}{y} \cdot \frac{\mathrm{d}y}{\mathrm{d}x} = \frac{2y^2 - x^2}{x^2 + 2y^2},$$

将方程化为

$$\frac{\mathrm{d}y}{\mathrm{d}x} = \frac{2\left(\dfrac{y}{x}\right)^2 - 1}{1 + 2\left(\dfrac{y}{x}\right)^2} \cdot \frac{y}{x}.$$

这是齐次方程. 令 $u = \dfrac{y}{x}$,则 $y = ux, \dfrac{\mathrm{d}y}{\mathrm{d}x} = u + x\dfrac{\mathrm{d}u}{\mathrm{d}x}$,代入原方程并整理可得

$$u + x\frac{\mathrm{d}u}{\mathrm{d}x} = \frac{(2u^2 - 1)u}{1 + 2u^2},$$

即

$$x\frac{\mathrm{d}u}{\mathrm{d}x} = -\frac{2u}{1 + 2u^2}.$$

分离变量,得

$$\left(\frac{1}{u} + 2u\right)\mathrm{d}u = -\frac{2}{x}\mathrm{d}x,$$

两边积分,得

$$\ln u + u^2 = -2\ln x + \ln C,$$

即

$$ux^2 e^{u^2} = C.$$

将 $u = \dfrac{y}{x}$ 代入上式,整理便得原方程的通解为

$$xy\, e^{\left(\frac{y}{x}\right)^2} = C.$$

将 $y\big|_{x=1} = 2$ 代入通解,得 $C = 2e^4$,故 y 与 x 之间的函数由 $xy\, e^{\left(\frac{y}{x}\right)^2} = 2e^4$ 确定.

例 11.2.6 求微分方程 $y\mathrm{d}x = (x + \sqrt{x^2 + y^2})\mathrm{d}y$ $(x > 0, y > 0)$ 的通解.

解 方程是齐次方程,若作代换 $u = \dfrac{y}{x}$ 后,原方程转化为一个求解较为复杂的可分离变量方程. 因方程中变量 x 和 y 的地位是同等的,因此有时可改变变量地位,该方程又可化为

$$\frac{\mathrm{d}x}{\mathrm{d}y} = \frac{x}{y} + \sqrt{1 + \left(\frac{x}{y}\right)^2},$$

这是以 y 为自变量,x 为未知函数的齐次方程.

令 $u = \dfrac{x}{y}$，则 $x = uy$，$\dfrac{\mathrm{d}x}{\mathrm{d}y} = u + y\dfrac{\mathrm{d}u}{\mathrm{d}y}$，代入原方程并整理得

$$\frac{1}{\sqrt{1+u^2}}\mathrm{d}u = \frac{1}{y}\mathrm{d}y,$$

两边积分，得

$$\ln(u + \sqrt{1+u^2}) = \ln y + \ln C,$$

即

$$u + \sqrt{1+u^2} = Cy.$$

将 $u = \dfrac{x}{y}$ 代入，整理便得原方程的通解为 $x + \sqrt{x^2+y^2} = Cy^2$.

11.2.3　一阶线性微分方程

若一阶微分方程能化成形如

$$\frac{\mathrm{d}y}{\mathrm{d}x} + P(x)y = Q(x) \tag{11.2.5}$$

的微分方程称为（关于 y 的）**一阶线性微分方程**，其中 $P(x)$，$Q(x)$ 均是 x 的已知连续函数. 一阶线性方程的特征是该方程中关于未知函数 y 及其导数 y' 均是一次的.

在方程(11.2.5)中，若 $Q(x) \not\equiv 0$，则称方程(11.2.5)为**一阶非齐次线性微分方程**.

若 $Q(x) \equiv 0$，则方程(11.2.5)为

$$\frac{\mathrm{d}y}{\mathrm{d}x} + P(x)y = 0, \tag{11.2.6}$$

方程(11.2.6)称为**一阶齐次线性微分方程**，也称为与方程(11.2.5)相对应的**一阶齐次线性微分方程**.

下面讨论方程(11.2.5)的解法.

首先求齐次线性微分方程(11.2.6)的通解. 显然方程(11.2.6)是可分离变量的微分方程，分离变量后得

$$\frac{1}{y}\mathrm{d}y = -P(x)\mathrm{d}x,$$

两端积分可得方程(11.2.6)的通解

$$\ln|y| = -\int P(x)\mathrm{d}x + \ln C,$$

或

$$y = Ce^{-\int P(x)\mathrm{d}x} \quad (C \text{ 为任意常数}).$$

其次，求一阶非齐次线性微分方程(11.2.5)的通解. 由于齐次线性微分方程(11.2.6)是非齐次线性微分方程(11.2.5)的特殊情形，所以猜想齐次线性微分方程(11.2.6)的通解也应该是非齐次线性微分方程(11.2.5)通解的特殊情况.

下面用"**常数变易法**"来求一阶非齐次线性微分方程(11.2.5)的通解.

所谓"常数变易法"，就是在一阶非齐次线性微分方程(11.2.5)所对应的一阶齐次线性微分方程(11.2.6)的通解

$$y = Ce^{-\int P(x)\mathrm{d}x}$$

中,将任意常数 C 变易成 x 的待定函数 $C(x)$,即设非齐次线性方程(11.2.5)有如下形式的解

$$y = C(x)\mathrm{e}^{-\int P(x)\mathrm{d}x}, \tag{11.2.7}$$

于是

$$\frac{\mathrm{d}y}{\mathrm{d}x} = \frac{\mathrm{d}C(x)}{\mathrm{d}x} \cdot \mathrm{e}^{-\int P(x)\mathrm{d}x} - C(x)P(x)\mathrm{e}^{-\int P(x)\mathrm{d}x}, \tag{11.2.8}$$

将式(11.2.7)和式(11.2.8)代入非齐次微分方程(11.2.5)中,得

$$\frac{\mathrm{d}C(x)}{\mathrm{d}x} \cdot \mathrm{e}^{-\int P(x)\mathrm{d}x} = Q(x),$$

即

$$\frac{\mathrm{d}C(x)}{\mathrm{d}x} = Q(x)\mathrm{e}^{\int P(x)\mathrm{d}x}.$$

两边积分,得

$$C(x) = \int Q(x)\mathrm{e}^{\int P(x)\mathrm{d}x}\mathrm{d}x + C,$$

其中 C 为任意常数,把 $C(x)$ 代入式(11.2.7),得

$$y = \mathrm{e}^{-\int P(x)\mathrm{d}x}\left[\int Q(x)\mathrm{e}^{\int P(x)\mathrm{d}x}\mathrm{d}x + C\right]. \tag{11.2.9}$$

不难验证式(11.2.9)就是一阶非齐次线性微分方程(11.2.5)的通解.

若将式(11.2.9)式改写为

$$y = C\mathrm{e}^{-\int P(x)\mathrm{d}x} + \mathrm{e}^{-\int P(x)\mathrm{d}x}\int Q(x)\mathrm{e}^{\int P(x)\mathrm{d}x}\mathrm{d}x,$$

该式右端第一项是方程(11.2.5)对应的齐次线性方程(11.2.6)的通解,右端第二项(不含任意常数)是非齐次线性方程(11.2.5)的一个特解(在式(11.2.9)中取 $C = 0$ 时).由此可见,**一阶非齐次线性微分方程的通解是由相应齐次线性微分方程的通解与非齐次线性微分方程的一个特解之和构成的**.

以后还可看到,该性质对高阶非齐次线性微分方程亦成立.

例 11.2.7　求微分方程 $\dfrac{\mathrm{d}y}{\mathrm{d}x} - \dfrac{2}{x}y = x$ 的通解.

解　这是一阶非齐次线性微分方程.用常数变易法求解此方程,它对应的齐次方程为

$$\frac{\mathrm{d}y}{\mathrm{d}x} = \frac{2}{x}y,$$

这是一个可分离变量的微分方程,利用分离变量法并积分可得它的通解为

$$y = Cx^2.$$

设原方程的通解为 $y = C(x)x^2$,则 $y' = C'(x)x^2 + 2xC(x)$,将 y, y' 的表示式代入原方程,得

$$C'(x) = \frac{1}{x},$$

积分,得

$$C(x) = \ln|x| + C.$$

于是原方程的通解为

$$y = x^2(\ln|x| + C).$$

在求解一阶非齐次线性微分方程(11.2.5)的通解时,可将式(11.2.9)当作通解公式直接应用.应用公式(11.2.9)求通解时,应注意以下四点:

(1) 应用公式(11.2.9)求通解时,要将所给的一阶线性微分方程化成方程(11.2.5)的形式(该形式称为**一阶线性微分方程的标准形式**),再找出相应的 $P(x)$,$Q(x)$;

(2) 通解公式(11.2.9)中已给出积分常数 C,故通解公式中的三处不定积分积分后不必再加任意常数 C;

(3) 对于通解公式(11.2.9)中的积分项 $\pm\int P(x)\mathrm{d}x$,其积分结果若是对数形式的原函数 $k\ln|f(x)|$,此时其真数可以不加绝对值符号,即可写成 $k\ln f(x)$,可以证明,这样做不影响结果.

(4) 注意积分 $\mathrm{e}^{-\int P(x)\mathrm{d}x}$ 与 $\mathrm{e}^{\int P(x)\mathrm{d}x}$ 互为倒数关系,可以简化计算量.

例 11.2.8　求微分方程 $xy' + y = \cos x$ 在初始条件 $y\big|_{x=\pi} = 1$ 下的特解.

解　这是一阶非齐次线性微分方程.原方程可化为

$$y' + \frac{1}{x}y = \frac{\cos x}{x},$$

其中 $P(x) = \dfrac{1}{x}$,$Q(x) = \dfrac{\cos x}{x}$. 将 $P(x)$,$Q(x)$ 代入通解公式(11.2.9) 得

$$y = \mathrm{e}^{-\int\frac{1}{x}\mathrm{d}x}\left(\int \frac{\cos x}{x}\mathrm{e}^{\int\frac{1}{x}\mathrm{d}x}\mathrm{d}x + C\right)$$

$$= \frac{1}{x}\left(\int \frac{\cos x}{x}\cdot x\mathrm{d}x + C\right) = \frac{1}{x}(\sin x + C).$$

由初始条件 $y\big|_{x=\pi} = 1$,得 $C = \pi$,于是,所求的特解为

$$y = \frac{1}{x}(\pi + \sin x).$$

例 11.2.9　求微分方程 $(2x + y^3)\mathrm{d}y - y\mathrm{d}x = 0$ 的通解.

解　原方程可化为

$$\frac{\mathrm{d}y}{\mathrm{d}x} = \frac{y}{2x + y^3}.$$

此方程不是关于 y 的线性微分方程,也不是可分离变量的微分方程.但在此方程中,若将 y 看成自变量,x 看成 y 的函数时,原方程可改写为

$$\frac{\mathrm{d}x}{\mathrm{d}y} = \frac{2x + y^3}{y},$$

即

$$\frac{\mathrm{d}x}{\mathrm{d}y} - \frac{2}{y}x = y^2.$$

该方程是关于 x 的一阶线性微分方程,代入与公式(11.2.9)类似的通解公式

$$x = \mathrm{e}^{-\int P(y)\mathrm{d}y}\left(\int Q(y)\mathrm{e}^{\int P(y)\mathrm{d}y}\mathrm{d}y + C\right).$$

得原方程的通解为

$$x = \mathrm{e}^{-\int -\frac{2}{y}\mathrm{d}y}\left(\int y^2 \mathrm{e}^{\int -\frac{2}{y}\mathrm{d}y}\mathrm{d}y + C\right) = y^2\left(\int y^2 y^{-2}\mathrm{d}y + C\right) = y^2(y + C).$$

例 11.2.10 若连续函数 $f(x)$ 满足条件 $f(x) = \int_0^{2x} f\left(\dfrac{t}{2}\right)dt + e^{3x}$，求 $f(x)$.

分析 因函数 $f(x)$ 连续，故 $\int_0^{2x} f\left(\dfrac{t}{2}\right)dt$ 可导，由所给的积分方程可知左边 $f(x)$ 也可导.

解 积分方程两边对 x 求导，得微分方程

$$f'(x) = 2 \cdot f\left(\frac{2x}{2}\right) + 3e^{3x},$$

化简为 $f'(x) - 2f(x) = 3e^{3x}$.

这是一阶线性微分方程，根据通解公式(11.2.9)，则它的通解为

$$f(x) = e^{-\int -2dx}\left(\int 3e^{3x} e^{\int -2dx} dx + C\right) = e^{2x}(3e^x + C) = 3e^{3x} + Ce^{2x}.$$

由所给积分方程可知，当 $x = 0$ 时，$f(0) = 1$，代入 $f(x) = 3e^{3x} + Ce^{2x}$，得 $C = -2$，于是要求的函数为

$$f(x) = 3e^{3x} - 2e^{2x}.$$

此外，有些一阶微分方程，虽然它不是上面介绍的常见类型的方程，但是可以根据所给方程的特点，作适当的变量代换，将其化成可分离变量方程、齐次方程或一阶线性微分方程等可解方程，再进行求解，这是解微分方程最常用的方法. 下面通过一个例子说明.

*例 11.2.11 求微分方程 $\dfrac{dy}{dx} = (x+y)^2$ 的通解.

解 令 $x + y = u$，则 $\dfrac{dy}{dx} = \dfrac{du}{dx} - 1$，代入原方程，得

$$\frac{du}{dx} = 1 + u^2,$$

这是一个可分离变量的微分方程，分离变量，并两边同时积分，可得

$$\arctan u = x + C.$$

将 $x + y = u$ 代入上式，得原方程的通解为

$$\arctan(x+y) = x + C.$$

*11.2.4 伯努利方程

形如

$$\frac{dy}{dx} + P(x)y = Q(x)y^n \tag{11.2.10}$$

的一阶微分方程称为**伯努利**(Bernoulli)**方程**，其中 n 为常数，且 $n \neq 0, 1$.

伯努利方程不是线性方程，但通过适当的变量代换，就可以将其化为一阶线性微分方程. 事实上，在方程(11.2.10)的两端同乘以 y^{-n}，得

$$y^{-n}\frac{dy}{dx} + P(x)y^{1-n} = Q(x),$$

或

$$\frac{1}{1-n} \cdot (y^{1-n})' + P(x)y^{1-n} = Q(x),$$

于是令 $z = y^{1-n}$，上式就可以化为如下形式的一阶线性微分方程

$$\frac{dz}{dx} + (1-n)P(x)z = (1-n)Q(x).$$

利用线性微分方程的求解方法求出通解后,再回代原变量,便可得到伯努利方程(11.2.10)的通解.

*例 11.2.12　求微分方程 $\dfrac{\mathrm{d}y}{\mathrm{d}x} - xy = -y^3 \mathrm{e}^{-x^2}$ 的通解.

解　这是伯努利方程. 将其变形为

$$y^{-3}\frac{\mathrm{d}y}{\mathrm{d}x} - xy^{-2} = -\mathrm{e}^{-x^2}.$$

令 $z = y^{-2}$,则上述方程化为 $z' + 2xz = 2\mathrm{e}^{-x^2}$,

$$z = \mathrm{e}^{\int -2x\mathrm{d}x}\left[\int 2\mathrm{e}^{-x^2}\mathrm{e}^{\int 2x\mathrm{d}x}\,\mathrm{d}x + C\right]z = \mathrm{e}^{-x^2}(2x + C),$$

故原方程的通解为

$$y^2 = \mathrm{e}^{x^2}(2x + C)^{-1}.$$

习　题　11.2

（A）

1. 求下列微分方程的通解或满足所给初始条件的特解:

(1) $2x^2 yy' = y^2 + 1$;

(2) $x\sqrt{1-y^2}\,\mathrm{d}x + y\sqrt{1-x^2}\,\mathrm{d}y = 0$;

(3) $\tan x \sin^2 y\mathrm{d}x + \cos^2 x\cot y\mathrm{d}y = 0$;

(4) $yy' + \mathrm{e}^{y^2+3x} = 0$;

(5) $(y+3)\mathrm{d}x + \cot x\mathrm{d}y = 0$;

(6) $x\mathrm{d}y + \mathrm{d}x = \mathrm{e}^y \mathrm{d}x$;

(7) $\cos y\mathrm{d}x + (1+\mathrm{e}^{-x})\sin y\mathrm{d}y = 0, y\big|_{x=0} = \dfrac{\pi}{4}$;

(8) $x\mathrm{d}x + y\mathrm{e}^{-x}\mathrm{d}y = 0, y\big|_{x=0} = 1$;

(9) $y'\sin x = y\ln y, y\big|_{x=\frac{\pi}{2}} = \mathrm{e}$;

(10) $xy' + y = y^2, y\big|_{x=1} = \dfrac{1}{2}$.

2. 求下列微分方程的通解或满足所给初始条件的特解:

(1) $\dfrac{\mathrm{d}y}{\mathrm{d}x} = \dfrac{y}{x} + \sec\dfrac{y}{x}$;

(2) $xy' - y = \sqrt{y^2 - x^2}\ (x > 0)$;

(3) $\left(2x\tan\dfrac{y}{x} + y\right)\mathrm{d}x = x\mathrm{d}y$;

(4) $y' = \dfrac{y}{x} + \dfrac{x}{y}, y(1) = 2$;

(5) $xy' = y\ln\dfrac{y}{x}, y\big|_{x=1} = \mathrm{e}^2$;

(6) $\left(1 + \mathrm{e}^{\frac{-x}{y}}\right)y\mathrm{d}x = (x-y)\mathrm{d}y, y\big|_{x=0} = 1$.

3. 求下列微分方程的通解或满足所给初始条件的特解:

(1) $y' + y = \mathrm{e}^{-x}$;

(2) $y' = y\tan x + \cos x$;

(3) $(x^2+1)y' + 2xy = 4x^2$;

(4) $\mathrm{e}^{x^2}y' = x - 2x\mathrm{e}^{x^2}y$;

(5) $x^2\mathrm{d}y + (y - 2xy - 2x^2)\mathrm{d}x = 0$;

(6) $\mathrm{e}^{\sin x}y' + y\mathrm{e}^{\sin x}\cos x = \ln x$;

(7) $y\mathrm{d}x = \left(x + \dfrac{y}{\ln y}\right)\mathrm{d}y$;

(8) $(x + y^2\mathrm{e}^y)\mathrm{d}y = \mathrm{d}x$;

(9) $y' - 2xy = \mathrm{e}^{x^2}\cos x, y\big|_{x=0} = 1$;

(10) $x^2 y' + xy = \ln x, y\big|_{x=1} = \dfrac{1}{2}$;

(11) $xy' + y = x\mathrm{e}^x, y\big|_{x=1} = 1$;

(12) $x\ln x\mathrm{d}y = (\ln x - y)\mathrm{d}x, y\big|_{x=\mathrm{e}} = 1$;

(13) $(x^2-1)y' + 2xy = \cos x, y\big|_{x=0} = 0$;

(14) $(6x - y^2)\dfrac{\mathrm{d}y}{\mathrm{d}x} = 2y, x\big|_{y=1} = 1$.

4. 已知函数 $y = y(x)$ 在任意点 x 处的增量 $\Delta y = \dfrac{x(1+2y)}{1+x^2}\Delta x + o(\Delta x)$,其中 $o(\Delta x)$ 是 $\Delta x \to 0$ 时比 Δx 高阶的无穷小,且 $y(0) = 0$,求函数 $y(x)$.

5. 若函数 $f(x)$ 对于任意的实数 x_1,x_2 恒有 $f(x_1+x_2)=f(x_1)\cdot f(x_2)$,且 $f(0)\neq 0,f'(0)=2$,
(1) 证明:$f'(x)=2f(x)$; (2) 求出函数 $f(x)$.

6. 若 $y=y(x)$ 是满足方程 $x\mathrm{d}y-y\ln y\mathrm{d}x=0$ 和初始条件 $y(1)=\mathrm{e}$ 的解. 求由曲线 $y=y(x)$ 与直线 $x=1$ 及 x 轴、y 轴围成的平面图形 D 绕 x 轴旋转一周而得旋转体体积.

7. 设某商品的最大需求量为 1200 件,该商品的需求函数 $Q=Q(P)$,需求弹性 $\eta=\dfrac{P}{120-P}$($\eta>0$),P 为价格(单位:万元). 求:
(1) 需求函数的表达式; (2) $P=100$ 万元时的边际收益,并说明其经济意义.

8. 已知生产某产品的固定成本为 $a>0$,生产 x 单位的边际成本与平均单位成本之差为 $\dfrac{x}{a}-\dfrac{a}{x}$,且当产量的数值等于 a 时,相应的总成本为 $2a$,求总成本 C 与产量 x 的函数关系.

9. 求连续函数 $f(x)$,使它满足积分方程 $f(x)+2\displaystyle\int_0^x f(t)\mathrm{d}t=x^2$.

10. 设 $y=y(x)$ 是满足方程 $(x^2-1)\mathrm{d}y+(2xy-\cos x)\mathrm{d}x=0$ 及初始条件 $y(0)=1$ 的解,计算定积分 $\displaystyle\int_{-1/2}^{1/2} y(x)\mathrm{d}x$.

11. 设 $f(x)$ 是方程 $xf'(x)-f(x)=\sqrt{2x-x^2}$ 满足初始条件 $f(1)=0$ 的解,求定积分 $\displaystyle\int_0^1 f(x)\mathrm{d}x$.

12. 设 $y=\mathrm{e}^{-x}$ 是微分方程 $xy'+p(x)y=x$ 的一个解,求此微分方程满足条件 $y\big|_{x=\ln 2}=1$ 的特解.

13. 若 $y=y(x)$($x\geqslant 0$)是微分方程 $x\mathrm{d}y=(y+x^3)\mathrm{d}x$ 满足 $y(1)=1/2$ 的解,求由曲线 $y=y(x)$,$y=0$,$x=1$ 所围成的平面图形 D 的面积及平面图形 D 绕 y 轴旋转一周所成旋转体的体积.

14. 如图 11.2 所示,曲线段 $y=f(x)$ 之下的阴影部分的面积,刚好与曲线段终点 A 垂直向上延伸至曲线 $y=x^2$ 的长度相等,求曲线方程 $y=f(x)$.

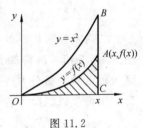

图 11.2

15. 设可微函数 $y=f(x)$ 满足 $\displaystyle\int_0^x xf(t)\mathrm{d}t=\int_0^x (x+1)tf(t)\mathrm{d}t$($x>0$),求函数 $f(x)$.

16. 若连续函数 $f(x)$ 满足条件 $f(x)+\displaystyle\int_0^x f(x-t)\mathrm{d}t=\mathrm{e}^x$,求 $f(x)$.

17. 设 $f(u,v)$ 具有连续偏导数,且满足 $f'_u(u,v)+f'_v(u,v)=uv$,求 $y=\mathrm{e}^{-2x}f(x,x)$ 所满足的一阶微分方程,并求其通解.

*18. 求下列伯努利方程的通解:
(1) $y'+\dfrac{y}{x}=y^2\ln x$; (2) $y'+2xy=y^2\mathrm{e}^{x^2}$.

(B)

1. 设 $f(x)$ 是连续函数,且满足 $\displaystyle\int_0^1 f(tx)\mathrm{d}t=2f(x)+1$($x>0$),求函数 $f(x)$.

2. 设函数 $y=f(x)$ 在 $[1,+\infty)$ 上连续,若由曲线 $y=f(x)$,直线 $x=1,x=t$($t>1$)与 x 轴所围成的平面图形绕 x 轴旋转一周所成的旋转体的体积为 $V(t)=\dfrac{\pi}{3}[t^2 f(t)-f(1)]$,又知 $f(2)=\dfrac{2}{9}$,求函数 $f(x)$.

3. 设 $f(x)$ 具有连续的一阶导数,且满足 $f(x)=\displaystyle\int_0^x (x^2-t^2)f'(t)\mathrm{d}t+x^2$,求函数 $f(x)$.

4. 设 $f(x)$ 连续,且满足 $\displaystyle\int_0^x f(x-t)\mathrm{d}t=\int_0^x (x-t)f(t)\mathrm{d}t+\mathrm{e}^{-x}-1$,求函数 $f(x)$.

5. 在 xOy 坐标面上,连续曲线 L 过点 $M(1,0)$,其上任意点 $P(x,y)$($x\neq 0$)处的切线斜率与直线 OP 的斜率之差等于 ax($a>0$).

(1) 求曲线 L 的方程；　(2) 当曲线 L 与直线 $y = ax$ 所围成平面图形的面积为 $\dfrac{8}{3}$ 时，确定 a 的值.

6. 设函数 $f(t)$ 在 $[0, +\infty)$ 上连续，且满足方程 $f(t) = \mathrm{e}^{4\pi t^2} + \iint\limits_{x^2 + y^2 \leqslant 4t^2} f\left(\dfrac{1}{2}\sqrt{x^2 + y^2}\right)\mathrm{d}\sigma$，求函数 $f(t)$.

7. 设区域 $D = \{(x, y) \mid x^2 + y^2 \leqslant t^2, x \geqslant 0, y \geqslant 0\}$，连续可微函数 $F(t)$ 满足

$$F(t) = \begin{cases} \iint\limits_{D} x\left[1 - \dfrac{F(\sqrt{x^2 + y^2})}{x^2 + y^2}\right]\mathrm{d}\sigma, & t \neq 0, \\ 0, & t = 0, \end{cases}$$　试求函数 $F(t)$.

8. 设 $\dfrac{x^4}{2 \cdot 4} + \dfrac{x^6}{2 \cdot 4 \cdot 6} + \dfrac{x^8}{2 \cdot 4 \cdot 6 \cdot 8} + \cdots$. 求：

(1) 幂级数的收敛域及和函数 $S(x)$ 所满足的微分方程；(2) 幂级数和函数 $S(x)$ 的表达式.

9. 设函数 $F(x) = f(x)g(x)$，其中 $f(x), g(x)$ 在 $(-\infty, +\infty)$ 内满足以下条件：

$$f'(x) = g(x), g'(x) = f(x)，且 f(0) = 0, f(x) + g(x) = 2\mathrm{e}^x.$$

求：(1) 函数 $F(x)$ 所满足的一阶微分方程；(2) 函数 $F(x)$ 的表达式.

10. 求微分方程 $x\mathrm{d}y + (x - 2y)\mathrm{d}x = 0$ 的一个解 $y = y(x)$，使得由曲线 $y = y(x)$ 与直线 $x = 1, x = 2$ 及 x 轴所围成的平面图形绕 x 轴旋转一周的旋转体的体积最小.

11. 已知 $f_n(x)$ 满足方程 $f_n'(x) = f_n(x) + x^{n-1}\mathrm{e}^x (n \in \mathbf{N}^+)$，且 $f_n(1) = \dfrac{\mathrm{e}}{n}$，求级数 $\sum\limits_{n=1}^{\infty} f_n(x)$ 的和.

12. 若函数 $y = y(x)$ 满足微分方程 $x^2 + y^2 y' = 1 - y'$，且 $y(2) = 0$，求 $y = y(x)$ 的极大值与极小值.

11.3　可降阶的高阶微分方程

二阶及二阶以上的微分方程统称为高阶微分方程. 一般的高阶微分方程没有通用的解法. 本节介绍三种特殊类型高阶微分方程的求解方法，由于它们都可以通过变量代换而逐步降为较低阶的微分方程进行求解，所以称它们为可降阶的高阶微分方程.

下面仅以二阶方程为例，介绍这三类方程的解法

11.3.1　$y'' = f(x)$ 型的微分方程

此类方程的特点是右端仅含自变量 x. 对这类方程只需两端分别积分，逐次积分降阶即可求得通解. 积分一次，得

$$y' = \int f(x)\mathrm{d}x + C_1,$$

再积分一次，即得原方程的通解

$$y = \int\left[\int f(x)\mathrm{d}x + C_1\right]\mathrm{d}x + C_2.$$

例 11.3.1　求微分方程 $y'' = 4\mathrm{e}^{2x} + \cos x$ 的通解.

解　对所给方程积分一次，得

$$y' = 2\mathrm{e}^{2x} + \sin x + C_1.$$

再积分一次，即得方程的通解为

$$y = \mathrm{e}^{2x} - \cos x + C_1 x + C_2.$$

11.3.2　$y'' = f(x, y')$ 型的微分方程

这类方程的特点是右端不显含未知函数 y. 为了降阶，令 $y' = p(x)$，则 $y'' = p'(x)$，于是

方程可化为

$$p'(x) = f(x,p).$$

这是一个关于变量 x,p 的一阶微分方程. 若能求出其通解 $p = \varphi(x,C_1)$,代回 $p = \dfrac{\mathrm{d}y}{\mathrm{d}x}$,得

$$\frac{\mathrm{d}y}{\mathrm{d}x} = \varphi(x,C_1).$$

这是一个可分离变量的微分方程,解之便可得到原方程的通解.

例 11.3.2 求微分方程 $xy'' - y' = x^2 \mathrm{e}^x$ 满足初始条件 $y\big|_{x=1} = 0, y'\big|_{x=1} = \mathrm{e}$ 的特解.

解 该方程不显含 y,令 $y' = p = p(x)$,则 $y'' = p' = p'(x)$,将 y', y'' 的表达式代入原方程,得

$$xp' - p = x^2 \mathrm{e}^x,$$

即

$$p' - \frac{1}{x}p = x\mathrm{e}^x,$$

这是一个关于 p 的一阶线性微分方程,由通解公式(11.2.9),得

$$p = x(\mathrm{e}^x + C_1).$$

由初始条件 $p\big|_{x=1} = y'\big|_{x=1} = \mathrm{e}$,得 $C_1 = 0$,于是上式变为

$$p = x\mathrm{e}^x,$$

即

$$y' = x\mathrm{e}^x,$$

两边积分,得

$$y = x\mathrm{e}^x - \mathrm{e}^x + C_2.$$

由初始条件 $y\big|_{x=1} = 0$,得 $C_2 = 0$. 于是所求特解为

$$y = \mathrm{e}^x(x-1).$$

11.3.3 $y'' = f(y,y')$ 型的微分方程

这类方程的特点是右端不显含自变量 x. 为了降阶,我们设法将其化成 p 与 y 的关系. 令 $y' = p(y)$,利用复合函数的求导法得

$$y'' = \frac{\mathrm{d}p}{\mathrm{d}x} = \frac{\mathrm{d}p}{\mathrm{d}y} \cdot \frac{\mathrm{d}y}{\mathrm{d}x} = p \cdot \frac{\mathrm{d}p}{\mathrm{d}y},$$

代入原方程,得

$$p\frac{\mathrm{d}p}{\mathrm{d}y} = f(y,p).$$

这是一个关于变量 y,p 的一阶微分方程. 若能由此求出它的通解

$$p = \varphi(y,C_1),$$

即

$$\frac{\mathrm{d}y}{\mathrm{d}x} = \varphi(y,C_1).$$

这是一个可分离变量的方程,求解该方程就得到原方程的通解.

例 11.3.3 求微分方程 $yy'' - (y')^2 = 0$ 的通解.

解 因所给的方程不显含 x,令 $y' = p$,故 $y'' = p\dfrac{\mathrm{d}p}{\mathrm{d}y}$,将 y',y'' 的表达式代入原方程,得

$$yp\frac{\mathrm{d}p}{\mathrm{d}y} - p^2 = 0,$$

若 $p \neq 0$,约去 p 并分离变量,得

$$\frac{\mathrm{d}p}{p} = \frac{\mathrm{d}y}{y},$$

两端积分得

$$\ln|p| = \ln|y| + \ln C_1, \quad 即 \quad p = C_1 y,$$

也就是

$$y' = C_1 y.$$

分离变量并两端积分,得原方程的通解为

$$\ln|y| = C_1 x + \ln C_2,$$

即

$$y = C_2 e^{C_1 x}.$$

若 $p = 0$,即 $\dfrac{\mathrm{d}y}{\mathrm{d}x} = 0$,则 $y = C$ 含在通解 $y = C_2 e^{C_1 x}$ 中.

习 题 11.3

(A)

1. 求下列各微分方程的通解:

(1) $y'' = \dfrac{1}{1+x^2}$; (2) $(1+x^2)y'' = 2xy'$; (3) $xy'' + y' = x^2$; (4) $yy'' + (y')^2 + 1 = 0$.

2. 求下列各微分方程满足所给初始条件的特解:

(1) $xy'' - 2y' = x^3 + x, y(1) = \dfrac{3}{4}, y'(1) = 1$; (2) $y^3 y'' + 1 = 0, y\big|_{x=1} = 1, y'\big|_{x=1} = 0$.

3. 试求满足方程 $y'' = x$ 的经过点 $(0,1)$ 且在此点与直线 $y = \dfrac{1}{2}x + 1$ 相切的积分曲线.

(B)

1. 求下列各微分方程的通解或满足所给初始条件的特解:

(1) $(1-x^2)y'' - xy' = 2, y\big|_{x=0} = 1, y'\big|_{x=0} = 3$; (2) $yy'' + (y')^3 = 0, y\big|_{x=0} = 1, y'\big|_{x=0} = 1$;

(3) $y'' = e^{2y}, y\big|_{x=0} = 0, y'\big|_{x=0} = 0$; (4) $y'' = 3\sqrt{y}, y\big|_{x=0} = 1, y'\big|_{x=0} = 2$.

2. 设对任意 $x > 0$,曲线 $y = f(x)$ 上点 $(x, f(x))$ 处的切线在 y 轴上的截距等于 $\dfrac{1}{x}\int_0^x f(t)\mathrm{d}t$,求 $f(x)$ 的表达式.

3. 设函数 $f(u)$ 在 $(0, +\infty)$ 内具有二阶导数,且 $z = f(\sqrt{x^2 + y^2})$ 满足等式 $z''_{xx} + z''_{yy} = 0$. 若 $f(1) = 0$,$f'(1) = 1$,求函数 $f(u)$ 的表达式.

4. 已知 $z = xf\left(\dfrac{y}{x}\right) + 2yf\left(\dfrac{x}{y}\right)$,其中 f 有二阶导数,若 $\dfrac{\partial^2 z}{\partial x \partial y}\Big|_{x=1} = -y^2$,求 $f(y)$.

11.4 二阶线性微分方程

11.4.1 二阶线性微分方程的概念

如果微分方程是关于未知函数及其各阶导数均为一次的方程,那么该方程称为**线性微分方程**.

n 阶线性微分方程的一般形式为
$$y^{(n)} + a_1(x)y^{(n-1)} + \cdots + a_{n-1}(x)y' + a_n(x)y = f(x),$$
其中 $a_i(x)(i = 1, 2, \cdots, n), f(x)$ 均为已知的连续函数.

本节主要讨论二阶线性微分方程,所得到的结论对于 n 阶线性微分方程都有类似的效果.

二阶线性微分方程的一般形式是
$$y'' + p(x)y' + q(x)y = f(x), \tag{11.4.1}$$
其中 $p(x), q(x), f(x)$ 均是 x 的已知连续函数,函数 $f(x)$ 称为方程(11.4.1)的**自由项**.

当 $f(x) \not\equiv 0$ 时,方程(11.4.1) 称为**二阶非齐次线性微分方程**.

当 $f(x) \equiv 0$ 时,方程(11.4.1) 变为
$$y'' + p(x)y' + q(x)y = 0. \tag{11.4.2}$$
方程(11.4.2) 称为与方程(11.4.1) 相对应的**二阶齐次线性微分方程**.

11.4.2 二阶线性微分方程解的基本理论

1. 二阶齐次线性微分方程解的性质

定理 11.4.1（齐次线性微分方程解的叠加原理） 设 $y_1(x), y_2(x)$ 均为二阶齐次线性微分方程(11.4.2) 的两个解,则
$$y = C_1 y_1(x) + C_2 y_2(x) = C_1 y_1 + C_2 y_2$$
也是方程(11.4.2) 的解,其中 C_1, C_2 为任意常数.

证 由于 y_1, y_2 都是方程(11.4.2) 的解,所以
$$y_1'' + p(x)y_1' + q(x)y_1 = 0, \quad y_2'' + p(x)y_2' + q(x)y_2 = 0.$$
将 $y = C_1 y_1 + C_2 y_2$ 代入方程(11.4.2) 的左端,得
$$y'' + p(x)y' + q(x)y = (C_1 y_1 + C_2 y_2)'' + p(x)(C_1 y_1 + C_2 y_2)' + q(x)(C_1 y_1 + C_2 y_2)$$
$$= C_1 [y_1'' + p(x)y_1' + q(x)y_1] + C_2 [y_2'' + p(x)y_2' + q(x)y_2] = 0.$$
这说明 $y = C_1 y_1 + C_2 y_2$ 是方程(11.4.2) 的解.

值得指出的是,$y = C_1 y_1 + C_2 y_2$ 中虽然含有两个任意常数,但它未必就是方程(11.4.2) 的通解. 这是因为定理的条件并没有保证解中常数 C_1, C_2 是相互独立的.

例如,$y_1 = e^x$ 与 $y_2 = e^{x+1}$ 均是方程 $y'' - y = 0$ 的两个解,但 $y = C_1 y_1 + C_2 y_2$ 却不是该方程的通解,这是因为 $C_1 y_1 + C_2 y_2 = (C_1 + C_2 e)e^x = Ce^x$. 那么在什么情况下才能由两个特解 y_1, y_2 构造出(11.4.2) 的通解呢?为了解决这个问题,下面引入如下概念.

定义 11.4.1 设函数 $y_1(x)$ 与 $y_2(x)$ 是定义在区间 I 上的两个函数,若
$$\frac{y_1(x)}{y_2(x)} \equiv k, \quad \text{或} \quad \frac{y_2(x)}{y_1(x)} \equiv k \quad (k \text{ 为常数}),$$

则称函数 $y_1(x)$ 与 $y_2(x)$ 在区间 I 上**线性相关**；若 $\dfrac{y_1(x)}{y_2(x)} \not\equiv k$，则称函数 $y_1(x)$ 与 $y_2(x)$ 在区间 I 上**线性无关**.

例如，$y_1 = \mathrm{e}^x$，$y_2 = \mathrm{e}^{x+1}$ 是两个线性相关的函数；$y_1 = \mathrm{e}^x$，$y_2 = \mathrm{e}^{3x}$ 是两个线性无关的函数，因为 $\dfrac{y_2(x)}{y_1(x)} = \dfrac{\mathrm{e}^{3x}}{\mathrm{e}^x} = \mathrm{e}^{2x}$.

有了线性无关的概念后，我们便有如下关于二阶齐次线性微分方程(11.4.2)的通解结构的定理.

定理 11.4.2（齐次线性微分方程通解结构定理）　若 $y_1(x)$ 与 $y_2(x)$ 是二阶齐次线性微分方程(11.4.2)的两个线性无关的特解，则

$$y = C_1 y_1(x) + C_2 y_2(x)$$

就是方程(11.4.2)的通解，其中 C_1，C_2 为任意常数.

证　由定理 11.4.1 知道 $y = C_1 y_1(x) + C_2 y_2(x)$ 是方程(11.4.2)的解，下面证明它是方程(11.4.2)的通解. 因为

$$C_1 y_1(x) + C_2 y_2(x) = \left[C_1 \frac{y_1(x)}{y_2(x)} + C_2 \right] \cdot y_2(x),$$

由于 $y_1(x)$，$y_2(x)$ 线性无关，即 $\dfrac{y_1(x)}{y_2(x)} \not\equiv$ 常数，所以 C_1，C_2 不能合并成为一个任意常数，这说明 $y = C_1 y_1(x) + C_2 y_2(x)$ 含有两个互相独立的任意常数，所以它是方程(11.4.2)的通解.

例如，对于二阶齐次线性方程 $y'' - y = 0$，容易验证 $y_1 = \mathrm{e}^x$ 与 $y_2 = \mathrm{e}^{-x}$ 是该方程的两个解，又因它们是线性无关的，故 $y = C_1 \mathrm{e}^x + C_2 \mathrm{e}^{-x}$ 为该方程的通解.

例 11.4.1　验证 $y_1 = x$ 与 $y_2 = \mathrm{e}^x$ 均为二阶齐次线性微分方程

$$(x-1)y'' - xy' + y = 0$$

的解，试写出该方程的通解.

解　因为 $y_1' = 1$，$y_1'' = 0$，将 y_1，y_1'，y_1'' 代入方程，易知满足方程，所以，$y_1 = x$ 为方程的解.

同理可验证 $y_2 = \mathrm{e}^x$ 也是方程的解，又因 $\dfrac{y_1}{y_2} = x\mathrm{e}^{-x} \not\equiv$ 常数，即 y_1，y_2 线性无关. 又因所给方程为二阶齐次线性方程，由定理 11.4.2 知方程 $(x-1)y'' - xy' + y = 0$ 的通解为

$$y = C_1 x + C_2 \mathrm{e}^x.$$

2．二阶非齐次线性微分方程解的性质

在一阶线性微分方程的讨论中，已知，一阶非齐次线性微分方程的通解可以表示为对应的齐次方程的通解与非齐次微分方程自身的一个特解的和. 实际上，不仅一阶非齐次线性微分方程的通解具有这样的结构，而且二阶甚至更高阶的非齐次线性微分方程的通解也具有同样的结构.

定理 11.4.3（二阶非齐次线性微分方程通解结构定理）　设 y^* 是二阶非齐次线性微分方程(11.4.1)的一个特解，而 Y 是其对应的二阶齐次线性微分方程(11.4.2)的通解，则

$$y = Y + y^*$$

是二阶非齐次线性微分方程(11.4.1)的通解.

证　由已知条件知

$$(y^*)'' + p(x)(y^*)' + q(x)y^* = f(x);\quad Y'' + p(x)Y' + q(x)Y = 0,$$

下面证明 $y = Y + y^*$ 是方程(11.4.1)的解,事实上,

$$(Y + y^*)'' + p(x)(Y + y^*)' + q(x)(Y + y^*)$$
$$= Y'' + (y^*)'' + p(x)Y' + p(x)(y^*)' + q(x)Y + q(x)y^*$$
$$= Y'' + P(x)Y' + q(x)Y + [(y^*)'' + p(x)(y^*)' + q(x)y^*]$$
$$= 0 + f(x) = f(x),$$

则 $y = Y + y^*$ 为方程(11.4.1)的解.

又因对应的齐次方程(11.4.2)的通解 $Y = C_1 y_1(x) + C_2 y_2(x)$ 中含有两个相互独立的任意常数,所以 $y = Y + y^*$ 中也含有两个独立的任意常数,因而它是方程(11.4.1)的通解.

例 11.4.2 求 $(x-1)y'' - xy' + y = 8$ 的通解.

解 该方程为二阶非齐次线性微分方程,由例 11.4.1 易知 $y = C_1 x + C_2 e^x$ 为该方程对应的齐次微分线性方程的通解. 由观察法易知 $y = 8$ 为该方程的一个特解,因此由定理 11.4.3 知,方程 $(x-1)y'' - xy' + y = 8$ 的通解为

$$y = C_1 x + C_2 e^x + 8.$$

下面这个定理对于求非齐次线性微分方程的特解是有帮助的.

定理 11.4.4（二阶非齐次线性微分方程特解叠加原理） 设 y_1^* 与 y_2^* 分别是二阶非齐次线性微分方程

$$y'' + p(x)y' + q(x)y = f_1(x) \quad 与 \quad y'' + p(x)y' + q(x)y = f_2(x)$$

的特解,则 $y_1^* + y_2^*$ 是方程

$$y'' + p(x)y' + q(x)y = f_1(x) + f_2(x) \tag{11.4.3}$$

的特解.

证 把 $y_1^* + y_2^*$ 代入方程(11.4.3)的左端,得

$$(y_1^* + y_2^*)'' + p(x)(y_1^* + y_2^*)' + q(x)(y_1^* + y_2^*)$$
$$= [(y_1^*)'' + p(x)(y_1^*)' + q(x)y_1^*] + [(y_2^*)'' + p(x)(y_2^*)' + q(x)y_2^*]$$
$$= f_1(x) + f_2(x),$$

所以 $y_1^* + y_2^*$ 是方程(11.4.3)的特解.

例如,求二阶非齐次线性微分方程 $y'' + y = x + 2e^x$ 的特解,由定理 11.4.4 知,所求方程的特解 y^* 问题可转化为分别求 $y'' + y = x$ 与 $y'' + y = 2e^x$ 的两个特解之和. 容易观察出 $y_1^* = x$ 是 $y'' + y = x$ 的特解,$y_2^* = e^x$ 是 $y'' + y = 2e^x$ 的特解,故函数 $y^* = x + e^x$ 是所给方程 $y'' + y = x + 2e^x$ 的一个特解.

容易证明,非齐次线性方程与其相应的齐次线性方程的解之间有下面一个重要关系.

定理 11.4.5 若 y_1^* 与 y_2^* 均为二阶非齐次线性微分方程 $y'' + p(x)y' + q(x)y = f(x)$ 的解,则 $y_1^* - y_2^*$ 为相应的二阶齐次线性微分方程 $y'' + p(x)y' + q(x)y = 0$ 的解.

例 11.4.3 已知 $y_1^* = x^2, y_2^* = x + x^2, y_3^* = e^x + x^2$ 均是某二阶非齐次线性微分方程的三个解,试写出该方程的通解,并求该微分方程.

解 由定理 11.4.5 可知 $y_1 = y_2^* - y_1^* = x$ 与 $y_2 = y_3^* - y_1^* = e^x$ 为相应的齐次线性微分方程的两个解,且可以验证它们是线性无关. 由定理 11.4.3 可知所求方程的通解为

$$y = C_1 y_1 + C_2 y_2 + y_1^* = C_1 x + C_2 e^x + x^2.$$

又

$$y' = C_1 + C_2 e^x + 2x, \qquad y'' = C_2 e^x + 2,$$

从 $y' = C_1 + C_2 \mathrm{e}^x + 2x$ 与 $y'' = C_2 \mathrm{e}^x + 2$ 中解出 C_1, C_2,再将其代入 $y = C_1 x + C_2 \mathrm{e}^x + x^2$,得所求微分方程为

$$(x-1)y'' - xy' + y = -x^2 + 2x - 2.$$

综上所述,我们已经了解了二阶线性微分方程解的结构.尽管如此,却没有一个求解二阶线性微分方程的一般方法.然而对于二阶常系数线性微分方程,却有一般求解方法.

下面,我们将利用以上结论来讨论二阶常系数线性微分方程的解法.

11.4.3 二阶常系数齐次线性微分方程的解法

当二阶齐次线性微分方程(11.4.2)中的系数 $p(x), q(x)$ 均为常数时,即形如

$$y'' + py' + qy = 0, \quad \text{其中 } p, q \text{ 均是常数} \tag{11.4.4}$$

的方程,称为**二阶常系数齐次线性微分方程**.

根据齐次线性微分方程通解结构定理可知,要求方程(11.4.4)的通解,只要求出其两个线性无关的特解 $y_1(x)$ 与 $y_2(x)$ 就可以了,下面讨论这两个特解的求法.

先来分析方程(11.4.4)可能具有什么形式的特解,从方程的形式上看,它的特点是 y'', y', y 各乘以常数因子后相加等于零,若能找到一个函数 y,其中 y'', y', y 之间仅相差一个常数因子,通过调整其常数,这样的函数就有可能是方程(11.4.4)的特解.在初等函数中易知,指数函数 $y = \mathrm{e}^{rx}$ 就具有这一特性.于是令 $y = \mathrm{e}^{rx}$,则 $y' = r\mathrm{e}^{rx}, y'' = r^2 \mathrm{e}^{rx}$,将它们代入方程(11.4.4)便得到

$$\mathrm{e}^{rx}(r^2 + pr + q) = 0.$$

由于 $\mathrm{e}^{rx} \neq 0$,所以

$$r^2 + pr + q = 0. \tag{11.4.5}$$

这是关于 r 的一元二次代数方程,显然,若 r 满足方程(11.4.5),则 $y = \mathrm{e}^{rx}$ 就是齐次方程(11.4.4)的解;反之,若 $y = \mathrm{e}^{rx}$ 是方程(11.4.4)的解,则 r 一定是(11.4.5)的根.于是,微分方程(11.4.4)的求解问题,就转化为求代数方程(11.4.5)的根的问题.

把代数方程(11.4.5)称为微分方程(11.4.4)的**特征方程**,它的根称为微分方程(11.4.4)的**特征根**.

特征方程(11.4.5)是 r 的一元二次代数方程,在复数范围内存在两个根,设 r_1, r_2 为特征方程(11.4.5)的两个根,下面按照根的三种情况分别讨论方程(11.4.4)的通解.

1. 当 r_1, r_2 是两个不相等的实根的情形

此时 $y_1 = \mathrm{e}^{r_1 x}, y = \mathrm{e}^{r_2 x}$ 是微分方程(11.4.4)的两个特解,由于 $\dfrac{y_2}{y_1} = \dfrac{\mathrm{e}^{r_2 x}}{\mathrm{e}^{r_1 x}} = \mathrm{e}^{(r_2 - r_1)x}$ 不是常数,所以 y_1 与 y_2 线性无关,因而,此时微分方程(11.4.4)的通解为

$$y = C_1 \mathrm{e}^{r_1 x} + C_2 \mathrm{e}^{r_2 x} \quad (C_1, C_2 \text{ 为任意常数}).$$

2. 当 r_1, r_2 是两个相等的实根的情形

此时 $y_1 = \mathrm{e}^{r_1 x}$ 是微分方程(11.4.4)的一个特解.为了得到通解,还必须找出一个与 y_1 线性无关的特解 y_2,即 $\dfrac{y_2}{y_1} \neq$ 常数.设 $\dfrac{y_2}{y_1} = u(x)$,即 $y_2 = y_1 u(x) = \mathrm{e}^{r_1 x} u(x)$,则

$$y_2' = \mathrm{e}^{r_1 x}(u' + r_1 u), \quad y_2'' = \mathrm{e}^{r_1 x}(u'' + 2r_1 u' + r_1^2 u).$$

将 y_2, y_2', y_2'' 的各式代入微分方程(11.4.4),得

$$e^{r_1 x}\left[(u'' + 2r_1 u' + r_1^2 u) + p(u' + r_1 u) + qu\right] = 0,$$

约去 $e^{r_1 x} \neq 0$，并整理得

$$u'' + (2r_1 + p)u' + (r_1^2 + pr_1 + q)u = 0.$$

由于 r_1 是特征方程的二重根，所以 $r_1^2 + pr_1 + q = 0$，且 $2r_1 + p = 0$，于是得

$$u'' = 0,$$

因为这里只要找到一个不为常数的函数 u，所以只要取最简洁的函数 u. 而满足该方程最简单的一个解为 $u = x$，从而得到方程 (11.4.4) 的另一个与 y_1 线性无关的特解为 $y_2 = xe^{r_1 x}$. 因此微分方程 (11.4.4) 的通解为

$$y = C_1 e^{r_1 x} + C_2 x e^{r_1 x} = (C_1 + C_2 x) e^{r_1 x} \quad (C_1, C_2 \text{ 为任意常数}).$$

3. 当 r_1, r_2 是一对共轭复数根 $r_1 = \alpha + \mathrm{i}\beta, r_2 = \alpha - \mathrm{i}\beta$ 的情形

此时 $y_1 = e^{(\alpha + \mathrm{i}\beta)x}, y_2 = e^{(\alpha - \mathrm{i}\beta)x}$ 是方程 (11.4.4) 的两个线性无关的复数形式的特解. 为了得到应用较为方便的实值形式的解，利用欧拉公式：$e^{\mathrm{i}\theta} = \cos\theta + \mathrm{i}\sin\theta$，把 y_1, y_2 改写为

$$y_1 = e^{(\alpha + \mathrm{i}\beta)x} = e^{\alpha x} \cdot e^{\mathrm{i}\beta x} = e^{\alpha x}(\cos\beta x + \mathrm{i}\sin\beta x),$$

$$y_2 = e^{(\alpha - \mathrm{i}\beta)x} = e^{\alpha x} \cdot e^{-\mathrm{i}\beta x} = e^{\alpha x}(\cos\beta x - \mathrm{i}\sin\beta x).$$

由定理 11.4.1 知

$$\overline{y_1} = \frac{1}{2}(y_1 + y_2) = e^{\alpha x}\cos\beta x,$$

$$\overline{y_2} = \frac{1}{2\mathrm{i}}(y_1 - y_2) = e^{\alpha x}\sin\beta x$$

也是方程 (11.4.4) 的解，且 $\dfrac{\overline{y_1}}{\overline{y_2}} = \cot\beta x \neq$ 常数，因此，方程微分 (11.4.4) 的通解为

$$y = e^{\alpha x}(C_1\cos\beta x + C_2\sin\beta x) \quad (C_1, C_2 \text{ 为任意常数}).$$

综上所述，求二阶常系数齐次线性微分方程 $y'' + py' + qy = 0$ 的通解的步骤如下：

(1) 写出微分方程 (11.4.4) 的特征方程 $r^2 + pr + q = 0$，并求出特征根 r_1, r_2；

(2) 根据两个特征根的不同情形，按照下列情况写出微分方程 (11.4.4) 的通解.

当 r_1, r_2 是两个不相等的实根时，通解为 $y = C_1 e^{r_1 x} + C_2 e^{r_2 x}$；

当 r_1, r_2 是两个相等的实根时，通解为 $y = (C_1 + C_2 x)e^{r_1 x}$；

当 r_1, r_2 是一对共轭复数根 $r_{1,2} = \alpha \pm \beta\mathrm{i}$ 时，通解为 $y = e^{\alpha x}(C_1\cos\beta x + C_2\sin\beta x)$.

例 11.4.4 求下列微分方程的通解：

(1) $y'' - 6y' + 8y = 0$；   (2) $y'' - 6y' + 13y = 0$.

解 (1) 所给微分方程的特征方程为 $r^2 - 6r + 8 = 0$，解得特征根为 $r_1 = 2, r_2 = 4$，因此，所求微分方程的通解为

$$y = C_1 e^{2x} + C_2 e^{4x}.$$

(2) 所给方程的特征方程为 $r^2 - 6r + 13 = 0$，解得特征根为 $r_1 = 3 + 2\mathrm{i}, r_2 = 3 - 2\mathrm{i}$. 因此，所求微分方程的通解为

$$y = e^{3x}(C_1\cos 2x + C_2\sin 2x).$$

例 11.4.5 求微分方程 $y'' + 2y' + y = 0$ 满足初始条件 $y\big|_{x=0} = 4, y'\big|_{x=0} = -2$ 的特解.

解 特征方程为 $r^2 + 2r + 1 = 0$，解得特征根为 $r_1 = r_2 = -1$，于是所给方程的通解为

$$y = (C_1 + C_2 x)e^{-x}.$$

因

$$y' = (C_2 - C_2 x - C_1)\mathrm{e}^{-x},$$

故将初始条件代入以上两式,得 $\begin{cases} C_1 = 4, \\ C_2 - C_1 = -2. \end{cases}$ 解得 $C_1 = 4, C_2 = 2$,于是原方程的特解为

$$y = (4 + 2x)\mathrm{e}^{-x}.$$

例 11.4.6　设 $f(x) = 5 - \int_0^x (x - t - 2)f(t)\mathrm{d}t$,其中 $f(x)$ 为连续函数,求函数 $f(x)$.

解　由于 $f(x)$ 连续,所以方程右端是可导的,因而左端的函数 $f(x)$ 也可导. 将 $f(x)$ 的右端变形为

$$f(x) = 5 - x\int_0^x f(t)\mathrm{d}t + \int_0^x (t + 2)f(t)\mathrm{d}t.$$

两边对 x 求导可得

$$f'(x) = -\int_0^x f(t)\mathrm{d}t - xf(x) + (x + 2)f(x) = 2f(x) - \int_0^x f(t)\mathrm{d}t.$$

从上式右端可推知,$f'(x)$ 具有一阶导数,上式对 x 求导

$$f''(x) = 2f'(x) - f(x),$$

即

$$f''(x) - 2f'(x) + f(x) = 0.$$

这是二阶常系数齐次线性微分方程,其特征方程为 $r^2 - 2r + 1 = 0$,解得特征根为 $r_1 = r_2 = 1$,故通解为

$$f(x) = (C_1 + C_2 x)\mathrm{e}^x.$$

由原方程及 $f'(x)$ 的表达式可知,$f(0) = 5, f'(0) = 2f(0) = 10$. 将初始条件代入通解可解得 $C_1 = 5, C_2 = 5$,于是所求函数为

$$f(x) = 5(1 + x)\mathrm{e}^x.$$

例 11.4.7　已知 $y_1 = \mathrm{e}^{2x}, y_2 = \mathrm{e}^{-x}$ 是某个二阶常系数齐次线性微分方程的两个特解,试求出该二阶微分方程,并求该方程满足初始条件 $y(0) = 0, y'(0) = 3$ 的特解.

解　显然 y_1 与 y_2 是所求二阶常系数齐次线性方程的两个无关解,由此可知,它们对应的特征根为 $r_1 = 2, r_2 = -1$. 故所求二阶齐次线性方程的特征方程为

$$(r - 2)(r + 1) = 0, \quad 即 \quad r^2 - r - 2 = 0.$$

从而得到所对应的微分方程为

$$y'' - y' - 2y = 0,$$

此方程的通解为

$$y = C_1\mathrm{e}^{2x} + C_2\mathrm{e}^{-x}.$$

将初始条件 $y(0) = 0, y'(0) = 3$ 代入通解可得,$C_1 = 1, C_2 = -1$,于是所求特解为

$$y = \mathrm{e}^{2x} - \mathrm{e}^{-x}.$$

*11.4.4　n 阶常系数齐次线性微分方程的解法

上面讨论的二阶常系数齐次线性微分方程所用的方法与通解形式,可以推广到 n 阶常系数齐次线性微分方程的情形,在此不再详细的讨论,只简单叙述如下.

n 阶常系数齐次线性微分方程的一般形式为
$$y^{(n)} + p_1 y^{(n-1)} + p_2 y^{(n-2)} + \cdots + p_{n-1}y' + p_n y = 0,$$
其中 $p_1, p_2, \cdots, p_n$ 均为常数,其特征方程为
$$r^n + p_1 r^{n-1} + p_2 r^{n-2} + \cdots + p_{n-1}r + p_n = 0.$$
根据特征方程的根的情形,可按表 11.1 的方式直接写出其对应的微分方程的通解.

表 11.1

	特征方程的根	微分方程通解中对应的项
单根	单实根 r	对应一项:Ce^{rx}
	一对共轭复根 $r_{1,2} = \alpha \pm i\beta$	对应两项:$e^{\alpha x}(C_1\cos\beta x + C_2\sin\beta x)$
k 重根 $(k>1)$	k 重实根 r	对应 k 项:$(C_1 + C_2 x + \cdots + C_k x^{k-1})e^{rx}$
	一对 k 重共轭复根 $r_{1,2} = \alpha \pm i\beta$	对应 $2k$ 项:$e^{\alpha x}[(C_1 + C_2 x + \cdots + C_k x^{k-1})\cos\beta x + (D_1 + D_2 x + \cdots + D_k x^{k-1})\sin\beta x]$

从代数学知道,n 次代数方程有 n 个根(重根按重数计算),而特征方程的每一个根都对应着通解中的一项,且每一项各含一个任意常数,这样就得到 n 阶常系数齐次线性微分方程的通解为
$$y = C_1 y_1 + C_2 y_2 + \cdots + C_n y_n.$$

*例 11.4.8 求下列微分方程的通解:

(1) $y''' - 3y'' + 3y' - y = 0$; (2) $y^{(5)} - y^{(4)} + 2y^{(3)} - 2y'' + y' - y = 0$.

解 (1)所给方程的特征方程为 $r^3 - 3r^2 + 3r - 1 = 0$,解得特征根为 $r = 1$,且为三重根,因此,所求微分方程的特解为
$$y = C_1 e^x + C_2 x e^x + C_3 x^2 e^x.$$

(2)所给方程的特征方程为 $r^5 - r^4 + 2r^3 - 2r^2 + r - 1 = 0$,解得特征根 $r_1 = 1$,及一对二重特征根 $r_{2,3} = \pm i$,因此,所求微分方程的特解为
$$y = C_1 e^x + (C_2 + C_3 x)\cos x + (C_4 + C_5 x)\sin x.$$

11.4.5 二阶常系数非齐次线性微分方程的解法

二阶常系数非齐次线性微分方程的一般形式为
$$y'' + py' + qy = f(x). \tag{11.4.6}$$
其中 $f(x) \not\equiv 0$,当 $f(x) \equiv 0$ 时,即方程(11.4.4)称为与(11.4.6)相对应的二阶常系数齐次线性微分方程.

根据二阶非齐次线性微分方程解的结构定理可知,要求方程(11.4.6)的通解,只要求出它的一个特解及其对应的齐次线性微分方程的通解,两个解相加就得到方程(11.4.6)的通解.而常系数齐次线性微分方程的通解的求解问题已经在上面得到解决,因此,剩下的问题是如何求得方程(11.4.6)的一个特解 y^*.

对于比较简单的二阶常系数非齐次线性微分方程可以通过观察法求出它的一个特解.例如,$y'' + y = 2x$,通过观察可知 $y = 2x$ 为该方程的一个特解,但是对于一般的自由项 $f(x)$,观察法并不能解决问题.

本节只介绍当方程(11.4.6)中右端的自由项 $f(x)$ 取两种常见特殊类型时,求特解 y^* 的简洁方法.这种方法是根据方程及其自由项 $f(x)$ 的形式,去推断方程(11.4.6)应具有某种特

定形式的特解,将其代入方程,再根据恒等关系定出具体函数,这种方法叫**待定系数法**,该方法的特点是不用积分就可以求出特解 y^*.

1. $f(x) = P_m(x)\mathrm{e}^{\lambda x}$ 型

这里 λ 是常数,$P_m(x)$ 是已知 x 的 m 次多项式,即

$$P_m(x) = a_0 x^m + a_1 x^{m-1} + \cdots + a_{m-1}x + a_m,$$

其中 $a_i\ (i = 0,1,\cdots,m)$ 为常数,且 $a_0 \neq 0$.

我们知道,要求方程(11.4.6)的一个特解就是要求一个函数使它满足方程(11.4.6),在 $f(x) = P_m(x)\mathrm{e}^{\lambda x}$ 的情形下,方程(11.4.6)的右端是多项式 $P_m(x)$ 和指数函数 $\mathrm{e}^{\lambda x}$ 的乘积,而多项式与指数函数的乘积的导数仍是同类型的函数,因此,推测非齐次方程(11.4.6)应具有如下形式的特解:

$$y^* = Q(x)\mathrm{e}^{\lambda x},$$

其中 $Q(x)$ 是 x 的待定多项式.

下面确定多项式 $Q(x)$,使 $y^* = Q(x)\mathrm{e}^{\lambda x}$ 满足方程(11.4.6). 此时

$$(y^*)' = [\lambda Q(x) + Q'(x)]\mathrm{e}^{\lambda x},$$
$$(y^*)'' = [\lambda^2 Q(x) + 2\lambda Q'(x) + Q''(x)]\mathrm{e}^{\lambda x}.$$

将 $y^*,(y^*)',(y^*)''$ 代入方程(11.4.6),并约去 $\mathrm{e}^{\lambda x} \neq 0$,得

$$Q''(x) + (2\lambda + p)Q'(x) + (\lambda^2 + p\lambda + q)Q(x) = P_m(x). \tag{11.4.7}$$

(1) 若 λ 不是特征方程的根,则 $\lambda^2 + p\lambda + q \neq 0$,要使式(11.4.7)成立,$Q(x)$ 应设为 m 次多项式 $Q_m(x)$:

$$Q_m(x) = b_0 x^m + b_1 x^{m-1} + \cdots + b_{m-1}x + b_m \quad (b_0 \neq 0),$$

将 $Q_m(x)$ 代入式(11.4.7),通过比较等式两边 x 同次幂的系数,便可确定 $b_0,b_1,\cdots,b_m$,从而可以确定 $Q_m(x)$,于是便可得到所求的特解 $y^* = Q_m(x)\mathrm{e}^{\lambda x}$.

(2) 若 λ 是特征方程的单根,则 $\lambda^2 + p\lambda + q = 0$,但 $2\lambda + p \neq 0$,则方程(11.4.7)变为

$$Q''(x) + (2\lambda + p)Q'(x) = P_m(x),$$

要使该式成立,$Q'(x)$ 必须是 m 次多项式. 从而 $Q(x)$ 应为 $m+1$ 次多项式,而且 $Q(x)$ 的常数项可以是任意的,故此时可设

$$Q(x) = xQ_m(x),$$

并且可用同样的方法确定 $Q_m(x)$ 中的系数 $b_0,b_1,\cdots,b_m$,并得所求的特解为

$$y^* = xQ_m(x)\mathrm{e}^{\lambda x}.$$

(3) 若 λ 是特征方程的二重根,则 $\lambda^2 + p\lambda + q = 0$ 且 $2\lambda + p = 0$,则方程(11.4.7)变为

$$Q''(x) = P_m(x),$$

要使该式成立,那么 $Q''(x)$ 必须是 m 次多项式. 从而 $Q(x)$ 应为 $m+2$ 次多项式,而且 $Q(x)$ 的一次项与常数项可以是任意的,故此时可设

$$Q(x) = x^2 Q_m(x),$$

并且可用同样的方法确定 $Q_m(x)$ 中的系数 $b_0,b_1,\cdots,b_m$,并得所求特解为

$$y^* = x^2 Q_m(x)\mathrm{e}^{\lambda x}.$$

综上所述,我们有如下结论:

若 $f(x) = P_m(x)\mathrm{e}^{\lambda x}$,则二阶常系数非齐次线性微分方程 $y'' + py' + qy = f(x)$ 具有形如

$$y^* = x^k Q_m(x) \mathrm{e}^{\lambda x}$$

的特解,其中 $Q_m(x)$ 是与 $P_m(x)$ 同次(m 次)的多项式,而 k 是按 λ 不是特征方程的根,是特征方程的单根或是特征方程的重根依次取为 $0,1$ 或 2.

例 11.4.9　写出微分方程 $y'' - 4y' + 4y = f(x)$ 的特解 y^* 的形式,其中自由项 $f(x)$ 分别为:

(1) $f(x) = x^2$;　　　　(2) $f(x) = x^2 \mathrm{e}^{5x}$;　　　　(3) $f(x) = x^3 \mathrm{e}^{2x}$;

(4) $f(x) = \mathrm{e}^{ax}, a \in \mathbf{R}$;　　(5) $f(x) = (x+3) + \mathrm{e}^{2x}$.

解　所给方程对应的齐次方程的特征方程 $r^2 - 4r + 4 = 0$ 的特征根为 $r_1 = r_2 = 2$.

(1) $f(x) = x^2 = x^2 \mathrm{e}^{0x}$(其中 $P_m(x) = x^2, \lambda = 0$). 因 $\lambda = 0$ 不是特征根,故取 $k = 0$,方程的特解应具有的形式为

$$y^* = x^0(ax^2 + bx + c)\mathrm{e}^{0x} = ax^2 + bx + c.$$

(2) $f(x) = x^2 \mathrm{e}^{5x}$(其中 $P_m(x) = x^2, \lambda = 5$). 因 $\lambda = 5$ 不是特征根,故取 $k = 0$,方程的特解应具有的形式为

$$y^* = x^0(ax^2 + bx + c)\mathrm{e}^{5x} = (ax^2 + bx + c)\mathrm{e}^{5x}.$$

(3) $f(x) = x^3 \mathrm{e}^{2x}$(其中 $P_m(x) = x^3, \lambda = 2$). 因 $\lambda = 2$ 是特征方程的二重根,故取 $k = 2$,方程的特解应具有的形式为

$$y^* = x^2(ax^3 + bx^2 + cx + d)\mathrm{e}^{2x} = (ax^5 + bx^4 + cx^3 + dx^2)\mathrm{e}^{2x}.$$

(4) $f(x) = \mathrm{e}^{ax}$(其中 $P_m(x) = 1, \lambda = \alpha$).

因 $\lambda = \alpha$,当 $\alpha \neq 2$ 时,α 不是特征方程的根,故取 $k = 0$,方程的特解应具有的形式为

$$y^* = x^0 A\mathrm{e}^{ax} = A\mathrm{e}^{ax}.$$

当 $\alpha = 2$ 时,α 是特征方程的二重根,故取 $k = 2$,方程的特解应具有的形式为

$$y^* = x^2 A\mathrm{e}^{ax} = Ax^2 \mathrm{e}^{ax}.$$

(5) 由于 $f(x)$ 是 $f_1(x) = x + 3$ 与 $f_1(x) = \mathrm{e}^{2x}$ 之和,根据特解叠加定理 11.4.4,所求方程的特解 y^* 等于方程 $y'' - 4y' + 4y = x + 3$ 和 $y'' - 4y' + 4y = \mathrm{e}^{2x}$ 的特解 y_1^* 与 y_2^* 之和,即

$$y^* = y_1^* + y_2^*.$$

当 $f_1(x) = x + 3$(其中 $P_m(x) = x + 3, \lambda = 0$). 因 $\lambda = 0$ 不是特征方程的根,故取 $k = 0$,方程的特解应具有的形式为 $y_1^* = x^0(ax + b)\mathrm{e}^{0x} = ax + b$.

当 $f_1(x) = \mathrm{e}^{2x}$(其中 $P_m(x) = 1, \lambda = 2$),因 $\lambda = 2$ 是特征方程的二重根,故取 $k = 2$,方程的特解应具有的形式为 $y_2^* = Ax^2 \mathrm{e}^{2x}$.

于是所给方程的特解应具有的形式为 $y^* = y_1^* + y_2^* = ax + b + Ax^2 \mathrm{e}^{2x}$.

例 11.4.10　求微分方程 $y'' - 2y' - 3y = 3x + 1$ 的一个特解.

解　这是二阶常系数非齐次线性微分方程,且 $f(x) = (3x+1)\mathrm{e}^{0x}$ 是 $P_m(x)\mathrm{e}^{\lambda x}$ 型(其中 $P_m(x) = 3x + 1, \lambda = 0$). 所给方程对应的齐次方程的特征方程,特征根分别为

$$r^2 - 2r - 3 = 0, \quad r_1 = -1, \quad r_2 = 3.$$

由于 $\lambda = 0$ 不是特征方程的根,可设特解为

$$y^* = x^0(b_0 x + b_1)\mathrm{e}^{0x} = b_0 x + b_1.$$

把它代入所给方程中,得

$$-3b_0 x - 2b_0 - 3b_1 = 3x + 1,$$

比较两端 x 同次幂的系数,可求得 $b_0 = -1, b_1 = \dfrac{1}{3}$,于是求得所给方程的一个特解为

$$y^* = -x + \frac{1}{3}.$$

例 11.4.11　求微分方程 $y'' - 5y' + 6y = (2x+3)\mathrm{e}^{2x}$ 的通解.

解　这是二阶常系数非齐次线性微分方程,且 $f(x) = (2x+3)\mathrm{e}^{2x}$ 是 $P_m(x)\mathrm{e}^{\lambda x}$ 型(其中 $P_m(x) = 2x+3, \lambda = 2$).所给方程对应的齐次方程的特征方程、特征根分别为

$$r^2 - 5r + 6 = 0, \quad r_1 = 2, \; r_2 = 3.$$

于是所给方程对应的齐次方程的通解为

$$y = C_1\mathrm{e}^{2x} + C_2\mathrm{e}^{3x}.$$

由于 $\lambda = 2$ 是特征方程的单根,可设方程的特解为

$$y^* = x(ax+b)\mathrm{e}^{2x} = (ax^2 + bx)\mathrm{e}^{2x}.$$

把它代入所给方程,得

$$-2ax + 2a - b = 2x + 3,$$

比较两端 x 同次幂的系数,可求得 $a = -1, b = -5$.于是求得所给方程的一个特解为

$$y^* = -(x^2 + 5x)\mathrm{e}^{2x}.$$

从而所给方程的通解为

$$y = C_1\mathrm{e}^{2x} + C_2\mathrm{e}^{3x} - (x^2 + 5x)\mathrm{e}^{2x}.$$

例 11.4.12　求微分方程 $y'' - 2y' + y = 4x\mathrm{e}^{x}$ 的通解.

解　所给方程对应的齐次方程的特征方程、特征根分别为

$$r^2 - 2r + 1 = 0, \quad r_1 = r_2 = 1.$$

于是所给方程对应的齐次方程的通解为

$$y = C_1\mathrm{e}^{x} + C_2 x\mathrm{e}^{x}.$$

由于 $\lambda = 1$ 是特征方程的二重根,可设方程的特解为

$$y^* = x^2(ax+b)\mathrm{e}^{x} = (ax^3 + bx^2)\mathrm{e}^{x},$$

把它代入所给方程,得

$$6ax + 2b = 4x,$$

比较两端 x 同次幂的系数,可求得 $a = \dfrac{2}{3}, b = 0$.于是求得所给方程的一个特解为

$$y^* = \frac{2}{3}x^3\mathrm{e}^{x}.$$

从而所给方程的通解为

$$y = C_1\mathrm{e}^{x} + C_2 x\mathrm{e}^{x} + \frac{2}{3}x^3\mathrm{e}^{x}.$$

***2.** $f(x) = \mathrm{e}^{\lambda x}[P_l(x)\cos\omega x + Q_n(x)\sin\omega x]$ 型

这里 $P_l(x), Q_n(x)$ 分别是已知的 x 的 l 次、n 次多项式,其中 λ, ω 是常数且 $\omega \neq 0$.

和求解前一种类型的方程的想法类似,我们注意到 $f(x)$ 是由指数函数、多项式与正弦函数或余弦函数的乘积构成的,而这种函数的一阶导数、二阶导数仍然是这种类型的函数,再联

想到方程(11.4.6)的左端的线性、常系数的特点,此时方程(11.4.6)的一个特解 y^* 也应该是指数函数、多项式、正弦函数或余弦函数的乘积形式.

可以证明:若 $f(x) = \mathrm{e}^{\lambda x}[P_l(x)\cos\omega x + Q_n(x)\sin\omega x]$,二阶常系数非齐次线性方程 $y'' + py' + qy = f(x)$ 具有形如

$$y^* = x^k \mathrm{e}^{\lambda x}[R_1(x)\cos\omega x + R_2(x)\sin\omega x]$$

的特解,其中 $R_1(x), R_2(x)$ 均为待定的 m 次多项式,$m = \max\{l, n\}$,而 k 是按 $\lambda \pm \mathrm{i}\omega$ 不是特征方程的根,是特征方程的根依次取为 0 或 1.

$R_1(x), R_2(x)$ 这两个多项式的系数,还是通过将特解 y^* 代入方程(11.4.6),再比较等式两端同类项的系数加以确定,于是就得到方程(11.4.6)的一个特解 y^*.

例 11.4.13 写出微分方程 $y'' - 2y' + 5y = f(x)$ 的特解 y^* 的形式,其中自由项 $f(x)$ 分别为:

(1) $f(x) = \cos x$;   (2) $f(x) = \mathrm{e}^x\cos 2x$;   (3) $f(x) = x^2\mathrm{e}^x\sin 3x$.

解 所给方程为非齐次线性微分方程,它对应的齐次方程的特征方程为

$$r^2 - 2r + 5 = 0,$$

解得特征根为 $r_1 = 1 + 2\mathrm{i}, r_2 = 1 - 2\mathrm{i}$.

(1) 由于 $f(x) = \cos x = \mathrm{e}^{0x}(\cos x + 0 \cdot \sin x)$,而 $\lambda \pm \mathrm{i}\omega = \pm\mathrm{i}$ 不是特征方程的根,所以所给方程的特解形式为

$$y^* = x^0\mathrm{e}^{0x}(a\cos x + b\sin x) = a\cos x + b\sin x.$$

(2) 由于 $f(x) = \mathrm{e}^x\cos 2x = \mathrm{e}^x(\cos 2x + 0 \cdot \sin 2x)$,而 $\lambda \pm \mathrm{i}\omega = 1 \pm 2\mathrm{i}$ 是特征方程的根,所以所给方程的特解形式为

$$y^* = x^1\mathrm{e}^x(a\cos 2x + b\sin 2x) = x\mathrm{e}^x(a\cos 2x + b\sin 2x).$$

(3) 由于 $f(x) = x^2\mathrm{e}^x\sin 3x = \mathrm{e}^x(0 \cdot \cos 3x + x^2\sin 3x)$,而 $\lambda \pm \mathrm{i}\omega = 1 \pm 3\mathrm{i}$ 不是特征方程的根,所以所给方程的特解形式为

$$y^* = x^0\mathrm{e}^x[(a_0x^2 + a_1x + a_2)\cos 3x + (b_0x^2 + b_1x + b_2)\sin 3x]$$
$$= \mathrm{e}^x[(a_0x^2 + a_1x + a_2)\cos 3x + (b_0x^2 + b_1x + b_2)\sin 3x].$$

例 11.4.14 求微分方程 $y'' + y = x\cos 2x$ 的一个特解.

解 这是二阶常系数非齐次线性微分方程,且 $f(x) = \mathrm{e}^{0x}(x \cdot \cos 2x + 0 \cdot \sin 2x)$ 是 $f(x) = \mathrm{e}^{\lambda x}[P_l(x)\cos\omega x + Q_n(x)\sin\omega x]$ 型(其中 $\lambda = 0, \omega = 2, l = 1, n = 0$).

所给方程对应的齐次方程的特征方程为 $r^2 + 1 = 0$,解得特征根为 $r_{1,2} = \pm\mathrm{i}$,

由于 $\lambda \pm \mathrm{i}\omega = \pm 2\mathrm{i}$ 不是特征方程的根,所以应设特解为

$$y^* = (ax + b)\cos 2x + (cx + d)\sin 2x,$$

把它代入所给方程,得

$$(-3ax - 3b + 4c)\cos 2x - (3cx + 3d + 4a)\sin 2x = x\cos 2x.$$

比较两端同类项的系数,得

$$\begin{cases} -3ax - 3b + 4c = x, \\ 3cx + 3d + 4a = 0 \end{cases} \Leftrightarrow \begin{cases} -3a = 1, \\ -3b + 4c = 0, \\ 3c = 0, \\ 3d + 4a = 0, \end{cases}$$

解得 $a=-\dfrac{1}{3},b=0,c=0,d=\dfrac{4}{9}$. 于是求得一个特解为

$$y^{*}=-\frac{x}{3}\cos 2x+\frac{4}{9}\sin 2x.$$

例 11.4.15　求微分方程 $y''+y=x\cos 2x+x^{2}$ 的通解.

解　所给方程对应的齐次方程的特征方程,特征根分别为

$$r^{2}+1=0,\quad r_{1,2}=\pm \mathrm{i}.$$

相应的齐次线性方程的通解为 $Y=C_{1}\cos x+C_{2}\sin x$. 由于所给方程右边为 $f_{1}(x)=x\cos 2x$ 与 $f_{2}(x)=x^{2}$ 之和,根据特解叠加定理,原方程的特解 y^{*} 等于下列两个方程各自特解 y_{1}^{*} 与 y_{2}^{*} 之和.

$$y''+y=x\cos 2x,\quad y''+y=x^{2}.$$

对前一个方程,由例 11.4.14 知,可取

$$y_{1}^{*}=-\frac{x}{3}\cos 2x+\frac{4}{9}\sin 2x.$$

对后一个方程 $f(x)=\mathrm{e}^{0x}x^{2}$,因 $\lambda=0$ 不是特征根,于是可设特解为

$$y_{2}^{*}=ax^{2}+bx+c,$$

将 y_{2}^{*} 代入后一个方程,得

$$ax^{2}+bx+2a+c=x^{2},$$

比较两端 x 同次幂的系数,可求得 $a=1,b=0,c=-2$. 于是 $y_{2}^{*}=x^{2}-2$. 故原方程的特解为

$$y^{*}=y_{1}^{*}+y_{2}^{*}=-\frac{1}{3}x\cos 2x+\frac{4}{9}\sin 2x+x^{2}-2.$$

综上可得原方程的通解为

$$y=Y+y^{*}=C_{1}\cos x+C_{2}\sin x-\frac{x}{3}\cos 2x+\frac{4}{9}\sin 2x+x^{2}-2.$$

最后需要说明的是,当二阶常系数非齐次线性微分方程的自由项 $f(x)$ 不是上面介绍的两种特殊类型时,那么如何求其一个特解 y^{*} 呢?这时一般可采用类似求解一阶线性微分方程的常数变易法,求出 y^{*}.

习　题　11.4

（A）

1. 下列函数在其定义区间内哪些是线性无关的,哪些是线性相关的?

(1) $x,\ x^{2}$;　　　　　　　(2) $\mathrm{e}^{2x},\ 3\mathrm{e}^{2x}$;　　　　　　(3) $\sin 2x,\ \cos x\sin x$;　　　　(4) $\mathrm{e}^{x}\cos 2x,\ \mathrm{e}^{x}\sin 2x$.

2. 验证 $y_{1}=\cos 3x$ 和 $y_{2}=\sin 3x$ 是方程 $y''+9y=0$ 的解,并写出该方程的通解.

3. 设 C_{1},C_{2} 为任意常数,验证

(1) $y=C_{1}x^{2}+C_{2}x^{2}\ln x$ 是方程 $x^{2}y''-3xy'+4y=0$ 的通解;

(2) $y=C_{1}x^{2}+C_{2}x^{2}\ln x+x$ 是方程 $x^{2}y''-3xy'+4y=x$ 的通解.

4. 已知二阶常系数齐次线性微分方程两个线性无关的特解如下,试由此分别写出原微分方程:

(1) $1,\mathrm{e}^{-3x}$;　　　　　(2) $\mathrm{e}^{-x},\mathrm{e}^{x}$;　　　　　　(3) $\mathrm{e}^{2x},x\mathrm{e}^{2x}$;　　　　　　(4) $\mathrm{e}^{2x}\cos x,\mathrm{e}^{2x}\sin x$.

5. 求下列微分方程的通解:

(1) $y''-4y'+3y=0$;　　　　　　　(2) $y''-4y'+4y=0$;

(3) $y''+2y'+5y=0$;　　　　　　　(4) $y''-ay=0,a\in \mathbf{R}$.

6. 求下列微分方程在给定初始条件下的特解：

(1) $y'' - 5y' + 6y = 0, y|_{x=0} = 0, y'|_{x=0} = 2$；

(2) $y'' - 4y' + 13y = 0, y|_{x=0} = 0, y'|_{x=0} = 3$.

7. 设函数 $y = y(x)$ 是微分方程 $y'' + y' - 2y = 0$ 的解，且在 $x = 0$ 处取得极值 3，求 $y(x)$.

8. 设函数 $y = y(x)$ 满足 $y'' + 4y' + 4y = 0, y\big|_{x=0} = 2, y'\big|_{x=0} = -4$. 求广义积分 $\int_0^{+\infty} y(x)\mathrm{d}x$.

9. 设幂级数 $\sum_{n=0}^{\infty} \dfrac{x^{2n}}{(2n)!}$，(1) 求该幂级数的收敛域，并验证该幂级数的和函数 $s(x)$ 满足方程 $s''(x) - s(x) = 0$；(2) 求该幂级数的和函数 $s(x)$.

10. 写出微分方程 $y'' - y' - 2y = f(x)$ 的特解 y^* 的形式，其中自由项 $f(x)$ 为：

(1) $f(x) = x^2$；　　(2) $f(x) = \mathrm{e}^{2x}$；　　(3) $f(x) = x\mathrm{e}^{-x}$；　　(4) $f(x) = x^2\mathrm{e}^x + x\mathrm{e}^{2x}$.

11. 求下列各微分方程的通解或在给定初始条件下的特解：

(1) $2y'' + y' - y = 2\mathrm{e}^x$；　　　　(2) $2y'' + 5y' = 5x^2 - 2x - 1$；

(3) $y'' + 3y' + 2y = 12x\mathrm{e}^{2x}$；　　(4) $y'' - 2y' - 3y = x\mathrm{e}^{3x}$；

(5) $y'' - 6y' + 9y = (2x+1)\mathrm{e}^{3x}$；　(6) $y'' - 2y' + 2y = 8$；

(7) $y'' - 2y' + 5y = \mathrm{e}^x \sin 2x$；　　(8) $y'' - y = \sin^2 x$；

(9) $y'' - y = 4x\mathrm{e}^x, y\big|_{x=0} = 0, y'\big|_{x=0} = 1$；　(10) $y'' - 4y' = 5, y\big|_{x=0} = 1, y'\big|_{x=0} = 0$.

12. 设 $y = f(x)$ 满足 $y'' - 2y' + y = 2\mathrm{e}^x$，其图形在点 $(0,1)$ 处的切线与曲线 $y = x^2 - x + 1$ 在该点的切线重合，求函数 $y = f(x)$.

13. 求以 $y = (C_1 + C_2 x + x^2)\mathrm{e}^{-2x}$（其中 C_1, C_2 为任意常数）为通解的二阶常系数非齐次线性微分方程.

14. 设 $f(x)$ 连续，且满足 $f(x) = \mathrm{e}^x + \int_0^x (t-x)f(t)\mathrm{d}t$，求函数 $f(x)$.

15. 设 $y_1^* = 1, y_2^* = x^2 + 1, y_3^* = \mathrm{e}^x$ 是二阶非齐次线性微分方程 $y'' + p(x)y' + q(x)y = f(x)$ 的三个特解，求该微分方程的通解.

(B)

1. 已知函数 $f(x)$ 满足方程 $f''(x) + f'(x) - 2f(x) = 0$ 及 $f''(x) + f(x) = 2\mathrm{e}^x$.

(1) 求函数 $f(x)$ 的表达式；　(2) 求曲线 $y = f(x^2)\int_0^x f(-t^2)\mathrm{d}t$ 的拐点.

2. 设函数 $f(u)$ 具有二阶连续导数，而 $z = f(\mathrm{e}^x \sin y)$ 满足方程 $\dfrac{\partial^2 z}{\partial x^2} + \dfrac{\partial^2 z}{\partial y^2} = \mathrm{e}^{2x}z$，求函数 $f(x)$.

3. 设幂级数 $\sum_{n=0}^{\infty} a_n x^n$ 的收敛半径为 $+\infty, a_0 = 4, a_1 = 1$，当 $n > 1$ 时，有 $a_{n-2} = n(n-1)a_n$，

(1) 证明该幂级数的和函数 $S(x)$ 满足 $S''(x) - S(x) = 0$；　(2) 求该幂级数和函数 $S(x)$ 的表达式.

4. 设 $\varphi(x) = x\sin x + \int_0^x (t-x)\varphi(t)\mathrm{d}t$，其中 $\varphi(x)$ 连续，求函数 $\varphi(x)$.

5. 求微分方程 $y'' - 5y' + 6y = x\mathrm{e}^{2x}$ 在 $x = 0$ 处与 $\sin x + xy + 1 = \mathrm{e}^y$ 相切的积分曲线.

6. 若二阶常系数线性微分方程 $y'' + ay' + by = c\mathrm{e}^x$ 的一个特解为 $y = \mathrm{e}^{-x} + x\mathrm{e}^x$，求该微分方程的通解.

7. 设 $y_1^* = x\mathrm{e}^x + \mathrm{e}^{2x}, y_2^* = x\mathrm{e}^x + \mathrm{e}^{-x}, y_3^* = x\mathrm{e}^x + \mathrm{e}^{2x} + \mathrm{e}^{-x}$ 是某二阶常系数非齐次线性微分方程的三个解，求此微分方程.

8. 求微分方程 $y'' + ay = x (a \in \mathbf{R})$ 的通解.

9. 设 $f(u)$ 具有二阶连续导数，$z = f(\mathrm{e}^x \cos y)$ 满足 $\dfrac{\partial^2 z}{\partial x^2} + \dfrac{\partial^2 z}{\partial y^2} = \mathrm{e}^{2x}(4z + \mathrm{e}^x \cos y)$，若 $f(0) = 0, f'(0) = 0$，求 $f(x)$ 的表达式.

10. 设函数 $f(x), g(x)$ 满足 $f'(x) = g(x), g'(x) = 2\mathrm{e}^x - f(x)$，且 $f(0) = 0, g(0) = 2$，求

$$\int_0^\pi \left[\frac{g(x)}{1+x} - \frac{f(x)}{(1+x)^2} \right] \mathrm{d}x.$$

*11.5　微分方程在经济学中的应用

在经济管理中,为了研究经济变量之间的关系及其内在规律,常常需要建立某种经济量及其变化率(即导数)所满足的关系式,从而得到经济学和管理科学中的微分方程模型,通过求解这些方程,就可以确定出这种经济量的变化规律,并由此进行经济预测和决策分析.下面仅通过几个简单例子说明微分方程在经济管理中的某些简单应用.

例 11.5.1　某企业的纯利润 L 对广告费 x 的变化率 $\dfrac{\mathrm{d}L}{\mathrm{d}x}$ 与常数 A 和纯利润 L 之差成正比,且当 $x=0$ 时, $L=L_0$,试求纯利润 L 与广告费 x 之间的函数关系.

解　由题意可知

$$\frac{\mathrm{d}L}{\mathrm{d}x}=k(A-L),\quad 且\quad L\Big|_{x=0}=L_0\quad(其中 k 为正数),$$

这是可分离变量的微分方程,分离变量得

$$\frac{\mathrm{d}L}{A-L}=k\mathrm{d}x,$$

两边积分,并整理得

$$L=A-C\mathrm{e}^{-kx},$$

将 $L\Big|_{x=0}=L_0$ 代入上式得 $C=A-L_0$,所以纯利润 L 与广告费 x 之间的函数关系为

$$L=A-(A-L_0)\mathrm{e}^{-kx}.$$

当 $x\to+\infty,L\to A$,这说明当广告费用无限增加时,企业利润趋于定值.

例 11.5.2（价格调整模型）　设某商品的需求函数与供给函数分别为

$$Q_d=a-bP,$$
$$Q_s=-c+dP$$

（其中 a,b,c,d 均为正常数）.

(1) 求商品的均衡价格 P_e;

(2) 设价格 $P=P(t)$,且 $P(t)$ 的变化率与该商品的超额需求 Q_d-Q_s 成正比(比例常数为 $k>0$),商品的初始价格为 $P(0)=P_0$,求价格 $P(t)$ 的表达式;

(3) 分析价格 $P(t)$ 随时间的变化情况.

解　(1) 由 $Q_d=Q_s$,即 $a-bP=-c+dP$,得均衡价格 $P_e=\dfrac{a+c}{b+d}$.

(2) 由导数的意义及假设条件,有

$$\frac{\mathrm{d}P}{\mathrm{d}t}=k(Q_d-Q_s)\quad(k>0),$$

将 $Q_d=a-bP,Q_s=-c+dP$ 代入上式,并整理得

$$\frac{\mathrm{d}P}{\mathrm{d}t}+k(b+d)P=k(a+c).$$

这是一阶线性非齐次微分方程,利用通解公式可得其通解为

$$P(t)=C\mathrm{e}^{-k(b+d)t}+\frac{a+c}{b+d}.$$

由初始条件 $P(0) = P_0$，得

$$C = P_0 - \frac{a+c}{b+d} = P_0 - P_e,$$

则价格的特解为

$$P(t) = (P_0 - P_e)e^{-k(b+d)t} + P_e.$$

(3) 由于 $k(b+d) > 0$，所以

$$\lim_{t \to +\infty} P(t) = \lim_{t \to +\infty} \left[(P_0 - P_e)e^{-k(b+d)t} + P_e \right] = 0 + P_e = P_e.$$

由此可见，随着时间的推移，价格趋向于均衡价格. 实际上，从经济学意义上来看，$P(t)$ 表达式中的两项各具明显的经济意义，P_e 为均衡价格，而 $(P_0 - P_e)e^{-k(b+d)}$ 就是价格的均衡偏差.

例 11.5.3（技术推广／产品推销模型）　一项新技术要在总数为 N 个的企业群体中推广，$x = x(t)$ 为时刻 t 已掌握该项技术的企业数. 新技术推广采用已掌握该项技术的企业向尚未掌握该项技术的企业扩展，若新技术推广的速度与已掌握该项技术的企业数 $x(t)$ 及尚未掌握该项技术的企业数 $N - x(t)$ 的乘积成正比. 求函数 $x = x(t)$ 的表达式.

解　新技术的推广速度为 $\dfrac{\mathrm{d}x}{\mathrm{d}t}$，依题意，$x = x(t)$ 应满足

$$\frac{\mathrm{d}x}{\mathrm{d}t} = kx(N-x), \tag{11.5.1}$$

其中 $k > 0$ 为比例系数.

这是一个可分离变量的微分方程，分离变量，积分可得通解为

$$x(t) = \frac{N}{1 + \dfrac{1}{C}e^{-kNt}} \quad (C > 0 \text{ 是任意常数}). \tag{11.5.2}$$

方程 (11.5.1) 常称为**逻辑斯谛（Logistic）方程**. (11.5.2) 式称为**逻辑斯谛曲线**.

逻辑斯谛方程在经济学、管理学、生物学等学科中有广泛的应用. 经济管理中，许多经济量的变化曲线类同于逻辑斯谛曲线.

例 11.5.4（储蓄、投资与国民收入模型）　在宏观经济研究中，发现某地区的国民收入 Y，国民储蓄 S 和投资 I 均是时间 t 的函数，且在任一时刻 t，储蓄额 $S(t)$ 为国民收入 $Y(t)$ 的 $\dfrac{1}{10}$ 倍，投资额 $I(t)$ 是国民收入增长率 $\dfrac{\mathrm{d}Y}{\mathrm{d}t}$ 的 $\dfrac{1}{3}$ 倍. 当 $t = 0$ 时，国民收入为 5（亿元）. 设在时刻 t 的储蓄额全部用于投资，试求国民收入函数 $Y = Y(t)$.

解　由题意可知，储蓄、投资和国民收入关系问题的模型为

$$S = \frac{1}{10}Y, \quad I = \frac{1}{3}\frac{\mathrm{d}Y}{\mathrm{d}t}.$$

由假设，时刻 t 的储蓄全部用于投资，那么 $S = I$，于是有

$$\frac{1}{10}Y = \frac{1}{3}\frac{\mathrm{d}Y}{\mathrm{d}t},$$

解此微分方程得

$$Y = Ce^{\frac{3}{10}t}.$$

由 $Y\big|_{t=0} = 5$，得 $C = 5$，所以国民收入函数为 $Y = 5e^{\frac{3}{10}t}$. 而储蓄函数和投资函数为

$$S = I = \frac{1}{10} \cdot 5e^{\frac{3}{10}t} = \frac{1}{2}e^{\frac{3}{10}t}.$$

习　题　11.5

（A）

1. 已知某商品的需求价格弹性为 $\dfrac{EQ}{EP} = P(\ln P + 1)$，且当 $P = 1$ 时，需求量 $Q = 1$.

（1）求商品对价格的需求函数；

（2）当 $P \to +\infty$ 时，需求是否趋于稳定？

2. 某池塘养鱼，该池塘内最多能养 1000 条鱼，池塘内鱼数 y 是时间 t 的函数，且鱼的数目的变化率与 y 及 $1000 - y$ 的乘积成正比（比例系数为 $k > 0$）. 现在该池塘内养鱼 100 条，3 个月后池塘内有鱼 250 条，求池塘内放养鱼的数目与时间 t 的关系.

（B）

1. 已知某商品的需求量 Q 与供给量 S 都是价格 P 的函数：$Q = Q(P) = \dfrac{a}{P^2}, S = S(P) = bP$，其中 $a > 0$，$b > 0$ 为常数，价格 P 是时间 t 的函数，且满足 $\dfrac{dP}{dt} = k[Q(P) - S(P)]$ （k 为正常数），假设当 $t = 0$ 时，价格 $P = 1$. 试求：

（1）需求量等于供给量时的均衡价格 P_e；　　（2）价格函数 $P(t)$；　　（3）$\lim\limits_{t \to +\infty} P(t)$.

2. 已知某地区在一个已知时期内国民收入 $Y(t)$ 的增长率为 $\dfrac{1}{10}$，国民债务 $D(t)$ 的增长率为国民收入的 $\dfrac{1}{20}$. 若 $t = 0$ 时，国民收入为 5 亿元，国民债务为 0.1 亿元，试分别求出国民收入及国民债务与时间 t 的函数关系.

*11.6　差分方程简介

前面我们所研究的变量基本上属于连续变化的类型. 但在科学技术和经济研究中，变量要按一定的离散时间取值，例如，银行中的定期存款按所设定的时间等间隔计息；国家财政预算按年制定；高校招收新学生也是逐年进行的；职工的工资大多数都是按月领取的；商店的日销售量是按天计量的，等等. 这些按等间隔时间周期取值的量通常称为**离散型变量**. 描述各离散型变量之间关系的数学模型称为离散型模型. 求解这类模型就可以得到各离散型变量的变化规律. 本节将介绍在经济管理科学中最常见的一种离散型数学模型 —— 差分方程.

11.6.1　差分的概念与性质

一般地，在连续变化的时间范围内，变量 y 关于时间 t 的变化率是用 $\dfrac{dy}{dt}$ 来刻画的；对离散型变量 y，常取在规定的时间区间上的差商 $\dfrac{\Delta y}{\Delta t}$ 来刻画变量 y 的变化率. 如果选择 $\Delta t = 1$，那么 $\Delta y = y(t+1) - y(t)$ 可以近似表示变量 y 的变化率. 由此给出差分的定义.

定义 11.6.1　设函数 $y_x = f(x), x = 0,1,2,\cdots$ 是定义在非负整数集 N 上的离散型变量 x 的函数，当自变量从 x 变到 $x+1$ 时，函数的改变量 $y_{x+1} - y_x$ 称为函数 $y_x = f(x)$ 在点 x 处的**一阶差分**，简称 y_x 的**差分**，记为 Δy_x，即

$$\Delta y_x = y_{x+1} - y_x = f(x+1) - f(x) \quad (x = 0,1,2,\cdots).$$

把函数 $y_x = f(x)$ 在点 x 处的一阶差分的差分称为函数 $y_x = f(x)$ 在点 x 处的**二阶差分**，记为 $\Delta^2 y_x$，即

$$\Delta^2 y_x = \Delta(\Delta y_x) = \Delta y_{x+1} - \Delta y_x = (y_{x+2} - y_{x+1}) - (y_{x+1} - y_x) = y_{x+2} - 2y_{x+1} + y_x,$$

即

$$\Delta^2 y_x = \Delta(\Delta y_x) = y_{x+2} - 2y_{x+1} + y_x.$$

类似地，二阶差分的差分称为函数 $y_x = f(x)$ 在点 x 处的**三阶差分**，记为 $\Delta^3 y_x$．

$$\Delta^3 y_x = \Delta(\Delta^2 y_x) = \Delta^2 y_{x+1} - \Delta^2 y_x$$
$$= (y_{x+3} - 2y_{x+2} + y_{x+1}) - (y_{x+2} - 2y_{x+1} + y_x)$$
$$= y_{x+3} - 3y_{x+2} + 3y_{x+1} - y_x.$$

一般地，函数 $y_x = f(x)$ 的 $n-1$ 阶差分的差分称为 **n 阶差分**，记为 $\Delta^n y_x$，即

$$\Delta^n y_x = \Delta(\Delta^{n-1} y_x) = \Delta^{n-1} y_{x+1} - \Delta^{n-1} y_x = \sum_{k=0}^{n} (-1)^k C_n^k y_{x+n-k}.$$

通常把二阶及二阶以上的差分统称为**高阶差分**．

由一阶差分的定义，容易证明差分具有以下性质：

(1) $\Delta(C) = 0$ （C 为常数）；

(2) $\Delta(Cy_x) = C\Delta y_x$ （C 为常数）；

(3) $\Delta(y_x \pm z_x) = \Delta y_x \pm \Delta z_x$；

(4) $\Delta(y_x \cdot z_x) = y_{x+1} \cdot \Delta z_x + z_x \cdot \Delta y_x = y_x \cdot \Delta z_x + z_{x+1} \cdot \Delta y_x$．

证 在此，只证明性质(4)，其余类似可证．

$$\Delta(y_x \cdot z_x) = y_{x+1} z_{x+1} - y_x z_x = y_{x+1} z_{x+1} - y_{x+1} z_x + y_{x+1} z_x - y_x z_x$$
$$= y_{x+1}(z_{x+1} - z_x) + z_x(y_{x+1} - y_x) = y_{x+1} \cdot \Delta z_x + z_x \cdot \Delta y_x$$

类似可证 $\Delta(y_x \cdot z_x) = y_x \cdot \Delta z_x + z_{x+1} \cdot \Delta y_x$．

例 11.6.1 已知 $y_x = 3x^2 - 4x + 2$，求 $\Delta^2 y_x, \Delta^3 y_x$．

解 $\Delta y_x = 3\Delta(x^2) - 4\Delta(x) + \Delta(2) = 3[(x+1)^2 - x^2] - 4[(x+1) - x] + 0$
$$= 3(2x+1) - 4 + 0 = 6x - 1,$$
$$\Delta^2 y_x = \Delta(6x - 1) = \Delta(6x) - \Delta(1) = 6\Delta(x) - 0 = 6(x+1-x) = 6,$$
$$\Delta^3 y_x = \Delta(6) = 0.$$

一般地，对于 n 次多项式，它的一阶差分为 $n-1$ 次多项式，它的 n 阶差分为常数，高于 n 阶的差分为零．

例 11.6.2 求 $y_x = a^x (a \neq 0)$ 的二阶差分．

解 $$\Delta y_x = \Delta(a^x) = a^{x+1} - a^x = (a-1)a^x = (a-1)y_x,$$
$$\Delta^2 y_x = \Delta[(a-1)a^x] = (a-1)\Delta(a^x) = (a-1)^2 y_x.$$

由此推得

$$\Delta^n(a^x) = (a-1)^n a^x.$$

指数函数的 n 阶差分等于某一常数与指数函数的乘积．

11.6.2 差分方程的概念

定义 11.6.2 含有未知函数差分的方程，称为**差分方程**．其一般形式为

$$G(x, y_x, \Delta y_x, \Delta^2 y_x, \cdots, \Delta^n y_x) = 0.$$

由差分定义可知,函数的任何阶差分可表示为未知函数 $y_x = f(x)$ 在若干不同时刻的函数值的线性组合,所以差分方程又可定义为含有多个不同时刻函数值 y_x 的方程,按照此定义,差分方程一般形式可记为

$$F(x, y_x, y_{x+1}, y_{x+2}, \cdots, y_{x+n}) = 0. \tag{11.6.1}$$

例如,差分方程 $\Delta^2 y_x - 2y_x = 3^x$ 与 $y_{x+2} - 2y_{x+1} - y_x = 3^x$ 表示的是同一个差分方程,这是因为

$$\Delta^2 y_x - 2y_x = (y_{x+2} - 2y_{x+1} + y_x) - 2y_x = y_{x+2} - 2y_{x+1} - y_x,$$

所以差分方程有不同的表现形式.

在差分方程式(11.6.1)中,出现的未知函数的最大下标与最小下标的差(或含未知函数实际差分的最高阶数),称为差分方程的**阶**.

如上面例子中的差分方程是二阶差分方程;再如,$y_{x+6} - 2y_{x+2} + y_{x+1} = x^2$ 为五阶差分方程. 尽管差分方程 $\Delta^2 y_x + 3\Delta y_x + 2y_x = e^x$ 含有二阶差分 $\Delta^2 y_x$,但它可以化为 $y_{x+2} + y_{x+1} = e^x$,因此,它实际所含差分的最高阶数为一阶,即它应该是一阶差分方程.

在实际问题中遇到的差分方程常常是式(11.6.1)的表示形式,因此本章仅讨论这种形式的差分方程.

若将一个已知函数 $y_x = \varphi(x)$ 代入差分方程后,使得对于任意的非负整数 x 方程两边恒等,则称此函数 $y_x = \varphi(x)$ 为该差分方程的**解**.

若差分方程的解中含有相互独立的任意常数的个数与差分方程的阶数相同,则称这个解为差分方程的**通解**.

为了反映某一事物在变化过程中的客观规律性,往往根据事物在初始时刻所处状态,对差分方程附加一定的条件,称为**初始条件**.

一阶差分方程的初始条件为 $y_0 = a_0$;二阶差分方程的初始条件为 $y_0 = a_0, y_1 = a_1$.

满足初始条件的解称为差分方程的**特解**.

例 11.6.3　验证 $y_x = C3^x + 2x$ 为一阶差分方程 $y_{x+1} - 3y_x = 2 - 4x$ 的通解,并求满足条件 $y_0 = 7$ 的特解.

解　将 $y_x = C3^x + 2x$ 代入方程有

$$y_{x+1} - 3y_x = C3^{x+1} + 2(x+1) - 3(C3^x + 2x) = 2 - 4x,$$

故函数 $y_x = C3^x + 2x$ 是所给方程的解. 由于该解中含有一个任意常数,所以该函数是所给方程的通解.

把 $y_0 = 7$ 代入通解中得 $C = 7$,于是所求的特解为 $y_x = 7 \cdot 3^x + 2x$.

在差分方程中若保持自变量 x 的滞后结构不变,而将 x 的计算提前或者推后一个相同的间隔,所得到的新的差分方程与原方程是等价的,即二者有相同的解. 例如

$$ay_{x+1} + by_x = \varphi(x) \quad \text{与} \quad ay_{x+1+k} + by_{x+k} = \varphi(x+k), \quad k \in \mathbf{N}.$$

是等价的差分方程. 基于这个特点,在求解差分方程时,可以根据需要或表达方便,随意地移动自变量的下标,只要所有未知函数的下标移动相同的值.

从上面的讨论中可以看出,关于差分方程及其解的概念与微分方程十分相似. 事实上,微分与差分都是描述变量变化的状态,只是前者描述的是连续变化过程,后者描述的是离散变化过程. 因此,差分方程与微分方程无论在方程结构、解的结构、还是在求解方法上都有很多相似之处.

11.6.3　线性差分方程解的基本理论

为了后面求解常系数线性差分方程的需要,下面给出线性差分方程解的基本理论. 这里仅以二阶线性差分方程为例叙述解的基本定理,任意阶(包括一阶)线性差分方程都有类似定理. 二阶线性差分方程的一般形式为

$$y_{x+2} + p(x)y_{x+1} + q(x)y_x = f(x), \tag{11.6.2}$$

其中 $p(x),q(x)$ 和 $f(x)$ 均是 x 的已知函数,且 $q(x) \neq 0$. 当 $f(x) \not\equiv 0$ 时,式(11.6.2)称为**二阶非齐次线性差分方程**. 当 $f(x) \equiv 0$ 时,称方程

$$y_{x+2} + p(x)y_{x+1} + q(x)y_x = 0 \tag{11.6.3}$$

为与方程(11.6.2)相对应的**二阶齐次线性差分方程**.

定理 11.6.1(齐次线性差分方程解的叠加定理)　若函数 $y_1(x),y_2(x)$ 均是二阶齐次线性差分方程(11.6.3)的解,则

$$y(x) = C_1 y_1(x) + C_2 y_2(x)$$

也是该方程的解,其中 C_1,C_2 为任意常数.

定理 11.6.2(齐次线性差分方程通解结构定理)　若函数 $y_1(x),y_2(x)$ 是二阶齐次线性差分方程(11.6.3)的线性无关的特解,则

$$y(x) = C_1 y_1(x) + C_2 y_2(x)$$

是该方程的通解,其中 C_1,C_2 为任意常数.

定理 11.6.3(非齐次线性差分方程通解结构定理)　若 y_x^* 为二阶非齐次线性差分方程(11.6.2)的一个特解,Y_x 为其相应的齐次线性差分方程(11.6.3)的通解,则

$$y_x = y_x^* + Y_x$$

为二阶非齐次线性差分方程(11.6.2)的通解.

定理 11.6.4(非齐次线性差分方程特解叠加原理)　若函数 $y_1^*(x),y_2^*(x)$ 分别是二阶非齐次线性差分方程

$$y_{x+2} + p(x)y_{x+1} + q(x)y_x = f_1(x) \quad 与 \quad y_{x+2} + p(x)y_{x+1} + q(x)y_x = f_2(x)$$

的特解,则 $y_1^*(x) + y_2^*(x)$ 是差分方程

$$y_{x+2} + p(x)y_{x+1} + q(x)y_x = f_1(x) + f_2(x)$$

的特解.

关于差分方程,我们重点研究常系数线性差分方程. 主要讨论一阶常系数线性差分方程和二阶常系数线性差分方程的解法.

11.6.4　一阶常系数线性差分方程

一阶常系数线性差分方程的一般形式为:

$$y_{x+1} + py_x = f(x). \tag{11.6.4}$$

其中 p 为非零常数,自由项 $f(x)$ 为 x 的已知函数. 当 $f(x) \not\equiv 0$ 时,方程(11.6.4)称为**一阶常系数非齐次线性差分方程**. 当 $f(x) \equiv 0$ 时,方程

$$y_{x+1} + py_x = 0 \tag{11.6.5}$$

称为与方程(11.6.4)相对应的**一阶常系数齐次线性差分方程**.

1. 一阶常系数齐次线性差分方程的解法

将方程(11.6.5)改写为

$$y_{x+1} - y_x + y_x + py_x = 0,$$

即

$$\Delta y_x = -(p+1)y_x.$$

这表示未知函数的差分等于其自身与常数的乘积, 由例 11.6.2 知, 指数函数满足此特点. 故可设想方程的解是某个指数函数, 即设 $y_x = r^x (r \neq 0,$ 是待定常数) 是方程(11.6.4) 的一个解, 代入(11.6.5) 后得

$$r^{x+1} + pr^x = 0,$$

即

$$r + p = 0. \tag{11.6.6}$$

通常称式(11.6.6) 为齐次差分方程(11.6.5) 的**特征方程**, 它的根 $r = -p$ 称为方程(11.6.5) 的**特征根**. 于是, 满足方程(11.6.6) 的根 r 所作出的函数 $y_x = r^x$ 就是方程(11.6.5) 的一个解. 由定理 11.6.2 知

$$y_x = Cr^x = C(-p)^x \quad (C \text{ 为任意常数}).$$

就是一阶齐次线性差分方程(11.6.5) 的通解.

上述求一阶常系数齐次线性差分方程通解的方法, 称为**特征根法**.

综上所述, 求一阶常系数齐次线性差分方程 $y_{x+1} + py_x = 0$ 通解的步骤如下.

(1) 写出差分方程(11.6.5) 的特征方程 $r + p = 0$, 并求出特征根 $r = -p$;

(2) 根据特征根 $r = -p$, 写出差分方程的通解 $y_x = Cr^x = C(-p)^x$.

例 11.6.4　求差分方程 $2y_{x+1} + y_x = 0$ 的通解.

解　特征方程为 $2r + 1 = 0$, 得特征根 $r = -\dfrac{1}{2}$, 故原方程的通解为

$$y_x = C\left(-\frac{1}{2}\right)^x \quad (C \text{ 为任意常数}).$$

例 11.6.5　求差分方程 $3y_{x+3} - 2y_{x+2} = 0$ 满足初始条件 $y_0 = 5$ 的特解.

解　调整下标, 原方程可以改写为 $3y_{x+1} - 2y_x = 0$. 其特征方程为 $3r - 2 = 0$, 得特征根 $r = \dfrac{2}{3}$, 故原方程的通解为

$$y_x = C\left(\frac{2}{3}\right)^x \quad (C \text{ 为任意常数}).$$

将初始条件 $y_0 = 5$ 代入通解, 得 $C = 5$, 因此所求方程的特解为

$$y_x = 5\left(\frac{2}{3}\right)^x.$$

2. 一阶常系数非齐次线性差分方程的解法

由定理 11.6.3 知, 一阶常系数非齐次线性差分方程 $y_{x+1} + py_x = f(x)$ 的通解是由其自身的一个特解 y_x^* 与对应的齐次方程的通解 Y_x 叠加而成的, 即

$$y_x = y_x^* + Y_x.$$

一阶齐次线性差分方程的通解求法上面已经解决了. 现在只需求出一阶非齐次线性差分

方程的一个特解,即可求得一阶非齐次线性差分方程的通解.

下面研究方程(11.6.4)特解的求法.类似于二阶常系数非齐次线性微分方程特解的求法.当非齐次线性差分方程右端的自由项 $f(x)$ 为某些常见的特殊函数时,可采用待定系数法求出其特解 y_x^*.

下面仅就自由项为 $f(x) = P_m(x)a^x$ 时,其中 $P_m(x)$ 为 m 次多项式,常数 $a \neq 0$. 讨论方程(11.6.4)特解 y_x^* 的求法.

方程(11.6.4)相应的齐次差分方程的特征方程为 $r + p = 0$,特征根为 $r = -p$.

因为 $f(x) = P_m(x)a^x$ 是多项式函数与指数函数的乘积,又因这两类函数乘积的差分仍是多项式函数与指数函数的乘积. 所以推测方程(11.6.4)的特解应该具有与 $f(x)$ 类似的形式,即设特解为

$$y_x^* = Q(x)a^x,$$

其中 $Q(x)$ 是待定的多项式函数.

将 $y_x^* = Q(x)a^x$ 代入方程(11.6.4)得

$$Q(x+1)a^{x+1} + pQ(x)a^x = [Q(x+1)a + pQ(x)]a^x = P_m(x)a^x,$$

因 $a^x \neq 0$,于是有

$$Q(x+1)a + pQ(x) = P_m(x).$$

利用差分定义知,$Q(x+1) - Q(x) = \Delta Q_x$,则上式可以写成

$$a\Delta Q_x + (p+a)Q(x) = P_m(x). \tag{11.6.7}$$

根据 $p+a$ 是否为零,这里分二种情形来确定 $Q(x)$ 的取法.

(1) 当 $p+a \neq 0$,即 $a \neq -p$,即当 a 不是特征方程的根时,此时要使式(11.6.7)成立,$Q(x)$ 必须是 m 次多项式,于是可设特解形式为

$$y_x^* = Q_m(x)a^x.$$

其中 $Q_m(x) = b_0 x^m + b_1 x^{m-1} + \cdots + b_{m-1}x + b_m$ 为待定的 m 次多项式.

将其代入方程(11.6.4),比较等式两端同类项的系数,就可求出待定系数 $b_0, b_1, \cdots, b_m$,从而得到特解 y_x^*.

(2) 当 $p+a = 0$,即 $a = -p$,即当 a 是特征方程的根时,此时要使式(11.6.7)成立,$\Delta Q(x)$ 应该是 m 次多项式,从而 $Q(x)$ 必须是 $m+1$ 次多项式,故可设特解形式为

$$y_x^* = xQ_m(x)a^x.$$

将其代入方程(11.6.4),比较等式两端同类项的系数,就可求出待定系数 $b_0, b_1, \cdots, b_m$,从而得到特解 y_x^*.

综上所述,一阶常系数非齐次线性差分方程(11.6.4)通解的求法为:

(1) 写出相应一阶齐次差分方程(11.6.5)的特征方程 $r + p = 0$,并求出特征根 $r = -p$;

(2) 写出对应的一阶齐次方程的通解 $Y_x = Cr^x = C(-p)^x$;

(3) 若自由项为 $f(x) = P_m(x)a^x$ 的形式,差分方程(11.6.4)有如下形式的特解

$$y_x^* = x^k Q_m(x)a^x,$$

其中 $Q_m(x)$ 是与 $P_m(x)$ 同次(m 次)的待定多项式,k 是按 a 不是特征根、是特征根分别取 $0,1$. 再将所设特解代入非齐次方程(11.6.4),比较等式两端同次幂的系数,求出 $Q_m(x)$ 的待定系数;

(4) 写出一阶常系数非齐次线性差分方程(11.6.4)的通解 $y_x = Y_x + y_x^*$.

例 11.6.6 求差分方程 $y_{x+1} + 3y_x = 4$ 满足 $y_0 = 4$ 的特解.

解 对应的齐次差分方程的特征方程为 $r+3=0$,特征根为 $r=-3$,相应的齐次差分方程的通解为

$$Y_x = Cr^x = C(-3)^x.$$

因 $f(x)=4=4 \cdot 1^x$,此时 $a=1, m=0$,由于 $a=1$ 不是特征根,取 $k=0$,设差分方程的特解形式为

$$y_x^* = x^0 A \cdot 1^x = A,$$

将其代入所给差分方程得

$$A+3A=4,$$

解得 $A=1$,故特解 $y_x^*=1$. 从而所求差分方程的通解为

$$y_x = C(-3)^x + 1.$$

由条件 $x=0, y_0=4$,得 $C=3$,于是满足条件的特解为

$$y_x = 3(-3)^x + 1.$$

例 11.6.7 求差分方程 $2y_{x+2} + y_{x+1} = 4 + x$ 的通解.

解 这不是上面讨论的一阶常系数非齐次线性差分方程的形式,根据差分方程自变量的滞后结构不变性,该方程等价于 $2y_{x+1+1} + y_{x+1} = 3 + (x+1)$,即

$$2y_{x+1} + y_x = 3 + x.$$

对应的齐次差分方程的特征方程为 $2r+1=0$,特征根为 $r=-\dfrac{1}{2}$,相应的齐次差分方程的通解为

$$Y_x = C\left(-\frac{1}{2}\right)^x.$$

因 $f(x)=(3+x)1^x$,此时 $a=1, m=1$,由于 $a=1$ 不是特征根,取 $k=0$,所以可设差分方程的特解形式为

$$y_x^* = x^0(Ax+B)1^x = Ax+B.$$

将其代入所给差分方程并整理,得

$$3Ax + 2A + 3B = 3 + x.$$

比较两端对应项的系数得,$A=\dfrac{1}{3}, B=\dfrac{7}{9}$,故 $y_x^* = \dfrac{1}{3}x + \dfrac{7}{9}$. 于是所求差分方程的通解为

$$y_x = C\left(-\frac{1}{2}\right)^x + \frac{1}{3}x + \frac{7}{9}.$$

例 11.6.8 求差分方程 $y_{x+1} - y_x = 2^x - 1$ 的通解.

解 对应齐次差分方程的特征方程为 $r-1=0$,特征根为 $r=1$,相应齐次差分方程的通解为

$$Y_x = C \cdot 1^x = C.$$

令 $f_1(x)=2^x, f_2(x)=-1$,则 $f(x)=f_1(x)+f_2(x)$.

(1) 求差分方程 $y_{x+1} - y_x = 2^x$ 的特解.

这里 $f_1(x)=2^x, a=2, m=0$,由于 $a=2$ 不是特征根,取 $k=0$,故设差分方程的特解形式为 $y_{x_1}^* = A2^x$,代入差分方程 $y_{x+1} - y_x = 2^x$,得

$$A2^{x+1} - A2^x = 2^x,$$

解得 $A=1$,故 $y_{x_1}^* = 2^x$.

(2) 求差分方程 $y_{x+1} - y_x = -1$ 的特解.

这里 $f_2(x) = -1$,此时 $a = 1, m = 0$,由于 $a = 1$ 是特征根,取 $k = 1$. 故设该差分方程的特解形式为 $y_{x_2}^* = Bx$,代入差分方程 $y_{x+1} - y_x = -1$,得

$$B(x+1) - Bx = -1,$$

解得 $B = -1$,故特解为 $y_{x_2}^* = -x$. 于是 $y_x^* = y_{x_1}^* + y_{x_2}^* = 2^x - x$,从而所求差分方程的通解为

$$y_x = C + 2^x - x.$$

注 类似地,对于自由项 $f(x)$ 具有 $a^x(b\cos\beta x + d\sin\beta x)$ 的情形,可以证明一阶常系数非齐次线性差分方程

$$y_{x+1} + py_x = a^x(b\cos\beta x + d\sin\beta x) \quad \text{(其中 } a,b,d,\beta,p \text{ 均为常数,且 } a \neq 0),$$

具有如下形式的特解

$$y_x^* = x^k a^x (B\cos\beta x + D\sin\beta x)$$

其中 B, D 是待定常数,k 是按 $a(\cos\beta + i\sin\beta)$ 不是特征根、是特征根依次取 $0, 1$. 然后将所设的特解 y_x^* 代入所给的非齐次线性差分方程中,比较等式两端同类项的系数,求出待定常数 B, D.

例 11.6.9 求差分方程 $y_{x+1} - 3y_x = 3^x \left(\cos\dfrac{\pi}{2}x - 2\sin\dfrac{\pi}{2}x\right)$ 的通解.

解 对应齐次差分方程的特征方程为 $r - 3 = 0$,特征根为 $r = 3$,相应齐次差分方程的通解为

$$Y_x = Cr^x = C3^x.$$

因 $f(x) = 3^x \left(\cos\dfrac{\pi}{2}x - 2\sin\dfrac{\pi}{2}x\right)$,此时 $a = 3, b = 1, d = -2, \beta = \dfrac{\pi}{2}$. 这时

$$a(\cos\beta + i\sin\beta) = 3\left(\cos\dfrac{\pi}{2} + i\sin\dfrac{\pi}{2}\right) = 3i$$

不是特征根,取 $k = 0$,故该差分方程的特解形式为

$$y_x^* = 3^x \left(B\cos\dfrac{\pi}{2}x + D\sin\dfrac{\pi}{2}x\right).$$

将其代入所给差分方程并整理,得

$$(D - B)\cos\dfrac{\pi}{2}x - (B + D)\sin\dfrac{\pi}{2}x = \dfrac{1}{3}\cos\dfrac{\pi}{2}x - \dfrac{2}{3}\sin\dfrac{\pi}{2}x.$$

比较两端对应项的系数得,$B = \dfrac{1}{6}, D = \dfrac{1}{2}$,故 $y_x^* = 3^x \left(\dfrac{1}{6}\cos\dfrac{\pi}{2}x + \dfrac{1}{2}\sin\dfrac{\pi}{2}x\right)$. 故所求通解为

$$y_x = C3^x + 3^x \left(\dfrac{1}{6}\cos\dfrac{\pi}{2}x + \dfrac{1}{2}\sin\dfrac{\pi}{2}x\right).$$

11.6.5 二阶常系数线性差分方程

二阶常系数线性差分方程的一般形式为

$$y_{x+2} + py_{x+1} + qy_x = f(x), \tag{11.6.8}$$

其中 p, q 都是常数,且 $q \neq 0$,自由项 $f(x)$ 为 x 的已知函数,y_x 为未知函数. 当 $f(x) \not\equiv 0$ 时,差分方程 (11.6.8) 称为**二阶常系数非齐次线性差分方程**. 当 $f(x) \equiv 0$ 时,称方程

$$y_{x+2} + py_{x+1} + qy_x = 0 \tag{11.6.9}$$

为与方程 (11.6.8) 相对应的**二阶常系数齐次线性差分方程**.

1. 二阶常系数齐次线性差分方程的解法

由定理 11.6.2 可知,求齐次方程 (11.6.9) 的通解可归结为求它的两个线性无关的特解.

观察方程(11.6.9),由于指数函数的差分仍为指数函数,与一阶常系数齐次线性差分方程有同样的分析,可以设方程(11.6.9)有如下形式的特解

$$y_x = r^x \quad (r \neq 0 \text{ 是待定常数}),$$

将其代入方程(11.6.9)后得

$$r^{x+2} + pr^{x+1} + qr^x = 0,$$

因 $r^x \neq 0$,故有

$$r^2 + pr + q = 0, \tag{11.6.10}$$

称代数方程(11.6.10)为二阶常系数齐次线性差分方程(11.6.9)的**特征方程**,它的根 r 称为**特征根**. 于是由满足方程(11.6.10)的根 r 所作出的函数 $y_x = r^x$ 就是方程(11.6.9)的解.

和二阶常系数齐次线性微分方程一样,根据特征根的三种不同情况,可分别确定出二阶常系数齐次差分方程(11.6.9)的通解.

(1) 特征方程(11.6.10)有两个不同的实根 r_1, r_2,即 $r_1 \neq r_2$ 的情形.

这时由特征根可得到两个解 $y_{x_1} = r_1^x, y_{x_2} = r_2^x$. 由于 $r_1 \neq r_2$,所以 $\dfrac{r_1^x}{r_2^x} \neq C$,可得 $y_{x_1} = r_1^x$,$y_{x_2} = r_2^x$ 是方程(11.6.9)的两个线性无关的特解,从而方程(11.6.9)的通解为

$$y_x = C_1 r_1^x + C_2 r_2^x \quad (C_1, C_2 \text{ 为任意常数}).$$

(2) 特征方程(11.6.10)有两个相同的实根 $r_1 = r_2$ 的情形.

这时 $y_{x_1} = r_1^x$ 是方程(11.6.9)的一个特解. 与二阶常系数齐次线性微分方程类似,不难验证,方程(11.6.9)的另一个线性无关的特解为 $y_{x_2} = xr_1^x$,从而方程(11.6.9)的通解为

$$y_x = (C_1 + C_2 x)r_1^x.$$

(3) 特征方程(11.6.10)有一对共轭复根 $r_{1,2} = \alpha \pm \beta i (\beta > 0)$ 的情形.

这时方程(11.6.9)的两个特解为 $y_{x_1}^* = (\alpha + \beta i)^x, y_{x_2}^* = (\alpha - \beta i)^x$,但它们是复值函数的形式. 可以验证方程(11.6.9)有两个线性无关的实数形式的特解

$$y_{x_1} = \lambda^x \cos\theta x, \quad y_{x_2} = \lambda^x \sin\theta x,$$

其中,$\lambda = |r_{1,2}| = \sqrt{\alpha^2 + \beta^2}, \tan\theta = \dfrac{\beta}{\alpha} \ (0 < \theta < \pi)$;当 $\alpha = 0$ 时,$\theta = \dfrac{\pi}{2}$. 从而方程(11.6.9)的通解为

$$y_x = \lambda^x (C_1 \cos\theta x + C_2 \sin\theta x).$$

从上面的讨论可以看出,求二阶常系数齐次线性差分方程的通解步骤和求二阶常系数齐次线性微分方程通解的步骤类似,总结如下:

(1) 写出方程(11.6.9)的特征方程 $r^2 + pr + q = 0$,并求出特征根 r_1, r_2;

(2) 根据特征根的不同情形,按照下列情况写出方程(11.6.9)的通解:

当 r_1, r_2 是两个不相等的实根时,通解为 $y_x = C_1 r_1^x + C_2 r_2^x$;

当 r_1, r_2 是两个相等的实根时,通解为 $y = (C_1 + C_2 x)r_1^x$;

当 r_1, r_2 是一对共轭复数根 $r_{1,2} = \alpha \pm \beta i$ 时,通解为 $y = \lambda^x(C_1 \cos\theta x + C_2 \sin\theta x)$,

其中,$\lambda = \sqrt{\alpha^2 + \beta^2}, \tan\theta = \dfrac{\beta}{\alpha} \ (0 < \theta < \pi)$;当 $\alpha = 0$ 时,$\theta = \dfrac{\pi}{2}$.

例 11.6.10　求差分方程 $y_{x+2} - 3y_{x+1} + 2y_x = 0$ 的通解.

解　特征方程为 $r^2 - 3r + 2 = 0$,特征根为 $r_1 = 2, r_2 = 1$,原方程的通解为

$$y_x = C_1 2^x + C_2.$$

例 11.6.11　求差分方程 $\Delta^2 y_x + \Delta y_x - 3y_{x+1} + 4y_x = 0$ 的通解.

解　原方程可改写成如下形式：

$$y_{x+2} - 4y_{x+1} + 4y_x = 0,$$

这是一个二阶常系数齐次线性差分方程，其特征方程为 $r^2 - 4r + 4 = 0$，特征根为 $r_1 = r_2 = 2$，故原方程的通解为

$$y_x = (C_1 + C_2 x)2^x.$$

例 11.6.12　求差分方程 $2y_{x+2} - 2y_{x+1} + y_x = 0$ 的通解.

解　特征方程为 $2r^2 - 2r + 1 = 0$，特征根为 $r_{1,2} = \dfrac{1}{2}(1 \pm i)$. 这里 $\alpha = \dfrac{1}{2}$，$\beta = \dfrac{1}{2}$，$\lambda = \sqrt{\alpha^2 + \beta^2} = \dfrac{\sqrt{2}}{2}$，$\tan\theta = \dfrac{\beta}{\alpha} = 1$，$\theta = \dfrac{\pi}{4}$. 故原方程的通解为

$$y_x = \left(\frac{\sqrt{2}}{2}\right)^x \left(C_1 \cos\frac{\pi}{4}x + C_2 \sin\frac{\pi}{4}x\right).$$

2. 二阶常系数非齐次线性差分方程的解法

由非齐次线性差分方程解的结构定理可知它的通解为其自身的一个特解与对应的齐次方程的通解叠加而成，即

$$y_x = Y_x + y_x^*.$$

由于二阶常系数齐次线性差分方程通解的求法前面已经解决，所以这里只需要讨论求非齐次线性差分方程自身的一个特解 y_x^* 的方法.

与一阶非齐次线性差分方程求特解 y_x^* 同样地分析，我们仍可用待定系数法，求出二阶非齐次线性差分方程(11.6.8)的对应于 $f(x) = P_m(x)a^x$（$P_m(x)$ 为已知 m 次多项式，且 $a \neq 0$）形式的特解.

下面仅给出 $y_{x+2} + py_{x+1} + qy_x = P_m(x)a^x$ 求特解 y_x^* 的方法.

因方程的自由项 $f(x)$ 为多项式函数 $P_m(x)$ 与指数函数 a^x 的乘积. 故推测方程的特解应该具有与 $f(x)$ 类似的形式，即设特解为

$$y_x^* = Q(x)a^x,$$

其中 $Q(x)$ 为待定的多项式.

将 $y_x^* = Q(x)a^x$ 代入方程(11.6.8)，经过整理并约去 $a^x \neq 0$，得

$$a^2 Q(x+2) + apQ(x+1) + qQ(x) = P_m(x),$$

或

$$a^2 Q_{x+2} + apQ_{x+1} + qQ_x = P_m(x).$$

利用一阶差分、二阶差分定义，该方程又可改写为如下形式：

$$a^2 \Delta^2 Q_x + a(2a + p)\Delta Q_x + (a^2 + ap + q)Q_x = P_m(x). \tag{11.6.11}$$

(1) 若 $a^2 + ap + q \neq 0$，即当 a 不是特征方程的根时，此时要使式(11.6.11)成立，$Q(x)$ 必须是 m 次多项式，于是可设特解形式为

$$y_x^* = Q_m(x)a^x.$$

(2) 若 $a^2 + ap + q = 0$，但 $a(2a + p) \neq 0$，即 $2a + p \neq 0$，即当 a 是特征方程的单根时，此时要使式(11.6.11)成立，ΔQ_x 应该是 m 次多项式，从而 $Q(x)$ 必须是 $m+1$ 次多项式，故可设

特解形式为

$$y_x^* = x Q_m(x) a^x.$$

（3）若 $a^2 + ap + q = 0$，且 $a(2a+p) = 0$，即 $2a + p = 0$，即当 a 是特征方程的二重根时，此时要使式（11.6.11）成立，$\Delta^2 Q_x$ 应该是 m 次多项式，从而 $Q(x)$ 必须是 $m+2$ 次多项式，故可设特解形式为

$$y_x^* = x^2 Q_m(x) a^x.$$

综上所述，二阶常系数非齐次线性差分方程（11.6.8）通解的求法为：

（1）写出方程（11.6.8）对应的齐次差分方程（11.6.9）的特征方程，求出特征根；

（2）写出对应的齐次线性差分方程的通解 Y_x；

（3）若自由项 $f(x) = P_m(x) a^x$ 的形式，差分方程（11.6.8）有如下形式的特解

$$y_x^* = x^k Q_m(x) a^x,$$

其中 $Q_m(x)$ 是与 $P_m(x)$ 同次的待定多项式，k 是按 a 不是特征方程的根、是特征方程的单根、是特征方程的重根依次取 $0, 1, 2$. 然后将所设特解 y_x^* 代入非齐次差分方程（11.6.8）中，比较等式两端同次幂的系数，求出 $Q_m(x)$ 的待定系数；

（4）写出二阶常系数非齐次线性差分方程（11.6.8）的通解为

$$y_x = Y_x + y_x^*.$$

例 11.6.13　求差分方程 $y_{x+2} - y_{x+1} - 6 y_x = 5x + 1$ 的通解.

解　特征方程为 $r^2 - r - 6 = 0$，特征根 $r_1 = 3, r_2 = -2$，齐次差分方程的通解为

$$Y_x = C_1 3^x + C_2 (-2)^x.$$

又 $f(x) = 5x + 1$ 属于 $P_m(x) a^x$，其中 $a = 1, m = 1$，由于 $a = 1$ 不是特征根，所以可设所给差分方程的特解为

$$y_x^* = Ax + B,$$

将其代入原方程，得

$$A(x+2) + B - [A(x+1) + B] - 6(Ax + B) = 5x + 1,$$

化简整理，得

$$A - 6B - 6Ax = 5x + 1,$$

由此可解得 $A = -\dfrac{5}{6}, B = -\dfrac{11}{36}$，故特解为 $y_x^* = -\dfrac{5}{6} x - \dfrac{11}{36}$. 于是原方程的通解为

$$y_x = C_1 3^x + C_2 (-2)^x - \frac{5}{6} x - \frac{11}{36}.$$

例 11.6.14　求差分方程 $y_{x+2} - y_{x+1} - 6 y_x = (2x+1) 3^x$ 的通解.

解　特征方程为 $r^2 - r - 6 = 0$，特征根为 $r_1 = 3, r_2 = -2$，齐次差分方程的通解为

$$Y_x = C_1 3^x + C_2 (-2)^x.$$

又 $f(x) = (2x+1) 3^x$ 属于 $P_m(x) a^x$，其中 $a = 3, m = 1$，由于 $a = 3$ 是特征方程的单根，所以可设所给差分方程的特解为

$$y_x^* = x(Ax + B) 3^x = (Ax^2 + Bx) 3^x,$$

将其代入原方程，化简整理，得

$$30Ax + 33A + 15B = 2x + 1.$$

由此解得 $A = \dfrac{1}{15}, B = -\dfrac{2}{25}$. 则特解为 $y_x^* = \left(\dfrac{1}{15}x^2 - \dfrac{2}{25}x \right) 3^x$. 于是原方程的通解为

$$y_x = C_1 3^x + C_2 (-2)^x + \left(\dfrac{1}{15}x^2 - \dfrac{2}{25}x \right) 3^x.$$

例 11.6.15 求差分方程 $y_{x+2} - 4y_{x+1} + 4y_x = 2^x$ 的通解.

解 特征方程为 $r^2 - 4r + 4 = 0$,特征根为 $r_1 = r_2 = 2$. 齐次差分方程的通解为

$$y_x = (C_1 + C_2 x) 2^x.$$

又 $f(x) = 2^x$ 属于 $P_m(x)a^x$,其中 $a = 2, m = 0$,由于 $a = 2$ 是特征方程的二重根,所以可设所给差分方程的特解为

$$y_x^* = x^2 A 2^x = A x^2 2^x.$$

将其代入原方程,得

$$A (x+2)^2 2^{x+2} - 4A (x+1)^2 2^{x+1} + 4A x^2 2^x = 2^x,$$

解得 $A = \dfrac{1}{8}$,则特解为 $y_{x_1}^* = \dfrac{1}{8}x^2 2^x$. 于是原方程的通解为

$$y_x = (C_1 + C_2 x) 2^x + \dfrac{1}{8}x^2 2^x.$$

*注 类似地,当常系数非齐次线性差分方程的自由项 $f(x)$ 具有形式 $a^x(b\cos\beta x + d\sin\beta x)$ 时,用待定系数法也可求出其相应的特解 y_x^* 的形式. 下面仅给出其结果形式. 设

$$y_{x+2} + py_{x+1} + qy_x = a^x(b\cos\beta x + d\sin\beta x), \tag{11.6.12}$$

其中 a, b, d, β, p, q 均为常数,且 $a \neq 0$.

则差分方程(11.6.12)有如下形式的特解

$$y_x^* = x^k a^x (B\cos\beta x + D\sin\beta x),$$

其中 B, D 是待定常数,k 是按 $a(\cos\beta + i\sin\beta)$ 不是特征方程的根、是特征方程的单根、是特征方程的重根依次取 $0, 1, 2$. 然后将所设特解 y_x^* 代入非齐次差分方程(11.6.12)中,比较等式两端同类项的系数,求出待定常数 B, D.

*例 11.6.16 求差分方程 $y_{x+2} - 5y_{x+1} + 6y_x = 3\cos\dfrac{\pi}{2}x$ 的通解.

解 特征方程的特征根为 $r_1 = 2, r_2 = 3$,对应齐次方程的通解为

$$y_x = C_1 2^x + C_2 3^x.$$

又 $f(x) = 3\cos\dfrac{\pi}{2}x$,属于 $a^x(b\cos\beta x + d\sin\beta x)$ 型. 其中 $a = 1, b = 3, d = 0, \beta = \dfrac{\pi}{2}$. 由于 $a(\cos\beta + i\sin\beta) = i$,不是特征根,所以可设特解形式为

$$y_x^* = B\cos\dfrac{\pi}{2}x + D\sin\dfrac{\pi}{2}x.$$

将其代入原方程并整理,得

$$5(B-D)\cos\dfrac{\pi}{2}x + 5(B+D)\sin\dfrac{\pi}{2}x = 3\cos\dfrac{\pi}{2}x.$$

解方程组

$$\begin{cases} 5(B-D) = 3, \\ 5(B+D) = 0, \end{cases}$$

可得 $B = \dfrac{3}{10}, D = -\dfrac{3}{10}$, 故有 $y_x^* = \dfrac{3}{10}\left(\cos\dfrac{\pi}{2}x - \sin\dfrac{\pi}{2}x\right)$. 于是所求通解为

$$y_x = C_1 2^x + C_2 3^x + \frac{3}{10}\left(\cos\frac{\pi}{2}x - \sin\frac{\pi}{2}x\right).$$

11.6.6　差分方程在经济学中的简单应用

差分方程在经济领域的应用十分广泛,下面仅举几个简单的例子.

例 11.6.17（存款模型）　设 S_t 为 t 年年末存款总额,p 为年利率,若以复利累积,那么 $S_{t+1} = S_t + pS_t\ (t = 0,1,2,\cdots)$,且初始存款为 S_0,求 t 年年末的本利和.

解　因为

$$S_{t+1} = S_t + pS_t,$$

即

$$S_{t+1} - (1+p)S_t = 0,$$

这是一阶齐次线性差分方程. 其特征方程为 $r - (1+p) = 0$,特征根为 $r = (1+p)$,于是齐次方程的通解为

$$S_t = C(1+p)^t,$$

将初始条件 $S\big|_{t=0} = S_0$ 代入,得 $C = S_0$. 因此,t 年年末的本利和为

$$S_t = S_0(1+p)^t \quad (t = 0,1,2,\cdots).$$

例 11.6.18（消费模型）　设 Y_t 为 t 期国民收入,C_t 为 t 期消费,I_t 为 t 期投资,它们之间有如下关系式

$$\begin{cases} C_t = \alpha Y_t + a, & (11.6.13)\\ I_t = \beta Y_t + b, & (11.6.14)\\ Y_t - Y_{t-1} = \theta(Y_{t-1} - C_{t-1} - I_{t-1}), & (11.6.15) \end{cases}$$

其中 α,β,a,b 和 θ 均为常数,且 $0 < \alpha < 1, 0 < \beta < 1, 0 < \theta < 1, 0 < \alpha+\beta < 1, a \geqslant 0, b \geqslant 0$. 若基期的国民收入 Y_0 为已知,试求 Y_t 与 t 的函数关系式.

解　由式（11.6.13）、（11.6.14）知 $C_{t-1} = \alpha Y_{t-1} + a, I_{t-1} = \beta Y_{t-1} + b$. 将以上两式代入式（11.6.15）,整理后得

$$Y_t - [1 + \theta(1-\alpha-\beta)]Y_{t-1} = -\theta(a+b), \quad t \in \mathbf{N}^+.$$

这是关于 Y_t 的一阶常系数非齐次线性差分方程,易求得它的通解为

$$Y_t = C[1 + \theta(1-\alpha-\beta)]^t + \frac{a+b}{1-\alpha-\beta}.$$

又由于 $t = 0$ 时,$Y_t = Y_0$,将此初始条件代入上式可得 $C = Y_0 - \dfrac{a+b}{1-\alpha-\beta}$. 于是 Y_t 与 t 的函数关系式为

$$Y_t = \left(Y_0 - \frac{a+b}{1-\alpha-\beta}\right)[1 + \theta(1-\alpha-\beta)]^t + \frac{a+b}{1-\alpha-\beta}.$$

例 11.6.19　某人贷款 20 万元购房,月利率为 0.5%,20 年还清,每月等额付款的方式还债,问每月应还款多少元?

解 设每月应还款 b 元,y_t 为第 t 个月还款后的剩余债务数,则 y_t 满足的方程为

$$y_{t+1} = (1 + 0.5\%)y_t - b,$$

即

$$y_{t+1} - (1 + 0.5\%)y_t = -b.$$

它是一阶线性差分方程,其特征根为 $r = (1 + 0.5\%)$. 相应齐次方程的通解为

$$Y_t = C(1 + 0.5\%)^t.$$

因 1 不是特征根,故设非齐次方程的特解为 $y_t^* = A$,代入方程后得 $A = 200b$. 于是非齐次线性差分方程的通解为

$$y_t = C(1 + 0.5\%)^t + 200b.$$

将条件 $y_0 = 200\,000$(元),$y_{240} = 0$(元) 代入通解,得

$$\begin{cases} C + 200b = 200\,000, \\ C(1 + 0.5\%)240 + 200b = 0, \end{cases}$$

解得

$$b = 1000 \cdot [1 - (1.005)^{-240}]^{-1} \approx 1432.86\,(\text{元}).$$

于是每月应还款 1432.86 元.

习 题 11.6

(A)

1. 求下列函数的一阶差分、二阶差分:

(1) $y_x = 3x^2 - x + 2$;　　　(2) $y_x = e^{3x}$;　　　(3) $y_x = \ln x$;　　　(4) $y_x = \sin \dfrac{\pi}{2}x$.

2. 证明:$\Delta\left(\dfrac{y_x}{z_x}\right) = \dfrac{z_x \cdot \Delta y_x - y_x \cdot \Delta z_x}{z_x \cdot z_{x+1}}$.

3. 下列等式中,哪些是差分方程?

(1) $\Delta y_x + y_x = x^2$;　　　(2) $\Delta^2 y_x + y_{x+2} + 2y_{x+1} - y_x = e^x$;　　　(3) $\Delta^2 y_x = 0$.

4. 确定下列差分方程的阶:

(1) $y_{x+3} - x^2 y_{x+1} + 3y_x = 2$;　　　　　(2) $y_{x-2} - y_{x-4} + y_{x+2} = 0$,其中 $x \geqslant 4$;

(3) $\Delta^2 y_x - y_x = x$;　　　　　　　　　(4) $\Delta^3 y_x + y_x = 5$.

5. 将差分方程 $y_{x+2} - 5y_{x+1} + y_x - 2 = 0$ 化成以函数差分表示的形式.

6. 设 $y_x = e^x$ 是差分方程 $y_{x+2} + ay_x = 2e^{x+1}$ 的一个特解,求 a 的值.

7. 设 Y_x, Z_x 分别是下列一阶线性差分方程的解

$$y_{x+1} + ay_x = f_1(x), \quad y_{x+1} + ay_x = f_2(x).$$

求证:$z_x = Y_x + Z_x$ 是差分方程 $y_{x+1} + ay_x = f_1(x) + f_2(x)$ 的解.

8. 求下列差分方程的通解或满足初始条件的特解:

(1) $y_{x+1} - 2y_x = 0$;　　　(2) $y_{x+1} - 2y_x = 6x^2$;　　　(3) $y_{x+1} - y_x = 2x + 1$;

(4) $\Delta^2 y_x - \Delta y_x - 2y_x = x$;　　　(5) $2y_{x+1} + y_x = 0, y_0 = 3$;　　　(6) $y_{x+1} + y_x = 2^x, y_0 = 2$.

9. 求下列差分方程的通解或满足初始条件的特解:

(1) $y_{x+2} - 5y_{x+1} - 6y_x = 0$;　　　　　　(2) $y_{x+2} - 8y_{x+1} + 16y_x = 0$;

(3) $y_{x+2} - 2y_{x+1} + 4y_x = x$;　　　　　　(4) $y_{x+2} - 3y_{x+1} + 2y_x = 3 \cdot 5^x$;

(5) $y_{x+2} - 2y_{x+1} + 2y_x = 0, y_0 = 2, y_1 = 2$;　　　(6) $\Delta^2 y_x = 4, y_0 = 3, y_1 = 8$.

10. 设某产品在时期 t 的价格、总供给与总需求分别为 P_t, S_t, D_t,并设 $\forall t \in \mathbf{N}$ 有

(a) $S_t = 2P_t + 1$;　　　(b) $D_t = -4P_{t-1} + 5$;　　　(c) $S_t = D_t$.

(1) 求证:由(a),(b),(c) 可推出差分方程 $P_{t+1} + 2P_t = 2$;　　(2) 已知 P_0 时,求上述方程的解.

（B）

1. 某公司每年的工资总额在比上一年增加 20% 的基础上再追加 2 百万元，若以 W_t 表示第 t 年的工资总额（单位：百万元），试求 W_t 满足的差分方程．

2. 设二阶常系数齐次线性差分方程 $y_{x+2} + ay_{x+1} + by_x = 0$ 的通解为 $y_x = C_1 2^x + C_2 3^x$，求 a 和 b．

3. 求下列差分方程的通解：

(1) $3y_x - 3y_{x+1} = x3^x + 1$；　　　　(2) $9y_{x+2} + 3y_{x+1} - 6y_x = (4x^2 - 10x + 6) \cdot \left(\dfrac{1}{3}\right)^x$．

4. 设 $y_x = C_1 2^x + C_2 + x^2 + 1$ 是二阶常系数非齐次线性差分方程的通解，试求该差分方程．

5. 已知差分方程 $(a + by_x)y_{x+1} = cy_x$，$x = 0, 1, 2, \cdots$，其中 $a > 0, b > 0, c > 0$，y_0 为正的是已知初始条件．

(1) 试证：$y_x > 0$，$x = 1, 2, 3, \cdots$；

(2) 试证：变换 $u_x = \dfrac{1}{y_x}$ 将原方程化为 u_x 的线性方程，并由此求出 y_x 的通解及 y_0 为已知的特解；

(3) 求方程 $(2 + 3y_x)y_{x+1} = 4y_x$ 满足初始条件 $y_0 = 0.5$ 的特解．

阅读材料
第11章知识要点

部分习题参考答案与提示

第1章 函 数

习 题 1.1

（A）

1. (1) $\{1,2,3,5\}$；(2) $\{1,3\}$；(3) $\{2\}$；(4) $\{5\}$.

2. (1) $[-8,8]$；(2) $(1-e,1+e)$；(3) $[-1,1)\bigcup(1,3]$；(4) $(-\infty,-3)\bigcup(1,+\infty)$.

3. D.

4. 提示：$\sqrt[n]{a}=\sqrt[n]{a\cdot\underbrace{1\cdot1\cdots1}_{n-1}}$，再利用均值不等式.

（B）

(1) 提示：$\sqrt[n]{n}=\sqrt[n]{\sqrt{n}\sqrt{n}\cdot\underbrace{1\cdot1\cdots1}_{n-2}}$，再利用均值不等式；

(2) 提示：令 $\mu=\dfrac{m}{n}$ 且 $m<n$，于是 $(1+x)^{\frac{m}{n}}=\sqrt[n]{\underbrace{1\cdot1\cdots1}_{n-m}\cdot(1+x)^{m}}$，再利用均值不等式.

习 题 1.2

（A）

1. (1) $(1,2]$； (2) $[-1,1)\bigcup(1,2]$； (3) $(-\infty,-1)\bigcup(1,3)$； (4) $[0,1)\bigcup(1,2]$；
(5) $(2k\pi,2k\pi+\pi)(k\in\mathbf{Z})$； (6) $(-2,8]$.

2. (1) 不相同；(2) 不相同；(3) 不相同；(4) 相同；(5) 相同；(6) 相同.

3. (1) 有界；(2) 有界；(3) 有界；(4) 有界；(5) 有界；(6) 无界.

4. (1) 非奇非偶；(2) 非奇非偶；(3) 偶函数；(4) 奇函数；(5) 与 f 的奇偶性相同；
(6) $a=1$ 为奇函数，$a\neq1$ 为非奇非偶.

5. (1) π；(2) 2π；(3) π；(4) $\pi/2$.

（B）

1. (1) $\left(\dfrac{1}{2},1\right)\bigcup(1,4]$；(2) $x=\dfrac{1}{2}+2k,k\in\mathbf{Z}$；(3) $[-4,-\pi)\bigcup(0,\pi)$；(4) $[-1,0)\bigcup(0,3)$.

2. 提示：用有界定义.

3. 不是有界函数. 提示：用反证法可说明.

4. 提示：$f(x)=\dfrac{f(x)+f(-x)}{2}+\dfrac{f(x)-f(-x)}{2}$.

5. 偶函数.

6. $f(x)=\begin{cases}-\sin x-\cos x-2, & x\in\left(\dfrac{\pi}{2},\pi\right),\\ 0, & x=\pi.\end{cases}$

习 题 1.3

(A)

1. (1) $y = -\sqrt{1-x^2}$ $(0 \leqslant x \leqslant 1)$；(2) $y = 10^{x-1} - 2$ $(-\infty < x < +\infty)$；

(3) $y = -3 + \lg(x-1)$ $(x > 1)$；(4) $y = \begin{cases} \mathrm{e}^x, & -\infty < x \leqslant 0, \\ -\sqrt{x}, & 0 < x \leqslant 1, \\ 1 + \ln \dfrac{x}{2}, & 2 < x \leqslant 2\mathrm{e}. \end{cases}$

2. 定义域分别为(1) $2k\pi < x < 2k\pi + \pi, k \in \mathbf{Z}$；(2) $x \leqslant 0$.

3. 4^x 及 2^{x^2}.

4. (1) $y = \arcsin u, u = \lg v, v = 2x+1$；　　　　(2) $y = u^2, u = \ln v, v = \sin w, w = x^3$.

(3) $y = 3^u, u = v^2, v = \sin w, w = s^{-1}, s = 1+x$；　(4) $y = \arctan u, u = v^2, v = \tan w, w = x^2+1$.

5. (1) $f(x) = 2 - 2x^2$；(2) $f(x) = \dfrac{1+x}{1-x}$；

(3) $f(x) = \dfrac{x}{x^2 - 2}$，提示：分子与分母同除以 x^2；(4) $f(x) = \dfrac{1}{3}(x^2 + 2x - 2)$.

6. 6.

7. $g(g(x))$ 为奇函数；其余都是偶函数.

(B)

1. $y = \dfrac{1}{2}(\mathrm{e}^x - \mathrm{e}^{-x})$.

2. 当 $a > \dfrac{1}{2}$ 时，$D_f = \varnothing$；当 $a = \dfrac{1}{2}$ 时，$D_f = \left\{\dfrac{1}{2}\right\}$；当 $a < \dfrac{1}{2}$ 时，$D_f = [a, 1-a]$.

3. $f(g(x)) = \begin{cases} x-2, & x \leqslant 0, \\ -x-2, & x > 0; \end{cases}$ $g(f(x)) = \begin{cases} x+2, & x \geqslant 0, \\ x^2 + 2, & x < 0. \end{cases}$

4. $\varphi(x) = \sqrt{\ln(1-x)}, D_\varphi = (-\infty, 0]$.

5. $f(x) = \begin{cases} 2^x - 1, & x \geqslant 0, \\ -2^{-x} + 1, & x < 0, \end{cases}$ 有反函数 $f^{-1}(x) = \begin{cases} \log_2(1+x), & x \geqslant 0; \\ -\log_2(1-x), & x < 0. \end{cases}$

习 题 1.4

(A)

1. (1) 为初等函数；(2) 为非初等函数；(3) 为非初等函数；(4) 为初等函数，提示：$y = \dfrac{\sqrt{x^2}}{x}$ 为初等函数.

2. (1),(2),(3),(4) 分别如图 1 ～ 图 4 所示.

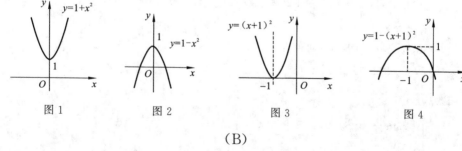

图 1　　　　　图 2　　　　　图 3　　　　　图 4

(B)

1. $y = \mathrm{e}^{g(x)\ln f(x)}$.

2. (1) $f_1(x),g_1(x)$ 为同一函数,$f_1(x)$ 为初等函数;(2) $f_2(x),g_2(x)$ 为同一函数,$f_2(x)$ 为初等函数.

习　题　1.5

(A)

1. 周长 $l = x + \dfrac{10}{x} + \dfrac{\pi x}{4}$.

2. $P_0 = 4, Q_0 = 4$.

3. (1) $L = -20 + 18x - 0.5x^2, x_1 \approx 1.148 \approx 1$(件)$;x_2 \approx 34.852 \approx 35$(件) 都是无盈亏点,即保本点.

提示:$\sqrt{71} \approx 8.426$.　(2) 销售单价应定为不低于 22.5(万元).

(B)

1. 亏了. 提示:先用 x 美元兑换加元 $z = 1.12x$,再将 z 加元换回 y 美元 $y = 0.88z$,则 $y = 0.88 \times 1.12x$.

2. $S = \begin{cases} \dfrac{1}{2}x^2, & 0 \leqslant x \leqslant 1, \\ 2x - \dfrac{1}{2}x^2 - 1, & 1 < x \leqslant 2. \end{cases}$

第 2 章　　极限与连续

习　题　2.1

(A)

1. (2) 提示:$\left| \sqrt[n]{3} - 1 \right| = \sqrt[n]{3} - 1$;(3) 提示:$\left| \sqrt{n+1} - \sqrt{n} \right| = \dfrac{1}{\sqrt{n+1} + \sqrt{n}} < \dfrac{1}{\sqrt{n}}$;(4) $L = \dfrac{1}{2}$.

2. (1) 无极限,提示:e^n 无界;(2) 无极限,提示:用推论 2.1.1;(3) 无极限;(4) 0.提示:用推论 2.1.1.

3. (1) 错;(2) 对;(3) 错;(4) 对;(5) 对.

(B)

2. 逆命题不成立,例如 $x_n = (-1)^n, \lim\limits_{n \to \infty} \left| (-1)^n \right| = 1$ 但 $\lim\limits_{n \to \infty} (-1)^n$ 不存在.

习　题　2.2

(A)

2. $\lim\limits_{x \to +\infty} f(x) = 1/3, \lim\limits_{x \to -\infty} f(x) = 7, \lim\limits_{x \to \infty} f(x)$ 不存在.

4. $\lim\limits_{x \to 0} f(x)$ 不存在,$\lim\limits_{x \to 6} f(x) = 6$.

5. $f(1+0) = 1, f(1-0) = -1,$极限$\lim\limits_{x \to 1} f(x)$ 不存在.

6. $\lim\limits_{x \to 0} f(x)$ 不存在.

(B)

1. 提示:用极限 ε-δ(ε-X) 定义,并注意等式 $| f(x) - 0 | = \left| | f(x) | - 0 \right|$.

习　题　2.3

(A)

1. (1) 不一定. 如 $\lim\limits_{x \to 0} \dfrac{3x}{x} = 3$. (2) 不一定. 如 $\lim\limits_{x \to n} \left(\dfrac{1}{n} \cdot n \right) = 1$.

(3) 不一定. 如 $n \to \infty$ 时, $n, -n$ 是无穷大,但 $\lim\limits_{n \to \infty}[n + (-n)] = 0$.

(4) 不一定. 如 $n \to \infty$ 时,n 是无穷大, $\left|\dfrac{1}{n}\right| \leqslant 1$ 但 $\lim\limits_{n \to \infty} n \cdot \dfrac{1}{n} = 1 \neq \infty$.

2. (1) $x \to 1$ 时是无穷小,$x \to 0^+$ 时是负无穷大,当 $x \to +\infty$ 时为正无穷大;

(2) $x \to -\infty$ 时是无穷小,$x \to +\infty$ 时是正无穷大;

(3) $x \to \infty$ 时是无穷小,$x \to 0$ 时是无穷大,$x \to 0^-$ 时是负无穷大,$x \to 0^+$ 时是正无穷大.

3. (1) 0; (2) 0; (3) 0; (4) 0,提示:利用三角不等式及均值不等式,有 $\left|\dfrac{1+\sqrt{e^x} \cdot \sin x}{1+e^x}\right| < \dfrac{3}{2}$;

(5) $\dfrac{3}{5}$,提示:考虑极限与无穷小的关系;(6) 不存在. 提示:考虑左右极限;(7) 0; (8) ∞.

4. $\lim\limits_{n \to \infty} S_n = \dfrac{1}{1-q}$,提示:$S_n = \dfrac{1}{1-q} - \dfrac{q^n}{1-q}$.

(B)

1. 未必是无穷大.

2. a,提示:由极限与无穷小的关系,有 $f(x) - ax - b = \alpha(x)$,其中 $\lim\limits_{x \to \infty}\alpha(x) = 0$.

习 题 2.4

(A)

1. 不一定. 如 $\lim\limits_{n \to \infty}[(-1)^n + (-1)^{n+1}] = 0$; $\lim\limits_{x \to \infty}[(-1)^n \cdot (-1)^{n+1}] = -1$.

2. 全错,不符合极限的四则运算法则条件,正确结果为(1) 0; (2) $\dfrac{1}{4}$; (3) $\dfrac{1}{2}$.

3. (1) 2; (2) $-\dfrac{1}{2}$; (3) n; (4) ∞; (5) 1; (6) $\dfrac{2\sqrt{2}}{3}$; (7) $\dfrac{\sqrt{2}}{2}$; (8) $\dfrac{3}{2}$; (9) $\dfrac{1}{2}$; (10) 1; (11) 0;

(12) 1; (13) $\left(\dfrac{3}{2}\right)^{30}$; (14) $\dfrac{1}{3}$; (15) $\dfrac{\pi}{2}$; (16) $\dfrac{1}{5}$; (17) 2; (18) 1; (19) 0; (20) $\ln 2$; (21) $\dfrac{1}{9}$;

(22) 0; (23) 0; (24) 不存在. 提示:分左右极限考虑; (25) 0. 提示:用和差化积公式;

(26) $\dfrac{2}{3}$,提示:换元令 $\sqrt[6]{x} = u$; (27) $\dfrac{1}{9}$,提示:换元令 $\sqrt[3]{x} = u$.

4. $\lim\limits_{x \to 1} f(x) = -1, f(x) = x^2 - 2x$. 提示:设 $\lim\limits_{x \to 1} f(x) = a$,再对 $f(x) = x^2 - 2ax$ 两边取极限.

5. (1) $\dfrac{1}{3}$,提示:$1^2 + 2^2 + 3^2 + \cdots + n^2 = \dfrac{n(n+1)(2n+1)}{6}$; (2) 1;

(3) 1,提示:$s_n = \sum\limits_{k=2}^{n} \dfrac{1}{1+2+\cdots+k} = \sum\limits_{k=2}^{n} \dfrac{2}{k(k+1)} = 2\sum\limits_{k=2}^{n}\left(\dfrac{1}{k} - \dfrac{1}{k+1}\right)$; (4) 3.

6. 提示:用极限的四则运算法则.

7. (1) $a = 3, b = 6$; (2) $a = 2, b = -8$; (3) $a = -2, b = 1$; (4) $a = 1, b = -5$;

(5) $a = 1, b = -1$; (6) $a = 3, b = -2$.

8. (1) 3; (2) x; (3) -1; (4) 0; (5) $\dfrac{2}{3}$; (6) $\dfrac{1}{2\sqrt{2}}$; (7) 2; (8) 1; (9) 2;

(10) $\dfrac{3}{2}$,提示:分子减 1 加 1; (11) $\dfrac{3}{5}$; (12) 4; (13) e^3; (14) e; (15) e^{-1}; (16) e^{-2}; (17) $e^{-\sqrt{2}}$;

(18) 1; (19) $\sqrt{e}$; (20) e^3; (21) e^{-2}; (22) e^2; (23) e^{-2}; (24) e.

9. $a = \ln 3$. **10.** (1) $a = \ln 2$; (2) $f(\ln 2) = 2$.

11. (1) 提示:$0 < \dfrac{n!}{n^n} \leqslant \dfrac{1}{n}$; (2) 提示:$7 < \sqrt[n]{3^n + 5^n + 7^n} < \sqrt[n]{3 \cdot 7^n}$;

(3) 提示:$\sqrt[n]{2} \leqslant \sqrt[n]{2 + \sin^2 n} \leqslant \sqrt[n]{2+1}$; (4) 提示:设所给数列为 x_n,则 $\dfrac{n^2}{n^2 + n\pi} \leqslant x_n \leqslant \dfrac{n^2}{n^2 + \pi}$;

(5) 提示:设所给数列为 x_n,则 $\dfrac{1+2+\cdots+n}{n^2+n} \leqslant x_n \leqslant \dfrac{1+2+\cdots+n}{n^2+1}$;

(6) 提示:设所给数列为 x_n,则 $n\sin\dfrac{\pi}{\sqrt{n^2+n}} \leqslant x_n \leqslant n\sin\dfrac{\pi}{\sqrt{n^2+1}}$,再用夹逼定理.

12. (1) $\lim\limits_{n\to\infty}x_n=3$. 提示:$x_{n+1}-x_n \geqslant 0, x_n < 3$;　(2) $\lim\limits_{n\to\infty}x_n=5$;提示:$x_{n+1}-x_n \leqslant 0, x_n > 5$;

(3) $\lim\limits_{n\to\infty}x_n=\dfrac{1+\sqrt{5}}{2}$. 提示:$x_{n+1}-x_n > 0, |x_n| < 2$.

13. 提示:显然 x_n 单调递增,且 $x_n < \dfrac{1}{5}+\dfrac{1}{5^2}+\cdots+\dfrac{1}{5^n} < \dfrac{1}{4}$.　　14. e 元.

(B)

1. (1) 当 $|a|=1$ 时,极限为 $\dfrac{1}{2}$,当 $|a|<1$ 时,极限为 0,当 $|a|>1$ 时,极限为 1;

(2) 当 $|a|<1$ 时,极限为 0,当 $|a|>1$ 时,原式极限为 x;当 $|a|=1$ 时,极限为 $\sin x$;

(3) 极限不存在,提示:分 $x\to -\infty, +\infty$ 考虑;　(4) 0,提示:给括号内减 $n\pi$,加 $n\pi$;

(5) $\dfrac{\sin x}{x}$,提示:$\sin x = 2\cos\dfrac{x}{2}\sin\dfrac{x}{2} = 2^2\cos\dfrac{x}{2}\cos\dfrac{x}{2^2}\sin\dfrac{x}{2^2} = 2^n\cos\dfrac{x}{2}\cos\dfrac{x}{2^2}\cdots\cos\dfrac{x}{2^n}\sin\dfrac{x}{2^n}$;

(6) 1,提示:$\dfrac{n}{(n+1)!} = \dfrac{1}{n!} - \dfrac{1}{(n+1)!}$;　(7) $\dfrac{\sqrt{2}}{2}$;

(8) $\dfrac{1}{1-x}$,提示:分子分母同乘以 $(1-x)$.

2. 提示:用夹逼定理,$0 \leqslant a-x_n \leqslant y_n-x_n$.

3. (1) $\lim\limits_{n\to\infty}x_n=\sqrt{a}$. 提示:有界性用均值不等式;单调性用定义计算 $x_{n+1}-x_n < 0$.最后两边求极限解方程可求得极限;

(2) $\lim\limits_{n\to\infty}x_n=1-\sqrt{1-c}$. 提示:用归纳法可得出 $x_n < 1, x_{n+1} > x_n$.

4. (1) $a=0, b=1, c=-2, d=1$;　(2) $a=9; b=12$,提示:令 $x=1/t$ 求解较简单.

5. (1) -50;　(2) 极限不存在. 提示:分 $x\to+\infty, x\to-\infty$ 处理;　(3) $\dfrac{\pi}{2}$. 提示:分左、右极限处理;

(4) 1.

6. $-\dfrac{1}{2}$. 提示:由题设,可设 $f(x)=(Ax+B)(x-2a)(x-4a)$.

习　题　2.5

(A)

1. (1) 错,不存在;(2) 错,1;(3) 错,$-\dfrac{1}{2}$;(4) 错,$-\dfrac{1}{2}$.

3. (1) $\dfrac{3}{2}$;(2) 2;(3) 3;(4) 0;(5) $\dfrac{4}{5}$;(6) $\dfrac{\sqrt{2}}{2}$;(7) $\dfrac{1}{2}$;(8) 2;(9) 3;(10) 5;(11) $-\dfrac{1}{4}$;

(12) $\dfrac{6}{5}$;(13) $\dfrac{5}{3}$;(14) $\dfrac{1}{2\sqrt{2}}$;(15) 0;(16) 3/2;(17) e^3;(18) $\mathrm{e}^{-\frac{1}{2}}$;(19) e^2;(20) $\sqrt{\mathrm{e}}$;(21) 0;

(22) 0;(23) -2;(24) 2;(25) 4,提示:$\mathrm{e}^x+\mathrm{e}^{-x}-2 = \mathrm{e}^{-x}(\mathrm{e}^x-1)^2$;(26) $\dfrac{1}{12}$;(27) $\dfrac{3}{2}$;

(28) $\ln 2$;(29) e^{-8},提示:令 $x=2\pi-t$;(30) 0,提示:考虑和差化积及等价替换;(31) $\dfrac{1}{2}$;

(32) e^3;(33) $\dfrac{3}{2}$.

4. $k = e^2, \dfrac{1}{4}e^4$.　**5.** $a = 1, b = -4$.　**6.** 3.

（B）

1. (1) -1；(2) $\dfrac{1}{3}$，提示：$\lim\limits_{n\to\infty}\left(n + \sqrt[3]{n^2 - n^3}\right) = \lim\limits_{n\to\infty} n\left(1 - \sqrt[3]{1 - \dfrac{1}{n}}\right)$；

(3) $\dfrac{3}{2}$，提示：$1 - \sqrt{\cos 2x}\cos x = (1 - \cos x) + \cos x(1 - \sqrt{\cos 2x})$；

(4) 1；(5) 1，提示：$\ln(x + \sqrt{1 + x^2}) = \ln[1 + (x - 1 + \sqrt{1 + x^2})] \sim x - 1 + \sqrt{1 + x^2}\,(x \to 0)$；

(6) $e^{\frac{3}{5}}$，提示：令 $t = 1/x$；(7) $e^{-\frac{\pi}{2}}$；(8) e^2.

2. $a = \dfrac{3}{2}$.　**3.** $\lim\limits_{x\to 0} f(x) = 5\ln 3$.　**4.** $k = 3, c = 16$.

5. (1) 6；(2) 2，提示：$1 - \cos x + \cos x(1 - \sqrt[3]{\cos 3x})$，再用极限四则及等价无穷小替换法则；

(3) $-\dfrac{1}{6}$，提示：$\left(\dfrac{2 + \cos x}{3}\right)^x - 1 = e^{x\ln\frac{2 + \cos x}{3}} - 1$，再用等价无穷小替换法则；(4) 0.

6. e^2.

习　题　2.6

（A）

1. (1) $a = 1$；(2) $b = 1, a$ 为任意实数；(3) $a = e^{-2}$；(4) 0；(5) 3；(6) 1.

2. 连续，提示：考虑左右连续.

3. $a = 2, b = -\ln 2$.

4. $k = -e^{-1}$. 提示：令 $x - e = t, \lim\limits_{x\to e} f(x) = \lim\limits_{t\to 0} \dfrac{1 - \ln(e + t)}{t} = \lim\limits_{t\to 0} \dfrac{\ln e - \ln(e + t)}{t}$.

5. $a = 4, b = -2$.

6. 提示：研究 x_0 处的左右极限（结合极限局部保序性）.

7. 提示：用连续定义.

8. 连续区间为 $(-\infty, -1), (-1, 0), (0, 1), (1 + \infty)$. $x = -1$ 为第二类无穷断点，$x = 0$ 为第一类跳跃间断点，$x = 1$ 为第一类可去间断点.

9. (1) 间断点为 $x = 1, x = 2$. 其中 $x = 1$ 为第一类中的可去间断点，补充 $f(1) = -2$，函数就在该点连续；$x = 2$ 为第二类中的无穷间断点.

(2) 间断点为 $x = 0$，为第一类中的跳跃间断点.

(3) 间断点为 $x = 0$，为第一类中的跳跃间断点.

(4) $x = 0$，为第一类中的可去间断点，补充 $f(0) = 1, f(x)$ 在该点处即可连续；$x = \pm n\pi\ (n \in \mathbf{N}^+)$ 为第二类中的无穷间断点.

(5) 间断点为 $x = 0$，为第一类中的跳跃间断点.

(6) 间断点为 $x = 0$，为第一类中的跳跃间断点，$x = 1$ 为第二类中的无穷间断点.

10. (1) 函数在 $(-\infty, +\infty)$ 内连续；

(2) 函数在 $(-\infty, 1), (1, +\infty)$ 内连续，$x = 1$ 为第一类中的跳跃间断点.

11. $a = 0, b = e$.　**12.** 提示：令 $f(x) = e^x - x^2 + 1$，对 $f(x)$ 在 $[-2, -1]$ 上用零值定理.

13. 提示：令 $F(x) = f(x) - x$，对 $F(x)$ 在 $[a, b]$ 上用零值定理.

14. 提示：令 $F(x) = f(x) - f(x + a)$，对 $F(x)$ 在 $[0, a]$ 上用零值定理.

(B)

1. $a = 0, b = 1$. 提示：当 $|x| < 1$ 时，$\lim\limits_{n\to\infty} x^{2n} = 0$；当 $|x| > 1$ 时，$\lim\limits_{n\to\infty} x^{2n} = \infty$.

2. 函数在 $(-\infty, 0), (0, +\infty)$ 内连续，间断点为 $x = 0$，为第一类中的跳跃间断点.

3. 提示：补充 $f(0) = \lim\limits_{x\to 0^+} f(x)$，$f(x)$ 在 $[0,1]$ 上连续，再用闭区间上连续函数的有界性.

4. $x = -1$ 为第一类中的可去间断点；$x = 0$ 为第一类中的跳跃间断点；$x = 1$ 为第二类中的无穷间断点.

5. $f(x) = \begin{cases} x, & |x| < 1, \\ 0, & |x| = 1, \\ -x, & |x| > 1. \end{cases}$ 函数在 $(-\infty, -1), (-1, 1), (1, +\infty)$ 内连续，且 $x = \pm 1$ 是第一类跳跃间

   断点.

6. $x = 0$ 为第一类可去间断点，$x = 2k\ (k \in \mathbf{Z}, k \neq 0)$ 为第二类无穷间断点，$x = 1$ 为第一类跳跃间断点，其余点处均连续.

7. $f(0) = 2$. 提示：因 $\lim\limits_{x\to 0} \dfrac{1}{x}\left[f(x) - 1 - \dfrac{\sin x}{x}\right] = 2$，故 $\lim\limits_{x\to 0}\left[f(x) - 1 - \dfrac{\sin x}{x}\right] = 0$.

8. 提示：对 $f(x)$ 在 $[x_1, x_n]$ 上用介值定理.

9. 提示：令 $F(x) = f(x+a) - f(x)$，对 $F(x)$ 在 $[0, 1-a]$ 上用零点定理.

10. 提示：对方程通分，将通分后的方程分子设为辅助函数，利用零值定理证明.

第 3 章　　导数与微分

习　题　3.1

(A)

1. $\dfrac{1}{2\sqrt{x}}$.

2. $(1)\ -2f'(x_0)$；$(2)\ 3f'(x_0)$；$(3)\ 2f'(x_0)$；$(4)\ 0$；$(5)\ 2f(x_0)f'(x_0)$；$(6)\ -3f'(x_0)$.

3. $\dfrac{1}{2}$.　4. 6.

5. $-f'(0)$. 提示：给分式的分子减 $x^2 f(0)$，加 $f(0)$，再利用导数定义.

6. (1) 连续但不可导；(2) 不连续，不可导；(3) 连续但不可导；(4) 连续且可导；
   (5) 连续且可导；(6) 连续但不可导.

7. $(1)\ f'(x) = \dfrac{23}{12} x^{\frac{11}{12}}$；$(2)\ f'(x) = \begin{cases} \cos x, & x < 0, \\ \text{不存在}, & x = 0, \\ 2x, & x > 0. \end{cases}$

8. $y = \mathrm{e}^{-1} x$.

9. 不可导. $f'(0) = \infty$. 有切线 $x = 0$.　10. $a = 2, b = -1$.

11. $f'(3) = 6$. 提示：利用导数定义，注意 $f(3) = 3f(0)$.　12. e^{-1}.

13. (1) 1，提示：分子减 $f(0)$，加 $f(0)$，再用导数定义；
    (2) $-1 + \ln 2$. 提示：分子减 2^x，加 2^x，再用导数定义.

14. $\mathrm{e}^{f'(0)}$.

15. $(1)\ f(0) = 0$；$(2)\ f'(0) = 1$；$(3)\ f'(x) = 1 + x^2$，提示：用导数定义.

(B)

1. $(1)\ \dfrac{1}{2} f'(0)$；$(2)\ -f'(0)$；$(3)\ 2f'(0)$；$(4)\ f'(0)$.

2. (1) $\dfrac{2}{5}f(5)$；(2) $f(5)-10$,提示:分式的分子减 $5f(5)$,再加 $5f(5)$.

3. 2.　**4.** 0.　**5.** $\dfrac{3}{2}$. 提示:利用导数定义.　**6.** $\sqrt{2}$.　**7.** 提示:在 $x=0$ 处,用导数定义.

8. $f'(0)=0$. 提示:在 $x=0$ 处,用导数定义.

9. (1) $f(0)=0$；(2) $f'(0)=0$. 提示:用导数定义.

10. (1) $f(1)=-1$；(2) $f'(1)=3\mathrm{e}$. 提示:当 $x\to1$ 时,$\ln\{1+[1+f(x)]\}\sim 1+f(x)$.

11. $y=x-1$. 提示:在所给式子两端令 $x\to0$,得 $f(1)=0$,再用导数定义.

12. $a=4/3,b=-1/3$.　**13.** (1) 0,　0；(2) e^2.

习　题　3.2

(A)

1. (1) $12x^2+\dfrac{4}{x^3}$；(2) $3^x\ln3+15\mathrm{e}^{3x+2}+\dfrac{1}{2x\ln10}$；(3) $\cos2x$；(4) $(2+x\tan x)\cdot x\sec x$；

(5) $\tan x+x\sec^2 x+\dfrac{\csc^2 x}{x}+\dfrac{\cot x}{x^2}$；(6) $\left(1-\dfrac{1}{x^2}\right)\ln x+\dfrac{1}{x^2}+1$；(7) $\dfrac{2}{(x+1)^2}-\dfrac{\ln2}{x\ln^2 x}$；

(8) $2x\cos x\ln x-x^2\sin x\ln x+x\cos x$.

2. (1) $-\sin1-\cos1-1$,提示:先化简；(2) 0；(3) 2；(4) $\dfrac{(-1)^{n-1}}{n(n+1)}$,提示:使用导数定义.

3. (1) 0,提示:本题不能使用乘积求导法则,只能使用导数定义；

(2) $\varphi(a)$,提示:注意连续未必可导,故本题只能使用导数定义.

4. (1) $(x^3+3^x+\ln3)^2(9x^2+3^{x+1}\ln3)$；(2) $\dfrac{-\cos\sqrt{1-x}}{2\sqrt{1-x}}$；(3) $\dfrac{2\arcsin x}{\sqrt{1-x^2}}$；(4) $\dfrac{1}{x\ln x\ln(\ln x)}$；

(5) $\dfrac{\mathrm{e}^{\arctan\sqrt{x}}}{2\sqrt{x}(1+x)}$；(6) $\dfrac{nx^{n-1}}{(2x+1)^{n+1}}$；(7) $\dfrac{1+\sec^2 x}{2(x+\tan x)}$；(8) $2^{\frac{x}{\ln x}}\ln2\cdot\dfrac{\ln x-1}{\ln^2 x}$；(9) $\dfrac{1-\ln(\ln x)}{x\ln^2 x}$；

(10) $-(\mathrm{e}^{-x}\cos\mathrm{e}^x+\sin\mathrm{e}^x)$；(11) $-\dfrac{\sin(2\sqrt{1-2x})}{\sqrt{1-2x}}$；(12) $\dfrac{2^{\sqrt{x+1}}\ln2}{2\sqrt{x+1}}-\cot x$；(13) $\dfrac{1}{x^2}\mathrm{e}^{\cos\frac{1}{x}}\sin\dfrac{1}{x}$；

(14) $\dfrac{1}{2\sqrt{1-x^2}}$；(15) $\dfrac{1}{x\sqrt{1-x^2}}$,提示:先化简；(16) $2\sqrt{x^2+1}$；(17) $n\sin^{n-1}x\cos(n+1)x$；

(18) $-\sin2x\cos x^2-2x\cos^2 x\sin x^2$；(19) $\dfrac{2\sqrt{x}+1}{6\sqrt{x}(x+\sqrt{x})^{\frac{2}{3}}}$；

(20) $\dfrac{1}{\sin^2 x^2}\cdot(\sin2x\sin x^2-2x\sin^2 x\cos x^2)$；(21) $-8\csc^2 x\cot x$；(22) $x^{\sqrt{x}}\left(\dfrac{\ln x}{2\sqrt{x}}+\dfrac{\sqrt{x}}{x}\right)$.

5. (1) $\dfrac{y\mathrm{e}^y-2xy}{1-xy\mathrm{e}^y}$；(2) $\dfrac{y(1-x)}{x(y-1)}$；(3) $\dfrac{2(\mathrm{e}^{2x}-xy)}{x^2-\cos y}$；(4) $\dfrac{y[\sin(xy)-\mathrm{e}^{xy}]}{x\mathrm{e}^{xy}-2y-x\sin(xy)}$；

(5) $\dfrac{2x+y\cos(xy)}{3y^2-x\cos(xy)}$；(6) $\dfrac{2-yx^{y-1}}{1+x^y\ln x}$.

6. (1) $y=\dfrac{1}{2}x$；(2) $y=x+1$；(3) $y=4-2x$ 和 $y=x-4$；(4) $y=-x+1$；(5) $y=x+1$；

(6) $y=2x-2$.

7. (1) $\dfrac{x(1-x^2)^2}{(1+x^2)^3\mathrm{e}^{5x-1}}\cdot\left(\dfrac{1}{x}-\dfrac{4x}{1-x^2}-\dfrac{6x}{1+x^2}-5\right)$；

(2) $\dfrac{(2x+1)^2\sqrt[3]{\sin x}}{\sqrt[3]{(2-3x)(x-3)^2}}\cdot\left(\dfrac{4}{2x+1}+\dfrac{1}{3}\cot x+\dfrac{1}{2-3x}-\dfrac{2}{3x-9}\right)$；

(3) $\sqrt{e^{\frac{1}{x}}\sqrt{x}\sqrt{\sin x}}\left(-\dfrac{1}{2x^2}+\dfrac{1}{4x}+\dfrac{1}{8}\cot x\right)$ ；

(4) $-(1+\cos x)^{\frac{1}{x}}\left[\dfrac{\ln(1+\cos x)}{x^2}+\dfrac{\sin x}{x(1+\cos x)}\right]$ ；

(5) $x^{\cos x}\left(-\sin x\cdot\ln x+\dfrac{\cos x}{x}\right)+(\sin x)^x(\ln\sin x+x\cot x)$ ；

(6) $\dfrac{\ln\cos y-y\cot x}{\ln\sin x+x\tan y}$ ，提示：两边取对数.

8. (1) $2f'(\sin 2x)\cos 2x$ ；(2) $4xf(1+x^2)f'(1+x^2)$.　**9.** 提示：使用复合求导法则.

10. a^{-1} .　**11.** (1) $\varphi'(4)=\dfrac{1}{\sin^2(\sin 1)}$ ；(2) $2+\dfrac{1}{x^2}$.

12. (1) $f'(x)$ 在 $x=0$ 处连续；

　　 (2) $f'(x)$ 在 $x=0$ 处连续. 提示：先求出导函数，再对 $f'(x)$ 在 $x=0$ 处用连续定义讨论.

*13. (1) $\dfrac{3t^2-1}{2t+e^t}$ ；(2) $\dfrac{t}{2}$ ；(3) $-\sin t\tan t$ ；(4) $\dfrac{\cos t-\sin t}{\sin 2t+2\cos 2t}$.

(B)

1. (1) $\dfrac{\pi}{4}$ ；(2) $(-1)^{n-1}(n-1)!$ ；(3) $\dfrac{-1}{3\sqrt{2}}$. 提示：(1) 和 (2) 题使用导数定义计算较简便.

2. -1 . 提示：用导数定义.　**3.** $f'(9)=f'(1)=-2$.

4. $(2t+1)e^{2t}$.　**5.** $y'=\dfrac{1+(2^{n+1}-1)x^{2^{n+1}}-2^{n+1}x^{2^{n+1}-1}}{(1-x)^2}$ ，提示：分子分母同乘 $1-x$.

6. (1) $\dfrac{-y}{2x\ln x}$ ；*(2) $\dfrac{(y^2-e^t)(1+t^2)}{2(1-ty)}$.　**7.** $a=-1,b=-1$.

8. 2，提示：利用隐函数求导及导数定义.

9. $\left[\dfrac{2f'(x^2)}{f(x^2)}-\dfrac{\ln f(x^2)}{x^2}\right]\left[f(x^2)\right]^{\frac{1}{x}}$.

10. $\dfrac{\mathrm{d}}{\mathrm{d}x}f[g(x)]=\begin{cases}\left(2x\arctan\dfrac{1}{x}-\dfrac{x^2}{1+x^2}\right)f'\left(x^2\arctan\dfrac{1}{x}\right), & x<0, \\ 0, & x=0, \\ \dfrac{2x}{1+x^2}f'[\ln(1+x^2)], & x>0.\end{cases}$

习 题 3.3

(A)

1. (1) $2\arctan x+\dfrac{2x}{1+x^2}$ ；(2) $\dfrac{-1-x^2}{(1-x^2)^2}$ ；(3) $\dfrac{-x}{(1+x^2)^{3/2}}$ ；(4) $\dfrac{2x(1+x^4)}{(1-x^4)^2}$ ；

(5) $-\left(2\cos 2x\ln x+\dfrac{2\sin 2x}{x}+\dfrac{\cos^2 x}{x^2}\right)$ ；(6) $x^x(1+\ln x)^2+x^{x-1}$.

2. (1) 1；(2) $-1/2$ ；(3) $1/2$ ；(4) 0.

3. (1) $5n!+3^x\ln^n 3$ ；(2) $-2^n\cos\left(2x+\dfrac{n\pi}{2}\right)$ ；　(3) $\dfrac{n!}{2}\left[\dfrac{(-1)^{n+1}}{(x-1)^{n+1}}+\dfrac{(-1)^n}{(x+1)^{n+1}}\right]$ ；

(4) $y^{(n)}=\begin{cases}1+\ln x, & n=1, \\ \dfrac{(-1)^{n-2}(n-2)!}{x^{n-1}}, & n>1;\end{cases}$　(5) $(-1)^n n!\left[\dfrac{1}{x^{n+1}}-\dfrac{2^n}{(2x+1)^{n+1}}\right]$ ；

(6) $(-1)^{n-1}(n-1)!\left[\dfrac{1}{(x+3)^n}+\dfrac{1}{(x-1)^n}\right]$.

4. (1) $2^{20}\mathrm{e}^{2x}(x^2+20x+95)$; (2) $4\mathrm{e}^x(\sin x-\cos x)$.

5. (1) $(\mathrm{e}^x+1)^2 f''(\mathrm{e}^x+x)+\mathrm{e}^x f'(\mathrm{e}^x+x)$; (2) $\dfrac{f''(x)f(x)-[f'(x)]^2}{[f(x)]^2}$; (3) $\dfrac{1}{x^3}f''\left(\dfrac{1}{x}\right)$.

6. $n! f^{n+1}(x)$.　**7.** (1) $\dfrac{-\sin(x+y)}{[1-\cos(x+y)]^3}$; (2) $\dfrac{-2(x^2+y^2)}{(x+y)^3}$; (3) $2\mathrm{e}^2$; (4) $-\dfrac{1}{2}$.

*8. (1) $\dfrac{6t(1+t^2)}{2+t^2}$; (2) $\dfrac{-1}{t^3+t}$; (3) 3; (4) $\dfrac{15}{64}$; (5) $\dfrac{1}{f''(t)}$.

(B)

2. (1) $\dfrac{f''(x+y)}{[1-f'(x+y)]^3}$; (2) $y''=\begin{cases}6x-4, & x<0,\\ \text{不存在}, & x=0,\\ 6x+4, & x>0.\end{cases}$　**3.** $-\dfrac{1}{2\pi}$,　$\dfrac{1}{4\pi^2}$.

4. (1) $(n-1)!\left[\dfrac{(-1)^{n-1}}{(x-2)^n}-\dfrac{(-1)^{n-1}}{(3+x)^n}\right]$; (2) $4^{n-1}\cos\left(4x+\dfrac{n\pi}{2}\right)$; (3) $\dfrac{(-1)^n n!(n+x)}{(x-1)^{n+2}}$;

(4) $\dfrac{1}{2}\left[\dfrac{(-1)^n n!}{(x-1)^{n+1}}-\dfrac{(-1)^n n!}{(x+1)^{n+1}}\right]+\dfrac{(-1)^{n+1}(n+1)!}{x^{n+2}}$.

5. $2^{n-2}\mathrm{e}^{2x}(4x^2+4nx+n^2-n)$.　**6.** $(-1)^{n-1}(n-1)!\mathrm{e}^{-n}$.　**7.** $5050!$.

习　题　3.4

(A)

1. -0.09,　-0.1,　0.01;　　-0.0099,　-0.01,　0.0001.

2. (1) $\dfrac{2\ln(1-x)}{x-1}\mathrm{d}x$; (2) $\dfrac{-1}{\mathrm{e}^x}\cos\dfrac{1+\mathrm{e}^x}{\mathrm{e}^x}\mathrm{d}x$; (3) $\dfrac{1}{2}\cot\dfrac{x}{2}\mathrm{d}x$; (4) $\dfrac{x^2\mathrm{e}^{2x}(3+2x)}{1+(x^3\mathrm{e}^{2x})^2}\mathrm{d}x$;

(5) $\left[f'(\sin\sqrt{x})\dfrac{\cos\sqrt{x}}{2\sqrt{x}}-f'(x)\sin f(x)\right]\mathrm{d}x$.

3. (1) $\mathrm{d}y=-\dfrac{2xy+\mathrm{e}^{y^2}}{x^2+2xy\mathrm{e}^{y^2}}\mathrm{d}x$; (2) $\mathrm{d}y=\dfrac{x^2+y^2-2x}{2y-x^2-y^2}\mathrm{d}x$; (3) $\mathrm{d}y=\dfrac{2x\cos 2x-y-xy\mathrm{e}^{xy}}{x^2\mathrm{e}^{xy}+x\ln x}\mathrm{d}x$;

(4) $\mathrm{d}y=-\dfrac{y^2+\sin(x+y^2)}{\mathrm{e}^y+2xy+2y\sin(x+y^2)}\mathrm{d}x$.

4. (1) $\dfrac{1}{x}+C$; (2) $\sqrt{x}+C$; (3) $\sec x+C$; (4) $-\tan^2 x$; (5) $\dfrac{\ln x+1}{3x^2}$; (6) $2x^2\mathrm{e}^{x^2}$.

5. (1) 1.0349; (2) 0.7864; (3) 2.0052.　**7.** 约 $19.63\ \mathrm{cm}^3$.　**8.** 约 $\pi(\mathrm{cm}^2)$.

(B)

1. $\dfrac{-1}{2}$.　**2.** $\mathrm{d}y=\left[\dfrac{1}{x}f'(\ln x)\mathrm{e}^{f(x)}+f'(x)\mathrm{e}^{f(x)}f(\ln x)\right]\mathrm{d}x$.

3. (1) $\mathrm{d}y=-\dfrac{(x-y)^2}{(x-y)^2+2}\mathrm{d}x$; (2) $\mathrm{d}y=\dfrac{2x-y^2f'(x)-f(y)}{2yf(x)+xf'(y)}\mathrm{d}x$.　**4.** $\dfrac{3\pi}{4}\mathrm{d}x$　**5.** $-3\mathrm{d}x$.

习　题　3.5

(A)

1. 边际成本 $\mathrm{MC}=C'(10)=5$,经济意义:当产量为 10 个单位时,再增加一个单位,成本将增加 5 个单位.

2. $\mathrm{MQ}=\dfrac{\mathrm{d}Q}{\mathrm{d}P}=\dfrac{-4000}{(2P+1)^3}$,$\mathrm{MQ}\big|_{P=10}\approx-0.432$.其经济意义为,当价格为 10 元时,价格再增加 1 元,其需求量将减少 $0.432\ \mathrm{kg}$.

3. $\mathrm{ML}=-0.02Q+5$;　$\mathrm{ML}\big|_{Q=200}=1$,　$\mathrm{ML}\big|_{Q=250}=0$,　$\mathrm{ML}\big|_{Q=300}=-1$.

经济意义为:当日产量为 $200\ \mathrm{kg}$ 时,再增加 $1\ \mathrm{kg}$ 产量,利润将增加 1 元;当日产量为 $250\ \mathrm{kg}$ 时,再增加 $1\ \mathrm{kg}$ 产量,利润无增加;当日产量为 $300\ \mathrm{kg}$ 时,再增加 $1\ \mathrm{kg}$ 产量,利润将减少 1 元.

4. (1) $MC = 6 + 4Q$, $MR = 200 + 2Q$, $ML = 194 - 2Q$;

(2) $ML\Big|_{Q=97} = 0$：当产量为 97 个单位时，再增加 1 个单位产量，利润无增加.

(B)

提示：$C = \overline{C} \cdot Q.$

第 4 章　　微分中值定理与导数应用

习　题　4.1

(A)

1. 满足. $\xi = 2$.　**2.** 满足. $\xi = \dfrac{1}{2} \pm \dfrac{1}{6}\sqrt{3}$.　**3.** 满足. $\xi = \dfrac{14}{9}$.　**4.** 提示：利用罗尔定理.

5. 提示：(1) ~ (4) 用拉格朗日中值定理.　**6.** 提示：利用拉格朗日中值定理的推论 4.1.2.

7. (1) 提示：对 $f(x) = a_0 x^n + a_1 x^{n-1} + \cdots + a_{n-1}x$ 在 $[0, x_1]$ 上利用罗尔定理；

(2) 提示：对 $g(x) = f(x)\sin x$ 使用罗尔定理；(3) 提示：对 $g(x) = e^x f(x)$ 使用罗尔定理；

(4) 提示：对 $f(x)$ 和 $g(x) = x^2$ 在 $[a, b]$ 上利用柯西中值定理.

8. 提示：对 $f(x)$ 在 $[x_1, x_2]$, $[x_2, x_3]$ 上用罗尔定理，分别有 $f'(\xi_1) = f'(\xi_2) = 0$, 且 $x_1 < \xi_1 < x_2 < \xi_2 < x_3$, 最后再对 $f'(x)$ 在 $[\xi_1, \xi_2]$ 上用罗尔定理.

9. 提示：用反证法，再用拉格朗日中值定理.

10. 提示：令 $g(x) = f(x) + x - 1$, 对 $g(x)$ 先用零值定理，再结合习题 9 的结论.

11. 提示：(1) $\forall x \in (x_0, x_0 + \delta)$, $f(x)$ 在 $[x_0, x]$ 上用拉格朗日中值定理；

(2) $\forall x \in (x_0 - \delta, x_0)$, $f(x)$ 在 $[x, x_0]$ 上用拉格朗日中值定理.

(B)

1. 提示：令 $g(x) = f(x) - x$. (1) $g(x)$ 在 $\left[\dfrac{1}{2}, 1\right]$ 上用零值定理；(2) $g(x)$ 在 $[0, \eta]$ 上用罗尔定理.

2. 提示：令 $F(x) = \sin x + \sin 2x + 3\sin 3x + 4\sin 4x$, 对 $F(x)$ 在 $[0, \pi]$ 上用罗尔定理.

3. 提示：对 $F(x) = x^3 f(x)$ 在 $[0, a]$ 上用罗尔定理.

4. 提示：$F(x) = \dfrac{f(x)}{x}$, $G(x) = \dfrac{1}{x}$ 在 $[a, b]$ 上用柯西中值定理.

5. 提示：$f(x)$ 在 $[0, 2]$ 上有最大值 M 和最小值 m, 故 $m \leqslant \dfrac{f(0) + f(1) + f(2)}{3} = 1 \leqslant M$, 由介值定理，存在一点 $c \in [0, 2]$, 使 $f(c) = 1$, 再在 $[c, 3]$ 上用罗尔定理.

6. 提示：令 $g(x) = f(x) - 1$, $g(x)$ 在区间 $[0, +\infty)$ 上用零值定理；最后对 $f(x)$ 用拉格朗日中值定理.

7. 提示：令 $\varphi(x) = f(x) - g(x)$. 设 $\exists x_1, x_2 \in (a, b)$, 使得 $f(x_1) = g(x_2) = M$.

(1) 在 $[x_1, x_2](x_1 < x_2)$ 上对 $\varphi(x)$ 用零值定理；

(2) 在 $[a, \eta]$, $[\eta, b]$ 上分别对 $\varphi(x)$ 用罗尔定理，最后再对 $\varphi'(x)$ 用罗尔定理.

习　题　4.2

(A)

1. (1) 2；(2) $\dfrac{-1}{2}$；(3) 1；(4) $-\dfrac{\pi}{6}$；(5) $\dfrac{1 - \ln 2}{1 + \ln 2}$；(6) $\dfrac{3}{4}$；(7) 2；(8) $\dfrac{-1}{8}$；(9) 0；(10) 1；(11) 3；

(12) 1；(13) 0；(14) $\dfrac{1}{3}$；(15) $\dfrac{1}{6}$；(16) 2；(17) $\dfrac{1}{4}$；(18) $\cos 2$；(19) $\dfrac{1}{6}$；(20) $\dfrac{2}{3}$；(21) 0.

2. (1) $\dfrac{4}{\pi}$；(2) $\dfrac{1}{3}$；(3) ∞；(4) 0；(5) 0；(6) 0；(7) 0；(8) $\dfrac{1}{2}$；(9) $\dfrac{1}{2}$；(10) $\dfrac{3}{2}$；(11) $\dfrac{-1}{3}$；(12) $\dfrac{4}{3}$.

3. (1) 1；(2) 1；(3) e^{-1}；(4) e^2；(5) e；(6) 1；(7) 1；(8) $e^{-\frac{2}{\pi}}$；(9) $e^{-\frac{1}{6}}$；(10) e；(11) $\sqrt{ab}$；(12) 1.

4. (1) 2；(2) 1；(3) 0.　**5.** (1) $-\dfrac{1}{3}$；(2) 6；(3) $\dfrac{1}{6}$；(4) $\dfrac{1}{2}$；(5) 1；(6) $\dfrac{1}{12}$.

6. $a=-3, b=9/2$.　**7.** 5，提示：此题不能用洛必达法则，只能用导数定义.

8. 1，提示：先用洛必达法则；再用二阶导数定义.

（B）

1. (1) $\dfrac{1}{2}$；(2) $-\dfrac{e}{2}$；(3) 2；(4) $-\dfrac{1}{2}$；(5) $\dfrac{4}{3}$；(6) 2；(7) $-\dfrac{1}{12}$；(8) $\dfrac{5}{6}$；(9) e^{-1}；(10) -1；

(11) $e^{\frac{1}{3}}$；(12) $e^{\frac{1}{3}}$.

2. 连续.　**3.** $a=-\dfrac{4}{3}, b=\dfrac{1}{3}$.　**4.** $a=1, b=-\dfrac{5}{2}$.

5. 36，提示：由已知可得，$xf(x)+\sin 6x=o(x^3)$.　**6.** (1) $\dfrac{1}{x}-\dfrac{1-\pi x}{\arctan x}$；(2) π.

7. $n=2, a=7$. 提示：利用积化和差公式 $\cos\alpha\cdot\cos\beta=\dfrac{1}{2}[\cos(\alpha+\beta)+\cos(\alpha-\beta)]$.

8. $\dfrac{1}{2}$，提示：$\lim\limits_{x\to 0}\dfrac{f(x)}{xf'(x)}=\lim\limits_{x\to 0}\dfrac{f(x)/x^2}{f'(x)/x}$，分子、分母分开取极限，注意利用二阶导数定义.

习　题　4.3

（A）

1. (1) 函数在 $(-\infty,-1)$ 和 $(1,+\infty)$ 内单调增加，在 $[-1,1]$ 上单调减少；

(2) 函数在 $(-\infty,0)$ 和 $(1,+\infty)$ 内单调增加，在 $[0,1]$ 上单调减少；

(3) 函数在 $(-\infty,-1)$ 和 $(0,1)$ 内单调减少，在 $[-1,0]$ 和 $[1,+\infty)$ 上单调增加；

(4) 函数在 $\left(0,\dfrac{1}{2}\right)$ 内单调减少，在 $\left[\dfrac{1}{2},+\infty\right)$ 上单调增加；

(5) 函数在 $(-\infty,-2)$ 和 $(0,+\infty)$ 内单调增加，在 $[-2,0]$ 上单调减少；

(6) 函数在 $(-\infty,+\infty)$ 内单调增加.

2. (2) 提示：利用 $f(x)=(1+x)\ln(1+x)-\arctan x$ 在 $[0,+\infty)$ 上的单调性证明；

(3) 提示：令 $f(x)=e^x-1-x-\dfrac{x^2}{2}$，考虑 $f'(x)$ 在 $[0,+\infty)$ 上的单调性；

(4) 提示：令 $f(x)=\sin x+\tan x-2x$，注意 $f'(x)=(1-\cos x)\cos x+(\sec x-\cos x)^2>0$；

(5) 提示：令 $f(x)=2x\arctan x-\ln(1+x^2)$，然后分 $x>0, x<0$ 考虑 $f'(x)$ 的符号；

(6) 提示：利用 $f(x)=\dfrac{\sin x}{x}$ 在 $\left(0,\dfrac{\pi}{2}\right)$ 上的单调性去证明.

3. 提示：至少有一个根用零点定理，至多有一个根用函数的单调性证明.

4. $f'(0)<f(1)-f(0)<f'(1)$. 提示：$f(1)-f(0)$ 使用拉格朗日中值定理.

5. 提示：先求 $g'(x)$，再单独对 $g'(x)$ 的分子部分求导. 然后考察 $g'(x)>0$.

6. 提示：先由所给极限推出 $\lim\limits_{x\to a^+}f(2x-a)=0$，再由连续可推得 $f(a)=0$，最后由 $f'(x)>0$ 证明.

（B）

1. 在 $(-\infty,-3)$ 内单调减少，在 $(-3,+\infty)$ 内单调增加.

2. 提示：令 $f(x)=\ln x-\dfrac{x-1}{x+1}$，然后在 $0<x<1$ 及 $x\geqslant 1$ 上讨论 $f(x)$ 情况；或者令 $f(x)=$

$(x^2-1)\ln x-(x-1)^2$. 考虑其 $f'(x),f''(x),f'''(x)$ 情况.

3. 提示：所证不等式改写成 $\dfrac{2}{\pi}<\dfrac{\sin x}{x}<1$，令 $f(x)=\begin{cases}\dfrac{\sin x}{x}, & 0<x\leqslant\dfrac{\pi}{2} \\ 1, & x=0,\end{cases}$ 考察其单调性.

4. 提示：分别在 $[0,1]$ 及其 $[2,3]$ 上分别使用拉格朗日中值定理. 或令 $F(x)=f(x+1)-f(x)-f(1)$，$x\in[0,2]$，再考虑 $F(x)$ 的单调性.

5. 提示：对 $g(x)$ 求导数；然后对 $g'(x)$ 分子中的 $f(x)$ 在 $[0,x]$ 上用拉格朗日中值定理；

6. 提示：在 $\left[a,a-\dfrac{1}{k}f(a)\right]$ 上对 $f(x)$ 先用拉格朗日中值定理证明 $f\left(a-\dfrac{1}{k}f(a)\right)>0$，再在该区间上用零点定理；最后利用 $f'(x)>0$ 说明 $f(x)=0$ 至多有一个实根.

7. 提示：研究函数 $h(x)=\ln^2 x-\dfrac{4}{e^2}x$ 在 (e,e^2) 上单调增加；或对函数 $f(x)=\ln^2 x$ 在 $[a,b]$ 上用拉格朗日中值定理；再考虑 $f'(x)=\dfrac{2\ln x}{x}$ 单调减少.

习　题　4.4

（A）

1. (1) 极大值 $y\,|_{x=-1}=e^{-1}$，极小值 $y\,|_{x=2}=4\sqrt{e}$；(2) 极小值 $y\,|_{x=1}=0$，极大值 $y\,|_{x=e^2}=4e^{-2}$.

(3) 极大值 $y\,|_{x=\frac{3}{4}}=\dfrac{9}{16}\left(\dfrac{1}{4}\right)^{\frac{2}{3}}$，极小值 $y\,|_{x=0}=y\,|_{x=1}=0$；(4) 极小值 $y\,|_{x=0}=0$；

(5) 极大值 $y\,|_{x=e}=\sqrt[e]{e}$；(6) 极大值 $y\,|_{x=2}=4e^{-2}$；极小值 $y\,|_{x=0}=0$.

2. $a=-2,b=-\dfrac{1}{2}$，$x=1$ 时取得极小值，$x=2$ 时取得极大值.

3. x_0 为极小值点；提示：用极值的第二判别法.

4. 提示：由条件可知 $f'(a)=0$，结合极限的局部保号性，用极值的第一充分条件；或用定义求 $f''(a)$，结合极值的第二充分条件.

5. (1) $f_{\max}(2)=3,f_{\min}(\pm 1)=0$；　(2) $f_{\min}(-1)=-7$；$f_{\max}(0)=0$；

(3) $f_{\max}(1)=1,f_{\min}(4)=-2$；　(4) 无最大值，$f_{\min}(-3)=27$.

6. $a=2,b=3$.

7. (1) 提示：求 $f(x)=e^x-1-x$ 在 $(-\infty,+\infty)$ 内的最值或利用单调性证明；

(2) 提示：求 $f(x)=1+x\ln(x+\sqrt{1+x^2})-\sqrt{1+x^2}$ 在 $(-\infty,+\infty)$ 内的最值或利用单调性证明.

8. $A=8$. 提示：求函数 $f(x)$ 的最小值 $f(x_0)$，由 $f(x_0)=12$，可求得 A.

9. 边长为 $\dfrac{a}{6}$，最大容积为 $\dfrac{2a^3}{27}$.　**10.** 底半径 $r=\sqrt[3]{\dfrac{bV}{2\pi a}}$，高 $h=\sqrt[3]{\dfrac{4a^2V}{\pi b^2}}$.

11. $Q=3,\mathrm{MC}\,\big|_{Q=3}=6$.　**12.** 15 元.　*13. 10 批.　*14. 25 个货币单位.

（B）

1. 提示：在点 $x=0$ 邻域内，$f(x)\geqslant f(0)=0$；$f'(0),f''(0)$ 证明用导数定义.

2. 提示：由所给条件可推得 $f(0)=0$，再结合极限的局部保号性定理及极值定义.

3. 提示：由所给极限为 -1，结合极限的局部保号性可知 $f''(x)<0$，从而 $f'(x)$ 递减，再考虑极值的第一充分条件.

4. e^{-1}.

5. (1) $\mathrm{ML}=40-\dfrac{Q}{500}$；(2) $\mathrm{ML}\,\big|_{Q=10\,000}=20$，经济意义为：在 $P=50$ 元时，即销量 $Q=10\,000$ 时，当销

量增加 1 件时,其利润将增加 20 元;(3) $P = 40$.

6. 提示:先由导数定义求出 $f'(0) = 1$;再证明 $x = 0$ 为 $F(x) = f(x) - x$ 的最小值.

7. 有两个实根,分别位于 $(0,3)$ 及 $(3,+\infty)$ 内. 提示:令 $f(x) = 3\ln x - x$,由 $f'(x) = 0 \Rightarrow x = 3$,分别在区间 $(0,3]$ 和 $[3,+\infty)$ 结合 $f'(x)$ 符号及推广的零值定理.

8. $a = e^e, t_{\min}(a) = 1 - e^{-1}$.

9. $x = 2a$ 是极值点,其中当 $a > 0$ 时,是极大值点;当 $a < 0$ 时,是极小值点.

10. 极大值为 $y(1) = 1$,极小值为 $y(-1) = 0$.

习　题　4.5

(A)

1. (1) $(-\infty,0)$ 与 $(1,+\infty)$ 为凹区间,$[0,1]$ 为凸区间,拐点为 $(0,1)$ 与 $(1,0)$;

(2) $(-\infty,0)$ 与 $(1,+\infty)$ 为凸区间,$[0,1]$ 为凹区间,拐点为 $(0,0)$ 与 $\left(1,\dfrac{4}{5}\right)$;

(3) $(-\infty,-1)$ 与 $(0,1)$ 为凸区间,$(-1,0)$ 与 $(1,+\infty)$ 为凹区间,拐点为 $(0,0)$;

(4) $(0,1)$ 为凸区间,$[1,+\infty)$ 为凹区间,故拐点为 $(1,-7)$;

(5) $(-\infty,0)$ 与 $(1,+\infty)$ 为凹区间,$[0,1]$ 为凸区间,拐点为 $(0,0)$ 和 $(1,-3)$;

(6) $\left(-\infty,-\dfrac{1}{2}\right)$ 为凸区间,$\left(-\dfrac{1}{2},+\infty\right)$ 为凹区间,拐点为 $\left(-\dfrac{1}{2},-3\sqrt[3]{2}\right)$.

2. 提示:(1) 令 $f(t) = e^t$;(2) 令 $f(t) = \arctan t$;(3) 令 $f(t) = \ln t$;(4) 令 $f(t) = t\ln t$.

3. $a = 1, b = -3, c = -24, d = 16$.　　**4.** $x + y = 4$.

5. (1) $x = 1$ 为函数的极小值点;(2) $(1,0)$ 为曲线的拐点.

6. 提示:用三阶导数的定义,结合极限的局部保号性. 最后再应用拐点的判别法.

(B)

1. $k = \pm\dfrac{\sqrt{2}}{8}$.

3. 提示:由已知条件可以推出 $f''(0) = 0, f'''(0) = 1$,再由在 $x = 0$ 处三阶导数的定义,结合极限的局部保号性,最后再用拐点的判别法.

4. $(0, f(0))$ 是曲线的拐点.　　**5.** 凸的. 提示:考察 $y''(1)$ 符号.

习　题　4.6

(A)

1. (1) $y = 0$ 为水平渐近线,$x = -1, x = 5$ 为垂直渐近线;

(2) $x = 1$ 为垂直渐近线,$y = x + 2$ 为斜渐近线;(3) $y = x$ 为斜渐近线;

(4) $x = 0$ 为垂直渐近线,$y = x$ 为斜渐近线;

(5) $y = \ln 3$ 为水平渐近线,$x = \dfrac{e}{3}, x = 0$ 为垂直渐近线;

(6) $y = \dfrac{\pi}{2}x - 1, y = -\dfrac{\pi}{2}x - 1$ 均为斜渐近线.

2. (1) 图 1;(2) 图 2;(3) 图 3;(4) 图 4.

3. (1) 如图 5 所示;(2) 如图 6 所示.

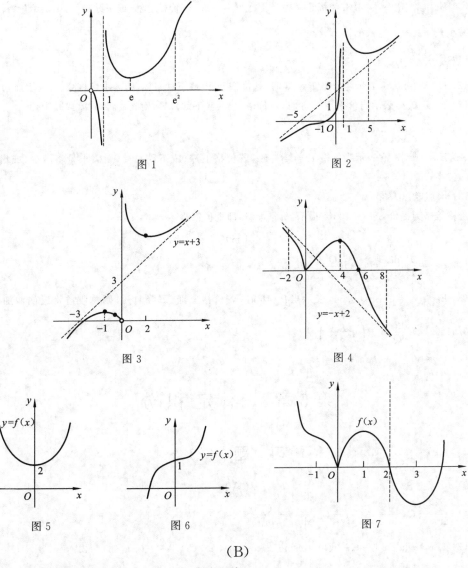

图 1　　　　　　　　　　　　　图 2

图 3　　　　　　　　　　　　　图 4

图 5　　　　　　图 6　　　　　　　　图 7

(B)

1. (1) $x = 0$ 为垂直渐近线；$y = 2x + 1$ 斜渐近线；

(2) $y = 0$ 为水平渐近线（在 $x \to -\infty$ 方向），$x = -1$ 为垂直渐近线，$y = -x$ 为斜渐近线（在 $x \to +\infty$ 方向）；

(3) $y = x - 1$，$y = e^x(x - 1)$ 均为斜渐近线.

2. 见图 7. 其中点 $(-1, f(-1))$；$(2, f(2)) = (2, 0)$ 为拐点；极小值为 $f(0)$，$f(3)$；极大值为 $f(1)$；$x = 0$，$x = 2$ 为垂直切线.

习　题　4.7

(A)

1. (1) $\dfrac{2}{x + 2}$；(2) $\dfrac{6x e^{2x}}{3 e^{2x} + 5}$.

3. (1) $E_s = \dfrac{4P + 2P^2}{P^2 + 4P - 12}$；

(2) $E_s\Big|_{P=3} = \dfrac{10}{3} \approx 3.3$. 经济意义为当价格 $P = 3$ 时,若价格上涨(或下跌)1%,则供给量将增加(或减少)约 3.3%.

4. (1) $E_d = \dfrac{P}{5}$;

(2) $E_d(3) = 0.6$,表示当价格 $P = 3$ 时,若价格上涨(或下跌)1%,则需求量将减少(或增加)0.6%;

(3) $E_R = 0.4$,表示当价格 $P = 3$ 时,若价格上涨(或下跌)1%,则收益将增加(或减少)0.4%.

5. (1) $E_d = \dfrac{P}{250 - P}$;

(2) $E_d \approx 0.67$,它表示当价格 $P = 100$ 时,若价格上涨(或下跌)1%,则需求量将减少(或增加)约 0.67%;

(3) 增加,约 0.33%.

6. 价格策略为提价 8% ~ 10%. 提示:价格策略,即提价策略.

(B)

2. (1) $E_R = \dfrac{P}{R}\dfrac{\mathrm{d}R}{\mathrm{d}P} = 1 + P\dfrac{Q'}{Q}$; (2) $E_R = 1 - E_d$;

(3) $E_R\Big|_{P=6} = \dfrac{84}{156} \approx 0.54$,表示当 $P = 6$ 时,若价格上涨(下降)1%,则总收益将近似增加(减少)0.54%;(4) $\dfrac{\mathrm{d}R}{\mathrm{d}Q} = P\left(1 - \dfrac{1}{E_d}\right)$.

3. (2) $P = 30$.

第 5 章　不 定 积 分

习　题　5.1

(A)

1. (1) $\dfrac{a^x}{\ln a} + C$, $\dfrac{a^x}{\ln^2 a} + C_1 x + C_2$, $\dfrac{x}{\ln a} - \dfrac{C_1}{\ln a}a^{-x} + C_2$;　(2) $\mathrm{e}^x - \cot x + C$;

(3) $1/x$, $-\ln|x| + C$;　(4) $\arcsin x - \cos x + C$;　(5) $\dfrac{-2}{x} + C$;　(6) -2.

2. D.

3. (1) $2\sqrt{x} + 2\ln|x| - 2x^{\frac{-1}{2}} + C$; (2) $\mathrm{e}^x - \arcsin x + C$; (3) $2\arcsin x + C$; (4) $-4\cot x + C$;

(5) $-\dfrac{1}{x} + \arctan x + C$; (6) $\dfrac{8}{15}x^{\frac{15}{8}} + \dfrac{(3\mathrm{e}^2)^x}{2 + \ln 3} + C$; (7) $-\dfrac{1}{3x^3} + \dfrac{1}{x} + \arctan x + C$;

(8) $x^3 + 2\arctan x + C$; (9) $x - \mathrm{e}^{-x} + C$; (10) $\dfrac{(3\mathrm{e}^2)^x}{\ln(3\mathrm{e}^2)} + \dfrac{(3\mathrm{e})^x}{\ln(3\mathrm{e})} + \dfrac{3^x}{\ln 3} + C$; (11) $\tan x - \cot x + C$;

(12) $\dfrac{1}{2}(x - \sin x) + C$; (13) $-\cot x - \tan x + C$; (14) $\tan x - \cot x + C$;

(15) $x^3 - 3x + 4\arctan x + C$; (16) $\tan x - \dfrac{1}{2}x + C$; (17) $\ln|x| + x - \arctan x + C$;

(18) $\tan x + \sec x + C$; (19) $-\cos x + \sin x + C$; (20) $\dfrac{-1}{2}\cot x + \dfrac{1}{2}\csc x + C$;

(21) $\sec x - \tan x + x + C$; (22) $\tan x - \arctan x + C$; (23) $x + \dfrac{3}{4}x^{\frac{4}{3}} + \dfrac{3}{5}x^{\frac{5}{3}} + C$;

(24) $\sin x + \cos x + C$; (25) $\int f(x)\mathrm{d}x = \begin{cases} \dfrac{1}{2}x^2 + 1 + C, & x < 0, \\[2mm] \cos x + C, & x \geqslant 0. \end{cases}$

4. $y = \tan x - \cos x + 6$.

5. (1) $\mathrm{e}^{x^2}\mathrm{d}x$; (2) $\sqrt{1-x^2}\arcsin x + x$; (3) $\mathrm{e}^x + x + C$; (4) $\arcsin x + C$.

6. $C = x^2 + 10x + 400$.

(B)

1. (B). **2.** (1) $6x - \dfrac{x^2}{2}$; (2) $\cot x \ln \sin x \mathrm{d}x$. **3.** $-\cos x + C$. **4.** $\dfrac{1}{3}x^3 + 2x + C$.

5. $y = x^2 + x - 4$. **6.** $a = -1/2, b = 1/2$.

7. $\dfrac{2}{3}x^{\frac{5}{2}} + \dfrac{1}{2}x^3 + Cx$. 提示：方程两边同除 x^2. **8.** $Q = 2$(百件).

习 题 5.2

(A)

1. (1) $\tan x - \cot x - x + 2\ln|\csc x - \cot x| + C$; (2) $\dfrac{1}{4}\ln\left|\dfrac{x-1}{x+1}\right| - \dfrac{1}{2}\arctan x + C$;

(3) $\ln|x| - \dfrac{1}{2\sqrt{2}}\ln\left|\dfrac{x-\sqrt{2}}{x+\sqrt{2}}\right| + C$; (4) $2\ln|\sqrt{x}-1| + C$; (5) $\sqrt{5+\sin^2 x} + C$;

(6) $\dfrac{1}{2}[\ln(\ln x)]^2 + C$; (7) $\dfrac{1}{2}f(2x+1) + C$; (8) $x^x + C$; (9) $\dfrac{(1-x^2)^2}{2(1+x^2)^4} + C$;

(10) $\ln x - \dfrac{1}{2}\ln^2 x + C$.

2. (1) $\dfrac{3}{8}(2x+3)^{\frac{4}{3}} + C$; (2) $\ln|x-3| - \dfrac{3}{x-3} + C$; (3) $\dfrac{2}{5}(x+1)^{\frac{5}{2}} - \dfrac{2}{3}(x+1)^{\frac{3}{2}} + C$;

(4) $\dfrac{-1}{9}(1-3x^2)^{\frac{3}{2}} + C$; (5) $\dfrac{1}{3}\sin(x^3+1) + C$; (6) $\mathrm{e}^{\frac{1}{2}x^2} + C$; (7) $\dfrac{2}{\sqrt{\cos x}} + C$;

(8) $\dfrac{1}{3}(2+\arcsin x)^3 + C$; (9) $\mathrm{e}^x - \ln(\mathrm{e}^x+1) + C$; (10) $\dfrac{1}{6}\arctan\dfrac{x^3}{2} + C$; (11) $\arctan 2\sqrt{x} + C$;

(12) $\dfrac{1}{2}\arctan\dfrac{\ln x}{2} + C$; (13) $2\ln|x^2+3x-4| + C$; (14) $\cos\left(3+\dfrac{1}{x}\right) + C$;

(15) $\dfrac{1}{2}\arctan x^2 + \dfrac{1}{4}\ln(1+x^4) + C$; (16) $\arcsin\dfrac{x+1}{\sqrt{6}} + C$; (17) $\dfrac{1}{4}\arctan\dfrac{2x+1}{2} + C$;

(18) $\dfrac{1}{4}\ln\left|\dfrac{\mathrm{e}^x-3}{\mathrm{e}^x+1}\right| + C$; (19) $2\sqrt{\sin x + \cos x} + C$; (20) $\arctan(\sin^2 x) + C$;

(21) $\dfrac{-1}{3}\cot^3 x - \cot x + C$; (22) $\dfrac{-1}{1+\tan x} + C$; (23) $\dfrac{1}{2}\ln|x^2+1| + \mathrm{e}^{\arctan x} + C$;

(24) $x - 2\arctan\mathrm{e}^x + C$; (25) $\arcsin x + \sqrt{1-x^2} + C$; (26) $-\dfrac{1}{x\ln x} + C$;

(27) $\dfrac{2}{3}(1+\mathrm{e}^x)^{\frac{3}{2}} - 2\sqrt{1+\mathrm{e}^x} + C$; (28) $2\ln\dfrac{\sqrt{x}}{1+\sqrt{x}} + C$; (29) $\dfrac{1}{4}\ln^2(1+x^2) + C$;

(30) $\dfrac{2}{3}(1+\ln x)^{\frac{3}{2}} - 2\sqrt{1+\ln x} + C$; (31) $\ln|1+\cos^2 x| - \arctan(\cos x) + C$;

(32) $\dfrac{1}{3}x^3 - x^2 + 4x - 8\ln|x+2| + C$; (33) $\dfrac{-1}{2x^2} - \ln|x| + \dfrac{1}{2}\ln(x^2+1) + C$;

(34) $\dfrac{1}{12}\ln\left|\dfrac{x^3}{4+x^3}\right| + C$; (35) $-\mathrm{e}^{-x} - \arctan\mathrm{e}^x + C$;

(36) $\dfrac{1}{6}\ln\left|\dfrac{1+\sin x}{1-\sin x}\right|+\dfrac{1}{3\sqrt{2}}\arctan\left(\dfrac{\sin x}{\sqrt{2}}\right)+C$; (37) $x-\ln(1+\mathrm{e}^{x})+C$;

(38) $\tan\dfrac{x}{2}-\ln|1+\cos x|+C$; (39) $\dfrac{x^{3}}{3}+\dfrac{1}{3}\,(x^{2}-1)^{\frac{3}{2}}+C$; (40) $\dfrac{1}{2}\arctan\dfrac{\tan x}{2}+C$;

(41) $\ln|x^{2}+2x-3|+\dfrac{1}{4}\ln\left|\dfrac{x-1}{x+3}\right|+C$; (42) $\arcsin\mathrm{e}^{x}-\sqrt{1-\mathrm{e}^{2x}}+C$;

(43) $\dfrac{1}{2}\ln(3+\ln^{2}x)+C$; (44) $\sqrt{2}\ln\left|\csc\dfrac{x}{2}-\cot\dfrac{x}{2}\right|+C$; (45) $(\arctan\sqrt{x})^{2}+C$;

(46) $2\mathrm{e}^{\arcsin\sqrt{x}}+C$; (47) $\ln|\arcsin\mathrm{e}^{x}|+C$; (48) $\dfrac{2}{5}x^{\frac{5}{2}}+\dfrac{2}{3}x^{\frac{3}{2}}-\dfrac{2}{5}\,(x+1)^{\frac{5}{2}}+\dfrac{2}{3}\,(x+1)^{\frac{3}{2}}+C$;

(49) $\ln\sqrt{x^{2}+1}+\dfrac{1}{2(x^{2}+1)}+C$; (50) $-\dfrac{1}{2}\ln^{2}\left(\dfrac{1}{x}+1\right)+C$;

(51) $\dfrac{1}{5}\,(4-x^{2})^{\frac{5}{2}}-\dfrac{4}{3}\,(4-x^{2})^{\frac{3}{2}}+C$; (52) $-\ln|1+\mathrm{e}^{-x}|+\dfrac{1}{1+\mathrm{e}^{x}}+C$;

(53) $\dfrac{1}{2\ln(3/2)}\ln\left|\dfrac{3^{x}-2^{x}}{3^{x}+2^{x}}\right|+C$; (54) $\dfrac{1}{3}\sec^{3}x-\sec x+C$; (55) $\ln|\ln\sin x|+C$;

(56) $\dfrac{1}{3}\,(1+x^{2})^{\frac{3}{2}}-\sqrt{1+x^{2}}+C$; (57) $-\ln|\sec\sqrt{1-x^{2}}|+C$; (58) $-\arcsin\dfrac{1}{x}+C$;

(59) $\arctan(x+1)+\dfrac{1}{x^{2}+2x+2}+C$; (60) $2\arctan[f(\sqrt{x})]+C$.

3. (1) $x-2\sqrt{x}+2\ln(1+\sqrt{x})+C$; (2) $\ln|x+\sqrt{x+2}|-\dfrac{1}{3}\ln\left|\dfrac{\sqrt{x+2}-1}{\sqrt{x+2}+2}\right|+C$;

(3) $3(\arctan\sqrt[6]{1-2x}-\sqrt[6]{1-2x})+C$;

(4) $3\left[\dfrac{1}{2}\sqrt[3]{(x+2)^{2}}-2\sqrt[3]{x+2}+4\ln|2+\sqrt[3]{x+2}|\right]+C$;

(5) $\dfrac{4}{3}(\sqrt[4]{x^{3}}-\ln|1+\sqrt[4]{x^{3}}|)+C$; (6) $\dfrac{\sqrt{1-x^{2}}}{-x}+C$; (7) $2\arcsin\dfrac{x}{2}-\dfrac{x}{2}\sqrt{4-x^{2}}+C$;

(8) $\arcsin x+\dfrac{\sqrt{1-x^{2}}-1}{x}+C$; (9) $\dfrac{x}{\sqrt{1+x^{2}}}+C$; (10) $-\dfrac{\sqrt{1+x^{2}}}{x}+C$;

(11) $\arctan\dfrac{x}{\sqrt{1+x^{2}}}+C$; (12) $\sqrt{1+x^{2}}+\ln\left|\dfrac{1}{x}+\sqrt{1+\dfrac{1}{x^{2}}}\right|+C$;

(13) $\ln|x+\sqrt{x^{2}-9}|-\dfrac{\sqrt{x^{2}-9}}{x}+C$; (14) $\arccos\dfrac{1}{x}+\dfrac{\sqrt{x^{2}-1}}{x}+C$;

(15) $\sqrt{x^{2}-1}-\arccos\dfrac{1}{x}+C$; (16) $\dfrac{1}{4}\sqrt{4x^{2}+9}+\dfrac{1}{2}\ln|2x+\sqrt{4x^{2}+9}|+C$,提示:凑微分;

(17) $\dfrac{1}{2}\arcsin x^{2}+2\sqrt{1-x^{4}}+\ln(x+\sqrt{x^{2}+1})+C$,提示:凑微分;

(18) $2\arcsin\dfrac{x+1}{2}+\dfrac{x+1}{2}\sqrt{3-2x-x^{2}}+C$,提示:根号下配方,再换元;

(19) $\dfrac{1}{2}\left[\arcsin(x-1)+(x-1)\sqrt{2x-x^{2}}\right]-\dfrac{1}{3}\sqrt{(2x-x^{2})^{3}}+C$;

(20) $\ln|\mathrm{e}^{x}+\sqrt{\mathrm{e}^{2x}+9}|+C$; (21) $2\sqrt{\mathrm{e}^{x}+1}+\ln\dfrac{\sqrt{\mathrm{e}^{x}+1}-1}{\sqrt{\mathrm{e}^{x}+1}+1}+C$,提示:令$\sqrt{\mathrm{e}^{x}+1}=t$;

(22) $\ln\left|\dfrac{\ln x}{1+\sqrt{3\ln^{2}x+1}}\right|+C$,提示:两次凑微分,最后套积分公式;

(23) $2\sqrt{1+\ln x}+\ln\left|\dfrac{\sqrt{1+\ln x}-1}{\sqrt{1+\ln x}+1}\right|+C$,提示:令$\sqrt{1+\ln x}=t$;

(24) $\sqrt{1+\sin^{2}x}-\arctan\sqrt{1+\sin^{2}x}+C$.

4. (1) $-\dfrac{\sqrt{(1-x^2)^3}}{3x^3}+C$；(2) $-\arcsin\dfrac{x+1}{2x}+C$；(3) $\dfrac{-1}{4x^4}+\dfrac{1}{2x^2}-\dfrac{1}{2}\ln\left(1+\dfrac{1}{x^2}\right)+C$.

5. $y(x)=\sqrt{2x-x^2}$.　**6.** $-\dfrac{1}{3}(1-x^2)^{\frac{3}{2}}+C$. 提示:等式两边对 x 求导.

7. $\dfrac{\sqrt{x^2-1}}{3x}\left(2+\dfrac{1}{x^2}\right)+C$.　**8.** $\dfrac{1}{2-x}-\dfrac{1}{3}(x-2)^3+C$.　**9.** $\tan x$.

(B)

1. (1) $\dfrac{1}{2}(\ln\tan x)^2+C$；(2) $\dfrac{x}{x-\ln x}+C$；(3) $\arctan\sqrt{\sin x}+\dfrac{1}{2}\ln\dfrac{1+\sqrt{\sin x}}{1-\sqrt{\sin x}}+C$；

(4) $\dfrac{1}{2}\ln\left|\dfrac{x^4+x^2\sqrt{1+x^4}}{1+\sqrt{1+x^4}}\right|+C$；(5) $\ln\left|e^x+\sqrt{e^{2x}-1}\right|-\arctan\sqrt{e^{2x}-1}+C$；

(6) $\dfrac{1}{2}\arctan x-\dfrac{x}{2(1+x^2)}+C$；(7) $\dfrac{1}{2\sqrt{2}}\ln\left|\dfrac{\sqrt{2}-\sqrt{1-x^2}}{\sqrt{2}+\sqrt{1-x^2}}\right|+C$；

(8) $\dfrac{1}{2}(\arcsin x+\ln|x+\sqrt{1-x^2}|)+C$,提示:令 $x=\sin t$,分子 $2\cos t=[(\cos t+\sin t)+(\cos t-\sin t)]$；

(9) $\ln\left|\dfrac{xe^x}{1+xe^x}\right|+C$,提示:分子分母同乘 e^x 后凑微分；

(10) $-2\arctan\sqrt{\dfrac{5-x}{x-1}}-\ln\left|\dfrac{\sqrt{5-x}-\sqrt{x-1}}{\sqrt{5-x}+\sqrt{x-1}}\right|+C$；

(11) $\dfrac{1}{15}(8-4x^2+3x^4)\sqrt{1+x^2}+C$,提示:令 $\sqrt{1+x^2}=t$；

(12) $-\dfrac{1}{\sqrt{2}}\arctan\dfrac{\sqrt{1-x^2}}{\sqrt{2}x}+C$,提示:用倒代换,令 $x=t^{-1}$.　**2.** $x+2\ln|x-1|+C$.

3. (1) $\dfrac{2\sin^2 2x}{\sqrt{4x-\sin 4x+4}}$；(2) $\dfrac{e^{2\arctan\sqrt{x}}}{\sqrt{x}(1+x)}$；

(3) $\dfrac{1}{2}\ln(1+x^2)+x-\arctan x+C$. 提示:将所给等式中的 x 换成 $-x$.

4. $f(x)=\dfrac{8}{4-x}$.

习 题 5.3

(A)

1. (1) $\dfrac{1}{2}x^2\ln x-\dfrac{1}{4}x^2+C$；(2) $e^x(x^2-2x+2)+C$；(3) $2\sqrt{1+x}\arcsin x+4\sqrt{1-x}+C$；

(4) $x-\dfrac{1}{3}x^3+(x^4-1)\arctan x+C$；(5) $-\dfrac{\ln x}{x}(\ln x+2)-\dfrac{2}{x}+C$；

(6) $\dfrac{1}{4}x^2+\dfrac{1}{4}x\sin 2x+\dfrac{1}{8}\cos 2x+C$；(7) $x\tan x-\ln|\sec x|-\dfrac{1}{2}x^2+C$；

(8) $\sqrt{1+x^2}\arctan x-\ln|x+\sqrt{1+x^2}|+C$；(9) $x\ln^2 x-2x\ln x+2x+C$；

(10) $\dfrac{1}{2}[x\sin(\ln x)-x\cos(\ln x)]+C$；(11) $x-e^{-x}\arctan e^x-\dfrac{1}{2}\ln(1+e^{2x})+C$；

(12) $x\arctan x-\dfrac{1}{2}\ln(1+x^2)-\dfrac{1}{2}(\arctan x)^2+C$；(13) $x(\arcsin x)^2+2\sqrt{1-x^2}\arcsin x-2x+C$；

(14) $\tan x\ln\sin x-x+C$；(15) $xf'(x)-f(x)+C$；(16) $-2\sqrt{1-x}\arcsin\sqrt{x}+2\sqrt{x}+C$；

(17) $x\ln(x+\sqrt{x^2+1})-\sqrt{x^2+1}+C$；(18) $\dfrac{\ln x}{1-x}+\ln\left|\dfrac{1-x}{x}\right|+C$；

(19) $\dfrac{1}{2}x^2\arccos\dfrac{1}{x}-\dfrac{1}{2}\sqrt{x^2-1}+C$; (20) $\dfrac{1}{2}(\arcsin x)^2-\sqrt{1-x^2}\arcsin x+x+C$;

(21) $\dfrac{e^x}{1+x}+C$; (22) $(x+1)\arctan\sqrt{x}-\sqrt{x}+C$,提示：令 $\sqrt{x}=t$,再用分部积分法；

(23) $2\sqrt{x}\ln(1+x)-4\sqrt{x}+4\arctan\sqrt{x}+C$,提示：令 $\sqrt{x}=t$,再用分部积分法；

(24) $2(x-2)\sqrt{e^x-1}+4\arctan\sqrt{e^x-1}+C$,提示：令 $\sqrt{e^x-1}=t$,再用分部积分法；

(25) $\dfrac{1}{2}(x^2-1)e^{x^2}+C$；提示：先凑微分,再换元,最后用分部积分法；

(26) $xe^{\frac{1}{2}x^2}+C$,提示：对于 $\int x^2e^{\frac{1}{2}x^2}\,dx$ 用分部积分法；

(27) $\dfrac{\arcsin x}{\sqrt{1-x^2}}\left(x-\dfrac{1}{x}\right)+\ln|x|+\dfrac{1}{2}\arcsin^2x+C$,提示：用分部积分法,令 $v'=1+\dfrac{1}{x^2}$；

(28) $(x-\sec x)e^{\sin x}+C$;(29) $\sin\sqrt{x}+\sqrt{x}\ln x-2\sqrt{x}+C$;(30) $e^x\arcsin\sqrt{1-e^{2x}}-\sqrt{1-e^{2x}}+C$.

2. $\cos x-\dfrac{2\sin x}{x}+C$.　**3.** $x-(1+e^{-x})\ln(1+e^x)+C$.

4. (1) $f(x)=x(1+\ln x)+C$; (2) $f(x)=\dfrac{1}{2}x(\sin\ln x+\cos\ln x)+C$.

5. $(1+x)e^x+C$.　**6.** $\dfrac{1}{2}x\sqrt{1+x^2}+\dfrac{1}{2}\ln|x+\sqrt{1+x^2}|+C$.

7. $I_n=x\ln^n x-nI_{n-1}$,其中 $I_0=x+C$,提示：用分部积分法.

(B)

1. (1) $\dfrac{1}{2}\ln\dfrac{x^2}{1+x^2}-\dfrac{\ln(1+x^2)}{2x^2}+C$; (2) $-\dfrac{\arctan x}{x}+\ln|x|-\dfrac{1}{2}\ln(1+x^2)-\dfrac{1}{2}(\arctan x)^2+C$;

(3) $-\cot x\ln\sin x-\cot x-x+C$; (4) $x\arcsin\sqrt{\dfrac{x}{x+1}}-\sqrt{x}+\arctan\sqrt{x}+C$;

(5) $\dfrac{-1}{1+x^2}\ln x+\ln x-\dfrac{1}{2}\ln(1+x^2)+C$,提示：分部积分法,选 $u=\ln x,v'=\dfrac{2x}{(1+x^2)^2}$；

(6) $\dfrac{-\arcsin e^x}{e^x}+\dfrac{1}{2}\ln\left|\dfrac{\sqrt{1-e^{2x}}-1}{\sqrt{1-e^{2x}}+1}\right|+C$; (7) $2(x-2)\sqrt{e^x+1}-2\ln\left|\dfrac{\sqrt{e^x+1}-1}{\sqrt{e^x+1}+1}\right|+C$;

(8) $-\dfrac{x^2e^x}{2+x}+e^x(x-1)+C$,提示：分部积分法,选 $u=x^2e^x,v'=(2+x)^{-2}$; (9) $\dfrac{e^x}{1+x^2}+C$;

(10) $\dfrac{e^{\arctan x}(x-1)}{2\sqrt{1+x^2}}+C$,提示：先换元,再用分部积分法；或直接用分部积分法；

(11) $-\dfrac{x}{1+e^x}-\ln|e^{-x}+1|+C$; (12) $e^{2x}\tan x+C$.

2. $-2\sqrt{1-x}\arcsin\sqrt{x}+2\sqrt{x}+C$.

3. $x^2\cos x-4x\sin x-6\cos x+C$.　**4.** $\left(2x^2-\dfrac{1}{4}\right)e^{4x^2}+C$.

习 题 5.4

(A)

1. (1) $\ln\left|\dfrac{x+1}{x}\right|-\dfrac{2}{x+1}+C$; (2) $\ln|x|+\dfrac{1}{x^2+2}-\dfrac{1}{2}\ln|x^2+2|+\dfrac{1}{\sqrt{2}}\arctan\dfrac{x}{\sqrt{2}}+C$;

(3) $\ln|x-1|-\dfrac{1}{2}\ln(x^2+x+3)-\dfrac{1}{\sqrt{11}}\arctan\dfrac{2x+1}{\sqrt{11}}+C$; (4) $\ln|x+1|-\dfrac{1}{2}\ln(x^2+1)+C$;

(5) $x + \dfrac{1}{3}\arctan x - \dfrac{8}{3}\arctan\dfrac{x}{2} + C$; (6) $\dfrac{6}{5}\sqrt[6]{x^5} - 2\sqrt{x} + 6\sqrt[6]{x} - 6\arctan\sqrt[6]{x} + C$.

2. (1) $\ln\left|1 + \tan\dfrac{x}{2}\right| + C$; (2) $\dfrac{2}{\sqrt{3}}\arctan\dfrac{2\tan\dfrac{x}{2} + 1}{\sqrt{3}} + C$;

(3) $\dfrac{1}{2}\ln\left|\tan\dfrac{x}{2}\right| + \tan\dfrac{x}{2} + \dfrac{1}{4}\tan^2\dfrac{x}{2} + C$; (4) $\dfrac{x}{2} + \ln\left|\sec\dfrac{x}{2}\right| - \ln\left|1 + \tan\dfrac{x}{2}\right| + C$.

（B）

1. (1) $\dfrac{1}{4}\ln\left|\dfrac{x^2 - 1}{x^2 + 1}\right| + C$; (2) $\dfrac{1}{2}\arctan x^2 - \dfrac{1}{4}\ln(1 + x^4) + C$;

(3) $2\arctan x - \dfrac{1}{\sqrt{2}}\arctan\dfrac{x}{\sqrt{2}} + C$,提示:分子 $3 + x^2 = 4 + 2x^2 - (1 + x^2)$;

(4) $\dfrac{1}{3\cos^3 x} + \dfrac{1}{\cos x} + \ln|\csc x - \cot x| + C$,提示:凑微分;

(5) $\dfrac{1}{\sqrt{2}}\arctan(\sqrt{2}\tan x) + \dfrac{1}{2\sqrt{2}}\ln\left|\dfrac{\cos x - \sqrt{2}}{\cos x + \sqrt{2}}\right| + \arctan(\sin x) + C$,提示:凑微分;

(6) $x\tan\dfrac{x}{2} - 2\ln\left|\sec\dfrac{x}{2}\right| - \ln|1 + \cos x| + C$; (7) $\dfrac{1}{8}\tan^2\dfrac{x}{2} + \dfrac{1}{4}\ln\left|\tan\dfrac{x}{2}\right| + C$;

(8) $\dfrac{1}{4}\ln\left|\dfrac{x^2 + x + 1}{x^2 - x + 1}\right| + \dfrac{1}{2\sqrt{3}}\left(\arctan\dfrac{2x + 1}{\sqrt{3}} + \arctan\dfrac{2x - 1}{\sqrt{3}}\right) + C$.

2. (1) $\dfrac{1}{\sqrt{2}}\arctan\dfrac{x^2 - 1}{\sqrt{2}x} + C$,提示:分子分母同除以 x^2,再分项凑微分;

(2) $\dfrac{1}{2\sqrt{2}}\arctan\dfrac{x^2 - 1}{\sqrt{2}x} - \dfrac{1}{4\sqrt{2}}\ln\left|\dfrac{x^2 - \sqrt{2}x + 1}{x^2 + \sqrt{2}x + 1}\right| + C$,提示:$\dfrac{1}{1 + x^4} = \dfrac{1}{2}\left(\dfrac{x^2 + 1}{x^4 + 1} - \dfrac{x^2 - 1}{x^4 + 1}\right)$,分子分母同除以 x^2,再分项凑微分;

(3) $\arctan(e^x - e^{-x}) + C$. 提示:令 $e^x = t$,分子分母同除以 x^2,再用凑微分;

(4) $x\ln\left(1 + \sqrt{\dfrac{1 + x}{x}}\right) - \dfrac{1}{2}\left(\dfrac{1}{2}\ln\left|\dfrac{\sqrt{1 + x} - \sqrt{x}}{\sqrt{x + 1} + x}\right| + \dfrac{\sqrt{x}}{\sqrt{x + 1} + \sqrt{x}}\right) + C$. 提示:先用换元积分法,再用分部积分法,最后用有理函数分项积分法.

第 6 章　　定积分及其应用

习　题　6.1

（A）

1. (1) 1; (2) π; (3) 0; (4) $\dfrac{\pi}{2}$.　**2.** (1) $I_1 > I_2$; (2) $I_1 < I_2$; (3) $I_1 < I_2$; (4) $I_1 > I_2$.

3. (1) $\dfrac{\pi}{9} < I < \dfrac{2\pi}{3}$; (2) $2e^{-\frac{1}{4}} < I < 2e^2$;　**4.** 提示:利用估值定理.

5. 提示:先利用估值定理,再用夹逼定理.　**6.** $\xi = \pm\dfrac{\sqrt{16 - \pi^2}}{4}$.

7. 提示:先用积分中值定理,再用罗尔定理.　**8.** 提示:先用积分中值定理,再用罗尔定理.

*9. (1) $I = \displaystyle\int_0^1\dfrac{\mathrm{d}x}{\sqrt{1 + x^2}}$; (2) $I = \displaystyle\int_0^1 x\sin x\,\mathrm{d}x$; (3) $I = \displaystyle\int_0^1\sqrt{x}\,\mathrm{d}x$; (4) $I = e^{\int_0^1\ln(1 + x)\mathrm{d}x}$.

(B)

1. (1) 0；(2) 8；(3) $\dfrac{\pi}{2}$；(4) 2π.　**2.** 6，提示：用积分中值定理.

3. 提示：先对 $F(x) = xf(x)$ 用积分中值定理，再用罗尔定理.

4. 提示：对 $f(x)$ 在 $[2,3]$ 上先用介值定理，再用积分中值定理，最后再用罗尔定理.

习　题　6.2

(A)

1. (1) $\cos \sqrt[3]{x}$；(2) $-2x\sqrt{1+x^6}$；(3) $\dfrac{3x^2}{\sqrt{1+x^{12}}} - \dfrac{2x}{\sqrt{1+x^8}}$；(4) $e^{\sin^2 x}\cos x + e^{\cos^2 x}\sin x$.

2. $y = \sqrt{2}(1-x)$.　**3.** (1) $4x^3 e^{-y^2}\cos x^2$；(2) -1.

4. (1) $\dfrac{1}{2}$；(2) 1；(3) $\dfrac{1}{10}$；(4) $\dfrac{1}{3}$；(5) 2；(6) 1.　**5.** (1) $a = \dfrac{1}{3}$；(2) $a = e^2$.

6. $f(x)$ 的极大值点为 $x = -1$，极小值点为 $x = 0$.

7. (1) $6xf(x^2) + 4x^3 f'(x^2)$；(2) $\dfrac{1}{6}$；(3) $\sin 4$.

8. (1) $\dfrac{21}{8}$；(2) $\dfrac{\pi}{3\sqrt{2}}$；(3) $1 - \dfrac{\pi}{4}$；(4) 4；(5) $\dfrac{4}{3}$；(6) $\ln \dfrac{3}{2}$；(7) $\dfrac{\pi}{6}$；(8) $2\ln 3$；(9) $2(\sqrt{2}-1)$；

(10) $25 - \ln 26$；(11) $\ln \dfrac{e + \sqrt{e^2+1}}{1+\sqrt{2}}$；(12) $\dfrac{11}{3}$；(13) $-\dfrac{2}{3} + \sin 1$.

9. (1) $f(2) = \dfrac{1}{3}$；(2) $f'(0) = 2$；(3) $f(x) = \dfrac{5}{3} x^{\frac{2}{3}}, a = -1$；(4) $f(x) = \ln x + 1$；

(5) $f(x) = \ln \left| \dfrac{3e}{2 + \cos x} \right|$.

10. $\ln x - x^2 e^{-2}$.　**11.** $f(x) = 5x$.

12. $F(x) = \begin{cases} \dfrac{1}{2}x^2 + x + \dfrac{1}{2}, & -1 \leqslant x < 0, \\ \dfrac{1}{2}x^2 + \dfrac{1}{2}, & 0 \leqslant x \leqslant 1; \end{cases}$　$F(x)$ 在 $x = 0$ 处连续.

13. (1) 8；(2) $\arctan \dfrac{\pi}{4}$.　**14.** $f(x) = 4x^3 + 2x - 1$.　**15.** 提示：考虑 $F'(x) \leqslant 0$ 即可.

16. (2) 提示：因 $F'(x) > 0$，再对 $F(x)$ 用零点(值)定理.

17. 提示：注意 $\arcsin x + \arccos x = \pi/2$.

18. 提示：令 $F(t) = \left(\int_a^t f(x)\mathrm{d}x \right)^2 - (t-a)\int_a^t f^2(x)\mathrm{d}x$，然后考察 $F(t)$ 递减性.

(B)

1. 正确的为(2)，(4).　**2.** 提示：注意在 $\left[0, \dfrac{\pi}{2}\right]$ 上 $\sin^n x \leqslant \sin x \leqslant x$，再结合积分的保序性.

3. $f_{\max} = f(2) = 6; f_{\min} = f\left(\dfrac{1}{2}\right) = \dfrac{-3}{4}$.　**4.** $a = 4; b = 1$.　**5.** (1) $\dfrac{1}{2}$；(2) $\dfrac{1}{6}$.

6. (1) 0，提示：用导数定义；(2) 2；(3) $(-\infty, -1]$，$[0,1]$ 为减区间，$[-1,0]$，$[1, +\infty)$ 为增区间，极小值

为 $f(\pm 1) = 0$，极大值为 $f(0) = \dfrac{1}{2}(1 - e^{-1})$.

7. $f(x) = x^2 - \dfrac{4}{3}x + \dfrac{2}{3}$. 提示：令 $\int_0^2 f(x)\mathrm{d}x = a, \int_0^1 f(x)\mathrm{d}x = b$.

8. $f(x) = \sqrt{x} - 1$. 提示：当 $f(x) = 1$ 时，可由所给关系式得 $x = 4$，即 $f(4) = 1$.

9. $f(x) = 3(1 + \ln x)$. 提示：两边对 x 求导数，再令 $x = 1$，最后两端再对 t 求导.

10. $f'(x) = \begin{cases} 4x^2 - 2x, & 0 < x \leqslant 1, \\ 2x, & x > 1; \end{cases}$ $f_{\min}(x) = f\left(\dfrac{1}{2}\right) = \dfrac{1}{4}$.

11. 提示：(1) 考虑定积分的保序性；

(2) 令 $F(u) = \displaystyle\int_a^{a + \int_a^u g(t)dt} f(x)dx - \int_a^u f(x)g(x)dx$，考察 $F(u)$ 递减性.

12. $\dfrac{2\sqrt{2}}{\pi}$，提示：考虑定积分定义.

习　题　6.3

（A）

1. (1) $2 - \dfrac{\pi}{2}$；(2) $\dfrac{22}{3}$；(3) $2 - \ln 2$；(4) $\dfrac{\pi}{4}$；(5) $1 - \dfrac{\pi}{4}$；(6) $\sqrt{3} - \dfrac{\pi}{3}$；(7) $\sqrt{2} - \dfrac{2\sqrt{3}}{3}$；(8) $\dfrac{\pi}{3}$；

(9) $2 - \dfrac{\pi}{2}$；(10) $\dfrac{1}{3}(4 - \sqrt{2})$；(11) $4\sqrt{2}$；(12) $\dfrac{9\pi}{2}$；(13) $\dfrac{\pi^3}{12} + \dfrac{\pi}{2}$；(14) $\dfrac{\pi^3}{324}$；(15) 2π；

(16) $4(2 - \ln 3)$；(17) $\dfrac{\sqrt{3}}{72}$；(18) $\dfrac{8(2 - \sqrt{2})}{3}$；(19) $2 + \ln\dfrac{3}{2}$；(20) $\dfrac{1}{4}\left(\dfrac{\pi}{2} - 1\right)$；(21) $4 - \pi$；

(22) $\ln(1 + e)$，提示：用换元法，令 $x - 1 = t$ 较简单.

2. (1) $\dfrac{\pi}{4}$；(2) 0；(3) $\dfrac{2}{3}\ln 2$；(4) $\dfrac{8}{3}$. 　**3.** 提示：换元法，令 $x = 1 - t$，$I = \dfrac{1}{5313}$.

4. (1) 提示：先用区间可加性，再对 $\left[\dfrac{\pi}{2}, \pi\right]$ 上的积分用换元法，令 $x = \pi - t$；

(2) 提示：用换元法令 $x = \pi - t$，其中 $I = \pi^2/4$.

5. (1) 提示：先用区间可加性，再用换元法令 $x = t + T$；(2) 提示：使用(1)证明的结果，$200\sqrt{2}$.

6. $(1 + 2x)f(x^2 + x + 1)$. 提示：先用换元法，令 $t + x + 1 = u$.

7. $f(x) = 2x\sin(x^2 + 1)$. 提示：对等式左边先换元，令 $x - t = u$，再两边对 x 求导数.

8. $\cos x - x\sin x + C$.

9. (1) $\dfrac{2}{9}(e^{\frac{3}{2}} + 2)$；(2) $\dfrac{\pi}{12} + \dfrac{\sqrt{3}}{2} - 1$；(3) $\dfrac{\pi}{8} - \dfrac{1}{4}$；(4) $2 - 6e^{-2}$；(5) $\dfrac{\pi}{8} + \dfrac{1}{4}\ln 2$；(6) $\dfrac{\pi}{4} - \dfrac{1}{2}$；

(7) $\dfrac{1}{2} - \dfrac{\sqrt{3}}{12}\pi$；(8) $\dfrac{2}{3}\ln 2 - \dfrac{5}{18}$；(9) $2\ln 2 - 1$；(10) $\dfrac{\sqrt{e}}{2}$；(11) $2e^3$；(12) $-\dfrac{1}{2} + \ln 2$；

(13) $\dfrac{16\pi}{3} - 2\sqrt{3}$；(14) $2(1 - e^{-1})$；(15) $\dfrac{8}{35}$；(16) $\dfrac{3\pi}{16}$.

10. $f(0) = 2$，提示：对所给积分后半部用分部积分法.

11. 2.　**12.** $f(x) = x + 2$.　**13.** -2. 提示：用分部积分法，注意 $f(\pi) = 0$.

14. $\dfrac{1}{2}(\cos 1 - 1)$. 提示：用分部积分法，注意 $f(1) = 0$.　**15.** $\dfrac{\pi}{8} - \dfrac{1}{4}\ln 2$. 提示：用分部积分法.

（B）

1. (1) 4π. 提示：先对根式内配方，再用换元法，令 $x - 2 = 2\sin t$；或令 $x - 2 = t$；(2) $8(1 - e^{-1})$；

(3) $\dfrac{\pi^2}{64} - \dfrac{\pi}{16} + \dfrac{1}{8}$；(4) $3e - 2$.

2. $[f(-\sin^2 x) - 2f(\cos 2x)]\sin 2x$.　**3.** $\dfrac{2}{3}$.

4. $\dfrac{1}{6}f'(0)$. 提示：用换元法，令 $x^3 - t^3 = u$，再用洛必达法则，最后用导数定义.

5. 提示：$F(-x) = \displaystyle\int_0^{-x} f(t)dt$；再用换元法，令 $t = -u$.　**6.** 2，提示：用分部积分法.

7. $\dfrac{1}{6} - \dfrac{1}{3e}$，提示：用分部积分法，其中选 $u = f(x)$.

8. (1) $\dfrac{\pi}{4}$；(2) 0；(3) $\dfrac{1}{2\sqrt{e}}\left(\arctan\sqrt{e}-\arctan\dfrac{1}{\sqrt{e}}\right)$；(4) $\dfrac{\pi}{8}\ln 2$，提示：$\tan(x-y)=\dfrac{\tan x-\tan y}{1+\tan x\cdot\tan y}$.

9. $\dfrac{3}{4}$. 提示：对左边积分换元，令 $u=2x-t$，再对换元整理后的关系等式两边求导数，最后令 $x=1$ 即可.

习　题　6.4

(A)

1. (1) $e+e^{-1}-2$；(2) $\dfrac{1}{3}$；(3) $2(1-e^{-1})$；(4) $2\sqrt{2}$；(5) $\dfrac{8}{3}$；(6) $4\ln 2$；(7) $\ln 2-\dfrac{1}{2}$；(8) $2\pi+\dfrac{4}{3}$.

2. (1) $k=2$；(2) $k=3$.　3. $\dfrac{9}{4}$.　4. $t=\dfrac{1}{2}$，最小值为 $\dfrac{1}{4}$.

5. (1) $V_x=\dfrac{32\pi}{5}$，$V_y=8\pi$；(2) $V_x=\dfrac{16\pi}{3}$，$V_y=\pi$；(3) $V_x=\left(\dfrac{4\sqrt{2}}{3}-\dfrac{7}{6}\right)\pi$，$V_y=\dfrac{22}{15}\pi$；

(4) $V_y=\dfrac{124}{5}\pi$；(5) $V_x=\dfrac{16}{3}\pi$.

6. $a=7\sqrt{7}$.　7. (1) $S_D=\dfrac{e}{2}-1$；(2) $V_y=\dfrac{\pi}{6}(e^2-3)$，$V_x=\dfrac{2\pi}{3}(3-e)$.

8. $S=\dfrac{1}{3}$，$V_y=\dfrac{\pi}{6}$.　9. (1) $V_x=\dfrac{4\pi}{5}(32-a^5)$；$V_y=\pi a^4$；(2) $a=1$，$(V_x+V_y)_{\max}=\dfrac{129\pi}{5}$.

10. $\dfrac{4\sqrt{3}}{3}R^3$.　11. 260.8.　12. (1) 9987.5；(2) 19850.　13. (1) 4(百台)；(2) 0.5(万元).

14. 每年应付 53.19 万元. 提示：$e^{-0.6}\approx0.5448$.

15. 租金流量总值的现在值 225.594(万元). 从数据比较可见，购买该型号的客车合算.

(B)

1. $P\left(\dfrac{\sqrt{3}}{3},\dfrac{2}{3}\right)$，$S=\dfrac{4\sqrt{3}}{9}-\dfrac{2}{3}$.

2. (1) 当 $q=3$，$p=-\dfrac{4}{5}$ 时，面积 S 达到最大；(2) $S_{\max}=\dfrac{225}{32}$.　3. $\dfrac{\pi}{30}$.

4. (1) $a=e^{-1}$，$(x_0,y_0)=(e^2,1)$；(2) $S=\dfrac{1}{6}e^2-\dfrac{1}{2}$，$V_x=\dfrac{\pi}{2}$.

5. (1) $a=\dfrac{1}{\sqrt{2}}$，$S=\dfrac{2-\sqrt{2}}{6}$；(2) $V_x=\dfrac{\sqrt{2}+1}{30}\pi$

6. (1) $f(x)=\dfrac{3}{2}ax^2+(4-a)x$，提示：$\dfrac{xf'(x)-f(x)}{x^2}=\left(\dfrac{f(x)}{x}\right)'=\dfrac{3}{2}a$；(2) $a=-5$.

习　题　6.5

(A)

1. (1) $\dfrac{1}{2}$；(2) $\dfrac{\pi^3}{24}$；(3) 1；(4) $\ln 2$；(5) $\dfrac{-\ln 2}{2}$；(6) 发散；(7) $\dfrac{\pi}{4}+\dfrac{\ln 2}{2}$；(8) π；(9) $\dfrac{32}{3}$；

(10) $2(1-e^{-\sqrt{\pi}})$；(11) $\dfrac{\pi}{2}$；(12) $3(1+\sqrt[3]{2})$；(13) 发散；(14) -4；(15) $\dfrac{\pi^2}{4}$.

2. 全部错误.　3. 解法二错误.　4. $\dfrac{\pi^2}{4}$.　5. (1) $\dfrac{15\sqrt{\pi}}{8}$；(2) $\dfrac{2n-1}{2}\cdot\dfrac{2n-3}{2}\cdot\cdots\cdot\dfrac{1}{2}\sqrt{\pi}$.

6. (1) 6；(2) $\dfrac{\sqrt{2\pi}}{8}$；(3) $\dfrac{\sqrt{2\pi}}{16}$，提示：令 $x=\sqrt{\dfrac{t}{2}}$；(4) $n!$，提示：令 $\ln\dfrac{1}{x}=t$.

7. 1.

(B)

1. $a = 3$;　**2.** (1) $\ln 2$;　(2) $\dfrac{2}{3} - \dfrac{3\sqrt{3}}{8}$;　(3) $\arctan \dfrac{\sqrt{2}}{2} + \ln(1 + \sqrt{2})$.

3. 广义积分当 $k > 1$ 时,收敛;当 $k \leqslant 1$ 时,发散;当 $k = 1 - \dfrac{1}{\ln \ln 2}$ 时,取得最小值.

4. $\dfrac{5}{2}$.　**5.** $c = 1$; $\ln 2$.

6. 12π. 提示:渐近线 $x = 4$,又图形关于 x 轴对称,故 $S = 2\displaystyle\int_0^4 \dfrac{x\sqrt{x}}{\sqrt{4-x}}\mathrm{d}x$,对于该积分令 $x = 4\sin^2 t$.

第 7 章　　无穷级数

习　题　7.1

(A)

1. $u_1 = \dfrac{1}{3}$, $u_n = \dfrac{1}{(2n+1)(2n-1)}$, $S = \dfrac{1}{2}$.

2. (1) 发散;(2) 收敛,其和为 1;(3) 收敛,其和为 1;(4) 收敛,其和为 $\dfrac{3}{4}$;

(5) 收敛,其和为 $-\ln 2$,提示:$\ln\left(1 - \dfrac{1}{n^2}\right) = \ln\dfrac{n-1}{n} + \ln\dfrac{n+1}{n}$;(6) 收敛,其和为 $1 - \sqrt{2}$.

3. (1) 当 $a > 1$ 时收敛,当 $0 < a \leqslant 1$ 时发散;(2) 发散;(3) 收敛;(4) 发散;(5) 发散;(6) 发散;

(7) 发散;(8) 发散;(9) 发散,提示:研究 $\lim\limits_{n\to\infty} u_n$,注意用洛必达法则;

(10) 发散,提示:考虑加括号后级数的发散性.

4. $\dfrac{3}{2}$. 提示:用收敛定义,研究 S_n.　**5.** 提示:研究 S_{2n} 及其 S_{2n+1} 的极限.

6. 提示:用收敛定义,设 $S_n = \displaystyle\sum_{k=1}^n u_k$,分别研究 S_{2n} 及其 S_{2n+1} 的极限.

7. 提示:用收敛定义研究部分和 $T_n = \displaystyle\sum_{k=1}^n k(a_k - a_{k+1}) = S_n - na_{n+1}$.

(B)

1. 发散. 提示:用夹逼定理研究 $u_n \to \dfrac{1}{2} \neq 0(n \to \infty)$;　**2.** (A),(B),(D).　**3.** (D).

4. 收敛,且其和为 8.　**7.** 和为 $\dfrac{4}{3}$,提示:其中 $a_n = \dfrac{1}{\sqrt{n(n+1)}}$;$S_n = \dfrac{4}{3}\dfrac{a_n}{n(n+1)}$.

习　题　7.2

(A)

1. (1) $x > \mathrm{e}$ 时收敛,$x \leqslant \mathrm{e}$ 时发散,提示:$x^{\ln n} = \mathrm{e}^{\ln n \ln x} = n^{\ln x}$;(2) 未必;(3) 未必.

2. (1) 收敛;(2) 收敛;(3) 收敛;(4) 发散;(5) 发散;(6) 收敛,提示:$n > 4$ 时,$\sqrt{n} > 2$,故 $n^{\sqrt{n}} > n^2$;

(7) 收敛;(8) 收敛;(9) 收敛;(10) 收敛;(11) 发散;(12) 收敛.

3. (1) 发散;(2) 收敛;(3) 发散;(4) 收敛;(5) 收敛;(6) 发散;(7) 收敛;(8) 发散;(9) 收敛.

4. (1) 收敛;(2) 发散;(3) 收敛;(4) 收敛;(5) 收敛;(6) 发散;(7) 收敛;

(8) 收敛,提示:$u_n \leqslant \dfrac{n \cdot n!}{(2n)!}$;(9) 收敛.

5. (1) 收敛;(2) 收敛;(3) 发散;(4) 收敛;(5) 收敛;(6) 收敛;(7) 收敛;(8) 收敛;

(9) $a > 1$ 时收敛,$a \leqslant 1$ 时发散.

6. 提示:考虑级数 $\displaystyle\sum_{n=1}^{\infty} \dfrac{n^n}{(n!)^2}$ 收敛性.　**7.** 提示:使用根值判别法.

8. 收敛,提示:$a_n = \displaystyle\int_0^n \sqrt[4]{1+x^4}\,\mathrm{d}x > \int_0^n x\,\mathrm{d}x = \dfrac{1}{2}n^2$.

9. 提示:考虑均值不等式 $\dfrac{\sqrt{u_n}}{n} \leqslant \dfrac{1}{2}\left(u_n + \dfrac{1}{n^2}\right)$.

10. 提示:考虑极限保号性及比较判别法.

11. 提示:由题设,有 $\dfrac{u_2}{u_1} \leqslant \dfrac{v_2}{v_1}, \dfrac{u_3}{u_2} \leqslant \dfrac{v_3}{v_2}, \cdots, \dfrac{u_n}{u_{n-1}} \leqslant \dfrac{v_n}{v_{n-1}}$,所有等式两边分别相乘即得所给级数发散.

(B)

1. (1) 收敛,提示:$u_n = a^{-\frac{1}{n}}(a^{\frac{1}{n}} - 1)^2 \sim \dfrac{1}{n^2}\ln^2 a\,(n \to \infty)$;(2) 收敛;

(3) 收敛,提示:$\ln n^{\ln n} = \mathrm{e}^{\ln n \cdot \ln \ln n} = n^{\ln \ln n} > n^2$(当 $\ln \ln n > 2$);(4) 收敛;

(5) 收敛,提示:$\dfrac{1}{2^n} \leqslant u_n \leqslant \dfrac{n}{2^n} \Leftrightarrow \dfrac{1}{2} \leqslant \sqrt[n]{u_n} \leqslant \dfrac{\sqrt[n]{n}}{2}$,再由夹逼定理;

(6) 收敛,提示:考虑不等式 $\dfrac{x}{1+x} < \ln(1+x) < x\,(x > 0)$,取 $x = \dfrac{1}{n}$,有 $\dfrac{1}{n+1} < \ln \dfrac{n+1}{n} < \dfrac{1}{n} \Rightarrow 0 <$

$\dfrac{1}{n} - \ln \dfrac{n+1}{n} < \dfrac{1}{n} - \dfrac{1}{n+1} = \dfrac{1}{n(n+1)} < \dfrac{1}{n^2}$.

3. 提示:(1) 直接用比较判别法;(2),(3) 用均值不等式;(4) $T_n = \displaystyle\sum_{k=1}^{n} u_{2k-1} < \sum_{k=1}^{2n-1} u_k = S_{2n-1} \leqslant M$.

4. (1) 1.提示:(1) $a_n + a_{n+2} = \dfrac{1}{n+1}$;(2) $a_n < \dfrac{1}{n+1}$,或在 a_n 的积分中作换元,令 $\tan x = t$.

5. 提示:(1) 考虑单调递减有下界原理;

(2) 注意 $a_n > 1$,故 $\dfrac{a_n - a_{n+1}}{a_{n+1}} < a_n - a_{n+1}$,再考虑 $\displaystyle\sum_{n=1}^{\infty}(a_n - a_{n+1})$ 收敛性.

6. 提示:(1) 令 $f(x) = x^n + nx - 1$,$f(x)$ 在区间 $\left[0, \dfrac{1}{n}\right]$ 上先用连续函数的零值定理,再考虑 $f(x)$ 的单

调性;(2) 由 $0 < x_n < \dfrac{1}{n}$,有 $0 < x_n^a < \dfrac{1}{n^a}$,再用比较判别法.

7. 提示:(1) 考虑收敛的必要条件;(2) 先考虑极限的局部保号性,再用比较判别法的极限形式.

习　题　7.3

(A)

1. (1) (D);(2) (C);(3) (D).

2. (1) 条件收敛;(2) 条件收敛;(3) 绝对收敛;(4) 条件收敛;(5) 发散;(6) 绝对收敛;

(7) 发散;(8) 绝对收敛;(9) 绝对收敛;(10) 绝对收敛;(11) 条件收敛;(12) 条件收敛;

(13) 条件收敛;(14) 发散;(15) 条件收敛;(16) 条件收敛;(17) 条件收敛;(18) 条件收敛;

(19) 条件收敛;(20) 发散,提示:$\dfrac{(-1)^n}{\sqrt{n} + (-1)^n} = \dfrac{(-1)^n}{n-1}\left[\sqrt{n} - (-1)^n\right] = \dfrac{(-1)^n \sqrt{n}}{n-1} - \dfrac{1}{n-1}$;

(21) 绝对收敛.

3. $0 < |a| < 1$ 时,级数绝对收敛;$|a| > 1$ 时,级数发散;$a = 1$ 时,级数发散;$a = -1$,级数为条件收敛.

4. 条件收敛.　**5.** 提示:考虑三角不等式:$|u_n \pm v_n| \leqslant |u_n| + |v_n|$.

6. 提示:考虑均值不等式:$|u_n v_n| \leqslant \dfrac{1}{2}(u_n^2 + v_n^2)$.

7. 提示:考虑收敛数列必有界及比较判别法.　**8.** 收敛.

（B）

1. (B).　　**2.** 提示:考虑使用均值不等式.

3. 提示:由题设可知 $\lim\limits_{n \to \infty} \dfrac{|u_n|}{1/n^2} = \lim\limits_{n \to \infty} |u_n n^2| = 0$,再结合比较判别法极限形式.

4. (1) $p \leqslant 0$ 时,发散,$0 < p \leqslant 1$ 时,条件收敛,$p > 1$ 时,绝对收敛;

　　(2) $p > 1$ 时,绝对收敛,当 $p = 1$ 时,条件收敛. 提示:$\dfrac{(-1)^n}{n + (-1)^n} = \dfrac{(-1)^n}{n} - \dfrac{1}{n[n + (-1)^n]}$;

　　(3) 绝对收敛,提示:$x > 0, \mathrm{e}^x > x$;(4) 发散,提示:本章参照例题 7.3.3(2);

　　(5) 条件收敛,提示:对于级数自身收敛注意 $\dfrac{(-3)^n}{n[3^n + (-2)^n]} = \dfrac{(-1)^n}{n} - \dfrac{2^n}{[3^n + (-2)^n]n}$;

　　(6) 当 $\lambda > 1$ 时,为绝对收敛. 当 $0 < \lambda \leqslant 1$ 时,为条件收敛.

5. $\dfrac{3}{2} < \alpha < 2$.　　**6.** 提示:使用微分中值定理.

7. 提示:当 n 为偶数时,$u_n > 0$;当 n 为奇数时,$u_n < 0$,故 $\sum\limits_{n=1}^{\infty} u_n$ 为交错级数. $|u_n|$ 单调性如下:

$|u_{n+1}| \leqslant \displaystyle\int_{(n+1)\pi}^{(n+2)\pi} \dfrac{|\sin x|}{\sqrt{x}} \mathrm{d}x \xrightarrow{\text{令} x = \pi + t} \displaystyle\int_{n\pi}^{(n+1)\pi} \dfrac{|\sin t|}{\sqrt{t + \pi}} \mathrm{d}t \leqslant |u_n|$,用夹逼定理可证 $\lim\limits_{n \to \infty} |u_n| = 0$.

习 题 7.4

（A）

1. (1) $[-1, 1]$;(2) $(-3, 3]$;(3) $(-1, 1)$;(4) $\left[-\dfrac{1}{5}, \dfrac{1}{5}\right)$;(5) $(-3, 3)$;(6) $(1, 2]$;

　　(7) $[-1, 1]$;(8) $(-2, 2)$;(9) $[-\sqrt{2}, \sqrt{2}]$;(10) $\left[\dfrac{1}{2}, \dfrac{3}{2}\right]$;(11) $[-1, 1)$;(12) $\left[-\dfrac{1}{3}, \dfrac{1}{3}\right)$.

2. (1) $S(x) = \dfrac{1}{(1-x)^2}, x \in (-1, 1)$;

　　(2) $S(x) = \dfrac{1}{(1-x^2)^2}, x \in (-1, 1)$,提示:级数两边同乘 x 或令 $t = x^2$,再求和;

　　(3) $S(x) = \dfrac{1+x}{(1-x)^3}, x \in (-1, 1)$;(4) $S(x) = \dfrac{1}{4}\ln\dfrac{1+x}{1-x} + \dfrac{1}{2}\arctan x, x \in (-1, 1)$;

　　(5) $S(x) = \begin{cases} 1, & x = 0, \\ \dfrac{1}{2x}\ln\left(\dfrac{1+x}{1-x}\right), & 0 < |x| < 1; \end{cases}$　(6) $S(x) = x \arctan x, x \in [-1, 1]$.

3. (1) 3;(2) $\dfrac{1}{\sqrt{2}}\ln(1 + \sqrt{2})$.

5. (1) $S(x) = \begin{cases} 0, & x = 0, \\ 1 - \dfrac{(1+x)\ln(1+x)}{x}, & -1 < x \leqslant 1 \text{且} x \neq 0, \\ 1, & x = -1, \end{cases}$ 提示:$S(-1) = \lim\limits_{x \to -1^+} S(x)$;

　　(2) $S(x) = \dfrac{x(1+x)}{(1-x)^3}, x \in (-1, 1)$,提示:$S(x) = x \cdot \displaystyle\sum_{n=1}^{\infty} n^2 x^{n-1} = x\left(\displaystyle\sum_{n=1}^{\infty} nx^n\right)'$;

　　(3) $S(x) = \dfrac{1}{2}(x^2 \arctan x + \arctan x - x), x \in [-1, 1]$.

6. $\lim\limits_{n\to\infty}x_n = \dfrac{a}{(a-1)^2}$，提示：级数 $\sum\limits_{n=1}^{\infty}\dfrac{n}{a^n}$ 收敛 $\Leftrightarrow$ 部分和极限 $\lim\limits_{n\to\infty}x_n$ 存在，再考虑求幂级数 $\sum\limits_{n=1}^{\infty}nx^n$ 的和函数.

$$(B)$$

1. $R=\mathrm{e}^{-1}$. 　**2.** $R=3$. 　**3.** 收敛域：$[-2,2)$. 　**4.** (1) $[\mathrm{e}^{-1},\mathrm{e})$；(2) $[-1,1)$；(3) $[-3,3)$.

5. (1) $S(x)=\dfrac{x(3-x)}{(1-x)^3}(-1<x<1)$，$\sum\limits_{n=1}^{\infty}\dfrac{n(n+2)}{2^{n+1}}=5$，提示：$n(n+2)x^n=n(n+1)x^n+nx^n=x(x^{n+1})''+x(x^n)'$；

(2) $S(x)=2x^2\arctan x-x\ln(1+x^2)\ (-1\leqslant x\leqslant 1)$，$\sum\limits_{n=1}^{\infty}\dfrac{(-1)^{n-1}}{n(2n-1)}\left(\dfrac{1}{3}\right)^n=\dfrac{\pi}{3\sqrt{3}}-\ln\dfrac{4}{3}$；

(3) $S(x)=\begin{cases}\dfrac{1}{2x}\ln\dfrac{1+x}{1-x}-\dfrac{1}{1-x^2}, & |x|<1\ \text{且}\ x\neq 0,\\[2mm] 0, & x=0;\end{cases}$

(4) $S(x)=\dfrac{6x}{(1-x)^4}+\dfrac{2x-x^2}{(1-x)^2}(-1<x<1)$，提示：$(n+1)^3x^n=(n+1)(n^2+2n+1)x^n$.

6. $\dfrac{19}{4}$.

习　题　7.5

$$(A)$$

1. (1) $\dfrac{1}{2}(1-\mathrm{e}^{-1})$；(2) $\dfrac{1}{2}$；(3) $3\mathrm{e}$；(4) $6\ln\dfrac{3}{2}$；(5) $S(x)=x+(1-x)\ln(1-x)$.

2. (1) $\mathrm{e}^{-x^2}=\sum\limits_{n=0}^{\infty}\dfrac{(-x^2)^n}{n!}=\sum\limits_{n=0}^{\infty}\dfrac{(-1)^n}{n!}x^{2n},x\in(-\infty,+\infty)$；

(2) $3^{\frac{x+1}{2}}=\sum\limits_{n=0}^{\infty}\dfrac{\sqrt{3}}{n!}\left(\dfrac{\ln 3}{2}\right)^n x^n,x\in(-\infty,+\infty)$，提示：$3^{\frac{x+1}{2}}=\sqrt{3}\cdot 3^{\frac{1}{2}x}=\sqrt{3}\mathrm{e}^{\frac{1}{2}x\cdot\ln 3}$；

(3) $\dfrac{1}{2x+3}=\sum\limits_{n=0}^{\infty}\dfrac{(-2)^n}{3^{n+1}}x^n,x\in\left(-\dfrac{3}{2},\dfrac{3}{2}\right)$；(4) $\dfrac{x}{9+x^2}=\sum\limits_{n=0}^{\infty}\dfrac{(-1)^n}{9^{n+1}}x^{2n+1},x\in(-3,3)$；

(5) $\dfrac{x}{x^2-x-2}=\sum\limits_{n=0}^{\infty}\dfrac{1}{3}\left[(-1)^{n+1}-\dfrac{1}{2^{n+1}}\right]x^{n+1},x\in(-1,1)$；

(6) $\ln(x+4)=2\ln 2+\sum\limits_{n=1}^{\infty}(-1)^{n-1}\dfrac{x^n}{n4^n},x\in(-4,4]$，提示：$\ln(x+4)=2\ln 2+\ln\left(1+\dfrac{x}{4}\right)$；

(7) $\ln(1+x-2x^2)=\sum\limits_{n=1}^{\infty}\dfrac{(-1)^{n-1}2^n-1}{n}x^n,x\in\left(-\dfrac{1}{2},\dfrac{1}{2}\right]$；

(8) $\cos^2 x=\dfrac{1}{2}+\sum\limits_{n=0}^{\infty}\dfrac{(-1)^n 2^{2n-1}}{(2n)!}x^{2n},x\in(-\infty,+\infty)$；

(9) $\dfrac{1}{(2-x)^2}=\sum\limits_{n=1}^{\infty}\dfrac{n}{2^{n+1}}x^{n-1},x\in(-2,2)$，提示：$\dfrac{1}{(2-x)^2}=\left(\dfrac{1}{2-x}\right)'$；

(10) $(1+x)\ln(1+x)=x+\sum\limits_{n=2}^{\infty}\dfrac{(-1)^n x^n}{n(n-1)},x\in(-1,1]$；

(11) $\arctan\dfrac{1+x}{1-x}=\dfrac{\pi}{4}+\sum\limits_{n=0}^{\infty}\dfrac{(-1)^n}{2n+1}x^{2n+1},x\in[-1,1)$；

(12) $\displaystyle\int_0^x \sin t^2\,\mathrm{d}t=\sum\limits_{n=0}^{\infty}\dfrac{(-1)^n x^{4n+3}}{(2n+1)!(4n+3)},x\in(-\infty,+\infty)$；

(13) $\dfrac{1}{4}\ln\dfrac{1+x}{1-x}+\dfrac{1}{2}\arctan x-x=\sum\limits_{n=1}^{\infty}\dfrac{1}{4n+1}x^{4n+1},x\in(-1,1)$；

(14) $\dfrac{\mathrm{d}}{\mathrm{d}x}\left(\dfrac{\mathrm{e}^x-1}{x}\right)=\sum\limits_{n=2}^{\infty}\dfrac{n-1}{n!}x^{n-2}$，$x\in(-\infty,0)\cup(0,+\infty)$.

3. (1) $\dfrac{1}{x}=\sum\limits_{n=0}^{\infty}(-1)^n\dfrac{(x-3)^n}{3^{n+1}}$，$x\in(0,6)$；(2) $3^x=\sum\limits_{n=0}^{\infty}\dfrac{9\cdot\ln^n3}{n!}(x-2)^n$，$x\in(-\infty,+\infty)$；

(3) $\dfrac{1}{x^2+4x+7}=\sum\limits_{n=0}^{\infty}\dfrac{(-1)^n}{3^{n+1}}(x+2)^{2n}$，$x\in(-2-\sqrt3,-2+\sqrt3)$；

(4) $\dfrac{1}{x^2+3x+2}=\sum\limits_{n=0}^{\infty}\left(1-\dfrac{1}{2^{n+1}}\right)(x+3)^n$，$x\in(-4,-2)$；

(5) $\dfrac{1}{x^2}=\sum\limits_{n=1}^{\infty}\dfrac{(-1)^{n+1}n}{3^{n+1}}(x-3)^{n-1}$，$x\in(0,6)$；

(6) $\ln(3x-x^2)=\ln2+\sum\limits_{n=1}^{\infty}\left[(-1)^{n-1}-\dfrac{1}{2^n}\right]\dfrac{(x-1)^n}{n}$，$x\in(0,2)$.

4. 和函数为 $f(x)=1-\dfrac{1}{2}\ln(1+x^2)$（$|x|<1$）；极大值为 $f(0)=1$，提示：用 $\ln(1+x)$ 展式.

5. $f^{(2013)}(0)=0$；$f^{(200)}(0)=\dfrac{200!}{100!}(-3)^{100}$.　6. $\dfrac{3}{4}\sqrt{\mathrm{e}}$.

*7. (1) 0.1823；(2) 0.9994. 提示：$\pi\approx3.1415926$.

*8. (1) 0.74，提示：取 $n=4$ 即可满足；(2) 0.487.　*9. 3980（万元）.

(B)

1. (1) $f(x)=\sum\limits_{n=1}^{\infty}\dfrac{x^n}{n}-\sum\limits_{n=1}^{\infty}\dfrac{x^{3n}}{n}$，$x\in[-1,1)$，提示：$\ln(1+x+x^2)=\ln\dfrac{1-x^3}{1-x}=\ln(1-x^3)-\ln(1-x)$；

(2) $f(x)=\sum\limits_{n=0}^{\infty}\dfrac{(-1)^n}{2(n+1)(2n+1)}x^{2n+2}$，$x\in[-1,1]$；

(3) $f(x)=1+\sum\limits_{n=1}^{\infty}\dfrac{2(-1)^n}{1-4n^2}x^{2n}$，$x\in[-1,1]$；

(4) $f(x)=x+\sum\limits_{n=1}^{\infty}\dfrac{(-1)^n1\cdot3\cdot5\cdots(2n-1)}{(2n+1)\cdot2^n\cdot n!}x^{2n+1}$，$x\in[-1,1]$，提示：$f'(x)=\dfrac{1}{\sqrt{1+x^2}}$，再用二项

函数的展开式.

2. $f(x)=\dfrac{\pi}{4}-\sum\limits_{n=0}^{\infty}\dfrac{(-1)^n2^{2n+1}}{2n+1}x^{2n+1}$，$x\in\left(-\dfrac{1}{2},\dfrac{1}{2}\right]$；$\sum\limits_{n=0}^{\infty}\dfrac{(-1)^n}{2n+1}=\dfrac{\pi}{4}$；$f^{(10)}(0)=0$；$f^{(11)}(0)=2^{11}\times10!$.

3. 所给级数和函数为 $2\sin\dfrac{x}{2}$；且

$$2\sin\dfrac{x}{2}=\sum\limits_{n=0}^{\infty}(-1)^n\left[\cos\dfrac{1}{2}\cdot\dfrac{1}{2^{2n}(2n+1)!}(x-1)+\sin\dfrac{1}{2}\cdot\dfrac{1}{2^{2n-1}(2n)!}\right](x-1)^{2n}$$，$x\in(-\infty,+\infty)$.

4. (1) $S(x)=\mathrm{e}^{x^3}(1+3x^3)$，$x\in(-\infty,+\infty)$；

(2) $S(x)=\sin x+x\cos x$，$x\in(-\infty,+\infty)$，$S(1)=\sin1+\cos1$.

第 8 章　　向量代数与空间解析几何

习　题　8.1

(A)

1. (1) $(a,b,-c)$；(2) $(-a,-b,c)$；(3) $(-a,-b,-c)$.

2. (1) 位于 y 轴上；(2) 位于 xOy 平面上；(3) 位于 yOz 平面上.

(B)

在平面直角坐标系中 $x=a$ 表示垂直于 x 轴的直线;但在空间直角坐标系中 $x=a$ 表示的是垂直于 x 轴的平面.

习　题　8.2

(A)

1. 2.　**2.** (A);(C).　**3.** x 轴上的投影是 -6;y 轴上的投影是 9;z 轴上的分向量为 $\boldsymbol{k}$ 或 $\{0,0,1\}$.

4. $\boldsymbol{a}^0=\dfrac{1}{\sqrt{14}}\{3,1,-2\}$,$\cos\alpha=\dfrac{3}{\sqrt{14}}$;$\cos\beta=\dfrac{1}{\sqrt{14}}$;$\cos\gamma=\dfrac{-2}{\sqrt{14}}$.

5. $A(-2,5,0)$;$\alpha=\arccos\dfrac{4}{9}$.　**6.** $(-1,1,\sqrt{2})$.

(B)

1. $(6,-7,-12)$,提示:$\boldsymbol{a}=\lambda\boldsymbol{b}$,$\lambda>0$.　**2.** $\left\{\dfrac{5}{2},\dfrac{5\sqrt{2}}{2},\dfrac{5}{2}\right\}$.

习　题　8.3

(A)

1. (1) 3; (2) $\dfrac{3}{\sqrt{14}}$; (3) $\dfrac{\sqrt{21}}{14}$; (4) 25; (5) $\{5,1,7\}$; (6) $\{-10,-2,-14\}$.　**2.** $\dfrac{\pi}{3}$.

3. $\lambda=40$.　**4.** -2.　**5.** $\lambda\{4,-3,0\}$,其中 λ 为实数. 提示:z 轴的基本单位向量为 $\boldsymbol{k}$.

6. (1) $\pm\dfrac{1}{\sqrt{21}}\{2,-4,1\}$; (2) $\sqrt{21}$.　**7.** (1) 3; (2) 11.　**8.** 24.

9. 都不成立. 例如,取 $\boldsymbol{a}=\boldsymbol{i}$,$\boldsymbol{b}=\boldsymbol{j}$,$\boldsymbol{c}=\boldsymbol{k}$,则 $\boldsymbol{c}\neq\boldsymbol{0}$,且 $\boldsymbol{a}\cdot\boldsymbol{c}=\boldsymbol{b}\cdot\boldsymbol{c}=0$,但 $\boldsymbol{a}\neq\boldsymbol{b}$;取 $\boldsymbol{a}=\boldsymbol{c}=\boldsymbol{i}$,$\boldsymbol{b}=2\boldsymbol{i}$,则 $\boldsymbol{c}\neq\boldsymbol{0}$,且 $\boldsymbol{a}\times\boldsymbol{c}=\boldsymbol{b}\times\boldsymbol{c}=\boldsymbol{0}$,但 $\boldsymbol{a}\neq\boldsymbol{b}$.

(B)

1. $\{-10,5,5\}$,提示:设 $\boldsymbol{x}=\lambda(\boldsymbol{a}\times\boldsymbol{b})$.　**2.** $\{14,10,2\}$.　**3.** $\arccos\dfrac{2\sqrt{7}}{7}$.　**4.** $\dfrac{-3}{2}$.

5. $C\left(0,0,\dfrac{1}{5}\right)$.

习　题　8.4

(A)

1. (1) 平面过原点; (2) 平面平行于 z 轴; (3) 平面过 x 轴; (4) 平面平行于 yOz 平面.

2. $x-y=0$.　**3.** $z-5y-2=0$.　**4.** 1.　**5.** $\dfrac{x-1}{1}=\dfrac{y+2}{0}=\dfrac{z-3}{-1}$.

6. $\dfrac{x-1}{1}=\dfrac{y-3}{2}=\dfrac{z+4}{3}$.　**7.** $\dfrac{x+3}{-5}=\dfrac{y}{1}=\dfrac{z-2}{5}$.　**8.** $\left(-\dfrac{5}{3},\dfrac{2}{3},\dfrac{2}{3}\right)$.　**9.** $A=-1$.

10. $5x+7y+11z=8$.　**11.** $\dfrac{x-1}{3}=\dfrac{y-1}{-1}=\dfrac{z+2}{1}$.

(B)

1. $2x-4y-z+5=0$.　**2.** $x-3y+z+2=0$.　**3.** $\dfrac{x}{-2}=\dfrac{y-2}{3}=\dfrac{z-4}{1}$.

4. $\dfrac{x}{1}=\dfrac{y-2}{0}=\dfrac{z}{-1}$.　**5.** $\begin{cases}x-7y+6z-2=0,\\ x+y+z-1=0.\end{cases}$　**6.** $\dfrac{x-1}{2}=\dfrac{y}{-1}=\dfrac{z-1}{-4}$.

7. $2x+2y+z-9=0$,提示:设所求平面为 $\dfrac{x}{a}+\dfrac{y}{a}+\dfrac{z}{c}=1$.

习　题　8.5

（A）

1. $(x-1)^2+(y-3)^2+(z+2)^2=14$.

2. (1) 表示母线平行于 z 轴的圆柱面;(2) 表示母线平行于 x 轴的抛物柱面;

　　(3) 表示母线平行于 z 轴的椭圆柱面;(4) 表示母线平行于 x 轴的双曲柱面;

　　(5) 表示球心在 $(1,-2,-1)$ 半径为 $\sqrt6$ 的球面.

3. 绕 z 轴所形成的旋转曲面为 $x^2+y^2-z^2=1$(旋转双曲面)(单叶);绕 y 轴所形成的旋转曲面为 $y^2-x^2-z^2=1$(旋转双曲面)(双叶).

4. $(z-1)^2=x^2+y^2$(圆锥面).

5. (1) xOz 面上的抛物线 $z^2=1-x$ 绕 x 轴旋转一周形成的;(2) xOz 面上的椭圆 $2x^2+z^2=1$ 绕 x 轴旋转一周形成的;(3) xOy 面上的双曲线 $y^2=x^2-1$ 绕 y 轴旋转一周形成的;(4) yOz 面上的半圆 $1+\sqrt{1-y^2}=z$ 绕 z 轴旋转一周形成的.

注　此题答案不唯一,上面仅是其中一种,另一种省略.

6. $x^2+y^2=1$.　**7.** $\begin{cases}x^2+y^2=2x,\\ z=0;\end{cases}$　$\begin{cases}2x+z^2=4,\\ y=0.\end{cases}$

8. $\begin{cases}x^2+y^2=1,\\ z=0,\end{cases}$ 提示:方程联立解 z,然后再求投影曲线.

9. (1) 椭球面;(2) 椭圆抛物面;(3) 中心轴在 y 轴上的圆锥面;(4) 双曲抛物面;(5) 椭圆抛物面;

　　(6) 圆锥面$(z\geqslant1)$.

10. $\begin{cases}x^2+y^2\leqslant4,\\ z=0.\end{cases}$

（B）

1. $4x^2-9(y^2+z^2)=36$.

2. $k=0$,表示抛物柱面;$0<k\neq1$,表示椭圆抛物面;$k=1$,表示旋转抛物面;$k<0$,表示双曲抛物面.

3. $V=\dfrac{4}{3}\pi abc$,提示:椭圆 $\dfrac{x^2}{a^2}+\dfrac{y^2}{b^2}=1$ 的面积为 πab.

第 9 章　　多元函数微分学

习　题　9.1

（A）

1. (1) $f(x,y)=x(1+y)$;(2) $f(x,y)=\dfrac{x}{y}\mathrm{e}^{x-2y}$.

2. (1) $D_f=\{(x,y)\mid x^2-y^2\geqslant1\}$;(2) $D_f=\{(x,y)\mid1<x^2+y^2\leqslant4\}$;

　　(3) $D_f=\{(x,y)\mid2\leqslant x^2+y^2\leqslant4,x>y^2\}$;(4) $D_f=\{(x,y)\mid x^2<y\leqslant1-x^2\}$.

　　该题定义域的示意图均省略.

3. 提示：考虑沿下述路径趋于 $(0,0)$ 时函数的极限：(1) 沿 $y = kx(k \neq 1)$；(2) 沿 $x = ky^2$.

4. (1) 6；(2) 0；(3) 3,提示：考虑重要极限及无穷小的性质；(4) 0,提示：考虑夹逼定理,分母再考虑均值不等式.

5. (1) $\{(x,y) \mid y^2 = x\}$；(2) $\{(x,y) \mid x^2 + y^2 = 1\}$.　　**6.** 连续.

(B)

1. $(x^2 + y^2) e^{xy}$.

2. (1) 提示：$0 \leqslant \dfrac{x^2 + y^2}{\mid x \mid + \mid y \mid} = \dfrac{(\mid x \mid + \mid y \mid)^2 - 2 \mid x \mid \mid y \mid}{\mid x \mid + \mid y \mid} \leqslant \mid x \mid + \mid y \mid$；

(2) 提示：沿 $x = ky^3$ 趋于 $(0,0)$ 时，$\dfrac{xy^3}{x^2 + y^6}$ 趋于不同的极限；

(3) 提示：考虑分别沿 $y = 0$ 及 $y = x^2 - x$ 趋于 $(0,0)$ 时的情形.

3. 连续,提示：考虑夹逼定理,注意 $\mid \sin(x^3 + y^3) \mid \leqslant \mid x^3 + y^3 \mid \leqslant \mid x + y \mid \cdot \dfrac{3}{2} \mid x^2 + y^2 \mid$.

习　题　9.2

(A)

1. (1) $\dfrac{\partial z}{\partial x} = yx^{y-1} + \dfrac{1}{x}, \dfrac{\partial z}{\partial y} = x^y \ln x + \dfrac{1}{y}$；

(2) $\dfrac{\partial z}{\partial x} = e^{xy} [y\cos(x + 2y) - \sin(x + 2y)], \dfrac{\partial z}{\partial y} = e^{xy} [x\cos(x + 2y) - 2\sin(x + 2y)]$；

(3) $z'_x = \dfrac{2x}{y} \sec^2 \dfrac{x^2}{y}, z'_y = -\dfrac{x^2}{y^2} \sec^2 \dfrac{x^2}{y}$；

(4) $z'_x = \dfrac{1}{2\sqrt{xy - x^2}} - \left(\dfrac{1}{x^2} + \dfrac{y}{x^3} \right) e^{\frac{y}{x}}, z'_y = \dfrac{-\sqrt{x}}{2y\sqrt{y - x}} + \dfrac{1}{x^2} e^{\frac{y}{x}}$；

(5) $z'_x = \dfrac{1}{1 + x^2}, z'_y = \dfrac{1}{1 + y^2}$；(6) $z'_x = y^2 (1 + xy)^{y-1}, z'_y = (1 + xy)^y \left[\ln(1 + xy) + \dfrac{xy}{1 + xy} \right]$；

(7) $u'_x = \dfrac{1 - yz}{x + y^2 + z^3 - xyz}, u'_y = \dfrac{2y - xz}{x + y^2 + z^3 - xyz}, u'_z = \dfrac{3z^2 - xy}{x + y^2 + z^3 - xyz}$；

(8) $u'_x = \dfrac{z(x - y)^{z-1}}{1 + (x - y)^{2z}}, u'_y = \dfrac{-z(x - y)^{z-1}}{1 + (x - y)^{2z}}, u'_z = \dfrac{(x - y)^z \ln(x - y)}{1 + (x - y)^{2z}}$.

3. (1) $f'_x(1,1) = f'_y(1,1) = \dfrac{1}{2}\cos\dfrac{3}{2}$；(2) $f'_x(0,0) = 1, f'_y(0,0) = -1$；(3) $f'_x(3,0) = 6$；

(4) $f'_x(1,2) = \dfrac{1}{5}$；(5) $f'_x(1,0) = 1 + 2\ln 2$；

(6) $f'_x(1,2) = 2, f'_y(1,2) = -2 + \cos 2$,提示：$f(x,y) = x^2 - 2y + \sin y$.

4. $f'_x(0,0) = 0, f'_y(0,0) = 0$.

5. (1) 0；(2) 0；(3) $z''_{xy} = \dfrac{x^2 - y^2}{(x^2 + y^2)^2}$；(4) $z''_{xy} = \dfrac{y^2 - xy - x^2}{x^2 + y^2} e^{-\arctan\frac{y}{x}}$；

(5) $u'''_{xyz} = (1 + 3xyz + x^2 y^2 z^2) e^{xyz}$.

6. 4.　　**7.** $f(x,y) = x^2 + xy^2 + \sin y$.　　**8.** $f(x,y) = 1 + xy + y^2$.　　**10.** 16；27.

11. (1) -0.02；(2) 0.093；(3) 0.155.

(B)

1. (1) $z'_x = e^{2y-x} - e^{-x} + 2(x - 2y)$；(2) $-2x - 2y - 1$.

2. (1) $z''_{xy} \Big|_{\substack{x=2 \\ y=\frac{1}{\pi}}} = \pi^2 e^{-2}$；(2) $f''_{xy} = \dfrac{x^2 - y^2}{x^2 + y^2}$；(3) $-2e^{-x^2 y^2}$.

3. $f(x,y) = xy^2 + y\sin x - x - \sin x$.

习 题 9.3

(A)

1. (1) $\mathrm{d}z = \dfrac{-y\mathrm{d}x + x\mathrm{d}y}{x^2 + y^2}$；(2) $\mathrm{d}z = (yx^{y-1} + y)\mathrm{d}x + (x^y \ln x + x)\mathrm{d}y$；(3) $\mathrm{d}z = \dfrac{y\mathrm{d}x + x\mathrm{d}y}{\sqrt{x^2 y^2 + 1}}$；

  (4) $\mathrm{d}u = \mathrm{e}^{x^2 + y^3}(2xz\mathrm{d}x + 3zy^2\mathrm{d}y + \mathrm{d}z)$.

2. (1) $\mathrm{d}z \big|_{\substack{x=\frac{\pi}{4} \\ y=\frac{\pi}{4}}} = 2\mathrm{d}x - \mathrm{d}y$；(2) $\mathrm{d}z \big|_{\substack{x=1 \\ y=0}} = 2\mathrm{e}\mathrm{d}x + (\mathrm{e}+2)\mathrm{d}y$.

3. $\mathrm{d}z = 1/36$.　4. $a = 1, b = 3$, 提示：注意 $z''_{xy} = z''_{yx}$.　*6. (1) 2.95；(2) 1.32.

*7. $-0.2\,\mathrm{m}^2$.　*8. 空气污染每天减少 6.64 t.

(B)

·1. $\mathrm{d}f \big|_{\substack{x=1 \\ y=1 \\ z=1}} = \mathrm{d}x - \mathrm{d}y$.

2. (1) $\mathrm{d}z = \dfrac{-y\mathrm{d}x + x\mathrm{d}y}{x^2 + y^2}$；(2) $\mathrm{d}z = \mathrm{e}^{-\arctan\frac{y}{x}}[(2x+y)\mathrm{d}x + (2y-x)\mathrm{d}y]$.

3. $f(x, y) = x^3 - 3x^2 y + y^3 + C$, 其中 C 为任意常数.

4. $\mathrm{d}z \big|_{\substack{x=0 \\ y=1}} = 2\mathrm{d}x - \mathrm{d}y$. 提示：先由极限存在及连续可得 $f(0,1) = 1$, 再使用微分定义.

习 题 9.4

(A)

1. (1) $z'_x = 2\left(x + 2y + \dfrac{x}{y^2}\right), z'_y = 2\left(2x + 4y - \dfrac{x^2}{y^3}\right)$；

  (2) $z'_x = \dfrac{2y^2}{x}\left[\dfrac{1}{x^2 + y^2} - \dfrac{\ln(x^2 + y^2)}{x^2}\right], z'_y = \dfrac{2y}{x^2}\left[\ln(x^2 + y^2) + \dfrac{y^2}{x^2 + y^2}\right]$；

  (3) $z'_x = \dfrac{x\arctan\frac{y}{x} - y\ln\sqrt{x^2+y^2}}{x^2+y^2}(x^2+y^2)^{\frac{1}{2}\arctan\frac{y}{x}}, z'_y = \dfrac{y\arctan\frac{y}{x} + x\ln\sqrt{x^2+y^2}}{x^2+y^2}(x^2+y^2)^{\frac{1}{2}\arctan\frac{y}{x}}$.

2. (1) $\dfrac{\partial z}{\partial x} = yf'_1 + \dfrac{1}{y}f'_2, \dfrac{\partial z}{\partial y} = xf'_1 - \dfrac{x}{y^2}f'_2$；(2) $y\dfrac{\partial z}{\partial x} + x\dfrac{\partial z}{\partial y} = 0$；

  (3) $\mathrm{d}z = (y^2 f'_1 + yf'_2)\mathrm{d}x + (2yf - xf'_2)\mathrm{d}y$；(4) $u'_x = f'_1 + yf'_2 + yzf'_3, u'_y = xf'_2 + xzf'_3; u'_z = xyf'_3$；

  (5) $y\dfrac{\partial z}{\partial x} + 4x\dfrac{\partial z}{\partial y} = 0$；(6) $yz'_x + xz'_y = \dfrac{x}{f}$.

3. (1) $z''_{xx} = 2f' + 4x^2 f'', z''_{xy} = 4xyf''$；(2) $z''_{xx} = f''_{11} + \dfrac{2}{y}f''_{12} + \dfrac{1}{y^2}f''_{22}, z''_{xy} = \dfrac{-1}{y^2}\left(xf''_{12} + f'_2 + \dfrac{x}{y}f''_{22}\right)$；

  (3) $z''_{xx} = y^4 f''_{11} + 4xy^3 f''_{12} + 2yf'_2 + 4x^2 y^2 f''_{22}, \quad z''_{xy} = 2xy^3 f''_{11} + 5x^2 y^2 f''_{12} + 2yf'_1 + 2xf'_2 + 2x^3 yf''_{22}$；

  (4) $z''_{xx} = 2yf'_1 + xy^2 f''_{11}, \quad z''_{xy} = 2xf'_1 + \mathrm{e}^y f'_2 + x^2 yf''_{11} + xy\mathrm{e}^y f''_{12}$.

4. $z''_{yy} = x^4 (f'_1 + \mathrm{e}^{x^2 y} f'_2)$.　5. (1) $\dfrac{\mathrm{d}y}{\mathrm{d}x} = \dfrac{y^2 - \mathrm{e}^x}{\cos y - 2xy}$；(2) $\dfrac{\mathrm{d}y}{\mathrm{d}x} = -\dfrac{y^2 f'_1 + f'_2}{2xyf'_1 + f'_2}$.

6. (1) $z'_x = \dfrac{yz}{z^2 - xy}, z'_y = \dfrac{xz}{z^2 - xy}$；(2) $z'_x = \dfrac{y}{\mathrm{e}^z - y}, z'_y = \dfrac{x+z}{\mathrm{e}^z - y}$；(3) $z'_x = \dfrac{y\mathrm{e}^{-xy}}{\mathrm{e}^z - 2}, z'_y = \dfrac{x\mathrm{e}^{-xy}}{\mathrm{e}^z - 2}$；

  (4) $z'_x = \dfrac{z}{z+x}, z'_y = \dfrac{z^2}{y(z+x)}$；(5) $z'_x = \dfrac{2xyf' - 1}{1 + 2yzf'}, \quad z'_y = \dfrac{f}{1 + 2yzf'}$.

7. (1) $a\dfrac{\partial z}{\partial x} + b\dfrac{\partial z}{\partial y} = c$；(2) $\mathrm{d}z = \dfrac{2f'_1}{f'_2}\mathrm{d}x + \dfrac{3f'_1 + f'_2}{f'_2}\mathrm{d}y$；(3) $xz'_x + yz'_y = z$；(4) $z'_x + z'_y = 1$.

8. (1) $\mathrm{d}z = \mathrm{d}x + \mathrm{d}y$；(2) $z'_x + z'_y = \dfrac{4x\sqrt{z}}{2\sqrt{z} + \mathrm{e}^z}$.　9. (1) $-\dfrac{1}{8}$；(2) $\dfrac{(1+\mathrm{e}^x)^2 - xy\mathrm{e}^z}{(1+\mathrm{e}^z)^3}$.

10. $\dfrac{\partial u}{\partial x} = y^2 z^3 + 3xy^2 z^2 \cdot \dfrac{3yz - 2x}{2z - 3xy}$, $\quad \dfrac{\partial u}{\partial y} = 2xyz^3 + 3xy^2 z^2 \cdot \dfrac{3xz - 2y}{2z - 3xy}$.

11. (1) $-1/2$；(2) $x^2 y + y^2 - 2x^4 + 1$. **12.** $-4x/3, 5x/3$.

(B)

1. (1) $xz'_x + yz'_y = 0$；(2) $xu'_x + yu'_y + zu'_z = 2u$. **2.** $-2f'' + xg''_{12} + xyg''_{22} + g'_2$.

3. $f''(t)\left[y\varphi'_1 + 2x\varphi'_2\right]^2 + f'(t)\left[y^2\varphi''_{11} + 4xy\varphi''_{12} + 4x^2\varphi''_{22} + 2\varphi'_2\right]$.

4. 51. **5.** 0. **6.** $\mathrm{d}u = \left(f'_x + f'_z \dfrac{x+1}{z+1}\mathrm{e}^{x-z}\right)\mathrm{d}x + \left(f'_y - f'_z \dfrac{y+1}{z+1}\mathrm{e}^{y-z}\right)\mathrm{d}y$. **7.** $-\mathrm{d}x + 2\mathrm{d}y$.

8. $\left.\dfrac{\mathrm{d}z}{\mathrm{d}x}\right|_{x=0} = 0, \left.\dfrac{\mathrm{d}^2 z}{\mathrm{d}x^2}\right|_{x=0} = 1$. **9.** $f'_x - \dfrac{y}{x}f'_y + \left[1 - \dfrac{(x-z)\mathrm{e}^x}{\sin(x-z)}\right]f'_z$.

习 题 9.5

(A)

1. (1) 极大值 $z(2, -2) = 8$；(2) 极小值 $z(1,1) = 2$；(3) 极小值 $z(0,0) = z(1,0) = 0$；
(4) 极大值 $z(-3,2) = 31$, 极小值 $z(1,0) = -5$.

2. 最大值为 2, 最小值 $\dfrac{26}{27}$. **3.** $f_{\max} = f(0,0) = 4, f_{\min} = f(0, \pm 1) = 2$.

4. 极大值为 $z\left(\dfrac{1}{2}, \dfrac{1}{2}\right) = \dfrac{1}{2}$. **5.** 长、宽和高分别取 6 cm, 6 cm, 9 cm 时, 费用最小.

6. 长, 宽, 高分别为 2 m, 2 m, 1 m 时, 容积最大且 $V_{\max} = 4(\text{m}^3)$. **7.** $\left(\dfrac{8}{5}, \dfrac{3}{5}\right)$.

8. 最近点为 $\left(\dfrac{1}{\sqrt{14}}, \dfrac{2}{\sqrt{14}}, \dfrac{3}{\sqrt{14}}\right)$；最远点为 $\left(\dfrac{-1}{\sqrt{14}}, \dfrac{-2}{\sqrt{14}}, \dfrac{-3}{\sqrt{14}}\right)$. **9.** $x = 15, y = 10$.

10. (1) 电视广告投入为 0.75 万元, 报纸广告费用 1.25 万元时, 利润最大. 提示: 广告效益 $L = R - x - y$；
(2) 广告费全部投入报纸广告效益最好.

11. (1) $x = 4, y = 3, L_{\max} = L(4,3) = 37$ 万元；(2) $x = 3.2, y = 2.8, L_{\max} = L(3.2, 2.8) = 36.2$ 万元.

12. 最大值 $f\left(\dfrac{3}{2}, 4\right) = f\left(-\dfrac{3}{2}, -4\right) = 106\dfrac{1}{4}$, 最小值 $f(2, -3) = f(-2, 3) = -50$, 提示: 边界线上为条件极值问题.

(B)

1. $(0,0)$ 不是 $f(x,y)$ 极值点；$(0,0)$ 是 $g(x,y)$ 极小值点, 提示: 用极值定义分别讨论.

2. $f(x,y)$ 在 $O(0,0)$ 处取得极小值, 提示: 考虑极限的局部保号性, 再用极值定义.

3. 极小值为 $f(9,3) = 3$. 极大值为 $f(-9, -3) = -3$.

4. (1) $\dfrac{1}{4}x^2 + 20x + \dfrac{1}{2}y^2 + 6y + 10\,000$；(2) $x = 24, y = 26, C_{\min} = 11\,118$；

(3) 32(万元 / 件). 意义为: 当甲产品的产量为 24 件时, 再增加一件甲产品, 甲产品的成本将增加 32 万元.

5. (1) $f(x,y) = x^2 + y^2 - xy + 1$；(2) $f_{\max}(x,y) = 7, f_{\min}(x,y) = 1$.

6. $C\left(\dfrac{2\sqrt{14}}{7}, \dfrac{\sqrt{14}}{7}\right)$. 提示: 在空间坐标系中有 $A(1,2,0), B(0, -2, 0), C(x, y, 0)$, $\triangle ABC$ 的面积为 $S = \dfrac{1}{2}|\overrightarrow{BA} \times \overrightarrow{BC}| = \dfrac{1}{2}|4x - y - 2|$.

第 10 章 二 重 积 分

习 题 10.1

(A)

1. (1) $I_1 > I_2$；(2) $I_1 < I_2$. **2.** $81\pi < I < 243\pi$.

3. (1) 3；(2) 4π；(3) 0；(4) $\dfrac{26\pi}{3}$；

(5) 0，提示：作辅助线 $y = -x$，区域被划分为分别关于 x,y 轴对称，再结合被积函数分别关于 x,y 为奇函数的性质.

4. 3e.

(B)

1. $\sqrt{2}$，提示：利用二重积分的中值定理. **2.** e^2.

习 题 10.2

(A)

1. (1) $(e - e^{-1})^2$；(2) $\dfrac{32}{15}$；(3) $\dfrac{9}{4}$；(4) $\dfrac{243}{4}$；(5) $1 - e^{-1}$；(6) $\sin 1 - \cos 1$；(7) $\dfrac{1}{6} - \dfrac{1}{3e}$；

(8) $\dfrac{e - 1}{4}$；(9) $\dfrac{1}{4}(e^6 - 1)$；(10) $\dfrac{2}{15}(4\sqrt{2} - 1)$；(11) $\dfrac{1}{12}(1 - \cos 1)$；(12) $\ln \dfrac{4}{3}$；

(13) $\dfrac{10}{21}$，提示：区域 D 关于 y 轴对称，可进行简化；(14) $12\dfrac{1}{3}$；

(15) $\dfrac{531}{70}$，提示：对 x 先积较容易；(16) $\dfrac{1}{2}e^4 - e^2$，提示：对 x 先积较容易；(17) 2π.

2. (1) $\displaystyle\int_1^e \mathrm{d}x \int_0^{\ln x} f(x,y)\mathrm{d}y$；(2) $\displaystyle\int_0^1 \mathrm{d}y \int_{-\sqrt{1-y^2}}^{y-1} f(x,y)\mathrm{d}x$；

(3) $\displaystyle\int_0^1 \mathrm{d}x \int_0^x f(x,y)\mathrm{d}y + \int_1^{\sqrt{2}} \mathrm{d}x \int_0^{\sqrt{2-x^2}} f(x,y)\mathrm{d}y$；(4) $\displaystyle\int_{-1}^2 \mathrm{d}y \int_{y^2}^{y+2} f(x,y)\mathrm{d}x$.

3. (1) $\dfrac{1}{4}\ln 17$；(2) $\dfrac{1}{2}$；(3) $2\ln 2 - 1$；(4) $\dfrac{1}{12}$；(5) $\dfrac{1}{4}(e - 1)$；(6) $4 - \sin 4$.

4. (1) 2π；(2) $2\pi(\sqrt{2} - 1)$；(3) $\dfrac{3\pi^2}{64}$；(4) -4；(5) $\dfrac{\pi}{4}(2\ln 2 - 1)$；(6) $-\dfrac{7}{12}$；(7) $2 - \dfrac{\pi}{2}$；

(8) $\sqrt{3} - \dfrac{\pi}{3}$；(9) $\dfrac{28}{9}$；(10) $\dfrac{41}{2}\pi$；(11) $\dfrac{\pi}{2}\ln 2$，提示：因 D 关于 x 轴对称，有 $\displaystyle\iint_D \dfrac{xy}{1 + x^2 + y^2}\mathrm{d}\sigma = 0$；

(12) $\dfrac{5}{4}\pi$；(13) $\dfrac{13}{4}\pi$；(14) $\dfrac{\pi}{12}$；(15) $\dfrac{\pi}{2}$.

5. (1) $\dfrac{\pi}{2}$；(2) $\dfrac{16}{9}$；(3) $1 - \dfrac{\sqrt{2}}{2}$；(4) $\dfrac{2}{45}(\sqrt{2} + 1)$；(5) $2\ln(\sqrt{2} + 1) - \sqrt{2}$；(6) $\pi(4 - \pi)$.

6. (1) $\dfrac{9}{2}$；(2) $8 + \pi$；(3) $\dfrac{5\pi}{4}$.

7. (1) $\dfrac{5}{6}$；(2) $\dfrac{\pi}{2}$；(3) $\dfrac{\pi}{2}$；(4) $\dfrac{4\pi}{3}(\sqrt{2} - 1)$；(5) 6π；(6) $\dfrac{32}{3}\pi$.

8. $xy + \dfrac{1}{8}$，提示：二重积分 $\displaystyle\iint_D f(x,y)\mathrm{d}\sigma$ 是常数，令 $\displaystyle\iint_D f(x,y)\mathrm{d}\sigma = k$，然后两边取二重积分.

9. 提示：先交换积分次序，再用对积分上限求导法.

10. $\dfrac{\pi}{6}$. 提示：分母用等价无穷小替换；分子再化成先 x 后 y 的二次积分；后用洛必达法则.

11. $\dfrac{2}{3}f'(0)$. **12.** $\dfrac{\pi}{2}(a + b)$.

(B)

1. (1) $\displaystyle\int_{\frac{\pi}{2}}^{\frac{3\pi}{2}} \mathrm{d}\theta \int_2^3 f(r^2)r\mathrm{d}r$；(2) $\displaystyle\int_0^{\frac{\pi}{4}} \mathrm{d}\theta \int_0^{2\cos\theta} f(r^2)r\mathrm{d}r$；(3) $\displaystyle\int_{\frac{\pi}{4}}^{\frac{\pi}{2}} \mathrm{d}\theta \int_0^{\csc\theta} f(r^2)r\mathrm{d}r$；

(4) $\int_0^{\frac{\pi}{2}}\mathrm{d}\theta\int_{2\cos\theta}^2 f(r^2)r\mathrm{d}r+\int_{\frac{\pi}{2}}^{\frac{3\pi}{4}}\mathrm{d}\theta\int_0^2 f(r^2)r\mathrm{d}r$;　　(5) $\int_0^{\frac{\pi}{4}}\mathrm{d}\theta\int_0^{2\sin\theta} f(r^2)r\mathrm{d}r+\int_{\frac{\pi}{4}}^{\frac{\pi}{2}}\mathrm{d}\theta\int_0^{2\cos\theta} f(r^2)r\mathrm{d}r$;

(6) $\int_0^{\frac{\pi}{4}}\mathrm{d}\theta\int_0^{\frac{\sin\theta}{\cos^2\theta}} f(r^2)r\mathrm{d}r+\int_{\frac{\pi}{4}}^{\frac{\pi}{2}}\mathrm{d}\theta\int_0^{\csc\theta} f(r^2)r\mathrm{d}r$.

2. $\int_0^2\mathrm{d}x\int_{\sqrt{2x-x^2}}^{\sqrt{4-x^2}} f(x^2+y^2)\mathrm{d}y$.

3. (1) $4-\dfrac{\pi}{2}$; (2) $\dfrac{416}{3}$; (3) $\dfrac{2}{9}$; (4) $\dfrac{1}{6}+\dfrac{\pi}{8}$; (5) $\mathrm{e}-1$; (6) $\dfrac{\pi}{2}(1+\mathrm{e}^\pi)$;

(7) $\dfrac{16\pi}{3}-\dfrac{32}{9}$,提示:由 D 关于 x 轴对称,有 $\iint\limits_D y\mathrm{d}\sigma=0$,再使用极坐标;(8) $\dfrac{1}{3}-\dfrac{\pi}{16}$; (9) $\dfrac{49}{20}$;

(10) $\dfrac{3}{8}$; (11) $\dfrac{\pi}{4}-\dfrac{1}{3}$; (12) $\dfrac{\pi^2}{16}-\dfrac{1}{2}$; (13) $-\dfrac{2}{3}$; (14) $-\dfrac{3}{4}$; (15) $\dfrac{14}{15}$; (16) $\dfrac{\pi}{4}-\dfrac{2}{5}$.

4. $\dfrac{1}{3}+4\sqrt{2}\ln(\sqrt{2}+1)$,提示:设 $D_1=\{(x,y)\,|\,|x|+|y|\leqslant 1\}$,对于区域 D_1 上的二重积分用直角坐标计算,对于区域 $D-D_1$ 上的二重积分用极坐标计算.

5. (1) $\dfrac{\pi}{12}$,提示:交换积分次序后,由定积分的几何意义可知,$\int_0^x\sqrt{x^2-y^2}\mathrm{d}y=\dfrac{\pi}{4}x^2$;

(2) $\dfrac{1}{2}(\mathrm{e}-1)$,提示:化为二重积分,再分项积分; (3) $\dfrac{3\mathrm{e}}{8}-\dfrac{1}{2}\sqrt{\mathrm{e}}$,提示:交换积分次序;

(4) $4\mathrm{e}^{-\frac{1}{4}}-2$; (5) $\dfrac{4(2+\pi)}{\pi^3}$; (6) $\dfrac{\mathrm{e}(\mathrm{e}^3-1)}{2}$,提示:化为极坐标下的二次积分计算.

6. $A^2/2$,提示:交换积分次序后,再 x,y 互换.

7. $f(x,y)=\sqrt{1-x^2-y^2}-\dfrac{4}{3\pi}\left(\dfrac{\pi}{2}-\dfrac{2}{3}\right)$.　*8. π.　*9. $\dfrac{\pi}{2}\left(1-\dfrac{1}{\sqrt{2}}\right)$.

第11章　　常微分方程与差分方程

习　题　11.1

(A)

1. (1) 一阶; (2) 二阶; (3) 三阶; (4) 二阶.　**2.** (1) 是; (2) 是; (3) 是; (4) 是.

3. $y=(1+2x)\mathrm{e}^x$.　**4.** $y=\int_0^x\mathrm{e}^{t^2+x}\mathrm{d}t$.　**5.** $x^2+[xf'(x)]^2=4,f(2)=0$.

6. $Q+P\dfrac{\mathrm{d}Q}{\mathrm{d}P}=0$, $E_\mathrm{d}=\dfrac{EQ}{EP}=-1$.

(B)

1. 是通解.　**2.** $y=\dfrac{\sin x}{x}$.　**3.** $xy=2y'+xy''$.

习　题　11.2

(A)

1. (1) $y^2+1=C\mathrm{e}^{-\frac{1}{x}}$; (2) $\sqrt{1-x^2}+\sqrt{1-y^2}=C$; (3) $\csc^2 y=\sec^2 x+C$;

(4) $3\mathrm{e}^{-y^2}=2\mathrm{e}^{3x}+C$; (5) $y+3=C\cos x$; (6) $1-\mathrm{e}^{-y}=Cx$; (7) $(1+\mathrm{e}^x)\sec y=2\sqrt{2}$;

(8) $y^2=2\mathrm{e}^x(1-x)-1$; (9) $y=\mathrm{e}^{\csc x-\cot x}$; (10) $y=\dfrac{1}{1+x}$.

2. (1) $x = Ce^{\sin\frac{y}{x}}$; (2) $y + \sqrt{y^2 - x^2} = Cx^2$; (3) $\sin\frac{y}{x} = Cx^2$; (4) $y^2 = x^2(\ln x^2 + 4)$;

(5) $y = xe^{x+1}$; (6) $ye^{\frac{x}{y}} + x = 1$.

3. (1) $y = (x + C)e^{-x}$; (2) $y = \frac{x}{2}\sec x + \frac{1}{2}\sin x + C\sec x$; (3) $y = \frac{1}{x^2 + 1}\left(\frac{4}{3}x^3 + C\right)$;

(4) $y = e^{-x^2}\left(\frac{1}{2}x^2 + C\right)$; (5) $y = x^2(2 + Ce^{\frac{1}{x}})$; (6) $y = e^{-\sin x}(x\ln x - x + C)$;

(7) $x = y(\ln|\ln y| + C)$; (8) $x = e^y\left(\frac{1}{3}y^3 + C\right)$; (9) $y = e^{x^2}(\sin x + 1)$;

(10) $y = \frac{1}{2x}(\ln^2 x + 1)$; (11) $y = \left(1 - \frac{1}{x}\right)e^x + \frac{1}{x}$; (12) $y = \frac{1}{2}\left(\ln x + \frac{1}{\ln x}\right)$;

(13) $y = \frac{1}{x^2 - 1}\sin x$; (14) $x = \frac{1}{2}y^2(y + 1)$.

4. $y = \frac{1}{2}x^2$.　**5.** (1) 提示:用导数定义证明 $f'(x) = 2f(x)$; (2) $f(x) = e^{2x}$.

6. $y = e^x$; $V_x = \frac{\pi}{2}(e^2 - 1)$.

7. (1) $Q = 1200 - 10P$; (2) $\left.MR\right|_{P=100} = \frac{\mathrm{d}R}{\mathrm{d}Q} = 80$. 其经济意义为当 $P = 100$ 万元时,若销量再增加 1 件时,收益将增加 80 万元.

8. $C = \frac{x^2}{a} + a$.　**9.** $f(x) = \frac{1}{2}e^{-2x} + x - \frac{1}{2}$.

10. $\ln 3$,提示:计算积分时,利用对称区间上,奇函数的积分为零的性质.

11. $\frac{-\pi}{8}$.　**12.** $y = e^{-x} + e^{2-x-e^x}$.　**13.** (1) $S = \frac{1}{8}$; (2) $V_y = \frac{\pi}{5}$.

14. $y = 2e^{-x} + 2x - 2$.　**15.** $f(x) = \frac{C}{x^3}e^{-\frac{1}{x}}$.

16. $f(x) = \frac{1}{2}(e^x + e^{-x})$,提示:令 $x - t = u$,则 $\int_0^x f(x-t)\mathrm{d}t = \int_0^x f(u)\mathrm{d}u$.

17. $y' + 2y = x^2 e^{-2x}$; $y = \left(\frac{x^3}{3} + c\right)e^{-2x}$.

*18. (1) $xy\left(C - \frac{1}{2}\ln^2 x\right) = 1$; (2) $y(C - x)e^{x^2} = 1$.

(B)

1. $f(x) = Cx^{-\frac{1}{2}} - 1$,提示:令 $tx = u$,对方程左边积分先换元.　**2.** $f(x) = \frac{x}{1 + x^3}$.

3. $f(x) = e^{x^2} - 1$.　**4.** $f(x) = -\frac{1}{2}e^{-x} - \frac{1}{2}e^x$.　**5.** (1) $y = ax^2 - ax$; (2) $a = 2$.

6. $f(t) = e^{4\pi t^2}(4\pi t^2 + 1)$.　**7.** $F(t) = t^2 - 2t + 2 - 2e^{-t}$, $t \in [0, +\infty)$.

8. (1) 收敛域为 $(-\infty, +\infty)$, $S'(x) = \frac{x^3}{2} + xS(x)$; (2) $S(x) = e^{\frac{x^2}{2}} - \frac{1}{2}x^2 - 1$.

9. (1) $F'(x) + 2F(x) = 4e^{2x}$; (2) $F(x) = e^{2x} - e^{-2x}$.　**10.** $y = x - \frac{75}{124}x^2$.

11. $-e^x\ln(1-x)$, $x \in [-1, 1)$.　**12.** 极大值为 $y(1) = 1$,极小值为 $y(-1) = 0$.

习　题　11.3

(A)

1. (1) $y = x\arctan x - \frac{\ln(1 + x^2)}{2} + C_1 x + C_2$; (2) $y = C_1\left(x + \frac{1}{3}x^3\right) + C_2$;

(3) $y = \dfrac{1}{9}x^3 + C_1 \ln|x| + C_2$；(4) $(x + C_2)^2 + y^2 = C_1$.

2. (1) $y = \dfrac{1}{4}x^4 - \dfrac{1}{2}x^2 + \dfrac{1}{3}x^3 + \dfrac{2}{3}$；(2) $y = \sqrt{2x - x^2}$.

3. $y = \dfrac{1}{6}x^3 + \dfrac{1}{2}x + 1$.

（B）

1. (1) $y = (\arcsin x)^2 + 3\arcsin x + 1$；(2) $y\ln y = x$；

　(3) $y = \ln|\sec x|$，提示：$\displaystyle\int \dfrac{1}{\sqrt{e^{2x} - 1}}\mathrm{d}x = \arctan\sqrt{e^{2x} - 1} + C$；(4) $y = \left(\dfrac{x}{2} + 1\right)^4$.

2. $f(x) = C_1\ln x + C_2$.

3. $f(u) = \ln u$.

4. $f(y) = \dfrac{1}{9}y^{-2} - \dfrac{1}{18}y^3 + C_1 y + C_2$.

习　题　11.4

（A）

1. (1) 线性无关；(2) 线性相关；(3) 线性相关；(4) 线性无关.

2. $y = C_1\cos 3x + C_2\sin 3x$.

3. 提示：考虑微分方程通解结构定理.

4. (1) $y'' + 3y' = 0$；(2) $y'' - y = 0$；(3) $y'' - 4y' + 4y = 0$；(4) $y'' - 4y' + 5y = 0$.

5. (1) $y = C_1 e^x + C_2 e^{3x}$；(2) $y = (C_1 + C_2 x)e^{2x}$；(3) $y = e^{-x}(C_1\cos 2x + C_2\sin 2x)$；

　(4) 当 $a > 0$ 时，$y = C_1 e^{-\sqrt{a}x} + C_2 e^{\sqrt{a}x}$，当 $a < 0$ 时，$y = C_1\cos\sqrt{-a}x + C_2\sin\sqrt{-a}x$，当 $a = 0$ 时，$y = C_1 + C_2 x$，提示：$r^2 = a$，对 a 的取值范围进行讨论.

6. (1) $y = -2e^{2x} + 2e^{3x}$；(2) $y = e^{2x}\sin 3x$.　7. $y(x) = e^{-2x} + 2e^x$.　8. 1.

9. (1) $(-\infty, +\infty)$；提示：设 $s(x) = \displaystyle\sum_{n=0}^{\infty}\dfrac{x^{2n}}{(2n)!}$，求 $s''(x)$；

　(2) $s(x) = \dfrac{e^x + e^{-x}}{2}$，提示：$s(0) = 1$，$s'(0) = 0$.

10. (1) $y^* = ax^2 + bx + c$；(2) $y^* = axe^{2x}$；(3) $y^* = (ax^2 + bx)e^{-x}$；

　(4) $y^* = (a_1 x^2 + b_1 x + c_1)e^x + (a_2 x^2 + b_2 x)e^{2x}$.

11. (1) $y = C_1 e^{\frac{x}{2}} + C_2 e^{-x} + e^x$；(2) $y = C_1 + C_2 e^{-\frac{5}{2}x} + \dfrac{1}{3}x^3 - \dfrac{3}{5}x^2 + \dfrac{7}{25}x$；

　(3) $y = C_1 e^{-2x} + C_2 e^{-x} + \left(x - \dfrac{7}{12}\right)e^{2x}$；(4) $y = C_1 e^{-x} + C_2 e^{3x} + \left(\dfrac{1}{8}x^2 - \dfrac{1}{16}x\right)e^{3x}$；

　(5) $y = C_1 e^{3x} + C_2 x e^{3x} + \left(\dfrac{1}{3}x^3 + \dfrac{1}{2}x^2\right)e^{3x}$；(6) $y = e^x(C_1\cos x + C_2\sin x) + 4$；

　(7) $y = e^x(C_1\cos 2x + C_2\sin 2x) - \dfrac{1}{4}xe^x\cos 2x$；(8) $y = C_1 e^x + C_2 e^{-x} - \dfrac{1}{2} + \dfrac{1}{10}\cos 2x$；

　(9) $y = e^x - e^{-x} + e^x(x^2 - x)$；(10) $y = \dfrac{11}{16} + \dfrac{5}{16}e^{4x} - \dfrac{5}{4}x$.

12. $y = (1 - 2x + x^2)e^x$.　13. $y'' + 4y' + 4y = 2e^{-2x}$.

14. $f(x) = \dfrac{1}{2}(\cos x + \sin x) + \dfrac{1}{2}e^x$，提示：所给积分方程两边求导.

15. $y = C_1 x^2 + C_2(e^x - 1) + 1$，提示：考虑定理 11.4.5.

(B)

1. (1) $f(x) = \mathrm{e}^x$;(2) 拐点为$(0,0)$. **2.** $f(x) = C_1\mathrm{e}^{-x} + C_2\mathrm{e}^x$.

3. (2) $s(x) = \dfrac{5}{2}\mathrm{e}^x + \dfrac{3}{2}\mathrm{e}^{-x}, x \in (-\infty, +\infty)$. **4.** $\varphi(x) = \dfrac{1}{4}x^2\cos x + \dfrac{3}{4}x\sin x$.

5. $y = 2\mathrm{e}^{3x} - \left(\dfrac{1}{2}x^2 + x + 2\right)\mathrm{e}^{2x}$.

6. $y = C_1\mathrm{e}^x + C_2\mathrm{e}^{-x} + x\mathrm{e}^x$,提示:把解代入方程,可得 $a = 0, b = -1, c = 2$,再求通解.

7. $y'' - y' - 2y = (1-2x)\mathrm{e}^x$,提示:由定理 11.4.5 可知,$y_3^* - y_1^* = \mathrm{e}^{-x}, y_3^* - y_2^* = \mathrm{e}^{2x}$ 为对应齐次线性方程的两个解,由此再设所求方程为 $y'' - y' - 2y = f(x)$.

8. (1) 当 $a = 0, y = \dfrac{1}{6}x^3 + C_1x + C_2$; (2) 当 $a < 0, y = C_1\mathrm{e}^{\sqrt{-a}x} + C_2\mathrm{e}^{-\sqrt{-a}x} + a^{-1}x$;

(3) 当 $a > 0, y = C_1\cos\sqrt{a}x + C_2\sin\sqrt{a}x + a^{-1}x$.

9. $f(x) = \dfrac{1}{16}\mathrm{e}^{2x} - \dfrac{1}{16}\mathrm{e}^{-2x} - \dfrac{x}{4}$. **10.** $\dfrac{1+\mathrm{e}^\pi}{1+\pi}$.

习　题　11.5

(A)

1. (1) $Q = P^{-P}$; (2) $\lim\limits_{P\to +\infty} Q = 0$. **2.** $y(t) = \dfrac{1000 \times 3^{\frac{t}{3}}}{9 + 3^{\frac{t}{3}}}$.

(B)

1. (1) $P_e = \sqrt[3]{a/b}$; (2) $P = \sqrt[3]{\dfrac{a}{b} + \left(1 - \dfrac{a}{b}\right)\mathrm{e}^{-3bkt}}$; (3) $\sqrt[3]{\dfrac{a}{b}} = P_e$.

2. $y = \dfrac{1}{10}t + 5, D = \dfrac{1}{400}t^2 + \dfrac{1}{4}t + \dfrac{1}{10}$.

习　题　11.6

(A)

1. (1) $\Delta y_x = 6x + 2, \Delta^2 y_x = 6$; (2) $\Delta y_x = \mathrm{e}^{3x}(\mathrm{e}^3 - 1), \Delta^2 y_x = \mathrm{e}^{3x}(\mathrm{e}^3 - 1)^2$;

(3) $\Delta y_x = \ln\dfrac{x+1}{x}, \Delta^2 y_x = \ln\dfrac{x(x+2)}{(x+1)^2}$; (4) $\Delta y_x = \sqrt{2}\cos\left[\dfrac{\pi}{2}\left(x + \dfrac{1}{2}\right)\right], \Delta^2 y_x = -2\cos\dfrac{\pi}{2}x$.

3. (1),(2) 均不是差分方程;(3) 是差分方程.

4. (1) 三阶;(2) 六阶;(3) 一阶;(4) 二阶.

5. $\Delta^2 y_x - 3\Delta y_x - 3y_x - 2 = 0$. **6.** $a = 2\mathrm{e} - \mathrm{e}^2$.

8. (1) $y_x = C2^x$; (2) $y_x = C2^x - 6(3 + 2x + x^2)$; (3) $y_x = C + x^2$; (4) $y_x = C3^x - \dfrac{1}{2}x + \dfrac{1}{4}$;

(5) $y_x = 3\left(-\dfrac{1}{2}\right)^x$; (6) $y_x = \dfrac{5}{3}(-1)^x + \dfrac{2^x}{3}$.

9. (1) $y_x = C_1 \cdot (-1)^x + C_2 \cdot 6^x$; (2) $y_x = (C_1 + C_2x)4^x$;

(3) $y_x = 2^x\left(C_1\cos\dfrac{\pi}{3}x + C_2\sin\dfrac{\pi}{3}x\right) + \dfrac{x}{3}$; (4) $y_x = C_1 + C_2 \cdot 2^x + \dfrac{5^x}{4}$;

(5) $y_x = (\sqrt{2})^x 2\cos\dfrac{\pi}{4}x$; (6) $y_x = 3 + 3x + 2x^2$.

10. (2) $P_t = \left(P_0 - \dfrac{2}{3}\right)(-2)^t + \dfrac{2}{3}$.

(B)

1. $W_{t+1} = 1.2W_t + 2$.　　**2.** $a = -5, b = 6$.

3. (1) $y_x = C + 3^x\left(-\dfrac{1}{6}x + \dfrac{1}{4}\right) - \dfrac{x}{3}$; (2) $y_x = C_1\left(\dfrac{2}{3}\right)^x + C_2(-1)^x - (x^2 - x + 2)\left(\dfrac{1}{3}\right)^x$.

4. $y_{x+2} - 3y_{x+1} + 2y_x = 1 - 2x$.

5. (1) 提示:用数学归纳法证.

(2) $y_x = \begin{cases} \left(C + \dfrac{b}{c}x\right)^{-1}, & a = c, \\[2mm] \left[C\left(\dfrac{a}{c}\right)^x + \dfrac{b}{c-a}\right]^{-1} & a \neq c, \end{cases}$

$y_x = \begin{cases} \left(\dfrac{1}{y_0} + \dfrac{b}{c}x\right)^{-1}, & a = c, \\[2mm] \left[\left(\dfrac{1}{y_0} - \dfrac{b}{c-a}\right)\left(\dfrac{a}{c}\right)^x + \dfrac{b}{c-a}\right]^{-1}, & a \neq c; \end{cases}$

(3) $y_x = \left[\left(\dfrac{1}{2}\right)^{x+1} + \dfrac{3}{2}\right]^{-1}$.

附　　录

附录 I　常用的初等数学公式及三阶行列式简介

一、指数与对数运算公式

1. 指数运算(设 $a,b > 0, a, b \neq 1$ 且 $x, y \in \mathbf{R}$)

(1) $a^x \cdot a^y = a^{x+y}$;　　　(2) $\dfrac{a^x}{a^y} = a^{x-y}$;　　　(3) $(a^x)^y = a^{x \cdot y}$;

(4) $(ab)^x = a^x \cdot b^x$;　　　(5) $\left(\dfrac{a}{b}\right)^x = \left(\dfrac{b}{a}\right)^{-x}$, 特别地有 $a^x = \dfrac{1}{a^{-x}}$.

2. 对数运算(设 $a, b > 0, a, b \neq 1$ 且 $M, N > 0$)

(1) $\log_a(M \cdot N) = \log_a M + \log_a N$;　　　　(2) $\log_a \dfrac{M}{N} = \log_a M - \log_a N$;

(3) $\log_a M^n = n \log_a M$;　　　　　　　　(4) $\log_a M = \dfrac{\log_b M}{\log_b a}$;

(5) $x = a^{\log_a x}$ $(x > 0)$. 特别地有 $x = \mathrm{e}^{\ln x}$ $(x > 0)$.

注　以 e 为底的对数 $\log_{\mathrm{e}} x$ 称为自然对数,记作 $\ln x$,即 $\ln x = \log_{\mathrm{e}} x$,其中 $\mathrm{e} \approx 2.7183$.

二、常用二项展开及因式分解公式

1. $(a \pm b)^2 = a^2 \pm 2ab + b^2$;　　　　　2. $(a \pm b)^3 = a^3 \pm 3a^2 b + 3ab^2 \pm b^3$;

3. $a^2 - b^2 = (a-b)(a+b)$;　　　　　　4. $a^3 \pm b^3 = (a \pm b)(a^2 \mp ab + b^2)$;

5. $a^n - b^n = (a-b)(a^{n-1} + a^{n-2}b + a^{n-3}b^2 + \cdots + ab^{n-2} + b^{n-1})$;

特别地,若取 $b = 1$,有: $a^n - 1 = (a-1)(a^{n-1} + a^{n-2} + a^{n-3} + \cdots + a + 1)$.

6. $(a+b)^n = \displaystyle\sum_{k=0}^{n} \mathrm{C}_n^k a^{n-k} b^k = \mathrm{C}_n^0 a^n + \mathrm{C}_n^1 a^{n-1} b + \mathrm{C}_n^2 a^{n-2} b^2 + \cdots + \mathrm{C}_n^{n-1} ab^{n-1} + \mathrm{C}_n^n b^n$,

其中 $n \in \mathbf{N}^+, \mathrm{C}_n^k = \dfrac{n(n-1)\cdots(n-k+1)}{k!}, k \in \mathbf{N}$,且规定 $0! = 1$.

注　(1) $k!$(读作 k 的阶乘) 表示不超过 k 的所有正整数的乘积,即
$$k! = 1 \cdot 2 \cdot 3 \cdots (k-1) \cdot k;$$

(2) $\mathrm{C}_n^k = \dfrac{n(n-1)\cdots(n-k+1)}{k!} = \dfrac{n!}{(n-k)! \cdot k!}$.

三、常用数列公式

1. 等差数列: $a_1, a_1 + d, a_1 + 2d, \cdots, a_1 + (n-1)d, \cdots$; 公差为 d. 其前 n 项和为
$$S_n = \frac{(a_1 + a_n) \cdot n}{2} = \frac{\{a_1 + [a_1 + (n-1)d]\} \cdot n}{2},$$

其中 a_n 为等差数列的第 n 项.

2. 等比数列：$a_1, a_1q, a_1q^2, \cdots, a_1q^{n-1}, \cdots$；公比为 $q \neq 1$. 其前 n 项和为 $S_n = \dfrac{a_1(1-q^n)}{1-q}$.

3. 一些常见的数列的前 n 项和

(1) $1 + 2 + 3 + \cdots + n = \dfrac{n(n+1)}{2}$;

(2) $1^2 + 2^2 + 3^2 + \cdots + n^2 = \dfrac{n(n+1)(2n+1)}{6}$;

(3) $1^3 + 2^3 + 3^3 + \cdots + n^3 = \dfrac{n^2(n+1)^2}{4}$;

(4) $1^2 + 3^2 + 5^2 + \cdots + (2n-1)^2 = \dfrac{n(4n^2-1)}{3}$.

四、常用的三角公式

1. 基本公式

$$\sin^2\alpha + \cos^2\alpha = 1; \quad \tan^2\alpha + 1 = \sec^2\alpha; \quad \cot^2\alpha + 1 = \csc^2\alpha; \quad \sec x = \frac{1}{\cos x}; \quad \csc x = \frac{1}{\sin x}.$$

2. 和角（或加法）公式

$$\sin(\alpha \pm \beta) = \sin\alpha \cdot \cos\beta \pm \cos\alpha \cdot \sin\beta; \quad \cos(\alpha \pm \beta) = \cos\alpha \cdot \cos\beta \mp \sin\alpha \cdot \sin\beta;$$

$$\tan(\alpha \pm \beta) = \frac{\tan\alpha \pm \tan\beta}{1 \mp \tan\alpha \cdot \tan\beta}; \qquad \cot(\alpha \pm \beta) = \frac{\cot\alpha \cdot \cot\beta \mp 1}{\cot\beta \pm \cot\alpha}.$$

特别地，当 $n \in \mathbf{N}$ 时，有　$\sin(\alpha + n\pi) = (-1)^n \sin\alpha$; $\quad \cos(\alpha + n\pi) = (-1)^n \cos\alpha$.

3. 倍角公式

$$\sin 2\alpha = 2\sin\alpha\cos\alpha; \quad \cos 2\alpha = \cos^2\alpha - \sin^2\alpha; \quad \tan 2\alpha = \frac{2\tan\alpha}{1-\tan^2\alpha}; \quad \cot 2\alpha = \frac{\cot^2\alpha - 1}{2\cot\alpha}.$$

4. 半角公式

$$\sin^2\frac{\alpha}{2} = \frac{1-\cos\alpha}{2}; \quad \cos^2\frac{\alpha}{2} = \frac{1+\cos\alpha}{2}; \quad \tan\frac{\alpha}{2} = \frac{1-\cos\alpha}{\sin\alpha} = \frac{\sin\alpha}{1+\cos\alpha}.$$

5. 和差化积公式

$$\sin\alpha + \sin\beta = 2\sin\frac{\alpha+\beta}{2}\cos\frac{\alpha-\beta}{2}; \quad \sin\alpha - \sin\beta = 2\sin\frac{\alpha-\beta}{2}\cos\frac{\alpha+\beta}{2};$$

$$\cos\alpha + \cos\beta = 2\cos\frac{\alpha+\beta}{2}\cos\frac{\alpha-\beta}{2}; \quad \cos\alpha - \cos\beta = -2\sin\frac{\alpha+\beta}{2}\sin\frac{\alpha-\beta}{2}.$$

6. 积化和差公式

$$\sin\alpha \cdot \sin\beta = -\frac{1}{2}[\cos(\alpha+\beta) - \cos(\alpha-\beta)]; \quad \cos\alpha \cdot \cos\beta = \frac{1}{2}[\cos(\alpha+\beta) + \cos(\alpha-\beta)];$$

$$\sin\alpha \cdot \cos\beta = \frac{1}{2}[\sin(\alpha+\beta) + \sin(\alpha-\beta)]; \quad \cos\alpha \cdot \sin\beta = \frac{1}{2}[\sin(\alpha+\beta) - \sin(\alpha-\beta)].$$

7. 万能公式

$$\sin\alpha = \frac{2t}{1+t^2}, \quad \cos\alpha = \frac{1-t^2}{1+t^2}. \quad \text{其中 } t = \tan\frac{\alpha}{2}.$$

五、初等几何

下列公式中,字母 r 表示半径,h 表示高.

1. 圆:面积 $S = \pi r^2$;周长 $l = 2\pi r$.

2. 球:体积 $V = \dfrac{4}{3}\pi r^3$;面积 $S = 4\pi r^2$.

3. 圆扇形:面积 $S = \dfrac{1}{2}r^2\theta$. 其中 θ 为扇形的圆心角,以弧度计.

4. 弧:圆弧长 $l = r\theta$. 其中 θ 为圆心角,以弧度计.

5. 圆柱体:体积 $V = \pi r^2 h$;侧面积 $S = 2\pi rh$.

6. 圆锥:体积 $V = \dfrac{1}{3}\pi r^2 h$;侧面积 $S = \pi rl$,其中 l 表示斜高.

六、一元二次方程 $ax^2 + bx + c = 0\,(a \neq 0)$

根的判别式 $\Delta = b^2 - 4ac$.

当 $\Delta > 0$ 时,方程有两个不相等的实根,求根公式为 $x_{1,2} = \dfrac{-b \pm \sqrt{b^2 - 4ac}}{2a}$;

当 $\Delta = 0$ 时,方程有两个相等的实根 $x_{1,2} = \dfrac{-b}{2a}$;

当 $\Delta < 0$ 时,方程有一对共轭的复根,求根公式为 $x_{1,2} = \dfrac{-b \pm \sqrt{4ac - b^2}\,\mathrm{i}}{2a}$.

根与系数的关系(韦达定理)为 $x_1 + x_2 = -\dfrac{b}{a}, \quad x_1 \cdot x_2 = \dfrac{c}{a}$.

七、二阶与三阶行列式简介

记号 $D = \begin{vmatrix} a_{11} & a_{12} \\ a_{21} & a_{22} \end{vmatrix}$ 称为**二阶行列式**. 它有两行、两列,它表示一个数,其值为 $D = a_{11}a_{22} - a_{12}a_{21}$,即

$$D = \begin{vmatrix} a_{11} & a_{12} \\ a_{21} & a_{22} \end{vmatrix} = a_{11}a_{22} - a_{12}a_{21},$$

其中数 $a_{ij}(i = 1,2; j = 1,2)$ 称为行列式 D 的元素,元素 a_{ij} 的第一个下标 i 称为行标,表明该元素位于第 i 行,第二个下标 j 称为列标,表明该元素位于第 j 列.

记号 $D = \begin{vmatrix} a_{11} & a_{12} & a_{13} \\ a_{21} & a_{22} & a_{23} \\ a_{31} & a_{32} & a_{33} \end{vmatrix}$ 称为**三阶行列式**. 它有三行、三列,它表示一个数,其值为

$$D = \begin{vmatrix} a_{11} & a_{12} & a_{13} \\ a_{21} & a_{22} & a_{23} \\ a_{31} & a_{32} & a_{33} \end{vmatrix} = a_{11}\begin{vmatrix} a_{22} & a_{23} \\ a_{32} & a_{33} \end{vmatrix} - a_{12}\begin{vmatrix} a_{21} & a_{23} \\ a_{31} & a_{33} \end{vmatrix} + a_{13}\begin{vmatrix} a_{21} & a_{22} \\ a_{31} & a_{32} \end{vmatrix}$$

该式称为三阶行列式按第一行的展开式.

附录 II　极 坐 标 系

平面直角坐标系的建立使得平面上的点与二元有序数组之间建立了一一对应的关系,使得可以利用代数的方法来研究几何问题. 而极坐标给出了另一种平面上的点与二元有序数组之间的对应关系.

一、极坐标系

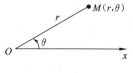

图 1

在平面上任取一定点 O,称为**极点**,自 O 引一条射线 Ox,称为**极轴**. 再选定一个长度单位和角度正方向(一般取从极轴的逆时针转动角度为正方向),这样就建立了一个**极坐标系**(图 1).

对于平面上任意一点 M,用 r 表示 M 到极点 O 的距离,用 θ 表示从极轴到向量 $\overrightarrow{OM}$ 的夹角(按逆时针方向为正),r 称为点 M 的**极径**,θ 称为点 M 的**极角**,有序数组 (r,θ) 称为点 M 的**极坐标**,记作 $M(r,\theta)$. 其中 $0 \leqslant r < +\infty$,极角 θ 的值一般以弧度表示.

一般地,极坐标 (r,θ) 与 $(r,\theta+2k\pi)(k \in \mathbf{Z})$ 表示同一个点. 这样平面内一个点的极坐标有无数种表示.

如果规定 $0 \leqslant \theta < 2\pi$ 或 $-\pi < \theta \leqslant \pi$,那么除了极点外平面内的点可用唯一的极坐标表示. 极点处,规定 $r = 0,\theta$ 可取任意值.

在微积分中约定:$0 \leqslant r < +\infty,0 \leqslant \theta < 2\pi$(或 $-\pi < \theta \leqslant \pi$).

在极坐标系中,$r = r_0$ 表示的是以极点 O 为中心,半径为 r_0 的圆;$\theta = \theta_0$ 表示从极点出发与极轴正向夹角为 θ_0 的射线.

二、极坐标与直角坐标之间的关系

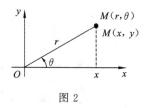

图 2

极坐标系与直角坐标系是两种不同的坐标系. 若把直角坐标系的原点作为极点,x 轴的正半轴作为极轴,并在两种坐标系中取相同的长度单位(图 2). 于是平面中的点 M 的直角坐标 (x,y) 与极坐标 (r,θ) 它们之间的互化关系为

$$\begin{cases} x = r\cos\theta, \\ y = r\sin\theta. \end{cases} \tag{1}$$

或

$$\begin{cases} r = \sqrt{x^2 + y^2}, \\ \tan\theta = \dfrac{y}{x}, \quad x \neq 0. \end{cases} \tag{2}$$

当 $x = 0$ 时,$\theta = \pi/2$ $(y > 0)$ 或 $\theta = 3\pi/2$ $(y < 0)$.

利用以上两式,可以将一条曲线的直角坐标方程和极坐标方程互化.

三、曲线的极坐标方程

在极坐标中,平面内的一条曲线,可用含有 r,θ 这两个变量的方程 $f(r,\theta) = 0$ 来表示,这种方程称为曲线的极坐标方程.

如果曲线的直角坐标方程已知,利用式(1)可求得该曲线的极坐标方程.

例 1　设平面上圆周的直角坐标方程分别为

(1) $x^2 + y^2 = a^2$;　　(2) $x^2 + y^2 = 2ax$;　　(3) $x^2 + y^2 = 2ay$.

其中 $a > 0$,试将其化成相应的极坐标方程.

解　将直角坐标与极坐标的关系 $x = r\cos\theta, y = r\sin\theta$ 代入方程,可得

(1) $x^2 + y^2 = a^2$(图 3)的极坐标方程为:$r = a$ $(0 \leqslant \theta < 2\pi)$.

(2) $x^2 + y^2 = 2ax$(图 4)的极坐标方程为:$r = 2a\cos\theta$ $(-\pi/2 \leqslant \theta \leqslant \pi/2)$.

(3) $x^2 + y^2 = 2ay$(图 5)的极坐标方程为:$r = 2a\sin\theta$ $(0 \leqslant \theta \leqslant \pi)$.

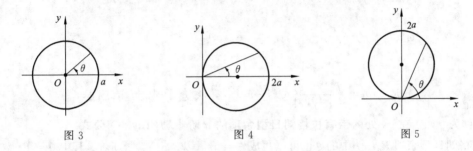

图 3　　　　　　　　　　　图 4　　　　　　　　　　图 5

极坐标方程的作图与直角坐标的作图原则上是类似的,一般步骤是:

(1) 由极坐标方程 $r = f(\theta)$,在 θ 的取值范围内由大到小依次取一些值 θ_i $(i = 1, 2, \cdots, n)$,计算出相应的 r 值 $r_i = f(\theta_i)$.

(2) 在极坐标系中描绘出这些点 (r_i, θ_i) $(i = 1, 2, \cdots, n)$,通过这些点连成曲线.

有时也可以利用图形的对称性简化作图工作.

对于极坐标方程 $r = f(\theta)$,若 $f(-\theta) = f(\theta)$,则其图形关于对应直角坐标系的 x 轴(或极轴 x)对称;若 $f(\pi - \theta) = f(\theta)$,则其图形关于对应直角坐标系的 y 轴对称.

例 2　描绘曲线 $r = a(1 + \cos\theta)$ $(a > 0)$ 的图形.

解　因为 $r = a(1 + \cos\theta)$ 关于 θ 是偶函数,故该函数的图形是关于极轴对称. 因此,我们只需画出该函数在上半平面 $\{(r, \theta) \mid r \geqslant 0, 0 \leqslant \theta \leqslant \pi\}$ 中的图形. 在 $[0, \pi]$ 上依次取 θ 的一些值,计算出相应的 r 的一些值:

θ	0	$\pi/6$	$\pi/4$	$\pi/3$	$\pi/2$	$2\pi/3$	$3\pi/4$	$5\pi/6$	π
r	$2a$	$\left(1 + \dfrac{\sqrt{3}}{2}\right)a$	$\left(1 + \dfrac{\sqrt{2}}{2}\right)a$	$\dfrac{3}{2}a$	a	$\dfrac{1}{2}a$	$\left(1 - \dfrac{\sqrt{2}}{2}\right)a$	$\left(1 - \dfrac{\sqrt{3}}{2}\right)a$	0

对于表中的每组数据,在极坐标系中依次画出这些点,用曲线连接,然后再利用对称性把图形全部画出(图 6). 此曲线称为**心形线**或**心脏线**.

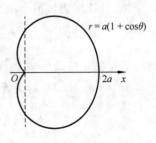

图 6

附录 Ⅲ　泰勒公式的一些简单应用

泰勒公式在微积分中有一些重要的应用,下面作简单介绍.

一、泰勒公式

定理 1　若函数 $f(x)$ 在含有点 x_0 的开区间 (a,b) 内具有 $n+1$ 阶的导数,则对于任意 $x \in (a,b)$,有

$$f(x) = f(x_0) + f'(x_0)(x-x_0) + \frac{f''(x_0)}{2!}(x-x_0)^2 + \cdots +$$
$$\frac{f^{(n)}(x_0)}{n!}(x-x_0)^n + R_n(x), \tag{1}$$

其中

$$R_n(x) = \frac{f^{(n+1)}(\xi)}{(n+1)!}(x-x_0)^{n+1}, \quad \xi \text{ 介于 } x_0 \text{ 与 } x \text{ 之间},$$

式(1) 称为 $f(x)$ 在 x_0 处的**带有拉格朗日型余项的 n 阶泰勒(Taylor) 公式**.

拉格朗日型余项 $R_n(x)$ 中的 ξ 也可以写成 $\xi = x_0 + \theta(x-x_0)$ 的形式,其中 $0 < \theta < 1$.

在不需要余项的具体(或精确) 表达时,或只需对余项作定性描述时,有下述结论.

定理 2　若函数 $f(x)$ 在 x_0 处有 n 阶导数,则对于任意 $x \in U(x_0)$,有

$$f(x) = f(x_0) + f'(x_0)(x-x_0) + \frac{f''(x_0)}{2!}(x-x_0)^2 + \cdots$$
$$+ \frac{f^{(n)}(x_0)}{n!}(x-x_0)^n + R_n(x), \tag{2}$$

其中

$$R_n(x) = o[(x-x_0)^n] \quad (x \to x_0),$$

式(2) 称为 $f(x)$ 在 x_0 处的带有佩亚诺(Peano) 型余项的 n 阶泰勒公式. $R_n(x) = o[(x \to x_0)^n]$ 称为 $f(x)$ 在 x_0 处的**佩亚诺型余项**.

定理 1 可用柯西中值定理证明,定理 2 可用洛必达法则并结合导数定义证明,其证明过程在此省略. 若 $x_0 = 0$,则泰勒公式为

$$f(x) = f(0) + f'(0)x + \frac{f''(0)}{2!}x^2 + \cdots + \frac{f^{(n)}(0)}{n!}x^n + R_n(x),$$

该公式称为 $f(x)$ 的 **n 阶麦克劳林(Maclaurin) 公式**. 它是泰勒公式的特殊情形. 其中 $R_n(x)$ 为余项,其拉格朗日型余项、佩亚诺型余项分别为

$$R_n(x) = \frac{f^{(n+1)}(\theta x)}{(n+1)!}x^{n+1}(0 < \theta < 1), \quad R_n(x) = o(x^n) \quad (x \to 0).$$

定理 1 反映了函数在某个区间上的整体性质,常用于函数多项式逼近的误差估计,若 $|f^{(n+1)}(x)| \leqslant M$,则逼近的误差为

$$|R_n(x)| = \left| \frac{f^{(n+1)}(\xi)}{(n+1)!}(x-x_0)^{n+1} \right| \leqslant \frac{M}{(n+1)!}|x-x_0|^{n+1}.$$

而定理 2 则是刻画函数在点 x_0 的局部形态,式(2) 常用于求函数的极限.

二、常见的带有佩亚诺型余项的几个初等函数的麦克劳林公式

1. $e^x = 1 + x + \dfrac{x^2}{2!} + \cdots + \dfrac{x^n}{n!} + o(x^n)$,

2. $\sin x = x - \dfrac{x^3}{3!} + \dfrac{x^5}{5!} - \cdots + (-1)^{n-1} \dfrac{x^{2n-1}}{(2n-1)!} + o(x^{2n})$,

3. $\cos x = 1 - \dfrac{x^2}{2!} + \dfrac{x^4}{4!} - \cdots + (-1)^n \dfrac{x^{2n}}{(2n)!} + o(x^{2n+1})$,

4. $\ln(1+x) = x - \dfrac{x^2}{2} + \dfrac{x^3}{3} - \cdots + (-1)^{n-1} \dfrac{x^n}{n} + o(x^n)$,

5. $(1+x)^\alpha = 1 + \alpha x + \dfrac{\alpha(\alpha-1)}{2!}x^2 + \cdots + \dfrac{\alpha(\alpha-1)\cdots(\alpha-n+1)}{n!}x^n + o(x^n)$.

特别地有 $\sqrt{1+x} = 1 + \dfrac{1}{2}x - \dfrac{1}{8}x^2 + \dfrac{1}{16}x^3 + o(x^3)$.

三、泰勒公式的简单应用

1. 求极限

带有佩亚诺型余项的泰勒公式,它可以把 n 阶可导函数化为 n 次多项式与一个当 $x \to x_0$ 时,比 $(x-x_0)^n$ 高阶的无穷小之和,这就把各种不同函数类型的无穷小都化为同一种函数类型多项式的无穷小,从而大大简化含有无穷小极限式的运算. 由于多项式便于四则运算,所以常可以用带有佩亚诺型余项的麦克劳林公式求某些函数的极限. 特别是对于分子、分母中含有若干项不同类型函数的加减时的极限尤为有效.

用泰勒公式求极限时要注意合理确定展开式的阶数. 一般应使减式与被减式、分子与分母具有相同的次数. 运算涉及有关无穷小阶的运算时,可参阅本书习题 2.5(B)7.

例 1 求极限 $I = \lim\limits_{x \to 0} \dfrac{\cos x - e^{-x^2/2}}{x^4}$.

解 由于分式的分母为 x^4,只需将分子中的 $\cos x$ 和 $e^{-x^2/2}$ 分别用带有佩亚诺型余项的四阶麦克劳林公式表示. 又因当 $x \to 0$ 时,

$$\cos x = 1 - \frac{x^2}{2!} + \frac{x^4}{4!} + o(x^5), \quad e^{-\frac{x^2}{2}} = 1 - \frac{x^2}{2} + \frac{1}{2!} \cdot \frac{x^4}{4} + o(x^4).$$

于是

$$I = \lim_{x \to 0} \frac{\left(\dfrac{1}{4!} - \dfrac{1}{2!} \cdot \dfrac{1}{4}\right)x^4 + o(x^5) - o(x^4)}{x^4} = \lim_{x \to 0} \frac{-\dfrac{1}{12}x^4 + o(x^4)}{x^4} = -\frac{1}{12}.$$

注 对于 $\dfrac{f(x)}{g(x)}$ 型,一般采用"上下同阶"原则,即若分母(或分子)是 x 的 m 次方,则应该把分子(或分母)展开到 x 的 m 次方;对于 $f(x)-g(x)$ 型,一般采用"幂次最低"原则,即只需将 $f(x),g(x)$ 分别展开到它们的系数不相等时,x 的最低次幂为止.

2. 证明不等式

由于泰勒公式建立了函数与其各阶导数之间的联系,所以当一个问题涉及某函数与二阶或二阶以上导数的关系时,可以考虑应用泰勒公式.

例 2 若 $f(x)$ 在区间 I 上二阶可导,且 $f''(x) < 0$,则 $\forall x_i \in I \ (i = 1, 2, \cdots, n)$ 有

$$f\left(\frac{x_1 + x_2 + \cdots + x_n}{n}\right) \geqslant \frac{1}{n}\sum_{i=1}^{n} f(x_i).$$

当且仅当 $x_1 = x_2 = \cdots = x_n$ 时取等号.

证　取 $x_0 = \dfrac{x_1 + x_2 + \cdots + x_n}{n}$，则 $f(x)$ 在 x_0 处的一阶泰勒公式为

$$f(x) = f(x_0) + f'(x_0)(x - x_0) + \frac{1}{2!}f''(\xi)(x - x_0)^2 \quad (\xi \text{ 介于 } a \text{ 与 } x \text{ 之间}),$$

因为 $f''(x) < 0$，所以

$$f(x) \leqslant f(x_0) + f'(x_0)(x - x_0),$$

当且仅当 $x = x_0$ 时取等号，即有

$$f(x_i) \leqslant f(x_0) + f'(x_0)(x_i - x_0), \quad i = 1, 2, \cdots, n.$$

将这 n 个式子相加，得

$$\sum_{i=1}^{n} f(x_i) \leqslant nf(x_0) + f'(x_0)\left(\sum_{i=1}^{n} x_i - nx_0\right),$$

即有

$$f\left(\frac{x_1 + x_2 + \cdots + x_n}{n}\right) \geqslant \frac{1}{n}\sum_{i=1}^{n} f(x_i),$$

当且仅当 $x_1 = x_2 = \cdots = x_n$ 时等号成立.

若取 $f(x) = \ln x$，由该题的结果就可得到著名的均值不等式.

3. 近似计算

用泰勒多项式作为函数的近似计算时，其误差可用拉格朗日型余项进行估计.

例 3　计算 e 的近似值，使其误差不超过 10^{-5}.

解　令 $f(x) = e^x$，由于 $e^x \approx 1 + x + \dfrac{x^2}{2!} + \cdots + \dfrac{x^n}{n!}$，其误差为

$$|R_n(x)| = \left|\frac{f^{(n+1)}(\xi)}{(n+1)!}x^{n+1}\right| = \left|\frac{e^\xi}{(n+1)!}x^{n+1}\right| \leqslant \frac{e^{|x|}}{(n+1)!}|x|^{n+1}.$$

令 $x = 1$，则得无理数 e 的近似值为 $e \approx 1 + 1 + \dfrac{1}{2!} + \cdots + \dfrac{1}{n!}$.

则其误差为

$$|R_n(1)| \leqslant \frac{e}{(n+1)!} < \frac{3}{(n+1)!} < 10^{-5},$$

只要取 $n = 9$，有 $|R_9(1)| < \dfrac{3}{10!} < 10^{-6}$. 故误差不超过 10^{-5} 时，e 的近似值为

$$e \approx 1 + 1 + \frac{1}{2!} + \cdots + \frac{1}{9!} \approx 2.718\,28.$$

附录 Ⅳ　　微积分的创立及发展简史

一、微积分产生的历史背景

　　微积分的思想萌芽,特别是积分学,部分可以追溯到古代. 在古希腊、中国和印度数学家的著作中,已不乏用朴素的极限思想,即用无穷小过程计算特殊形状几何图形的面积和体积以及曲线的长度等. 与积分学相比,微分学的起源则要晚得多,究其原因,积分学研究的问题是静态的,而微分学则是动态的,它涉及运动. 在生产力还没有发展到一定阶段的时候,微分学是不会产生的. 微分学主要来源于求曲线的切线,瞬时变化率以及求函数的极值等问题.

　　微积分思想真正的迅速发展与成熟是在 16 世纪以后,欧洲的文艺复兴,使得整个欧洲全面觉醒. 微积分的创立,首先是为了处理 17 世纪的天文、力学等领域发生的一系列重要科学问题,这些问题所面临的数学困难是促使微积分产生的重要动力. 在 17 世纪中叶,几乎所有的科学大师都致力于寻求解决这些问题的数学工具,其中最具代表性的有:德国数学家开普勒、意大利数学家卡瓦列里、法国数学家笛卡儿、费马以及英国数学家巴罗、沃利斯等.

　　17 世纪上半叶一系列先驱性的工作,沿着不同的方向向着微积分的大门逼近. 先驱者们对于求解各类微积分问题做出了宝贵的贡献,但他们的方法缺乏足够的一般性. 因此,在更高的高度上将以往个别的贡献和分散的努力综合为统一的理论,成为 17 世纪中叶数学家面临的艰巨任务. 而牛顿和莱布尼茨正是在这种时刻出场的,时代的需要以及个人的才识,使得他们沿着前人和同代人所开辟的道路,各自独立地完成了微积分创立中最后也是关键的一步.

二、微积分的创始人 —— 牛顿和莱布尼兹的微积分功绩

1. 牛顿的微积分功绩

　　牛顿(Newton,1643 ~ 1727)是英国伟大的数学家、物理学家和天文学家,是迄今为止对人类生活影响最大的科学家之一.

　　1643 年 1 月 4 日,牛顿出生于英格兰的一个农民家庭,少年时资质平常成绩一般,但却酷爱读书,喜欢沉思. 1661 年他进入剑桥大学三一学院学习,进入剑桥后受教于精于数学和光学的巴罗教授,同时钻研伽利略、开普勒、笛卡儿和沃利斯等人的著作.

　　巴罗认为牛顿具有深邃的观察力和敏锐的理解力,他将牛顿引向了近代自然科学的研究领域. 1664 年牛顿被选为巴罗的助手,1664 年秋开始研究微积分问题. 因瘟疫流行,剑桥大学于 1665 年 8 月关闭,牛顿在回家乡躲避的两年间,潜心探讨,取得突破. 1665 年 11 月发明“正流数术”(微分法),次年 5 月建立“反流数术”(积分法),1666 年 10 月牛顿将其前两年的研究成果整理成一篇总结性论文《流数简论》,这也是历史上第一篇系统的微积分文献. 牛顿在文中以速度的形式引进了“流数”(即微商)概念,建立了统一的算法及其逆运算. 特别重要的是讨论了如何借助于这种逆运算求面积,从而建立了“微积分学基本定理”,该定理建立了微分与积分之间的联系,指出了微分与积分互为逆运算,从而完成了微积分发明中最后的也是最关键的一步,为其深入发展与广泛应用铺平了道路,这是他超越前人的功绩,正是在这样的意义下,人们说牛顿创立了微积分.

　　《流数简论》标志着微积分的诞生,但它在许多方面是不成熟的. 1667 年春,牛顿回到了剑桥,并未发表他的《流数简论》. 在以后的 20 余年里,他始终不渝地努力改进、完善自己的微积分学说. 1687 年牛顿出版了划时代的力学巨著《自然哲学的数学原理》,这是牛顿微积分学说的最早表述. 爱因斯坦曾盛赞牛顿的《自然哲学的数学原理》是"无比辉煌的演绎成就". 在这部书中,牛顿从力学的基本概念和基本定律出发,运用微积分这一数学工具,严格证明了开普勒行星运动三定律、万有引力定律等结论,并将微积分应用于流体运动、声、光、潮汐、彗星乃至宇宙体系,充分显示了这一数学工具的威力.

　　牛顿是一位科学巨人,牛顿之所以能在数学、天文、物理学等众多科学领域内做出杰出的贡献,离不开那个时代科学技术发展的需求以及前人所提供的知识准备;此外,更是和他本人的品质和治学态度密不可分. 牛顿对科学的追求与研究达到了痴迷的地步,不倦而忘我地工作,然而对待自己的成功总是谦逊地归功于前人的启迪,牛顿曾这样说过"如果说我看得比别人远些,那是因为我站在巨人们的肩膀上".

　　牛顿对于自己的科学成果采取非常十分谨慎的科学态度,大多是在朋友的再三催促下才相继发表. 牛顿的其他微积分论文直到 18 世纪初才相继发表,如:《曲线求积术》(1691 年完成) 发表于 1704 年;《分析学》(1669 年完成) 发表于 1711 年;而《流数法》(1671 年完成) 则在牛顿逝世 9 年后的 1736 年才正式发表. 这些可贵的品质给后人带来巨大的影响.

　　牛顿在 1669 年被授予卢卡斯数学教授席位,在 1703 年成为英国皇家学会会长,同年也是法国科学院的会员. 牛顿在 1727 年 3 月 31 日逝世于伦敦,被安葬于威斯敏特教堂.

　　2. 莱布尼茨微积分功绩

　　莱布尼茨(Leibniz,1646 ~ 1716)是德国伟大的数学家、哲学家、自然科学家,和牛顿同为微积分的创始人. 莱布尼茨是一位博学多才的学者,一个举世罕见的科学天才. 他涉猎百科,其著作包括多个方面,对丰富人类的科学知识宝库做出了不可磨灭的贡献.

　　1646 年 7 月 1 日,莱布尼茨出生于德国莱比锡一个教授家庭,1661 年进入莱比锡大学学习法律,同时开始接触伽利略、开普勒、笛卡儿及巴罗等人的科学思想. 1663 年获学士学位,1664 年获法学硕士学位,1667 年获法学博士学位,同年莱布尼茨投身外交界,登上政治舞台. 1672 年至 1676 年,莱布尼茨在出使并游历欧洲各国期间,接触了许多杰出学者及数学界的名流,受到启发,开始研究数学家的著作,兴趣明显转向数学与自然科学,开始了数学领域里的创造性工作.

　　牛顿是从物理学出发研究微积分的,更多地结合了运动学. 与牛顿的切入点不同,莱布尼茨创立微积分则是从几何学问题出发研究微积分. 在 1675 年 10 月的一份手稿中,莱布尼茨首先引入了积分符号 $\int$,在同年 11 月的手稿中,他又引进了微分符号 dx,并开始研究 $\int$ 运算 d 的运算关系. 1677 年莱布尼茨在其手稿中明确陈述了"微积分基本定理".

　　1684 年莱布尼茨整理、概括自己 1673 年以来微积分研究成果,发表了他的第一篇微分学论文《一种求极大与极小值和求切线的新方法》,这是数学史上第一篇公开发表的微积分文献. 其中定义了微分概念,广泛采用了微分记号 dx、dy,并明确陈述了现在人们熟知的函数和、差、积、商、乘幂与方根的微分法则,以及乘积的高阶导数法则,还包含了微分法在求函数极值、拐点以及光学等方面的应用. 1686 年莱布尼茨又发表了他的第一篇积分论文《深奥的几何与不可分量及无限的分析》,该论文初步论述了积分或求积问题与微分或切线问题的互逆关系,积

分号 $\int$ 首次出现于印刷出版物上,并为后人广泛接受沿用至今.

　　莱布尼茨是数学史上最伟大的符号学者,堪称符号大师.他认识到好的数学符号能节省思维劳动,他非常重视选择精巧的符号,我们现用的积分号 $\int$ 和微分号 d 都是莱布尼茨首创,这些巧妙而简洁的数学符号对于微积分发展起了很大的促进作用.莱布尼茨也非常重视形式运算法则与公式系统性,这对微积分的发展有极大的影响.

　　莱布尼茨博学多才,他研究的领域及成果遍及多个领域,其著作涉及数学、力学、机械、地质、逻辑、哲学、法律、外交、神学和语言等.莱布尼茨是柏林科学院的创建者和首任院长,彼得堡科学院、维也纳科学院也是在他的倡导下相继成立的,他甚至曾写信给康熙皇帝建议成立北京科学院.

　　莱布尼茨对中国的科学、文化和哲学思想十分关注,是最早研究中国文化和中国哲学的德国人.他曾编辑了《中国近况》一书,为促进中西文化交流做出了积极的努力,并产生了广泛的影响,值得后世敬仰.1716 年 11 月 14 日莱布尼茨在德国汉诺威离世,为了纪念他和他的学术成就,在 2006 年 7 月 1 日,也就是莱布尼茨 360 周年诞辰之际,汉诺威大学正式改名为汉诺威莱布尼茨大学.

　　3. 牛顿与莱布尼茨微积分发明优先权之争

　　牛顿与莱布尼茨谁先发明了微积分的争论是数学界至今最大的公案.

　　牛顿于 1665 年创立了微积分,莱布尼茨于 1684 年和 1686 年分别发表了微分学与积分学的论文,而在 1687 年以前牛顿没有公开发表任何微积分文章,1687 年当牛顿在出版的《自然哲学的数学原理》(简称《原理》)中首次发表他的流数方法,他在前言中写道:"十年前在我和最杰出的几何学家莱布尼茨的通信中,我表明我已经知道确定极大值和极小值的方法、作切线的方法以及类似的方法,但我在交换的信件中隐瞒了这种方法 …… 这位最卓越的科学家在回信中说,他也发现了一种同样的方法,并阐述了他的方法,除了措词和符号,与我的方法几乎没有什么不同".这可以说对微积分发明权的客观说明,但在《原理》第三版中这段话被删去了,原因是局外人的一本小册子引起了微积分发明优先权的争论,瑞士数学家德丢勒 1699 年在这本小册子中认为"牛顿是微积分第一发明人",莱布尼茨的微积分工作是从牛顿那里有所借鉴,进一步莱布尼茨又被英国数学家指责为剽窃者.莱布尼茨对此做出了反驳.争论在双方的追逐者之间愈演愈烈,这场争论甚至造成了支持莱布尼茨的欧洲大陆数学家与英国数学家的互相敌对,使得两派数学家在数学发展上分道扬镳.优先权争议的"胜利"满足了英国的自尊心,但使他们对莱布尼茨的符号体系及分析方法持有一种冷淡的态度,他们固守牛顿传统的几何方法,从而使英国数学远离分析的主流,导致其在数学上落后了欧洲大陆数学一百多年.

　　1714 ~ 1716 年,莱布尼茨在去世前,起草了《微积分的历史和起源》一文(此文 1846 年才被发表),总结了自己创立微积分的思路,说明了自己成就的独立性.

　　在莱布尼茨和牛顿二人逝世后,事情逐渐平息并得到解决.通过他们的手稿证明,他们两人确实是相互独立地完成了微积分的发明,就发明时间而言,牛顿早于莱布尼茨;就成果发表时间而言,莱布尼茨早于牛顿.因此后来人们公认牛顿和莱布尼茨是各自独立地创建了微积分.

4. 小结

微积分的诞生具有划时代的意义,是数学史上的分水岭与转折点. 数学由有限的常量数学,成为无限的变量数学. 微积分是时代的产物,是人类社会生产力发展到资本主义阶段的必然产物. 微积分是一代代学者们不懈探索、不断积累的智慧结晶,是由量变到质变的飞跃. 是牛顿和莱布尼茨在继承前人成果的基础上创造性地实现了这一飞跃. 牛顿与莱布尼茨都是他们那个时代的巨人. 就微积分的创立而言,牛顿主要是从运动学的概念出发,莱布尼茨主要是从几何和哲学的角度出发,他们的成果尽管在背景、方法和形式上存在差异,各有特色,但功绩是相当的. 他们都使微积分成为能普遍适用的算法,都揭示了微分与积分的本质以及二者之间的内在联系.

三、微积分的发展

从 17 世纪到 18 世纪的过渡时期,法国数学家罗尔于 1691 年在其论文《任意次方程一个解法的证明》中给出了人们现在熟知的罗尔定理雏形;瑞士数学家伯努利兄弟雅各布和约翰二人是微积分重要的奠基者. 其中约翰给出了求 0/0 型不定型极限的一个定理,该定理后由约翰的学生洛必达编入微积分著作,现称为洛必达法则.

18 世纪是微积分进一步深入发展时期. 1715 年,英国数学家泰勒给出了现在以他命名的泰勒中值定理,后来英国数学家麦克劳林重新得到泰勒公式在 $x = 0$ 处的特殊情形. 1720 年,伯努利在其文章中使用了偏导数并证明了在一定条件下函数求偏导数与次序无关. 偏导数的理论是由瑞士数学家欧拉、法国数学家克莱罗和达朗贝尔在早期偏微分方程中建立起来的. 欧拉在关于流体力学的一系列文章中给出了偏导数的运算法则,复合函数偏导数法则等有关运算. 1739 年克莱罗在其研究论文中首次提出全微分的概念,之后达朗贝尔推广了偏导数的演算. 1743 年欧拉给出了完整的高阶常系数线性齐次方程完整的解法,对于非齐次方程,他又提出了一种降阶的解法. 1748～1769 年,欧拉建立了平面有界区域上二重积分的理论,给出了用累次积分计算二重积分的方法. 而法国数学家拉格朗日在关于旋转椭球的引力著作中,用三重积分表示引力,为了克服计算中的困难使用了球坐标,建立了有关的积分变换公式. 18 世纪众多数学家对微积分发展功不可没,正是他们的精耕细作,使得牛顿和莱布尼茨的微积分成果辉煌,其内容的丰富,应用的广泛,简直令人眼花缭乱.

历史上任何一项重大理论的完成,不可能一开始就完美无瑕. 17 世纪创立的微积分,使得微积分成为研究自然科学的有力工具. 但微积分中的许多概念都没有精确的定义,特别是微积分的基础极限理论,牛顿与莱布尼茨的极限和无穷小的概念十分模糊,出现了逻辑上的混乱局面. 18 世纪几乎每个数学家都对微积分的严格化做了一些努力,直到 18 世纪末,微积分的严格化一直未完成. 经过一个世纪的尝试和酝酿,数学家们在严格化基础上重建微积分的努力到 19 世纪获得成效. 其标志是法国数学家柯西的极限理论和德国数学家魏尔斯特拉斯的分析算术化.

柯西(Cauchy,1789～1857)1821 年和 1823 年的《分析教程》与《无穷小计算计算教程概论》及 1829 年的《微分计算教程》问世,对微积分的一系列基本概念给出了明确的定义,特别是极限概念,并以极限概念为基础建立了逻辑清晰的分析体系. 并在此基础上,严格地表示并证明了微积分的基本定理、中值定理等一系列重要定理,明确定义了级数的敛散性,研究了级数收敛的条件等. 他的这些定义和论述已经相当接近微积分的现代形式. 柯西的工作在一定程度上澄清了微积分基础问题上长期存在的混乱局面,向微积分严格化迈出了关键的一步,因此柯西被称为"**数学分析的奠基人**".

柯西的理论仍有漏洞,柯西的理论只能说是"比较严格",许多概念都是一种直觉、定性的描述,缺少定量的分析. 另外,微积分计算是在实数领域中进行的,直到 19 世纪中叶,实数仍然没有明确的定义,对实数集及基本性质仍缺乏理解.

魏尔斯特拉斯(Weierstrass,1815 ~ 1897)认为要使微积分严格化,首先要使实数系本身严格化,为此最可靠的办法是按照严格的推理将实数归结为整数(有理数),使分析学的所有概念可以由整数导出,这就是"分析算术化"的纲领. 他与他的学生为实现此纲领做出了艰苦的努力并获得很大的成功. 魏尔斯特拉斯定量地给出了极限的定义,也就是今天极限中的"$\varepsilon-\delta$"定义. 他用创造的一套 $\varepsilon-\delta$ 语言重新定义了微积分中的一系列概念,从而消除了以往微积分中不断出现的各种异议和混乱,使人们走出了对极限理解的迷雾. 魏尔斯特拉斯为微积分严格性做出了卓越的贡献,他是把严格的论证引进分析学的一位大师,"魏尔斯特拉斯的严格"成了"精细推理"的同名词,基于他在分析严格化方面的贡献,数学史上他被誉为"**现代分析之父**". 晚年的魏尔斯特拉斯享有很高的声誉,几乎被看成德国的民族英雄.

1872 年前后,又经过德国数学家戴德金、康托尔等数学家的努力,他们填补了一个又一个漏洞,终于把微积分建立在牢固的基础上. 至此,微积分终于成为一个新的、富有生命力的数学分支.

四、总结

微积分是经过许多数学家艰苦卓绝的努力而完成的,是人类思维和智力奋斗伟大成果的结晶. 回顾微积分创立以来 300 多年的发展历程,我们深深为数学家们艰苦探索科学真理,不懈追求尽善尽美的精神所感动. 特别是 18 世纪数学界的中心人物,瑞士数学家欧拉在他双目完全失明以后的 17 年间,仍然以惊人的毅力与黑暗搏斗,凭着记忆和心算进行研究,且口述书稿和 400 篇左右的论文,直到逝世. 微积分的创立形成过程中,数学家的直觉感悟和自由创造常常是先于逻辑推理和形式化的论证,因此往往会存在一些缺陷,但这不可怕,而且这可以说是科学发现的一般规律. 难能可贵的是他们永不满足的进取精神和求真务实的治学态度.

参 考 文 献

成立社,2007. 微积分. 郑州:郑州大学出版社.

FinneyWeir Giordano,2010. Thomas·Calculus. 10th ed. 叶其孝,等译. 北京:高等教育出版社.

傅英定,谢云荪,2009. 微积分. 上册. 2 版. 北京:高等教育出版社.

蒋兴国,吴延东,2012. 高等数学. 经济类. 3 版. 北京:机械工业出版社.

李辉来,孙毅,等,2005. 微积分. 上册. 北京:清华大学出版社.

刘桂茹,孙永华,2008. 微积分. 北京:高等教育出版社.

刘建亚,吴臻,2018. 大学数学教程. 微积分. 3 版. 北京:高等教育出版社.

刘书田,孙惠玲,2006. 微积分. 北京:北京大学出版社.

马知恩,王绵森,2009. 高等数学简明教程. 上册. 北京:高等教育出版社.

齐民友,2019. 高等数学. 上册. 3 版. 北京:高等教育出版社.

上海交通大学数学科学学院微积分课程组,2016. 大学数学. 微积分. 2 版. 北京:高等数学出版社.

隋如彬,2017. 微积分. 经管类. 3 版. 北京:科学出版社.

同济大学数学教研室,2014. 高等数学. 7 版. 北京:高等教育出版社.

王书彬,2019. 高等数学. 上册. 北京:高等教育出版社.

吴传生,2020. 经济数学—微积分. 4 版. 北京:高等教育出版社.

西南财经大学高等数学教研室,2013. 高等数学. 经管类. 北京:科学出版社.

谢盛刚,李娟,等,2010. 微积分. 2 版. 北京:科学出版社.

周明儒,2018. 文科高等数学基础教程. 3 版. 北京:高等教育出版社.

朱来义,2020. 微积分. 4 版. 北京:高等教育出版社.

朱士信,唐烁,2020. 高等数学. 上册. 2 版. 北京:高等教育出版社.